建造师手册

JIANZAOSHI SHOUCE

◎主　编　傅芳民
◎副主编　刘之建　朱霖平

江西出版集团
江西科学技术出版社

前 言

建造师是一种极具挑战的职业。它的成果是，将梦想的蓝图变为千年的高楼大厦，连接世界的公路桥梁。

建造师是一个组织能力极强的领导者。他要在有限的资源中，利用他的管理及技术才能，组织好人力、物力，使在建项目中的人有序并富有创造力的劳动，在规定的时间和空间，将各种资源组合成优质的建设项目。

建造师是一位具有权威的项目经理。建造师在担任项目经理期间，既要留住优秀员工，又要引进人才，同时要解决危机。他在管理的每一步中，要做出明智的决策，并树立自己在项目中的核心地位，使项目人员组成一个富有战斗力的团队。

建造师是一个具有卓越能力的“外交官”。在项目运行过程中，项目不可避免地要遇到许多内外事务，必须运用许多外交举措，如谈判、协商、让步、进攻、沟通，还要解决许多复杂多变并不断出现的冲突、障碍及风险。

建造师是一个会实践的经济学者。建造师必须懂经营，而且要善于经营，才能使项目获得高于社会平均利润水平的利润。

建造师是一个开拓者。一个项目即将成功，紧接着又要开拓另一个项目。因此，不断开拓、持续发展是建造师的本质追求。

根据中华人民共和国建筑法、招标投标法、合同法，建设部颁发了《注册建造师管理规定》、《一级建造师注册实施办法》，对从事建设工程项目总承包及施工管理的专业技术人员实行建造师执业资格制度。使建设工程项目管理更加走向规范化的方向发展，也为我国开拓国际建筑市场、与国际接轨开避了广阔的道路。

来吧！众多的有志之士，投身到火热的建设中来，投入到建设项目管理中来。

本书在编写过程中，力求理论上系统、技术上科学、管理上规范、知识上覆盖面大，从而为读者提供一本实用、通用的《建造师手册》，可作为建造师及相关项目管理人员必备的工具书。

由于编者的水平差距，本书难免出现缺点和错误，敬请读者批评指正。

编者

2008. 2. 18

目　录

5 建设工程施工合同

6 建设工程施工成本控制

7 建设工程经济

8 建设工程项目进度控制

11 项目资源管理

12 建设工程承包风险及费用索赔

13 建设工程法律制度

1 建造师

1.1 建造师

1.1.1 注册建造师的概念

为加强建设工程项目管理，提高建设工程施工管理专业人员素质，规范施工管理行为，保证工程质量和施工安全，根据《中华人民共和国建筑法》第14条规定：“从事建筑活动的专业技术人员，应当依法取得相应的执业资格证书，并在执业证书许可的范围内从事建筑活动。”改革开放以来，在我国建设领域内已建立了注册建筑师、注册结构工程师、注册监理工程师、注册造价工程师、注册房地产估价工程师、注册规划师等执业资格制度。2002年12月5日，人事部、建设部联合印发了《建造师执业资格制度暂行规定》（人发[2002]111号），这标志着我国建立建造师执业资格制度的工作正式建立。该《规定》明确规定，我国的建造师是指从事建设工程项目总承包和施工管理关键 岗位的专业技术人员。

建造师执业资格制度起源于英国，迄今已有150余年历史。世界上许多发达国家已经建立了该项制度。具有执业资格的建造师已有了国际性的组织——国际建造师协会。我国建筑业施工企业有10万多个，从业人员3500多万，从事建设工程项目总承包和施工管理的广大专业技术人员，特别是在施工项目经理队伍中，建立建造师执业资格制度非常必要。这项制度的建立，必将促进我国工程项目管理人员素质和管理水平的提高，促进我们进一步开拓国际建筑市场，更好地实施“走出去”的战略方针。

1.1.2 建造师的资格

一级建造师执业资格实行全国统一大纲、统一命题、统一组织的考试制度，由人事部、建设部共同组织实施，原则上每年举行一次考试；二级建造师执业资格实行全国统一大纲，各省、自治区、直辖市命题并组织考试。考试内容分为综合知识与能力、专业知识与能力两部分，报考人员要符合有关文件规定的相应条件。一级、二级建造师执业资格考试合格人员，分别获得《中华人民共和国一级建造师执业资格证书》、《中华人民共和国二级建造师执业资格证书》。

1.1.3 建造师的定位与职责

建造师是以主业技术为依托、以工程项目管理为主业的执业注册人员。建造师是懂管理、懂技术、懂经济、懂法规，综合素质较高的复合型人员，既要有理论水平，也要有丰富的经验和较强的组织能力。建造师注册受聘后，可以建造师的名义担任建设工程项目施工的项目经理、从事其他施工活动的管理、从事法律、行政法规或国务院建设行政主管部门规定的其他业务，如质量监督、工程管理咨询，并鼓励和提倡建造师应“一师多能”。在行使项目经理职责时，一级注册建造师可以担任《建筑业企业资质等级标准》中规定的特级、一级建筑业企业资质的建设工程项目施工的项目经理；二级注册建造师可以担任二级建筑业企业资质的建设工程项目施工的项目经理。大中型工程项目的项目经理必须逐步由取得建造师执业资格的人员担任，但取得建造师执业资格的人员能否担任大中型工程项目的项目经理，应由建筑业企业自主决定。

1.1.4 建造师的注册

取得建造师执业资格证书、且符合注册条件的人员，必须经过注册登记后，方可以建造师名义执业。建设部或其授权机构为一级建造师执业资格的注册管理机构；各省、自治区、直辖市建设行政主管部门制定本行政区域内二级建造师执业资格的注册办法，但应报建设部或其授权机构备案。准予注册的申请人员，分别获得《中华人民共和国一级建造师注册证书》、《中华人民共和国二级建造师注册证书》。已经注册的建造师必须接受继续教育、更新知识，不断提高业务水平。建造师执业资格注册有效期一般为 3 年，期满前 3 个月，要办理再次注册手续。

1.1.5 注册将实行的级别和专业

建造师分一级建造师和二级建造师。建造师的分级管理，既可以使整个建造师队伍中有一批具有较高素质和管理水平的人员，以便于国际互认；也可以使整个建造师队伍适应我国建设工程项目量大面广，规模差异悬殊，各地经济、文化和社会发展水平差异较大，不同工程项目对管理人员要求不同的特点和实际需求。一级注册建造师可以担任《建筑业企业资质等级标准》中规定的必须由特级、一级建筑业企业承建的建设工程项目施工的项目经理；二级注册建造师只可以担任二级及以下建筑业企业承建的建设工程项目施工的项目经理。

不同类型、不同性质的建设工程项目，有着各自的专业性和技术特点，对项目经理的专业要求就有很大不同。建造师实行分专业管理，就是为了适应各类工程项目对建造师专业技术的不同要求，也与现行建设工程管理体制相衔接，充分发挥各有关专业部门的作用。建造师分为两个级别，一级建造师的专业分为房屋建筑工程、公路工程、铁路工程、民航机场工程、港口与航道工程、水利水电工程、电力工程、矿山工程、冶炼工程、石油化工工程、市政公用工程、通信与广电工程、机电安装工程、装饰装修工程共 14 个。二级建造师的专业分为房屋建筑工程、公路工程、港口与航道工程、水利水电工程、电力工程、矿山工程、冶炼工程、石油化工工程、市政公用工程、通信与广电工程、机电安装工程、装饰装修工程共 12 个。

1.1.6 注册建造师如何担任项目经理

建造师执业资格制度建立以后，承担建设工程项目施工的项目经理仍是施工企业所承包某一具体工程的主要负责人，他的职责是根据企业法定代表人的授权，对工程项目自开工准备至竣工验收，实施全面的组织管理。而大中型工程项目的项目经理必须由取得建造师执业资格的建造师担任，即建造师在所承担的具体工程项目中行使项目经理职权。注册建造师资格是担任大中型工程项目的项目经理之必要条件。建造师需按人发[2002]111 号文件的规定，经统一考试和注册后才能从事担任项目经理等相关活动，是国家的强制性要求，而项目经理的聘任则是企业行为。

1.1.7 注册建造师和项目经理的关系

建造师与项目经理定位不同,但所从事的都是建设工程的管理。建造师执业的覆盖面较大,可涉及工程建设项目管理的许多方面,担任项目经理只是建造师执业中的一项;项目经理则限于企业内某一特定工程的项目管理。建造师选择工作的权力相对自主,可在社会市场上有序流动,有较大的活动空间;项目经理岗位则是企业设定的,项目经理是企业法人代表授权或聘用的、一次性的工程项目施工管理者。

项目经理责任制是我国施工管理体制上一个重大的改革,对加强工程项目管理、提高工程质量起到了很好的作用。建造师执业资格制度建立以后,项目经理责任制仍然要继续坚持,国发[2003]5 号文只是取消项目经理资质的行政审批,而不是取消项目经理。项目经理仍然是施工企业某一具体工程项目施工的主要负责人,他的职责是根据企业法定代表人的授权,对工程项目自开工准备至竣工验收,实施全面的组织管理。有变化的是,大中型工程项目的项目经理必须由取得建造师执业资格的建造师担任。注册建造师资格是担任大中型工程项目经理的一项必要性条件,是国家的强制性要求。但选聘哪位建造师担任项目经理,则由企业决定,那是企业行为。小型工程项目的项目经理可以由不是建造师的人员担任。所以,要充分发挥有关行业协会的作用,加强项目经理培训,以便不断提高项目经理队伍素质。

1.1.8 建造师的主要素养

(1)知识素养。建造师的知识素养包括:

①知识的系统性:建造师的工作对象,是由多种制约因素构成的综合系统,是受到社会、经济、技术设施、法律、公众等多种因素的约束和限制,解决工程技术问题,需要综合运用多种专业知识,而不能满足于专门知识和具体经验的纵向积累,必须专与博相结合并有意识地将各类知识融会贯通,相互交叉、渗透、移植,构成有机的知识网络,使之适应系统性的要求。

②平衡性:施工项目要讲究经济效果,不但要在技术上先进可行,在经济上也应该是高效益的,即要求施工方案的成本最低、效益最大、质量要好、速度要快。建造师必须在施工项目范围内做到综合平衡,平衡各种矛盾和要求,而且要通过施工项目协调平衡有关的各种外部矛盾。

③实践性:建造师是施工项目的现场管理人员,必须理论与实践相结合,在施工现场正确地处理各类技术及管理问题,做到真知灼见,立竿见影。

(2)思想素养。建造师应确立正确的哲学思想,正确的世界观,要运用辩证唯物主义的思想方法论;要善于辩证思维和逻辑思维,通过分析、推理、归纳、综合等思维活动,掌握其内在的规律,预见到未来的发展趋势;要进行创造性思维,研究和掌握创造性思维方法,经常进行独立自主的创造性思维,把施工项目技术及管理不断推向新的台阶。

(3)品质素养。

①热爱祖国,忠于人民,为社会主义的物质文明和精神文明建设服务。

②勇于探索,敢于攻坚,不畏艰险,契而不舍,为追求科学而奋斗终身。

③严谨治学,实事求是;报告成果,准确无虚假;评定成果,公正无私。

④发扬学术民主,坚持百家争鸣,支持发明创造,鼓励别人超过自己。

⑤树立民族自尊心、自信心，虚心学习国外的新成就，即不夜郎自大也不妄自菲薄。

⑥摆正国家、集体、个人的关系，为国家多做贡献。

⑦讲团结，搞协作；挑重担，讲风格。

⑧遵守职业道德，坚持身体锻炼，保持身心健康。

(4)建造师的执业技术能力。

①具有一定的工程技术、工程管理理论和相关的经济理论水平，并具有丰富的施工管理专业知识。

②能够熟练掌握和运用与施工管理业务相关的法律、法规、工程建设强制性标准和行业管理的各项规定。

③具有丰富的施工管理实践经验和资历，有较强的施工组织能力，能保证工程质量和安全生产。

④有一定的外语水平。

1.1.9 英国皇家特许建造学会(CIOB)

英国皇家特许建造学会(CIOB)是一个主要由从事建筑管理的专业人员组织起来的社会团体，是一个涉及到建设全过程管理的专业学会。该学会成立于1834年，至今已有160多年的历史，在1980年获得皇家的认可。如今该学会已发展成为一个涉及到建筑管理各领域的专业学会，社会的需求对学会的发展有很大的影响。学会在行政管理上与政府并无直接的关系，为社会提供专业服务是学会首要考虑的问题，而皇家的认可表明对其专业资格的认可，包括对教育、培训标准的认可。在过去的多年中，CIOB会员具有不同的层次，其中层次最高的两类会员，即资深会员(FCIOB)和正式会员(MCIOB)，被称为“皇家特许建造师”(Chartered Builder)。由于CIOB在国际上具有较高声望，近年来，国内外越来越多的从事建筑管理的专业人员希望成为皇家特许建造师。

CIOB以会员为主，但也开始授予特许建造公司。无论是对个人还是团体来说，CIOB都制定有详细的资格标准、申请程序以及监督程序。

皇家特许建造学会还在两个方面起着积极的作用：一是参与政府有关部门制定行业标准，二是会员资格认可标准(包括教育标准)。

[附件一]

建造师执业资格考试实施办法

中华人民共和国人事部
中华人民共和国建设部
二OO四年二月十九日

第一条 根据《建造师执业资格制度暂行规定》(人发[2002]111号，以下简称《暂行规定》),为做好建造师执业资格考试工作,制定本办法。

第二条 建设部组织成立建造师执业资格考试专家委员会,负责一级、二级建造师执业资格考试大纲的拟定和一级建造师考试的命题工作。建设部、人事部共同成立建造师执业资格考试办公室(办公室设在建设部),负责研究建造师执业资格考试相关政策。一级建造师执业资格考试的具体考务工作由人事部人事考试中心负责。

各地考试工作由当地人事行政部门会同建设行政部门组织实施,具体职责分工由各地协商确定。

第三条 一级建造师执业资格考试时间定于每年的第三季度。

第四条 一级建造师执业资格考试设《建设工程经济》、《建设工程法规及相关知识》、《建设工程项目管理》和《专业工程管理与实务》4 个科目。《专业工程管理与实务》科目分为:房屋建筑、公路、铁路、民航机场、港口与航道、水利水电、电力 、矿山、冶炼、石油化工、市政公用、通信与广电、机电安装和装饰装修 14 个专业类别,考生在报名时可根据实际工作需要选择其一。

第五条 一级建造师执业资格考试分 4 个半天,以纸笔作答方式进行。《建设工程经济》科目的考试时间为 2 个小时,《建设工程法规及相关知识》和《建设工程项目管理》科目的考试时间均为 3 个小时,《专业工程管理与实务》科目的考试时间为 4 个小时。

第六条 二级建造师执业资格考试设《建设工程施工管理》、《建设工程法规及相关知识》、《专业工程管理与实务》3 个科目。

按照《暂行规定》有关要求,各省、自治区、直辖市人事厅(局)、建设厅(委),根据全国统一的二级建造师执业资格考试大纲,负责本地区考试命题和组织实施考试工作,人事部、建设部负责指导和监督。

第七条 符合《暂行规定》有关报名条件,于 2003 年 12 月 31 日前,取得建设部颁发的《建筑业企业一级项目经理资质证书》,并符合下列条件之一的人员,可免试《建设工程经济》和《建设工程项目管理》2 个科目,只参加《建设工程法规及相关知识》和《专业工程管理与实务》2 个科目的考试:

(一)受聘担任工程或工程经济类高级专业技术职务。

(二)具有工程类或工程经济类大学专科以上学历并从事建设项目施工管理工作满 20 年。

第八条 已取得一级建造师执业资格证书的人员,也可根据实际工作需要,选择《专业工程管理与实务》科目的相应专业,报名参加考试。考试合格后核发国家统一印制的相应专业合格证明。该证明作为注册时增加执业专业类别的依据。

第九条 考试成绩实行 2 年为一个周期的滚动管理办法,参加全部 4 个科目考试的人员必要在连续的两个考试年度内通过全部科目;免试部分科目的人员必须在一个考试年度内通过应试科目。

第十条 一级建造师执业资格考试的考点设在地级以上城市的大、中专院校或高考定点学校。

第十一条 参加考试由本人提出申请,携带所在单位出具的有关证明及相关材料到当地考试管理机构报名。考试管理机构按规定程序和报名条件审查合格后,发给准考证。考生凭准考证在指定的时间、地点参加考试。

中央管理的企业和国务院各部门及其所属单位的人员按属地原则报名参加考试。

第十二条 建造师执业资格考试大纲由建设部组织编制、出版和发行。任何单位和个人不得盗用建设部或以参与有关建造师工作的专家和人员的名义编写、出版、发行各种考试用书和复习资料。

第十三条 坚持考试与培训分开、应考人员自愿参加培训的原则。凡参与考试工作的人员,不得参加考试和与考试有关的培训工作。

第十四条 一级建造师执业资格考试、培训及有关项目的收费标准,须经当地价格行政部门批准,并公布于众,接受群众监督。

第十五条 考务管理工作要严格执行考试工作的有关规章和制度,遵守保密制度,严防泄密,切实做好试卷的命制、印刷、发送和保管过程中的保密工作。

第十六条 加强对考试工作的组织管理,认真执行考试回避制度,严肃考试工作纪律和考场纪律。对弄虚作假等违反考试工作规定的,要依法处理,并追究当事人和有关领导的责任。

[附件二]

注册建造师管理规定

中华人民共和国建设部令

第153号

《注册建造师管理规定》已于2006年12月11日经建设部第112次常务会议讨论通过,现予发布,自2007年3月1日起施行。

建设部部长 **汪光焘**

二OO六年十二月二十八日

注册建造师管理规定

第一章 总 则

第一条 为了加强对注册建造师的管理,规范注册建造师的执业行为,提高工程项目管理水平,保证工程质量和安全,依据《建筑法》、《行政许可法》、《建设工程质量管理条例》等法律、行政法规,制定本规定。

第二条 中华人民共和国境内注册建造师的注册、执业、继续教育和监督管理,适用本规定。

第三条 本规定所称注册建造师,是指通过考核认定或考试合格取得中华人民共和国建造师资格证书(以下简称资格证书),并按照本规定注册,取得中华人民共和国建造师注册证书(以下简称注册证书)和执业印章,担任施工单位项目负责人及从事相关活动的专业技术人员。

未取得注册证书和执业印章的,不得担任大中型建设工程项目的施工单位项目负责人,不得以注册建造师的名义从事相关活动。

第四条 国务院建设主管部门对全国注册建造师的注册、执业活动实施统一监督管理;国务院铁路、交通、水利、信息产业、民航等有关部门按照国务院规定的职责分工,对全国有关专业工程注册建造师的执业活动实施监督管理。

县级以上地方人民政府建设主管部门对本行政区域内的注册建造师的注册、执业活动实施监督管理;县级以上地方人民政府交通、水利、通信等有关部门在各自职责范围内,对本行政区域内有关专业工程注册建造师的执业活动实施监督管理。

第二章 注 册

第五条 注册建造师实行注册执业管理制度,注册建造师分为一级注册建造师和二级注册建造师。

取得资格证书的人员,经过注册方能以注册建造师的名义执业。

第六条 申请初始注册时应当具备以下条件:

(一)经考核认定或考试合格取得资格证书;

(二)受聘于一个相关单位;

(三)达到继续教育要求;

(四)没有本规定第十五条所列情形。

第七条 取得一级建造师资格证书并受聘于一个建设工程勘察、设计、施工、监理、招标代理、造价咨询等单位的人员,应当通过聘用单位向单位工商注册所在地的省、自治区、直辖市人民政府建设主管部门提出注册申请。

省、自治区、直辖市人民政府建设主管部门受理后提出初审意见,并将初审意见和全部申报材料报国务院建设主管部门审批;涉及铁路、公路、港口与航道、水利水电、通信与广电、民航专业的,国务院建设主管部门应当将全部申报材料送同级有关部门审核符合条件的,由国务院建设主管部门核发《中华人民共和国一级建造师注册证书》,并核定执业印章编号。

第八条 对申请初始注册的,省、自治区、直辖市人民政府建设主管部门应当自受理申请之日起,20日内审查完毕,并将申请材料和初审意见报国务院建设主管部门。国务院建设主管部门应当自收到省、自治区、直辖市人民政府建设主管部门上报材料之日起,20日内审批完毕并作出书面决定。有关部门应当在收到国务院建设主管部门移送的申请材料之日起,10日内审核完毕,并将审核意见送国务院建设主管部门。

对申请变更注册、延续注册的,省、自治区、直辖市人民政府建设主管部门应当自受理申请之日起5日内审查完毕。国务院建设主管部门应当自收到省、自治区、直辖市人民政府建设主管部门上报材料之日起,10日内审批完毕并作出书面决定。有关部门在收到国务院建设主管部门移送的申请材料后,应当在5日内审核完毕,并将审核意见送国务院建设主管部门。

第九条 取得二级建造师资格证书的人员申请注册,由省、自治区、直辖市人民政府建设主管部门负责受理和审批，具体审批程序由省、自治区、直辖市人民政府建设主管部门依法确定。对批准注册的，核发由国务院建设主管部门统一样式的《中华人民共和国二级建造师注册证书》和执业印章，并在核发证书后30日内送国务院建设主管部门备案。

第十条 注册证书和执业印章是注册建造师的执业凭证，由注册建造师本人保管、使用。

注册证书与执业印章有效期为3年。

一级注册建造师的注册证书由国务院建设主管部门统一印制，执业印章由国务院建设主管部门统一样式，省、自治区、直辖市人民政府建设主管部门组织制作。

第十一条 初始注册者，可自资格证收签发之日起3年内提出申请。逾期未申请者，须符合本专业继续教育的要求后方可申请初始注册。

申请初始注册需要提交下列材料：

（一）注册建造师初始注册申请表；

（二）资格证书、学历证书和身份证明复印件；

（三）申请人与聘用单位签订的聘用劳动合同复印件或其他有效证明文件；

（四）逾期申请初始注册的，应当提供达到继续教育要求的证明材料。

第十二条 注册有效期满需继续执业的，应当在注册有效期届满30日前，按照第七条、第八条的规定申请延续注册。延续注册的，有效期为3年。

申请延续注册的，应当提交下列材料：

（一）注册建造师延续注册申请表；

（二）原注册证书；

（三）申请人与聘用单位签订的聘用劳动合同复印件或其他有效证明文件；

（四）申请人注册有效期内达到继续教育要求的证明材料。

第十三条 在注册有效期内，注册建造师变更执业单位，应当与原聘用单位解除劳动关系，并按照第七条、第八条的规定办理变更注册手续，变更注册后仍延续原注册有效期。

申请变更注册的，应当提交下列材料：

（一）注册建造师变更注册申请表；

（二）注册证书和执业印章；

（三）申请人与新聘用单位签订的聘用合同复印件或有效证明文件；

（四）工作调动证明（与原聘用单位解除聘用合同或聘用合同到期的证明文件、退休人员的退休证明）。

第十四条 注册建造师需要增加执业专业的，应当按照第七条的规定申请专业增项注册，并提供相应的资格证明。

第十五条 申请人有下列情形之一的，不予注册：

（一）不具有完全民事行为能力的；

（二）申请在两个或者两个以上单位注册的；

（三）未达到注册建造师继续教育要求的；

（四）受到刑事处罚，刑事处罚尚未执行完毕的；

（五）因执业活动受到刑事处罚，自刑事处罚执行完毕之日起至申请注册之日止不满5年的；

（六）因前项规定以外的原因受到刑事处罚，自处罚决定之日起至申请注册之日止不满3年的；

（七）被吊销注册证书，自处罚决定之日起至申请注册之日止不满2年的；

（八）在申请注册之日前3年内担任项目经理期间，所负责项目发生过重大质量和安全事故的；

（九）申请人的聘用单位不符合注册单位要求的；

（十）年龄超过65周岁的；

（十一）法律、法规规定不予注册的其他情形。

第十六条 注册建造师有下列情形之一的，其注册证书和执业印章失效：

（一）聘用单位破产的；

（二）聘用单位被吊销营业执照的；

（三）聘用单位被吊销或者撤回资质证书的；

（四）已与聘用单位解除聘用合同关系的；

（五）注册有效期满且未延续注册的；

（六）年龄超过65周岁的；

（七）死亡或不具有完全民事行为能力的；

（八）其他导致注册失效的情形。

第十七条 注册建造师有下列情形之一的，由注册机关办理注销手续，收回注册证书和执业印章或者公告注册证书和执业印章作废：

（一）有本规定第十六条所列情形发生的；

（二）依法被撤销注册的；

（三）依法被吊销注册证书的；

（四）受到刑事处罚的；

（五）法律、法规规定应当注销注册的其他情形。

注册建造师有前款所列情形之一的，注册建造师本人和聘用单位应当及时向注册机关提出注销注册申请；有关单位和个人有权向注册机关举报；县级以上地方人民政府建设主管部门或者有关部门应当及时告知注册机关。

第十八条 被注销注册或者不予注册的，在重新具备注册条件后，可按第七条、第八条规定重新申请注册。

第十九条 注册建造师因遗失、污损注册证书或执业印章，需要补办的，应当持在公众媒体上刊登的遗失声明的证明，向原注册机关申请补办。原注册机关应当在5日内办理完毕。

第三章 执　　业

第二十条 取得资格证书的人员应当受聘于一个具有建设工程勘察、设计、施工、监理、招标代理、造价咨询等一项或者多项资质的单位，经注册后方可从事相应的执业活动。

担任施工单位项目负责人的，应当受聘并注册于一个具有施工资质的企业。

第二十一条 注册建造师的具体执业范围按照《注册建造师执业工程规模标准》执行。

注册建造师不得同时在两个及两个以上的建设工程项目上担任施工单位项目负责人。

注册建造师可以从事建设工程项目总承包管理或施工管理，建设工程项目管理服务，建设工程技术经济咨询，以及法律、行政法规和国务院建设主管部门规定的其他业务。

第二十二条 建设工程施工活动中形成的有关工程施工管理文件，应当由注册建造师签字并加盖执业印章。

施工单位签署质量合格的文件上，必须有注册建造师的签字盖章。

第二十三条 注册建造师在每一个注册有效期内应当达到国务院建设主管部门规定的继续教育要求。

继续教育分为必修课和选修课，在每一注册有效期内各为60学时。经继续教育达到合格标准的，颁发继续教育合格证书。

继续教育的具体要求由国务院建设主管部门会同国务院有关部门另行规定。

第二十四条 注册建造师享有下列权利：

（一）使用注册建造师名称；

（二）在规定范围内从事执业活动；

（三）在本人执业活动中形成的文件上签字并加盖执业印章；

（四）保管和使用本人注册证书、执业印章；

（五）对本人执业活动进行解释和辩护；

（六）接受继续教育；

（七）获得相应的劳动报酬；

（八）对侵犯本人权利的行为进行申述。

第二十五条 注册建造师应当履行下列义务：

（一）遵守法律、法规和有关管理规定，恪守职业道德；

（二）执行技术标准、规范和规程；

（三）保证执业成果的质量，并承担相应责任；

（四）接受继续教育，努力提高执业水准；

（五）保守在执业中知悉的国家秘密和他人商业、技术等秘密；

（六）与当事人有利害关系的，应当主动回避；

（七）协助注册管理机关完成相关工作。

第二十六条 注册建造师不得有下列行为：

（一）不履行注册建造师义务；

（二）在执业过程中，索贿、受贿或者谋取合同约定费用外的其他利益；

（三）在执业过程中实施商业贿赂；

（四）签署有虚假记载等不合格的文件；

（五）允许他人以自己的名义从事执业活动；

（六）同时在两个或者两个以上单位受聘或者执业；

（七）涂改、倒卖、出租、出借或以其他形式非法转让资格证书、注册证书和执业印章；

（八）超出执业范围和聘用单位业务范围内从事执业活动；

（九）法律、法规、规章禁止的其他行为。

第四章　监督管理

第二十七条　县级以上人民政府建设主管部门、其他有关部门应当依照有关法律、法规和本规定，对注册建造师的注册、执业和继续教育实施监督检查。

第二十八条　国务院建设主管部门应当将注册建造师注册信息告知省、自治区、直辖市人民政府建设主管部门。

省、自治区、直辖市人民政府建设主管部门应当将注册建造师注册信息告知本行政区域内市、县、市辖区人民政府建设主管部门。

第二十九条　县级以上人民政府建设主管部门和有关部门履行监督检查职责时，有权采取下列措施：

（一）要求被检查人员出示注册证书；

（二）要求被检查人员所在聘用单位提供有关人员签署的文件及相关业务文档；

（三）就有关问题询问签署文件的人员；

（四）纠正违反有关法律法规、本规定及工程标准规范的行为。

第三十条　注册建造师违法从事相关活动的，违法行为发生地县级以上地方人民政府建设主管部门或者其他有关部门应当依法查处，并将违法事实、处理结果告知注册机关；依法应当撤销注册的，应当将违法事实、处理建议及有关材料报注册机关。

第三十一条　有下列情形之一的，注册机关依据职权或者根据利害关系人的请求，可以撤销注册建造师的注册：

（一）注册机关工作人员滥用职权、玩忽职守作出准予注册许可的；

（二）超越法定职权作出准予注册许可的；

（三）违反法定程序作出准予注册许可的；

（四）对不符合法定条件的申请人颁发注册证书和执业印章的；

（五）依法可以撤销注册的其他情形。

申请人以欺骗、贿赂等不正当手段获准注册的，应当予以撤销。

第三十二条　注册建造师及其聘用单位应当按照要求，向注册机关提供真实、准确、完整的注册建造师信用档案信息。

注册建造师信用档案应当包括注册建造师的基本情况、业绩、良好行为、不良地为等内容。违法违规行为、被投诉举报处理、行政处罚等情况应当作为注册建造师的不良行为记入其信用档案。

注册建造师信用档案信息按照有关规定向社会公示。

第三十三条　隐瞒有关情况或者提供虚假材料申请注册的，建设主管部门不予受理或者不予注册，并给予警告，申请人1年内不得再次申请注册。

第三十四条　以欺骗、贿赂等不正当手段取得注册证书的，由注册机关撤销其注册，3年内不得再次申请注册，并由县级以上地方人民政府建设主管部门处以罚款。其中没有违法所得的，处以1万元以下的罚款；有违法所得的，处以违法所得3倍以下且不超过3万元的罚款。

第三十五条　违反本规定，未取得注册证书和执业印章，担任大中型建设工程项目施工单位项目负责人，或者以注册建造师的名义从事相关活动的，其所签署的工程文件无效，由县级以上地方人民政府建设主管部门或者其他有关部门给予警告、责令停止违法活动，并可处以1万元以上3万元以下的罚款。

第三十六条 违反本规定，未办理变更注册而继续执业的，由县级以上地方人民政府建设主管部门或者其他有关部门责令限期改正；逾期不改正的，可处以5000元以下的罚款。

第三十七条 违反本规定，注册建造师在执业活动中有第二十六条所列行为之一的，由县级以上地方人民政府建设主管部门或者其他有关部门给予警告，责令改正，没有违法所得的，处以1万元以下的罚款；有违法所得的，处以违法所得3倍以下且不超过3万元的罚款。

第三十八条 违反本规定，注册建造师或者其聘用单位未按照要求提供注册建造师信用档案信息的，由县级以上地方人民政府建设主管部门或者其他有关部门责令限期改正；逾期未改正的，可处以1000元以上1万元以下的罚款。

第三十九条 聘用单位为申请人提供虚假注册材料的，由县级以上地方人民政府建设主管部门或者其他有关部门给予警告，责令限期改正；逾期未改正的，可处以1万元以上3万元以下的罚款。

第四十条 县级以上人民政府建设主管部门及其工作人员，在注册建造师管理工作中，有下列情形之一的，由其上级行政机关或者监察机关责令改正，对直接负责的主管人员和其他直接责任人员依法给予处分；构成犯罪的，依法追究刑事责任：

（一）对不符合法定条件的申请人准予注册的；

（二）对符合法定条件的申请人不予注册或者不在法定期限内作出准予注册决定的；

（三）对符合法定条件的申请不予受理或者未在法定期限内初审完毕的；

（四）利用职务上的便利，收受他人财物或者其他好处的；

（五）不依法履行监督管理职责或者监督不力，造成严重后果的。

第五章　附　　则

第四十一条 本规定自2007年3月1日起施行。

[附件三]

建设部关于印发《一级建造师注册实施办法》的通知

建市[2007]101号

各省、自治区建设厅，直辖市建委，江苏、山东省建管局，国务院各有关部门建设司，总后基建营房部，国资委管理的有关企业：

根据《注册建造师管理规定》（建设部令第153号），我部制定了《一级建造师注册实施办法》，现印发给你们，请遵照执行。在执行过程中有何问题，请与我部建筑市场管理司联系。

中华人民共和国建设部

二〇〇七年四月十日

一级建造师注册实施办法

一、注册管理体制

第一条 为规范一级建造师注册管理工作,依据《行政许可法》、《注册建造师管理规定》(建设部令第153号)和相关法律法规,制定本实施办法。

第二条 中华人民共和国境内一级建造师注册管理适用本实施办法。

第三条 国务院建设主管部门(以下称建设部)为一级建造师注册机关,负责一级建造师注册审批工作。

省、自治区、直辖市人民政府建设主管部门(以下简称省级建设主管部门),负责本行政区域内一级建造师注册申请受理、初审工作。

国务院铁路、交通、水利、信息产业、民航部门负责全国铁路、公路、港口与航道、水利水电、通信与广电、民航专业一级建造师注册审核工作。

二、注册申报程序

第四条 申请人申请注册前,应当受聘于一个具有建设工程施工勘察、设计、监理、招标代理、造价咨询资质的企业,与聘用企业依法签订聘用劳动合同。申请人向聘用企业如实提供有关申请材料并对内容真实性负责,通过聘用企业向企业工商注册所在地省级建设主管部门提出注册申请。

第五条 注册申请实行网上和书面相结合的申报方式。申请人应当在中国建造师网(网址:http://www.coc.gov.cn)上进行填报,网上申报成功后自动生成打印所需申请表。

第六条 注册申请包括初始注册、延续注册、变更注册、增项注册、注销注册和重新注册。注册建造师因遗失或污损注册证书、执业印章的,可申请补办或更换。

第七条 初始注册

申请人自资格证书签发之日起3年内可申请初始注册。逾期未申请者应当提供相应专业继续教育证明,其学习内容应当符合建设部关于注册建造师继续教育的规定。

申请初始注册的,申请人应当提交下列材料:

(一)《一级建造师初始注册申请表》(附表1-1);

(二)资格证书、学历证书和身份证明复印件;

(三)申请人与聘用企业签订的聘用劳动合同复印件或申请人所在企业出具的劳动、人事、工资关系证明;

(四)逾期申请初始注册的,应当提供达到继续教育要求证明材料复印件。

申报材料由申请表和(二)、(三)、(四)部门合订后的材料附件组成。

聘用企业将《企业一级建造师初始注册申请汇总表》(附表1-2)和申请人的申请表、材料附件报省级建设主管部门。其中,申请建筑、市政、矿业、机电专业注册的,应当提交申请表一式二份和材料附件一式一份;申请铁路、公路、港口与航道、水利水电、通信与广电、民航专业注册的,应当提交申请表一式三份和材料附件一式二份;申请铁路、公路、港口与航道、水利水电、通信与广电、民航专业增项注册的，每增加一个专业应当增加申请表一式一份和材料附件一式一份。

省级建设主管部门将《省级建设主管部门一级建造师初始注册初审意见表》(附表1-3)《省级建设主管部门一级建造师初始注册初审汇总表(企业申请人)》(附表1-4)，《省级建设主管部门一级建造师初始注册初审汇总表(专业)》(附表1-5)和申请人的申请表、材料附件报建设部。其中，申请建筑、市政、矿业、机电专业注册的，应当提交申请表一式一份；申请铁路、公路、港口与航道、水利水电、通信与广电、民航专业注册的，应当提交申请表一式二份和材料附件一式一份；申请铁路、公路、港口与航道、水利水电、通信与广电、民航专业增项注册的，每增加一个专业应当增加申请表一式一份和材料附件一式一份。材料报送按《省级建设主管部门一级建造师注册申请材料报送目录》(附表1-6)要求办理。涉及铁路、公路、港口与航道、水利水电、通信与广电、民航专业申请注册的，建设部将申请人的申请表一式一份和材料附件一式一份送国务院有关专业部门，国务院有关专业部门对申请人的申报材料进行审核，并填写《国务院有关部门一级建造师初始注册审核意见表》(附表1-7)，连同按企业申请人汇总后生成的《国务院有关部门一级建造师初始注册审核汇总表》(附表1-8)移送建设部。

第八条　延续注册

注册有效期满需继续执业的，应当在注册有效期届满30日前，按照《注册建造师管理规定》第七条、第八条的规定申请延续注册。延续注册的有效期为3年。

申请延续注册的，申请人应当提交下列材料：

(一)《一级注册建造师延续注册申请表》(附表2-1)；

(二)原注册证书；

(三)申请人与聘用企业签订的聘用劳动合同或申请人聘用企业出具的劳动、人事、工资关系证明；

(四)申请人注册有交期内达到继续教育要求证明材料复印件。

申报程序和材料份数按初始注册要求办理。

第九条　变更注册

在注册有效期内，发生下列情形的，应当及时申请变更注册。变更注册后，有效期执行原注册证书的有效期。

1. 执业企业变更的；

2. 所在聘用企业名称变更的；

3. 注册建造师姓名变更的。

申请变更注册的，申请人应当提交下列材料：

(一)《一级注册建造师变更注册申请表》(附表3-1)；

(二)注册证书原件和执业印章；

(三)执业企业变更的，应当提供申请人与新聘用企业签订的聘用劳动合同，或申请人聘用企业出具的劳动、人事、工资关系证明，以及工作调动证明复印件(与原聘用企业解除聘用合同或聘用合同到期的证明文件、退休人员的退休证明)；

(四)申请人所在聘用企业名称发生变更的，应当提供变更后的《企业法人营业执照》复印件和企业所在地工商行政主管部门出具的企业名称变更函复印件；

（五）注册建造师姓名变更的，应当提供变更后的身份证明原件或公安机关户籍管理部门出具的有效证明。

第十条 增项注册

注册建造师取得相应专业资格证书可申请增项注册。取得增项专业资格证书超过3年未注册的，应当提供该专业最近一个注册有效期继续教育学习证明。准予增项注册后，原专业注册有效截止日期保持不变的。

申请增项注册的，申请人应当提交下列材料：

（一）《一级注册建造师增项注册申请表》（附表4－1）；

（二）增项专业资格考试合格证明复印件；

（三）注册证书原件和执业印章；

（四）增项专业达到继续教育要求证明材料复印件。

申报程序和材料份数按初始注册要求办理。

第十一条 注销注册

注册建造师有《注册建造师管理规定》第十七条所列情形之一的，由省级建设主管部门办理注销手续。

申请人或其聘用的企业，应当提供下列材料：

（一）《一级注册建造师注销注册申请表》（附表5－1）；

（二）注册证书原件和执业印章；

（三）符合《注册建造师管理规定》第十七条所列情形之一的证明复印件。

注册建造师本人和聘用企业应当及时向省级建设主管部门提出注销注册申请；有关单位和个人有权向注册机关举报；县级以上地方人民政府建设主管部门或者有关部门应当及时告知注册机关。

第十二条 重新注册

建造师注销注册或者不予注册的，在重新具备注册条件后，可申请重新注册，重新注册按初始注册要求办理。

申请重新注册的，申请人应当提交下列材料：

（一）《一级建造师重新注册申请表》（附表6－1）；

（二）资格证书、学历证书和身份证明复印件；

（三）申请人与聘用企业签订的聘用劳动合同复印件或聘用企业出具的劳动、人事、工资关系证明；

（四）达到继续教育要求证明材料复印件。

申报程序和材料份数按初始注册要求办理。

第十三条 注册证书、执业印章遗失补办

注册建造师因遗失注册证书、执业印章的，应当向省级建设主管部门申请补办，并提交下列材料；

（一）《一级注册建造师注册证书、执业印章遗失补办或污损更换申请表》（附表7－1）；

（二）身份证明复印件；

（三）省级以上报纸刊登的遗失声明原件。

第十四条 注册证书、执业印章污损更换

注册证书、执业印章污损的，可向省级建设主管部门申请更换，并提交下列材料：

（一）《一级注册建造师注册证书、执业印章遗失补办或污损更换申请表》；

（二）身份证明复印件；

（三）污损的注册证书原件、执业印章。

第十五条 取得一级建造师资格证书的人员，可对应下述专业申请注册：建筑工程、公路工程、铁路工程、民航工程、港口与航道工程、水利水电工程、市政公用工程、通信与广电工程、矿业工程、机电工程。

资格证书所注专业为房屋建筑工程、装饰装修工程的，按建筑工程专业申请注册；资格证书所注专业为矿山工程的按矿业工程专业申请注册；资格证书所注专业为冶炼工程的，可选矿业工程或机电工程之中的一个专业申请注册；资格证书所注专业为电力工程、石油化工工程、机电安装工程的，按机电工程专业申请注册。

三、受理和初审

第十六条 省级建设主管部门应当参照《建设部机关实施行政许可工作规程》（建法[2004]111号）规定，进行一级建造师注册申请的受理、初审工作，注册申请受理和初审工作不得由同一人办理，确保程序合法，行为规范。

第十七条 省级建设主管部门按照初始注册、延续注册、变更注册、增项注册、重新注册、遗失补办、污损更换和注销注册有关规定，对注册申请人材料的完整性进行查验。申请材料存在可以当场更正错误的，应当允许申请人当场更正。

申请注册材料齐全、符合规定的法定形式，或者申请人按要求提交全部补正申请材料的，应当受理申请人的注册申请，并向申请人出具《行政许可受理通知书》。

申请材料不符合本规定或材料不齐全，应当当场或者在5日内向申请人出具《行政许可补正有关材料通知书》，一次性告知申请人需要补齐、补正的全部内容，并将申请材料退回申请人。逾期不告知的，自收到申请注册材料之日起即为受理。

申请人有下列情形之一的，不予受理或不予注册：

（一）不具有完全民事行为能力的；

（二）申请在两个或者两个以上企业注册的；

（三）未达到注册建造师继续教育要求的；

（四）受到刑事处罚，刑事处罚尚未执行完毕的；

（五）因执业活动受到刑事处罚，自刑事处罚执行完毕之日起至申请注册之日止不满5年的；

（六）因前项规定以外的原因受到刑事处罚，自处罚决定之日起至申请注册之日止不满3年的；

（七）被吊销注册证书，自处罚决定之日起至申请注册之日止不满2年的；

（八）在申请注册之日前3年内担任施工企业项目负责人期间，所负责项目发生过重大质量和安全事故的；

（九）申请人的聘用企业不符合注册企业要求的；

（十）年龄超过65周岁的；

（十一）法律、法规规定不予注册的其他情形。

第十八条　省级建设主管部门对申请人的申报材料进行初审，认真核对资格证书、学历证书、身份证明、继续教育证明和聘用合同原件与复印件是否一致，按规定填写初审意见。

第十九条　省级建设主管部门对申请初始注册、重新注册、增项注册，应当自受理申请之日起，20日内对申请人注册条件和申报材料进行审查，并作出书面初审意见；对申请延续注册的，应当自受理申请之日起，5日内对申请人注册条件和申报材料进行审查，并作出书面初审意见。初审意见为不同意的需说明理由。

第二十条　军队系统取得一级建造师资格证书人员申请注册，由总后基建营房部负责受理和初审，其材料报送程序和初审要求，比照省级建设主管部门职责范围执行。

四、审核与审批

第二十一条　对申请初始注册、重新注册、增项注册的，建设部收到初审意见后，20日内审批完毕并作出书面决定，审批结果向社会公告。建设部审批时不再组织专家复审，仅对申请人重复注册、举报情况进行核实。国务院铁路、交通、水利、信息产业、民航等专业部门，应当自收到全部注册申请材料之日起，在10日内审核完毕，作出书面审核意见汇总后移送建设部。建设部应将审核意见结果汇总后向社会公示10日，公示无异议的，准予注册。

第二十二条　对申请变更注册、注销注册，注册证书、执业印章遗失补办或污损更换的，建设部委托省级建设主管部门负责办理，5日内办结。

省级建设主管部门负责执业企业、企业名称和注册建造师姓名变更，审查合格的，在注册证书变更注册记录栏进行登记。跨省变更的，由注册建造师提出变更申请，通过原聘用企业报原省级建设主管部门同意后，由调入地省级建设主管部门审查办理。办结10日内将《省级建设主管部门一级注册建造师变更注册审批汇总表》（附表3－3）报建设部备案。

省级建设主管部门负责注销注册办理，销毁收回的注册证书、执业印章，办结10日内将《省级建设主管部门一级注册建造师注销注册汇总表》（附表5－2）报建设部备案，建设部在中国建造师网上公告注册证书和执业印章注销情况。

省级建设主管部门负责注册证书、执业印章遗失补办或污损更换，销毁更换收回的注册证书、执业印章，办结10日内将《省级建设主管部门一级注册建造师注册证书、执业印章补发或更换汇总表》（附表7－2）报建设部备案。建设部在中国建造师网上公告注册证书、执业印章补办或更换情况。

第二十三条　对申请延续注册的，建设部收到初审意见后，10日内审批完毕并作出书面决定，审批结果向社会公告。建设部审批时不再组织专家进行复审，仅对申请人重复注册、举报情况进行核实。国务院铁路、交通、水利、信息产业、民航等专业部门应自收到全部注册申报材料之日起，5日内审核完毕，作出书面审核意见汇总后移送建设部。建设部将审核结果汇总后向社会公示10日，公示无异议的，准予注册。审批日期为注册证书签发日期，注册证书自签发之日起有效期3年，执业印章与注册证书有效期相同。

第二十四条　建设部自公告发布之日起10日内，向准予注册的申请人核发《中华人民共和国一级建造师注册证书》，省级建设主管部门负责在注册证书照片上加盖骑缝钢印；经审批同意延续注册、增项注册、注销注册的，省级建设主管部门在注册证书内页加贴建设部统一印制的防伪贴，并加盖骑缝印章。

经审批同意初始注册、延续注册、增项注册、重新注册的，省级建设主管部门负责注册证书、执业印章统一编号后发放，办结10日内将《省级建设主管部门发放一级建造师注册证书、执业印章汇总表》（附表1－9）报建设部备案。

五、注册证书和执业印章

第二十五条 注册证书

注册证书采用墨绿纸制材料，形状为长方形，长124mm，宽87mm，由建设部统一印制。

（一）注册证书采用两种编号体系。注册编号由一个汉字和12位阿拉伯数字组成，证书编号为全国注册证书印制流水号；

（二）注册编号规则适用于一级注册建造师和二级注册建造师的注册编号。注册编号的汉字和各组数字的含义为：

1. 编号首位汉字表示现注册省份简称，如：北京为“京”。总后基建营房部简称“军”；

2. 第2位表示注册建造师级别，一级为1，二级为2；

3. 第3、4位表示初始注册时受聘企业所在地省级行政区划代码，如北京为“11”、湖北为“42”等。总后基建营房部代码为99；

4. 第5、6位表示取得资格证书年份，如2005年取得资格证书的，表示为“05”；

5. 第7、8位表示初始注册年份，如2007年初始注册的，表示为“07”；

6. 第9—13位表示初始注册时，申请人在注册申请地省级注册流水号，如第1个表示为“00001”。

例如：京111050700001，表示该注册建造师的现注册地是北京，级别是一级，首次注册地是北京，资格证书为2005年取得，首次注册年份为2007年，首次注册时流水号为00001。

（三）注册编号首位汉字代表当期注册地，其它数字编号一经注册不得改变。延续注册、变更注册和重新注册的，编号首位汉字随注册省份改变而改变，数字编号仍沿用初始注册时编号。

（四）注册证书的注册编号与执业印章的注册编号相同。

第二十六条 执业印章

（一）执业印章式样如下图：

1. 印章形式为同心双椭圆。规格分别为：外圆长轴50mm、短轴36mm，内圆长轴36mm、短轴22mm，印模颜色为深蓝色。

2. 执业印章按样章的规格、形式制作，并依次标示；

（1）“中华人民共和国一级注册建造师执业印章”，宋体、字高4mm；

（2）印章持有人姓名，中隶书、字高4mm；

（3）注册编号与印章校验码，宋体、字高3.5mm；

（4）注册专业，宋体、字高3mm；

（5）执业印章有效期截止日期，宋体、字高2.5mm；

(6)聘用企业名称,宋体、字高4mm。

3. “京111050700001(02)”中,“京111050700001”为注册编号,02为印章校验码。

4. 样章中“2010.09.07”表示印章有效截止日期是2010年9月7日。

(二)执业印章校验码

印章校验码由2位阿拉伯数字组成,表示印章遗失作废后补办印章的累计次数。初始注册时校验码为00,第1次补办为01,最多次数为99。

(三)注册专业简称

建筑工程专业简称“建筑”,公路工程专业简称“公路”,铁路工程专业简称“铁路”,民航工程专业简称“民航”,港口与航道工程专业简称“港航”,水利水电工程专业简称“水利”,市政公用工程专业简称“市政”,通信广电工程专业简称“通信”,矿业工程专业简称“矿业”,机电工程专业简称“机电”。各专业简称之间由一个空格“　”连接,表示有多个注册专业,如“建筑公路”表示建筑工程专业、公路工程专业。

(四)无论申请人注册一个专业还是多个专业,只能核发一本注册证书和一枚执业印章。

(五)注册多个专业,由于专业增项注册、延续注册、注销注册导致专业之间注册有效截止日期不同的,执业印章有效截止日期为注册有效期最早截止专业的日期。

六、其　　他

第二十七条　一级建造师注册后,在领取注册证书和执业印章时,应当同时向申请地省级建设主管部门交回原建筑业企业一级项目经理资质证书,省级建设主管部门负责证书销毁并报建设部备案。

第二十八条　建设部不收取一级建造师注册费和注册证书费。省级建设主管部门在注册工作中发生的相关费用,请商同级有关主管部门解决。印章制作费标准请省级建设主管部门报省级物价管理部门核定。

第二十九条　二级建造师注册管理

二级建造师申请注册,由省级建设主管部门负责受理和审批,具体审批程序由省级人民政府建设主管部门参照本实施办法制定。对批准注册的,核发由建设部统一样式的《中华人民共和国二级建造师注册证书》和执业印章,并在核发证书后30日内报建设部备案。

第三十条　本实施办法由建设部负责解释。

第三十一条　本办法自公布之日起执行。

1.2　施工项目经理

1.2.1　项目经理的地位

项目经理应取得国家有关部门颁发的项目经理资质证书,并取得建造师执业资格。

项目经理是建筑施工企业法人代表在项目上的全权委托代理人。

项目经理是协调各方面关系,使之相互紧密协作、配合的桥梁和纽带。

项目经理对施工项目实施进行控制,是各种信息的集散中心。

项目经理是施工项目责、权、利的主体，是工程项目的承包责任者、决策者、管理者和组织者。

1.2.2 项目经理应具备的素质

项目经理应具备的基本素质见表1－1、图1－1至图1－3。

表1－1 项目经理应具备的素质

素质	具体内容
政治素质	①具有高度的政治思想觉悟，坚持社会主义经营方向，坚持改革开放；能正确处理好国家、集体、职工三者之间的利益关系 ②有强烈的事业心、责任感及正确的风险观，有开拓、创新、竞争和进取精神；实事求是，讲求经济效益，遵纪守法 ③具有良好的道德品质
知识素质	①具有大学、中专以上的相应专业学历。掌握建筑施工技术、经营管理知识，项目管理基本规律和知识 ②懂得基本经济理论，了解国家的方针、政策，特别是有关经济方面的法令、法规和法律知识 ③受过有关项目经理的专门培训，具有相当的实践经验，已取得建造师职称及任职资质证书
领导素质	①密切联系群众，作风民主，克己奉公，不谋私利；言行一致，公道正直，以身作则；任人唯贤，不计个人恩怨；铁面无私，赏罚严明 ②知人善任，善于识别、发现、培养人才，敢于提拔、使用人才
技能素质	①在项目施工的各项工作中，具有正确分析、判断及有效解决问题的严谨思维能力 ②在与外界洽谈（谈判）以及处理问题时多谋善断，有当机立断的科学决策能力 ③合理安排工作和生产经营活动，有协调人力、物力、财力的能力，有排除干扰、实现预期目标的组织控制能力 ④善于沟通上下级关系、调动各方积极性，有一定的公关能力
身心素质	①年富力强、身体健康、精力充沛，思维敏捷、记忆力良好 ②有坚强的毅力和意志，有健康的情感和良好的个性等心理素质

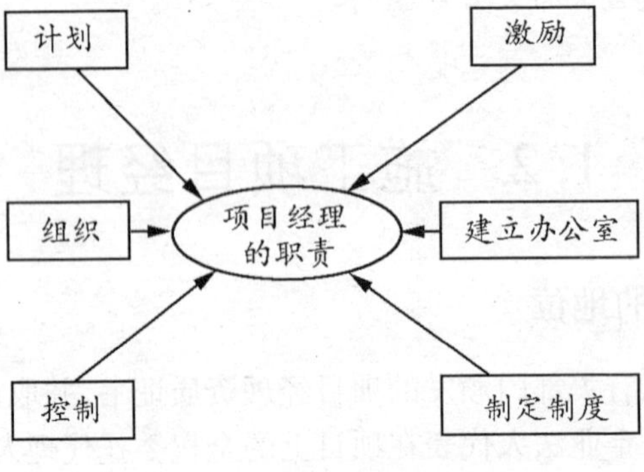

图1－1 项目经理的职责

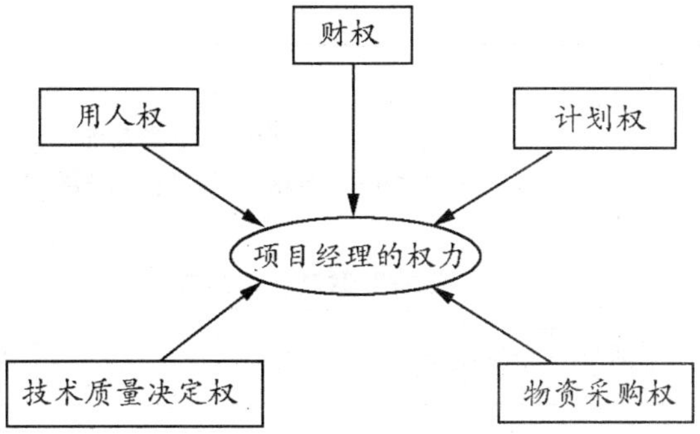

图 1－2　项目经理的权力

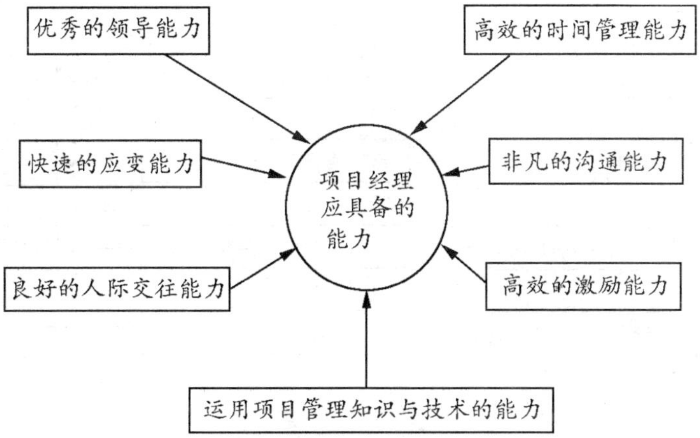

图 1－3　成功项目经理的素质和技能

1.2.3　项目经理的选择

1. 施工项目经理的选择方式

选择项目经理的方式见表 1－2。

表 1－2　选择项目经理的几种方式

选择方式	范　围	程　序	特　点
竞争招聘制	本着先内后外的原则,在企业内部或面向社会招聘	①个人自荐,组织审查 ②答辩演讲,择优选聘	①选择范围广 ②透明度高、竞争性强
企业经理委任制	限于企业内部	①企业经理提名,组织考核 ②党政联席办公会议决定	①要求企业经理知人善任 ②要求组织严格考核

续表 1－2

选择方式	范　围	程　序	特　点
内部协调基层推荐制	限于企业内部	①由各基层向公司推荐人选 ②组织集中各方意见，并严格审查 ③党政联席会议决定	①要求组织部门严格把关 ②人选来源广泛 ③有一定群众基础
业主与施工企业共同协商	限于企业内部	业主或企业提名	能综合承、发包两家意见

2. ***项目经理的选拔*** 选拔项目经理是企业人事部门的经常工作，其程序如图 1－4 所示。

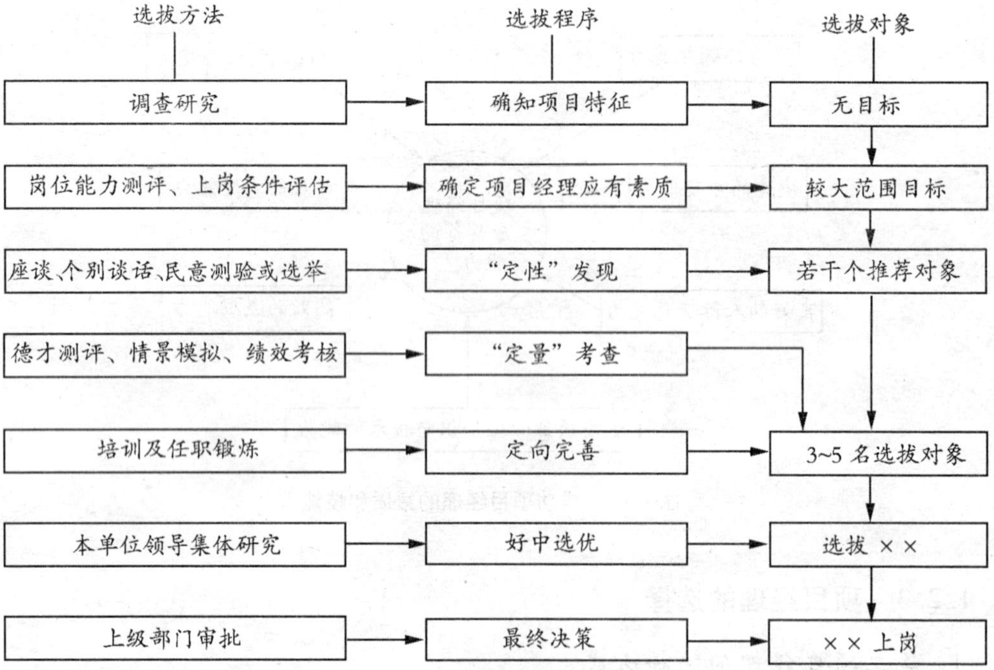

图 1－4　项目经理选拔程序

1.2.4　项目经理责任制

1. ***项目经理承包责任制的概念***

(1)项目经理承包责任制的含义。企业在进行施工项目时，应实行项目经理责任制。施工项目经理承包责任制，是指在工程项目建设过程中，用以确立项目承包者与企业、职工三者之间责、权、利关系的一种管理手段和方法。它是以工程项目为对象，以项目经理负责为前提，以施工图预算为依据，以创优质工程为目标，以承包合同为纽带，以求得最终产品的最佳经济效益为目的，实行从工程项目开工到竣工验收交付使用的及保修一次性全过程的施工承包经营管理。

(2)项目经理承包责任制的特点。

①对象终一性:它以施工项目为对象,实行建筑产品形成过程的一次性全额承包,不同于其他行政单位实行的年度或阶段性承包。

②主体直接性:它是在实施项目经理责任制的前提下,实行的一种"经理负责、全员管理、集体承包、风险抵押、单独核算、自负盈亏"的经济责任制。它突出了项目经理个人在承包中的主要责任。因此,它既不同于领导班子集体负责的那种承包,又区别于一些单位实行的个人承包。

③内容全面性:项目承包是根据先进、合理、实用可行的原则,在不超过承包费用的范围内,"包死基数,确保上缴",并以保证提高工程质量、缩短工期、降低成本、安全与文明施工等经济效益为内容的多项复合型技术经济指标全额全过程的承包。它明显地区别于过去的单项或利润指标的承包。

④责任风险性:项目承包充分体现了"指标突出、责任明确、利益直接、考核严格"的基本要求。承包的最终结果与项目经理部职工,特别是与项目经理行政晋升的奖罚等个人利益直接挂钩,既负责盈也负责亏。

2. 项目经理承包责任制的主体与重点

(1)项目管理承包的主体。施工项目管理承包的主体是经理个人全面负责、项目管理班子集体承包。施工项目管理的成果不仅仅是经理个人的功劳,更是项目管理班子集体的。因为项目管理班子是一个集体,没有集体的团结协作就不会取得成功,那种把个人负责和个人承包混为一体的说法是不对的。

(2)项目经理承包责任制的重点。施工项目承包责任制的重点应该在于管理。管理是科学,是规律性的活动。如果说企业的承包是经营承包,那么施工项目承包就是管理承包。所以说,施工项目承包的特点,决定施工项目承包的重点必须放在管理上。

3. 实行项目经理承包责任制的条件

实行施工项目经理承包责任制,一般应具备下列条件:

第一,工程项目任务落实,开工手续齐全,具有切实可行的施工组织总体设计。

第二,各种工程技术资料、施工图纸、劳动力分配及三大主材需落实,能按计划提供。

第三,有一批懂技术、会管理、敢负责并掌握施工项目管理技术的人才,组织一个精干、得力、高效的项目管理班子。

第四,开辟和建立企业业务工作系统化管理,形成内外部环境,并具有为项目经理部提供的劳务人才、材料、设备及生活设施等各项服务的功能。在市场经济中,很多项目经理不但有对外协调能力,而且有对外公关能力。从招投标开始,项目经理就以企业名义进行工作,而且有相对固定的项目班子,中标后即实行项目承包。

4. 项目经理承包责任制体系的建立

承包责任制体现了施工企业生产方式与建筑市场招投标承包制的统一,有利于企业经营机制的转换,其作用的最大发挥取决于是否建立起以项目管理为核心的承包网络体系,做到承包纵向到底、横向到边、纵横交错、不留死角。许多企业在推行施工项目管理过程中积极探索,创造了不少好的承包模式和方法。这里重点介绍某企业建立和实行的一条原则、两个坚持、三种承包类型、四种分配制度的四全(全员、全额、全过程、全方位)二多(多层次、多形式)的承包责任制系统。

(1)一条原则,两个坚持。本着"宏观控制,微观搞活"的原则,坚持推行以项目管理为核心、业务系统管理为基础、思想政治工作为保证的全员承包制,坚持运用法律手段建立企业内部全员合同制。

(2)三种承包类型。

1)以施工项目为对象的三个层次承包,即:项目、栋号、班组这三个层次之间的发包与承包,按"包死基数、确保上缴、超额分成、欠收自补"和"指标突出、责任明确、利益直接、考核严格、个人负责、全员承包、民主管理"的原则进行。

①企业对项目经理部是以工程项目的施工图预算为依据,扣除上缴企业的有关费用后即为承包基数。项目经理承包的总费用基数,无特殊情况,一般中途不作调整。为使各经理承包的基数水平接近,并根据工程特点、当地材料价格及历史经验,应花大力气进行测算和验证,防止苦乐不均。企业无论是对新开工程还是原在施工工程都要统一按预算定额标准计算承包基数。经理部自行与设计单位、建设单位办理的设计变更及签证,经有关监证机关认可后,可追加其承包基数。目前,不少企业实行的是"一包"(包施工图预算)、"二保"(保证利润上缴和竣工面积)、"四挂"(工资总额核定与质量、工期、成本、安全和文明施工挂钩)及"超额按比例分成"的承包责任制。

②施工项目经理部与栋号作业承包队的承包制。经理部对栋号(作业)承包队的发包与承包,是局限于施工项目承包制范围内的又一个层次的承包。通常情况下,是以单位工程为对象,施工预算为依据,质量管理为中心,成本管理为手段,通过签订栋号承包合同,实行"一包,两奖,四挂,五保"经济责任制。"一包"是承包按施工预算的有关费用一次包死,"两奖"是实行优质工程奖和材料节约奖,"四挂"是工资总额的核定与质量、工期(形象进度)、成本、文明施工四项指标挂钩,"五保"是项目经理部发包时要保证任务安排连续性、料具按时供应、技术指导及时、劳动力和技术工种配套、政策稳定合同兑现。栋号承包队队长与项目经理签订一次性承包合同,并交纳风险抵押金,竣工验收审计考核后一次奖罚兑现。

③栋号(作业)承包队对班组实行"三定一全四加奖"。承包制"三定"是定质量等级、定形象进度、定安全标准,"一全"是全额计件承包;"四加奖"是节约材料奖,工具包干奖模,板料具维护奖,四小活动奖(小发明、小建设、小革新、小创造)。

2)第二种承包类型:是指以施工项目分包为单位对象的承包,一般有以下三种。

①项目经理部与水电承包队之间的总分包制。

②项目经理部与土方运输专业队之间的承包制。

③项目经理部同外包工队伍之间的承包制。

3)第三种承包类型:是指以公司机关职能部门与各项目经理部之间的包保责任制。

(3)四种工资制度。

①一线工人实行全额累进计件工资制,或按分部分项工程承包(包工)责任制。

②二三线工人实行结构浮动效益工资制。

③极少工序实行计时工资制。

④干部实行岗位效益工资制。

(4)项目经理承包责任制中各类人员的岗位责任制。

1)项目经理与企业经理(法定代表人)之间的承包责任制:

①项目经理产生后,与企业经理就工程项目全过程管理签订目标合同。其内容是:对工

程项目或单位工程从开工到竣工及交付使用的全过程，从项目经理部建立至解体以及善后处理期间重大问题的办理，事先形成的具有企业法规性的文件。这种合同内容往往是项目经理招标通知书中的主要内容，也是项目经理的“任职目标”。合同的签订须经双方同意并经企业工会鉴证，具有很强的约束力。

②在《项目承包合同书》的总体指标内，按企业当年综合计划，与企业经理签订《年度项目经理承包经营责任状》。有些经理部承担的施工任务跨年度，甚至好几年，如果只有《项目承包合同书》而无近期年度责任状，就很难保证工程项目最终目标的实现。

③为便于核算及奖罚兑现，也可能以明显的形象进度来划分施工阶段责任。

2）项目经理与本部其他人员之间的责任制：此责任制必须按“管理的幅度”和“能位匹配”等原则，将“一人负责”转变为“人人尽职尽责”，在内部应按以下几方面建立以项目经理为中心的群体责任制。

①按“双向选择、择优聘用”的原则，配备合格的管理班子。

②确定每一业务岗位的工作职责。按业务系统的管理办法，在系统基层业务人员的工作职责基础上，进一步将每一业务岗位工作职责具体化、规范化，尤其是各业务人员之间的分工协作关系，一定要用《业务协作合同书》的形式规定清楚。

③签订管理人员业务上岗合同书，以合同的形式明确各自的责、权、利。

项目经理部各类人员之间的协作责任制，事实上是一种封闭型自我激励和自我约束的管理方法，是企业横向承包责任制落实到个人的具体反映。

5. 项目经理承包责任制的考核

（1）项目经理承包责任制的考核。

①考核依据：主要是企业制定并经职代会讨论的《项目经理负责制实施方法》、《施工生产承包经营责任制实施方法》、项目《年度综合生产经营计划》、《承包合同》等制度性文件，以及项目经理部在考核期内生产经营的实际效果两大部分。

②考核内容：项目经理部是企业内部相对独立的生产经营管理实体，其工作的目标，就是通过项目管理活动，确保经济效益和社会效益的提高。因此，承包的考核内容主要也是围绕“两个效益”，全面考核并与单位工资总额和个人收入挂钩。工期、质量、安全等指标实行单项考核，奖罚同工资总额挂钩浮动。

③考核方法：一是在组织机构上，企业应成立专门的考核委员会，由主管生产经营的领导挂帅，三总师及经营、工程、安全、质量、财会、审计等有关部门领导参加，而日常工作由公司经营管理部门负责。二是在考核周期上，每月由经营管理部门按统计报表和文件规定，进行政审性的考核。季度考核由考核委员会按纵横考评结果和经济效益进行综合考核，再以预算工资总额，确定管理人员岗位效益工资档次。年末应全面考核，并进行工资总额结算和人员最终奖罚兑现。

（2）栋号（作业）承包队的承包制考核。项目经理部下属的栋号（作业）承包队（含后勤承包），由项目经理部按双方的承包合同规定负责考核。其方法也是月预提，季预结，年全面考核结算。

（3）施工生产班组的承包制考核。施工生产班组以综合施工任务书为依据，考核单位应把好施工任务书在施工前编制下达、施工中检查验收及施工完结算兑现三关。对于因班组自身责任造成的质量返工、工伤事故、材料超耗等，应严格按规定执行；若由考核单位造成以上问题时，班组可依据规定索赔，考核单位也应如实给予补偿。

1.2.5 项目经理的责、权、利

1. 项目经理应履行下列职责

(1)代表企业实施施工项目管理，贯彻执行国家法律、法规、方针、政策和强制性标准，执行企业的管理制度，维护企业的合法权益。

(2)履行"项目管理目标责任书"规定的任务。

(3)组织编制项目管理实施规划。

(4)对进入现场的生产要素进行优化配置和动态管理。

(5)建立质量管理体系和安全管理体系并组织实施。

(6)在授权范围内负责与企业管理层、劳务作业层、各协作单位、发包人、分包人和监理工程师等的协调，解决项目中出现的问题。

(7)按"项目管理目标责任书"处理项目经理部与国家、企业、分包单位以及职工之间的利益分配。

(8)进行现场文明施工管理，发现和处理突发事件。

(9)参与工程竣工验收，准备结算资料和分析总结，接受审计。

(10)处理项目经理部的善后工作。

(11)协助企业进行项目的检查、鉴定和评奖申报。

2. 项目经理应具有下列权限

(1)参与企业进行的施工项目投标和签订施工合同。

(2)经授权组建项目经理部确定项目经理部的组织结构，选择、聘任管理人员，确定管理人员的职责，并定期进行考核、评价和奖惩。

(3)在企业财务制度规定的范围内，根据企业法定代表人的授权和施工项目管理的需要，决定资金的投入和使用，决定项目经理部的计酬办法。

(4)在授权范围内，按物资采购程序性文件的规定行使采购权。

(5)根据企业法定代表人授权或按照企业的规定选择、使用作业队伍。

(6)主持项目经理部工作，组织制定施工项目的各项管理制度。

(7)根据企业法定代表人授权，协调和处理与施工项目管理有关的内部与外部事项。

3. 项目经理应享有以下利益

(1)获得基本工资、岗位工资和绩效工资。

(2)除按"项目管理目标责任书"可获得物质奖励外，还可获得表彰、记功、优秀项目经理等荣誉称号。

(3)经考核和审计，未完成"项目管理目标责任书"确定的项目管理责任目标或造成亏损的，应按其中有关条款承担责任，并接受经济或行政处罚。

1.2.6 项目经理内外关系的协调

1. 施工项目内部关系的协调(见表1-3)

表 1－3　项目内部关系的协调

协调关系		协调方法
人际关系	①项目经理与下层的关系 ②职能人员之间关系 ③职能人员与作业人员的关系	①坚持民主集中制 ②调动人的积极性，用人所长，奖罚分明 ③当发生矛盾时，多做思想工作，重在调解、调协
组织关系	项目组织系统内各组成部分的分工协作、信息沟通及反馈关系	①按职能划分、设置组织机构，严格执行规章制度 ②以制度形式明确各机构之间的关系和职责权限 ③制定工作流程图、建立信息沟通制度、排除干扰
需求关系	劳动力、材料、机械设备、资金等供与求的关系	①通过计划协调生产与供应之间的平衡 ②通过调度体系，开展协调工作 ③抓住关键环节，调解供需矛盾
经济制约关系	重视行政领导威望，更多、更直接地应用承包合同中的经济制约关系	①坚持履行合同，对作业层进行指导、监督、控制 ②工作上、技术上为作业层创造条件 ③定期召开现场会，解决施工中存在的问题

2. 项目经理部与外层关系的协调

项目经理部与本公司关系的协调内容见表 1－4。项目经理部与其他外层关系的协调内容见表 1－5 和表 1－6。

表 1－4　项目经理部与本公司关系的协调

协调关系的类型及协调对象			协调的方法和依据
党政管理方法	与公司的有关职能部、室	上下级领导关系	①执行公司经理及党委决议 ②执行公司的有关管理制度
经理往来方面	与公司的相关职能部、室	甲乙双方合同关系	①依据公司经理与项目经理的经济责任（或承包合同）来处理一切经济往来业务
业务管理方面	与公司相应的职能部、室	受其业务监督指导	①执行公司的管理监督控制制度 ②既具有一定程度的相对独立性，又必须纳入公司业务系统管理
	水、电、运输、安装等专业公司	总包与分包合同关系	①履行分包合同 ②服从经理部安排、调配，接受监督控制
	劳和分公司	平等的合同关系	①履行劳务合同 ②劳务分公司按经理部统筹安排提供劳务 ③接受经理部监督控制

表1-5　项目经理部与其他近外层关系的协调

协调对象与关系		协调内容或协调依据
业　主	甲乙双方合同关系	①双方履行施工项目承包合同 ②依据合同及有关法律解决争议与纠纷
监　理	监理与被监理关系 （与业主有委托监理合同关系）	①接受业主授权范围内的监理指令 ②通过监理中介与业主经常沟通联系
设计单位	平等的业务上的合作配合关系 （与业主有委托设计合同关系）	①按设计图纸及文件制订施工组织设计，按图施工 ②与设计单位配合处理好设计变更或修改等工作
物质供应单位	有供应合同者为合同关系	双方履行合同
	无合同者为买卖、需求关系	充分利用市场竞争机制、价格调节和制约机制
分包单位	总包分包合同关系	①选择具有相应营业等级和施工能力的分包单位 ②双方履行分包合同，按合同处理经济责任与纠纷 ③分包单位接受经理部监督控制
公用部门	配合与协作关系 （道路、市政管理、自来水、煤气、热力、供电、通讯等单位一般与业主签有合同）	有保证质量、施工协作、进度衔接等方面取得相应部门的支持与配合

表1-6　项目经理部与其他外层关系的协调

关系单位或部门	协调关系内容
政府主管部门	接受主管部门领导和审查，主动请示汇报，取得支持，在合同纠纷时给予调解或仲裁
金融机构	遵守金融法规，向银行借贷、委托、送审和申请，向保险公司投保
质量监督部门	接受其对施工全过程的质量监督、检查、验收和质量评级工作
消防部门	提出施工现场消防平面布置图，符合消防规范，报区公安局审批后方可施工
现场环保部门	减少环境污染，搞好环卫、环保、场容及安全等工作，尊重街道居民、环保部门意见，改进工作，取得谅解与配合
公安部门	进场后应向所在地派出所汇报工地性质、人员状况，为外来工人申报暂住证，与其配合消除不安定因素和治安隐患
公证、鉴证机构	委托合同公证、鉴证机构进行合同的真实性、可靠性的法律审查
司法机构	在合同纠纷处理中，在调解无效或对仲裁不服时，可向法院起诉

1.2.7　项目经理岗位职责

项目经理在整个建筑施工过程中应做以下几方面的工作：

(1)项目经理是企业法人在项目施工过程中的委托代理人，是建设方、企业及参加施工的全体职工三方利益的综合代表。项目经理必须为他所代表的利益负责，必须确保实现项目既定的效益目标。

(2)负责在发包方授权范围内开展项目施工经营管理活动，并对项目从基础开工至竣工交付建设方验收全过程经营管理活动的合法性负责。

(3)负责按工程特点的实际需求,选配好项目经理部成员,并根据项目效益目标要求,确定项目组织机构形式及管理跨度、管理层次、管理职责的划分,以形成封闭稳定的项目职能管理体系。

(4)负责在“目标分解明确、责权利清楚、措施得力、奖罚具体”的原则下,将项目效益目标分解落实。

(5)负责对项目经理部成员及分包单位的合同义务履行情况进行阶段性动态考核,主动创造条件予以支持。

(6)负责依据发包方下达的进度部位计划,结合自己的实际生产能力确定季度或月度实际部位进度计划。

(7)负责按实际部位进度计划确定责任成本降低额或责任成本降低率。

(8)负责制定质量、安全、消防、文明施工的达标措施和按工程质量要求制定相应的管理办法。

(9)在履行合同职责过程中,应接受发包方对项目施工效益实现情况及为此而组织的经营管理活动的检查、监督、考核。

(10)项目经理在工程竣工后应及时提出述职申请审计报告。

(11)对项目的风险负责,并自觉遵守法纪、接受民主监督。

(12)在搞好本项目管理的同时,协助公司捕捉新的工程信息,开拓新的经营市场。

[附件四]

建筑业企业资质管理规定

中华人民共和国建设部令

第159号

《建筑业企业资质管理规定》已于2006年12月30日经建设部第114次常务会议讨论通过,现予发布,自2007年9月1日起施行。

部长 **汪光焘**

二〇〇七年六月二十六日

建筑业企业资质管理规定

第一章 总 则

第一条 为了加强对建筑活动的监督管理,维护公共利益和建筑市场秩序,保证建设工程质量安全，根据《中华人民共和国建筑法》、《中华人民共和国行政许可法》、《建设工程质量管理条例》、《建设工程安全生产管理条例》等法律、行政法规，制定本规定。

第二条 在中华人民共和国境内申请建筑业企业资质，实施对建筑业企业资质监督管理，适用本规定。

本规定所称建筑业企业，是指从事土木工程、建筑工程、线路管道设备安装工程、装修工程的新建、扩建、改建等活动的企业。

第三条 建筑业企业应当按照其拥有的注册资本、专业技术人员、技术装备和已完成的建筑工程业绩等条件申请资质，经审查合格，取得建筑业企业资质证书后，方可在资质许可的范围内从事建筑施工活动。

第四条 国务院建设主管部门负责全国建筑业企业资质的统一监督管理。国务院铁路、交通、水利、信息产业、民航等有关部门配合国务院建设主管部门实施相关资质类别建筑业企业资质的管理工作。

省、自治区、直辖市人民政府建设主管部门负责本行政区域内建筑业企业资质的统一监督管理。省、自治区、直辖市人民政府交通、水利、信息产业等有关部门配合同级建设主管部门实施本行政区域内相关资质类别建筑业企业资质的管理工作。

第二章 资质序列、类别和等级

第五条 建筑业企业资质分为施工总承包、专业承包和劳务分包三个序列。

第六条 取得施工总承包资质的企业（以下简称施工总承包企业），可以承接施工总承包工程。施工总承包企业可以对所承接的施工总承包工程内各专业工程全部自行施工，也可以将专业工程或劳务作业依法分包给具有相应资质的专业承包企业或劳务分包企业。

取得专业承包资质的企业（以下简称专业承包企业），可以承接施工总承包企业分包的专业工程和建设单位依法发包的专业工程。专业承包企业可以对所承接的专业工程全部自行施工，也可以将劳务作业依法分包给具有相应资质的劳务分包企业。

取得劳务分包资质的企业（以下简称劳务分包企业），可以承接施工总承包企业或专业承包企业分包的劳务作业。

第七条 施工总承包资质、专业承包资质、劳务分包资质序列按照工程性质和技术特点分别划分为若干资质类别。各资质类别按照规定的条件划分为若干资质等级。

第八条 建筑业企业资质等级标准和各类别等级资质企业承担工程的具体范围，由国务院建设主管部门会同国务院有关部门制定。

第三章 资质许可

第九条 下列建筑业企业资质的许可由国务院建设主管部门实施：

（一）施工总承包序列特级资质、一级资质；

（二）国务院国有资产管理部门直接监管的企业及其下属一层级的企业的施工总承包二级资质、三级资质；

（三）水利、交通、信息产业方面的专业承包序列一级资质；

（四）铁路、民航方面的专业承包序列一级、二级资质；

（五）公路交通工程专业承包不分等级资质、城市轨道交通专业承包不分等级资质。

申请前款所列资质的，应当向企业工商注册所在地省、自治区、直辖市人民政府建设主管部门提出申请。其中，国务院国有资产管理部门直接监管的企业及其下属一层级的企业，应当由国务院国有资产管理部门直接监管的企业向国务院建设主管部门提出申请。

省、自治区、直辖市人民政府建设主管部门应当自受理申请之日起20日内初审完毕并将初审意见和申请材料报国务院建设主管部门。

国务院建设主管部门应当自省、自治区、直辖市人民政府建设主管部门受理申请材料之日起60日内完成审查，公示审查意见，公示时间为10日。其中，涉及铁路、交通、水利、信息产业、民航等方面的建筑业企业资质，由国务院建设主管部门送国务院有关部门审核，国务院有关部门在20日内审核完毕，并将审核意见送国务院建设主管部门。

第十条 下列建筑业企业资质许可由企业工商注册所在地省、自治区、直辖市人民政府建设主管部门实施：

（一）施工总承包序列二级资质（不含国务院国有资产管理部门直接监管的企业及其下属一层级的企业的施工总承包序列二级资质）；

（二）专业承包序列一级资质（不含铁路、交通、水利、信息产业、民航方面的专业承包序列一级资质）；

（三）专业承包序列二级资质（不含民航、铁路方面的专业承包序列二级资质）；

（四）专业承包序列不分等级资质（不含公路交通工程专业承包序列和城市轨道交通专业承包序列的不分等级资质）。

前款规定的建筑业企业资质许可的实施程序由省、自治区、直辖市人民政府建设主管部门依法确定。

省、自治区、直辖市人民政府建设主管部门应当自作出决定之日起30日内，将准予资质许可的决定报国务院建设主管部门备案。

第十一条 下列建筑业企业资质许可，由企业工商注册所在地设区的市人民政府建设主管部门实施；

（一）施工总承包序列三级资质（不含国务院国有资产管理部门直接监管的企业及其下属一层级的企业的施工总承包三级资质）；

（二）专业承包序列三级资质；

（三）劳务分包序列资质；

（四）燃气燃烧器具安装、维修企业资质。

前款规定的建筑业企业资质许可的实施程序由省、自治区、直辖市人民政府建设主管部门依法确定。

企业工商注册所在地设区的市人民政府建设主管部门应当自作出决定之日起30日内，将准予资质许可的决定通过省、自治区、直辖市人民政府建设主管部门，报国务院建设主管部门备案。

第十二条 建筑业企业资质证书分为正本和副本，正本一份，副本若干份，由国务院建设主管部门统一印制，正、副本具备同等法律效力。资质证书有效期为5年。

第十三条 建筑业企业可以申请一项或多项建筑业企业资质；申请多项建筑业企业资质的，应当选择等级最高的一项资质为企业主项资质。

第十四条 首次申请或者增项申请建筑业企业资质，应当提交以下材料：

（一）建筑业企业资质申请表及相应的电子文档；

（二）企业法人营业执照副本；

（三）企业章程；

（四）企业负责人和技术、财务负责人的身份证明、职称证书、任职文件及相关资质标准要求提供的材料；

（五）建筑业企业资质申请表中所列注册执业人员的身份证明、注册执业证书；

（六）建筑业企业资质标准要求的非注册的专业技术人员的职称证书、身份证明及养老保险凭证；

（七）部分资质标准要求企业必须具备的特殊专业技术人员的职称证书、身份证明及养老保险凭证；

（八）建筑业企业资质标准要求的企业设备、厂房的相应证明；

（九）建筑业企业安全生产条件有关材料；

（十）资质标准要求的其他有关材料。

第十五条 建筑业企业申请资质升级的，应当提交以下材料：

（一）本规定第十四条第（一）、（二）、（四）、（五）、（六）、（八）、（十）项所列资料；

（二）企业原资质证书副本复印件；

（三）企业年度财务、统计报表；

（四）企业安全生产许可证副本；

（五）满足资质标准要求的企业工程业绩的相关证明材料。

第十六条 资质有效期届满，企业需要延续资质证书有效期的，应当在资质证书有效期届满60日前，申请办理资质延续手续。

对在资质有效期内遵守有关法律、法规、规章、技术标准，信用档案中无不良行为记录，且注册资本、专业技术人员满足资质标准要求的企业，经资质许可机关同意，有效期延续5年。

第十七条 建筑业企业在资质证书有效期内名称、地址、注册资本、法定代表人等发生变更的，应当在工商部门办理变更手续手30日内办理资质证书变更手续。

由国务院建设主管部门颁发的建筑业企业资质证书，涉及企业名称变更的，应当向企业工商注册所在地省、自治区、直辖市人民政府建设主管部门提出变更申请，省、自治区、直辖市人民政府建设主管部门应当自受理申请之日起2日内将有关变更证明材料报国务院建设主管部门，由国务院建设主管部门在2日内办理变更手续。

前款规定以外的资质证书变更手续，由企业工商注册所在地的省、自治区、直辖市人民政府建设主管部门或者设区的市人民政府建设主管部门负责办理。省、自治区、直辖市人民政府建设主管部门或者设区的市人民政府建设主管部门应当自受理申请之日起2日内办理变更手续，并在办理资质证书变更手续后15日内将变更结果报国务院建设主管部门备案。

涉及铁路、交通、水利、信息产业、民航等方面的建筑业企业资质证书的变更，办理变更手续的建设主管部门应当将企业资质变更情况告知同级有关部门。

第十八条 申请资质证书变更，应当提交以下材料：

（一）资质证书变更申请；

（二）企业法人营业执照复印件；

（三）建筑业企业资质证书正、副本原件；

（四）与资质变更事项有关的证明材料。

企业改制的，除提供前款规定资料外，还应当提供改制重组方案、上级资产管理部门或者股东大会的批准决定、企业职工代表大会同意改制重组的决议。

第十九条 企业首次申请、增项申请建筑业企业资质，不考核企业工程业绩，其资质等级按照最低资质等级核定。

已取得工程设计资质的企业首次申请同类别或相近类别的建筑业企业资质的，可以将相应规模的工程总承包业绩作为工程业绩予以申报，但申请资质等级最高不超过其现有工程设计资质等级。

第二十条 企业合并的，合并后存续或者新设立的建筑业企业可以承继合并前各方中较高的资质等级，但应当符合相应的资质等级条件。

企业分立的，分立后企业的资质等级，根据实际达到的资质条件，按照本规定的审批程序核定。

企业改制的，改制后不再符合资质标准的，应按其实际达到的资质标准及本规定申请重新核定；资质条件不发生变化的，按本规定第十八条办理。

第二十一条 取得建筑业企业资质的企业，申请资质升级、资质增项，在申请之日起前一年内有下列情形之一的，资质许可机关不予批准企业的资质升级申请和增项申请：

（一）超越本企业资质等级或以其他企业的名义承揽工程，或允许其他企业或个人以本企业的名义承揽工程的；

（二）与建设单位或企业之间相互串通投标，或以行贿等不正当手段谋取中标的；

（三）未取得施工许可证擅自施工的；

（四）将承包的工程转包或违法分包的；

（五）违反国家工程建设强制性标准的；

（六）发生过较大生产安全事故或者发生过两起以上一般生产安全事故的；

（七）恶意拖欠分包企业工程款或者农民工工资的；

（八）隐瞒或谎报、拖延报告工程质量安全事故或破坏事故现场、阻碍对事故调查的；

（九）按照国家法律、法规和标准规定需要持证上岗的技术工种的作业人员未取得证书上岗，情节严重的；

（十）未依法履行工程质量保修义务或拖延履行保修义务，造成严重后果的；

（十一）涂改、倒卖、出租、出借或者以其他形式非法转让建筑业企业资质证书；

（十二）其他违反法律、法规的行为。

第二十二条 企业领取新的建筑业企业资质证书时，应当将原资质证书交回原发证机关予以注销。

企业需增补（含增加、更换、遗失补办）建筑业企业资质证书的，应当持资质证书增补申请等材料向资质许可机关申请办理。遗失资质证书的，在申请补办前应当在公众媒体上刊登遗失声明。资质许可机关应当在2日内办理完毕。

第四章 监督管理

第二十三条 县级以上人民政府建设主管部门和其他有关部门应当依照有关法律、法规和本规定,加强对建筑业企业资质的监督管理。

上级建设主管部门应当加强对下级建设主管部门资质管理工作的监督检查,及时纠正资质管理中的违法行为。

第二十四条 建设主管部门、其他有关部门履行监督检查职责时,有权采取下列措施:

(一)要求被检查单位提供建筑业企业资质证书、注册执业人员的注册执业证书,有关施工业务的文档,有关质量管理、安全生产管理、档案管理、财务管理等企业内部管理制度的文件;

(二)进入被检查单位进行检查,查阅相关资料;

(三)纠正违反有关法律、法规和本规定及有关规范和标准的行为。

建设主管部门、其他有关部门依法对企业从事行政许可事项的活动进行监督检查时,应当将监督检查情况和处理结果予以记录,由监督检查人员签字后归档。

第二十五条 建设主管部门、其他有关部门在实施监督检查时,应当有两名以上监督检查人员参加,并出示执法证件,不得妨碍企业正常的生产经营活动,不得索取或者收受企业的财物,不得谋取其他利益。

有关单位和个人对依法进行的监督检查应当协助与配合,不得拒绝或者阻挠。

监督检查机关应当将监督检查的处理结果向社会公布。

第二十六条 建筑业企业违法从事建筑活动的,违法行为发生地的县级以上地方人民政府建设主管部门或者其他有关部门应当依法查处,并将违法事实、处理结果或处理建议及时告知该建筑业企业的资质许可机关。

第二十七条 企业取得建筑业企业资质后不再符合相应资质条件的,建设主管部门、其他有关部门根据利害关系人的请求或者依据职权,可以责令其限期改正;逾期不改的,资质许可机关可以撤回其资质。被撤回建筑业企业资质的企业,可以申请资质许可机关按照其实际达到的资质标准,重新核定资质。

第二十八条 有下列情形之一的,资质许可机关或者其上级机关,根据利害关系人的请求或者依据职权,可以撤销建筑业企业资质:

(一)资质许可机关工作人员滥用职权、玩忽职守作出准予建筑业企业资质许可的;

(二)超越法定职权作出准予建筑业企业资质许可的;

(三)违反法定程序作出准予建筑业企业资质许可的;

(四)对不符合许可条件的申请人作出准予建筑业企业资质许可的;

(五)依法可以撤销资质证书的其他情形。

以欺骗、贿赂等不正当手段取得建筑业企业资质证书的,应当予以撤销。

第二十九条 有下列情形之一的,资质许可机关应当依法注销建筑业企业资质,并公告其资质证书作废,建筑业企业应当及时将资质证书交回资质许可机关:

(一)资质证书有效期届满,未依法申请延续的;

(二)建筑业企业依法终止的;

(三)建筑业企业资质依法被撤销、撤回或吊销的;

(四)法律、法规规定的应当注销资质的其他情形。

第三十条 有关部门应当将监督检查情况和处理意见及时告知资质许可机关。资质许可机关应当将涉及有关铁路、交通、水利、信息产业、民航等方面的建筑业企业资质被撤回、撤销和注销的情况告知同级有关部门。

第三十一条 企业应当按照有关规定，向资质许可机关提供真实、准确、完整的企业信用档案信息。

企业的信用档案应当包括企业基本情况、业绩、工程质量和安全、合同履约等情况。被投诉举报和处理、行政处罚等情况应当作为不良行为记入其信用档案。

企业的信用档案信息按照有关规定向社会公示。

第五章 法律责任

第三十二条 申请人隐瞒有关情况或者提供虚假材料申请建筑业企业资质的，不予受理或者不予行政许可，并给予警告，申请人在1年内不得再次申请建筑业企业资质。

第三十三条 以欺骗、贿赂等不正当手段取得建筑业企业资质证书的，由县级以上地方人民政府建设主管部门或者有关部门给予警告，并依法处以罚款，申请人3年内不得再次申请建筑业企业资质。

第三十四条 建筑业企业有本规定第二十一条行为之一，《中华人民共和国建筑法》、《建设工程质量管理条例》和其他有关法律、法规对处罚机关和处罚方式有规定的，依照法律、法规的规定执行；法律、法规未作规定的，由县级以上地方人民政府建设主管部门或者其他有关部门给予警告，责令改正，并处1万元以上3万元以下的罚款。

第三十五条 建筑业企业未按照本规定及时办理资质证书变更手续的，由县级以上地方人民政府建设主管部门责令限期办理；逾期不办理的，可处以1000万元上1万元以下的罚款。

第三十六条 建筑业企业未按照本规定要求提供建筑业企业信用档案信息的，由县级以上地方人民政府建设主管部门或者其他有关部门给予警告，责令限期改正；逾期未改正的，可处以1000元以上1万元以下的罚款。

第三十七条 县级以上地方人民政府建设主管部门依法给予建筑业企业行政处罚的，应当将行政处罚决定以及给予行政处罚的事实、理由和依据，报国务院建设主管部门备案。

第三十八条 建设主管部门及其工作人员，违反本规定，有下列情形之一的，由其上级行政机关或者监察机关责令改正；情节严重的，对直接负责的主管人员和其他直接责任人员，依法给予行政处分：

（一）对不符合条件的申请人准予建筑业企业资质许可的；

（二）对符合条件的申请人不予建筑业企业资质许可或者不在法定期限内作出准予许可决定的；

（三）对符合条件的申请不予受理或者未在法定期限内初审完毕的；

（四）利用职务上的便利，收受他人财物或者其他好处的；

（五）不依法履行监督管理职责或者监督不力，造成严重后果的。

第六章 附 则

第三十九条 取得建筑业企业资质证书的企业，可以从事资质许可范围相应等级的建设工程总承包业务，可以从事项目管理和相关的技术与管理服务。

第四十条 本自2007年9月1日起施行。2001年4月18日建设部颁布的《建筑业企业资质管理规定》（建设部令第87号）同时废止。

2 建设工程管理概论

2.1 建设工程项目管理概念和要求

2.1.1 项目管理的概念

项目管理是业主、设计、施工、监理及供货方对建设项目进行的管理，管理的核心是对有明确目标的建设工程进行策划和目标控制。其主要内容包括是自项目开始至项目完成的全过程进行进度、质量、安全、成本控制、合同、信息管理和组织协调。

每个项目都有项目的一次性，即在建设过程中的一次性任务；目标的明确性，即一个项目只能有一个统一的最高目标；时间的有限性，即一个项目只是在一段有限的时间内短暂地存在；项目的约束性，即对完成项目任务所需对人、财、物、时间、质量的约束。另外，项目还具有独立性、单体性、多变性、整体性和相对性。项目的种类按其最终成果划分有建设项目、科研开发项目、航天项目及维修项目等。

2.1.2 施工项目管理与建设项目管理的区别

建设项目管理是指建设单位（业主）对建设项目的管理。建设单位根据项目既定的质量要求、规定时限、投资总额、资源和环境等条件，为圆满实现建设项目目标，采用先进的系统与科学的方法，进行有效的决策、计划、组织、协调和控制等管理活动。

建设项目管理的对象是建设项目，管理者是参与建设活动的各方组织，包括业主（即建设单位）、设计单位、监理单位和施工单位。业主是建设项目管理的主体，即从编制建设项目建议书始至项目竣工验收交付使用为止的全过程的管理。业主还可以委托社会监理单位，按合同为其建设项目实施的各阶段进行管理；委托设计单位，对建设项目的设计阶段进行设计项目管理；委托施工单位，以承包商的身份对建设项目的施工阶段进行施工项目管理。

施工项目管理是项目管理的一个分支，它具有“管理”的共同职能，即计划、组织、指挥、控制与协调。

施工项目的管理与建设项目的管理是不同的，两者的区别见表 2－1。

表 2－1　施工项目管理与建设项目管理的区别

区别特征	施工项目管理	建设项目管理
管理主体	建筑施工企业或其授权的项目经理部（承包商）	建设单位或其委托的建设监理单位（业主）
管理目标	符合需求的建筑产品，获得预期利润	符合任务书要求，形成设计能力，并发挥固定资产投资效益

续表 2－1

区别特征	施工项目管理	建设项目管理
管理范围	合同规定的承包范围，可以是建设项目，也可以是单项（位）工程	由可研报告评估审定的建设项目
管理阶段	①投标签约，施工准备 ②施工，控制工期、成本、质量 ③竣工验收及结算 ④用后服务	①项目决策建议书，可行性报告 ②项目组织计划、设计 ③项目实施 ④竣工验收及结算

2.2　建设项目管理的目标和任务

建设项目管理的具体目标和任务现列于表 2－2。

表 2－2　　项目管理的目标和任务

参与单位	管理目标	管　理　任　务
业主	投资目标 进度目标 质量目标 效益目标	①项目策划管理 ②信息管理 ③合同管理 ④安全管理 ⑤投资控制 ⑥进度控制 ⑦质量控制 ⑧组织和协调
设计单位	成本目标 进度目标 质量目标 效益目标	①招投标管理 ②设计合同管理 ③设计信息管理 ④与设计工作有关的安全管理 ⑤设计成本控制及其与设计工作有关的工程造价控制 ⑥设计进度控制 ⑦设计质量控制 ⑧与设计工作有关的组织和协调
施工单位	成本目标 进度目标 质量目标 效益目标	①招投标管理 ②施工合同管理 ③施工信息管理 ④施工安全管理 ⑤施工成本控制 ⑥施工进度控制 ⑦施工质量控制 ⑧与施工有关的组织与协调

续表 2-2

参与单位	管理目标	管 理 任 务
供货单位	成本目标 进度目标 质量目标 效益目标	①招投标管理 ②供货合同管理 ③供货信息管理 ④供货的安全管理 ⑤供货方的成本控制 ⑥供货的进度控制 ⑦供货的质量控制 ⑧与供货有关的组织与协调

2.3 项目管理的内容与程序

为便于阅读,我们把项目管理的内容与程序列于表 2-3。

表 2-3 项目管理内容与程序

项目管理内容	编制"项目管理规划大纲"和"项目管理实施规划",项目进度控制,项目质量控制,项目安全控制,项目成本控制,项目人力资源管理,项目材料管理,项目机械设备管理,项目技术管理,项目资金管理,项目合同管理,项目信息管理,项目现场管理,项目组织协调,项目竣工验收,项目考核评价,项目回访保修。
项目管理程序	编制项目管理规划大纲,编制投标书并进行投标。中标后签订施工合同,选定项目经理,项目经理接受企业法定代表人的委托而组建项目经理部,企业法定代表人与项目经理签订"项目管理目标责任书",项目经理部编制"项目管理实施规划",进行项目开工前的准备。施工期间按"项目管理实施规划"进行管理,在项目竣工验收阶段进行竣工结算,并清理各种债务、移交资料和工程,进行经济分析,做出项目管理总结报告并送企业管理层有关职能部门。企业管理层组织考核委员会对项目管理工作进行考核评价并兑现"项目管理目标责任书"中的奖惩承诺,项目经理部解体。在保修期满前企业管理层根据"工程质量保修书"的约定进行项目回访保修。 在制订项目管理规划大纲的每个过程中,都应体现出: ①企业的管理层与项目管理层共同参与过程; ②对计划、实施、检查、处理(PDCA)的持续改进过程; ③体现出企业制度,并利用企业制度保证项目按规定程序运行的过程; ④项目经理部应按监理机构提供的"监理规划"和"监理实施细则"的要求,接受并配合监理工作。

2.4 项目管理规划

1. 建设工程项目策划的基本知识(见表2-4)

表2-4　建设工程项目策划的基本知识

<table>
<tr><td rowspan="3">建设工程项目策划的基本概念</td><td>基本概念</td><td>工程项目策划指的是通过调查研究和搜集资料,在充分占有信息的基础上,针对项目决策和实施或决策和实施的某个问题,进行组织、管理、经济和技术等方面的科学分析和论证,旨在为项目建设的决策和实施增值</td></tr>
<tr><td>增值可以反映的诸方面</td><td>①人类生活和工作的环境保护
②建筑环境
③项目的使用功能和建设质量
④建设成本和经营成本
⑤社会效益和经济效益
⑥建设周期
⑦建设过程的组织和协调</td></tr>
<tr><td>工程项目策划是一个开放性的工作过程,需整合多方面专家的知识</td><td>①组织知识
②管理知识
③经济知识
④技术知识
⑤设计经验
⑥施工经验
⑦项目管理经验
⑧项目策划经验</td></tr>
<tr><td rowspan="2">建设工程项目决策阶段策划的基本内容</td><td>主要任务</td><td>定义开发或建设的任务和意义</td></tr>
<tr><td>策划的基本内容</td><td>①建设环境和条件的调查与分析
②项目建设目标论证与项目定义
③项目结构分析
④与项目决策有关的组织、管理和经济方面的论证与策划
⑤与项目决策有关的技术方面的论证与策划
⑥项目决策的风险分析等</td></tr>
<tr><td rowspan="2">建设工程项目实施阶段策划的基本内容</td><td>主要任务</td><td>定义如何组织开发或建设</td></tr>
<tr><td>策划的基本内容</td><td>①项目实施的环境和条件的调查与分析
②项目目标的分析和再论证
③项目实施的组织策划
④项目实施的管理策划
⑤项目实施的合同策划
⑥项目实施的经济策划
⑦项目实施的技术策划
⑧项目实施的风险策划等</td></tr>
</table>

2. 建设工程项目管理规划的概念、内容和编制方法(见表2－5和表2－6)

表2－5　建设工程项目管理规划的概念、内容及编制方法

<table>
<tr><td rowspan="7">建设工程项目管理规划的概念</td><td rowspan="7">建设工程项目管理规划是指导项目管理工作的纲领性文件,并在总体上和宏观上对如下几个方面进行分析和描述</td><td>为什么要进行项目管理</td></tr>
<tr><td>项目管理需要做什么工作</td></tr>
<tr><td>怎样进行项目管理</td></tr>
<tr><td>谁做项目管理哪方面的工作</td></tr>
<tr><td>什么时候做哪些项目管理工作</td></tr>
<tr><td>项目总投资</td></tr>
<tr><td>项目总进度</td></tr>
<tr><td rowspan="13">建设工程项目管理规划大纲的内容</td><td rowspan="13">在制订项目管理规划大纲的每个过程中都应体现出:
①企业的管理层与项目管理层共同参与的过程;
②对计划实施检查处理(PDCA)的持续改进过程
③体现出企业制度,并利用制度保证项目按规定程序运行的过程</td><td>项目概述</td></tr>
<tr><td>项目的目标分析和论证</td></tr>
<tr><td>项目管理的组织</td></tr>
<tr><td>项目采购和合同结构分析</td></tr>
<tr><td>投资控制的方法和手段</td></tr>
<tr><td>进度控制的方法和手段</td></tr>
<tr><td>质量控制的方法和手段</td></tr>
<tr><td>安全、健康与环境管理的策略</td></tr>
<tr><td>信息管理的方法和手段</td></tr>
<tr><td>技术路线和关键技术的分析</td></tr>
<tr><td>设计过程的管理</td></tr>
<tr><td>施工过程的管理</td></tr>
<tr><td>风险管理的策略等</td></tr>
</table>

表2－6　项目管理实施规划细则

序号	项目管理实施规划	项目管理实施规划细则
1	工程概况	①工程特点 ②建设地点及环境特征 ③施工条件 ④项目管理特点及总体要求
2	施工部署	①项目质量、进度、成本及安全目标 ②拟投入的最高人数和平均人数 ③分包计划,劳动力使用计划,材料供应计划,机械设备供应计划 ④施工程序 ⑤项目管理总体安排

续表 2－6

序号	项目管理实施规划	项目管理实施规划细则
3	施工方案	①施工流向和施工顺序 ②施工阶段划分 ③施工方法和施工机械选择 ④安全施工设计 ⑤环境保护内容及方法
4	施工进度计划	施工总进度计划各单位工程施工进度计划
5	资源需求计划	①劳动力需求计划 ②主要材料和周转材料需求计划 ③机械设备需求计划 ④预制品订货和需求计划 ⑤大型工具、器具需求计划
6	施工准备工作计划	①施工准备工作组织及时间安排 ②技术准备及编制质量计划 ③施工现场准备 ④作业队伍和管理人员的准备 ⑤物资准备 ⑥资金准备
7	施工平面图	①施工平面图说明 ②施工平面图 ③施工平面图管理规划
8	施工技术组织措施计划	①保证进度目标的措施 ②保证质量目标的措施 ③保证安全目标的措施 ④保证成本目标的措施 ⑤保证季节目标的措施 ⑥保证环境的措施 ⑦文明施工措施
9	项目风险管理规划	①风险因素识别一览表 ②风险可能出现的概率及损失值估计 ③风险管理重点 ④风险防范对策 ⑤风险管理责任
10	项目信息管理规划	①与项目组织相适应的信息流通系统 ②信息中心的建立规划 ③项目管理软件的选择与使用规划 ④信息管理实施规划
11	技术经济指标的计算与分析	①规划的指标 ②规划指标水平高低的分析和评价 ③实施难点的对策

2.5 项目管理组织理论及工具

2.5.1 项目管理相关的组织理论及工具(见表2－7)

表2－7 建设工程项目管理相关的组织理论及基本的组织工具

<table>
<tr><td rowspan="10">组织理论的基本内容</td><td colspan="2">①研究对象:主要研究系统的组织结构模式和组织分工以及工作流程组织,它是与项目管理学相关的一门非常重要的基础理论科学</td></tr>
<tr><td rowspan="3">②组织结构模式:反映了一个组织系统中各子系统之间或各元素(各工作部门)之间的指令关系。常用的组织结构模式包括</td><td>职能组织结构,即传统的组织结构模式(每一个工作部门可能有多个矛盾的指令源)</td></tr>
<tr><td>线性组织结构(每一个工作部门只有一个指令源)</td></tr>
<tr><td>矩阵组织结构,即设纵向和横向两种不同类型的工作部门(指令源为二)</td></tr>
<tr><td colspan="2">③组织分工:组织系统中各子系统或各元素之间的工作任务分工和管理职能分工</td></tr>
<tr><td colspan="2">工作流程组织则可反映一个组织系统中各项工作之间的逻辑关系,是一种动态关系</td></tr>
<tr><td rowspan="4">④组织工具:是组织论基本理论应用的手段。基本的组织工具有</td><td>组织结构图</td></tr>
<tr><td>任务分工表</td></tr>
<tr><td>管理职能分工表</td></tr>
<tr><td>工作流程图</td></tr>
<tr><td rowspan="3">组织与目标的关系</td><td colspan="2">①系统目标决定系统的组织,组织是目标能否实现的决定性因素</td></tr>
<tr><td colspan="2">②控制目标的主要措施有:组织措施、管理措施、经济措施和技术措施,其中组织措施是最重要的措施</td></tr>
<tr><td colspan="2">③影响一个系统目标实现的主要因素除组织外,还有人的因素以及生产和管理的方法与工具等</td></tr>
<tr><td>项目结构图</td><td colspan="2">项目结构图(Project Diagram,或称WBS－Work breakdown structure)是一个组织工具,通过树状图的方式对一个项目的结构进行逐层分解,以反映组成该项目的所有工作任务</td></tr>
<tr><td>项目管理的组织结构图</td><td colspan="2">用图的方式对一个项目的组织结构进行分解,就形成项目组织结构图(OBS图——Diagram of organizational breakdown structrue)。它反映一个组织系统(如项目管理班子)中各子系统之间和各元素(如各工作部门)之间的组织关系,反映的是各工作单位、各工作部门和各工作人员之间的组织关系</td></tr>
<tr><td>项目管理任务分工表</td><td colspan="2">首先应对项目实施的各阶段的费用(投资或成本)控制、进度控制、质量控制、合同管理、信息管理,以及组织与协调等管理任务进行详细分解,在此基础上确定项目经理和费用(投资或成本)等,并协调主管工作部门或主管人员的工作任务</td></tr>
<tr><td>项目管理职能分工表</td><td colspan="2">管理职能包括,提出问题、筹划、决策、执行和检查
职能分工表是用表的形式反映项目管理班子内部项目经理,以及各工作部门和各工作岗位对各项工作任务的项目管理职能分工</td></tr>
<tr><td>工作流程图</td><td colspan="2">工作流程图服务于工作流程组织,反映一个组织系统内各项工作之间的逻辑关系</td></tr>
<tr><td>合同结构图</td><td colspan="2">合同结构图反映业主方和项目各参与方之间,以及项目各参与方之间的合同关系</td></tr>
</table>

1. **项目管理的组织结构**

(1)对一个项目的组织结构进行分解,可用图的方式表示就形成项目组织结构图(OBS图——Diagram of organizational breakdown structure),或称项目管理组织结构图。项目组织结构图反映一个组织系统(如项目管理班子)中各子系统之间和各元素(如各工作部门)之间的组织关系,反映的是各工作单位、各工作部门和各工作人员之间的组织关系(见图2-1)。

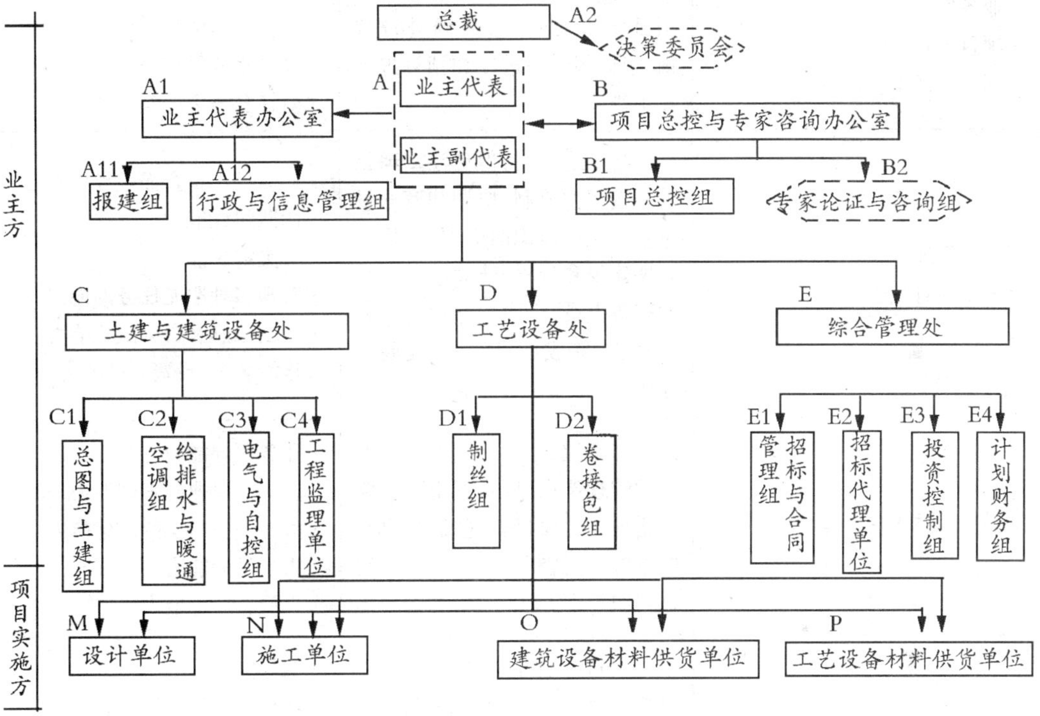

图2-1　项目组织结构图

(2)一个建设工程项目的实施除了业主方外,还有许多单位参加,如设计单位、施工单位、供货单位和工程管理咨询单位以及有关的政府行政管理部门等,项目组织结构图应注意表达业主方以及项目的参与单位有关的各工作部门之间的组织关系。

(3)业主方、设计方、施工方、供货方和工程管理咨询方的项目管理组织结构都可用各自的项目组织结构图予以描述。

(4)项目组织结构图应反映项目经理和费用(投资或成本)控制、进度控制、质量控制、合同管理、信息管理及其组织与协调等主管工作部门或主管人员之间的组织关系。

(5)图2-1是一个线性组织结构的项目组织结构图示例,在线性组织结构中每一个工作部门只有唯一的上级工作部门,其指令来源是唯一的。

2. **项目管理职位与职责**(见表2-8)

表 2-8　项目管理职位与职责

项目管理职位	主要职责	技能要求
·项目高层主管 ·项目协调者 ·技术助理	协调和综合子系统任务;协助确定技术和人才需求,进度和预算;根据技术发展、进度计划和预算来预测和分析项目的执行	·计划编制能力 ·协调能力 ·分析能力 ·对组织的了解
·业务经理 ·项目工程师 ·项目副经理	与上述相同,只是更加强调项目要求的落实,强调进行权衡,根据制定的进度和预算进行技术指导	·专业技术知识 ·权衡分析能力 ·任务实施管理能力 ·对任务专家的领导能力
·项目经理 ·大型项目经理	与上述相同,但更注重项目计划编制和控制;协调和商谈投资者与执行组织间的要求,提出发展建议和价格,建立项目组织并配备人员,全面领导项目计划的实施,完成项目利润;发展新业务	·对大型项目全面领导能力 ·团队组建能力 ·冲突解决能力 ·管理多种职能任务的能力 ·计划编制和资源配置能力 ·接洽客户/投资者的能力
·大型项目执行经理	和最高组织有关的大型项目的管理头衔,职责同上。主要是指导整体项目实现既定目标;联系客户,盈利,发展新业务,发展组织	·业务领导能力 ·综合项目业务管理能力 ·大型项目组织的组建能力 ·人员发展能力 ·发展新业务能力
·大型项目主管 ·大型项目发展副总裁	通过各种项目组织负责管理多项目业务,其中每一业务由一个项目经理领导,主要是企业规划和发展,盈利,技术开发,制定政策和程序,管理关键人员和组织发展	·领导能力 ·战略计划编制能力 ·大型项目业务指导和管理能力 ·组织建设能力 ·关键人员的挑选和开发 ·新业务的开创和发展

3. 项目管理任务分工表

(1)业主方和项目各参与方,如设计单位、施工单位、供货单位和工程管理咨询单位等都有各自的项目管理的任务,上述各方都应该编制各自的项目管理任务及职能分工的表,并提出问题,进行筹划、决策、执行、检查。这些组成管理的环节就是管理的职能。

(2)项目管理职能分工表是用表的形式反映项目管理班子内部项目经理、各工作部门和各工作岗位对各项工作任务的项目管理职能分工。

为了区分业主方和代表业主利益的项目管理方和工程建设监理方等的管理职能,也可以用管理职能分工表表示(见表 2-9),表中用英文字母表示管理职能。

表 2-9　项目管理职能分工表示例

序号		业主方	项目管理方	工程监理方	任　务
					设计阶段
1	审批	E			获得政府有关部门的各项审批
2	审批	DC	PC	PE	确定投资、进度、质量目标
3	发包与合同管理	D	PE		确定设计发包模式
4	发包与合同管理	DE	P		选择总包设计单位
5	发包与合同管理	DC	PEC	PC	选择分包设计单位
6	发包与合同管理	D	PE	PE	确定施工发包模式
7	进度	DC	PE		设计进度目标规划
8	进度	DC	PEC		设计进度目标控制
9	投资	DC	PE		投资目标分解
10	投资	DC	PE		设计阶段投资控制
11	质量	DC	PE		设计质量控制
12	质量	DE	PC		设计认可与批准
13	发包	DC	PE	PE	招标、评标
14	发包	DE	PE	PE	选择施工总包单位
15	发包	D	PE	PEC	选择施工分包单位
16	发包	DE	P	P	合同签订
17	进度	DC	PC	PE	施工进度目标规划
18	进度	DC	PC	PE	项目采购进度规划
19	进度	DC	PEC	PEC	项目采购进度控制
20	投资	DC	PEC		招标阶段投资控制
21	质量	D	PC	PEC	制定材料设备质量标准

[注]　P—筹划　D—决策　E—执行　C—检查

4. 工作流程图

(1)工作流程图服务于工作流程组织,它用图的形式反映一个组织系统中各项工作之间的逻辑关系。图 2-2 是某项目设计变更的工作流程图示例,可指导设计变更的管理程序。

(2)在项目管理中可运用工作流程图来描述各项项目管理工作的流程,如投资控制工作流程图、进度控制工作流程图、质量控制工作流程图、合同管理工作流程图、信息管理工作流程图、设计的工作流程图、施工的工作流程图、物资采购的工作流程图等。

(3)工作流程图可视需要逐层细化,如初步设计阶段投资控制工作流程图、施工图阶段投资控制工作流程图、施工阶段投资控制工作流程图等。

5. 合同结构图

(1)合同结构图反映业主方和项目各参与方之间,以及项目各参与方之间的合同关系。通过合同结构图可以非常清晰地了解一个项目有哪些或将有哪些合同,以及了解项目各参与方的合同组织关系。

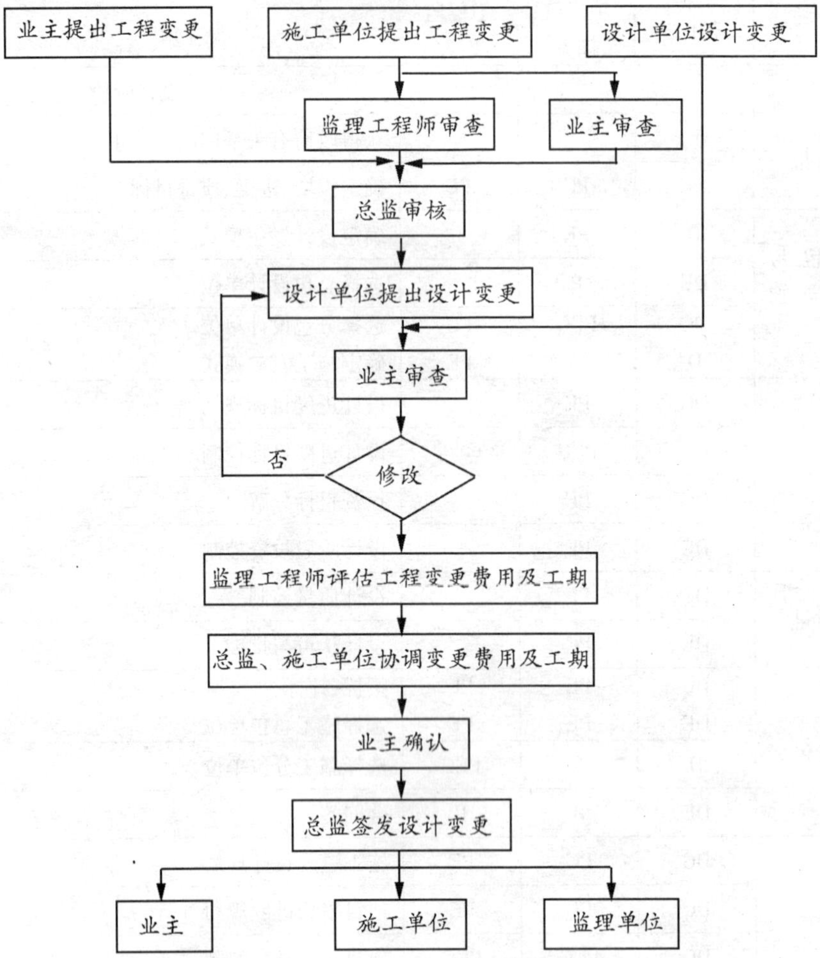

图2-2　项目设计变更工作流程图

(2)如果两个单位之间有合同关系,在合同结构图中用双向箭杆联系(如图2-3)。在项目管理的组织结构图中,如果两个单位之间有管理指令关系,则用单向箭杆联系。

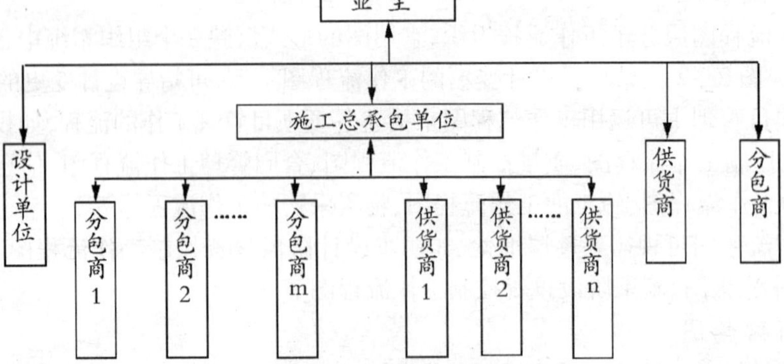

图2-3　合同结构图

2.5.2 建设工程项目目标动态控制原理

建设工程项目目标动态控制包括动态控制原理、动态控制进度的方法、动态控制投资的方法(见表2－10)。

表2－10　建设工程项目目标动态控制原理

<table>
<tr><td rowspan="3">项目目标动态控制原理</td><td>原理</td><td>项目实施过程中主客观条件的变化是绝对的,不变是相对的;项目进展过程中平衡是暂时的,不平衡则是永恒的,因此在项目实施过程中必须随着情况的变化而进行项目目标的动态控制,其原理见下图
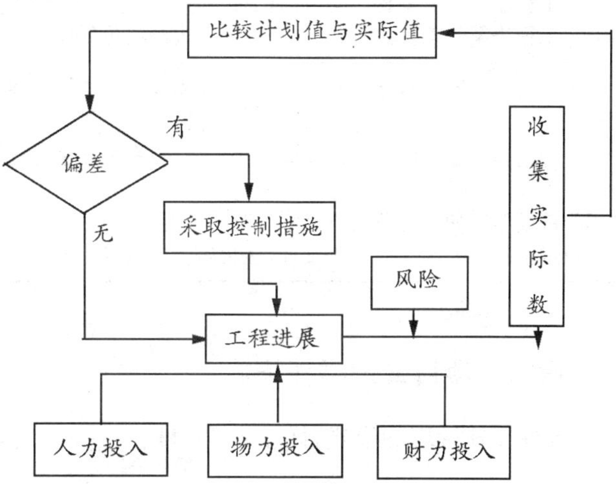

动态控制原理图</td></tr>
<tr><td>工作程序</td><td>**第一步**　项目目标动态控制的准备工作:将项目的目标进行分解,以确定用于目标控制的计划值
第二步　在项目实施过程中项目目标的动态控制:收集项目目标的实际值,如实际投资,实际进度等;定期(如每两周或每月)进行项目目标的计划值和实际值的比较;通过项目目标的计划值和实际值的比较,如有偏差,则采取纠偏措施进行纠偏
第三步　如有必要,则进行项目目标的调整,目标调整后再回复到第一步</td></tr>
<tr><td>纠偏措施</td><td>·组织措施
·管理措施
·经济措施
·技术措施</td></tr>
<tr><td rowspan="3">动态控制进度的方法</td><td>进度目标的分解</td><td>从项目开始和项目实施过程中,逐步地由宏观到微观,由粗到细编制深度不同的总进度纲要、总进度规划、总进度计划、各子系统和各子项目进度计划等</td></tr>
<tr><td>进度计划值和实际值比较</td><td>以里程碑事件的进度目标值或再细化的进度目标值作为进度的计划值,进度的实际值指的是相对于里程碑事件或再细化的分项工作的实际进度。两者相互比较得出偏差,分析原因,总结经验</td></tr>
<tr><td>纠偏措施</td><td>组织措施　如调整项目组织结构、任务分工、管理职能分工、工作流程组织和项目管理班子人员等
管理措施　譬如:分析由于管理的原因而影响进度的问题,并采取相应的措施;调整进度管理的方法和手段,改变施工管理和强化合同管理等
经济措施　如及时解决工程款支付和落实加快工程进度所需的资金等
技术措施　如改进施工方法和改变施工机械等</td></tr>
</table>

续表 2－10

动态控制投资的方法	项目投资目标的分解	通过编制投资规划、工程概算和预算，分析和论证项目投资目标实现的可能性，并对项目投资目标进行分解
	投资的计划值与实际值的比较	·工程合同价与工程概算的比较 ·工程合同价与工程预算的比较 ·工程款支付与工程概算的比较 ·工程款支付与工程预算的比较 ·工程款支付与工程合同价的比较 ·工程决策与工程概算、工程预算和工程合同价的比较
	纠偏措施	组织措施　如调整项目组织结构、任务分工、管理职能分工、工作流程组织和项目管理班子人员等 管理措施　如采取限额设计的方法，调整投资控制的方法和手段，采用价值工程和方法等 经济措施　如制定节约投资的奖励措施等 技术措施　如调整或修改设计，优化施工方法等

2.5.3　建设工程项目管理委托模式

建筑工程有五种委托管理的模式，详见表 2－11。

表 2－11　　建设工程项目委托的基本模式

序号	委托业务	委　托　模　式
1	在国际上，业主方项目管理委托	·业主自行项目管理 ·业主委托项目管理咨询公司承担全部业主方项目管理的任务 ·业主委托项目管理咨询公司与业主方人员共同进行项目管理，业主方从事项目管理人员在项目管理咨询公司委派的项目经理的领导下工作
2	设计任务委托	·业主方委托一个设计单位或由多个单位组成的设计联合体或设计合作体作为设计总负责单位，设计总负责单位视需要再委托其他设计单位配合设计 ·业主不委托设计总负责单位，而平行委找多个设计单位进行设计
3	施工任务委托	·业主方委托一个施工单位或由多个施工单位组成的施工联合体或施工合作体作为施工总包单位，施工总包单位视需要再委托其他施工单位作为分包单位配合施工 ·业主方委托一个施工单位或由多个施工单位组成的施工联合体或施工合作体作为施工总包单位，业主方另委托其他施工单位作为分包单位进行施工 ·业主方不委托施工总包单位，而平行委托多个施工单位进行施工
4	设计和施工任务综合委托	·业主方将建筑工程勘察、设计、施工发包给一个工程总承包单位 ·业主方将建筑工程勘察、设计、施工、设备采购发包给一个工程总承包单位
5	物资采购	·业主方自行采购 ·与承包商约定某些物质的指定供货商 ·承包商采购等

2.6 施工项目管理内容、目标及控制

2.6.1 施工项目管理内容(见表2－12)

表2－12 施工项目管理内容

内 容	要 求
组建施工项目管理机构	符合组织原则,形式合理,便于工作,责、权、利明确
选聘施工项目经理	选聘方式合理,经理人选称职
制订施工管理制度	符合国家政策法规和企业规章制度,适应施工管理需要
制订管理规划,进行项目分解、制定阶段控制目标	①对项目管理的内容、方法与步骤,重点进行预测和决策 ②绘制分解体系图表,制定各阶段各部分的进度、质量、安全及成本控制目标,形成施工生产和项目管理总体网络系统
建立施工项目管理体系	绘制施工项目管理工作体系及管理信息流程图
编制施工管理规划	确定管理重点,编制施工组织设计
生产要素管理	根据各生产要素的特点进行优化配置和动态管理
劳动管理	建立符合项目施工特点的用工与分配制度,优化劳动组合,提高劳动生产率
材料管理	用科学的组织管理方法进行材料管理,合理而节约地使用材料,降低材料成本
机械设备管理	合理选择需配备的机械设备,并进行科学管理,以提高建筑施工机械化水平和效率
技术管理	建立正常的施工生产技术秩序,积极采用“四新”,实现施工技术管理现代化
资金管理	对资金进行预测、计划管理,并积极筹集资金、合理使用资金
合同管理:即以法律手段处理施工过程中发生的经济关系和问题,保证施工正常进行	①设立合同管理部门或管理人员 ②依法签订合同,全面履行合同,妥善处理合同纠纷和索赔
建立合同管理计算机系统及合同文件档案库	运用计算机系统辅助合同分析、履约、索赔,既有国内外有关的法规、合同文本资料,又有项目施工中的有关协议、会谈、签证等全部资料
信息管理:以系统理论为指导,以电子计算机为工具,处理施工项目的各类信息	为项目管理提供咨询和决策支持
建立施工项目管理信息系统	具有对信息搜集、传递、处理、检索、提供等功能,实现对施工项目进度、成本、质量、安全及生产要素进行控制和管理

2.6.2 施工项目管理过程

施工项目管理过程共分5个阶段(见表2-13)。

表2-13 施工项目管理的5个阶段

序号	管理阶段	管理要求	主要工作	执行机构
1	投标签约阶段	中标、签订工程承包合同	①对该工程项目提出投标决策 ②多方搜集企业自身的信息、相关单位的信息及市场的信息 ③编制既有赢利又有竞争力,并可望中标的投标书 ④投标 ⑤若中标,则进行合同谈判,依法签订承包合同	企业经营部
2	施工准备阶段	从组织机构、施工条件等方面确保施工项目按时开工,并具备连续施工的基本条件	①组建工程项目经理部 ②编制中标后施工组织设计进行施工准备工作 ③制订施工项目管理规划 ④进行施工现场准备,达到开工要求 ⑤编写开工申请报告,上报,待批开工	项目经理部
3	施工阶段	全面完成工程承包合同规定的施工任务,按时、保质、保量达到验收交工标准	①按施工组织设计进行施工,做好动态控制管理 ②保证质量、进度、成本、安全等目标能全面实现 ③管理好施工现场,实行文明施工 ④协调好与业主、监理及相关单位的关系 ⑤做好记录,常检查,处理好合同变更和索赔	项目经理部
4	验收交工与结算阶段	搜集竣工资料,搞好工程档案,对竣工工程验收交工,然后总结评价,对外结清债权和债务,结束交易关系,向业主提供满意的建筑产品	①搞好工程收尾 ②进行试运转 ③在预验基础上接受正式验收 ④整理移交竣工文件,进行结算 ⑤总结工作,编制竣工总结报告,办理工程交接手续	项目经理部
5	用后服务阶段	指导用户正确使用,正常发挥产品功能,寻求反馈信息,改进今后工作,提高企业信誉	①在合同责任期内进行保修服务 ②为保证正常使用提供必要的技术咨询善后服务 ③进行回访,听取意见,总结经验,及时维修 ④配合科研需要,进行沉陷、抗震性能观察和测量、环保检测等 ⑤搞好工程尾款结算	工程管理部

2.6.3 施工项目管理原则

施工项目管理通常有四条原则，即风险效益原则、合同管理原则、民主管理原则及责权利统一原则（见表2－14）。

表2－14　施工项目管理原则

原则	说　明
风险效益原则	①施工企业在对外市场中随时都有风险，只有能承担风险的企业才能在市场有竞争力，只有能承担风险的项目经理部才内外有活力 ②企业的项目工程必须为公司及本项目承担风险。项目经营管理人员只有能将施工中各种不利因素带来的风险采取有力对策加以转化才有可能确保利益 ③建筑产品是众多生产要素有机结合的智力劳动密集型产品，而参加项目经营及生产的各方均为各自的利益在不断规范自己的行为，并全方位、全过程地渗透风险效益统一原则
合同管理原则	①合同管理可使企业内外的行政干预降到最低限度，增加企业活力，是企业内外市场形成的重要标志 ②合同管理能使国家有关法令、政策及企业内部的有关规定形成纵横网络 ③企业的内外合同必要时均应取得公证部门的认可，对不符合国家法规、政策及有损于国家、企业职工正当利益的合同不予以确认
民主管理原则	①民主管理可以集思广益，并将项目经理部的正确部署在发动、组织、依靠群众的过程中，成为全体施工人员的自觉行动，达到动机与效果的统一 ②施工项目应建立民主监督委员会或民主监督小组，讨论项目管理的重大决策、实施细则和奖励分配方案，反映职工的建议要求，切实保障职工的正当利益
责权利统一原则	①贯彻责、权、利原则，是保障项目成功的重要管理手段 ②责任人与责任人之间的相互制约，才有可能转化为在共同利益的基础上相互配合、相互促进的行为 ③责、权、利的实施和执行是关键，要奖罚兑现，及时保证合同的有效性，避免因不执行合同而产生的连锁恶果

2.6.4 施工项目目标管理

1. 目标管理的概念

目标是一定时期集体活动预期达到的成果或结果。目标应尽量用数量表示，以便使标准明确，而且检查和考核方便。

目标管理（MOB）指集体的成员亲自参加工作目标的制定，在实施中运用现代管理技术和行为科学，借助人们的事业感、能力、自信、自尊等，实行自我控制，努力实现目标。

2. 目标管理方法

（1）确定施工项目组织内各层次、各部门的任务分工，既对完成施工任务提出要求，又对工作效率提出要求。

（2）把项目组织的任务转换成具体的目标。此目标有两类：一类是产品成果性目标，如工程质量、进度等；一类是管理效率性目标，如工程成本、劳动生产率等。

(3)落实制定的目标。一是要落实目标的责任主体,即谁对目标的实现负责;二是要明确目标主体的责、权、利;三是要落实对目标责任主体进行检查,这是落实监督上一级责任人及手段;四是要落实目标实现的保证条件。

(4)对目标的执行过程进行调控。监督目标的执行过程,进行定期检查,发现偏差应分析产生偏差的原因,及时进行协调和控制。同时,对目标执行好的主体,应进行适当的奖励。

(5)对目标完成的结果进行评价。把目标执行结果与计划目标进行对比,以评价目标管理的好坏。

3.目标管理体系

施工项目的总目标是企业目标的一部分。企业的目标体系应以施工项目为中心,形成纵横结合的目标体系结构。不同的时间周期,要求有不同的目标,故目标有年度、季度、月度的指标。指标是目标的数量表现,不同的管理主体、不同的时期、不同的管理对象,目标值(指标)不同。

4.目标分解和责任落实

(1)目标展开。目标分解与展开从三方面进行:

①纵向展开,把目标落实到各层次;

②横向展开,把目标落实到各层次内的各部门,明确主次关联责任;

③时序展开,把年度目标分解成季度、月度的目标。

正因如此,可以把目标分解到最小的可控制的单位或个人,以利于目标的执行、控制与实现。

(2)目标管理特点。是指在一定时期内,影响某一目标实现的关键问题和薄弱环节。

(3)目标落实。主要是定出责任人,即主要责任人、次要责任人和关联责任人。同时,既要定出检查标准,又要定出实现目标的具体措施、手段和各种保证条件(生产要素供应及必需的权力)。

2.6.5 施工项目目标控制

1.施工项目控制的概念

施工项目控制是指施工项目经理部在按预定的施工计划目标中,通过经常检查,发现执行中的问题,应及时采取措施、排除干扰、纠正偏差,以保证计划的正常实施,实现预期目标的动态控制过程。

2.施工项目控制目标、要素、任务和作用(见表2-15)。

表2-15　施工项目控制的要素、任务和作用

施工项目控制	内　容
控制对象	施工项目各控制目标组成的控制目标体系
控制目标	进度目标、质量目标、安全目标、成本目标
目标控制的元素	控制目标、实施计划、反馈信息、偏差数据、纠偏措施、纠偏行为

续表 2－15

施工项目控制	内　　容
控制过程	PDCA 循环,即 →计划→实施→检查→处理┘（循环）
作用	具有排除干扰的能动作用,保证目标实现的促进作用及实现目标的手段

3. 施工项目控制目标制定的依据

(1)公司与业主签订的承包合同中的施工项目总目标。

(2)国家的政策、法规、规程、标准和定额。

(3)生产要素市场的动态变化与发展趋势。

(4)有关的设计图纸、招标文件及施工组织设计等。

(5)国际工程施工项目的控制目标还应依据工程所在国的各种相关条件及国际市场的变化情况。

4. 施工项目控制目标的制定程序(如图 2－4 所示)

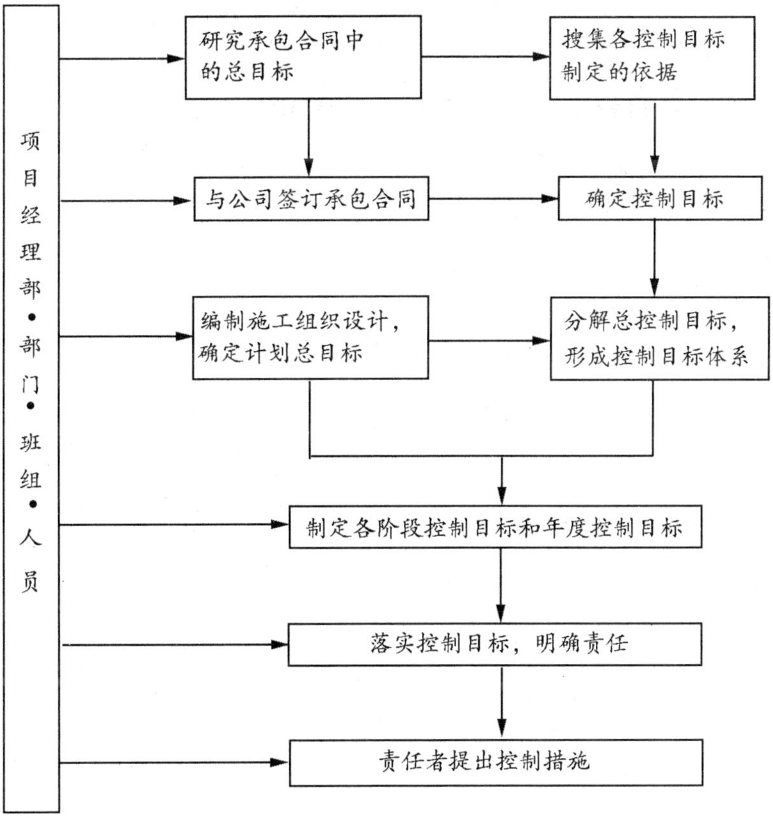

图 2－4　施工项目控制目标的制定程序

5. **施工项目目标控制的任务与方法**(见表2-16)

表2-16　施工项目目标控制的任务与方法

控制目标	控制任务	常用方法
进度控制	①使施工顺序合理,衔接关系适当,均衡而有节奏地施工 ②实现计划工期(合同工期)要求	横道图法、网络图法、S形曲线法、香蕉曲线法
质量控制	①使分部分项工程达到质量检验评定标准,保证合同质量目标 ②落实保证施工质量的技术组织措施和质量等级	检查对比法、数理统计法、方针目标管理法
成本控制	①实现施工组织设计的降低成本措施 ②降低每个分项工程的直接成本 ③实现项目赢利目标及公司利润目标,保证合同造价的实现	价值工程法、偏差控制法、估算法
安全控制	①实现施工组织设计的安全规划和措施 ②控制劳动者、劳动手段和劳动对象,使人的行为安全,控制物的状态安全 ③控制环境,消除环境危险源	安全检查表法、因果分析图法、故障树分析法、事件树分析法
时间控制	投标签约阶段应事先控制,施工及验收交付阶段中的事中控制,总结阶段的结算控制	抓住信息反馈,并及时处理

2.7　施工项目管理组织

2.7.1　施工项目管理组织机构的设置程序

组建项目组织要从项目的知名度、地理位置、投资规模、建筑面积、结构形式、科技新成果的推广应用程度、施工周期、施工质量、安全及项目的其他特殊要求出发,从确定的目标出发,因目标设事,因事设机构、定编制,再按编制设岗位人员。

施工项目管理组织机构的设置程序如图2-5所示。

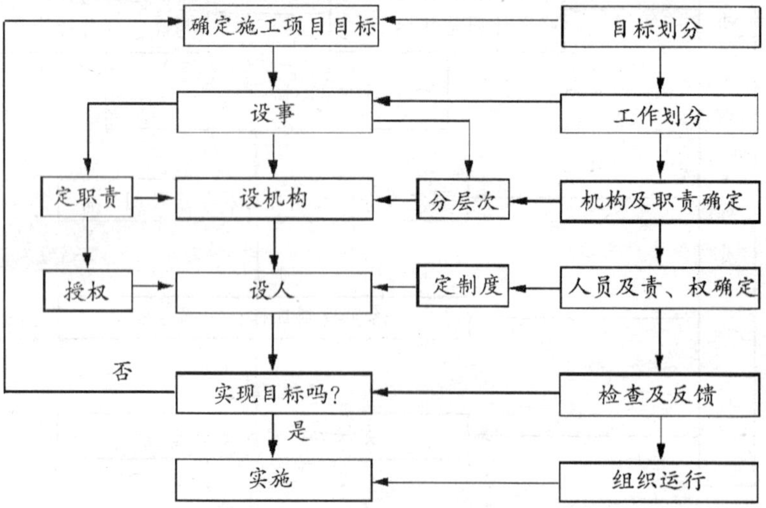

图2-5　组织机构的设置程序

2.7.2 施工项目管理组织机构的设置原则(见表 2－17)

表 2－17 施工项目管理组织机构设置的原则

原则	说明
目标及效率原则	①明确施工项目管理的总目标,各项分目标,各级子目标 ②尽量减少机构层次,避免因业务重叠而效率低下 ③选聘素质高、能力强、称职敬业的工作人员,力求一专多能、一人多职
管理跨度与层次统一的原则	①根据施工项目大小,确定合理的管理跨度和管理层次 ②编制出组织机构系统图,建立切实可行的组织机构 ③跨度(N)与工作接触关系数(C)的关系公式是:$C = N(2^{n-1} + N - 1)$
业务系统化管理原则	①依据施工活动的各单位工程之间的关系,不同组织、不同工程、不同工序之间的制约和衔接的关系,适当分层设置部门,体现责、权、利的统一 ②使组织机构与项目业务工作、信息渠道、生产经营系统相匹配,形成严密、封闭、完整的组织系统
弹性和流动性原则	①项目组织机构应能适应项目生产活动单件性、阶段性、弹性流动性和一次性的特点 ②在施工的不同阶段,在生产对象、地点、资源配置、品种、数量发生变化时,项目管理组织机构都能做出相应的调整和变动
与企业组织一体化的原则	①企业组织是项目组织的母体,二者的组织形式应相协调和相适应,体现一体化 ②企业在组建项目组织和调整、解散项目组织时,企业人员和项目管理人员都是在企业市场中并相互流动的

2.7.3 施工项目管理组织机构的主要形式

施工项目管理组织机构的主要形式有工作队式项目组织、部门控制式项目组织、矩阵式项目组织、事业部制项目组织等。

1. 工作队式项目组织(如图 2－6 所示)

(1)适用范围。大型项目,工期要求紧迫的项目,要求多工种、多部门密切配合的项目。

(2)优点。

①项目组织成员各有专长,互补长短,协同工作,能充分发挥职能作用;

②各专业人才集中现场办公,工作效率高,解决问题快;

③项目经理权力集中,行政干预少,决策及时,指挥有力;

④这种组织形式强化了项目与企业的结合部关系,这样项目经理工作易于开展。

(3)缺点。

①初组建时彼此不够熟悉,可能配合不力;

②由于项目管理一次性的特点而有临时观点;

③当人员配备不当时,专业人员不能在更广的范围内调剂余缺,因而造成忙闲不均;

④专业人员分散在不同项目上,相互交流困难,因此当人才紧缺或者对管理效率要求很

高时，不宜采用这种项目组织。

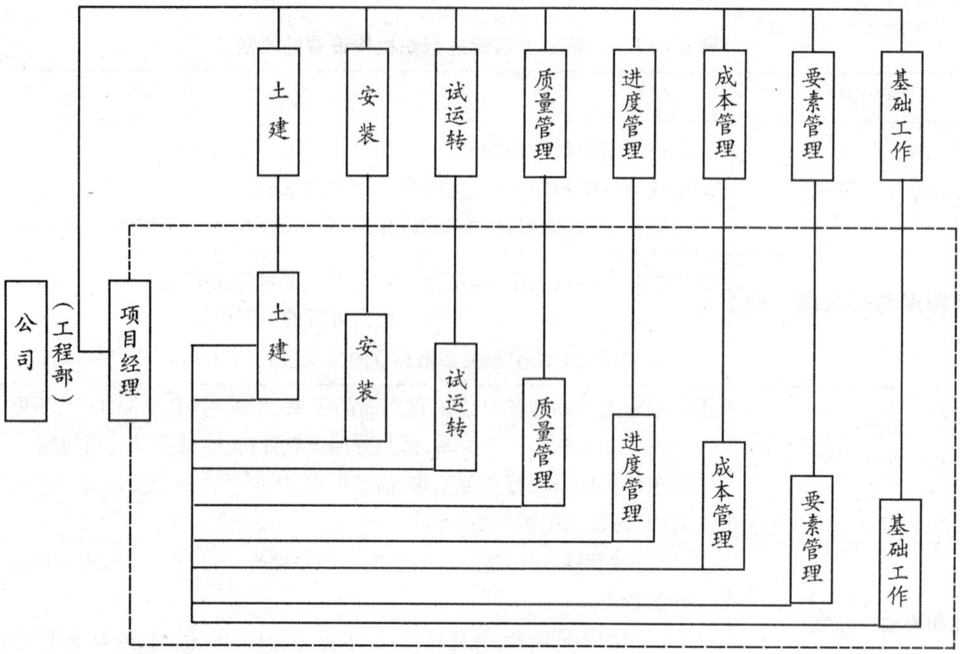

图2-6　工作队式项目组织

【注】　虚线框内为项目组织（以下与此相同）。

2. **部门控制式项目组织**（如图2-7所示）

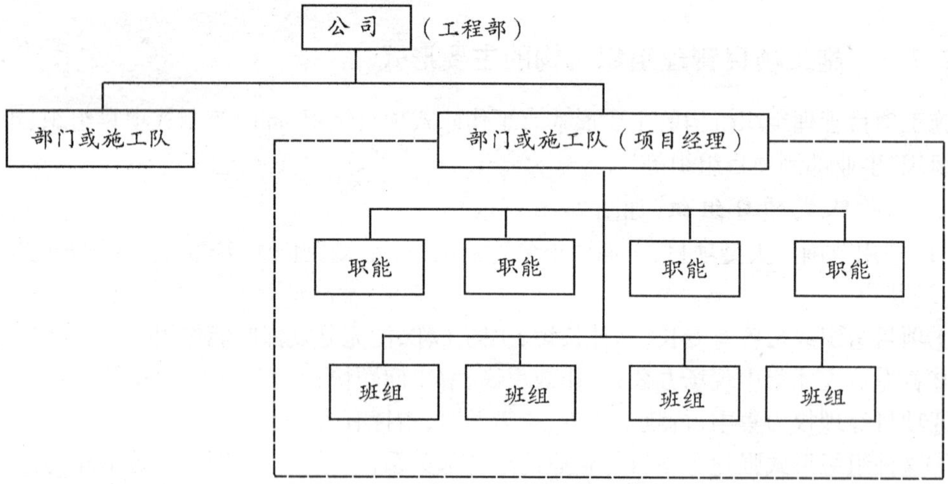

图2-7　部门控制式项目组织

（1）适用范围。部门控制式项目组织适用于小型的施工项目、简单的项目、专业性较强的项目、不需涉及众多部门的项目。

(2)优点。

①不打乱企业现行建制，能在短时间内快速组建项目组织机构；

②职责明确，职能专一，人事关系容易协调，人才作用发挥较充分。

(3)缺点。

①不能适应大型项目管理的需要，不利于精简机构；

②不利于对计划体系下的组织体制(固定建制)进行调整。

3. **矩阵式项目组织**(如图2-8所示)

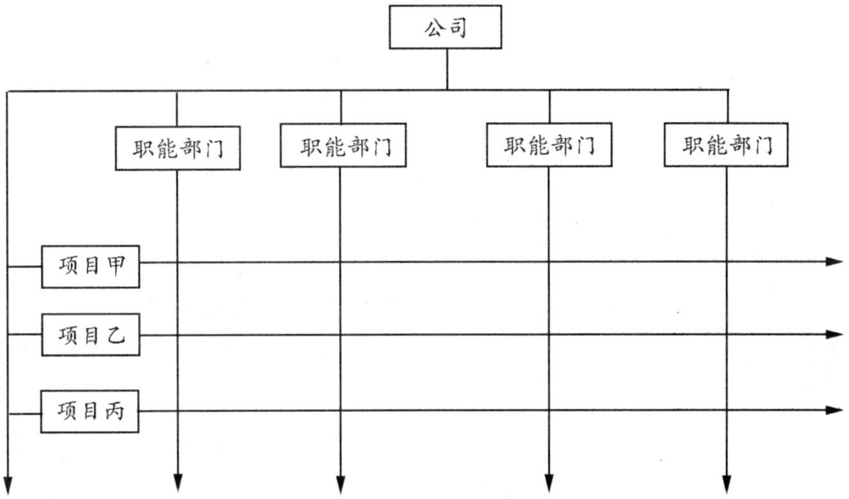

图2-8　矩阵式项目组织

(1)适用范围。矩阵式项目组织较适用于大型而复杂的施工项目，适用于同时承担多个施工项目的施工企业。

(2)优点。

①兼有部门控制式和工作队式两种组织形式的优点，能将职能原则与项目原则融于一体，取得企业长期例行性管理和项目一次性管理的一致；

②能通过对人员的调配，以尽可能少的人力实现多个项目管理的高效率，利于发挥各人员的才能；

③项目组织具有弹性和应变能力，而且矩阵中的成员受原职能部门和项目经理的双重领导，可在多个项目之间进行适当的调配。

(3)缺点。

①项目组织成员接受双重领导，当双方意见不一致时，当事人将无所适从；

②若人员服务于多个项目时，难免存在顾此失彼；

③若组织成员受控于职能部门，将削弱其在项目上的凝聚力。

4. **事业部式项目组织**(如图2-9所示)

(1)适用范围。该形式组织通常适用于大型项目、远离公司本部的项目或海外项目，适用于现代大型经营性企业。

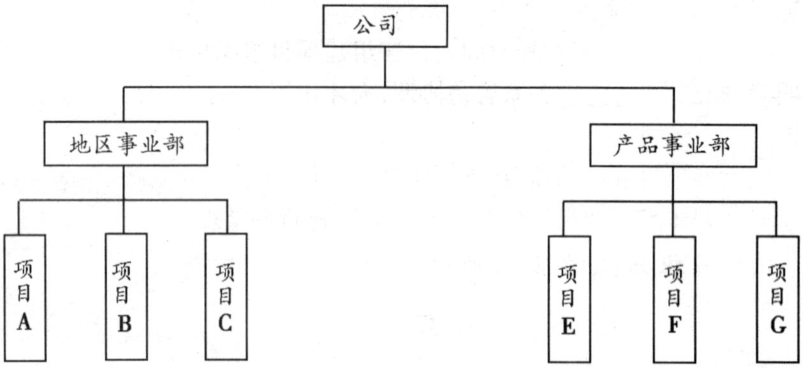

图2-9　事业部式项目组织

(2)优点。

①能较迅速地适应环境变化,提高企业应变能力;

②有利于延伸开拓企业业务领域,扩大经营业务;

③能充分调动发挥事业部的积极性和独立经营作用,加强项目管理;

④虽受企业领导,但对外享有独立经营权,可以是一个相对独立的单位,可授权直接对业主负责。

(3)缺点。企业对项目经理部的约束力减弱,以致会造成企业结构松散,企业的协调难度加大。

2.7.4　施工项目管理组织机构形式的选择

1.施工项目组织形式的选择要求

(1)要适应施工项目的一次性特点,有利于项目组建和解体、动态优化、连续均衡施工。

(2)要有利于资源优化配置,适应复杂多变的市场竞争环境和社会环境,从而取得综合效益。

(3)要为企业对项目的管理和项目经理的指挥提供条件,有利于企业对多项目的协调和有效的控制。

(4)要有利于强化合同管理,有利于强化履约责任,有利于处理合同纠纷及提高企业的信誉。

(5)要根据项目的特点确定组织形式,使层次简化、分权明确、指挥灵便。

(6)根据需要可在企业范围内采取几种组织形式结合使用,如事业部式与矩阵式的结合,工作队式与事业部式的同时采用,但工作队式与矩阵式不可同时采用,否则会造成管理渠道和管理秩序的混乱。

2.选择施工项目管理组织形式的因素

选择施工项目管理组织形式应考虑的因素很多,表2-18所列的4种形式的因素可供选择项目组织形式时参考。

表 2-18　选择项目组织形式的参考因素

项目组织形式	项目性质	施工企业类型	企业人员素质	企业管理水平
工作队式	①大型项目 ②复杂项目 ③工期紧的项目	①大型综合建筑企业 ②有得力项目经理的企业	①人员素质高 ②专业人才多 ③技术力量强	①管理水平较高 ②基础工作较强 ③管理经验丰富
部门控制式	①小型项目 ②简单项目 ③只涉及个别或少数部门的项目	①小型施工企业 ②任务单一的企业 ③大中型基本保持直线职能制的企业	①人员构成单一 ②素质较差 ③力量较弱	①管理水平较低 ②基础工作较差 ③项目经理人员缺乏
矩阵式	①多工种、多部门、多技术配合的复杂而大型的项目 ②管理效率要求高的项目	①大型综合施工企业 ②经营范围宽、实力强的施工企业	①人员管理素质高、技术水平高,但人才紧缺 ②人员一专多能	①管理渠道畅通、水平高 ②经验丰富 ③信息灵通
事业部式	①大型项目 ②远离企业本部的项目 ③事业部制企业承揽的项目	①大型综合建筑企业 ②经营能力强的企业 ③海外承包企业 ④跨地区承包企业	①人员素质高 ②专业人才多 ③项目经理能力强	①企业经营能力强 ②信息手段先进 ③管理经验丰富 ④资金实力雄厚

2.8　项目经理部

大中型施工项目,承包人必须在施工现场设立项目经理部;小型施工项目,可由企业法定代表人委托一个项目经理部兼管,但不得削弱其项目管理职责。项目经理部直属于项目经理的领导,并接受企业业务部门指导、监督、检查和考核。项目经理部在项目竣工验收、审计完成后解体。

2.8.1　项目经理部的设立

1. 项目经理部应按下列步骤设立

(1)根据企业批准的“项目管理规划大纲”,确定项目经理部的管理任务和组织形式。

(2)确定项目经理部的层次,设立职能部门与工作岗位。

(3)确定人员、职责、权限,由项目经理根据“项目管理目标责任书”进行目标分解。

(4)组织有关人员制定规章制度、目标责任考核和奖惩制度。

2. 项目经理部的组织形式

应根据施工项目的规模、结构复杂程度、专业特点、人员素质和地域范围确定,并应符合下列规定:

(1)大中型项目宜按矩阵式项目管理组织设置项目经理部。

(2)远离企业管理层的大中型项目宜按事业部式项目管理组织设置项目经理部。

(3)小型项目宜按直线职能式项目管理组织设置项目经理部。

(4)项目经理部的人员配置应满足施工项目管理的需要。职能部门的设置应满足规范中各项管理内容的需要。大型项目的项目经理必须具有一级项目经理资质,管理人员中的高级职称人员不应低于10%。

3. 项目经理部的规章制度

项目经理部的规章制度应包括下列各项:

(1)项目管理人员岗位责任制度。

(2)项目技术管理制度。

(3)项目质量管理制度。

(4)项目安全管理制度。

(5)项目计划、统计与进度的管理制度。

(6)项目成本核算制度。

(7)项目材料、机械设备的管理制度。

(8)项目现场管理制度。

(9)项目分配制度与奖励制度。

(10) 项目例会制度及施工日志制度。

(11)项目分包及劳务的管理制度。

(12)项目组织协调制度。

(13)项目信息管理制度。

4. 项目经理部自行制订的规章制度

项目经理部自行制订的规章制度与企业现行的有关规定不一致时,应报送企业或其授权的职能部门批准。

2.8.2 项目经理部的运行

(1)项目经理应组织项目经理部成员学习项目的规章制度,检查执行情况和效果,并应根据反馈信息改进管理。

(2)项目经理应根据项目管理人员岗位责任制对管理人员的责任目标进行检查、考核和奖惩。

(3)项目经理部应对作业队伍和分包人实行合同管理,并应加强控制与协调。

2.8.3 施工项目经理部的规模及人员配备

施工项目经理部的规模等级,一般按项目的性质和规模划分(见表2-19)。

表2-19 施工项目经理部的规模等级

项目经理部等级	项目规模		
	群体工程建筑面积(万米^2)	或单体工程建筑面积(万米^2)	或各类工程项目投资(万元)
一级	15及以上	10及以上	8 000及以上

续表 2－19

项目经理部等级	项 目 规 模		
	群体工程建筑面积（万米²）	或单体工程建筑面积（万米²）	或各类工程项目投资（万元）
二级	10～15	5～10	3 000～8 000
三级	2～10	1～5	500～3 000
四级	2 以下	1 以下	500 以下

施工项目经理部应按动态管理优化设置部门、配备人员，同时应注意领导层具有较高的素质，即选用一专多能的人才，实行一岗多职。配置情况见表 2－20。

表 2－20　施工项目经理部及部门人员的配置参考

项目经理部等级	人数	领导层	职能部门	职 责
一级	30～45	项目经理 总工程师 总经理师 总会计师	经营核算部门	预算、资金收支、成本核算、合同、索赔、劳动配置及劳动分配等
			工程技术部门	计划统计、生产调度、施工组织、技术管理、文明施工等
二级	20～30		物资设备部门	材料询价、采购、计划供应、管理、运输、工具管理、机械设备租赁及配套使用等
三级	10～20		监控管理部门	施工质量、安全管理、消防保卫、环境保护等
			测试计量部门	计量、测试、试验等
四级	10 人以下	项目经理 项目工程师	经济员 技术员 施工员 质安员 料具员 总务员	（略）

2.8.4　施工项目管理制度

建立施工项目管理制度必须符合国家、上级部门及企业与施工项目管理有关的方针、政策、法律、法规、标准、规程等有关文件的规定；而且还应该适应项目管理的需要，并对施工过程中例行性的活动应遵循的方法、程序、要求、标准作出明确的规定。各项制度要健全与配套，覆盖全部工作，形成体系，有职有责，有章可循。

施工项目管理制度，一般有下述的办法或规定：

（1）项目经理部业务系统化管理办法（包括内外关系处理的有关规定）。

（2）施工项目计划管理及生产调度有关规定。

（3）施工项目质量管理与控制办法（包括计量管理）。

(4)施工项目技术管理办法。
(5)施工项目安全管理办法。
(6)施工现场文明施工管理办法。
(7)施工项目经理部人员岗位职责。
(8)劳动工资管理办法。
(9)施工现场材料管理办法(包括限额领料管理办法)。
(10)施工项目机械设备管理办法。
(11)施工项目财务管理办法(包括项目成本管理)。
(12)施工项目效益核算与经济活动分析办法。
(13)项目经理部解体细则。
(14)项目经理部社会、经济效益奖惩规定。
(15)项目经理部治安保卫管理办法。
(16)施工现场消防管理办法。

2.8.5 施工项目经理部的解体

企业工程管理部门是施工项目经理部组建、解体、善后处理工作的主管部门。当施工项目接近尾声时,项目经理部的解体工作即列入议事日程。

1. 解体条件

(1)工程已经竣工验收。
(2)与各分包单位已经结算完毕。
(3)已协助企业管理层与发包人签订了“工程质量保修书”。
(4)“项目管理目标责任书”已经履行完成,经企业管理层审计合格。
(5)已与企业管理层办理了有关手续。
(6)现场最后清理完毕。

2. 项目经理部解体及善后工作

现将项目经理部解体及善后工作的程序和内容列于表2-21,供读者参阅。

表2-21　项目经理部解体及善后工作的程序和内容

程　序	工 作 内 容
成立善后工作小组	①组长:项目经理 ②留守人员:根据善后工作内容及工作量确定
向主管部门提交解体申请报告	①在施工项目全部竣工验收合格签字之日起15天内,项目经理部提交解体申请报告,提交留用、解聘人员的名单及时间 ②经主管部门批准后即执行
解聘人员	①陆续解聘工作人员,原则上返回原单位 ②预发2个月岗位效益工资及有关待遇(可根据企业规定颁发)
预留保修费用	①保修期限一般为竣工使用后1年 ②保修费一般为工程造价(不含计划利润、劳保支出费)的1.5%~5.0% ③保修费用由企业工程管理部门专款专用、单独核算、包干使用

续表 2－21

程　　序	工　作　内　容
剩余物资处理	①剩余材料原则上让售公司物资设备处，对外让售需经公司主管领导批准；让售价格，按质论价，双方协商 ②自购的通讯、办公用小型固定资产要如实建立台账，按质论价，作为项目收入移交企业
债权债务处理	①负责处理工程结算、价款回收、加工订货等债权债务，要求在解体后 3 个月内全部完成 ②未能在时限内处理完，或未办理任何符合法规手续的，其差额部分计入项目经理部成本亏损
经济效益（含成本）审计	①由审计部门牵头，预算、财务、工程部门参加，以合同结算为依据，查收入、支出是否正确，财务、劳资有无违反财经纪律 ②要求在解体后并在工程结算后 2 个月内向经理办公会提交经济效益审计评价报告
业绩审计奖惩处理	①对项目经理和经理部成员进行业绩审计并按合同规定盈亏兑现 ②亏损单位、亏损部分由项目经理负责，按同奖励的相应比例从其管理人员风险（责任）抵押金和工资中补扣 ③亏损数额超过 5 万元时，视情况给予项目经理个人行政处分与经济处分 ④亏损数额很大、性质严重者，公司有关部门有权起诉并追究其刑事责任
有关纠纷裁决	①所有仲裁的依据原则上是双方签订的合同和有关的签证 ②当项目经理部与企业有关职能部门发生矛盾时，由企业经理召开办公会裁决 ③与劳务、专业分公司、作业队发生矛盾时，按业务分工由企业劳动人事部门、经营部门、工程管理部裁决

2.8.6　项目经理部与企业内外关系

1. 项目经理部与企业的关系

（1）在党务、行政上，根据党委和经理的指令以及企业管理制度，项目经理部受企业有关职能部室的领导，而且二者是上下级领导关系。

（2）在经济往来上，根据企业经理与项目经理签订的承包合同，项目经理部与机关职能部室是平等的甲乙双方合同关系。

（3）在业务管理上，项目经理部作为企业内部某一工程项目的管理层，受企业职能部、室的业务指导。一切统计报表，包括技术、质量、预算、定额、工资、外包队的使用计划及各种资料都要按系统管理的有关规定准时报送主管部门。

2. 项目经理部的内部关系

项目经理部的内部关系体现在管理层与作业层的关系上，主要表现为领导关系、协作关系和承包关系。作业层与项目经理部之间，在行政上介于授权和管理责任之间，更多更直接反映的是以经济承包合同制为中心的经济制约关系。

3. 项目经理部内外关系的协调

项目经理部应协调好总分包之间的关系，协调好与劳务作业层的关系，协调好土建与安装的关系，协调好与机关部室的关系；同时，重视公共关系，开拓市场。

2.9 施工项目管理人员的岗位职责

2.9.1 施工员岗位职责

(1)学习、贯彻执行国家和建设行政管理部门颁发的建设法律、规范和规程以及技术标准。熟悉基本建设程序、施工程序和施工规律，并在实际工作中具体运用。

(2)熟悉建设工程结构特征与关键部位，掌握施工现场的周围环境、社会(含拆迁等)和经济技术条件，参与编制施工组织设计(或施工方案)。

(3)制订施工的各种规章制度和岗位职责，组建项目施工管理班子，并从人力、物力、财力及技术等方面，合理均衡地组织施工。

(4)做好开工前施工条件的准备(包括阶段性和作业条件的施工准备)，搞好"三通一本"促成工程开工，提出开工报告。

(5)熟悉审查图纸及有关资料，在上级技术部门组织下，参与图纸会审。

(6)了解设计意图，掌握工程的重点和难点；弄清坐标位置、水平标高，测量定位。

(7)编制作业计划(包括季、月、旬的作业计划)，及时将施工任务书下达到各班组执行，做好任务书的管理、签发、验收结算三个环节。

(8)对施工进度、质量、安全、节约等问题实行全面控制，建立日常和定期检查，随时掌握工程动态，解决施工中的各种矛盾。

(9)严格执行工艺标准、验收和质量验评标准，以及各种专业技术的操作规程，狠抓"质量第一"、"安全第一"方针的落实，制订质量、安全等方面的措施，并经常进行督促检查。施工员还要负责工程质量事故和伤亡事故的调查、分析与处理。

(10)参与预算的编制，积极挖掘内部潜力，狠抓节约，当家理财，降低成本。

(11)按照施工现场管理规定，抓好施工现场标准化建设和科学管理，实现文明施工。

(12)及时准确地搜集并整理施工生产过程、技术活动、材料使用、劳力调配、资金周转、经济活动分析的原始记录，做好台账和统计报表，记好施工日记，搜集和运用国内外同行施工管理、技术活动的经验，而且积极推广新材料、新技术。

(13)绘制竣工图，组织单位工程竣工质量预检，负责整理好全部技术档案。

(14)参与竣工后的回访活动，对需返修、检修的项目，尽快组织人员落实。

(15)与甲方、工程监理和有关单位保持经常联系，及时向他们通报施工动态，取得他们的支持。

2.9.2 预算员岗位职责

(1)认真学习、贯彻执行国家和建设行政管理部门制订的建筑经济法规、规定、定额、标准和费率。

(2)熟悉施工图纸(包括其说明及有关的标准图集)，参加图纸会审。

(3)熟悉单位工程的有关基础材料(包括施工组织设计及甲、乙双方有关工程的文件)，熟悉施工现场情况，了解采用的施工工艺和方法。

(4)掌握并熟悉各项定额、取费标准的组成和计算方法,其中包括国家和本地区、本部门的规定。

(5)根据施工图预算的费用组成、取费标准、计算方法及编制程序编制施工预算。

(6)经常深入现场,对设计变更、现场工程施工方法更改材料价差,以及施工图预算中的错算、漏算、重算等问题,能及时做好调整方案。

(7)根据施工预算开展经济活动分析,进行两算对比,协助班组搞好经济核算。

(8)在竣工后,协助有关部门编制竣工结算与竣工决算。

2.9.3 质量检查员岗位职责

(1)认真学习和贯彻执行国家及建设行政管理部门颁布的有关工程质量控制和保证的各种规范、规程条例。

(2)参与施工组织设计(或施工方案)的制订,了解与掌握施工顺序、施工方法和保证工程质量的技术措施;同时,做好开工前的各种质量保证工作。

(3)参与图纸会审,督促并检查是否严格按图施工,对任意改变图纸设计的行为应立即制止。

(4)对原材料是否按质量要求进行订货、采购、运输、保管等进行监督和检查,对质量低劣或不符合标准的原材料应及时指出。

(5)严格执行技术规程和操作规程,坚持对每一道施工工序都按规范、规程施工和验收,发现质量有问题的应提出,不留隐患。

(6)分析因质量问题而产生的各种因素,找出影响质量的主要原因,提出针对性的预防(或控制)措施。

(7)坚持"预防为主"的方针,经常组织定期的质量检验活动,将"事先预防"、"事中检查"和"事后把关"结合起来,参与工程竣工的质量检验,并主动地提供各种资料。

(8)认真积累和整理各种质量控制、质量保证、质量事故等的资料与报表。

(9)协助施工队长(项目经理)帮助班组兼职的质检员加强质量管理,提高操作质量。

(10)协助栋号和公司做好工程交工后的回访和保修工作。

2.9.4 安全员岗位职责

(1)认真学习和贯彻国家及其建设行政管理部门颁布的安全生产及劳动保护的政策、法令、法规、安全操作规程,同时认真学习本单位制订的安全生产制度,并督促贯彻落实。

(2)经常对职工进行安全生产的宣传教育,切实做好新工人、学徒工和民工的安全教育的具体工作,并及时督促检查各班组、各工种的安全教育实施情况。

(3)参加单位工程的安全技术措施交底,并提出贯彻执行的具体方案和措施。

(4)按安全操作规程、安全标准和要求,结合施工组织设计和现场的实际,正确合理地布置和安排现场施工中的安全工作。

(5)深入施工现场,及时了解与掌握安全生产的实施情况,发现违章作业和不安全隐患,立刻提出改进措施。

(6)负责组织各班组的安全自检、互检和施工队的月检,通过检查发现的问题,及时提出分析报告和处理意见。

(7)参与工伤事故的调查与分析，协助有关部门做好事故的处理工作，做好事故统计台账，按时填报安全生产报表。

(8)有权对违章指挥、违章作业人员加以制止，遇重大隐患，有权先暂停生产，待整顿合格后，方能复工操作；对违章作业及违反劳动保护法者，经劝阻无效，有权采取经济措施和越级上报，也有权检查特殊工种的操作证，无证上岗者可停止其工作。

(9)整理好安全生产资料。

2.9.5 材料员岗位职责

(1)认真学习材料供应与管理的基本知识，贯彻执行有关的条例和规定。

(2)根据单位工程材料预算和月、旬施工进度，协助施工员(项目经理)编制材料申请计划。

(3)按照施工组织设计(或施工方案)及现场平面图合理堆放材料，为文明施工创造条件。

(4)严把材料进场质量关，严格执行材料、工具等现场验收、保管和发放制度，各项领发手续需齐全，并建立责任制，努力降低材料的消耗。

(5)积极协助施工员及项目经理经济合理地组织材料供应，减少储备，降低消耗，并督促检查材料的合理使用，做到不丢失、不浪费。

(6)搞好材料、工具的退库工作，做好旧材料、包装材料、周转材料的回收、保管与使用，合理计算周转材料的折旧摊销金额。

(7)实行限额配料，协助和配合有关部门推行经济核算制。

(8)对生产班组中不脱产的兼职材料员、工具员实行业务指导。

2.10 施工项目管理人员的岗位工作程序

2.10.1 施工员工作程序

1.施工员必须按照施工程序组织施工

施工程序是指一个建设项目(包括生产、生活、主体、配套与管道、庭院及道路等)或单位工程在施工过程中应遵循的合理的施工程序，即施工前有准备、施工过程中有安排。针对一个工程的全部项目，其程序是：

(1)先红线外工程(上下水、电、电讯、煤气、热力、交通道路等)后红线内工程。

(2)红线内工程，先全场(包括场地平整、道路管线等)后单项。一般要坚持先地下工程后地上的原则，场内与场外、土建与安装各个工序统筹安排，合理交叉，并注意经济技术效果，注意质量、安全及文明施工。设备安装必须坚持检验、调试、单机试车和无负荷联动试运转。

(3)全部工程项目施工安排时，主体工程和配套工程(变电室、热力站、空压站、污水处理等)要相适应，力争配套工程为施工服务，主体工程竣工时能投产使用。

(4)庭院、道路、花圃的施工收尾与施工撤离相适应。

2.技术准备工作程序

(1)熟悉图纸。了解设计要求、质量要求和细部做法,熟悉地质、水文等勘察资料,了解设计概算和工程预算。

(2)熟悉施工组织设计。主要了解施工部署、施工方法、施工顺序、施工进度计划、施工平面布置和施工技术措施。

(3)准备施工技术交底。一般工程应准备简要的操作要点和技术措施要求,特殊工程必须准备图纸(或施工大样)和细部做法。

(4)选择确定比较科学、合理的施工(作业)方法和施工程序。

3. 班组操作前的准备

(1)临设准备。即搭好生产、生活的临时设施。

(2)工作面的准备。包括现场清理、道路畅通、临时水电引到现场,并准备好操作面。

(3)施工机械的准备。施工机械进场需按照施工平面图的布置安装就位,并接上电源试运转,检查安全装置。

(4)材料工具的准备。材料按施工平面布置进行堆放,工具按班组人员配备。

4. 组织工作程序

(1)掌握工人班组情况,包括人员配备、技术力量和生产能力。

(2)研究施工工序。

(3)确定工种间的搭接次序、搭接时间和搭接部位。

(4)协助工人班组长做好人员安排。根据工作面计划进行流水分段,再根据流水分段和技术力量进行人员分配,根据人员分配情况配备机器、工具、运输、供料的力量。

5. 向工人班组交底

(1)计划交底。包括生产任务数量,任务的开始及完成时间,工程中对其他工序的影响和重要程度。

(2)定额交底。包括劳动定额、材料消耗定额和机械配合的台班及台班产量。

(3)施工技术和操作方法交底。包括施工规范及工艺标准的有关部分,施工组织设计中的有关规定和有关设备图纸及细部做法。

(4)安全生产交底。包括施工操作运输过程中的安全事项,机电设备安全事项,消防事项。

(5)工程质量交底。包括自检、互检、交接检的时间和部位,以及分部分项质量评定标准和要求。

(6)管理制度交底。包括现场场容管理制度的要求,成品保护制度的要求,样板的建立和要求。

6. 施工中的具体指导和检查

(1)检查测量、抄平、放线准备工作是否符合要求。

(2)工人班组能否按交底要求进行施工。

(3)关键部位是否符合要求,有问题及时向工人班组提出改正。

(4)经常提醒工人班组在安全、质量和现场场容管理中的倾向性问题。

(5)根据工程进度及时进行隐蔽工程预检和交接检,配合质量检查人员做好分部分项工程的质量评定。

7. 做好施工日记

施工日记记载的主要内容：气候实况、工程进展及施工内容，工人调动情况，材料供应情况，材料及构件的检验试验情况，施工中的质量及安全问题，设计变更和其他重大决定，施工中的经验和教训。

8. 施工任务的下达和验收

向工人班组下达任务书，并按计划要求、质量标准验收。完成分部分项工程后，施工员一方面需查阅内业资料，如混凝土标号、钢筋强度及砖的标号是否符合设计要求等，特别是技术资料中的保证质量资料项目必须齐全；另一方面须通知技术员、质量检查员、施工中班组长，对所施工的部位或项目按质量标准进行检查验收，合格产品必须填写表格并进行签字，不合格产品应立即组织原施工班组进行维修或返工。

9. 搞好工程档案

施工员主要负责提供隐蔽签证、设计变更、竣工图等工程结算资料，并协助结算员办理工程结算。

2.10.2 预算员工作程序（仅指土建）

编制预算（施工图预算），就是将已批准的施工图纸和施工方案，按照国家或省（市）颁发的工程量计算规则，把分部分项工程量计算出来，并在此基础上逐项地套用相应的现行预算定额基价来确定其单项价值，再累计其全部直接费。然后，根据规定的各项费用的取费标准，计算出工程所需的施工管理费与独立费，并综合计算出单位工程的工程造价和技术经济指标。最后，根据分项工程量分析出材料和人工用量，再汇总各种材料和用工费。

1. 准备好各种资料、文件与预算依据

预算员需准备这些文件和预算依据，包括：

(1)施工图纸和施工方案，施工图纸包括设计图、标准图和说明书。

(2)建筑工程预算定额，包括各种补充定额，一般为省（市）编定额。

(3)材料预算价格表。应注意区分本省各地区的材料价格表，不得用错地区。

(4)地区单位估价表。应根据现行的预算定额、地区的标准工资、经批准的当地材料预算价格、机械台班费以及水电和动力资源价格等编制的。地区单位估价表是预算定额在该地区的具体表现形式，可直接作为预算定额使用。

(5)工程量计算规则。根据现行的省（市）编预算定额，各分部均有说明和工程量计算规则，基本上能满足使用。

(6)施工管理费及各项取费标准。一般按部、省（市）的有关文件。

(7)工具书和有关手册。在工程量计算过程中，图纸上的尺寸不能满足定额使用，必须经过换算，如金属结构定额中的计量单位是重量，以吨(t)计算，而根据施工图纸只能算出金属结构的长度或面积，因此必须根据五金手册或其他材料等有关资料，把长度或面积换算成公斤(kg)或吨(t)，才能套用预算单价。

(8)双方合同。在编制预算时，对承包方式、材料价差、特殊工艺措施（如图纸上指定要用市面上流行的春兰牌窗帘盒，定额上没有这个子目上的单价，这时就需要根据市场实际价格，参照定额相应子目，进行价格换算，得出每米(m)的预算单价）以及其他有关条款与预算有关的问题，如承包部位、费率让利因素、包干系数等问题，都要列入预算。

(9)自己积累的经验与集录的资料。凡从事预算工作有一定时间的人员,经过实践所积累的经验与集录的资料,在特殊情况下,如无预算定额子目的或有特殊工艺要求的项目,应根据经验与资料做出补充定额单价表,并报上级有关部门备案,以免影响预算的编制时间。

(10)政府和机关部门颁发的有关文件。如近几年因国家经济改革调整因素所引起的价差、费用及税金的变动,均与预算造价有关,必须熟记掌握,否则会与实际价格相差甚远。

2. 注意预算的编制程序,防止随意无规则地进行工作

(1)首先熟悉了解施工图纸和现场施工情况(一般不必亲临现场),对图纸的了解程度,决定该预算工作能否准确全面快速地编制出来。

(2)根据施工图纸、预算定额、施工方案所规定的工程量计算规则,计算出工程量。工程量是编制预算的原始数据,是一项工作量较大而细致的工作。工程量计算的精确度和速度的快慢都直接影响编制预算的质量与速度。一份预算编制完成的质量优劣,关键就是看其工程量的准确和是否漏算或重算。因此,在编制预算时,不仅要求认真、细致、准确,而且要按一定的计算规则进行。计算时力求简单明了,并按一定的程序排列,以防止产生重算或漏算等现象,并且要便于审核。

(3)套用预算单价(定额)编制预算表。在计算完工程量以后,再分门别类按预算规则整理清楚,然后编制预算表。编制预算表,就是把算好的分项工程数量及计量单位按照定额分部顺序填写到预算表上,然后再从单位估价表(预算定额)中查得相应的分项工程定额编号和单价一并填到预算表上,再将分项工程量和该项单价相乘,即得出分项工程的预算价值。在套用预算单价时,应注意分项工程名称、规格、计量单位与单位估价表上所列的内容是否完全一致。

如果设计图上的分项工程名称、规格和定额与单位估价表有出入,在定额允许换算的情况下,要将有关预算单价换算成所需的预算单价,但需在定额编号的右下方加上一个"换"字。如果设计图上的某个分项工程在定额上是没有的,应编制补充定额表和补充单位估价表(单位估价表由编制施工图预算的单位牵头,会同建设单位、建设银行协商确定,同时报省定额站备案)。

(4)依据各项费用的计算,确定单位工程预算造价和技术经济指标。根据已填清楚的工程预算表累计分项工程预算价值,就可得出该工程的直接费。根据直接费按规定收取施工管理费和间接费,则能计算出工程预算造价,最后用工程造价除以建筑面积,得出技术经济指标。

(5)工料分析和成品、半成品预制构件汇总。工程预算编制好以后,根据需要,应进行工料分析,计算各种材料和用工数量,以及对半成品预制构件进行汇总。这是进行经济核算、加强企业管理的重要措施之一,具有重要的意义。

3. 工地现场预算员工作程序

(1)每月末按时做好月工作量统计报表,以便收取工程进度款,并作为国家基本建设统计数字的原始依据。这应该说是工地现场预算员的头等大事。怎样做月工作量统计报表呢?其实就是已完工程进度的施工图预算,也就是把本工地此月完成的全部工程量按实际数量分部分项计算出来,其计算依据和程序完全与做全预算相同,不同的是此预算必须增加隐蔽工程及图纸变更的内容。

(2)编制好月工作量统计表以后,根据现场管理及整个企业的生产管理需要,还必须进

行工料分析，计算各种材料用量和用工数量，以及进行半成品预制构件汇总。

(3)给工地现场各生产班组进行工资结算，每到月末或月中(由各施工企业所定)，根据施工员或现场主管提供的各生产班组所完成的实际工作量(应参照本月所做的统计报表进行核查而以防误差)和质量管理人员提供的质量标准，套用相应定额，计算出各生产班组的实际收入。

(4)参与整个工地现场的生产管理，为工地负责人当好经济参谋，协助财会人员、材料人员、工地负责人进行经济分析活动，以控制成本和节约资金，为项目效益做出贡献。同时，可根据各施工单位、企业的具体生产管理要求，参与其他有关工作。

(5)工程竣工时，做好各种现场原始资料的整理工作，以协助专职决算员编制竣工决算(有些单位规定决算工作由现场预算员自己做)，并参与竣工决算的编制和核对工作。

2.10.3 质量检查员工作程序

1. 参加图纸会审

(1)对图纸的质量问题提出意见。

(2)对施工中可能出现的技术质量难点提出保证施工质量的技术措施。

(3)对质量“通病”提出预防措施。

2. 提出质量控制计划

(1)将质量控制计划向班组进行交底。

(2)组织实施控制计划。

3. 对材料进行检验

建筑材料质量的优劣，在很大程度上影响建筑产品质量的好坏。正确合理地使用材料，也是确保建筑安装工程质量的关键。因此，材料检验是一项十分重要的工作，建筑企业中的各级领导都必须十分重视。

为了做好这项工作，施工企业要根据实际需要建立和健全材料试验的机构，配备人员和仪器设备。试验机构在企业总工程师和技术部门的领导下，严格遵守国家有关的技术标准、规范和设计要求，并按照有关的试验操作规程进行操作，提出准确可靠的数据，确保试验工作的质量。

凡用于施工的建筑材料，必须由供应部门提出合格证明，对那些没有合格证明的或虽有证明，但技术领导或质量管理部门认为有必要复验的材料，在使用前必须进行抽查，当复验证明合格后才能使用。为杜绝市场上出现的假冒伪劣商品，防止建筑施工中出现的事故，施工中所用的钢材、水泥必须在使用前做两次检验。

凡在现场配制的各种材料，如混凝土、砂浆等，均需按照有资质的试验机构确定的配合比和操作方法进行配制和施工，施工班组不得擅自改变。初次采用的新材料或特殊材料、代用材料必须经过试验、试制和鉴定，制定出质量标准和操作规程后，才能在工程上使用。

各级试验机构要经常对使用的建筑材料进行抽样检查，并提供正确的数据，以作为工程档案的正式文件。

4. 对构件与配件进行检验

由生产厂提供的构件与配件不参加分部工程质量评定，但构件与配件必须符合合格标准，检查出厂合格证。

构件与配件检验一般分为门窗制作质量和钢筋混凝土预制构件质量检验。门窗制作质量检查数量，按不同规格的框、扇件数各抽查5%，但均不少于3件。

5. 技术复核

在施工过程中，对重要的或影响全工程的技术工作，必须在分项工程正式施工前进行复核，以免发生重大差错，影响工程的质量和使用。

技术复核的项目及内容：

①建筑物的项目及高程：包括四角定位轴线桩的坐标位置，各轴线桩的位置及其间距，龙门板上轴线钉的位置，轴线引桩的位置，水平桩上所示室内地面的绝对标高。

②地基与基础工程：包括基坑（槽）底的土质，基础中心线的位置，基础的底标高，基础各部分尺寸。

③钢筋混凝土工程：包括模板的位置、标高及各部分尺寸，预埋件及预留孔的位置和牢固程度，模板内部的清理及湿润情况，混凝土组成材料的质量情况，现浇混凝土的配合比，预制构件的安装位置及标高、接头情况、起吊时预测强度以及预埋铁件的情况。

④砖石工程：包括墙身中心线位置，皮数杆上砖皮划分及其竖立的标高；砂浆配合比。

⑤屋面工程：指沥青玛碲脂的配合比。

⑥管道工程：包括暖气、热力、给水、排水、煤气管道的标高及坡度，化粪池检查井的底标高及各部分的尺寸。

⑦电气工程：包括变电、配电的位置，高低压进出口方向，电缆沟的位置及标高，送电方向。

⑧其他：包括工业设备、仪器仪表的完好程度、数量和规格，以及根据工程需要指定的复核项目。

6. 隐蔽工程验收

隐蔽工程是指那些在施工过程中，上一道工序的工作结果将被下一道工序所掩盖，是否符合质量要求已无法再进行复查的工程部位。例如：钢筋混凝土工程的钢筋，地基与基础工程中的地基土质、基础尺寸及标高，打桩的数量和位置等。为此，这些工程在下一工序施工以前，应由单位工程技术负责人或施工队邀请建设单位、监理单位、设计单位共同进行隐蔽工程检查和验收，并认真办好隐蔽工程验收签证手续。隐蔽工程验收记录是今后各项建筑安装工程的合理使用、维护、改造、扩建的一项重要技术资料，必须归入工程技术档案。

注意，隐蔽工程验收应结合技术复核、质量检查工作进行，重要部位改变时还应摄影，以备查考。

隐蔽工程验收项目与检查内容：

①土方工程：包括基坑（槽）或管沟开挖竣工图，排水盲沟设置情况，填方土料、冻土块含量及填土压实试验记录。

②地基与基层工程：包括基坑（槽）底土质情况，基底标高及宽度，对不良基土采取的处理情况，地基夯实施工记录、打桩施工记录及桩位竣工图。

③砖石工程：包括基础砌体，沉降缝、伸缩缝和防震缝，砌体中配筋情况。

④钢筋混凝土工程：包括钢筋的品种、规格、形状、尺寸、数量及位置，钢筋接头情况，钢筋除锈情况，预埋件数量及其位置，材料代用情况。

⑤屋面工程：包括保温隔热层、找平层、防水层的施工记录。

⑥地下防水工程:包括卷材防水层及沥青胶结材料防水层的基层;防水层被地、水、砌体等掩盖的部位,管道设备穿过防水层的固封处。

⑦地面工程:包括地面下的基土、各种防护层及经过防腐处理的结构或连接件。

⑧装饰工程:指各类装饰工程的基础情况。

⑨管道工程:包括各种给水、排水、暖、卫、暗管道的位置、标高、坡度、试压、通风试验、焊接、防腐与防锈保温,以及预埋件等情况。

⑩电气工程:包括各种暗配电气线路的位置、规格、标高、弯度、防腐、接头等情况,电缆耐压绝缘试验记录,避雷针接地电阻试验。

⑩其他:包括完工后无法进行检查的工程、重要结构部位和有特殊要求的隐蔽工程。

7. 竣工验收

工程竣工验收是对建筑企业生产、技术活动成果进行的一次综合性检查验收。工程项目通过竣工验收后,就将投入使用且形成生产能力。因此,在工程正式交工验收前,应由施工安装单位进行自检与自验,发现问题及时解决。

竣工验收工作根据工程项目的性质和大小,分别由各级施工单位负责人组织建设单位、设计单位及本单位有关人员共同进行。所有工程项目都要严格按照建筑安装工程质量检验评定标准评定质量等级,办理验收手续,填写竣工验收记录。竣工验收文件要归入工程技术档案。在竣工验收时,施工单位应提供竣工资料。

8. 质量检验评定

建筑安装工程质量检验评定应按分项工程、分部工程及单位工程三个阶段进行。

(1)分项工程质量检验评定程序。

①确定分项工程名称:根据实际情况参照建筑工程分部分项工程名称表、建筑设备安装工程分部分项工程名称表确定该工程的分项工程名称。

②保证项目检查:按照规定的检查数量,对保证项目的各项进行质量情况检查。

③基本项目检查:按照规定的检查数量,对基本项目的各项逐点进行质量情况检查。

④允许偏差项目检查:按照规定的检查数量,对允许偏差项目的各测点逐点进行实测。

⑤填写分项工程质量检验评定表:将保证项目的质量情况、基本项目的质量情况及允许偏差项目的实测值逐项填入分项工程质量检验评定表内,并评出基本项目各项的质量等级。其中,统计基本项目的优良项,计算其优良率;统计允许偏差项目的合格点数,计算其合格率;综合三项质量检查结果,对应分项工程质量等级标准来评定该分项工程的质量等级。然后,工程负责人、工长(施工员)及班组长签名,专职质量检查员签署核定意见。

(2)分部工程质量检验评定程序。

①汇总分项工程:将该分部工程所属的分项工程汇总在一起,并统计各分项工程的项数及其中优良项数。

②填写分部工程质量评定表:把各分项工程名称、项数、优良项数等逐项填入表内,并统计其优良率,对应分部工程质量等级标准评定其质量等级。最后,由有关技术人员签名。

(3)单位工程质量检验评定程序。

①分部工程评定汇总:把单位工程所属的各分部工程质量评定表汇总在一起,并计算其优良率,评定出主体分部、装饰分部及安装的主要分部的质量等级。

②检查质量保证资料:按照质量保证资料核查表上所列项目,检查单位工程现有各种质

量保证资料的份数及齐全情况，并将检查情况填入表内，评定核查结果。评完后由企业技术部门或质量监督部门盖章，负责人签名。

③观感质量评分：按照单位工程观感质量评分表上所列项目，对应质量检验评定标准进行观感检查。检查数量：室外和屋面全数检查，室内按有代表性的自然间抽查10%。抽检或全数检查的处（件）符合质量检验评定标准合格规定的项目评为四级，打分为标准分的70%。其中，有20%～49%的处（件）达到质量检查评定标准优良规定者评为三级，打分为标准分的80%；有50%～79%的处（件）达到质量检验评定标准优良规定者评为二级，打分为标准分的90%；有80%及其以上的处（件）达到质量检验评定标准优良规定者评为一级，打分为标准分的100%；有不符合质量检验评定标准合格规定的处（件）者评为五级，打零分，并应处理。

因观感评分受评定人员技术水平、经验等主观因素影响，质量观感评定由3人以上共同进行为宜。各项评定等级填入表内，统计其应得分及实得分，计算其得分率。检查人员签名。

④填写单位工程质量综合评定表：将分部工程评定汇总、质量保证资料及质量观感评定情况一起填入单位工程质量综合评定表内，根据这3项评定情况对照单位工程质量检验评定标准，评定单位工程质量等级。单位工程质量综合评定表填好后，在表下盖企业公章，并由企业经理或企业技术负责人签名。业主代表、监理单位、设计单位在该单位工程的负责人或技术总负责人栏签名，盖上公章，报政府质监部门备案。如果政府质监部门或主管部门另有要求时，还应报政府质量监督站，并由站长或主管部门负责人签名。

9. 工程技术档案

(1)工程技术档案的内容。工程技术档案一般由以下两部分组成。

①第一部分是有关建筑物合理使用、维护、改建、扩建的参考文件。在工程交工时，随同其他交工资料一并提交建设单位保存。其主要内容包括：施工执照复印件，地质勘探资料，永久水准点的坐标位置，建筑物测量记录，工程技术复核记录，材料试验记录（含出厂证明），构件、配件出厂证明及检验记录，设备的调整和试运转记录，图纸会审记录及技术核定单，竣工工程项目一览表及其预决算书，隐蔽工程验收记录，工程质量事故的发生和处理记录，建筑物的沉降和变形观测记录，由施工和设计单位提出的建筑物及其设备使用注意事项文件，分项分部及单位工程质量检验评定表，其他有关该工程的技术决定。

②第二部分是系统积累的施工经济技术资料。其主要内容包括：施工组织设计、施工方案和施工经验；新结构、新技术、新材料的试验研究资料，以及施工方法、施工操作专题经验；重大质量和安全事故情况、原因分析及其补救措施的记录；技术革新建议的试验、采用及改进记录，有关技术管理的经验及重大技术决定；施工日记。

(2)工程技术档案管理。工程技术档案的建立、汇集和整理工作应当从施工准备开始，直到工程交工为止，贯穿于施工的全过程。

凡是列入工程技术档案的文件和资料，都必须经各级技术负责人正式审定。所有的文件和资料都必须如实反映情况，不得擅改、伪造或事后补做。

工程技术档案必须严加管理，不得遗失或损坏。人员调动，必须办理交接手续。由施工单位保存的工程技术档案，根据工程的性质，确定其保存期限；而由建设单位保存的工程技术档案应永久保存，直到该工程拆毁。

2.10.4 安全员工作程序

安全员工作程序，在实际工作中有时很难排列出先后顺序，但大致上可分“安全管理”和“施工现场管理”两大项进行。

1. 安全管理

(1)建立安全管理组织。在建筑施工企业，一般都建立了公司、工程处(工区、厂、站)、栋号(项目经理部)三级安全管理网络。安全员在企业专职安全部门和所在基层单位的双重领导下，进行经常性的安全督促检查。

①建立工程处(工区、厂、站)领导干部安全生产值班制度。

②工地(项目经理部、车间)成立以其主要负责人为首的安全生产管理小组，建立工地(项目经理部、车间)领导成员轮流安全生产值日制度。

③各生产班组设不脱产安全员，协助班组长搞好班组安全管理。

④督促各班组坚持岗位安全检查、安全值日和安全日活动制度，同时要坚持做好班组安全记录。

(2)建立安全生产责任制。

①督促、协助公司、工程处(工区、厂、站)、项目经理部(栋号、车间)及班组建立各级安全生产责任制。

②建立安全检查制度，使安全检查经常化、制度化。

③建立严格的奖罚制度，使安全生产责任制与企业经济效果和个人利益结合起来。

④安全生产责任制与经济承包挂钩，明确各类人员的安全生产责任制。

⑤充分发动群众、依靠群众进行监督：安全生产责任制制定前应充分发动群众参加讨论；制度制定后，安全员要与有关部门一起广泛进行宣传教育，使人人都能自觉遵守，并监督他人遵守。

⑥建立和健全安全档案资料：根据建设部有关规定的要求，应建立安全管理资料，包括安全组织机构，安全生产规章制度，安全生产宣传教育与培训，安全技术资料(计划、措施、交底、验收)，安全检查考核(包括隐患整改)，班组安全活动，奖罚资料，伤亡事故档案，有关文件、会议记录，总包和分包工程安全文书资料。

安全管理资料的建设工作：一要认真搜集和积累资料；二要定期对资料进行整理和鉴定，保证资料的真实性、完整性和保存的价值性；三要将资料分科目、编号，并装订归档。

(3)安全教育。

①配合教育、劳资等部门，对职工进行安全生产、安全知识、安全技能、安全法规和法制教育，并将这种经常性的普及教育贯穿于管理全过程。

②督促对新工人(包括新招收的合同工、临时工、学徒工、农民工及实习和代培人员)进行公司、工程处(施工现扬或车间)、班组三级安全教育，并将其教育情况建立档案。新工人经教育考试合格者才准许进入生产岗位，不合格者必须补课、补考。

③对电工、焊工、架子工、机操工及起重工等特种作业人员，需核验是否经过国家规定的有关部门进行安全教育和安全技术培训；考核是否取得合格的操作证，无操作证者，不准独立作业。

④当采用新技术、新工艺、新设备、新材料和调换工作岗位时，对操作人员要进行新技术

操作和新岗位的安全教育。

(4)参加审查施工组织设计(施工方案)和安全技术措施计划。

(5)组织安全活动和定期安全检查。

①认真、详细地做好安全检查记录;

②定性定量进行安全评价;

③提出整改方案,整改工作包括隐患登记、整改、复查、消案。

(6)进行工伤事故统计、分析和报告,参加工伤事故的调查和处理。对于事故的调查处理,要坚持"三不放过"的原则,一般按下列步骤进行:

①迅速抢救伤员并保护好事故现场;

②组织调查组开展调查;

③进行现场勘查;

④分析事故原因,确定事故性质;

⑤制定防止类似事故再次发生的措施;

⑥写出调查报告;

⑦事故的审理和结案。

2. 施工现场管理

(1)开工前勘察工地,熟悉施工现场,了解施工组织设计中的施工平面布置图。

(2)检查施工现场设施是否符合安全要求。

①工地四周应有与外界隔离的围护设置;

②工地入口处一般应有(特殊工程工地除外)工程名称牌、施工单位名称牌、施工现场平面布置图、施工概况表及施工现场安全管理规定;

③工地的人行道与车行道应坚实平坦并保持畅通,频繁的交叉处必须设有明显的警告标志;

④现场危险作业地带应设置明显的警告标志,必要时应设纠察人员;

⑤施工区域内与施工无关的坑、洼、沟等均应填平或设置围栏;

⑥凡临近街道或居民密集的地区及来往频繁的交通地带进行施工时,应设置明显的警告标志和搭设防护栅或围栏;

⑦存放易燃、易爆品及其他危险品,必须与施工现场的交通要道、高压线和建筑物等保持安全距离;

⑧施工现场内一般不许架设高压电线,必要时,应使高压电线和它所经过的建筑物或工作地点保持安全距离;

⑨工地给水、排水应保持畅通,并不得妨碍交通和影响工地周围环境;

⑩现场宿舍、仓库等临时设施应符合防火和卫生要求;

⑪施工现场应设置安全宣传牌;

⑫夜间有人经过的坑洞等处,应设红灯警示。

(3)检查材料堆放是否符合安全要求。

①一切建筑施工器材,都应按施工平面布置图规定的地点分类堆放整齐且稳固;

②各类材料的堆放不得超过规定高度;

③严禁靠近场地的围护栅栏及其他建筑物的墙壁堆置材料;

④油漆、稀释剂和其他对职工健康有害物质的存放，应符合安全要求。

(4)防火工作检查。

①建立防火责任制和防火管理办法，并建立防火档案；

②施工现场明确划分用火作业区；

③易燃易爆物品的堆放与生活区、各区域之间的间距要符合防火规定；

④工棚或临时宿舍的搭接及间距要符合防火规定；

⑤施工现场明火作业必须经有关部门批准后才可动火；

⑥施工现场仓库、木工棚、易燃易爆物堆(存)放处及其他易发生火灾处应张贴或悬挂醒目的防火标志；

⑦施工现场必须根据防火的需要，配置相应种类与数量的消防器材、设备和设施；

⑧禁止在室内熬煮沥青，而且熬煮点应设在建筑物的下风方向，距易燃物处不得少于10m；

⑨现场使用电焊、氧焊时，应按电焊和氧焊安全操作规程执行；

⑩冬季施工采用煤炉或其他明火取暖保温时，必须同易燃物隔离，并指定专人看管炉火，不用时应将炉火熄灭后方可离开(采用煤炉取暖时还要预防煤气中毒)；

⑪施工用的水管应同时满足消防用水的要求。

(5)防爆工作检查。

①爆破及引爆物品的储存、保管、领用都必须严格按规定执行；

②各种气瓶的运输、存放、使用必须符合安全要求；

③其他可爆性物品应根据其性能特点采取相应的防爆措施，在运输、保存及使用时要做好安全交底工作。

(6)拆除工程的安全工作检查。拆除工程除遵守各有关工种安全操作规程外，还应检查是否遵循了下列规定：

①拆除工程施工前，必须编制施工组织设计；较简单的拆除工程，也应制订切合实际的安全措施；

②拆除建筑物的栏杆、楼梯和楼板等，要与整体拆除相配合，不能单独零拆；

③建筑物的承重支柱和横梁，必须等待它们所承担的全部结构拆掉后方可拆除；

④拆除建筑物一般不准采用推倒的方法，遇有特殊情况必须采用推倒的方法时，应严格遵守有关规定进行；

⑤用爆破法拆除建筑物时，应按照爆破工程中有关规定执行；

⑥拆除建筑物时，楼面上禁止多人聚集和堆放材料，当拆除某一部分时应采取措施防止其他部分发生倒塌；

⑦拆除工程施工前，应首先将电源、水源、瓦斯管道、设备等切断和拆除。

(7)“三宝、四口”的临边防护设施工作。

①凡不戴安全帽者，安全员有权禁止其进入工地，发现不戴安全帽进入工地者，按有关奖罚规定处理。同时，禁止使用不符合要求的安全帽。

②检查班组职工上岗前所做安全技术交底工作。

③检查安全网的架设和使用。4m 高度处应装一道首层安全网(固定)，高层建筑每隔 4 层应有安全网，而且高层安全网应随施工高度而上升。高层安全网应按规程设支撑，而支撑

材质、绑扎与地面的角度均应符合规定。安全网的安装不得松垮或里高外低，网与下方的物体表面距离不少于3m，陈旧网和报废的安全网禁止使用。此外，高处作业的垂直下方也应设置安全网。

④安全带的安全使用。

A. 超过4m的高处作业，如无稳固的立脚点或随时有坠落可能的，均应系上安全带；

B. 禁止用腰间拴绳的办法代替安全带；

C. 腰带必须是一整根，其宽度为40~50mm，长度为1300~1600mm（护腰带宽度不小于80mm，长度为700~900mm）；

D. 安全带每隔6个月应进行静荷载试验，使用前应严格检查，凡不合格品或有破裂者，不准使用；

E. 使用安全带时，结扣要拴牢，钩要钩稳，绳索不可系在有锋利楞角的金属物上。

⑤洞口作业的防护检查。

A. 各种预留洞口（桩孔上口等），以及人孔、天窗等处，均应设置稳固的盖板，或用小孔眼的钢丝网覆盖；

B. 电梯井口必须设防护栏或固定栅门，电梯井内按规安设置安全平网；

C. 没安装踏步的楼梯口应像预留洞口一样覆盖，安装踏步后，楼梯边应设防护栏杆；

D. 各类地道口必须设置防护棚。

⑥临边作业的防护检查。

A. 是否按照临边作业防护要求规定设置防护栏杆；

B. 高度超过3.2m的楼层周边，以及首层墙高超过3.2m的二层楼面周边，当无外脚手架时，必须架设安全平网；

C. 各种垂直运输用的平台、楼层边沿接料口等处，应装设安全门或活动栏杆。

⑦禁止操作人员、管理人员穿高跟鞋、拖鞋进入施工现场，在高处架子上作业不准穿不防滑的鞋、不准穿裙子或赤脚作业。

（8）脚手架的检查。

①检查脚手架材质和规格，包括各类扣件、螺栓的材质和规格；

②检查立杆基础是否按规程设置，立杆及大小横杆间距是否合理；

③检查杆件搭接；

④检查脚手架宽度，架体与建筑物的拉结；

⑤检查防护栏杆、挡脚板或防护立网；

⑥检查作业层竹篱笆的铺设、斜道的铺设；

⑦检查吊、挂、挑、爬架的架设，剪刀撑的设置；

⑧检查脚手架每平方米的荷载；

⑨最后进行脚手架的验收。

（9）井字架及龙门架的检查。

①检查井字架、龙门架架体及限位保险装置；

②检查缆风绳的设置和起重钢丝绳的质量；

③检查卸料平台、吊盘安全门和进料口的防护；

④检查卷扬机操作棚和联络信号是否符合要求；

⑤检查避雷针及接地是否符合要求；

⑥检查是否有架体安装验收牌。

(10)施工安全用电检查。

①在建工程与外电线路防护应保持规定的安全操作距离；

②配电开关箱安装、变配电装置、支线架搭设应符合安全用电规定；

③现场照明应用安全电压,电线自备电源供配电系统的设置应符合安全用电要求；

④接地或接零要符合要求,接地电阻不大于4欧姆；

(11)施工机械(塔吊)安全使用检查。

①核验司机和指挥人员是否经过专业培训、持证上岗；

②四限位、两保险装置是否齐全、完好,灵敏度如何；

③吊索、绳具是否符合安全使用的规定；

④检查路基与轨道,检查电缆、电器及各类防护；

⑤进行安装验收与挂牌检查；

⑥塔吊使用时禁止“超载”或斜拉重物,以免造成塔吊倒塌事故。

(12)施工机具(中小型)安全使用检查。施工机具(中小型)主要包括搅拌机、砂浆机、卷扬机、木工平刨机、压刨机、电锯、手持电动机具、钢筋机械、电焊机、潜水泵、机动翻斗车等。安全员检查施工机具时大致可分如下步骤:

①安全防护装置是否齐全、完好；

②有无安装漏电保护器、接地或接零保护；

③外露传动部位是否安装了防护罩；

④电源线有无破损,接头是否符合要求；

⑤车辆制动等安全装置的灵敏度如何；

⑥机具是否有专人负责使用、维修和管理；

⑦搅拌机、卷扬机等规定需持证操作的机具,操作者是否持证上岗。

(13)施工现场的场容场貌及生活卫生的检查。

①对工具、仓库的检查。

A. 入库的各种料具是否分类、分规格、分品种堆放,是否有保管制度,出入库手续是否清楚,账物是否相符；

B. 易燃易爆及有毒、有害物质是否按有关规定堆放与保管,库容是否整洁,库房是否漏水、渗水。

②对构(配)件堆放及装卸的检查。

A. 混凝土制品型号、规格是否混乱,堆放是否整齐,垫支点是否有错误；

B. 成型钢筋或钢(配)件、预埋铁件及钢材料是否混堆不齐,堆场是否整洁；

C. 钢木门窗、框扇、木制品堆放是否整齐,是否有防雨、防潮、防火措施；

D. 各种构件是否按有关规定、要求进行装卸,有无不听指挥、野蛮作业的现象。

③对生活卫生的检查。

A. 生活卫生是否纳入整体规划,是否配备了卫生专(兼)职管理人员,生活卫生管理责任制是否落实；

B. 工地是否设置了茶水桶,食堂卫生是否符合《食品标准》要求,厕所是否符合卫生要求，高层是否设置了便溺设施；

C. 根据需要，是否设置了浴室、更衣室、休息室、妇女卫生室等，上列用室是否清洁、完好；

D. 生活垃圾及建筑垃圾是否及时处理或遮挡，工地是否设置了巡回医疗点，医务人员是否定期为工地服务。

2.10.5 材料员工作程序

由于建筑材料资金一般要占工程总造价的70%左右，因此，一个建筑企业（包括工程处、栋号）材料管理的好坏，是衡量其经营管理水平和实现文明施工的重要标志之一，也是保证工程进度和工程质量、提高劳动效率、降低工程成本的重要环节。实际上，建筑企业的盈亏与建筑材料的采购成本和现场消耗有着很大的关系，因而材料管理工作就显得尤为重要，同时也对从事材料管理工作的人员提出了较高的素质要求。

一般来说，材料管理人员包括材料计划员、材料采购员、仓库材料保管员和施工现场材料员，但在实行项目承包的过程中也有一人兼上述数职的情况。不管怎样分工，材料员都必须围绕着“从施工生产出发，为施工生产服务”这个中心，并按照“计划、采购、运输、仓储、供应到施工现场”的基本程序，加强供、管、用三个环节的协调配合，从而保证施工生产的顺利进行和创造较好的经济效益。现把材料管理人员的工作程序介绍如下：

1. 编制计划

建筑企业的材料计划是为完成施工生产任务取得物资保证的重要环节，所以应该根据企业（工程处、单位、项目、栋号）施工、生产、维修任务所需材料的品种、规格、质量和时间的要求进行编制。同时，要加强核算和定额控制，以保证材料耗用的节约，推动材料的合理使用。材料计划一般可按用途、时间和材料的使用划分。

（1）按用途划分。即材料需用计划，材料供应计划，材料申请计划，材料订货计划（亦称订货明细表），材料采购计划。

（2）按时间划分。即年度计划，季度计划，月度计划，战役或单位工程材料需用量计划，临时追加材料计划。

（3）按材料的使用方向划分。即生产用量计划，双革、技措、维修等用料计划，机械制造用料计划，辅助生产及其他用料计划。

在上述各类计划中，材料需用量计划是编制其他各种材料计划的基础，是控制供应量和供应时间的依据，所以，必须认真进行编制。

材料需用计划汇总表的具体编制过程：一是熟悉图纸和技术资料；二是由建设、设计、施工三家会审图纸；三是计算分部分项实物工程量；四是按分项实物工程量查消耗定额核算，再填入材料分析表；五是根据施工形象进度确定分期需用材料，编制材料需用计划。

2. 计算材料用量

编制需用材料计划时，由于条件和技术资料不同，采取的定额也不同。材料用量计算可分为直接计算法与间接计算法两种。

（1）直接计算法。一般是以单位工程为对象进行编制。在施工图纸到达并经过会审后，根据施工图计算分部分项实物工程量，结合施工方案与措施，套用相应的材料定额编制材料分析表。其计算公式如下：

某种材料计划需用量＝建筑安装实物工程量×

某材料消耗定额(分预算定额或施工定额)

(2)间接计算法。用于工程任务已经落实,但由于设计尚未完成而技术资料不全,或只有投资金额和施工面积指标而不具备直接计算的条件,为了事前做好备料工作,可采用间接计算法。间接计算法有如下两种:

①已知工程类型、结构特征及施工面积的项目,可选用同类型的建筑面积每 m^2 消耗概算定额计算材料。其计算公式为:

某材料计划需用量＝某工程建筑面积×某类型工程(每平方)材料消耗概算定额×调整系数

②工程任务不具体而且只有计划总投资,则采用万元材料消耗概算定额。其计算公式为:

某材料计划需用量＝各类工程任务计划总投资×

每万元工作量某材料消耗概算金额×调整系数

在编制材料供应计划时,要掌握好四个要素,即材料需用量、库存资源量、周转储备量和材料供应量。其计算公式为:

材料供应计划＝材料需用量－期初库存资源量＋周转储备量

做好材料计划工作更重要的是,平时要积累各种定额资料,将它们整理分析成为系统性强、可靠性好的经验资料,以供备料或承包工程估算使用。此外,材料计划人员要经常深入基层,调查研究,掌握实际数据,摸清任务,核准材料需用量与库存量,搞好调剂利用,从而保证工程进度。

3. 材料采购

材料采购是在商品市场中进行的一项经济活动。它涉及面广,既复杂又繁重,既服务于工程又制约着施工生产,因此要完成采购任务,要做到“知己知彼”,内外协调,配合协作。采购材料时,既要对内部需用情况心中有数,更需了解市场商情,对市场经济信息进行搜集、整理、分析,为采购决策和择优选购提供依据。

采购工作主要是组织材料资源。其主要途径是:直接向供应单位和生产厂家申请订货,建设单位供料,市场采购,协作调剂,加工改制,清仓挖潜及回收利用等。

建筑材料的特点是种类繁多,常用的有1000多种,而且格规、品种复杂,生产分散,经营网点多,许多产品质量无保证,价格又不统一,同时货源不稳定,故受市场供求和价值规律的影响较大。建筑材料的这些特点,决定市场物资供应的渠道多、采购方式多样化,从而增加了采购工作的难度。但对需用建筑材料的单位来说,选择的余地较大,而且主动性较强。这样,在保证材料质量的前提下,采购材料的关键就在于采购人员的业务素质。采购人员在日常工作中应坚持“三比一算”(比质量、比价格、比距离,算成本)进行比较分析,从中选择适当的供应单位和生产厂家,并编制《材料供应单位一览表》,以便选择。表的编制方法见表2－22所列。

表 2-22　材料供应单位一览表

材料名称：　　　　　　　　　　　　　　　　　　　　　　　　　　计量单位：

供应单位	产品质量	地　址	价　格	运　费	其他费用	生产供应情　况	信用情况	服务措施	附注

对包工不包料或分别供料的工程项目，建设单位应该采取实物形态的供应方式，把工程所需的各项计划分配物资拨付施工企业使用，也有交订货合同而由施工企业代为提运、供应的。对这两种情况，无论供料是实用实销，还是按施工图预算包干使用，施工企业都必须积极做好接料工作。如果在品种、规格上存在缺口，施工企业应该设法帮助进行调剂配套，待施工图预算好后再进行核算，由建设单位补拨。

除现货采购外，组织货源时大多采用合同或协议的形式。因此，材料工作人员必须懂得订立订货合同或协议的基本原则、主要内容和鉴证的方法与手续，以及违反合同应负的责任和处理方法。

4. 运输管理

在材料运输管理中，必须贯彻“及时、准确、安全、经济”的原则，采用正确的运输方式而经济合理地组织运输，用最少的劳动消耗、最短的时间和里程，把材料从产地运到生产消费地点，以满足工程需要。

目前，我国有六种基本运输方式，即：铁路运输，公路运输，水路运输，航空运输，管道运输，民间群运。这六种运输方式各有其优缺点和适用范围，在选择运输方式时，要根据材料的品种、数量、运输距离、装运条件、供应要求和运费等因素择优选用。

材料运到后应及时提货，以免交付暂存费。

材料接运交付仓库或现场验收后，运输工作人员应立即办理运货的结算手续。然后，将有关托运、实物交接、到货验收等有关运输资料和凭证整理装订，并将各种材料运输的有关数据逐一登入运输登记表和运输计划执行情况汇总表，以备查考。这样，整个运输工作过程便告一段落。

5. 仓储管理

仓库业务管理是企业经营管理的重要组成部分。仓库业务主要由验收入库、保管保养和发料三个阶段组成。

(1)材料验收入库。验收入库的基本要求是：准确、及时、严格，要把好材料质量关、数量关和单据关，即凭证手续不全不收、规格数量不符不收、质量不合格不收。材料在验收质量和数量后，按实收数及时办理材料入库验收单，及时登账做卡。在验收材料过程中，如发现质量、数量、规格等问题，必须向供方书面提出退货、掉换、赔偿或追究违约责任的处理意见。

(2)材料保管保养。材料保管和维护保养是仓库管理的经常性业务，基本要求是保质、保量、保安全。

仓库储存材料应在统一规划、分区分类、合理存放、划线定位、统一分类编号及定位保管的基础上，按照“合理、牢固、定量、整齐、节约和方便”的原则合理堆码。材料堆码力求做到四号定位(即定仓库号、货架号、架层号、货位号)和五五化(即以五为基数进行材料堆码)。

材料的维护保养,必须坚持"预防为主、防治结合"的原则,在工作实践中应做到:

①根据材料不同的性能,采取不同的保管条件;

②做好堆码及防潮防损工作;

③严格控制温度和湿度;

④经常检查,随时掌握和发现保管材料的变质情况,并采取有效的补救措施;

⑤严格控制材料储存期限;

⑥搞好仓库卫生及库区环境卫生,加强安全及保卫工作。

(3)仓库和料场的材料必须定期进行盘点,以便准确地掌握实际库存量,了解材料储备定额执行情况,以及发现材料保管中存在的各种问题。

对材料盘点的要求是:库存材料达到"三清",即数量清、质量清、账表清;"三有",即盈亏有原因、事故差错有报告、调整账表有依据;保证"四对口",即账、卡、物、资金四对口,未下库者为账、卡、物三对口。

(4)材料出库。材料出库是仓库作业的最后一个环节,是划清仓库与用料部门经济责任的界线。因此,材料出库必须做到及时、准确、节约。材料出库的程序是:

①准备:根据品种的性质及数量的多少,准备相应的搬运力量。

②核证:要认真审核发料地点、品种、规格、质量及数量,并对审核人、领料人的签章及有关规定的审批程序进行详细审核无误后,才能发料。而对外调材料,必须先办理财务手续,财务收款盖章后才能发料。

③备料:按凭证所列品种、规格、质量和数量进行备料,除指明批号外都应按"先进先出"的原则发放。

④复核:为防止误差,事后必须复查,然后再下账、改卡。

⑤点交:不管是内部领料还是外部提料,都要当面一次点交清楚,以便划清责任。

⑥最后填写材料出库凭证。

仓库材料管理员在做好上述工作的同时,要注意控制仓库的储存量,以利于加速材料周转,减少资金占用。对完工后剩余的材料或已领的专用材料退回仓库时,经检查质量、点清数量后,才可办理退料手续。

6.施工现场的材料管理

施工现场是建筑安装企业从事施工生产活动、最终形成建筑产品的场所,因此加强现场材料管理,是提高材料管理水平、克服施工现场混乱浪费现象、提高经济效益的重要途径之一。注意,各施工企业的现场管理人员,都应掌握施工现场的材料管理原理和方法。

2.10.6 施工现场材料员工作程序

1.现场材料员的任务

现场材料管理是在施工组织设计的统一部署下进行的材料专业管理工作,其主要任务是做好现场材料备、收、管、用、算五个方面的工作。

【备】 就是做好施工前的材料准备工作,现场材料人员要参与施工准备,参与当地材料经济调查,同有关单位商定进料计划,做好现场堆料安排与仓储设置,并按照施工组织设计要求,促使施工部门做好现场"三通一平"、暂设工程搭设及材料进场的各项准备。

【收】 就是做好进场材料的验收工作、按工程预算或定包合同材料数量,结合工程进度需要而正确编制材料的进场计划，及时反映用料信息，并按施工进度，组织材料有次序地适时供应；严格进场材料验收手续，保证质量和数量准确无误，以避免质差、量差、价差的三差损失。

【管】 就是遵守规章制度，加强现场的材料管理，坚持进场材料按平面布置堆放，按保管规程进行保管；坚持收、发、领、退、回收、盘点制度；贯彻周转材料的租赁办法，建立“用”、“管”、“清”责任制。

【用】 就是监督材料合理使用，严格定额供料、定额考核，贯彻节约材料的技术措施，实行材料定包和节奖超罚制度，组织修旧利废，监督班组合理使用材料。

【算】 就是加强定额管理、经济核算与统计资料分析工作，并正确填制收、发、领、退各种原始记录和凭证；同时，建立单位工程台账，搞好单位工程耗料核算，以便分析节超原因；填制统计报表，并办理经济签证，及时整理并管好账单和报表资料；建立单位工程材料计划与实际耗用档案，定期统计分析，积累定额资料，总结管理经验，不断提高现场材料管理水平。

2. 施工前的现场材料准备工作

施工准备工作是一项细致的技术工作和组织工作，是保证建筑施工有计划、有节奏地顺利进行，多、快、好、省地完成各项施工任务的基础。准备工作做好了就能做到事半功倍，否则就会使各项工作被动。

施工准备工作的基本任务是：掌握建设工程的特点和进度需要，摸清施工的客观条件，经济合理地部署和使用施工力量，积极及时地从技术、物资、人力和组织等方面为建筑施工创造一切必要的条件。

接受施工任务后要现场调查和规划，首先要熟悉工程项目、建设规模、技术要求与建设期限，而且要对地形、地质、气象、水文等自然条件进行调查，对材料资源、加工能力、交通运输、施工用水和用电以及生活物资供应等经济条件进行调查，了解初步设计后以便对社会情况及劳动力等进行调查。

施工现场材料准备工作的主要内容可概括为“六查”、“三算”、“四落实”、“一规划”。

(1)“六查”的内容与目的要求。

①查工程合同或协议：包括工程项目建设期限、承建方式和供料方式等。签订合同或协议，以便与建设单位商定材料供应的分工范围，预付款额度，以及“三差”费用核算方式及其他经济责任的划分。

②查工程设计：包括工程用途、结构特征、建筑面积、工作量、特殊材料的选用等。根据工程设计计算主要材料需用量，有无特殊材料及品种规格要求，以便安排备料。

③查现场自然经济条件：包括现场地形、气候、当地材料资源、产量、质量、价格、交通运输条件与社会运力等。先查清现场自然经济条件，再进行“三比”经济分析，以便于就地就近取材，便于选择最佳经济效益的货源供应点和运输路线。

④查施工组织设计：包括总平面布置、施工总进度、大型设施搭设、技术措施、主要材料和构件需用计划等。进行施工组织设计，以制定材料仓库的现场堆放位置规划，计算脚手架工具和周转材料用量，以及计算主要材料分期分批进场数量。

⑤查供货资源落实情况：包括建设单位、上级供料部门和市场货源等。落实货源供货情况的目的，是平衡配套，提前解决缺口材料。

⑥查管理规章制度:包括上级和本单位制定的各项管理规章制度,并按照现场实际需要与深化改革的要求,拟定切合实际而又简明可行的补充办法。

(2)“三算”的内容与目的要求。

①算主要材料需要量和运输装卸作业量,包括材料品种、规格、质量、数量及用料时间,以便编制材料需要和供应计划、运输计划,并报送有关单位(供货单位、运输单位、装卸搬运单位)联系解决货源供应、运输、装卸搬运等问题。

②算现场大宗材料及各类构件(钢、木、混凝土的构件与成型钢筋等)的用料顺序、时间、批量,据以规划堆放位置与堆放面积,以便按施工顺序、进度、分期分批地组织进场。

③算各类仓库(包括木材、模板、架料等)的储存容量,确定规模与人员配备,既为合理存放提供必要条件,又可节约开支、不增大临时设施费用。

(3)“四落实”的内容与目的要求。

①落实单位工程施工图预算、施工预算和现场平面布置,核实材料需要计划与调整材料供应计划,向单位工程、承包班组核发材料,安排大宗材料直达现场堆放。

②落实各类构件的加工订货与交货日期,以及配套生产情况,为有计划地合理组织施工提供信息。

③落实建设单位、供料部门和自购材料的供料时间安排,向施工部门提供正确的供料信息,为制定施工作业计划作参考,使供料部门和各种管理人员做到心中有数,并对材料进场事先做好安排。

④落实节约材料技术措施,要与有关部门配合督促检查,促进主要材料节约指标的实现。

(4)“一规划”的内容与目的要求。“一规划”就是要切实做好现场大宗材料堆放位置的平面规划。“一规划”是根据现场工程施工的进展情况,再结合不同施工阶断的不同情况、不同特点、不同条件,因地制宜地对材料堆放进行合理规划和布置。“一规划”的目的要求是:尽量做到进料一次就位,避免二次转运;尽量靠近用料地点,以缩短运距,提高工效;做到道路畅通,以保证进料、领料、施工生产互不发生干扰。

3. 现场材料管理程序

施工现场是建筑企业多工种联合作业的场所,使用的各种材料、构件、设备、工具品种规格繁多,加上露天作业、流水作业与立体交叉作业多,工序衔接复杂,劳动力调进调出频繁。要在这样一个复杂的施工生产领域里合理组织施工生产,做好材料供、管、用等工作,按质按期地多、快、好、省地完成建设任务,必须用科学的方法进行管理。

(1)把好进场材料验收关。进入施工现场的材料,其质量的优劣、数量的缺吨亏方,最终必然要反映到建筑产品的质量及成本上来。要保证建筑工程的质量,并促使建筑工程各项技术经济指标获得全优,首先就要保证材料的质量,因此,对进入施工现场的材料要严格验收其规格、质量和数量,对不符合技术要求的,要拒收退货。

①代用材料的验收:材料代用是经常发生的问题。由于供应的材料规格不符合施工用料要求或因设计变更而改变用料规格,因而发生材料代用,如钢筋大规格替代小规格、水泥高标号替代低标号。建设单位来料在收料时发现供料不符合施工用料要求者,应先办理经济签证手续,明确经济损失处理后再验收。如果在收料后因发生设计变更而代用者,则以技术核定单做依据。

②保证进场材料的数量准确：材料进场要按照法定计量单位和标准计量器具，采取点数、过磅、标尺、换算、量方等办法进行数量验收。周转材料必须按租用合同规定内容和计量方法验收，不用时应及时退租。构件应按型号规格单体体积计量验收。

③质量问题：按施工技术管理规定，立体结构用料必须具有质量合格证明，无质量合格证明者不能验收。有的材料（如水泥、焊条等）虽有合格证明，但已超过保管期限或已发现变质，必须重新检验，经检验证明合格后才能验收，其检验费用由供料的一方负担。

一切进场材料验收，都必须做好原始记录，经核对无误后才能正式办理验收凭证和入库入账手续，不得随便在进场料单上签字，一经签收，就要负责到底。

（2）把好现场材料的发放关。材料发放是材料工作服务于生产的直接体现，也是加强现场材料管理的环节。加强材料管理，就是要彻底改变敞口供应（即"以领代耗"）那种不讲经济核算吃"大锅饭"的局面，要做到领有标准，发有依据，控制乱要、多要等不良现象。控制发料一般有以下办法：

①按定额发料：就是按施工预算的材料消耗定额进行发料，做到发料、用料有定额。工程完工后，余料要退回，避免浪费，同时还要检查造成材料超耗的原因和节约的原因。对超耗的材料必须查明原因，经核定批准后才能补发，并要明确经济责任。

对于不是直接构成建筑实体的材料和使用工具，即周转性材料和工具（如脚手架周转材料、模板、夹具和高凳等），现在一般都实行租赁办法，使用阶段由班组负责保管，完工后进行清点，超过定额规定损耗要查明原因，负责一定经济责任，节约的要发给奖金进行鼓励。

分部分项工程共用的材料，如水泥砂浆、混凝土等，有条件的应建立集中搅拌站，实行商品供应；或按限额发牌子，结算时可根据收回牌子的数量进行用料结算。这个办法可以避免砂浆、混凝土搅拌了无人用，同时也易于分别核算。搅拌站每天生产的产品以及按配合比耗用的原材料，应逐日做好记录，整理汇总，分单位工程或分部分项工程分户记账，由班组材料员核实签字认可，再办理领用手续。共用的材料一般不要采用按任务分摊的办法，更不能吃"大锅饭"。对自搅自用者，应请专人控制配料，以防无形浪费。

②按定包合同发料：实行内部承包经济责任制，按栋号或分部分项材料消耗定额包干使用的，可按以下三种方式核发材料：

A. 实行单位工程栋号承包的，按栋号定包合同核定的施工预算或按施工图预算材料包干计划进行发料。

B. 根据专业施工要求，组织专业工程队按分部工程或专业施工项目进行定包的，如模板工程、混凝土工程、砂浆搅拌、油漆、玻璃等，可以分别按分项工程量、技术措施、配合比及有关施工定额计算的材料需用量进行发料。

C. 按分项工程以生产班组进行定包核算的，如砌砖、抹灰、油漆、防水、木作及混凝土等，分别按分项工程量及有关定额资料核算的材料需要量进行发料。

（3）把好现场材料保管关。现场材料大多属于露天存放，与仓库保管方法不尽相同，但都应做到安全、完整、整齐，并加强账、卡、物管理。同时，按照材料的性能不同，采取不同的保管措施，以减少消耗、防止浪费、方便收发、有利施工。对现场大宗材料和结构件，一般应按品种采取以下方法进行保管。

①钢材的保管：按不同的钢号、品种规格、长度及不同的技术质量标准分别堆放，对退回可用的余料也需要分材质堆放，以利使用，对所有钢材均应防潮和防酸碱锈蚀。完好的钢材

与锈蚀的钢材应分开,并及时除锈,尽早投入使用。

②水泥的保管:水泥是水硬性胶凝材料,受潮后会发生硬化,降低强度,一般应专库保管,如需在露天短期存放,必须有足够毡垫及防雨措施。堆放水泥要按厂别、品种规格、标号、出厂日期分开保管,坚持先进先用的原则;散装水泥应用水泥罐或设置密封仓库进行保管,并严禁不同品种标号混装。

③木材保管:施工现场一般均用垛堆放板材等锯材,堆垛时应按树种、材质、规格、等级、长短、新旧分别堆放,场内要清洁,除去一切杂物杂草,并设垛基 40cm 以上,而且要留有空隙,以便通风。此外,注意防火、防潮、防腐、防蛀,还要避免曝晒引起的开裂翘曲。

④砖瓦的保管:普通砖与空心砖都可以露天存放,但要求地基坚实、平坦、干净,应留走道,四周要排水。饰面砖和耐火砖、耐酸砖等应储存在室内棚库,如无条件需在露天存放时需上盖下垫,以防受潮影响质量。堆放饰面砖、耐火砖时,应按不同品种、规格、式样、色彩悬挂标牌,定量堆垛,以便于收发、保管和盘点。平瓦堆放需横立,瓦与瓦之间排列要紧密,叠放高度不超过五层,用途及等级不同者应分别堆放。石棉瓦,应在棚库内保管,平直存放,注意防震,以免破裂而不能使用;堆放室外时需覆盖,防止瓦上积水,每垛高度以不超过 50 张为宜,垛上不得放置杂物,不得敲击,以免损坏。

⑤砂、石的保管:应按施工平面布置图在工程使用点或搅拌台站附近堆放保管,并按堆悬牌标明规格数量,不得任意搬迁位置乱堆乱放。地面要平整坚实,做方存放,以利检尺量方,防止污水、液体油脂浸入砂石中。彩色石子或白石子等一般用编织袋装运,未用包装袋运的应冲洗后使用。散装石子或石粉,应修建简易库房,而且要分别堆存。

⑥石油沥青的保管:石油沥青是易燃有毒物品,要注意防火、防毒,绝对避免与易燃品堆放在一起,还应防止风吹、日晒、雨淋,必须按品种牌号分别堆放。假如发生火灾,切忌用水扑救,以免热液流散而扩大灾害损失,应用泡沫灭火机、二氧化碳灭火机、四氯化碳灭火机进行扑灭,或用砂土扑灭。

⑦钢筋混凝土构件的保管:按分阶段的平面布置图规定位置堆放,场地要平整夯实,尽可能靠近起吊设备的起吊半径范规内。堆放时要弄清钢筋分布情况,不能放反,而且不宜堆码过高,上下垫木位置要垂直同位;同时,按规格、型号并结合施工与进度分层分段,把先用的堆在上面,以便按顺序进行吊装,防止倒塌、断裂和二次搬运。

⑧钢、木构件的保管:分品种、规格、型号堆放,要上盖下垫、挂牌标明,以防止错发错领,存放时间较长的钢门窗、木门窗、铁件等要放入棚库,防止日晒雨淋而导致变形或锈蚀。

(4)把好现场材料的盘点关。施工现场的材料(包括周转材料)必须按月、季、年度进行盘点,在分部、分项竣工和单位工程竣工时也需及时盘点。

材料盘点应与工程量盘点的时间一致,同步进行,必须做到材料消耗与实际完成工程量衔接一致。未完工程量不应统计材料消耗量,否则成本失真,造成虚报。竣工后材料员要对现场存料以及周转使用材料全面清查、盘点,编制材料盘点表,以便做到心中有数。盘点应做到账物相符、账账相符,以利正确结算工程实际耗用材料的数量,以利正确计算班组定包的节、超数量,为工程成本核算提供准确依据。

施工现场材料盘点工作量大、时间紧,尤其是周转材料(如脚手架、模板)很难盘点正确。因此,要依靠群众,认真组织力量,集中时间,逐项进行有计划的盘点,并与租赁数量核对,不能马虎对待和走过场。通过盘点,施工现场应做到"三清"、"三有"、"一保证"。"三清",即数量清、质量清、账目清;“三有”,即盈亏有原因、积压报废有报告、调整账面有依据;“一保证”,即保证账、表、物、资金四对口。

4. 材料消耗过程中的管理

材料耗用过程的管理,就是对材料在施工生产消耗过程中进行组织、指挥、监督、调节和核算,借以消除不合理的消耗,以达到物尽其用、降低材料成本、增加企业经济效益的目的。

在建筑安装工程中,材料费用占工程造价比重很大。建筑企业的利润,大部分来自材料采购成本的节约和降低材料的消耗,特别是来自降低现场材料的消耗。因此,材料员应做好如下工作:

(1)搞好“两算”对比。施工预算是建筑企业根据施工图、施工方案、技术节约措施、配合比及施工定额计算出产品生产的工料计划,是企业对施工班组实行内部核算、定额管理包干使用的准则,也是企业内部核算成本费用支出的依据。通常所说的“两算对比”,就是在施工前将施工图预算的工料费用中主要材料实物量的预算收入数,用来与施工预算的工料费用、主要材料实物量的预计支出数进行对比。目的在于:先算后干,做到心中有数;核对施工预算有无错误;对施工预算中超过施工图预算的项目,要及时查找原因,尽快采取措施。由于施工预算编制较细,又有比较切实合理的施工方案和技术节约措施,因此施工预算一般应低于施工图预算。

(2)抓好“三基”是实施两算的基础。

一是基层组织建设,关键在于施工班组的建设。班组是企业的基层生产组织,也是企业管理的主要对象,企业的计划与技术经济指标都要依靠生产班组来完成。因此,选配好班组领导和技术业务骨干,是完成任务的保证。

二是基础管理工作,主要是建立健全企业的各项管理制度,如标准计量、质量管理,材料的验收、保管、发放、退料、回收等岗位责任制度健全的原始记录,这可为划清责任、考核经济效果、实行奖惩奠定基础。

三是基本培训,即:按专业不同,做好各专业人员(包括班组的各专业人员)材料管理知识和基本业务培训工作,使他们明确任务和职责范围,懂得材料管理的基本知识和基本方法。

5. 施工现场周转材料的管理

周转材料是指可以多次重复使用的材料。它用于施工过程后,基本上能保持材料的原有形态,经过清理或稍加修补又可继续使用,如模板、脚手架等材料。由于周转材料在施工过程中用量较大,一次使用周期短,周转更换频繁,但占用流动资金较多,因此必须加强管理与核算,加速周转使用,以减少资金占用。

周转材料的使用管理办法,公司往往有专门规定,应按专门规定管理,如无专门规定的,应建立该项目自己的管理办法。

2.11 建筑业从业人员职业道德规范

建筑业从业人员的职业道德规范,建设部在1997年就有文件做了明确的规定,具体内容详见附件五。

[附件五]

建筑业从业人员职业道德规范(试行)

建设部(97)建建综字第33号

一、建筑业监督管理人员职业道德规范

(一)工程质量监督人员职业道德规范

1. 遵纪守法,秉公办事

认真贯彻执行国家有关工程质量监督管理的方针、政策和法规,依法监督,秉公办事,树立良好的信誉和职业形象。

2. 敬业爱岗,严格监督

不断提高政治思想水平和业务素质,严格按照有关技术标准规范实行监督,严格按照标准核定工程质量等级。

3. 提高效率,热情服务

严格履行工作程序,提高办事效率,监督工作及时到位,做到急事快办,热情服务。

4. 公正严明,接受监督

公开办事程序,接受社会监督、群众监督和上级主管部门监督,提高质量监督、检测工作的透明度,保证监督、检测结果的公正性和准确性。

5. 严格自律,不谋私利

严格执行监督人员、检测人员的《工作守则》,不在建筑业企业和监理企业中兼职,不利用工作之便介绍工程承包任务和推销建筑材料,不对受监督的工程进行有偿咨询活动,自觉抵制不正之风,不以权谋私,不徇私舞弊。

(二)工程招标投标管理人员职业道德规范

1. 遵纪守法,秉公办事

认真贯彻执行国家的有关方针、政策和法规,在招标投标各个环节要依法管理、依法监督,自觉抵制各种干扰,保证招标投标工作的公开、公平、公正。

2. 敬业爱岗,优质服务

树立敬业精神,以服务带管理,以服务促管理,寓管理于服务之中。

3. 解放思想,实事求是

积极探索在社会主义市场经济条件下工程招标投标的管理,努力发挥优胜劣汰竞争机制的作用,维护建筑市场秩序。

4. 严格管理,提高效率

严格依法管理,讲求工作效率,热情服务,遵章履行招标投标审批手续。

5. 接受监督,保守秘密

公开办事程序,公开办事结果,接受社会监督、群众监督及上级主管部门的监督,不准泄露标底,维护建筑市场各方的合法权益。

6. 廉洁奉公,不谋私利

不以权谋私,不吃宴请,不收礼金,不指定投标队伍,不准泄露标底,不准自编自审,不参加有妨碍公务的各种活动,不做有损于政府形象的事情。

(三)建筑施工安全监督人员职业道德规范

1. 依法监督,坚持原则

树立全心全意为人民服务的宗旨,广泛宣传和坚决贯彻“安全第一,预防为主”的方针,认真执行有关安全生产的法律、法规、标准和规范。

2. 敬业爱岗,忠于职守

安全监督人员要树立敬业精神,以做好本职工作为荣,以减少伤亡事故为本,开拓思路,克服困难,大胆管理。

3. 实事求是,调查研究

坚持实事求是的思想路线,理论联系实际,深入基层,深入施工现场调查研究,提出安全生产工作的改进措施和意见,保障广大职工群众的安全和健康。

4. 努力钻研,提高水平

认真学习安全专业技术知识,努力钻研业务,不断积累和丰富工作经验,努力提高业务素质和工作水平,推动安全生产技术工作的不断发展和完善。

5. 廉洁奉公,接受监督

遵纪守法,秉公办事,不利用职权谋私利,自觉抵制消极腐败思想的侵蚀,接受群众和上级主管部门的监督。

二、建筑业企业职工的职业道德规范

(一)企业经理职业道德规范

1. 遵纪守法,诚信经营

认真执行国家的有关法规和政策,坚持社会主义经营方向,服务用户,坚持质量第一,塑造良好的企业形象。

2. 解放思想,改革创新

坚持解放思想、实事求是的思想路线,大胆改革,务实创新,不断完善现代企业制度,转换企业经营机制,推进企业发展,增强企业在建筑市场上的竞争能力。

3. 精心组织,科学管理

加强企业经营活动的组织和管理,不断完善企业内部管理体制,抓好企业内部的管理工作,使之制度化、标准化、科学化,向管理挖潜力,向管理要效益。

4. 清正廉洁,公正无私

密切联系群众,办事公道正派,对工作敢于负责,不推过揽功,严于律己,以身作则,率先垂范。

5. 坚持原则,求真务实

牢固树立法制观念、政策观念、坚持原则、严格把关,做遵纪守法的带头人,指导和支持职能部门依法经营和开展工作,不弄虚作假,不欺上瞒下,培养、选拔、使用干部要出以公心,不搞亲疏有别,排斥异己。

6. 关心职工,尊重人才

做好职工的思想政治工作,关心职工的身心健康和安全,尽心尽力为职工排忧解难,搞好后勤服务工作。遵守《劳动法》,不强迫职工超负荷工作和生产,尊重知识,尊重人才,努力提高企业的科学技术水平,推动企业生产力的提高。

(二)项目经理职业道德规范

1. 强化管理,争创效益

对项目的人财物进行科学管理,加强成本核算,实行成本决算,教育全体人员节约开支,厉行节约,精打细算,努力降低物资和人工消耗。

2. 讲求质量,重视安全

精心组织,严格把关,顾全大局,不为自身和小团体的利益而降低对工程质量的要求。加强劳动保护措施,对国家财产和施工人员的生命安全高度负责,不违章指挥,及时发现并应坚决制止违章作业,检查和消除各类事故隐患。

3. 关心职工,平等待人

要像关心家人一样关心职工,爱护职工,特别是民工。不拖欠工资,不敲诈用户,不索要回扣,不多签或少签工程量或工资。充分尊重职工的人格,以诚相待,平等待入。搞好职工的生活,保障职工的身心健康。

4. 廉洁奉公,不谋私利

发扬民主,主动接受监督,不利用职务之便谋取私利,不用公款请客送礼。如实上报施工产值、利润,不弄虚作假。不在决算定案前搞分配,不搞分光吃光的短期行为。

5. 用户至上,诚信服务

树立用户至上思想,事事处处为用户着想,积极采纳用户的合理要求和建议,热情为用户服务,建设用户满意工程,坚持保修回访制度,为用户排忧解难,维护企业的信誉。

(三)工程技术人员职业道德规范

1. 热爱科技,献身事业

树立"科技是第一生产力"的观念,敬业爱岗,勤奋钻研,追求新知,掌握新技术、新工艺,不断更新业务知识,拓宽视野。忠于职守,辛勤劳动,为企业的振兴与发展贡献自己的才智。

2. 深入实际,勇于攻关

深入基层,深入现场,理论和实际相结合,科研和生产相结合,把施工的难点作为工作重点,知难而进,百折不挠,不断解决施工生产中的技术难题,提高生产效益和经济效益。

3. 一丝不苟,精益求精

牢固确立精心工作、求实认真的工作作风。施工中严格执行建筑技术规范,认真编制施工组织设计,做到技术上精益求精,工程质量上一丝不苟,为用户提供合格的建筑产品,积极推广和运用新技术、新工艺、新材料、新设备,大力发展建筑高科技,不断提高建筑科学技术水平。

4. 以身作则,培育新人

谦虚谨慎,尊重他人,善于合作共事,搞好团结协作,既当好科学技术带头人,又甘当铺路石,培育科技事业的接班人,大力做好施工科技知识在职工中的普及工作。

5. 严谨求实,坚持真理

培养严谨求实、坚持真理的优良品德,在参与可行性研究时,坚持真理,实事求是,协助领导进行科学决策;在参与投标时,从企业实际出发,以合理造价和合理工期进行投标;在施工中，严格执行施工程序、技术规范、操作规程和质量安全标准，决不弄虚作假，欺上瞒下。

（四）管理人员职业道德规范

1. 遵纪守法，为人表率

认真学习党的路线、方针、政策，自觉遵守法律、法规和企业的规章制度，办事公道，用语文明，以诚相待。

2. 钻研业务，爱岗敬业

努力学习业务知识，精通本职业务，不断提高业务素质和工作能力。爱岗敬业，忠于职守，工作认真负责，不断提高工作效率和工作能力。

3. 深入现场，服务基层

深入施工现场，调查研究，掌握第一手资料，积极主动为基层单位服务，为工程项目服务，急基层单位和工程项目之所急。

4. 团结协作，互相配合

树立全局观念和整体意识，部门之间、岗位之间做到分工不分家，搞好团结协作，遇事多商量、多通气，互相配合，互相支持，不推诿，不扯皮，不搞本位主义。

5. 廉洁奉公，不谋私利

树立全心全意为人民服务的公仆意识，廉洁奉公，不利用工作和职务之便吃拿卡要、谋取私利。

（五）施工作业人员职业道德规范

1. 苦练硬功，扎实工作

刻苦钻研技术，熟练掌握本工种的基本技能，努力学习和运用先进的施工方法，练就过硬本领，立志岗位成才。热爱本职工作，不怕苦，不怕累，认认真真，精心操作。

2. 精心施工，确保质量

严格按照设计图纸和技术规范操作，坚持自检、互检、交接检制度，确保工程质量。

3. 安全生产，文明施工

树立安全生产意识，严格执行安全操作规程，杜绝一切违章作业现象。维护施工现场整洁，不乱倒垃圾，做到工完场清。

4. 遵章守纪，维护公德

争做文明职工，不断提高文化素质和道德修养，遵守各项规章制度，发扬劳动者的主人翁精神，维护国家利益和集体荣誉，服从上级领导和有关部门的管理，争做文明职工。

（六）后勤服务人员职业道德规范

1. 热爱本职，忠于职守

爱岗敬业，严格遵守岗位职责，尽心尽责搞好后勤服务工作。

2. 面向职工，主动服务

树立公仆意识，积极主动地为职工服务，帮助职工解决实际困难，解除后顾之忧。

3. 提高技能，讲求质量

努力学习岗位业务知识，工作一丝不苟，讲求工作和服务质量。

4. 遵章守纪，礼貌待人

遵守各项规章制度，严格要求自己，坚持礼貌服务，注意仪表举止，用语文明，不说粗话和脏话。

三、建筑业职工文明守则（八要八不准）

八要：

要热爱祖国，敬业爱岗，忠于职守，振兴企业；
要团结友爱，助人为乐，言语文明，自尊自重；
要遵纪守法，维护公德，诚实守信，优质服务；
要精心操作，严格规程，安全生产，保证质量；
要尊师爱徒，勤学苦练，同心奋进，敢于争先；
要讲究卫生，净化环境，文明施工，工完场清；
要提倡节俭，勤俭持家，努力增产，厉行节约；
要心想用户，礼貌待人，保护财产，爱护公物。

八不准：

不准偷工减料，影响质量；
不准违章作业，忽视安全；
不准野蛮施工，噪音扰民；
不准乱堆乱扔，影响质量；
不准遗撒渣土，污染环境；
不准乱写乱画，损坏成品；
不准粗言秽语，打架斗殴；
不准违反交规，妨碍秩序。

中华人民共和国建设部建筑业司
建设部精神文明建设办公室
一九九七年九月三日

［附件六］

建设部关于印发《建筑市场诚信行为信息管理办法》的通知

建市［2007］9号

各省、自治区建设厅、直辖市建委，计划单列市建委（建设局），新疆生产建设兵团建设局，总后基建营房部工程局，国资委管理的有关企业，有关行业协会：

为进一步规范建筑市场秩序，健全建筑市场诚信体系，加强对建筑市场各方主体的动态监管，营造诚实守信的市场环境，我们组织制定了《建筑市场诚信行为信息管理办法》，现印发给你们，请遵照执行。

省、自治区、直辖市建设行政主管部门要对建筑市场信用体系建设工作高度重视，加强组织领导和宣传贯彻，并结合本地实际，抓紧制订落实《建筑市场诚信行为信息管理办法》的实施细则。省会城市、计划单列市以及基础条件较好的地级城市要在2007年6月30日前，按照《建筑市场城信行为信息管理办法》的要求，建立本地区的建筑市场综合监管信息系统和诚信信息平台。其他地区在2007年年底前也要全部启动这项工作，推动建筑市场信用体系建设的全面实施。

附件：建筑市场诚信行为信息管理办法

中华人民共和国建设部

二〇〇七年一月十二日

建筑市场诚信行为信息管理办法

第一条 为进一步规范建筑市场秩序，健全建筑市场诚信体系，加强对建筑市场各方主体的监管，营造诚实守信的市场环境，根据《建筑法》、《招标投标法》、《建设工程勘察设计管理条例》、《建设工程质量管理条例》、《建设工程安全生产管理条例》等有关法律法规，制定本办法。

第二条 本办法所称建筑市场各方主体是指建设项目的建设单位和参与工程建设活动的勘察、设计、施工、监理、招标代理、造价咨询、检测试验、施工图审查等企业或单位以及相关从业人员。

第三条 本办法所称诚信行为信息包括良好行为记录和不良行为记录。

良好行为记录指建筑市场各方主体在工程建设过程中严格遵守有关工程建设的法律、法规，规章或强制性标准，行为规范，诚信经营，自觉维护建筑市场秩序，受到各级建设行政主管部门和相关专业部门的奖励和表彰，所形成的良好行为记录。

不良行为记录是指建筑市场各方主体在工程建设过程中违反有关工程建设的法律、法规、规章或强制性标准和执业行为规范，经县级以上建设行政主管部门或其委托的执法监督机构查实和行政行罚，形成的不良行为记录。《全国建筑市场各方主体不良行为记录认定标准》由建设部制定和颁布。

第四条 建设部负责制定全国统一的建筑市场各方主体的诚信标准；负责指导建立建筑市场各方主体的信用档案；负责建立和完善全国联网的统一的建筑市场信用管理信息平台；负责对外发布全国建筑市场各方主体诚信行为记录信息；负责指导对建筑市场各方主体的信用评价工作。

各省、自治区和直辖市建设行政主管部门负责本地区建筑市场各方主体的信用管理工作，采集、审核、汇总和发布所属各市＝县建设行政主管部门报送的各方主体的诚信行为记录，并将符合《全国建筑市场各方主体不良行为记录认定标准》的不良行为记录及时报送建设部。报送内容应包括：各方主体的基本信息、在建筑市场经营和生产活动中的不良行为表现、相关处罚决定等。

各市、县建设行政主管部门按照统一的诚信标准和管理办法，负责对本地区参与工程建设的各方主体的诚信行为进行检查、记录，同时将不良行为记录信息及时报送上级建设行政主管部门。

中央管理企业和工商注册不在本地区的企业的诚信行为记录，由其项目所在地建设行政主管部门负责采集、审核、记录、汇总和公布，逐级上报，同时向企业工商注册所在地的建设行政主管部门通报，建立和完善其信用档案。

第五条 各级建设行政主管部门要明确分管领导和承办机构人员，落实责任制，加强对各方主体不良行为的监督检查以及不良行为记录真实性的核查，负责收集、整理、归档、保全不良行为事实的证据和资料，不良行为记录报表要真实、完整、及时报送。

第六条 行业协会要协助政府部门做好诚信行为记录、信息发布和信用评价等工作，推进建筑市场动态监管；要完善行业内部监督和协调机制，建立以会员单位为基础的自律维权信息平台，加强行业自律，提高企业及其从业人员的诚信意识。

第七条 各省、自治区、直辖市建设行政主管部门应按照《全国建筑市场各方主体不良行为记录认定标准》，自行或通过市、县建设行政主管部门及其委托的执法监督机构，结合建筑市场检查、工程质量安全监督以及政府部门组织的各类执法检查、督查和举报、投诉等工作，采集不良行为记录，并建立与工商、税务、纪检、监察、司法、银行等部门的信息共享机制。

第八条 各省、自治区、直辖市建设行政主管部门应根据行政处罚情况，及时公布各方主体的不良行为信息，形成政府监管、行业自律、社会监督的有效约束机制。

第九条 各地建设行政主管部门要通过资源整合和组织协调，完善建筑市场和工程现场联动的业务监管体系，在健全建筑市场综合监管信息系统的基础上，建立向社会开放的建筑市场诚信信息平台，做好诚信信息的发布工作。诚信信息平台的建设可依托各地有形建筑市场（建设工程交易中心）的资源条件，避免重复建设和资源浪费。

第十条 诚信行为记录实行公布制度。

诚信行为记录由各省、自治区、直辖市建设行政主管部门在当地建筑市场诚信信息平台上统一公布。其中，不良行为记录信息的公布时间为行政处罚决定做出后7日内，公布期限一般为6个月至3年；良好行为记录信息公布期限一般为3年，法律、法规另有规定的从其规定。公布内容应与建筑市场监管信息系统中的企业、人员和项目管理数据库相结合，形成信用档案，内部长期保留。

属于《全国建筑市场各方主体不良行为记录认定标准》范围的不良行为记录除在当地发布外，还将由建设部统一在全国公布，公布期限与地方确定的公布期限相同，法律、法规另有法定的从其规定。各省、自治区、直辖市建设行政主管部门将确认的不良行为记录在当地发布之日起7日内报建设部。

通过与工商、税务、纪检、监察、司法、银行等部门建立的信息共享机制，获取的有关建筑市场各方主体不良行为记录的信息，省、自治区、直辖市建设行政主管部门也应参照本规定在本地区统一公布。

各地建筑市场综合监管信息系统，要逐步与全国建筑市场诚信信息平台实现网络互联、信息共享和实时发布。

第十一条 对发布有误的信息，由发布该信息的省、自治区和直辖市建设行政主管部门进行修正，根据被曝光单位对不良行为的整改情况，调整其信息公布期限，保证信息的准确和有效。

省、自治区和直辖市建设行政主管部门负责审查整改结果，对整改确有实效的，由企业提出申请，经批准，可缩短其不良行为记录信息公布期限，但公布期限最短不得少于3个月，同时将整改结果列于相应不良行为记录后，供有关部门和社会公众查询；对于拒不整改或整改不力的单位，信息发布部门可延长其不良行为记录信息公布期限。

行政处罚决定经行政复议、行政诉讼以及行政执法监督被变更或被撤消，应及时变更或删除该不良记录，并在相应诚信信息平台上予以公布，同时应依法妥善处理相关事宜。

第十二条 各省、自治区、直辖市建设行政主管部门应加强信息共享，推进各地诚信信息平台的互联互通，逐步开放诚信行为信息，维护建筑市场的统一、开放、竞争、有序。

第十三条 各级建设行政主管部门，应当依据国家有关法律、法规和规章，按照诚信激励和失信惩戒的原则，逐步建立诚信奖惩机制，在行政许可、市场准入、招标投标、资质管理、工程担保与保险、表彰评优等工作中，充分利用已公布的建筑市场各方主体的诚信行为信息，依法对守信行为给予激励，对失信行为进行惩处。在健全诚信奖惩机制的过程中，要防止利用诚信奖惩机制设置新的市场壁垒和地方保护。

第十四条 各级建设行政主管部门应按照管理权限和属地管理原则建立建筑市场各方主体的信用档案，将信用记录信息与建筑市场监管综合信息系统数据库相结合，实现数据共享和管理联动。

第十五条 各省、自治区、直辖市和计划单列市建设行政主管部门可结合本地区实际情况，依据地方性法规对本办法和认定标准加以补充，制订具体实施细则。

第十六条 各级建设行政主管部门要按照《最高人民检察院、建设部、交通部、水利部关于在工程建设领域开展行贿犯罪档案试点工作的通知》（高检会[2004]2号）要求，准确把握建立工程建设领域行贿犯罪档案查询系统的内容和要求，认真履行职责，加强领导，密切配合，做好工程建设领域行贿犯罪档案查询试点工作，将其纳入建筑市场信用体系建设工作中，逐步建立健全信用档案管理制度和失信惩戒制度。

第十七条 对参与工程建设的其他单位（如建筑材料、设备和构配件生产供应单位等）和实行个人注册执业制度的各类从业人员的诚信行为信息，可参照本办法进行管理。

第十八条 本办法由建设部负责解释。

第十九条 本办法自发布之日起施行。

附件：建设、施工、招标代理、造价咨询单位不良行为记录认定标准

建设单位不良行为记录认定标准（A1）

施工单位不良行为记录认定标准（D1）

招标代理单位不良行为记录认定标准（F1）

造价咨询单位不良行为记录认定标准（G1）

附表1　建设单位不良行为记录认定标准(A1)

行为类别	行为代码	不良行为	法律依据	处罚依据
A1－1 建设程序	A1－1－01	未取得资质等级证书或超越资质等级从事房地产开发经营的	《房地产开发经营管理条例》第三十五条	《房地产开发企业资质管理规定》第十九条、第二十条
	A1－1－02	在报送的可行性研究报告中,未将招标范围、招标方式、招标组织形式等有关招标内容报项目审批部门核准的;不按核准内容进行招标的	《工程建设项目施工招标投标办法》第十条,《工程建设项目货物招标投标办法》第八条	《工程建设项目施工招标投标办法》第七十三条,《工程建设项目货物招标投标办法》第五十五条
	A1－1－03	未取得建设工程规划许可证件或违反建设工程规划许可证件的规定进行建设的	《城市规划法》第三十二条	《城市规划法》第四十条
	A1－1－04	建设项目必须实行工程监理而未实行工程监理	《建设工程质量管理条例》第十二条	《建筑工程质量管理条例》第五十六条
	A1－1－05	未按照国家规定办理工程质量监督手续	《建设工程质量管理条例》第十三条	《建设工程质量管理条例》第五十六条
	A1－1－06	施工图设计文件未经审查或者审查不合格,擅自施工的	《建设工程质量管理条例》第十一条	《建设工程质量管理条例》第五十六条
	A1－1－07	未取得施工许可证或者开工报告未经批准或者为规避办理施工许可证将工程项目分解后,擅自施工的;采用虚假证明文件骗取施工许可证的;伪造、涂改施工许可证的	《建筑法》第七条	《建筑法》第六十四条,《建设工程质量管理条例》第五十七条,《建筑工程施工许可证管理办法》第十条、第十一条、第十二条、第十三条

续附表 1

行为类别	行为代码	不良行为	法律依据	处罚依据
A1－1 建设 程序	A1－1－08	在工程竣工验收合格之日起 15 日内未办理工程竣工验收备案的；将备案机关决定重新组织竣工验收的工程，在重新组织竣工验收前，擅自使用的；或采用虚假证明文件办理工程竣工验收备案的	《建设工程质量管理条例》第四十九条	《建设工程质量管理条例》第五十六条，《房屋建筑工程和市政基础设施工程竣工验收备案管理暂行办法》第九条、第十条、第十一条
	A1－1－09	建设工程竣工验收后，建设单位未按规定移交建设项目档案	《建设工程质量管理条例》第十七条	《建设工程质量管理条例》第五十九条
A1－2 招标 发包	A1－2－01	必须进行招标的项目而不招标的；将必须进行招标的项目化整为零或者以其他任何方式规避招标的	《招标投标法》第三条，第四条	《招投标法》第四十九条
	A1－2－02	不具备招标条件而进行招标	《工程建设项目勘察设计招标投标办法》第九条，《工程建设项目施工招标投标办法》第八条，《工程建设项目货物招标投标办法》第八条	《工程建设项目勘察设计招标投标办法》第五十条，《工程建设项目施工招标投标办法》第七十三条，《工程建设项目货物招标投标办法》第五十五条第五项
	A1－2－03	不具备自行办理施工招标事宜条件而自行招标的	《房屋建筑和市政基础设施工程招标投标管理办法》第十一条	《房屋建筑和市政基础设施工程施工招标投标管理办法》第五十二条
	A1－2－04	应当公开招标而不公开招标的；勘察、设计、货物擅自进行邀请招标或不招标的	《工程建设项目勘察设计招标投标办法》第十条，《工程建设项目施工招标投标办法》第十一条，《工程建设项目货物招标投标办法》第十一条	《工程建设项目勘察设计招标投标办法》第五十条，《工程建设项目施工招标投标办法》第七十三条，《房屋建筑和市政基础设施工程施工招标投标管理办法》第五十一条，《工程建设项目货物招标投标办法》第五十五条
	A1－2－05	未在指定的媒介发布招标公告	《招标投标法》第十六条	《工程建设项目勘察设计招标投标办法》第五十条，《工程建设项目施工招标投标办法》第七十三条，《工程建设项目货物招标投标办法》第五十五条

续附表 1

行为类别	行为代码	不良行为	法律依据	处罚依据
A1－2 招标发包	A1－2－06	自招标文件或资格预审文件出售之日起至停止出售之日止，少于五个工作日	《工程建设项目勘察设计招标投标办法》第十二条，《工程建设项目施工招标投标办法》第十五条	《工程建设项目勘察设计招标投标办法》第五十条，《工程建设项目施工招标投标办法》第七十三条
	A1－2－07	在发布招标公告、发出投标邀请书或者售出招标文件或资格预审文件后终止招标的	《工程建设项目勘察设计招标投标办法》第二十条，《工程建设项目施工招标投标办法》第十五条，《工程建设项目货物招标投标办法》第十四条	《工程建设项目勘察设计招标投标办法》第五十条，《工程建设项目施工招标投标办法》第七十二条，《工程建设项目货物招标投标办法》第五十五条
	A1－2－08	以不合理的条件限制或者排斥潜在投标人的，对潜在投标人实行歧视待遇的；强制要求投标人组成联合体共同投标的；或者限制投标人之间竞争的	《招标投法法》第十八条、第三十一条，《工程建设项目勘察设计招标投标办法》第十四条	《中华人民共和国招标投标法》第五十一条，《工程建设项目勘察设计招标投标办法》第五十三条
	A1－2－09	资格预审或者评标标准和方法含有排斥投标人的内容，妨碍或者限制投标人之间竞争的	《招标投标法》第十八条	《工程建设项目勘察设计招标投标办法》第五十四条，《工程建设项目施工招标投标办法》第七十九条，《工程建设项目货物招标投标办法》第五十七条
	A1－2－10	依法必须进行招标的项目向他人透露已获取招标文件的潜在投标人的名称、数量或者可能影响公平竞争的有关招标投标的其他情况的	《招标投标法》第二十二条	《招标投标法》第五十二条
	A1－2－11	依法必须进行招标的项目泄露标底的	《招标投标法》第二十二条	《招标投标法》第五十二条
	A1－2－12	依法必须招标的项目，自招标文件开始发出之日起至提交投标文件截止之日止，少于二十日的	《招标投标法》第二十四条	《工程建设项目勘察设计招标投标办法》第五十条，《工程建设项目施工招标投标办法》第七十三条，《工程建设项目货物招标投标办法》第五十五条

续附表 1

行为类别	行为代码	不良行为	法律依据	处罚依据
A1－2 招标发包	A1－2－13	在提交投标文件截止时间后接收投标文件的	《招标投标法》第二十八条	《工程建设项目施工招标投标办法》第七十三条，《工程建设项目货物招标投标办法》第五十五条
	A1－2－14	投标人数量不符合法定要求不重新招标的	《招标投标法》第二十八条	《工程建设项目施工招标投标办法》第七十三条，《工程建设项目货物招标投标办法》第五十五条
	A1－2－15	评标委员会的组建及人员组成不符合法定要求的	《招标投标法》第三十七条	《工程建设项目勘察设计招标投标办法》第五十四条，《工程建设项目施工招标投标办法》第七十九条，《工程建设项目货物招标投标办法》第五十七条
	A1－2－16	不从依法组建的评标专家库中抽取专家的	《招标投标法》第三十七条	《评标专家和评标专家库管理暂行办法》第十七条
	A1－2－17	应当回避担任评标委员会的成员参与评标的	《招标投标法》第三十七条，《评标专家和评标专家库管理暂行办法》第十二条	《工程建设项目勘察设计招标投标办法》第五十四条，《工程建设项目施工招标投标办法》第七十九条，《工程建设项目货物招标投标办法》第五十七条
	A1－2－18	使用招标文件没有确定的评标标准和方法的	《招标投标法》第四十条	《工程建设项目勘察设计招标投标办法》第五十四处要，《工程建设项目施工招标投标办法》第七十九条，《工程建设项目货物招标投标办法》第五十七条
	A1－2－19	在评标委员会依法推荐的中标候选人以外确定中标人的	《招标投标法》第四十条	《招标投标法》第五十七条
	A1－2－20	依法必须进行招标的项目在所有投标被评标委员会否决后自行确定中标人的	《招标投标法》第四十二条	《招标投标法》第五十七条
	A1－2－21	依法必须进行招标的项目与投标人就投标价格、投标方案等实质性内容进行谈判的	《招标投标法》第四十三条	《招标投标法》第五十五条

续附表1

行为类别	行为代码	不良行为	法律依据	处罚依据
A1－2 招标 发包	A1－2－22	不按规定期限确定中标人的	《评标委员会和评标方法暂行规定》第四十条,《工程建设项目施工招标投标办法》第五十六条,《工程建设项目货物招标投标办法》第四十七条	《工程建设项目施工招标投标办法》第八十一条,《工程建设项目货物招标投标办法》第五十八条
	A1－2－23	未向建设行政主管部门提交施工招标投标情况书面报告的	《招投标法》四十七条,《房屋建筑和市政基础设施工程施工招标投标管理办法》第四十五条	《房屋建筑和市政基础设施工程施工招标投标管理办法》第五十四条
	A1－2－24	中标通知书发出后改变中标结果的	《招标投标法》第四十五条	《工程建设项目施工招标投标办法》第八十一条,《工程建设项目货物招标投标办法》第五十八条
	A1－2－25	与中标人不按照招标文件和中标人的投标文件订立合同的;订立背离合同实质性内容的其他协议的	《招标投标法》第四十六条	《招标投标法》第五十九条
	A1－2－26	擅自提高履约保证金或强制要求中标人垫资的	《工程建设项目施工招标投标办法》第六十二条	《工程建设项目施工招标投标办法》第八十三条
	A1－2－27	无正当理由不与中标人签订合同的	《招标投标法》第四十六条	《评标委员会和评标方法暂行规定》第五十七条,《工程建设项目施工招标投标办法》第八十一条,《工程建设项目货物招标投标办法》第五十八条
	A1－2－28	在签订合同时向中标人提出附加条件或者更改合同实质性内容的	《招标投标法》第四十六条,《工程建设项目施工招标投标办法》第五十九条,《工程建设项目货物招标投标办法》第四十九条	《工程建设项目施工招标投标办法》第八十一条、《工程建设项目货物招标投标办法》第五十八条
	A1－2－29	在工程发包中索贿、受贿的	《建筑法》第十七条	《建筑法》第六十八条

续附表 1

行为类别	行为代码	不良行为	法律依据	处罚依据
A1－2 招标 发包	A1－2－30	将工程发包给不具有相应资质等级的勘察、设计、施工单位或者委托给不具有相应资质等级的工程监理单位	《建设工程质量管理条例》第七条、第十二条	《建设工程质量管理条例》第五十四条
	A1－2－31	将诉除工程发包给不具有相应资质等级的施工单位的	《建设工程安全生产管理条例》第十一条	《建设工程安全生产管理条例》第五十五条
	A1－2－32	委托未取得相应资质的检测机构进行检测的	《建设工程质量检测管理办法》第十二条	《建筑工程质量检测管理办法》第三十一条
	A1－2－33	将建设工程肢解发包的	《建设工程质量管理条例》第七条	《建设工程质量管理条例》第五十五条
A1－3 质量 安全	A1－3－01	明示或暗示设计单位或施工单位违反工程强制性标准，降低建设工程质量的	《建设工程质量管理条例》第十条	《建设工程质量管理条例》第五十六条
	A1－3－02	明示或暗示施工单位使用不合格的建筑材料、建筑构配件和设备的	《建设工程质量管理条例》第十四条	《建设工程质量管理条例》第五十六条
	A1－3－03	未按照建筑节能强制性标准委托设计，擅自修改节能设计文件，明示或暗示设计单位，施工单位违反建筑节能设计强制性标准，降低工程建设质量的	《民用建筑节能管理规定》第十七条	《民用建筑节能管理规定》第二十五条
	A1－3－04	对勘察设计、施工、监理等单位提出不符合安全生产法律、法规和强制性标准规定的要求的；要求施工单位压缩合同约定的工期的	《建设工程安全生产管理条例》第七条	《建设工程安全生产管理条例》第五十五条
	A1－3－05	涉及建筑主体或者承重结构变动的装修工程，没有设计方案，擅自同意施工的	《建筑法》第四十九条 《建设工程质量管理条例》第十五条	《建筑法》第七十条 《建设工程质量管理条例》第六十九条
	A1－3－06	明示或暗示检测机构出具虚假检测报告，篡改或伪造检测报告的；弄虚作假送检试样的	《建设工程质量检测办法》第十三条，《建设工程质量检测办法》第十五条	《建设工程质量检测办法》第三十一条

续附表 1

行为类别	行为代码	不良行为	法律依据	处罚依据
A1－3 质量安全	A1－3－07	建设单位未组织竣工验收，擅自交付使用的；验收不合格，擅自交付使用的；对不合格的建设工程按照合格工程验收	《建设工程质量管理条例》第十六条	《建设工程质量管理条例》第五十八条
	A1－3－08	建设单位未提供或挪用建设工程安全作业环境及安全施工措施费用的	《建设工程安全生产管理条例》第八条、二十七条	《建设工程安全生产管理条例》第五十四条、六十三条
A1－4 拖欠工程款	A1－4－01	不按合同约定支付施工工程款及工程勘察、设计、监理、造价咨询、招标代理、检测试验等费用，或违规收取费用	《合同法》第十六章第二百八十六条	

附表 2　施工单位不良行为记录认定标准(D1)

行为类别	行为代码	不良行为	法律依据	处罚依据
D1－1 资质	D1－1－01	未取得资质证书承揽工程的，或超越本单位资质等级承揽工程的	《建筑法》第十三条、第二十六条《建设工程质量管理条例》第二十五条	《建筑法》第六十五条，《建设工程质量管理条例》第六十条
	D1－1－02	以欺骗手段取得资质证书承揽工程的	《建筑法》第十三条，《建设工程质量管理条例》第二十五条	《建设工程质量管理条例》六十条
	D1－1－03	允计其他单位或个人以本单位名义承揽工程的	《建筑法》第二十六条《建设工程质量管理条例》第二十五条	《建设工程质量管理条例》第六十一条
	D1－1－04	未在规定期限内办理资质变更手续的	《建筑业企业资质管理规定》第三十一条	《建筑业企业资质管理规定》第三十六条
	D1－1－05	涂改、伪造、出借、转让《建筑企业资质证书》	《建筑业企业资质管理规定》第十六条	《建筑业企业资质管理规定》第三十二条、第三十五条
	D1－1－06	按照国家规定需要持证上岗的技术工种的作业人员未经培训、考核，未取得证书上岗，情节严重。	《建筑业企业资质管理规定》第十四条	《建筑业企业资质管理规定》第三十八条

续附表 2

行为类别	行为代码	不良行为	法律依据	处罚依据
D1－2 承揽业务	D1－2－01	利用向发包单位及其工作人员行贿、提供回扣或者给予其他好处等不正当手段承揽的	《建筑法》第十七条	《建筑法》第六十八条
	D1－2－02	相互串通投标或者与招标人串通投标的；以向招标人或者评标委员会成员行贿的手段谋取中标的	《招标投标法》第三十二条	《招标投标法》第五十三条
	D1－2－03	以他人名义投标或者以其他方式弄虚作假，骗取中标的	《招标投标法》第三十三条	《招标投标法》第五十四条
	D1－2－04	不按照与招标人订立的合同履行义务，情节严重的	《招标投标法》第四十八条	《招标投标法》第六十条
	D1－2－05	将承包的工程转包或者违法分包的	《建筑法》第二十八条，《建设工程质量管理条例》第二十五条	《建筑法》第六十七条，《建设工程质量管理条例》第六十二条
D1－3 工程质量	D1－3－01	在施工中偷工减料的，使用不合格的建筑材料、建筑构配件和设备的，或者不按照工程设计图示或者施工技术标准施工的其他行为的	《建筑法》第五十八条、第五十九条，《建设工程质量管理条例》第二十八条	《建筑法》第七十四条，《建设工程质量管理条例》第六十四条
	D1－3－02	未按照节能设计进行施工的	《民用建筑节能管理规定》第二十条	《民用建筑节能管理规定》第二十七条
	D1－3－03	未对建筑材料、建筑构配件、设备和商品混凝土进行检验，或者未对涉及结构安全的试块、试件以及有关材料取样检测的	《建筑法》第五十九条 《建设工程质量管理条例》第三十一条	《建筑法》第七十四条，《建设工程质量管理条例》第六十五条
	D1－3－04	工程竣工验收后，不向建设单位出具质量保修书的，或质量保修的内容、期限违反规定的	《建设工程质量管理条例》第三十九条	《房屋建筑工程质量保修办法》第十八条
	D1－3－05	不履行保修义务或者拖延履行保修义务的	《建设工程质量管理条例》第四十一条	《建设工程质量管理条例》第六十六条

续附表2

行为类别	行为代码	不良行为	法律依据	处罚依据
D1-4 工程安全	D1-4-01	主要负责人在本单位发生重大生产安全事故时,不立即组织抢求或者在事故调查处理期间擅离之后或者逃匿的;主要负责人对生产安全事故隐瞒不报、谎报或者拖延不报的	《安全生产法》第七十条,《建设工程安全生产管理条例》第五十条,第五十一条	《安全生产法》第九十一条
	D1-4-02	对建筑安全事故隐患不采取措施予以消除的	《建筑法》第四十四条	《建筑法》第七十一条
	D1-4-03	未设立安全生产管理机构、配备专职安全生产管理人员或者分部分项工程施工时无专职安全生产管理人员现场监督的	《建设工程安全生产管理条例》第二十三条、第二十六条	《安全生产法》第八十二条,《建设工程安全生产管理条例》第六十二条
	D1-4-04	主要负责人、项目负责人、专职安全生产管理人员、作业人员或者特种作业人员,未经安全教育培训或者经考核不合格即从事相关工作的	《建筑法》第四十六条、《建设工程安全生产管理条例》第三十六条、第三十七条、第二十五条	《安全生产法》第八十二条,《建设工程安全生产管理条例》第六十二条
	D1-4-05	未在施工现场的危险部位设置明显的安全警示标志,或者未按照国家有关规定在施工现场设置消防通道、消防水源、配备消防设施和灭火器材的	《建设工程安全生产管理条例》第二十八条、第三十一条	《安全生产法》第八十三条,《建设工程安全生产管理条例》第六十二条
	D1-4-06	未向作业人员提供安全防护用具和安全防护服装的	《建设工程安全生产管理条例》第三十二条	《安全生产法》第八十三条,《建设工程安全生产管理条例》第六十二条
	D1-4-07	未按照规定在施工起重机械和整体提升脚手架、模板等自升式架设设施验收合格后登记的	《建设工程安全生产管理条例》第三十五条	《安全生产法》第八十三条,《建设工程安全生产管理条例》第六十二条
	D1-4-08	使用国家明令淘汰、禁止使用的危及施工安全的工艺、设备、材料的	《建设工程安全生产管理条例》第三十四条	《安全生产法》第八十三条,《建设工程安全生产管理条例》第六十二条
	D1-4-09	违法挪用列入建设工程概算的安全生产作业环境及安全施工措施所需费用	《建设工程安全生产管理条例》第二十二条	《建设工程安全生产管理条例》第六十三条

续附表 2

行为类别	行为代码	不良行为	法律依据	处罚依据
D1－4 工程安全	D1－4－10	施工前未对有关安全施工的技术要求作出详细说明的	《建设工程安全生产管理条例》第二十七条	《建设工程安全生产管理条例》第六十四条
	D1－4－11	未根据不同施工阶段和周围环境及季节、气候的变化,在施工现场采取相应的安全施工措施,或者在城市市区内的建设工程的施工现场未实行封闭围挡的	《建设工程安全生产管理条例》第二十八条、第三十条	《建设工程安全生产管理条例》第六十四条
	D1－4－12	在尚未竣工的建筑物内设置员工集体宿舍的	《建设工程安全生产管理条例》第二十九条	《建设工程安全生产管理条例》第六十四条
	D1－4－13	施工现场临时搭建的建筑物不符合安全使用要求的	《建设工程安全生产管理条例》第二十九条	《建设工程安全生产管理条例》第六十四条
	D1－4－14	未对因建设工程施工可能造成损害的毗邻建筑物、构筑物和地下管线等采取专项防护措施的	《建设工程安全生产管理条例》第三十条	《建设工程安全生产管理条例》第六十四条
	D1－4－15	安全防护用具、机械设备、施工机具及配件在进入施工现场前未经查验或者查验不合格即投入使用的	《建设工程安全生产管理条例》第三十四条	《建设工程安全生产管理条例》第六十五条
	D1－4－16	使用未经验收或者验收不合格的施工起重机械的整体提升脚手架、模板等自升式架设设施的	《建设工程安全生产管理条例》第三十五条	《建设工程安全生产管理条例》第六十五条
	D1－4－17	委托不具有相应资质的单位承担施工现场安装、拆卸施工起重机械和整体提升脚手架、模板等自升式架设设施的	《建设工程安全生产管理条例》第十七条	《建设工程安全生产管理条例》第六十五条
	D1－4－18	在施工组织设计中未编制安全技术措施、施工现场临时用电方案或者专项施工方案的	《建设工程安全生产管理条例》第二十六条	《建设工程安全生产管理条例》第六十五条
	D1－4－19	主要负责人、项目负责人未履行安全生产管理职责的,或不服管理、违反规章制度和操作规程冒险作业的	《建设工程安全生产管理条例》第二十一条、第三十三条	《建设工程安全生产管理条例》第六十六条

续附表 2

行为类别	行为代码	不良行为	法律依据	处罚依据
D1－4 工程安全	D1－4－20	施工单位取得资质证书后，降低安全生产条件的；或经整改仍未达到与其资质等级相适应的安全生产条件的	《安全生产许可证条例》第十四条	《建设工程安全生产管理条例》第六十七条，《建筑施工企业安全生产许可证管理规定》第二十三条
	D1－4－21	取得安全生产许可证发生重大安全事故的	《安全生产许可证条例》第十四条	《建筑施工企业安全生产许可证管理规定》第二十二条
	D1－4－22	未取得安全生产许可证擅自进行生产的	《安全生产许可证条例》第二条	《安全生产许可证条例》第十九条，《建筑施工企业安全生产许可证管理规定》第二十四条
	D1－4－23	安全生产许可证有效期满未办理延期手续，继续进行生产的，或逾期不办理延期手续，继续进行生产的	《安全生产许可证条例》第九条	《安全生产许可证条例》第二十条、第十九条，《建筑施工企业安全生产许可证管理规定》第二十五条、第二十四条
	D1－4－24	转让安全生产许可证的；接受转让的；冒用或者使用伪造的安全生产许可证的	《安全生产许可证条例》第十三条	《安全生产许可证条例》第二十一条、第十九条，《建筑施工企业安全生产许可证管理规定》第二十六条、二十四条
D1－5 拖欠工程款或工人工资	D1－5－01	恶意拖欠或克扣劳动者工资	《劳动法》第五十条	《劳动法》第九十一条，《劳动保障监察条例》第二十六条

附表 3　招标代理单位不良行为记录认定标准(F1)

行为类别	行为代码	不良行为	法律依据	处罚依据
F1－1 资格	F1－1－01	未取得资格认定承担工程招标代理业务的	《工程建设项目招标代理机构资格认定办法》第四条	《工程建设项目招标代理机构资格认定办法》第二十二条
	F1－1－02	超越规定范围承担工程招标代理业务的	《工程建设项目招标代理机构资格认定办法》第九条、第十三条	《工程建设项目招标代理机构资格认定办法》第二十三条
	F1－1－03	在申请资格认定或者资格复审时弄虚作假的	《工程建设项目招标代理机构资格认定办法》第十条	《工程建设项目招标代理机构资格认定办法》第二十一条

续附表 3

行为类别	行为代码	不良行为	法律依据	处罚依据
F1－1 资格	F1－1－04	出借、转让或者涂改资格证书的		《工程建设项目招标代理机构资格认定办法》第二十四条
F1－2 招标代理	F1－2－01	泄漏应当保密的与招标投标活动有关的情况和资料的；	《工程建设项目招标代理机构资格认定办法》第二十四条	《招投标法》第五十条,《工程建设项目施工招标投标办法》第六十九条
	F1－2－02	与招标人、投标人串通损害国家利益、社会公共利益或者他人合法权益的	《招投标法》第二十二条、《招投标法》第五十条	《招投标法》第五十条,《工程建设项目施工招标投标办法》第六十九条

附表 4　造价咨询单位不良行为记录认定标准（G1）

行为类别	行为代码	不良行为	法律依据	处罚依据
G1－1 资质	G1－1－01	未取得工程造价咨询企业资质从事工程造价咨询活动或者超越资质等级承接工程造价咨询业务的	《工程造价咨询企业管理办法》第四条，第二十七条	《工程造价咨询企业管理办法》第三十八条
	G1－1－02	涂改、倒卖、出租、出借资质证书,或者以其他形式非法转让资质证书	《工程造价咨询企业管理办法》第二十七条	《工程造价咨询企业管理办法》第四十一条
	G1－1－03	隐瞒有关情况或者提供虚假材料申请工程造价咨询企业资质的		《工程造价咨询企业管理办法》第三十六条
	G1－1－04	以欺骗、贿赂等不正当手段取得工程造价咨询企业资质的		《工程造价咨询企业管理办法》第三十二条、第三十七条
	G1－1－05	不及时办理资质证书变更手续的	《工程造价咨询企业管理办法》第十七条	《工程造价咨询企业管理办法》第三十九条
G1－2 承揽业务	G1－2－01	新设立分支机构不备案的；跨省、自治区、直辖市承接业务不备案的	《工程造价咨询企业管理办法》第二十三条、第二十五条	《工程造价咨询企业管理办法》第四十条
	G1－2－02	同时接受招标人和投标人或两个以上投标人对同一工程项目的工程造价咨询业务的	《工程造价咨询企业管理办法》第二十七条	《工程造价咨询企业管理办法》第四十一条

续附表 4

行为类别	行为代码	不良行为	法律依据	处罚依据
G1－2 承揽业务	G1－2－03	以给予回扣、恶意压低收费等方式进行不正当竞争	《工程造价咨询企业管理办法》第二十七条	《工程造价咨询企业管理办法》第四十一条
	G1－2－04	转包承接的工程造价咨询业务	《工程造价咨询企业管理办法》第二十七条	《工程造价咨询企业管理办法》第四十一条
G1－3 合同履行	G1－3－01	有意抬高、压低价格或者提供虚假报告的	《工程造价咨询企业管理办法》第五条	《建筑工程施工发包与承包计价管理办法》第二十条

3 工程项目建设程序与业主和监理的工作

3.1 工程项目建设程序

建设程序是人们对建设项目从酝酿、规划到建成使用所经历的整个过程中，各项有关工作开展先后顺序的规定。它反映工程建设各个阶段之间的内在联系和客观规律。在我国，国家规定的工程建设程序是从事建设工作的各有关部门和人员都必须遵守的原则。

一个建设项目从提出项目到建成投产，应遵循下列程序：根据国民经济的长远规划或五年计划的要求，或地区根据市场经济的需要，编制项目建议书，编制和审批可行性研究报告，编制和审批初步设计文件，上报和审批开工报告，竣工验收，对建设项目进行评价。每个程序的工作需待上一程序的工作完成并经批准后才能进行。

在建设程序的各个阶段中，施工阶段具有特别重要的地位，因而施工项目管理便具有特殊的意义。

(1)施工阶段是将设计转化为工程的阶段，实现由精神到物质的飞跃。

(2)施工阶段在建设程序各阶段中，是唯一的生产活动阶段，因此这一阶段有广泛的社会性、技术性和经济性，与国民经济的发展有着密切的联系。

(3)施工阶段是投资最多、所需资源最多的阶段，故在这一阶段中，节约的潜力也是巨大的。

(4)施工阶段花费的时间最长，因此要面对时间带来的变化，实行动态管理。

从以上各施工程序可见，施工项目管理所面临的对象和内容均有很大的特殊性，施工中只有进行科学的施工项目管理，才能处理好这些特殊性并取得好的经济效益。同时，要求施工项目管理要处理好施工与其他建设程序阶段的各种关系，做到衔接适当、自成体系。

3.2 国内工程项目建设程序

3.2.1 提出拟建项目

提出拟建项目的计划，一般要具备：建设目的和根据；资金来源；建设规模；产品方案、生产方法和工艺原则，以及产品的经销；原材料、燃料、动力、运输等协作配合条件；“三废”治理的要求；投资额度和经济效果；职工定员人数，初步选定的建设地区或地点，占地面积，建设期限。

3.2.2 可行性研究

根据计基〔1982〕793 文件规定，一般来说，一个工业建设项目的可行性研究，应包括以下几个方面：

1. 总论

(1)项目概况。即：项目名称、主办单位及承担可行性研究的单位，项目提出的背景、投资的必要性和经济意义，调查研究的主要依据、工作范围及主要过程。

(2)研究结果概要。

(3)存在的问题和建议。

2. 市场需求情况和拟建规模

(1)国内外市场近期的需求情况。

(2)对国内现有工厂生产能力的估计。

(3)销售预测、价格分析、产品竞争能力及进入国际市场的前景。

(4)拟建项目规模，产品方案和发展方向，对技术经济比较分析。

3. 资源、原材料及主要协作条件

(1)资源储量、品位、成分、勘察精度和资源审批情况，资源开采条件的评述。

(2)原料、辅助材料、燃料种类及其来源，以及供应地点、条件和数量，签订合同的情况。

(3)所需动力等公用设施的外部协作条件，包括供应方式、数量和条件，签订协议或合同的情况。

4. 建厂条件和厂址方案

(1)建厂地区的地理位置，与原料产地、市场的距离，地区环境情况，选择理由。

(2)厂址的位置、气象、水文、地形及地质等条件，交通运输情况，水、电、气等供应现状和规划，与现有企业的关系，居住条件。

(3)厂址面积、占地范围、厂区布置方案，建设条件，搬迁户数和搬迁情况，安置规划，选择方案的论述。

(4)地价、拆迁及其他工程费用情况。

5. 项目的设计方案

(1)项目的构成和范围，包括车间组成、厂内外主体工程和各项公用辅助工程。

(2)技术与设备。所采用的技术和工艺方案的比较和论述，技术的来源，生产车间的组成、工艺路线和生产方法；设备选型，主要设备型号、规格、数量及设备的来源。

(3)公用辅助设施方案的选择。

(4)土建工程布置方案，场地整理和开拓，主要建筑物、构筑物的安排，厂外工程项目。

(5)总图和运输。全厂总图布置方案，厂内外运输方式。

(6)设计方案要用文字和各种功能图、平面布置图来表示，要进行比较、论证和选择。

6. 环境保护方案

(1)分析拟建项目的“三废”(废水、废气、废渣)种类、成分和数量，对环境影响的范围和程度。

(2)对治理方案的选择和“三废”回收利用情况。

(3)进行“三废”对环境影响的预评价。

7. 生产组织、劳动定员和人员培训

(1)全厂生产管理的体制、机构的设置，对选择方案的论证。

(2)劳动定员的配备方案。

(3)人员培训规划和费用的估算。

8. 项目实施计划和进度要求

(1)勘察设计的周期和进度要求。

(2)设备制造所需时间。

(3)工程施工所需时间。

(4)试生产所需时间。

(5)整个工程项目的实施计划和进度的选择方案。

9. 财务评价和国民经济评价

(1)总投资费用。包括各项基本建设费用、流动资金估算。

(2)资金来源及筹措方式,各种资金所占比例,资金数量和利率。

(3)生产成本计算,即总生产成本,单位生产成本。

(4)财务评价。运用简单收益率、投资回收期、净现值、内部收益率的计算和收支平衡点以及敏感性分析等来进行评价。

(5)国民经济评价。

10. 评价结论

运用各种数据,从技术、财务、经济方面论述建设项目的可行性、存在的问题及建议。

以上10项内容是针对新项目而言的,如果是改扩建项目,首先要将改扩建项目的现状调查清楚,以便最后将调查的现状材料与可行性研究结合起来。

工业、交通的中型和小型项目(不含技术引进和设备进口项目)、农业、商业、文教和卫生等项目,如经济、技术条件不太复杂,协作关系也比较简单的,可将可行性研究与设计任务书合并为一个阶段进行。

3.2.3 设计任务书

设计任务书是工程建设的大纲,是确定建设项目和建设方案(包括建设依据、建设规模、建设布局、主要技术经济要求等)的基本文件,是编制设计文件的主要依据。

根据国家规定,新建大中型工业项目的设计任务书,其内容一般包括:建设的目的和依据;建设规模,产品方案或纲领;生产方法或工艺原则;矿产资源、水文地质和工程地质条件;原材料、燃料、动力、供水、运输等协作配合条件;资源综合利用情况,保护环境、治理“三废”的要求;建设地区或地点,抗震要求以及占用土地的估算;建设工期;投资总额;劳动定员控制数;要求达到的经济效益。

改扩建的大中型项目的设计任务书还应包括原有固定资产的利用程度和现有生产能力的发挥情况。自筹基建大中型项目应注明建设资金、材料、设备的来源,并附有同级财政、物资部门的意见。非工业大中型项目的设计任务书,可根据项目的特点,比照上述内容由有关部门另行规定。小型项目设计任务书的内容可以适当简化,由各部门和各省、市、自治区具体规定。

3.2.4 设计

根据批准的设计任务书进行设计。设计分阶段进行,有三阶段设计和两阶段设计之分。

三阶段设计即初步设计、技术设计和施工图设计。

两阶段设计即初步设计和施工图设计。

一般大中型建设项目均采用两阶段设计。对于技术上复杂而又缺乏设计经验的工程项目,经主管部门指定或由设计部门自行确定,可以增加技术设计阶段。

1.初步设计

是从技术上和经济上对建设项目进行综合全面规划和设计,论证技术上的先进性、可能性和经济上的合理性,并确定总的建设费用。

(1)初步设计的内容。一般包括下列文字说明和图纸:

①设计的依据;

②设计的指导思想;

③建设规模;

④产品方案;

⑤原料、燃料、动力的用量和来源;

⑥工艺流程;

⑦主要设备选型及配置;

⑧总运输图;

⑨主要建筑物、构筑物;

⑩公用、辅助设施;

⑪主要材料用量;

⑫外部协作条件;

⑬占地面积和场地利用情况;

⑭“三废”治理、环境保护设施和评价;

⑮生活区建设;

⑯抗震和人防设施;

⑰生产组织和劳动定员;

⑱主要经济指标及分析;

⑲建设顺序和年限;

⑳总概算等。

(2)初步设计的深度。一般应能满足以下方面的要求:

①经过比选,确定设计方案。

②确定土地征用范围。

③据此进行主要设备及材料订货。

④确定工程造价,据此控制工程投资。

⑤根据编制施工图设计,据此进行施工组织设计编制和施工准备。

⑥根据施工图纸进行生产准备。

2.技术设计

根据批准的初步设计和确定的地点或厂址,编制技术设计。技术设计是初步设计的深化,使建设项目的设计工作更具体和更完善。其主要任务是解决类似以下方面的问题:

(1)特殊工艺流程、新型设备等的试验、研究及确定。

(2)各项工艺技术方案逐项落实,关键生产工艺设备有规格、型号、数量,并可以提供定货。

(3)对建筑安装和有关土建、公用工程提供必需的技术数据,提出建设项目全部资金(投资)、物资、设备、劳动力、施工机构的计划需用量,从而可以编制施工组织总设计。确定合理可行的建设总进度,拟定指导全局组织施工的战略规划和方法。

(4)明确配套工程的项目、内容、规模和要求配合建成的期限。

(5)为建设项目的顺利建成投产而进行的各项组织准备和技术准备提供必要的数据。

(6)修正总概算,并提出与建设总进度相符合的分年度所需资金的额度。

(7)为工程项目投资包干或招标投标提供数据和标底价格。

3.施工图设计

根据已批准的初步设计或技术设计做施工图设计。施工图设计是初步设计和技术设计的具体化。设计深度应满足下列要求：

(1)施工图必须绘制正确、完整并配套，以便据此进行施工和安装。

(2)能据此安排材料、设备和非标准设备的制作。

(3)能够编制施工图预算。

3.2.5 招标投标

工程招标投标是我国近几年来大力推行的一种承建建设工程的交易方式。实行招标的目的，是为计划兴建的工程选择一个适当的承包单位，使工程能够按期优质完成。招标投标工作必须按照国家的有关规定执行。

3.2.6 建筑安装工程施工

建筑安装工程施工应遵循如下程序：

1. 接受任务阶段

企业接受任务现行有两种方式，一是企业由上一级主管单位统一接受任务安排计划下达；二是企业自行对外接受任务，参加竞争投标取得。凡是接受的工程项目，首先查证该工程项目是否列入国家计划，是否有批准的设计任务书、初步设计或扩大初步设计等正式文件。未经批准的工程项目一律不予以接受承担。

2. 开工前规划组织准备阶段

首先进行任务摸底工作，了解工程概况、建设规模、特点及期限；其次调查建设地区的自然、经济和社会等情况；最后进行统筹规划。如果是新建工业区，还必须了解新城镇的规划，当地生活物资供应能力，附近工业分布情况，生产协作条件；如果是扩建工程或改建工程，还应了解新旧工程之间有关联的问题，地下、地上的管网线路的影响和利用。根据工程规模，确定本企业承包范围，是总包项目还是承包部分项目，然后同建设单位签订建筑安装施工总合同或单项工程合同，如签订合同的条件不完全具备，可先签订承包协议。

合同或协议必须明确承包范围、供料方式、初步确定的工期、工作量、工程付款和结算办法等。根据合同批准的初步设计或扩大初步设计等，组织施工技术人员进场，并编制施工组织总设计或施工组织设计（根据工程项目大小、繁简确定）。

施工组织设计的内容和要求应根据工程规模、结构复杂的程度和当地自然经济条件确定。凡是新建的大型工业建筑工程和复杂的民用建筑群的施工组织设计，其内容应包括：

(1)全部工程的施工工艺顺序和主要单位工程的建筑安装施工综合进度计划，并作出统筹图或网络图。

(2)场内外交通运输、施工用水用电供应、场内排水、地下水的处理方案。

(3)特殊工程的施工方案，主要单位工程分部分项的施工方法和措施。

(4)材料计划、构配件加工计划、施工机具计划和劳动力需用量计划，以及社会生产能力的协作利用方案。

(5)临时工程修建计划及对建设单位原有设施的利用计划。

(6)施工总平面图。

规模较小、结构简单的工业建筑工程和一般民用建筑群的施工组织设计，内容可适当简化，但应有施工总平面图。

3. 开工前现场条件准备阶段

(1)现场测量控制网的资料和桩位交接。

(2)技术资料供应。包括设计单位提供的施工总平面图,竖向设计图,管网综合施工图,主要单位工程技术设计及施工组织总设计。

根据(1)(2)进行现场的准备工作:当建设单位办妥土地征购、障碍物处理完毕,即进行场地平整和道路修建,进行供水、供电、排水网路的修建,进行施工生活与生产基地的修建;然后,组织劳动力、物资、运输车辆和施工机具陆续进场,并组织预制构件生产。

(3)物资供应有保证,主要材料的设备指标落实。

上述各项具体准备工作基本上能满足施工需要时,即向上级机关和建设单位提出开工报告。

4. 全面施工阶段

施工必须按照程序和施工组织设计的有关规定进行。施工程序一般应坚持先地下后地上,先场外后场内;确定施工方法和技术组织措施,因地制宜地采用新材料、新技术、新工艺。在保证安全施工的基础上,工程应达到高质量、高速度、高工效且低成本。

单位工程开工前,必须做好施工准备工作,即施工图经过会审,编出单位工程施工组织设计和施工图预算,劳动力、材料、构配件、施工机具、运输、吊装等计划需落实,五通一平(路通、电通、水通、电话通、污水雨水通及平整场地)按组织设计要求完成。

在施工过程中,加强技术管理,确保工程质量,严格按照施工规范和操作规程施工,及时做好设计变更和材料代用等施工图预算调整工作,及时办理单位工程结算。

5. 交工验收交付生产使用阶段

这是建筑安装施工的最后阶段,也是建筑商品交货验收阶段。竣工验收之前,施工单位应根据施工验收规范逐项进行验收。设备安装工程需做好单机或局部试运转记录,并应积极整理和收集各项交工验收资料办理交工。在总交工验收时,建设单位应组织有关方面的技术人员和专家,对土建工程与设备安装工程,按照设计和规范要求进行验收,然后签发验收证书。

3.2.7 验收投产或使用

验收前,建设单位要组织设计单位、施工单位进行初验,提出竣工报告,绘制竣工图(如变更不多,可在原施工图上注明设计变更单号码,以代替竣工图,这由施工单位负责;如果变更很大,原施工图不能注明代替,特别是地下管线工程,需绘制竣工图的,则由建设单位负责处理)。并整理好技术资料,分类立卷,在正式验收时作为技术档案,移交给生产单位保存。经验收合格后,施工单位即向建设单位办理工程移交,并办理工程竣工结算。建设单位按照国家有关规定,向上级主管部门编报工程竣工决算表。

竣工项目经验收交接后,建设单位向生产单位办理固定资产交付使用转账手续,至此,基建工作全部完结。

上面论述的七个阶段的前四项,可以统称为建设前期工作。

建设前期工作包括的范围很广,关系着整个工程建设工作的成败,应该引起高度的重视。

3.3 建设工程项目的划分

建设工程项目，一般划分为建设项目、单项工程、单位工程、分部工程及分项工程，分述如下。

3.3.1 建设项目

建设项目指具有计划任务书和总体设计，经济上实行独立核算，行政上具有独立组织形式的工程建设单位。在工业建设中，一般以一个工业企业（或联合企业）为建设项目；在民用建设中，一般是以一个事业单位，如一个学校、一所医院等为建设项目。一个建设项目中，可以有几个单项工程，也可以只有一个单项工程。

3.3.2 单项工程

单项工程（也称工程项目）是在一个建设项目中，具有独立的设计文件，竣工后可以独立发挥生产能力或工程效益的工程，是建设项目的组成部分。例如，工业企业建设中的各个生产车间、办公楼、食堂、住宅等；民用工程中，学校的教学楼、图书馆、食堂、学生宿舍、职工住宅等，都是具体的工程项目。在基本建设中，工程项目按它建成后所起的作用划分为许多种类，如工业建设中有主要工程项目、附属生产及服务项目等。

工程项目是具有独立存在意义的一个完整工程，也是一个极为复杂的综合体，它是由许多单位工程所组成的。

3.3.3 单位工程

单位工程是指具有独立设计、可以独立组织施工的工程。例如，某车间是一个单项工程，那么车间的厂房建筑却是一个单位工程，车间的设备也是一个单位工程；民用建筑中则以一栋房屋作为一个单位工程，其中包括水、暖、电、卫、通风工程。一个单项工程，按照它的构成，可以把它分解为建筑工程和设备安装工程。

1. 建筑工程

（1）一般土建工程。包括建筑物与构筑物的各种结构工程。

（2）特殊构筑物工程。包括各种设备的基础、烟囱、桥涵、隧道水利工程等。

（3）工业管道工程。包括蒸汽、压缩空气、煤气、输油管道、生产用水管道等工程。

（4）卫生工程。包括上下水道、采暖、通风、民用煤气管道敷设工程等。

（5）电气照明工程。包括室内外照明设备安装、线路敷设、变电与配电设备的安装工程等。

2. 设备与安装工程

（1）机械设备及其安装工程，包括各种工艺设备、各种起重运输设备、动力设备等的购置及安装工程。

（2）电气设备及其安装工程，包括传动电器设备等的购置及安装工程。

总之，单位工程仍然是一个较大的组成部分，它是由许多分部工程所组成的。

3.3.4 分部工程

分部工程是单位工程的组成部分，如一般房屋建筑工程按其结构划分，可分为基础、墙壁、楼地面及楼梯、梁和柱、门窗、屋面及装修工程等。这些分部工程由于工种、工具、材料的区别，又可大致分为土石方工程、桩基础工程、脚手架工程、砌筑工程、钢筋混凝土工程、木作工程、楼地面工程、屋面及防水工程、金属结构工程、构件吊装工程、运输工程、装饰工程、构筑物工程等。

3.3.5 分项工程

分项工程是通过较为简单的施工过程就能生产出来的，并且可以用适当的计量单位计算的建筑工程产品或设备安装工程产品。例如，每 m^3 砖基础工程，一台某型号机床的安装等。

这种分项工程与工程项目那种完整的产品不同，与一般工业产品也不同。一般来说，分项工程作为构成建筑造价，它的独立存在是没有意义的，但它是构成建筑或安装工程造价的基本因素，是确定建筑及设备安装工程概(预)算价值所必需的。

在建筑工程中，分项工程是按建筑工程的主要施工方法、不同的规格、不同的材料等划分的。在安装工程中，分项工程则是按用途、种类、输送不同介质与物料以及设备组别而划分的。

3.4 国外工程项目的建设程序

3.4.1 国外工程建设程序的阶段划分

国外工程的建设程序，大致可以划分为四个阶段：项目决策阶段，项目组织、计划、设计阶段，项目实施阶段，项目试生产、竣工验收阶段(如图 3－1 所示)。

3.4.2 国外工程建设程序各阶段的工作任务

1. 项目决策阶段

本阶段的主要目标是通过投资机会的选择、可行性研究、项目评估和报请主管部门审批，对项目投资的必要性、可能性，以及为什么要投资、何时投资、如何实施等重大问题，进行科学论证和多方案比较，也就是为做投资前期准备而进行机会研究、初步可行性研究和可行性研究。本阶段工作量虽不大，但是投资决策是投资者最重视的，因为它对项目的长远经济效益和战略方向起决定作用。

2. 项目组织、计划与设计阶段

本阶段的主要工作有以下 5 个方面。

(1)项目初步设计和施工图设计。

(2)项目招标及承包商的选定。

(3)签订项目承包合同。

(4)项目实施总体计划的制定。

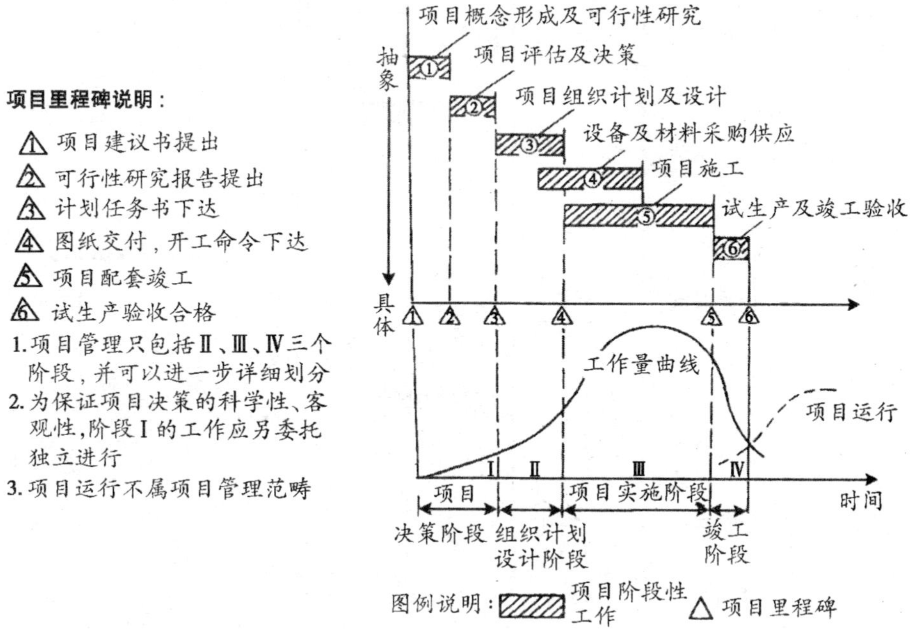

图3－1　国外工程项目生命周期及阶段划分

(5)项目征地及建设条件的准备。

本阶段是战略决策的具体化，它在很大程度上决定了项目实施的成败及能否高效率地达到预期目标。

3. 项目实施阶段

本阶段的主要任务是将“蓝图”变成项目实体，实现投资决策意图。在这一阶段，通过施工，在规定的工期、质量、造价范围内，按设计要求高效率地实现项目目标。本阶段在项目周期中工作量最大，投入的人力、物力和财力最多，项目管理的难度也最大。因此，它是项目管理的重点阶段。

4. 项目试生产及竣工验收阶段

本阶段应完成项目的竣工验收、联动试车和试生产。项目试生产正常并经业主认可后，项目即告结束。但从项目管理的角度看，在项目缺陷维修期中，仍要进行项目管理。

以上是粗略的阶段划分，它还可以逐级分解展开。

图3－2是美国某承包商总承包的大型“交钥匙”项目的阶段划分示意图，其中没有涉及由业主进行的项目决策阶段。

图3－3是世界银行和联合国工业发展组织的项目阶段划分及活动内容示意图。

图3－4是各阶段投入资金情况的示意图。

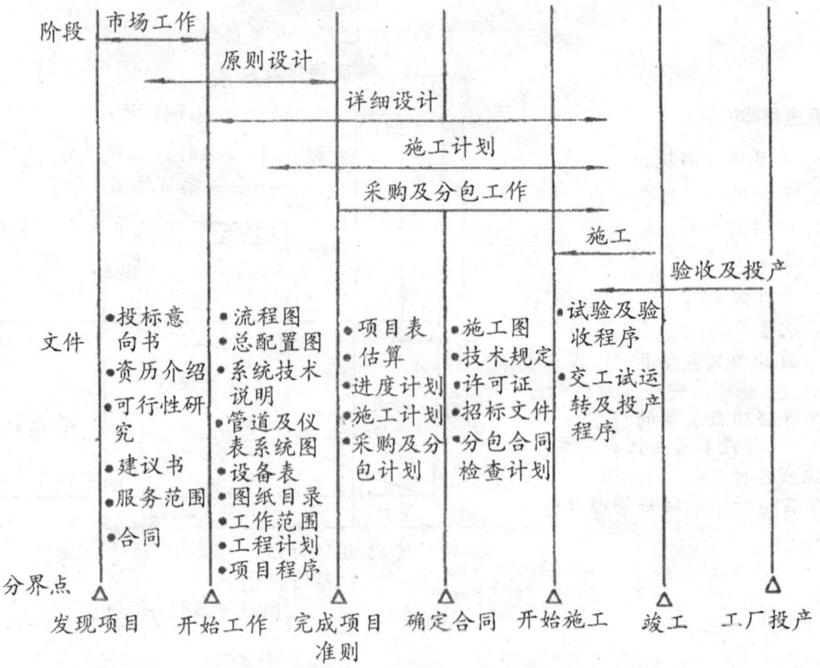

图 3－2　美国某大型“交钥匙”项目的阶段划分

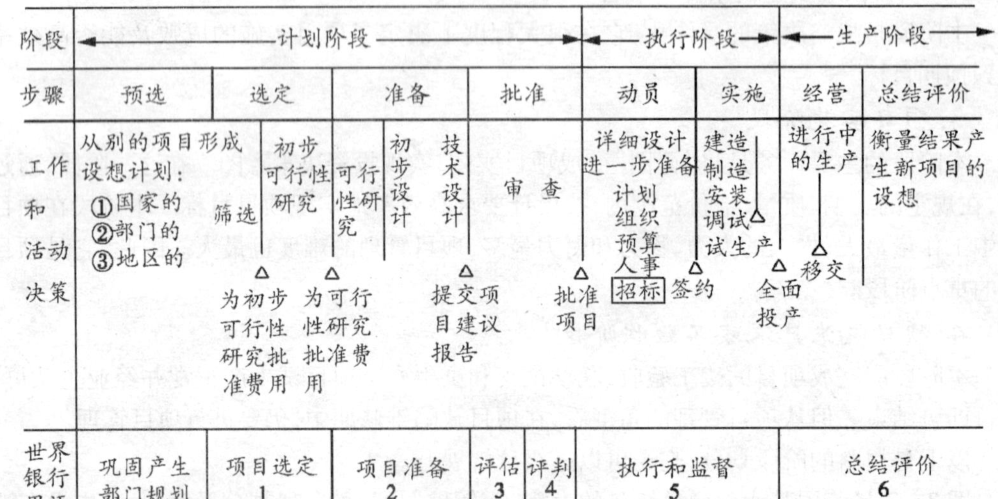

图 3－3　世界银行和联合国工业发展组织的项目阶段划分及活动内容

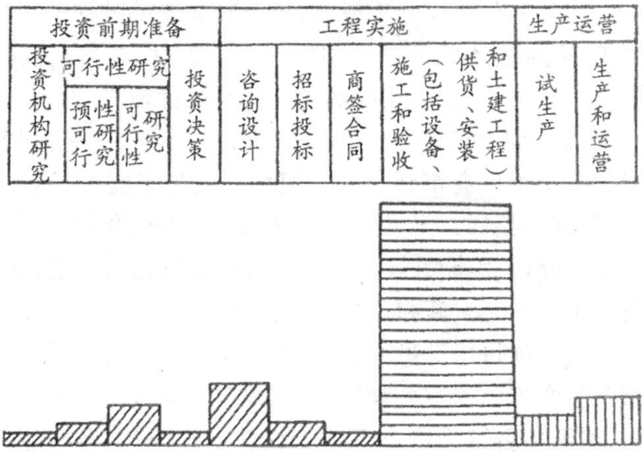

图3－4 各阶段投入资金示意图

3.5 工程建设的管理体制

3.5.1 工程建设程序的管理

我国对工程项目的建设程序的划分主要为投资决策、计划和建设实施三个阶段。对工程建设程序的管理必须做到先调查、规划、可行性分析，再立项、投资；必须进行工程勘察、选址后进行工程设计；必须先完成施工图设计、再进行工程招投标及工程施工；必须先施工安装试车后再投产，先竣工验收后再交付使用。

我国的投资主体已经多元化，但对不同投资主体的工程建设管理仍按传统的管理模式进行管理，并积极建立和发展具有我国特色的工程建设管理体制，以便更快更好地与国际接轨。

3.5.2 工程建设管理体制的内容

1. 项目法人责任制度

1996年国家计委发布了《关于建设项目法人责任制的暂行规定》。项目法人责任制度是指按《公司法》的规定以设立有限责任公司形式设立项目法人，由项目法人对项目的策划、决策、资金筹措、建设实施、生产经营、债务偿还和资产的保值增值，实行全过程负责的制度。

（1）项目法人的设立。项目建议书被批准后，由项目投资方派代表组成项目法人筹备组，具体负责项目法人的筹建工作。在可行性研究报告阶段提出项目法人的组建方案，当可行性报告被批准后，正式成立项目法人，以确保项目资金按时到位，及时办理公司设立登记。

由原有企业负责建设的大中型基建项目，需设立子公司的要重新设立项目法人；只设立分公司或分厂的，原企业法人即项目法人，应向分公司或分厂派遣专职管理人员，实行专项考核。

（2）项目法人的组织形式和职责。

①组织形式：国有独资公司设立董事会，由投资方负责组建。国有控股或参股的有限责任公司或股份有限公司可设立股东会、董事会、监事会。

②董事会职权：负责筹措建设资金；审核、上报项目初步设计和概算文件；审核、上报年

度投资计划、落实年度资金；提出项目开工报告；研究解决建设过程中出现的重大问题；负责提出项目竣工验收报告；审定偿还债务计划和生产经营方针，并负责按时偿还债务；聘任或解聘项目总经理，并根据总经理提名聘任或解聘其他高级管理人员。

③项目总经理的职权：组织编制项目初步设计文件，对项目工艺流程、设备选型、建设标准、总图布置提出意见，提交董事会审查；组织工程设计、施工监理、施工队伍和设备材料采购的招标工作，并编制和确定招标方案、标底和评标标准，评选和确定投中标单位，实行国际招标的项目应按现行规定办理；编制并实施项目年度投资计划、用款计划、建设年度计划；编制项目财务预、决算；编制并组织实施归还贷款和其他债务计划；组织工程建设实施，负责控制工程投资、工期和质量；在项目建设过程中，对单项工程设计进行局部调整（概算范围内），根据董事会授权处理项目实施中的重大紧急事件，并及时向董事会报告；负责生产准备工作和培训有关人员；负责组织项目试生产和单项工程预验收；制定生产经营计划、企业内部机构设置、劳动定员定额方案和工资福利方案；组织项目后评估，提出项目后评估报告；按时向有关部门报送项目建设、生产信息和统计资料；提请董事会聘任或解聘项目高级管理人员。

（3）考核和奖罚。主要方式有：A. 董事会对总经理定额考核；B. 投资办对董事会成员进行定期考核；C. 国务院有关部门，各地计委负责对有关项目进行考核，并建立对董事长、总经理的任职和离职的审计制度；D. 应实行项目法人责任制，而没有实行的建设项目投资计划管理部门不批准开工，也不预安排投资计划。

2. 招投标制度

党的十四届五中全会提出工程建设实行招投标制度，1999 年全国人大通过了《中华人民共和国招标投标法》。招标投标法规定，凡在我国境内进行大型基础设施等关系社会公共利益、公共安全的项目，全部或者部分使用国有资金投资或国家融资的项目，使用国际组织或者外国政府贷款、援助资金的项目，这些工程建设项目包括项目的勘察、设计、施工、监理以及与工程建设有关的重要设备、材料等的采购，必须进行招标。任何单位和个人不得将依法必须进行招标的项目化整为零，或者以其他任何方式规避招标，招投标活动应遵循公开、公平、公正和诚实信用的原则。依法必须进行招投标的项目，其招投标活动不受地区或者部门的限制，任何地区、部门不得进行行业垄断、地方保护及非法干预。招标投标必须严格按照程序进行。

3. 工程监理制

建设监理是 20 世纪 80 年代中后期随着我国建设管理体制改革的深化，并参照国际惯例组织工程建设的需要，也是在我国建设领域推行的一项科学管理制度。工程建设监理是指监理单位受项目法人委托，依据国家批准的工程项目建设文件，有关工程建设的法律、法规和工程建设监理合同及其他工程建设合同，对工程项目实施的监督管理。实行建设监理，已成为我国工程建设的一项重要制度，故称之为“建设监理制”。建设监理的基本框架是两个层次，一个体系。两个层次是指政府建设监理、社会建设监理，一个体系是指通过合同管理和信息管理形式形成建设工程的投资、进度、质量的协调控制体系。

4. 合同管理制

合同是约束和规范合同双方行为的重要依据和手段。合同制度是一个非常重要的法律制度，工程建设合同管理已成为我国建筑业发展和科学管理的重要环节，成为提高工程建设社会效益和经济效益的法律保障和重要工具。通过加强工程建设合同的管理，可保证工程建设合同订立的全面性、准确性和完整性；而依法严格地履行合同，能强化承发包双方及有关第三方的合同意识，共同认真做好工程建设合同管理工作。加强对建设合同的管理是建立法制经济的需要，是提高经济效益的需要，有利于进入国际市场，有利于推行项目法人责任制度、招投标制度、工程监理制度和合同管理制度。

3.6 业主、监理与工程建设各方的关系

3.6.1 业主责任制与工程建设监理制的关系

工程建设实行业主责任制和建设监理制，这是建设领域两项重大的管理体制改革。实行业主责任制既是实现政企分开的重要举措，又是对自建自管的小生产管理体制的革命。但是，不实行建设监理制，业主责任制也只是一纸空文，难以落实；当然，没有业主责任制，建设监理制就会像无源之水、无本之木，难以生存和发展。因此，可以说，业主责任制与建设监理制是密切相联的有机整体。

1. 业主责任制和建设监理制都是对工程建设管理体制的改革

随着建设领域管理体制改革的深入，我国相继倡导推行建设监理制和业主责任制。实行业主责任制，主要是要改变政府包揽工程建设工作、政企不分、企业不承担实质性的经济责任，以及工程建设管理与建成后的生产经营脱节的状况，从而达到提高投资效益的目的。实行建设监理制，主要是为了改变“有了工程项目搭班子，工程竣工后散摊子”这种临时凑合的“短命机构”管理工程建设。这样，只有工作教训，难以积累经验，总徘徊在管理的低水平上搞建设的局面。推行两制的目的，是为了建立起专业化的工程建设管理机构，进行工程建设管理，以至不断积累经验，逐步提高工程建设水平，提高工程建设的投资效益。显然，实行业主责任制和建设监理制，都是围绕着提高投资效益，而从不同的侧面，针对不同的问题，对工程建设管理体制进行的改革。

2. 业主责任制是实行建设监理制的必要条件

建设监理是根据工程业主的要求和委托，为其提供有偿服务的活动，显然，建设监理工作的开展建立在业主委托的基础上，就是说，没有业主的委托，监理单位就无事可做，建设监理制就没有存在的必要。因此，要实行建设监理制这种集约型的工程建设管理模式，就要同时认真实行业主责任制。

3. 建设监理制是落实业主责任制的必要保证

(1)工程项目业主的主要职责。工程项目业主，作为工程建设项目的总管机构，负责工程建设的全部工作。对上，向国家负责，向社会负责；对下，向本企业职工负责，向各投资单位负责；对各参加工程建设的单位，业主是各项工程建设合同的签约单位。业主的主要职责是：

①筹集工程建设资金；

②负责提出工程建设项目的规模、产品方案、厂址选择和征地拆迁等需要准备的建设条件；

③负责工程的监理、规划、勘察、设计、设备采购、施工等项的招标工作，自主决定各中标单位；

④按照有关规定，审查或审定工程设计、工程概算；

⑤审定工程项目的年度投资和建设计划，审定工程项目的财务预算、决算；

⑥负责处理工程建设中的重大问题；

⑦工程竣工后，负责工程的使用或生产经营管理；

⑧负责工程建设期间的各项债务以及生产经营利润的分配方案的制定。

(2)监理单位的主要职责。工程建设监理是监理单位受业主的委托，对工程建设实施的监督管理，其主要职能有以下几项或其中的一部分：

①协助业主组织工程建设招标、评标活动；

②协助业主与中标单位签订工程建设合同；

③根据业主的授权，监督管理工程建设合同的履行；

④根据监理合同的要求，为业主提供技术服务；

⑤监理合同终止后.向业主提交监理工作报告。

按照建设监理的本意，或者说按照建设监理事业完整的概念，监理单位的职责还应当包括为业主提供工程项目的立项论证等技术服务。

从业主责任制的要求看，实行业主责任制，更加明确并强化了业主的责任，加大了业主的业务工作量。根据社会的发展，社会化大生产的分工越来越细的规律，按照市场经济体制的需要，业主借助外部力量，即借助专业化的工程建设管理力量——监理单位去完成具体的、繁重的工程建设管理工作是必然的趋势。这样做，既科学又经济。所以说，在市场经济体制下，实行业主责任制，必然要实行建设监理制。如果不实行建设监理制，那么责任制就会成为“空中楼阁，”可望而不可及。

在委托监理的实践中，业主不断加深对建设监理的认识，逐渐真心欢迎实行建设监理制，从而扩大了监理的业务，有利于建设监理事业的发展。同时，对建设监理的要求也会越来越高，无形之中，促进了建设监理的规范化和监理水平的提高。同样，建设监理的规范化，也要求业主的行为、工作规范化。两者互相制约、互相促进.必然导致这两项改革的深化发展。

3.6.2　业主与监理单位的关系

工程项目业主责任制与建设监理制这两大体制的关系，决定了业主与监理单位这两类法人之间是一种平等的关系，是一种委托与被委托、授权与被授权的关系，更是相互依存、相互促进、共兴共荣的紧密关系。

1. 业主与监理单位之间是平等的关系

业主和监理单位都是建筑市场中的主体，不分主次，自然应当是平等的。这种平等的关系主要体现在，它们在经济社会中的地位和工作关系两个方面。第一，都是市场经济中独立的企业法人。不同行业的企业法人，只有经营的性质不同、业务范围不同，“并没有贵贱之别”。即使是同一行业，各独立的企业法人之间(子公司除外)，也只有大小之别、经营种类的不同，不存在主次关系。法规要求监理单位与业主一样，都要以主人翁的姿态对工程建设负责，对国家、对社会负责。第二，它们都是建筑市场中的主体，都是因为工程建设而走到一起来了。业主为了更好地搞好自己担负的工程项目建设，而委托监理单位替自己负责一些具体的事项。业主与监理单位之间是一种委托与被委托的关系。业主可以委托甲监理单位，也可以委托乙监理单位。同样，监理单位可以接受委托，也可以不接受委托。即使委托与被委托的关系建立之后，双方也只是按照约定的条款，各尽各的义务，各行使各自的权力，各取得各自应得到的利益。所以说,二者在工作关系上仅维系在委托与被委托的水准上。监理单位仅按照委托的要求开展工作,对业主负责,并不受业主的领导。业主对监理单位的人力、财力、物力等方面没有任何支配权、管理权。如果二者之间的委托与被委托关系不成立,那么就不存在任何联系。

2. 业主与监理单位之间是一种授权与被授权的关系

监理单位接受委托之后,业主就把一部分工程项目建设的管理权力授予监理单位。诸如:工程建设的组织协调工作的主持权,设计质量和施工质量以及建筑材料与设备质量的确认权与否决权,工程量与工程价款支付的确认权与否决权,工程建设进度和建设工期的确认权与否决权,以及围绕工程项目建设的各种建议权等。业主往往留有工程建设规模和建设标准的决定权、对承建商的选定权、与承建商订立合同的鉴认权以及工程竣工后或分阶段的验收权等。

监理单位根据业主的授权开展工作,在工程建设的具体实践活动中居于相当显赫的地位,但是,监理单位毕竟不是业主的代理人。按照《民法通则》的界定,"代理人"的含义是:"代理人在代理权限内,以被代理人的名义实施民事法律行为","被代理人对代理人的代理行为承担民事责任"。监理单位既不是以业主的名义开展监理活动,也不能让业主对自己的监理行为承担任何民事责任。显然,监理单位不是也不应该是业主的代理人。

3. 业主与监理单位之间是一种社会主义市场经济体制下的经济合同关系

业主与监理单位之间的委托与被委托关系确立后,双方订立合同,即工程建设监理合同。合同一经双方签订,这宗交易就意味着成立。业主是买方,监理单位是卖方,即业主出钱购买监理单位的智力劳动。如果有一方不接受对方的要求,对方又不肯退让,或者有一方不按双方的约定履行自己的承诺,那么,这宗交易活动就不能成交。就是说,双方都有自己经济利益的需求,监理单位不会无偿地为业主提供服务;业主也不会对监理单位施舍。双方的经济利益以及各自的职责和义务都体现在签订的监理合同中。

但是,工程建设监理合同毕竟与其它经济合同不同。这是由于监理单位在建筑市场中的特殊地位所决定的。众所周知,业主、监理单位、承建商是建筑市场三元结构的三大主体。业主发包工程建设业务,承建商承接工程建设业务。在这项交易活动中,业主向承建商购买建筑商品(或阶段性建筑产品)。买方总是想少花钱而买到好商品;而卖方总想在销售商品中获取较高的利润。监理单位的责任则是既帮助业主购买到合适的建筑商品,又要维护承建商的合法权益。或者说,监理单位与业主签订的监理合同,不仅表明监理单位要为业主提供高智能服务,维护业主的合法权益,而且也表明,监理单位有责任维护承建商的合法权益。这在其它经济合同中是难以找到的条款。可见,监理单位在建筑市场的交易活动中处于建筑商品买卖双方之间,起着维系公平交易、等价交换的制衡作用。因此,不能把监理单位单纯地看成是业主利益的代表。这就是社会主义市场经济体制下,监理单位与业主之间经济关系的特点。

3.6.3 监理单位与承建商的关系

这里所说的承建商,不单是指施工企业,而且是包括承接工程项目规划的规划单位、承接工程勘察的勘察单位、承接工程设计业务的单位、承接工程施工的单位,以及承接工程设备、工程构件和配件的加工制造单位在内的大概念。也就是说,凡是承接工程建设业务的单位,相对于业主来说,都叫做承建商。

监理单位与承建商之间没有订立经济合同,但是,由于同处于建筑市场之中,所以,二者之间也有着多种紧密的关系。

1. **监理单位与承建商之间是平等关系**

如前所述,承建商也是建筑市场的主体之一。没有承建商,也就没有建筑产品;没有了卖方,买方也就不存在。但是,像业主一样,承建商是建筑市场的重要主体,并不等于他应当凌驾于其它主体之上。既然都是建筑市场的主体,那么,就应该是平等的。这种平等的关系主要体现在:第一,都是为了完成工程建设任务而承担一定的责任;第二,承担的具体责任虽然不同,但在性质上都属于"出卖产品"的一方,即相对于业主来说,二者的角色、地位是一样的;第三,无论是监理单位,还是承建商都是在工程建设的法规、规章、规范、标准等条款的制约下开展工作,进行工程建设的。由此可见,二者之间也不存在领导与被领导的关系。

2. **监理单位与承建商之间是监理与被监理的关系**

虽然监理单位与承建商之间没有签订任何经济合同,但是,监理单位与业主签订有监理合同,而承建商与业主又签订有承发包建设合同。监理单位依据业主的授权,就有了监督管理承建商履行工程建设承发包合同的权利和义务。承建商不再与业主直接交往,而转向与监理单位直接联系,并接受监理单位对自己进行工程建设活动的监督管理。

3.7 工程建设监理

3.7.1 工程建设监理的概念及内容

1. **工程建设监理的概念**

工程建设监理是指监理单位受项目法人的委托。依据国家批准的项目建设文件,依据有关工程建设的法律、法规和工程建设监理合同及其他工程建设合同,对工程建设实施的监督管理。

(1)工程建设监理一定要受项目法人的委托。委托是通过项目法人与监理单位法人之间订立的合同来实现的。委托不是聘用,委任不是代理,因此监理工作一定要独立自主地进行。

(2)工程建设监理的依据是:项目建设文件;工程建设的法律与法规;工程建设监理合同及其他工程建设合同,如材料、设备供应合同,施工承包合同等。监理工作是依法监理,凭数据说话,不可随心所欲。

(3)对工程建设实施监督管理。监督,是指对投资、进度、质量、安全目标的监控;管理,是指对合同、信息、现场文明施工、安全生产的管理。监督管理的核心工作是做好组织协调工作。

2. **施工项目管理与建设监理的关系**(见表 3－1)

表 3－1　施工项目管理与建设监理的关系

区别特征	施工项目管理	建设监理
工作依据	依据与业主签订的工程承包合同管理项目的施工活动	依据业主与监理单位签订的合同而对监理工程师授予的权限

续表 3-1

<table>
<tr><th>区别特征</th><th>施工项目管理</th><th>建 设 监 理</th></tr>
<tr><td>工作对象</td><td>按承包合同而生产需求的建筑产品</td><td>监督施工单位全面履行工程承包合同</td></tr>
<tr><td>与业主的关系</td><td>工程承包合同关系</td><td>监理委托合同关系</td></tr>
<tr><td rowspan="2">相互关系</td><td colspan="2">在社会上:双方是平等的法人组织,在工程项目施工活动中双方互相协作</td></tr>
<tr><td>必须接受监理单位的监理,并为其工作提供方便</td><td>①部分或全部行使业主代表权利,履行业主代表职责
②在商量签订合同时,代表业主与施工单位进行谈判
③施工准备工作中,代表业主督促施工单位完成承担的工作
④施工过程中,监理与施工单位直接接触,在业主授权下,对工程质量、工期、付款均具有确认权与否决权</td></tr>
</table>

3. 设计阶段与施工阶段的监理内容(见表 3-2)

表 3-2　设计阶段与施工阶段的监理内容

<table>
<tr><th colspan="2">阶 段</th><th>内 容</th></tr>
<tr><td rowspan="2">设计</td><td>前期</td><td>①建设项目的可行性研究
②参与设计任务书的编制</td></tr>
<tr><td>设计实施</td><td>①提出设计要求,组织评选设计方案
②协助评选勘察设计单位,商签勘察设计合同,并组织实施
③审查设计文件和概(预)算</td></tr>
<tr><td rowspan="3">施工</td><td>招投标</td><td>①准备与发送招标文件
②协助评审投标书,提出决标意见
③协助建设单位与承建单位签订承包合同
④协助建设单位与承建单位编写开工报告
⑤确定总承建单位选择的分包单位等</td></tr>
<tr><td>施工实施</td><td>①审批承建单位进度计划
②检查施工进度、施工质量
③验收工程,签发付款凭证
④督促承建单位全面履行工程合同,调解合同争端
⑤组织设计单位与施工单位核查验收竣工工程
⑥审查工程结算等</td></tr>
<tr><td>保修</td><td>①负责检查工程使用状况
②鉴定工程质量问题的责任
③督促保修等</td></tr>
</table>

3.7.2 建筑工程施工监理内容、程序和方法

1. **施工监理的主要内容**

按国际惯例,施工监理的内容可用图 3-5 所示。

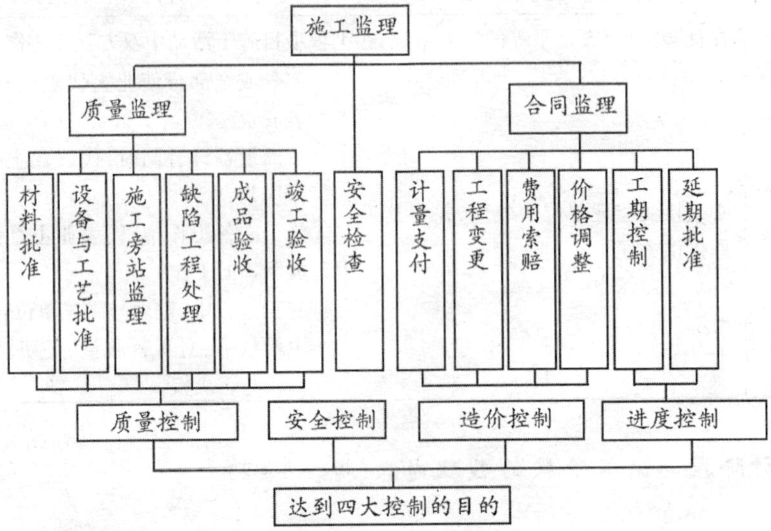

图 3-5　施工阶段监理内容图解之一

根据我国监理工作经验,施工监理的内容可用图 3-6 表示。

具体工作内容主要有下列 11 项任务:

(1)协助建设单位与承建单位编写开工报告。

(2)确认承建单位选择的分包单位。

(3)审查承建单位提出的施工组织设计、施工技术方案和施工进度计划,并提出改进意见。

(4)审查承建单位提出的材料和设备清单及其所列的规格与质量。

(5)督促、检查承建单位严格执行工程承包合同和工程技术标准。

(6)调解建设单位与承建单位之间的争议。

(7)检查工程使用的材料、构件和设备的质量,检查安全防护设施。

(8)检查工程安全、工程进度和施工质量,验收分部分项工程,签署工程付款凭证。

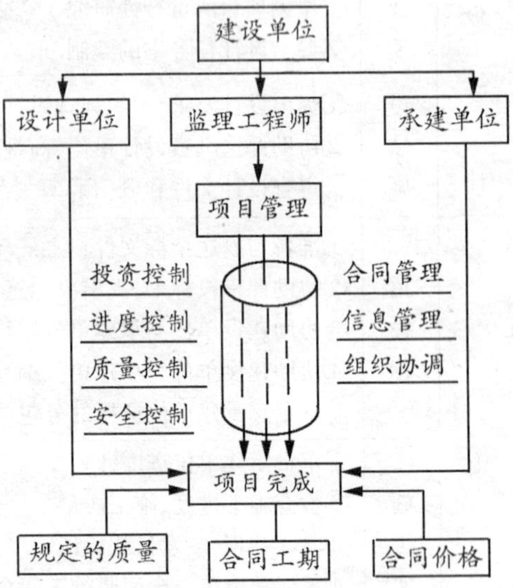

图 3-6　施工阶段监理内容图解之二

(9)督促整理合同文件和技术档案资料。

(10)组织设计单位和承建单位进行工程竣工初步验收,提出竣工验收报告。

(11)审查工程结算。

根据我国监理工作经验,施工阶段的监理内容,可用图 3-6 列示为六项任务,即投资控制、进度控制、质量控制、合同管理、信息管理及项目组织协调等。其中,前三项是项目管理目标,后三项是管理方法,监理工程师通过这些有效的管理方法,以确保建设单位项目建设四大

目标的实现。

2. 施工监理程序

监理工程师严格执行监理程序，以控制承建单位的施工程序，对于保证工程进度和工程质量，控制工程造价都是十分有益的。根据国际惯例和我国有关监理单位的实践经验，对工程质量、进度、造价等三大控制的监理程序如图 3－7 所示，而图 3－8 为工程进度监理程序图，图 3－9 为工程造价监理程序图。

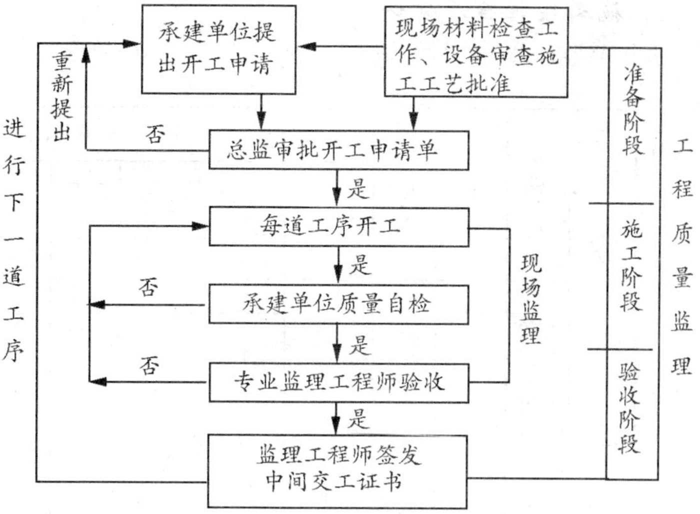

图 3－7　工程质量监理程序图

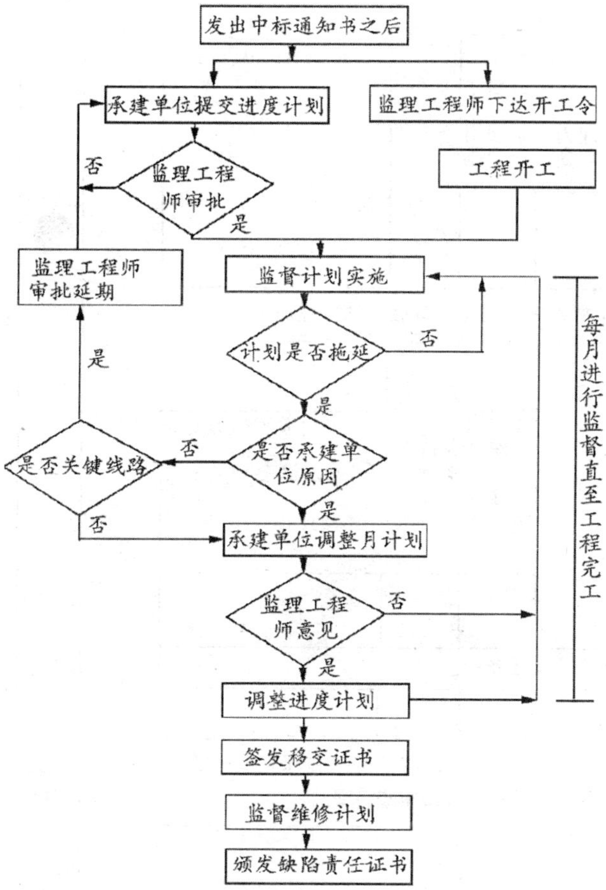

图 3－8　工程进度监理程序图

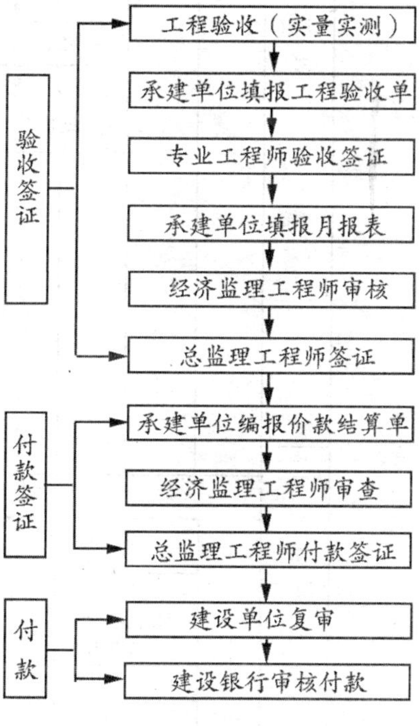

图 3－9　工程质量监理程序图

3. **施工监理程序实例**

我国某监理公司实行的施工监理程序如图 3－10 所示，图中有关的工序管理详见表 3－3。

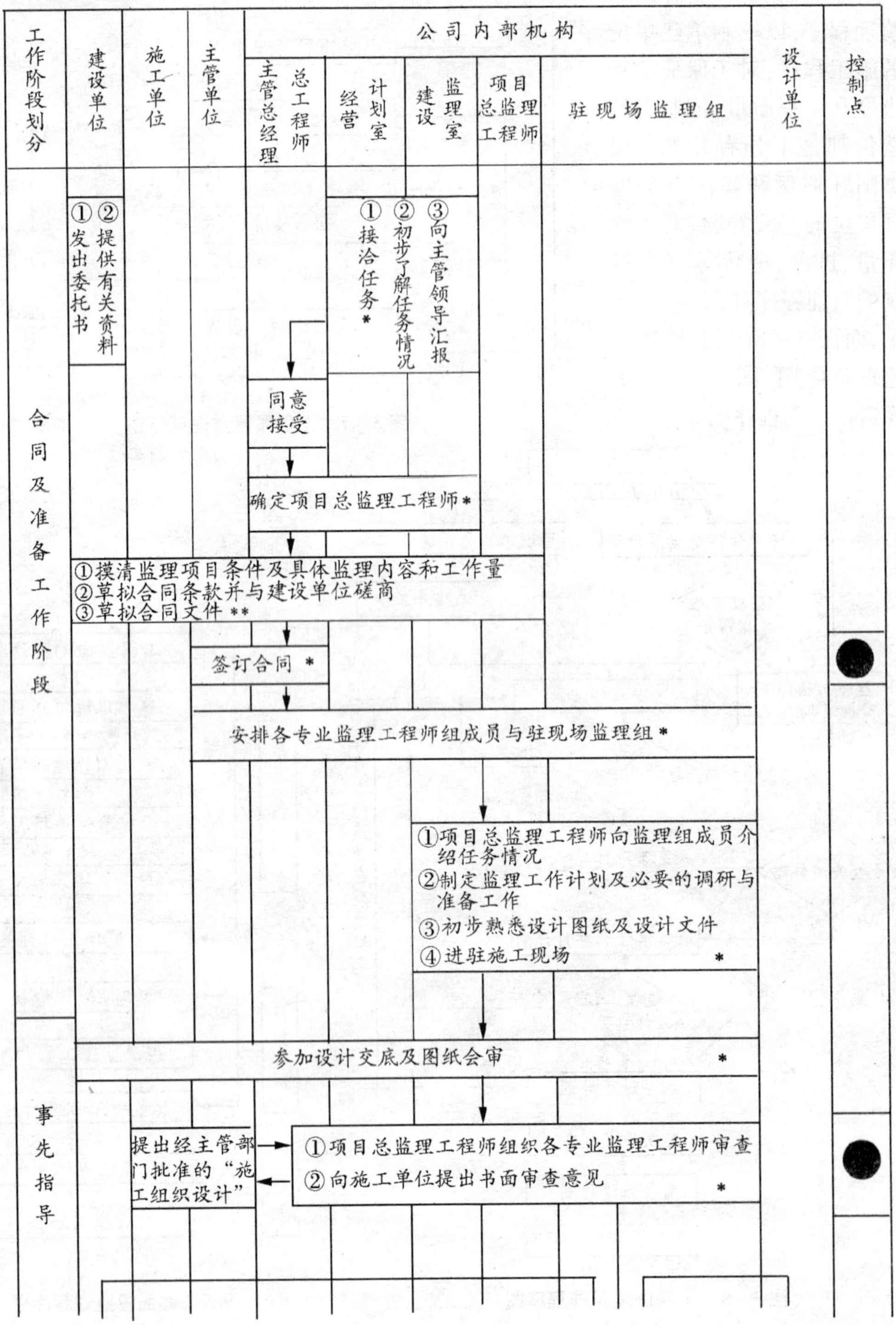

图 3－10(1)　施工监理程序实例

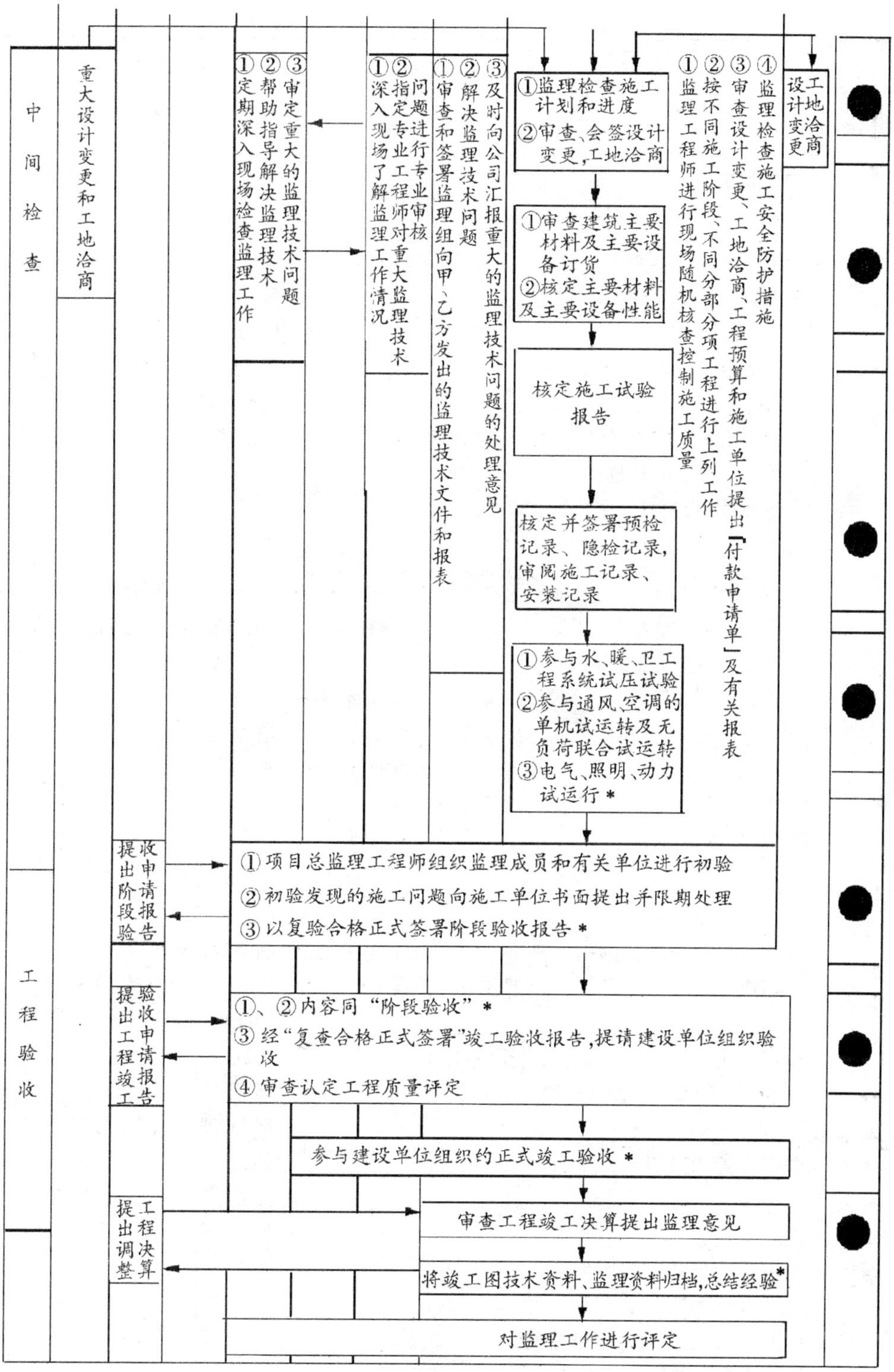

图 3－10(2)　施工监理程序实例

【注】　图中＊表示对此工作重视程度。

表 3－3　工序管理表

序号	工序名称	工作内容	工作人员		工作成果	工作准则（依据）	主要质量管理点	信息反馈
			负责人	配合人				
1	任务委托	①建设单位提出“委托任务书” ②建设单位提供全套完整的施工图及有关的工程承包合同资料 ③提供施工图阶段工程地质报告 ④根据任务情况，结合公司的技术、人力和安排综合考虑，向主管领导汇报，由主管领导决定是否承接	经营计划室 经营计划室总经理	监理室	①取得甲方委托任务书及有关的图纸资料 ②决定任务承接，签署任务承接单			
2	确定人员、签订合同	①确定项目总监理工程师及有关专业监理人员 ②摸清任务条件及具体内容 ③草拟合同条款 ④草签合同 ⑤签订合同	总经理 总监理工程师 经营计划室 主管领导	监理室 经营计划室 监理室专业人员 项目总监理工程师 公司主管总经理	①确定项目总监理工程师及监理组专业人员 ②取得正式合同	依照有关合同法规制定		
3	制定监理工作计划及准备工作	①项目总监理工程师向监理组成员介绍任务情况 ②各专业监理工程师熟悉、消化施工图及有关设计资料 ③各专业人员提出图纸会审意见 ④根据合同规定拟定监理内容及监理权限（因目前国家尚无法规，结合监理项目情况与甲方商量拟定） ⑤做好进驻现场准备工作，确定进驻日期	项目总监理工程师 各专业监理工程师 专业工程师 项目总监理工程师	各专业监理工程师	①制定监理内容和权限 ②制定监理组内部管理办法 ③提出图纸会审意见	按合同规定内容及监理文件		

续表 3－3

序号	工序名称	工作内容	工作人员		工作成果	工作准则（依据）	主要质量管理点	信息反馈
			负责人	配合人				
4	审查施工组织设计和施工方案	①组织各专业监理工程师认真审查各自有关施工组织设计 ②汇总对施工组织设计的审查意见 ③与施工单位磋商施工组织设计的审查意见	项目总监理工程师 项目总监理工程师 项目总监理工程师	各专业监理工程师	通过施工组织设计的审查认可工作，提出书面意见			
5	现场随机检查施工质量	监督施工单位严格按规范标准和设计图纸施工，在整个施工过程的不同阶段进行现场随机核查，主要抓以下工作 ①检查施工计划进度 ②审查和会签设计变更、工地洽商 ③核定主要材料和主要设备 ④核定施工试验报告 ⑤检查隐蔽工程，签署“预检”和“隐蔽”记录 ⑥审阅“施工记录”和“安装记录” ⑦审查工程价款和付款申请 ⑧参加水、暖、电、通风等有关工程统一试压和试运行工作	各专业监理工程师		控制工程质量进度和投资	有关设计施工规范和设计文件		
6	工程验收	①项目总监理师组织各专业人员进行阶段验收工作 ②参加建设单位组织的工程竣工验收工作 ③审查工程竣工决算 ④审查施工单位提出的竣工图及有关技术资料	项目总监理工程师 建设单位、经济监理工程师 项目总监理工程师	专业监理工程师 项目总监理工程师 公司总工程师、专业工程师及各专业监理工程师	正式工程竣工验收报告、竣工图及施工技术资料	依据国家有关工程验收的规定办理		
7	监理工作的总结和评定	①总结监理组实施监理经验教训 ②整理监理的技术资料并做好归档工作 ③监理工作质量评定	项目总监理工程师 公司总工程师 监理室主任	监理工程师 总监理工程师	监理总结			

4. 施工监理方法

按照国际惯例的施工监理，通常采用以下方法（见表3－4）对工程进行全面管理。目前，我国监理公司也广泛采用这些方法进行工程施工监理。

表3－4　施工监理方法与实施办法

序号	监理方法	实施办法
1	旁站监理	监理人员在承建单位施工期间，用全部或大部分时间在施工现场对承建单位的施工活动进行跟踪监理。发现问题便可及时指令承建单位予以纠正，以减少质量缺陷的发生，保证工程的质量和进度
2	测　量	监理工程师利用测量手段，在工程开工前核查工程的定位放线；在施工过程中控制工程的轴线和高程；在工程完工验收时测量各部位的几何尺寸、高度等
3	试　验	监理工程师对项目或材料的质量评价，必须通过试验取得数据后进行，不允许采用经验、目测或感觉来评价质量
4	严格执行监理程序	如未经监理工程师批准开工申请的项目不能开工，这就强化了承建单位做好开工前的各项准备工作；没有监理工程师的付款证书，承建单位就得不到工程付款，这就保证了监理工程师的核心地位
5	指令性文件	监理工程师应充分利用指令性文件，对任何事项发出书面指示，并督促承建单位严格遵守与执行监理工程师的书面指示
6	工地会议	工地会议是监理工程师与承建单位讨论施工中的各种问题，必要时，可邀请建设单位或有关人员参加。在会上监理工程师的决定具有书面函件与书面指示的作用。因此，监理工程师可通过工地会议方式发出有关指示
7	专家会议	对于复杂的技术问题，监理工程师可召开专家会议，进行研究讨论。根据专家意见和合同条件，再由监理工程师作出结论。这样可减少监理工程师处理复杂技术问题的片面性
8	计算机辅助管理	监理工程师利用计算机，对计量支付、工程质量、工程进度及合同条件进行辅助管理
9	停止支付	监理工程师应充分利用合同赋予在支付方面的充分权力，承建单位的任何工程行为达不到监理工程师的满意，都应有权拒绝支付承建单位的工程款项，以约束承建单位认真按合同规定的条件完成各项任务
10	会见承建单位	当承建单位无视监理工程师的指示，违反合同条件进行工程活动时，由总监理工程师（或其代表）邀见承建单位的主要负责人，指出承建单位在工程上存在的问题的严重性和可能造成的后果，并提出挽救问题的途径。如果仍不听劝告，监理工程师可进一步采取制裁措施

3.7.3　施工准备阶段的监理工作

1. 工程设计交底前的监理工作

（1）在设计交底前，总监理工程师应组织监理人员熟悉设计文件，并对图纸中存在的问题通过建设单位向设计单位提出书面意见和建议。

（2）项目监理人员应参加由建设单位组织的设计技术交底会，总监理工程师应对设计技术交底会议纪要进行签认。

2. 工程项目开工前的监理工作

(1)工程项目开工前,总监理工程师应组织专业监理工程师审查承包单位报送的施工组织设计(方案)报审表,提出审查意见,并经总监理工程师审核、签认后报建设单位。

施工组织设计(方案)报审表应符合142页表3-7的格式。

(2)工程项目开工前,总监理工程师应审查承包单位现场项目管理机构的质量管理体系、技术管理体系和质量保证体系,确能保证工程项目施工质量时即予以确认。对质量管理体系、技术管理体系和质量保证体系应审核以下内容:

①质量管理、技术管理和质量保证的组织机构;

②质量管理、技术管理制度;

③专职管理人员和特种作业人员的资格证、上岗证。

(3)分包工程开工前,专业监理工程师应审查承包单位报送的分包单位资格报审表和分包单位有关资质资料,符合有关规定后,由总监理工程师予以签认。

分包单位资格报审表应符合143页表3-8的格式。

(4)对分包单位资格应审核以下内容。

①分包单位的营业执照、企业资质等级证书、特殊行业施工许可证、国外(境外)企业在国内承包工程许可证;

②分包单位的业绩;

③拟分包工程的内容和范围;

④专职管理人员和特种作业人员的资格证、上岗证。

(5)专业监理工程师应按以下要求对承包单位报送的测量放线控制成果及保护措施进行检查,符合要求时,专业监理工程师对承包单位报送的施工测量成果报验申请表予以签认。

①检查承包单位专职测量人员的岗位证书及测量设备鉴定证书;

②复核控制桩的校核成果、控制桩的保护措施以及平面控制网、高程控制网和临时水准点的测量成果。

施工测量成果报验申请表应符合144页表3-9的格式。

(6)专业监理工程师应审查承包单位报送的工程开工报审表及相关资料,具备以下开工条件时,由总监理工程师签发,并报建设单位:

①施工许可证已获政府主管部门批准;

②征地拆迁工作能满足工程进度的需要;

③施工组织设计已获总监理工程师批准;

④承包单位现场管理人员已到位,机具、施工人员已进场,主要工程材料已落实;

⑤进场道路及水、电、通讯等已满足开工要求。

(7)工程项目开工前,监理人员应参加由建设单位主持召开的第一次工地会议。第一次工地会议应包括以下主要内容:

①建设单位、承包单位和监理单位分别介绍各自驻现场的组织机构、人员及其分工;

②建设单位根据委托监理合同宣布对总监理工程师的授权;

③建设单位介绍工程开工准备情况;

④承包单位介绍施工准备情况；

⑤建设单位和总监理工程师对施工准备情况提出意见和要求；

⑥总监理工程师介绍监理规划的主要内容；

⑦研究确定各方在施工过程中参加工地例会的主要人员，召开工地例会周期、地点及主要议题。

第一次工地会议纪要应由项目监理机构负责起草，并经与会各方代表会签。

3.7.4 工地例会

1. 定期召开工地例会

在施工过程中，总监理工程师应定期主持召开工地例会，会议纪要应由项目监理机构负责起草，并经与会各方代表会签。

2. 工地例会内容

(1)检查上次例会议定事项的落实情况，分析未完事项的原因。

(2)检查分析工程项目进度计划完成情况，提出下一阶段进度目标及其落实措施。

(3)检查分析工程项目质量状况，针对存在的质量问题提出改进措施。

(4)检查工程量核定及工程款支付的情况。

(5)解决需要协调的有关事项。

(6)其他有关事宜。

此外，总监理工程师或专业监理工程师应根据需要及时组织专题会议，解决施工过程中的各种专项问题。

3.7.5 工程质量控制工作

1. 对施工组织设计变更的审查

在施工过程中，当承包单位对已批准的施工组织设计进行调整、补充或变动时，应经专业监理工程师审查，并应由总监理工程师签认。

2. 施工工艺的审核

(1)专业监理工程师应要求承包单位报送重点部位、关键工序的施工工艺和确保工程质量的措施，审核同意后予以签认。

(2)当承包单位采用新材料、新工艺、新技术、新设备时，专业监理工程师应要求承包单位报送相应的施工工艺措施和证明材料，组织专题论证，经审定后予以签认。

(3)项目监理机构应对承包单位在施工过程中报送的施工测量放线成果进行复验和确认。

3. 对承包单位试验室的考核

专业监理工程师应从以下五个方面对承包单位的试验室进行考核。

(1)试验室的资质等级及其试验范围。

(2)法定计量部门对试验设备出具的计量检定证明。

(3)试验室的管理制度。

(4)试验人员的资格证书。

(5)本工程的试验项目及其要求。

4. 对工程材料、构配件、设备的验收

(1)专业监理工程师应对承包单位报送的拟进场的工程材料、构配件和设备的工程材料/构配件/设备报审表及其质量证明资料进行审核,并对进场的实物按照委托监理合同的约定或有关工程质量管理文件规定的比例采用平行检验或见证取样方式进行抽检。

(2)对未经监理人员验收或验收不合格的工程材料、构配件、设备,监理人员应拒绝签认,并应签发监理工程师通知单,书面通知承包单位限期将不合格的工程材料、构配件、设备撤出现场。

工程材料/构配件/设备报审表应符合146页表3-14的格式;监理工程师通知单应符合148页表3-16的格式。

5. 定期检查计量设备

项目监理机构应定期检查承包单位的直接影响工程质量的计量设备的技术状况。

6. 监督和检查隐蔽工程

(1)总监理工程师应安排监理人员对隐蔽工程施工过程进行巡视和检查。对隐蔽工程的隐蔽过程、下道工序施工完成后难以检查的重点部位,专业监理工程师应安排监理员进行旁站。

(2)专业监理工程师应根据承包单位报送的隐蔽工程报验申请表和自检结果进行现场检查,符合要求的予以签认。

对未经监理人员验收或验收不合格的工序,监理人员应拒绝签认,并要求承包单位严禁进行下一道工序的施工。

隐蔽工程报验申请表仍应符合表3-9的格式。

7. 对分项工程、分部工程和单位工程的审核

专业监理工程师应对承包单位报送的分项工程质量验评资料进行审核,符合要求后予以签认;总监理工程师应组织监理人员对承包单位报送的分部工程和单位工程质量验评资料进行审核和现场检查,符合要求后予以签认。

8. 对施工过程中存在质量隐患的处理

(1)对施工过程中出现的质量缺陷,专业监理工程师应及时下达监理工程师通知,要求承包单位整改,并检查整改结果。

(2)监理人员发现施工存在的重大质量隐患,可能造成质量事故或已经造成质量事故时,应通过总监理工程师及时下达工程暂停令,要求承包单位停工整改。整改完毕并经监理人员复查,符合规定要求后,总监理工程师应及时签署工程复工报审表。总监理工程师下达工程暂停令和签署工程复工报审表,均宜事先向建设单位报告。

(3)对需要返工处理或加固补强的质量事故,总监理工程师应责令承包单位报送质量事故调查报告和经设计单位等相关单位认可的处理方案,项目监理机构应对质量事故的处理过程和处理结果进行跟踪检查和验收。

总监理工程师应及时向建设单位及本监理单位提交有关质量事故的书面报告,并应将完整的质量事故处理记录整理归档。

3.7.6 工程造价控制工作

1. 工程计量和工程款支付的控制

项目监理机构应按下列程序进行工程计量和工程款支付工作：

(1)承包单位统计经专业监理工程师质量验收合格的工程量，按施工合同的约定填报工程量清单和工程款支付申请表。

工程款支付申请表应符合 144 页表 3－10 的格式。

(2)专业监理工程师进行现场计量，按施工合同的约定审核工程量清单和工程款支付申请表，并报总监理工程师审定。

(3)总监理工程师签署工程款支付证书，并报建设单位。

2. 竣工结算的控制

项目监理机构应按下列程序进行竣工结算：

(1)承包单位按施工合同规定填报竣工结算报表；

(2)专业监理工程师审核承包单位报送的竣工结算报表；

(3)总监理工程师审定竣工结算报表，与建设单位、承包单位协商一致后，签发竣工结算文件和最终的工程款支付证书并报建设单位。

3. 其他控制工程造价的措施

(1)项目监理机构应依据施工合同有关条款、施工图，对工程项目造价目标进行风险分析，并应制定防范性对策。

(2)总监理工程师应从造价、项目的功能要求、质量和工期等方面审查工程变更的方案，并宜在工程变更实施前与建设单位、承包单位协商确定工程变更的价款。

(3)项目监理机构应按施工合同约定的工程量计算规则和支付条款进行工程量计量和工程支付。

(4)专业监理工程师应及时建立月完成工程量和工作量的统计表，并且对实际完成量与计划完成量进行比较、分析，制定调整措施，同时应在监理月报中向建设单位报告。

(5)专业监理工程师应及时收集、整理有关的施工资料和监理资料，为处理费用索赔提供证据。

(6)项目监理机构应及时按施工合同的有关规定进行竣工结算，并应对竣工结算的价款总额与建设单位和承包单位进行协商。当无法协商一致时，应根据有关文件、法规进行处理。

(7)未经监理人员质量验收合格的工程量，或不符合施工合同规定的工程量，监理人员应拒绝计量，拒绝该部分的工程款支付申请。

3.7.7 工程进度控制工作

1. 对工程进度的控制

项目监理机构应按下列程序进行工程进度控制：

(1)总监理工程师审批承包单位报送的施工总进度计划；

(2)总监理工程师审批承包单位编制的年、季、月度施工进度计划；

(3)专业监理工程师对进度计划实施情况检查、分析；

(4)当实际进度符合计划进度时,应要求承包单位编制下一期进度计划;当实际进度滞后于计划进度时,专业监理工程师应书面通知承包单位采取纠偏措施并监督实施。

专业监理工程师应依据施工合同的有关条款、施工图及经过批准的施工组织设计制定进度控制方案,对进度目标进行风险分析,制定防范对策,经总监理工程师审定后报送建设单位。

2. **对工程进度计划的检查**

(1)专业监理工程师应检查进度计划的实施,并记录实际进度及其相关情况,当发现实际进度滞后于计划进度时,应签发监理工程师通知单指令承包单位采取调整措施。当实际进度严重滞后于计划进度时应及时报总监理工程师,由总监理工程师与建设单位采取进一步的措施。

(2)总监理工程师应在监理月报中向建设单位报告工程进度和所采取进度控制措施的执行情况,并提出合理预防由建设单位原因导致的工程延期及其相关费用索赔的建议。

3.7.8 工程安全控制

(1)工程监理单位应当审查施工组织设计中的安全技术和措施,或者专项施工方案是否符合工程建设强制性标准。

(2)工程监理单位在实施监理过程中,发现存在安全事故隐患的,应当要求施工单位整改;情况严重的,应当要求施工单位暂时停止施工,并及时报告建设单位。施工单位拒不整改或者不停止施工的,工程监理单位应当及时向有关主管部门报告。

(3)工程监理单位和监理工程师应当按照法律、法规和工程建设强制性标准实施监理,并对建设工程安全生产承担监理责任。

(4)监督检查为建设工程提供机械设备和配件的单位,应当按照安全施工的要求配备齐全有效的保险、限位等安全设施和装置。

(5)监督检查出租的机械设备和施工机具及配件,应当具有生产(制造)许可证、产品合格证。

(6)监督检查出租单位应当对出租的机械设备和施工机具及配件的安全性能进行检测,在签订租赁协议时,应当出具检测合格证明。

禁止出租检测不合格的机械设备和施工机具及配件。

(7)监督检查在施工现场安装、拆卸施工起重机械和整体提升脚手架、模板等自升式架设设施,必须由具有相应资质的单位承担。

(8)监督检查安装、拆卸施工起重机械和整体提升脚手架、模板等自升式架设设施,应当编制拆装方案、制定安全施工措施,并由专业技术人员现场监督。

(9)监督检查施工起重机械和整体提升脚手架、模板等自升式架设设施安装完毕后,安装单位应当自检,出具自检合格证明,并向施工单位进行安全使用说明,办理验收手续并签字。

(10)监督检查施工起重机械和整体提升脚手架、模板等自升式架设设施的使用达到国家规定的检验检测期限的,必须经具有专业资质的检验检测机构检测。经检测不合格的,不得继续使用。

(11)检验检测机构对检测合格的施工起重机械和整体提升脚手架、模板等自升或架设设施,应当出具安全合格证明文件,并对检查结果负责。

(12)监督施工单位按安全生产管理条例及有关法规、标准进行安全施工。

3.7.9 工程暂停及复工

总监理工程师在签发工程暂停令时,应根据暂停工程的影响范围和影响程度,按照施工合同和委托监理合同的约定签发。

1. 签发工程暂停令的条件

在发生下列情况之一时,总监理工程师可签发工程暂停令:

(1)建设单位要求暂停施工,且工程需要暂停施工;

(2)为了保证工程质量而需要进行停工处理;

(3)施工出现了安全隐患,总监理工程师认为有必要停工以消除隐患;

(4)发生了必须暂时停止施工的紧急事件;

(5)承包单位未经许可擅自施工,或拒绝项目监理机构管理。

总监理工程师在签发工程暂停令时,应根据停工原因的影响范围和影响程度,确定工程项目停工范围。

由于非承包单位且非上述(2)、(3)、(4)、(5)款原因时,总监理工程师在签发工程暂停令之前,应就有关工期和费用等事宜与承包单位进行协商。

2. 审核并签署复工报审表

(1)由于建设单位的原因,或其他非承包单位的原因导致工程暂停时,项目监理机构应如实记录所发生的实际情况。总监理工程师应在施工暂停原因消失、具备复工条件时,及时签署工程复工报审表,指令承包单位继续施工。

(2)由于承包单位的原因导致工程暂停,在具备恢复施工条件时,项目监理机构应审查承包单位报送的复工申请及有关材料,同意后由总监理工程师签署工程复工报审表,指令承包单位继续施工。

总监理工程师在签发工程暂停令到签发工程复工报审表之间的时间内,宜会同有关各方按照施工合同的约定,处理因工程暂停引起的与工期、费用等有关的问题。

3.7.10 工程变更的管理

1. 处理工程变更的程序

项目监理机构应按下列程序处理工程变更。

(1)设计单位对原设计存在的缺陷提出的工程变更,应编制设计变更文件;建设单位或承包单位提出的工程变更,应提交总监理工程师,由总监理工程师组织专业监理工程师审查。审查同意后,应由建设单位转交原设计单位编制设计变更文件。当工程变更涉及安全、环保等内容时,应按规定经有关部门审定。

(2)项目监理机构应了解实际情况和搜集与工程变更有关的资料。

(3)总监理工程师必须根据实际情况、设计变更文件和其他有关资料,按照施工合同的有关条款,在指定专业监理工程师完成下列工作后,对工程变更的费用和工期做出评估:

①确定工程变更项目与原工程项目之间的类似程度和难易程度;

②确定工程变更项目的工程量;

③确定工程变更的单价或总价。

(4)总监理工程师应就工程变更费用及工期的评估情况与承包单位和建设单位进行协调。

(5)总监理工程师签发工程变更单。工程变更单应符合151页表3－23的格式,并应包括工程变更要求、工程变更说明、工程变更费用和工期、必要的附件等内容,有设计变更文件的工程变更应附设设计变更文件。

(6)项目监理机构应根据工程变更单监督承包单位实施。

2. 处理工程变更的要求

项目监理机构处理工程变更应符合下列要求。

(1)项目监理机构在工程变更的质量、费用和工期方面取得建设单位授权后,应按施工合同规定与承包单位进行协商,经协商达成一致后,总监理工程师应将协商结果向建设单位通报,并由建设单位与承包单位在变更文件上签字。

(2)在项目监理机构未能就工程变更的质量、费用和工期方面取得建设单位授权时,总监理工程师应协助建设单位和承包单位进行协商,并达成一致。

(3)在建设单位和承包单位未能就工程变更的费用等方面达成协议时,项目监理机构应提出一个暂定的价格,作为临时支付工程进度款的依据。该项工程款最终结算时,应以建设单位和承包单位达成的协议为依据。

在总监理工程师签发工程变更单之前,承包单位不得实施工程变更。

如果未经总监理工程师审查同意而实施的工程变更,项目监理机构不得予以计量。

3.7.11 竣工验收

总监理工程师应组织专业监理工程师,依据有关法律、法规、工程建设强制性标准、设计文件及施工合同,对承包单位报送的竣工资料进行审查,并对工程质量进行竣工预验收。对存在的问题,应及时要求承包单位整改。整改完毕由总监理工程师签署工程竣工报验单,并应在此基础上提出工程质量评估报告。工程质量评估报告应经总监理工程师和监理单位技术负责人审核并签字。

项目监理机构应参加由建设单位组织的竣工验收,并提供相关监理资料。对验收中提出的整改问题,项目监理机构应要求承包单位进行整改。当工程质量符合要求时,由总监理工程师会同参加验收的各方签署竣工验收报告。

3.7.12 工程质量保修期的监理工作

监理单位应依据委托监理合同约定的工程质量保修期监理工作的时间、范围和内容开展工作。

承担质量保修期监理工作时,监理单位应安排监理人员对建设单位提出的工程质量缺陷进行检查和记录,对承包单位进行修复的工程质量进行验收,合格后予以签认。

监理人员应对工程质量缺陷原因进行调查分析并确定责任归属,对因非承包单位原因造成的工程质量缺陷,监理人员应核实修复该工程的费用并签署工程款支付证书,然后报建设单位。

3.8 施工阶段监理文件的管理

3.8.1 监理单位对文件的管理

监理单位在施工阶段应对表3－5所列的文件进行管理。

表3－5　施工阶段的监理文件

序号	归档文件	保存单位和保管期限				
		建设单位	施工单位	设计单位	监理单位	城建档案馆
	监理文件					
1	监理规划					
	①监理规划	长期			短期	√
	②监理实施细则	长期			短期	√
	③监理部总控制计划等	长期			短期	
2	监理月报中的有关质量问题	长期			长期	√
3	监理会议纪要中的有关质量问题	长期			长期	√
4	进度控制					
	①工程开工/复工审批表	长期			长期	√
	②工程开工/复工暂停令	长期			长期	√
5	质量控制					
	①不合格项目通知	长期			长期	√
	②质量事故报告及处理意见	长期			长期	√
6	造价控制					
	①预付款报审与支付	短期				
	②月付款报审与支付	短期				
	③设计变更、洽商费用报审与签认	长期				
	④工程竣工决算审核意见书	长期				√
7	分包资质					
	①分包单位资质材料	长期				
	②供货单位资质材料	长期				
	③试验等单位资质材料	长期				
8	监理通知					
	①有关进度控制的监理通知	长期			长期	
	②有关质量控制的监理通知	长期			长期	
	③有关造价控制的监理通知	长期			长期	
9	合同与其他事项管理					
	①工程延期报告及审批	永久			长期	√
	②费用索赔报告及审批	长期			长期	
	③合同争议、违约报告及处理意见	永久			长期	√
	④合同变更材料	长期			长期	√

续表 3 – 5

序号	归 档 文 件	保存单位和保管期限				
		建设单位	施工单位	设计单位	监理单位	城建档案馆
10	监理工作总结					
	①专题总结	长期			短期	
	②月报总结	长期			短期	
	③工程竣工总结	长期			长期	√
	④质量评价意见报告	长期			长期	√

3.8.2 监理月报

施工阶段的监理月报应包括以下内容：

(1)本月工程概况。

(2)本月工程形象进度。

(3)工程进度，包括本月实际完成情况与计划进度比较，对进度完成情况及采取措施效果的分析。

(4)工程质量，包括本月工程质量情况的分析，本月对工程质量采取的措施及效果。

(5)工程计量与工程支付，包括工程量审核情况，工程款审批情况及月支付情况，工程款支付情况分析，本月采取的措施及效果。

(6)合同其他事项的处理情况，如工程变更，工程延期，费用索赔等。

(7)本月监理工作小结。

①对本月进度、质量、工程款支付等方面情况的综合评价，本月监理工作情况；

②有关本工程的意见和建议；

③下月监理工作的重点。

监理月报应由总监理工程师组织编制，签认后报建设单位和本监理单位。

3.8.3 监理工作总结

监理工作总结应包括：工程概况，监理组织机构、监理人员和投入的监理设施，监理合同履行情况，监理工作成效，施工过程中出现的问题及其处理情况和建议，必要时提供工程照片。

施工阶段监理工作结束时，监理单位应向建设单位提交监理工作总结。

3.8.4 监理资料管理要求

施工阶段监理工作，由于各行业各部门的专业要求不同，在工程质量用表中，已各自形成比较完整、系统的表式，各类工程的质量检验评定均有相应的技术标准，而质量检查及验收也应按各相关标准的要求办理。

施工阶段的监理资料管理应做到：监理资料必须及时整理、真实完整、分类有序；监理资料的管理应由总监理工程师负责，并指定专人具体实施；监理资料应在各阶段监理工作结束后及时整理归档；监理档案的编制及保存应按有关规定执行。

监理施工阶段常用的表格有如下几种。

1. 监理单位用表(A类)

(1)工程开工/复工报审表(A1)(见表3-6)。

表3-6　工程开工/复工报审表(A1)

工程名称:　　　　　　　　　　　　　　　　　　　　　　　　　　　编号:

致:　　　　　　　　　　　　　　　　(监理单位) 我方承担的＿＿＿＿＿＿＿＿工程,已完成了以下各项工作,具备了开工/复工条件,特此申请施工,请核查并签发开工/复工指令。 附: 1. 开工报告 2. (证明文件) 承包单位(章)＿＿＿＿＿＿ 项目经理＿＿＿＿＿＿ 日　期＿＿＿＿＿＿
审查意见: 项目监理机构＿＿＿＿＿＿ 总监理工程师＿＿＿＿＿＿ 日　期＿＿＿＿＿＿

(2)施工组织设计(方案)报审表(A2)(见表3-7)。

表3-7　施工组织设计(方案)报审表(A2)

工程名称:　　　　　　　　　　　　　　　　　　　　　　　　　　　编号:

致:　　　　　　　　　　　　　　　　(监理单位) 我方已根据施工合同的有关规定完成了＿＿＿＿＿＿工程施工组织设计(方案)的编制,并经我单位上级技术负责人审查批准,请予以审查。 附:施工组织设计(方案) 承包单位(章)＿＿＿＿＿＿ 项目经理＿＿＿＿＿＿ 日　期＿＿＿＿＿＿
专业监理工程师审查意见: 专业监理工程师＿＿＿＿＿＿ 日　期＿＿＿＿＿＿
总监理工程师审核意见: 项目监理机构＿＿＿＿＿＿ 总监理工程师＿＿＿＿＿＿ 日　期＿＿＿＿＿＿

(3)分包单位资格报审表(A3)(见表3－8)。

表3－8　分包单位资格报审表(A3)

工程名称：　　　　　　　　　　　　　　　　　　　　　　　　编号：

<table>
<tr><td colspan="4">致：　　　　　　　　　　　　　　　　(监理单位)
　　经考察,我方认为拟选择的________(分包单位)具有承担下列工程的施工资质和施工能力,可以保证本工程项目按合同的规定进行施工。分包后,我方仍承担总包单位的全部责任,请予以审查和批准。
附：
　　1. 分包单位资质材料
　　2. 分包单位业绩材料</td></tr>
<tr><td>分包工程名称(部位)</td><td>工程数量</td><td>拟分包工程合同额</td><td>分包工程占全部工程</td></tr>
<tr><td></td><td></td><td></td><td></td></tr>
<tr><td></td><td></td><td></td><td></td></tr>
<tr><td></td><td></td><td></td><td></td></tr>
<tr><td></td><td></td><td></td><td></td></tr>
<tr><td colspan="2">合　　计</td><td></td><td></td></tr>
<tr><td colspan="4">承包单位(章)________
项目经理________
日　　期________</td></tr>
<tr><td colspan="4">专业监理工程师审查意见：

专业监理工程师________
日　　期________</td></tr>
<tr><td colspan="4">总监理工程师审核意见：

项目监理机构________
总监理工程师________
日　　期________</td></tr>
</table>

(4)________报验申请表(A4)(见表3－9)。

表3－9 ________报验申请表(A4)

工程名称： 编号：

致： (监理单位) 我单位已完成了________工作,现报上该工程报验申请表,请予以审查和验收。 附件： 承包单位(章)________ 项目经理________ 日　　期________
审查意见： 项目监理机构________ 总/专业监理工程师________ 日　　期________

(5)工程款支付申请表(A5)(见表3－10)。

表3－10 工程款支付申请表(A5)

工程名称： 编号：

致： (监理单位) 我方已完成了________工程,按施工合同的规定,建设单位应在___年___月___日前支付该项工程款共(大写)________(小写：________),现报上________工程付款申请表,请予以审查并开具工程支付证书。 附件： 1. 工程量清单 2. 计算方法 承包单位(章)________ 项目经理________ 日　　期________

(6)监理工程师通知回复单(A6)(见表3-11)。

表3-11　　监理工程师通知回复单(A6)

工程名称：　　　　　　　　　　　　　　　　　　　　　　　　　　编号：

致：　　　　　　　　　　　　　　　　　　　　　　(监理单位) 　　我方接到编号为________的监理工程师通知后，已按要求完成了________________工作，现报上，请予以复查。 　　详细内容： 承包单位(章)____________ 项目经理____________ 日　　期____________
复查意见： 项目监理机构____________ 总/专业监理工程师____________ 日　　期________

(7)工程临时延期申请表(A7)(见表3-12)。

表3-12　　工程临时延期申请表(A7)

工程名称：　　　　　　　　　　　　　　　　　　　　　　　　　　编号：

致：　　　　　　　　　　　　　　　　　　　　　　(监理单位) 　　根据施工合同条款________条的规定，由于____________________原因，我方申请工程延期，请予以批准。 　　附件： 　　　1. 工程延期的依据及工期计算 　　　　合同竣工日期： 　　　　申请延长竣工日期： 　　　2. 证明材料 承包单位____________ 项目经理____________ 日　　期____________

(8)费用索赔申请表(A8)(见表3-13)。

表3-13 费用索赔申请表(A8)

工程名称: 编号:

致: 根据施工合同条款________条的规定,由于________________的原因,我方要求索赔金额(大写)______________,请予以批准。 索赔的详细理由及经过: 索赔金额的计算: 附:证明材料 承包单位____________ 项目经理____________ 日　　期____________

(9)工程材料/构配件/设备报审表(A9)(见表3-14)。

表3-14 工程材料/构配件/设备报审表(A9)

工程名称: 编号:

致: 我方于________年________月________日进场的工程材料/构配件/设备数量如下(见附件)。现将质量证明文件及自检结果报上,拟用于下述部位:________________________ ____ ____ 附件: 1. 数量清单 2. 质量证明文件 3. 自检结果 承包单位(章)____________ 项目经理____________ 日　　期____________
审查意见: 经检查上述工程材料/构配件/设备,符合/不符合设计文件和规范的要求,准许/不准许进场,同意/不同意使用于拟定部位。 项目监理机构____________ 总/专业监理工程师____________ 日　　期____________

（10）工程竣工报验单（A10）（见表 3－15）。

表 3－15　工程竣工报验单（A10）

工程名称：　　　　　　　　　　　　　　　　　　　　　　　　编号：

致：　　　　　　　　　　　　　　　　　　　（监理单位） 我方已按合同要求完成了________________工程，经自检合格，请予以检查和验收。 附件： 承包单位（章）________ 项目经理________ 日　　期________
审查意见： 经初步验收，该工程 1. 符合/不符合我国现行法律、法规要求； 2. 符合/不符合我国现行工程建设标准； 3. 符合/不符合设计文件要求； 4. 符合/不符合施工合同要求。 综上所述，该工程初步验收合格/不合格，可以/不可以组织正式验收。 项目监理机构________ 总监理工程师________ 日　　期________

2. 监理单位用表(B 类)

(1)监理工程师通知单(B1)(见表 3－16)。

表 3－16　监理工程师通知单(B1)

工程名称：　　　　　　　　　　　　　　　　　　　　　　编号：

致： 事由： 内容： 项目监理机构__________ 总/专业监理工程师__________ 日　期__________

(2)工程暂停令(B2)(见表 3－17)。

表 3－17　工程暂停令(B2)

工程名称：　　　　　　　　　　　　　　　　　　　　　　编号：

致：　　　　　　　　　　　　(承包单位) 由于 原因,现通知你方必须于______年______月______日______时起,对本工程的__________部位(工序)实施暂停施工,并按下述要求做好各项工作 项目监理机构__________ 总监理工程师__________ 日　期__________

(3)工程款支付证书(B3)(见表3－18)。

表3－18　工程款支付证书(B3)

工程名称：　　　　　　　　　　　　　　　　　　　　　　　　编号：

致：　　　　　　　　　　　　　　　　　　　　　　　　　　(建设单位)

根据施工合同的规定,经审核承包单位的付款申请和报表,并扣除有关款项,同意本期支付工程款共(大写)__________(小写:__________),请按合同规定及时付款

其中：

1. 承包单位申报款为：

2. 经审核承包单位应得款为：

3. 本期应扣款为：

4. 本期应付款为：

附件：

1. 承包单位的工程付款申请表及附件

2. 项目监理机构审查记录

项目监理机构__________

总监理工程师__________

日　　期__________

(4)工程临时延期审批表(B4)(见表3－19)。

表3－19　工程临时延期审批表(B4)

工程名称：　　　　　　　　　　　　　　　　　　　　　　　　编号：

致：　　　　　　　　　　　　　　　　　　　　　　　　　　(承包单位)

根据施工合同条款__________条的规定,我方对你方提出的__________工程延期申请(第__________号)要求延长工期__________日历天的要求,经过审核评估：

□暂时同意工期延长__________日历天,使竣工日期(包括已指令延长的工期)从原来的__________年__________月__________日延迟到__________年__________月__________日,请你方执行

□不同意延长工期,请按约定竣工日期组织施工

说明：

项目监理机构__________

总监理工程师__________

日　　期__________

(5)工程最终延期审批表(B5)(见表3-20)。

表3-20　工程最终延期审批表(B5)

工程名称：　　　　　　　　　　　　　　　　　　　　　　　　编号：

<table>
<tr><td>
致：　　　　　　　　　　　　　　　　　　　　（承包单位）
根据施工合同条款________条的规定,我方对你方提出的________工程延期申请(第________号)要求延长工期________日历天的要求,经过审核评估:
□最终同意工期延长________日历天。使竣工日期(包括已指令延长的工期)从原来的________年________月________日延迟到________年________月________日,请你方执行
□不同意延长工期,请按约定竣工日期组织施工

说明:

项目监理机构____________
总监理工程师____________
日　　期____________
</td></tr>
</table>

(6)费用索赔审批表(B6)(见表3-21)。

表3-21　费用索赔审批表(B6)

工程名称：　　　　　　　　　　　　　　　　　　　　　　　　编号：

<table>
<tr><td>
致：　　　　　　　　　　　　　　　　　　　　（承包单位）
根据施工合同条款________条的规定,你方提出的________费用索赔申请(第________号),索赔(大写)________,经我方审核评估:
□不同意此项索赔。
□同意此项索赔,金额为(大写)____________
同意/不同意索赔的理由:

索赔金额的计算:

项目监理机构____________
总监理工程师____________
日　　期____________
</td></tr>
</table>

3. 各方通用表(C类)

(1)监理工作联系单(C1)(见表3－22)。

表3－22　监理工作联系单(C1)

工程名称：　　　　　　　　　　　　　　　　　　　　编号：

致： 事由： 内容：   单　位＿＿＿＿＿＿ 负责人＿＿＿＿＿＿ 日　期＿＿＿＿＿＿

(2)工程变更单(C2)(见表3－23)。

表3－23　工程变更单(C2)

工程名称：　　　　　　　　　　　　　　　　　　　　编号：

致：　　　　　　　　　　　　(监理单位) 由于＿＿＿＿＿＿原因，兹提出＿＿＿＿＿＿工程变更(内容见附件)，请予以审批 附件： 提出单位＿＿＿＿＿＿ 代表人＿＿＿＿＿＿ 日　期＿＿＿＿＿＿		
一致意见：		
建设单位代表 签字： 日期＿＿＿＿＿＿	设计单位代表 签字： 日期＿＿＿＿＿＿	项目监理机构 签字： 日期＿＿＿＿＿＿

3.9 监理规划实例

该工程项目是由4栋建筑物组成的建筑群，故监理规划与监理细则合并编写，即可作为监理规划或监理细则使用。

3.9.1 工程项目概况

1. **项目特征**（略）

2. **项目组成、规模**（见表3-24）

表3-24 工程项目的组成与规模

序号	工程名称	建筑面积（m^2）	结构类型	层数	合同价款人民币（元）	合同工期	质量等级
1	A#楼	7154.23	地下：吊基 地上：内浇外砖 檐高：21.72m	地下1层 地上7层	7241381	295天	合格
2	B#楼	1513.22	地下：箱型 地上：全框架 檐高：24.56m	地下1层 地上9层	15427633	455天	优良
3	C#楼	1382.00	地下：箱型 地上：框架 檐高：28m	地下1层 地上9层	12698814	425天	优良
4	D#楼	1678.4	地下：箱型 地上：框架 檐高：28.9m	地下2层 地上11层	16597688	550天	合格

3. **工程特点概述**

（1）总平面示意图（略）。

（2）此项目4个楼均为居民住宅楼，处于居民稠密区。施工对周围的环境影响必须给予充分的注意。

（3）施工工期要求严格，因施工工期关系到居民的回迁日期。

（4）施工质量和投资必须严格控制。

3.9.2 项目目标及任务范围

1. **工期目标、质量目标、投资控制目标**（见表3-25）。

表3-25 项目的工期目标、质量目标及投资目标

序号	项目名称	工期目标	质量目标	投资目标
1	A#楼	295天	合格	7241381元
2	B#楼	455天	优秀	15427633元
3	C#楼	425天	优良	12698814元
4	D#楼	550天	合格	16597688元

2. **任务范围**

任务范围即指施工阶段。

3.9.3 监理的组织机构

针对本项目的项目特征和工程特征，组建如下适应本项目的监理班子。然后，根据工程的进展情况，将进行适当的补充和调整。

1. **监理组织机构框图**（如图3－11所示）

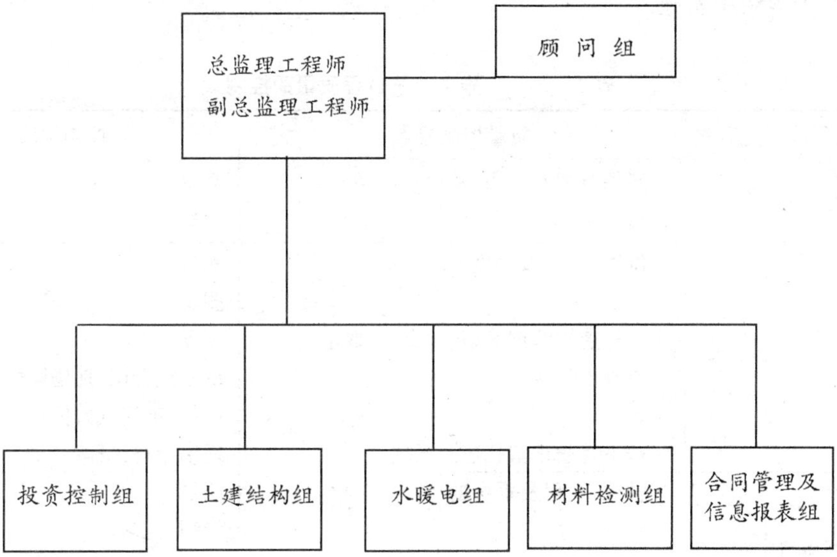

图3－11 监理组织机构图

2. **驻地监理人员构成及分工**（略）

3.9.4 施工阶段的控制

1. **施工阶段质量控制组**

施工阶段质量控制组常分为土建结构组、水暖电组、材料检测组。

（1）质量的事前控制。

1）掌握和熟悉质量控制的技术依据。

2）施工场地的质量检验验收。

3）施工队伍的资质。

4）工程所需原材料、半成品的质量控制。

5）施工机构的质量控制。

6）审查施工单位提交的施工组织设计或施工方案。

7）生产环境、管理环境改善的措施。

①协助施工单位完善质量保证工作体系；

②主动向当地质量监督站联系，汇报在本项目开展质量监督的具体方法，争取当地质量

监督站的支持和帮助；

③审核施工单位关于材料、制品试件取样及试验的方法或方案；

④审核施工单位制定的成品保护的措施、方法；

⑤施工单位试验室的资质考察；

⑥完善质量报表、质量事故的报告制度等。

(2)质量的事中控制。

1)施工工艺过程质量控制：针对监理项目的具体情况，施工工艺过程的质量控制可参照表3－26的内容组织实施。

表3－26　施工工艺过程质量的控制

序号	工程项目	工程量	质量控制要点	控制手段
1	土石方工　程		·开挖范围及边线(从中线向两侧量测) ·高程	测量 测量
2	基础工程		·位置(轴线及高度) ·外形尺寸 ·与柱连接的钢筋型号、直径、数量 ·混凝土强度 ·地下管线预留孔道及预埋	测量 测量 现场检查 审核配合比、现场取样制做试件、审核试验报告 现场检查、量测
3	现浇钢筋混凝土主体结构工程		·轴线、高程及垂直度 ·断面尺寸 ·钢筋：数量、直径、位置、接头 ·施工缝处理 ·混凝土强度：配合比、坍落度、强度 ·预埋件：型号、位置、数量、锚固	测量 量测 现场检查、量测 旁站 现场制做试块、审核试验报告 现场检查、量测
4	砌砖工程		·砌承重墙的砂浆强度等级(配合比) ·灰缝、错缝 ·门窗孔位置 ·预埋件及埋设的管线	砂浆配合比试验 旁站 量测 现场检查、量测
5	室内初装修		·材料配合比 ·室内抹灰厚度、平整度、垂直度 ·室内地坪厚度、平整度	试验 要求做样板间 要求做样板间
6	门窗工程		·木门窗：位置、尺寸 ·铝合金门窗：嵌填、定位、安装、关闭、开关	检查、量测 检查、量测
7	屋面防水工程		·找平层：厚度、坡度、平整度、防裂纹 ·保温层：厚度、平整度 ·防水面层：填嵌、粘结、平整 ·水落管：安装、接头、排水	观察、量测 观察、量测 观察 观察

续表 3-26

序号	工程项目	工程量	质量控制要点	控制手段
8	室内给排水管道安装工程		·安装位置及坡度、接头 ·管阀连接位置、接头 ·水压试验 ·水表、消火栓、卫生洁具、器件 ·自动喷洒、水幕、位置、间距、方向 ·水泵安装位置、标高,试运转轴承的温升 ·排水系统通水试验	观察、量测 观察、量测 水压试验 观察、量测 观察、量测 观察、量测 通水试验
9	通风空调系统安装工程		·冷冻机组安装:位置、标高 ·风管、风机盘管:位置、标高、坡向、坡度、接头 ·风管、制冷管道保温措施 ·空调器及风机安装:位置、标高 ·管道穿过墙或楼板套管、缝隙嵌填严密 ·阀闸安装位置、方向	观察、量测 观察、量测 观察、量测 观察、量测 观察 观察
10	室内电气线路安装工程		·变配电设备安装:位置、标高、线路连接 ·屏柜、附件及线中安装 ·绝缘、接地	观察、量测 观察、量测 观察、量测
11	电信工程		·设备安装:位置、标高、线路连接 ·线路及附件安装	观察、量测 观察、量测
12	电梯安装工程		·导轨:位置、垂直度、内表面间距 ·轿箱、层门:垂直度、平层精度、门窗开关 ·电气系统安装牢固、线路连接 ·控制系统调试	量测 观察、量测 观察、量测 测试
13	高级装饰工程		·饰面板材表面、接缝、几何尺寸 ·骨架位置、安装 ·壁纸、墙布粘结 ·美术喷浆:花点分布、质感、色泽、接头 ·清漆工程:木纹、光亮 ·喷砂、喷涂:粘结	观察、测量 观察、测量 观察 观察 观察 观察、量测
14	安装管线及道路工程		·管线位置、标高、坡向、坡度 ·管道安装、接头 ·闸阀、量表安装位置、接头 ·道路路基、路面 ·堡坎、挡土墙位置、尺寸、强度	观察、量测 观察 观察、试压 观察、量测 观察、量测、试验

[注] ①表中列出的“质量控制要点”仅为参考或为示例,最后应以设计图纸要求为准。

②表中列出的“控制手段”:

观察——指以“目视”、“目测”进行的检查监督;

现场检查、旁站——指现场巡视、观察及量测等方式进行的检查监督;

量测——指用简单的手持式量尺、量具、量器(表)进行的检查监督;

测量——指借助于测量仪器、设备进行的检查;

试验——指通过试件、取样进行的试验检查,或通水、通电、通气进行的试验等。

2)工序交接检查:坚持上道工序不经检查验收不准进行下道工序的原则。上道工序完成后,先由施工单位进行自检、专职检,认为上道工序合格后再通知现场监理工程师或其代表到现场会同检验,检验合格并签署认可后方能进行下道工序。其工作流程如图3-12所示:

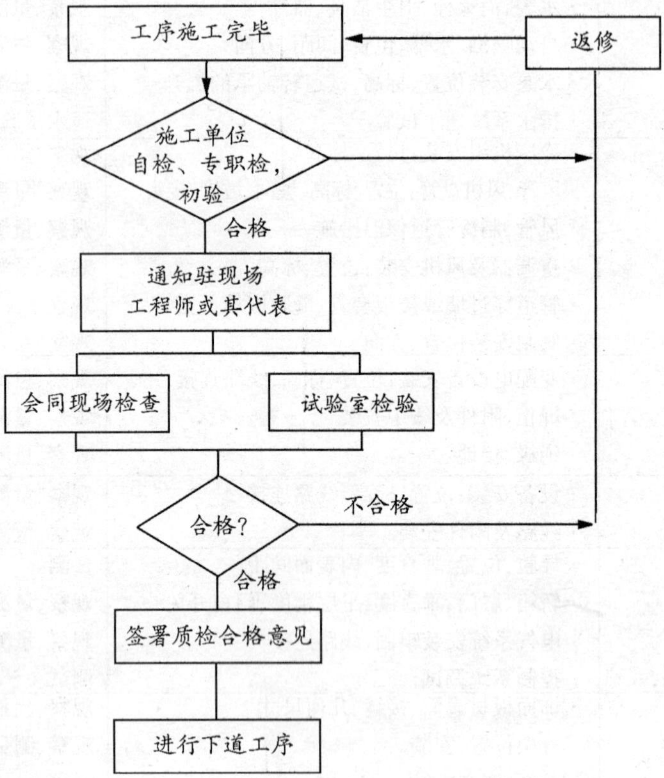

图3-12 工序交接检验程序图

【注】 ①施工单位初验后向现场检查员报告请予以检验,主要工序如浇筑混凝土前的工序检验,应报告现场监理工程师;

②工序检验一般由监理方会同乙方进行,必要时可约请设计单位、市质量监督站派员参加;

③工序质量检验意见由监理方参加检验的人员签署。

3)隐蔽工程检查验收:隐蔽工程完成后,先由施工单位自检、专职检,初验合格后填报隐蔽工程质量验收通知单,报告现场监理工程师检查验收。

4)工程变更和处理:施工单位提出工程变更的处理流程如图3-13所示。

5)设计变更或技术核定的处理:由业主原因提出的设计变更或技术核定的处理流程如图3-14所示。

6)工程质量事故处理:包括质量事故原因、责任的分析。质量事故处理措施的商定,批准处理工程质量事故的技术措施或方案,处理措施效果的检查。

7)行使质量监督权,下达停工指令:为了保证工程质量,出现下述情况之一者,监理工程师有权指令施工单位立即停工整改。

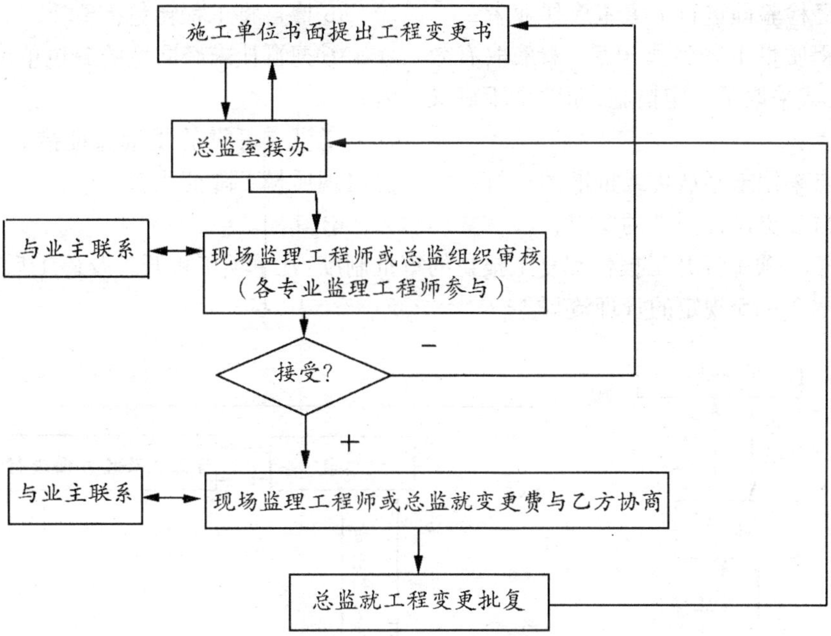

图 3－13　工程变更处理流程图

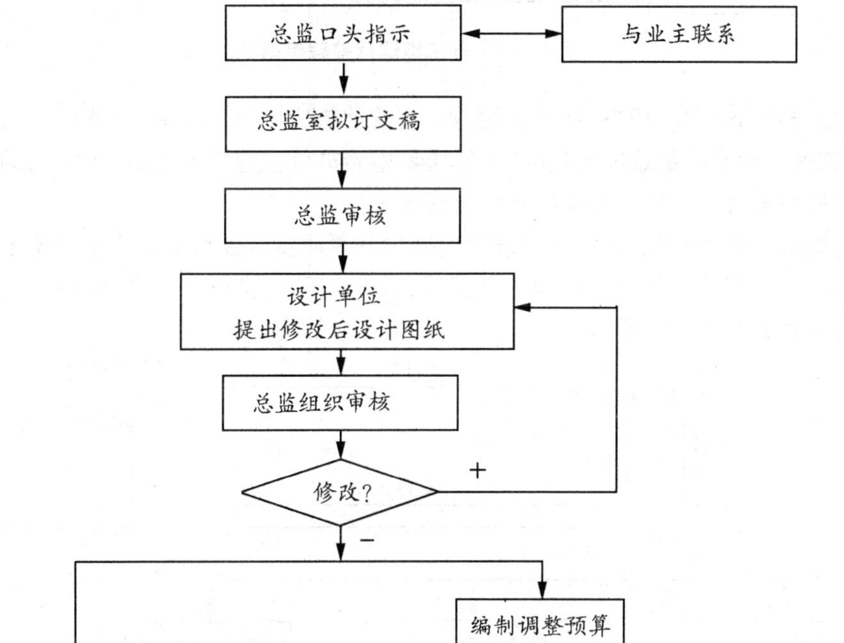

图 3－14　设计变更处理流程图

①未经检验即进行下道工序作业者；

②工程质量下降经指出后，未采取有效改正措施，或采取了一定措施，而效果不好又继续作业者；

③擅自采用未经认可或批准的材料；

④擅自变更设计图纸的要求；

⑤擅自将工程转包；

⑥擅自让未经同意的分包单位进场作业者；

⑦没有可靠的质量保证措施贸然施工，已出现质量下降征兆者；

⑧其他。

8）严格单项工程开工报告和复工报告的审批制度：凡单项工程开工及停工后工程复工，均应遵照图 3－15 规定的管理流程。

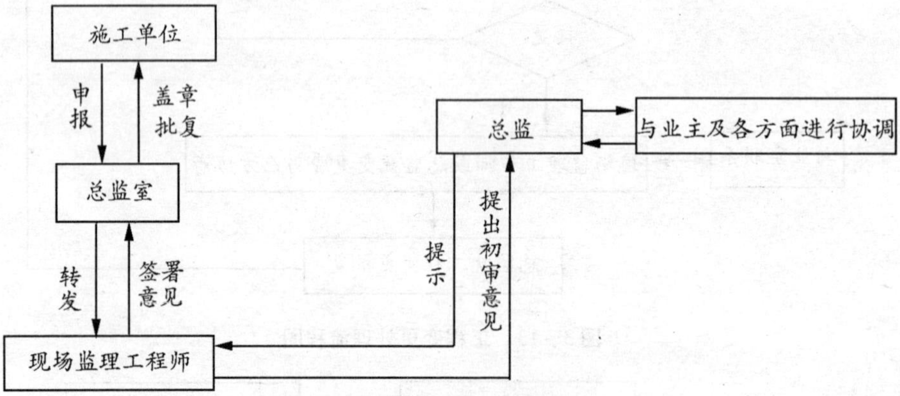

图 3－15　开工申请核签程序图

9）质量、技术签证：凡质量、技术问题方面有法律效力的最后签证，只能由项目总监理工程师一人签署。专业质量监理工程师、现场质量检验员可在有关质量、技术方面的原始凭证上签字，最后由项目总监理工程师核签后方有效。

10）行使好质量否决权，为工程进度款的支付签署质量认证意见。施工单位工程进度款的支付申请，必须有质量监理方面的认证意见，这既是质量控制的需要，也是投资控制的需要，其管理流程如图 3－16 所示。

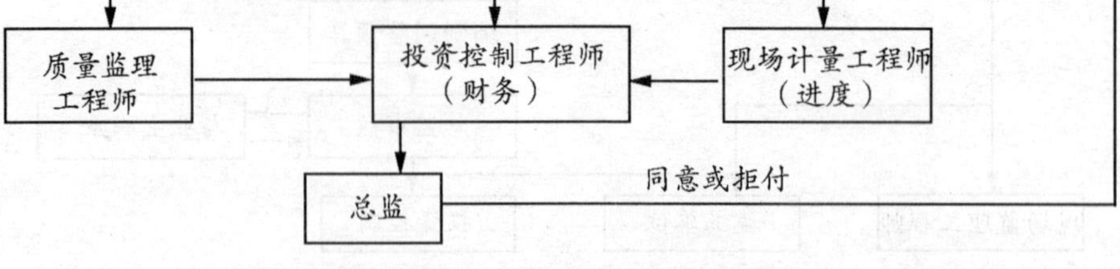

图 3－16　工程款支付核签程序图

11）建立质量监理日志：现场质量监理工程师及质量检验人员应逐日记录有关工程质量动态及影响因素的情况。

12）组织现场质量协调会：现场质量协调会一般由现场监理工程师或总监主持。协调会后应印发会议纪要，其纪要的签发管理流程如图3－17所示。

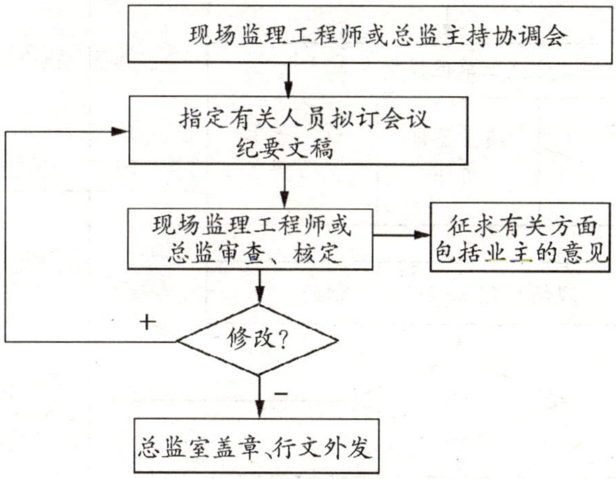

图3－17　协调会议纪要签发程序图

13）定期向总监、业主报告有关工程质量的动态情况：现场监理组每月向总监及业主报告有关工程质量方面的情况，重大质量事故及其它质量方面的重大事项则应及时提出报告。

（3）质量的事后控制。

1）单位、单项工程竣工验收：凡单位、单项工程完工后，施工单位初验合格再提出验收申报表，其流程如图3－18所示。

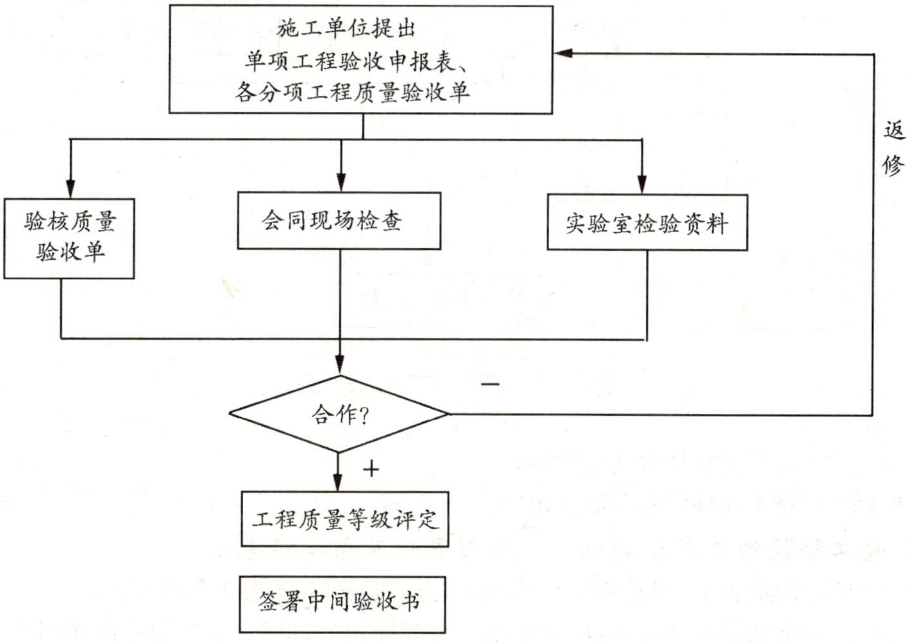

图3－18　单位、单项工程验收程序图

2)项目竣工验收:项目竣工验收的程序如图3-19所示。

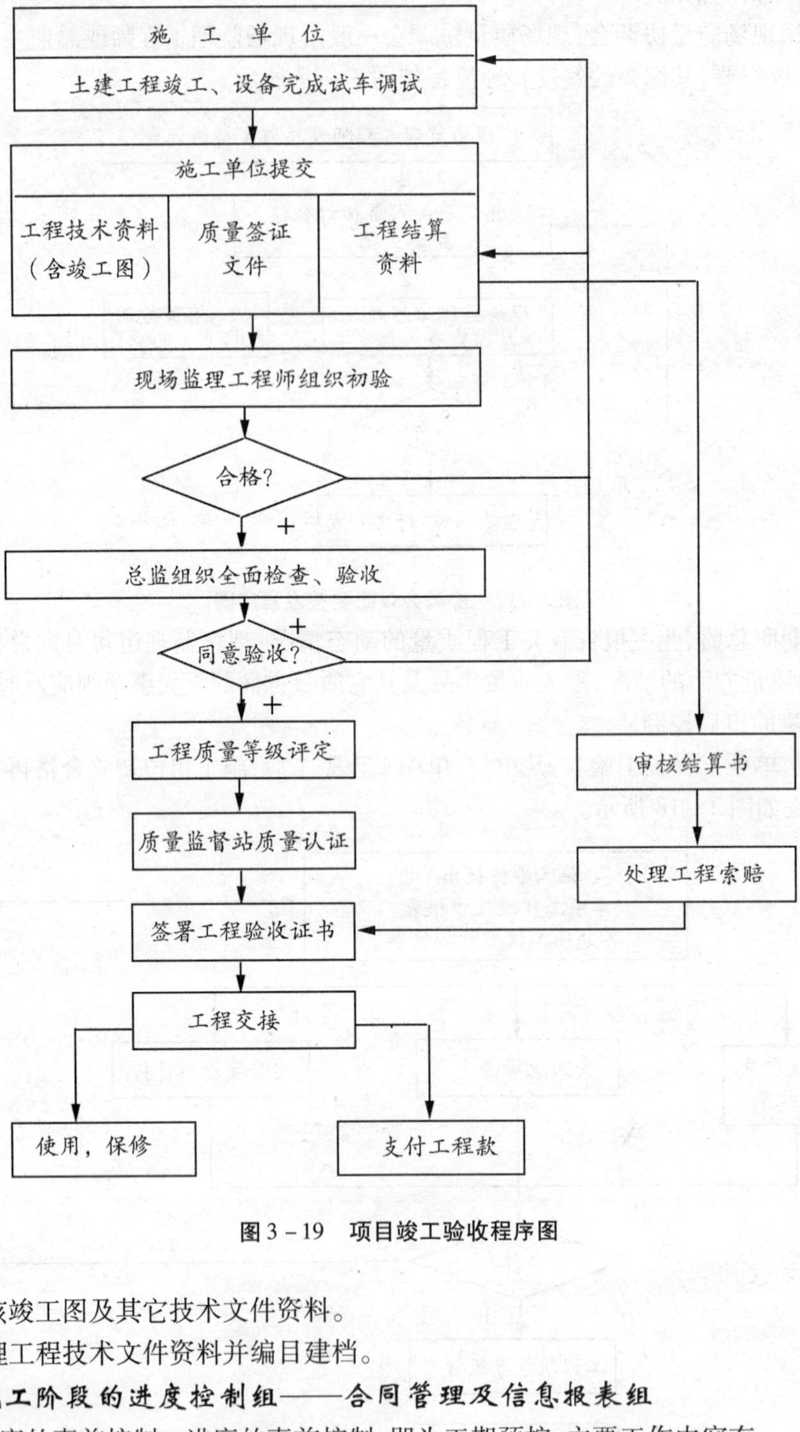

图3-19 项目竣工验收程序图

3)审核竣工图及其它技术文件资料。

4)整理工程技术文件资料并编目建档。

2. 施工阶段的进度控制组——合同管理及信息报表组

(1)进度的事前控制。进度的事前控制,即为工期预控,主要工作内容有:

1)编制项目实施总进度计划:项目实施总进度计划为对项目实施起控制作用的工期目标,是确定施工承包合同工期条款的依据,是审核施工单位提交的施工计划的依据,也是确定和审核施工进度与设计进度、材料设备供应进度、资金资源计划是否协调的依据。

2)审核施工单位提交的施工进度计划:主要审核是否符合总工期控制目标的要求,审核施工进度计划与施工方案的协调性和合理性等。

3)审核施工单位提交的施工方案:主要审核保证工期,充分利用时间的技术组织措施的可行性、合理性。

4)审核施工单位提交的施工总平面图:主要审核施工总平面图与施工方案、施工进度计划的协调性和合理性。

5)制定由业主供应材料、设备的需用量及供应时间参数,编制有关材料、设备部分的采供计划。

(2)进度的事中控制。一方面是进行进度检查、动态控制和调整;另一方面,及时进行工程计量,为向施工单位支付进度款提供进度方面的依据。其工作内容有:

1)建立反映工程进度的监理日志:逐日如实记载每日形象部位及完成的实物工程量;同时,如实记载影响工程进度的内外、人为和自然的各种因素,如暴雨、大风、现场停水、现场停电等应注明起止时间(小时、分)。

2)工程进度的检查:审核施工单位每半月、每月提交的工程进度报告。审核的要点是:

①计划进度与实际进度的差异;

②形象进度、实物工程量与工作量指标完成情况的一致性。

3)按合同要求,及时进行工程计量验收。

4)有关进度、计量方面的签证:进度、计量方面的签证是支付工程进度款、计算索赔、延长工期的重要依据。

5)工程进度的动态管理:实际进度与计划进度发生差异时,应分析产生的原因,并提出进度调整的措施和方案,并相应调整施工进度计划及设计、材料设备、资金等进度计划,必要时调整工时目标。

6)为工程进度款的支付签署进度、计量方面认证意见。

7)组织现场协调会。现场协调会职能如下:

①协调总包不能解决的内、外关系问题;

②上次协调会执行结果的检查;

③总管理上的问题;

④现场有关的重大事宜。

注意,现场协调会应印发协调会议纪要。

8)定期向总监、业主报告有关工程进度情况,现场监理组每月报告一次。

(3)进度的事后控制。当实际进度与计划进度发生差异时,在分析原因的基础上采取以下措施:

1)制定保证总工期不突破的对策措施:

技术措施——如缩短工艺时间、减少技术间歇期、实行平行流水立体交叉作业等;

组织措施——如增加作业队数、增加工作人数、增加工作班次等;

经济措施——如实行包干奖金、提高计件单价、提高奖金水平等;

其他配套措施——如改善外部配合条件、改善劳动条件、实施强有力的调度等。

2)制定总工期突破后的补救措施。

3)调整相应的施工计划、材料设备、资金供应计划等,在新的条件下组织新的协调和平衡。

3. 施工阶段的投资控制

(1)投资的事前控制。投资事前控制的目的是进行工程风险预测,并采取相应的防范性对策,尽量减少施工单位提出索赔的可能。具体措施是:

1)熟悉设计图纸、设计要求、标底标书,分析合同价构成因素,明确工程费用最易突破的部分和环节,从而明确投资控制的重点。

2)预测工程风险及可能发生索赔的诱因,制定防范对策,减少向业主索赔的发生。

3)按合同规定的条件,如期提交 施工现场,使其能如期开工、正常施工、连续施工,不要违约而造成索赔条件。

4)按合同要求,如期、如质、如量地供应由业主负责的材料和设备到现场,不要违约造成索赔条件。

5)按合同要求,及时提供设计图纸等技术资料,不要违约由此造成索赔条件。

(2)投资的事中控制。

1)按合同规定,及时答复施工单位提出的问题及配合要求,不要违约和造成对方索赔的条件。

2)施工中主动搞好设计、材料、设备、土建、安装及其他外部协调、配合,不要造成对方索赔的条件。

3)工程变更、设计修改要慎重,事前应进行技术经济合理性预分析。

4)严格经费签证:凡涉及经济费用支出的停窝工签证、用工签证、使用机械签证、材料代用和材料调价等的签证,由项目总监理工程师最后核签后方有效。

5)按合同规定,及时对已完工程计量进行验方,不要造成未经监理验方认可就承认其完成量的被动局面。

6)按合同规定,及时向对方支付进度款,不要造成违约被处以罚款的条件。

7)完善价格信息制度,及时掌握国家调价的范围和幅度。

8)检查、监理施工单位执行合同的情况,使其全面履约。

9)要求施工单位定期向总监、业主报告工程投资动态情况。

10)定期、不定期地进行工程费用超支分析,并提出控制工程费用突破的方案和措施。

(3)投资的事后控制。

1)审核施工单位提交的工程结算书。

2)公正地处理施工单位提出的索赔,其处理程序如图 3-20 所示。

3.9.5 各级人员的职责与权限

1. 总监理工程费的职责与权限

(1)总监理工程师是监理公司委派履行监理合同的全权负责人,行使监理合同授予的权限。对监理工作有最后的决定权。

(2)执行监理公司的指令和交办的任务,组织领导监理工程师开展监理工作,负责编制监理工作计划,组织实施,并督促、检查执行情况。

(3)保持与建设单位的密切联系,弄清其要求与愿望,并负责与施工单位负责人联系,从

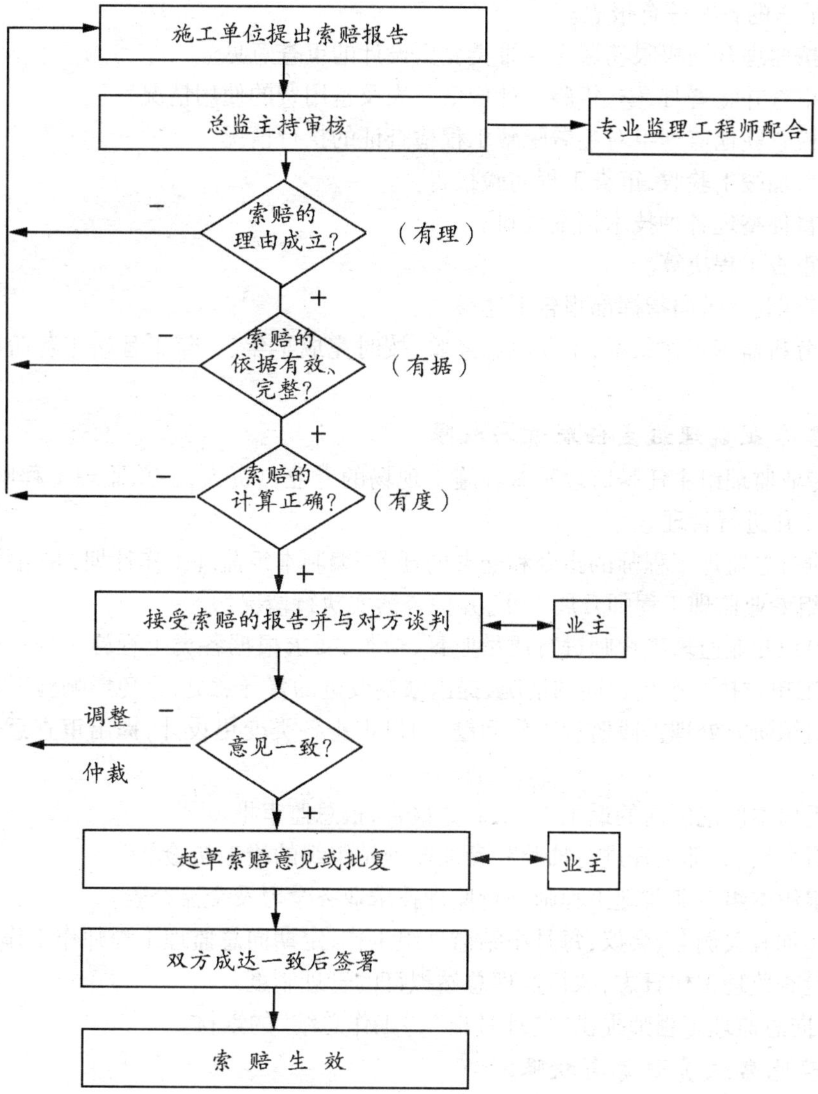

图3－20　索赔处理程序图

【注】 ①调解、仲裁程序，由双方商定。一般先由监理工程师调解，若调解不成，由政府建设主管机构进行调解，若仍调解不成，由经济合同仲裁委员会进行调解或仲裁。

②索赔协议或处理意见由造价控制和合同管理监理工程师组织起草，由总监理工程师核签。

而确定工作中相互配合的问题及有关需提供的资料或需协商解决的问题。

(4)审查施工单位选择的分包单位的资质。

(5)审查施工单位的实施性施工组织设计、施工技术方案和施工进度计划。

(6)督促、检查施工单位开工准备工作，审签开工报告。

(7)参加设计单位向施工单位的技术交底会议。

(8)参加与所建项目有关的生产、技术、安全、质量、进度等会议或检查。

(9)签发工程质量通知单、工程质量事故分析及处理报告、返工或停工命令，审签往来公文函件及报送的各类综合报表。

(10)按监理合同权限签署Ⅰ~Ⅲ类变更设计的审查意见。

(11)审查并签署月、季、年验工计价汇总表及备用费的使用情况。

(12)检查驻地监理组对签署隐蔽工程检查证的执行情况。

(13)参加竣工验收,审查工程初验报告。

(14)督促整理各种技术档案资料。

(15)审查工程决算。

(16)定期、及时向指挥部报告上述事实。

(17)分析监理工作状况,不断总结经验,按时完成半年、一年工程竣工各阶段的监理工作总结。

2. 各专业监理组主任职责与权限

(1)专业监理组主任是监理站派驻施工现场的专业负责人,在总监理工程师领导下,对本组监理工作进行管理。

(2)执行总监理工程师的指令和交办的任务,编制本组监理工作计划,并组织实施,领导及组织本组专业监理工程师开展工作,并检查落实执行情况。

(3)组织专业监理工程师进行质量监督、检查,要求根据各类工程施工规范和验标而定期检查施工单位执行承包合同的情况,提出限期改进的督导意见,避免影响验工。

(4)组织研究处理本段监理工作问题;归口审查各类变更设计,提出审查意见后呈报监理站。

(5)提出本段范围内的返工、停工命令报告,报总监审批。

(6)对分项、分部工程进行抽验和参加监理站组织的竣工初验。

(7)组织本组专业监理工程师进行监理技术业务学习及交流经验。

(8)参加有关例会、会议,每月小结监理组工作,定期向总监理工程师作工作汇报。

(9)检查监理工作日志,执行监理总站拟订的管理制度。

(10)向总监理工程师提供"监理月报"、"工作总结"的素材。

3. 驻地监理员职责与权限

(1)驻地监理员在监理组主任的领导下,负责做好个人分管段范围内一切有关的监理工作及总站交办的其它有关工作。

(2)现场检查工程质量、进度,复测、检测试验数据,核实所有工程所需材料的采购供应情况,检查进场材料是否符合要求。

(3)检查施工工艺是否存在缺陷,并提出意见。

(4)关键部位做好旁站监理工作。

(5)搜集施工过程中的资料,对标检查,做好记录。

(6)做好监理工作的计划、小结、汇报材料及报表、资料、文件、监理日志的管理。

(7)深入现场掌握工程质量、进度、施工管理、安全生产、文明施工等情况,及时填写监理日志,研究分析处理监理工作中的问题。

(8)及时向上报告上述事实。

3.9.6 监理工作制度

1. 设计文件、图纸审查制度

监理工程师在收到施工设计文件、图纸,在工程开工前,应会同施工单位及设计单位复查设计图纸,广泛听取意见,避免图纸中的差错、遗漏。

2. 技术交底制度

监理工程师要督促、协助组织设计单位的施工配合组向施工单位进行施工设计图纸的全面技术交底(设计意图、施工要求、质量标准、技术措施),并根据讨论决定的事项做出书面纪要交设计、施工单位执行。

3. 开工报告审批制度

当单位工程的主要施工准备工作已完成时,施工单位可提出《工程开工报告书》,经监理工程师现场落实后,一般工程即可审批,并报监理站,但对重大工程及有争议的工程必须报监理站审批。

4. 材料、构件检验及复验制度

分部工程施工前,监理人员应审阅进场材料和构件的出厂证明、材质证明、试验报告,填写材料、构件监理合格证。对于有疑问的主要材料进行抽样,在监理工程师的监督下,使用施工单位设备进行复查,不合格材料不准使用。

5. 变更设计制度

假如因设计图错漏,或发现实地情况与设计不符时,由提议单位提出变更设计申请,经施工、设计、监理三方会勘同意后进行变更设计,设计完成后由设计组填写变更设计通知单,监理站审核无误即签发"设计变更指令"。

6. 隐蔽工程检查制度

工程隐蔽以前,施工单位应根据《工程质量评定验收标准》进行自检,并将评定资料报监理工程师。施工单位应将需检查的隐蔽工程在隐蔽前三日提出计划报监理工程师,监理工程师应排出计划,通知施工单位进行隐蔽工程检查,重点部位或重要项目应会同施工单位和设计单位共同检查签认。

7. 工程质量监理制度

监理工程师对施工单位的施工质量有监督管理责任。监理工程师在检查工作中发现的工程质量缺陷,应及时记入施工日记簿和监理日记簿,指明质量部位、问题及整改意见,限期纠正复验。对较严重的质量问题或已形成隐患的问题,应由监理工程师正式填写"不合格工程项目通知"通知施工单位,同时抄报总监理工程师,施工单位应按要求及时整改,克服缺陷后再通知监理工程师复验签认。如果所发现工程质量问题已构成工程事故时,应按规定的程序办理。

(1)如检查结果不合格,或检查证所填内容与实际不符,监理工程师有权不予签证,并将意见记入施工日记簿内,待改正并重验合格后才能签证,方可继续下道工序施工。

(2)特殊设计的、或者与原设计图变更较大的隐蔽工程,在通知施工单位的同时,还应通知设计单位的工地代表参加,与监理工程师共同检查签证。

(3)隐蔽工程检查合格后,若经长期停工,应在复工前重新组织检查签证,以防意外。

8. **工程质量检验制度**

监理工程师对施工单位的施工质量有监督管理的权力与责任。

(1)监理工程师在检查工程中发现一般的质量问题,应随时通知施工单位及时改正,并做好记录。检验不合格时可发出《不合格工程项目通知》,限期改正。

(2)如施工单位不及时改正,情节较严重的,监理工程师可在报请总监理工程师批准后,发出《工程部分暂停指令》,指令部分工程、单项工程或全部工程暂停施工,待施工单位改正后,报监理站进行复验,合格后发出《复工指令》。

(3)分部分项工程、单项工程或分段全部工程完工后,经自检合格,可填写各种工程报验单,经监理工程师现场查验后,发给《分项、分部工程检验认可书》或《竣工证书》。

(4)施工单位应逐月填写《工程质量检验评定统计表》,监理站填写《工程质量月报表》。

(5)监理工程师需要施工单位执行的事项,除口头通知外,还可使用《监理通知》催促施工单位执行。

9. **工程质量事故处理制度**

(1)凡在建设过程中,由于设计或施工原因,造成工程质量不符合规范或设计要求,或者超出《验标》规定的偏差范围,需返工处理的统称工程质量事故。

(2)工程质量事故发生后,施工单位必须用电话或书面形式逐级上报,对重大的质量事故和工伤事故,监理站应立即上报建设单位。

(3)凡对工程质量事故隐瞒不报、或拖延处理、或处理不当、或处理结果未经监理站同意的,对事故部分及受事故影响的部分工程应视为不合格,不予以验工计价,待合格后再补办验工计价。

施工单位应及时上报“质量问题报告单”,并应抄报建设单位和监理站各一份。对于一般工程质量事故,应由施工单位研究处理,填写事故报告一份报监理站;对大质量事故,由施工单位填写事故报告一式两份,由监理站组织有关单位研究处理;对重大质量事故,施工单位填写事故报告一式三份,报监理站,由监理站组织有关单位研究处理方案并报建设单位。待建设单位批准后,施工单位方能进行事故处理。事故处理后,经监理站复查确认无误,方可继续施工。

10. **施工进度监督及报告制度**

(1)监督施工单位严格按照合同规定的计划进度组织实施,监理站每月以月报的形式向建设单位报告各项工程实际进度及计划的对比和形象进度情况。

(2)审查施工单位编制的具实施性施工组织设计,要突出重点,并使各单位、各工序进度密切衔接。

11. **投资监督制度**

(1)监理站进点后立即督促施工单位报送与承包合同相适应的分段、分工点的概算台帐资料,并随时补充变更设计资料,经常掌握投资变动情况,按期统计分析。

(2)对重大变更设计或因采用新材料、新技术而增减较大投资的工程,监理站应及时掌握并报建设单位,以便控制投资。

12. **监理报告制度**

监理站应逐月编写《监理月报》,并于年末提出本站的年度报告和总结,报建设单位。年度报告或“监理月报”内容应以具体数字说明施工进度、施工质量、资金使用，以及重大的安全生产事故、质量事故、有价值的经验等。

13. 工程竣工验收制度

（1）竣工验收的依据是批准的设计文件（包括变更设计），设计、施工的有关规范，工程质量验收标准以及合同及协议文件等。

（2）施工单位按规定编写和提出验收交接文件是申请竣工验收的必要条件，竣工文件不齐全、不正确清晰，不能验收交接。

（3）施工单位应在验收前将编好的全部竣工文件及绘制的竣工图，提供监理站一份，审查确认完整后报建设单位，其余分发有关接管单位及使用单位保管。交接竣工文件内容如下：

①全部设计文件一份（包括变更设计）；

②全部竣工文件图表及清单按照管理段的行政区划编制，以便接管单位存档使用；

③各项工程施工记录一份；

④工程小结；

⑤主要机械及设备的技术证书一份。

14. 监理日记和会议制度

（1）监理工程师应逐日将所从事的监理工作写入监理日记，特别是涉及设计、施工单位和需要返工、改正的事项，应详细做出记录。

（2）监理总站每周六上午召开监理例会，检查本周监理工作，沟通情况，商讨难点问题，布置下周监理工作计划，总结经验，从而不断提高监理业务水平。

15. 监理措施

（1）投资控制。

组织措施——建立健全的监理组织，完善职责分工及有关制度，落实投资控制的责任。

技术措施——审核施工组织设计和施工方案，合理开支施工措施费，以及按合理工期组织施工，避免不必要的赶工费。

经济措施——及时进行计划费用与实际开支费用的比较分析。

合同措施——按合同条款支付工程款，防止过早、过量的现金支付，全面履约，减少对方提出索赔的条件和机会，正确地处理索赔等。

（2）质量控制。

组织措施——建立健全的监理组织，完善职责分工及有关质量监督制度，落实质量控制的责任。

技术措施——严格事前、事中和事后的质量控制措施，见“监理工作制度”。

经济措施及合同措施——严格质量检验和验收，不符合合同规定质量要求的需拒付工程款。

（3）进度控制。

组织措施——落实进度控制的责任，建立进度控制协调制度。

技术措施——建立施工作业计划体系；增加同进作业的施工面；采用高效能的施工机械设备；采用施工新工艺、新技术，以缩短工艺过程间和工序间的技术间歇时间。

经济措施——对由于承包方的原因拖延工期者进行必要的经济处罚，对工期提前者实行奖励。

合同措施——按合同要求及时协调有关各方的进度,以确保项目形象进度的要求。

3.9.7 监理管理工作

1. 施工准备阶段

(1)审查施工单位选择的分包单位的技术资质。

(2)监督检查施工单位质量保证体系及安全技术措施,完善质量管理程序与制度。

(3)检查设计文件是否符合设计规范及批准的技术设计。施工图纸是否能满足施工需要,协助做好优化和改善设计的工作。

(4)参加设计单位向施工单位的技术交底。

(5)审查施工单位上报的实施性施工组织设计,重点对施工方案、劳动力、材料、机械设备的组织、保证工程质量、安全、工期和控制造价等方面的措施进行监督,并向建设单位提出监理意见。

(6)单位工程开工前检查施工单位的复测资料,特别是两个相邻施工单位之间的测量资料、桩橛等是否交接清楚,手续是否完善,质量有无问题,并对贯通情况、中线及水准桩的设置、固桩等进行审查,而且应对重点工程部位的中线、水平控制桩进行复查。

(7)监督落实各项施工条件,审批一般单项工程、单位工程的开工报告,并报指挥部核实备查。

2. 施工阶段

(1)工程质量监理。

1)对所有的隐蔽工程在进行隐蔽以前进行检查和办理签证,对重点工程要派监理人员驻点跟踪监理,签署重要的分项工程、分部工程和单位工程的质量评定表。

2)对施工测量、放样等进行随机抽查,如发现问题应及时通知施工单位纠正,并做出监理记录。

3)检查确认运到现场的工程材料、构件和设备质量,并应查验其试验、化验报告单,出厂合格证是否合格、齐全,监理工程师有权禁止不符合质量要求的材料、设备进入工地和投入使用。

4)监督施工单位严格按照施工规范、设计图纸要求施工,严格执行承发包合同,对工程主要部位、主要环节及技术复杂工程加强检查。

5)检查施工单位的工程自检工作,即数据是否齐全、填写是否正确,并对施工单位质量评定自检工作做出综合评价。

6)对施工单位的检验测试仪器、设备、度量衡定期检验工作进行全面监督,不定期地进行抽验,以保证度量资料的准确。

7)监督施工单位对各类土工和混凝土试件按规定进行检查和抽查。

8)监督施工单位认真处理施工中发生的一般质量事故,并认真做好监理记录。对大或重大的质量事故以及其他紧急情况,应及时报告总监理工程师和通知甲方。

(2)工程进度监理。

1)监督施工单位严格按照《施工承包合同》规定的工期组织施工。对控制工期的重点工程,审查施工单位提出的保证进度的具体措施,如发生延误,应及时分析原因并采取措施。

2)监理站建立工程进度台账,核对工程形象进度,按月、季向指挥部报告施工计划执行情况、工程进度及存在的问题。

(3)工程投资监理。

1)审核施工单位申报的季度、年度的验工报表,认真核对其工程数量,做到不超验、不漏验,严格按现行文件规定办理验工计价签证,保证验工签证的各项质量合格、数量准确。签证上报指挥部以据此拨款。

2)建立验工计价台账,每季度向指挥部报送一次,每季末与施工单位核对清算一次,核对清算后的资料报指挥部一份。

3)不符合质量标准的工程,未经返工处理达标前,不予验工计价。

4)按指挥部和监理合同的规定审核变更设计:

①监理单位负责组织审批Ⅲ类变更设计,并建立台账,每月列表报指挥部(附审批变更设计通知单)。

②会同设计、施工单位对Ⅰ、Ⅱ类变更设计进行会审后,提出审查意见,并报指挥部审批。

3. 竣工验收阶段

(1)督促、检查施工单位及时整理竣工文件和验收资料,受理单位工程竣工验收报告,提出监理意见。

(2)根据施工单位的竣工报告,提出工程质量检验报告。

(3)负责工程初检,并参加指挥部组织的竣工交接验收工作,审查工程初验报告,提出监理意见。

3.10 有关法规

建筑工程项目建设程序的有关法规详见《中华人民共和国建筑法》,见附件七。

[附件七]

中华人民共和国主席令

第91号

《中华人民共和国建筑法》已由中华人民共和国第八届全国人民代表大会常务委员会第二十八次会议于1997年11月1日通过,现予公布,自1998年3月1日起施行。

中华人民共和国主席 **江泽民**

1997年11月1日

中华人民共和国建筑法

（1997 年 11 月 1 日第八届全国人民代表大会常务委员会第二十八次会议通过）

第一章　总　则

第一条　为了加强对建筑活动的监督管理，维护建筑市场秩序，保证建筑工程的质量和安全，促进建筑业健康发展，制定本法。

第二条　在中华人民共和国境内从事建筑活动，实施对建筑活动的监督管理，应当遵守本法。

本法所称建筑活动，是指各类房屋建筑及其附属设施的建造和与其配套的线路、管道、设备的安装活动。

第三条　建筑活动应当确保建筑工程质量和安全，符合国家的建筑工程安全标准。

第四条　国家扶持建筑业的发展，支持建筑科学技术研究，提高房屋建筑设计水平，鼓励节约能源和保护环境，提倡采用先进技术、先进设备、先进工艺、新型建筑材料和现代管理方式。

第五条　从事建筑活动应当遵守法律、法规，不得损害社会公共利益和他人的合法权益。

任何单位和个人都不得妨碍和阻挠依法进行的建筑活动。

第六条　国务院建设行政主管部门对全国的建筑活动实施统一监督管理。

第二章　建筑许可

第一节　建筑工程施工许可

第七条　建筑工程开工前，建设单位应当按照国家有关规定向工程所在地县级以上人民政府建设行政主管部门申请领取施工许可证；但是，国务院建设行政主管部门确定的限额以下的小型工程除外。

按照国务院规定的权限和程序批准开工报告的建筑工程，不再领取施工许可证。

第八条　申请领取施工许可证，应当具备下列条件：

（一）已经办理该建筑工程用地批准手续；

（二）在城市规划区的建筑工程，已经取得规划许可证；

（三）需要拆迁的，其拆迁进度符合施工要求；

（四）已经确定建筑施工企业；

（五）有满足施工需要的施工图纸及技术资料；

（六）有保证工程质量和安全的具体措施；

（七）建设资金已经落实；

（八）法律、行政法规规定的其他条件。

建设行政主管部门应当自收到申请之日起十五日内，对符合条件的申请颁发施工许可证。

第九条　建设单位应当自领取施工许可证之日起三个月内开工。因故不能按期开工的，应当向发证机关申请延期；延期以两次为限，每次不超过三个月。既不开工又不申请延期或者超过延期时限的，施工许可自行废止。

第十条 在建的建筑工程因故中止施工的，建设单位应当自中止施工之日起一个月内，向发证机关报告，并按照规定做好建筑工程的维护管理工作。

建筑工程恢复施工时，应当向发证机关报告；中止施工满一年的工程恢复施工前，建设单位应当报发证机关核验施工许可证。

第十一条 按照国务院有关规定批准开工报告的建筑工程，因故不能按期开工或者中止施工的，应当及时向批准机关报告情况。因故不能按期开工超过六个月的，应当重新办理开工报告的批准手续。

第二节 从业资格

第十二条 从事建筑活动的建筑施工企业、勘察单位、设计单位和工程监理单位，应当具备下列条件：

（一）有符合国家规定的注册资本；

（二）有与其从事的建筑活动相适应的具有法定执业资格的专业技术人员；

（三）有从事相关建筑活动所应有的技术装备；

（四）法律、行政法规规定的其他条件。

第十三条 从事建筑活动的建筑施工企业、勘察单位、设计单位和工程监理单位，按照其拥有的注册资本、专业技术人员、技术装备和已完成的建筑工程业绩等资质条件，划分为不同的资质等级，经资质审查合格，取得相应等级的资质证书后，方可在其资质等级许可的范围内从事建筑活动。

第十四条 从事建筑活动的专业技术人员，应当依法取得相应的执业资格证书，并在执业资格证书许可的范围内从事建筑活动。

第三章 建筑工程发包与承包

第一节 一般规定

第十五条 建筑工程的发包单位与承包单位应当依法订立书面合同，明确双方的权利和义务。

发包单位和承包单位应当全面履行合同约定的义务。不按照合同约定履行义务的，依法承担违约责任。

第十六条 建筑工程发包与承包的招标投标活动，应当遵循公开、公正、平等竞争的原则，择优选择承包单位。

建筑工程的招标投标，本法没有规定的，适用有关招标投标法律的规定。

第十七条 发包单位及其工作人员在建筑工程发包中不得收受贿赂、回扣或者索取其他好处。

承包单位及其工作人员不得利用向发包单位及其工作人员行贿、提供回扣或者给予其他好处等不正当手段承揽工程。

第十八条 建筑工程造价应当按照国家有关规定，由发包单位与承包单位在合同中约定。公开招标发包的，其造价的约定，须遵守招标投标法律的规定。

发包单位应当按照合同的约定，及时拨付工程款项。

第二节 发　　包

第十九条 建筑工程依法实行招标发包,对不适于招标发包的可以直接发包。

第二十条 建筑工程实行公开招标的,发包单位应当依照法定程序和方式,发布招标公告,提供载有招标工程的主要技术要求、主要的合同条款、评标的标准和方法以及开标、评标、定标的程序等内容的招标文件。

开标应当在招标文件规定的时间、地点公开进行。开标后应当按照招标文件规定的评标标准和程序对标书进行评价、比较,在具备相应资质条件的投标者中,择优选定中标者。

第二十一条 建筑工程招标的开标、评标、定标由建设单位依法组织实施,并接受有关行政主管部门的监督。

第二十二条 建筑工程实行招标发包的,发包单位应当将建筑工程发包给依法中标的承包单位。建筑工程实行直接发包的,发包单位应当将建筑工程发包给具有相应资质条件的承包单位。

第二十三条 政府及其所属部门不得滥用行政权力,限定发包单位将招标发包的建筑工程发包给指定的承包单位。

第二十四条 提倡对建筑工程实行总承包,禁止将建筑工程肢解发包。

建筑工程的发包单位可以将建筑工程的勘察、设计、施工、设备采购一并发包给一个工程总承包单位,也可以将建筑工程勘察、设计、施工、设备采购的一项或者多项发包给一个工程总承包单位;但是,不得将应当由一个承包单位完成的建筑工程肢解成若干部分发包给几个承包单位。

第二十五条 按照合同约定,建筑材料、建筑构配件和设备由工程承包单位采购的,发包单位不得指定承包单位购入用于工程的建筑材料、建筑构配件和设备或者指定生产厂、供应商。

第三节 承　　包

第二十六条 承包建筑工程的单位应当持有依法取得的资质证书,并在其资质等级许可的业务范围内承揽工程。

禁止建筑施工企业超越本企业资质等级许可的业务范围或者以任何形式用其他建筑施工企业的名义承揽工程。禁止建筑施工企业以任何形式允许其他单位或者个人使用本企业的资质证书、营业执照,以本企业的名义承揽工程。

第二十七条 大型建筑工程或者结构复杂的建筑工程,可以由两个以上的承包单位共同承包。共同承包的各方对承包合同的履行承担连带责任。

两个以上不同资质等级的单位实行联合共同承包的,应当按照资质等级低的单位的业务许可范围承揽工程。

第二十八条 禁止承包单位将其承包的全部建筑工程转包给他人,禁止承包单位将其承包的全部建筑工程肢解以后以分包的名义分别转包给他人。

第二十九条 建筑工程总承包单位可以将承包工程中的部分工程发包给具有相应资质条件的分包单位;但是,除总承包合同中约定的分包外,必须经建设单位认可。施工总承包的,建筑工程主体结构的施工必须由总承包单位自行完成。

建筑工程总承包单位按照总承包合同的约定对建设单位负责;分包单位按照分包合同的约定对总承包单位负责。总承包单位和分包单位就分包工程对建设单位承担连带责任。

禁止总承包单位将工程分包给不具备相应资质条件的单位。禁止分包单位将其承包的工程再分包。

第四章　建筑工程监理

第三十条　国家推行建筑工程监理制度。

国务院可以规定实行强制监理的建筑工程的范围。

第三十一条　实行监理的建筑工程，由建设单位委托具有相应资质条件的工程监理单位监理。建设单位与其委托的工程监理单位应当订立书面委托监理合同。

第三十二条　建筑工程监理应当依照法律，行政法规及有关的技术标准、设计文件和建筑工程承包合同，对承包单位在施工质量、建设工期和建设资金使用等方面，代表建设单位实施监督。

工程监理人员认为工程施工不符合工程设计要求、施工技术标准和合同约定的，有权要求建筑施工企业改正。

工程监理人员发现工程设计不符合建筑工程质量标准或者合同约定的质量要求的，应当报告建设单位要求设计单位改正。

第三十三条　实施建筑工程监理前，建设单位应当将委托的工程监理单位、监理的内容及监理权限，书面通知被监理的建筑施工企业。

第三十四条　工程监理单位应当在其资质等级许可的监理范围内，承担工程监理业务。

工程监理单位应当根据建设单位的委托，客观、公正地执行监理任务。

工程监理单位与被监理工程的承包单位以及建筑材料、建筑构配件和设备供应单位不得有隶属关系或者其他利害关系。

工程监理单位不得转让工程监理业务。

第三十五条　工程监理单位不按照委托监理合同的约定履行监理义务，对应当监督检查的项目不检查或者不按照规定检查，给建设单位造成损失的，应当承担相应的赔偿责任。

工程监理单位与承包单位串通，为承包单位谋取非法利益，给建设单位造成损失的，应当与承包单位承担连带赔偿责任。

第五章　建筑安全生产管理

第三十六条　建筑工程安全生产管理必须坚持安全第一、预防为主的方针，建立健全的安全生产责任制度和群防群治制度。

第三十七条　建筑工程设计应当符合按照国家规定制定的建筑安全规程和技术规范，保证工程的安全性能。

第三十八条　建筑施工企业在编制施工组织设计时，应当根据建筑工程的特点制定相应的安全技术措施；对专业性较强的工程项目，应当编制专项安全施工组织设计，并采取安全技术措施。

第三十九条　建筑施工企业应当在施工现场采取维护安全、防范危险、预防火灾等措施；有条件的，应当对施工现场实行封闭管理。

施工现场对毗邻的建筑物、构筑物和特殊作业环境可能造成损害的，建筑施工企业应当采取安全防护措施。

第四十条 建设单位应当向建筑施工企业提供与施工现场相关的地下管线资料，建筑施工企业应当采取措施加以保护。

第四十一条 建筑施工企业应当遵守有关环境保护和安全生产的法律、法规的规定，采取控制和处理施工现场的各种粉尘、废气、废水、固体废物以及噪声、振动对环境的污染和危害的措施。

第四十二条 有下列情形之一的，建设单位应当按照国家有关规定办理申请批准手续：

(一)需要临时占用规划批准范围以外场地的；

(二)可能损坏道路、管线、电力、邮电通讯等公共设施的；

(三)需要临时停水、停电、中断道路交通的；

(四)需要进行爆破作业的；

(五)法律、法规规定需要办理报批手续的其他情形。

第四十三条 建设行政主管部门负责建筑安全生产的管理，并依法接受劳动行政主管部门对建筑安全生产的指导和监督。

第四十四条 建筑施工企业必须依法加强对建筑安全生产的管理，执行安全生产责任制度，采取有效措施，防止伤亡和其他安全生产事故的发生。

建筑施工企业的法定代表人对本企业的安全生产负责。

第四十五条 施工现场安全由建筑施工企业负责。实行施工总承包的，由总承包单位负责。分包单位向总承包单位负责，服从总承包单位对施工现场的安全生产管理。

第四十六条 建筑施工企业应当建立健全劳动安全生产教育培训制度，加强对职工安全生产的教育培训；未经安全生产教育培训的人员，不得上岗作业。

第四十七条 建筑施工企业和作业人员在施工过程中，应当遵守有关安全生产的法律、法规和建筑行业安全规章、规程，不得违章指挥或者违章作业。作业人员有权对影响人身健康的作业程序和作业条件提出改进意见，有权获得安全生产所需的防护用品。作业人员对危及生命安全和人身健康的行为有权提出批评、检举和控告。

第四十八条 建筑施工企业必须为从事危险作业的职工办理意外伤害保险，支付保险费。

第四十九条 涉及建筑主体和承重结构变动的装修工程，建设单位应当在施工前委托原设计单位或者具有相应资质条件的设计单位提出设计方案；没有设计方案的，不得施工。

第五十条 房屋拆除应当由具备保证安全条件的建筑施工单位承担，由建筑施工单位负责人对安全负责。

第五十一条 施工中发生事故时，建筑施工企业应当采取紧急措施减少人员伤亡和事故损失，并按照国家有关规定及时向有关部门报告。

第六章 建筑工程质量管理

第五十二条 建筑工程勘察、设计、施工的质量必须符合国家有关建筑工程安全标准的要求，具体管理办法由国务院规定。

有关建筑工程安全的国家标准不能适应确保建筑安全的要求时，应当及时修订。

第五十三条 国家对从事建筑活动的单位推行质量体系认证制度。从事建筑活动的单位根据自愿原则可以向国务院产品质量监督管理部门或者国务院产品质量监督管理部门授权的部门认可的认证机构申请质量体系认证。经认证合格的，由认证机构颁发质量体系认证证书。

第五十四条 建设单位不得以任何理由，要求建筑设计单位或者建筑施工企业在工程设计或者施工作业中，违反法律、行政法规和建筑工程质量、安全标准，降低工程质量。

建筑设计单位和建筑施工企业对建设单位违反前款规定提出的降低工程质量的要求，应当予以拒绝。

第五十五条 建筑工程实行总承包的，工程质量由工程总承包单位负责，总承包单位将建筑工程分包给其他单位的，应当对分包工程的质量与分包单位承担连带责任。分包单位应当接受总承包单位的质量管理。

第五十六条 建筑工程的勘察、设计单位必须对其勘察、设计的质量负责。勘察、设计文件应当符合有关法律、行政法规的规定和建筑工程质量、安全标准、建筑工程勘察、设计技术规范以及合同的约定。设计文件选用的建筑材料、建筑构配件和设备，应当注明其规格、型号、性能等技术指标，其质量要求必须符合国家规定的标准。

第五十七条 建筑设计单位对设计文件选用的建筑材料、建筑构配件和设备，不得指定生产厂、供应商。

第五十八条 建筑施工企业对工程的施工质量负责。

建筑施工企业必须按照工程设计图纸和施工技术标准施工，不得偷工减料。工程设计的修改由原设计单位负责，建筑施工企业不得擅自修改工程设计。

第五十九条 建筑施工企业必须按照工程设计要求、施工技术标准和合同的约定，对建筑材料、建筑构配件和设备进行检验，不合格的不得使用。

第六十条 建筑物在合理使用寿命内，必须确保地基基础工程和主体结构的质量。

建筑工程竣工时，屋顶、墙面不得留有渗漏、开裂等质量缺陷；对已发现的质量缺陷，建筑施工企业应当修复。

第六十一条 交付竣工验收的建筑工程，必须符合规定的建筑工程质量标准，有完整的工程技术经济资料和经签署的工程保修书，并具备国家规定的其他竣工条件。

建筑工程竣工经验收合格后，方可交付使用；未经验收或者验收不合格的，不得交付使用。

第六十二条 建筑工程实行质量保修制度。

建筑工程的保修范围应当包括地基基础工程、主体结构工程、屋面防水工程和其他土建工程，以及电气管线、上下水管线的安装工程，供热、供冷系统工程等项目；保修的期限应当按照保证建筑物合理寿命年限内正常使用，维护使用者合法权益的原则确定。具体的保修范围和最低保修期限由国务院规定。

第六十三条 任何单位和个人对建筑工程的质量事故、质量缺陷都有权向建设行政主管部门或者其他有关部门进行检举、控告、投诉。

第七章　法律责任

第六十四条 违反本法规定，未取得施工许可证或者开工报告未经批准擅自施工的，责令改正，对不符合开工条件的责令停止施工，可以处以罚款。

第六十五条 发包单位将工程发包给不具有相应资质条件的承包单位的，或者违反本法规定将建筑工程肢解发包的，责令改正，处以罚款。

超越本单位资质等级承揽工程的，责令停止违法行为，处以罚款，可以责令停业整顿，降低资质等级；情节严重的，吊销资质证书；有违法所得的，予以没收。

未取得资质证书承揽工程的，予以取缔，并处罚款；有违法所得的，予以没收。

以欺骗手段取得资质证书的，吊销资质证书，处以罚款；构成犯罪的，依法追究刑事责任。

第六十六条 建筑施工企业转让、出借资质证书或者以其他方式允许他人以本企业的名义承揽工程的，责令改正，没收违法所得，并处罚款，可以责令停业整顿，降低资质等级；情节严重的，吊销资质证书。对因该项承揽工程不符合规定的质量标准造成的损失，建筑施工企业与使用本企业名义的单位或者个人承担连带赔偿责任。

第六十七条 承包单位将承包的工程转包的，或者违反本法规定进行分包的，责令改正，没收违法所得，并处罚款，可以责令停业整顿，降低资质等级；情节严重的，吊销资质证书。

承包单位有前款规定的违法行为的，对因转包工程或者违法分包的工程不符合规定的质量标准造成的损失，与接受转包或者分包的单位承担连带赔偿责任。

第六十八条 在工程发包与承包中索贿、受贿、行贿，构成犯罪的，依法追究刑事责任；不构成犯罪的，分别处以罚款，没收贿赂的财物，对直接负责的主管人员和其他直接责任人员给予处分。

对在工程承包中行贿的承包单位，除依照前款规定处罚外，可以责令停业整顿，降低资质等级或吊销资质证书。

第六十九条 工程监理单位与建设单位或者建筑施工企业串通，弄虚作假、降低工程质量的，责令改正，处以罚款，降低资质等级或者吊销资质证书；有违法所得的，予以没收；造成损失的，承担连带赔偿责任；构成犯罪的，依法追究刑事责任。

工程监理单位转让监理业务的，责令改正，没收违法所得，可以责令停业整顿，降低资质等级；情节严重的，吊销资质证书。

第七十条 违反本法规定，涉及建筑主体或者承重结构变动的装修工程擅自施工的，责令改正，处以罚款；造成损失的，承担赔偿责任；构成犯罪的，依法追究刑事责任。

第七十一条 建筑施工企业违反本法规定，对建筑安全事故隐患不采取措施予以消除的，责令改正，可以处以罚款；情节严重的，责令停业整顿，降低资质等级或者吊销资质证书；构成犯罪的，依法追究刑事责任。

建筑施工企业的管理人员违章指挥、强令职工冒险作业，因而发生重大伤亡事故或者造成其他严重后果的，依法追究刑事责任。

第七十二条 建设单位违反本法规定，要求建筑设计单位或者建筑施工企业违反建筑工程质量、安全标准，降低工程质量的，责令改正，可以处以罚款；构成犯罪的，依法追究刑事责任。

第七十三条 建筑设计单位不按照建筑工程质量、安全标准进行设计的，责令改正，处以罚款；造成工程质量事故的，责令停业整顿，降低资质等级或者吊销资质证书，没收违法所得，并处罚款；造成损失的，承担赔偿责任；构成犯罪的，依法追究刑事责任。

第七十四条 建筑施工企业在施工中偷工减料的，使用不合格的建筑材料、建筑构配件和设备的，或者有其他不按照工程设计图纸或者施工技术标准施工的行为的，责令改正，处以罚款;情节严重的,责令停业整顿,降低资质等级或者吊销资质证书;造成建筑工程质量不符合规定的质量标准的,负责返工、修理,并赔偿因此造成的损失;构成犯罪的,依法追究刑事责任。

第七十五条 建筑施工企业违反本法规定,不履行保修义务或者拖延履行保修义务的,责令改正,可以处以罚款,并对在保修期内因屋顶、墙面渗漏、开裂等质量缺陷造成的损失,承担赔偿责任。

第七十六条 本法规定的责令停业整顿、降低资质等级和吊销资质证书的行政处罚,由颁发资质证书的机关决定;其他行政处罚,由建设行政主管部门或者有关部门依照法律和国务院规定的职权范围决定。

依照本法规定被吊销资质证书的,由工商行政管理部门吊销其营业执照。

第七十七条 违反本法规定,对不具备相应资质等级条件的单位颁发该等级资质证书的,由其上级机关责令收回所发的资质证书,对直接负责的主管人员和其他直接责任人员给予行政处分;构成犯罪的,依法追究刑事责任。

第七十八条 政府及其所属部门的工作人员违反本法规定,限定发包单位将招标发包的工程发包给指定的承包单位的,由上级机关责令改正;构成犯罪的,依法追究刑事责任。

第七十九条 负责颁发建筑工程施工许可证的部门及其工作人员对不符合施工条件的建筑工程颁发施工许可证的,负责工程质量监督检查或者竣工验收的部门及其工作人员对不合格的建筑工程出具质量合格文件或者按合格工程验收的,由上级机关责令改正,对责任人员给予行政处分;构成犯罪的,依法追究刑事责任;造成损失的,由该部门承担相应的赔偿责任。

第八十条 在建筑物的合理使用寿命内,因建筑工程质量不合格受到损害的,有权向责任者要求赔偿。

第八章 附 则

第八十一条 本法关于施工许可、建筑施工企业资质审查和建筑工程发包、承包、禁止转包,以及建筑工程监理、建筑工程安全和质量管理的规定,适用于其他专业建筑工程的建筑活动,具体办法由国务院规定。

第八十二条 建设行政主管部门和其他有关部门在对建筑活动实施监督管理中,除按照国务院有关规定收取费用外,不得收取其他费用。

第八十三条 省、自治区、直辖市人民政府确定的小型房屋建筑工程的建筑活动,参照本法执行。

依法核定作为文物保护的纪念建筑物和古建筑等的修缮,依照文物保护的有关法律规定执行。

抢险救灾及其他临时性房屋建筑和农民自建低层住宅的建筑活动,不适用本法。

第八十四条 军用房屋建筑工程建筑活动的具体管理办法,由国务院、中央军事委员会依据本法制定。

第八十五条 本法自1998年3月1日起施行。

[附件八]

工程监理企业资质管理规定

中华人民共和国建设部令

第158号

《工程监理企业资质管理规定》已于2006年12月11日经建设部第112次常务会议讨论通过,现予发布,自2007年8月1日起施行。

建设部部长 **汪光焘**

二OO七年六月二十六日

工程监理企业资质管理规定

第一章 总 则

第一条 为了加强工程监理企业资质管理,规范建设工程监理活动,维护建筑市场秩序,根据《中华人民共和国建筑法》、《中华人民共和国行政许可法》、《建设工程质量管理条例》等法律、行政法规、制定本规定。

第二条 在中华人民共和国境内从事建设工程监理活动,申请工程监理企业资质,实施对工程监理企业资质监督管理,适用本规定。

第三条 从事建设工程监理活动的企业,应当按照本规定取得工程监理企业资质,并在工程监理企业资质证书(以下简称资质证书)许可的范围内从事工程监理活动。

第四条 国务院建设主管部门负责全国工程监理企业资质的统一监督管理工作。国务院铁路、交通、水利、信息产业、民航等有关部门配合国务院建设主管部门实施相关资质类别工程监理企业资质的监督管理工作。

省、自治区、直辖市人民政府建设主管部门负责本行政区域内工程监理企业资质的统一监督管理工作。省、自治区、直辖市人民政府交通、水利、信息产业等有关部门配合同级建设主管部门实施相关资质类别工程监理企业资质的监督管理工作。

第五条 工程监理行业组织应当加强工程监理行业自律管理。

鼓励工程监理企业加入工程监理行业组织。

第二章 资质等级和业务范围

第六条 工程监理企业资质分为综合资质、专业资质和事务所资质。其中,专业资质按照工程性质和技术特点划分为若干工程类别。

综合资质、事务所资质不分级别。专业资质分为甲级、乙级;其中,房屋建筑、水利水电、公路和市政公用专业资质可设立丙级。

第七条 工程监理企业的资质等级标准如下：

（一）综合资质标准

1. 具有独立法人资格且注册资本不少于600万元。

2. 企业技术负责人应为注册监理工程师，并具有15年以上从事工程建设工作的经历或者具有工程类高级职称。

3. 具有5个以上工程类别的专业甲级工程监理资质。

4. 注册监理工程师不少于60人，注册造价工程师不少于5人，一级注册建造师、一级注册建筑师、一级注册结构工程师或者其他勘察设计注册工程师合计不少于15人次。

5. 企业具有完善的组织结构和质量管理体系，有健全的技术、档案等管理制度。

6. 企业具有必要的工程试验检测设备。

7. 申请工程监理资质之日前一年内没有本规定第十六条禁止的行为。

8. 申请工程监理资质之日前一年内没有因本企业监理责任造成重大质量事故。

9. 申请工程监理资质之日前一年内没有因本企业监理责任发生三级以上工程建设重大安全事故或者发生两起以上四级工程建设安全事故。

（二）专业资质标准

1. 甲级

(1)具有独立法人资格且注册资本不少于300万元。

(2)企业技术负责人应为注册监理工程师，并具有15年以上从事工程建设工作的经历或者具有工程类高级职称。

(3)注册监理工程师、注册造价工程师、一级注册建造师、一级注册建筑师、一级注册结构工程师或者其它勘察设计注册工程师合计不少于25人次；其中，相应专业注册监理工程师不少于《专业资质注册监理工程师人数配备表》（附表1）中要求配备的人数、注册造价工程师不少于2人。

(4)企业近2年内独立监理过3个以上相应专业的二级工程项目，但是，具有甲级设计资质或一级或以上施工总承包资质的企业申请本专业工程类别甲级资质的除外。

(5)企业具有完善的组织结构和质量管理体系，有健全的技术、档案等管理制度。

(6)企业具有必要的工程试验检测设备。

(7)申请工程监理资质之日前一年内没有本规定第十六条禁止的行为。

(8)申请工程监理资质之日前一年内没有因本企业监理责任造成重大质量事故。

(9)申请工程监理资质之日前一年内没有因本企业监理责任发生三级以上工程建设重大安全事故或者发生两起以上四级工程建设安全事故。

2. 乙级

(1)具有独立法人资格且注册资本不少于100万元。

(2)企业技术负责人应为注册监理工程师，并具有10年以上从事工程建设工作的经历。

(3)注册监理工程师、注册造价工程师、一级注册建造师、一级注册建筑师、一级注册结构工程师或者其它勘察设计注册工程师合计不少于15人次。其中，相应专业注册监理工程师不少于《专业资质注册监理工程师人数配备表》（附表1）中要求配备的人数，注册造价工程师不少于1人。

(4)有较完善的组织结构和质量管理体系,有技术、档案等管理制度。

(5)有必要的工程试验检测设备。

(6)申请工程监理资质之日前一年内没有本规定第十六条禁止的行为。

(7)申请工程监理资质之日前一年内没有因本企业监理责任造成重大质量事故。

(8)申请工程监理资质之日前一年内没有因本企业监理责任发生三级以上工程建设重大安全事故或者发生两起以上四级工程建设安全事故。

3. 丙级

(1)具有独立法人资格且注册资本不少于50万元。

(2)企业技术负责人应为注册监理工程师,并具有8年以上从事工程建设工作的经历。

(3)相应专业的注册监理工程师不少于《专业资质注册监理工程师人数配备表》(附表1)中要求配备的人数。

(4)有必要的质量管理体系和规章制度。

(5)有必要的工程试验检测设备。

(三)事务所资质标准

1. 取得合伙企业营业执照,具有书面合作协议书。

2. 合伙人中有3名以上注册监理工程师,合伙人均有5年以上从事建设工程监理的工作经历。

3. 有固定的工作场所。

4. 有必要的质量管理休系和规章制度。

5. 有必要的工程试验检测设备。

第八条 工程监理企业资质相应许可的业务范围如下:

(一)综合资质

可以承担所有专业工程类别建设工程项目的工程监理业务。

(二)专业资质

1. 专业甲级资质:

可承担相应专业工程类别建设工程项目的工程监理业务(见附表2)。

2. 专业乙级资质:

可承担相应专业工程类别二级以下(含二级)建设工程项目的工程监理业务(见附表2)。

3. 专业丙级资质:

可承担相应专业工程类别三级建设工程项目的工程监理业务(见附表2)。

(三)事务所资质

可承担三级建设工程项目的工程监理业务(见附表2),但是,国家规定必须实行强制监理的工程除外。

工程监理企业可以开展相应类别建设工程的项目管理、技术咨询等业务。

第三章 资质申请和审批

第九条 申请综合资质、专业甲级资质的,应当向企业工商注册所在地的省、自治区、直辖市人民政府建设主管部门提出申请。

省、自治区、直辖市人民政府建设主管部门应当自受理申请之日起20日内初审完毕，并将初审意见和申请材料报国务院建设主管部门。

国务院建设主管部门应当自省、自治区、直辖市人民政府建设主管部门受理申请材料之日起60日内完成审查，公示审查意见，公示时间为10日。其中，涉及铁路、交通、水利、通信、民航等专业工程监理资质的，由国务院建设主管部门送国务院有关部门审核。国务院有关部门应当在20日内审核完毕，并将审核意见报国务院建设主管部门。国务院建设主管部门根据初审意见审批。

第十条 专业乙级、丙级资质和事务所资质由企业所在地省、自治区、直辖市人民政府建设主管部门审批。

专业乙级、丙级资质和事务所资质许可。延续的实施程序由省、自治区、直辖市人民政府建设主管部门依法确定。

省、自治区、直辖市人民政府建设主管部门应当自作出决定之日起10日内，将准予资质许可的决定报国务院建设主管部门备案。

第十一条 工程监理企业资质证书分为正本和副本，每套资质证书包括一本正本，四本副本。正、副本具有同等法律效力。

工程监理企业资质证书的有效期为5年。

工程监理企业资质证书由国务院建设主管部门统一印制并发放。

第十二条 申请工程监理企业资质，应当提交以下材料：

（一）工程监理企业资质申请表（一式三份）及相应电子文档；

（二）企业法人、合伙企业营业执照；

（三）企业章程或合伙人协议；

（四）企业法定代表人、企业负责人和技术负责人的身份证明、工作简历及任命（聘用）文件；

（五）工程监理企业资质申请表中所列注册监理工程师及其他注册执业人员的注册执业证书；

（六）有关企业质量管理体系、技术和档案等管理制度的证明材料；

（七）有关工程试验检测设备的证明材料。

取得专业资质的企业申请晋升专业资质等级或者取得专业甲级资质的企业申请综合资质的，除前款规定的材料外，还应当提交企业原工程监理企业资质证书正、副本复印件，企业《监理业务手册》及近两年已完成代表工程的监理合同、监理规划、工程竣工验收报告及监理工作总结。

第十三条 资质有效期届满，工程监理企业需要继续从事工程监理活动的，应当在资质证书有效期届满60日前，向原资质许可机关申请办理延续手续。

对在资质有效期内遵守有关法律、法规、规章、技术标准，信用档案中无不良记录，且专业技术人员满足资质标准要求的企业，经资质许可机关同意，有效期延续5年。

第十四条 工程监理企业在资质证书有效期内名称、地址、注册资本、法定代表人等发生变更的，应当在工商行政管理部门办理变更手续后30日内办理资质证书变更手续。

涉及综合资质、专业甲级资质证书中企业名称变更的，由国务院建设主管部门负责办理，并自受理申请之日起3日内办理变更手续。

前款规定以外的资质证书变更手续，由省、自治区、直辖市人民政府建设主管部门负责办理。省、自治区、直辖市人民政府建设主管部门应当自受理申请之日起 3 日内办理变更手续，并在办理资质证书变更手续后 15 日内将变更结果报国务院建设主管部门备案。

第十五条 申请资质证书变更，应当提交以下材料：

(一)资质证书变更的申请报告；

(二)企业法人营业执照副本原件；

(三)工程监理企业资质证书正、副本原件。

工程监理企业改制的，除前款规定材料外，还应当提交企业职工代表大会或股东大会关于企业改制或股权变更的决议、企业上级主管部门关于企业申请改制的批复文件。

第十六条 工程监理企业不得有下列行为：

(一)与建设单位串通投标或者与其他工程监理企业串通投标，以行贿手段谋取中标；

(二)与建设单位或者施工单位串通弄虚作假、降低工程质量；

(三)将不合格的建设工程、建筑材料、建筑构配件和设备按照合格签字；

(四)超越本企业资质等级或以其他企业名义承揽监理业务；

(五)允许其他单位或个人以本企业的名义承揽工程；

(六)将承揽的监理业务转包；

(七)在监理过程中实施商业贿赂；

(八)涂改、伪造、出借、转让工程监理企业资质证书；

(九)其他违反法律法规的行为。

第十七条 工程监理企业合并的，合并后存续或者新设立的工程监理企业可以承继合并前各方中较高的资质等级，但应当符合相应的资质等级条件。

工程监理企业分立的，分立后企业的资质等级，根据实际达到的资质条件，按照本规定的审批程序核定。

第十八条 企业需增补工程监理企业资质证书的(含增加、更换、遗失补办)，应当持资质证书增补申请及电子文档等材料向资质许可机关申请办理。遗失资质证书的，在申请补办前应当在公众媒体刊登遗失声明。资质许可机关应当自受理申请之日起 3 日内予以办理。

第四章 监督管理

第十九条 县级以上人民政府建设主管部门和其他有关部门应当依照有关法律、法规和本规定，加强对工程监理企业资质的监督管理。

第二十条 建设主管部门履行监督检查职责时，有权采取下列措施：

(一)要求被检查单位提供工程监理企业资质证书、注册监理工程师注册执业证书，有关工程监理业务的文档，有关质量管理、安全生产管理、档案管理等企业内部管理制度的文件；

(二)进入被检查单位进行检查，查阅相关资料；

(三)纠正违反有关法律、法规和本规定及有关规范和标准的行为。

第二十一条 建设主管部门进行监督检查时，应当有两名以上监督检查人员参加，并出示执法证件，不得妨碍被检查单位的正常经营活动，不得索取或者收受财物、谋取其他利益。

有关单位和个人对依法进行的监督检查应当协助与配合，不得拒绝或者阻挠。

监督检查机关应当将监督检查的处理结果向社会公布。

第二十二条 工程监理企业违法从事工程监理活动的,违法行为发生地是县级以上地方人民政府建设主管部门应当依法查处,并将违法事实、处理结果或处理建议及时报告该工程监理企业资质的许可机关。

第二十三条 工程监理企业取得工程监理企业资质后不再符合相应资质条件的,资质许可机关根据利害关系人的请求或者依据职权,可以责令其限期改正;逾期不改的,可以撤回其资质。

第二十四条 有下列情形之一的,资质许可机关或者其上级机关,根据利害关系人的请求或者依据职权,可以撤销工程监理企业资质:

(一)资质许可机关工作人员滥用职权、玩忽职守作出准予工程监理企业资质许可的;

(二)超越法定职权作出准予工程监理企业资质许可的;

(三)违反资质审批程序作出准予工程监理企业资质许可的;

(四)对不符合许可条件的申请人作出准予工程监理企业资质许可的;

(五)依法可以撤销资质证书的其他情形。

以欺骗、贿赂等不正当手段取得工程监理企业资质证书的,应当予以撤销。

第二十五条 有下列情形之一的,工程监理企业应当及时向资质许可机关提出注销资质的申请,交回资质证书,国务院建设主管部门应当办理注销手续,公告其资质证书作废:

(一)资质证书有效期届满,未依法申请延续的;

(二)工程监理企业依法终止的;

(三)工程监理企业资质依法被撤销、撤回或吊销的;

(四)法律、法规规定的应当注销资质的其他情形。

第二十六条 工程监理企业应当按照有关规定,向资质许可机关提供真实、准确、完整的工程监理企业的信用档案信息。

工程监理企业的信用档案应当包括基本情况、业绩、工程质量和安全、合同违约等情况。被投诉举报和处理、行政处罚等情况应当作为不良行为记入其信用档案。

工程监理企业的信用档案信息按照有关规定向社会公示,公众有权查阅。

第五章 法律责任

第二十七条 申请人隐瞒有关情况或者提供虚假材料申请工程监理企业资质的,资质许可机关不予受理或者不予行政许可,并给予警告,申请人在1年内不得再次申请工程监理企业资质。

第二十八条 以欺骗、贿赂等不正当手段取得工程监理企业资质证书的,由县级以上地方人民政府建设主管部门或者有关部门给予警告,并处1万元以上2万元以下的罚款,申请人3年内不得再次申请工程监理企业资质。

第二十九条 工程监理企业有本规定第十六条第七项、第八项行为之一的,由县级以上地方人民政府建设主管部门或者有关部门予以警告,责令其改正,并处1万元以上3万元以下的罚款;造成损失的,依法承担赔偿责任;构成犯罪的,依法追究刑事责任。

第三十条 违反本规定,工程监理企业不及时办理资质证书变更手续的,由资质许可机关责令限期办理;逾期不办理的,可处以1千元以上1万元以下的罚款。

第三十一条 工程监理企业未按照本规定要求提供工程监理企业信用档案信息的,由县级以上地方人民政府建设主管部门予以警告,责令限期改正;逾期未改正的,可处以1千元以上1万元以下的罚款。

第三十二条 县级以上地方人民政府建设主管部门依法给予工程监理企业行政处罚的,应当将行政处罚决定以及给予行政处罚的事实、理由和依据,报国务院建设主管部门备案。

第三十三条 县级以上人民政府建设主管部门及有关部门有下列情形之一的,由其上级行政主管部门或者监察机关责令改正,对直接负责的主管人员和其他直接责任人员依法给予处分:构成犯罪的,依法追究刑事责任:

(一)对不符合本规定条件的申请人准予工程监理企业资质许可的;

(二)对符合本规定条件的申请人不予工程监理企业资质许可或者不在法定期限内作出准予许可决定的;

(三)对符合法定条件的申请不予受理或者未在法定期限内初审完毕的;

(四)利用职务上的便利,收受他人财物或者其他好处的;

(五)不依法履行监督管理职责或者监督不力,造成严重后果的。

第六章 附 则

第三十四条 本规定自2007年8月1日起施行。2001年8月29日建设部颁布的《工程监理企业资质管理规定》(建设部令第102号)同时废止。

附表:

1. 专业资质注册监理工程师人数配备表
2. 专业工程类别和等级表

附表1 专业资质注册监理工程师人数配备表 (单位:人)

序号	工程类别	甲级	乙级	丙级
1	房屋建筑工程	15	10	5
2	冶炼工程	15	10	
3	矿山工程	20	12	
4	化工石油工程	15	10	
5	水利水电工程	20	12	5
6	电力工程	15	10	
7	农林工程	15	10	
8	铁路工程	23	14	
9	公路工程	20	12	5
10	港口与航道工程	20	12	
11	航天航空工程	20	12	
12	通信工程	20	12	
13	市政公用工程	15	10	5
15	机电安装工程	15	10	

注:表中各专业资质注册监理工程师人数配备,是指企业取得本专业工程类别注册的注册监理工程师人数。

附表 2　　专业工程类别和等级表

序号	工程类别		一级	二级	三级
一	房屋建筑工程	一般公共建筑	28 层以上;36 米跨度以上(轻钢结构除外);单项工程建筑面积 3 万平方米以上	14 ~ 28 层;24 ~ 36 米跨度(轻钢结构除外);单项工程建筑面积 1 万 ~ 3 万平方米	14 层以下;24 米跨度以下(轻钢结构除外);单项工程建筑面积 1 万平方米以下
		高耸构筑工程	高度 120 米以上	高度 70 ~ 120 米	高度 70 米以下
		住宅工程	小区建筑面积 12 万平方米以上;单项工程 28 层以上	建筑面积 6 万 ~ 15 万平方米;单项工程 14 ~ 28 层	建筑面积 6 万平方米以下;单项工程 14 层以下
二	冶炼工程	钢铁冶炼、炼铸工程	年产 100 万吨以上:单座高炉炉容 1250 立方米以上;单座公称容量转炉 100 吨以上;电炉 50 吨以上;炼铸年产 100 万吨以上或板坯炼铸单机 1450 毫米以上	年产 100 万吨以下;单座高炉炉容 1250 立方米以下;单座公称容量转炉 100 吨以下;电炉 50 吨以下;炼铸年产 100 万吨以下或板坯炼铸单机 1450 毫米以下	
		轧钢工程	热轧年产 100 万吨以上,装备连续、半连续轧机;冷轧带板年产 100 万吨以上,冷轧线材年产 30 万吨以上或装备连续、半连续轧机	热轧年产 100 万吨以下,装备连续、半连续轧机;冷轧带板年产 100 万吨以下,冷轧线材年产 30 万吨以下或装备连续、半连续轧机	
		冶炼辅助工程	炼焦工程年产 50 万吨以上或炭化室高度 4.3 米以上;单台烧结机 100 平方米以上;小时制氧 300 立方米以上	炼焦工程年产 50 万吨以下或炭化室高度 4.3 米以下;单台烧结机 100 平方米以下:小时制氧 300 立方米以下	
		有色冶炼工程	有色冶炼年产 10 万吨以上;有色金属加工年产 5 万吨以上;氧化铝工程 40 万吨以上	有色冶炼年产 10 万吨以下;有色金属加工年产 5 万吨以下;氧化铝工程 40 万吨以下	
		建材工程	水泥日产 2000 吨以上;浮化玻璃日熔量 400 吨以上;池窑拉丝玻璃纤维、特种纤维;特种陶瓷生产线工程	水泥日产 2000 吨以下;浮化玻璃日熔量 400 吨以下;普通玻璃生产线;组合炉拉丝玻璃纤维;非金属材料、玻璃钢、耐火材料、建筑及卫生陶瓷厂工程	

续附表 2

序号	工程类别		一级	二级	三级
三	矿山工程	煤矿工程	年产 120 万吨以上的井工矿工程；年产 120 万吨以上的洗选煤工程；深度 800 米以上的立井井筒工程；年产 400 万吨以上的露天矿山工程	年产 120 万吨以下的井工矿工程；年产 120 万吨以下的洗选煤工程；深度 800 米以下的立井井筒工程；年产 400 万吨以下的露天矿山工程	
		冶金矿山工程	年产 100 万吨以上的黑色矿山采选工程；年产 100 万吨以上的有色砂矿采、选工程；年产 60 万吨以上的有色脉矿采、选工程	年产 100 万吨以下的黑色矿山采选工程；年产 100 万吨以下的有色砂矿采、选工程；年产 60 万吨以下的有色脉矿采、选工程	
		化工矿山工程	年产 60 万吨以上的磷矿、硫铁矿工程	年产 60 万吨以下的磷硫铁矿工程	
		铀矿工程	年产 10 万吨以上的铀矿；年产 200 吨以上的铀选冶	年产 10 万吨以下的铀矿；年产 200 吨以下的铀选冶	
		建材类非金属矿工程	年产 70 万吨以上的石灰石矿；年产 30 万吨以上的石膏矿、石英砂岩矿	年产 70 万吨以下的石灰石矿；年产 30 万吨以下的石膏矿、石英砂岩矿	
四	化工石油工程	油田工程	原油处理能力 150 万吨/年以上、天然气处理能力 150 万方/天以上、产能 50 万吨以上及配套设备	原油处理能力 150 万吨/年以下、天然气处理能力 150 万方/天以下、产能 50 万吨以下及配套设备	
		油气储运工程	压力容器 8MPa 以上；油气储罐 10 万立方米/台以上；长输管道 120 千米以上	压力容器 8MPa 以下；油气储罐 10 万立方米/台以下；长输管道 120 千米以下	
		炼油化工工程	原油处理能力在 500 万吨/年以上的一次加工及相应二次加工装置和后加工装置	原油处理能力在 500 万吨/年以下的一次加工及相应二次加工装置和后加工装置	
		基本原材料工程	年产 30 万吨以上的乙烯工程；年产 4 万吨以上的合成橡胶、合成树脂及塑料和化纤工程	年产 30 万吨以下的乙烯工程；年产 4 万吨以下的合成橡胶、合成树脂及塑料和化纤工程	

续附表 2

序号	工程类别		一级	二级	三级
四	化工石油工程	化肥工程	年产 20 万吨以上合成氨及相应后加工装置；年产 24 万吨以上磷氨工程	年产 20 万吨以下合成氨及相应后加工装置；年产 24 万吨以下磷氨工程	
		酸碱工程	年产磷酸 16 万吨以上；年产烧碱 8 万吨以上；年产纯碱 40 万吨以上	年产硫酸 16 万吨以下；年产烧碱 8 万吨以下；年产纯碱 40 万吨以下	
		轮胎工程	年产 30 万套以上	年产 30 万套以下	
		核化工及加工工程	年产 1000 吨以上的铀转换化工工程；年产 100 吨以上的铀浓缩工程；总投资 10 亿元以上的乏燃料后处理工程；年产 200 吨以上的燃料元件加工工程；总投资 5000 万元以上的核技术及同位素应用工程	年产 1000 吨以下的铀转换化工工程；年产 100 吨以下的铀浓缩工程；总投资 10 亿元以下的乏燃料后处理工程；年产 200 吨以下的燃料元件加工工程；总投资 5000 万元以下的核技术及同位素应用工程	
		医药及其他化工工程	总投资 1 亿元以上	总投资 1 亿元以下	
五	水利水电工程	水库工程	总库容 1 亿立方米以上	总库容 1 千万 ~ 1 亿立方米	总库容 1 千万立方米以下
		水力发电站工程	总装机容量 300mW 以上	总装机容量 50 ~ 300mW	总装机容量 50mW 以下
		其他水利工程	引调水堤防等级 1 级；灌溉排涝流量 5 立方米/秒以上；河道整治面积 30 万亩以上；城市防洪城市人口 50 万人以上；围垦面积 5 万亩以上；水土保持综合治理面积 1000 平方公里以上	引调水堤防等级 2 ~ 3 级；灌溉排涝流量 0.5 ~ 5 立方米/秒；河道整治面积 3 万 ~ 30 万亩；城市防洪城市人口 20 万 ~ 50 万人；围垦面积 0.5 万 ~ 5 万亩；水土保持综合治理面积 100 ~ 1000 平方公里	引调水堤防等级 4 ~ 5 级；灌溉排涝流量 0.5 立方米/秒以下；河道整治面积 3 万亩以下；城市防洪城市人口 20 万人以下；围垦面积 0.5 万亩以下；水土保持综合治理面积 100 平方公里以下

续附表 2

序号	工程类别		一级	二级	三级
六	电力工程	火力发电站工程	单机容量 30 万千瓦以上	单机容量 30 万千瓦以下	
		输变电工程	330 千伏以上	330 千伏以下	
		核电工程	核电站;核反应堆工程		
		林业局(场)总体工程	面积 35 万公顷以上	面积 35 万公顷以下	
		林产工业工程	总投资 5000 万元以上	总投资 5000 万元以下	
		农业综合开发工程	总投资 3000 万元以上	总投资 3000 万元以下	
七	农林工程	种植业工程	2 万亩以上或总投资 1500 万元以上;	2 万亩以下或总投资 1500 万元以下	
		兽医/畜牧工程	总投资 1500 万元以上	总投资 1500 万元以下	
		渔业工程	渔港工程总投资 3000 万元以上;水产养殖等其他工程总投资 1500 万元以上	渔港工程总投资 3000 万元以下;水产养殖等其他工程总投资 1500 万元以下	
		设施农业工程	设施园艺工程 1 公顷以上;农产品加工等其他工程总投资 1500 万元以上	设施园艺工程 1 公顷以下;农产品加工等其他工程总投资 1500 万元以下	
		核设施退役及放射性三废处理处置工程	总投资 5000 万元以上	总投资 5000 万元以下	
八	铁程工程	铁路综合工程	新建、改建一级干线;单线铁路 40 千米以上;双线 30 千米以上及枢纽	单线铁路 40 千米以下;双线 30 千米以下;二级干线及站线;专用线、专用铁路	
		铁路桥梁工程	桥长 500 米以上	桥长 500 米以下	
		铁路隧道工程	单线 3000 米以上;双线 1500 米以上	单线 3000 米以下;双线 1500 米以下	
		铁路通信、信号、电力电气化工程	新建、改建铁路(含枢纽、配、变电所、分区亭)单双线 200 千米及以上	新建、改建铁路(不含枢纽、配、变电所、分区亭)单双线 200 千米及以下	

续附表 2

序号	工程类别		一级	二级	三级
九	公路工程	公路工程	高速公路	高速公路路基工程及一级公路	一级公路路基工程及二级以下各级公路
		公路桥梁工程	独立大桥工程;特大桥总长 1000 米以上或单跨跨径 150 米以上	大桥、中桥桥梁总长 30 ~1000 米或单跨跨径 20 ~ 150 米	小桥总长 30 米以下或单跨跨径 20 米以下;涵洞工程
		公路隧道工程	隧道长度 1000 米以上	隧道长度 500 ~ 1000 米	隧道长度 500 米以下
		其他工程	通讯、监控、收费等机电工程,高速公路交通安全设施、环保工程和沿线附属设施	一级公路交通安全设施、环保工程和沿线附属设施	二级及以下公路交通安全设施、环保工程和沿线附属设施
十	港口与航道工程	港口工程	集装箱、件杂、多用途等沿海港口工程 20000 吨级以上;散货、原油沿海港口工程 30000 吨级以上;1000 吨级以上内河港口工程	集装箱、件杂、多用途等沿海港口工程 20000 吨级以下;散货、原油沿海港口工程 30000 吨级以下;1000 吨级以下内河港口工程	
		通航建筑与整治工程	1000 吨级以上	1000 吨级以下	
		航道工程	通航 30000 吨级以上船舶沿海复杂航道;通航 1000 吨级以上船舶的内河航运工程项目	通航 30000 吨级以下船舶沿海航道;通航 1000 吨级以下船舶的内河航运工程项目	
		修造航水工程	10000 吨位以上的船坞工程;船体重量 5000 吨位以上的船台、滑道工程	10000 吨位以下的船坞工程;船体重量 5000 吨位以下的船台、滑道工程	
		防洪堤、导流堤等水工工程	最大水深 6 米以上	最大水深 6 米以下	
		其他水运工程项目	建安工程费 6000 万元以上的沿海水运工程项目;建安工程费 4000 万元以上的内河水运工程项目	建安工程费 6000 万元以下的沿海水运工程项目;建安工程费 4000 万元以下的内河水运工程项目	

续附表 2

序号	工程类别		一级	二级	三级
十一	航天航空工程	民用机场工程	飞行区指标为 4E 及以上及其配套工程	飞行区指标为 4D 及以下及其配套工程	
		航空飞行器	航空飞行器(综合)工程总投资 1 亿元以上;航空飞行器(单项)工程总投资 3000 万元以上	航空飞行器(综合)工程总投资 1 亿元以下;航空飞行器(单项)工程总投资 3000 万元以下	
		航天空间飞行器	工程总投资 3000 万元以上;面积 3000 平方米以上;跨度 18 米以上	工程总投资 3000 万元以下;面积 3000 平方米以下;跨度 18 米以下	
十二	通信工程	有线、无线传输通信工程,卫星、综合布线	省际通信、信息网络工程	省内通信、信息网络工程	
		邮政、电信、广播枢纽及交换工程	省会城市邮政、电信枢纽	城市级城市邮政、电信枢纽	
		发射台工程	总发射功率 500 千瓦以上短波或 600 千瓦以上中波发射台;高度 200 米以上广播电视发射塔	总发射功率 500 千瓦以下短波或 600 千瓦以下中波发射台;高度 200 米以下广播电视发射塔	
十三	市政公用工程	城市道德工程	城市快速路、主干路,城市互通式立交桥及单孔跨径 100 米以上桥梁;长度 1000 米以上的隧道工程	城市次干路工程,城市分离式立交桥及单孔跨径 100 米以下的桥梁;长度 1000 米以下的隧道工程	城市支路工程、过街天桥及地下通道工程
		给水排水工程	10 万吨/日以上的给水厂;5 万吨/日以上污水处理工程;3 立方米/秒以上的给水、污水泵站;15 立方米/秒以上的雨泵站;直径 2.5 米以上的给排水管道	2 万~10 万吨/日的给水厂;1 万~5 万吨/日污水处理工程;1~3 立方米/秒的给水、污水泵站;5~15 立方米/秒的雨泵站;直径 1~2.5 米的给水管道;直径 1.5~2.5 米的排水管道	2 万吨/日以下的给水厂;1 万吨/日以下污水处理工程;1 立方米/秒以下的给水、污水泵站;5 立方米/秒以下的雨泵站;直径 1 米以下的给水管道;直径 1.5 米以下的排水管道

续附表 2

序号	工程类别		一级	二级	三级
十三	市政公用工程	燃气热力工程	总储存容积 1000 立方米以上液化气贮罐场（站）；供气规模 15 万立方米/日以上的燃气工程；中压以上的燃气管道、调压站；供热面积 150 万平方米以上的热力工程	总储存容积 1000 平方米以下的液化气贮罐场（站）；供气规模 15 万立方米/日以下的燃气工程；中压以下的燃气管道、调压站；供热面积 50 万～150 万平方米的热力工程	供热面积 50 万平方米以下的热力工程
		垃圾处理工程	1200 吨/日以上的垃圾焚烧和填埋工程。	500～1200 吨/日的垃圾焚烧及填埋工程	500 吨/日以下的垃圾焚烧及填埋工程
		地铁轻轨工程	各类地铁轻轨工程。		
		风景园林工程	总投资 3000 万元以上	总投资 1000 万～3000 万元	总投资 1000 万元以下
十四	机电安装工程	机械工程	总投资 5000 万元以上	总投资 5000 万以下	
		电子工程	总投资 1 亿元以上；含有净化级别 6 级以上的工程	总投资 1 亿元以下；含有净化级别 6 级以下的工程	
		轻纺工程	总投资 5000 万元以上	总投资 5000 万元以下	
		兵器工程	建安工程费 3000 万元以上的坦克装甲车辆、炸药、弹箭工程；建安工程费 2000 万元以上的枪炮、光电工程；建安工程费 1000 万元以上的防化民爆工程	建安工程费 3000 万元以下的坦克装甲车辆、炸药、弹箭工程；建安工程费 2000 万元以下的枪炮、光电工程；建安工程费 1000 万元以下的防化民爆工程	
		船舶工程	船舶制造工程总投资 1 亿元以上；船舶科研、机械、修理工程总投资 5000 万元以上	船舶制造工程总投资 1 亿元以下；船舶科研、机械、修理工程总投资 5000 万元以下	
		其他工程	总投资 5000 万元以上	总投资 5000 万元以下	

注：1. 表中的“以上”含本数，“以下”不含本数。

2. 未列入本表中的其他专业工程，由国务院有关部门按照有关规定在相应的工程类别中划分等级。

3. 房屋建筑工程包括结合城市建设与民用建筑修建的附建人防工程。

4　建设工程招标与投标

4.1　招标投标法的含义及其在建设工程招标投标中的运用

本节所指的招标投标法，是指1999年8月30日第九届全国人民代表大会常务委员会第十一次会议通过的《中华人民共和国招标投标法》。

4.1.1　招标投标须知

1. 招标投标的定义

招标投标，是在市场经济条件下进行大宗货物的买卖，工程建设项目的发包与承包，以及服务项目的采购与提供时所采用的一种交易方式。在这种交易方式下，通常是由项目采购（包括货物的购买、工程的发包和服务的采购）的采购方作为招标方。通过发布招标公告，或者向一定数量的特定供应商、承包商发出招标邀请的方式发出招标采购的信息，并提出所需采购的项目的性质及其数量、质量、技术要求，提出交货期、竣工期或提供服务的时间，以及对供应商、承包商的资格要求等招标采购条件，表明将选择最能够满足采购要求的供应商、承包商与其签订采购合同的意向，由各有意提供采购所需货物、工程或服务项目的供应商、承包商作为投标方，向招标方书面提出自己拟提供的货物、工程或服务的报价及其他响应招标要求的条件而参加投标竞争。

2. 招标投标法的适用范围

法律的效力范围包括：法律时间效力，即法律从什么时候开始发生效力和什么时候失去效力；法律的空间效力，即法律适用的地域范围；法律对人的效力，即法律对什么人（具有法律关系主体资格的自然人、法人及其他组织）适用。招标投标法第二条规定的本法适用的地域范围（或称空间效力范围），是中华人民共和国境内，即中华人民共和国主权所及的领域内。法律空间效力范围的普遍原则，是适用于制定它的机关所管辖的全部领域（法律本身对其空间效力范围限制性的规定除外）。招标投标法作为我国最高权利机关的常设机构——全国人大常委会制定的法律，其效力自然及于中华人民共和国的全部领域。凡在我国境内进行招标采购项目的采购活动，必须依照《中华人民共和国招标投标法》的规定进行招标投标。但招标投标法不适用于香港和澳门两个特别行政区。香港和澳门有关招标投标的立法，由这两个特别行政区的立法机关自行制定。

3. 招标投标法的调整对象

凡在我国境内进行的招标投标活动，不论是属于该法第三条规定的法定强制招标项目，还是属于由当事人自愿采用招标方式进行采购的项目，其招标投标活动均适用本法。

4. 法定强制招标的项目

一是招标投标已明确规定必须招标的项目，二是依照其他法律或者国务院的规定必须进行招标的项目。

(1)必须进行招标的项目。属于下列情形之一，并属于国务院有关部门依照招标投标法的规定所制定的具体范围和规模标准以内的建设项目，必须进行招标。

①大型的基础设施、公用事业等关系社会公共利益、公众安全的项目。所谓基础设施，是指为国民经济各行业发展提供基础性服务的铁路、公路、港口、机场、通信等设施；公用事业，是指为公众提供服务的自来水、电力、燃气等行业。按照本条规定，对于大型基础和公用事业项目，不论其建设资金来源如何，都必须依照招标投标法规定进行招标投标。

②全部或者部分使用国有资金或者国家融资的项目。包括使用各级政府的财政拨款建设的项目，使用纳入财政预算管理的各种政府性基金(如铁路建设基金、公路建设基金、三峡工程建设基金、电力建设基金、水利建设基金等)建设的项目，使用各级政府及政府部门的预算外资金建设的项目，使用国家政策性银行贷款建设的项目，以及利用国家通过发行国债等方式融资取得的资金(从资金性质上讲这部分资金也属于国有资金)建设的项目等。

③使用国际组织或者外国政府贷款、援助资金的项目。改革开放以来，我国开始利用包括世界银行、亚洲开发银行、日本海外经济协力基金等一些国际金融组织和外国政府的贷款及援助资金，规模也逐渐扩大。一些国际金融组织和外国政府的贷款，通常是由我国政府有关部门作为对外借款的“窗口”单位，由国家实行统借统还，或者由国家财政承担还款担保责任的。因此，这类国际金融组织和外国政府的贷款，实际上已成为我国广义的国有资金的一部分，与国家投资、融资的建设项目一样，也应将其纳入法定强制招标投标的范围，适用招标投标法的有关规定。对于国际组织或外国政府援助资金的项目，我国有责任保证这些援助资金得到合理有效的使用，因此也有必要将其纳入强制招标投标的范围。当然，依照《招标投标法》“第六章　附则”中第六十七条的规定，使用国际组织或者外国政府的贷款、援助资金在我国境内进行的项目采购，如果贷款方、援助方对采购方式和招标投标有不同规定的，应适用其规定，不适用招标投标法。

(2)招标投标法规定以外的但属于政府采购范围内的其他大额采购，也应纳入强制招标的范围。

5. 对规避法定强制招标的行为的禁止

招标投标法第四条规定，任何单位和个人不得将依法必须进行招标的项目化整为零，或者以其他任何方式规避招标。其主要表现有：

(1)一些地方和部门在工程建设项目的发包及有关设备、材料的采购活动中，实行地方保护或行业垄断，采用种种方式规避招标，将本应招标发包的项目直接发包给属于本地方、本部门的承包商、供应商。

(2)一些采购单位或采购经办人员为利用其掌握的采购权力谋取私利，搞权钱交易，与不法承包商、供应商相勾结，想方设法规避公开、公平、公正的招标采购程序，搞“暗箱操作”，将采购项目交给私下确定的承包商、供应商。

(3)一些采购单位为规避《招标投标法》第三条第二款的规定，对本应作为一个整体、签订一份采购合同的采购项目，采取划分为多个采购项目，分别签订多个采购合同的办法，化整为零，使每一采购合同的金额都低于法定强制招标采购项目金额的标准，以达到规避招标采购的目的。

(4)一些采购单位对技术并不特别复杂的采购项目,借口其有特殊的技术要求,只能交由某一承包商、供应商承担为由,规避招标采购。

为保证所有法定强制招标采购的项目都能做到依法招标投标,维护法律的严肃性,招标投标法第四条对规避招标的行为作了禁止性规定。对违反招标投标法的规定,将必须进行招标的项目化整为零,或者以其他任何方式规避招标的行为,将依法追究其法律责任。

6. 招标投标活动必须遵循的基本原则

(1)在招标投标活动中必须遵循"公开"的原则。主要是指:进行招标活动的信息要公开,开标的程序要公开,评标的标准和程序要公开,中标的结果要公开。

确定中标人后,招标人应当向中标人发出中标通知书,并同时将中标结果通知所有未中标的投标人。未中标的投标人对招标活动和中标结果有异议的,有权向招标人提出或向有关行政监督部门投诉。

(2)在招标投标活动中贯彻"公平"和"公正"的原则。招标方应向所有的投标人提供相同的招标信息;招标方对招标文件的解释和澄清应提供给所有的投标人;对所有投标人的资格审查应适用相同的标准和程序;提供投标担保的要求应同样适用于每一投标者;对采购标的的技术、质量要求应尽可能采用通用的标准,不得以标明特定的商标、专利等形式倾向于某一特定的投标人,排斥其他投标人;投标人都有权参加开标会;所有在投标截止期前收到的所有投标书都应当在开标时当众打开;对所有在投标截止日期以后送到的投标书都应拒收;与投标人有利害关系的人员不得作为评标委员会成员;中标标准应当尽可能量化,并严格按既定的评标程序对所有的投标进行评定,按既定的中标标准确定中标者;不得向任何投标人泄露标底或其他可能妨碍公平竞争的信息。投标方应当以正当的手段参加投标竞争,不得串通投标,不得有向招标方及其工作人员行贿、提供回扣或给予其他好处等不正当的竞争行为。对招标方与投标方之间的关系来说,双方在采购活动中地位平等,任何一方不得向另一方提出不合理的要求,不得将自己的意志强加给对方。

(3)在招标投标活动中贯彻"诚实信用"的原则。"诚实信用"是民事活动的基本原则,在我国民法通则和合同法等民事基本法律中都规定了这一原则。招标投标活动是以订立采购合同为目的的民事活动,当然也适用这一原则。在招标投标活动中遵守诚实信用原则,要求招标投标各方都要诚实守信,不得有欺骗和背信的行为。

7. 禁止行业垄断、地方保护及非法干预

实行社会主义市场经济,必须在全国范围内建立起统一、开放、竞争、有序的大市场。任何以地方保护、部门垄断等方式分割市场的行为,都会缩小市场规模,降低市场效率,阻碍经济的发展。如果在招标投标活动中搞地方保护或部门封锁,必然会大大缩小竞争规模,竞争的优越性就难以得到充分的发挥,使招标投标的作用大打折扣。我国目前正处于向市场经济转轨的阶段,由于多种原因,一些行业主管部门和地方政府滥用行政权力,违反市场经济的客观要求,实行地方保护或行业垄断的情况时有发生。这种现象也明显表现在招标投标活动中,成为影响我国招标投标健康发展的一个突出问题。一些行业主管部门或地方政府,采取对本地区、本系统以外的承包商或供应商不给予资格认定,不发给有关许可证,并收取高额的管理费等方式,排斥、限制本地区、本系统以外的法人或其他组织参加本行业、本地区的投标竞争。有的行业主管部门或地方政府甚至直接要求本系统、本行业的采购单位只能将采购项目交给属于本地区或本系统的单位,本系统、本地区以外的单位不得参与本系统、本地区采购项目的投标。有的部门或地方政府的工作人员则在项目采购中搞权钱交易，以权谋私，收受不法供应商、承包商的好处，利用手中的权利，干预正常的招标投标活动，要求所属的采购单位将采购项目交给其指定的供应商、承包商。在招标投标活动中，实行地方保护或行业垄断的做法，以及行政机关或领导人违法干预正常的招标投标活动的做法，破坏了市场的统一性，违反了公平竞争的原则，严重影响招标投标活动的正常开展，也给腐败行为留下了可乘之机。

8. 行政监督必须依法进行

对法律、行政法规规定应当进行监督管理的事项，有关行政监督管理部门必须依法实施监督管理，否则就是失职；对不属于行政监督管理范围内，而应由招标投标活动当事人自主决定的事项，行政机关不得凭借其行政权力违法进行干预。比如，强令招标人将采购项目交给行政机关指定的供应商或承包商；自行作出违反本法的行政性规定，限制或者排斥本地区、本系统以外的法人或其他组织参加本地区、本系统的投标活动等。否则，就是越权或滥用职权。对有关行政监督部门依照本法和国务院的有关规定对招标投标活动实施的监督，有关当事人应当服从与配合，包括向有关行政监督管理部门如实提供资料、接受依法进行的检查等。对拒不接受依法实施监督检查的，要承担相应的法律责任，有关行政机关可以依法采取强制措施或申请法院采取强制措施。

9. 有关行政监督管理部门对招标投标活动进行监督的内容

(1)对依照招标投标法规定必须招标的项目招标进行监督。凡属《招标投标法》第三条规定的工程建设项目及有关的重要设备、材料的采购，其采购规模达到国务院有关部门依照招标投标法的授权制定的规模标准以上的，必须依照招标投标法的规定进行招标投标。对这些法定强制招标的项目是否依法进行了招标投标，有关行政监督部门应依法进行监督。

(2)对法定招标投标项目是否依照本法规定的规则和程序进行招标投标实施监督。

(3)依法查处招标投标活动中的违法行为。依照招标投标法第五章关于法律责任的规定，有关行政监督部门对违反本法规定的行为，包括对法定强制招标项目不进行招标的，招标人、投标人、招标代理机构不按本法规定的规则和程序进行招标投标活动的，除责令改正外，应依法给予罚款、没收违法所得、取消资格、责令停业、吊销营业执照等行政处罚。

4.1.2 招标

1. 招标人的概念

招标人是提出招标项目、进行招标的法人或者其他组织。首先，招标人是提出招标项目、进行招标的人。所谓“招标项目”，即采用招标方式进行采购的工程、货物或服务项目。工程建设项目招标发包的招标人，通常为该项建设工程的投资人，即项目业主；国家投资的工程建设项目，招标人通常为依法设立的项目法人(就经营性的建设项目而言)或者项目的建设单位(就非经营性建设项目而言)。货物招标采购的招标人，通常为货物的买主。服务项目招标采购的招标人，通常为该服务项目的需求方。其次，法人或其他组织可以作为招标人，自然人不能成为招标人。按照民法通则的规定，法人包括企业法人、事业单位法人、机关法人和社会团体法人。《招标投标法》第八条所称的其他组织是指除法人以外的其他实体，包括合伙企业、个人独资企业和外国企业以及企业的分支机构等。这些企业和机构也可以作为招标人参加招标投标活动。

2. 招标项目的审批手续

招标项目按照国家有关规定，必须在招标前履行审批手续。一般来说，国家重点建设项目需由省级人民政府计划主管部门和国务院有关主管部门提出，由国务院计划主管部门批准，有些还须报国务院批准；国家试行的特许权试点项目，由所在省或区、市的计划部门会同行业主管部门提出项目可行性研究报告，经行业主管部门初审后由国家计委批准，必要时由国家计委初审后报国务院审批；地方重点建设项目根据其重要性和规模分别由省级人民政府和省级政府的计划主管部门审批。

拟招标的项目应当合法，这是开展招标工作的前提。依据国家有关规定应批准而未经批准的项目，或违反审批权限批准的项目均不得进行招标。在项目审批前擅自开始招标工作，因项目未被批准而造成的损失，招标人应当自行承担法律责任。

3. 招标项目的资金保障

招标人应当有进行招标项目的相应资金或者有确定的资金来源，这是招标人对项目进行招标并最终完成该项目的物质保证。招标项目的资金来源一般包括：国家和地方政府的财政拨款、企业的自有资金及包括银行贷款在内的各种方式的融资，以及外国政府和有关国际组织的贷款。根据本条的规定，招标人在招标时必须确实拥有相应的资金，或者有能够证明其资金来源已经落实的合法性文件为保证，并且应当将资金数额和资金来源在招标文件中如实载明。

招标投标活动作为一种民事活动必须坚持诚实信用的原则，招标文件所载的内容必须真实，其中关于资金数额和资金来源的情况必须如实载明，招标人不得提供虚假说明。

4. 招标人自行办理招标的含义

《招标投标法》第十二条规定，招标人具有编制招标文件和组织评标能力的，可以自行办理招标事宜。任何单位和个人不得强制其委托招标代理机构办理招标事宜。依法必须进行招标的项目，招标人自行办理招标事宜的，应当向有关行政监督部门备案。这一规定的含义是：

(1)有能力的招标人可以自行办理招标，不须委托他人办理。

(2)招标人自行办理招标业务需有一定条件，即招标人应当具有编制招标文件和组织评标的能力。这是因为：第一，招标文件是整个招标活动中对招标人和投标人都具有约束力的最重要的法律文件，是招标活动的章程。其中，包括招标项目的主要技术条款和价格要求、评标标准及合同主要条款等重大的实质性信息。因招标工作专业性强、内容复杂，对编制者的专业水平、招标经验及对投标商信息的掌握程度要求较高。能否编制出完整、严谨的招标文件，直接影响招标的质量，也是招标成败的关键。因此，招标人自行招标的，要求招标人要有相应的专业人员，具有独立编制招标文件的能力。第二，有效组织评标是保证评标工作严格按照招标文件要求和评标标准进行，是维护招标的公正、公平性，同时避免纠纷，保障招标工作圆满完成的重要环节。因此，招标人自行招标的，必须具备能够有效地组织评标的能力。譬如，需有专门的班子具体从事组织工作，对招标项目的专家源要有较广泛的了解，等等。

为了保证自行招标的质量，防止自行招标人不具备招标能力而擅自招标，或随意变更招标程序和评标标准，造成招标工作的混乱，监督其对投标人提供平等竞争的机会，切实保障投标人的合法权益，《招标投标法》第十二条还规定，对依照该法第三条必须进行招标的项目，招标人自行办理招标事宜的，应当向有关行政监督部门备案。备案制度虽然不是一种事先审批的制度，只是要求当事人在自行招标的同时，书面告知有关行政监督部门以备查，但有关行政监督部门可以通过报备制度掌握情况，如发现自行招标人不符合法定条件的，有权要求其纠正。

5. 招标人自行选择代理机构代理招标的含义

根据《招标投标法》第十二条的规定，招标人有权自行选择招标代理机构，委托其办理招标事宜。任何单位和个人不得以任何方式为招标人指定招标代理机构。这里有三层含义：

（1）招标人委托招标代理机构属自愿委托，即是否委托招标代理机构由招标人自行决定，法律不要求所有招标活动都必须委托招标机构代理招标。

（2）任何单位和个人包括招标人的上级主管部门、有关领导人都不得以任何方式（包括以规章规定、作出行政决定或领导人批条子、打电话等方式），为招标人指定招标代理机构，不得采取任何方式给招标人施加各种压力，迫使其委托特定的招标代理机构代理招标。

（3）招标人和招标代理机构的关系是委托代理关系。招标人委托招标代理机构从事招标工作的，应当与招标代理机构签订书面委托合同，明确规定招标代理机构的代理权限，以分清责任，避免越权代理和不必要的纠纷，保证招标代理工作的顺利进行。

6. 招标代理机构的含义及应当具备的条件

（1）招标代理机构的含义。

①招标代理机构的性质既不是一级行政机关，也不是从事生产经营的企业，而是以自己的知识、智力为招标人提供服务的独立于任何行政机关的组织。招标代理机构可以以多种组织形式存在，既可以是有限责任公司，也可以是合伙组织等。从我国目前的情况看，自然人一般不能从事招标代理业务。

②招标代理机构需依法登记设立，招标代理机构的设立不需有关行政机关的审批，但其从事有关招标代理业务的资格需要有关行政主管部门审查认定。

③招标代理机构的业务范围包括：帮助招标人或受其委托拟定招标文件，依据招标文件的规定，审查投标人的资质，组织评标、定标等等；提供与招标代理业务相关的服务，即指提供与招标活动有关的咨询、代书及其他有关的服务性工作。

（2）招标代理机构应当具备的条件。一是有从事招标代理业务的营业场所和相应的资金；二是有能够编制招标文件和组织评标的相应专业力量；三是有符合《招标投标法》第三十七条规定的条件，具备可以作为评标委员会成员人选的有关技术，并有懂经济等方面的专家库。这一规定要求：

①无论是哪种组织形式的代理机构都必须有固定的营业场所，以便于开展招标代理业务；

②有与其所代理的招标业务相适应的能够独立编制有关招标文件、有效组织评标活动的专业队伍和技术，包括有熟悉招标业务所在领域的专业人员，有提供行业技术信息的情报系统及有一定的从事招标代理业务的经验等等。

③应当备有依法可以作为评标委员会成员人选的技术、经济等方面的专家库，其中所储备的专家均应当从事相关领域工作八年以上并具有高级职称或者具有同等专业水平者。

7. 招标代理机构资格的认定

招标代理机构资格的认定分为两个层次：

（1）从事工程建设项目招标代理业务的招标代理机构的代理资格按照管理权限划分，分别由国务院建设行政主管部门和省级人民政府建设行政主管部门认定。认定的办法应由国务院建设行政主管部门会同国务院有关部门制定,建设行政主管部门不应单独制定具体办法。

(2)从事其他招标代理业务包括货物采购及服务等的招标代理业务,按照国家规定需要进行资格认定的,其代理资格由国务院规定的主管部门认定。这主要是考虑其他招标代理业务范围较广、情况比较复杂,不宜统一在法律中规定,因此授权国务院根据实际情况作出规定。

8. 招标代理机构与行政机关不存在隶属关系

招标代理机构与行政机关和其他国家机关不得存在隶属关系或者其他利益关系。这里讲的"隶属关系",是指招标代理机构与行政机关或其他国家机关直属上下级关系;"其他利益关系",主要是指经济上的利益关系,如有的招标代理机构将其业务收入的一部分上交给其依附的行政机关,作为其小金库收入等。根据本法和有关法律、法规的规定,国务院和有关地方行政主管部门对招标代理机构有按照分工对其专业代理资格进行认定、营业登记和对其业务活动进行监督的权利,但对招标代理机构没有领导权。招标代理机构应当完全按照市场规律运作,财务独立、人事独立、自主经营及自负盈亏。

9. 招标代理机构代理权的行使

代理权是招标代理机构代理活动的基础,而招标代理机构在代理权限范围内从事招标活动,所造成的法律后果由被代理人即招标人承担;招标代理机构在没有代理权或超越代理权或代理权已终止的情况下,其任何所为都不是代理行为,所造成的后果应由招标代理机构自行负责。招标代理机构因其无权代理或超越代理权的行为给招标人造成损失的,还应当对招标人承担赔偿责任。

招标代理机构的代理权限范围应当在招标代理合同中具体规定,招标代理权限范围规定得越具体,越便于规范招标代理机构的代理行为。反之,则容易出现无权代理或越权代理的情况,影响招标活动的顺利进行,以致造成不必要的损失。

10. 招标代理机构从事招标代理业务应遵守的规定

招标代理机构从事代理业务既要遵守《招标投标法》对招标代理机构的规定,也要遵守本法关于招标人的规定。主要包括:

(1)采用公开招标方式的,招标人应当发布招标公告;依法必须招标的项目,招标公告应当通过国家指定的公共媒介发布;采用邀请招标方式的,招标人需向三个以上特定法人或组织发出邀请。

(2)依法必须招标的项目,招标人不得以不合理的条件限制或排斥潜在投标人,不得对潜在投标人实行歧视待遇。

(3)招标文件的内容应当符合法律的要求。

(4)不得向他人透露已获取招标文件的潜在投标人的名称、数量以及可能影响公平竞争的有关招标投标的其他情况。

(5)招标人不得透露标底。

(6)对已发出的招标文件进行澄清或修改的,应当依法在一定的期限内进行。

(7)组织开标时应遵守《招标投标法》关于开标的规定。

(8)应保证评标在严格保密的情况下进行。

(9)应当在评标委员会推荐的候选人中确定中标人。确定中标人前,不得与投标人就投标价格、投标方案等实质性内容进行谈判。

(10)中标人确定后,招标人应当向中标人发出中标通知,并在规定的期限内与中标人签订合同。

(11)依法必须招标的项目,招标人应当在法定期限内,向有关行政监督部门提交有关招标投标情况的书面报告。

11.公开招标、邀请招标、议标的定义

(1)公开招标。公开招标是指招标人以招标公告的方式邀请不特定的法人或者其他组织投标。公开招标,也称无限竞争性招标,是一种由招标人按照法定程序,在公开出版物上发布招标公告,所有符合条件的供应商或承包商都可以平等地参加投标竞争,从中择优选择中标者的招标方式。公开招标需符合如下条件:

①招标人需向不特定的法人或者其他组织(有的科研项目的招标还可包括个人)发出投标邀请。招标人应当通过为全社会所熟悉的公共媒体公布其招标项目,以及拟采购的具体设备或工程内容等信息,向不特定的人提出邀请。任何认为自己符合招标人要求的法人或其他组织、个人都有权向招标人索取招标文件并届时投标。采用公开招标的,招标人不得以任何借口拒绝向符合条件的投标人出售招标文件。依法必须进行招标的项目,招标人不得以地区或者部门不同等借口违法限制任何潜在投标人参加投标。

②公开招标须采取公告的方式,向社会公众明示其招标要求,使尽量多的潜在投标商可获取招标信息前来投标,从而保证公开招标的公开性。实际生活中人们经常在报纸上看到“×××招标通告”,此种方式即为公告招标方式。采取其他方式,如向个别供应商或承包商寄信等方式招标的都不是公告方式,不该为公开招标人所采纳。

招标公告的发布有多种途径,如可以通过报纸、广播、网络等公共媒体。

(2)邀请招标。邀请招标是指招标人以招标邀请书的方式邀请特定的法人或者其他组织投标。邀请招标,也称为有限竞争招标,是一种由招标人选择若干供应商或承包商,向其发出投标邀请,由被邀请的供应商、承包商投标竞争,从中选定中标者的招标方式。邀请招标的特点是:

①招标人在一定范围内邀请特定的法人或其他组织(有的科研项目的招标还可包括个人)投标。与公开招标不同,邀请招标不需向不特定的人发出邀请,但为了保证招标的竞争性,邀请招标的特定对象也应当有一定的范围,根据《招标投标法》第十七条的规定,招标人应当向三个以上的潜在投标人发出邀请。

②邀请招标不需发布公告,招标人只要向特定的潜在投标人发出投标邀请书即可。接受邀请的人才有资格参加投标,其他人无权索要招标文件,不得参加投标。应当指出,邀请招标虽然在潜在投标人的选择上和通知形式上与公开招标有所不同,但其所适用的程序和原则与公开招标是相同的,其在开标、评标标准等方面都是公开的,因此邀请招标仍不失其公开性。

(3)议标。目前,我国实践中特别是在建筑领域里有一种使用较多的采购方法,被称为“议标”,实质上即为谈判性采购,是采购人和被采购人之间通过一对一谈判而最终达到采购目的的一种采购方式,不具有公开性和竞争性,因而不属于本法所称的招标投标采购方式。有些项目,如一些小型建设项目采用议标方式的目标明确,省时省力,比较灵活;而对服务招标而言，由于服务价格难以公开确定，服务质量也需要通过谈判解决，采用议标方式不失为一种恰当的采购方式。但议标因不具有公开性和竞争性，采用时容易产生幕后交易，暗箱操作，滋生腐败，难以保障采购质量。

为了最大限度地保证项目质量，节约国有资金，提高资金的使用效益，有必要尽可能地采用公开招标的方式以求最充分的竞争。一些大型的技术尖端的国家重点项目，还需要通过国际竞争性招标的方式征集投标商。因此，依法必须进行招标的国家重点项目和地方重点项目，一般应采用公开招标的方式进行招标。

《招标投标法》第十一条中所说的"不适宜公开招标的项目"，是指由于项目本身的原因，致使无法采用公开招标方式进行采购。例如，项目的技术要求复杂或有特殊的专业要求，只有少数几家潜在投标人可供选择的；或者采用公开招标方式采购不符合经济合理性要求的，如有的重点项目虽很重要，但项目规模不大，与公开招标所需的费用与时间不成比例，需要通过限制投标者人数来达到节约与效率的目的。至于究竟哪些项目属于不适宜进行公开招标的项目，需要由审批机关根据每一项目的具体情况而加以判断。对不适于公开招标的国家和地方重点项目，经批准可以采用邀请招标的方式。

为了防止招标人以项目不适于公开招标为由规避本应进行的公开招标，这一条还规定，国家重点项目采用邀请招标方式的，需经国家发展计划部门批准；地方重点项目采用邀请招标方式的，需经省级人民政府批准。

12.邀请招标对象的条件

邀请招标的对象应当符合下列条件：

(1)采用邀请招标方式招标的，招标人应当向3个以上的特定法人或其他组织发出投标邀请书，即受邀请的人至少3个，包括本数。具体数目还需根据项目的特点和潜在投标商的情况而定。

(2)招标人所选定的潜在投标人应当具有承担招标项目的能力，资信良好。招标人所选定的潜在投标人应当具备承接招标项目的人力、财力、物力上的条件，特别是应具有与招标项目要求相适应的技术力量。国家对项目承接人有资质要求的，受邀请的投标人必须具有该资质。"资信良好"是指受邀请的投标人应当有从事与招标项目相适应的经济实力，而且业绩好、信誉佳；不得有违法乱纪等不良启示。依法被限制投标资格的人不得被选定为邀请投标人。

13.对投标人进行的资格审查

招标人对投标人的资格审查通常包括如下几点内容。

(1)审查投标人投标的合法性。包括：投标人是否正式注册的法人或其他组织；是否具有独立签约的能力；是否处于正常的经营状态，即是否处于被责令停业，有无财产被接管、冻结等情况，是否有相互串通投标等行为，是否正处于被暂停参加投标处罚的期限内，等等。经过审查，确认投标人有不合法的情形的，应将其排除。

(2)审查投标人的经验与信誉。看其是否有曾圆满完成过与招标项目在类型、规模、结构、复杂程度和所采用的技术以及施工方法等方面相类似项目的经验，或者具有曾提供过同类优质货物、服务的经验，是否受到以前项目业主的好评，在招标前一个时期内的业绩如何，以往的履约情况如何，等等。

(3)审查投标人的财务能力。主要审查其是否具备完成项目所需的充足的流动资金，是否有信誉的银行提供的担保文件，同时审查其资产负债情况。

(4)审查投标人的人员配备能力。主要是对投标人承担招标项目的主要人员的学历、管理经验进行审查，看其是否有足够的具有相应资质的人员具体从事项目的实施。

(5)审查完成项目的设备配备情况及技术能力。主要看其是否具有实施招标项目的相应设备和机械，并是否处于良好的工作状态，是否有技术支持能力等。

14. **招标文件的内容**

(1)应写明招标人对投标人的所有实质性要求和条件，其中包括：

①投标须知：在投标须知中应写明招标的资金来源，对投标人的资格要求，资格审查标准，招标文件和投标文件的澄清程序，对投标文件的内容、使用语言的要求，投标报价的具体项目范围及使用币种，投标保证金的规定，投标的程序、截止日期、有效期，开标的时间和地点，投标书的修改与撤回的规定，评标的标准及程序，等等。

②如果招标项目是工程建设项目，招标文件中还应包括工程技术说明书，即：按照工程类型和合同方式用文字说明工程技术内容的特点和要求，通过附工程技术图纸、设计资格及工程量清单等对投标人提出详细、准确的技术要求。

(2)招标文件中还应当包括招标人就招标项目拟签订合同的主要条款。合同的内容根据合同类型的不同会有很大的差异。一般来说，货物采购合同应包括如下主要条款：采购双方的权利和义务，运输、保险及验收的规定，价格调整程序、付款条件、方式及支付币种的规定，履约保证金的数额、使用币种及支付方式，合同中止、解除的条件及后续处理，解决合同纠纷的程序及违约责任；国际货物买卖还应规定合同适用的法律，等等。工程建设项目施工合同，按照国际上广泛采用的"菲迪克条款"的规定，主要内容包括：

①一般性规定；

②关于工程师和工程师代理的规定；

③合同文件和图纸；

④承包商应尽义务的规定，包括按合同组织并完成工程，执行工程师多项指令，开工、竣工手续，购置材料，雇佣劳务，按时交足履约保证金，接受业主和工程师的监督及未能如约完成工程进度的处置措施等；

⑤承包商因破产而使合同不能执行及违约的处置办法；

⑥涉及双方责任的规定，如保险、损失赔偿、工程变更、追加或取消工程、货币及汇率、争端解决等；

⑦招标人的责任，包括未如约支付工程费用应负赔偿责任，并支付由于招标人的原因导致工程量变更所增加的工程费用等。

合同的内容因不同的招标内容还应包括各自的特殊条款。应当注意到，招标文件中所列明的合同条款对投标人而言虽然只是要约邀请，但实际上已构成投标人对项目提出要约的全部合同基础。因此，招标文件中合同条款的拟定必须尽可能地详细、准确。

(3)任何一种形式的招标，招标人都应对招标项目提出相应的技术规格和标准，根据标的物的要求，一般可采用国际或国内公认的标准，如 ISO 标准、IEC 标准、我国的国家标准或行业标准等。但是，根据《招标投标法》第十九条第二款的规定，某一招标项目如有国家强制性标准的，招标文件中应该就这一标准对招标项目提出具体技术标准的要求。譬如，在涉及劳动安全和保护方面、环境保护方面等，都应注明应达到的国家标准。

(4)一些招标项目特别是大型、复杂的建设工程项目通常需要划分不同的标段,由不同的承包商进行承包,依然根据《招标投标法》十九条第三款的规定,招标人应当合理地划分标段、确定工期,即划分标段、确定工期必须符合项目施工的科学流程,以节约资金、保证质量为基本的前提条件。由于工期是影响价格的重要因素,也是违约误期罚款的惟一依据,因此确定工期要符合实际情况,确保招标项目按期按质完成。招标人决定划分标段招标的,对标段的划分及工期的确定应在招标文件中载明,以告知投标人。

15. 招标文件内容的禁止性规定

(1)招标文件不得要求或者标明特定的生产供应者。招标项目的技术规格除有国家强制性的标准外,一般应当采用国际或国内公认的标准,各项技术规格均不得要求或标明某一特定的生产厂家、供货商、施工单位,或注明某一特定的商标、名称、专利、设计及原产地。

(2)不得有针对某一潜在的投标人或排斥某一潜在投标人的规定。譬如,实践中有的项目在国际招标中,招标人为使某一外国厂商中标而提出不合理的技术要求,使其他潜在投标人因达不到这一技术要求而不能投标。有的投标人因在以前的招标项目中对招标人的某些行为曾提出过异议,在以后的招标中,招标人为排斥该投标人,在招标文件中故意提出不合理的要求进行打击报复。这些行为根据《招标投标法》第二十条的规定都是不合法的,应予以禁止。

(3)具有招标投标信息的保密义务。招标人履行保密义务应当从标底的编制开始,编制人员应在保密的环境中编制标底,完成之后需送审的,应将其密封送审。标底经审定后应及时封存,直至开标。在整个招标活动过程中所有接触过标底的人员都有对其保密的义务。

16. 招标人对招标文件进行澄清或者修改应遵守的规定

招标人如需对招标文件进行必要的澄清或者修改的,应当遵守以下三方面的规定:

(1)应当在招标文件要求提交投标文件截止时间至少15天前,将需澄清和修改的内容通知招标文件收受人。法律允许招标人澄清或者修改招标文件的内容,是对招标人利益的合理保护,但同时也要注意使投标人的利益不致于因此而受到损害。从招标人发出对招标文件进行澄清、修改的通知到规定的截标日期之间,应留出一段合理的时间,既能照顾到招标人的利益,又能使投标人有合理的时间对自己的投标文件作相应的调整。这段时间不宜过长但也不能过短。招标投标法参照国际上的有关规定,结合我国的具体情况,将这一时间规定为距投标截止时间15天前。当然,这里还应指出的是,由于招标人对招标文件规定的截标时间也是可以修改的,因此,如果招标人发出修改或澄清的通知太晚,则招标人应推迟提交投标文件截止日期,对截标日期作相应修改。

(2)招标人对已发出的招标文件进行必要的澄清或者修改的,应当以书面形式通知所有招标文件收受人。所谓书面形式,是指以文字形成书面文件的方式所制作的通知,包括信件、电报、电传、传真、电子数据交换和电子邮件等形式,而不能以口头形式通知(如以电话形式通知)。

(3)招标人对于已发出的招标文件所进行的澄清或者修改的内容视为招标文件的组成部分,与已发出的招标文件具有同等的效力。这里讲的"澄清",是指对于招标文件中内容不清楚、含义不明确的地方作出书面解释,使招标文件的收受人能够准确理解招标文件中有关内容的含义。招标人可以根据投标人的要求,对招标文件作出澄清,也可以对自己认为需要澄清的内容主动加以澄清。

17. 招标人对投标人编制投标文件所需时间的确定

(1)招标人应当确定投标人编制投标文件所需要的合理时间。投标人编制投标文件需要一定的时间。如果从招标文件开始发出之日起至招标文件规定的投标人提交投标文件截止之日止的时间过短,可能会有一些投标人因来不及编制投标文件而不得不放弃参加投标竞争,这对保证投标竞争的广泛性显然是不利的。但这一时间也不能过长,否则会拖延招标采购的进程,有损招标人的利益。招标人要根据其招标项目的具体情况在招标文件中作出合理的规定。

(2)招标投标法对依法必须进行招标项目的最短截标时间。依法必须进行招标的项目,自招标文件开始发出之日起至投标人提交投标文件截止之日止,最短不得少于20天。从保证法定强制招标项目投标竞争的广泛性出发,法律为各类法定强制招标项目的投标人编制投标文件的最短时间作了规定,即自招标文件开始发出之日起至投标人提交投标文件截止之日止,最短不得少于20天。招标人在招标文件中规定的这一时间,可以超过20天,但不得少于20天。这里还需要注意的是,这一时间的起算是从第一份招标文件开始发出之日起,而不是指向每一个投标人发出招标文件之日起。按照《招标投标法》第二十四条的规定,由招标人确定的投标人编制投标文件的最短时间,只适用于依法必须进行招标的项目。而不属于法定强制招标的项目,是由采购人自愿选择招标采购方式的,一般不受该条规定的限制。招标人确定投标人编制投标文件的时间,既可以多于20天,也可以少于20天。

4.1.3 投标

1. 投标人应具备的条件

(1)投标人应当具备承担招标项目的能力,即投标人在资金、技术、人员、装备等方面,要具备与完成招标项目的需要相适应的能力或者条件。

(2)国家有关规定对投标人的资格条件或者招标文件对投标人的资格条件是有规定的,投标人应当具备规定的资格条件。譬如,按照《建筑法》的规定,从事房屋建筑活动的建筑施工企业、勘察单位、设计单位和工程监理单位,应当具备以下条件:一有符合国家规定的注册资本;二有与其从事的建筑活动相适应的具有法定执业资格的专业技术人员;三有从事相关建筑活动所应有的技术装备,以及法律、行政法规规定的其他条件。从事建筑活动的建筑施工企业、勘察单位、设计单位和工程监理单位,按照其拥有的注册资本、专业技术人员、技术装备和已完成的建筑工程业绩等资质条件,划分为不同的资质等级,经资质审查合格并取得相应等级的资质证书后,方可在其资质等级许可的范围内从事建筑活动。

2. 投标人编制投标文件的基本要求

投标人编制投标文件应当符合以下基本要求:

(1)投标人应按照招标文件的要求编制投标文件。

(2)投标文件应当对招标文件提出的实质性要求和条件作出响应,并一一作出相对应的回答,不能存在遗漏或重大的偏离。否则,将被视为废标而失去中标的可能。

(3)对建设施工项目投标文件内容的特别规定。编制建设施工项目的投标文件,除符合编制投标文件基本要求外,还应当包括如下内容。

①拟派出的项目负责人和主要技术人员的简历:包括项目负责人和主要技术人员的姓名、文化程度、职务、职称、参加过的施工项目等情况。

②业绩：一般是指近三年承建的施工项目。通常应具体写明建设单位、项目名称与建设地点、结构类型、建设规模、开竣工日期、合同价格达标情况等。

③拟用于完成招标项目的机械设备：通常应将投标方自有的拟用于完成招标项目的机械设备以表格的形式列出，主要包括机械设备的名称、型号规格、数量、国别产地、制造年份、主要技术性能等内容。

④其他：譬如，近两年的财务会计报表及下一年的财务预测报告等投标人的财务状况；全体员工人数特别是技术工人数量；现有的主要施工任务，包括在建或者尚未开工的工程；工程进度等招标文件所要求的在投标文件中载明的内容。

3. 投标人少于法定人数时的处理

投标截止期满后，投标人少于3个时，投标人应当依照《招标投标法》的有关规定重新招标。这里需要说明的是，《招标投标法》第二十八条所讲的“投标人少于三个”，是指2个、1个或者没有的情况，但不包括3个。投标人少于3个，不能保证必要的竞争程度，原则上应当重新招标。如果确因招标项目的特殊情况，即使重新进行招标，也无法保证有3个以上的承包商、供应商参加投标的，可按国家的有关规定采取其他的招标方式。

4. 对已发出的投标文件进行补充、修改或撤回应注意的事项

(1)投标人可以补充、修改或者撤回投标文件是招标投标法规定的投标人的一项权利，也是当事人订立合同的一种方式。当事人订立合同的过程，分为要约、承诺两个阶段，其中要约是希望和他人订立合同的意思表示。该意思表示应当符合下列规定：一是内容具体确定；二是表明经受要约人承诺，要约人即受该意思表示的约束。承诺是受要约人同意要约的意思表示。要约需到达受要约人时生效。要约可以补充、修改或者撤回。在以招标投标方式订立合同的过程中，投标人的投标属于要约行为，投标文件是投标人希望与招标人订立合同的意思表示，该意思表示在遵守上述规定时，有权补充、修改或者撤回。

(2)投标人补充、修改或者撤回投标文件必须符合下列要求。

①须在招标文件要求提交投标文件的截止时间前。这一规定同合同法规定的“撤回要约的通知应当在要约到达受要约人之前或者与要约同时到达受要约人”有所不同，根据《招标投标法》第二十九条的规定，投标人只要是“在招标文件要求提交投标文件的截止时间前”提交撤回投标文件就属于合法有效。也就是说，投标人撤回投标文件，不完全受合同法关于“撤回要约的通知应当在要约到达受要约人之前或者与要约同时到达受要约人”规定的限制。这是因为投标人的投标虽然可能在规定的时间前送达招标人，但按照《招标投标法》的规定，在规定的开标时间(应与截标时间相一致)前，招标人不得开启招标人尚不知道投标文件的内容，不会受到投标文件内容的影响，此时允许投标人补充、修改或者撤回投标文件，对招标人和其他投标人并无不利影响，反而体现了对投标人意志的尊重。

②须以书面形式通知招标人。

(3)补充、修改的内容为投标文件的组成部分，即补充、修改的内容同投标文件的其他内容具有同等的法律效力，投标人应受补充、修改的投标文件内容的约束。

5. 投标人对中标项目进行分包时应注意的事项

所谓分包，是指投标人拟在中标后将自己中标项目的一部分工作交由他人完成的行为。

(1)是否分包由投标人决定。投标人自己决定是否分包的前提是，根据招标文件载明的项目的实际情况。譬如，招标项目规模大、技术要求复杂，包括不同专业的工作业务较多等，

此时投标人就可以考虑将部分专业工作分包给技术条件较好的专业队伍；又如，投标人由于自己的某些施工人员临时被其他项目占用，此时也可以考虑分包。分包单位由投标人自己决定，招标人不得为投标人指定分包单位。

（2）分包的内容为“中标项目的部分非主体、非关键性工作”。至于何为“非主体、非关键性工作”，《招标投标法》未作出具体界定，这需要根据各个招标项目的具体情况来加以判断。譬如，就一栋楼房建筑来讲，楼房的基本结构就属于主体工作，也属于关键性的工作。

（3）分包应在投标文件中载明。一般来讲，应载明拟分包的工作内容、数量，拟分包的单位，投标单位的保证等。这一要求的目的是保护招标人的利益。如果招标人对分包不放心，完全可以不选择有分包内容的投标人中标。

此外，关于分包，其他法律有规定的还应遵守其他法律的规定。譬如，建筑法的下述规定就应遵守：一、建筑工程总承包单位在总承包合同中没有约定分包的，如果要分包还须经过建设单位的认可；二、施工总承包的，建筑工程主体结构的施工必须由总承包单位自行完成；三、总承包单位不得将工程分包给不具备相应资质条件的单位，分包单位不得将其承包的工程再分包；四、建筑工程总承包单位按照总承包合同的约定对建设单位负责，分包单位按照分包合同的约定对总承包单位负责；五、总承包单位和分包单位就分包的工程对建设单位承担连带责任。

6.联合体投标的定义

所谓联合体投标，是指两个以上法人或者其他组织组成一个联合体，以一个投标人的身份共同投标的行为。对于联合体投标可作如下理解：

（1）联合体承包的联合各方均为法人或者法人之外的其他组织。其形式可以是两个以上法人组成的联合体、两个以上非法人组织组成的联合体，或者是法人与其他组织组成的联合体。

（2）联合体是一个临时性的组织，不具有法人资格。组成联合体的目的是增强投标竞争能力，减少联合体各方因支付巨额履约保证而产生的资金负担，分散联合体各方的投标风险，弥补有关各方技术力量的相对不足，提高共同承担的项目完工的可靠性。如果是共同注册并进行长期经营活动的“合资公司”等法人形式的联合体，则不属于招标投标法所称的联合体。

（3）联合体的组成是可以组成也可以不组成。是否组成联合体由联合体各方自己决定。联合体的组成属于各方自愿的共同一致的法律行为。

（4）联合体对外“以一个投标人的身份共同投标”。也就是说，联合体虽然不是一个法人组织，但是对外投标应以所有组成联合体各方的共同的名义进行，不能以其中一个主体或者两个主体（多个主体的情况下）的名义进行，即“联合体各方”“共同与招标人签订合同”。这里需要说明的是，联合体内部之间对权利、义务、责任的承担等问题需要以联合体各方订立的合同为依据。

（5）联合体共同投标的，联合体各方应具备一定的条件。譬如，根据招标投标法的规定，联合体各方均应具备承担招标项目的相应能力；国家有关规定或者招标文件对投标人资格条件有规定的，联合体各方均应当具备规定的相应资格条件。

（6）联合体共同投标一般适用于投标大型的建设项目和结构复杂的建设项目，对此，《建筑法》第二十七条有类似的规定。

7. 共同投标的联合体应具备的条件

(1)联合体各方均应具备承担招标项目的相应能力,这是《招标投标法》对于联合体投标各方的基本要求。联合体承担招标项目的相应能力,是指完成招标项目所需要的技术、资金、设备、管理等方面的能力。不具备承担招标项目的相应能力的各方组成的联合体,招标方也不得确定其为中标人。

(2)国家有关规定或者招标文件对投标人资格条件有规定的,联合体各方均应当具备规定的相应资格条件。

(3)由于同一专业的不同单位资质等级的各方组成的联合体,应按照资质等级较低的单位确定联合体的资质等级。招标投标法的这一规定的目的是防止资质等级较低的一方借用资质等级较高的一方的名义取得中标人资格,从而造成中标后不能保证建设工程项目质量的现象发生。

8. 共同投标的联合体内外关系的确定

(1)共同投标的联合体内部关系以协议的形式确定。联合体各方在确定组成共同投标的联合体时,应当依据《招标投标法》和有关合同法律的规定共同订立投标协议。这里需要指出的是《招标投标法》对协议内容有两项特殊要求:一是应在协议中约定联合体各方拟承担的具体工作;另一项是各方应承担的责任,这里所讲的责任应当是在中标后对中标项目有什么样的权利、义务和违反义务后应当承担的责任等内容。上述两项要求联合体各方均应明确。联合体各方共同投标的协议应以书面形式为宜。

(2)共同投标的联合体对外关系的确定。包括两个方面:一是中标的联合体各方应当共同与招标人签订合同,《招标投标法》所讲的共同“签订合同”,是指联合体各方均应参加合同的订立,并应在合同书上签字或者盖章。二是就中标项目向招标人承担连带责任。

9. 严格禁止串通投标

串通投标一般包括以下两种情况:

(1)投标人之间“相互串通投标报价”。这是指投标人彼此之间以口头或者书面的形式,就投标报价互相通气,达到避免相互竞争,共同损害招标人利益的行为。国家工商行政管理局1998年1月发布的《关于禁止串通招标投标行为的暂行规定》,将“相互串通投标报价”的行为,根据其在实际中的表现分为以下两类:一是投标者之间相互约定,一致抬高或者压低投标报价;二是投标者之间相互约定,在招标项目中轮流以高价位或者低价位中标。

(2)投标人与招标人串通投标。这是指某些投标人与招标人在招标投标活动中,以不正当的手段进行私下交易,致使招标投标流于形式,共同损害国家利益、社会公共利益或者他人的合法权益的行为。其主要表现:一是招标者在公开开标前开启标书,并将投标情况告知其他投标者,或者协助投标者撤换标书,更改报价;二是招标者向投标者泄露标底;三是投标者与招标者商定,在招标投标时压低或者抬高标价,中标后再给投标者或者招标者额外补偿;四是招标者预先内定中标者,在确定中标者时以此决定取舍,以及招标者和投标者之间其他串通招标投标行为。

10. 禁止投标人以低于成本的报价竞争

低于成本是指低于投标人为完成投标项目所需支出的个别成本。由于每个投标人的管理水平、技术能力与条件不同,即使完成同样的招标项目,其个别成本也不可能完全相同。管理水平高、技术先进的投标人,生产、经营成本低,有条件以较低的报价参加投标竞争,这是其竞争实力强的表现。实行招标采购的目的,正是为了通过投标人之间的竞争,特别在投标报价方面的竞争中择优选择中标者,因此,只要投标人的报价不低于自身的个别成本,即使是低于行业平均成本,也是完全可以的。但是,按照《招标投标法》第三十三条的规定,禁止投标人以低于其自身完成投标项目所需的成本报价进行投标竞争。至于对"低于成本的报价"的判定,在实践中是比较复杂的问题,需要根据每个投标人的不同情况加以确定。

11. 严防弄虚作假骗取中标

一些单位在投标活动中的弄虚作假骗取中标的行为主要表现为:

(1)以他人名义投标。在实践中多表现为一些不具备法定的或者不具备投标文件所规定的资格条件的单位或个人,采取"挂靠"甚至直接冒名顶替的方法,以其他具备资格条件的企业、事业单位的名义进行投标竞争。

(2)提交虚假的营业执照、虚假的资格证明文件。譬如,伪造资质证书,虚报资质等级,以及虚报曾完成的工程业绩等弄虚作假的情况。

4.1.4 开标

1. 招标投标法对开标时间和地点的规定

(1)规定开标时间应当在提供给每一个投标人的招标文件中事先确定,目的在于使每一个投标人都能事先知道开标的准确时间,以便届时参加。

(2)将开标时间规定为提交投标文件截止时间的同一时间,目的是为了防止招标人或者投标人,利用提交投标文件的截止时间以后与开标时间之前的这一段时间间隔做手脚,进行暗箱操作。

(3)开标地点应当在招标文件中事先确定。这一规定的目的在于使所有投标人都能事先知道开标地点,都能事先为参加开标活动做好充分的准备,以便按时到达开标地点参加开标。

2. 开标应遵守的法定程序

(1)由投标人或者其推选的代表检查投标文件的密封情况,也可以由招标人委托的公证机构检查并公证。投标人数较少时,可由投标人自行检查;投标人数较多时,也可以由投标人推举代表进行检查。招标人也可以根据情况委托公证机构进行检查并公证。按照《公证暂行条例》的规定,公证处是国家公证机构,而是否需要委托公证机构到场检查并公证,完全由招标人根据具体情况决定。

(2)经确认无误的投标文件,由工作人员当众拆封。投标人或者投标人推选的代表或者公证机构对投标文件的密封情况进行检查以后,确认密封情况良好且没有问题,即可以由现场的工作人员在所有在场人的监督之下进行当众拆封。

(3)宣读投标人名称、投标价格和投标文件的其他主要内容,即拆封以后,现场的工作人员应当高声唱读投标人的名称,唱读每一个投标的投标价格以及投标文件中的其他主要内容。其他主要内容,主要是指投标报价有无折扣或者价格修改等。如果要求或者允许报替代方案的话,还应包括替代方案投标的总金额。譬如,建设工程项目,其他主要内容还应包括工期、质量、投标保证金等。这样做的目的在于,使全体投标者了解各家投标者的报价和自己在其中的顺序,了解其他投标的基本情况。

(4)招标人在招标文件要求提交投标文件的截止时间前收到的所有投标文件,开标时都应当当众予以拆封，不能遗漏，否则就构成对投标人的不公正对待。如果是招标文件所要求的提交投标文件的截止时间以后收到的投标文件，则应不予开启，原封不动地退回。

3. **开标过程必须记录**

对开标过程进行记录，可以使权益受到侵害的投标人行使要求复查的权利。同时，也有利于确保招标人尽可能地做到自我完善，加强管理，少出漏洞。此外，还有助于有关行政主管部门进行检查。

4.1.5 评标

1. **评标委员会的组建**

所谓评标，是指按照规定的评标标准和方法，对各投标人的投标文件进行评价、比较和分析，从中选出最佳投标人的过程。评标是招标投标活动中十分重要的阶段，评标是否真正做到公平、公正，决定着整个招标投标活动是否公平和公正；评标的质量又决定着能否从众多投标竞争者中选出最能满足招标项目各项要求的中标者。招标人组建的评标委员会应按照招标文件中规定的评标标准和方法进行评标工作，并对招标人负责，从投标竞争者中评选出最符合招标文件各项要求的投标者，最大限度地实现招标人的利益。

《招标投标法》对依法必须进行招标项目的评标委员会的组成作了强制性的规定，包括：

(1)评标委员会需由下列人员组成。

①招标人的代表：招标人的代表参加评标委员会，以便在评标过程中充分表达招标人的意见，并对评标的全过程实施必要的监督。

②相关技术方面的专家：由与招标项目相关专业的技术专家参加评标委员会，由此对投标文件所提方案在技术上的可行性、合理性、先进性和质量的可靠性等指标进行评审比较，以确定在技术和质量方面确实能满足招标文件要求的投标。

③经济方面的专家：由经济方面的专家对投标文件所报的投标价格、投标方案的运营成本，以及投标人的财务状况等投标文件的商务条款进行评审比较，以确定在经济上对招标人最有利的投标。

④其他方面的专家：根据招标项目的不同情况，招标人还可聘请除技术专家和经济专家以外的其他方面的专家参加评标委员会。譬如，对一些大型的或国际性的招标采购项目，还可聘请法律方面的专家参加评标委员会，以对投标文件的合法性进行审查和把关。

(2)评标委员会成员人数须为五人以上的单数。评标委员会成员人数过少，不利于集思广益，当然，评标委员会成员人数也不宜过多，否则会影响评审工作的效率，增加评审费用。

(3)评标委员会成员中，有关技术、经济等方面的专家人数不得少于成员总数的2/3，以保证各方面专家的人数在评标委员会成员中占绝对多数，以便充分发挥专家在评标活动中的权威作用，保证评审结论的科学性和合理性。

2. **评标委员会成员的回避制度**

按照《招标投标法》第三十七条第四款的规定，与投标人有利害关系的人不得进入相关项目的评标委员会。这一款的规定，却是评标委员会成员的回避制度。与投标人有利害关系的人，包括投标人的亲属，与投标人有隶属关系的人员，或者中标结果的确定涉及其利益的其他人员。与投标人有利害关系的人只是不能进入相关项目的评标委员会，如果已经进入投标委员会，经审查发现以后，应当按照法律规定更换，与投标人有利害关系的成员自己也应当主动退出。

3. 评标过程中的保密

(1)按照《招标投标法》第三十八条的规定,招标人应保证评标在严格保密的情况下进行。由于评标过程涉及到对投标文件的评审和比较,涉及到标底价格、中标候选人的推荐情况,涉及投标人不希望其他参与竞争的投标人知道的任何资料以及可能影响公平竞争的其他资料,如果透露出去会影响评标的公平与公正。因此,评标过程必须保密。

(2)招标人应当采取必要的措施,保证评标在严格保密的情况下进行。保密措施通常可包括:

①评标委员会成员名单对外应当保密,以避免某些投标人在得知评标委员会成员名单以后,采取不正当的手段对评标委员会成员施加影响,造成评标结果的不公正。

②在可能和必要的情况下,为评标委员会进行评标工作提供比较安静、不易受外界干扰的评标地点,并对该评标地点保密。

4. 评标过程中任何单位和个人不得非法干预

从我国推行招标投标制度的实践看,确实存在着对招标投标活动进行“非法干预”的情况。主要表现为:有的地方政府或政府有关主管部门出于地方保护或行业垄断的需要,置招标文件已明确规定的评标标准和评标方法于不顾,利用其掌握的行政权利,强令评标委员会只能推荐本地方或本部门的投标人中标,强令招标人只能确定由本地方、本部门的投标人中标;甚至有某些领导人以“批条子”、打电话或其他明示或暗示的方式对评标活动施加压力,要求评标委员会和招标人按自己的意图而不是按招标文件规定的中标标准确定中标人;还有,某些投标人采取任意指定中标人,提出修改评标标准,等等。

5. 评标阶段投标人对投标文件的澄清和说明必须遵守的有关规定

(1)评标委员会在对投标人的投标文件进行评审和比较时,遇到投标文件中所载的事项内容不清楚、不明确的地方,可以要求投标人对此予以说明,以便客观地对投标文件进行审查和比较,准确地了解投标人真实的意思表示。投标人应当如实加以澄清或者说明,投标人不作出必要的澄清或说明,评标委员会可以将其作为不符合招标文件要求的投标处理,即作为废标,投标人将因此丧失中标资格。评标委员会要求对投标人进行澄清和说明的,只限于投标文件中含义不明确的内容。

(2)投标人对于投标文件的澄清或者说明,不得超出投标文件的范围或者改变投标文件的实质性内容。这一规定从两方面对投标人澄清和解释投标文件作了限制。首先,投标人对于投标文件的澄清或者说明只能限于投标文件已记载的内容,不得超出投标文件的范围。如果某些投标人因其投标文件编写不完整,企图借评标过程中澄清、说明的机会补充甚至修改投标文件的内容,则是法律所不允许的。其次,投标人对于投标文件的澄清或者说明不得改变投标文件的实质性内容。这里所讲的“实质性内容”,包括投标文件中记载的投标报价、主要技术参数、交货或竣工日期等主要内容。

6. 评委会对投标文件进行评审和比较的依据

(1)事前提供给每一个投标人的招标文件中已载明的评标标准和方法,招标人或评标委员会都不能在评标过程中对评标标准和方法加以修改。

(2)评标委员会对投标文件进行评审和比较,包括对投标文件的评估、审查和比较。投标文件应实质上响应招标文件的要求,这就是说投标文件应与招标文件的所有实质性条款、条件和规定相符,而且无显著的差异或保留。评标委员会应对确定为实质上响应了招标文件要求的投标进行投标报价评估,而在评估投标报价时又应对报价进行校核,看其是否有计算上或累计上的算术错误;技术评估时,主要是对投标人所报的施工方案或施工组织设计、施工进度计划、施工人员和施工机械设备的配备、施工技术能力、以往履行合同的情况、临时的布置和临时用地情况等进行评估;在对设备采购的技术评估时,主要是从执行设计上要求的能力、数量控制、质量控制、进度控制等方面进行评估。对投标文件的比较,主要是指评标委员会依据评标原则、评标办法,对投标人的报价、工期、质量、主要材料用量、施工方案或组织设计、以往业绩、社会信誉及优惠条件等方面进行的综合评价与比较,以便能够公正、合理地选出中标者。

7. **标底及标底在评标中的作用**

(1)所谓标底,是指招标人根据招标项目的具体情况所编制的完成招标项目所需的基本概算。标底价格由成本、利润、税金等组成,一般应控制在批准的总概算及投资包干的限额内。对于超过标底过多的投标一般不应考虑;对低于标底的投标,则应区别情况。

(2)从竞争角度考虑,在其他各项条件均满足招标文件要求的前提下,当然应以价格最低的中标。将低于标底的投标排除出中标范围,是不符合国际上通行做法的,也不符合招标投标活动公平竞争的要求。从我国目前的情况看,一些地方和部门为防止某些投标人以不正当的手段以过低的投标报价抢标,规定对低于标底一定幅度的投标为废标,不予考虑。这种做法需要通过完善招标投标制度,包括严格投标人资格审查制度和合同履行责任制度等逐步加以改变。

8. **评标委员会应向招标人提供的工作成果**

(1)向招标人提供书面评标报告。评标报告,是指评审阶段的综合性结论报告。

(2)推荐中标候选人。评标委员会经过认真的评选之后,应向招标人推荐符合《招标投标法》规定的中标条件的中标候选人。候选人的人数一般应不少于 2 ~ 3 人,以便于招标人从中选择一名最符合其要求的投标人作为中标者。

4.1.6 中标

1. **中标人的确定**

(1)招标人根据评委会提出的书面报告和在其所推荐的中标候选人中确定中标人。

(2)招标人也可以将确定中标人的权利交给评标委员会,委托评标委员会根据评标结果直接确定一名符合要求的投标人中标。

2. **中标人的投标应当符合的条件**

(1)能够最大限度地满足招标文件中规定的各项综合评价标准。按综合评价标准对建设工程项目的投标进行评审时,应当对投标人的报价、工期、质量、主要材料的用量、施工方案或者组织设计、以往业绩、社会信誉等方面进行综合评定,以能够最大限度地满足招标文件规定的各项要求的投标作为中标。根据综合评价标准最优作为中标条件的,在评价方法中通常采用打分的办法,在对各项评标因素进行打分后,以累计得分最高的投标作为中标。

(2)能够满足招标文件的实质性要求,并且经评审其投标价格最低,但是投标价格低于成本的除外。这一规定包括三个方面的含义:

①能够满足招标文件的实质性要求,这是一项投标中标的前提条件。

②经评审后投标价格最低，这是指对投标文件中的各项评标因素尽可能折算为货币量，加上投标报价进行综合评审、比较之后，确定评审价格最低的投标（通常称为最低评标价），以该投标为中标。这里需要指出的是，中标的是经过评审的最低投标价，而不是指报价最低的投标。

③为了保证招标项目的质量，防止某些投标人以不正常的低价中标后粗制滥造、偷工减料，按照《招标投标法》的有关规定，对投标价格低于成本的投标将不予考虑。

3. 投标的否决

评标委员会经评审，认为所有投标都不符合招标文件要求的，可以否决所有投标。所有投标文件都不符合招标文件的要求，通常有以下几种情况：

（1）最低评标价大大超过标底或合同估价，招标人无力接受投标；

（2）所有投标人在实质上均未响应投标文件的要求；

（3）投标人过少，没有达到预期的竞争性。

当按照《招标投标法》必须进行招标项目的所有投标被否决时，招标人应当依照本法重新进行招标。

4. 中标通知书的法律性质

所谓中标通知书，是指招标人在确定中标人后向中标人发出的中标书面凭证，并具体确定签订合同的时间和地点。招标投标是以订立合同为目的的民事活动。从合同法意义上讲，招标人发出的招标公告或者投标邀请书，是吸引法人或者其他组织向自己投标的意思表示，属于要约邀请。而招标人向中标的投标人发出的中标通知书，则是招标人同意接受该投标人的要约意思表示，属于承诺。因此，中标通知书发出后即产生承诺的法律效力。

5. 中标通知书的法律效力

中标通知书发出后，中标人如改变中标结果的，或者中标人放弃中标项目的，应当依法承担法律责任。具体体现在：中标通知书发出后，除不可抗力外，招标人改变中标结果（如宣布该标为废标的或改由其他投标人中标的），或者随意宣布取消项目招标的，应当适用定金罚则双倍返还中标人提交的投标保证金，给中标人造成的损失超过返还的投标保证金数额的，还应当对超过部分予以赔偿；未收取投标保证金的，对中标人的损失同样应承担赔偿责任。如果是中标人放弃中标项目，不按照招标文件和投标文件与招标人签订合同的，则招标人对其已经提交的投标保证金不予退还。倘若给招标人造成的损失超过投标保证金数额的，还应当对超过部分予以赔偿；未提交投标保证金的，对招标人的损失应承担赔偿责任。

6. 中标人不按照招标文件的要求提交履约保证金应承担的责任

（1）在招标文件中，招标人应就提交履约保证金的方式作出规定。中标人应当按照招标文件的规定提交履约保证金。中标人不按招标文件的规定提交履约保证金，将失去取得合同的资格，其已提交的投标保证金不予退还。

（2）要求中标人提交履约保证金也是国际上通行的做法，《世界银行信贷采购指南》规定，工程的招标文件要求一定金额的保证金，其金额足以抵偿借款人在承包商违约时所遭受的损失。该保证金应当按照借款人在招标文件中的规定以适当的格式和金额并采用履约担保书或者银行保函形式提供。

7. 禁止中标人转让中标项目

中标人要按照合同约定完成中标项目,不得将中标项目转包给他人。

(1)招投标实质上是一种特殊的签订合同的方式。招标人通过招标投标活动选择了适合自己需要的中标人并与之订立合同。中标人应当全面履行合同约定的义务,完成中标项目,不得将合同转包给他人。

(2)所谓转包,是指中标人将其承包的中标项目倒手转让给他人,使他人实际上成为该中标项目的新的承包人的行为。从实践中看,转包行为有很大的危害性,一些中标人将其承包的中标项目压价倒手转让给他人,从中谋取不正当利益。在工程建设领域,中标人转让中标项目,形成"层层转包、层层扒皮"的现象,最后实际用于工程建设的费用大为减少,导致严重的偷工减料。另外,一些建设工程转包后由不具备相应资质条件的包工队承揽,留下严重的工程质量隐患,甚至造成重大的质量事故。中标人擅自将其承包的中标项目转包,不仅破坏了合同关系应有的稳定性和严肃性,而且变更了合同的主体。

(3)《招标投标法》第四十八条第二款规定,中标人按照合同约定或者经招标人同意,可以将中标项目的部分非主体、非关键性工作分包给他人完成,接受分包的人应当具备相应的资格条件,并不得再次分包。

8. 中标人和接受分包的人对招标人承担的责任

依照《招标投标法》第四十八条第三款的规定,中标人应当就分包项目向招标人负责,接受分包的人就分包项目承担连带责任。在总包与分包相结合的承包形式中,存在总承包合同即招标采购合同与分包合同两个不同的合同关系。招标采购合同是招标人与中标人之间订立的合同,中标人应当就招标采购合同的履行向招标人承担全部责任,即使中标人根据合同的约定或者经招标人同意,将招标采购合同范围内的部分非主体、非关键性工作分包给他人的,中标人也得对分包的工作向招标人负责。这就要求中标人应当慎重选择分包人,并加强对分包项目的管理。

4.1.7 法律责任

在建筑工程招标投标中,对违反《中华人民共和国招标投标法》规定的招标人、投标人、代理机构及国家工作人员,都要依法承担法律责任。

4.2 投标策略

4.2.1 投标目标及风险

1. 投标目标

所有参加投标的投标者,都希望自己能中标,但各人的目标都不相同。一般地说,投标的目标主要有如下几种:

(1)投标的目标在于使企业生存。

(2)投标的目标是使企业有活干。

(3)投标的目标在于开展新的业务,打开新的局面。

(4)投标的目标在于薄利多销。

(5)投标的目标在于取得最大利润。

由于各个投标者的目标不同,采取的方法及艺术手段也不同。投标者为了中标,如何使自己的标价能够投在招标单位"底标"范围内,或接近"底标",又能胜过竞争对手,关键在于标价计算。

在投标之前,先要计算标价(又称报价)。一般说,标价高了不易拿到标,标价低了又要亏本。所以说,投标目标的达到,计算合理的标价,是达到投标目标的基础。招标单位在填报招标申请文件时,应先测算或拟定较为合理的标底。这就要根据标书文件,认真分析费用组成、计算依据,按照施工图纸、合同条款及有关施工定额等进行计算,既要防止漏算、漏项,也不巧立名目、层层加码。标价的计算方法如同工程预算书的编制。

2. 投标风险

投标的胜利可以使企业旺盛,也可以使企业倒闭。根据一些统计资料,美国每年平均有13%的建筑承包商破产倒闭,其破产率超过了任何行业,由此可见,投标的风险是很大的。投标风险是由主观策略不当和客观条件发生了较大的变化而造成的。其原因有以下几方面:

(1)标书文件或合同条款不合理,把本来属于招标单位的责任强加在投标者身上,迫使投标者遭受损失。

(2)自然条件超乎寻常的变化,如雨季或冬季冰雪延长的影响,如果够不上合同规定的"人力不可抗拒的"条款时,合同工期不能延长,投标者为了抢工期,多花不少代价,直至无法按期完工而被迫罚款。

(3)物价上涨超过预计的情况。

(4)当地劳动力困难,不得不用高价从外地雇用劳动力。

(5)意外损失,如设备材料被盗或遇火灾,如果没有办理保险,就会给投标者造成损失。

(6)投标者的管理水平差,组织不力,不能按合同规定的工期或工程质量完成任务,因工程质量事故返工造成的损失很大。

(7)因分包失误,不能按期、按质完成任务,投标者也要担负赔偿责任。

(8)由于经济核算不严格,造成浪费及工程成本亏损等。

(9)由于竞争对手的有意迫害,造成投标及经营的失败。

(10)由于政治局面和经济局面的激烈变化,造成投标企业的破产。

在投标过程中,许多风险是能预见的,只要事先有足够的估计,并采取预防措施,认真研究合同条款,抓住工程关键,就可以避免遭受意外的损失,从而谋取一定的利润,不断地发展自己的企业。

4.2.2 投标的艺术手段

投标的艺术手段是指投标工作中的具体对策和方法。投标不能代替考察、分析和细致的做标工作,而是一种做标艺术。投标的艺术手段主要有以下几种:

1. 扩大标价法

在做标工作中,除按正常的已知条件编制标价以外,对工程中变化较大或没有把握的工作,采用扩大单价,增加"不可预见费"的方法来减少风险。这种做标方法的缺点是,总价过高往往被淘汰。

2. 开口升级报价法

这种方法是将投标看成协商的开始。首先,对图纸和说明书进行分析,把工程中的一些难题,如特殊基础等花钱最多的部分抛开,将标价降至无法与之竞争的数额(而在报告单中加以注解),利用这种"最低标价"来吸引业主,从而取得与业主商谈的机会。在签订合同时,通过技术谈判,不断地借故加价,最后成交时,使其总价仍然达到目标水平。

3. 多方案报价法

承包商往往通过多方案报价法而达到修改合同和说明书的目的。有些合同和说明书的条款很不公正或不够明确,使承包商承担很大的风险。为了减少风险就必须扩大工程单价,增加不可预见费。但这样做,又恐怕因报价过高而被淘汰,因此才想出不平衡报价的方法来作为对策。

不平衡报价法,就是在标书上报两个单价,一是按原说明书的条款报一个价,二是加以注解,如果说明书作了某些变改,则报价可减少15% ~20%的费用,使报价成为最低的。当业主看到这个不平衡报价时,考虑到由于加了这些条款而要花不少钱,就会同意对原说明书作某些修改。

还有一种不平衡报价法,就是对工程中的一部分没有把握的工作进行报价,而注明"这部分工作按成本加15%的酬金结算"等。

在实行不平衡报价时,还必须注意,有些国家规定"官方工程合同的文字是不准改动的,经过改动的报价单,被认为是无效的"。

4. 突然袭击法

这是一种用以迷惑对手的竞争艺术。在整个报价过程中,仍然按一般情况进行报价,甚至故意表现自己对该工程的兴趣不大(或甚大),等快到投标截止的时候,再来个突然降价(或加价),使竞争对手措手不及。

为什么要采取突然袭击的方法呢?因为竞争对手们总是随时随地地互相侦察着对方的报价情况,绝对保密是很难做到的,如果不搞突然袭击的方法,你的报价若被对手知道后,他们就会立即修改自己的报价。譬如,你的标价是99元/m^2,对方的标价则报98.50元/m^2,比你只少0.5元钱,他的标单就排在你前面去了,而你的则可能被淘汰。

5. 拼命法

这是一种先亏后盈的方法。凡采用此法的承包商不是自己有雄厚实力就是有国家或大财团作后盾,为了占领某一市场,或为了在某一地区打开局面,而采取的一种不惜代价只求中标的投标策略。凡是在竞争中遇到这种对手,应该很好地研究,然后作出决策。我们想不想和它拼命?如果不准备和它拼命,就不考虑它的标价如何,而只和其他的对手竞争。此时,其他对手的报价都无法和拼命者相比。如果拼命者的工程质量和信誉不行,业主也不会选它,那么第二标、第三标仍有中标的可能。

6. 联合保标法

当竞争对手众多的情况下,首先要研究好具体对策和方法,如几家实力雄厚的承包商可以联合起来控制标价。常采用一家出面保一家的办法,以达到中标的目的,然后再进行二次、三次招标与投标,即把有些工程转让二包施工。在国际上,这种做法是常见的。

4.2.3 投标策略的模型

承包商(或企业)在工程投标中的利润,就是他希望从这项工程中赢得的货币量。为了便于讨论,假设承包商对于工程的投标估价是准确的,并认为和实际造价相等,因此对这项工程进行投标时,承包商可能取得他所希望的利润,也可能其利润等于零。无疑地,承包商的远期利润不仅与投标中的利润大小有关,而且与他得标的次数也有关。

承包商的直接利润,可解释为工程的投标价格与实际造价之间的差额。设 X 为承包商的投标价格,A 为工程的实际造价,则承包商在这项工程中的直接利润($I.P.$)可从下式中求得

$$I.P.=X-A$$

如果承包商投的是高标(具有较高的利润),在投标竞争的环境中,得标的机会必然很少。如果承包商压缩其利润进行投标,他得标的机会将会增加。

倘若对承包商采取的各种投标方式能确定其得标的概率,就可能对各种投标方式的预期利润进行估算。工程投标的预期利润,是用直接利润乘以得标的概率。在投标过程中得标者一般就是标价最低者。假设 P 代表得标的概率,那么,投标的预期利润($E.P.$),可从下式求得:

$$E.P.=P\cdot(X-A)=P\cdot(I.P)$$

假设承包商对一项工程感兴趣,工程名称为 ABC,该工程的实际成本为 20 000 美元,承包商拟定了三个不同的标价进行选择,这样各标价和得标的概率见表 4-1。

表 4-1　三个标价和得标的概率

投标名称	金 额	得标的概率
B_1	30 000 美元	0.1
B_2	25 000 美元	0.5
B_3	22 000 美元	0.8

表中各项概率,是承包商自己估计的认为是最低标的可能性。当然,投标 B_1 有较高的直接利润(30 000 美元-20 000 美元=10 000 美元)。但 B_1 获胜的概率较小,从全局来看,并不是获取最大利润的好标单。各种投标预期利润的计算方法和结果见表 4-2。

表 4-2　三种投标的预期利润

投标名称	概率×直接利润	预期利润(美元)
B_1	0.1(10 000)	1 000
B_2	0.5(5 000)	2 500
B_3	0.8(2 000)	1 600

从上表可以看出,投标 B_2 具有最高的预期利润。假如承包商对大量相似的工程提出同样的标价,预期利润应视为各个工程的平均利润,不能代表承包商从工程上得到的实际利润。在上述问题中,如果承包商的投标方案是 B_2,那么他得到的利润或者是 0,或者是 5 000 美元,而预期利润根据计算则为 2 500 美元。因为直接利润没有考虑投标获胜的概率。计算

预期利润比计算直接利润更具有现实意义，在投标时应当据以确定理想的利润。按照上例，承包商应该投以 B_2。

运用预期利润的概念，结合以往投标竞争的情报，承包商就可以制定一个具有最恰当利润的投标策略。在开标时，一般要公开宣布承包商的标价，机智的承包商要当场将各对手的标价记录下来，用以与自己的标价进行比较。如果可能，要收集工程的实际造价（不论是直接资料还是间接资料）及特殊情况。

假设有一种情况，承包商已经知道了在投标竞争中谁是他的对手，还知道他只和这一个对手（即承包商 XYZ）进行竞争。如果他和承包商 XYZ 在过去投标时曾经打过多次的交道，并且掌握了他的投标记录，对他的投标估价都有记载。然后，用承包商 XYZ 在历次投标中投中的标价和自己的估价相对照，就可以从中找到一个比例。承包商的情报记录简要见表 4-3 所列。

表 4-3　承包商的情报记录

承包商 XYZ 的标价/承包商的估价	频　率
0.8	1
0.9	2
1.0	7
1.1	12
1.2	21
1.3	18
1.4	7
1.5	2
总　计	70

有了这个比例和频率表，承包商就可以标出不同投标比例的概率，即将各项投标的频率，除以频率总计。例如，比例 1.0 的概率是 7/70，即 0.10。其他比例的概率计算见表 4-4（概率取小数点后两位）。

表 4-4　各种比例的概率计算

承包商 XYZ 的标价/承包商的估价	概　率
0.8	0.01
0.9	0.03
1.0	0.10
1.1	0.17
1.2	0.30
1.3	0.26

续表 4－4

承包商 XYZ 的标价/承包商的估价	概　　率
1.4	0.10
1.5	0.03
总　　计	1.00

在算出各种比例的概率之后，承包商就可以计算他所出的各种标价比 XYZ 低的概率。为了避免太理论性的探讨，承包商则可采用与 XYZ 不同的比例进行投标。例如，XYZ 采用 1.10 时，承包商可采用较低的 1.05。假设承包商决定用表 4－5 中的可行标价与估价的比例，那么求一个比例能成为最低标（即得胜标）的概率，只需将 XYZ 的所有高于此比例的概率相加就成。例如，承包商将标价与估价之比定为 1.35，得标概率就是 0.03（XYZ 按 1.5 比例投标的概率）和 0.10（XYZ 按 1.4 比例投标的概率）之和。于是，承包商可按 1.35 之比投标，得标的概率是 0.13。

表 4－5　可行标价与估价的比例

承包商的标价/承包商的估价	承包商的标价低于 XYZ 标价的概率
0.75	1.00
0.85	0.99
0.95	0.96
1.05	0.86
1.15	0.69
1.25	0.39
1.35	0.13
1.45	0.03
1.55	0.00

承包商可以利用这些情报，组成对承包商 XYZ 进行竞争的投标策略。他在制订投标策略时，需要计算其投标中的预期利润。预期利润就是用投中的直接利润乘以投标获胜的概率。直接利润就是投标价格减去实际造价（假设承包商的估价等于实际造价）。当然，承包商希望他的估价员能估计得很准确，但事实上不可能经常达到这个要求。因此，由于缺乏实际的工程造价情报，只能以估价作为实际造价。

由此可见，承包商在每项工程投标中的直接利润实为投标价格减去工程的估价。而投标价格是以工程估价为基础的。设 C 为工程估价，承包商投标时的直接利润就是用 C 来计算的。所有投标的直接利润仅仅是从各个投标价格中减去 1.0C（工程估价）。例如，1.35C 的投标，直接利润就是 1.35C 减 1.0C，即 0.35C。

各项投标的预期利润，可用其直接利润，乘以对承包商 XYZ 竞争获胜的各个概率。在

1.35C 的投标中,对承包商 XYZ 竞争的获胜概率,已经计算出来为 0.13。因此,预期利润就是 0.13 乘以 0.35C,即 0.0455C。承包商各项投标的预期利润见表 4-6(预期利润取小数点后 3 位数)。

表 4-6　与对手 XYZ 竞争投标的预期利润

承包商的投标	对承包商 XYZ 竞争投标时的预期利润
0.75C	1.00×(-0.25C) = -0.250C
0.85C	0.99×(-0.15C) ≈ -0.149C
0.95C	0.96×(-0.05C) ≈ -0.048C
1.05C	0.36×(+0.05C) ≈ +0.043C
1.15C	0.69×(+0.15C) ≈ +0.104C
1.25C	0.39×(+0.25C) ≈ +0.098C
1.35C	0.13×(+0.35C) ≈ +0.046C
1.45C	0.03×(+0.45C) ≈ +0.014C
1.55C	0.00×(+0.55C) = 0.000C

可以看出,用 1.15 的投标乘以工程估价,就可得到最大的预期利润 0.104C。这意味着在与承包商 XYZ 展开竞争时,承包商按标价与估价比为 1.15 进行投标是最有利的。例如,工程估价是 100 000 美元,投标价格就应该是 115 000 美元。考虑到失败的可能,承包商在这项投标的预期利润应为 10 400 美元。当然,承包商应该随时掌握承包商 XYZ 的投标情报资料。

承包商在未来的投标时,如果再遇到承包商 XYZ 这个对手时,所采用的最好标价与估价比,应根据承包商 XYZ 的投标手法灵活地加以变更。

如果承包商在投标时要与几个已知的对手竞争,那就不仅仅是对付一个承包商 XYZ 了,但他仍可采用类似的方法,拟订投标策略。假设承包商知道了在某项工程中,他将和两个已知的对手竞争,即承包商 XYZ 和承包商 UVW,此时应设想有关承包商 XYZ 的情报和上述例子相同,同时设想承包商 XYZ 也搜集了有关承包商 UVW 以往在投标时的情报,也估计了自己的投标低于承包商 UVW 的概率,掌握这些情况再配合对 XYZ 的获胜的概率。承包商投标与获胜的概率见表 4-7。

表 4-7　承包商投标与获胜的概率

承包商的标价/承包商的工程估价	承包商对二人获胜的概率	
	XYZ	UVW
0.75	1.00	1.00
0.85	0.99	1.00
0.95	0.96	0.98

续表 4-7

承包商的标价/承包商的工程估价	承包商对二人获胜的概率	
	XYZ	UVW
1.05	0.86	0.80
1.15	0.69	0.70
1.25	0.39	0.60
1.35	0.13	0.27
1.45	0.03	0.09
1.55	0.00	0.00

总之,要计算各种投标的预期利润,承包商必须求出他自己的标价低于这两个对手(承包商 XYZ 和承包商 UVW)标价的概率,但这两件事是互不相关的。低于 XYZ 的概率,是他们各自的概率的乘积。例如,承包商在投标 1.15C 的得胜概率(低于 XYZ,也低于 UVW 的投标)是 0.69 和 0.70 的乘积,即 0.483。有了投标获胜的概率,工程的预期利润为 0.483 乘以它的直接利润 0.15C,就是 0.07245C。所有投标的预期利润的计算方法见表 4-8。注意,计算时取小数点后 3 位数。

表 4-8　与两个对手竞争投标的预期利润

承包商的标价	预　期　利　润
0.75C	$1.00\times1.00\times(-0.25C)=-0.250C$
0.85C	$0.99\times1.00\times(-0.15C)\approx-0.149C$
0.95C	$0.96\times0.98\times(-0.05C)\approx-0.047C$
1.05C	$0.86\times0.80\times(+0.05C)\approx+0.034C$
1.15C	$0.69\times0.70\times(+0.15C)\approx+0.072C$
1.25C	$0.39\times0.60\times(+0.25C)\approx+0.059C$
1.35C	$0.13\times0.27\times(+0.35C)\approx+0.012C$
1.45C	$0.03\times0.09\times(+0.45C)\approx+0.001C$
1.55C	$0.00\times0.00\times(+0.55C)=0.000C$

值得注意的是,承包商应该投以标价和估价比为 1.15 的标价。这样,承包商的投标就像只对承包商 XYZ 一个对手进行竞争一样。然而,当同两个对手进行竞争时,预计利润为 0.072C,少于只和一个对手进行竞争时的预期利润 0.104C。这是因为加强了竞争程度所致。承包商的竞争者越多,他得标的可能性也就越小。当已知在对两个以上的对手竞争的情况下,也可采用类似的方法处理,因不可能随着竞争性的加强,而保持其理想的投标价格不变。一般地说,随着竞争者数量的增加,优化投标标价将趋于下降。

如果承包商知道他的竞争者的数量,但不知道对手们都是谁,承包商必须将其投标策略作一些调整,因为他不知道竞争者是谁,他的投标策略就缺乏可靠性。在这种情况下,承包商最好的办法是假设在这些竞争者中有一个平均值,承包商从这些对手那里再搜集他们的情报,并且将这些情报汇集起来,得出想像的“平均对手”。有了这个平均对手的情报,承包商就可以计算出低于“平均对手”的概率。假设承包商已经做了这些工作,就可以得到表4-9中的结果。

表4-9　承包商低于平均对手的概率

平均对手的投标/承包商的工程估价	承包商的投标低于平均对手的投标概率
0.75	1.00
0.85	0.98
0.95	0.95
1.05	0.85
1.15	0.60
1.25	0.40
1.35	0.20
1.45	0.05
1.55	0.00

知道了战胜“平均对手”的概率,也知道了在这项工程中竞争对手的数量,承包商就可以制定最好的投标。所投的标价低于这几个对手的概率,就是低于各个平均对手的概率乘积,要获得低于 n 个对手标价的概率,可用低于“平均对手”的概率的 n 次方去求解。例如,在上述例子中,假设承包商曾与5个未知对手进行竞争,承包商所投的标价为 $1.15C$,则其低于5个竞争者的概率应为 $(0.60)^5$,即近似于0.078。假设投标为 $1.15C$ 的预期利润应该是0.078乘以 $0.15C$,即 $0.012C$。当承包商与这5个未知对手进行竞争时,其投标的预期利润见表4-10。计算预期利润时,取小数点后3位数。

表4-10　承包商与5个对手竞争的投标预期利润

承包商的投标	承包商投标的预期利润(针对5个未知的竞争者)
$0.75C$	$(1.00)^5 \times (-0.25C) = -0.250C$
$0.85C$	$(0.98)^5 \times (-0.15C) \approx -0.135C$
$0.95C$	$(0.95)^5 \times (-0.05C) \approx -0.039C$
$1.05C$	$(0.85)^5 \times (+0.05C) \approx +0.022C$
$1.15C$	$(0.60)^5 \times (+0.15C) \approx +0.012C$
$1.25C$	$(0.40)^5 \times (+0.25C) \approx +0.003C$
$1.35C$	$(0.20)^5 \times (+0.35C) \approx 0.000C$

续表 4－10

承包商的投标	承包商投标的预期利润(针对5个未知的竞争者)
1.45C	$(0.05)^5 \times (+0.45C) \approx 0.000C$
1.55C	$(0.00)^5 \times (+0.55C) \approx 0.000C$

从上表可以看出,投标1.05C具有最大的预期利润(0.022C)。随着竞争者数量的增加,承包的预期利润会相应地下降。利用有关“平均对手”的情报计算,承包商的最佳投标及对不同数量的竞争者的预期利润见表4－11。

表4－11　承包商最佳投标与预期利润

竞争者的数量	具有最大预期利润的标价	预期利润
1	1.25C	+0.100C
2	1.15C	+0.054C
3	1.15C	+0.032C
4	1.05C	+0.026C
5	1.05C	+0.022C
6	1.05C	+0.019C

应当注意,最好的预期利润和投标比值,随着竞争者数量的增加而相应下降。竞争者数量越多,承包商的困难越大,而不得不压缩标价,降低利润。如果投标商的数量有显著的增加,可以设想,承包商投标的预期利润也就接近于零了,这种情况其最好的标价与估价比就近似为1.0C。

承包商在投标中,经常遇到和那些未知是谁和有多少对手们展开竞争的情况。限于承包商掌握的情报,因此其投标策略的可靠性也就有一定的限度。如果可能的话,承包商应该预先估计到竞争者的数量,并且把他们看成是一样的。这样,承包商就可以提出一个优化的投标价。很明显,理想的投标不可能随着竞争者的数量变化而很快改变。然而,预期利润将随着竞争者的数量而随时发生变化,但理想的投标价格却比较稳定。如果承包商能够近似地掌握竞争者的数量,他就有可能制定最优的投标方案。另一种方法是利用过去的投标情报的概率推论有多少竞争者。情报资料的不断增加,投标策略的数学模型也就变得更为复杂了。

在上述投标策略模型中,承包商只能假设标价的数量是有一定限度的,但实际上这种数量是不能限定的。例如,当对手的标价与估价比为1.15时,承包商采用1.14、1.135、1.13、1.2、1.1等比例都比对手低。上述投标模型,可以应付无限数量的竞争者。但是,为了在处理情报的过程中避免应用数学积分,可以假设投标价数量是有限的。这样的做法比按照无限投标价(概率函数)所需要的烦琐资料相比,反而更为现实。

在上述投标模型中,设想承包商的估价等于其实际造价,但是这种情况是不常见的。作者曾经试做过各种投标模型,是采用估价与实际造价的比值服从某种概率分布进行的,这样其他变数，诸如在竞争中预计有多少对手，均可采用同样的办法处理。投标模型的变数增加，计算工作就越复杂。事实上，数学上的复杂性增加以及此类模型中需要详尽的资料，往往在应用时反而不现实。投标策略模型的效果，决定于其费用、效益和可靠性。任何投标策略模型的效果，都取决于承包商搜集情报资料的能力。

上述投标策略模型能否提供一个理想投标，也要看竞争情况如何。提供一个理想的投标方案，既不影响其他工程，也与承包企业的特点无关。上述模型不能考虑下列一些情况，如对手们要求工程的缓急情况，工程任务的大小以及承包商本人对招揽工程的缓急情况等。假如承包商知道了某一对手急于要求工作，就可以将这个对手以往的资料加以调整，或者对他以往的做法再进行全面的研究，寻找有利的应付手段。但是，如同其他施工管理手段一样，承包商不能盲目地应用投标策略模型。

4.2.4 投标策略的实现

1. 抓紧情报工作

情报工作是投标决策的依据，没有极可靠的情报，任何高明的企业家和经济家也不能使决策实现。在投标前，必须搜集和掌握如下情报：

(1)当地的政治经济形势，自然条件，交通运输，物价行情，风俗习惯，经济法规，税收制度，银行贷款利率，保险手续，常发疾病等方面的历史、现状和发展动态。

(2)招揽生意的消息(即何处有招标工程)。

(3)业主、业主工程师及承包商的态度，工作能力以及过去招标投标工作中的处事是否公道等。

(4)考察工程现场条件(包括地形、地质、气候、交通运输、原料来源、施工和生活布置等)。

(5)当地行业及工会的态度如何？是否愿意合作？

(6)当地劳动力情况(包括数量、质量、价格、专业、工作态度、有何限制等)。

(7)选择分包商和供货商进行"询价"(包括器材、施工机具和构件加工)。

(8)有关报价的参考资料，如当地近几年来同类性质工程的报价资料和承包商的实际工程成本资料，这是最有参考价值的情报。

(9)近10年来当地的物价和工资的波动情况。

(10)当地的生活水平如何？如果在当地建立办事机构其开办费和经常开支要多少钱？

(11)有哪些承包商参加投标？各有多大实力？各自在本地的信誉如何？

(12)投标过程中，各个竞争对手的报价情况与动态要尽可能地作些了解，那怕是一点踪迹也好。

2. 要研究的问题

投标竞争中的策略就是研究决策问题，投标负责人的智慧主要体现在他的决策能力。投标负责人要研究下列问题：

(1)工程分析。着重分析工程特点，主要困难和风险，实现工程计划的条件是否充分等。

(2)对业主及其代理人的分析。

(3)对周围条件的分析。

(4)对竞争对手的分析。分析他们的长处和短处是什么？他们对本工程的积极性如何？

他们的策略是什么？他们在本地区的影响和信誉如何？

(5)对自己的分析。

(6)对本工程经济效益的预测。

3. 如何研究问题

在调查研究的基础上制定决策方案的关键在于研究和解决问题。除了一般分析之外，还要着重抓住关键因素进行分析研究。显然，每次投标的关键因素并不都是一样的，只有从竞争各方的具体情况分析中才能找出关键的因素来。

例如，在国外某地区投标，该国的劳动保护法规定，不允许外国的劳务人员大量进入本国，因此不论在哪一个国家投中标，都不能自己来施工，都必须将工程转包给当地的施工单位施工。然而，当地的专业施工队伍力量薄弱，虽有十几家施工企业参加预选，但只有四家取得了分包商的资格，而这四家施工企业又都无力单独承包此项工程，必须联合起来才能完成该工程，也就是说这些分包商彼此之间无法竞争，只有联合起来才有承担该工程的施工力量。

如按上述情况，就会造成承包主动权的转移。倘若分包商充足，能够形成互相竞争的条件，主动权就不在分包商手里，而在承包商手里，承包商愿意将任务包给哪一个就给哪一个，分包商就不能左右形势。而在这次投标中，由于分包商不足而导致他们垄断了施工力量，因此，主动权就由承包商手中转到分包商手中了。

在分包商不足的情况下，分包商有很大的主动权，他们可以左右整个形势，致使他们愿意和哪一个承包商合作，那个承包商就有中标的希望，他们不愿意和谁合作，谁就很难中标。

他们左右形势的手段是采用不平衡报价，对自己满意的承包商按正常条件报价，对自己不满意的承包商报高价，使之很难中标。因此，如何争取分包商就成了投标成败的关键。

4. 积极组织投标

根据常规，承包商如对工程的积极性高，则往往采取“低价”策略争取得标。相反，承包商如对工程的积极性低，则往往采取“高价”策略，即投不中标亦无关紧要，如投中了标就可以赚一大笔钱。有一些大财团从长远利益出发，想占据某一市场，不惜采取“先亏后盈”策略，即先采取压价办法把对手们挤垮，然后再利用对市场的“垄断”把钱赚回来。如果不懂得积极性对竞争策略的相互依赖关系，就无法分析竞争对手的策略。这就是投标的价值前提与决策的关系。

怎样确定投标的积极性呢？

第一步，经过初步调查和分析判断，然后作出决策，即是否参加投标？决定这个问题，主要是考虑工程的价值前提和自己的能力能否胜任。

第二步，确定对该工程的积极性。这个问题要从近期利益和长远利益全面衡量，如果看到了某项工程的广阔发展前途，想在该地打开局面，就应将它列为第一类积极性。如果工程的困难很大，把握性很小，就应列为第三类积极性。

根据工程的积极性类别可以确定“预计利润”。这里所讲的不是指工程最后获得的“实际利润”，而是指做标时标价中所加的承包商利润(包括分包商利润在内)。建设工程的预计利润按国际惯例一般是取承包值的10%～15%。建设工程各种积极性和利润率的关系建议如下：

第一类积极性工程：采取薄利保本策略。

第二类积极性工程：预计利润为5%左右。

第三类积极性工程：预计利润为10%左右。

特殊积极性工程：预计利润可以大于10%，或不惜代价争取干。

在投标过程中，“以优胜劣”、“以长胜短”是竞争的规律，也是取胜的诀窍，这是提高投标积极性的基础。“知己知彼”是提高积极性的方法，“随机应变”是提高积极性不可缺少的战术。提高竞争策略积极性可以用20个字加以概括：“把握形势，以长胜短，争取主动，随机应变，富有预见。”

5. 把决策贯彻于管理的全过程

投标的关键在于决策。决策的基础在于充分考察掌握各方面的真实情况，这叫“知彼”。还要算两笔账：一是按预算办法算一笔账，二是按预计成本法算一笔账，这叫“知己”。此外，在做标价时，最少要做三次报价数。

第一次，根据招标文件和过去的工程经验，做一个初步估价，用以指导考察项目；第二次，考察以后，再做正式报价；第三次，分析报价中的潜力，找出成本最低限额（少于此限额就可能亏本）。

在做出三个报价数后，另外还要考虑其他两个方面：一是业主的低标范围，这主要靠经济及经验估计，并且把自己放在业主的位置上去考虑招标工程的造价，这是一种客观的估算，是和前面自己的预算不一样的，也是推测业主的标底。二是竞争对手们可能提出的报价范围，这主要是从各家对该工程的积极性的高低和各家的具体情况来分析，主要分析哪一家具备廉价条件，在以往类似项目上，其最低单价为多少等，然后去权衡他在本工程上可能提出的最低报价范围。找到主要竞争对手后，并与之相比，看能否胜过他的报价，等等。

在一般情况下，第一标价中标的可能性最大，但是第二标价中标的也很多。因此，我们不主张每次投标都一定要抢“头标”。这样可以避免把自己的标价压得太低，以致中了标也无利可图。特别是在某地区已经树立了信誉的承包商，如果它的投标能够进入前三名，就有可能中标。

中标后，施工单位或承包商要利用自己的长处，克服自己的短处，去完成中标后合同所规定的任务。这主要是运用合理的经营承包方式，提高操作技术水平，降低原材料消耗并减少窝工，在管理上精简机构并提高办事效率高等。

具体的投标竞争要靠竞争艺术和不失时机的正确决策，并把决策贯彻于管理的全过程，这样才能使决策得到实现。

4.3 国际招标投标

4.3.1 国际招标需要掌握的基本知识

参与国际招标投标的工作人员，应认真学习和掌握国际招标投标知识，以便使工作顺利进行。国际招标投标知识分普通知识和国别知识。这些知识主要有：

1. 法律知识

法律知识包括国际招标投标的法律、法令、政策以及国际上通常处理这些问题的规定和办法。投标人既要有基本知识，还要有当地法律法令的实施情况以及它们对投标人的影响和约束力。一般是每个招标国家对外国公司投标和实施项目都有一套管理办法和规定,如对外国公司的登记、注册、开业、资格预审、人员入境、外籍人员的居留和劳动、人权规定、利润及税收、利润汇出、外汇管制、海关进出口证等方面的规定。

2. 合同知识

国际合同与国内合同是有区别的。在国际上承包工程合同通常有:总价不变合同(即固定价或包死价)、单价合同(半开口价)、成本加酬金合同(开口价)及统包合同(交钥匙合同)等几种。

在国外,业主(委托人)、工程师或建筑师(代表业主)和承包人之间的责任与义务,全部以所签的合同为依据。如果发生争端,未能协商解决,则诉诸法律。这一点不同于国内的"甲、乙"方关系。

合同总价中包括了暂定额、保险费、履约保证金、保留金等国内一般没有的费用项目。对质量、工期、竣工、维修期、奖励和罚款等都有严格的规定。在取费方法上,则将管理费及利润不单独计算而是包括在每项工程单价内。这些都不同于国内的一般做法及规定。

3. 技术与专业知识

国际上通用的规范和技术标准,所在国的施工规范和技术标准,各国之间的规范特点及差异,投标人要善于运用这些资料。

4. 市场知识

市场知识包括某一国家、某一地区承包工程的客观情况,即供应规模、潜力、现状、前景和金融市场的变化情况,也包括具体项目的情报信息,以及有关施工机械、设备、材料、人力等价格资料。投标人可根据上述情况,经过综合分析和计算,决定是否投标及如何投标。

5. 标价计算和填写标书

要确定施工方案、投标人首先要核对工程量、计算机械设备、计算材料及人工费用,二要确定各种管理费用、投标保函、税收、保险、银行手续费、分析成本,再就是确定不可预计费用等。

投标人要全面掌握这些知识是有一定困难的,一般都聘请经济顾问、技术顾问或法律顾问。总之,参与国际投标,一定要做好充分的准备工作和调查研究工作,做到有备无患,知己知彼。

4.3.2 对外承包和劳务合作的主要形式

近年来,我国开始积极参与国际市场招标投标,其主要承包形式及劳务合作有以下几种:

1. 工程设计承包

这是专门为国外某项工程的设计订立设计合同,提供设计方案、施工图和设计预算,并收一定的设计费。这类承包大多要求在施工阶段派设计工程师到现场对施工进行技术指导和监督,一般称为设计监理,相当于国内的驻工地设计代表。

2. 工程施工承包

工程施工承包一般按工程项目总价承包,有以下两种形式。一种是工程的设计与施工两者都承包,另一种是只承包施工,图纸由业主提供。

从承包关系上看又可分为：总包，即直接与业主签订合同，承包工程到维修期满为止；分包，即从总承包人处分包工程的某一部分，分包必须得到业主的准许；转包，即由于某种原因，原来的承包人将全部工程转包给另一家承包人。

对外承包施工的承包金额虽大，利润也较高，但风险也大。我国目前对外主要是搞工程施工承包。

3. 工程劳务承包

工程劳务承包是指按工程量为计量单位，只承包其劳务价格，不包括提供材料、设备及施工机械等的承包（即包工不包料），有的在承包劳务的同时，还承包有关模板、脚手架等周转材料的费用。

4. 成建制的劳务合作

这是指按工程的需要提供各种不同工种的工人，并配备一定数量的技术、管理和服务人员，成建制的与业主或总承包商签订合同进行劳务合作。此项业务在中东某些国家已开展多年，由于成建制的这种劳务合作利于施工、便于管理并优于其他国家闲散劳工，深受国际上欢迎。目前，此项劳务合作，除施工工人外，还发展到设计人员的领域。

按工日计算的劳务合作，适用于零星的修理工程，在签订合同时，只规定每工日多少劳务单价，再按实际完成工日结算（相当于国内的“点工”）。

在国际上，获得承包或劳务合作的途径，一种是通过业主或总包商的直接委托，对工程和劳务进行报价，经过协商如能达成协议即可签订合同。但大部分则采用工程投标的方式，经过投标、开标、定标的过程，然后确定由哪家承包商承包。

4.3.3 国际承包工程合同的种类

1. 总价不变合同

这种承包通常是通过投标商的竞争来决定工程的总价，即业主与承包商按固定不变的工程造价进行结算，不因工程量、设备、材料价格、工资等变动而调整合同价格。总价不变合同对承包单位来说，不计较在工程中实际开支多少，其间可能获得较多的利润，也可能要承担工程施工期间的风险，譬如基础地质很差、物价上涨、工资调整、劳务纠纷以及气候条件恶劣等均属于工程单价方面的风险。这种承包形式的优点是工程造价一次包死，简单省事，业主也不能因为承包商获得巨额利润而不按合同付款。但其缺点是承包单位要承担工程量与单价双重的风险，因此一般要价较高。总价不变的合同承包适用于规模不大、结构不甚复杂、改变少等较有把握的工程。

2. 单价合同

单价合同即整个合同期间执行同一合同单价，而工程量则按实际完成的数量结算，也就是量变价不变的合同。这种合同形式目前国际上采用最为普遍，国际通用土建工程合同条款中也作了量可变而价一般不变的规定。这种承包形式通常也是通过投标商的竞争来确定单价和按设计的工程量来计算总价的。对承包商来说，工程量可按实际调整，但他仍需承担单价方面的风险。譬如，实际完成的工程量与合同中的设计工程量出入较大，因而造成原订单价不合理时，则承包商可以要求调整单价。一般在签订承包合同时，应规定一个允许工程量增减的幅度，以明确调价的界限。

3. 成本加酬金合同

成本加酬金合同,即为工程成本实报实销,再另加一笔支付给承包商的酬金(利润)。酬金的确定,可以按工程规模和施工难易程度规定一笔固定不变的酬金;也可以按占实际成本的百分数计算,即酬金的多少随成本的变化而变动。为了避免承包商企图获得更多的酬金而对工程成本不加控制,在采用这种承包形式时,往往要在合同中规定一些快速、优质、低成本的附加条件,以督促承包商很好地执行。成本加酬金合同的做法,还有其他的一些形式,如预算成本加酬金(即按占预算成本的百分比计算,以后不再调整)和最高限额成本加固定酬金(如实际成本超过最高限额时,在合同中可规定业主与承包商如何分担的办法)。这种成本加酬金合同,虽然酬金较少,但承包商可以不承担任何风险,还可保收酬金,比较安全,因此颇受欢迎。但其先决条件是,必须在业主与承包商之间有高度信任的基础上才能采用,并通过友好协商确定酬金和有关条款,一般不采取公开招标方式,只采取议标方式进行。

4. 统包合同

统包合同承包商从工程的方案选择、总体规划、可行性研究、勘测设计、施工、供应材料和设备等承担全部工程建设,对工业项目还包括经营管理的试生产等,直至工程竣工合格后,移交给业主为止(交钥匙)。这种交钥匙合同,由承包商对业主负责到底,一切通过友好协商的办法来签订合同。

5. 盈亏共享合同

这种合同就是由双方共同确定一个目标价格,明确双方职责,在共同努力下各负其责。若赢利则双方共享,若亏损也是由双方分担。这类合同虽有利于调动双方的积极性,但操作较麻烦。

6. 最高限价担保合同

就是在合同中限定工程的最高成本金额,以避免工程成本无限增长。承包人在施工中因管理不善,使实际成本超过最高限额时,其超过部分全部由承包人承担;但低于最高成本额时,可按合同规定获得相应的固定金,或获得节约额的分成。

上述各类合同的选用,选用权主要在业主方面,承包企业应根据工程及自身的实际情况,有选择性地参加投标。

4.3.4 国际建筑市场通用合同

国际建筑承包市场通常采用 FIDIC《土木工程施工合同条件》,作为标准化合同文件范本,与我国国内工程施工合同明显不同的特点是,合同涉及业主、承包商和工程师三方。业主与承包商签订施工合同;工程师(在我国称监理工程师)受业主委托,根据合同条件监理承包商在承包项目上的活动,对工程质量、进度和拨款进行控制。三方之间的关系:

(1)业主对重要事项可作出决定,如决定中标单位、履约担保和保险,合同分包与转让,支付预付款,移交工地,终止合同等。

(2)施工过程中的具体事务,由工程师决定和处理;涉及合同调价、工程变更、延期、索赔等重要事项,则应在决定之前与业主商量。工程师有权决定根据合同发生的额外付款,业主授予工程师关于影响工程范围、费用、工期等事项的权限,可通过 FIDIC 合同条件专用条款来确定。工程师应承担的管理责任和相关责任,由业主与工程师之间签订的委托监理服务合同来确定。

FIDIC 是国际咨询工程师联合会(Federation Intemationale Des Ingenieurs Conseils)的缩写。FIDIC 是国际上最具有权威性的咨询工程师组织。

FIDIC 下属许多专业委员会,它们编制了许多规范性的文件,其中有:FIDIC《土木工程施工合同条件》(国际上通称 FIDIC“红皮书”),FIDIC《电气和机械工程合同条件》(国际上通称 FIDIC“黄皮书”),FIDIC《业主/咨询工程师标准服务协议书》(国际上通称 FIDIC“白皮书”)。FIDIC《合同条件》分两大部分:

①一般条件部分:一般条件或称通用条款或行政管理条款,适用于一切土木工程。通用条款包括 25 节、72 条、194 款,论述了 25 个方面的问题。《合同条件》规定了业主和承包商的职责、义务和权利,规定了监理工程师可根据业主和承包商的合同执行对工程的监理任务时的职责和权限。它实际上成为一个现成的标准合同文本,许多工程施工的合同文件几乎是全部套用《合同条件》的第一部分,即一般条件。

②专用条件部分:这是考虑到每个项目的工程性质、工程所在国(地区)的特殊条件,对个别通用条款做必要的修改和补充。在草拟合同条件时,对专用条件部分,必须根据工程的具体条件来编写,不能像一般条件部分那样,几乎可以全盘照抄。凡合同条款如在这两个部分有不一致之处,均以第二部分为准。《合同条件》的通用条件与专用条件采用统一的条文编号,它们是相辅相成、不可分离的,二者结合在一起构成了决定合同各方的权利和义务的条件。

FIDIC《合同条件》属于双务合同,即施工合同的签约双方(业主和承包商)都既要承担部分风险,又要各自分享一定的利益。它是世界各国土木工程建设和管理百余年经验的总结,科学地把土建工程技术、管理、经济、法律和各方的权利义务有机地结合起来,用合同的形式固定下来。

FIDIC《合同条件》虽不是法律也不是法规,但它是一种国际惯例,在国际承包和咨询界具有崇高的信誉,被许多国家(地区)广泛采用。许多国家根据 FIDIC《合同条件》,结合自己国家的特点,制订出本国的《土建工程合同条件》作为法定的示范文本,而且在从事国际工程(包括国内的涉外工程)建设中,都采用国际通用的 FIDIC《合同条件》。

4.3.5 中国境内工程国际招标合同

中国境内工程国际招标合同,是以国际通用的 FIDIC《土木工程施工合同条件》为基础,只是为了适应中国的具体情况,对某些条款和措词作了一些改动。中华人民共和国财政部编写的、由中国财政经济出版社出版的(1992 年)《世界银行贷款项目招标采购文件范本》(汉英对照)即为此类合同文件的标准文本。其中,施工合同包括一般条款和特殊条款两部分,并附有合同格式,可供参考。

1. 一般条款

在 FIDIC 通用条件 25 节的基础上增加了 7 节,即:对变更的估价、税收、贿赂、业主随时终止合同、合格性限制、保密及联营体的责任。全文共 32 节,78 条,240 款。

2. 特殊条款

这是业主根据中国的具体情况,对相应的一般条款作出明确规定或具体解释,采用插入表的形式,列出相应的一般条款号码、内容及应填入的数值。

4.3.6 各国合同条件中的共性条款

各国的招标投标合同,根据本国国情,都有其不同的一般条款和特殊条款,但也都有一些共性的条款,现分别介绍如下。

1. 定义及解释

各国合同均对业主(雇主)、承包人、工程师、工程师代表、工程、合同、合同价格、施工机械设备、临时工程、永久工程、规范、图纸、现场、批准、费用等词的定义和有关内容均有明确的解释。譬如,费用应包括现场性或非现场性的管理费,工程应包括永久性工程及临时工程在内等。

2. 工程师和工程师代表的职责与权利

工程师,是由业主正式任命并书面通知承包人执行工程师职务的自然人或法定代表人。有些工程,业主又是工程师,在美国有时称建筑师(AE)。工程师代表,一般指驻现场工程师或工程师助理,由业主或工程师任命,并书面通知承包人。

工程师有权根据合同的规定发出指令、做出决定,承包人应照办。

工程师代表对工程师负责,一般担任对工程的监督,并检查承包人所用的材料和施工质量。在他的权限范围内,他发给承包人的书面指令的约束力与工程师所发的相同,但他没有更换承包人、通告工程延期、对工程内容增删或变更的任何义务与权利。

3. 转让和分包

各国的合同条件都规定,承包人如无业主事先同意,不得将合同工程或其一部分转让给别人,也不得将工程的任何部分分包给别人,更不能做“皮包商”而将全部工程分包出去。分包人如有违约、过错等,承包人仍然要承担合同所规定的责任与义务。因分包人应经业主指定,故一般又称“指定承包人”。承包人在选用分包人方而应当极其谨慎,否则分包出去的工程如在进度或质量方面都不符合业主要求,就会影响承包人的信誉。

4. 有关合同文件的规定

对合同所使用的语言和文字,应遵守的法律和规章、文件、解释,图纸的保管和图纸的补充等,合同文件都有明确的规定。此外,合同文件对施工技术规范和标准的采用也有规定。

5. 承包人的总义务

各国合同都有明确规定承包人的总义务条款,如负责工程的施工与维修,提供所需的劳动力、材料和机构设备,保证工程进度、质量及现场的安全,保证其人员恪守一切法令等。承包人并应授权其工地代表协商解决工程进展中出现的有关问题。

6. 有关特殊自然条件和人为障碍的规定

工程施工过程中,如发生承包人无法预料的自然条件和人为障碍,承包人应将详细情况、建议增加的附加工程和需要增添的施工机械设备,以及预计要延迟的工期等书面通知工程师或工程师代表,一旦经工程师确认和批准,则有关费用应由业主支付给承包人。

7. 有关特殊风险的规定

特殊风险又称不可抗力,指战争、国内叛乱、军事政变、外国入侵、原子污染或其他类似情况造成的风险。承包人对特殊风险不承担责任,并有权要求业主对特殊风险所造成的损失付款(包括合理的利息)。

8. 承包人对工程的监督

在合同履行阶段，承包人或经工程师书面批准并授权的代理人应对工程进行监督管理，代理人可代表承包人接受工程师或工程师代表的指令。

9. 保险

各国合同条件均列有保险条款，要求承包人办理有关的保险。有的国家在合同条件中规定，必须向其本国保险公司投保。例如，科威特规定，如科威特保险公司的保险费不高于外国保险公司保险费的10%，应先向科威特的保险公司投保。如果合同条件没有上述的明确规定，应极力争取本国保险公司保险。

保险的类别一般包括工程本身保险和第三者保险。如果承包人未按规定进行保险，业主则有权进行保险，所构成的费用，可由业主在支付给承包人的款额中扣除。

10. 有关开工及延期的规定

一般在承包人接到工程师的书面通知后，应立即开工。业主应提供现场地盘，承包人应承担为取得进出现场通行权所需的一切费用。

承包人应于合同规定的日期将工程竣工，如因下述原因而不得不延长工期时，必须由工程师决定延长期限：

(1)由于工程有变更而造成追加工程和附加工程。

(2)遇到一般有经验的承包人不能预料的恶劣自然条件或人为障碍。

(3)由于工程所在国当局、业主或业主雇用人员的原因等。

一般各国合同条件都规定，在发生上述情况后的一定期限内(30天或28天)，承包人应及时将有关情况和要求书面报告工程师，否则工程师没有义务考虑原定工期的延长。

11. 竣工和维修

合同条件一般规定，工程的竣工应由工程师发给承包人竣工证书以资证明，并以证书签发之日为工程维修期的开始。

在全部工程竣工以前，承包人可就工程已完成的任何部分提出申请竣工验收，当工程师签发了该部分工程的竣工证书，该部分工程的维修期也就从该部分工程竣工证书签发之日开始计算。

维修期限一般在投标中先有具体规定。土木工程的维修期一般约为6个月或12个月，在此期间，承包人应根据工程师的要求，对工程存在的缺陷进行维修、返工及修补等。承包人未按合同规定施工所造成的维修费应由承包人负担，否则由业主负担。

一般规定，维修期满28天以内，工程师应签署维修证书，并交给业主，证明并批准工程已经竣工并维修完毕。

12. 停工规定

工程师有权书面指示承包人暂停全部工程或部分工程。停工期间，如工程师提出要求，承包人应对工程的保护负责。如果这种停工不是合同规定的停工，而是承包人的违约或恶劣天气所致，则由此支出的一切费用，应由业主负责。但是，如在规定期限内(伊拉克规定为工程师下达停工指令后的30天)，承包人未向工程师提出书面索赔要求，则将失去索赔此项费用的权利。

在上述停工超过30天后，承包人可向工程师提出书面要求复工，而工程师应在收到此书面要求的一定期限内(伊拉克规定为30天,科威特、北也门、加纳、冈比亚等国为28天)同意继续施工。

如果在上述期限内承包人没有得到复工指令,承包人可再次发出书面通知,表明对停工的处理意见。如果是部分工程停工,可作为该部分工程被取消论处;如果为全部工程停工,则可作为业主放弃该合同。

13. 误期竣工罚款规定

如果承包人未能按合同规定的期限完成工程,或未能按经批准的延长工期完成工程,则应处以罚款。业主可从承包人的履约保证金中或应支付给承包人的款额中扣除此项违约罚款,或采取其他方式索取赔款,承包人不得因被罚款而推卸竣工责任。

罚款款额在合同专用条款中有误期竣工的具体规定:一般规定,每逾期1天,罚合同总价的1/10 000~1/2 000。北也门某公路项目合同的专用条款规定,罚款额按表4-12所列的百分率计算。

表4-12 误期竣工罚款计算法

延误时间	罚款(占误期工程部分合同价值的%)
1~7天	1.0
8~14天	2.5
15~21天	4.5
22~28天	7.0
28天以上	10.0

科威特在专用条款中规定,每延期1天罚款25 000科威特第纳尔,最高不得超过合同总价的10%。

14. 工程的变更

合同规定工程师有权在必要时,书面发出工程变更指令,其内容可以是追加或删减某部分工程,或者改变某部分工程的数量、质量、形状、位置、尺寸等。变更部分如合同中有时,即以合同价格计算;如合同中没有时,则由业主和承包人共同商定;如不能取得一致意见,工程师有权确定工程增减部分的合理价格。

15. 索赔

索赔是承包人保护自已并获取利润的手段。承包人在投标竞争中是靠压低标价中标的,中标后如不会依据有关规定和法令索赔,不但很难赢利,而且可能赔本,甚至倒闭破产。承包公司的有关人员,特别是驻工地的项目经理等负责人员,必须掌握索赔本领,不能白白放过索赔的机会。

索赔依据是合同文件的有关条款及当地的有关法令。承包公司有关人员必须熟悉合同文件的有关条款规定,据以抓住索赔的时机,有理有据并灵活地取得工程师准许及开具证明,以索取应当索赔的费用或时间。

承包人应每月向工程师或工程师代表报送一份索赔通知,详细说明自认为有权要求支付的附加费用,以及按工程师指示已经实施的追加工程等细节。如果承包人未能按合同条件规定的期限(科威特规定为索赔事件发生后的30天内)及时提出索赔要求,则将丧失要求索赔的权利。

16. 承包人违约

合同条款中一般均规定,承包人必须按照合同规定和工程师的指示进行工程的施工与维修,如发生下列任何事情,承包人均将因违约而受罚:

(1)未获得业主书面同意,承包人擅自将合同转让他人。

(2)承包人无正当理由不开工,或接到工程师复工的指令在一定天数后仍未复工(一般为28天,伊拉克为30天,科威特为10天)。

(3)某些材料或工程因不符合合同要求,接到工程师书面通知后(一般为1个月左右)仍未撤走上述材料或拆毁重建。

(4)一贯忽视合同规定的职责,不按合同规定建造该项工程,不听从工程师的警告。

(5)无视工程质量,无视工程师的反对,仍把合同的某一部分分包出去。

(6)承包人破产,或归并于债权人,或法院命令必须停业清理。

凡发生上述任何情况,业主有权书面通知承包人解除合同,退出占有工地和工程,并驱逐承包人,而且无需通过法院。业主也有权没收承包人的履约保证金,甚至还可以另雇别的承包人或自行完成该工程,并有权免费使用工地上的施工机械设备、临时设施或物资。在工程竣工后业主有权出售这些机构设备和剩余物资,同时承包人应赔偿业主的损失,并支付超出合同价的费用。

17. 业主违约

如果业主干涉或阻挠工程师签发结算支付证书,或在合同规定的付款期限内业主不付款给承包人,则承包人有权用书面通知形式解除合同,并有权在此通知书发出一定时间后(一般为14天)从工地撤除施工机械、设备和物资。解除合同后,业主除承担解除合同前的支付义务外,还应承担因解除合同给承包人造成的损失和费用。

有些国家(如利比亚)的合同条件规定,若承包人认为违约,可向有关司法部门提出申诉,经判决才能解除合同。

18. 争端的调解与仲裁

如果业主(或工程师)与承包人在合同或工程建造方面发生争端,一般规定首先提交工程师解决。工程师在接到任一方请求后的一定期限内(国际通用合同条件规定为90天),将决定通知业主和承包人。若在规定期限内(伊拉克规定为30天内)双方未要求仲裁,则此决定即可作为最后决定,对双方都有约束力。若任何一方或双方对此决定不满,则按国际商会的调解仲裁规章或按各国合同条件的规定进行仲裁。例如,伊拉克仲裁条款规定,由业主和承包人各指派一名仲裁委员,并由仲裁委员协商选出第三者为仲裁委员会主席。此委员会有权审查和修改工程师的决定,并作出对双方都有约束力的最终裁决。

在仲裁过程中,业主、工程师与承包人的合同义务都不能改变。

19. 费用支付条款

支付条款是合同条件中的重要条款,其内容视项目不同而有所差别。在一般条款中,只概括指明有关事项应按专用条件第几条办理,具体内容则都载于专用条件的条款中。

(1)预付款。即工程开工以前业主按合同规定向承包人支付的款额,以供承包人购置(或租用)施工机械、设备和材料,以及在工地设置办公室和生活设施。一般工程项目均有预付款，并以合同总价的百分数表示，通常为10% ~15%，世界银行贷款项目一般不得超过20%。工程越小，其所占比重就越大。

预付款实际是业主对承包人的无息贷款，在合同条件中对偿还办法有具体规定，大多由业主从应支付给承包人的款额中分期扣除。

(2)中间结算。工程一般每月结算付款一次，承包人每月末向工程师提交结算单，开列该月完成的工程量及价款。工程师在收到结算单后，于规定期限内，对单据进行审核，如认为属实，则签署后转交业主，作为支付凭据。支付金额应扣除承包人应支付给业主的款额，其中包括保留金、预付款的分期偿还和承包人的违约罚金等。保留金通常为每月应付款额的5%或10%，但保留金总额有一定限额，一般达合同总价的5%后即不再扣留。保留金总额通常由业主分两次偿还承包人，即分别于工程竣工和维修期满时各偿还总额的1/2。

(3)支付期限。各国均有支付期限的具体规定，一般在工程师签发结算单之日起的15天、28天或30天以内，业主应将款支付给承包人。

如果业主未按上述规定期限付款，即拖延支付，则应加付利息，其利率应按工程所在国的中央银行的放款利率计。加付利息的应付款项可按下式计算：

$$F = P\left(1 + \frac{ID}{365}\right)$$

式中　F——包括利息在内的业主应支付的款额；

P——业主未按时支付的款额；

I——年利率；

D——业主延迟支付的天数。

(4)最终结算。承包人应在维修证书签发之日起的数日内，向工程师提交该工程项目的最终结算单，并附上有关证明文件与单据。工程师在收到最终结算单据的一定期限内签发最终支付证书。支付款额应扣除业主过去已支付的所有款额及欠业主的款额，支付期限一般在最终结算证书签发之日起的30天内。

20. 工程的量方

投标文件表中的工程量是估算值，不是作为承包人完成的实际准确数量。工程师应根据合同规定，在现场进行量方来确定已完工程的价值。工程师在现场量方时，承包人应密切配合，如承包人不参加，即以工程师量得的数据为准。注意，工程师量方均应以实方计算。

21. 互送通知的规定

合同双方任何一方给对方发送证明、通知或指示，均应通过邮寄、电报、电传或传真电报形式送至对方指定的地址。地址如变更为工程施工所在国家内的另一地址时，应事先通知另一方。

22. 费用和法令变更的规定

如果在合同专用条款(即第二部分条款)中规定了合同价格可按劳务(工资)、材料价格的涨落或影响施工成本的高低而调整，或者由于工程所在国的法令、法规或法律等发生变更而使承包商的工程费用有增减时，那么合同价格应由工程师与业主和承包商进行协商后，调整(增减)合同价格。

23. 关于货币和兑换率的规定

如果由于工程所在国政府对一种或几种货币兑换率进行限制而使承包商的合同价格引

起损失和损害时，雇主则应予以补偿。如果合同规定以一种或多种外币，全部或部分向承包商支付款项，则此工程款支付不应受上述指定的一种或几种外币与施工所在国货币之间兑换率变化的影响。如果业主已要求投标书以一种单一货币表示、但也可以一种以上的货币支付，且承包商又说明要求以另一种或多种货币的比例或数额支付时，那么该种或多种货币的兑换率，应按工程投标书呈递截止日前28天的当日，以工程所在国的中央银行的通行兑换率为准，并在投标前由业主通知承包商或在招标文件中规定。

以上23条共性条款，也是FIDIC合同条件的概括内容。

4.3.7 国际投标标价和费用的组成

在国际工程的招标文件中，标价的组成分工程费和开办费两大块，而且所有有关工程的费用均应包括在这两大块费用中去，不另单独列项。

1. 工程费

工程费由许多分部分项单价组成，而每个分项的单价则由人工费和材料（设备）费组成基础费（相当于国内的直接费），然后再在基础费上分摊管理费和利润（其中还应考虑一定的不可预见因素），即为工程单价。因国际招标投标每项工程单价中均包括了管理费和利润整个工程项目的全部造价，故工程费即为所有分部分项工程量乘单价之积并最后相加而得。

此外，在工程费中还有一部分属于分包的工程费（如机电设备安装、室内装修等）。其分包方式有两种：一种是分包单位对总包负责者，则其单价的组成与总包一样；另一种是分包单位与业主直接签订合同者，总包要为其在现场提供必要的工作条件、协调施工进度和照明器材，这样总包在其分包费用上可向业主收取一定的管理费和利润。

2. 开办费（Preliminaries，或译为准备工作费）

在国际投标工程中，开办费要专门单独报价，包括的内容因国家及工程的不同而异。开办费一般有：施工用水，电费，施工机具费，临时设施费，脚手架费，驻地工程师的办公室及家具费，设备费，现场材料试验室及设备费，工人的现场福利安全费，职工交通费，日常气候报表费，勘测、测量、放线费，原有建筑物、构筑物的保护费，以及夜间作业费，等等。这部分费用约占总造价的10% ~20%，有的甚至更大。开办费的规律是与工程量成反比例，即工程量越大，比例越小。这些费用每笔只需列一总额，但在具体估算时则应分别一一计算。其计算内容和确定方法与分部分项工程的单价也不同，往往涉及施工组织及施工方法，还涉及到所在国的政策、法规及当地的法规，范围较广，因此得做专门分析研究。现将其计算内容和估算方法概述如下。

（1）施工用水费。承包人必须为所有工种即包括指定的分包人和独立专家承包人的工程，提供可从政府总管道用计量方法供给的用水。如系现场采用深井取水者，应计算打井费、储水池（或水塔）费、抽水用电费和人工费等经常性费用；如系采用送水车送水，则应确定平均每天送水量，并按工期长短、水费和送水车使用费等计算，或按施工期长短计算。此外，也可按占直接费的比例计算。

（2）施工用电费。承包人必须供应一切为进行本工程有关的生产、生活用电，包括临时配线和电表，试验永久性的设备，并提供搬走及拆除所有临时电线、后备发电机和其他工程支付的一切费用。例如，采用柴油发电机者，应计算设备的折旧费和安装拆运费，以及日常的油燃料费及人工费等，如按工期长短计算也可按占直接费的百分比估算。

(3)施工机械费。为便于准确有效地完成工程,承包人应提供一切机械设备和非机械设备、工具、器械、用具、机动汽车。其中,大型机械按机械配备及工期等具体情况确定,中小型机械可参考国内有关的定额计算。

(4)脚手架费用。承包人应为工程所需提供足够的和适当的脚手架、隔板和挡板等,并负责搭建、维修及竣工时拆除清理。这笔费用,可按各不同子目的搭设需要,参考国内定额或按占直接费用的百分比例估算。

(5)斜撑和支撑费。承包人应在施工期间提供一切斜撑、支撑、横撑,并应采取预防措施或可能需要的应急方法,以保持进行中的新工程或原有建筑物的稳定,以防止下陷或受损。这笔费用,可根据当地的现场情况和施工组织设计提供的资料进行计算。

(6)临时设施费。在国外,临时设施系指施工单位现场的或非现场的生产、生活用房等,而临时道路、停车场、临时管线及围墙等叫临时工程。这笔费用较大,应根据施工工期,总造价及工人每月的平均产值,首先确定工人及管理人员的人数配备,然后参考国内临时的面积定额分别确定生产、生活等用房面积,再概略确定每平方米造价计算出全部费用来。如果在特别炎热或寒冷的地方,则应考虑空调及采暖设备等费用。临时道路管线等可以按具体施工组织设计或按占临时房屋的比例计算。

(7)工人现场福利费、安全费及职工交通费。包括劳动保护、卫生用品、药品、保险及其他福利等,可以参考国内定额,按人数或指标计算。保险费一般按占工资总额的百分比或按人数及人·年的投保额计算,具体以当地保险公司取费标准及办法为依据。职工交通费可按不同交通工具、每天接送次数、路程及工期等决定。

(8)防火设施费。为防意外失火,承包人应在工程和一切办公室、储藏室等,采用合理的防火措施,对于所储存的石油、油漆、易燃等危险物品,尤需加以注意。承包人应遵守工程师的规定及政府或其他法定团体的一切条例、法规和指令所发生的费用。

(9)工程原有设施设备、现有设施设备和材料的保护费用。包括对工程所在范围的地上及地下的建筑物、构筑物、管线、物件加以保护的费用,必须为防备恶劣天气和意外损毁对工程材料和设备进行保护的费用,以及防止失窃所需的保护费用。以上可根据现场实情进行估算。

(10)驻地工程师的现场办公室及所需的设备费(包括汽车)、现场材料试验室及设备费。这些费用一般在投标文件的技术规范中有明确的面积、质量标准及设备清单等要求,可以根据这些要求计算。此外,还可能要求配备一定的服务人员或试验助理人员,这部分的工资费用等也应列入,这部分费用还要包括供工程师常驻现场监督人员使用的安全头盔、现场客人访问的备用头盔及检验设备。

(11)工程放线、测量及勘察费。这笔费用包括放线、测量、勘察的设备、材料费及人工工资。

(12)记录、报告、进度照片及日常气候报表费。承包人应在材料运至现场以及在工程中使用时,将材料及其位置的大小加以记录,如工程师有要求,应随时提交报告。承包人还应根据工程师的要求,按月或按周向工程师报告其指定的资料,所有报告均应复印五份副本。

承包人应每月至少向业主及工程师提交20张或工程师指定数目的照片,以显示工程师所选定的角度所观察的工程进度。每张照片(大小如明信片)冲洗6份,并在背面用墨水写明或标明角度的位置和拍摄日期。日常气候报表费,主要应考虑专职人员的工资和日常文具、纸张、复印设备等费用。

(13)告示板、陈列牌、日间标志和晚间警告灯费,可根据有关规定作一估算。

(14)夜间施工和超时施工费、围棚费、专利品等费,可以根据施工组织设计估算,并一笔计算。

开办费往往由业主在招标文件中规定,投标商无权改变。在有些招标文件中,对标价费用项目不作统一划分时,则可由投标商对标价作灵活简化的处理,也可列入单项工程标价或列入工程单价中。

4.3.8 国际招标、投标文件及程序

1. 招标文件的组成

招标文件是由招标人制定(或委托咨询顾问公司制定),用以作为招标、投标的依据。其组成包括:a. 资格预审的邀请书;b. 关于资格预审评定报告;c. 投标邀请书、投标人须知、投标文件;d. 合同条件、图纸资料、说明书及施工技术规范;e. 各种表格、费率、价格表等;f. 时间安排表;g. 投标书、协议书、保证书;h. 接受投标的信件。

翻译招标文件的文字应当明确而不含糊,这是减少误解和避免以后争议的前提,要以原文为准。

2. 招标程序(见表4-13)

表4-13　国际招标工作程序表

工作阶段	工　作　内　容	工作时间
资格预审阶段	①发招标邀请书	1~2个月
	②递交投标申请书	
	③准备投标资格文件	
	④审查投标资格	
	⑤通知资格审查结果	
投标阶段	⑥领取招标文件	1~3个月
	⑦做标书	
	⑧递交标书	
评选阶段	⑨开标	1~2个月
	⑩评标	
	⑪发中标通知书	
	⑫签订承包合同	
	⑬宣布开工日期	

3. 主要招标文件内容的说明

(1)投标邀请书。投标邀请书用以邀请资格预审合格的承包商前来投标,它应说明以下

几点：

①业主单位、招标性质、资金来源；

②工程概况、分标情况、主要工程量、工期要求、承包商提供的服务内容；

③发售招标文件的时间、地点、售价，投标书送交的地点、份数和截止时间；

④提交投标保证金的规定额度和时间，开标日期、时间和地点；

⑤现场考察和召开标前会议的日期、时间和地点。

(2)投标须知。投标须知有下列内容：

①总则：应阐明工程概况、资金来源及资金支付使用的限制条件、资格与合格条件的要求、投标文件要求、投标费用、投标语言、报价计算、货币、投标有效期、投标保证、错误的修正和本国投标者的优惠，以及现场考察的时间及考察费用的处理等。内容要明确、措词要准确、安排要具体。

②招标文件：投标者应按照投标文件所规定的内容和格式递交投标书，其一般形式如下：

第一卷　商务条款

　第一章　投标邀请书

　第二章　投标者须知

　第三章　合同通用条件

　第四章　合同专用条件

　第五章　合同格式：包括合同协议书格式，动员预付款银行保函与履约保证格式

第二卷　技术条款

　第六章　技术规格书或技术规范

第三卷　各类报表、书函格式

　第七章　投标书格式和投标保证书格式

　第八章　工程量表

　第九章　辅助资料表

第四卷　图纸

第五卷　参考资料

投标者接到招标文件后，应仔细阅读和理解招标文件，因不满足招标文件要求的投标书将被业主拒绝。

③招标文件的澄清：投标者在收到招标文件时应仔细阅读和研究，如发现有遗漏或错误、词义含糊等情况，应书面向业主质询，否则后果自负。招标文件中应规定提交质询的日期限制，如投标截止日期前30天或标前会议前7天，业主将书面答复所有质询的问题，并送交全部投标者，但不涉及问题的由来。

④招标文件的修改：业主有权修改招标文件的规定，即不论是业主一方认为必要时或根据投标者质询提出的问题，均可以在投标截止日期以前若干天对招标文件进行修改，如果发出修改通知太晚则业主应推迟投标截止日期。

所有的修改均应以书面文件形式送交全部投标者。投标者应在收到此修改通知后给业主以回执。

4. 投标文件的编写

(1)投标的语言。应为投标文件规定一种主导语言,正式投标文件均以此主导语言为准,对投标文件的解释也应以此为准。由投标者提供的证明文件等(如营业执照)可以用其他语言,但是应将有关段落翻译成主导语言。

(2)组成投标书的文件。投标者提交的投标文件应由下列文件组成:投标书及其附件,投标保证金,辅助资料表,有关资格证明,提出的替代方案以及按"投标者须知"要求提供的其他各类文件。

为投标目的发出的文件,还包含各种修改通知、回答质询问题的信函等均被认为是投标文件的组成部分。

(3)投标报价。合同价格系指以投标者提交的单价和合价为依据,然后计算得出的工程总价格。一切关税、税收等均含在投标报价中。

投标者如忽略填写某子项的单价或价格,在合同实施时业主可以不对此子项支付。在中标的投标者签订合同之前,业主有权要求中标的投标者对本工程项目提交一份详细的有关单价和价格的清单。

投标者对一个以上的分标"合同段"投标时,可以提出(也可以不提)一个具体的价格折扣额,但如果在一个以上的投标中投时,可按打折扣后的价格参与评价。

(4)投标和支付的货币。

①投标者报价时完全采用工程所在国的货币表示,但由于预计到要在工程所在国以外的国家进行采购,因而可以要求支付一定数量的其他国家的货币或国际贸易货币,如美元。然后,在投标书的"外币需求估算表"中标明这些外币占总投标价的百分数,其汇率应以工程所在国的业主指定的银行在投标截止日前若干天(一般为28天或30天)该外币的卖价为准。此汇率适用于整个合同履约期间,这样可以减少承包商承担的汇率风险。如果业主指定的银行没有规定该种外币的汇率,则可由投标者自行确定该项汇率,并向业主说明其来源。

②采用两种报价,即对于在工程所在国应支付的费用,诸如当地劳务、当地材料、设备、运输等费用以当地货币报价,而对在工程所在国以外采购所需费用则以外币或国际贸易货币报价。这样就要求投标者在工程量表的"费率"一栏中分别填入当地币和外币。对于外币汇率的规定与①中的方式相同。

(5)投标有效期。投标有效期即从投标截止日起到公布中标日为止的一段时间。按照国际惯例,一般为90~120天。在此期间内,全部投标均为有效,投标者不得修改或撤消其投标。有效期长短根据工程大小、简繁而定,即要保证招标单位有足够的时间对全部投标进行比较和评价,如为世界银行贷款项目尚需报世界银行审查,还应考虑报送领导机关批准的时间。

如果业主要延长投标有效期,应在有效期终止前征求所有投标者的意见并通知世界银行,投标者有权同意或拒绝延长投标有效期,业主不能因此而没收其投标保证金。

同意延长投标有效期的投标不得要求在此期间修改其投标书,而且投标者须同时相应延长其投标保证金的有效期,对投标保证金的各种有关规定在延长期内同样有效。

(6)投标保证金。为了对业主进行必要的保护,招标文件中应规定"投标必须提供投标保证金"的条款。投标保证金一般不支付现金,而采用保函的形式。

投标保函(或担保)是由一家招标国的银行(或保险公司),或一家在招标国注册的国际银行(或保险公司)在当地的分支机构,代表投标者向招标单位出具的一封保函,以保证在投标者不按规定履行其职责时,向招标单位支付其因此而损害的补偿金。

投标保证的金额通常为投标总额的1% ~2%,也可由业主规定一个固定金额,但要求投标保证的额度不宜太高,否则将会使许多合格的投标者望而却步。

设置投标保证金的目的是为了防止投标者在投标有效期内随意撤回投标,或拒绝签订正式的合同协议,一旦产生这种情况,投标单位便可没收投标保证金以弥补由此而蒙受的损失。

未按规定提交投标保函的投标书,业主可视不合格投标而予以拒绝。对中标者而言,必须用履约保证来换回投标保函。

投标保函的格式和提供保函的单位要经业主事先批准。

按照国际惯例,一旦投标者在投标有效期内撤回投标或拒绝签订合同时,招标单位可与另一家投标者签订合同。而投标保证金额,需能弥补保函所保证的投标者的投标价和招标单位与另外一家投标者正式合同的标价差额(当后者高于前者时),但当上述标价差额大于保函规定的金额时,保证单位不负责其超额部分。保函有效期等于投标有效期,也有招标文件要求保函有效期大于投标有效期一段时间的。

(7)替代方案投标。业主在招标文件中可要求投标者除去按原有招标文件的图纸规范及各项规定进行投标外,还允许投标者按照招标文件的要求提出自己的替代方案。替代方案是在满足原工程项目基本设计要求的基础上,对原有工程的布置、设计或技术要求进行局部的以至全部的改动,以得到最优化的设计方案,这有利于提前竣工及降低造价等。

投标者应将替代方案的设计图纸、计算方法、技术规范、施工规划、价格分析等有关资料提交业主审查。一般规定只允许提交一个替代方案,以减少评标时的工作量。替代方案要单独装订成册并应向投标者指明,即使投了替代方案,对业主招标文件的原有方案仍然需要投标。

(8)标前会议。召开标前会议的目的是为了使业主澄清投标者对招标文件的质疑,回答投标者提出的各类问题。

(9)投标文件的格式与签署。招标文件中应规定投标需提供的正本和副本的份数,正本是投标者填写所购买的招标文件及表格的全部文件和资料,副本为正本的复印件。正本与副本不一致时以正本为准。正本、副本的每一页均应由投标者正式授权的全权代表签署确认。如果对错误之处进行删减、增加或修改时,即要进行签署。

5. 投标文件的递交

(1)投标文件的密封和印记。投标文件的正本和每一份副本都应分别包装,而且要求内外两层信封包装和密封。外信封上写明送达的业主地址,注明投标工程名称及开标日期前不得启封等字样。内信封是准备将投标文件退还投标者时用的,所以要写上投标者的地址和姓名。如果未按规定书写和密封,业主对由此引起的一切后果概不负责。

(2)投标文件递交截止日期。应规定投标文件递交的截止日期和时刻。如果由于业主修改招标文件而延误,则业主应适当顺延递交投标书的截止日期,双方权利和义务将以顺延后的截止日期为准而履行。

(3)迟到的投标文件。在招标文件规定的投标截止日期之后递交的投标文件,一般将被原封不动地还给投标者。

(4)投标文件修改和撤销。投标者在递交投标文件截止日期以前，可以通过书面形式向业主提出修改或撤销已提交的投标文件。要求修改投标文件的信函应该按照递交投标文件的有关规定编制、密封、标记和发送。撤销通知书可通过电传或电报发送，随后再及时向业主递交一份具有投标者签字确认的证明信，收到日期不得晚于投标递交截止日期。在投标截止日之后，投标者不能再对投标文件进行修改。在投标截止日到投标有效期终止日之间，投标者不能撤销投标书，否则，业主有权没收其投标保证金。

(5)开标。业主将按照投标邀请书规定的时间和地点举行开标会议，一般应在投标者代表在场情况下公开开标。同时应检查投标文件的密封、签署及完整性，包括检查是否提交了投标保函等。

6. 开标与评标

(1)评标过程的保密。开标之后，在评标过程中应对与此工作无关的人员和投标者严格保密，任何投标者如果企图对评标施加影响将会导致被拒绝投标。

(2)投标文件的澄清。在必要时，业主有权邀请个别投标者澄清其投标文件，包括单价分析，但澄清时不得修改投标文件及价格。而对要求澄清的问题及签复均应用书面公函或电报或电传进行。

(3)确定投标文件的符合性。在评标之前，业主将首先确定每份投标文件是否完全符合招标文件的要求。投标文件必须符合招标文件中的条文、条件和规定，而且对招标文件不能有重大修改和保留条件。

所谓对招标文件的重大修改和保留条件，指投标者对合同指定的工程，在其范围、质量、完整性或工期等方面有重大改变，或对业主的权利和投标者义务有重大限制。如果业主接受了有重大修改和保留条件的投标文件，则将会影响其他投标者的合理竞争地位。

不符合招标文件要求的投标文件不被业主接受，也不允许投标者进行修改。

(4)投标文件错误的修正。对于符合招标文件要求而且有竞争力的投标，业主将对计算和累加方面的数字错误进行审核和修改。其中，如数字金额与大写金额不符，则以大写金额为准；如单价乘工程量不等于总值时，一般以单价为准，除非业主认为是明显的单价小数点定位错误造成的，则可以总值为准。

修正后的投标文件，需经投标者确认才对其投标具有约束力。如果投标者不接受修正，投标文件则将被拒绝，投标保证金也将被没收。

(5)折算成一种货币。评标时将按招标文件的规定将所有外币均折算成当地币或一种国际贸易货币。

业主在选定指定银行的外币卖价日期时可以有以下几种选择：一是规定的开标日，二是规定的开标日期前若干天(不得多于30天)，三是规定的开标日期后某一天。

一般选用规定的开标日为外币卖价日期的，由业主指定银行的外币卖价，将投标者的名次作一初步排列，但若评标时出现了汇率变动，则需按定标当日的汇率重新对投标价进行评估。倘若定标决定晚于原定投标有效期期满日，则以原定投标有效期期满日的汇率为准。

(6)本国投标者的优惠。当国内投标者符合下列所有条件时，在与其他投标者按投标报价排列顺序时可享受7.5%的优惠或另有规定：

①在工程所在国国内注册的；

②工程所在的本国公司所有权占大多数者；

③分包给外国公司的工程不大于合同总价的50%者。

对于工程所在国的承包商组成的联营体，在具备以下所有条件时，也可享受7.5%的优惠。一是工作所在国国内合作者已单独满足了上述的三个条件；二是若没有承包商参加，而国内承包商在技术上或财务上又不具备完成合同的资格；三是本国承包商至少应实施50%的合同工程量。

评标时，业主应将投标者分为享受优惠与不享受优惠两类，对不享受优惠的投标者，应在其投标报价上加上7.5%，再统一排队、比较。

7. 授予合同

（1）授予合同的标准。业主将与投标文件完整、且符合招标文件要求并经审查认为有足够能力和资产来完成本合同的，同时满足前述各项条件而投标报价又最低的投标者签订合同。

注意，业主同时又有不接受最低投标价的权力。

（2）业主有权利接受任何投标，也有权利拒绝任何投标或所有的投标，业主在签订合同前，有权接受或拒绝任何投标，宣布投标程序无效或拒绝所有的投标，对因此而受到影响的投标者业主不负任何责任，也没有义务向投标者说明原因。

（3）授予合同的通知。在投标有效期期满之前，业主应以电报或电传通知中标者，并用挂号信寄出正式的中标函。

当中标者与业主签订了合同，并提交了履约保证之后，业主应迅速通知其他未中标的投标者。

（4）签订协议。业主向中标者寄发中标函的同时，还应寄去招标文件中所提供的合同协议书格式。中标者应在收到上述文件后在规定的时间内派出全权代表与业主签署合同协议书。

（5）履约保证。按合同规定，中标者在收到中标通知后的一定时间内（一般规定15～30天）应向业主交纳一份履约保证。如果中标者未能按照业主的规定提交履约保证，业主则有权取消其中标资格，并可没收其投标保证金，甚至可考虑与另一投标者签定合同或重新招标。

8. 合同条件

在国际招标中，一般利用FIDIC的《土木工程施工合同条件》；在国内，采用我国的《建设工程施工合同示范文本》。

9. 合同约定

编写合同约定时，一般可引用国家有关各部正式颁布的规范。国际工程也可引用某一通用的外国规范，但一定要结合本工程的具体环境和要求来选用，同时往往还需要由咨询工程师再编制一部分具体适用于本工程的技术要求和规定。正式签订合同之后，承包商必须遵循合同列入的规范要求：工程的全面描述，工程所采用材料的要求，施工质量要求，工程计量方法，验收标准和规定，其他不可预见因素的规定。

规范一般可分为总体规定和技术规范两部分。

（1）总体规定。通常包括：工程范围及说明，水文气象条件，工地内外交通，开工和完工日期，承包商提供的材料质量要求，技术标准，现场设施，工地内供水和排水，临建工程，安全防护，测量工作，水土保持，环境卫生，仓库和车间，图纸及试验设备等。

(2)技术规范。土木建筑工程技术规范大体上相当于我国的施工技术规范的内容。根据设计要求,技术规范应对工程每一个部位的材料和施工工艺提出明确的要求。

技术规范一般按照施工内容和性质来划分。例如,一般土建工程,包括临时工程、土方工程、基础处理、模板工程、钢筋工程、混凝土工程、污工结构、金属结构、装修工程等;水利工程,包括施工导流、灌浆工程、隧洞开挖工程;港口工程,包括基床工程、沉箱预制、板桩工程等。此外,技术规范中还应对计量要求作出明确规定,因为这牵涉到实施阶段计算工程量与支付问题,以避免争议和减少争议。

10. 图纸

图纸是招标文件和合同的重要组成部分,是投标者在拟定施工方案、确定施工方法,以至提出替代方案及计算投标报价必不可少的资料。

图纸的详细程度取决于设计的深度与合同的类型。详细的设计图纸能使投标者比较准确地计算报价。但实际上,常常在工程实施中需要陆续补充和修改图纸,这些补充和修改的图纸均需经工程师签字后正式下达,才能作为施工及结算的依据。

图纸中所提供的地质钻孔柱状图、探坑展视图等均为投标者的参考资料,而提供的水文、气象资料也属于投标者的参考资料。业主和工程师应对这些资料的正确性负责。而投标者根据上述资料做出自已的分析与判断,据之拟定施工方案,确定施工方法,业主和工程师对这类分析与判断不负责任。

11. 工程量表

就是对合同规定要实施的工程全部项目和内容必须按工程部位、性质等列在一系列表内。每个表中既有工程部位需实施的各个项目,又有每个项目的工程量和计价要求(单价或包干价),以及每个项目的报价和每个表的总计等,后两个栏目留给投标者去填写。

工程量表的用途之一是为投标者报价用,为投标者提供了一个共同的竞争性投标的基础;用途之二是工程实施过程中,每月结算时可按照表中序号、已实施的项目、单价或价格来计算应付给承包商的款项;用途之三是在工程变更增加新项目或索赔时,可以选用或参照工程量表中的单价来确定新项目或索赔项目的单价和价格。

工程量表和招标文件中的图纸一样,是随着设计进度和深度的不同而有粗细程度的不同,当施工详图已完成时,就可以把表编得比较细致。

工程量表中的计价办法一般分为两类:一类是按"单价"计价项目,如模板每平方米多少钱,土方开挖每立方米多少钱等,投标文件中此栏一般按实际单位计算。另一类是按"项"包干计价项目,如工程保险费和竣工时的场地清理费,也有将某一项设备的安装作为一"项"计价的,如闸门的采购与安装(包括闸门、预埋件、启闭设备、电气操作设备及仪表等的采购、安装和调试)。编写这类项目时要在括号内把有关项目写全,最好将所采用的图纸号也注明,以方便承包商报价。

工程量表一般包括前言、工作项目、计日工表和总计表。

(1)工程量表的编制。编制工程量表时,要注意将不同等级要求的工程区分开;将同一性质但不属于同一部位的工作区分开;将情况不同,可能要进行不同报价的项目分开。

编制工程量表划分项目时要做到简单明了,使表中所列的项目既具有高度的概括性又条目简明,同时又不漏掉项目和应该计价的内容。这样,既方便报价和结算,又可大大节省编制工程量表的时间。

(2)计日工表。计日工也称散工或按日计工。在招标文件中一般有劳务、材料和施工机械3个计日工表。

计日工是指在工程实施过程中,业主有一些临时性的或新增加的项目需要按计日(或计时)使用人工、材料或施工机械时,则应按承包投标时在上述3个表中填写的费率计价。

在编制计日工表时,需对每个表中的工作费用应该包含哪些内容,以及如何计算时间作出说明和规定,如劳务工时计算是由到达工作地点开始指定的工作算起,到回到出发地点为止的时间,但不包括用餐和工间休息时间。

有的招标文件不将计日工价格计入总价,这样承包商可以将计日价格填得很高,一旦使用计日工时,业主需支付高昂的代价。因此,最好在编制计日工表时,估计一下使用劳务、材料和施工机械的数量。这个估计的数量称为"名义工程量",投标者在填入计日工单价后再乘以"名义工程量",然后将汇总的计日工总价加入投标总报价中,以限制投标者随意提高计日工价。计日工的支付一般由暂定金额中开支。

有的计日工表中对上级管理费、利润等不单列,而统一包含在各工程的费率之中。

(3)总计表。就是将各个区段分部工程中的各类施工项目报价表的总额汇总就是整个工程项目的总报价,这也是业主在招标文件中所给出的暂定金额。投标者在汇总时应计入总报价。

12. 投标书格式及补充资料表

(1)投标书格式。投标书及投标保证书的格式,一般都是由业主或咨询工程师拟定好的固定的格式,由投标者填写。

附录1列示的投标书格式,是我国世界银行贷款的"土建工程国内竞争性招标文件示范文本"的投标书及其附件和投标保函的格式,其中投标书格式中的附表是投标书的组成部分。投标者应填写此投标书格式及其附表中的所有空白。

附录1

投标书格式

(合同名称、编号)

工程简述(业主名称):

1. 经考察现场和研究上述工程合同的图纸、合同条款、规范、工程量清单和其他有关文件后,我方愿以人民币____________元的总价或上述合同确定的一个总价和上述图纸、合同条款、规范和工程量清单的条款承包上述工程的施工,以及完工和修补缺陷。

2. 一旦我方中标,我方保证在收到工程师的开工通知后__________天开工,并在开工通知所限定的时段的最后一天算起__________天内完工并移交整个工程。

3. 如果我方中标,我方将按照合同条款的规定提交上述总价10%的银行保函(或上述总价30%的履约担保书)作为履约保证金,共同地和分别地承担责任。

4. 我方同意本投标的有效期按《投标须知》第22条的规定为开标日期之后的______天。在此期间内我方的投标有可能中标,我方将受此约束。

5. 除非另外达成协议并生效,你方的中标通知和本投标书将构成约束我们双方的合同。

6. 我方理解:你方不必定授标给最低报价的投标或收到的某一投标。

7. 我方的金额为人民币＿＿＿＿元的投标保证金与本投标书同时递交。

投标人法人代表：＿＿＿＿（签字盖公章）

姓名：＿＿＿＿

地址：＿＿＿＿（包括电话、电传、传真号）

银行账号：＿＿＿＿（包括开户行地址、电话、电传等）

证人：＿＿＿＿（签字盖公章）

地址：＿＿＿＿

日期：＿＿＿＿年＿＿＿＿月＿＿＿＿日

附表　投标书附件

	项　目	合同条款号	规　定
1	第三者责任险最少保险金额	8.3	（　　人）
2	履约保证金 银行保函金额 履约担保书金额	 12.4 12.4	 合同价的（10%） 合同价的（30%）
3	工程师发出开工通知的时间	29.1	发出中标通知后（　　）天
4	完工时间	31.1	（　　）天
5	误期赔偿费金额	33.2	（　　）元/天
6	误期赔偿费限额	33.2	（　　）%
7	缺陷责任期	34.1	（　　）天
8	动员预付款金额	36.1	合同价的（　　）%
9	月付款证书的最少金额	36.4（C）	（　　）元
10	出具付款证书以后的付款时间	36.7	月付款证书：（28）天内 最终付款证书：（56）天内
11	保留金金额	36.8（C）	月付款的（10 人）
12	保留金限额	36.8（C）	合同价的（5）%

（2）补充资料表。这是招标文件的一个组成部分，是咨询工程师在编制招标文件时统一拟定好的各类表格，以便投标者填写。现将常用的各类补充资料表介绍如下：

①与投标书一同递交的文件和图纸：投标时要求投标者将与投标书一同递交的文件和图纸列出清单，编上序号，以使所有的投标者所送的文件和图纸一致，便于评标时查找评比。

②现金流动表：投标者应根据初步施工计划，估算工程实施期间每季度计划完成的工程价值和承包商可能得到的净付款，并列入表中。净付款指扣除适当的动员预付款、材料预付款和保留金等的剩余值。

③外汇需求表：要求承包商按工程量表细目填写需用外汇支付的费用占每项总费用的百分比，还需要填写各种外币的汇率及各种外币的百分比，还可以要求投标者填写外汇需求明细表。另外，列出诸如国外人员劳务的工资、福利、津贴、保险、医药及旅差费等费用，进口材料费用，进口机械费用，管理费用等。

④价格调整表:以表的形式列出说明价格调整的相关指数和加权系数。

⑤施工组织机构和主要人员表:投标者应列表充分说明为履行合同拟建立的领导管理机构和主要人员(含外籍人员),以及上述人员的姓名、资历、经验、现任职务等。

⑥分包商表:此表是为了审查分包商的资格。投标者应在表中填入他拟雇用的分包商的名称、地址及以往完成类似工程的经验,包括该工程的规模、地址、造价、竣工年份以及其业主和监理工程师的姓名。

⑦进口的施工设备表及材料表:进口的施工设备指一定价值以上的大中型机械,要求填写设备的名称、性能、出口国、到岸价、预计到达工地的月份等;材料表主要填写材料的生产国、到岸价、数量等。

⑧当地材料表:要求列出整个工程实施期间各类材料,及其以每 3 个月为一期的材料估算量。

⑨当地劳务表:要求列出整个工程实施期间各类工种,及其以每 3 个月为一期的劳务估算量。

⑩其他表。

13. 合同协议书

由业主在投标文件中拟定好具体的格式,在中标者与业主谈判达成一致协议后签署。合同协议书投标时不需填写。

附录 2 列举的合同协议书格式是我国某一世界银行贷款的大型工程项目的合同协议书格式。

附录 2

合同协议书格式

本协议书于______年______月______日由______(业主单位名称,下称业主)为一方与______(承包商单位名称,下称“承包商”)为另一方签定。

鉴于业主欲建成一项工程,即______(工程名称),并已接受上述承包商为承担该项工程的施工、建成及维修所递交的投标书。

兹为以下事项达成本协议:

1. 本协议书中的措辞和用语具有与下文提及的合同条件中分别赋予它们同样的含义。

2. 下列文件应被认为是构成本协议的一部分,并被作为其一部分进行阅读和理解:

A. 合同协议书;
B. 中标函;
C. 投标书及其附件;
D. 合同专用条款;
E. 合同通用条款;
F. 投标者须知;
G. 技术规范;
H. 图纸;
I. 工程量表;
J. 补充资料表;
K. 其他。

3. 考虑到业主将根据上述合同条款规定的时间和方式,向承包商支付总计为______元人民币的款额或其他应支付的金额,承包商特立此约向业主保证在各方面均按照合同的规定施工、建成并维修此项工程。

4. 业主特此立约保证按照合同规定的期限和方式向承包商支付总计为______元人民币的款额或其他应付金额，作为对本工程的施工、建成和维修的报酬。

5. 本协议适用的法律为中华人民共和国法律。

6. 为此，本协议书按文首所载日期，双方分别签署并加盖各自印章以资证明。

签字人
姓名：______
职务：______
代表：______（业主单位授权签字人签字和公司印章）

签字人
姓名：______
职务：______
代表：______（承包商单位授权签字人签字和公司印章）

证人
姓名：______
职务：______

在这里需要说明的是，合同协议书中第2条中A项至K项都是合同文件的一部分，如果发现其中某几个文件的解释和说明有矛盾时，就需按照“合同条件”中对合同文件的优先顺序中的规定办理。一般来说，排在前面的文件更具有权威性，因此在合同的协议书中最好按文件的优先顺序排序。

另外，合同协议中还应列入一项“合同协议书附件”，有时也叫备忘录。可以将第2条中A项改为“合同协议书及其附件”。因为在签署合同协议书之前的谈判中，双方都可能提出对合同文件中的某些内容进行补充和修改。这些补充和修改意见应整理成附件形式附在合同协议书后，由于附件是对原有文件的补充和修改，所以应该注明附件中的那一条是原有文件第几卷第几章的哪一条的补充和修改，当以后遇到矛盾时，则以此合同协议书的附件为准。

4.3.9 投标的标价计算

国际投标的标价，是一项政策性、技术性、专业性很强的工作。投标过程中的一系列工作，都是以标价为核心来展开的。如果说投标是获得项目的主要手段，那么标价就是取得中标的关键。

国外投标没有预算定额，投标时应根据国际上或各个国家的招标文件、合同条件、技术规范、有关标准（如英国标准BS）、工程量计算方法、市场浮动价格及利润等确定各分项工程的单价编制预算。确定单价时要根据具体情况，有一定的灵活性与策略，如将某些分项的单价压低或提高，但尽量压低报价总额以争取得标，以后在施工中再通过“索赔”的方式给予补偿。

1. 国外投标标价计算的组织

国际承包商一般很重视投标标价专业班子的人选及其业务建设，将这个班子放在承包业务的重要位置上。建立这个班子应该注意以下几点：

(1) 人要精简，人员要一专多能。

(2) 班子的成员应该“四懂一会”。即懂业务、懂技术、懂经济管理及懂法律商务，而且会外语。懂技术是指懂得工程，具有比较丰富的施工实践经验和管理经验，熟悉定额，可估工算料，可计算标价和编制投标文件，能够担负起合同的起草与谈判工作。

(3)慎重选择负责人。专业班子的负责人应由业务知识全面、组织能力较强的人来担任。他能对全面工作起领导和指导的双重作用，必要时还可充任标价审核并承担具体工作。

(4)要常备不懈。投标班子要始终保持投标的积极性，要加强情报信息工作，积累投标资料，采用现代化的计算工具以及先进的评价方法等。

(5)投标标价班子的基本职能。

①对项目招标文件进行研究分析，制定投标工作程序、标价方法与基本原则；②进行必要的现场考察与调查并编制投标文件(包括标价的计算)；③办理投标手续并投标；④中标后的合同起草、谈判与签署；⑤进行项目成本预测，并就标价与合同条款向项目经营班子交底；⑥研究竞标策略的方法；⑦搜集与分析标价与各种比价资料等。

2. 国外投标标价计算的特点

国际竞争性投标，从工程项目的投标标价来看有四个基本特点：

(1)及时性。对某项工程投标，其工作量是很大的。特别是综合承包项目。标价计算更是十分浩繁。由于受招标时间的限制，如果不能按时完成，就失去了竞标的机会。

(2)准确性。标书的编制应建立在科学分析和可靠计算的基础上，要能比较准确地反映工程造价。这是因为工程造价高了不利竞争，低了又难以取胜且无利可图，有的甚至造成亏损。

(3)复杂性。参与国际投标，单靠及时、准确地提出报价以图竞标是远远不够的。因为大多数项目的招标程序和背景是比较复杂的，在办理完各项烦琐投标手续的同时，为了获得项目，还要视具体情况制定竞争策略(包括适当的调整报价)。

(4)连续性。投标标价业务班子往往又是合同谈判班子，由于从资格预审直到签订合同是一个“全过程”，因此要求保持各个阶段的连续性，全面周详地考虑各种问题，以维护投标人的切身利益。

4.3.10 工程报价

国外投标工程报价，有设计方案报价、施工报价及劳务报价等。

1. 设计方案报价

根据业主要求进行方案设计，再依据业主审核后的方案设计，计算出工程的工程量、单价、管理费及设计费，将上述费用进行汇总即可得出工程报价。这个过程，叫设计方案报价。

设计方案报价相当于国内的最初设计概算，报价时，要求有工程量的较详细的报价单。因此，方案设计要求有一定的深度，以满足报价的需要，除提供设计方案图纸外(一般有平面图、立面图和剖面图，有时还用彩色透视图以增加业主的好感)，对内部作业还必须提供建筑用料标准、结构构造及设备清单，以便计算工程量。

设计方案报价后，是否能达成协议并签订承包合同，往往要经过一番谈判和讨价还价的过程。合同签订后，即进行施工图设计，然后开始施工。在施工图阶段，一般不再调整或重新报价，以后即按合同及报价规定，在开工前先付一部分预付款，并按工程进度进行分期付款。完工后，一般有6个月至1年的保修期，业主还必须留有一定的保留金(一般为10%)，直到保修期满才能全部付清造价。

(1)设计方案报价的工程量项目划分。方案报价的项目一般不宜过多过繁，但也不能过于简化，以业主能看懂为准。通常一个民用项目约30~40项，其综合程度也可自己决定，但必须在工程项目名称中加以写明。

①土方工程：从平整场地、挖土方、回填土、余缺土处理均需列项，但挖土方的分类不一定分得很细，不必分挖地槽、地坑及开挖深度。如果遇土质不同（普通土、坚土、岩土），单价悬殊很大，必须加以区分。

②钢筋混凝土构件。计算钢筋混凝土构件时先按不同构件分别计算，如基础、梁、板、柱、楼梯、圈过梁等，而列表时可合并为一项（如钢筋混凝土基础、柱、梁、板等）。模板一般要单独列项，但也可包括在钢筋混凝土单价内。钢筋在国外均单独列项。

③门窗：门窗项目一般包括制作、安装、玻璃、五金及油漆等全部内容。

④楼地面：地面垫层单独列项（有时列在混凝土及钢筋混凝土分部内），不同面层分别列项；踢脚线、楼梯踏步一般单独列项，但也可并入相应的地面面层工程量内，其单价也应考虑综合的因素。

⑤屋面：屋面防水层、找平层、隔热层或架空措施、伸缩缝等往往综合为一项，屋面排水（如水落管、出水口等）则另外单独列项。

⑥粉饰工程：天棚、墙面抹灰及刷浆，可以合并为一项，瓷砖台度（墙裙）在国外往往与地面的块料面层列在一个分部。

⑦金属结构：制作、安装、油漆可以合并为一项。

⑧室内水卫、电器工程：一般占民用工程总造价的5%~10%，为简化计算，往往水专列为一项、电专列为一项。室外排水工程（包括化粪池、渗水井、下水管、井等）则另列一项。水源、电源工程往往不包括在设计范围内，但必须说明不予以包括。

⑨脚手架：在国外，脚手架在单位工程中不能单独列项，只能包括在有关项目（如砌墙、粉刷等）的单价内。

⑩建筑面积：在资本主义国家，面积不作为主要控制指标，但在报价表中也可在表头处列出，最后在总造价下也可列一项每平方米的造价。

(2)报价工程量计算。方案阶段的工程量计算一般可以粗些，要留有在施工图设计时进行调整的余地。国际上建筑业使用英国规范较普遍，工程量计算也是以英国的《建筑工程计算工程量标准方法》或英国制订的《建筑工程量计算原则（国际通用）》为主要依据。但其项目划分过细，一个普通工程往往要出现几百项的工程量，这样计算很不方便。我国建筑报价工程量计算可参照国内规则计算，但可稍微粗一些。

①建筑面积：可仍沿用国内的规定计算，但建筑的入口不论是否有屋盖，其突出部分均需计算建筑面积。

②土方工程：国际上通常以开挖前的体积计算，以后的变更均不增加，原场地上的空缺处应予以扣除。挖土方、回填土及余土处理之间的数量应予以平衡，土方支撑（挡土板）应单独列项。对于支模等必须在挖方外部操作的工作面，才可增加在挖方的宽度内计算。

③砖石工程：由于国外当前绝大部分采用现浇钢筋混凝土框架结构，并以框架间砌空心块填充为主，故需分别厚度以平方米计算，但应扣除门窗洞口及混凝土框架所占的面积，而内墙高度按净高计算。

④门窗工程：一般均按平方米计算，在国外也有以"樘"为单位，但必须注明大小尺寸。

计算门窗数量时,可以充分利用在砖墙中扣除的数量,然后只要加以分类即可。其他如安全窗栅也可以按平方米计算,但窗帘棍(盒)、窗台板(注明宽度)均以延长米计算。

⑤钢筋混凝土工程:混凝土数量以立方米计算,但应扣除柱、梁、板之间的连接重叠部分;模板以接触面积计算。钢筋可按不同构件含钢量的总和以“吨”计算。

⑥楼地面工程:素混凝土垫层应扣除砖墙部分所占面积,但内隔断下的元宝基础应予以增加。各种面层以平方米计算,楼梯台阶踏步应按展开面积计算后并入相同的面层内或单独列项。踢脚线应注明宽度并以米计算。散水的垫层、面层可综合一起按平方米计算。

⑦屋面工程:平屋面的找平层、隔热层及防水面层等可综合一项或分别各项以平方米计算,其数量可以屋面面积为准。水落管综合了漏斗的因素,以延长米计算。出水口(塑料管或预制混凝土的)需注明规格,以延长米或个计算。

⑧装饰工程:外墙粉刷或贴面可以利用砖墙的毛面积扣除部分门窗面积后以平方米计算(因要抵消一部分门窗侧壁增加的面积)。内墙粉刷、刷浆可以利用单面外墙和双面内墙的净面积计算。天棚吊顶以净面积计算,天棚抹灰应将梁侧面积并入计算。

⑨金属结构工程:金属结构按吨计算,但楼梯栏杆(包括金属及木质)以延长米计算,均可包括油漆在内,并予以注明。

⑩室内外卫生设备及管道工程:室内部分主要计算各种卫生设备的件数(一般包括其零件和连接的管件)及上下水干管的数量,室外部分应计算化粪池、渗水井、排水井及管等的数量。如果对外报价仅报一个总价时,只需根据上述数量分别算出价格后加以汇总即可;如果在报价表中需要详细列出各项工程量时,则应注明规格和型号。

⑪室内电气工程:主要计算各种灯具、开关、插销、电表、配电盘等设备的件数(一般包括平均摊算的管线在内,如每个灯具包括若干米的管线等),以及管和干线的数量。

(3)报价工程量的项目单价。报价工作中重要的是单价。国外单价不能以国内单价简单折算成外币计算,国外单价除了包括工资、材料、机械费及其他直接费外,还应包括管理费及利润,这样每个工程算出总价后就是全部的工程造价,不再单独取费。国外常用的项目单价像国内一样,可以统一做出一套单位估价表,特殊项目的单价可以结合工程报价时再临时补充。

①工料、机械台班消耗量的确定:可以国内预概算定额作为主要参考资料,再结合国外具体情况进行调整。有些国内外相同或相类似的项目,如砌墙、混凝土、地面、抹灰等,可以套用国内预算定额,只需对人工的工效(一般约加10%~30%不等)、材料的配合比等加以适当的调整即可。对国内没有的项目,如中型混凝土砌块、胶砂粉刷(一种与水刷石相似的外粉刷)等,则应根据具体操作、材料规格及使用情况,向现场调查后做补充定额。至于项目的综合扩大,如屋面单价中包括了找平层、隔热层、防水层及刚性面层等项目,则应先逐项分别算出每一分项的单价及工料消耗量后,再综合成一项。

②工资的确定:国外工资包括的因素比国内复杂得多,分为出国工人的工资和当地雇用工人的工资两种。

出国工人的工资,一般应包括国内包干工资及中转费(即由中国建筑总公司给每个派工单位的包干工资及调迁中的有关中转费用)、服装费、差旅费(往返车、船、机票等)、国外零用费(可取国家标准的中上线平均标准)、人身保险费、伙食费、奖金、加班工资(如实行大礼拜休息制的补休工资等)、福利费、卧具费、探亲及出国前后所需时间的调迁工资等。以上这些费用的总额，除以月平均有效工作天数，即为每月的工人工资标准。在确定工资标准时，可将普工、技工等综合确定一个统一的标准。

在国外雇用当地工人的工资，应包括工资、加班费和津贴，以及招雇、解雇等费用。此外，对于中外合资公司的工人工资标准，按合资公司合同规定的工资标准除以月平均有效工作天数即可。

从国际上来看，我国的工资标准大大低于资本主义国家的工资标准，一般约低1倍，甚至更多，尤其比西欧国家更低，这对我们的报价是一项最为有利的因素。

③材料费的确定：确定每种材料的综合平均价时，要根据材料的主要来源及次要来源加权平均，取定上线，留有余地。不同材料的来源，要计算不同的运输费。当地采购材料要考虑短途运输费；外来材料如为到达当地国海港的交货价，则应考虑从港口到达工地或中心仓库的运杂费；有时国内调拨的材料如只提供国内某个港口的离岸价格，则要计算从国内离岸港口到达所在国某个港口的国际海运费、保险费，再加到达港口后的运杂费。因此，必须了解各种运杂费的计算方法、里程及运杂费标准。对于材料的运输及储库损耗因素，一般按百分比进行考虑。此外，还要考虑材料的税金。

国外材料价格比较复杂，没有现成的统一价格套用，要花较大的力量与材料部门密切配合，才能确定比较切实的价格。

④机械费的确定：国外机械费往往是以单独一笔费用列入报价表中，也有的包括在工程单价之内，其计量单位按“台时”计算，中小型机械费通常可按占工料费的百分比计算（一般取2% ~3%）。大型机械费用应单独确定，其台时费可参考国内定额加以适当的调整，其中机械原价可按国外实际采购价计算，机械折旧费可参考经援标准，暂按5年摊销（5年平均以1 300工作日计算）。国际上也有不少国家和地区以机械原价作一次性摊销的，这样报价就很高，对承包不利，只能在工期较长的工程（如2~3年以上）中考虑采用。机械大修费、辅助材料费、动力费等，可根据国外的实际情况，与专业人员共同研究确定。此外，在国外还应增加机械的保险费。如果使用租赁的施工机械时，则可按租赁价计算。

⑤工程用水用电费的确定：此项费用可以在单价中考虑，或参考国内定额酌情估一笔金额计列，也可在报价中单列一笔费用，还可根据当地供水供电情况和施工期的长短予以估计。

⑥管理费的确定：此项费用是涉及面广的杂项支出，在国外涉及的内容比国内更多，通常采用按占直接费的百分比计算。我国在国外的管理费约占直接费的15% ~20%，在国际上与外商比是较高的，外商的管理费仅占直接费的10% ~15%，有的甚至低于10%。我们的管理费较高，这对报价来说，是一项不利的因素。其原因主要在于我们的管理人员过多，如行政人员、翻译、司机等，远比外商多，而外商往往行政、技术、翻译及司机均可由一人兼任。今后，我们应提高管理人员的素质，减少非生产人员。

⑦利润的确定：外商的利润一般在10% ~20%，由于我们的管理费较高，因此利润就不能提得太高，根据“薄利多销”的精神，我们的利润以在10% ~15%较适宜。利润的高低，要根据不同的情况，如工程难易、现场的有利条件或不利条件、工期的长短以及当时手中承包工程的多少等而定。

(4)设计费。设计费在报价表中单列一项。我们目前在中东国家一般的设计费按造价的2% ~3%收费，但有些国家的业主不容易接受，他们认为收费太高。为了做活生意，我们可将设计费化整为零,将设计费的全部或部分分摊在报价的分项工程内,对外不单独计列设计费或少列设计费,对内则为了便于部门间单独核算成本,一旦签订合同后,仍按原来计算的设计费从总承包额内分成。

2. 施工报价

施工报价是指业主提供施工图(也可由我们先承包设计),我们只承包施工业务的报价。此项报价的方法基本与设计方案报价相同。

业主提供的施工图中一般都附有工程量表,只需重点核对一下工程量是否正确,如有出入,一般不能改动原有的工程量,对于少算或漏算的项目,用另一张纸提供更正或补充。业主提供的图纸如无工程量,或我们自己设计的施工图又需要计算工程量时,其工程量应计算正确,以备业主审核。因施工报价的重点在单价的确定上,故必须吃透图纸,以编制出合理的单价。

施工报价实际上是一种不公开的投标,业主往往找几家承包商报价,只是不让你知道,最后业主经过分析比较才能决定是否给你承包,因此也有很大的竞争性。报价一般不收报价费,但如事先达成协议也可向业主收费,一旦签订了承包合同,也就免收了。

3. 劳务报价

劳务报价与上述两种报价方法相同,只是在单价确定上与承包工料价格的报价有所不同,除了按劳务消耗量算出工资,相应地计算管理费及利润的单价外,值得提出的是,管理费的取费基数只是工资部分,其比例显然是比承包工料的工程要大。因国外工资占造价的比例比国内大,故劳务承包的管理费率以比包工包料的费率高50%为宜。如果业主要求对摊销性材料(如模板、脚手架等)进行包工包料时,则要将这些摊销性材料费增加进去。

还有一种劳务报价,也就是成建制的劳务报价。成建制的劳务报价,是以各种技工为主并配备领队、工程师、会计、翻译、司机、炊事员等管理及辅助人员在内的成建制的劳务合作形式。这是一种比较稳妥、风险较小而且得到不少国家欢迎的合作方式。这种劳务合作,对工人的技术水平、劳动纪律要求较高,必须达到国际上同等的工效水平及质量要求,因此在选拔工人时,必须严格选择。

私人、私营企业或政府委托的设计、施工或劳务合作的报价工程,一旦达成协议,即可签订合同。合同一般是由承包人起草,经征得业主同意后,即正式打印并同时翻译成所在国的文本或英文本,双方签字盖章后,合同即可生效。

4.3.11 国际工程投标应办的手续

在国际上参加工程投标应办的手续主要有如下几项。

1. 投标担保书(投标保函)

投标保证金金额一般占标价的5%,或规定具体金额数(约5‰~10‰)。投标保函可分为银行提供的投标保证金和担保公司、证券公司或保险公司提供的担保书两种格式。投标保函格式和投标担保书格式分别见附录3和附录4。

2. 履约保证书(保证金)

国际工程投标中,履约保证金的投保金额一般占标价的10%。附录5和附录6是《合同条例》的两种履约保证书格式的范例。

附录3

投标保函格式

鉴于______(投标人名称,以下称投标人)于______年______月______日递交______(合同名称)的投标书。

__________(银行名称,以下称"本行")在此承担向__________(业主名称,以下称业主)支付总金额人民币______元的责任。

本保函责任的条件是:

1. 如果投标人在投标书规定的投标有效期内撤回其投标;或

2. 如果投标人在投标有效期内收到业主的中标通知后:

A. 不能或拒绝按投标须知的要求(如果要求的话)签署合同协议书;或

B. 不能或拒绝按投标须知的规定提交履约保证金。

而业主指明了产生上述情况的条件,则本行在接到业主的第一次书面要求就支付上述数额之内的任何金额,并不需要业主申述和证实他的要求。

本保函在招标通告中规定的投标截止后或业主在这段时间内延长的截止期后30天内保持有效,本行不要求得到延长有效期的通知,但任何索款要求均应在有效期内送到本行。

银行授权代表:(签字盖公章)

姓名:__________

银行:__________

地址:

证人:(签字盖公章)

日期______年______月______日

附录4

投标担保书格式

根据本担保书,__________(投标人名称)作为委托人(以下称"委托人")和在中国注册的__________(担保公司、证券公司或保险公司名称)作为担保人(以下称担保人)共同向债权人__________(业主名称,以下称业主)承担支付人民币__________元的责任。

签于委托人已于__________年__________月__________日就__________(合同名称)的建设向业主递交了书面投标书(以下称"投标书")。

本担保书的条件是:

1. 如果委托人在投标书规定的投标有效期内撤回其投标;或

2. 如果委托人在投标有效期内收到业主的中标通知后:

A. 不能或拒绝按投标须知的要求(如果要求的话)签署合同协议;或

B. 不能或拒绝按投标须知的规定提交履约保证金。

如果符合以上条件,则本担保书有效,否则为无效。

但是担保人不承担支付下述金额的责任:

1. 大于本担保书规定的金额:或

2. 大于投标人投标价与业主授标价之间差额的金额。

担保人在此确认本担保书责任在招标通告中规定的投标截止期后或在这段时间内延长的截止期后30天内保持有效。延长投标有效期无须通知担保人。

委托人代表(签字盖公章)

姓名:__________

地址:__________

日期:__________年__________月__________日

担保人代表(签字盖公章)

姓名:__________

地址:__________

附录5

履约保证书格式

根据本保证书,我们(填入单位名称)注册地址为(填入详细地址)(以下称承包商),和(填入保证人姓名)注册地址为(填入详细地址)(以下称保证人)在此以担保金额为(填入货币名称、数额)共同恪守对(填入雇主名称)(以下称为雇主)的义务。根据本保证书,承包商与保证人应保证自己,以及其继承人和受让人承担共同的及各自的对该项支付的义务。

根据以雇主为一方、承包商为另一方所达成的协议,承包商已承担了合同义务(以下称为所签合同)去实施并完成某项工程,并在工程出现任何缺陷时,按上述合同中有关条款规定进行修补。

兹将上述书面保证的条件表述如下:如果承包商正确地履行和遵守所签合同中规定的,承包商一方则应按合同的真实主旨、意向和含义履行和遵守所有条款、条件及规定;或者,如果承包商违约,则保证人应赔偿雇主因此而蒙受的损失,直至达到上述的保证金总额。届时,本保证书所承担的义务即告终止和失效,否则仍保持完全有效。但所签的合同条款,或对工程的实施、完成及修补其缺陷的性质和范围的任何变更,以及雇主或工程师根据所签合同给予的时间宽限或雇主或上述工程师方面对所签合同有关事宜所作的任何容忍或宽恕,均不解除保证人所承担的上述保证书规定的义务。然而,在下述情形下保证人才承担清偿雇主蒙受损失的义务:

A. 收到雇主与承包商双方的书面通知,说明雇主与承包商已一致同意应向雇主支付这一笔损失赔偿费;或者

B. 保证人收到一份与所签合同条款规定相一致的、按仲裁程序签发的并在法律上证明的裁决书副本,说明应向雇主支付这一笔损失赔偿费。

代表(填入承包商名称)

由(填入签字人姓名)

以__________的资格

在(填入证明人)证明下

签于__________

代表(填入保证人姓名)

由(填入签字人姓名)

以__________的资格

在(填入证明人)证明下

签于__________

【注】 保证书空格(　　)中的文字系译者所加,以便于读者理解。

附录6

履约担保书格式

兹申明本文件以(填入承包商姓名地址)__________为委托人(以下称承包商)

及以(填入保证人姓名、法定名称及地址)______________为担保人(以下称担保人),在此以担保金额为(填入货币名称、数额)______________共同恪守对权利人(填入雇主姓名、地址)______________(以下称雇主)所承担的义务。根据本保证书,承包商和担保人应保证自己及其继承人和受让人严格、共同并各自承担对该项支付的义务,该款额应准确、完全地给予支付。

鉴于承包商已于______年______月______日与雇主签订了书面合同协议,同意按在此提供的作为合同组成部分的设计、规范及修正方案(以下称为合同)承建(填入工程名称)______________。

为此,本担保的义务条件如下:如果承包商及时地、忠实地履行了所签合同(包括任何修正方案),则本担保书所承担的义务即告终止和失效,否则仍保持完全有效。

如果当承包商违约或雇主宣布其违约时,而雇主已根据合同履行了自己的义务,担保人应迅速纠正违约行为,并立即:

A. 根据合同条款和条件完成合同。或

B. 根据合同条款和条件为完成合同而取得一份或几份投标提交给雇主,以便在雇主和担保人确定了标价最低、有责任心的投标人后,安排投标者与雇主签订一份合同,并在工程进程中(尽管在完成本段所指的一个或几个合同过程中会出现一次或一系列违约)尽量提供足够的资金,用于支付完成合同所需的、减去合同价值余额后的费用。但是,支付的费用,包括担保人按本文规定可能负担的其他费用和损害赔偿费,不应超过本担保书第一段所规定的数额。本段所用"合同价值余额"这一术语,系指雇主根据合同应付给承包商的总额减去雇主已恰当地付给承包商的款额。或

C. 支付给雇主按合同条款和条件为完成合同所需的金额,所付款项的总额不应超过本担保书规定的总额。

担保人不对大于本担保书规定的罚金的金额负责。

有关本担保书的任何诉讼必须在颁发缺陷责任证书之前提出。

本担保书除规定的由雇主指定的个人和公司以及雇主的继承人、指定遗嘱执行人、管理人或雇主的继任者以外,任何个人或公司对本担保金都无权支取使用。

代表______________	代表______________
由______________	由______________
以______________的资格	以______________的资格
在______________证明下	在______________证明下
签于______________	签于______________

【注】担保书中空格(　　)中的文字系译者所加,以便于读者理解。

3. 预付款保证书

投保金额即为预付款额,其余同上。

4. 保险

中标后,承包商应积极办理保险,一般有如下5种。

(1)工程保险。就是按全部承包价投保,而中国人民保险公司按工程造价2‰~4‰的保险费率计取保险费。

(2)第三方责任险。招标文件中规定有投保额,一般与工程险合并投保。

(3)施工机械损坏险。按重置价值投保,保险年费率一般为15‰~25‰。

(4)人身意外险。中国人民保险公司对工人规定投保额为2万元,技术人员较高,年费率皆为1%。

(5)货物运输险。分平安险、水渍险、一切险、战争险等。中保公司规定投保额为110%的到岸货价(C.I.F.),一般以一揽子险(即一切险+战争险)投保,取费率为5‰。

5.代理费(佣金)

在国际上投标后能否中标,除了靠施工企业自身的实力(技术、财力、设备、管理、信誉等)和标价的优势(前三名左右)外,还得物色好的得力代理人去活动争取,一旦中标就得付标价2%~4%的代理费(当前收取工程款也得仰仗代理人)。这在国际建筑市场中已经成为惯例了。

6.参加国际工程投标应注意的事项

(1)要防止无效标书。譬如,标书未密封、未加盖单位和负责人的印章,标书寄达日期已超过规定的开标时间,标书字迹涂改或辨认不清,投送标书时未附投标保证书(保证金)或保证书的保证时间与规定不符等均属无效标书。

(2)不得改变标书格式。如果原有标书格式不能表达投标全部意图时,如有一种以上标价及其条件、工期可较规定有所缩短或增加附加条件等,应另附补充说明。

(3)不得任意修改投标文件中原有的工程量清单。假如发现原投标文件中工程量计算确有错误时,则不能按自己修改的工程量计算标价,而应将核实情况另附说明或补充,也可更正在投标文件中另附的专用纸上。

(4)计算数字要正确无误。无论单价、合价、分部合计、总标价及其外文大写数字,均应核对,尤其在实行单价合同承包制工程中的单价,更应正确无误。否则,中标签订合同后,在整个施工期间均需按错误的合同单价结算造价,以致蒙受不应有的损失。

(5)投送标书时应将全部招标文件交还,包括投标须知、图纸、技术规范、合同条件等。因此,全部招标文件应保持完整无缺且不能丢失,以便交还给业主(招标单位)。

(6)在整个投标报价过程中应严格遵守各项规定,不得行贿和营私舞弊,不得泄露自己的标价或串通其他投标者哄抬标价,不得隐瞒事实真象,不得有损国家和他人利益的行为。否则,将被取消投标或承包资格,直至受到经济和法律的制裁。

4.4 招标投标文件范文

[附件九]

招标公告

(采用资格预审方式)

招标工程项目编号:________________

1. (招标人名称) 的(招标工程项目名称 ,已由 (项目批准机关名称) 批准建设。现决定对该项目的工程施工进行公开招标,选定承包人。

2. 本次招标工程项目的概况如下：

2.1 （说明招标工程项目的性质、规模、结构类型、招标范围、标段及资金来源和落实情况等）；

2.2 工程建设地点为________________；

2.3 计划开工日期为____年____月____日，计划竣工日期为____年____月____日，工期____日历天；

2.4 工程质量要求符合__（《工程施工质量验收规范》）__标准。

3. 凡具备承担招标工程项目的能力并具备规定的资格条件的施工企业，均可对上述__（一个或多个）__招标工程项目（标段）向招标人提出资格预审申请，只有资格预审合格的投标申请人才能参加投标。

4. 投标申请人须是具备建设行政主管部门核发的（建筑业企业资质类别、资质等级）级及以上资质级法人或其他组织。自愿组成联合体的各方均应具备承担招标工程项目的相应资质条件；相同专业的施工企业组成的联合体，按照资质等级低的施工企业的业务许可范围承揽工程。

5. 投标申请人可从__（地点和单位名称）__处获取资格预审文件，时间为____年____月____日至____年____月____日，每天上午____时____分至____时____分，下午____时____分至____时____分（公休日、节假日除外）。

6. 资格预审文件每套售价为__（币种，金额，单位）__，售后不退。如需邮购，可以书面形式通知招标人，另加邮费每套__（币种，金额，单位）__。招标人在收到邮购款后____日内，以快递方式向投标申请人寄送资格预审文件。

7. 资格预审申请书封面上应清楚地注明“__（招标工程项目名称和标段名称）__投标申请人资格预审申请书”字样。

8. 资格预审申请书须密封后，于____年____月____日____时____分以前送至________________处，逾期送达的或不符合规定的资格预审申请书将被拒绝。

9. 资格预审结果将及时告知投标申请人，并预计于____年____月____日发出资格预审合格通知书。

10. 凡资格预审合格的投标申请人，请按照资格预审合格通知书中确定的时间、地点和方式获取招标文件及有关资料。

招标人：________________

办公地址：________________

邮政编码：________ 联系电话：________

传　　真：________ 联 系 人：________

招标代理机构：________________

办公地址：________________________

邮政编码：__________ 联系电话：__________

传　　真：__________ 联 系 人：__________

日期__________年__________月__________日

［附件十］

投标邀请书

（采用资格预审方式）

招标工程项目编号：____________

致：（投标人名称）

1. （招标人名称）的（招标工程项目名称，已由（项目批准机关名称）批准建设。现决定对该项目的工程施工进行邀请招标，选定承包人。

2. 本次招标工程项目的概况如下：

2.1 （说明招标工程项目的性质、规模、结构类型、招标范围、标段及资金来源和落实情况等）；

2.2 工程建设地点为____________________；

2.3 计划开工日期为____年____月____日，计划竣工日期为____年____月____日，工期____日历天；

2.4 工程质量要求符合（《工程施工质量验收规范》）标准。

3. 如你方对本工程上述（一个或多个）招标工程项目（标段）感兴趣，可向招标人提出资格预审申请，只有资格预审合格的投标申请人才有可能被邀请参加投标。

4. 请你方从（地点和单位名称）处获取资格预审文件，时间为____年____月____日至____年____月____日，每天上午____时____分至____时____分，下午____时，____分至____时____分（公休日、节假日除外）。

5. 资格预审文件每套售价为（币种，金额，单位），售后不退。如需邮购，可以书面形式通知招标人，并另加邮费每套（币种，金额，单位）。招标人在收到邮购款后____日内，以快递方式向投标申请人寄送资格预审文件。

6. 资格预审申请书封面上应清楚地注明“ 招标工程项目名称和标段名称) 投标申请人资格预审申请书字样。

7. 资格预审申请书须密封后,于____年____月____日____时____分以前送至 (地点和单位名称) ,逾期送达的或不符合规定的资格预审申请书将被拒绝。

8. 资格预审结果将及时告知投标申请人,并预计于____年____月____日发出资格预审合格通知书。

9. 凡资格预审合格并被邀请参加投标的投标申请人,请按照资格预审合格通知书中确定的时间、地点和方式获取招标文件及有关资料。

招标人:________________________(盖章)
办公地址:________________________
邮政编码:____________ 联系电话:____________
传　　真:____________ 联 系 人:____________

招标代理机构:____________________(盖章)
办公地址:________________________
邮政编码:____________ 联系电话:____________
传　　真:____________ 联 系 人:____________
日期________年________月________日

[附件十一]

投标申请人资格预审文件

一、总　则

1. 鉴于 (招标人名称) 作为拟建 (工程项目名称) 的招标人,已按照有关法律、法规、规章等规定完成了工程施工招标前的所有批准、登记、备案等手续,已具备工程施工招标的条件,且已有用于该招标项目的相应资金或资金来源已经落实。

2. 招标人将对本工程投标申请人进行资格预审。投标申请人可对本次招标的工程项目中的 (一个或多个)标段提出资格预审申请。

3. 关于本工程项目的基本情况以及招标人提供的设施和服务等将在附件3中说明。

4. 投标申请人如需分包，应详细提供分包理由和分包内容以及分包商的相关资料，如分包理由不充分或分包内容不适当，将可能导致其不能通过资格预审。

二、资格预审申请

5. 资格预审将面向具备建设行政主管部门核发的（建筑业企业资质类别）（资质等级）级及以上资质和具备承担招标工程项目能力的施工企业或联合体。

6. 投标申请人应向招标人提供充分和有效的证明材料，证明其具备第1条规定的资质条件。所有证明材料须如实填写、提供。

7. 投标申请人须回答资格预审申请书及附表中提出的全部问题，任何缺项将可能导致其申请被拒绝。

8. 投标申请人须提交与资格预审有关的资料，并及时提供对所提交资料的澄清或补充材料，否则将可能导致其不能通过资格预审。

9. 按资格预审要求所提供的所有资料均应使用（语言文字）。

10. 如果投标申请人申请一个以上的标段，投标申请人应在资格预审申请书中指明申请的标段，并单独为申请的每个标段分别提供关键人员和主要设备的相关资料（按附表9和附表10的要求）。

11. 申请书应由投标申请人的法定代表人或其授权委托代理人签字。没有签字的申请书将可能被拒绝。由委托代理人签字的，资格预审申请书中应附有法定代表人的授权书。

三、资格预审评审标准

12. 对投标申请人资格的预审，将依据投标申请人提交的资格预审申请书和附表，以及本须知附件1约定的必要合格条件标准和附件2约定的附加合格条件标准。

13. 招标人将依据投标申请人的合同工程营业额（收入、净资产）和在建工程的未完部分合同金额，对投标申请人作出财务能力评价，以保证投标申请人有足够的财务能力完成该投标项目的施工任务。

14. 招标人将确定每个投标申请人参与本招标工程项目投标的合格性，只有在各方面均达到本须知中要求申请人须满足的全部必要合格条件标准（附件1）和至少____%的附加合格条件标准（附件2）时，才能通过资格预审。

四、联合体

15. 由两个或两个以上的施工企业组成的联合体，按下列要求提交投标申请人资格预审申请书：

15.1 联合体的每一成员均须提交符合要求的全套资格预审文件；

15.2 资格预审申请书中应保证资格预审合格后，投标申请人将按招标文件的要求提交投标文件，投标文件和中标后与招标人签订的合同，须有联合体各方的法定代表人或其授权委托代理人签字和加盖法人印章；除非在资格预审申请书中已附有相应的文件，在提交投标文件时应附联合体共同投标协议，该协议应约定联合体的共同责任和联合体各方各自的责任；

15.3　资格预审申请书中均须包括联合体各方计划承担的份额和责任的说明。联合体各方须具备足够的经验和能力来承担各自的工程；

15.4　资格预审申请书中应约定一方作为联合体的主办人，投标申请人与招标人之间的往来信函将通过主办人传递。

16. 联合体各方均应具备承担本招标工程项目的相应资质条件。相同专业的施工企业组成的联合体，按照资质等级低的施工企业的业务许可范围承揽工程。

17. 如果达不到本须知对联合体的要求，其提交的资格预审申请书将被拒绝。

18. 联合体各方可以单独参加资格预审，也可以联合体的名义统一参加资格预审，但不允许任何一个联合体成员就本工程独立投标，任何违反这一规定的投标文件将被拒绝。

19. 如果施工企业能够独立通过资格预审，鼓励施工企业独立参加资格预审；由两个或两个以上的资格预审合格的企业组成的联合体，将被视为资格预审当然合格的投标申请人。

20. 资格预审合格后，联合体在组成等方面的任何变化，须在投标截止时间前征得招标人的书面同意。如果招标人认为联合体的任何变化将出现下列情况之一的，其变化将不被允许：

20.1　严重影响联合体的整体竞争实力的；

20.2　有未通过或未参加资格预审的新成员的；

20.3　联合体的资格条件已达不到资格预审的合格标准的；

20.4　招标人认为将影响招标工程项目利益的其他情况。

21. 以联合体名义通过资格预审的成员，不得另行加入其他联合体就本工程进行投标。在资格预审申请书提交截止时间前重新组成的联合体，如提出资格预审申请，招标人应视具体情况决定其是否被接受。

22. 以合格的分包人身份分包本工程某一具体项目为基础参加资格预审并获通过的施工企业，在改变其所列明的分包人身份或分包工程范围前，须获得招标人的书面批准，否则，其资格预审结果将自动失效。

23. 投标申请人须以书面形式对上述招标人的要求作出相应的保证和理解。

五、利益冲突

24. 近三年内直至目前，投标申请人应：

24.1　未曾与本项目的招标代理机构有任何的隶属关系；

24.2　未曾参与过本项目的技术规范、资格预审或招标文件的编制工作；

24.3　与将承担本招标工程项目监理业务的单位没有任何隶属关系。

六、申请书的提交

25. 投标申请人的资格预审申请书及有关资料须经密封后于____年____月____日____时____分前达__（地点和单位名称）__处，迟到的申请书将被拒绝。

26. 投标申请人应提交资格预审申请书正本一份，副本____份。

27. 资格预审申请书封面上应清楚地注明投标申请人的名称及通讯地址。

28. 投标申请人在提交资格预审申请书的同时，应交验下列证书、资料的原件或经公证的复印件____份：

28.1 投标申请人的法人营业执照；

28.2 投标申请人的______________资质证书。

29. 资格预审申请书不予退还(证书原件除外)。招标人对投标申请人所提交的资格预审申请书给予保密。

七、资格预审申请书材料的更新

30. 在提交投标文件时，投标申请人须对资格预审申请书中的主要内容进行更新，以证明其仍满足资格预审评审标准，如果已经不能达到资格标准，其投标将被拒绝。

八、通知与确认

31. 只有资格预审合格的投标申请人才能参加本招标工程项目的投标。每个合格的投标申请人只能参与一个或多个标段的一次性投标。如果该投标申请人同时以独立投标申请人身份和联合体成员的身份参与同一项目的投标，那么包括该投标申请人的所有投标均将被拒绝。本规定不适用于多个投标申请人共同选定同一专业分包人的情况。

32. 招标人保留下列权利：

32.1 修改招标工程项目的规模及总金额。前述情况发生时，投标申请人只有达到修改后的资格预审条件要求且资格预审合格，才能参与该工程的投标；

32.2 接受符合资格预审合格条件的申请；

32.3 拒绝不符合资格预审合格条件的申请。

33. 在资格预审文件提交截止时间后____天内，招标人将以书面形式通知投标申请人其资格预审结果，并向资格预审合格的投标申请人发出资格预审合格通知书。

34. 投标申请人接到资格预审合格通知书后即获得参加本招标工程项目投标的资格。如果资格预审合格的投标申请人数量过多时，招标人将按有关规定从中选出____个投标申请人参与投标。

35. 投标申请人应在收到资格预审合格通知书后以书面形式予以确认。

九、附　件

36.《资格预审必要合格条件标准》。由招标人确定具体的标准，随投标申请人资格预审须知同时发布，以便每个投标申请人都能了解资格预审的必要合格条件标准。

37.《资格预审附加合格条件标准》。由招标人根据工程的实际情况确定具体附加合格条件的项目和合格条件的内容，随投标申请人资格预审须知同时发布，以便每个投标申请人都能了解资格预审附加合格条件标准。招标人可就下列方面设立附加合格条件：

37.1 对本招标工程项目所需的特别措施或工艺的专长；

37.2 专业工程施工资质；

37.3 环境保护要求；

37.4 同类工程施工经历；

37.5 项目经理资格要求；

37.6　安全文明施工要求等。

38.《招标工程项目概况》。由招标人进行逐项详细描述，随投标申请人资格预审须知同时发布。

[附件十二]

投标须知范文

(一)总　则

1. 工程说明

1.1　本招标工程项目说明详见本须知前附表第1项～第5项。

1.2　本招标工程项目按照《中华人民共和国招标投标法》等有关法律、行政法规和部门规章，通过招标方式选定承包人。

2. 招标范围及工期

2.1　本招标工程项目的范围详见本须知前附表第6项。

2.2　本招标工程项目的工期要求详见本须知前附表第7项。

3. 资金来源

3.1　本招标工程项目资金来源详见投标须知前附表第8项，其中部分资金用于本工程项目施工合同项下的合格支付。

4. 合格的投标人

4.1　投标人资质等级要求详见本须知前附表第9项。

4.2　投标人合格条件详见本招标工程施工招标公告或投标邀请书。

4.3　本招标工程项目采用本须知前附表第10项所述的资格审查方式确定合格投标人。

4.4　当采用资格后审方式时，投标人在提交的投标文件中须包括资格后审资格。

4.5　由两个以上的施工企业组成一个联合体以一个投标人身份共同投标时，除符合第4.1、4.2款的要求外，还应符合下列要求：

4.5.1　投标人的投标文件及中标后签署的合同协议书对联合体各方均具法律约束力；

4.5.2　联合体各方应签订共同投标协议，明确约定各方拟承担的工作和责任，并将该共同投标协议随投标文件一并提交招标人；

4.5.3　联合体各方不得再以自己的名义单独投标，也不得同时参加两个或两个以上的联合体投标，出现上述情况者，其投标和与此有关的联合体的投标将被拒绝；

4.5.4　联合体中标后，联合体各方应当共同与招标人签订合同，为履行合同向招标人承担连带责任；

4.5.5　联合体的各方应共同推荐一名联合体主办人，由联合体各方提交一份授权书，证明其主办人资格，该授权书作为投标文件的组成部分一并提交招标人；

4.5.6　联合体的主办人应被授权作为联合体各方的代表，承担责任和接受指令，并负责整个合同的全面履行和接受本工程款的支付；

4.5.7　除非另有规定或说明，本须知中"投标人"一词亦指联合体各方。

5. 踏勘现场

5.1　招标人将按本须知前附表第14项所述时间，组织投标人对工程现场及周围环境进行踏勘，以便投标人获取有关编制投标文件和签署合同所涉及现场的资料。投标人承担踏勘现场所发生的自身费用。

5.2　招标人向投标人提供的有关现场的数据和资料，是招标人现有的能被投标人利用的资料，招标人对投标人做出的任何推论、理解和结论均不负责任。

5.3　经招标人允许，投标人可为踏勘目的进入招标人的项目现场，但投标人不得因此使招标人承担有关的责任和蒙受损失。投标人应承担踏勘现场的责任和风险。

6. 投标费用

6.1　投标人应承担其参加本招标活动自身所发生的费用。

(二)招标文件

7. 招标文件的组成

7.1　招标文件包括下列内容：

第一章　投标须知及投标须知前附表

第二章　合同条款

第三章　合同文件格式

第四章　工程建设标准

第五章　图纸

第六章　工程量清单(如有时)

第七章　投标文件投标函部分格式

第八章　投标文件商务部分格式

第九章　投标文件技术部分格式

第十章　资格审查申请书格式(用于资格后审)

7.2　除7.1内容外，招标人在提交投标文件截止时间____天前，以书面形式发出的对招标文件的澄清或修改内容，均为招标文件的组成部分，对招标人和投标人起约束作用。

7.3　投标人获取招标文件后，应仔细检查招标文件的所有内容，如有残缺等问题应在获得招标文件3日内向招标人提出，否则，由此引起的损失由投标人自己承担。投标人同时应认真审阅招标文件中所有的事项、格式、条款和规范要求等，若投标人的投标文件没有按招标文件要求提交全部资料，或投标文件没有对招标文件做出实质性响应，其风险由投标人自行承担，并根据有关条款规定，该投标有可能被拒绝。

7.4　当投标人退回图纸时，图纸押金将同时退还给投标人(不计利息)。

8. 招标文件的澄清

8.1 投标人若对招标文件有任何疑问,应于投标截止日期前____日以书面形式向招标人提出澄清要求,送至 （地点和单位名称） 。无论是招标人根据需要主动对招标文件进行必要的澄清,或是根据投标人的要求对招标文件做出澄清,招标人都将于投标截止时间____日前以书面形式予以澄清,同时将书面澄清文件向所有投标人发送。投标人在收到该澄清文件后应于____日内,以书面形式给予确认,该答复作为招标文件的组成部分,具有约束作用。

9. 招标文件的修改

9.1 招标文件发出后,在提交投标文件截止时间____日前,招标人可对招标文件进行必要的澄清或修改。

9.2 招标文件的修改将以书面形式发送给所有投标人,投标人应于收到该修改文件后____日内以书面形式给予确认。招标文件的修改内容作为招标文件的组成部分,具有约束作用。

9.3 招标文件的澄清、修改、补充等内容均以书面形式明确的内容为准。当招标文件、招标文件的澄清、修改、补充等在同一内容的表述上不一致时,以最后发出的书面文件为准。

9.4 为使投标人在编制投标文件时有充分的时间对招标文件的澄清、修改、补充等内容进行研究,招标人将酌情延长提交投标文件的截止时间,具体时间将在招标文件的修改、补充通知中予以明确。

(三)投标文件的编制

10. 投标文件的语言及度量衡单位

10.1 投标文件和与投标有关的所有文件均应使用 （语言文字） 。

10.2 除工程规范另有规定外,投标文件使用的度量衡单位,均采用中华人民共和国法定计量单位。

11. 投标文件的组成

11.1 投标文件由投标函部分、商务部分和技术部分三部分组成,采用资格后审的还应包括资格审查文件。

11.2 投标函部分主要包括下列内容:

11.2.1 法定代表人身份证明书;

11.2.2 投标文件签署授权委托书;

11.2.3 投标函;

11.2.4 投标函附录;

11.2.5 投标担保银行保函;

11.2.6 投标担保书;

11.2.7 招标文件要求投标人提交的其他投标资料。

11.3 商务部分主要包括下列内容:

11.3.1 采用综合单价形式的:

(1)投标报价说明;

(2)投标报价汇总表;

(3)主要材料清单报价表;

(4)设备清单报价表;

(5)工程量清单报价表;

(6)措施项目报价表;

(7)其他项目报价表;

(8)工程量清单项目价格计算表;

(9)投标报价需要的其他资料。

11.3.2　采用工料单价形式的：

(1)投标报价的要求；

(2)投标报价汇总表；

(3)主要材料清单报价表；

(4)设备清单报价表；

(5)分部工程工料价格计算表；

(6)分部工程费用计算表；

(7)投标报价需要的其他资料。

11.4　技术部分主要包括下列内容：

11.4.1　施工组织设计或施工方案

(1)各分部分项工程的主要措施方法；

(2)工程投入的主要施工机械设备情况、主要施工机械进场计划；

(3)劳动力安排计划；

(4)确保工程质量的技术组织措施；

(5)确保安全生产的技术组织措施；

(6)确保文明施工的技术组织措施；

(7)确保工期的技术组织措施；

(8)施工总平面图；

(9)有必要说明的其他内容。

11.4.2　项目管理机构设备

(1)项目管理机构配备情况表；

(2)项目经理简历表；

(3)项目技术负责人简历表；

(4)其他辅助说明资料。

(5)拟分包项目名称和分包人情况。

11.5　资格预审更新资料或资格审查申请书(如系资格后审)

11.5.1　资格审查申请书包括：

(1)投标人一般情况；

(2)年营业额数据表；

(3)近三年竣工的工程一览表；

(4)目前在建工程一览表；

(5)近三年财务状况表；

(6)联合体状况表；

(7)类似工程经验；

(8)现场条件类似的施工经验；

(9)招标人要求提交的其他资料。

12. 投标文件格式

12.1　投标文件包括本须知第11条中规定的内容，投标人提交的投标文件应当使用招标文件所提供的投标文件全部格式(表格可以按同样格式扩展)。

13. 投标报价

13.1　本工程的投标报价采用本须知投标须知前附表第11项所规定的方式。

13.2　投标报价为投标人在投标文件中提出的各项支付金额的总和。

13.3　投标人的投标报价，应是完成本须知第2条和合同条款上所列招标工程范围及工期的全部，不得以任何理由予以重复，作为投标人计算单价或总价的依据。

13.4　采用综合单价报价的，除非招标人对招标文件予以修改，投标人应按招标人提供的工程量清单中列出的工程项目和工程量填报单价和合价。每一项目只允许有一个报价。任何有选择的报价将不予接受。投标人未填单价或合价的工程项目，在实施后，招标人将不予以支付，并视为该项费用已包括在其他有价款的单价或合价内。

13.5　采用工料单价报价的，应按招标文件的要求，依据相应的工程量计算规则和定额等计价依据计算报价。

13.6　本招标工程的施工地点为本须知前附表第2项所述，除非合同中另有规定，投标人在报价中所报的单价和合价，以及投标报价汇总表中的价格均包括完成该工程项目的成本、利润、税金、开办费、技术措施费、大型机械进出场费、风险费、政策性文件规定费用等所有费用。

13.7 投标人可先到工地踏勘以充分了解工地位置、情况、道路、储存空间、装卸限制及任何其他足以影响承包价的情况，任何因忽视或误解工地情况而导致的索赔或工期延长申请将不被批准。

14. 投标货币

14.1 本工程投标报价采用的币种为____________。

15. 投标有效期

15.1 投标有效期见本须知前附表第12项所规定的期限，在此期限内，凡符合本招标文件要求的投标文件均保持有效。

15.2 在特殊情况下，招标人在原定投标有效期内，可以根据需要以书面形式向投标人提出延长投标有效期的要求，对此要求投标人须以书面形式予以答复。投标人可以拒绝招标人这种要求，而不被没收投标保证金。同意延长投标有效期的投标人既不能要求也不允许修改其投标文件，但需要相应的延长投标担保的有效期，在延长的投标有效期内，本须知第16条关于投标担保的退还与没收的规定仍然适用。

16. 投标担保

16.1 投标人应在提交投标文件的同时，按有关规定提交本须知前附表第13项所规定数额的投标担保，并作为其投标文件的一部分。

16.2 投标人应按要求提交投标担保，并采用下列任何一种形式：

16.2.1 投标保函应为在中国境内注册并经招标人认可的银行出具的银行保函，或具有担保资格和能力的担保机构出具的担保书。银行保函的格式，应按照担保银行提供的格式提供；担保书的格式，应按照招标文件中所附格式提供。银行保函或担保书的有效期应在投标有效期满后28天内继续有效。

16.2.2 投标保证金

(1)银行汇票；

(2)支票；

(3)现金。

16.3 对于未能按要求提交投标担保的投标，招标人将视为不响应招标文件而予以拒绝。

16.4 未中标的投标人的投标担保将按照本须知第15条招标人规定的投标有效期或经投标人同意延长的投标有效期期满后____日内予以退还(不计利息)。

16.5 中标人的投标担保，在中标人按本须知第36条规定签订合同并按本须知第37条规定提交履约担保后3日内予以退还(不计利息)。

16.6 如投标人发生下列情况之一时，投标担保将被没收：

16.6.1 投标人拒绝按本须知第32条规定修正标价；

16.6.2 中标人未能在规定期限内提交履约担保或签订合同协议。

17. 投标人的替代方案

17.1　投标人所提交的投标文件应满足招标文件的要求，除非本须知前附表第15项中允许投标人提交替代方案，否则替代方案将不予考虑。如果允许投标人提交替代方案，则执行本须知第17.2款的规定。

17.2　如果本投标须知前附表第15项中允许投标人提交替代方案，则投标人除提交正式投标文件外，还应按照招标文件要求提交替代方案。替代方案应包括设计计算书、技术规范、单价分析表、替代方案报价书、所建议的施工方案等满足评审需要的全部资料。

18. 投标文件的份数和签署

18.1　投标人应按本须知前附表第16项规定的份数提交投标文件。

18.2　投标文件的正本和副本均需打印或使用不褪色的蓝、黑墨水笔书写，字迹应清晰易于辨认，并应在投标文件封面的右上角清楚地注明"正本"或"副本"。正本和副本如有不一致之处，以正本为准。

18.3　投标文件封面、投标函均应加盖投标人印章并经法定代表人或其委托代理人签字或盖章。由委托代理人签字或盖章的投标文件中须同时提交投标 文件签署授权委托书。投标文件签署授权委托书格式、签字、盖章及内容均应符合要求，否则投标文件签署授权委托书无效。

18.4　除投标人对错误处须修改外，全套投标文件应无涂改或行间插字和增删。如有修改，修改处应由投标人加盖投标人的印章或由投标文件签字人签字或盖章。

（四）投标文件的提交

19. 投标文件的装订、密封和标记

19.1　投标文件的装订要求________________。

19.2　投标人应将所有投标文件的正本和所有副本分别密封，并在密封袋上清楚地标明"正本"或"副本"。

19.3　在内层和外层投标文件密封袋上均应：

19.3.1　写明招标人名称和地址；

19.3.2　注明下列识别标志：

(1)招标工程项目编号；

(2)工程名称；

(3)____年____月____日____时____分开标，此时间以前不得开封。

19.4　除了按本须知第19.2款和第19.3款所要求的识别字样外，在内层投标文件密封袋上还应写明投标人的名称与地址、邮政编码，以便本须知第22条规定情况发生时，招标人可按内层密封袋上标明的投标人地址将投标文件原封退回。

19.5　如果投标文件没有按本投标须知第19.1款、第19.2款和第19.3款规定装订和加写标记及密封，招标人将不承担投标文件提前开封的责任。对由此造成的提前开封的投标文件将予以拒绝，并退还给投标人。

19.6　所有投标文件的内层密封袋的封口处应加盖投标人印章，所有投标文件的外层密封袋的封口处应加盖密封章。

20. 投标文件的提交

20.1　投标人应按本须知前附表第17项所规定的地点，于截止时间前提交投标文件。

21. 投标文件提交的截止时间

21.1　投标文件的截止时间见本须知前附表第17项规定。

21.2　招标人可按本须知第9条规定以修改补充通知的方式，酌情延长提交投标文件的截止时间。在此情况下，投标人的所有权利和义务以及投标人受制约的截止时间，均以延长后新的投标截止时间为准。

21.3　到投标截止时间止，招标人收到的投标文件少于3个的，招标人将依法重新组织招标。

22. 迟交的投标文件

22.1　招标人在本须知第21条规定的投标截止时间以后收到的投标文件，将被拒绝并退回给投标人。

23. 投标文件的补充、修改与撤回

23.1　投标人在提交投标文件以后，在规定的投标截止时间之前，可以以书面形式补充修改或撤回已提交的投标文件，并以书面形式通知招标人。补充、修改的内容为投标文件的组成部分。

23.2　投标人对投标文件的补充、修改，应按本须知第19条有关规定密封、标记和提交，并在内外层投标文件密封袋上清楚标明“补充、修改”或“撤回”字样。

23.3　在投标截止时间之后，投标人不得补充、修改投标文件。

24. 资格预审申请书材料的更新

24.1 投标人在提交投标文件时，如资格预审申请书中的内容发生重大变化，投标人须对其更新，以证明其仍能满足资格预审评审标准，并且所提供的材料是经过确认的。如果在评标时投标人已经不能达到资格评审标准，其投标将被拒绝。

(五)开　标

25. 开标

25.1　招标人按本须知前附表第18项所规定的时间和地点公开开标，并邀请所有投标人参加。

25.2　按规定提交合格的撤回通知的投标文件不予开封，并退回给投标人；按本须知第26条规定确定为无效的投标文件，不予送交评审。

25.3　开标程序：

25.3.1　开标由招标人主持；

25.3.2　由投标人或其推选的代表检查投标文件的密封情况，也可以由招标人委托的公证机构检查并公证；

25.3.3　经确认无误后，由有关工作人员当众拆封，宣读投标人名称、投标价格和投标文件的其他主要内容。

25.4　招标人在招标文件要求提交投标文件的截止时间前收到的投标文件，开标时都应当众予以拆封、宣读。

25.5　招标人对开标过程进行记录，并存档备查。

26. 投标文件的有效性

26.1　开标时，投标文件出现下列情形之一的，应当作为无效投标文件，不得进入评标：

26.1.1　投标文件未按照本须知第 19 条的要求装订、密封和标记的；

26.1.2　本须知第 11 条规定的投标文件有关内容未按本须知第 18.3 款规定加盖投标人印章或未经法定代表人或其委托代理人签字或盖章的，由委托代理人签字或盖章的但未随投标文件一起提交有效的“授权委托书”原件的；

26.1.3　投标文件的关键内容字迹模糊、无法辨认的；

26.1.4　投标人未按照招标文件的要求提供投标保证金或者投标保函的；

26.1.5　组成联合体投标的，投标文件未附联合体各方共同投标协议的。

26.2　招标人将有效投标文件，送评标委员会进行评审、比较。

(六)评　标

27. 评标委员会与评标

27.1　评标委员会由招标人依法组建，负责评标活动。

27.2　开标结束后，开始评标，评标采用保密方式进行。

28. 评标过程的保密

28.1　开标后，直至授予中标人合同为止，凡属于对投标文件的审查、澄清、评价和比较有关的资料以及中标候选人的推荐情况，与评标有关的其他任何情况均严格保密。

28.2　在投标文件的评审和比较、中标候选人推荐以及授予合同的过程中，投标人向招标人和评标委员会施加影响的任何行为，都将会导致其投标被拒绝。

28.3　中标人确定后，招标人不对未中标人就评标过程以及未能中标原因作出任何解释。未中标人不得向评标委员会组成人员或其他有关人员索问评标过程的情况和材料。

29. 资格后审(如采用时)

29.1　根据招标公告或投标邀请书的要求采取资格后审的，在评标前对投标人进行资格审查，审查其是否有能力和条件有效地履行合同义务。如投标人未达到招标文件规定的能力和条件，其投标将被拒绝，不进行评审。

30. 投标文件的澄清

30.1　为有助于投标文件的审查、评价和比较，评标委员会可以以书面形式要求投标人对投标文件含义不明确的内容作必要的澄清或说明，投标人应采用书面形式进行澄清或说明，但不得超出投标文件的范围或改变投标文件的实质性内容。根据本须知第 32 条规定，凡属于评标委员会在评标中发现的计算错误并进行核实的修改不在此列。

31. 投标文件的初步评审

31.1　开标后，经招标人审查符合本须知第 26 条有关规定的投标文件，才能提交评标委员会进行评审。

31.2　评标时，评标委员会将首先评定每份投标文件是否在实质上响应了招标文件的要求。所谓实质上响应，是指投标文件应与招标文件的所有实质性条款、条件和要求相符，无显著差异或保留，或者对合同中约定的招标人的权利和投标人的义务方面造成重大的限制，纠正这些显著差异或保留将会对其他实质上响应招标文件要求的投标文件的投标人的竞争地位产生不公正的影响。

31.3 如果投标文件实质上不响应招标文件的各项要求,评标委员会将予以拒绝,并且不允许投标人通过修改或撤销其不符合要求的差异或保留,使之成为具有响应性的投标。

32. 投标文件计算错误的修正

32.1 评标委员会将对确定为实质上响应招标文件要求的投标文件进行校核,看其是否有计算或表达上的错误,修正错误的原则如下:

32.1.1 如果数字表示的金额和用文字表示的金额不一致时,应以文字表示的金额为准;

32.1.2 当单价与数量的乘积与合价不一致时,以单价为准,除非评标委员会认为单价有明显的小数点错误,此时应以标出的合价为准,并修改单价。

32.2 按上述修正错误的原则及方法调整或修正投标文件的投标报价,投标人同意后,调整后的投标报价对投标人起约束作用。如果投标人不接受修正后的报价,则其投标将被拒绝并且其投标担保也将被没收,并不影响评标工作。

33. 投标文件的评审、比较和否决

33.1 评标委员会将按照本须知第31条规定,仅对在实质上响应招标文件要求的投标文件进行评估和比较。

33.2 在评审过程中,评标委员会可以以书面形式要求投标人就投标文件中含义不明确的内容进行书面说明并提供相关材料。

33.3 评标委员会依据本须知前附表第19项规定的评标标准和方法,对投标文件进行评审和比较,向招标人提出书面评标报告,并推荐合格的中标候选人。招标人根据评标委员会提出的书面评标报告和推荐的中标候选人确定中标人,也可以授权评标委员会直接确定中标人。

33.4 评标方法和标准

33.4.1 综合评估法:即最大限度地满足招标文件中规定的各项综合评价标准,将报价、施工组织设计、质量保证、工期保证、业绩与信誉等赋予不同的权重,用打分或折算货币的方法,评出中标人;

33.4.2 经评审的最低投标价法:即能满足招标文件的实质性要求,选择经评审的最低投标价格(投标价格低于成本的除外)的投标人为中标人;

33.4.3 其他方法。

33.5 评标委员会经评审,认为所有投标都不符合招标文件要求的,可以否决所有投标。所有投标被否决后,招标人应当依法重新招标。

(七)合同的授予

34. 合同授予标准

34.1 本招标工程的施工合同将授予按本须知第33.3款所确定的中标人。

35. 招标人拒绝投标的权力

35.1 招标人不承诺将合同授予报价最低的投标人。招标人在发出中标通知书前,有权依据评标委员会的评标报告拒绝不合格的投标。

36. 中标通知书

36.1 中标人确定后，招标人将于15日内向工程所在地的县级以上地方人民政府建设行政主管部门提交施工招标情况的书面报告。

36.2 建设行政主管部门自收到书面报告之日起5日内，未通知招标人在招标投标活动中有违法行为的，招标人将向中标人发出中标通知书。

36.3 招标人将在发出中标通知书的同时，将中标结果以书面形式通知所有未中标的投标人。

37. 合同协议书的签订

37.1 招标人与中标人将于中标通知书发出之日起30日内，按照招标文件和中标人的投标文件订立书面工程施工合同，招标人和中标人不得再行订立背离合同实质性内容的其他协议。

37.2 招标人如不按本投标须知第37.1款的规定与中标人订立合同，或者招标人、中标人订立背离合同实质性内容的协议，应改正并处以合同金额的________的罚款。

37.3 中标人如不按本投标须知第37.1款的规定与招标人订立合同，则招标人将废除授标，投标担保不予退还，给招标人造成的损失超过投标担保数额的，还应当对超过部分予以赔偿，同时依法承担相应的法律责任。

37.4 中标人应当按照合同约定履行义务，完成中标项目施工，不得将中标项目施工转让(转包)给他人。

38. 履约担保

38.1 合同协议书签署后______天内，中标人应按本须知前附表第20项规定的金额向招标人提交履约担保，履约担保可使用本招标文件第三章中提供的格式。

38.2 若中标人不能按本须知第38.1款的规定执行，招标人将有充分的理由解除合同，并没收其投标保证金，给招标人造成的损失超过投标担保数额的，还应当对超过部分予以赔偿。

38.3 招标人要求中标人提交履约担保时，招标人也将在中标人提交履约担保的同时，按本须知前附表第20项规定的金额向中标人提供同等数额的工程款支付担保。支付担保须使用本招标文件第三章中提供的格式。

4.5 招标投标有关法规

为了规范我国建筑市场，规范我国招标投标活动，我国特制定了《中华人民共和国招标投标法》等有关法规，特附录在后，以供读者参考。

[附件十三]

中华人民共和国招标投标法

中华人民共和国人事部

(1999年8月30日第九届全国人民代表大会常务委员会第十一次会议通过,自2000年1月1日起施行)

第一章 总 则

第一条 为了规范招标投标活动,保护国家利益、社会公共利益和招标投标活动当事人的合法权益,提高经济效益,保证项目质量,制定本法。

第二条 在中华人民共和国境内进行招标投标活动,适用本法。

第三条 在中华人民共和国境内进行下列工程建设项目包括项目的勘察、设计、施工、监理以及与工程建设有关的重要设备、材料等的采购,必须进行招标:

(一)大型基础设施、公用事业等关系社会公共利益、公众安全的项目;

(二)全部或者部分使用国有资金投资或者国家融资的项目;

(三)使用国际组织或者外国政府贷款、援助资金的项目。

前款所列项目的具体范围和规模标准,由国务院发展计划部门会同国务院有关部门制定,报国务院批准。

法律或者国务院对必须进行招标的其他项目的范围有规定的,依照其规定。

第四条 任何单位和个人不得将依法必须进行招标的项目化整为零或者以其他任何方式规避招标。

第五条 招标投标活动应当遵循公开、公平、公正和诚实信用的原则。

第六条 依法必须进行招标的项目,其招标投标活动不受地区或者部门的限制。任何单位和个人不得违法限制或者排斥本地区、本系统以外的法人或者其他组织参加投标,不得以任何方式非法干涉招标投标活动。

第七条 招标投标活动及其当事人应当接受依法实施的监督。

有关行政监督部门依法对招标投标活动实施监督,依法查处招标投标活动中的违法行为。

对招标投标活动的行政监督及有关部门的具体职权划分,由国务院规定。

第二章 招 标

第八条 招标人是依照本法规定提出招标项目、进行招标的法人或者其他组织。

第九条 招标项目按照国家有关规定需要履行项目审批手续的,应当先履行审批手续,取得批准。

招标人应当有进行招标项目的相应资金或者资金来源已经落实,并应当在招标文件中如实载明。

第十条 招标分为公开招标和邀请招标。

公开招标,是指招标人以招标公告的方式邀请不特定的法人或者其他组织投标。

邀请招标,是指招标人以其投标邀请书的方式邀请特定的法人或者其他组织投标。

第十一条 国务院发展计划部门确定的国家重点项目和省、自治区、直辖市人民政府确定的地方重点项目不适宜公开招标的,经国务院发展计划部门或者省、自治区、直辖市人民政府批准,可以进行邀请招标。

第十二条 招标人有权自行选择招标代理机构,委托其办理招标事宜。任何单位和个人不得以任何方式为招标人指定招标代理机构。

招标人具有编制招标文件和组织评标能力的,可以自行办理招标事宜。任何单位和个人不得强制其委托招标代理机构办理招标事宜。

依法必须进行招标的项目,招标人自行办理招标事宜的,应当向有关行政监督部门备案。

第十三条 招标代理机构是依法设立、从事招标代理业务并提供相关服务的社会中介组织。

招标代理机构应当具备下列条件:

(一)有从事招标代理业务的营业场所和相应资金;

(二)有能够编制招标文件和组织评标的相应专业力量;

(三)有符合本法第三十七条第三款规定条件、可以作为评标委员会成员人选的技术、经济等方面的专家库。

第十四条 从事工程建设项目招标代理业务的招标代理机构,其资格由国务院或者省、自治区、直辖市人民政府的建设行政主管部门认定。具体办法由国务院建设行政主管部门会同国务院有关部门制定。从事其他招标代理业务的招标代理机构,其资格认定的主管部门由国务院规定。

招标代理机构与行政机关和其他国家机关不得存在隶属关系或者其他利益关系。

第十五条 招标代理机构应当在招标人委托的范围内办理招标事宜,并遵守本法关于招标人的规定。

第十六条 招标人采用公开招标方式的,应当发布招标公告。依法必须进行招标的项目的招标公告,应当通过国家指定的报刊、信息网络或者其他媒介发布。招标公告应当载明招标人的名称和地址,招标项目的性质、数量、实施地点和时间以及获取招标文件的办法等事项。

第十七条 招标人采用邀请招标方式的,应当向三个以上具备承担招标项目的能力、资信良好的特定的法人或者其他组织发出投标邀请书。

投标邀请书应当载明本法第十六条第二款规定的事项。

第十八条 招标人可以根据招标项目本身的要求,在招标公告或者投标邀请书中,要求潜在投标人提供有关资质证明文件和业绩情况,并对潜在投标人进行资格审查;国家对投标人的资格条件有规定的,依照其规定。

招标人不得以不合理的条件限制或者排斥潜在投标人，不得对潜在投标人实行歧视待遇。

第十九条 招标人应当根据招标项目的特点和需要编制招标文件。招标文件应当包括招标项目的技术要求、对投标人资格审查的标准、投标报价要求和评标标准等所有实质性要求和条件以及拟签订合同的主要条款。

国家对招标项目的技术、标准有规定的，招标人应当按照其规定在招标文件中提出相应要求。

招标项目需要划分标段、确定工期的，招标人应当合理划分标段、确定工期，并在招标文件中载明。

第二十条 招标文件不得要求或者标明特定的生产供应者，以及含有倾向或者排斥潜在投标人的其他内容。

第二十一条 招标人根据招标项目的具体情况，可以组织潜在投标人踏勘项目现场。

第二十二条 招标人不得向他人透露已获取招标文件的潜在投标人的名称、数量以及可能影响公平竞争的有关招标投标的其他情况。

招标人设有标底的，标底必须保密。

第二十三条 招标人对已发出的招标文件进行必要的澄清或者修改的，应当在招标文件要求提交投标文件截止时间至少十五日前，以书面形式通知所有招标文件收受人。该澄清或者修改的内容为招标文件的组成部分。

第二十四条 招标人应当确定投标人编制投标文件所需要的合理时间；但是，依法必须进行招标的项目，自招标文件开始发出之日起至投标人提交投标文件截止之日止，最短不得少于二十日。

第三章 投 标

第二十五条 投标人是响应招标、参加投标竞争的法人或者其他组织。

依法招标的科研项目允许个人参加投标的，投标的个人适用本法有关投标人的规定。

第二十六条 投标人应当具备承担招标项目的能力；国家有关规定对投标人资格条件或者招标文件对投标人资格条件有规定的，投标人应当具备规定的资格条件。

第二十七条 投标人应当按照招标文件的要求编制投标文件。投标文件应当对招标文件提出的实质性要求和条件作出响应。

招标项目属于建设施工的，投标文件的内容应当包括拟派出的项目负责人与主要技术人员的简历、业绩和拟用于完成招标项目的机械设备等。

第二十八条 投标人应当在招标文件要求提交投标文件的截止时间前，将投标文件送达投标地点。招标人收到投标文件后，应当签收保存，不得开启。投标人少于三个的，招标人应当依照本法重新招标。

在招标文件要求提交投标文件的截止时间后送达的投标文件，招标人应当拒收。

第二十九条 投标入在招标文件要求提交投标文件的截止时间前，可以补充、修改或者撤回已提交的投标文件，并书面通知招标人。补充、修改的内容为投标文件的组成部分。

第三十条 投标人根据招标文件载明的项目实际情况，拟在中标后将中标项目的部分非主体、非关键性工作进行分包的，应当在投标文件中载明。

第三十一条　两个以上法人或者其他组织可以组成一个联合体,以一个投标人的身份共同投标。

联合体各方均应当具备承担招标项目的相应能力;国家有关规定或者招标文件对投标人资格条件有规定的,联合体各方均应当具备规定的相应资格条件。由同一专业单位组成的联合体,按照资质等级较低的单位确定资质等级。

联合体各方应当签订共同投标协议,明确约定各方拟承担的工作和责任,并将共同的投标协议连同投标文件一并提交招标人。联合体中标的,联合体各方应当共同与招标人签订合同,就中标项目向招标人承担连带责任。

招标人不得强制投标人组成联合体共同投标,不得限制投标人之间的竞争。

第三十二条　投标人不得相互串通投标报价,不得排挤其他投标人的公平竞争,损害招标人或者其他投标人的合法权益。

投标人不得与招标人串通投标,损害国家利益、社会公共利益或者他人的合法权益。

禁止投标人以向招标人或者评标委员会成员行贿的手段谋取中标。

第三十三条　投标人不得以低于成本的报价竞标,也不得以他人名义投标或者以其他方式弄虚作假,骗取中标。

第四章　开标、评标和中标

第三十四条　开标应当在招标文件确定的提交投标文件截止时间的同一时间公开进行;开标地点应当为招标文件中预先确定的地点。

第三十五条　开标由招标人主持,邀请所有投标人参加。

第三十六条　开标时,由投标人或者其推选的代表检查投标文件的密封情况,也可以由招标人委托的公证机构检查并公证;经确认无误后,由工作人员当众拆封,宣读投标人名称、投标价格和投标文件的其他主要内容。

招标人在招标文件要求提交投标文件的截止时间前收到的所有投标文件,开标时都应当当众予以拆封、宣读。

开标过程应当记录,并存档备查。

第三十七条　评标由招标人依法组建的评标委员会负责。

依法必须进行招标的项目,其评标委员会由招标人的代表和有关技术、经济等方面的专家组成,成员人数为五人以上单数,其中技术、经济等方面的专家不得少于成员总数的三分之二。

前款专家应当从事相关领域工作满八年并具有高级职称或者具有同等专业水平,由招标人从国务院有关部门或者省、自治区、直辖市人民政府有关部门提供的专家名册或者招标代理机构的专家库内的相关专业的专家名单中确定;一般招标项目可以采取随机抽取方式,特殊招标项目可以由招标人直接确定。

与投标人有利害关系的人不得进入相关项目的评标委员会,已经进入的应当更换。

评标委员会成员的名单在中标结果确定前应当保密。

第三十八条　招标人应当采取必要的措施,保证评标在严格保密的情况下进行。任何单位和个人不得非法干预、影响评标的过程和结果。

第三十九条　评标委员会可以要求投标人对投标文件中含义不明确的内容作必要的澄

清或者说明,但是澄清或者说明不得超出投标文件的范围或者改变投标文件的实质性内容。

第四十条 评标委员会应当按照招标文件确定的评标标准和方法,对投标文件进行评审和比较;设有标底的,应当参考标底。评标委员会完成评标后,应当向招标人提出书面评标报告,并推荐合格的中标候选人。

招标人根据评标委员会提出的书面评标报告和推荐的中标候选人确定中标人。招标人也可以授权评标委员会直接确定中标人。

国务院对特定招标项目的评标有特别规定的,从其规定。

第四十一条 中标人的投标应当符合下列条件之一:

(一)能够最大限度地满足招标文件中规定的各项综合评价标准;

(二)能够满足招标文件的实质性要求,并且经评审的投标价格最低;但是投标价格低于成本的除外。

第四十二条 评标委员会经评审,认为所有投标都不符合招标文件要求的,可以否决所有投标。

依法必须进行招标的项目的所有投标被否决的,招标人应当依照本法重新招标。

第四十三条 在确定中标人前,招标人不得与投标人就投标价格、投标方案等实质性内容进行谈判。

第四十四条 评标委员会成员应当客观、公正地履行职务,遵守职业道德,对所提出的评审意见承担个人责任。

评标委员会成员不得私下接触投标人,不得收受投标人的财物或者其他好处。

评标委员会成员和参与评标的有关工作人员不得透露对投标文件的评审和比较、中标候选人的推荐情况以及与评标有关的其他情况。

第四十五条 中标人确定后,招标人应当向中标人发出中标通知书,并同时将中标结果通知所有未中标的投标人。

中标通知书对招标人和中标人具有法律效力。中标通知书发出后,招标人改变中标结果的,或者中标人放弃中标项目的,应当依法承担法律责任。

第四十六条 招标人和中标人应当自中标通知书发出之日起三十日内,按照招标文件和中标人的投标文件订立书面合同。招标人和中标人不得再行订立背离合同实质性内容的其他协议。

招标文件要求中标人提交履约保证金的,中标人应当提交。

第四十七条 依法必须进行招标的项目,招标人应当自确定中标人之日起十五日内,向有关行政监督部门提交招标投标情况的书面报告。

第四十八条 中标人应当按照合同约定履行义务,完成中标项目。中标人不得向他人转让中标项目,也不得将中标项目肢解后分别向他人转让。

中标人按照合同约定或者经招标人同意,可以将中标项目的部分非主体、非关键性工作分包给他人完成。接受分包的人应当具备相应的资格条件,并不得再次分包。

中标人应当就分包项目向招标人负责,接受分包的人就分包项目承担连带责任。

第五章 法律责任

第四十九条 违反本法规定,必须进行招标的项目而不招标的,将必须进行招标的项目化整为零或者以其他任何方式规避招标的，责令限期改正，可以处项目合同金额千分之五以上千分之十以下的罚款；对全部或者部分使用国有资金的项目，可以暂停项目执行或者暂停资金拨付；对单位直接负责的主管人员和其他直接责任人员依法给予处分。

第五十条 招标代理机构违反本法规定，泄露应当保密的与招标投标活动有关的情况和资料的，或者与招标人、投标人串通损害国家利益、社会公共利益或者他人合法权益的，处五万元以上二十五万元以下的罚款，对单位直接负责的主管人员和其他直接责任人员处单位罚款数额的百分之五以上百分之十以下的罚款；有违法所得的，并处没收违法所得；情节严重的，暂停直至取消招标代理资格；构成犯罪的，依法追究刑事责任。给他人造成损失的，依法承担赔偿责任。

前款所列行为影响中标结果的，中标无效。

第五十一条 招标人以不合理的条件限制或者排斥潜在投标人的，对潜在投标人实行歧视待遇的，强制要求投标人组成联合体共同投标的，或者限制投标人之间竞争的，责令改正，可以处一万元以上五万元以下的罚款。

第五十二条 依法必须进行招标的项目的招标人向他人透露已获取招标文件的潜在投标人的名称、数量或者可能影响公平竞争的有关招标投标的其他情况的，或者泄露标底的，给予警告，可以并处一万元以上十万元以下的罚款，对单位直接负责的主管人员和其他直接责任人员依法给予处分；构成犯罪的，依法追究刑事责任。

前款所列行为影响中标结果的，中标无效。

第五十三条 投标人相互串通投标或者与招标人串通投标的，投标人以向招标人或者评标委员会成员行贿的手段谋取中标的，中标无效，处中标项目金额千分之五以上千分之十以下的罚款；对单位直接负责的主管人员和其他直接责任人员处单位罚款百分之五以上百分之十以下的罚款；有违法所得的，并处没收违法所得；情节严重的，取消其一年至二年内参加依法必须进行招标的项目的投标资格并予以公告，直至由工商行政管理机关吊销营业执照；构成犯罪的，依法追究刑事责任。给他人造成损失的，依法承担赔偿责任。

第五十四条 投标人以他人名义投标或者以其他方式弄虚作假，骗取中标的，中标无效，给招标人造成损失的，依法承担赔偿责任；构成犯罪的，依法追究刑事责任。

依法必须进行招标的项目的投标人有前款所列行为尚未构成犯罪的，处中标项目金额千分之五以上千分之十以下的罚款，对单位直接负责的主管人员和其他直接责任人员处单位罚款数额百分之五以上百分之十以下的罚款；有违法所得的，并处没收违法所得；情节严重的，取消其一年至三年内参加依法必须进行招标的项目的投标资格并予以公告，直至由工商行政管理机关吊销营业执照。

第五十五条 依法必须进行招标的项目，招标人违反本法规定，与投标人就投标价格、投标方案等实质性内容进行谈判的，给予警告，对单位直接负责的主管人员和其他直接责任人员依法给予处分。

前款所列行为影响中标结果的，中标无效。

第五十六条 评标委员会成员收受投标人的财物或者其他好处的，评标委员会成员或者参加评标的有关工作人员向他人透露对投标文件的评审和比较、中标候选人的推荐以及与评标有关的其他情况的，给予警告，没收收受的财物，可以并处三千元以上五万元以下的罚款，对有所列违法行为的评标委员会成员取消担任评标委员会成员的资格，不得再参加任何依法必须进行招标的项目的评标；构成犯罪的，依法追究刑事责任。

第五十七条 招标人在评标委员会依法推荐的中标候选人以外确定中标人的，依法必须进行招标的项目在所有投标被评标委员会否决后自行确定中标人的，中标无效，责令改正，可以处中标项目金额千分之五以上千分之十以下的罚款；对单位直接负责的主管人员和其他直接责任人员依法给予处分。

第五十八条 中标人将中标项目转让给他人的，将中标项目肢解后分别转让给他人的，违反本法规定将中标项目的部分主体、关键性工作分包给他人的，或者分包人再次分包的，转让、分包无效，处转让、分包项目金额千分之五以上千分之十以下的罚款；有违法所得的，并处没收违法所得；可以责令停业整顿；情节严重的，由工商行政管理机关吊销营业执照。

第五十九条 招标人与中标人不按照招标文件和中标人的投标文件订立合同的，或者招标人、中标人订立背离合同实质性内容的协议的，责令改正；可以处中标项目金额千分之五以上千分之十以下的罚款。

第六十条 中标人不履行与招标人订立的合同的，履约保证金不予退还，给招标人造成的损失超过履约保证金数额的，还应当对超过部分予以赔偿；没有提交履约保证金的，应当对招标人的损失承担赔偿责任。

中标人不按照与招标人订立的合同履行义务，情节严重的，取消其二年至五年内参加依法必须进行招标的项目的投标资格并予以公告，直至由工商行政管理机关吊销营业执照。

因不可抗力不能履行合同的，不适用前两款规定。

第六十一条 本章规定的行政处罚，由国务院规定的有关行政监督部门决定。本法已对实施行政处罚的机关作出规定的除外。

第六十二条 任何单位违反本法规定，限制或者排斥本地区、本系统以外的法人或其他组织参加投标的，为招标人指定招标代理机构的，强制招标人委托招标代理机构办理招标事宜的，或者以其他方式干涉招标投标活动的，责令改正；对单位直接负责的主管人员和其他直接责任人员依法给予警告、记过、记大过的处分，情节较重的，依法给予降级、撤职、开除的处分。

个人利用职权进行前款违法行为的，依照前款规定追究责任。

第六十三条 对招标投标活动依法负有行政监督职责的国家机关工作人员徇私舞弊、滥用职权或者玩忽职守，构成犯罪的，依法追究刑事责任；不构成犯罪的，依法给予行政处分。

第六十四条 依法必须进行招标的项目违反本法规定，中标无效的，应当依照本法规定的中标条件从其余投标人中重新确定中标人或者依照本法重新进行招标。

第六章　附　则

第六十五条 投标人和其他利害关系人认为招标投标活动不符合本法有关规定的，有权向招标人提出异议或者依法向有关行政监督部门投诉。

第六十六条 涉及国家安全、国家秘密、抢险救灾或者属于利用扶贫资金实行以工代赈、需要使用农民工等特殊情况，不适宜进行招标的项目，按照国家有关规定可以不进行招标。

第六十七条 使用国际组织或者外国政府贷款、援助资金的项目进行招标，贷款方、资金提供方对招标投标的具体条件和程序有不同规定的，可以适用其规定，但违背中华人民共和国的社会公共利益的除外。

第六十八条 本法自2000年1月1日起施行。

［附件十四］

中华人民共和国建设部令

第89号

《房屋建筑和市政基础设施工程施工招标投标管理办法》已于二OO一年五月三十一日经第四十三次部常务会议讨论通过，现予发布，自发布之日起施行。

部长 **俞正声**

二OO一年六月一日

房屋建筑和市政基础设施工程施工招标投标管理办法

第一章 总 则

第一条 为了规范房屋建筑和市政基础设施工程施工招标投标活动，维护招标投标当事人的合法权益，依据《中华人民共和国建筑法》、《中华人民共和国招标投标法》等法律、行政法规，制定本办法。

第二条 在中华人民共和国境内从事房屋建筑和市政基础设施工程施工招标投标活动，实施对房屋建筑和市政基础设施工程施工招标投标活动的监督管理，适用本办法。

本办法所称房屋建筑工程，是指各类房屋建筑及其附属设施和与其配套的线路、管道、设备安装工程及室内外装修工程。

本办法所称市政基础设施工程，是指城市道路、公共交通、供水、排水、燃气、热力、园林、环卫、污水处理、垃圾处理、防洪、地下公共设施及附属设施的土建、管道、设备安装工程。

第三条 房屋建筑和市政基础设施工程（以下简称工程）的施工单项合同估算价在200万元人民币以上，或者项目总投资在3000万元人民币以上的，必须进行招标。

省、自治区、直辖市人民政府建设行政主管部门报经同级人民政府批准，可以根据实际情况，规定本地区必须进行工程施工招标的具体范围和规模标准，但不得缩小本办法确定的必须进行施工招标的范围。

第四条 国务院建设行政主管部门负责全国工程施工招标投标活动的监督管理。

县级以上地方人民政府建设行政主管部门负责本行政区域内工程施工招标投标活动的

监督管理。具体的监督管理工作,可以委托工程招标投标监督管理机构负责实施。

第五条 任何单位和个人不得违反法律、行政法规规定,限制或者排斥本地区、本系统以外的法人或者其他组织参加投标,不得以任何方式非法干涉施工招标投标活动。

第六条 施工招标投标活动及其当事人应当依法接受监督。

建设行政主管部门依法对施工招标投标活动实施监督,查处施工招标投标活动中的违法行为。

第二章 招 标

第七条 工程施工招标由招标人依法组织实施。招标人不得以不合理条件限制或者排斥潜在投标入,不得对潜在投标人实行歧视待遇,不得对潜在投标人提出与招标工程实际要求不符的过高的资质等级要求和其他要求。

第八条 工程施工招标应当具备下列条件:

(一)按照国家有关规定需要履行项目审批手续的,已经履行审批手续;

(二)工程资金或者资金来源已经落实;

(三)有满足施工招标需要的设计文件及其他技术资料;

(四)法律、法规、规章规定的其他条件。

第九条 工程施工招标分为公开招标和邀请招标。

依法必须进行施工招标的工程,全部使用国有资金投资或者国有资金投资占控股或者主导地位的,应当公开招标,但经国家计委或者省、自治区、直辖市人民政府依法批准可以进行邀请招标的重点建设项目除外;其他工程可以实行邀请招标。

第十条 工程有下列情形之一的,经县级以上地方人民政府建设行政主管部门批准,可以不进行施工招标:

(一)停建或者缓建后恢复建设的单位工程,且承包人未发生变更的;

(二)施工企业自建自用的工程,且该施工企业资质等级符合工程要求的;

(三)在建工程追加的附属小型工程或者主体加层工程,且承包人未发生变更的;

(四)法律、法规、规章规定的其他情形。

第十一条 依法必须进行施工招标的工程,招标人自行办理施工招标事宜的,应当具有编制招标文件和组织评标的能力:

(一)有专门的施工招标组织机械;

(二)有与工程规模、复杂程度相适应并具有同类工程施工招标经验、熟悉有关工程施工招标法律法规的工程技术、概预算及工程管理的专业人员。

不具备上述条件的,招标人应当委托具有相应资格的工程招标代理机构代理施工招标。

第十二条 招标人自行办理施工招标事宜的,应当在发布招标公告或者发出投标邀请书的5日前,向工程所在地县级以上地方人民政府建设行政主管部门备案,并报送下列材料:

(一)按照国家有关规定办理审批手续的各项批准文件;

(二)本办法第十一条所列条件的证明材料,包括专业技术人员的名单、职称证书或者执业资格证书及其工作经历的证明材料;

(三)法律、法规、规章规定的其他材料。

招标人不具备自行办理施工招标事宜条件的，建设行政主管部门应当自收到备案材料之日起5日内责令招标人停止自行办理施工招标事宜。

第十三条 全部使用国有资金投资或者国有资金投资占控股或者主导地位，依法必须进行施工招标的工程项目，应当进入有形建筑市场进行招标投标活动。

政府有关管理机关可以在有形建筑市场集中办理有关手续，并依法实施监督。

第十四条 依法必须进行施工公开招标的工程项目，应当在国家或者地方指定的报刊、信息网络或者其他媒介上发布招标公告，并同时在中国工程建设和建筑业信息网上发布招标公告。

招标公告应当载明招标人的名称和地址，招标工程的性质、规模、地点以及获取招标文件的办法等事项。

第十五条 招标人采用邀请招标方式的，应当向3个以上符合资质条件的施工企业发出投标邀请书。

投标邀请书应当载明本办法第十四条第二款规定的事项。

第十六条 招标人可以根据招标工程的需要，对投标申请人进行资格预审，也可以委托工程招标代理机构对投标申请人进行资格预审。实行资格预审的招标工程，招标人应当在招标公告或者投标邀请书中载明资格预审的条件和获取资格预审文件的办法。

资格预审文件一般应当包括资格预审申请书格式、申请人须知，以及需要投标申请人提供的企业资质、业绩、技术装备、财务状况和拟派出的项目经理与主要技术人员的简历、业绩等证明材料。

第十七条 经资格预审后，招标人应当向资格预审合格的投标申请人发出资格预审合格通知书，告知获取招标文件的时间、地点和方法，并同时向资格预审不合格的投标申请人告知资格预审结果。

在资格预审合格的投标申请人过多时，可以由招标人从中选择不少于7家资格预审合格的投标申请人。

第十八条 招标人应当根据招标工程的特点和需要，自行或者委托工程招标代理机构编制招标文件。招标文件应当包括下列内容：

（一）投标须知，包括工程概况，招标范围，资格审查条件，工程资金来源或者落实情况（包括银行出具的资金证明），标段划分，工期要求，质量标准，现场踏勘和答疑安排，投标文件编制、提交、修改、撤回的要求，投标报价要求，投标有效期，开标的时间和地点，评标的方法和标准等；

（二）招标工程的技术要求和设计文件；

（三）采用工程量清单招标的，应当提供工程量清单；

（四）投标函的格式及附录；

（五）拟签订合同的主要条款；

（六）要求投标人提交的其他材料。

第十九条 依法必须进行施工招标的工程，招标人应当在招标文件发出的同时，将招标文件报工程所在地的县级以上地方人民政府建设行政主管部门备案。建设行政主管部门发现招标文件有违反法律、法规内容的，应当责令招标人改正。

第二十条 招标人对已发出的招标文件进行必要的澄清或者修改的，应当在招标文件要求提交投标文件截止时间至少 15 日前,以书面形式通知所有招标文件收受人,并同时报工程所在地的县级以上地方人民政府建设行政主管部门备案。该澄清或者修改的内容为招标文件的组成部分。

第二十一条 招标人设有标底的,应当依据国家规定的工程量计算规则及招标文件规定的计价方法和要求编制标底,并在开标前保密。一个招标工程只能编制一个标底。

第二十二条 招标人对于发出的招标文件可以酌收工本费。其中的设计文件,招标人可以酌收押金。对于开标后将设计文件退还的,招标人应当退还押金。

第三章 投 标

第二十三条 施工招标的投标人是响应施工招标、参与投标竞争的施工企业。

投标人应当具备相应的施工企业资质,并在工程业绩、技术能力、项目经理资格条件、财务状况等方面满足招标文件提出的要求。

第二十四条 投标人对招标文件有疑问需要澄清的,应当以书面形式向招标人提出。

第二十五条 投标人应当按照招标文件的要求编制投标文件,对招标文件提出的实质性要求和条件作出响应。

招标文件允许投标人提供备选标的,投标人可以按照招标文件的要求提交替代方案,并作出相应报价作备选标。

第二十六条 投标文件应当包括下列内容:

(一)投标函;

(二)施工组织设计或者施工方案;

(三)投标报价;

(四)招标文件要求提供的其他材料。

第二十七条 招标人可以在招标文件中要求投标人提交投标担保。投标担保可以采用投标保函或者投标保证金的方式。投标保证金可以使用支票、银行汇票等,一般不得超过投标总价的2%,最高不得超过50万元。

投标人应当按照招标文件要求的方式和金额,将投标保函或者投标保证金随投标文件提交招标人。

第二十八条 投标人应当在招标文件要求提交投标文件的截止时间前,将投标文件密封送达投标地点。招标人收到投标文件后,应当向投标人出具标明签收入和签收时间的凭证,并妥善保存投标文件。在开标前,任何单位和个人均不得开启投标文件。在招标文件要求提交投标文件的截止时间后送达的投标文件,为无效的投标文件,招标人应当拒收。

提交投标文件的投标人少于3个的,招标人应当依法重新招标。

第二十九条 投标人在招标文件要求提交投标文件的截止时间前,可以补充、修改或者撤回已提交的投标文件。补充、修改的内容为投标文件的组成部分,并应当按照本办法第二十八条第一款的规定送达、签收和保管。在招标文件要求提交投标文件的截止时间后送达的补充或者修改的内容无效。

第三十条 两个以上施工企业可以组成一个联合体,签订共同投标协议,以一个投标人的身份共同投标。联合体各方均应当具备承担招标工程的相应资质条件。相同专业的施工企业组成的联合体,按照资质等级低的施工企业的业务许可范围承揽工程。

招标人不得强制投标人组成联合体共同投标,不得限制投标人之间的竞争。

第三十一条 投标人不得相互串通投标,不得排挤其他投标人的公平竞争,损害招标人或者其他投标人的合法权益。

投标人不得与招标人串通投标,损害国家利益、社会公共利益或者他人的合法权益。

禁止投标人以向招标人或者评标委员会成员行贿的手段谋取中标。

第三十二条 投标人不得以低于其企业成本的报价竞标,不得以他人名义投标或者以其他方式弄虚作假,骗取中标。

第四章 开标、评标和中标

第三十三条 开标应当在招标文件确定的提交投标文件截止时间的同一时间公开进行;开标地点应当为招标文件中预先确定的地点。

第三十四条 开标由招标人主持,邀请所有投标人参加。开标应当按照下列规定进行:

由投标人或者其推选的代表检查投标文件的密封情况,也可以由招标人委托的公证机构进行检查并公证。经确认无误后,由有关工作人员当众拆封,宣读投标人名称、投标价格和投标文件的其他主要内容。

招标人在招标文件要求提交投标文件的截止时间前收到的所有投标文件,开标时都应当当众予以拆封、宣读。

开标过程应当记录,并存档备查。

第三十五条 在开标时,投标文件出现下列情形之一的,应当作为无效投标文件,不得进入评标:

(一)投标文件未按照招标文件的要求予以密封的;

(二)投标文件中的投标函未加盖投标人的企业及企业法定代表人印章的,或者企业法定代表人委托代理人没有合法、有效的委托书(原件)及委托代理人印章的;

(三)投标文件的关键内容字迹模糊、无法辨认的;

(四)投标人未按照招标文件的要求提供投标保函或者投标保证金的;

(五)组成联合体投标的,投标文件未附联合体各方共同投标协议的。

第三十六条 评标由招标人依法组建的评标委员会负责。

依法必须进行施工招标的工程,其评标委员会由招标人的代表和有关技术、经济等方面的专家组成,成员人数为5人以上单数,其中招标人、招标代理机构以外的技术、经济等方面专家不得少于成员总数的三分之二。评标委员会的专家成员,应当由招标人从建设行政主管部门及其他有关政府部门确定的专家名册或者工程招标代理机构的专家库内相关专业的专家名单中确定。确定专家成员一般应当采取随机抽取的方式。

与投标人有利害关系的人不得进入相关工程的评标委员会。评标委员会成员的名单在中标结果确定前应当保密。

第三十七条 建设行政主管部门的专家名册应当拥有一定数量规模并符合法定资格条件的专家。省、自治区、直辖市人民政府建设行政主管部门可以将专家数量少的地区的专家名册予以合并或者实行专家名册计算机联网。

建设行政主管部门应当对进入专家名册的专家组织进行有关法律和业务培训,对其评标能力、廉洁公正等进行综合评估,及时取消不称职或者违法违规人员的评标专家资格。被取消评标专家资格的人员,不得再参加任何评标活动。

第三十八条 评标委员会应当按照招标文件确定的评标标准和方法,对投标文件进行评审和比较,并对评标结果签字确认;设有标底的,应当参考标底。

第三十九条 评标委员会可以用书面形式要求投标人对投标文件中含义不明确的内容作必要的澄清或者说明。投标人应当采用书面形式进行澄清或者说明,其澄清或者说明不得超出投标文件的范围或者改变投标文件的实质性内容。

第四十条 评标委员会经评审,认为所有投标文件都不符合招标文件要求的,可以否决所有投标。

依法必须进行施工招标工程的所有投标被否决的,招标人应当依法重新招标。

第四十一条 评标可以采用综合评估法、经评审的最低投标价法或者法律法规允许的其他评标方法。

采用综合评估法的,应当对投标文件提出的工程质量、施工工期、投标价格、施工组织设计或者施工方案、投标人及项目经理业绩等,能否最大限度地满足招标文件中规定的各项要求和评价标准进行评审和比较。以评分方式进行评估的,对于各种评比奖项不得额外计分。

采用经评审的最低投标价法的,应当在投标文件能够满足招标文件实质性要求的投标人中,评审出投标价格最低的投标人,但投标价格低于其企业成本的除外。

第四十二条 评标委员会完成评标后,应当向招标人提出书面评标报告,阐明评标委员会对各投标文件的评审和比较意见,并按照招标文件中规定的评标方法,推荐不超过3名有排序的合格的中标候选人。招标人根据评标委员会提出的书面评标报告和推荐的中标候选人确定中标人。

使用国有资金投资或者国家融资的工程项目,招标人应当按照中标候选人的排序确定中标人。当确定中标的中标候选人放弃中标或者因不可抗力提出不能履行合同的,招标人可以依序确定其他中标候选人为中标人。

招标人也可以授权评标委员会直接确定中标人。

第四十三条 有下列情形之一的,评标委员会可以要求投标人作出书面说明并提供相关材料:

(一)设有标底的,投标报价低于标底合理幅度的;

(二)不设标底的,投标报价明显低于其他投标报价,有可能低于其企业成本的。

经评标委员会论证,认定该投标人的报价低于其企业成本的,不能推荐为中标候选人或者中标人。

第四十四条 招标人应当在投标有效期截止时限30日前确定中标人。投标有效期应当在招标文件中载明。

第四十五条 依法必须进行施工招标的工程,招标人应当自确定中标人之日起15日内,向工程所在地的县级以上地方人民政府建设行政主管部门提交施工招标投标情况的书面报告。书面报告应当包括下列内容:

(一)施工招标投标的基本情况,包括施工招标范围、施工招标方式、资格审查、开评标过程和确定中标人的方式及理由等。

(二)相关的文件资料,包括招标公告或者投标邀请书、投标报名表、资格预审文件、招标文件、评标委员会的评标报告(设有标底的,应当附标底)、中标人的投标文件。委托工程招标代理的，还应当附工程施工招标代理委托合同。

前款第二项中已按照本办法的规定办理了备案的文件资料，不再重复提交。

第四十六条 建设行政主管部门自收到书面报告之日起5日内未通知招标人在招标投标活动中有违法行为的，招标人可以向中标人发出中标通知书，并将中标结果通知所有未中标的投标人。

第四十七条 招标人和中标人应当自中标通知书发出之日起30日内，按照招标文件和中标人的投标文件订立书面合同；招标人和中标人不得再行订立背离合同实质性内容的其他协议。订立书面合同后7日内，中标人应当将合同送工程所在地的县级以上地方人民政府建设行政主管部门备案。

中标人不与招标人订立合同的，投标保证金不予退还并取消其中标资格，给招标人造成的损失超过投标保证金数额的，应当对超过部分予以赔偿；没有提交投标保证金的，应当对招标人的损失承担赔偿责任。

招标人无正当理由不与中标人签订合同，给中标人造成损失的，招标人应当给予赔偿。

第四十八条 招标文件要求中标人提交履约担保的，中标人应当提交。招标人应当同时向中标人提供工程款支付担保。

第五章 罚 则

第四十九条 有违反《招标投标法》行为的，县级以上地方人民政府建设行政主管部门应当按照《招标投标法》的规定予以处罚。

第五十条 招标投标活动中有《招标投标法》规定中标无效情形的，由县级以上地方人民政府建设行政主管部门宣布中标无效，责令重新组织招标，并依法追究有关责任人责任。

第五十一条 应当招标未招标的，应当公开招标未公开招标的，县级以上地方人民政府建设行政主管部门应当责令改正，拒不改正的，不得颁发施工许可证。

第五十二条 招标人不具备自行办理施工招标事宜条件而自行招标的，县级以上地方人民政府建设行政主管部门应当责令改正，处1万元以下的罚款。

第五十三条 评标委员会的组成不符合法律、法规规定的，县级以上地方人民政府建设行政主管部门应当责令招标人重新组织评标委员会。招标人拒不改正的，不得颁发施工许可证。

第五十四条 招标人未向建设行政主管部门提交施工招标投标情况书面报告的，县级以上地方人民政府建设行政主管部门应当责令改正；在未提交施工招标投标情况书面报告前，建设行政主管部门不予颁发施工许可证。

第六章 附 则

第五十五条 工程施工专业分包、劳务分包采用招标方式的，参照本办法执行。

第五十六条 招标文件或者投标文件使用两种以上语言文字的，必须有一种是中文；如对不同文本的解释发生异议的，以中文文本为准。用文字表示的金额与数字表示的金额不一致的，以文字表示的金额为准。

第五十七条 涉及国家安全、国家秘密、抢险救灾或者属于利用扶贫资金实行以工代赈、需要使用农民工等特殊情况，不适宜进行施工招标的工程，按照国家有关规定可以不进行施工招标。

第五十八条 使用国际组织或者外国政府贷款、援助资金的工程进行施工招标，贷款方、资金提供方对招标投标的具体条件和程序有不同规定的，可以适用其规定，但违背中华人民共和国的社会公共利益的除外。

第五十九条 本办法由国务院建设行政主管部门负责解释。

第六十条 本办法自发布之日起施行。1992 年 12 月 30 日建设部颁布的《工程建设施工招标投标管理办法》(建设部令第 23 号)同时废止。

4.6 示 例

××省工程建设施工招标百分制评标细则

第一条 依据《中华人民共和国建筑法》和省政府第 31 号令《××省工程建设施工招标投标管理办法》的有关规定，为使评标、定标工作体现公开、公正、平等竞争原则，优选施工队伍，特制订本“细则”。

第二条 评标和定标工作由招标单位会同有关部门组成的评标小组在项目分管的招投标管理机构的监督管理下依法组织实施，对投标单位的投标报价、施工方案、企业综合素质等进行全面评价，采用百分制定量计分法，平等竞争、公开计分，得分最高者即为中标单位(如第一中标单位因故取消中标资格，则根据得分高低排序确定中标单位)。

第三条 百分制评标细则共九条，计 100 分(其中投标报价 40 分、企业综合素质 45 分、施工方案 15 分)。

第四条 计分共三大部分 17 个计分项目组成(含选择项)，各分部分项具体分值及计算方法如下：

一、投标报价：40 分

具体操作：

(1)以招投标管理机构审定的标底为基数，凡投标报价误差超出审定标底价 ±5%(含 ±5%)范围的，该项分值计零分。

(2)以招投标管理机构审定的标底为基数，凡投标单位投标报价误差在标底 ±5% 范围内按下列方法计算：

①计基本分 10 分

②计算竞争得分 30 分，计算公式：

$$30\text{分}\times\left[1-\frac{(\text{投标报价}-\text{标底价})}{\text{允许最大误差}}\right]$$

式中“允许最大误差”为标底价乘以 5% 的得数。

(3)如采用(A + B) ÷2 确定标底。

A 值——指投标单位报价的平均值[凡投标报价超出经审定的标底 ±5%(含 ±5%)者不能进入平均值的计算]；

B 值——指经招标管理机构审定的标底。

二、企业综合素质(含选择项目)：45 分

具体操作：

考虑到招标工程的具体情况，体现业主对投标单位的不同要求，该部分设置必选项目及自选项目，共列 15 个分项，凡自选项目一经确定应在招标文件中约定，事后不得擅自变更。

（一）必选项目：20 分

1. 企业资质等级：5 分

凭经建设行政主管部门年检的资质证书（原件）计分。一级建筑业企业 5 分，二级企业 4 分，三级企业 3 分，四级企业 2 分，准四级企业 1 分。

凡外省进我省施工企业在参加投标时，其资质等级按下浮一级计分（不含部属企业）。

2. 优良工程奖：10 分

具体操作：

按优良工程奖（不含优质结构工程奖）证书发证时间开标之月前（以下项目计分时间均不含开标之月），即国优 30 个月、省优 18 个月、地（市）优 14 个月、县（市）优 12 个月的有效期内，凡每获得一项国优（鲁班奖）、省级、地（市）级、县（市）级优良工程奖，凭建设行政主管部门颁发的优良工程奖证书（原件）按下表计分[①凡在我省境内获得国优（鲁班奖）按表列得分乘以 2 为实际得分；②外省进我省施工企业（含部属企业）应持国优（鲁班奖）证书计分（其他类别证书一律不计分）；③外省企业在我省施工所获我省各级建设行政主管部门颁发的优良工程奖证书与本省企业同等计分]，优良工程奖最高累计为 10 分。

同一工程若获不同级别优良工程奖，应按证书原件最高奖等级计分，不得重复计分；凡参与计分的优良工程奖证书未注明面积者，一律按 5 000m^2 以下标准计分；凡省、地（市）级优良工程建筑面积 2 000m^2 以下，县（市）级优良工程 1 500m^2 以下的不计分。

优良工程奖计分表

分值 面值 / 等级	5 000m^2 以下	12 000m^2 以下	25 000m^2 以下	50 000m^2 以下	50 000m^2 以上
国优			4	6	8
省优	0.6	1.20	2.0	3.0	5.0
地（市）优	0.3	0.6	1.20	1.8	3.0
县（市）优	0.2	0.4	0.8	1.2	2.5

注："以下"不含本数，"以上"含本数。

构筑物及市政工程优良奖计分见下表。

构筑物及市政工程优良工程奖计分参照表

计分 分值 / 项目	套用计分标准（以下不含本数，以上含本数）				
	5 000m^2 以下	12 000m^2 以下	25 000m^2 以下	50 000m^2 以下	50 000m^2 以上
水塔 按高度或容量	50m 以下或 200m^3 以下	50m 以上或 200m^3 以上	—	—	—

续上表

项目 \ 分值 \ 计分	套用计分标准(以下不含本数,以上含本数)				
	5 000m² 以下	12 000m² 以下	25 000m² 以下	50 000m² 以下	50 000m² 以上
烟囱按高度	100m 以下	150m 以上或 200m	200m 以上	–	–
贮仓按高度或容积	45m 以下或 500m³ 以下	45m 以上或 1000m³ 以下	60m 以上或 1000m³ 以上	–	–
各类水(油)池按容积	10 000m³ 以下	10 000m³ 以上至 50 000m³ 以下	50 000m³ 以上	–	–
市政工程	800 万元以下	1 500 万元以下	3 000 万元以下	6 000 万元以下	1 亿元以上

注:按套用的相应面积对照《优良工程奖计分表》中相应分值为实际得分。

3. 安全生产: 5 分

具体操作:

投标单位在开标之月前 12 个月内(以年检时间计),未发生死亡及重伤事故计 5 分,死亡及重伤事故控制在规定范围内的计 2 分(规定范围死亡事故频率 0.17‰,重伤事故频率 2‰),超过规定范围者或年审评定为年度施工安全达标不合格者不计分,基本合格的计 1.5 分,计分一律凭经年检的建筑施工企业安全资格证书原件为准。

(二)自选项目: 25 分

1. 企业荣誉: 5 分

具体操作:

获政府或建设行政主管部门授予的先进建筑业企业称号的按以下标准计分:在开标之月前 24 个月凡获得国务院或建设部授予的计 5 分;在开标之月前 12 个月获省政府或省建设厅授予的计 3 分;地(市)政府(行政公署)或建设局授予的计 2 分;县(市)政府或建设局授予的计 1 分。

上述计分一律凭荣誉证书原件或正式表彰文件原件(铜牌、锦旗等均不作为计分依据),并分别按该企业所获荣誉最高等级计分,不重复计分。外省进我省的施工企业(含部属施工企业)须持省级以上荣誉证书原件(含省级)计分。

2. 质量体系论证: 5 分[仅适用于省、地(市)项目招标]

具体操作:

凡通过 ISO9002 质量体系认证,凭证书原件计 5 分。

3. 质量信得过企业: 5 分

具体操作:

开标之月前 36 个月,获得省建设厅授予的质量信得过企业称号的计 5 分;地(市)级计 3 分。计分一律凭证书原件,并按所获荣誉最高等级计分,不重复计分。

4. 优秀项目经理: 5 分

具体操作:

参与该工程投标的项目经理在开标之月前 36 个月获得建设部优秀项目经理计 5 分,开标之月前 12 个月获省建设厅授予的计 3 分、地(市)授予的计 2 分、县(市)授予的计 1 分,均凭优秀项目经理证书原件、项目经理证书原件和本人身份证原件三证并按最高等级计分(三证不全者不得计分)。

5. 本省国优加分：5 分

具体操作：

开标前 36 个月凡在本省境内获得国优（鲁班奖）的，凭优良工程奖证书原件直接加计 5 分。

6. 省级优质结构工程奖加分：5 分

具体操作：

开标之月前 18 个月获得省建设厅授予的省级优质结构工程奖，凭证书原件参照“优良工程奖计分表”相应面积得分值乘 0.5 的系数为实际得分，最高累计加 5 分（如获得优质结构工程奖后又获得优良工程奖此项则不再加分）。

7. 项目经理优良工程奖加分：5 分

具体操作：

参与该项目投标的施工企业项目经理本人在开标之月前[国优 30 个月，省优 18 个月，地（市）优 14 个月，县（市）优 12 个月]获得鲁班奖（国优）或本省各级优良工程奖（不含优质结构工程奖），凭有效证件按“优良工程奖计分表”得分，乘以 2 的系数累计加分。注意，即凭建设行政主管部门颁发的文件或优良工程奖证书、项目经理证书和本人身份证三证原件计分，三证不全者不得加分。最高累计加 5 分。

8. 施工经历：5 分

参与该工程投标的项目经理在近两年内施工过与该招标项目相似的工程（指结构、层次、面积、跨度等），并获得省级以上优良工程（含省级优良工程）计 5 分，地（市）级优良计 3 分，县（市）级优良计 2 分，计分一律凭优良工程奖证书原件及能证明是该项目经理施工的有效证件，否则不予计分。

9. 建筑业新技术应用示范工程：5 分

具体操作：

投标单位在开标之月前 24 个月内获得全国建筑业新技术应用示范工程计 5 分，省级计 3 分，地（市）级计 2 分，均凭证书原件最高等级计分。

10. 安全达标优良样板工程：5 分

具体操作：

凡获得施工安全达标优良样板工程，按优良样板工程证书发证时间开标之月前[部级 30 个月、省级 18 个月、地（市）级 14 个月、县（市）级 12 个月]的有效期内。一律凭建设行政主管部门颁发的优良样板工程证书原件计分。计分方法按下表。

施工安全优良样板工程计分表

级别 / 面积（m^2）	建设部	省　级	地（市）级	县（市）级
5 000m^2 以下	1.5	1	0.5	0.2
12 000m^2 以下	2	1.5	1.0	0.5
25 000m^2 以下	2.5	2	1.5	1.0
50 000m^2 以下	3	2.5	2.2	2.0
50 000m^2 以上	5	3.5	3.0	2.5

同一工程若获得不同级别优良样板工程应按证书原件最高奖计分，但不得重复计分。

11. 招标单位对投标单位综合考察：5 分

由招标单位根据考察情况在开标会评分之前公布其考察结果，并按优(5 分)、良(4 分)、合格(3 分)三档评分。

12. 投标行为：5 分

具体操作：

获省招标办审定为优良计 5 分，地(市)级优良计 4 分，县(市)级优良计 3 分，合格计 1 分，评为不合格倒扣 2 分，均凭年检后的施工企业投标管理手册原件计分。

施工总承包建筑业企业可用其所属任意一个核心企业的有关证件参加投标，但总承包企业与子公司不能同时参加同一个项目的投标。

【注】凡省冶金、省农垦建管站(办)授予的证书，视同地(市)级计分。

三、施工方案：15 分

具体操作：

凡一类、二类工程或成片开发小区必须编制施工方案，三类及三类以下工程由招标单位自定。是否提供施工方案，应事先在招标文件中明确。如招标单位不需提供施工方案则此项计分可不列，可将此分值加在投标报价或企业综合素质中并事先在招标文件中明确。

施工方案的评分由招标单位组织有关专家评委(或工程技术人员)在开标时同步进行评定。专家评委(或工程技术人员)，根据各投标单位施工方案的可行性和优劣程度、是否按招标文件中规定的内容编写等进行综合评定并各自评分，取平均值即为施工方案的得分。施工方案内容按招标文件要求编写并无技术性错误的最低得分不能低于 9 分，否则，该评委的计分作废。施工方案质量优异者最高计 15 分。

第五条 百分制评标计分顺序：①施工方案分；②企业综合素质分；③投标报价分。凡需提供证件者，必须当场、当时、当众出示，否则不予计分。凡出示虚假证书，一经查实取消其投标资格，中标者取消其中标资格。

第六条 招标单位、投标企业、招标代理机构应严格按照有关法律、规章、招标文件、评标细则及有关资料从事招投标活动，如有违规行为则根据情节轻重按其省政府有关条款进行处罚。

第七条 本"细则"不适用于建筑装饰工程，建筑装饰工程评标参照"建筑装饰工程评标细则"有关计分条款执行。

第八条 本"细则"由××省建设工程招标投标办公室负责解释。

[附件十五]

建筑工程施工发包与承包计价管理办法

(2001 年 11 月 5 日)

第一条 为了规范建筑工程施工发包与承包计价行为，维护建筑工程发包与承包双方的合法权益，促进建筑市场的健康发展，根据有关法律、法规，制定本办法。

第二条 在中华人民共和国境内的建筑工程施工发包与承包计价(以下简称工程发承包计价)管理,适用本办法。

本办法所称建筑工程是指房屋建筑和市政基础设施工程。

本办法所称房屋建筑工程,是指各类房屋建筑及其附属设施和与其配套的线路、管道、设备安装工程及室内外装饰装修工程。

本办法所称市政基础设施工程,是指城市道路、公共交通、供水、排水、燃气、热力、园林、环卫、污水处理、垃圾处理、防洪、地下公共设施及附属设施的土建、管道、设备安装工程。

工程发承包计价包括编制施工图预算、招标标底、投标报价、工程结算和签订合同价等活动。

第三条 建筑工程施工发包与承包价在政府宏观调控下,由市场竞争形成。

工程施工发承包计价应当遵循公平、合法和诚实信用的原则。

第四条 国务院建设行政主管部门负责全国工程发承包计价工作的管理。

县级以上地方人民政府建设行政主管部门负责本行政区域内工程发承包计价工作的管理。其具体工作可以委托工程造价管理机构负责。

第五条 施工图预算、招标标底和投标报价由成本(直接费、间接费)、利润和税金构成。其编制可以采用以下计价方法:

(一)工料单价法。分部分项工程量的单价为直接费。直接费以人工、材料、机械的消耗量及其相应价格确定。间接费、利润、税金按照有关规定另行计算。

(二)综合单价法。分部分项工程量的单价为全费用单价。全费用单价综合计算完成分部分项工程所发生的直接费、间接费、利润、税金。

第六条 招标标底编制的依据为:

(一)国务院和省、自治区、直辖市人民政府建设行政主管部门制定的工程造价计价办法以及其他有关规定;

(二)市场价格信息。

第七条 投标报价应当满足招标文件要求。

投标报价应当依据企业定额和市场价格信息,并按照国务院和省、自治区、直辖市人民政府建设行政主管部门发布的工程造价计价办法进行编制。

第八条 招标投标工程可以采用工程量清单方法编制招标标底和投标报价。

工程量清单应当依据招标文件、施工设计图纸、施工现场条件和国家制定的统一工程量计算规则、分部分项工程项目划分、计量单位等进行编制。

第九条 招标标底和工程量清单由具有编制招标文件能力的招标人或其委托的具有相应资质的工程造价咨询机构、招标代理机构编制。

投标报价由投标人或其委托的具有相应资质的工程造价咨询机构编制。

第十条 对是否低于成本报价的异议,评标委员会可以参照建设行政主管部门发布的计价办法和有关规定进行评审。

第十一条 招标人与中标人应当根据中标价订立合同。

不实行招标投标的工程,在承包方编制的施工图预算的基础上,由发承包双方协商订立合同。

第十二条 合同价可以采用以下方式:

（一）固定价。合同总价或者单价在合同约定的风险范围内不可调整。

（二）可调价。合同总价或者单价在合同实施期内，根据合同约定的办法调整。

（三）成本加酬金。

第十三条 发承包双方在确定合同价时，应当考虑市场环境和生产要素价格变化对合同价的影响。

第十四条 建筑工程的发承包双方应当根据建设行政主管部门的规定，结合工程款、建设工期和包工包料情况在合同中约定预付工程款的具体事宜。

第十五条 建筑工程发承包双方应当按照合同约定定期或者按照工程进度分段进行工程款结算。

第十六条 工程竣工验收合格，应当按照下列规定进行竣工结算：

（一）承包方应当在工程竣工验收合格后的约定期限内提交竣工结算文件。

（二）发包方应当在收到竣工结算文件后的约定期限内予以答复。逾期未答复的，竣工结算文件视为已被认可。

（三）发包方对竣工结算文件有异议的，应当在答复期内向承包方提出，并可以在提出之日起的约定期限内与承包方协商。

（四）发包方在协商期内未与承包方协商或者经协商未能与承包方达成协议的，应当委托工程造价咨询单位进行竣工结算审核。

（五）发包方应当在协商期满后的约定期限内向承包方提出工程造价咨询单位出具的竣工结算审核意见。

发承包双方在合同中对上述事项的期限没有明确约定的，可认为其约定期限均为28日。

发承包双方对工程造价咨询单位出具的竣工结算审核意见仍有异议的，在接到该审核意见后一个月内可以向县级以上地方人民政府建设行政主管部门申请调解，调解不成的，可以依法申请仲裁或者向人民法院提起诉讼。

工程竣工结算文件经发包方与承包方确认即应当作为工程决算的依据。

第十七条 招标标底、投标报价、工程结算审核和工程造价鉴定文件应当由造价工程师签字，并加盖造价工程师执业专用章。

第十八条 县级以上地方人民政府建设行政主管部门应当加强对建筑工程发承包计价活动的监督检查。

第十九条 造价工程师在招标标底或者投标报价编制、工程结算审核和工程造价鉴定中，有意抬高、压低价格，情节严重的，由造价工程师注册管理机构注销其执业资格。

第二十条 工程造价咨询单位在建筑工程计价活动中有意抬高、压低价格或者提供虚假报告的，县级以上地方人民政府建设行政主管部门责令改正，并可处以一万元以上三万元以下的罚款；情节严重的，由发证机关注销工程造价咨询单位资质证书。

第二十一条 国家机关工作人员在建筑工程计价监督管理工作中，玩忽职守、徇私舞弊、滥用职权的，由有关机关给予行政处分；构成犯罪的，依法追究刑事责任。

第二十二条 建筑工程以外的工程施工发包与承包计价管理可以参照本办法执行。

第二十三条 本办法由国务院建设行政主管部门负责解释。

第二十四条 本办法自2001年12月1日起施行。

[附件十六]

工程建设项目施工招标投标办法

(2003年3月8日国家发展计划委员会、建设部、铁道部、交通部、信息产业部、水利部、中国民用航空总局令第30号公布　自2003年5月1日起施行)

第一章　总　则

第一条　为规范工程建设项目施工(以下简称工程施工)招标投标活动,根据《中华人民共和国招标投标法》和国务院有关部门的职责分工,制定本办法。

第二条　在中华人民共和国境内进行工程施工招标投标活动,适用本办法。

第三条　工程建设项目符合《工程建设项目招标范围和规模标准规定》(国家计委令第3号)规定的范围和标准的,必须通过招标选择施工单位。

任何单位和个人不得将依法必须进行招标的项目化整为零或者以其他任何方式规避招标。

第四条　工程施工招标投标活动应当遵循公开、公平、公正和诚实信用的原则。

第五条　工程施工招标投标活动,依法由招标人负责。任何单位和个人不得以任何方式非法干涉工程施工招标投标活动。

施工招标投标活动不受地区或者部门的限制。

第六条　各级发展计划、经贸、建设、铁道、交通、信息产业、水利、外经贸、民航等部门依照《国务院办公厅印发国务院有关部门实施招标投标活动行政监督的职责分工意见的通知》(国办发[2000]34号)和各地规定的职责分工,对工程施工招标投标活动实施监督,依法查处工程施工招标投标活动中的违法行为。

第二章　招　标

第七条　工程施工招标人是依法提出施工招标项目、进行招标的法人或者其他组织。

第八条　依法必须招标的工程建设项目,应当具备下列条件才能进行施工招标。

(一)招标人已经依法成立;

(二)初步设计及概算应当履行审批手续的,已经批准;

(三)招标范围、招标方式和招标组织形式等应当履行核准手续的,已经核准;

(四)有相应资金或资金来源已经落实;

(五)有招标所需的设计图纸及技术资料。

第九条　工程施工招标分为公开招标和邀请招标。

第十条　依法必须进行施工招标的工程建设项目,按工程建设项目审批管理规定,凡应报送项目审批部门审批的,招标人必须在报送的可行性研究报告中将招标范围、招标方式、招标组织形式等有关招标内容报项目审批部门核准。

第十一条 国务院发展计划部门确定的国家重点建设项目和各省、自治区、直辖市人民政府确定的地方重点建设项目,以及全部使用国有资金投资或者国有资金投资占控股或者主导地位的工程建设项目,应当公开招标;有下列情形之一的,经批准可以进行邀请招标:

(一)项目技术复杂或有特殊要求,只有少量几家潜在投标人可供选择的;

(二)受自然地域环境限制的;

(三)涉及国家安全、国家秘密或者抢险救灾,适宜招标但不宜公开招标的;

(四)拟公开招标的费用与项目的价值相比,不值得的;

(五)法律、法规规定不宜公开招标的。

国家重点建设项目的邀请招标,应当经国务院发展计划部门批准;地方重点建设项目的邀请招标,应当经各省、自治区、直辖市人民政府批准。

全部使用国有资金投资或者国有资金投资占控股或者主导地位的并需要审批的工程建设项目的邀请招标,应当经项目审批部门批准,但项目审批部门只审批立项的,由有关行政监督部门批准。

第十二条 需要审批的工程建设项目,有下列情形之一的,由本办法第十一条规定的审批部门批准,可以不进行施工招标:

(一)涉及国家安全、国家秘密或者抢险救灾而不适宜招标的;

(二)属于利用扶贫资金实行以工代赈需要使用农民工的;

(三)施工主要技术采用特定的专利或者专有技术的;

(四)施工企业自建自用的工程,且该施工企业资质等级符合工程要求的;

(五)在建工程追加的附属小型工程或者主体加层工程,原中标人仍具备承包能力的;

(六)法律、行政法规规定的其他情形。

不需要审批但依法必须招标的工程建设项目,有前款规定情形之一的,可以不进行施工招标。

第十三条 采用公开招标方式的,招标人应当发布招标公告,邀请不特定的法人或者其他组织投标。依法必须进行施工招标项目的招标公告,应当在国家指定的报刊和信息网络上发布。

采用邀请招标方式的,招标人应当向三家以上具备承担施工招标项目的能力、资信良好的特定的法人或者其他组织发出投标邀请书。

第十四条 招标公告或者投标邀请书应当至少载明下列内容:

(一)招标人的名称和地址;

(二)招标项目的内容、规模、资金来源;

(三)招标项目的实施地点和工期;

(四)获取招标文件或者资格预审文件的地点和时间;

(五)对招标文件或者资格预审文件收取的费用;

(六)对投标人的资质等级的要求。

第十五条 招标人应当按招标公告或者投标邀请书规定的时间、地点出售招标文件或资格预审文件。自招标文件或者资格预审文件出售之日起至停止出售之日止,最短不得少于五个工作日。

招标人可以通过信息网络或者其他媒介发布招标文件,通过信息网络或者其他媒介发布的招标文件与书面招标文件具有同等法律效力，但出现不一致时以书面招标文件为准。招标人应当保持书面招标文件原始正本的完好。

对招标文件或者资格预审文件的收费应当合理，不得以营利为目的。对于所附的设计文件，招标人可以向投标人酌收押金；对于开标后投标人退还设计文件的，招标人应当向投标人退还押金。

招标文件或者资格预审文件售出后，不予退还。招标人在发布招标公告、发出投标邀请书后或者售出招标文件或资格预审文件后不得擅自终止招标。

第十六条 招标人可以根据招标项目本身的特点和需要，要求潜在投标人或者投标人提供满足其资格要求的文件，对潜在投标人或者投标人进行资格审查；法律、行政法规对潜在投标人或者投标人的资格条件有规定的，依照其规定。

第十七条 资格审查分为资格预审和资格后审。

资格预审，是指在投标前对潜在投标人进行的资格审查。

资格后审，是指在开标后对投标人进行的资格审查。

进行资格预审的，一般不再进行资格后审，但招标文件另有规定的除外。

第十八条 采取资格预审的，招标人可以发布资格预审公告。资格预审公告适用本办法第十三条、第十四条有关招标公告的规定。

采取资格预审的，招标人应当在资格预审文件中载明资格预审的条件、标准和方法；采取资格后审的，招标人应当在招标文件中载明对投标人资格要求的条件、标准和方法。

招标人不得改变载明的资格条件或者以没有载明的资格条件对潜在投标人或者投标人进行资格审查。

第十九条 经资格预审后，招标人应当向资格预审合格的潜在投标人发出资格预审合格通知书，告知获取招标文件的时间、地点和方法，并同时向资格预审不合格的潜在投标人告知资格预审结果。资格预审不合格的潜在投标人不得参加投标。

经资格后审不合格的投标人的投标应作废标处理。

第二十条 资格审查应主要审查潜在投标人或者投标人是否符合下列条件：

（一）具有独立订立合同的权利；

（二）具有履行合同的能力，包括专业、技术资格和能力，资金、设备和其他物质设施状况，管理能力，经验、信誉和相应的从业人员；

（三）没有处于被责令停业，投标资格被取消，财产被接管、冻结，破产状态；

（四）在最近三年内没有骗取中标和严重违约及重大工程质量问题；

（五）法律、行政法规规定的其他资格条件。

资格审查时，招标人不得以不合理的条件限制、排斥潜在投标人或者投标人，不得对潜在投标人或者投标人实行歧视待遇。任何单位和个人不得以行政手段或者其他不合理方式限制投标人的数量。

第二十一条 招标人符合法律规定的自行招标条件的，可以自行办理招标事宜。任何单位和个人不得强制其委托招标代理机构办理招标事宜。

第二十二条 招标代理机构应当在招标人委托的范围内承担招标事宜。招标代理机构可以在其资格等级范围内承担下列招标事宜：

（一）拟订招标方案，编制和出售招标文件、资格预审文件；

（二）审查投标人资格；

（三）编制标底；

（四）组织投标人踏勘现场；

（五）组织开标、评标，协助招标人定标；

（六）草拟合同；

（七）招标人委托的其他事项。

招标代理机构不得无权代理、越权代理，不得明知委托事项违法而进行代理。

招标代理机构不得接受同一招标项目的投标代理和投标咨询业务；未经招标人同意，不得转让招标代理业务。

第二十三条 工程招标代理机构与招标人应当签订书面委托合同，并按双方约定的标准收取代理费；国家对收费标准有规定的，依照其规定。

第二十四条 招标人根据施工招标项目的特点和需要编制招标文件。招标文件一般包括下列内容：

（一）投标邀请书；

（二）投标人须知；

（三）合同主要条款；

（四）投标文件格式；

（五）采用工程量清单招标的，应当提供工程量清单；

（六）技术条款；

（七）设计图纸；

（八）评标标准和方法；

（九）投标辅助材料。

招标人应当在招标文件中规定实质性要求和条件，并用醒目的方式标明。

第二十五条 招标人可以要求投标人在提交符合招标文件规定要求的投标文件外，提交备选投标方案，但应当在招标文件中作出说明，并提出相应的评审和比较办法。

第二十六条 招标文件规定的各项技术标准应符合国家强制性标准。

招标文件中规定的各项技术标准均不得要求或标明某一特定的专利、商标、名称、设计、原产地或生产供应者，不得含有倾向或者排斥潜在投标人的其他内容。如果必须引用某一生产供应者的技术标准才能准确或清楚地说明拟招标项目的技术标准时，则应当在参照后面加上“或相当于”的字样。

第二十七条 施工招标项目需要划分标段、确定工期的，招标人应当合理划分标段、确定工期，并在招标文件中载明。对工程技术上紧密相联、不可分割的单位工程不得分割标段。

招标人不得以不合理的标段或工期限制或者排斥潜在投标人或者投标人。

第二十八条 招标文件应当明确规定评标时除价格以外的所有评标因素，以及如何将这些因素量化或者据以进行评估。

在评标过程中，不得改变招标文件中规定的评标标准、方法和中标条件。

第二十九条 招标文件应当规定一个适当的投标有效期，以保证招标人有足够的时间完成评标和与中标人签订合同。投标有效期从投标人提交投标文件截止之日起计算。

在原投标有效期结束前，出现特殊情况的，招标人可以书面形式要求所有投标人延长投标有效期。投标人同意延长的，不得要求或被允许修改其投标文件的实质性内容，但应当相应延长其投标保证金的有效期；投标人拒绝延长的，其投标失效，但投标人有权收回其投标保证金。因延长投标有效期造成投标人损失的，招标人应当给予补偿，但因不可抗力需要延长投标有效期的除外。

第三十条 施工招标项目工期超过十二个月的，招标文件中可以规定工程造价指数体系、价格调整因素和调整方法。

第三十一条 招标人应当确定投标人编制投标文件所需要的合理时间；但是，依法必须进行招标的项目，自招标文件开始发出之日起至投标人提交投标文件截止之日止，最短不得少于20日。

第三十二条 招标人根据招标项目的具体情况，可以组织潜在投标人踏勘项目现场，向其介绍工程场地和相关环境的有关情况。潜在投标人依据招标人介绍情况作出的判断和决策，由投标人自行负责。

招标人不得单独或者分别组织任何一个投标人进行现场踏勘。

第三十三条 对于潜在投标人在阅读招标文件和现场踏勘中提出的疑问，招标人可以书面形式或召开投标预备会的方式解答，但需同时将解答以书面方式通知所有购买招标文件的潜在投标人。该解答的内容为招标文件的组成部分。

第三十四条 招标人可根据项目特点决定是否编制标底。编制标底的，标底编制过程和标底必须保密。

招标项目编制标底的，应根据批准的初步设计、投资概算，依据有关计价办法，参照有关工程定额，结合市场供求状况，综合考虑投资、工期和质量等方面的因素合理确定。

标底由招标人自行编制或委托中介机构编制。一个工程只能编制一个标底。

任何单位和个人不得强制招标人编制或报审标底，或干预其确定标底。

招标项目可以不设标底，进行无标底招标。

第三章 投 标

第三十五条 投标人是响应招标、参加投标竞争的法人或者其他组织。招标人的任何不具独立法人资格的附属机构(单位)，或者为招标项目的前期准备或者监理工作提供设计、咨询服务的任何法人及其任何附属机构(单位)，都无资格参加该招标项目的投标。

第三十六条 投标人应当按照招标文件的要求编制投标文件。投标文件应当对招标文件提出的实质性要求和条件作出响应。

投标文件一般包括下列内容：

(一)投标函；

(二)投标报价；

(三)施工组织设计；

(四)商务和技术偏差表。

投标人根据招标文件载明的项目实际情况，拟在中标后将中标项目的部分非主体、非关键性工作进行分包的，应当在投标文件中载明。

第三十七条 招标人可以在招标文件中要求投标人提交投标保证金。投标保证金除现金外，可以是银行出具的银行保函、保兑支票、银行汇票或现金支票。

投标保证金一般不得超过投标总价的2%，但最高不得超过八十万元人民币。投标保证金有效期应当超出投标有效期30天。

投标人应当按照招标文件要求的方式和金额，将投标保证金随投标文件提交给招标人。

投标人不按招标文件要求提交投标保证金的，该投标文件将被拒绝，作废标处理。

第三十八条 投标人应当在招标文件要求提交投标文件的截止时间前，将投标文件密封送达投标地点。招标人收到投标文件后，应当向投标人出具标明签收入和签收时间的凭证，在开标前任何单位和个人不得开启投标文件。

在招标文件要求提交投标文件的截止时间后送达的投标文件，为无效的投标文件，招标人应当拒收。

提交投标文件的投标人少于三个的，招标人应当依法重新招标。重新招标后投标人仍少于三个的，属于必须审批的工程建设项目，报经原审批部门批准后可以不再进行招标；其他工程建设项目，招标人可自行决定不再进行招标。

第三十九条 投标人在招标文件要求提交投标文件的截止时间前，可以补充、修改、替代或者撤回已提交的投标文件，并书面通知招标人。补充、修改的内容为投标文件的组成部分。

第四十条 在提交投标文件截止时间后到招标文件规定的投标有效期终止之前，投标人不得补充、修改、替代或者撤回其投标文件。投标人补充、修改、替代投标文件的，招标人不予接受；投标人撤回投标文件的，其投标保证金将被没收。

第四十一条 在开标前，招标人应妥善保管好已接收的投标文件、修改或撤回通知、备选投标方案等投标资料。

第四十二条 两个以上法人或者其他组织可以组成一个联合体，以一个投标人的身份共同投标。

联合体各方签订共同投标协议后，不得再以自己名义单独投标，也不得组成新的联合体或参加其他联合体在同一项目中投标。

第四十三条 联合体参加资格预审并获通过的，其组成的任何变化都必须在提交投标文件截止之日前征得招标人的同意。如果变化后的联合体削弱了竞争，含有事先未经过资格预审或者资格预审不合格的法人或者其他组织，或者使联合体的资质降到资格预审文件中规定的最低标准以下，招标人有权拒绝。

第四十四条 联合体各方必须指定牵头人，授权其代表所有联合体成员负责投标和合同实施阶段的主办、协调工作，并应当向招标人提交由所有联合体成员法定代表人签署的授权书。

第四十五条 联合体投标的，应当以联合体各方或者联合体中牵头人的名义提交投标保证金。以联合体中牵头人名义提交的投标保证金，对联合体各成员具有约束力。

第四十六条 下列行为均属投标人串通投标报价：

（一）投标人之间相互约定抬高或压低投标报价；

（二）投标人之间相互约定，在招标项目中分别以高、中、低价位报价；

（三）投标人之间先进行内部竞价，内定中标人，然后再参加投标；

（四）投标人之间其他串通投标报价的行为。

第四十七条 下列行为均属招标人与投标人串通投标：

（一）招标人在开标前开启投标文件，并将投标情况告知其他投标人，或者协助投标人撤换投标文件，更改报价；

（二）招标人向投标人泄露标底；

（三）招标人与投标人商定，投标时压低或抬高标价，中标后再给投标人或招标人额外补偿；

（四）招标人预先内定中标人；

（五）其他串通投标行为。

第四十八条 投标人不得以他人名义投标。

前款所称以他人名义投标，指投标人挂靠其他施工单位，或从其他单位通过转让或租借的方式获取资格或资质证书，或者由其他单位及其法定代表人在自己编制的投标文件上加盖印章和签字等行为。

第四章 开标、评标和定标

第四十九条 开标应当在招标文件确定的提交投标文件截止时间的同一时间公开进行；开标地点应当为招标文件中确定的地点。

第五十条 投标文件有下列情形之一的，招标人不予受理：

（一）逾期送达的或者未送达指定地点的；

（二）未按招标文件要求密封的。

投标文件有下列情形之一的，由评标委员会初审后按废标处理：

（一）无单位盖章并无法定代表人或法定代表人授权的代理人签字或盖章的；

（二）未按规定的格式填写，内容不全或关键字迹模糊、无法辨认的；

（三）投标人递交两份或多份内容不同的投标文件，或在一份投标文件中对同一招标项目报有两个或多个报价，且未声明哪一个有效，按招标文件规定提交备选投标方案的除外；

（四）投标人名称或组织结构与资格预审时不一致的；

（五）未按招标文件要求提交投标保证金的；

（六）联合体投标未附联合体各方共同投标协议的。

第五十一条 评标委员会可以书面方式要求投标人对投标文件中含义不明确、对同类问题表述不一致或者有明显文字和计算错误的内容作必要的澄清、说明或补正。评标委员会不得向投标人提出带有暗示性或诱导性的问题，或向其明确投标文件中的遗漏和错误。

第五十二条 投标文件不响应招标文件的实质性要求和条件的，招标人应当拒绝，并不允许投标人通过修正或撤销其不符合要求的差异或保留，使之成为具有响应性的投标。

第五十三条 评标委员会在对实质上响应招标文件要求的投标进行报价评估时，除招标文件另有约定外，应当按下述原则进行修正：

（一）用数字表示的数额与用文字表示的数额不一致时，以文字数额为准；

（二）单价与工程量的乘积与总价之间不一致时，以单价为准。若单价有明显的小数点错位，应以总价为准，并修改单价。

按前款规定调整后的报价经投标人确认后产生约束力。

投标文件中没有列入的价格和优惠条件在评标时不予考虑。

第五十四条 对于投标人提交的优越于招标文件中技术标准的备选投标方案所产生的附加收益，不得考虑进评标价中。符合招标文件的基本技术要求且评标价最低或综合评分最高的投标人，其所提交的备选方案方可予以考虑。

第五十五条 招标人设有标底的，标底在评标中应当作为参考，但不得作为评标的惟一依据。

第五十六条 评标委员会完成评标后，应向招标人提出书面评标报告。评标报告由评标委员会全体成员签字。

评标委员会提出书面评标报告后，招标人一般应当在15日内确定中标人，但最迟应当在投标有效期结束日30个工作日前确定。

中标通知书由招标人发出。

第五十七条 评标委员会推荐的中标候选人应当限定在一至三人，并标明排列顺序。招标人应当接受评标委员会推荐的中标候选人，不得在评标委员会推荐的中标候选人之外确定中标人。

第五十八条 依法必须进行招标的项目，招标人应当确定排名第一的中标候选人为中标人。排名第一的中标候选人放弃中标、因不可抗力提出不能履行合同，或者招标文件规定应当提交履约保证金而在规定的期限内未能提交的，招标人可以确定排名第二的中标候选人为中标人。

排名第二的中标候选人因前款规定的同样原因不能签订合同的，招标人可以确定排名第三的中标候选人为中标人。

招标人可以授权评标委员会直接确定中标人。

国务院对中标人的确定另有规定的，从其规定。

第五十九条 招标人不得向中标人提出压低报价、增加工作量、缩短工期或其他违背中标人意愿的要求，以此作为发出中标通知书和签订合同的条件。

第六十条 中标通知书对招标人和中标人具有法律效力。中标通知书发出后，招标人改变中标结果的，或者中标人放弃中标项目的，应当依法承担法律责任。

第六十一条 招标人全部或者部分使用非中标单位投标文件中的技术成果或技术方案时，需征得其书面同意，并给予一定的经济补偿。

第六十二条 招标人和中标人应当自中标通知书发出之日起30日内，按照招标文件和中标人的投标文件订立书面合同。招标人和中标人不得再行订立背离合同实质性内容的其他协议。

招标文件要求中标人提交履约保证金或者其他形式履约担保的，中标人应当提交；拒绝提交的，视为放弃中标项目。招标人要求中标人提供履约保证金或其他形式履约担保的，招标人应当同时向中标人提供工程款支付担保。

招标人不得擅自提高履约保证金，不得强制要求中标人垫付中标项目建设资金。

第六十三条 招标人与中标人签订合同后五个工作日内，应当向未中标的投标人退还投标保证金。

第六十四条 合同中确定的建设规模、建设标准、建设内容、合同价格应当控制在批准的初步设计及概算文件范围内；确需超出规定范围的，应当在中标合同签订前，报原项目审批部门审查同意。凡应报经审查而未报的，在初步设计及概算调整时，原项目审批部门一律不予承认。

第六十五条 依法必须进行施工招标的项目，招标人应当自发出中标通知书之日起15日内，向有关行政监督部门提交招标投标情况的书面报告。

前款所称书面报告至少应包括下列内容：

（一）招标范围；

（二）招标方式和发布招标公告的媒介；

（三）招标文件中投标人须知、技术条款、评标标准和方法、合同主要条款等内容；

（四）评标委员会的组成和评标报告；

（五）中标结果。

第六十六条 招标人不得直接指定分包人。

第六十七条 对于不具备分包条件或者不符合分包规定的，招标人有权在签订合同或者中标人提出分包要求时予以拒绝。发现中标人转包或违法分包时，可要求其改正；拒不改正的，可终止合同，并报请有关行政监督部门查处。

监理人员和有关行政部门发现中标人违反合同约定进行转包或违法分包的，应当要求中标人改正，或者告知招标人要求其改正；对于拒不改正的，应当报请有关行政监督部门查处。

第五章　法律责任

第六十八条 依法必须进行招标的项目而不招标的，将必须进行招标的项目化整为零或者以其他任何方式规避招标的，有关行政监督部门责令限期改正，可以处项目合同金额5‰以上10‰以下的罚款；对全部或者部分使用国有资金的项目，项目审批部门可以暂停项目执行或者暂停资金拨付；对单位直接负责的主管人员和其他直接责任人员依法给予处分。

第六十九条 招标代理机构违法泄露应当保密的与招标投标活动有关的情况和资料的，或者与招标人、投标人串通损害国家利益、社会公共利益或者他人合法权益的，由有关行政监督部门处5万元以上25万元以下罚款，对单位直接负责的主管人员和其他直接责任人员处单位罚款数额5%以上10%以下罚款；有违法所得的，并处没收违法所得；情节严重的，有关行政监督部门可停止其一定时期内参与相关领域的招标代理业务，资格认定部门可暂停直至取消招标代理资格；构成犯罪的，由司法部门依法追究刑事责任。给他人造成损失的，依法承担赔偿责任。

前款所列行为影响中标结果，并且中标人为前款所列行为的受益人的，中标无效。

第七十条 招标人以不合理的条件限制或者排斥潜在投标人的，对潜在投标人实行歧视待遇的，强制要求投标人组成联合体共同投标的，或者限制投标人之间竞争的，有关行政监督部门责令改正，可处1万元以上5万元以下罚款。

第七十一条 依法必须进行招标项目的招标人向他人透露已获取招标文件的潜在投标人的名称、数量或者可能影响公平竞争的有关招标投标的其他情况的，或者泄露标底的，有关行政监督部门给予警告，可以并处1万元以上10万元以下的罚款；对单位直接负责的主管人员和其他直接责任人员依法给予处分；构成犯罪的，依法追究刑事责任。

前款所列行为影响中标结果，并且中标人为前款所列行为的受益人的，中标无效。

第七十二条 招标人在发布招标公告、发出投标邀请书或者售出招标文件或资格预审文件后终止招标的，除有正当理由外，有关行政监督部门给予警告，根据情节可处3万元以下的罚款；给潜在投标人或者投标人造成损失的，并应当赔偿损失。

第七十三条 招标人或者招标代理机构有下列情形之一的，有关行政监督部门责令其限期改正，根据情节可处3万元以下的罚款；情节严重的，招标无效：

（一）未在指定的媒介发布招标公告的；

（二）邀请招标不依法发出投标邀请书的；

（三）自招标文件或资格预审文件出售之日起至停止出售之日止，少于五个工作日的；

（四）依法必须招标的项目，自招标文件开始发出之日起至提交投标文件截止之日止，少于20日的；

（五）应当公开招标而不公开招标的；

（六）不具备招标条件而进行招标的；

（七）应当履行核准手续而未履行的；

（八）不按项目审批部门核准内容进行招标的；

（九）在提交投标文件截止时间后接收投标文件的；

（十）投标人数量不符合法定要求不重新招标的。

被认定为招标无效的，应当重新招标。

第七十四条 投标人相互串通投标或者与招标人串通投标的，投标人以向招标人或者评标委员会成员行贿的手段谋取中标的，中标无效，由有关行政监督部门处中标项目金额5‰以上10‰以下的罚款，对单位直接负责的主管人员和其他直接责任人员处单位罚款数额5%以上10%以下的罚款；有违法所得的，并处没收违法所得；情节严重的，取消其一至二年的投标资格，并予以公告，直至由工商行政管理机关吊销营业执照；构成犯罪的，依法追究刑事责任；给他人造成损失的，依法承担赔偿责任。

第七十五条 投标人以他人名义投标或者以其他方式弄虚作假，骗取中标的，中标无效，给招标人造成损失的，依法承担赔偿责任；构成犯罪的，依法追究刑事责任。

依法必须进行招标项目的投标人有前款所列行为尚未构成犯罪的，有关行政监督部门处中标项目金额5‰以上10‰以下的罚款，对单位直接负责的主管人员和其他直接责任人员处单位罚款数额5%以上10%以下的罚款；有违法所得的，并处没收违法所得；情节严重的，取消其一至三年投标资格，并予以公告，直至由工商行政管理机关吊销营业执照。

第七十六条 依法必须进行招标的项目，招标人违法与投标人就投标价格、投标方案等实质性内容进行谈判的，有关行政监督部门给予警告，对单位直接负责的主管人员和其他直接责任人员依法给予处分。

前款所列行为影响中标结果的，中标无效。

第七十七条 评标委员会成员收受投标人的财物或者其他好处的，评标委员会成员或者参加评标的有关工作人员向他人透露对投标文件的评审和比较、中标候选人的推荐以及与评标有关的其他情况的，有关行政监督部门给予警告，没收收受的财物，可以并处3000元以上5万元以下的罚款，对有所列违法行为的评标委员会成员取消担任评标委员会成员的资格并予以公告，不得再参加任何招标项目的评标；构成犯罪的，依法追究刑事责任。

第七十八条 评标委员会成员在评标过程中擅离职守，影响评标程序正常进行，或者在评标过程中不能客观公正地履行职责的，有关行政监督部门给予警告；情节严重的，取消担任评标委员会成员的资格，不得再参加任何招标项目的评标，并处1万元以下的罚款。

第七十九条 评标过程有下列情况之一的，评标无效，应当依法重新进行评标或者重新进行招标，有关行政监督部门可处3万元以下的罚款：

（一）使用招标文件没有确定的评标标准和方法的；

（二）评标标准和方法含有倾向或者排斥投标人的内容，妨碍或者限制投标人之间竞争，且影响评标结果的；

（三）应当回避担任评标委员会成员的人参与评标的；

（四）评标委员会的组建及人员组成不符合法定要求的；

（五）评标委员会及其成员在评标过程中有违法行为，且影响评标结果的。

第八十条 招标人在评标委员会依法推荐的中标候选人以外确定中标人的，依法必须进行招标的项目在所有投标被评标委员会否决后自行确定中标人的，中标无效。有关行政监督部门责令改正，可以处中标项目金额5‰以上10‰以下的罚款；对单位直接负责的主管人员和其他直接责任人员依法给予处分。

第八十一条 招标人不按规定期限确定中标人的，或者中标通知书发出后，改变中标结果的，无正当理由不与中标人签订合同的，或者在签订合同时向中标人提出附加条件或者更改合同实质性内容的，有关行政监督部门给予警告，责令改正，根据情节可处3万元以下的罚款；造成中标人损失的，并应当赔偿损失。

中标通知书发出后，中标人放弃中标项目的，无正当理由不与招标人签订合同的，在签订合同时向招标人提出附加条件或者更改合同实质性内容的，或者拒不提交所要求的履约保证金的，招标人可取消其中标资格，并没收其投标保证金；给招标人的损失超过投标保证金数额的，中标人应当对超过部分予以赔偿；没有提交投标保证金的，应当对招标人的损失承担赔偿责任。

第八十二条 中标人将中标项目转让给他人的，将中标项目肢解后分别转让给他人的，违法将中标项目的部分主体、关键性工作分包给他人的，或者分包人再次分包的，转让、分包无效，有关行政监督部门处转让、分包项目金额5‰以上10‰下的罚款；有违法所得的，并处没收违法所得；可以责令停业整顿；情节严重的，由工商行政管理机关吊销营业执照。

第八十三条 招标人与中标人不按照招标文件和中标人的投标文件订立合同的，招标人、中标人订立背离合同实质性内容的协议的，或者招标人擅自提高履约保证金或强制要求中标人垫付中标项目建设资金的，有关行政监督部门责令改正；可以处中标项目金额5‰以上10‰以下的罚款。

第八十四条 中标人不履行与招标人订立的合同的，履约保证金不予退还，给招标人造成的损失超过履约保证金数额的，还应当对超过部分予以赔偿；没有提交履约保证金的，应当对招标人的损失承担赔偿责任。

中标人不按照与招标人订立的合同履行义务，情节严重的，有关行政监督部门取消其2至5年参加招标项目的投标资格并予以公告，直至由工商行政管理机关吊销营业执照。

因不可抗力不能履行合同的，不适用前两款规定。

第八十五条 招标人不履行与中标人订立的合同的，应当双倍返还中标人的履约保证金；给中标人造成的损失超过返还的履约保证金的，还应当对超过部分予以赔偿；没有提交履约保证金的，应当对中标人的损失承担赔偿责任。

因不可抗力不能履行合同的,不适用前款规定。

第八十六条 依法必须进行施工招标的项目违反法律规定,中标无效的,应当依照法律规定的中标条件从其余投标人中重新确定中标人或者依法重新进行招标。

中标无效的,发出的中标通知书和签订的合同自始没有法律约束力,但不影响合同中独立存在的有关解决争议方法的条款的效力。

第八十七条 任何单位违法限制或者排斥本地区、本系统以外的法人或者其他组织参加投标的,为招标人指定招标代理机构的,强制招标人委托招标代理机构办理招标事宜的,或者以其他方式干涉招标投标活动的,有关行政监督部门责令改正;对单位直接负责的主管人员和其他直接责任人员依法给予警告、记过、记大过的处分,情节较重的,依法给予降级、撤职、开除的处分。

个人利用职权进行前款违法行为的,依照前款规定追究责任。

第八十八条 对招标投标活动依法负有行政监督职责的国家机关工作人员徇私舞弊、滥用职权或者玩忽职守,构成犯罪的,依法追究刑事责任;不构成犯罪的,依法给予行政处分。

第八十九条 任何单位和个人对工程建设项目施工招标投标过程中发生的违法行为,有权向项目审批部门或者有关行政监督部门投诉或举报。

第六章 附 则

第九十条 使用国际组织或者外国政府贷款、援助资金的项目进行招标,贷款方、资金提供方对工程施工招标投标活动的条件和程序有不同规定的,可以适用其规定,但违背中华人民共和国社会公共利益的除外。

第九十一条 本办法由国家发展计划委员会会同有关部门负责解释。

第九十二条 本办法自2003年5月1日起施行。

[附件十七]

房屋建筑和市政基础设施工程施工分包管理办法

(2004年2月3日建设部令第124号公布自2004年4月1日起施行)

第一条 为了规范房屋建筑和市政基础设施工程施工分包活动,维护建筑市场秩序,保证工程质量和施工安全,根据《中华人民共和国建筑法》、《中华人民共和国招标投标法》、《建设工程质量管理条例》等有关法律、法规,制定本办法。

第二条 在中华人民共和国境内从事房屋建筑和市政基础设施工程施工分包活动,实施对房屋建筑和市政基础设施工程施工分包活动的监督管理,适用本办法。

第三条　国务院建设行政主管部门负责全国房屋建筑和市政基础设施工程施工分包的监督管理工作。

县级以上地方人民政府建设行政主管部门负责本行政区域内房屋建筑和市政基础设施工程施工分包的监督管理工作。

第四条　本办法所称施工分包，是指建筑业企业将其所承包的房屋建筑和市政基础设施工程中的专业工程或者劳务作业发包给其他建筑业企业完成的活动。

第五条　房屋建筑和市政基础设施工程施工分包分为专业工程分包和劳务作业分包。

本办法所称专业工程分包，是指施工总承包企业（以下简称专业分包工程发包人）将其所承包工程中的专业工程发包给具有相应资质的其他建筑业企业（以下简称专业分包工程承包人）完成的活动。

本办法所称劳务作业分包，是指施工总承包企业或者专业承包企业（以下简称劳务作业发包人）将其承包工程中的劳务作业发包给劳务分包企业（以下简称劳务作业承包人）完成的活动。

本办法所称分包工程发包人包括本条第二款、第三款中的专业分包工程发包人和劳务作业发包人；分包工程承包人包括本条第二款、第三款中的专业分包工程承包人和劳务作业承包人。

第六条　房屋建筑和市政基础设施工程施工分包活动必须依法进行。

鼓励发展专业承包企业和劳务分包企业，提倡分包活动进入有形建筑市场公开交易，完善有形建筑市场的分包工程交易功能。

第七条　建设单位不得直接指定分包工程承包人。任何单位和个人不得对依法实施的分包活动进行干预。

第八条　分包工程承包人必须具有相应的资质，并在其资质等级许可的范围内承揽业务。

严禁个人承揽分包工程业务。

第九条　专业工程分包除在施工总承包合同中有约定外，必须经建设单位认可。专业分包工程承包人必须自行完成所承包的工程。

劳务作业分包由劳务作业发包人与劳务作业承包人通过劳务合同约定。劳务作业承包人必须自行完成所承包的任务。

第十条　分包工程发包人和分包工程承包人应当依法签订分包合同，并按照合同履行约定的义务。分包合同必须明确约定支付工程款和劳务工资的时间、结算方式以及保证按期支付的相应措施，确保工程款和劳务工资的支付。

分包工程发包人应当在订立分包合同后7个工作日内，将合同送工程所在地县级以上地方人民政府建设行政主管部门备案。分包合同发生重大变更的，分包工程发包人应当自变更后7个工作日内，将变更协议送原备案机关备案。

第十一条　分包工程发包人应当设立项目管理机构，组织管理所承包工程的施工活动。

项目管理机构应当具有与承包工程的规模、技术复杂程度相适应的技术、经济管理人员。其中，项目负责人、技术负责人、项目核算负责人、质量管理人员、安全管理人员必须是本单位的人员。具体要求由省、自治区、直辖市人民政府建设行政主管部门规定。

前款所指本单位人员，是指与本单位有合法的人事或者劳动合同、工资以及社会保险关系的人员。

第十二条 分包工程发包人可以就分包合同的履行,要求分包工程承包人提供分包工程履约担保;分包工程承包人在提供担保后,要求分包工程发包人同时提供分包工程付款担保的,分包工程发包人应当提供。

第十三条 禁止将承包的工程进行转包。不履行合同约定,将其承包的全部工程发包给他人,或者将其承包的全部工程肢解后以分包的名义分别发包给他人的,属于转包行为。

违反本办法第十二条规定,分包工程发包人将工程分包后,未在施工现场设立项目管理机构和派驻相应人员,并未对该工程的施工活动进行组织管理的,视同转包行为。

第十四条 禁止将承包的工程进行违法分包。下列行为,属于违法分包:

(一)分包工程发包人将专业工程或者劳务作业分包给不具备相应资质条件的分包工程承包人的;

(二)施工总承包合同中未有约定,又未经建设单位认可,分包工程发包人将承包工程中的部分专业工程分包给他人的。

第十五条 禁止转让、出借企业资质证书或者以其他方式允许他人以本企业名义承揽工程。

分包工程发包人没有将其承包的工程进行分包,在施工现场所设项目管理机构的项目负责人、技术负责人、项目核算负责人、质量管理人员、安全管理人员不是工程承包人本单位人员的,视同允许他人以本企业名义承揽工程。

第十六条 分包工程承包人应当按照分包合同的约定对其承包的工程向分包工程发包人负责。分包工程发包人和分包工程承包人就分包工程对建设单位承担连带责任。

第十七条 分包工程发包人对施工现场安全负责,并对分包工程承包人的安全生产进行管理。专业分包工程承包人应当将其分包工程的施工组织设计和施工安全方案报分包工程发包人备案,专业分包工程发包人发现事故隐患,应当及时作出处理。

分包工程承包人就施工现场安全向分包工程发包人负责,并应当服从分包工程发包人对施工现场的安全生产管理。

第十八条 违反本办法规定,转包、违法分包或者允许他人以本企业名义承揽工程的,按照《中华人民共和国建筑法》、《中华人民共和国招标投标法》和《建设工程质量管理条例》的规定予以处罚;对于接受转包、违法分包和用他人名义承揽工程的,处 1 万元以上 3 万元以下的罚款。

第十九条 未取得建筑业企业资质承接分包工程的,按照《中华人民共和国建筑法》第六十五条第三款和《建设工程质量管理条例》第六十条第一款、第二款的规定处罚。

第二十条 本办法自 2004 年 4 月 1 日起施行。原城乡建设环境保护部 1986 年 4 月 30 日发布的《建筑安装工程总分包 F 实施办法》同时废止。

[附件十八]

中华人民共和国国务院办公厅

国办发[2004]56号

《关于进一步规范招投标活动的若干意见》

各省、自治区、直辖市人民政府,国务院各部委、各直属机构:

2000年1月《中华人民共和国招标投标法》(以下简称《招标投标法》)实施以来,我国招投标市场发展总体是好的,招投标活动日趋普及,招投标领域不断扩大,已经成为经济生活的重要内容。但是,招投标活动中仍然存在一些不容忽视的问题,妨碍了《招标投标法》的实施,扰乱了市场经济秩序,滋生了腐败现象。为深入贯彻党的十六届三中全会精神,整顿和规范市场经济秩序,创造公开、公平、公正的市场经济环境,推动反腐败工作的深入开展,必须加强和改进招投标行政监督,进一步规范招投标活动。经国务院同意,现就有关工作提出以下意见:

一、充分认识进一步规范招投标活动的重要意义

进一步规范招投标活动,是完善社会主义市场经济体制的重要措施。当前,招投标活动中存在着严重问题,一些部门和地方违反《招标投标法》,实行行业垄断、地区封锁;少数项目业主逃避招标、虚假招标,不按照法定程序开标、评标和定标;有的投标人串通投标,以弄虚作假和其他不正当手段骗取中标,在中标后擅自转包和违法分包;有关行政监督部门对违法行为查处不力;工程建设招投标活动中存在行贿受贿、贪污腐败现象,一些政府部门和领导干部直接介入或非法干预招投标活动。这些问题需要通过健全制度、完善机制、强化监督、规范行为来切实加以解决。

进一步规范招投标活动,是维护公平竞争的市场经济秩序,促进全国统一市场形成的内在要求。规范的招投标活动有利于鼓励竞争,打破地区封锁和行业保护,促进生产要素在不同地区、部门、企业之间自由流动和组合,为招标人选择符合要求的供货商、承包商和服务商提供机会。

进一步规范招投标活动,是深化投资体制改革,提高国有资产使用效益的有效手段。在政府投资领域引入竞争机制,严格执行招投标制度,有助于提高投资决策的科学化和民主化水平,促使企业增强市场意识,改善经营管理,这对于保障国有资金有效使用,提高投资效益具有重要意义。

进一步规范招投标活动,是加强工程质量管理,预防和遏制腐败的重要环节。工程质量是百年大计,直接关系建设项目的成败和广大人民群众的生命、财产安全。我国这些年来发生的重大工程质量事故和重大腐败案件,大多与招投标制度执行不力,搞内幕交易、虚假招标有关。认真贯彻《招标投标法》,严格规范招投标程序,将招投标活动的各个环节置于公开透明的环境,能够有效地约束招投标当事人的行为,从源头上预防和治理腐败,保证项目建

设质量。

二、打破行业垄断和地区封锁，促进全国市场统一

招投标制度必须保持统一和协调。各地区、各部门要加快招投标规章和规范性文件的清理工作；修改或废止与《招标投标法》和《行政许可法》相抵触的规定和要求，并向社会公布。坚决纠正行业垄断和地区封锁行为，不得制定限制性条件阻碍或者排斥其他地区、其他系统投标人进入本地区、本系统市场；取消非法的投标许可、资质验证、注册登记等手续；禁止以获得本地区、本系统奖项等歧视性要求作为评标加分条件或者中标条件；不得要挟、暗示投标人在中标后分包部分工程给本地区、本系统的承包商、供货商。鼓励推行合理低价中标和无标底招标。

三、实行公告制度，提高招投标活动透明度

为保证投标人及时、便捷地获取招标信息，依法必须招标的工程建设项目的招标公告，必须严格按照《招标投标法》规定在国家或省、自治区、直辖市人民政府指定的媒介发布，在招标人自愿的前提下，可以同时在其他媒介发布。任何单位和个人不得违法指定或者限制招标公告的发布地点和发布范围。除国家另有规定外，在指定媒介发布依法必须招标项目的招标公告，不得收取费用。对非法干预招标公告发布活动的，依法追究领导和直接责任人责任。

加快招投标信息公开的步伐，提高政府监管和公共服务能力。要公布招标事项核准、招标公告、中标候选人、中标结果、招标代理机构代理活动等信息，及时公告对违规招投标行为的处理结果、招投标活动当事人不良行为记录等相关信息，以利于社会监督。

四、完善专家评审制度，提高评标活动公正性

加强对评标专家和评标活动的管理和监督，保证招投标活动的客观公正。为切实保证评标专家独立、公正地履行职责，要逐步对现有分散的部门专家库进行整合，吸纳一定比例的跨部门、跨地区的专家组建评标专家库，专家的抽取和管理按照(招标投标法)执行。

建立健全评标专家管理制度，严格评标专家资格认定，加强对评标专家的培训、考核、评价和档案管理，根据实际需要和专家考核情况及时对评标专家进行更换或者补充，实行评标专家的动态管理。严格执行回避制度，项目主管部门和行政监督部门的工作人员，不得作为专家和评标委员会成员参与评标。严明评标纪律，对评标专家在评标活动中的违法违规行为，要严肃查处，视情节依法给予警告、没收收受的财物、罚款等处罚；情节严重的，取消其评标委员会成员资格，并不得参加任何依法必须进行招标项目的评标；同时建议主管单位给予相应的政纪处分，构成犯罪的，要依法追究刑事责任。

五、规范代理行为，建立招投标行业自律机制

依法整顿和规范招标代理活动。招标代理机构必须与行政主管部门脱钩，并不得存在任何隶属关系或者其他利益关系。凡违反《招标投标法》和《行政许可法》规定设立和认定招标代理机构资格的行为，一律无效。建立健全招标代理市场准入和退出制度。招标代理机构应当依法经营，平等竞争，对严重违法违规的招标代理机构，要取消招标代理资格。招

标代理机构可以依法跨区域开展业务,任何地方和部门均不得以登记备案等方式变相加以限制。

建立和完善招投标行业自律机制,推动组建跨行业、跨地区的招标投标协会。由协会制定行业技术规范和行为准则,通过行业自律,维护招投标活动的秩序。

六、积极引入竞争,进一步拓宽招投标领域

按照深化投资体制改革的要求,逐步探索通过招投标引入竞争机制,改进项目的建设和管理。对经营性的、有合理回报和一定投资回收能力的公益事业、公共基础设施项目建设,以及具有垄断性的项目,可逐步推行项目法人招标制。进一步探索采用招标等竞争性方式选择工程咨询、招标代理等投资服务中介机构的办法。对政府投资的公益项目,可以通过招标选择项目管理单位对项目建设进行专业化管理。

大力推行和规范政府采购、科研课题、特许经营权、土地使用权出让、药品采购、物业管理等领域的招投标活动。

七、依法实施管理,完善招投标行政监督机制

有关行政监督部门应当严格按照《招标投标法》和国务院规定的职责分工,各司其职,密切配合,加强管理,改进招投标行政监督工作。

发展改革委要加强对招投标工作的指导和协调,加强对重大建设项目建设过程中工程招投标的监督检查和工业项目招投标活动的监督执法。水利、交通、铁道、民航、信息产业、建设、商务部门,应当依照有关法律、法规,加强对相关领域招投标过程中泄露保密资料、泄露标底、串通招标、串通投标、歧视和排斥投标等违法活动的监督执法。加大对转包、违法分包行为的查处力度,对将中标项目全部转让、分别转让,或者违法将中标项目的部分主体、关键性工作层层分包,以及挂靠有资质或高资质单位并以其名义投标,或者从其他单位租借资质证书等行为,有关行政监督部门必须依法给予罚款、没收违法所得、责令停业整顿等处罚,情节严重的,由工商行政管理机关吊销其营业执照。同时,对接受转包、违法分包的单位,要及时清退。

有关行政监督部门不得违反法律法规设立审批、核准、登记等涉及招投标的行政许可事项;已经设定的一律予以取消。加快职能转变,改变重事前审批、轻事后监管的倾向,加强对招投标全过程的监督执法。项目审批部门对不依照核准事项进行招标的行为,要及时依法实施处罚。建立和完善公正、高效的招投标投诉处理机制,及时受理投诉并查处违法行为。任何政府部门和个人,特别是各级领导干部,不得以权谋私,采取暗示、授意、打招呼、递条子、指定、强令等方式,干预和插手具体的招投标活动。各级行政监察部门要加强对招投标执法活动的监督,严厉查处招投标活动中的腐败和不正之风。地方各级人民政府应当依据《行政许可法》的要求,规范招投标行政监督部门的工作,加强招投标监督管理队伍建设,提高依法行政水平。

各省、自治区、直辖市人民政府和国务院各有关部门要加强对招投标工作的领导,及时总结经验,不断完善政策,协调、处理好招投标工作中的新矛盾、新问题。

中华人民共和国国务院办公厅

二OO四年七月十二日

[附件十九]

工程建设项目招标投标活动投诉处理办法

(2004年6月21日国家发展和改革委员会、建设部、铁道部、交通部、信息产业部、水利部、中国民用航空总局令第11号公布　自2004年8月1日起施行)

第一条　为保护国家利益、社会公共利益和招标投标当事人的合法权益,建立公平、高效的工程建设项目招标投标活动投诉处理机制,根据《中华人民共和国招标投标法》第六十五条规定,制定本办法。

第二条　本办法适用于工程建设项目招标投标活动的投诉及其处理活动。

前款所称招标投标活动,包括招标、投标、开标、评标、中标以及签订合同等各阶段。

第三条　投标人和其他利害关系人认为招标投标活动不符合法律、法规和规章规定的,有权依法向有关行政监督部门投诉。

前款所称其他利害关系人是指投标人以外的,与招标项目或者招标活动有直接和间接利益关系的法人、其他组织和个人。

第四条　各级发展改革、建设、水利、交通、铁道、民航、信息产业(通信、电子)等招标投标活动行政监督部门,依照《国务院办公厅印发国务院有关部门实施招标投标活动行政监督的职责分工的意见的通知》(国办发[2000]34号)和地方各级人民政府规定的职责分工,受理投诉并依法做出处理决定。

对国家重大建设项目(含工业项目)招标投标活动的投诉,由国家发展改革委受理并依法做出处理决定。对国家重大建设项目招标投标活动的投诉,有关行业行政监督部门已经受理的,应当通报国家发展改革委,国家发展改革委不再受理。

第五条　行政监督部门处理投诉时,应当坚持公平、公正、高效原则,维护国家利益、社会公共利益和招标投标当事人的合法权益。

第六条　行政监督部门应当确定本部门内部负责受理投诉的机构及其电话、传真、电子信箱和通讯地址,并向社会公布。

第七条　投诉人投诉时,应当提交投诉书。投诉书应当包括下列内容:

(一)投诉人的名称、地址及有效联系方式;

(二)被投诉人的名称、地址及有效联系方式;

(三)投诉事项的基本事实;

(四)相关请求及主张;

(五)有效线索和相关证明材料。

投诉人是法人的,投诉书必须由其法定代表人或者授权代表签字并盖章;其他组织或者个人投诉的,投诉书必须由其主要负责人或者投诉人本人签字,并附有效身份证明复印件。

投诉书有关材料是外文的,投诉人应当同时提供其中文译本。

第八条　投诉人不得以投诉为名排挤竞争对手,不得进行虚假、恶意投诉,阻碍招标投标活动的正常进行。

第九条 投诉人应当在知道或者应当知道其权益受到侵害之日起十日内提出书面投诉。

第十条 投诉人可以直接投诉,也可以委托代理人办理投诉事务。代理人办理投诉事务时,应将授权委托书连同投诉书一并提交给行政监督部门。授权委托书应当明确有关委托代理权限和事项。

第十一条 行政监督部门收到投诉书后,应当在五日内进行审查,视情况分别做出以下处理决定:

(一)不符合投诉处理条件的,决定不予受理,并将不予受理的理由书面告知投诉人;

(二)对符合投诉处理条件,但不属于本部门受理的投诉,书面告知投诉人向其他行政监督部门提出投诉;

对于符合投诉处理条件并决定受理的,收到投诉书之日即为正式受理。

第十二条 有下列情形之一的投诉,不予受理:

(一)投诉人不是所投诉招标投标活动的参与者,或者与投诉项目无任何利害关系;

(二)投诉事项不具体,且未提供有效线索,难以查证的;

(三)投诉书未署具投诉人真实姓名、签字和有效联系方式的;以法人名义投诉的,投诉书未经法定代表人签字并加盖公章的;

(四)超过投诉时效的;

(五)已经作出处理决定,并且投诉人没有提出新的证据的;

(六)投诉事项已进入行政复议或者行政诉讼程序的。

第十三条 行政监督部门负责投诉处理的工作人员,有下列情形之一的,应当主动回避:

(一)近亲属是被投诉人、投诉人,或者是被投诉人、投诉人的主要负责人;

(二)在近三年内本人曾经在被投诉人单位担任高级管理职务;

(三)与被投诉人、投诉人有其他利害关系,可能影响对投诉事项公正处理的。

第十四条 行政监督部门受理投诉后,应当调取、查阅有关文件,调查、核实有关情况。

对情况复杂、涉及面广的重大投诉事项,有权受理投诉的行政监督部门可以会同其他有关的行政监督部门进行联合调查,共同研究后由受理部门做出处理决定。

第十五条 行政监督部门调查取证时,应当由两名以上行政执法人员进行,并做笔录,交被调查人签字确认。

第十六条 在投诉处理过程中,行政监督部门应当听取被投诉人的陈述和申辩,必要时可通知投诉人和被投诉人进行质证。

第十七条 行政监督部门负责处理投诉的人员应当严格遵守保密规定,对于在投诉处理过程中所接触到的国家秘密、商业秘密应当予以保密,也不得将投诉事项透露给与投诉无关的其他单位和个人。

第十八条 对行政监督部门依法进行的调查,投诉人、被投诉人以及评标委员会成员等与投诉事项有关的当事人应当予以配合,如实提供有关资料及情况,不得拒绝、隐匿或者伪报。

第十九条 投诉处理决定做出前,投诉人要求撤回投诉的,应当以书面形式提出并说明

理由,由行政监督部门视以下情况,决定是否准予撤回:

(一)已经查实有明显违法行为的,应当不准撤回,并继续调查直至做出处理决定;

(二)撤回投诉不损害国家利益、社会公共利益或者其他当事人合法权益的,应当准予撤回,投诉处理过程终止。投诉人不得以同一事实和理由再提出投诉。

第二十条 行政监督部门应当根据调查和取证情况,对投诉事项进行审查,按照下列规定做出处理决定:

(一)投诉缺乏事实根据或者法律依据的,驳回投诉;

(二)投诉情况属实,招标投标活动确实存在违法行为的,依据《中华人民共和国招标投标法》及其他有关法规、规章做出处罚。

第二十一条 负责受理投诉的行政监督部门应当自受理投诉之日起三十日内,对投诉事项做出处理决定,并以书面形式通知投诉人、被投诉人和其他与投诉处理结果有关的当事人。

情况复杂,不能在规定期限内做出处理决定的,经本部门负责人批准,可以适当延长,并告知投诉人和被投诉人。

第二十二条 投诉处理决定应当包括下列主要内容:

(一)投诉人和被投诉人的名称、住址;

(二)投诉人的投诉事项及主张;

(三)被投诉人的答辩及请求;

(四)调查认定的基本事实;

(五)行政监督部门的处理意见及依据。

第二十三条 行政监督部门应当建立投诉处理档案,并做好保存和管理工作,接受有关方面的监督检查。

第二十四条 行政监督部门在处理投诉过程中,发现被投诉人单位直接负责的主管人员和其他直接责任人员有违法、违规或者违纪行为的,应当建议其行政主管机关、纪检监察部门给予处分;情节严重构成犯罪的,移送司法机关处理。

对招标代理机构有违法行为,且情节严重的,依法暂停直至取消招标代理资格。

第二十五条 当事人对行政监督部门的投诉处理决定不服或者行政监督部门逾期未做处理的,可以依法申请行政复议或者向人民法院提起行政诉讼。

第二十六条 投诉人故意捏造事实、伪造证明材料的,属于虚假恶意投诉,由行政监督部门驳回投诉,并给予警告;情节严重的,可以并处一万元以下罚款。

第二十七条 行政监督部门工作人员在处理投诉过程中徇私舞弊、滥用职权或者玩忽职守,对投诉人打击报复的,依法给予行政处分;构成犯罪的,依法追究刑事责任。

第二十八条 行政监督部门在处理投诉过程中,不得向投诉人和被投诉人收取任何费用。

第二十九条 对于性质恶劣、情节严重的投诉事项,行政监督部门可以将投诉处理结果在有关媒体上公布,接受舆论和公众监督。

第三十条 本办法由国家发展改革委会同国务院有关部门解释。

第三十一条 本办法自2004年8月1日起施行。

5 建设工程施工合同

5.1 合 同

5.1.1 合同的法律规范

合同,也称契约,是当事人双方就相互间的权利与义务达成的协议。

在社会主义市场经济中,合同已成为企事业单位、社会团体以及公民间建立经济往来关系的重要手段。在我国,调整合同关系的法律规范是《中华人民共和国合同法》,在建筑市场中调整合同的法律规范是《建筑法》。在建筑业,除这些法规外,主要还有《招标投标法》、建筑工程施工合同示范文本的《通用条款》、《专用条款》、《协议书》,以及建设部、国务院其他部门颁布的有关法规。以上这些构成了我国调整工程施工合同关系的法律体系。其法律特征是:

合同是各方当事人意思表示一致的法律行为;

合同是当事人之间设立、变更、终止权利义务关系的协议;

合同是当事人在平等、自愿的基础上订立的协议;

合同依法成立后即具有法律约束力;

合同的法律关系必须同时包括合同主体、合同内容、合同客体三个要素,缺一不可。

1. 合同的主体

合同主体是指参加合同法律关系、享受合同所规定的权利和承担合同所规定的义务的人(简称合同当事人),即平等主体的自然人、法人或其他组织。

2. 合同的内容

合同内容是指合同主体依据法律规定或者合同的约定所享有的权利和应承担的义务。合同的权利包括以下两个方面:

(1)权利人有权在法律规定或者合同约定的范围内要求义务人为一定行为或者不为一定行为,以便实现权利人自身的某种利益。

(2)权利人有权在自己的权利遭受侵害或者义务人不履行义务时,请求人民法院给予法律保护。

3. 合同的义务

合同的义务是指合同关系中的义务主体为了满足权利主体的某种利益而为一定行为或者不为一定行为的必要性。合同的义务也包括以下两个方面:

(1)义务人必须根据法律规定或者合同的约定为一定行为或者不为一定行为。

(2)合同义务是一种法律义务,受到国家强制力的约束。义务人对于自己承担的合同义务,必须全面地履行。如果不履行或者不适当履行,义务人就要承担相应的法律责任。

4. 合同关系的客体

合同关系的客体是指合同的权利和义务所共同指向的对象。合同关系的客体一般包括物、行为和智力成果。

5.1.2　合同的签订

1. 合同成立的有效条件

(1)合同的成立必须符合法律规定、国家计划和社会公共道德要求。合同的主体、内容和标的都不得违反法律、国家计划和社会公共道德。《中华人民共和国合同法》(以下简称《合同法》)第七条规定:"当事人订立及履行合同,应当遵守法律、行政法规,尊重社会公德,不得扰乱社会经济秩序,损害社会公共利益。"根据合同法规定:任何单位和个人不得利用合同进行违法活动,扰乱经济秩序,破坏国家计划,损害国家利益和社会公共利益,牟取非法收入。

(2)合同当事人要有合法的资格。订立合同必须具有履行权利的能力和行为能力,才能使合同体现各方的真实意愿和要求。《合同法》第四十八条规定:"行为人没有代理权、超越代理权或者代理权终止后以被代理人名义订立的合同,未经被代理人追认,对被代理人不发生效力,由行为人承担责任。"

(3)合同必须贯彻平等互利、协商一致、等价有偿的原则。《合同法》第五十四条规定:因重大误解订立的或在订立合同时显失公平的,当事人一方有权请求人民法院或者仲裁机构变更合同或撤消合同。

(4)合同应有合法的形式和完备的手续。合同的形式是指合同当事人用以设立、变更或终止权利义务的方式。《合同法》第三十二条规定:"当事人采用合同书形式订立合同的,自双方当事人签字或者盖章时合同成立。"《合同法》第四十四条又规定:"法律、行政法规规定应当办理批准、登记等手续生效的合同,依照其规定。"

订立书面合同,应由当事人的法定代表人或者凭法定代表人授权证明的经办人签字(盖章),并加盖单位的公章或合同专用章。按照国家的有关规定,如需要经过有关机关审批的,合同应自批准时成立。

根据建设部(1992.1.25)建字第39号文《关于加强建筑市场管理和积极开展招标投标工作的通知》第三条八款:"要加强合同管理,贯彻好《建设工程合同示范文本》,签订和履行合同受政府的管理与监督。"又根据建设部建字[1996]523号文关于认真贯彻执行《建筑装饰装修管理规定》的通知第四条规定:"新建项目的装饰装修工程,建设单位都要按照规定到工程所在地的建筑工程质量监督部门办理质量监督手续,并由房屋安全鉴定单位对装修方案的使用安全进行鉴定。"

建设工程施工承包合同,在《建筑工程施工合同协议条款》的规范文本(GF-91-0201)中明确规定了:"审签机关意见"和"鉴(公)证机关(章)",所以必须经审签和鉴证后合同才生效。

2. 合同的主要内容

合同的主要内容是指订立合同双方当事人协商一致同意,达成协议的具体条款。在通常情况下,主要应具备如下条款:

（1）标的。是指合同双方当事人的权利和义务所指向的对象。标的可以是物，可以是劳务，也可以是工程项目等。标的是合同成立的前提和条件，没有标的或标的不明确的合同是无法履行的，也是不能成立的。

（2）数量和质量。标的数量和质量是标的的计量尺度和具体特征。在建设工程施工合同中，工程的内容、范围、建筑面积及质量等级又是合同数量和质量的特征。

（3）价款或酬金。建设工程施工合同中，工程的造价、备料款、进度款、结算（决算）款、优质工程奖、工期奖等是合同的价款和酬金。

（4）合同的期限、地点和方式。合同履行的期限，是交付标的和支付价款的时间，是一方当事人要求对方当事人履行义务的时间界限。合同履行地，是合同规定的义务履行地。而建设工程施工合同的履行地，是建筑物的所在地。

3. 合同订立的一般程序

（1）资信调查与资格审查。在市场经济中，市场是战场，风云突变即得失万千。因此，市场调查十分重要。

①资信调查：调查方法，既可通过对方当事人所在地的商务机构、金融机构、咨询机构或我国驻外使馆，也可向与对方当事人从事经济交往的第三人进行调查；必要时，还可以直接要求对方当事人提供有关的证明文件（银行的资金证明等）。譬如，审查对方当事人的经济情况，查明有多少注册资本、实有资本、收支情况、经营内容和经营水平、生产能力和技术设备力量，以及资产负债情况等。中外合资经营还要了解有关国家或地区对于投资的法律规定，具体了解清楚有关外商投资的优惠政策和限制性规定，对投资项目的合法性和可行性也要进行调查研究。

②资格调查：主要审查对方当事人的主体资格。审查对方当事人是否具有合法资格，法人是否进行了工商登记手续、注册的法人名称、登记注册的地址，以及主管机关批准的经营范围。

（2）合同订立程序。

①要约：即订约提议。要约是当事人一方以订立合同为目的，向对方提出的订立合同的要求或合同草案的意思表示。提出要约的一方为要约人，被要约方为受要约人。要约的内容必须全面、具体、肯定和对象明确，不能使用含混不清或易生误解的语言文字。要约一般要采用书面形式，并规定对方答复的期限。

②承诺：即接受订约提议。是指受要约人按照要约所规定的方式，对要约的内容表示完全同意的一种意思表示。要约的承诺应符合以下条件：

A. 承诺应由受约人作出，其他人对要约作出的承诺意思表示是无效的。

B. 承诺应对要约的内容表示完全同意，如果受约人在答复中变更了要约的部分内容，或者附条件的答复，则这种答复不是承诺、而应视为一种新的要约。由此可见，合同的订立往往要经过要约—新要约—再新要约直至最后承诺的过程。

C. 承诺应在要约有效期限内作出。

建设工程施工合同，通常在招标书中就提出了合同的主要条款，其实对招标书的承诺往往就是对合同主要条款的承诺。有的招标书，还附有合同的条款，这就成了对合同条款的承诺。

4. 合同成立的时间

合同的法律效力来自于合同的成立。因合同订立的具体情况不同,故合同成立的时间也不一致。合同成立有以下几种情况:

(1)以口头对话方式(包括电话)成立的合同。承诺人有时当面或者用电话向要约人作出承诺意思表示的时间,即为合同成立的时间,也是合同生效的时间。

在建设工程施工合同中,这种口头承诺往往是在履行合同中对个别无关大局的小事的承诺。

(2)以书信、电报、电传承诺的合同。这种情况采取的是"到达主义"原则,即要约人收到承诺信件或电报电传时,以签发收据的时间为合同成立的时间。

(3)以会议纪要、现场签证等承诺的合同。这类合同应以会议纪要、现场签证等签字时间为合同成立时间。

(4)以正本和副本签订的规范性合同。应在当事人双方盖章签字后,经有关主管机关办理核准登记、审签、公证,在履行完第三人证明后为合同的成立时间。

5. 合同订立的委托代理

委托代理,是指代理人根据被代理人的委托而进行的代理。

代理签订合同,必须事先取得委托单位的委托证明,并根据授权范围以委托单位的名义签订,才对委托单位直接产生权利和义务。委托人还应当在授权委托书上明确规定各个代理人的代理权限范围。如果委托人没有在委托书中明确各个代理人的权限范围,那么数个代理人便共同进行代理,其代理权和责任应视为同等的。

以下几种代理订立的合同定为无效代理:

(1)代理人未经授权或超越代理权限,或者代理权消除后签订的合同,且未经被代理人追认的,又称无权代理。这种代理因为没有委托人授权,因而违背了委托人的意志,委托人对代理订立的合同不负任何责任。

(2)代理人以被代理人的名义同自己签订合同,又称自己代理。

(3)代理人以被代理人的名义同自己代理的其他人签订合同,又称作双方代理。这种双方代理是被法律所禁止的。

(4)代理人与对方通谋签订损害被代理人利益的合同也是无效的。

5.1.3 合同的履行

合同的履行,就是双方当事人按照合同规定的标的、数量、质量、价款、履行期限、地点和方式等全面完成各自所承担的义务。合同的履行以有效合同为前提条件。无论是单方不履行还是双方不履行,无论是全部不履行还是部分不履行,都将构成违反合同的行为,应承担违约责任。

1. 实际履行

实际履行又叫实际履行原则。它是指当事人各方应按照合同规定的标的完成义务,除法律和合同另有规定或者客观因素决定已不可能履行原标的者除外,不能用其他标的代替原标的,也不能以偿付违约金、赔偿金等方式代替履行。当事人一方违约,支付了违约金、赔偿金之后,合同未解除而对方当事人要求提供原标的,违约方能够提供的,还应按原定标的完成合同义务。

2. 全面履行

全面履行是指当事人必须按照合同所规定的标的及其数量、质量、价格、履行期限、地点及方式等履行自己的义务，不得擅自改变，否则构成违约。

3. 确定合同履行地的依据

合同履行地即合同规定的义务履行地点。这一般在合同中都有约定，合同中没有约定的，应根据标的性质来确定。标的性质常有以下几种：

(1)合同标的为不动产的，如建筑物、土地等，则不动产所在地为合同履行地；

(2)合同标的为货币的，应在接受履行一方的所在地或居住地履行；

(3)其他标的，在履行义务一方的所在地或居住地履行。

4. 交货方式

根据合同不同履行地点交货方式也有不同的规定，例如：

(1)凡按照合同规定实行代运制，即由供方代需方向承运部门办理货物托运手续，运杂费由需方负担的，则产品发运地为合同履行地。按国家规定的林木、煤炭送货办法送货的，也是一种代运制，应以产品发运地为合同履行地。

(2)凡合同规定实行送货制，但又不属于国家规定送货办法范围的，即由供方自备运输工具送货，或者由供方将货物交承运部门运送给需方，运杂费由供方负担的，则产品送达地为合同履行地。

(3)凡合同规定由需方自提的，合同标的物在产品提货地交付，则提货地为合同履行地。

5. 合同履行的担保

(1)担保的概念。合同的担保，是指法律规定或者当事人双方约定的一方向另一方提供的履行合同的保证手段。合同的担保确定后，便具有法律约束力，即在原合同关系的基础上又设立了一种新的民事法律关系。

(2)几种不同形式的担保。

①保证：是指合同当事人以外的第三人向债权人担保债务人履行合同义务的协议。保证债务人履行合同的第三人是保证人。保证合同的方式有三种：一是担保人和债权人订立保证合同，二是担保人单方面向债权人递交保证书，三是保证人在主合同上表明保证的意思并签字(盖章)。

②抵押：即合同的债务人或者第三人提供一定的财产作为抵押，债务人不履行债务时，债权人依照法律的规定以抵押物折价或者从变卖的抵押物中优先受偿。在抵押中，以自己不享有所有权或者经营管理权的财产作为抵押物的，应认定抵押无效。

(3)定金。是指合同当事人一方于合同成立后在合同履行以前，为保证合同的履行而付给对方一定数额的款项。订立合同后，在履行合同前，当事人可以支付一定的资金作为保证手段。合同履行后，定金应当收回或抵押部分价款。

建筑工程施工合同，由于其特殊性，不能付给定金，应通过投标中标获取施工业务。但在建筑安装材料采购、运输过程中，有时是可以付约定金的。

(4)留置权。是指债权人按照合同约定占有对方(债务人)的财产，当债务人不按照合同给付应付款项，超过约定期限时，债权人有权将该项财产留置，依法以留置的财产折价或者从变卖该财产的价款中优先得到偿还。这种优先受偿权给权利人提供了实现权利的物质保证。

担保是保证合同履行的法律办法,采用担保形式的合同,如当事人双方有一方违反了合同,都应当承担担保的法律责任。

5.1.4 合同的变更和解除

1. 合同变更或解除的概念

(1)合同的变更是指合同尚未履行时或在履行过程中,当事人双方经过协商一致,依照法定程序和条件,对原合同的内容进行一定程度的改变。

(2)合同的解除是指合同尚未履行时或在履行过程中,当事人双方经过协商一致,依照法定程序和条件,提前终止合同关系。

2. 合同变更或解除的条件

(1)当事人双方协商同意,并且不因此而损害国家利益。

(2)订立合同所依据的国家计划被修改或者被取消。

(3)当事人一方由于关闭、停产、转产等原因而无法履行合同。

(4)由于不可抗力或由于一方当事人虽无过失但因无法防止的外因,致使合同无法履行。

(5)由于一方违约致使合同履行成为不必要。

3. 合同变更或解除的程序

(1)要求变更或者解除合同的一方当事人应用书面的形式,及时向对方提出变更或解除合同的建议,申明理由并注明具体原因、解除条件及答复期限,供对方考虑。

当事人一方要求变更或解除合同时,在新的协议达成以前,原合同仍然有效。但要求变更或解除合同的一方应及时通知对方,对方应在接到通知后15天内(另有规定或当事人另行商定期限者除外)予以答复,逾期不答复的视为默认。

(2)双方协商签订变更合同或解除合同的协议。

(3)需经审查批准的,应报审查批准或备案。

4. 合同变更或解除的责任

根据法律规定,合同依法变更或解除,并不能当然免除负有责任一方的经济和民事责任,除法律有规定或合同另有约定者外,要求变更或解除合同的一方当事人应付对方因此而遭受的损失,并承担赔偿责任。

因当事人一方关闭、停产、转产而变更或解除合同的,应由关闭、停产、转产的一方赔偿对方的损失。企业破产的应按照破产原则承担合同债务。

5. 无效合同的认定和违约责任

凡合同主体资格不合法、合同内容不合法及法律规定的无效合同,都应被认定为无效合同。

(1)合同主体资格不合法。

①不具备法人资格的社会团体或组织以法人名义签订的合同。

②未经核准登记领取营业执照的主体签订的合同。

③国家法律限制行为能力人签订的合同。

④不具备代理人资格及超越代理人权限所签订的合同。

(2)合同内容不合法。

①合同条款违反国家法律、行政法规、政策或计划。

②合同标的为国家明令禁止买卖的物体、未经许可经营的物体或法律及政策所不允许的行为。

③当事人的意思表示不真实或采取胁迫、欺诈等手段签订的合同。

④当事人有规避法律、损害国家利益、社会公共利益或其他人利益的。

⑤应履行法定审批手续而未履行的合同(即合同签订违反法定的程序)也应确认为无效合同。

(3)法律规定的无效合同。

①借用其他单位的业务介绍信、合同专用章或者盖有公章的空白合同书签订的合同为无效合同。因单位的业务介绍信、合同专用章和合同书是单位对外进行活动的重要保证,故不得借用,更不得借此非法牟利,否则,由出借单位与借租人对无效合同的法律后果负连带责任。

②合同签定人盗用单位的介绍信、合同专用章或者盖有公章的空白合同书签订的合同,一切法律责任由盗用人自负。盗用人构成犯罪的,应及时移送公安、检察机关处理。

③超越经营范围或违反经营方式所签订的合同,若全部超越经营范围则全部无效,若部分超越经营范围则部分无效。

④无实际履约能力的工商企业所签订的合同为无效合同。

⑤订立假合同、倒卖合同、利用合同买空卖空、转包渔利的均为无效合同。

6. 无效合同的处理

(1)对无效合同引起财产争议的处理。

①返还财产:合同被确认无效后,合同规定的权利义务自一开始就无效。因此,当事人依据该合同所取得的财产应返还给对方,使双方已经流转的财产恢复到订立合同以前的状态。

②赔偿损失:合同被确认无效后,有过错的一方如果给对方造成经济上的损失,应当赔偿对方的损失;如果双方都有过错,则由双方当事人根据其过错大小,对其所造成的损失各自承担相应的责任。

③收归国库所有:又叫追缴财产,是指将故意违反国家利益和社会公共利益的无效合同当事人所取得的财产收归国有。如果双方都是故意的,应追缴双方已经取得的或者约定取得的财产收归国库所有。如果一方是故意的,故意的一方应将从对方取得的财产返还给对方;非故意的一方已经从对方取得或约定取得的财产,应予以追缴。在追缴故意一方当事人的财产时,必须切实注意保护非故意一方当事人的合法利益。

(2)对无效合同中违法行为的处理。无效合同中的违法行为包括:订立假合同、倒卖合同、利用合同买空卖空、转包渔利、非法转让、行贿受贿,以及其他危害国家利益和社会公共利益的行为。以上7种情况应以事实为根据,以法律为准绳,区别不同情况可以给予违法者:通报批评,责令返还原物或赔偿损失,收缴非法所得、罚款、没收物资,限期停业整顿,以及吊销营业执照的处理。对于利用合同进行违法活动，触犯刑律的，应移送人民法院依照刑法处理。

7. 有效合同的违约责任

违约责任是以合同有效为前提的，无效合同不存在违约责任。如果是部分有效、部分无效的合同，当事人不履行有效部分规定的义务时，应承担违约责任。

承担违约责任的条件是有违约事实，违约方主观上有过错。违约责任的承担形式主要是违约金和赔偿金。

8. 合同争端的解决

合同争端也叫合同纠纷，指合同在履行过程中，合同当事人对各自的权利、义务和责任有不同的主张和要求而引起的争执。合同争端的解决途径有以下两种。

(1)国内施工合同发生争端，可在协议条款中预先约定，采用下列一种或几种方式解决：

①向协议条款约定的单位或人员要求调整；

②向有管辖权的经济合同仲裁机关申请仲裁；

③向有管辖权的人民法院起诉。

调解应请工程所在地建设行政主管部门进行。在一方提出调解要求后若干天内(由协议条款约定，如10天)，双方应保证合同继续履行，如作出调解且为争议双方接受，则应在约定的时间内(如调解作出后7天)执行。如果建设行政主管部门在约定时间内未能作出调解，或调解结果不被争议双方或一方接受，任何一方可在约定的时间内向工程所在地工商行政管理机关申请仲裁，也可向法院提出诉讼。法院受理后先按公司法进行调解，若调解无效，则做出一审判决。任何一方不服一审判决，可在规定的期限内向上一级法院提出上诉，上诉后二审判决为终审判决，争议双方必须服从。

(2)国际施工合同争端的解决。FIDIC《土木工程施工合同条件》规定有提交工程师解决、友好协商或仲裁等不同途径。

①争端提交工程师解决：在施工过程中和竣工之后、合同终止之前或之后，业主与承包商之间发生与合同有关的争端，包括对工程师的任何意见、指令、决定、证书或估价等有争议的问题，应首先以书面形式通知工程师，并将一份副本送交对方。工程师在收到通知后的84天内对争端的处理做出自己的决定，并以书面通知争议的双方。如果任何一方对工程师的决定不满意，或工程师在84天内未能做出决定，则争议任何一方可在接到工程师决定后的70天之内，或在向工程师送交通知84天以后的70天之内，再向另一方发出准备将争端提交仲裁的意向通知书。如果双方在收到工程师的决定后70天内均未发出提交仲裁的意向通知，则工程师的决定即成为解决该项争端的最终决定，那么工程师的决定对争议双方都有约束力。

②友好协商解决争端：争议双方任何一方发出仲裁意向通知到开始仲裁，中间应留出56天时间。在此期间，争议双方可请工程师协助，通过友好协商，争取达成解决争端的协议。

③提交仲裁解决争端：工程师解决争端的决定未被接受，又未能在规定的期限内达成友好解决，则应提交仲裁；或工程师作出决定后，任何一方既未表明提交仲裁的意向又不遵守工程师的决定，另一方则可不经友好协商阶段，而直接提交仲裁。

除合同另有规定外，仲裁均应按国际商会的调解与仲裁章程行事。仲裁机构和仲裁地点应在合同中预先规定,也可临时商定。中国境内的国际招标工程,一般按中国国际经济贸易仲裁委员会的仲裁规则进行。假如仲裁由其他国际仲裁机构进行,必须由承包商在投标时提出,经双方同意并写入合同。

5.1.5 工程建设勘察、设计合同

1. 工程建设勘察、设计合同的概念及订立

工程建设勘察、设计合同是委托人(业主)与承包人为完成一定的勘察、设计任务,明确双方权利、义务关系的协议。

合同的委托人、承包人均应具有法人地位。设计合同,必须具有上级机关批准的设计任务书或立项批文方能签订。合同订立时,双方法人或委托代理人签字并加盖公章后方为有效。

2. 工程建设勘察、设计合同的主要条款

工程的勘察、设计合同应具备下列主要条款:

(1)委托人提交有关基础资料的期限。

(2)勘察、设计单位提交勘察、设计文件(包括概预算)的期限。

(3)勘察或者设计的质量要求,这主要是委托人对勘察、设计工作提出的标准和要求。

(4)勘察、设计费用。

(5)双方的其他协作条件,例如:

①勘察设计人员进入现场工作时,为勘察、设计人员提供必要的工作条件和生活条件,以保证其正常开展工作。

②勘察、设计单位的主要协作义务是配合工程建设的施工,进行设计交底,解决施工中的有关设计问题,负责设计变更和修改预算,参加试车考核和工程验收等。

③未尽事项的约定。

(6)违约责任。

3. 工程建设勘察、设计合同的履行

(1)勘察、设计合同的定金。合同生效后,委托人应向承包人付给定金。定金为合同约定的勘察、设计费的20%。委托人不履行合同的,无权请求返还定金;承包人不履行合同的,应当双倍返还定金。

(2)勘察、设计合同委托人的责任。

①向承包人提供勘察、设计所需的有关基础资料,并对提供的时间、进度与资料的可靠性负责。

②在勘察、设计人员进入现场作业或配合施工时,应负责提供必要的工作和生活条件。

③委托配合引进项目的设计任务,从询价、对外谈判、国内外技术考察直至建成投产的各阶段,应吸收承担有关设计任务的单位参加。

④按照合同约定付给勘察设计费。

⑤维护承包人的勘察成果和设计文件,不得擅自修改,不得转让给第三方重复使用。

(3)勘察、设计合同承包人的责任。

①按照现行的标准、规范、规程和技术条例,进行工程测量、工程地质、水文地质等勘察

工作,并按合同规定的进度、质量提交勘察成果。

②初步设计经上级主管部门审查后,在原定任务书范围内的必要修改由设计单位负责。有重大变更而重制作或修改设计时,须具有设计审批机关或设计任务书批准机关的意见书,经双方协商再另订合同。

③设计单位对所承担设计任务的建设项目应配合施工,进行设计技术交底,解决施工中有关的设计问题,同时负责设计变更和修改预算,参加试车考核及工程竣工验收。对于大中型工业项目和复杂的民用工程应派现场设计代表,并参加隐蔽工程验收。

(4)勘察、设计合同的变更和解除。

①委托人因故要求修改工程设计,经承包人同意后,除设计文件的提交时间另定外,委托人还应按承包人实际返工修改的工作量增付设计费。

②原定可行性研究报告或初步设计如有重大变更而需重做或修改设计时,须经原批准机关同意,并经双方当事人协商后另订合同。委托人负责支付已经进行了的设计费用。

委托人因故要求中途停止设计时,应及时书面通知承包人,已付的设计费不退还,并按该阶段实际所耗工时,增付和结清设计费,同时终止合同关系。

(5)勘察、设计合同的违约责任。

①因勘察、设计质量低劣引起返工或未按期提交勘察、设计文件拖延工期造成损失,由勘察、设计单位继续完善勘察、设计任务,并应视造成的损失、浪费的大小减收或免收勘察、设计费。对于因勘察、设计错误而造成工程重大质量事故者,勘察、设计单位应承担赔偿责任。

②由于变更计划,提供的资料不准确,未按期提供勘察、设计必需的资料或工作条件而造成勘察、设计的返工、停工、窝工或修改设计的,委托人应按承包人实际消耗的工作量增付费用。因委托人责任造成重大返工或重新设计的,应另行增付费用。

③委托人超过合同规定的日期付费时,应偿付逾期的违约金。

④偿付办法与金额,由双方按照国家的有关规定协商,在合同中订明。

5.1.6 建设工程施工合同

施工项目合同种类,可按工程承包付款方式和适用范围分类。

1. 按承包付款方式签订的合同

此方式签订的合同可分为固定总价合同、单价合同、盈亏共享合同、成本加酬金合同等。

2. 按适用范围签订的合同

按适用范围签订的合同一般可分为如下 13 种。

(1)建设工程合同。建设工程总承包合同又分为 7 个分包合同,即:土建施工分包合同,土方分包合同,打桩分包合同,吊装分包合同,水、电、暖、通等安装分包合同,建筑装潢分包合同,其他分包合同。

分包合同是相对于总包合同而言,由总承包方将所承包的工程任务的一部分委托给其他承包方(分包单位)而签订的合同。总包单位对业主负责,分包单位对总包单位负责,而不直接与业主(建设单位)发生法律关系。

有很多业主,因自己有一定的管理能力,因此将单位工程直接包给承包企业,或包给各个专业公司。例如,将土建包给土建施工公司、将设备安装包给设备安装公司。

(2)外包劳务合同。是以项目经理部为承建工程的发包方,与工程承揽劳务的外包方就外包方独立完成商定的单位工程、或分部分项工程的施工劳务而签订的承包合同。这类合同也称包工不包料合同,或称单包合同或包清工合同。

(3)包工包材料消耗合同。就是按定额用工量、定额材料消耗量向业主承包,即材料由业主提供,节约归己,超过自负。

(4)包工、包施工机械费、包周转材料、包临时设施费及施工用水用电费(但不包建筑用材)合同。这种承包方法,由业主提供建筑材料,承包单位提供人工、机械、临时设施及周转材料,并按定额费用收取一定比例的管理费和税金。这种合同适用于机械吊装等专业施工队。

(5)建材购销合同。以施工建筑公司(包括公司的材料部、工程部、项目经理部)为需方,以各建材供货单位为供方,就建筑材料的购销,明确需方支付货款、供方向其转移材料所有权而签订的经济合同。

(6)构件加工合同。以公司或项目经理部为委托方,与各加工单位为完成商定的加工任务而签订的加工合同,如各种混凝土构件、金属构件、木制品等加工合同。

(7)机械设备、周转材料租赁合同。以公司的工程部、项目经理部为需方,以公司的机械设备、材料部或外单位(租赁公司)为供方,就需方使用机械设备、周转材料支付租金、供方出让使用权而签订的经济合同。

(8)货物运输合同。以公司(或委托项目经理部)为托运方、交通运输部门为承运方,就货物由承运方安全运送到指定地点,交给收货方,然后由托运方付给规定的运输费用而签订的合同。货物运输合同包括铁路、公路、水运、航运。

(9)供电及供水合同。以公司或项目经理部为用电方和用水方,以供电、供水部门为供电方和供水方而签订的供用电合同、供用水合同。

(10)工程保险合同。以总承包人(或分包人联合或业主)作为投保人,就工程施工期间可能遇到的各种可保的风险向保险公司投保,按规定交付保险费。当发生保险事故而造成损失时,由保险公司承担风险,按规定给予投保人经济补偿或给付保险金而签订的合同。

(11)技术合同。是一种以无形的人类脑力劳动所创造的智力成果作为标的的合同。技术合同是法人之间、法人和公民之间、公民之间,因订立技术开发、技术转让、技术咨询和技术服务的合同所形成的民事权利与义务关系。

(12)仓储保管合同。货物在运输周转过程中需仓储,存货方和保管方所签订的合同称仓储保管合同。在建设工程中,仓储单位可能是社会独立法人,也可能是本公司的仓库;存货方式或是公司,或是项目经理部。

(13)施工准备合同。是指建设单位与承包单位为完成施工准备工作而签订的合同。这种合同可能是招标前、也可能是招标后由中标单位完成。其主要内容如下:

①明确工程主要项目、面积、施工地点、施工准备阶段的起止日期和双方各自应负的职责及经济责任;

②建设单位应在规定时间内向承包单位提交设计文件和有关资料,并审核、签认施工图预算,做完拆迁和“三通一平”工作等现场准备工作;

③施工承包单位应做好组织施工队伍、编制施工组织设计、搭建临时设施、会审图纸和

技术文件、编制施工图预算，以及办理材料、成品、半成品加工订货申请等项工作；

④对特殊工程，需要建设单位在开工前预拨投资和提供材料时，应在合同中注明；

⑤如果建设单位没有力量完成其应负责完成的“三通一平”工作或拆迁改线工程时，可委托承包单位代为施工，但一切费用由建设单位负责；

⑥明确施工期间的违约责任与赔偿；

⑦暂设工程的安排。

一般施工准备合同中的某些内容作为施工项目合同的附件。

除以上 13 种合同外，还有其他合同，如联营合同、商品房产租赁合同、人行道占用合同、汽车维修合同及其他机械维修合同等，因不属于本书介绍范围，故略。

5.1.7　施工项目合同管理

1. 施工项目合同管理的概念

施工项目合同管理是对工程项目施工过程中所发生的或所涉及到的一切经济、技术合同的签订、履行及索赔，直到合同期满结算直至归档的全过程所进行的管理工作。

施工项目合同管理的任务是根据法律、政策的要求，运用指导、组织、检查、考核、监督等手段，促使当事人依法签订合同，并且全面实际地履行合同，及时妥善地处理合同争议和纠纷，不失时机地进行合理索赔，预防发生违约行为，避免造成经济损失，保证合同目标顺利实现，从而提高企业的信誉和竞争能力。

2. 施工项目合同管理的内容

(1)建立健全施工项目合同管理制度，包括合同归口管理制度，考核制度，合同用章管理制度，合同台账、统计及归档制度等。

(2)经常对合同管理人员、项目经理及有关人员进行合同法律知识教育，以提高合同业务人员的法律意识和专业素质。

(3)在谈判签约阶段，要重点了解对方的信誉，核实其法人资格及其他有关情况和资料；监督双方依照法律程序签订合同，避免出现无效合同、不完善合同，以预防合同纠纷发生；组织配合有关部门做好施工项目合同的鉴证、公证工作，并在规定时间内送交银行、合同管理机关等有关部门备案。

(4)合同履约阶段，主要的日常工作是经常检查合同，检查有关法规的执行情况，并进行统计分析。例如，统计合同份数、合同金额及纠纷次数，分析违约原因、变更合同情况和索赔情况、统计合同履约率等，以便及时发现问题、解决问题，并做好有关合同履行中的调解、诉讼、仲裁等工作，协调好企业与各方面、各有关单位的经济协作关系。

(5)应有专人整理保管合同和附件、工程洽商资料、补充协议、变更记录，以及与业主及其委托的监理工程师之间的来往函件等文件，以便随时备查；合同期满，工程竣工结算后，将全部合同文件整理归档。

3. 施工项目合同管理组织

施工项目合同管理组织一般实行企业、项目经理部两级管理。

(1)企业的合同管理组织。企业设立的专职合同管理部门，在企业经理授权范围内应负责企业所有施工项目的各类合同的管理工作；参与重大施工项目的投标、谈判、签约工作；定期汇总合同的执行情况，向经理汇报、提出建议；负责基层上报企业的有关合同的审批、检查监督工作，并给予必要的指导与帮助。

(2)施工项目合同管理组织。

①项目经理为项目总合同、分合同的直接执行者和管理者。在谈判签约阶段，预选的项目经理应参加项目合同的起草、谈判工作，经授权的项目经理可以代表企业法人签约；项目经理还应亲自参与或组织本项目有关合同及分包合同的谈判和签署工作。

②项目经理部设立专门的合同管理人员，职责是：负责本部所有合同的报批、保管和归档工作；参与选择分包商工作，在项目经理授权后负责分包合同起草和洽谈，制订分包的工作程序；参与总合同变更合同的洽谈，资料的搜集，定期检查合同的履约工作；负责须经企业经理签字方能生效的重大施工合同的上报审批手续等工作；监督分包商履行合同工作，以及向业主、监理工程师、分包单位发送涉及合同问题的备忘录和索赔单等文件。

4. 施工项目合同管理系统

合同管理系统是目前国际上一种先进的合同管理技术，它利用电子计算机进行存储、检索和分析，为合同管理人员提供决策的支持。它由表5-1所列的5个部分组成。

表5-1　合同管理系统

序	内　容	功　　能
1	合同分析	①建立合同管理系统的基础工作 ②对合同的一般条件、特殊条件、协议条款进行细密科学的分析 ③根据需要对合同条款分门别类、归纳整理
2	合同数据档案库	① 将合同分析结果存储在数据库里 ②在处理合同纠纷、争议时，在进行工程索赔时，使用者可以利用计算机快速地将有关内容条款检索出来
3	合同网络系统	① 将合同中有关工期、成本、工作等内容用网络形式表达 ②在需要时可以随时调出网络图或根据条件变化修改
4	合同监督系统	①在施工过程中，监督合同义务的履行及合同权利的实现 ②将在施工活动中发生的工程进度、施工质量、材料供应、价款支付，以及合同双方往来的信函、文件、会议纪要等资料随时补充存入电子计算机而形成合同文件，实行合同监督
5	索赔管理系统	以上述4部分为基础，针对合同履行中发生的具体事件进行评价分析，找出索赔的理由和依据，为索赔提供支持

5.1.8　谨防合同诈骗

1. 建设工程合同诈骗的种类

建设工程合同诈骗，按诈骗行为人分类可分为中介人诈骗、中介机构诈骗、业主诈骗三类。

(1)中介人利用信息及复印件诈骗。在建筑市场上，经常出现施工队伍多而投资者少的现象，中介人即利用施工企业或承包商急于找任务的心理，索要信息费或中介费。

(2)“中介机构”利用合同进行诈骗。“中介机构”有公章，可以与承包商签订中介合同，专门为外省介绍业务。而外省因为路远、情况不明，施工队伍很容易受骗，若发现受骗，打起官司来，起诉费、旅差费、时间浪费等所花的费用，即使官司胜诉，也得不偿失，这样几万元也就丢掉了。

(3)业主诈骗。业主本无合同履行能力，却要定金、信用金、保证金、质保金等先汇入业主银行账户，当业主得到这些钱后，又追着承包者垫资，步步深入，甚至有的工程完工了，业主还没有钱。而有的诈骗公司得到钱后，人去楼空，实际上是皮包商、假业主。

2. 诈骗的表现形式

(1)以虚构的单位或者冒用他人名义签订合同；

(2)以伪造、变造、作废的票据或者其他虚假的产权证明做担保；

(3)没有实际履约能力，以先履行小额合同或者部分履行合同的方法，诱骗对方当事人继续签订合同和履行合同；

(4)收受对方当事人给付的货物、货款、预付款或者担保财产后逃匿；

(5)以其他方法骗取对方当事人的财物。

总之，利用建设工程合同进行诈骗的案例很多。由于骗子具有极大的欺骗性和贪婪性，因此导致的危害是很大的，承包商和施工企业都要高度警惕。

3. 正确区分合同诈骗与一般合同纠纷的界限

合同纠纷与合同诈骗有许多相似之处：第一，两者都产生于民事交往过程中，并且都以合同形式出现；第二，在履行合同的过程中，对合同所规定的义务都不履行或者不完全履行；第三，合同诈骗在客观上表现为虚构事实或者隐瞒事实真相，合同纠纷中的当事人有时也伴有欺骗行为；第四，两者都是非法占有特定物。尽管合同诈骗与合同纠纷有许多相似之处，但两者也有本质的区别。行为人主观上非法占有他人财物的目的，是区别两者的关键。行为人的主观目的可以从以下几个方面考察：

(1)考察行为人在签订合同时有无履行合同的能力；

(2)考察行为人在签订合同过程中有无欺骗行为；

(3)考察行为人在签订合同后有无履行合同的实际行动；

(4)考察行为人在违约以后是否愿意承担违约责任；

(5)考察行为人未履行合同的原因。

通过以上五点分析，来判断经济合同一方当事人是否以非法占有为目的，是否利用签订经济合同实施诈骗行为。

4. 谨防合同诈骗

工程承包商要防止合同诈骗主要从以下五方面努力：

(1)牢固树立防范合同诈骗的思想。建筑施工单位找任务，不能有急于求成思想。骗子往往利用承包商急于求成，而以巨额工程任务及高利润、低投入来诱骗，加上其诱骗的技巧高明和诡计多端，不从思想上树立防骗思想，就很容易进入其圈套。

(2)严把前期投入关。一般应把好以下四关：

①建设工程合同在国内是不要定金的，所以合同定金不能给；

②信息不能凭复印件，信息资料要完整，而且对信息要调查其真实性，因有些信息，工程都开工了，骗子还在卖信息；

③中介机构的中介咨询费，要在订立合同、公证后才能给，而且这种支付，在工程尚未落实时要双控，不能直接汇入咨询中介机构的银行账号；

④至于带资垫资，国家已在建设工程中三令五申，不能带资垫资。

(3)严格按建设程序办事，走正常招标投标之路，靠合法竞争获取工程。

(4)不要轻信"议标工程"、转包工程、分包工程、挂钩工程、装潢工程、"外商"工程及"部队"工程，越是规避政策和建设程序办事的，诈骗的可能性越大。此外，也不要轻信包路费、包吃住、包订合同(其实是合同诈骗)、包注册等谎言。

(5)加强市场调查，从建设单位可行性研究报告的批复、设计任务书的批准、投资资金的落实、建设用地的征用、施工图纸的完成及建设工程施工手续办理的各环节，调查其真实性和可行性，否则不要轻易参加投标。

5.2 建设工程施工合同的谈判和签订

此节所述的合同谈判技巧和签订技术，对国际工程项目同样适用。

5.2.1 建设工程施工合同的谈判

1. 谈判的目的

(1)业主参加谈判的目的。

①通过谈判，了解投标者报价的构成，进一步审核和压低报价。

②进一步了解投标者的各项技术措施是否合理，项目班子力量是否足够雄厚，能否保证工程的质量和进度。

③ 根据参加谈判的投标者的建议和要求，同时可吸收其他投标者的建议，对设计方案、图纸、技术规范进行某些修改后，估计可能对工程报价和工程质量产生的影响。

(2)投标者参加谈判的目的。

①通过谈判宣传自己的优势，包括技术方案的先进性、报价的合理性及许诺优惠条件等，以争取中标。

②既要准备应付业主的压价，又要准备当业主拟增加项目、修改设计或提高标准时适当增加报价。

③争取改善合同条款，包括争取修改过于苛刻的和不合理的条款，澄清模糊的条款和增加有利于保护承包商利益的条款。

虽然双方的目的看起来是对立的和矛盾的，但在为工程选择一家合格的承包商这一点上则是业主的基本意图，参加竞争的投标者中，谁能掌握业主心理，充分利用谈判技巧争取中标，谁就是强者。

2. 谈判的过程

在实际工作中，有的业主把全部谈判均放在决标之前进行，以利用投标者想中标的心情压价并取得对自己有利的条件，也有的业主将谈判分为决标前和决标后两个阶段来进行。

(1)决标前的谈判。业主在决标前与初选出的几家投标者谈判的内容主要有两个方面，一是技术答辩，二是价格问题。

技术答辩由评标委员会主持，了解投标者如果中标后将如何组织施工，如何保证工期，对技术难度较大的部位采取什么措施等。虽然投标者在编制投标文件时对上述问题已有准备，但在开标后，当本公司进入前几标时，应该在这方面再进行认真细致的准备，必要时还应画出有关图解，以取得评标委员的好感，顺利通过技术答辩。

价格是一个十分重要的问题，业主利用他的有利地位，要求投标者降低报价，并就工程款额中自由外汇比率、付款期限、贷款利率（对有贷款的投标）以及延期付款条件等方面要求投标者作出让步。但如果为世界银行贷款项目，则不允许压低标价。投标者在这一阶段一定要沉住气，对业主的要求进行逐条分析，在适当时机恰当地、逐步地让步。因此，谈判有时会持续很长时间。

(2)决标后的谈判。就是将过去双方达成的协议具体化，并最后签署合同协议书，对价格及所有条款加以认证。

决标后，中标者地位有所改善，可以利用这一点积极地、有理有节地同业主进行决标后的谈判，争取协议条款公正合理，对关键性条款的谈判，要做到彬彬有礼而又不作出大的让步。对有些过分不合理的条款，一旦接受会带来无法负担的损失，这样宁可冒损失投标保证金的风险也要拒绝业主的要求，或者退出谈判，以迫使业主让步。因为谈判时合同并未签字，中标者不在合同的约束之内，也未提交履约保证金。

业主和中标者在对价格和合同条款达成充分一致的基础上，签订合同协议书（在某些国家需要到法律机关认证）。至此，双方即建立了受法律保护的合作关系，招标投标工作即告成。

3. 谈判的准备工作

(1)谈判的组织准备。谈判的组织准备包括谈判组的成员组成和谈判组长的人选等。

1)谈判组的组成：一般来说，谈判组成员的选择要考虑下列几点：

① 充分发挥每一个成员的作用，避免由于人员过多而有些人不能发挥作用或意见纷杂不易集中；

②组长要便于在组内协调；

③要使每个成员的专业知识面组合在一起能满足谈判的要求；

④国际工程谈判时还要配备业务能力强，特别是外语写作能力强的翻译。

基于上述几点考虑，一般谈判组成员以 3～5 人为宜，在谈判的各个阶段所需人员的知识结构也应不一样。例如，承包合同前期谈判时技术问题和经济问题较多，离不开工程师和经济师，后期谈判涉及合同条款以及准备合同和备忘录文稿，则需要律师和合同专家参加。也就是说，根据谈判需要，可调换成员。但一般谈判组也不宜少于 2 人，即 1 人主谈，另 1 人观察情况，考虑对策。

2)谈判组长的人选：选择谈判组长最主要的条件是具有较强的业务能力和应变能力，即需要有比较广阔的业务知识面和工程经验，最好还具有合同谈判的经验，对于合同谈判中出现的问题能够及时做出判断，主动找出对策。根据这些要求，谈判组长不一定都要由职位高的人员担任，而可由 35～50 岁的人员担任。一般来说，这一年龄段的人思路敏捷，体力充沛，连续谈判几个小时思维都不会混乱，而且具有较丰富的工作经验。

(2)谈判的方案准备和思想准备。谈判前要对谈判时自己一方想解决的问题和解决问题的方案做好准备,同时要确定对谈判组长的授权范围。如果去国外谈判,这一点就更加重要,不仅要整理出谈判大纲,将希望解决的问题按轻重缓急排队,而且对需解决的主要问题和次要问题应拟定要达到的目标。此外,对谈判组的成员要进行训练,一方面要分析己方和对方的有利条件和不利条件,从而制定谈判策略等;另一方面要确定主谈人员,组内成员要分工并明确注意事项。

如果是国际工程项目,因有翻译参加,则应让翻译参加全部准备工作,了解谈判意图和方案,特别是有关技术问题和合同条款问题,以便做好准备。

(3)谈判资料的准备。谈判前要准备好自己一方谈判使用的各种参考资料,准备提交给对方的文件资料以及计划向对方索取的各种文件资料清单。准备提供给对方的资料一定要经谈判组长审查,以防与谈判时的口径不一致而造成被动。如果有可能,可以在谈判前向对方索取有关的文件和资料,以便分析和准备。

(4)谈判议程的安排。谈判的议程安排一般由业主一方提出,征求对方意见后再确定,根据拟讨论的问题来安排议程可以避免遗漏要谈判的主要问题。

4. 关于工程范围的谈判

承包商所承担的工作范围(包括施工、设备采购、安装和调试等),在签订合同时要做到明确具体、范围清楚、责任分明,否则将导致报价漏项。

现将常见的工程谈判实例说明如下:

(1)有的合同写有这样的条件规定:“除另有规定外的一切工程”或“承包商可以合理推知需要提供的为本工程服务所需的一切辅助工程”等。其中,不确定的内容可作为无限制的解释,谈判时应该在合同中加以明确,或争取写明“未列入本合同中的工程量和价格清单的工程内容,且不包括在合同总价内”。

(2)对于“可供选择的项目”,应力争在签订合同前予以明确。如果确实难以在签订合同时澄清,则应当确定一个具体的期限来选定这些项目是否需要施工。如果这些项目的确定时间太晚,可能影响材料设备的订货,承包商可能会受到不应有的损失。

(3)对于现场监理工程师的办公建筑、家具设备、车辆和各项服务,如果已包括在投标价格中,而且招标书规定得较明确和具体,则应当在签订合同时予以审定和确认。特别是对于建筑面积和标准、设备和车辆的牌号以及服务的详细内容等,应当十分具体和明确。另外,还应划清与业主各应负责的范围。监理工程师的这笔费用最好从合同的总价中减去,而由业主自行负责,或由业主委托监理工程的顾问公司自己负责,以避免监理工程师百般挑剔的麻烦。

5. 关于合同文件的谈判

(1)应使业主同意将议标中双方一致同意的修改和补充意见整理为正式的“补遗”或“附录”,并由双方签字作为合同的组成部分。在“补遗”或“附录”中写明原标书哪些条件由“补遗”或“附录”中的相应条款替代,以免发生矛盾和误解。

(2)应当由双方同意将投标前业主对各投标人质疑的书面答复或通知作为合同的组成部分,因为这些答复或通知,既是标价计算的依据,也可能是今后索赔的依据。

(3)承包商提供的施工图纸应是正式的合同文件内容,不能只认为“业主提交的图纸才属于合同文件”。应该写明“与合同协议同时由双方签字确认的图纸均属于合同文件”，以防业主借补充图纸的机会增加工程内容。最好在合同中约定，补充图纸才属追加内容的条款。

(4)对于作为付款和结算工程价款的工程量及价格清单，应该根据议标阶段做出的修正再重新整理和审定，并经双方签字。

(5)尽管采用的是标准合同文本，在签字前仍必须全面检查。对于关键词语和数字更应反复核对，不得有任何差错。必要时，最后的合同文件，包括“补遗”、“附录”都应向律师或咨询机构咨询，使其正确无误。对当事人来说，合同文件就是法律文书，应该使用严谨、周密的法律语言，不能使用日常通俗语言或“工程语言”，以防一旦发生争端影响合同的履行。

6. 关于双方一般义务的谈判

(1)关于“工作必须使监理工程师满意”的条款。应该载明“使监理工程师满意”只能是施工技术规范和合同条件范围内的满意，而不是其他。合同条件中还常常规定“应该遵守并执行监理工程师的指示”，对此，明智的承包商通常是书面记录下他对该指示的不同意见和理由，以作为日后讨付索赔的依据。

(2)关于履约保证。应该争取业主接受由中国银行直接开出的履约保证函。有些国家的业主一般不接受外国银行开出的履约担保，因此，在合同签订前，应与业主商量选一家既与中国银行有往来关系又能被对方接受的当地银行开具保函，并事先与该当地银行、中国银行协商同意。

(3)关于工程保险。在合同中以不作为国别限制为佳，并争取业主接受由中国人民保险公司出具的工程保险单。如果业主不同意接受，可争取由一家当地有信誉的保险公司与中国人民保险公司联合出具保险单。

(4)关于工人的伤亡事故保险和其他社会保险。应力争可向承包商本国的保险公司投保(对当地受聘的工人可同意在当地保险公司投保)。有些国家往往有强制性社会保险的规定，对于外籍工人，由于是短期居留性质，应争取免除在当地进行社会保险，否则，这笔保险金应计入在合同价格之内。

(5)关于不可预见的自然条件和人为障碍的问题。一般合同条件中虽有“可取得合理费用”的条款，但由于其措词含混，容易在实施中引起争执。因此，必须在合同中明确界定“不可预见的自然条件和人为障碍”的内容。对于招标文件中提供的气象、地质、水文资料与实际情况有出入的，则应争取列为“非正常气象、非正常地质和水文情况”，此时应写明由业主提供额外补偿费用的条款。

7. 关于劳务的谈判

(1)有些合同条件规定：“不管什么原因，业主发现施工进度缓慢，不能按期完成本工程时，有权自行增加必要的劳力以加快工程进度，而支付这些劳力的费用应当在支付给承包商的工程价款中扣除。”这一条需要承包商注意两点：其一，如当地有限制外籍劳工的规定(如中东许多国家对外籍劳工的限制是严格的)，则须同业主商定取得入境、临时居住和工作的许可手续，并在合同中明确业主协助取得各种许可手续的责任的规定；其二，因劳工短缺而延误工期，如果是由于业主未能取得劳工入境、居留和工作许可证，当地又不能招聘到价格合理和技术较好的劳工，则应归咎为业主的延误，而非承包商造成的延误。因此，应该争取修改这种不分析原因的惩罚性条款。

(2)为提高工效和缩短工期,应争取业主同意允许加班,至少对于非隐蔽工程允许加班。由于加班而应额外增加的工资可按当地劳工法的规定,由承包商支付。

(3)对于限制外籍劳工的国家,应争取列入“当公开招雇及在当地劳动人事部门协助下仍不能获得足够的当地的熟练劳工时,允许外籍劳工入境实施该项工程”条款。

(4)应当拒绝列入对外籍人员和劳工有侮辱性和歧视性的条款,但可遵守“现场劳务人员必须遵守的当地法律、尊重当地风俗习惯、禁酒、禁止出售和使用麻醉毒品、武器弹药、不得扰乱社会治安”的条款。

(5)争取列入允许外籍劳工享受其本国节假日的规定。

(6)签订合同,除应了解当地的劳工法、移民法、出入境规定外,还应当了解个人所得税法的规定等,并获得相应解决的办法。

8.关于材料和操作工艺的谈判

(1)对于报送材料样品给监理工程师或业主审批和认可,应规定答复期限。业主或监理工程师在规定答复的期限不予答复,即视作“默许”。经“默许”后再提出更换,应该由业主承担因工程延误施工期和原报批的材料已订货而造成的损失。

(2)对于应向监理工程师提供的现场测量和试验的仪器设备,应在合同中列出清单,写明型号、规格、数量等。如果超出清单内容,则应由业主承担超出的费用。

(3)争取在合同或“补遗”中写明材料化验和试验的权威机构,以防止对化验结果的权威性产生争执。

(4)如果发生材料代用、更换型号及其标准问题时,承包商应注意两点:其一,将这些问题载入合同或“补遗”中去;其二,如有可能,可趁业主在议标时压价而提出材料代用的意见,更换那些原招标文件中规定的高价而难以采购的材料,用承包商熟悉货源的优势获得优惠价格的材料代替。

(5)关于工序质量检查问题。如果监理工程师延误了上道工序的检查时间,往往使承包商无法按期进行下一道工序,而使工程进度受到严重影响。因此,应对工序检验制度作出具体的规定,不得简单地规定“不得无理拖延”而了事。特别是对及时安排的检验要有时间限制,超出限制时,监理工程师未予检查,承包商则可认为该工序已被接受,可进行下一道工序施工。

9.关于工程的开工和工期

(1)区别工期与合同期的概念。合同期,表明一份合同的有效期,即从合同生效之日至合同终止之日的一段时间。而工期是对承包商完成其工作所规定的时间。在工程承包合同中,通常是施工期虽已结束,但合同期并未终止。因为该工程价款酬金尚未结清,工程缺陷的维修期尚未结束,故合同仍然有效。

(2)应明确规定保证开工的措施。要保证工程按期竣工,首先要保证按时开工。对于业主影响开工的因素应列入合同条件之中,如施工的“三通一平”完成情况,是否按时向承包商提交施工图,以及是否及时批准承包商的施工方案等。如果由于业主的原因导致承包商不能如期开工,则工期应顺延。

(3)施工中,如因变更设计造成工程量增加,或修改原设计方案,或工程师不能按时验收工程,承包商有权要求延长工期。

(4)考虑到我国公司一般动员准备时间较长,应争取适当延长工程准备时间,并规定工期应由正式开工之日算起。

(5)业主向承包商提交的现场,应包括施工临时用地,并写明其占用土地的一切补偿费用(如土地、青苗和树木补偿、居民迁移补偿等)均由业主承担。

(6)应规定现场移交的时间和移交的内容。所谓移交现场应包括场地测量图纸、文件和各种测量标志(平面和高程控制点)的移交。

(7)对于单项工程较多的工程,应争取分批分栋竣工,并提交监理工程师验收,以发给竣工证明。工程全部具备验收条件而业主无故拖延检验时,应规定业主向承包商支付工程看管费用。或者,写明业主在收到承包商申请竣工移交的报告后,应在多少天内检查验收,否则,业主应支付看管费用。

10. 关于工程维修谈判

(1)凡已竣工验收的部分工程,其维修费应从出具该部分工程竣工证书之日算起。

(2)应规定工程延期竣工的违约金的最高限额,如有部分工程已获竣工证书,则违约金应按比例削减。

(3)承包商应有由于工程变更(额外追加工程数量、中途变更方案等)、恶劣气候影响,或其他由于业主的原因要求延长竣工时间的正当权利。

(4)明确维修工程的范围和维修责任。承包商只能承担由于材料、工艺不符合合同要求而产生缺陷,或没有看管好工程而遭损坏时的责任。

(5)一般工程维修期届满应退还维修保证金,承包商应争取以维修保函替代工程价款的保留金。因为维修保函具有保函有效期的规定,可以保障承包商在维修期满时自行撤消其维修责任。

(6)一些重要、复杂的工程,若要求承包商对其施工的工程主体结构进行寿命担保,则应规定合理的年限值、担保的内容和方式。承包商可争取用保函担保,或者在工程保险时一并由保险公司保险。

11. 关于工程变更和增减的谈判

(1)工程变更应有一个合适的限额,如国际工程承包合同中有时规定为15%、20%或25%。超过限额、承包商有权修改单价。

(2)对于单项工程的大幅度变更,应在工程施工初期提出,并争取规定限期。超过限期大幅度增加单项工程,由业主承担材料、工资价格上涨而引起的额外费用;如大幅度减少单项工程,业主则应承担因材料已订货而造成的损失。

12. 关于施工机具、设备和材料进口的谈判

(1)承包商应争取用本国的机具、设备和材料去承包涉外工程。许多国家允许承包商从国外运入施工机具、设备和材料为该工程专用,工程结束后再将机具和设备运出其国境。这些机具和设备属于“临时进口”性质,往往可以免收进口税。如果工程所在国有此规定,应列入合同“补遗”中。

(2)应要求业主协助承包商取得施工机具、设备和材料的进口许可。

13. *关于争议解决方式的谈判*

(1)应争取用协商和调解的方法解决双方争端。因为协商解决不需要经过仲裁诉讼程序,可省去仲裁和诉讼的麻烦及费用,而且气氛一般比较友好,灵活性比较大,有利于双方经济关系的进一步发展。如果协商不成,需调解解决则争取由“北京调解中心”调解。它是中国唯一的涉外调解机构;如果调解不成,需仲裁解决则争取由“中国国际经济贸易仲裁委员会”仲裁。

(2)应熟悉当地法律。一般来说,合同规定管辖的法律是当地法律。因此,应对当地有关法律有相当程度的了解。

(3)应注意税收条款。早在投标前就应对当地税收进行调查,将可能发生的各种税收计入报价中。同时,应在合同中规定,对合同价格确定以后由于当地法令变更而导致税收或其他费用的增加,应由业主按发票进行补偿。

14. *关于付款问题的谈判*

经验告诉我们,业主和承包商之间的争议,大都集中在付款问题。付款问题可归纳为三方面的问题,即价格问题、货币问题、支付方式问题。

(1)价格问题。国际承包工程的合同计价方式一般有三类:

①如果是固定总价合同,承包商应争取订立“增价条款”,保证在特殊情况下,允许对合同价格进行自动调整。这样,就将全部或部分成本增高的风险转移至业主承担。

②如果是固定单价合同,合同总价格的风险将由业主和承包商共同承担。其中,由于工程数量方面的变更引起的预算价格的超出,将由业主负担;而单位工程价格中的成本增加,则由承包商负担。对单价合同,也可附有“增价条款”。

③如果是成本加酬金合同,对承包商有利,因为成本提高的全部风险由业主承担。但是,承包商一定要在合同中明确哪些费用列为成本,哪些费用列为酬金。因为一般都是按成本的一定比例支付酬金的。如果把应当列为成本的费用划归酬金,则承包商要受损失。反之,业主受损。

(2)货币问题。主要是货币兑换限制、货币汇率浮动、货币支付问题。货币支付条款主要有两种,其一是固定货币支付条款,即合同中规定支付货币的种类和各种货币的数额,今后按此付款,而不受货币价值浮动的影响;其二是选择性货币条款,即可在几种不同的货币中选择支付,并在合同中用不同的货币标明价格。这种方式也不受货币价值浮动的影响,但关键在于选择权属于谁的问题,承包商应争取主动权。

(3)支付问题。这里有支付时间、支付方法和支付保证等问题。

①支付时间:在支付时间上,承包商当然越早得到付款越好。

②支付方法:有预付款、工程进度付款、最终付款和退还保留金 4 种。对于承包商来说,一定要争取得到预付款,而且以争取到预付款的偿还按预付款与合同总价的同一比例每次在工程进度款中扣除为好。对于工程进度付款,应争取它不仅包括当月已完成的工程价款,还应包括运到现场的合格材料与设备费用。最终付款,意味着工程的竣工,承包商有权取得全部工程的合同价款中一切尚未付清的款项。这里有两种情况:一种是合同中规定了维修期和承包商的责任的,另一种是没有规定的。承包商应争取将工程竣工结算和维修责任分别开来,可以用一份维修工程的银行担保函来担保自己的维修责任,争取早日得到全部工程

价款。

③支付保证。关于退还保留金问题，承包商应争取降低扣留金额的数额，使之不超过合同总价的5%；并应争取工程竣工验收合格后全部退回，或者用维修保函代替扣留的应付工程款；对于分批工程交工的工程，应在每批交工时退还该批工程的全部保留金或部分保留金。

总之，需要谈判的内容非常之多，而且双方均以维护自身利益为核心进行谈判，更加使得谈判复杂化和艰难化。因此，需要组建精明强干的投标班子或者谈判班子，周密而认真地施行，仔细、具体的谋划，以便使谈判富有成效。

15. 关于合同的签订

签订工程承包合同的准备工作时间很长，实际上从准备招标文件开始，继而招标、投标、评标、中标，直至合同谈判结束为止的一整段时间都是工程承包合同签订的过程。国内工程承包合同按国内范文本及双方协商一致的意见签订，国外合同按工程招标书中规定的合同文本（一般都是 FIDIC 合同条款）签订。

工程承包合同文件组成的先后顺序为：a. 合同协议书及附录；b. 中标函；c. 投标书；d. 合同条件第二部分——通用条件；e. 合同条件第一部分——专用条件；f. 规范；g. 图纸；h. 标价的工程量表。

在整个招标过程中，业主一方可能对招标内容作出某些修改，而在投标和谈判过程中，承包商一方也可能提出某些问题要求修改，但经过谈判达成一致的意见后应将其写入合同协议书备忘录（或叫附录）。这份备忘录是合同文件的重要组成部分，备忘录写好并经双方同意后即可正式签署合同协议书。合同协议书由业主和承包商的法人代表正式授权委托的全权代表签署后，合同即开始生效。

一般国际工程承包项目，均要求中标者在收到中标函后一定时期内（不超过30天）提交履约保证，否则业主有权取消中标者的中标资格。签订合同协议书并收到履约保函后，业主则应尽快将投标保证金退还中标的和未中标的投标者。

5.2.2 建设工程施工合同签订条件

在国内签订建设工程施工合同时，只要具备如下条件，合同即具有法律效力。

(1) 项目初步设计和总概算均已获得批准；

(2) 国家预算内投资项目已列入国家或地方基本建设计划，预算内限额资金已落实；

(3) 有满足承包要求的设计文件及技术资料；

(4) 建筑场地拆迁已完成并经平整，水源、电源、运输道路等已具备或能在开工前完成；

(5) 材料和设备供应能保证工程连续施工；

(6) 合同当事人均有法人资格并且有履行合同的能力；

(7) 按有关规定须经招投标的工程，经招投标中标后。

5.2.3 建设工程施工合同示范文本

建设工程施工合同示范文本由中华人民共和国建设部、国家工商行政管理局制定。协议书及专用条款为 GF－9.1－0201，通用条款为 GF－1999－0201。协议书、专用条款、通用条款三者配套使用。应用时，协议书及专用条款是甲乙双方根据有关法律、行政法规及结合工程实际，经协商一致后，对通用条款内容具体化，在专用条款内约定。

协议书内容、专用条款及通用条款的内容见附件。为方便应用示范文本，本附件将专用条款放在与通用条款一致处，[　]内表示通用条款。

[附件二十]

建设工程施工合同

(GF—91—0201)

中华人民共和国建设部
国家工商行政管理局　制定

协议书

发包人(全称)：____________

承包人(全称)：____________

依照《中华人民共和国合同法》、《中华人民共和国建筑法》及其他有关法律、行政法规，遵循平等、自愿、公平和诚实信用的原则，双方就本建设工程施工事项协调一致，订立本合同。

一、工程概况

工程名称：____________

工程地点：____________

工程内容：____________

群体工程应附承包人承揽工程项目一览表(见附件1)

工程立项批准文号：____________

资金来源：____________

二、工程承包范围

承包范围：____________

三、合同工期

开工日期：____________

竣工日期：____________

合同工期总日历天数______天。

四、质量标准

工程质量标准：____________

五、合同价款

金额(大写)：____________元(人民币)

¥：____________元

六、组成合同的文件

组成本合同的文件包括：

1. 本合同协议书
2. 中标通知书
3. 投标书及其附件
4. 本合同专用条款
5. 本合同通用条款
6. 标准、规范及有关技术文件
7. 图纸
8. 工程量清单
9. 工程报价单或预算书

双方有关工程的洽商、变更等方面的协议或文件视为本合同的组成部分。

七、本协议书中有关词语含义与本合同第二部分《通用条款》中分别赋予它们的定义相同

八、承包人向发包人承诺按照合同约定进行施工、竣工并在质量保修期内承担工程质量保修责任

九、发包人向承包人承诺按照合同约定

的期限和方式支付合同价款及其他应当支付的款项

十、合同生效

合同订立时间:____年____月____日

合同订立地点:____________

本合同双方约定:________后生效。

发包人:(公章)

住所:

法定代表人:

委托代理人:

电话:

传真:

开户银行:

账号:

邮政编码:

承包人:(公章)

住所:

法定代表人:

委托代表人:

电话:

传真:

开户银行:

账号:

邮政编码:

通用条款及专用条款

一、词语定义及合同文件

[1. **词语定义**

下列词语除专用条款另有约定外,应具有本条件所赋予的定义:

1.1　通用条款:是根据法律、行政法规规定及建设工程施工的需要订立,通用于建设工程施工的条款。

1.2　专用条款:是发包人与承包人根据法律、行政法规规定,结合具体工程实际,经协商达成一致意见的条款,是对通用条款的具体化、补充或修改。

1.3　发包人:指在协议书中约定,具有工程发包主体资格和支付工程价款能力的当事人以及取得该当事人资格的合法继承人。

1.4　承包人:指在协议书中约定,被发包人接受的具有工程施工承包主体资格的当事人以及取得该当事人资格的合法继承人。

1.5　项目经理:指承包人在专用条款中指定的负责施工管理和合同履行的代表。

1.6　设计单位:指发包人委托的负责本工程设计并取得相应工程设计资质等级证书的单位。

1.7　监理单位:指发包人委托的负责本工程监理并取得相应工程监理资质等级证书的单位。

1.8　工程师:指本工程监理单位委派的总监理工程师或发包人指定的履行本合同的代表,其具体身份和职权由发包人承包人在专用条款中约定。

1.9　工程造价管理部门:指国务院有关部门、县级以上人民政府建设行政主管部门或其委托的工程造价管理机构。

1.10　工程:指发包人承包人在协议书中约定的承包范围内的工程。

1.11　合同价款:指发包人承包人在协议书中约定,发包人用以支付承包人按照合同约定完成承包范围内全部工程并承担质量保修责任的款项。

1.12　追加合同价款:指在合同履行中发生需要增加合同价款的情况,经发包人确认后按计算合同价款的方法增加的合同价款。

1.13　费用:指不包含在合同价款之内的应当由发包人或承包人承担的经济支出。

1.14　工期:指发包人承包人在协议书中约定,按总日历天数(包括法定节假日)计算的承包天数。

1.15　开工日期:指发包人承包人在协议书中约定,承包人开始施工的绝对或相对的日期。

1.16　竣工日期:指发包人承包人在协议书中约定,承包人完成承包范围内工程的绝对或相对的日期。

1.17　图纸:指由发包人提供或由承包人提供并经发包人批准,满足承包人施工需要的所有图纸(包括配套说明和有关资料)。

1.18　施工场地:指由发包人提供的用于工程施工的场所以及发包人在图纸中具体指定的供施工使用的任何其他场所。

1.19　书面形式:指合同书、信件和数据电文(包括电报、电传、传真、电子数据交换和电子邮件)等可以有形地表现所载内容的形式。

1.20　违约责任:指合同一方不履行合同义务或履行合同义务不符合约定所应承担的责任。

1.21　索赔:指在合同履行过程中,对于并非自己的过错,而是应由对方承担责任的情况造成的实际损失,向对方提出经济补偿和(或)工期顺延的要求。

1.22　不可抗力:指不能预见、不能避免并不能克服的客观情况。

1.23　小时或天:指合同中规定按小时计算时间的,从事件有效开始时计算(不扣除休息时间);规定按天计算时间的,开始当天不计入,从次日开始计算。时限的最后一天是休息日或者是其他法定的节假日,以节假日次日为时限的最后一天,但竣工日期除外。时限的最后一天的截止时间为当日24时。]

2. 合同文件及解释顺序

合同文件组成及解释顺序:____

____

____

[2.1　合同文件应能相互解释,互为说明。除专用条款另有约定外,组成本合同的文件及优先解释顺序如下:

(1)本合同协议书

(2)中标通知书

(3)投标书及其附件

(4)本合同专用条款与通用条款

(5)标准、规范及有关技术文件

(6)图纸和工程量清单

(7)工程报价单或预算书

合同履行中,发包人承包人有关工程的洽商、变更等书面协议或文件视为本合同的组成部分。

2.2 当合同文件内容含糊不清或不相互一致时,在不影响工程正常进行的情况下,由发包人承包人协商解决。双方也可以提请负责监理的工程师作出解释。双方协商不成或不同意负责监理的工程师的解释时,按本通用条款37条关于争议的约定处理。]

3.语言文字和适用法律、标准及规范

3.1 本合同除使用汉语外,还使用__________语言文字。

[本合同文件使用汉语语言文字书写、解释和说明。如专用条款约定使用两种以上(含两种)语言文字时,汉语应为解释和说明本合同的标准语言文字。在少数民族地区,双方可以约定使用少数民族语言文字书写和解释、说明本合同。]

3.2 适用法律和法规

需要明示的法律、行政法规:____

____

[本合同文件适用国家的法律和行政法规。需要明示的法律、行政法规,由双方在专用条款中约定。]

3.3 适用标准、规范

适用标准、规范的名称:____

____

发包人提供标准、规范的时间:____

____

国内没有相应标准、规范时的约定:____________________________________

____

[双方在专用条款内约定适用国家标准、规范的名称:没有国家标准、规范但有行业标准、规范的,约定适用行业标准、规范的名称;没有国家和行业标准、规范的,约定适用工程所在地地方标准、规范的名称。发包人应按专用条款约定的时间向承包人提供一式两份约定的标准和规范。]

[国内没有相应标准、规范的,由发包人按专用条款约定的时间向承包人提出施工技术要求,承包人按约定的时间和要求提出施工工艺,经发包人认可后执行。发包人要求使用国外标准、规范的,应负责提供中文译本。]

[本条所发生的购买、翻译标准、规范或制定施工工艺的费用,由发包人承担。]

4.图纸

4.1 发包人向承包人提供图纸日期和套数:________________________________

发包人对图纸的保密要求:____________________________,使用国外图纸的要求及费用承担:

[发包人应按专用条款约定的日期和套数,向承包人提供图纸。承包人需要增加图纸套数的,发包人应代为复制,复制费用由承包人承担。发包人对工程有保密要求的,应在专用条款中提出保密要求,保密措施费用由发包人承担,承包人在约定保密期限内履行保密义务。]

[4.2 承包人未经发包人同意,不得将本工程图纸转给第三人。工程质量保修期满后,除承包人存档需要的图纸外,应将全部图纸退还给发包人。]

4.3　承包人应在施工现场保留一套完整的图纸，供工程师及有关人员进行工程检查时使用。]

二、双方一般的权利和义务

5. 工程师

[5.1　实行工程监理的，发包人应在实施监理前将委托的监理单位名称、监理内容及监理权限以书面形式通知承包人。]

5.2　监理单位委派的工程师

姓名：____________职务：____________

发包人委托的职权：______________________________

需要取得发包人批准才能行使的职权：____________________________

[监理单位委派的总监理工程师在本合同中称工程师，其姓名、职务、职权由发包人承包人在专用条款内写明。工程师按合同约定行使职权，发包人在专用条款内要求工程师在行使某些职权前需要征得发包人批准的，工程师应征得发包人批准。]

5.3　发包人派驻的工程师

姓名：____________职务：____________

职权：____

[发包人派驻施工场地履行合同的代表在本合同中也称工程师，其姓名、职务、职权由发包人在专用条款内写明，但职权不得与监理单位委派的总监理工程师职权相互交叉。双方职权发生交叉或不明确时，由发包人予以明确，并以书面形式通知承包人。]

[5.4　合同履行中，发生影响发包人和承包人双方权利或义务的事件时，负责监理的工程师应依据合同在其职权范围内客观公正地进行处理。一方对工程师的处理有异议时，按本通用条款37条关于争议的约定处理。]

[5.5　除合同内有明确约定或经发包人同意外，负责监理的工程师无权解除本合同约定的承包人的任何权利与义务。]

5.6　不实行监理的，工程师的职权____

____

[不实行工程监理的，本合同中工程师专指发包人派驻施工场地履行合同的代表，其具体职权由发包人在专用条款内写明。]

6. 工程师的委派和指令

[6.1　工程师可委派工程师代表行使合同约定自己的职权，并可在认为必要时撤回委派。委派和撤回均应提前7天以书面形式通知承包人，负责监理的工程师还应将委派和撤回通知发包人。委派书和撤回通知作为本合同附件。

工程师代表在工程师授权范围内向承包人发出的任何书面形式的函件，与工程师发出的函件具有同等效力。承包人对工程师代表发出的任何书面形式的函件有疑问时，可将此函件提交工程师，工程师应进行确认。工程师代表发出指令有误时，工程师应进行纠正。

除工程师或工程师代表外，发包人派驻工地的其他人员均无权向承包人发出任何指令。

6.2　工程师的指令、通知由其本人签字后，以书面形式交给项目经理，项目经理在回执上签署姓名和收到的时间后生效。确有必要时，工程师可发出口头指令，并在48小时内给予书面确认，承包人对工程师的指令应予以执行。工程师不能及时给予书面确认的，承包人应于工程师发出口头指令后7天内提出书面确认要求。工程师在承包人提出确认要求后48小时内不予答复的,视为口头指令已被确认。

承包人认为工程师指令不合理,应在收到指令后24小时内向工程师提出修改指令的书面报告,工程师在收到承包人报告后24小时内须作出修改指令或继续执行原指令的决定,并以书面形式通知承包人。紧急情况下,工程师要求承包人立即执行的指令或承包人虽有异议,但工程师决定仍继续执行的指令,承包人应予执行。因指令错误发生的追加合同价款和给承包人造成的损失由发包人承担,延误的工期相应顺延。

本款规定同样适用于工程师代表发出的指令、通知。

6.3 工程师按合同约定,及时向承包人提供所需指令,批准并履行约定的其他义务。由于工程师未能按合同约定履行义务造成工期延误,发包人应承担延误造成的追加合同价款,并赔偿承包人有关损失,顺延延误的工期。

6.4 如需更换工程师,发包人应至少提前7天以书面形式通知承包人,后任继续行使合同文件约定的前任的职权,履行前任的义务。]

7.项目经理

姓名:____________ 职务:____________

[7.1 项目经理的姓名、职务在专用条款内写明。

7.2 承包人依据合同发出的通知,以书面形式由项目经理签字后送交工程师,工程师在回执上签署姓名和收到的时间后生效。

7.3 项目经理按发包人认可的施工组织设计(施工方案)和工程师依据合同发出的指令组织施工。在情况紧急且无法与工程师联系时,项目经理应当采取保证人员生命、工程和财产安全的紧急措施,并在采取措施后48小时内向工程师送交报告。责任在发包人或第三人,由发包人承担由此发生的追加合同价款,相应顺延工期;责任在承包人,由承包人承担费用,不顺延工期。

7.4 承包人如需更换项目经理,应至少提前7天以书面形式通知发包人,并征得发包人同意;后任继续行使合同文件约定的前任的职权,履行前任的义务。

7.5 发包人可以与承包人协商,建议更换其认为不称职的项目经理。]

8.发包人工作

8.1 发包人应按约定的时间和要求完成以下工作:

(1)施工场地具备施工条件的要求及完成的时间:________________________________

____

[办理土地征用、拆迁补偿、平整施工场地等工作,使施工场地具备施工条件,在开工后继续负责解决以上事项的遗留问题。]

(2)将施工所需的水、电、电讯线路接至施工场地的时间、地点和供应要求:__________

____

[将施工所需水、电、电讯线路从施工场地外部接至专用条款约定的地点,以保证施工期间的需要。]

(3)施工场地与公共道路的通道开通时间和要求:________________________________

____

[开通施工场地与城乡公共道路的通道,以及专用条款约定的施工场地内的主要道路,

以满足施工运输的需要，保证施工期间的畅通。]

(4)工程地质和地下管线资料的提供时间：______________________________

____

[向承包人提供施工场地的工程地质和地下管线资料，对资料的真实准确性负责。]

(5)由发包人办理的施工所需证件、批件的名称和完成时间：__________________

____

[办理施工许可证及其他施工所需证件、批件、临时用地、停水、停电、中断道路交通及爆破作业等的申请批准手续(证明承包人自身资质的证件除外)。]

(6)水准点与坐标控制点交验要求：______________________________

____

[确定水准点与坐标控制点，以书面形式交给承包人，进行现场交验。]

[(7)组织承包人和设计单位进行图纸会审和设计交底。]

(8)协议处理施工场地周围地下管线和邻近建筑物、构筑物(含文物保护建筑)、古树名木的保护工作：______________________________

____

[协调处理施工场地周围地下管线和邻近建筑物、构筑物(包括文物保护建筑)、古树名木的保护工作，承担有关费用。]

(9)双方约定发包人应做的其他工作：______________________________

____

[发包人应做的其他工作，双方在专用条款内约定。]

8.2 发包人委托承包人办理的工作：______________________________

____

[发包人可以交8.1款部分工作委托承包人办理，双方在专用条款内约定，其费用由发包人承担。]

[8.3 发包人未能履行8.1款各项义务，导致工期延误或给承包人造成损失的，发包人赔偿承包人有关损失，并顺延延误的工期。]

9. 承包人工作

9.1 承包人应按约定时间和要求，完成以下工作：

(1)需由设计资质等级和业务范围允许的承包人完成的设计文件提交时间：__________

____

[根据发包人委托，在其设计资质等级和业务允许的范围内，完成施工图设计或与工程配套的设计，经工程师确认后使用，发包人承担由此发生的费用。]

(2)应提供计划、报表的名称及完成时间：______________________________

____

[向工程师提供年、季、月度工程进度计划及相关进度统计报表。]

(3)承担施工安全保卫工作及非夜间施工照明的责任和要求：__________________

____

[根据工程需要，提供和维修非夜间使用的照明、围栏设施，并负责安全保卫。]

(4)向发包人提供的办公和生活房屋及设施的要求：______________________

____

[按专用条款约定的数量和要求,向发包人提供施工场地办公和生活的房屋及设施,发包人承担由此发生的费用。]

(5)需承包人办理的有关施工场地交通、环卫和施工噪音管理等手续:______________

____

[遵守政府有关主管部门对施工场地交通、施工噪音以及环境保护和安全生产等的管理规定,按规定办理有关手续,并以书面形式通知发包人。发包人承担由此发生的费用,因承包人责任造成的罚款除外。]

(6)已完工程成品保护的特殊要求及费用承担:______________

____

[已竣工工程未交付发包人之前,承包人按专用条款约定负责已完工程的保护工作,保护期间发生损坏,承包人自费予以修复;发包人要求承包人采取特殊措施保护的工程部位和相应的追加合同价款,双方在专用条款内约定。]

(7)施工场地周围地下管线和邻近建筑物、构筑物(含文物保护建筑)、古树名木的保护要求及费用承担:______________

____

[按专用条款约定做好施工场地地下管线、邻近建筑物、构筑物(包括文物保护建筑)及古树名木的保护工作。]

(8)施工场地清洁卫生的要求:______________

____

[保证施工场地清洁符合环境卫生管理的有关规定,交工前清理现场达到专用条款约定的要求,承担因自身原因违反有关规定造成的损失和罚款。]

(9)双方约定承包人应做的其他工作:______________

____

[承包人应做的其他工作,双方在专用条款内约定。]

[9.2 承包人未能履行9.1款各项义务,造成发包人损失的,承包人赔偿发包人有关损失。]

三、施工组织设计和工期

10.进度计划

10.1 承包人提供施工组织设计(施工方案)和进度计划的时间:______________

____

工程师确认的时间:______________

[承包人应按专用条款约定的日期,将施工组织设计和工程进度计划提交工程师,工程师按专用条款约定的时间予以确认或提出修改意见,逾期不确认也不提出书面意见的视为同意。]

10.2 群体工程中有关进度计划的要求:______________

____

[群体工程中单位工程分期进行施工的,承包人应按照发包人提供的图纸及有关资料的时间,按单位工程编制进度计划,其具体内容双方在专用条款中约定。]

[10.3　承包人必须按工程师确认的进度计划组织施工，接受工程师对进度的检查、监督。工程实际进度与经确认的进度计划不符时，承包人应按工程的要求提出改进措施，经工程师确认后执行。因承包人的原因导致实际进度与进度计划不符，承包人无权就改进措施提出追加合同价款。]

11. 开工及延期开工

[11.1　承包人应当按照协议书约定的开工日期开工。承包人不能按时开工，应当不迟于协议书约定的开工日期前7天，需以书面形式向工程师提出延期开工的理由和要求。工程师应当在接到延期开工申请后的48小时内以书面形式答复承包人。工程师在接到延期开工申请后48小时内不答复，视为同意承包人要求，工期相应顺延。工程师不同意延期要求或承包人未在规定时间内提出延期开工要求，工期不予顺延。

11.2　时发包人原因不能按照协议约定的开工日期开工，工程师应以书面形式通知承包人，推迟开工日期。发包人赔偿承包人因延期开工造成的损失，并相应顺延工期。

12. 暂停施工

工程师认为确有必要暂停施工时，应当以书面形式要求承包人暂停施工，并在提出要求后48小时提出书面处理意见。承包人应当按工程师要求停止施工，并妥善保护已完工程。承包人实施工程师作出的处理意见后，可以书面形式提出复工要求，工程师应在48小时内给予答复。工程师未能在规定时间内提出处理意见，或收到承包人复工要求后48小时内未予答复，承包人可自行复工。因发包人原因造成停工的，由发包人承担所发生的追加合同价款，赔偿承包人由此造成的损失，相应顺延工期；因承包人原因造成停工的，由承包人承担发生的费用，工期不予顺延。]

13. 工期延误

13.1　双方约定工期顺延的其他情况：______________________________

____

[因以下原因造成工期延误，经工程师确认，工期相应顺延：

(1)发包人未能按专用条款的约定提供图纸及开工条件；

(2)发包人未能按约定日期支付工程预付款、进度款，致使施工不能正常进行；

(3)工程师未按合同约定提供所需指令、批准等，致使施工不能正常进行；

(4)设计变更和工程量增加；

(5)一周内非承包人原因停水、停电、停气造成停工累计超过8小时；

(6)不可抗力；

(7)专用条款中约定或工程师同意工期顺延的其他情况。]

[13.2　承包人在13.1款情况发生后14天内，就延误的工期以书面形式向工程师提出报告。工程师在收到报告后14天内予以确认，逾期不予确认也不提出修改意见，视为同意顺延工期。

14. 工程竣工

14.1　承包人必须按照协议书约定的竣工日期或工程师同意顺延的工期竣工。

14.2　因承包原因不能按照协议书约定的竣工日期或工程师同意顺延的工期竣工的，承包人承担违约责任。

14.3　施工中发包人如需提前竣工，双方协商一致后应签订提前竣工协议，作为合同文件组成部分。提前竣工协议应包括承包人为保证工程质量和安全采取的措施、发包人为提前竣工提供的条件以及提前竣工所需的追加合同价款等内容。]

四、质量与检验

15. 工程质量

[15.1 工程质量应当达到协议书约定的质量标准,质量标准的评定可以国家或行业的质量检验评定标准为依据。因承包人原因工程质量达不到约定的质量标准,承包人承担违约责任。

15.2 双方针对工程质量有争议,由双方同意的工程质量检测机构鉴定,所需费用及因此造成的损失,由责任方承担。双方均有责任,由双方根据其责任分别承担。]

16. 检查和竣工

16.1 承包人应认真按照标准、规范和设计图纸要求以及工程师依据合同发出的指令施工,随时接受工程师的检查检验,为检查检验提供便利条件。

16.2 工程质量达不到约定标准的部分,工程师一经发现,应要求承包人拆除和重新施工,承包人应按工程师的要求拆除和重新施工,直到符合约定标准。因承包人原因达不到约定标准,由承包人承担拆除和重新施工的费用,工期不予顺延。

16.3 工程师的检查检验不应影响施工正常进行。如影响施工正常进行,检查检验不合格时,影响正常施工的费用由承包人承担。除此之外影响正常施工的追加合同价款由发包人承担,相应顺延工期。

16.4 因工程师指令失误或其他非承包人原因发生的追加合同价款,由发包人承担。]

17. 隐蔽工程和中间验收

17.1 双方约定中间验收部位:____

____

[工程具备隐蔽条件或达到专用条款约定的中间验收部位,承包人进行自检,并在隐蔽或中间验收前48小时以书面形式通知工程师验收。通知包括隐蔽和中间验收的内容、验收时间和地点。承包人准备验收记录,验收合格,工程师在验收记录上签字后,承包人可以进行隐蔽和继续施工。验收不合格,承包人在工程师限定的时间内修改后重新验收。]

[17.2 工程师不能按时进行验收,应在验收前24小时以书面形式向承包人提出延期要求,延期不能超过48小时。工程师未能按以上时间提出延期要求,不进行验收,承包人可自行组织验收,工程师应承认验收记录。

17.3 经工程师验收,工程质量符合标准、规范和设计图纸等要求,而验收24小时后,工程师不在验收记录上签字,视为工程师已经认可验收记录,承包人可进行隐蔽或继续施工。]

18. 重新检验

[无论工程师是否进行验收,当其要求对已经隐蔽的工程重新检验时,承包人应按要求进行剥离或开孔,并在检验后重新覆盖或修复。检验合格,发包人承担由此发生的全部追加合同价款,赔偿承包人损失,并相应顺延工期。检验不合格,承包人承担发生的全部费用,工期不予顺延。]

19. 工程试车

[19.1 双方约定需要试车的,试车内容应与承包人承包的安装范围相一致。

19.2　设备安装工程具备单机无负荷试车条件,承包人组织试车,并在试车前48小时以书面形式通知工程师。通知包括试车内容、时间、地点。承包人准备试车记录,发包人根据承包人要求为试车提供必要条件。试车合格,工程师在试车记录上签字。

19.3　工程师不能按时参加试车,须在开始试车前24小时以书面形式向承包人提出延期要求,延期不能超过48小时。工程师未能按以上时间提出延期要求,不参加试车,应承认试车记录。

19.4　设备安装工程具备无负荷联动试车条件,发包人组织试车,并在试车前48小时以书面形式通知承包人。通知包括试车内容、时间、地点和对承包人的要求,承包人按要求做好准备工作。试车合格,双方在试车记录上签字。]

19.5　试车费用的承担:________________________________

[(1)由于设计原因试车达不到验收要求,发包人应要求设计单位修改设计,承包人按修改后的设计重新安装。发包人承担修改设计、拆除及重新安装的全部费用和追加合同价款,工期相应顺延。

(2)由于设备制造原因试车达不到验收要求,由该设备采购一方负责重新购置或修理,承包人负责拆除和重新安装。设备由承包人采购的,由承包人承担修理或重新购置、拆除及重新安装的费用,工期不予顺延;设备由发包人采购的,发包人承担上述各项追加合同价款,工期相应顺延。

(3)由于承包人施工原因试车达不到验收要求,承包人按工程师要求重新安装和试车,并承担重新安装和试车的费用,工期不予顺延。

(4)试车费用除已包括在合同价款之内或专用条款另有约定外,均由发包人承担。

(5)工程师在试车合格后不在试车记录上签字,试车结束24小时后,视为工程师已经认可试车记录,承包人可继续施工或办理竣工手续。]

[19.6　投料试车应在工程竣工验收后由发包人负责,如发包人要求在工程竣工验收前进行或需要承包人配合时,应征得承包人同意,另行签订补充协议。]

五、安全施工

[20.**安全施工与检查**

20.1　承包人应遵守工程建设安全生产有关管理规定,严格按安全标准组织施工,并随时接受行业安全检查人员依法实施的监督检查,采取必要的安全防护措施,消除事故隐患。由于承包人安全措施不力造成事故的责任和因此发生的费用,由承包人承担。

20.2　发包人应对其在施工场地的工作人员进行安全教育,并对他们的安全负责。发包人不得要求承包人违反安全管理的规定进行施工。因发包人原因导致的安全事故,由发包人承担相应责任及发生的费用。]

[21.**安全防护**

21.1　承包人在动力设备、输电线路、地下管道、密封防震车间、易燃易爆地段以及临街交通要道附近施工时,施工开始前应向工程师提出安全防护措施,经工程师认可后实施,防护措施费用由发包人承担。]

[21.2　实施爆破作业,在放射、毒害性环境中施工(含储存、运输、使用),或使用毒害性、腐蚀性物品施工时,承包人应在施工前14天以书面形式通知工程师,并提出相应的安全防护措施,经工程师认可后实施,由发包人承担安全防护措施费用。]

[22. **事故处理**

22.1　发生重大伤亡及其他安全事故,承包人应按有关规定立即上报有关部门并通知工程师,同时按政府有关部门要求处理,由事故方承担发生的费用。

22.2　发包人与承包人对事故责任有争议时,应按政府有关部门的认定处理。]

六、合同价款与支付

23. 合同价款及调整

[23.1　招标工程的合同价款由发包人承包人依据中标通知书中的中标价格在协议书内约定。非招标工程的合同价款由发包人依据承包工程预算书在协议书内约定。]

23.2　本合同价款采用________________________方式确定。

[合同价款在协议书内约定后,任何一方不得擅自改变。下列三种确定合同价款的方式,双方可在专用条款内约定采用其中一种:]

(1)采用固定价格合同,合同价款中包括的风险范围:________________________

____

风险费用的计算方法:________________________________

____

风险范围以外合同价款的调整方法:________________________

____

[固定价格合同。双方在专用条款内约定的合同价款包含的风险范围和风险费用的计算方法,在约定的风险范围内合同价款不再调整。风险范围以外的合同价款的调整方法,应当在专用条款内约定。]

(2)采用可调价格合同,合同价款调整方法:________________________

____

(3)采用成本加酬金合同,有关成本和酬金的约定:________________________

____

[成本加酬金合同。合同价款包括成本和酬金两部分,双方在专用条款内约定成本构成和酬金的计算方法。]

23.3　双方约定合同价款的其他调整因素:________________________

____

[可调价格合同中合同价款的调整因素包括:

(1)法律、行政法规和国家有关政策变化影响合同价款;

(2)工程造价管理部门公布的价格调整;

(3)一周内非承包人原因停水、停电、停气造成停工累计超过 8 小时;

(4)双方约定的其他因素。]

[23.4　承包人应当在 23.3 款情况发生后 14 天内,将调整原因、金额以书面形式通知工程师。工程师确认调整金额后作为追加合同价款,与工程款同期支付。工程师收到承包人通知后 14 天内不予确认也不提出修改意见,视为已经同意该项调整。]

24. 工程预付款

发包人向承包人预付工程款的时间和金额或占合同价款总额的比例:____________

____

扣回工程款的时间、比例:____

____

[实行工程预付款的,双方应当在专用条款内约定发包人向承包人预付工程款的时间和数额,开工后按约定的时间和比例逐次扣回。预付时间应不迟于约定的开工日期前7天。发包人不按约定预付,承包人在约定预付时间7天后向发包人发出要求预付的通知。发包人收到通知后仍不能按要求预付,承包人可在发出通知后7天停止施工,发包人应从约定应付之日起向承包人支付应付款的贷款利息,并承担违约责任。]

25. 工程量确认

25.1 承包人向工程师提交已完工程量报告的时间:________________________

____

[承包人应按专用条款约定的时间,向工程师提交已完工程量的报告。工程师接到报告后7天内按设计图纸核实已完工程量(以下称计量),并在计量前24小时通知承包人,承包人为计量提供便利条件并派人参加。承包人收到通知后不参加计量,计量结果有效,作为工程价款支付的依据。]

[25.2 工程师收到承包人报告后7天内未进行计量,从第8天起,承包人报告中开列的工程量即视为被确认,作为工程价款支付的依据。工程师不按约定时间通知承包人,致使承包人未能计量,计量结果无效。

25.3 对承包人超出设计图纸范围和因承包人原因造成返工的工程量,工程师不予计量。]

26. 工程款(进度款)支付

双方约定的工程款(进度款)支付的方式和时间:________________________

____

[26.1 在确认计量结果后14天内,发包人应向承包人支付工程款(进度款),按约定时间发包人应扣回的预付款,与工程款(进度款)同期结算。]

[26.2 本通用条款第23条确定调整的合同价款,第31条工程变更调整的合同价款及其他条款中约定的追加合同价款,应与工程款(进度款)同期调整支付。]

[26.3 发包人超过约定的支付时间不支付工程款(进度款),承包人可向发包人发出要求付款的通知。发包人收到承包人通知后仍不能按要求付款,可与承包人协商签订延期付款协议,经承包人同意后可延期支付。协议应明确延期支付的时间和从计量结果确认后第15天起计算应付款的贷款利息。]

[26.4 发包人不按合同约定支付工程款(进度款),双方又未达成延期付款协议,导致施工无法进行,承包人可停止施工,由发包人承担违约责任。]

七、材料设备供应

27. 发包人供应材料设备

[27.1 实行发包人供应材料设备的,双方应当约定发包人供应材料设备的一览表,作为本合同附件(见附件2)。一览表包括发包人供应材料设备的品种、规格、型号、数量、单价、质量等级、提供时间和地点。]

[27.2 发包人按一览表约定的内容提供材料设备,并向承包人提供产品合格证明,对其质量负责。发包人在所供材料设备到货前24小时,以书面形式通知承包人,由承包人派

人与发包人共同清点。]

[27.3 发包人供应的材料设备，承包人派人参加清点后由承包人妥善保管，发包人支付相应的保管费用。因承包人原因发生丢失损坏，由承包人负责赔偿。]

发包人未通知承包人清点，承包人不负责材料设备的保管，丢失损坏由发包人负责。]

27.4 发包人供应的材料设备与一览表不符时，双方约定发包人承担责任如下：

(1)材料设备单价与一览表不符：________________________________

____

[材料设备单价与一览表不符，由发包人承担所有价差。]

(2)材料设备的品种、规格、型号、质量等级与一览表不符：________________

____

[材料设备的品种、规格、型号、质量等级与一览表不符，承包人可拒绝接收保管，由发包人运出施工场地并重新采购。]

(3)承包人可代为调剂串换的材料：________________________________

____

[发包人供应的材料规格、型号与一览表不符，经发包人同意，承包人可代为调剂串换，由发包人承担相应费用。]

(4)到货地点与一览表不符：________________________________

____

[到货地点与一览表不符，由发包人负责运至一览表指定地点；]

(5)供应数量与一览表不符：________________________________

____

[供应数量少于一览表约定的数量时，由发包人补齐，多于一览表约定的数量时，发包人负责将多出部分运出施工场地。]

(6)到货时间与一览表不符：________________________________

____

[到货时间早于一览表约定的时间，由发包人承担由此发生的保管费用；到货时间迟于一览表约定的供应时间，发包人赔偿由此造成的承包人损失，造成工期延误的，相应顺延工期。]

[27.5 发包人供应的材料设备在使用前，由承包人负责检验或试验，不合格的不得使用，检验或试验费用由发包人承担。]

27.6 发包人供应材料设备的结算方法：________________________________

____

[发包人供应材料设备的结算方法，双方在专用条款内约定。]

28. 承包人采购材料设备

28.1 承包人采购材料设备的约定：________________________________

____

[承包人负责采购材料设备的，应按照专用条款约定和设计及与有关标准要求采购，并提供产品合格证明，对材料设备质量负责。承包人在材料设备到货前24小时通知工程师清点。]

[28.2 承包人采购的材料设备与设计或标准要求不符时,承包人应按工程师要求的时间运出施工场地,重新采购符合要求的产品,承担由此发生的费用,由此延误的工期不予顺延。

28.3 承包人采购的材料设备在使用前,承包人应按工程师的要求进行检验或试验,不合格的不得使用,检验或试验费用由承包人承担。

28.4 工程师发现承包人采购并使用不符合设计或标准要求的材料设备时,应要求由承包人负责修复、拆除或重新采购,并承担发生的费用,由此延误的工期不予顺延。

28.5 承包人需要使用代用材料时,应经工程师认可后才能使用,由此增减的合同价款双方以书面形式议定。

28.6 由承包人采购的材料设备,发包人不得指定生产厂或供应商。]

八、工程变更

[**29. 工程设计变更**

29.1 施工中发包人需对原工程设计进行变更,应提前14天以书面形式向承包人发出变更通知。变更超过原设计标准或批准的建设规模时,发包人应报规划管理部门和其他有关部门重新审查批准,并由原设计单位提供变更的相应图纸和说明。承包人按照工程师发出的变更通知及有关要求,应进行下列需要的变更:

(1)更改工程有关部分的标高、基线、位置和尺寸;

(2)增减合同中约定的工程量;

(3)改变有关工程的施工时间和顺序;

(4)其他有关工程变更需要的附加工作。

因变更导致合同价款的增减及造成的承包人损失,由发包人承担,延误的工期相应顺延。

29.2 施工中承包人不得对原工程设计进行变更。因承包人擅自变更设计发生的费用和由此导致发包人的直接损失,由承包人承担,延误的工期不予顺延。

29.3 承包人在施工中提出的合理化建议涉及到对设计图纸或施工组织设计的更改及对材料、设备的换用,须经工程师同意。未经同意擅自更改或换用时,承包人承担由此发生的费用,并赔偿发包人的有关损失,延误的工期不予顺延。

工程师同意采用承包人合理化建议,所发生的费用和获得的收益,发包人承包人另行约定分担或分享。]

[**30. 其他变更**

合同履行中发包人要求变更工程质量标准及发生其他实质性变更,由双方协商解决。]

[**31. 确定变更价款**

31.1 承包人在工程变更确定后14天内,提出变更工程价款的报告,经工程师确认后调整合同价款。变更合同价款按下列方法进行:

(1)合同中已有适用于变更工程的价格,按合同已有的价格变更合同价款;

(2)合同中只有类似于变更工程的价格,可以参照类似价格变更合同价款;

(3)合同中没有适用或类似于变更工程的价格,由承包人提出适当的变更价格,经工程师确认后执行。

31.2 承包人在双方确定变更后14天内不向工程师提出变更工程价款报告时,视为该项变更不涉及合同价款的变更。

31.3 工程师应在收到变更工程价款报告之日起14天内予以确认，工程师无正当理由不确认时，自变更工程价款报告送达之日起14天后视为变更工程价款报告已被确认。

31.4 工程师不同意承包人提出的变更价款，按第37条通用条款37.2款关于争议的约定处理。

31.5 工程师确认增加的工程变更价款作为追加合同价款，与工程款同期支付。

31.6 因承包人自身原因导致的工程变更，承包人无权要求追加合同价款。]

九、竣工验收与结算

32. 竣工验收

32.1 承包人提供竣工图的约定：____

____

[工程具备竣工验收条件，承包人按国家工程竣工验收有关规定，向发包人提供完整的竣工资料及竣工验收报告。双方约定由承包人提供竣工图的，应当在专用条款内约定提供的日期和份数。]

[32.2 发包人收到竣工验收报告后28天内组织有关单位验收，并在验收后14天内给予认可或提出修改意见。承包人按要求修改，并承担由自身原因造成修改的费用。

32.3 发包人收到承包人送交的竣工验收报告后28天内不组织验收，或验收后14天内不提出修改意见，视为竣工验收报告已被认可。

32.4 工程竣工验收通过，承包人送交竣工验收报告的日期为实际竣工日期。工程按发包人要求修改后通过竣工验收的，实际竣工日期为承包人修改后提请发包人验收的日期。

32.5 发包人收到承包人竣工验收报告后28天内不组织验收，从第29天起承担工程保管及一切意外责任。]

32.6 中间交工工程的范围和竣工时间：________________________________

____

[中间交工工程的范围和竣工时间，双方在专用条款内约定，其验收程序按本通用条款32.1款至32.4款办理。]

[32.7 因特殊原因，发包人要求部分单位工程或工程部位甩项竣工的，双方另行签订甩项竣工协议，明确双方责任和工程价款的支付方法。

32.8 工程未经竣工验收或竣工验收未通过的，发包人不得使用。发包人强行使用时，由此发生的质量问题及其他问题，由发包人承担责任。]

[**33. 竣工结算**

33.1 工程竣工验收报告经发包人认可后28天内，承包人向发包人递交竣工结算报告及完整的结算资料，双方按照协议书约定的合同价款及专用条款约定的合同价款调整内容，进行工程竣工结算。

33.2 发包人收到承包人递交的竣工结算报告及结算资料后28天内进行核实，给予确认或者提出修改意见。发包人确认竣工结算报告后通知经办银行向承包人支付工程竣工结算价款。承包入收到竣工结算价款后14天内将竣工工程交付发包人。

33.3 发包人收到竣工结算报告及结算资料后28天内无正当理由不支付工程竣工结算价款，从第29天起按承包人同期向银行贷款利率支付拖欠工程价款的利息，并承担违约责任。

33.4 发包人收到竣工结算报告及结算资料后28天内不支付工程竣工结算价款，承包人可以催告发包人支付结算价款。发包人在收到竣工结算报告及结算资料后56天内仍不支付的，承包人可以与发包人协议将该工程折价，也可以由承包人申请人民法院将该工程依法拍卖，承包人就该工程折价或者拍卖的价款优先受偿。

33.5 工程竣工验收报告经发包人认可后28天内，承包人未能向发包人递交竣工结算报告及完整的结算资料，造成工程竣工结算不能正常进行或工程竣工结算价款不能及时支付，而发包人要求交付工程的，承包人应当交付；发包人不要求交付工程的，承包人承担保管责任。

33.6 发包人承包人对工程竣工结算价款发生争议时，按本通用条款37条关于争议的约定处理。]

[**34. 质量保修**

34.1 承包人应按法律、行政法规或国家关于工程质量保修的有关规定，对交付发包人使用的工程在质量保修期内承担质量保修责任。

34.2 质量保修工作的实施。承包人应在工程竣工验收之前，与发包人签订质量保修书，作为本合同附件(见附件3)。

34.3 质量保修书的主要内容包括：

(1)质量保修项目内容及范围；

(2)质量保修期；

(3)质量保修责任；

(4)质量保修金的支付方法。]

十、违约、索赔和争议

35. 违约

35.1 本合同中关于发包人违约的具体责任如下：

本合同通用条款第24条约定发包人违约应承担的违约责任：____________________

____

本合同通用条款第26.4款约定发包人违约应承担的违约责任：____________________

____

本合同通用条款第33.3款约定发包人违约应承担的违约责任：____________________

____

双方约定的发包人其他违约责任：______________________________

____

[发包人违约当发生下列情况时：

(1)本通用条款第24条提到的发包人不按时支付工程预付款；

(2)本通用条款第26.4款提到的发包人不按合同约定支付工程款，导致施工无法进行；

(3)本通用条款第33.3款提到的发包人无正当理由不支付工程竣工结算价款；

(4)发包人不履行合同义务或不按合同约定履行义务的其他情况。

发包人承担违约责任，赔偿因其违约给承包人造成的经济损失，顺延延误的工期。双方在专用条款内约定发包人赔偿承包人损失的计算方法或者发包人应当支付违约金的数额或计算方法。]

35.2　本合同中关于承包人违约的具体责任如下：

本合同通用条款第14.2款约定承包人违约应承担的违约责任：________________________________

本合同通用条款第15.1款约定承包人违约应承担的违约责任：________________________________

双方约定的承包人其他违约责任：________________________________

[承包人违约当发生下列情况时：

(1)本通用条款第14.2款提到的因承包人原因不能按照协议书约定的竣工日期或工程师同意顺延的工期竣工；

(2)本通用条款第15.1款提到的因承包人原因工程质量达不到协议书约定的质量标准；

(3)承包人不履行合同义务或不按合同约定履行义务的其他情况。

承包人承担违约责任，赔偿因其违约给发包人造成的损失。双方在专用条款内约定承包人赔偿发包人损失的计算方法或者承包人应当支付违约金的数额或计算方法。]

[35.3　一方违约后，另一方要求违约方继续履行合同时，违约方承担上述违约责任后仍应继续履行合同。]

36. 索赔

36.1　当一方向另一方提出索赔时，要有正当索赔理由，且有索赔事件发生时的有效证据。

36.2　发包人未能按合同约定履行自己的各项义务或发生错误，以及应由发包人承担责任的其他情况，造成工期延误和(或)承包人不能及时得到合同价款及承包人的其他经济损失，承包人可按下列程序以书面形式向发包人索赔。

(1)索赔事件发生后28天内，向工程师发出索赔意向通知；

(2)发出索赔意向通知后28天内，向工程师提出延长工期和(或)补偿经济损失的索赔报告及有关资料；

(3)工程师在收到承包人送交的索赔报告和有关资料后，于28天内给予答复，或要求承包人进一步补充索赔理由和证据；

(4)工程师在收到承包人送交的索赔报告和有关资料后28天内未予答复或未对承包人作进一步要求，视为该项索赔已经认可；

(5)当该索赔事件持续进行时，承包人应当阶段性向工程师发出索赔意向，在索赔事件终了后28天内，向工程师送交索赔的有关资料和最终索赔报告。索赔答复程序与(3)、(4)规定相同。

36.3　承包人未能按合同约定履行自己的各项义务或发生错误，给发包人造成经济损失，发包人可按36.2款确定的时限向承包人提出索赔。]

37. 争议

37.1　双方约定，在履行合同过程中产生争议时：

(1)请________________调解；

(2)采取第________________种方式解决，并约定向________________仲裁委员会提请仲裁或向________________人民法院提起诉讼。

[发包人承包人在履行合同时发生争议,可以和解或者要求有关主管部门调解。当事人不愿和解、调解或者和解、调解不成的,双方可以在专用条款内约定以下一种方式解决争议:

第一种解决方式:双方达成仲裁协议,向约定的仲裁委员会申请仲裁;

第二种解决方式:向有管辖权的人民法院起诉。]

[37.2　发生争议后,除非出现下列情况的,双方都应继续履行合同,保持施工连续,保护好已完工程:

(1)单方违约导致合同确已无法履行,双方协议停止施工;

(2)调解要求停止施工,且为双方接受;

(3)仲裁机构要求停止施工;

(4)法院要求停止施工。]

十一、其他

38. 工程分包

38.1　本工程发包人同意承包人分包的工程:______________________________

____

分包施工单位为:______________________________

[承包人按专用条款的约定分包所承包的部分工程,并与分包单位签订分包合同。

非经发包人同意,承包人不得将承包工程的任何部分分包。]

[38.2　承包人不得将其承包的全部工程转包给他人,也不得将其承包的全部工程肢解以后以分包的名义分别转包给他人。

38.3　工程分包不能解除承包人任何责任与义务。承包人应在分包场地派驻相应管理人员,保证本合同的履行。分包单位的任何违约行为或疏忽导致工程损害或给发包人造成其他损失,承包人承担连带责任。

38.4　分包工程价款由承包人与分包单位结算。发包人未经承包人同意不得以任何形式向分包单位支付各种工程款项。]

39. 不可抗力

39.1　双方关于不可抗力的约定:______________________________

____

[不可抗力包括因战争、动乱、空中飞行物体坠落或其他非发包人承包人责任造成的爆炸、火灾,以及专用条款约定的风、雨、雪、洪、震等自然灾害。]

[39.2　不可抗力事件发生后,承包人应立即通知工程师,并在力所能及的条件下迅速采取措施,尽力减少损失,发包人应协助承包人采取措施。工程师认为应当暂停施工的,承包人应暂停施工。不可抗力事件结束后48小时内承包人向工程师通报受害情况和损失情况,以及预计清理和修复的费用。不可抗力事件如持续发生,承包人应每隔7天向工程师报告一次受害情况。不可抗力事件结束后14天内,承包人向工程师提交清理费用和修复费用的正式报告及有关资料。]

[39.3　因不可抗力事件导致的费用及延误的工期由双方按以下方法分别承担:

(1)工程本身的损害、因工程损害导致第三方人员伤亡和财产损失,以及运至施工场地用于施工的材料和待安装的设备的损害,由发包人承担;

(2)发包人承包人人员伤亡由其所在单位负责,并承担相应费用;

(3)承包人机械设备损坏及停工损失,由承包人承担;

(4)停工期间,承包人应向工程师要求留在施工场地的必要的管理人员及保卫人员的费用由发包人承担;

(5)工程所需清理、修复费用,由发包人承担;

(6)延误的工期相应顺延。

[39.4 因合同一方迟延履行合同后发生不可抗力的,不能免除迟延履行方的相应责任。]

40. 保险

[40.1 工程开工前,发包人为建设工程和施工场地内的自有人员及第三方人员生命财产办理保险,支付保险费用。

40.2 运至施工场地内用于工程的材料和待安装设备,由发包人办理保险,并支付保险费用。

40.3 发包人可以将有关保险事项委托承包人办理,费用由发包人承担。

40.4 承包人必须为从事危险作业的职工办理意外伤害保险,并为施工场地内自有人员生命财产和施工机械设备办理保险,支付保险费用。

40.5 保险事故发生时,发包人承包人有责任尽力采取必要的措施,防止或者减少损失。]

40.6 本工程双方约定投保内容如下:

(1)发包人投保内容:________________________________

____

发包人委托承包人办理的保险事项:____________________________

____

(2)承包人投保内容:________________________________

____

[具体投保内容和相关责任,发包人承包人在专用条款中约定。]

41. 担保

[41.1 发包人承包人为了全面履行合同,应互相提供以下担保:

(1)发包人向承包人提供履约担保,按合同约定支付工程价款及履行合同约定的其他义务。

(2)承包人向发包人提供履约担保,按合同约定履行自己的各项义务。

41.2 一方违约后,另一方可要求提供担保的第三方承担相应责任。]

41.3 本工程双方约定担保事项如下:

(1)发包人向承包人提供履约担保,担保方式为:________________

________________________________担保合同作为本合同附件。

(2)承包人向发包人提供履约担保,担保方式为:________________

________________________________担保合同作为本合同附件。

(3)双方约定的其他担保事项:____________________________

____

[提供担保的内容、方式和相关责任,发包人承包人除在专用条款中约定外,被担保方与担保方还应签订担保合同,作为本合同附件。]

[42. **专利技术及特殊工艺**

42.1 发包人要求使用专利技术或特殊工艺，应负责办理相应的申报手续，承担申报、试验、使用等费用；承包人提出使用专利技术或特殊工艺，应取得工程师认可，承包人负责办理申报手续并承担有关费用。

42.2 擅自使用专利技术侵犯他人专利权的，责任者依法承担相应责任。]

[43. **文物和地下障碍物**

43.1 在施工中发现古墓、古建筑遗址等文物及化石，或其他有考古、地质研究等价值的物品时，承包人应立即保护好现场并于4小时内以书面形式通知工程师，工程师应于收到书面通知后24小时内报告当地文物管理部门，发包人承包人按文物管理部门的要求采取妥善的保护措施。发包人承担由此发生的费用，顺延延误的工期。

如发现后隐瞒不报，致使文物遭受破坏，责任者依法承担相应的责任。

43.2 施工中发现影响施工的地下障碍物时，承包人应于8小时内以书面形式通知工程师，同时提出处置方案，工程师收到处置方案后24小时内予以认可或提出修正方案。发包人承担由此发生的费用，顺延延误的工期。

所发现的地下障碍物有归属单位时，发包人应报请有关部门协同处置。]

[44. **合同解除**

44.1 发包人承包人协商一致，可以解除合同。

44.2 发生本通用条款第26.4款情况，停止施工超过56天，发包人仍不支付工程款（进度款），承包人有权解除合同。

44.3 发生本通用条款第38.2款禁止的情况，承包人将其承包的全部工程转包给他人或者肢解以后以分包的名义分别转包给他人，发包人有权解除合同。

44.4 有下列情形之一的，发包人承包人可以解除合同：

(1)因不可抗力致使合同无法履行；

(2)因一方违约（包括因发包人原因造成工程停建或缓建）致使合同无法履行。

44.5 一方依据44.2、44.3、44.4款约定要求解除合同的，应以书面形式向对方发出解除合同的通知，并在发出通知前7天告知对方，通知到达对方时合同解除。对解除合同有争议的，按本通用条款第37条关于争议的约定处理。

44.6 合同解除后，承包人应妥善做好已完工程和已购材料、设备的保护和移交工作，按发包人要求将自有机械设备和人员撤出施工场地。发包人应为承包人撤出提供必要条件，支付以上所发生的费用，并按合同约定支付已完工程价款。已经订货的材料、设备由订货方负责退货或解除订货合同，不能退还的货款和因退货、解除订货合同发生的费用，由发包人承担，因未及时退货造成的损失由责任方承担。除此之外，有过错的一方应当赔偿因合同解除给对方造成的损失。

44.7 合同解除后，不影响双方在合同中约定的结算和清理条款的效力。]

[45. **合同生效与终止**

45.1 双方在协议书中约定合同生效方式。

45.2 除本通用条款第34条外，发包人承包履行合同全部义务，竣工结算价款支付完毕，承包人向发包人交付竣工工程后，本合同即告终止。

45.3 合同的权利义务终止后，发包人承包人应当遵循诚实信用原则，履行通知、协助、保密等义务。]

46. 合同份数

46.1 双方约定合同副本份数：________________________________

____

[本合同正本两份，具有同等效力，由发包人承包人分别保存一份。

本合同副本份数，由双方根据需要在专用条款内约定。]

47. 补充条款

____

____

[双方根据有关法律、行政法规规定，结合工程实际，经协商一致后，可对本通用条款内容具体化、补充或修改，在专用条款内约定。]

附件 1

承包人承揽工程项目一鉴表

单位工程名称	建设规模	建筑面积(m^2)	结构	层数	跨度(m)	设备安装内容	工程造价(元)	开工日期	竣工日期

附件 2

发包人供应材料设备一览表

序号	材料设备品种	规格型号	单位	数量	单价	质量等级	供应时间	送达地点	备注

附件3

工程质量保修书

发包人(全称):________________________________

承包人(全称):________________________________

为保证______(工程名称)______在合理使用期限内正常使用,发包人承包人协商一致签订工程质量保修书.承包人在质量保修期内按照有关管理规定及双方约定承担工程质量保修责任。

一、工程质量保修范围和内容

质量保修范围包括地基基础工程、主体结构工程、屋面防水工程和双方约定的其他土建工程,以及电气管线、上下水管线的安装工程,供热、供冷系统工程等项目。具体质量保修内容双方约定如下:

____

____

二、质量保修期

质量保修期从工程实际竣工之日算起。分单项竣工验收的工程,按单项工程分别计算质量保修期。

双方根据国家有关规定,结合具体工程约定质量保修期如下:

1. 土建工程为____________________年,屋面防水工程为____________________年。

2. 电气管线、上下水管线安装工程为____________________。

3. 供热及供冷为____________________个采暖期及供冷期。

4. 室外的上下水管和小区道路等市政公用工程为______________年。

5. 其他约定:____

____

三、质量保修责任

1. 属于保修范围和内容的项目,承包人应在接到修理通知之日后7天内派人修理。承包人不在约定期限内派人修理,发包人可委托其他人员修理,保修费用从质量保修金扣除。

2. 发生须紧急抢修事故(如上水管跑水、暖气漏水漏气、燃气漏气等),承包人接到事故通知后,应立即到达事故现场抢修。非承包人施工质量引起的事故,抢修费用由发包人承担。

3. 在国家规定的工程合理使用期限内,承包人确保地基基础工程和主体结构的质量。因承包人原因致使工程在合理使用期限内造成人身和财产损害的,承包人应承担损害赔偿责任。

四、质量保修金的支付

工程质量保修金一般不超过施工合同价款的3%,本工程约定的工程质量保修金为施工合同价款的______%。

本工程双方约定承包人向发包人支付工程质量保修金金额为____________________(大写)。质量保修金银行利率为____________________。

五、质量保修金的返还

发包人在质量保修期满后14天内,将剩余保修金和利息返还承包人。

六、其他

双方约定的其他工程质量保修事项：____

____

本工程质量保修书作为施工合同附件，由施工合同发包人承包人双方共同签署。

发　包　人（公章）：　　　　　　　　承　包　人（公章）：

法定代表人（签字）：　　　　　　　　法定代表人（签字）：

______年____月____日　　　　　　　　______年____月____日

5.2.4　建筑装饰工程施工合同示范文本

针对建筑市场施工合同不规范的情况，建设部和国家工商行政管理局于 1996 年制定了《建筑装饰工程施工合同》示范文本，以及文本的使用说明，详见建监［1996］585 号。

［附件二十一］

建　　设　　部
国家工商行政管理局　文件

建监［1996］585 号

关于印发建筑装饰工程施工合同示范文本的通知

各省、自治区、直辖市建委（建设厅）、工商行政管理局，计划单列市建委（建设局）、工商行政管理局，国务院有关部门建设司：

为了规范建筑装饰工程市场行为，维护承发包双方权益，现将建筑装饰工程施工合同甲种本（GF－96—0205）和乙种本（GF－96—0206）两个示范文本印发给你们。建筑装饰工程施工合同甲种本适用于大中型建筑装饰工程，乙种本适用于小型建筑装饰工程。大中小型工程的界定，建议以工程造价为界定依据，由各地区、各部门具体规定。

各省、自治区、直辖市工商行政管理局应会同建设行政主管部门做好建筑装饰工程施工合同甲种本和乙种本的印刷和发放工作。在建筑装饰工程施工合同示范文本施行中，各地要加强管理，认真做好审查和监督工作，施行过程中的问题和意见，请及时反馈给我们。

附件一：建筑装饰工程施工合同（甲种本）（GF－96—0205）

附件二：建筑装饰工程施工合同（乙种本）（GF－96—0206）

附件三：建筑装饰工程施工合同示范文本使用说明

一九九六年十一月十二日

附件一：CF—96—0205

建筑装饰工程施工合同

（甲种本）

第一部分　合同条件

一、词语含义及合同文件

第一条　词语含义。在本合同中，下列词语除协议条款另有约定外，应具有本条所赋予的含义：

1. 合同：是指为实施工程，发包方和承包方之间达成的明确相互权利和义务关系的协议。包括合同条件、协议条款以及双方协商同意的与合同有关的全部文件。

2. 协议条款：是指结合具体工程，除合同条件外，经发包方和承包方协商达成一致意见的条款。

3. 发包方（简称甲方）：协议条款约定的具有工程发包主体资格和支付工程价款能力的当事人。

甲方的具体身份、发包范围、权限、性质均需在协议条款内约定。

4. 承包方（简称乙方）：协议条款约定的具有工程承包主体资格并被甲方接受的当事人。

5. 甲方驻工地代表（简称甲方代表）：甲方在协议条款内指定的履行合同的负责人。

6. 乙方驻工地代表（简称乙方代表）：乙方在协议条款内指定的履行合同的负责人。

7. 社会监理：甲方委托具备法定资格的工程建设监理单位对工程进行的监理。

8. 总监理工程师：工程建设监理单位委派的监理总负责人。

9. 设计单位：甲方委托的具备与工程相应资质等级的设计单位。

本合同工程的装饰或二次及以上的装饰，甲方委托乙方部分或全部设计，且乙方具备相应设计资质，甲、乙双方另行签订设计合同。

10. 工程：是指为使建筑物、构筑物内、外空间达到一定的环境质量要求，使用装饰装修材料，对建筑物、构筑物外表和内部进行修饰处理的工程，包括对旧有建筑物及其设施表面的装饰处理。

11. 工程造价管理部门：各级建设行政主管部门或其授权的建设工程造价管理部门。

12. 工程质量监督部门：各级建设行政主管部门或其授权的建设工程质量监督机构。

13. 合同价款：甲、乙双方在协议条款内约定的、用以支付乙方按照合同要求完成全部工程内容的价款总额。招标工程的合同价款为中标价格。

14. 追回合同价款：在施工中发生的、经甲方确认后按计算合同价款的方法增加的合同价款。

15. 费用：甲方在合同价款之外需要直接支付的开支或乙方应承担的开支。

16. 工期：协议条款约定的，按总日历天数（包括一切法定节假日在内）计算的工期天数。

17. 开工日期：协议条款约定的绝对或相对的工程开工日期。

18. 竣工日期：协议条款约定的绝对或相对的工程竣工日期。

19. 图纸：由甲方提供或乙方提供经甲方代表批准，乙方用以施工的所有图纸(包括配套说明和有关资料)。

20. 分段或分部工程：协议条款约定构成全部工程的任何分段或分部工程。

21. 施工场地：由甲方提供，并在协议条款内约定，供乙方施工、操作、运输、堆放材料的场地及乙方施工涉及的周围场地(包括一切通道)。

22. 施工设备和设施：按协议条款约定，由甲方提供给乙方施工和管理使用的设备或设施。

23. 工程量清算：发包方在招标文件中提供的、按法定的工程量计算方法(规则)计算的全部工程的分部分项工程量明细清单。

24. 书面形式：根据合同发生的手写、打印、复写、印刷的各种通知、证明、证书、签证、协议、备忘录、函件及经过确认的会议纪要、电报、电传等。

25. 不可抗力：指因战争、动乱、空中飞行物坠落或其他非甲乙方责任造成的爆炸、火灾，以及协议条款约定的自然灾害等。

第二条 合同文件及解释顺序。合同文件应能相互解释，互为说明。除合同另有约定外，其组成和解释顺序如下：

1. 协议条款；
2. 合同条件；
3. 洽商、变更等明确双方权利、义务的纪要、协议；
4. 建设工程施工合同；
5. 监理合同；
6. 招标发包工程的招标文件、投标书和中标通知书；
7. 工程量清单或确定工程造价的工程预算书和图纸；
8. 标准、规范和其他有关技术经济资料、要求；

当合同文件出现含糊不清或不一致时，由双方协商解决，协商不成时，按协议条款第35条约定的办法解决。

第三条 合同文件使用的语言文字、标准和适用法律。合同文件使用汉语或协议条款约定的少数民族语言书写、解释和说明。

施工中必须使用协议条款约定的国家标准、规范。没有国家标准、规范时，有行业标准、规范的，使用行业标准、规范；没有国家和行业标准、规范的，使用地方的标准、规范。

甲方应按协议条款约定的时间向乙方提供一式两份约定的标准、规范。

国内没有相应标准、规范时，乙方应按协议条款约定的时间和要求提出施工工艺，经甲方代表和设计单位批准后执行。甲方要求使用国外标准、规范的，应负责提供中文译本。本条所发生购买、翻译和制定标准、规范的费用，均由甲方承担。

适用于合同文件的法律是国家的法律、法规(含地方法规)，及协议条款约定的规章。

第四条 图纸。甲方在开工日期7天之前按协议条款约定的日期和份数，向乙方提供完整的施工图纸。乙方需要超过协议条款双方约定的图纸份数，甲方应代为复制，复制费用由乙方承担。

使用国外或境外图纸，不能满足施工需要时，双方在协议条款内约定复制、重新绘制、翻译、购买标准图纸等的责任和费用承担。

二、双方一般责任

第五条 甲方代表。甲方代表按照以下要求，行使合同约定的权利，履行合同约定的义务：

1. 甲方代表可委派有关具体管理人员，行使自己部分权利和职责，并可在任何时候撤回这种委派。委派和撤回均应提前 7 天通知乙方。

2. 甲方代表的指令、通知由其本人签字后，以书面形式交给乙方代表，乙方代表在回执上签署姓名和收到时间后生效。确有必要时，甲方代表可发出口头指令，并在 48 小时内给予确认，乙方对甲方代表的指令应予执行。甲方代表不能及时给予书面确认，乙方应于甲方代表发出口头指令后 7 天内提出书面确认要求，甲方代表在乙方提出确认要求 24 小时后不予答复，视为乙方要求已被确认。乙方认为甲方代表指令不合理，应在收到指令后 24 小时内提出书面申告，甲方代表在收到乙方申告后 24 小时内作出修改指令或继续执行原指令的决定，并以书面形式通知乙方。紧急情况下，甲方代表要求乙方立即执行的指令或乙方虽有异议，但甲方代表决定仍继续执行的指令，乙方应予执行。因指令错误而发生的追加合同价款和对乙方造成的损失由甲方承担，延误的工期相应顺延。

3. 甲方代表应按合同约定，及时向乙方提供所需指令、批文、图纸并履行其他约定的义务。否则乙方在约定时间后 24 小时内将具体要求、需要的理由和延误的后果通知甲方代表，甲方代表收到通知后 48 小时内不予答复，应承担由此造成的追加合同价款，并赔偿乙方的有关损失，延误的工期相应顺延。

甲方代表易人，甲方应于易人前 7 天通知乙方，后任继续履行合同文件约定的前任的权利和义务。

第六条 委托监理。本工程甲方委托监理，应与监理单位签订监理合同。并在本合同协议条款内明确监理单位、总监理工程师及其应履行的职责。

本合同中总监理工程师和甲方代表的职责不能相互交叉。

非经甲方同意，总监理工程师及其代表无权解除本合同中乙方的任何义务。

合同履行中，发生影响甲、乙双方权利和义务的事件时，总监理工程师应作出公正的处理。

为保证施工正常进行，甲、乙双方应尊重总监理工程师的决定。对总监理工程师的决定有异议时，按协议条款的约定处理。

总监理工程师易人，甲方接到监理单位通知后应同时通知乙方，后任继续履行赋予前任的权利和义务。

第七条 乙方驻工地代表。乙方任命驻工地负责人，按以下要求行使合同约定的权利，履行合同约定的义务：

1. 乙方的要求、请求和通知，以书面形式由乙方代表签字后送甲方代表，甲方代表在回执上签署姓名及收到时间后生效。

2. 乙方代表按甲方代表批准的施工组织设计（或施工方案）和依据合同发出的指令、要求组织施工。在情况紧急且无法与甲方代表联系的情况下，可采取保护人员生命和工程、财产安全的紧急措施，并在采取措施后 24 小时内向甲方代表送交报告。责任在甲方，由甲方承担由此发生的追加合同价款，相应顺延工期；责任在乙方，由乙方承担费用。

乙方代表易人，乙方应于易人前 7 天通知甲方，后任继续履行合同文件约定的前任的权利和义务。

第八条 甲方工作。甲方按协议条款约定的内容和时间,一次或分阶段完成以下工作:

1.提供施工所需的场地,并清除施工场地内一切影响乙方施工的障碍;或承担乙方在不腾空的场地内施工采取的相应措施所发生的费用,一并计入合同价款内;

2.向乙方提供施工所需水、电、热力、电讯等管道线路,从施工场地外部接至协议条款约定的地点,并保证乙方施工期间的需要;

3.负责本工程涉及的市政配套部门及当地各有关部门的联系和协调工作;

4.协调施工场地内各交叉作业施工单位之间的关系,保证乙方按合同的约定顺利施工;

5.办理施工所需的有关批件、证件和临时用地等的申请报批手续;

6.组织有关单位对图纸会审,向乙方进行设计交底;

7.向乙方有偿提供协议条款约定的施工设备和设施。

甲方不按协议条款约定的内容和时间完成以上工作,造成工期延误,承担由此造成的追加合同价款,并赔偿乙方有关损失,工期相应顺延。

第九条 乙方工作。乙方按协议条款约定的时间和要求做好以下工作:

1.在其设计资格证书允许的范围内,按协议条款的约定完成施工图设计或与工程配套的设计,经甲方代表批准后使用;

2.向甲方代表提供年、季、月度工程进度计划及相应统计报表和工程事故报告;

3.在腾空后单独由乙方施工的施工场地内,按工程和安全需要提供和维修非夜间施工使用的照明、看守、围栏和警卫。乙方未履行上述义务造成工程、财产和人身伤害,由乙方承担责任及所发生的费用;

在新建工程或不腾空的建筑物内施工时,上述设施和人员由建筑工程承包人或建筑物使用单位负责,乙方不承担任何责任和费用;

4.遵守地方政府和有关部门对施工场地交通和施工噪音等管理规定,经甲方代表同意,需办理手续的,由甲方承担由此发生的费用。因乙方责任造成的罚款除外;

5.遵守政府和有关部门对施工现场的一切规定和要求,承担因自身原因违反有关规定造成的损失和罚款;

6.按协议条款的约定保护好建筑物结构和相应管线、设备;

7.已竣工工程未交付甲方验收之前,负责成品保护,保护期间发生损坏,乙方自费予以修复。第三方原因造成损坏,通过甲方协调,由责任方负责修复;或乙方修复,由甲方承担追加合同价款。要求乙方采取特殊措施保护的分段或分部工程,其费用由甲方承担并在协议条款内约定。甲方在竣工验收前使用,发生损坏的修理费用,由甲方承担。由于乙方不履行上述义务,造成工期延误和经济损失,责任由乙方承担。

三、施工组织设计和工期

第十条 施工组织设计及进度计划。乙方应在协议条款约定的日期,将施工组织设计(或施工方案)和进度计划提交甲方代表。甲方代表应按协议条款约定的时间予以批准或提出修改意见,逾期不批复,可视为该施工组织设计(或施工方案)和进度计划已经批准。乙方必须按批准的进度计划组织施工,接受甲方代表对进度的检查、监督。工程实际进展与计划不符时,乙方应按甲方代表的要求提出措施,甲方代表批准后执行。

第十一条 延期开工。乙方按协议条款约定的开工日期开始施工。乙方不能按时开工，应在协议条款约定的开工日期7天前，向甲方代表提出延期开工的理由和要求，甲方代表在7天内答复乙方。甲方代表7天内不予答复，视为已同意乙方要求，工期相应顺延。甲方代表不同意延期要求或乙方未在规定时间内提出延期开工要求，竣工工期不予顺延。

甲方征得乙方同意并以书面形式通知乙方后，可要求推迟开工日期，承担乙方因此造成的追加合同价款，相应顺延工期。

第十二条 暂停施工。甲方代表在确有必要时，可要求乙方暂停施工，并在提出要求后48小时内提出处理意见。乙方应按甲方要求停止施工，并妥善保护已完工工程。乙方实施甲方代表处理意见后，可提出复工要求，甲方代表应在48小时内给予答复。甲方代表未能在规定时间内提出处理意见，或收到乙方复工要求后48小时内未予答复，乙方可自行复工。停工责任在甲方，由甲方承担追加合同价款，相应顺延工期；停工责任在乙方，由乙方承担发生的费用。因甲方代表不及时作出答复，施工无法进行，乙方可认为甲方已部分或全部取消合同，由甲方承担违约责任。

第十三条 工期延误。由于以下原因造成工期延误，经甲方代表确认，工期相应顺延。

1. 甲方不能按协议条款的约定提供开工条件；
2. 工程量变化和设计变更；
3. 一周内，非乙方原因停水、停电、停气造成停工累计超过8小时；
4. 工程款未按时支付；
5. 不可抗力；
6. 其他非乙方原因的停工。

乙方在以上情况发生后7天内，就延误的内容和因此发生的追加合同价款向甲方代表提出报告，甲方代表在收到报告后7天内予以确认、答复，逾期不予答复，乙方可视为延期及要求已被确认。

非上述原因，工程不能按合同工期竣工，乙方按协议条款约定承担违约责任。

第十四条 工期提前，施工中如需提前竣工，双方协商一致后应签订提前竣工协议。乙方按协议修订进度计划，报甲方批准，甲方应在7天内给予批准，并为赶工提供方便条件。提前竣工协议包括以下主要内容：

1. 提前的时间；
2. 乙方采取的赶工措施；
3. 甲方为赶工提供的条件；
4. 赶工措施的追加合同价款和承担；
5. 提前竣工受益（如果有）的分享。

四、质量与检验

第十五条 工程样板。按照协议条款规定，乙方制作的样板间，经甲方代表检验合格后，由甲乙双方封存。样板间作为甲方竣工验收的实物标准。制作样板间的全部费用，由甲方承担。

第十六条 检查和返工。乙方应认真按照标准、规范、设计和样板间的标准要求以及甲方代表依据合同发出的指令施工，随时接受甲方代表及其委派人员检查检验，为检查检验提供便利条件，并按甲方代表及其委派人员的要求返工、修改，承担因自身原因导致返工、修改的费用。因甲方不正确纠正或其他原因引起的追加合同价款，由甲方承担。

以上检查检验合格后，又发现由乙方原因引起的质量问题，仍由乙方承担责任和发生的费用，赔偿甲方的有关损失，工期相应顺延。

检查检验合格后再进行检查检验应不影响施工的正常进行，如影响施工的正常进行，检验不合格，影响的施工费用由乙方承担。除此之外影响正常施工的追加合同价款由甲方承担，相应顺延工期。

第十七条 工程质量等级。工程质量应达到国家或专业的质量检验评定标准的合格条件。甲方要求部分或全部工程质量达到优良标准，应支付由此增加的合同价款，对工期有影响的应给予相应的顺延。

达不到约定条件的部分，甲方代表一经发现，可要求乙方返工，乙方应按甲方代表要求返工，直到符合约定条件。因乙方原因达不到约定条件，由乙方承担返工费用，工期不予顺延。返工后仍不能达到约定条件，乙方承担违约责任。因甲方原因达不到约定条件，由甲方承担返工的追加合同价款，工期相应顺延。

双方对工程质量有争议，请协议条款约定的质量监督部门调解，调解费用及因此造成的损失，由责任一方承担。

第十八条 隐蔽工程和中间验收。工程具有隐蔽条件或达不到协议条款约定的中间验收部位，乙方自检合格后，在隐蔽和中间验收48小时前通知甲方代表参加。通知包括乙方自检记录、隐蔽和中间验收的内容、验收时间和地点。乙方准备验收记录。验收合格，甲方代表在验收记录上签字后，方可进行隐蔽和继续施工。验收不合格，乙方在限定时间内修改后重新验收。工程符合规范要求，验收24小时后，甲方代表不在验收记录上签字，可视为甲方代表已经批准，乙方可进行隐蔽或继续施工。

甲方代表不能按时参加验收，须在开始验收24小时之前向乙方提出延期要求，延期不能超过两天。甲方代表未能按以上时间提出延期要求，不参加验收，乙方可自行组织验收，甲方应承认验收记录。

第十九条 重新检验。无论甲方代表是否参加验收，当其提出对已经验收的隐蔽工程重新检验的要求时，乙方应按要求进行剥露，并在检验后重新隐蔽或修复后隐蔽。检验合格，甲方承担由此发生的追加合同价款，赔偿乙方损失并相应顺延工期。检验不合格，乙方承担发生的费用，工期也不顺延。

五、合同价款及支付方式

第二十条 合同价款与调整。合同价软及支付方式在协议条款内约定后，任何一方不得擅自改变。发生下列情况之一的可作调整：

1. 甲方代表确认的工程量增减；
2. 甲方代表确认的设计变更或工程洽商；
3. 工程造价管理部门公布的价格调整；
4. 一周内非乙方原因造成停水、停电、停气累计超过8小时；
5. 协议条款约定的其他增减或调整。

双方在协议条款内约定调整合同价款的方法及范围。乙方在需要调整合同价款时，在协议条款约定的天数内，将调整的原因、金额以书面形式通知甲方代表，甲方代表批准后通知经办银行和乙方。甲方代表收到乙方通知7天不作答复，视为已经批准。

对固定价格合同，双方应在协议条款内约定甲方给予乙方的风险金额或按合同价款一定比例约定风险系数，同时双方约定乙方在固定价格内承担的风险范围。

第二十一条 工程款预付。甲方按协议条款约定的时间和数额，向乙方预付工程款，开工后按协议条款约定的时间和比例逐次扣回。甲方不按协议条款约定预付工程款，乙方在约定预付时间7天后向甲方发出要求预付工程款的通知，甲方在收到通知后仍不能按要求预付工程款，乙方可在发出通知7天后停止施工，甲方从应付之日起向乙方支付应付的利息并承担违约责任。

第二十二条 工程量的核实确认。乙方按协议条款约定的时间，向甲方代表提交已完工程量的报告。甲方代表接到报告后7天内按设计图纸核实已完工程数量（以下简称计量），并提前24小时通知乙方。乙方为计量提供便利条件并派人参加。

乙方无正当理由不参加计量，甲方代表自行进行，计量结果视为有效，作为工程价款支付的依据。甲方代表收到乙方报告后7天内未进行计量，从第8天起，乙方报告中开列的工程量视为已被确认，作为工程款支付的依据。甲方代表不按约定时间通知乙方，使乙方不能参加计量，计量结果无效。

甲方代表对乙方超出设计图纸要求增加的工程量和自身原因造成的返工的工程量不予计量。

第二十三条 工程款支付。甲方按协议条款约定的时间和方式，根据甲方代表确认的工程量，以构成价款相应项目的单价和取费标准计算出工程价款，经甲方代表签字后支付。甲方在计量签字后7天内不予支付，乙方可向甲方发出要求付款通知，甲方在收到通知后仍不能按要求支付，乙方可在发出通知7天后停止施工，甲方承担违约责任。

经乙方同意并签订协议，甲方可延期付款。协议需明确约定付款日期，并由甲方支付给乙方从计量结果签字后第8天起计算的应付工程价款利息。

六、材料供应

第二十四条 材料样品或样本。不论甲乙任何一方供应都应事先提供材料样品或样本，经双方验收后封存，作为材料供应和竣工验收的实物标准。甲方或设计单位指定的材料品种，由指定者提供指定式样、色调和规格的样品或样本。

第二十五条 甲方提供材料。甲方按照协议条款约定的材料种类、规格、数量、单价、质量等级和提供时间、地点的清单，向乙方提供材料及其产品合格证明。甲方代表在所提供材料验收24小时前将通知送达乙方，乙方派人与甲方一起验收。无论乙方是否派人参加验收，验收后均由乙方妥善保管，甲方支付相应的保管费用。发生损坏或丢失，由乙方负责赔偿。甲方不按规定通知乙方验收，乙方不负责材料设备的保管，损坏或丢失由甲方负责。

甲方供应的材料与清单或样品不符，按下列情况分别处理：

1. 材料单价与清单不符，由甲方承担所有差价；

2. 材料的种类、规格、型号、质量等级与清单或样品不符，乙方可拒绝接收保管，由甲方运出施工现场重新采购；

3. 到货地点与清单不符，甲方负责倒运至约定地点；

4. 供应数量少于清单约定数量时，甲方将数量补齐；多于清单数量时，甲方负责将多余部分运出施工场地。

5. 供应时间早于清单约定时间，甲方承担因此发生的保管费用。

因以上原因或迟于清单约定时间供应而导致的追加合同价款，由甲方承担。发生延误，工期相应顺延，并由甲方赔偿乙方由此造成的损失。

乙方检验通过之后仍发现有与清单和样品的规格、质量等级不符的情况，甲方还应承担重新采购及返工的追加合同价款，并相应顺延工期。

第二十六条 乙方供应材料。乙方根据协议条款约定，按照设计、规范和样品的要求采购工程需要的材料，并提供产品合格证明。在材料设备到货24小时前通知甲方代表验收。对与设计、规范和样品要求不符的产品，甲方代表应停止使用，由乙方按甲方代表要求的时间运出现场，重新采购符合要求的产品，承担由此发生的费用，工期不予顺延。甲方未能按时到场验收，以后发现材料不符合规范、设计和样品要求，乙方仍应拆除、修复及重新采购，并承担发生的费用。由此延误的工期相应顺延。

第二十七条 材料试验。对于必须经过试验才能使用的材料，不论甲乙双方任何一方供应，按协议条款的约定，由乙方进行防火阻燃、毒性反应等测试。不具备测试条件的，可委托专业机构进行测试，费用由甲方承担。测试结果不符合的材料，凡未采购的应停止采购，凡已采购运至现场的，应立即由采购方运出现场，因此造成的全部材料采购费用，由采购方承担。甲方或设计单位指定的材料不合格，由甲方承担全部材料采购费用。

七、设计变更

第二十八条 甲方变更设计。甲方变更设计，应在该项工程施工前7天通知乙方。乙方已经施工的工程，甲方变更设计应及时通知乙方，乙方在接到通知后立即停止施工。

由于设计变更造成乙方材料积压，应由甲方负责处理，并承担全部处理费用。

由于设计变更，造成乙方返工需要的全部追加合同价款和相应损失均由甲方承担，相应顺延工期。

第二十九条 乙方变更设计。乙方提出合理化建议涉及到变更设计和对原定材料的换用，必须经甲方代表及有关部门批准。合理化建议节约的金额，甲乙双方协商分享。

第三十条 设计变更对工程的影响。所有设计变更，双方均应办理变更洽商签证。发生设计变更后，乙方按甲方代表的要求，进行下列对工程影响的变更：

1. 增减合同中约定的工程数量；
2. 更改有关工程特性、质量、规格；
3. 更改有关部分的标高、基线、位置和尺寸；
4. 增加工程需要的附加工作；
5. 改变有关工程施工时间和顺序。

第三十一条 确定变更合同价款及工期。

发生设计变更后，在双方协商时间内，乙方按下列方法提出变更价格，送甲方代表批准后调整合同价款：

1. 合同中已有适用于变更工程的价格，按合同已有的价格变更合同价款；
2. 合同中只有类似于变更情况的价格，可以此作为基础确定变更价格，变更合同价款；
3. 合同中没有适用和类似的价格，由乙方提出适当的变更价格，送甲方代表批准后执行。

设计变更影响到工期，由乙方提出变更工期，在乙方提出后7天内通知乙方提请工程造价管理部门或有关工期管理部门裁定，对裁定的异议，按第35条约定的方法解决。

八、竣工与结算

第三十二条 竣工验收。工程具备竣工验收条件,乙方按国家工程竣工验收有关规定,向甲方代表提供完整竣工资料和竣工验收报告。按协议条款约定的日期和份数向甲方提交竣工图。甲方代表收到竣工验收报告后,在协议条款约定的时间内组织有关部门验收,并在验收后7天内给予批准或提出修改意见。乙方按要求修改,并承担自身原因造成修改的费用。

甲方代表在收到乙方送交的竣工验收报告7天内无正当理由不组织验收,或验收后7天内不予批准且不能提出修改意见,视为竣工验收报告已被批准,即可办理结算手续。

竣工日期为乙方送交竣工验收报告的日期,需修改后才能达到竣工要求的,应为乙方修改后提请甲方验收的日期。

甲方不能按协议条款约定日期组织验收,应从约定期限最后一天的次日起承担保管费用。

因特殊原因,部分工程或部位须甩项竣工时,双方订立甩项竣工协议,明确各方责任。

第三十三条 竣工结算。竣工报告批准后,乙方应按国家有关规定或协议条款约定的时间、方式向甲方代表提出结算报告,办理竣工结算。甲方代表收到结算报告后应在7天内给予批准或提出修改意见,在协议条款约定时间内将拨款通知送经办银行支付工程款,并将副本送乙方。乙方收到工程款14天内将竣工工程交付甲方。

甲方无正当理由收到竣工报告后14天内不办理结算,从第15天起按施工企业向银行同期贷款的最高利率支付工程款的利息,并承担违约责任。

第三十四条 保修。乙方按国家有关规定和协议条款约定的保修项目、内容、范围、期限及保管金额和支付办法,进行保修并支付保修金。

保修期从甲方代表在最终验收记录上签字之日算起。分单项验收的工程,按单项工程分别计算保修期。

保修期内,乙方应在接到修理通知之后7天内派人修理,否则,甲方可委托其他单位或人员修理。因乙方原因造成返修的费用,甲方在保修金内扣除,不足部分,由乙方交付。因乙方之外原因造成返修的费用,由甲方承担。

采取按合同价款约定比率,在甲方应付乙方工程款内预留保修金办法的,甲方应在保修期满后14天内结算,将剩余保修金和按协议条款约定利率计算的利息一起退还乙方。

九、争议、违约和索赔

第三十五条 争议。本合同执行过程中发生争议,由当事人双方协商解决,或请有关部门调解。当事人不愿协商、调解解决或者协商、调解不成的,双方在协议条款内约定由仲裁委员会仲裁。当事人双方未约定仲裁机构,事后又没有达成书面仲裁协议的,可向人民法院起诉。

发生争议后,除出现以下情况的,双方都应继续履行合同,保持施工连续,保护好已完工程:

1. 合同确已无法履行;
2. 双方协议停止施工;
3. 调解要求停止施工,且为双方所接受;
4. 仲裁委员会要求停止施工;

5. 法院要求停止施工。

第三十六条 违约。甲方代表不能及时给出必要指令、确认、批准,不按合同约定支付款项或履行自己的其他义务及发生其他使合同无法履行的行为,应承担违约责任(包括支付因违约导致乙方增加的费用和从支付之日计算的应支付款项的利息等),相应顺延工期,按协议条款约定支付违约金,赔偿因其违约给乙方造成的窝工等损失。

乙方不能按合同工期竣工,施工质量达不到设计和规范的要求,或发生其他使合同无法履行的行为,乙方应承担违约责任,按协议条款约定向甲方支付违约金,赔偿因其违法给甲方造成的损失。

除非双方协议将合同终止或因一方违约使合同无法履行,违约方承担上述违约责任后继续履行合同。

因一方违约使合同不能履行,另一方欲中止或解除全部合同,应以书面形式通知违约方,违约方必须在收到通知之日起7天内作出答复,超过7天不予答复视为同意中止或解除合同,由违约方承担违约责任。

第三十七条 索赔。甲方未能按协议条款约定提供条件、支付各种费用、顺延工期、赔偿损失,乙方可按以下规定向甲方索赔:

1. 有正当索赔理由,且有索赔事件发生时的有关证据;

2. 索赔事件发生后14天内,向甲方代表发出要求索赔的意向;

3. 在发生索赔意向后14天内,向甲方代表提交全部和详细的索赔资料和金额;

4. 甲方在接到索赔资料后7天内给予批准,或要求乙方进一步补充索赔理由和证据,甲方在7天内未作答复,视为该索赔已经批准;

5. 双方协议实行一揽子索赔,索赔意向不得迟于工程竣工日期前14天提出。

十、其他

第三十八条 安全施工。乙方要按有关规定,采取严格的安全防护和防火措施,并承担由于自身原因造成的财产损失和伤亡事故的责任和因此发生的费用。非乙方责任造成的财产损失和伤亡事故,由责任方承担责任和有关费用。

发生重大伤亡事故,乙方应按规定立即上报有关部门并通知甲方代表。同时按政府有关部门的要求处理。甲方要为抢救提供必要条件。发生的费用由事故责任方承担。

乙方在动力设备、高电压线路、地下管道、密封防震车间、易燃易爆地段以及临时交通要道附近施工前,应向甲方代表提出安全保护措施,经甲方代表批准后实施。由甲方承担防护措施费用。

在不腾空和继续使用的建筑物内施工时,乙方应制定周密的安全保护和防火措施,确保建筑物内的财产和人员的安全,并报甲方代表批准。安全保护措施费用,由甲方承担。

在有毒有害环境中施工,甲方应按有关规定提供相应的防护措施,并承担有关费用。

第三十九条 专利技术和特殊工艺的使用。甲方要求采用专利技术和特殊工艺,须负责办理相应申报、审批手续,承担申报、实验等费用。乙方按甲方要求使用,并负责实验等有关工作。乙方提出使用专利技术和特殊工艺,报甲方代表批准后按以上约定办理。

以上发生的费用和获得的收益,双方按协议条款约定分摊或分享。

第四十条 不可抗力。不可抗力发生后,乙方应迅速采取措施,尽量减少损失,并在24小时内向甲方代表通报灾害情况,按协议条款约定的时间向甲方报告情况和清理、修复的费用。灾害继续发生，乙方应每隔7天向甲方报告一次灾害情况，直到灾害结束。甲方应对灾害处理提供必要条件。

因不可抗力发生的费用由双方分别承担：

1. 工程本身的损害由甲方承担；

2. 人员伤亡由所属单位负责，并承担相应费用；

3. 造成乙方设备、机械的损坏及停工等损失，由乙方承担；

4. 所需清理和修复工作的责任与费用的承担，双方另签补充协议约定。

第四十一条 保险。在施工现场内，甲乙双方认为有保险的必要时，甲方按协议条款的约定，办理建筑物和施工场地内甲方人员及第三方人员生命财产保险，并支付一切费用。

乙方办理施工场地内自己人员生命财产和机械设备的保险，并支付一切费用。

当乙方为分包或在不腾空的建筑物内施工时，乙方办理自己的各类保险。

投保后发生事故，乙方应在14天内向甲方提供建筑工程（建筑物）损失情况和估价的报告，如损害继续发生，乙方在14天后每7天报告一次，直到损害结束。

第四十二条 工程停建或缓建。由于不可抗力及其他甲乙双方之外的原因导致工程停建或缓建，使合同不能继续履行，乙方应妥善做好已完工程和已购材料、设备的保护和移交工作，按甲方要求将自有机械设备和人员撤出施工现场。甲方应为乙方撤出提供必要条件，支付以上的费用，并按合同规定支付已完工程价款和赔偿乙方有关损失。

已经定货的材料、设备由定货方负责退货，不能退还的货款和退货发生的费用，由甲方承担。但未及时退货造成的损失由责任方承担。

第四十三条 合同的生效与终止。本合同自协议条款约定的生效之日起生效。在竣工结算、甲方支付完毕，乙方将工程交付甲方后，除有关保修条款仍然生效外，其他条款即告终止，保修期满后，有关保修条款终止。

第四十四条 合同份数。合同正本两份，具有同等法律效力，由甲乙双方签字盖章后分别保存。副本份数按协议条款约定，由甲乙双方分送有关部门。

第二部分　协议条款

甲方：________________________________

乙方：________________________________

按照《中华人民共和国合同法》和《建筑安装工程承包合同条例》的原则，结合本工程具体情况，双方达成如下协议。

第1条 工程概况

1.1 工程名称：________________________________

工程地点：________________________________

承包范围：________________________________

承包方式：________________________________

1.2 开工日期：________________________________

竣工日期：________________________________

总日历工期天数：____________________________

1.3 质量等级：____________________

1.4 合同价款：____________________

第2条 合同文件及解释顺序

第3条 合同文件使用的语言和适用标准及法律

3.1 合同语言：____________________

3.2 适用标准、规范：____________________

3.3 适用法律、法规：____________________

第4条 图纸

4.1 图纸提供日期：____________________

4.2 图纸提供套数：____________________

4.3 图纸特殊保密要求和费用：____________________

第5条 甲方代表

5.1 甲方代表姓名和职称（职务）：____________________

5.2 甲方赋予甲方代表的职权：____________________

5.3 甲方代表委派人员的名单及责任范围：____________________

第6条 监理单位及总监理工程师

6.1 监理单位名称：____________________

6.2 总监理工程师姓名、职称：____________________

6.3 总监理工程师职责：____________________

第7条 乙方驻工地代表

第8条 甲方工作

8.1 提供具备开工条件施工场地的时间和要求：____________________

8.2 水、电、电讯等施工管线进入施工场地的时间、地点和供应要求：____________________

____

8.3 需要与有关部门联系和协调工作的内容及完成时间：____________________

8.4 需要协调各施工单位之间关系的工作内容和完成时间：____________________

____

8.5 办理证件、批件的名称和完成时间：____________________

8.6 会审图纸和设计交底的时间：____________________

8.7 向乙方提供的设施内容：____________________

第9条 乙方工作

9.1 施工图和配套设计名称、完成时间及要求：____________________

9.2 提供计划、报表的名称、时间和份数：____________________

9.3 施工场地防护工作的要求：____________________

9.4 施工现场交通和噪音控制的要求：____________________

9.5 符合施工场地规定的要求：____________________

9.6 保护建筑物结构及相应管线和设备的措施：____________________

9.7 建筑成品保护的措施：____________________

第10条 进度计划

10.1 乙方提供施工组织设计(或施工方案)和进度计划的时间：

10.2 甲方代表批准进度计划的时间：________________

第11条 延期开工

第12条 暂停施工

第13条 工期延误

第14条 工期提前

第15条 工程样板

15.1 对工程样板间的要求：________________

第16条 检查和返工

第17条 工程质量等级

17.1 工程质量等级要求的追加合同价款：________________

17.2 质量评定部门名称：________________

第18条 隐蔽工程和中间验收

18.1 中间验收部位和时间：________________

第19条 验收和重新检验

第20条 合同价款及调整

20.1 合同价款形式(固定价格加风险系数合同、可调价格合同等)：________________

20.2 调整的方式：________________

第21条 工程预付款

21.1 预付工程款总金额：________________

21.2 预付时间和比例：________________

21.3 扣回时间和比例：________________

21.4 甲方不按时付款承担的违约责任：________________

第22条 工程量的核实确认

22.1 乙方提交工程量报告的时间和要求：________________

第23条 工程款支付

23.1 工程款支付方式：________________

23.2 工程款支付金额和时间：________________

23.3 甲方违约的责任：________________

第24条 材料样品或样本

第25条 甲方供应材料设备

25.1 甲方供应材料、设备的要求(附清单)：________________

第26条 乙方采购材料设备

第27条 材料试验

第28条 甲方变更设计

第29条 乙方变更设计

第30条 设计变更对工程的影响

第31条 确定变更价款

第32条 竣工验收

32.1 乙方提供竣工验收资料的内容：____________________

32.2 乙方提交竣工报告的时间和份数：____________________

第33条 竣工结算

33.1 结算方式：____________________

33.2 乙方提交结算报告的时间：____________________

33.3 甲方批准结算报告的时间：____________________

33.4 甲方将拨款通知送达经办银行的时间：____________________

33.5 甲方违约的责任：____________________

第34条 保修

34.1 保修内容、范围：____________________

34.2 保修期限：____________________

34.3 保修金额和支付方法：____________________

34.4 保修金利息：____________________

第35条 争议

35.1 争议的解决方式：本合同在履行过程中发生争议，双方应及时协商解决。协商不成时，双方同意由______仲裁委员会仲裁（双方不在合同中约定仲裁机构，事后又没有达成书面仲裁协议的，可向人民法院起诉）。

第36条 违约

36.1 违约的处理：____________________

36.2 违约金的数额：____________________

36.3 损失的计算方法：____________________

36.4 甲方不按时付款的利息率：____________________

第37条 索赔

第38条 安全施工

第39条 专利技术和特殊工艺

第40条 不可抗力

40.1 不可抗力的认定标准：____________________

第41条 保险

第42条 工程停建或缓建

第43条 合同生效与终止

43.1 合同生效日期：____________________

第44条 合同份数

44.1 合同副本份数：____________________

44.2 合同副本的分送责任：____________________

44.3 合同制订费用：____________________

甲方（盖章）：	甲方（盖章）：
地址：	地址：
法定代表人：	法定代表人：
代理人：	代理人：

电话:　　　　　　　　　　　　　　电话:
传真:　　　　　　　　　　　　　　传真:
邮政编码:　　　　　　　　　　　　邮政编码:
开户银行:　　　　　　　　　　　　开户银行:
账号:　　　　　　　　　　　　　　账号:
年　月　日　　　　　　　　　　　年　月　日

附件二　CF—96—0206

建筑装饰工程施工合同

（乙种本）

发包方(甲方):

承包方(乙方):

按照《中华人民共和国合同法》和《建筑安装工程承包合同条例》的规定,结合本工程具体情况,双方达成如下协议。

第1条　工程概况

1.1　工程名称:______

1.2　工程地点:______

1.3　承包范围:______

1.4　承包方式:______

1.5　工期:本工程自______年______月______日开工,于______年______月______日竣工。

1.6　工程质量:

1.7　合同价款(人民币大写):

第2条　甲方工作

2.1　开工前______天,向乙方提供经确认的施工图纸或作法说明______份,并向乙方进行现场交底;全部腾空或部分腾空房屋,清除影响施工的障碍物。对只能部分腾空的房屋中所滞留的家具、陈设等采取保护措施;向乙方提供所需的水、电、气及电讯等设备,并说明使用注意事项;办理施工所涉及的各种申请、批件等手续。

2.2　指派______为甲方驻工地代表,负责合同履行。对工程质量、进度进行监督检查,办理验收、变更、登记手续和其他事宜。

2.3　委托______监理公司进行工程监理,监理公司任命______为总监理工程师,其职责在监理合同中应明确,并将合同副本交乙方______份。

2.4　负责保护好周围建筑物及装修、设备管线、古树名木、绿地等不受损坏,并承担相应费用。

2.5　如确定需要拆改原建筑物结构或设备管线,负责到有关部门办理相应审批手续。

2.6　协调有关部门做好现场保卫、消防、垃圾处理等工作,并承担相应费用。

第3条 乙方工作

3.1 参加甲方组织的施工图纸或作法说明的现场交底,拟定施工方案和进度计划,交甲方审定。

3.2 指派______为乙方驻工地代表,负责合同履行。按要求组织施工,保质、保量、按期完成施工任务,解决由乙方负责的各项事宜。

3.3 严格执行施工规范、安全操作规程、防火安全规定、环境保护规定。严格按照图纸或作法说明进行施工,做好各项质量检查记录。参加竣工验收,编制工程结算。

3.4 遵守国家或地方政府及有关部门对施工现场管理的规定,妥善保护好施工现场周围建筑物、设备管线、古树名木不受损坏。做好施工现场保卫和垃圾等工作,处理好由于施工带来的扰民问题及与周围单位(住户)的关系。

3.5 施工中未经甲方同意或有关部门批准,不得随意拆改原建筑物结构及各种设备管线。

3.6 工程竣工未移交甲方之前,负责对现场的一切设施和工程成品进行保护。

第4条 关于工期的约定

4.1 甲方要求比合同约定的工期提前竣工时,应征得乙方同意,并支付乙方因赶工采取的费用。

4.2 因甲方未按约定完成工作,影响工期,工期不顺延。

4.3 因乙方责任,不能按期开工或中途无故停工,影响工期,工期不顺延。

4.4 因设计变更或非乙方原因造成的停电、停水、停气及不可抗力因素影响,导致停工8小时以上(一周内累计计算),工期相应顺延。

第5条 关于工程质量及验收的约定

5.1 本工程以施工图纸、作法说明、设计变更和《建筑装饰工程施工及验收规范》(JGJ73-91)、《建筑安装工程质量检验评定统一标准》(GBJ300-88)等国家制订的施工及验收规范为质量评定验收标准。

5.2 本工程质量应达到国家质量评定合格标准。甲方要求部分或全部工程项目达到优良标准时,应向乙方支付由此增加的费用。

5.3 甲、乙双方应及时办理隐蔽工程和中间工程的检查与验收手续。甲方不按时参加隐蔽工程和中间工程验收,乙方可自行验收,甲方应予承认。若甲方要求复验时,乙方应按要求办理复验。若复验合格,甲方应承担复验费用,由此造成停工,工期顺延;若复验不合格,其复验及返工费用由乙方承担,但工期也顺延。

5.4 由于甲方提供的材料,设备质量不合格而影响工程质量,其返工由甲方承担,工期顺延。

5.5 由于乙方原因造成质量事故,其返工费用由乙方承担,工期不顺延。

5.6 工程竣工后,乙方应通知甲方验收,甲方自接到验收通知______日内组织验收,并办理验收、移交手续。如甲方在规定时间内未能组织验收,需及时通知乙方,另定验收日期。但甲方应承认竣工日期,并承担乙方的看管费用和相关费用。

第6条 关于工程价款及结算的约定

6.1 双方商定本合同价款采用第____种:

(1)固定价格。

(2)固定价格加______%包干风险系数计算。包干风险包括________________内容。

(3)可调价格:按照国家有关工程计价规定计算造价,并按有关规定进行调整和竣工结算。

6.2 本合同生效后,甲方分______次按下表约定支付工程款,尾款竣工结算时一次结清。

工程款支付表

拨款分______次进行	拨款______%	金　额

6.3 工程竣工验收后,乙方提出工程结算并将有关资料送交甲方。甲方自接到上述资料____天内审查完毕,到期未提出异议,视为同意。并在____天内,结清尾款。

第7条 关于材料供应的约定

7.1 本工程甲方负责采购供应的材料、设备(见附表一),应为符合设计要求的合格产品,并应按时供应到现场。凡约定由乙方提货的,甲方应将提货手续移交给乙方,由乙方承担运输费用。由甲方供应的材料、设备发生了质量问题或规格差异,对工程造成损失,责任由甲方承担。甲方供应的材料,经乙方验收后,由乙方负责保管,甲方应支付材料价值____%的保管费。由于乙方保管不当造成损失,由乙方负责赔偿。

7.2 凡由乙方采购的材料、设备,如不符合质量或规格有差异,应禁止使用。若已使用,对工程造成的损失由乙方负责。

第8条 有关安全生产和防火的约定

8.1 甲方提供的施工图纸或作法说明,应符合《中华人民共和国消防条例》和有关防火设计规范。

8.2 乙方在施工期间应严格遵守《建筑安装工程安全技术规程》、《建筑安装工人安全操作规程》、《中华人民共和国消防条例》和其他相关的法规、规范。

8.3 由于甲方确认的图纸或作法说明,违反有关安全操作规程、消防条例和防火设计规范,导致发生安全或火灾事故,甲方应承担由此产生的一切经济损失。

8.4 由于乙方在施工生产过程中违反有关安全操作规程、消防条例,导致发生安全或火灾事故,乙方应承担由此引发的一切经济损失。

第9条 奖励和违约责任

9.1 由于甲方原因导致延期开工或中途停工,甲方应补偿乙方因停工、窝工所造成的损失。每停工或窝工一天,甲方支付乙方______元。甲方不按合同的约定拨付款,每拖期一天,按付款额的______%支付滞纳金。

9.2 由于乙方原因,逾期竣工,每逾期一天,乙方支付甲方______元违约金。甲方要求提前竣工,除支付赶工措施费外,每提前一天,甲方支付乙方______元,作为奖励。

9.3 乙方按照甲方要求,全部或部分工程项目达到优良标准时,除按本合同5.2款增加优质价款外,甲方支付乙方______元,作为奖励。

9.4 乙方应妥善保护甲方提供的设备及现场堆放的家具、陈设和工程成品,如造成损失,应照价赔偿。

9.5 甲方未办理任何手续,擅自同意拆改原有建筑物结构或设备管线,由此发生的损失或事故(包括罚款),由甲方负责并承担损失。

9.6　未经甲方同意,乙方擅自更改原建筑物结构和设备管线,由此发生的损失或事故(包括罚款),由乙方负责并承担损失。

9.7　未办理验收手续,甲方提前使用或擅自动用,造成损失由甲方负责。

9.8　因一方原因,合同无法继续履行时,应通知对方,办理合同终止协议,并由责任方赔偿对方由此造成的经济损失。

第10条　争议和纠纷处理

10.1　本合同在履行期间,双方发生争议时,在不影响工程进度的前提下,双方可采取协商调解或请有关部门进行解释。

10.2　当事人不愿通过协商、调解解决或者协商调解不成时,本合同在执行中发生的争议双方同意由______仲裁委员会仲裁(当事人不在本合同约定仲裁机构,事故又没有达成书面仲裁协议的,可向人民法院起诉)。

第11条　其他约定

第12条　附则

12.1　本工程需要进行保修或保险时,应另订协议。

12.2　本合同正本两份,双方各执一份;副本______份,甲方执______份,乙方执______份。

12.3　本合同履行完成后自动终止。

12.4　附件:

(1)施工图纸或作法说明;

(2)工程项目一览表;

(3)工程预算书;

(4)甲方提供货物清单;

(5)会议纪要;

(6)设计变更;

(7)其他。

甲方(盖章):	乙方(盖章):
法定代表人:	法定代表人:
代理人:	代理人:
单位地址:	单位地址:
电话:	电话:
传真:	传真:
邮政编码:	邮政编码:
开户银行:	开户银行:
户名:	户名:
账号:	账号:
年　　月　　日	年　　月　　日

附表　×××工程甲方供应材料设备一览表

序号	材料或设备名称	规格型号	单位	数量	单价	供应时间	送达地点	备注

附件三:CF—96—0206

《建筑装饰工程施工合同》示范文本使用说明

《建筑装饰工程施工合同》(甲种本)由两部分构成,第一部分是《合同条件》,第二部分是《协议条款》。

《合同条件》是根据《中华人民共和国合同法》和《建筑安装工程承包合同条例》,对建筑装饰承包双方权利义务作出的约定,除双方协商同意对其中的某些条款作出修补、补充或取消外,都必须严格履行。

《协议条款》是按《合同条件》的顺序拟定的,主要是为《合同条件》和修改、补充提供一个协议的格式。承发包双方针对工程的实际情况,把对《合同条件》的修改、补充和对某些条款不予采用的一致意见按《协议条款》的格式形成协议。《合同条件》和《协议条款》是双方统一意愿的体现,成为合同文件的组成部分。

采用招标发包的工程,《合同条件》应是招标文件的组成部分,发包方对其修改、补充或对某条款不予采用的意见,要在招标文件中说明。承包方是否同意发包方的意见及自己对《合同条件》的修改、补充和对某些条款不予采用的,也要在标书中一一列出。中标后,双方将协商一致的意见写入《协议条款》。不采用招标发包的工程,在要约和承诺时都要把对《合同条件》的修改、补充和对某些条款不予采用的意见一一提出,将达成的一致意见写入《协议条款》。

下面对《协议条款》的使用加以说明:

发包方(以下简称甲方):可以是具备法人资格的国家机关、事业单位、国有企业、集体企业、私营企业、经济联合体和社会团体,也可以是依据登记的个人合伙、个体工商户或个人。上列单位的名称和个人的姓名,应准确地写在《协议条款》甲方位置内,不得简称。

承包方(以下简称乙方):应是具备与工程相应资质和法人资格的国有企业、集体企业或私营企业,上述单位的名称应准确地写入《协议条款》乙方位置内,不得简称。

第1条

1.1　本款内应准确写出工程的名称、详细地址、承包范围和承包方式。承包范围主要指单位工程的装饰装修内容及等级。

1.2　本款内的开工日期应写明双方商定的开工日期，也可以将此规定为甲方代表发布开工令的日期；竣工日期指双方商定的乙方提交竣工报告的日期；总日历工期天数是包括法定节、假日在内的总日历工程天数。

1.3　写明双方商定的工程应达到的质量等级（即合格还是优良）。

1.4　应写明工程价款的金额和承包方式。

工程为群体或小区工程时，以上各项应将单位工程或分部工程列表说明，作为协议条款的附件。

第2条　本条应写明组成合同文件的名称和顺序。

第3条　本条应写明合同文件语言、标准及法律。

3.1　如合同文件使用少数民族语言，本款应约定语言的名称及翻译文本由谁提供和提供时间。

3.2　国家有统一的标准、规范时，施工中必须使用，并写明使用标准、规范的编号和名称。国家没有统一标准、规范时，有行业标准、规范的，使用行业标准、规范；没有国家和行业标准、规范的，使用地方标准、规范。此条应写明使用的标准、规范的名称。并按照工程的主要部位或项目分别填写适用标准、规范的条款。

如乙方要求甲方提供标准、规范，应在编号和名称后写明，并注明提供的时间、份数和费用由谁承担。

甲方提出超过标准、规范的要求，征得乙方同意后，可以作为验收和施工的要求写入本款，并明确约定生产的费用由甲方承担。

由乙方提出施工工艺的，应在本款写明施工工艺的名称，使用的工程部位，制定的时间、要求和费用的承担。

3.3　法律、法规和规章都适用合同文件，但对同一问题要求不一致时，应在本款内写明适用的法规或规章名称。如由甲方提供，还应写明提供时间。如由乙方自备，应写明费用及由谁承担。

第4条　不同的工程对图纸的需要情况各不相同。本条应写明甲方提供的份数（必须包括竣工图和现场存放的份数）、图纸的深度、比例尺及提供的时间。

乙方要求增加图纸份数的，应写明图纸的名称、份数、提供的时间和费用。

甲方不能在开工前提供全套图纸，应将不能按时提供的图纸名称和提供的时间在本条写明。

第5条　本条写明甲方代表姓名和职称（职务）。甲方代表委派具体管理人员的姓名和职责，如前期工作中施工组织设计和进度计划审批、图纸的提供、质量的检查验收、工程量的核实等工作的具体责任、权限。

第6条　本条写明甲方委托的监理单位名称、总监理工程师的姓名、职称和甲方授权范围。

第7条　本条写明乙方代表姓名、职称（职务）和具体责任、权限。

第8条　本条按具体工程和实际情况，逐款列出各项工作的名称、内容、完成时间和要求，实际存在而《合同条件》未列入的，要对条款或内容予以补充。还应写明甲方不能按《协议条款》要求完成有关工作时，应支付的费用金额和赔偿乙方损失的范围及计算方法。

8.1　本款应写明使用场地具备施工条件的各项工作的名称、内容、要求和完成的时间。

8.2　本款应写明水、电、电讯等管线应接至的地点、接通的时间和要求。如上下水管应在何时接至何处,每天应保证供应的数量及水质标准,不能全天供应的要写明供应的时间。

8.3　本款应写明需要甲方协调的涉及本工程的市政等部门的工作内容及完成时间。

8.4　本款应写明甲方应协调哪些施工单位之间的关系及协调内容和完成时间。

8.5　本款应写明由甲方办理的各种证件、批件和其他需要批准的事项及完成的时间,其时间可以是绝对的年、月、日,也可以是相对的时间,如在某项工作开始几天之前完成。

8.6　本款应写明甲方组织图纸会审的时间,如不能约定准确时间,应写明相对时间,如甲方发布开工令前多少天。

第9条　本条按具体工程和实际情况,逐款列出各项工作的名称、内容、完成时间和要求,实际需要而《合同条件》未列的,要对条款和内容予以补充。

9.1　甲方如委托乙方完成工程施工图及配套设计,应在本款写明设计的名称、内容要求、完成时间和设计费用计算方法。

9.2　本款应写明乙方提供的计划、报告、报表的名称、格式、要求和提供的时间。

9.3　甲方要求乙方提供的合同价款之外的照明、警卫、看守等工作,应在此款写明。

9.4　本款应写明地方政府、有关部门和甲方对本款的具体要求。如在什么时间、什么地段、哪种型号的车辆不能行驶或行驶的规定,在什么时间不能进行哪些施工,施工噪音不得超过多少分贝。

9.5　本款应写明符合政府对施工现场的哪些要求和规定。

9.6　本款应写明施工场地周围需要保护的建筑物和管线的名称、保护的具体要求。

9.7　本款应写明工程完成后应由乙方采取特殊措施保护的单位工程或部位的要求、所需费用及由谁承担。

第10条　本条应写明乙方提交施工组织(或施工方案)和进度计划的要求及时间,写明甲方批准以上文件的时间,写明乙方违约应负的违约责任和违约金额。

第13条　本条应对以下内容予以说明:

1. 对延误的定义,如哪些工作延误多长时间才算延误;

2. 对可调整因素的限制,如工程量增减多少才可调整工期;

3. 需补充的其他造成工期调整的因素;

4. 双方议定乙方延期竣工应支付的违约金额,应在本条写明违约金数额和计算方法,如每延迟一天,乙方应支付甲方多少金额。

第14条　甲方可在签订《协议条款》时提出提前竣工的要求,应在本条写明以下事项:

1. 要求提前的时间;

2. 乙方应采取的措施;

3. 甲方应提供的便利条件;

4. 赶工措施费用的计算和分担;

5. 收益的分享比例和计算方法项也可按传统方法写成每提前竣工一天,甲方应向乙方支付多少金额。

第15条　本条应写明乙方应制作哪些样板间及标准和费用。

第17条　甲方对工程质量提出合格以上要求的,应在本条写明相应的追加合同价款及计算方法。

第18条 本条应写明需进行中间验收的单项工程和部位的名称,验收的时间和要求,以及甲方应提供的便利条件。

第20条 目前我国合同价款调整的形式很多,应按照具体情况予以说明,如:

1. 一般工期较短的工程采用固定价格,但因甲方原因致使工期延长时,合同价款是否作出调整应在本条说明。

2. 甲方对施工期间可能出现的价格变动采取一次性付给乙方一笔风险补偿费用办法的,应写明补偿的金额或比例,写明补偿后是全部不予调整还是部分不予调整以及可以调整项目的名称。

3. 采用可调价格的应写明调整的范围,除材料费外是否包括机械费、人工费、管理费;写明调整的条件,对《合同条件》中所列出的项目是否还有补充,如对工程量增减或工程量变更的数量有限制的,还应写明限制的数量;要写明调整的依据,是哪一级工程造价管理部门公布的价格调整文件;写明调整的方法、程序及乙方提出调价通知的时间、甲方代表批准和支付的时间等。

第21条 工程的预付,双方协商约定后把预付的时间、金额、方法和扣回的时间、金额、方法在本条写明。例如"在合同签订后,甲方应将合同价款的____%,计人民币____元,于______月______日和______月______日______分______次支付给乙方,作为预付工程款。在完成合同总造价______%(以甲方代表签字确认的工程量报告为准)后的______个月里,每月扣回预付工程款的______%,在完成合同总造价的______%时扣完"。

甲方不预付工程款,在合同价款中应考虑乙方垫付工程费用的补偿。

第22条 本条应写明乙方提交已完工程量报告的时间和要求。

第23条 工程款的支付,双方根据工程的实际情况协商确定,把支付的时间、金额和支付方法在本条写明。例如按月支付的,应写明"乙方应在每月的第____天前,根据甲方核实确认的工程量、工程单价和取费标准,计算已完工程价值,编制'工程价款结算单'送甲方代表,甲方代表收到后,应在第______天之前审核完毕,并通知经办银行付款"。

第24条 本条双方约定提供的材料样品或样本的名称。

第25条 甲方提供材料设备的种类、规格、数量、单价、质量等级和提供时间、地点应按附表一的格式填写,作为《协议条款》的附件。

甲方提供有关说明由乙方采购材料的,应写明产品价格若高于乙方预算价格而产生的价差由谁承担,以及由于供应商的原因造成产品的质量等级、规格型号和交货时间达不到要求,造成损失的责任和产生的费用由谁承担。

第26条 本条应写明变更发生后,乙方提交变更价款的时间及金额。

第27条 本条应写明乙方提交竣工图的时间、份数和要求;写明甲方收到竣工报告后应在多长时间内组织验收及参加验收的部门和人员。

第28条 如双方不再签订保修合同,本条应写明保修的项目、内容、范围、期限、保修金额和保修金预留或支付方法,以及保修金的利率。另签订保修合同的应将以上内容写入保修合同。

第29条 双方协商后,对争议的解决方法和程序可作出以下说明:

如双方发生争议,首先请工程所在地建设行政主管部门调解,一方提出解调要求后,双方应保证合同的继续执行。建设行政主管部门调解不成时,任何一方均可依据合同中的仲裁条款或事后达成的书面仲裁协议向约定的仲裁机构申请仲裁。没有约定仲裁机构，事后又没有达成书面仲裁协议的，可以向人民法院起诉。

双方接受调解结果，应在调解作出后7天内执行。

在实际工程中双方可以协议对争议进行一次或几次调解，这些调解都要按上述例子一一写明；也可按协议由仲裁机构仲裁或人民法院判决。

第30条 甲方违约应负的违约责任应按以下各项分别作出说明：

1. 承担因违约发生的费用，应写明费用的种类。如工程的损坏及因此发生的拆除、修复等费用支出，乙方因此发生的人工、材料、机械和管理费用支出；

2. 支付违约金，要写明违约金的数额和计算方法、支付的时间；

3. 赔偿损失。违约金的数额不足以赔偿乙方的损失时，应将不足部分支付给乙方，作为赔偿。并写明损失的范围和计算方法，如损失的性质是直接损失还是间接损失，损失的内容是否包括乙方窝工的人工费、机械费和管理费，是否包括窝工期间乙方本应获得的利润等。

第31条 本条应根据当地的地理气候情况和工程的要求，对造成工期延误和工程破坏的不可抗力作出规定。如规定以下情况均属不可抗力：

1. 当地裂度×度以上的地震；

2. ×级以上持续×天的大风；

3. ×毫米以上持续×天的大雨；

4. 日气温超过×度，持续×天；

5. 日气温低于×度，持续×天。

第32条 在办理保险时，应写明甲方人员和第三方人员在施工现场生命财产安全的保险内容、保险金额及由谁办理和承担费用。

地方政府规定，或当事人双方协议要求鉴证、公证的，由鉴证、公证部门将意见写在协议条款的鉴证、公证意见一栏，并加盖印鉴。

【注】《建筑装饰工程施工合同》如不用此范文本签订，也可用《建设工程施工合同》(GF-91-0201)范文本签订装饰工程施工合同，并要签订协议书，运用通用条款和专用条款。

5.2.5 工程合同有关法规

[附件二十二]

中华人民共和国合同法

（1999 年 3 月 15 日第九届全国人民代表大会第 2 次会议通过）

总 则

第一章 一般规定

第一条 为了保护合同当事人的合法权益，维护社会经济秩序，促进社会主义现代化建设，制定本法。

第二条 本法所称合同是平等主体的自然人、法人、其他组织之间设立、变更、终止民事权利义务关系的协议。

婚姻、收养、监护等有关身份关系的协议，适用其他法律的规定。

第三条 合同当事人的法律地位平等，一方不得将自己的意志强加给另一方。

第四条 当事人依法享有自愿订立合同的权利，任何单位和个人不得非法干预。

第五条 当事人应当遵循公平原则确定各方的权利和义务。

第六条 当事人行使权利、履行义务应当遵循诚实信用原则。

第七条 当事人订立、履行合同，应当遵守法律、行政法规，尊重社会公德，不得扰乱社会经济秩序，损害社会公共利益。

第八条 依法成立的合同，对当事人具有法律约束力。当事人应当按照约定履行自己的义务，不得擅自变更或者解除合同。

依法成立的合同，受法律保护。

第二章 合同的订立

第九条 当事人订立合同，应当具有相应的民事权利能力和民事行为能力。

当事人依法可以依托代理人订立合同。

第十条 当事人订立合同，有书面形式、口头形式和其他形式。

法律、行政法规规定采用书面形式的，应当采用书面形式。当事人约定采用书面形式的，应当采用书面形式。

第十一条 书面形式是指合同书、信件和数据电文（包括电报、电传、传真、电子数据交换和电子邮件）等可以有形地表现所载内容的形式。

第十二条 合同的内容由当事人约定，一般包括以下条款：

（一）当事人的名称或者姓名和住所；

（二）标的；

（三）数量；

（四）质量；

（五）价款或者报酬；
（六）履行期限、地点和方式；
（七）违约责任；
（八）解决争议的方法。
当事人可以参照各类合同的示范文本订立合同。
第十三条 当事人订立合同，采取要约、承诺方式。
第十四条 要约是希望和他人订立合同的意思表示，该意思表示应当符合下列规定：
（一）内容具体确定；
（二）表明经受要约人承诺，要约人即受该意思表示约束。
第十五条 要约邀请是希望他人向自己发出要约的意思表示。寄送的价目表、拍卖公告、招标公告、招股说明书、商业广告等为要约邀请。
商业广告的内容符合要约规定的，视为要约。
第十六条 要约到达受要约人时生效。
采用数据电文形式订立合同，收件人指定特定系统接收数据电文的，该数据电文进入该特定系统的时间，视为到达时间；未指定特定系统的，该数据电文进入收件人的任何系统的首次时间，视为到达时间。
第十七条 要约可以撤回。撤回要约的通知应当在要约到达受要约人之前或者与要约同时到达受要约人。
第十八条 要约可以撤销。撤销要约的通知应当在受要约人发出承诺通知之前到达受要约人。
第十九条 有下列情形之一的，要约不得撤销：
（一）要约人确定了承诺期限或者以其他形式明示要约不可撤销；
（二）受要约人有理由认为要约是不可撤销的，并已经为履行合同作了准备工作。
第二十条 有下列情形之一的，要约失效：
（一）拒绝要约的通知到达要约人；
（二）要约人依法撤销要约；
（三）承诺期限届满，受要约人未作出承诺；
（四）受要约人对要约的内容作出实质性变更。
第二十一条 承诺是受要约人同意要约的意思表示。
第二十二条 承诺应当以通知的方式作出，但根据交易习惯或者要约表明可以通过行为作出承诺的除外。
第二十三条 承诺应当在要约确定的期限内到达要约人。
要约没有确定承诺期限的，承诺应当依照下列规定到达：
（一）要约以对话方式作出的，应当即时作出承诺，但当事人另有约定的除外；
（二）要约以非对话方式作出的，承诺应当在合理期限内到达。
第二十四条 要约以信件或者电报作出的，承诺期限自信件载明的日期或者电报交发之日开始计算。信件未载明日期的，自投寄该信件的邮戳日期开始计算。要约以电话传真等快速通讯方式作出的，承诺期限自要约到达受要约人时开始计算。
第二十五条 承诺生效时合同成立。

第二十六条 承诺通知到达要约人时生效。承诺不需要通知的,根据交易习惯或者要约的要求作出承诺的行为时生效。

采用数据电文形式订立合同的,承诺到达的时间适用本法第十六条第二款的规定。

第二十七条 承诺可以撤回。撤回承诺的通知应当在承诺通知到达要约人之前或者与承诺通知同时到达要约人。

第二十八条 受要约人超过承诺期限发出承诺的,除要约人及时通知受要约人该承诺有效的以外,为新要约。

第二十九条 受要约人在承诺期限内发出承诺,按照通常情形能够及时到达要约人,但因其他原因承诺到达要约人时超过承诺期限的,除要约人及时通知受要约人因承诺超过期限不接受该承诺的以外,该承诺有效。

第三十条 承诺的内容应当与要约的内容一致。受要约人对要约的内容作出实质性变更的,为新要约。有关合同标的、数量、质量、价款或者报酬、履行期限、履行地点和方式、违约责任和解决争议方法等的变更,是对要约内容的实质性变更。

第三十一条 承诺对要约的内容作出非实质性变更的,除要约人及时表示反对或者要约表明承诺不得对要约的内容作出任何变更的以外,该承诺有效,合同的内容以承诺的内容为准。

第三十二条 当事人采用合同书形式订立合同的,自双方当事人签字或者盖章时合同成立。

第三十三条 当事人采用信件、数据电文等形式订立合同的,可以在合同成立之前要求签订确认书。签订确认书时合同成立。

第三十四条 承诺生效的地点为合同成立的地点。

采用数据电文形式订立合同的,收件人的主营业地为合同成立的地点;没有主营业地的,其经常居住地为合同成立的地点。当事人另有约定的,按照其约定。

第三十五条 当事人采用合同书形式订立合同的,双方当事人签字或者盖章的地点为合同成立的地点。

第三十六条 法律、行政法规规定或者当事人约定采用书面形式订立合同,当事人未采用书面形式但一方已经履行主要义务,对方接受的,该合同成立。

第三十七条 采用合同书形式订立合同,在签字或者盖章之前,当事人一方已经履行主要义务,对方接受的,该合同成立章。

第三十八条 国家根据需要下达指令性任务或者国家订货任务的,有关法人、其他组织之间应当依照有关法律、行政法规规定的权利和义务订立合同。

第三十九条 采用格式条款订立合同的,提供格式条款的一方应当遵循公平原则确定当事人之间的权利和义务,并采取合理的方式提请对方注意免除或者限制其责任的条款,按照对方的要求,对该条款予以说明。

格式条款是当事人为了重复使用而预先拟定,并在订立合同时未与对方协商的条款。

第四十条 格式条款具有本法第五十二条和第五十三条规定情形的,或者提供格式条款一方免除其责任、加重对方责任、排除对方主要权利的,该条款无效。

第四十一条 对格式条款的理解发生争议的,应当按照通常理解予以理解。对格式条款有两种以上解释的,应当作出不利于提供格式条款一方的解释。格式条款和非格式条款不一致的,应当采用非格式条款。

第四十二条 当事人在订立合同过程中有下列情形之一,给对方造成损失的,应当承担损害赔偿责任:

(一)假借订立合同,恶意进行磋商;

(二)故意隐瞒与订立合同有关的重要事实或者提供虚假情况;

(三)有其他违背诚实信用原则的行为。

第四十三条 当事人在订立合同过程中知悉的商业秘密,无论合同是否成立,不得泄露或者不正当地使用。泄露或者不正当地使用该商业秘密给对方造成损失的,应当承担损害赔偿责任。

第三章 合同的效力

第四十四条 依法成立的合同,自成立时生效。

法律、行政法规规定应当办理批准、登记等手续生效的,依照其规定。

第四十五条 当事人对合同的效力可以约定附条件。附生效条件的合同,自条件成就时生效。附解除条件的合同,自条件成就时失效。

当事人为自己的利益不正当地阻止条件成就的,视为条件已成就;不正当地促成条件成就的,视为条件不成就。

第四十六条 当事人对合同的效力可以约定附期限。附生效期限的合同,自期限届至时生效。附终止期限的合同,自期限届满时失效。

第四十七条 限制民事行为能力人订立的合同,经法定代理人追认后,该合同有效,但纯获利益的合同或者与其年龄、智力、精神健康状况相适应而订立的合同,不必经法定代理人追认。

相对人可以催告法定代理人在一个月内予以追认。法定代理人未作表示的,视为拒绝追认。合同被追认之前,善意相对人有撤销的权利。撤销应当以通知的方式作出。

第四十八条 行为人没有代理权、超越代理权或者代理权终止后以被代理人名义订立的合同,未经被代理人追认,对被代理人不发生效力,由行为人承担责任。

相对人可以催告被代理人在一个月内予以追认。被代理人未作表示的,视为拒绝追认。合同被追认之前,善意相对人有撤销的权利。撤销应当以通知的方式作出。

第四十九条 行为人没有代理权、超越代理权或者代理权终止后以被代理人名义订立合同,相对人有理由相信行为人有代理权的,该代理行为有效。

第五十条 法人或者其他组织的法定代表人、负责人超越权限订立的合同,除相对人知道或者应当知道其超越权限的以外,该代表行为有效。

第五十一条 无处分权的人处分他人财产,经权利人追认或者无处分权的人订立合同后取得处分权的,该合同有效。

第五十二条 有下列情形之一的,合同无效:

(一)一方以欺诈、胁迫的手段订立合同,损害国家利益;

(二)恶意串通,损害国家、集体或者第三人利益;

(三)以合法形式掩盖非法目的;

(四)损害社会公共利益;

（五）违反法律、行政法规的强制性规定。

第五十三条　合同中的下列免责条款无效：

（一）造成对方人身伤害的；

（二）因故意或者重大过失造成对方财产损失的。

第五十四条　下列合同，当事人一方有权请求人民法院或者仲裁机构变更或者撤销：

（一）因重大误解订立的；

（二）在订立合同时显失公平的。

一方以欺诈、胁迫的手段或者乘人之危，使对方在违背真实意思的情况下订立的合同，受损害方有权请求人民法院或者仲裁机构变更或者撤销。

当事人请求变更的，人民法院或者仲裁机构不得撤销。

第五十五条　有下列情形之一的，撤销权消灭：

（一）具有撤销权的当事人自知道或者应当知道撤销事由之日起一年内没有行使撤销权。

（二）具有撤销权的当事人知道撤销事由后明确表示或者以自己的行为放弃撤销权。

第五十六条　无效的合同或者被撤销的合同自始没有法律约束力。合同部分无效，不影响其他部分效力的，其他部分仍然有效。

第五十七条　合同无效、被撤销或者终止的，不影响合同中独立存在的有关解决争议方法的条款的效力。

第五十八条　合同无效或者被撤销后，因该合同取得的财产，应当予以返还；不能返还或者没有必要返还的，应当折价补偿。有过错的一方应当赔偿对方因此所受到的损害，双方都有过错的，应当各自承担相应的责任。

第五十九条　当事人恶意串通，损害国家、集体或者第三人利益的，因此取得的财产收归国家所有或者返还集体、第三人。

第四章　合同的履行

第六十条　当事人应当按照约定全面履行自己的义务。

当事人应当遵循诚实信用原则，根据合同的性质、目的和交易习惯履行通知、协助、保密等义务。

第六十一条　合同生效后，当事人就质量、价款或者报酬、履行地点等内容没有约定或者约定不明确的，可以协议补充；不能达成补充协议的，按照合同有关条款或者交易习惯确定。

第六十二条　当事人就有关合同内容约定不明确，依照本法第六十一条的规定仍不能确定的，适用下列规定：

（一）质量要求不明确的，按照国家标准、行业标准履行；没有国家标准、行业标准的，按照通常标准或者符合合同目的的特定标准履行。

（二）价款或者报酬不明确的，按照订立合同时履行地的市场价格履行；依法应当执行政府定价或者政府指导价的，按照规定履行。

（三）履行地点不明确，给付货币的，在接受货币一方所在地履行；交付不动产的，在不动产所在地履行；其他标的，在履行义务一方所在地履行。

（四）履行期限不明确的，债务人可以随时履行，债权人也可以随时要求履行，但应当给对方必要的准备时间。

（五）履行方式不明确的，按照有利于实现合同目的的方式履行。

（六）履行费用的负担不明确的，由履行义务一方负担。

第六十三条 执行政府定价或者政府指导价的，在合同约定的交付期限内遇政府价格调整时，按照交付时的价格计价。逾期交付标的物的，遇价格上涨时，按照原价格执行；价格下降时，按照新价格执行。逾期提取标的物或者逾期付款的，遇价格上涨时，按照新价格执行；价格下降时，按照原价格执行。

第六十四条 当事人约定由债务人向第三人履行债务的，债务人未向第三人履行债务或者履行债务不符合约定，应当向债权人承担违约责任。

第六十五条 当事入约定由第三人向债权人履行债务的，第三人不履行债务或者履行债务不符合约定，债务人应当向债权人承担违约责任。

第六十六条 当事人互负债务，没有先后履行顺序的、应当同时履行。一方在对方履行之前有权拒绝其履行要求。一方在对方履行债务不符合约定时，有权拒绝其相应的履行要求。

第六十七条 当事人互负债务，有先后履行顺序，先履行一方未履行的，后履行一方有权拒绝其履行要求。先履行一方履行债务不符合约定的，后履行一方有权拒绝其相应的履行要求。

第六十八条 应当先履行债务的当事人，有确切证据证明对方有下列情形之一的，可以中止债务：

（一）经营状况严重恶化；

（二）转移财产、抽逃资金，以逃避债务；

（三）丧失商业信誉；

（四）有丧失或者可能丧失履行债务能力的其他情形。

当事人没有确切证据中止履行的，应当承担违约责任。

第六十九条 当事人依照本法第六十八条的规定中止履行的，应当及时通知对方。对方提供适当担保时，应当恢复履行。中止履行后，对方在合理期限内未恢复履行能力并且未提供适当担保的，中止履行的一方可以解除合同。

第七十条 债权人分立、合并或者变更住所没有通知债务人，致使履行债务发生困难的，债务人可以中止履行或者将标的物提存。

第七十一条 债权人可以拒绝债务人提前履行债务，但提前履行不损害债权人利益的除外。

债务人提前履行债务给债权人增加的费用，由债务人负担。

第七十二条 债权人可以拒绝债务人部分履行债务，但部分履行不损害债权人利益的除外。

债务人部分履行债务给债权人增加的费用，由债务人负担。

第七十三条 因债务人怠于行使其到期债权，对债权人造成损害的，债权人可以向人民法院请求以自己的名义代位行使债务人的债权，但该债权专属于债务人自身的除外。

代位权的行使范围以债权人的债权为限。债权人行使代位权的必要费用，由债务人负担。

第七十四条　因债务人放弃其到期债权或者无偿转让资产，对债权人造成损害的，债权人可以请求人民法院撤销债务人的行为。债务人以明显不合理的低价转让财产，对债权人造成损害，并且受让人知道该情形的，债权人也可以请求人民法院撤销债务人的行为。

撤销权的行使范围以债权人的债权为限。债权人行使撤销权的必要费用，由债务人负担。

第七十五条　撤销权自债权人知道或者应当知道撤销事由之日起一年内行使。自债务人的行为发生之日起五年内没有行使撤销权的，该撤销权消灭。

第七十六条　合同生效后，当事人不得因姓名、名称的变更或者法定代表人、负责人、承办人的变动而不履行合同义务。

第五章　合同的变更和转让

第七十七条　当事人协商一致，可以变更合同。

法律、行政法规规定变更合同应当办理批准、登记等手续的，依照其规定。

第七十八条　当事人对合同变更的内容约定不明确的，推定为未变更。

第七十九条　债权人可以将合同的权利全部或者部分转让给第三人，但有下列情形之一的除外：

（一）根据合同性质不得转让；

（二）按照当事人约定不得转让；

（三）依照法律规定不得转让。

第八十条　债权人转让权利的，应当通知债务人。未经通知，该转让对债务人不发生效力。

第八十一条　债权人转让权利的，受让人取得与债权有关的从权利，但该从权利专属于债权人自身的除外。

第八十二条　债务人接到债权转让通知后，债务人对让与人的抗辩，可以向受让人主张。

第八十三条　债务人接到债权转让通知时，债务人对让与人享有债权，并且债务人的债权先于转让的债权到期或者同时到期的，债务人可以向受让人主张抵消。

第八十四条　债务人将合同的义务全部或者部分转移给第三人的，应当经债权人同意。

第八十五条　债务人转移义务的，新债务人可以主张原债务人对债权人的抗辩。

第八十六条　债务人转移义务的，新债务人应当承担与主债务有关的从债务，但该从债务专属于原债务人自身的除外。

第八十七条　法律、行政法规规定转让权利或者转移义务应当办理批准、登记等手续的，依照其规定。

第八十八条　当事人一方经对方同意，可以将自己在合同中的权利和义务一并转让给第三人。

第八十九条　权利和义务一并转让的，适用本法第七十九条、第八十一条至第八十三条、第八十五条至第八十七条的规定。

第九十条　当事人订立合同后合并的，税种有合并后的法人或者其他组织行使合同权利，履行合同义务。当事人订立合同后分立的，除债权人和债务人另有约定的以外，由分立的法人或者其他组织对合同的权利和义务享有连带债权，承担连带债务。

第六章　合同的权利义务终止

第九十一条　有下列情形之一的，合同的权利义务终止：

（一）债务已经按照约定履行；

（二）合同解除；

（三）债务相互抵消；

（四）债务人依法将标的物提存；

（五）债权人免除债务；

（六）债权债务同归于一人；

（七）法律规定或者当事人约定终止的其他情形。

第九十二条　合同的权利义务终止后，当事人应当遵循诚实信用原则，根据交易习惯履行通知、协助、保密等义务。

第九十三条　当事人协商一致，可以解除合同。

当事人可以约定一方解除合同的条件。解除合同的条件成就时，解除权人可以解除合同。

第九十四条　有下列情形之一的，当事人可以解除合同：

（一）因不可抗力致使不能实现合同目的；

（二）在履行期限届满之前，当事人一方明确表示或者以自己的行为表明不履行主要债务；

（三）当事人一方迟延履行主要债务，经催告后在合理期限内仍未履行；

（四）当事人一方迟延履行债务或者有其他违约行为致使不能实现合同目的；

（五）法律规定的其他情形。

第九十五条　法律规定或者当事人约定解除权行使期限，期限届满当事人不行使的，该权利消灭。

法律没有规定或者当事人没有约定解除权行使期限，经对方催告后在合理期限内不行使的，该权利消灭。

第九十六条　当事人一方依照本法第九十三条第二款、第九十四条的规定主张解除合同的，应当通知对方。合同自通知到达对方时解除。对方有异议的，可以请求人民法院或者仲裁机构确认解除合同的效力。

法律、行政法规规定解除合同应当办理批准、登记等手续的，依照其规定。

第九十七条　合同解除后，尚未履行的，终止履行；已经履行的，根据履行情况和合同性质，当事人可以要求恢复原状、采取其他补救措施，并有权要求赔偿损失。

第九十八条　合同的权利义务终止，不影响合同中结算和清理条款的效力。

第九十九条　当事人互负到期债务，该债务的标的物种类、品质相同的，任何一方可以将自己的债务与对方的债务抵消，但依照法律规定或者按照合同性质不得抵消的除外。

当事人主张抵消的，应当通知对方。通知自到达对方时生效。抵消不得附条件或者附期限。

第一百条 当事人互负债务，标的物种类、品质不相同的，经双方协商一致，也可以抵消。

第一百零一条 有下列情形之一，难以履行债务的，债务人可以将标的物提存：

（一）债权人无正当理由拒绝受领；

（二）债权人下落不明；

（三）债权人死亡未确定继承人或者丧失民事行为能力未确定监护人；

（四）法律规定的其他情形。

标的物不适于提存或者提存费用过高的，债务人依法可以拍卖或者变卖标的物，提存所得的价款。

第一百零二条 标的物提存后，除债权人下落不明的以外，债务人应当及时通知债权人或者债权人的继承人、监护人。

第一百零三条 标的物提存后，毁损、灭失的风险由债权人承担。提存期间，标的物的孳息归债权人所有。提存费用由债权人负担。

第一百零四条 债权人可以随时领取提存物，但债权人对债务人负有到期债务的，在债权人未履行债务或者提供担保之前，提存部门根据债务人的要求应当拒绝其领取提存物。

债权人领取提存物的权利，自提存之日起五年内不行使而消灭，提存物扣除提存费用后归国家所有。

第一百零五条 债权人免除债务人部分或者全部债务的，合同的权利义务部分或者全部终止。

第一百零六条 债权和债务同归于一人的，合同的权利义务终止，但涉及第三人利益的除外。

第七章 违约责任

第一百零七条 当事人一方不履行合同义务或者履行合同义务不符合约定的，应当承担继续履行、采取补救措施或者赔偿损失等违约责任。

第一百零八条 当事人一方明确表示或者以自己的行为表明不履行合同义务的，对方可以在履行期限届满之前要求其承担违约责任。

第一百零九条 当事人一方未支付价款或者报酬的，对方可以要求其支付价款或者报酬。

第一百一十条 当事人一方不履行非金钱债务或者履行非金钱债务不符合约定的，对方可以要求履行，但有下列情形之一的除外：

（一）法律上或者事实上不能履行；

（二）债务的标的不适于强制履行或者履行费用过高；

（三）债权人在合理期限内未要求履行。

第一百一十一条 质量不符合约定的，应当按照当事人的约定承担违约责任。对违约责任没有约定或者约定不明确，依照本法第六十一条的规定仍不能确定的，受损害方根据标的的性质以及损失的大小，可以合理选择要求对方承担修理、更换、重作、退货、减少价款或者报酬等违约责任。

第一百一十二条 当事人一方不履行合同义务或者履行合同义务不符合约定的，在履行义务或者采取补救措施后，对方还有其他损失的，应当赔偿损失。

第一百一十三条 当事人一方不履行合同义务或者履行合同义务不符合约定，给对方造成损失的，损失赔偿额应当相当于因违约所造成的损失，包括合同履行后可以获得的利益，但不得超过违反合同一方订立合同时预见到或者应当预见到的因违反合同可能造成的损失。

经营者对消费者提供商品或者服务有欺诈行为的，依照《中华人民共和国消费者权益保护法》的规定承担损害赔偿责任。

第一百一十四条 当事人可以约定一方违约时应当根据违约情况向对方支付一定数额的违约金，也可以约定因违约产生的损失计算赔偿额的方法。

约定的违约金低于造成的损失的，当事人可以请求人民法院或者仲裁机构予以增加；约定的违约金过分高于造成的损失的，当事人可以请求人民法院或者仲裁机构予以适当减少。

当事人就迟延履行约定违约金的，违约方支付违约金后，还应当履行债务。

第一百一十五条 当事人可以依照《中华人民共和国担保法》约定一方向对方给付定金作为债权的担保。债务人履行债务后，定金应当抵作价款或者收回。给付定金的一方不履行约定的债务的，无权要求返还定金；收受定金的一方不履行约定的债务的，应当双倍返还定金。

第一百一十六条 当事人既约定违约金，又约定定金的，一方违约时，对方可以选择适用违约金或者定金条款。

第一百一十七条 因不可抗力不能履行合同的，根据不可抗力的影响，部分或者全部免除责任，但法律另有规定的除外。当事人迟延履行后发生不可抗力的，不能免除责任。

本法所称不可抗力，是指不能预见、不能避免并不能克服的客观情况。

第一百一十八条 当事人一方因不可抗力不能履行合同的，应当及时通知对方，以减轻可能给对方造成的损失，并应当在合理期限内提供证明。

第一百一十九条 当事人一方违约后，对方应当采取适当措施防止损失的扩大；没有采取适当措施致使损失扩大的，不得就扩大的损失要求赔偿。

当事人因防止损失扩大而支出的合理费用，由违约方承担。

第一百二十条 当事人双方都违反合同的，应当各自承担相应的责任。

第一百二十一条 当事人一方因第三人的原因造成违约的，应当向对方承担违约责任。当事人一方和第三人之间的纠纷，依照法律规定或者按照约定解决。

第一百二十二条 因当事人一方的违约行为，侵害对方人身、财产权益的，受损害方有权选择依照本法要求其承担违约责任或者依照其他法律要求其承担侵权责任。

第八章 其他规定

第一百二十三条 其他法律对合同另有规定的，依照其规定。

第一百二十四条 本法分则或者其他法律没有明文规定的合同，适用本法总则的规定，并可以参照本法分则或者其他法律最相类似的规定。

第一百二十五条 当事人对合同条款的理解有争议的，应当按照合同所使用的词句、合同的有关条款、合同的目的、交易习惯以及诚实信用原则，确定该条款的真实意思。

合同文本采用两种以上文字订立并约定具有同等效力的，对各文本使用的词句推定具有相同含义。各文本使用的词句不一致的,应当根据合同的目的予以解释。

第一百二十六条 涉外合同的当事人可以选择处理合同争议所适用的法律,但法律另有规定的除外。涉外合同的当事人没有选择的,适用与合同有最密切联系的国家的法律。

在中华人民共和国境内履行的中外合资经营企业合同、中外合作经营企业合同、中外合作勘探开发自然资源合同,适用中华人民共和国法律。

第一百二十七条 工商行政管理部门和其他有关行政主管部门在各自的职权范围内,依照法律、行政法规的规定,对利用合同危害国家利益、社会公共利益的违法行为,负责监督处理;构成犯罪的,依法追究刑事责任。

第一百二十八条 当事人可以通过和解或者调解解决合同争议。

当事人不愿和解、调解或者和解、调解不成的,可以根据仲裁协议向仲裁机构申请仲裁。涉外合同的当事人可以根据仲裁协议向中国仲裁机构或者其他仲裁机构申请仲裁。

当事人没有订立仲裁协议或者仲裁协议无效的,可以向人民法院起诉。当事人应当履行发生法律效力的判决、仲裁裁决、调解书;拒不履行的,对方可以请求人民法院执行。

第一百二十九条 因国际货物买卖合同和技术进出口合同争议提起诉讼或者申请仲裁的期限为四年,自当事人知道或者应当知道其权利受到侵害之日起计算。因其他合同争议提起诉讼或者申请仲裁的期限,依照有关法律的规定。

分　则

第九章　买卖合同

第一百三十条 买卖合同是出卖人转移标的物的所有权于买受人,买受人支付价款的合同。

第一百三十一条 买卖合同的内容除依照本法第十二条的规定以外,还可以包括包装方式、检验标准和方法、结算方式、合同使用的文字及其效力等条款。

第一百三十二条 出卖的标的物,应当属于出卖人所有或者出卖人有权处分。

法律、行政法规禁止或者限制转让的标的物,依照其规定。

第一百三十三条 标的物的所有权自标的物交付时起转移,但法律另有规定或者当事人另有约定的除外。

第一百三十四条 当事人可以在买卖合同中约定买受人未履行支付价款或者其他义务的,标的物的所有权属于出卖人。

第一百三十五条 出卖人应当履行向买受人交付标的物或者交付提取标的物的单证,并转移标的物所有权的义务。

第一百三十六条 出卖人应当按照约定或者交易习惯向买受人交付提取标的物单证以外的有关单证和资料。

第一百三十七条 出卖具有知识产权的计算机软件等标的物的,除法律另有规定或者当事人另有约定的以外,该标的物的知识产权不属于买受人。

第一百三十八条 出卖人应当按照约定的期限交付标的物。约定交付期间的,出卖人可以在该交付期间内的任何时间交付。

第一百三十九条 当事人没有约定标的物的交付期限或者约定不明确的，适用本法第六十一条、第六十二条第四项的规定。

第一百四十条 标的物在订立合同之前已为买受人占有的，合同生效的时间为交付时间。

第一百四十一条 出卖人应当按照约定的地点交付标的物。

当事人没有约定交付地点或者约定不明确，依照本法第六十一条的规定仍不能确定的，适用下列规定：

（一）标的物需要运输的，出卖人应当将标的物交付给第一承运人以运交给买受人；

（二）标的物不需要运输，出卖人和买受人订立合同时知道标的物在某一地点的，出卖人应当在该地点交付标的物；不知道标的物在某一地点的，应当在出卖人订立合同时的营业地交付标的物。

第一百四十二条 标的物毁损、灭失的风险，在标的物交付之前由出卖人承担，交付之后由买受人承担，但法律另有规定或者当事人另有约定的除外。

第一百四十三条 因买受人的原因致使标的物不能按照约定的期限交付的，买受人应当自违反约定之日起承担标的物毁损、灭失的风险。

第一百四十四条 出卖人出卖交由承运人运输的在途标的物，除当事人另有约定的以外，毁损、灭失的风险自合同成立时起由买受人承担。

第一百四十五条 当事人没有约定交付地点或者约定不明确，依照本法第一百四十一条第二款第一项的规定标的物需要运输的，出卖人将标的物交付给第一承运人之后，标的物毁损、灭失的风险由买受人承担。

第一百四十六条 出卖人按照约定或者依照本法第一百四十一条第二款第二项的规定将标的物置于交付地点，买受人违反约定没有收取的，标的物毁损、灭失的风险自违反约定之日起由买受入承担。

第一百四十七条 出卖人按照约定未交付有关标的物的单证和资料的，不影响标的物毁损、灭失风险的转移。

第一百四十八条 因标的物质量不符合质量要求，致使不能实现合同目的的，买受人可以拒绝接受标的物或者解除合同。买受人拒绝接受标的物或者解除合同的，标的物毁损、灭失的风险由出卖人承担。

第一百四十九条 标的物毁损、灭失的风险由买受人承担的，不影响因出卖人履行债务不符合约定，买受人要求其承担违约责任的权利。

第一百五十条 出卖人就交付的标的物，负有保证第三人不得向买受人主张任何权利的义务，但法律另有规定的除外。

第一百五十一条 买受人订立合同时知道或者应当知道第三人对买卖的标的物享有权利的，出卖人不承担本法第一百五十条规定的义务。

第一百五十二条 买受人有确切证据证明第三人可能就标的物主张权利的，可以中止支付相应的价款，但出卖人提供适当担保的除外。

第一百五十三条 出卖人应当按照约定的质量要求交付标的物。出卖人提供有关标的物质量说明的，交付的标的物应当符合该说明的质量要求。

第一百五十四条 当事人对标的物的质量要求没有约定或者约定不明确，依照本法第六十一条的规定仍不能确定的,适用本办法第六十二条第一项的规定。

第一百五十五条 出卖人交付的标的物不符合质量要求的,买受人可以依照本法第一百一十一条的规定要求承担违约责任。

第一百五十六条 出卖人应当按照约定的包装方式交付标的物。对包装方式没有约定或者约定不明确,依照本法第六十一条的规定仍不能确定的,应当按照通用的方式包装,没有通用方式的,应当采取足以保护标的物的包装方式。

第一百五十七条 买受人收到标的物时应当在约定的检验期间内检验。没有约定检验期间的,应当及时检验。

第一百五十八条 当事人约定检验期间的,买受人应当在检验期间内将标的物的数量或者质量不符合约定的情形通知出卖人。买受人怠于通知的,视为标的物的数量或者质量符合约定。

当事人没有约定检验期间的,买受人应当在发现或者应当发现标的物的数量或者质量不符合约定的合理期间内通知出卖人。买受人在合理期间内未通知或者自标的物收到之日起两年内未通知出卖人的,视为标的物的数量或者质量符合约定,但对标的物有质量保证期的,适用质量保证期,不适用该两年的规定。

出卖人知道或者应当知道提供的标的物不符合约定的,买受人不受前两款规定的通知时间的限制。

第一百五十九条 买受人应当按照约定的数额支付价款。对价款没有约定或者约定不明确的,适用本法第六十一条、第六十二条第二项的规定。

第一百六十条 买受人应当按照约定的地点支付价款。对支付地点没有约定或者约定不明确,依照本法第六十一条的规定仍不能确定的,买受人应当在出卖人的营业地支付,但约定支付价款以交付标的物或者交付提取标的物单证为条件的,在交付标的物或者交付提取标的物单证的所在地支付。

第一百六十一条 买受人应当按照约定的时间支付价款。对支付时间没有约定或者约定不明确,依照本法第六十一条的规定仍不能确定的,买受人应当在收到标的物或者提取标的物单证的同时支付。

第一百六十二条 出卖人多交标的物的,买受人可以接收或者拒绝接收多交的部分。买受人接收多交部分的,按照合同的价格支付价款;买受人拒绝接收多交部分的,应当及时通知出卖人。

第一百六十三条 标的物在交付之前产生的孳息,归出卖人所有,交付之后产生的孳息,归买受人所有。

第一百六十四条 因标的物的主物不符合约定而解除合同的,解除合同的效力及于从物。因标的物的从物不符合约定被解除的,解除的效力不及于主物。

第一百六十五条 标的物为数物,其中一物不符合约定的,买受人可以就该物解除,但该物与他物分离使标的物的价值显受损害的,当事人可以就数物解除合同。

第一百六十六条 出卖人分批交付标的物的,出卖人对其中一批标的物不交付或者交付不符合约定,致使该批标的物不能实现合同目的的,买受人可以就该批标的物解除。

出卖人不交付其中一批标的物或者交付不符合约定,致使今后其他各批标的物的交付不能实现合同目的的,买受人可以就该批以及今后其他各批标的物解除。

买受人如果就其中一批标的物解除，该批标的物与其他各批标的物相互依存的，可以就已经交付和未交付的各批标的物解除。

第一百六十七条 分期付款的买受人未支付到期价款的金额达到全部价款的五分之一的，出卖人可以要求买受人支付全部价款或者解除合同。

出卖人解除合同的，可以向买受人要求支付该标的物的使用费。

第一百六十八条 凭样品买卖的当事人应当封存样品，并可以对样品质量予以说明。出卖人交付的标的物应当与样品及其说明的质量相同。

第一百六十九条 凭样品买卖的买受人不知道样品有隐蔽瑕疵的，即使交付的标的物与样品相同，出卖人交付的标的物的质量仍然应当符合同种物的通常标准。

第一百七十条 试用买卖的当事人可以约定标的物的试用期间。对试用期间没有约定或者约定不明确，依照本法第六十一条的规定仍不能确定的，由出卖人确定。

第一百七十一条 试用买卖的买受人在试用期内可以购买标的物，也可以拒绝购买。试用期间届满，买受人对是否购买标的物未作表示的，视为购买。

第一百七十二条 招标投标买卖的当事人的权利和义务以及招标投标程序等，依照有关法律、行政法规的规定。

第一百七十三条 拍卖的当事人的权利和义务以及拍卖程序等，依照有关法律、行政法规的规定。

第一百七十四条 法律对其他有偿合同有规定的，依照其规定；没有规定的，参照买卖合同的有关规定。

第一百七十五条 当事人约定易货交易，转移标的物的所有权的，参照买卖合同的有关规定。

第十章　供用电、水、气、热力合同

第一百七十六条 供用电合同是供电人向用电人供电，用电人支付电费的合同。

第一百七十七条 供用电合同的内容包括供电的方式、质量、时间，用电容量、地址、性质，计量方式，电价、电费的结算方式，供用电设施的维护责任等条款。

第一百七十八条 供用电合同的履行地点，按照当事人约定；当事人没有约定或者约定不明确的，供电设施的产权分界处为履行地点。

第一百七十九条 供电人应当按照国家规定的供电质量标准和约定安全供电。供电人未按照国家规定的供电质量标准和约定安全供电，造成用电人损失的，应当承担损害赔偿责任。

第一百八十条 供电人因供电设施计划检修、临时检修、依法限电或者用电人违法用电等原因，需要中断供电时，应当按照国家有关规定事先通知用电人。未事先通知用电人中断供电，造成用电人损失的，应当承担损害赔偿责任。

第一百八十一条 因自然灾害等原因断电，供电人应当按照国家有关规定及时抢修。未及时抢修，造成用电人损失的，应当承担损害赔偿责任。

第一百八十二条 用电人应当按照国家有关规定和当事人的约定及时交付电费。用电人逾期不交付电费的，应当按照约定支付违约金。经催告用电人在合理期限内仍不交付电费和违约金的，供电人可以按照国家规定的程序中止供电。

第一百八十三条 用电人应当按照国家有关规定和当事人的约定安全用电。用电人未按照国家有关规定和当事人的约定安全用电,造成供电人损失的,应当承担损害赔偿责任。

第一百八十四条 供用水、供用气、供用热力合同,参照供用电合同的有关规定。

第十一章 赠与合同

第一百八十五条 赠与合同是赠与人将自己的财产无偿给予受赠人,受赠人表示接受赠与的合同。

第一百八十六条 赠与人在赠与财产的权利转移之前可以撤销赠与。

具有救灾、扶贫等社会公益、道德义务性质的赠与合同或者经过公证的赠与合同,不适用前款规定。

第一百八十七条 赠与的财产依法需要办理登记等手续的,应当办理有关手续。

第一百八十八条 具有救灾、扶贫等社会公益、道德义务性质的赠与合同或者经过公证的赠与合同,赠与人不交付赠与的财产的,受赠人可以要求交付。

第一百八十九条 因赠与人故意或者重大过失致使赠与的财产毁损、灭失的,赠与人应当承担损害赔偿责任。

第一百九十条 赠与可以附义务。

赠与附义务的,受赠人应当按照约定履行义务。

第一百九十一条 赠与的财产有瑕疵的,赠与人不承担责任。附义务的赠与,赠与的财产有瑕疵的,赠与人在附义务的限度内承担与出卖人相同的责任。

赠与人故意不告知瑕疵或者保证无瑕疵,造成受赠人损失的,应当承担损害赔偿责任。

第一百九十二条 受赠人有下列情形之一的,赠与人可以撤销赠与。

(一)严重侵害赠与人或者赠与人的近亲属;

(二)对赠与人有扶养义务而不履行;

(三)不履行赠与合同约定的义务。

赠与人的撤销权,自知道或者应当知道撤销原因之日起一年内行使。

第一百九十三条 因受赠人的违法行为致使赠与人死亡或者丧失民事行为能力的,赠与人的继承人或者法定代理人可以撤销赠与。

赠与人的继承人或者法定代理人的撤销权,自知道或者应当知道撤销原因之日起六个月内行使。

第一百九十四条 撤销权人撤销赠与的,可以向受赠人要求返还赠与的财产。

第一百九十五条 赠与人的经济状况显著恶化,严重影响其生产经营或者家庭生活的,可以不再履行赠与义务。

第十二章 借款合同

第一百九十六条 借款合同是借款人向贷款人借款,到期返还借款并支付利息的合同。

第一百九十七条 借款合同采用书面形式,但自然人之间借款另有约定的除外。

借款合同的内容包括借款种类、币种、用途、数额、利率、期限和还款方式等条款。

第一百九十八条 订立借款合同,贷款人可以要求借款人提供担保。担保依照《中华人民共和国担保法》的规定。

第一百九十九条 订立借款合同，贷款人应当按照贷款人的要求提供与借款有关的业务活动和财务状况的真实情况。

第二百条 借款的利息不得预先在本金中扣除。利息预先在本金中扣除的，应当按照实际借款数额返还借款并计算利息。

第二百零一条 贷款人未按照约定的日期、数额提供借款，造成借款人损失的，应当赔偿损失。

借款人未按照约定的日期、数额收取借款的，应当按照约定的日期、数额支付利息。

第二百零二条 贷款人按照约定可以检查、监督借款的使用情况。借款人应当按照约定向贷款人定期提供有关财务会计报表等资料。

第二百零三条 借款人未按照约定的借款用途使用借款的，贷款人可以停止发放借款、提前收回借款或者解除合同。

第二百零四条 办理贷款业务的金融机构贷款的利率，应当按照中国人民银行规定的贷款利率的上下限确定。

第二百零五条 借款人应当按照约定的期限支付利息。对支付利息的期限没有约定或者约定不明确，依照本法第六十一条的规定仍不能确定，借款期间不满一年的，应当在返还借款时一并支付；借款期间一年以上的，应当在每届满一年时支付；剩余期间不满一年的，应当在返还借款时一并支付。

第二百零六条 借款人应当按照约定的期限返还借款。对借款期限没有约定或者约定不明确，依照本法第六十一条的规定仍不能确定的，借款人可以随时返还；贷款人可以催告借款人在合理期限内返还。

第二百零七条 借款人未按照约定的期限返还借款的，应当按照约定或者国家有关规定支付逾期利息。

第二百零八条 借款人提前偿还借款的，除当事人另有约定的以外，应当按照实际借款的期间计算利息。

第二百零九条 借款人可以在还款期限届满之前向贷款人申请展期。贷款人同意的，可以展期。

第二百一十条 自然人之间的借款合同，自贷款人提供借款时生效。

第二百一十一条 自然人之间的借款合同对支付利息没有约定或者约定不明确的，视为不支付利息。

自然人之间的借款合同约定支付利息的，借款的利率不得违反国家有关限制借款利率的规定。

第十三章 租赁合同

第二百一十二条 租赁合同是出租人将租赁物交付承租人使用、收益，承租人支付租金的合同。

第二百一十三条 租赁合同的内容包括租赁物的名称、数量、用途、租赁期限、租金及其支付期限和方式、租赁物维修等条款。

第二百一十四条 租赁期限不得超过二十年。超过二十年的，超过部分无效。

租赁期间届满，当事人可以续订租赁合同，但约定的租赁期限自续订之日起不得超过二十年。

第二百一十五条 租赁期限六个月以上的,应当采用书面形式。当事人未采用书面形式的,视为不定期租赁。

第二百一十六条 出租人应当按照约定将租赁物交付承租人,并在租赁期间保持租赁物符合约定的用途。

第二百一十七条 承租人应当按照约定的方法使用租赁物。对租赁物的使用方法没有约定或者约定不明确,依照本法第六十一条的规定仍不能确定的,应当按照租赁物的性质使用。

第二百一十八条 承租人按照约定的方法或者租赁物的性质使用租赁物,致使租赁物受到损耗的,不承担损害赔偿责任。

第二百一十九条 承租人未按照约定的方法或者租赁物的性质使用租赁物,致使租赁物受到损失的,出租人可以解除合同并要求赔偿损失。

第二百二十条 出租人应当履行租赁物的维修义务,但当事人另有约定的除外。

第二百二十一条 承租人在租赁物需要维修时可以要求出租人在合理期限内维修。出租人未履行维修义务的,承租人可以自行维修,维修费用由出租人负担。因维修租赁物影响承租人使用的,应当相应减少租金或者延长租期。

第二百二十二条 承租人应当妥善保管租赁物,因保管不善造成租赁物毁损、灭失的,应当承担损害赔偿责任。

第二百二十三条 承租人经出租人同意,可以对租赁物进行改善或者增设他物。

承租人未经出租人同意,对租赁物进行改善或者增设他物的,出租人可以要求承租人恢复原状或者赔偿损失。

第二百二十四条 承租人经出租人同意,可以将租赁物转租给第三人。承租入转租的,承租人与出租人之间的租赁合同继续有效,第三人对租赁物造成损失的,承租人应当赔偿损失。

承租人未经出租人同意转租的,出租人可以解除合同。

第二百二十五条 在租赁期间因占有、使用租赁物获得的收益,归承租人所有,但当事人另有约定的除外。

第二百二十六条 承租人应当按照约定的期限支付租金。对支付期限没有约定或者约定不明确,依照本法第六十一条的规定仍不能确定,租赁期间不满一年的,应当在租赁期间届满时支付;租赁期间一年以上的,应当在每届满一年时支付,剩余期间不满一年的,应当在租赁期间届满时支付。

第二百二十七条 承租人无正当理由未支付或者迟延支付租金的,出租人可以要求承租人在合理期限内支付。承租人逾期不支付的,出租人可以解除合同。

第二百二十八条 因第三人主张权利,致使承租人不能对租赁物使用、收益的,承租人可以要求减少租金或者不支付租金。

第三人主张权利的,承租人应当及时通知出租人。

第二百二十九条 租赁物在租赁期间发生所有权变动的,不影响租赁合同的效力。

第二百三十条 出租人出卖租赁房屋的,应当在出卖之前的合理期限内通知承租人,承租人享有以同等条件优先购买的权利。

第二百三十一条　因不可归责于承租人的事由,致使租赁物部分或者全部毁损、灭失的,承租人可以要求减少租金或者不支付租金;因租赁物部分或者全部毁损、灭失,致使不能实现合同目的的,承租人可以解除合同。

第二百三十二条　当事人对租赁期限没有约定或者约定不明确,依照本法第六十一条的规定仍不能确定的,视为不定期租赁。当事人可以随时解除合同,但出租人解除合同应当在合理期限之前通知承租人。

第二百三十三条　租赁物危及承租人的安全或者健康的,即使承租人订立合同时明知该租赁物质量不合格,承租人仍然可以随时解除合同。

第二百三十四条　承租人在房屋租赁期间死亡的,与其生前共同居住的人可以按照原租赁合同租赁该房屋。

第二百三十五条　租赁期间届满,承租人应当返还租赁物。返还的租赁物应当符合按照约定或者租赁物的性质使用后的状态。

第二百三十六条　租赁期间届满,承租人继续使用租赁物,出租人没有提出异议的,原租赁合同继续有效,但租赁期限为不定期。

第十四章　融资租赁合同

第二百三十七条　融资租赁合同是出租人根据承租人对出卖人、租赁物的选择,向出卖人购买租赁物,提供给承租人使用,承租人支付租金的合同。

第二百三十八条　融资租赁合同的内容包括租赁物名称、数量、规格、技术性能、检验方法、租赁期限、租金构成及其支付期限和方式、币种、租赁期间届满租赁物的归属等条款。

融资租赁合同应当采用书面形式。

第二百三十九条　出租人根据承租人对出卖人、租赁物的选择订立的买卖合同,出卖人应当按照约定向承租人交付标的物,承租人享有与受领标的物有关的买受人的权利。

第二百四十条　出租人、出卖人、承租人可以约定,出卖人不履行买卖合同义务的,由承租人行使索赔的权利。承租人行使索赔权利的,出租人应当协助。

第二百四十一条　出租人根据承租人对出卖、租赁物的选择订立的买卖合同,未经承租人同意,出租人不得变更与承租人有关的合同内容。

第二百四十二条　出租人享有租赁物的所有权。承租人破产的,租赁物不属于破产财产。

第二百四十三条　融资租赁合同的租金,除当事人另有约定的以外,应当根据购买租赁物的大部分或者全部成本以及出租人的合理利润确定。

第二百四十四条　租赁物不符合约定或者不符合使用目的的,出租人不承担责任,但承租人依赖出租人的技能确定租赁物或者出租人干预选择租赁物的除外。

第二百四十五条　出租人应当保证承租人对租赁物的占有和使用。

第二百四十六条　承租人占有租赁物期间,租赁物造成第三人的人身伤害或者财产损害的,出租人不承担责任。

第二百四十七条　承租人应当妥善保管、使用租赁物。

承租人应当履行占有租赁物期间的维修义务。

第二百四十八条　承租人应当按照约定支付租金。承租人经催告后在合理期限内仍不支付租金的，出租人可以要求支付全部租金；也可以解除合同，收回租赁物。

第二百四十九条 当事人约定租赁期间届满租赁物归承租人所有，承租人已经支付大部分租金，但无力支付剩余租金，出租人因此解除合同收回租赁物的，收回的租赁物的价值超过承租人欠付的租金以及其他费用的，承租人可以要求部分返还。

第二百五十条 出租人和承租人可以约定租赁期间届满租赁物的归属。对租赁物的归属没有约定或者约定不明确，依照本法第六十一条的规定仍不能确定的，租赁物的所有权归出租人。

第十五章 承揽合同

第二百五十一条 承揽合同是承揽人按照定作人的要求完成工作，交付工作成果，定作人给付报酬的合同。

承揽包括加工、定作、修理、复制、测试、检验等工作。

第二百五十二条 承揽合同的内容包括承揽的标的、数量、质量、报酬、承揽方式、材料的提供、履行期限、验收标准和方法等条款。

第二百五十三条 承揽人应当以自己的设备、技术和劳力，完成主要工作，但当事人另有约定的除外。

承揽人将其承揽的主要工作交由第三人完成的，应当就该第三人完成的工作成果向定作人负责；未经定作人同意的，承揽人也可以解除合同。

第二百五十四条 承揽人可以将其承揽的辅助工作交由第三人完成。承揽人将其承揽的辅助工作交由第三人完成的，应当就该第三人完成的工作成果向定作人负责。

第二百五十五条 承揽人提供材料的，承揽人应当按照约定选用材料，并接受定作人检验。

第二百五十六条 定作人提供材料的，定作人应当按照约定提供材料。承揽人对定作人提供的材料，应当及时检验，发现不符合约定时，应当及时通知定作人更换、补齐或者采取其他补救措施。

承揽人不得擅自更换定作人提供的材料，不得更换不需要修理的零部件。

第二百五十七条 承揽人发现定作人提供的图纸或者技术要求不合理的，应当及时通知定作人。因定作人怠于答复等原因造成承揽人损失的，应当赔偿损失。

第二百五十八条 定作人中途变更承揽工作的要求，造成承揽人损失的，应当赔偿损失。

第二百五十九条 承揽工作需要定作人协助的，定作人有协助的义务。

定作人不履行协助义务致使承揽工作不能完成的，承揽人可以催告定作人在合理期限内履行义务，并可以顺延履行期限；定作人逾期不履行的，承揽人可以解除合同。

第二百六十条 承揽人在工作期间，应当接受定作人必要的监督检验。定作人不得因监督检验妨碍承揽人的正常工作。

第二百六十一条 承揽人完成工作的，应当向定作人交付工作成果，并提交必要的技术资料和有关质量证明。定作人应当验收该工作成果。

第二百六十二条 承揽人交付的工作成果不符合质量要求的，定作人可以要求承揽人承担修理、重作、减少报酬、赔偿损失等违约责任。

第二百六十三条 定作人应当按照约定的期限支付报酬。对支付报酬的期限没有约定或者约定不明确,依照本法第六十一条的规定仍不能确定的,定作人应当在承揽人交付工作成果时支付;工作成果部分交付的,定作人应当相应支付。

第二百六十四条 定作人未向承揽人支付报酬或者材料费等价款的,承揽人对完成的工作成果享有留置权,但当事人另有约定的除外。

第二百六十五条 承揽人应当妥善保管定作人提供的材料以及完成的工作成果,因保管不善造成毁损、灭失的,应当承担损害赔偿责任。

第二百六十六条 承揽人应当按照定作人的要求保守秘密,未经定作人许可,不得留存复制品或者技术资料。

第二百六十七条 共同承揽人对定作人承担连带责任,但当事人另有约定的除外。

第二百六十八条 定作人可以随时解除承揽合同,造成承揽人损失的,应当赔偿损失。

第十六章　建设工程合同

第二百六十九条 建设工程合同是承包人进行工程建设,发包人支付价款的合同。

建设工程合同包括工程勘察、设计及施工合同。

第二百七十条 建设工程合同应当采用书面形式。

第二百七十一条 建设工程的招标投标活动,应当依照有关法律的规定公开、公平、公正进行。

第二百七十二条 发包人可以与总承包人订立建设工程合同,也可以分别与勘察人、设计人、施工人订立勘察、设计、施工承包合同。发包人不得将应当由一个承包人完成的建设工程肢解成若干部分发包给几个承包人。

总承包人或者勘察、设计、施工承包人经发包人同意,可以将自己承包的部分工作交由第三人完成。第三人就其完成的工作成果与总承包人或者勘察、设计、施工承包人向发包人承担连带责任。承包人不得将其承包的全部建设工程转包给第三人或者将其承包的全部建设工程肢解以后以分包的名义分别转包给第三人。

禁止承包人将工程分包给不具备相应资质条件的单位。禁止分包单位将其承包的工程再分包。建设工程主体结构的施工必须由承包人自行完成。

第二百七十三条 国家重大建设工程合同,应当按照国家规定的程序和国家批准的投资计划、可行性研究报告等文件订立。

第二百七十四条 勘察、设计合同的内容包括提交有关基础资料和文件(包括概预算)的期限、质量要求、费用以及其他协作条件等条款。

第二百七十五条 施工合同的内容包括工程范围、建设工期、中间交工工程的开工和竣工时间、工程质量、工程造价、技术资料交付时间、材料和设备供应责任、拨款和结算、竣工验收、质量保修范围和质量保证期、双方相互协作等条款。

第二百七十六条 建设工程实行监理的,发包人应当与监理人采用书面形式订立委托监理合同。发包人与监理人的权利和义务以及法律责任,应当依照本法委托合同以及其他有关法律、行政法规的规定。

第二百七十七条 发包人在不妨碍承包人正常作业的情况下,可以随时对作业进度、质量进行检查。

第二百七十八条 隐蔽工程在隐蔽以前，承包人应当通知发包人检查。发包人没有及时检查的，承包人可以顺延工程日期，并有权要求赔偿停工、窝工等损失。

第二百七十九条 建设工程竣工后，发包人应当根据施工图纸及说明书、国家颁发的施工验收规范和质量检验标准及时进行验收。验收合格的，发包人应当按照约定支付价款，并接收该建设工程。

建设工程竣工经验收合格后，方可交付使用；未经验收或者验收不合格的，不得交付使用。

第二百八十条 勘察、设计的质量不符合要求或者未按照期限提交勘察、设计文件拖延工期，造成发包人损失的，勘察人、设计人应当继续完善勘察、设计，减收或者免收勘察、设计费并赔偿损失。

第二百八十一条 因施工人的原因致使建设工程质量不符合约定的，发包人有权要求施工人在合理期限内无偿修理或者返工、改建。经过修理或者返工、改建后，造成逾期交付的，施工人应当承担违约责任。

第二百八十二条 因承包人的原因使建设工程在合理使用期限内造成人身和财产损害的，承包人应当承担损害赔偿责任。

第二百八十三条 发包人未按照约定的时间和要求提供原材料、设备、场地、资金、技术资料的，承包人可以顺延工程日期，并有权要求赔偿停工、窝工等损失。

第二百八十四条 因发包人的原因致使工程中途停建、缓建的，发包人应当采取措施弥补或者减少损失，赔偿承包人因此造成的停工、窝工、倒运、机械设备调迁、材料和构件积压等损失和实际费用。

第二百八十五条 因发包人变更计划，提供的资料不准确，或者未按照期限提供必需的勘察、设计工作条件而造成勘察、设计的返工、停工或者修改设计，发包人应当按照勘察人、设计人实际消耗的工作量增付费用。

第二百八十六条 发包人未按照约定支付价款的，承包人可以催告发包人在合理期限内支付价款。发包人逾期不支付的，除按照建设工程的性质不宜折价、拍卖的以外，承包人可以与发包人协议将该工程折价，也可以申请人民法院将该工程依法拍卖。建设工程的价款就该工程折价或者拍卖的价款优先受偿。

第二百八十七条 本章没有规定的，适用承揽合同的有关规定。

第十七章　运输合同

第一节　一般规定

第二百八十八条 运输合同是承运人将旅客或者货物从起运地点运输到约定地点，旅客、托运人或者收货人支付票款或者运输费用的合同。

第二百八十九条 从事公共运输的承运人不得拒绝旅客、托运人通常、合理的运输要求。

第二百九十条 承运人应当在约定期间或者合理期间内将旅客、货物安全运输到约定地点。

第二百九十一条 承运人应当按照约定的或者通常的运输路线将旅客、货物运输到约定地点。

第二百九十二条 旅客、托运人或者收货人应当支付票款或者运输费用。承运人未按照约定路线或者通常路线运输增加票款或者运输费用的，旅客、托运人或者收货人可以拒绝支付增加部分的票款或者运输费用。

（注《中华人民共和国合同法》第二百九十三条至第三百零三条的第二节的"客运合同"，固不属于本书范围，在此省略。）

第三节 货运合同

第三百零四条 托运人办理货物运输，应当向承运人准确表明收货人的名称或者姓名或者凭指示的收货人，货物的名称、性质、重量、数量，收货地点等有关货物运输的必要情况。

因托运人申报不实或者遗漏重要情况，造成承运人损失的，托运人应当承担损害赔偿责任。

第三百零五条 货物运输需要办理审批、检验等手续的，托运入应当将办理完有关手续的文件提交承运人。

第三百零六条 托运人应当按照约定的方式包装货物。对包装方式没有约定或者约定不明确的，适用本法第一百五十六条的规定。

托运人违反前款规定的，承运人可以拒绝运输。

第三百零七条 托运人托运易燃、易爆、有毒、有腐蚀性、有放射性等危险物品的，应当按照国家有关危险物品运输的规定对危险物品妥善包装，作出危险物标志和标签，并将有关危险物品的名称、性质和防范措施的书面材料提交承运人。

托运人违反前款规定的，承运人可以拒绝运输，也可以采取相应措施以避免损失的发生，因此产生的费用由托运人承担。

第三百零八条 在承运人将货物交付收货人之前，托运人可以要求承运人中止运输、返还货物、变更到达地或者将货物交给其他收货入，但应当赔偿承运人因此受到的损失。

第三百零九条 货物运输到达后，承运人知道收货人的，应当及时通知收货人，收货人应当及时提货。收货人逾期提货的，应当向承运人支付保管费等费用。

第三百一十条 收货人提货时应当按照约定的期限检验货物。对检验货物的期限没有约定或者约定不明确，依照本法第六十一条的规定仍不能确定的，应当在合理期限内检验货物。收货人在约定的期限或者合理期限内对货物的数量、毁损等未提出异议的，视为承运人已经按照运输单证的记载交付的初步证据。

第三百一十一条 承运人对运输过程中货物的毁损、灭失承担损害赔偿责任，但承运人证明货物的毁损、灭失是因不可抗力、货物本身的自然性质或者合理损耗以及托运人、收货人的过错造成的，不承担损害赔偿责任。

第三百一十二条 货物的毁损、灭失的赔偿额，当事人有约定的，按照其约定；没有约定或者约定不明确，依照本法第六十一条的规定仍不能确定的，按照交付或者应当交付时货物到达地的市场价格计算。法律、行政法规对赔偿额的计算方法和赔偿限额另有规定的，依照其规定。

第三百一十三条 两个以上承运人以同一运输方式联运的，与托运人订立合同的承运人应当对全程运输承担责任。损失发生在某一运输区段的，与托运人订立合同的承运人和该区段的承运人承担连带责任。

第三百一十四条 货物在运输过程中因不可抗力灭失，未收取运费的，承运人不得要求支付运费；已收取运费的，托运人可以要求返还。

第三百一十五条 托运人或者收货人不支付运费、保管费以及其他运输费用的，承运人对相应的运输货物享有留置权，但当事人另有约定的除外。

第三百一十六条 收货人不明或者收货人无正当理由拒绝受领货物的，依照本法第一百零一条的规定，承运人可以提取货物。

第四节 多式联运合同

第三百一十七条 多式联运经营人负责履行或者组织履行多式联运合同，对全程运输享有承运人的权利，承担承运人的义务。

第三百一十八条 多式联运经营人可以与参加多式联运的各区段承运人就多式联运合同的各区段运输约定相互之间的责任，但该约定不影响多式联运经营人对全程运输承担的义务。

第三百一十九条 多式联动经营人收到托运人交付的货物时，应当签发多式联运单据。按照托运人的要求，多式联运单据可以是可转让单据，也可以是不可转让单据。

第三百二十条 因托运人托运货物时的过错造成多式联运经营人损失的，即使托运人已经转让多式联运单据，托运人仍然应当承担损害赔偿责任。

第三百二十一条 货物的毁损、灭失发生于多式联运的某一运输区段的，多式联运经营人的赔偿责任和责任限额，适用调整该区段运输方式的有关法律规定。货物毁损、灭失发生的运输区段不能确定的，依照本章规定承担损害赔偿责任。

第十八章 技术合同

第一节 一般规定

第三百二十二条 技术合同是当事人就技术开发、转让、咨询或者服务订立的确立相互之间权利和义务的合同。

第三百二十三条 订立技术合同，应当有利于科学技术的进步，加速科学技术成果的转化、应用和推广。

第三百二十四条 技术合同的内容由当事人约定，一般包括以下条款：

（一）项目名称；

（二）标的的内容、范围和要求；

（三）履行的计划、进度、期限、地点、地域和方式；

（四）技术情报和资料的保密；

（五）风险责任的承担；

（六）技术成果的归属和收益的分成办法；

（七）验收标准和方法；

（八）价款、报酬或者使用费及其支付方式；

（九）违约金或者损失赔偿的计算方法；

（十）解决争议的方法；

（十一）名词和术语的解释。

与履行合同有关的技术背景资料、可行性论证和技术评价报告、项目任务书和计划书、技术标准、技术规范、原始设计和工艺文件，以及其他技术文档，按照当事人的约定可以作为合同的组成部分。

技术合同涉及专利的，应当注明发明创造的名称、专利申请人和专利权人、申请日期、申请号、专利号以及专利权的有效期限。

第三百二十五条 技术合同价款、报酬或者使用费的支付方式由当事人约定，可以采取一次总算、一次总付，或者一次总算、分期支付，也可以采取提成支付或者提成支付附加预付入门费的方式。

约定提成支付的，可以按照产品价格、实施专利和使用技术秘密后新增的产值、利润或者产品销售额的一定比例提成，也可以按照约定的其他方式计算。提成支付的比例可以采取固定比例、逐年递增比例或者逐年递减比例。

约定提成支付的，当事人应当在合同中约定查阅有关会议账目的办法。

第三百二十六条 职务技术成果的使用权、转让权属于法人或者其他组织的，法人或者其他组织可以就该项职务技术成果订立技术合同。法人或者其他组织应当从使用和转让该项职务技术成果所取得的收益中提取一定比例，对完成该项职务技术成果的个人给予奖励或者报酬。法人或者其他组织订立技术合同转让职务技术成果时，职务技术成果的完成人享有以同等条件优先受让的权利。

职务技术成果是执行法人或者其他组织的工作任务，或者主要是利用法人或者其他组织的物质技术条件所完成的技术成果。

第三百二十七条 非职务技术成果的使用权、转让权属于完成技术成果的个人，完成技术成果的个人可以就该项非职务技术成果订立技术合同。

第三百二十八条 完成技术成果的个人有在有关技术成果文件上写明自己是技术成果完成者的权利和取得荣誉证书、奖励的权利。

第三百二十九条 非法垄断技术、妨碍技术进步或者侵害他人技术成果的技术合同无效。

第二节 技术开发合同

第三百三十条 技术开发合同是指当事人之间就新技术、新产品、新工艺或者新材料及其系统的研究开发所订立的合同。

技术开发合同包括委托开发合同和合作开发合同。

技术开发合同应当采用书面形式。

当事人之间就具有产业应用价值的科技成果实施转化订立的合同，参照技术开发合同的规定。

第三百三十一条 委托开发合同的委托人应当按照约定支付研究开发经费和报酬；提供技术资料、原始数据；完成协作事项；接受研究开发成果。

第三百三十二条 委托开发合同的研究开发人应当按照约定制定和实施研究开发计划；合理使用研究开发经费；按期完成研究开发工作，交付研究开发成果，提供有关的技术资料和必要的技术指导，帮助委托人掌握研究开发成果。

第三百三十三条 委托人违反约定造成研究开发工作停滞、延误或者失败的，应当承担违约责任。

第三百三十四条 研究开发人违反约定造成研究开发工作停滞、延误或者失败的，应当承担违约责任。

第三百三十五条 合作开发合同的当事人应当按照约定进行投资，包括以技术进行投资；分工参与研究开发工作；协作配合研究开发工作。

第三百三十六条 合作开发合同的当事人违反约定造成研究开发工作停滞、延误或者失败的，应当承担违约责任。

第三百三十七条 因作为技术开发合同标的的技术已经由他人公开，致使技术开发合同的履行没有意义的，当事人可以解除合同。

第三百三十八条 在技术开发合同履行过程中，因出现无法克服的技术困难，致使研究开发失败或者部分失败的，该风险责任由当事人约定。没有约定或者约定不明确，依照本法第六十一条的规定仍不能确定的，风险责任由当事人合理分担。

当事人一方发现前款规定的可能致使研究开发失败或者部分失败的情形时，应当及时通知另一方并采取适当措施减少损失。没有及时通知并采取适当措施，致使损失扩大的，应当就扩大的损失承担责任。

第三百三十九条 委托开发完成的发明创造，除当事人另有约定的以外，申请专利的权利属于研究开发人。研究开发人取得专利权的，委托人可以免费实施该专利。

研究开发人转让专利申请权的，委托人享有以同等条件优先受让的权利。

第三百四十条 合作开发完成的发明创造，除当事人另有约定的以外，申请专利的权利属于合作开发的当事人共有。当事人一方转让其共有的专利申请权的，其他各方享有以同等条件优先受让的权利。

合作开发的当事人一方声明放弃其共有的专利申请权的，可以由另一方单独申请或者由其他各方共同申请。申请人取得专利权的，放弃专利申请权的一方可以免费实施该专利。

合作开发的当事人一方不同意申请专利的，另一方或者其他各方不得申请专利。

第三百四十一条 委托开发或者合作开发完成的技术秘密成果的使用权、转让权以及利益的分配办法，由当事人约定。没有约定或者约定不明确，依照本法第六十一条的规定仍不能确定的，当事人均有使用和转让的权利，但委托开发的研究开发人不得在向委托人交付研究开发成果之前，将研究开发成果转让给第三人。

第三节　技术转让合同

第三百四十二条 技术转让合同包括专利权转让、专利申请权转让、技术秘密转让、专利实施许可合同。

技术转让合同应当采用书面形式。

第三百四十三条 技术转让合同可以约定让与人和受让人实施专利或者使用技术秘密的范围，但不得限制技术竞争和技术发展。

第三百四十四条 专利实施许可合同只在该专利权的存续期间内有效。专利权有效期限届满或者专利权被宣布无效的，专利权人不得就该专利与他人订立专利实施许可合同。

第三百四十五条 专利实施许可合同的让与人应当按照约定许可受让人实施专利，交付实施专利有关的技术资料，提供必要的技术指导。

第三百四十六条 专利实施许可合同的受让人应当按照约定实施专利，不得许可约定以外的第三人实施该专利；并按照约定支付使用费。

第三百四十七条 技术秘密转让合同的让与人应当按照约定提供技术资料，进行技术指导，保证技术的实用性、可靠性，承担保密义务。

第三百四十八条 技术秘密转让合同的受让人应当按照约定使用技术，支付使用费，承担保密义务。

第三百四十九条 技术转让合同的让与人应当保证自己是所提供的技术的合法拥有者,并保证所提供的技术完整、无误、有效,能够达到约定的目标。

第三百五十条 技术转让合同的受让人应当按照约定的范围和期限,对让与人提供的技术中尚未公开的秘密部分,承担保密义务。

第三百五十一条 让与人未按照约定转让技术的,应当返还部分或者全部使用费,并应当承担违约责任;实施专利或者使用技术秘密超越约定的范围的,违反约定擅自许可第三人实施该项专利或者使用该项技术秘密的,应当停止违约行为,承担违约责任;违反约定的保密义务的,应当承担违约责任。

第三百五十二条 受让人未按照约定支付使用费的,应当补交使用费并按照约定支付违约金;不补交使用费或者支付违约金的,应当停止实施专利或者使用技术秘密,交还技术资料,承担违约责任;实施专利或者使用技术秘密超越约定的范围的,未经让与人同意擅自许可第三人实施该专利或者使用该技术秘密的,应当停止违约行为,承担违约责任;违反约定的保密义务的,应当承担违约责任。

第三百五十三条 受让人按照约定实施专利、使用技术秘密侵害他人合法权益的,由让与人承担责任,但当事人另有约定的除外。

第三百五十四条 当事人可以按照互利的原则,在技术转让合同中约定实施专利、使用技术秘密后续改进的技术成果的分享办法。没有约定或者约定不明确,依照本法第六十一条的规定仍不能确定的,一方后续改进的技术成果,其他各方无权分享。

第三百五十五条 法律、行政法规对技术进口合同或者专利、专利申请合同另有规定的,依照其规定。

第四节 技术咨询合同和技术服务合同

第三百五十六条 技术咨询合同包括就特定技术项目提供可行性论证、技术预测、专题技术调查、分析评价报告等合同。

技术服务合同是指当事人一方以技术知识为另一方解决特定技术问题所订立的合同,不包括建设工程合同和承揽合同。

第三百五十七条 技术咨询合同的委托人应当按照约定阐明咨询的问题,提供技术背景材料及有关技术资料、数据;接受受托人的工作成果,支付报酬。

第三百五十八条 技术咨询合同的受托人应当按照约定的期限完成咨询报告或者解答问题;提出的咨询报告应当达到约定的要求。

第三百五十九条 技术咨询合同的委托人未按照约定提供必要的资料和数据,影响工作进度和质量,不接受或者逾期接受工作成果的,支付的报酬不得追回,未支付的报酬应当支付。

技术咨询合同的受托人未按期提出咨询报告或者提出的咨询报告不符合约定的,应当承担减收或者免收报酬等违约责任。

技术咨询合同的委托人按照受托人符合约定要求的咨询报告意见作出决策所造成的损失,由委托人承担,但当事人另有约定的除外。

第三百六十条 技术服务合同的委托人应当按照约定提供工作条件,完成配合事项;接受工作成果并支付报酬。

第三百六十一条 技术服务合同的受托人应当按照约定完成服务项目,解决技术问题,保证工作质量，并传授解决技术问题的知识。

第三百六十二条 技术服务合同的委托人不履行合同义务或者履行合同义务不符合约定，影响工作进度和质量，不接受或者逾期接受工作成果的，支付的报酬不得追回，未支付的报酬应当支付。

技术服务合同的受托人未按照合同约定完成服务工作的，应当承担免收报酬等违约责任。

第三百六十三条 在技术咨询合同、技术服务合同履行过程中，受托人利用委托人提供的技术资料和工作条件完成的新的技术成果，属于受托人。委托人利用受托人的工作成果完成的新的技术成果，属于委托人。当事人另有约定的，按照其约定。

第三百六十四条 法律、行政法规对技术中介合同、技术培训合同另有规定的，依照其规定。

第十九章　保管合同

第三百六十五条 保管合同是保管人保管寄存人交付的保管物，并返还该物的合同。

第三百六十六条 寄存人应当按照约定向保管人支付保管费。

当事人对保管费没有约定或者约定不明确，依照本法第六十一条的规定仍不能确定的，保管是无偿的。

第三百六十七条 保管合同自保管物交付时成立，但当事人另有约定的除外。

第三百六十八条 寄存人向保管人交付保管物的，保管人应当给付保管凭证，但另有交易习惯的除外。

第三百六十九条 保管人应当妥善保管保管物。

当事人可以约定保管场所或者方法。除紧急情况或者为了维护寄存人利益的以外，不得擅自改变保管场所或者方法。

第三百七十条 寄存人交付的保管物有瑕疵或者按照保管物的性质需要采取特殊保管措施的，寄存人应当将有关情况告知保管人。寄存人未告知，致使保管物受损失的。保管人不承担损害赔偿责任；保管人因此受损失的，除保管人知道或者应当知道并且未采取补救措施的以外，寄存人应当承担损害赔偿责任。

第三百七十一条 保管人不得将保管物转交第三人保管，但当事人另有约定的除外。

保管人违反前款规定，将保管物转交第三人保管，对保管物造成损失的，应当承担损害赔偿责任。

第三百七十二条 保管人不得使用或者许可第三人使用保管物，但当事人另有约定的除外。

第三百七十三条 第三人对保管物主张权利的，除依法对保管物采取保全或者执行的以外，保管人应当履行向寄存人返还保管物的义务。

第三人对保管人提起诉讼或者对保管物申请扣押的，保管人应当及时通知寄存人。

第三百七十四条 保管期间，因保管人保管不善造成保管物毁损、灭失的，保管人应当承担损害赔偿责任，但保管是无偿的，保管人证明自己没有重大过失的，不承担损害赔偿责任。

第三百七十五条 寄存人寄存货币、有价证券或者其他贵重物品的，应当向保管人声明，由保管人验收或者封存。寄存人未声明的，该物品毁损、灭失后，保管人可以按照一般物品予以赔偿。

第三百七十六条 寄存人可以随时领取保管物。

当事人对保管期间没有约定或者约定不明确的，保管人可以随时要求寄存人领取保管物；约定保管期间的，保管人无特别事由，不得要求寄存人提前领取保管物。

第三百七十七条 保管期间届满或者寄存人提前领取保管物的，保管人应当将原物及其孳息归还寄存人。

第三百七十八条 保管人保管货币的，可以返还相同种类、数量的货币。保管其他可替代物的，可以按照约定返还相同种类、品质、数量的物品。

第三百七十九条 有偿的保管合同，寄存人应当按照约定的期限向保管人支付保管费。

当事人对支付期限没有约定或者约定不明确，依照本法第六十一条的规定仍不能确定的，应当在领取保管物的同时支付。

第三百八十条 寄存人未按照约定支付保管费以及其他费用的，保管人对保管物享有留置权，但当事人另有约定的除外。

第二十章　仓储合同

第三百八十一条 仓储合同是保管人储存存货人交付的仓储物，存货人支付仓储费的合同。

第三百八十二条 仓储合同自成立时生效。

第三百八十三条 储存易燃、易爆、有毒、有腐蚀性、有放射性等危险品或者易变质物品，存货人应当说明该物品的性质，提供有关资料。

存货人违反前款规定的，保管人可以拒收仓储物，也可以采取相应措施以避免损失的发生，因此产生的费用由存货人承担。

保管人储存易燃、易爆、有毒、有腐蚀性、有放射性等危险物品的，应当具备相应的保管条件。

第三百八十四条 保管人应当按照约定对入库仓储物进行验收。保管人验收时发现入库仓储物与约定不符合的，应当及时通知存货人。保管人验收后，发生仓储物的品种、数量、质量不符合约定的，保管人应当承担损害赔偿责任。

第三百八十五条 存货人交付仓储物的，保管人应当给付仓单。

第三百八十六条 保管人应在仓单上签字或者盖章。仓单包括下列事项：

（一）存货人的名称或者姓名和住所；

（二）仓储物的品种、数量、质量、包装、件数和标记；

（三）仓储物的损耗标准；

（四）储存场所；

（五）储存期间；

（六）仓储费；

（七）仓储物已经办理保险的，其保险金额、期间以及保险人的名称；

（八）填发人、填发地和填发日期。

第三百八十七条 仓单是提取仓储物的凭证。存货人或者仓单持有人在仓单上背书并经保管人签字或者盖章的，可以转让提取仓储物的权利。

第三百八十八条 保管人根据存货人或者仓单持有人的要求。应当同意其检查仓储物或提取样品。

第三百八十九条 保管人对入库仓储物发现有变质或者其他损坏的，应当及时通知存货人或者仓单持有人。

第三百九十条 保管人对入库仓储物发现有变质或者其他损坏，危及其他仓储物的安全和正常保管的，应当催告存货人或者仓单持有人作出必要的处置。因情况紧急，保管人可以作出必要的处置，但事后应当将该情况及时通知存货人或者仓单持有人。

第三百九十一条 当事人对储存期间没有约定或者约定不明确的，存货人或者仓单持有人可以随时提取仓储物，保管人也可以随时要求存货人或者仓单持有人提取仓储物，但应当给予必要的准备时间。

第三百九十二条 储存期间届满，存货人或者仓单持有人应当凭仓单提取仓储物。

存货人或者仓单持有人逾期提取的，应当加收仓储费；提前提取的，不减收仓储费。

第三百九十三条 储存期间届满，存货人或者仓单持有人不提取仓储物的，保管人可以催告其在合理期限内提取，逾期不提取的，保管人可以提存仓储物。

第三百九十四条 储存期间，因保管人保管不善造成仓储物毁损、灭失的，保管人应当承担损害赔偿责任。

因仓储物的性质、包装不符合约定或者超过有效储存期造成仓储物变质、损坏的，保管人不承担损害赔偿责任。

第三百九十五条 本章没有规定的，适用保管合同的有关规定。

第二十一章　委托合同

第三百九十六条 委托合同是委托人和受托人约定，由受托人处理委托人事务的合同。

第三百九十七条 委托人可以特别委托受托人处理一项或者数项事务，也可以概括委托受托人处理一切事务。

第三百九十八条 委托人应当预付处理委托事务的费用。受托人为处理委托事务垫付的必要费用，委托人应当偿还该费用及其利息。

第三百九十九条 受托人应当按照委托人的指示处理委托事务。需要变更委托人指示的，应当经委托人同意，因情况紧急，难以和委托人取得联系的，受托人应当妥善处理委托事务，但事后应当将该情况及时报告委托人。

第四百条 受托人应当亲自处理委托事务。经委托人同意，受托人可以转委托。转委托经同意的，委托人可以就委托事务直接指示转委托的第三人，受托人仅就第三人的选任及其对第三人的指示承担责任。转委托未经同意的，受托人应当对转委托的第三人的行为承担责任，但在紧急情况下受托人为维护委托人的利益需要转委托的除外。

第四百零一条 受托人应当按照委托人的要求，报告委托事务的处理情况。委托合同终止时，受托人应当报告委托事务的结果。

第四百零二条 受托人以自己的名义，在委托人的授权范围内与第三人订立的合同，第三人在订立合同时知道受托人与委托人之间的代理关系，该合同直接约束委托人和第三人，但有确切证据证明该合同只约束受托人和第三人的除外。

第四百零三条 受托人以自己的名义与第三人订立合同时，第三人不知道受托人与委托人之间的代理关系的，受托人因第三人的原因对委托人不履行义务，受托人应当向委托人披露第三人，委托人因此可以行使受托人对第三人的权利，但第三人与受托人订立合同时如果知道该委托人就不会订立合同的除外。

受托人因委托人的原因对第三人不履行义务，受托人应当向第三人披露委托人，第三人因此可以选择受托人或者委托人作为相对人主张其权利，但第三人不得变更选定的相对人。

委托人行使受托人对第三人的权利的，第三人可以向委托人主张其对受托人的抗辩。第三人选定委托人作为其相对人的，委托人可以向第三人主张其对受托人的抗辩以及受托人对第三人的抗辩。

第四百零四条 受托人处理委托事务取得的财产，应当转交给委托人。

第四百零五条 受托人完成委托事务的，委托人应当向其支付报酬。因不可归责于受托人的事由，委托合同解除或者委托事务不能完成的，委托人应当向受托人支付相应的报酬。当事人另有约定的，按照其约定。

第四百零六条 有偿的委托合同，因受托人的过错给委托人造成损失的，委托人可以要求赔偿损失。无偿的委托合同，因受托人的故意或者重大过失给委托人造成损失的，委托人可以要求赔偿损失。

受托人超越权限给委托人造成损失的，应当赔偿损失。

第四百零七条 受托人处理委托事务时，因不可归责于自己的事由受到损失的，可以向委托人要求赔偿损失。

第四百零八条 委托人经受托人同意，可以在受托人之外委托第三人处理委托事务。因此给受托人造成损失的，受托人可以向委托人要求赔偿损失。

第四百零九条 两个以上的受托人共同处理委托事务的，对委托人承担连带责任。

第四百一十条 委托人或者受托人可以随时解除委托合同。因解除合同给对方造成损失的，除不可归责于该当事人的事由以外，应当赔偿损失。

第四百一十一条 委托人或者受托人死亡、丧失民事行为能力或者破产的，委托合同终止，但当事人另有约定或者根据委托事务的性质不宜终止的除外。

第四百一十二条 因委托人死亡、丧失民事行为能力或者破产，致使委托合同终止将损害委托人利益的，在委托人的继承人、法定代理人或者清算组织承受委托事务之前，受托人应当继续处理委托事务。

第四百一十三条 因受托人死亡、丧失民事行为能力或者破产，致使委托合同终止的，受托人的继承人、法定代理人或者清算组织应当及时通知委托人。因委托合同终止将损害委托人利益的，在委托人作出善后处理之前，受托人的继承人、法定代理人或者清算组织应当采取必要措施。

第二十二章　行纪合同

第四百一十四条 行纪合同是行纪人以自己的名义为委托人从事贸易活动，委托人支付报酬的合同。

第四百一十五条 行纪人处理委托事务支出的费用，由行纪人负担，但当事人另有约定的除外。

第四百一十六条 行纪人占有委托物的，应当妥善保管委托物。

第四百一十七条 委托物交付给行纪人时有瑕疵或者容易腐烂、变质的，经委托人同意,行纪人可以处分该物;和委托人不能及时取得联系的,行纪人可以合理处分。

第四百一十八条 行纪人低于委托人指定的价格卖出或者高于委托人指定的价格买入的,应当经委托人同意。未经委托人同意,行纪人补偿其差额的,该买卖对委托人发生效力。

行纪人高于委托人指定的价格卖出或者低于委托人指定的价格买入的,可以按照约定增加报酬。没有约定或者约定不明确,依照本法第六十一条的规定仍不能确定的,该利益属于委托人。

委托人对价格有特别指示的,行纪人不得违背该指示卖出或者买入。

第四百一十九条 行纪人卖出或者买入具有市场定价的商品,除委托人有相反的意思表示的以外,行纪人自己可以作为买受人或者出卖人。

行纪人有前款规定情形的,仍然可以要求委托人支付报酬。

第四百二十条 行纪人按照约定买入委托物,委托人应当及时受领。经行纪人催告,委托人无正当理由拒绝受领的,行纪人依照本法第一百零一条的规定可以提存委托物。

委托物不能卖出或者委托人撤回出卖,经行纪人催告,委托人不取回或者不处分该物的,行纪人依照本法第一百零一条的规定可以提存委托物。

第四百二十一条 行纪人与第三人订立合同的,行纪人对该合同直接享有权利、承担义务。

第三人不履行义务致使委托人受到损害的,行纪人应当承担损害赔偿责任,但行纪人与委托人另有约定的除外。

第四百二十二条 行纪人完成或者部分完成委托事务的,委托人应当向其支付相应的报酬。委托人逾期不支付报酬的,行纪人对委托物享有留置权,但当事人另有约定的除外。

第四百二十三条 本章没有规定的,适用委托合同的有关规定。

第二十三章 居间合同

第四百二十四条 居间合同是居间人向委托人报告订立合同的机会或者提供订立合同的媒介服务,委托人支付报酬的合同。

第四百二十五条 居间人应当就有关订立合同的事项向委托人如实报告。

居间人故意隐瞒与订立合同有关的重要事实或者提供虚假情况,损害委托人利益的,不得要求支付报酬并应当承担损害赔偿责任。

第四百二十六条 居间人促成合同成立的,委托人应当按照约定支付报酬。对居间人的报酬没有约定或者约定不明确,依照本法第六十一条的规定仍不能确定的,根据居间人的劳务合理确定。因居间人提供订立合同的媒介服务而促成合同成立的,由该合同的当事人平均负担居间人的报酬。

居间人促成合同成立的,居间活动的费用,由居间人负担。

第四百二十七条 居间人未促成合同成立的,不得要求支付报酬:但可以要求委托人支付从事居间活动支出的必要费用。

附 则

第四百二十八条 本法自 1999 年 10 月 1 日起施行,《中华人民共和国经济合同法》、《中华人民共和国涉外经济合同法》、《中华人民共和国技术合同法》同时废止。

[附件二十三]

关于审理建设工程施工合同纠纷案件适用法律问题的解释

法释[2004]14号

《最高人民法院关于审理建设工程施工合同纠纷案件适用法律问题的解释》已于2004年9月29日由最高人民法院审判委员会第1327次会议通过,现予公布,自2005年1月1日起施行。

最高人民法院

二00四年十月二十五日

根据《中华人民共和国民法通则》、《中华人民共和国合同法》、《中华人民共和国招标投标法》、《中华人民共和国民事诉讼法》等法律规定,结合民事审判实际,就审理建设工程施工合同纠纷案件适用法律的问题,制定本解释。

第一条 建设工程施工合同具有下列情形之一的,应当根据合同法第五十二条第(五)项的规定,认定无效:

(一)承包人未取得建筑施工企业资质或者超越资质等级的;

(二)没有资质的实际施工人借用有资质的建筑施工企业名义的;

(三)建设工程必须进行招标而未招标或者中标无效的。

第二条 建设工程施工合同无效,但建设工程经竣工验收合格,承包人请求参照合同约定支付工程价款的,应予支持。

第三条 建设工程施工合同无效,且建设工程经竣工验收不合格的,按照以下情形分别处理:

(一)修复后的建设工程经竣工验收合格,发包人请求承包人承担修复费用的,应予支持;

(二)修复后的建设工程经竣工验收不合格,承包人请求支付工程价款的,不予支持。

因建设工程不合格造成的损失,发包人有过错的,也应承担相应的民事责任。

第四条 承包人非法转包、违法分包建设工程或者没有资质的实际施工人借用有资质的建筑施工企业名义与他人签订建设工程施工合同的行为无效。人民法院可以根据民法通则第一百三十四条规定,收缴当事人已经取得的非法所得。

第五条 承包人超越资质等级许可的业务范围签订建设工程施工合同,在建设工程竣工前取得相应资质等级,当事人请求按照无效合同处理的,不予支持。

第六条 当事人对垫资和垫资利息有约定,承包人请求按照约定返还垫资及其利息的,应予支持,但是约定的利息计算标准高于中国人民银行发布的同期同类贷款利率的部分除外。

当事人对垫资没有约定的,按照工程欠款处理。

当事人对垫资利息没有约定,承包人请求支付利息的,不予支持。

第七条 具有劳务作业法定资质的承包人与总承包人、分包人签订的劳务分包合同,当事人以转包建设工程违反法律规定为由请求确认无效的,不予支持。

第八条 承包人具有下列情形之一,发包人请求解除建设工程施工合同的,应予支持:

(一)明确表示或者以行为表明不履行合同主要义务的;

(二)合同约定的期限内没有完工,且在发包人催告的合理期限内仍未完工的;

(三)已经完成的建设工程质量不合格,并拒绝修复的;

(四)将承包的建设工程非法转包、违法分包的。

第九条 发包人具有下列情形之一,致使承包人无法施工,且在催告的合理期限内仍未履行相应义务,承包人请求解除建设工程施工合同的,应予支持:

(一)未按约定支付工程价款的;

(二)提供的主要建筑材料、建筑构配件和设备不符合强制性标准的;

(三)不履行合同约定的协助义务的。

第十条 建设工程施工合同解除后,已经完成的建设工程质量合格的,发包人应当按照约定支付相应的工程价款;已经完成的建设工程质量不合格的,参照本解释第三条规定处理。

因一方违约导致合同解除的,违约方应当赔偿因此而给对方造成的损失。

第十一条 因承包人的过错造成建设工程质量不符合约定,承包人拒绝修理、返工或者改建,发包人请求减少支付工程价款的,应予支持。

第十二条 发包人具有下列情形之一,造成建设工程质量缺陷,应当承担过错责任:

(一)提供的设计有缺陷;

(二)提供或者指定购买的建筑材料、建筑构配件、设备不符合强制性标准;

(三)直接指定分包人分包专业工程。

承包人有过错的,也应当承担相应的过错责任。

第十三条 建设工程未经竣工验收,发包人擅自使用后,又以使用部分质量不符合约定为由主张权利的,不予支持;但是承包人应当在建设工程的合理使用寿命内对地基基础工程和主体结构质量承担民事责任。

第十四条 当事人对建设工程实际竣工日期有争议的,按照以下情形分别处理:

(一)建设工程经竣工验收合格的,以竣工验收合格之日为竣工日期;

(二)承包人已经提交竣工验收报告,发包人拖延验收的,以承包人提交验收报告之日为竣工日期;

(三)建设工程未经竣工验收,发包人擅自使用的,以转移占有建设工程之日为竣工日期。

第十五条 建设工程竣工前,当事人对工程质量发生争议,工程质量经鉴定合格的,鉴定期间为顺延工期期间。

第十六条 当事人对建设工程的计价标准或者计价方法有约定的,按照约定结算工程价款。

因设计变更导致建设工程的工程量或者质量标准发生变化,当事人对该部分工程价款不能协商一致的,可以参照签订建设工程施工合同时当地建设行政主管部门发布的计价方法或者计价标准结算工程价款。

建设工程施工合同有效,但建设工程经竣工验收不合格的,工程价款结算参照本解释第三条规定处理。

第十七条 当事人对欠付工程价款利息计付标准有约定的,按照约定处理;没有约定的,按照中国人民银行发布的同期同类贷款利率计息。

第十八条 利息从应付工程价款之日计付。当事人对付款时间没有约定或者约定不明的,下列时间视为应付款时间:

(一)建设工程已实际交付的,为交付之日;

(二)建设工程没有交付的,为提交竣工结算文件之日;

(三)建设工程未交付,工程价款也未结算的,为当事人起诉之日。

第十九条 当事人对工程量有争议的,按照施工过程中形成的签证等书面文件确认。承包人能够证明发包人同意其施工,但未能提供签证文件证明工程量发生的,可以按照当事人提供的其他证据确认实际发生的工程量。

第二十条 当事人约定,发包人收到竣工结算文件后,在约定期限内不予答复,视为认可竣工结算文件的,按照约定处理。承包人请求按照竣工结算文件结算工程价款的,应予支持。

第二十一条 当事人就同一建设工程另行订立的建设工程施工合同与经过备案的中标合同实质性内容不一致的,应当以备案的中标合同作为结算工程价款的根据。

第二十二条 当事人约定按照固定价结算工程价款,一方当事人请求对建设工程造价进行鉴定的,不予支持。

第二十三条 当事人对部分案件事实有争议的,仅对有争议的事实进行鉴定,但争议事实范围不能确定,或者双方当事人请求对全部事实鉴定的除外。

第二十四条 建设工程施工合同纠纷以施工行为地为合同履行地。

第二十五条 因建设工程质量发生争议的,发包人可以以总承包人、分包人和实际施工人为共同被告提起诉讼。

第二十六条 实际施工人以转包人、违法分包人为被告起诉的,人民法院应当依法受理。

实际施工人以发包人为被告主张权利的,人民法院可以追加转包人或者违法分包人为本案当事人。发包人只在欠付工程价款范围内对实际施工人承担责任。

第二十七条 因保修人未及时履行保修义务,导致建筑物毁损或者造成人身、财产损害的,保修人应当承担赔偿责任。

保修人与建筑物所有人或者发包人对建筑物毁损均有过错的,各自承担相应的责任。

第二十八条 本解释自2005年1月1日起施行。

施行后受理的第一审案件适用本解释。

施行前最高人民法院发布的司法解释与本解释相抵触的,以本解释为准。

[附件二十四]

建设工程价款结算暂行办法

财政部　建设部

财建(2004)369号

第一章　总　则

第一条　为加强和规范建设工程价款结算,维护建设市场正常秩序,根据《中华人民共和国合同法》、《中华人民共和国建筑法》、《中华人民共和国招标投标法》、《中华人民共和国预算法》、《中华人民共和国政府采购法》、《中华人民共和国预算法实施条例》等有关法律、行政法规制订本办法。

第二条　凡在中华人民共和国境内的建设工程价款结算活动,均适用本办法。国家法律法规另有规定的,从其规定。

第三条　本办法所称建设工程价款结算(以下简称"工程价款结算"),是指对建设工程的发承包合同价款进行约定和依据合同约定进行工程预付款、工程进度款、工程竣工价款结算的活动。

第四条　国务院财政部门、各级地方政府财政部门和国务院建设行政主管部门、各级地方政府建设行政主管部门在各自职责范围内负责工程价款结算的监督管理。

第五条　从事工程价款结算活动,应当遵循合法、平等、诚信的原则,并符合国家有关法律、法规和政策。

第二章　工程合同价款的约定与调整

第六条　招标工程的合同价款应当在规定时间内,依据招标文件、中标人的投标文件,由发包人与承包人(以下简称"发、承包人")订立书面合同约定。

非招标工程的合同价款依据审定的工程预(概)算书由发、承包人在合同中约定。合同价款在合同中约定后,任何一方不得擅自改变。

第七条　发包人、承包人应当在合同条款中对涉及工程价款结算的下列事项进行约定:

(一)预付工程款的数额、支付时限及抵扣方式;

(二)工程进度款的支付方式、数额及时限;

(三)工程施工中发生变更时,工程价款的调整方法、索赔方式、时限要求及金额支付方式;

(四)发生工程价款纠纷的解决方法;

(五)约定承担风险的范围及幅度以及超出约定范围和幅度的调整办法;

(六)工程竣工价款的结算与支付方式、数额及时限;

(七)工程质量保证(保修)金的数额、预扣方式及时限;

(八)安全措施和意外伤害保险费用;

(九)工期及工期提前或延后的奖惩办法;

（十）与履行合同、支付价款相关的担保事项。

第八条 发、承包人在签订合同时对于工程价款的约定，可选用下列一种约定方式：

（一）固定总价。合同工期较短且工程合同总价较低的工程，可以采用固定总价合同方式。

（二）固定单价。双方在合同中约定综合单价包含的风险范围和风险费用的计算方法，在约定的风险范围内综合单价不再调整。风险范围以外的综合单价调整方法，应当在合同中约定。

（三）可调价格。可调价格包括可调综合单价和措施费等，双方应在合同中约定综合单价和措施费的调整方法，调整因素包括：

1. 法律、行政法规和国家有关政策变化影响合同价款；

2. 工程造价管理机构的价格调整；

3. 经批准的设计变更；

4. 发包人更改经审定批准的施工组织设计（修正错误除外）造成费用增加；

5. 双方约定的其他因素。

第九条 承包人应当在合同规定的调整情况发生后14天内，将调整原因、金额以书面形式通知发包人，发包人确认调整金额后将其作为追加合同价款，与工程进度款同期支付。发包人收到承包人通知后14天内不予确认也不提出修改意见，视为已经同意该项调整。

当合同规定的调整合同价款的调整情况发生后，承包人未在规定时间内通知发包人，或者未在规定时间内提出调整报告，发包人可以根据有关资料，决定是否调整和调整的金额，并书面通知承包人。

第十条 工程设计变更价款调整：

（一）施工中发生工程变更，承包人按照经发包人认可的变更设计文件，进行变更施工，其中，政府投资项目重大变更，需按基本建设程序报批后方可施工。

（二）在工程设计变更确定后14天内，设计变更涉及工程价款调整的，由承包人向发包人提出，经发包人审核同意后调整合同价款。变更合同价款按下列方法进行：

1. 合同中已有适用于变更工程的价格，按合同已有的价格变更合同价款；

2. 合同中只有类似于变更工程的价格，可以参照类似价格变更合同价款；

3. 合同中没有适用或类似于变更工程的价格，由承包人或发包人提出适当的变更价格，经对方确认后执行。如双方不能达成一致的，双方可提请工程所在地工程造价管理机构进行咨询或按合同约定的争议或纠纷解决程序办理。

（三）工程设计变更确定后14天内，如承包人未提出变更工程价款报告，则发包人可根据所掌握的资料决定是否调整合同价款和调整的具体金额。重大工程变更涉及工程价款变更报告和确认的时限由发承包双方协商确定。

收到变更工程价款报告一方，应在收到之日起14天内予以确认或提出协商意见，自变更工程价款报告送达之日起14天内，对方未确认也未提出协商意见时，视为变更工程价款报告已被确认。

确认增（减）的工程变更价款作为追加（减）合同价款与工程进度款同期支付。

第三章　工程价款结算

第十一条　工程价款结算应按合同约定办理，合同未作约定或约定不明的，发、承包双方应依照下列规定与文件协商处理：

（一）国家有关法律、法规和规章制度；

（二）国务院建设行政主管部门、省、自治区、直辖市或有关部门发布的工程造价计价标准、计价办法等有关规定；

（三）建设项目的合同、补充协议、变更签证和现场签证，以及经发、承包人认可的其他有效文件；

（四）其他可依据的材料。

第十二条　工程预付款结算应符合下列规定：

（一）包工包料工程的预付款按合同约定拨付，原则上预付比例不低于合同金额的10%，不高于合同金额的30%，对重大工程项目，按年度工程计划逐年预付。计价执行《建设工程工程量清单计价规范》（GB50500－2003）的工程，实体性消耗和非实体性消耗部分应在合同中分别约定预付款比例。

（二）在具备施工条件的前提下，发包人应在双方签订合同后的一个月内或不迟于约定的开工日期前的7天内预付工程款，发包人不按约定预付，承包人应在预付时间到期后10天内向发包人发出要求预付的通知，发包人收到通知后仍不按要求预付，承包人可在发出通知14天后停止施工，发包人应从约定应付之日起向承包人支付应付款的利息（利率按同期银行贷款利率计），并承担违约责任。

（三）预付的工程款必须在合同中约定抵扣方式，并在工程进度款中进行抵扣。

（四）凡是没有签订合同或不具备施工条件的工程，发包人不得预付工程款，不得以预付款为名转移资金。

第十三条　工程进度款结算与支付应当符合下列规定：

（一）工程进度款结算方式

1. 按月结算与支付。即实行按月支付进度款，竣工后清算的办法。合同工期在两个年度以上的工程，在年终进行工程盘点，办理年度结算。

2. 分段结算与支付。即当年开工、当年不能竣工的工程按照工程形象进度，划分不同阶段支付工程进度款。具体划分在合同中明确。

（二）工程量计算

1. 承包人应当按照合同约定的方法和时间，向发包人提交已完工程量的报告。发包人接到报告后14天内核实已完工程量，并在核实前1天通知承包人，承包人应提供条件并派人参加核实，承包人收到通知后不参加核实，以发包人核实的工程量作为工程价款支付的依据。发包人不按约定时间通知承包人，致使承包人未能参加核实，核实结果无效。

2. 发包人收到承包人报告后14天内未核实完工程量，从第15天起，承包人报告的工程量即视为被确认，作为工程价款支付的依据，双方合同另有约定的，按合同执行。

3. 对承包人超出设计图纸（含设计变更）范围和因承包人原因造成返工的工程量，发包人不予计量。

（三）工程进度款支付

1. 根据确定的工程计量结果，承包人向发包人提出支付工程进度款申请，14 天内，发包人应按不低于工程价款的 60%，不高于工程价款的 90% 向承包人支付工程进度款. 按约定时间发包人应扣回的预付款，与工程进度款同期结算抵扣。

2. 发包人超过约定的支付时间不支付工程进度款，承包人应及时向发包人发出要求付款的通知，发包人收到承包人通知后仍不能按要求付款，可与承包人协商签订延期付款协议，经承包人同意后可延期支付，协议应明确延期支付的时间和从工程计量结果确认后第 15 天起计算应付款的利息（利率按同期银行贷款利率计）。

3. 发包人不按合同约定支付工程进度款，双方又未达成延期付款协议，导致施工无法进行：承包人可停止施工，由发包人承担违约责任。

第十四条 工程完工后，双方应按照约定的合同价款及合同价款调整内容以及索赔事项，进行工程竣工结算。

（一）工程竣工结算方式

工程竣工结算分为单位工程竣工结算、单项工程竣工结算和建设项目竣工总结算。

（二）工程竣工结算编审

1. 单位工程竣工结算由承包人编制，发包人审查；实行总承包的工程，由具体承包人编制，在总包人审查的基础上，发包人审查。

2. 单项工程竣工结算或建设项目竣工总结算由总（承）包人编制，发包人可直接进行审查，也可以委托具有相应资质的工程造价咨询机构进行审查。政府投资项目，由同级财政部门审查。单项工程竣工结算或建设项目竣工总结算经发、承包人签字盖章后有效。

承包人应在合同约定期限内完成项目竣工结算编制工作，未在规定期限内完成的并且提不出正当理由延期的，责任自负。

（三）工程竣工结算审查期限

单项工程竣工后，承包人应在提交竣工验收报告的同时，向发包人递交竣工结算报告及完整的结算资料，发包人应按以下规定时限进行核对（审查）并提出审查意见。

工程竣工结算报告金额审查时间：

1. 500 万元以下从接到竣工结算报告和完整的竣工结算资料之日起 20 天。

2. 500 万元～2000 万元从接到竣工结算报告和完整的竣工结算资料之日起 30 天。

3. 2000 万元～5000 万元从接到竣工结算报告和完整的竣工结算资料之日起 45 天。

4. 5000 万元以上从接到竣工结算报告和完整的竣工结算资料之日起 60 天。

建设项目竣工总结算在最后一个单项工程竣工结算审查确认后 15 天内汇总，送发包人后 30 天内审查完成。

（四）工程竣工价款结算

发包人收到承包人递交的竣工结算报告及完整的结算资料后，应按本办法规定的期限（合同约定有期限的，从其约定）进行核实，给予确认或者提出修改意见。发包人根据确认的竣工结算报告向承包人支付工程竣工结算价款，保留 5% 左右的质量保证（保修）金，待工程交付使用一年质保期到期后清算（合同另有约定的，从其约定），质保期内如有返修，发生费用应在质量保证（保修）金内扣除。

（五）索赔价款结算

发承包人未能按合同约定履行自己的各项义务或发生错误，给另一方造成经济损失的，由受损方按合同约定提出索赔，索赔金额按合同约定支付。

（六）合同以外零星项目工程价款结算

发包人要求承包人完成合同以外零星项目，承包人应在接受发包人要求的7天内就用工数量和单价、机械台班数量和单价、使用材料和金额等向发包人提出施工签证，发包人签证后施工，如发包人未签证，承包人施工后发生争议的，责任由承包人自负。

第十五条 发包人和承包人要加强施工现场的造价控制，及时对工程合同外的事项如实纪录并履行书面手续。凡由发、承包双方授权的现场代表签字的现场签证以及发、承包双方协商确定的索赔等费用，应在工程竣工结算中如实办理，不得因发、承包双方现场代表的中途变更改变其有效性。

第十六条 发包人收到竣工结算报告及完整的结算资料后，在本办法规定或合同约定期限内，对结算报告及资料没有提出意见，则视同认可。

承包人如未在规定时间内提供完整的工程竣工结算资料，经发包人催促后14天内仍未提供或没有明确答复，发包人有权根据已有资料进行审查，责任由承包人自负。

根据确认的竣工结算报告，承包人向发包人申请支付工程竣工结算款。发包人应在收到申请后15天内支付结算款，到期没有支付的应承担违约责任。承包人可以催告发包人支付结算价款，如达成延期支付协议，承包人应按同期银行贷款利率支付拖欠工程价款的利息。如未达成延期支付协议，承包人可以与发包人协商将该工程折价，或申请人民法院将该工程依法拍卖，承包人就该工程折价或者拍卖的价款优先受偿。

第十七条 工程竣工结算以合同工期为准，实际施工工期比合同工期提前或延后，发、承包双方应按合同约定的奖惩办法执行。

第四章 工程价款结算争议处理

第十八条 工程造价咨询机构接受发包人或承包人委托，编审工程竣工结算，应按合同约定和实际履约事项认真办理，出具的竣工结算报告经发、承包双方签字后生效。当事人一方对报告有异议的，可对工程结算中有异议部分，向有关部门申请咨询后协商处理，若不能达成一致的，双方可按合同约定的争议或纠纷解决程序办理。

第十九条 发包人对工程质量有异议，已竣工验收或已竣工未验收但实际投入使用的工程，其质量争议按该工程保修合同执行；已竣工未验收且未实际投入使用的工程以及停工、停建工程的质量争议，应当就有争议部分的竣工结算暂缓办理，双方可就有争议的工程委托有资质的检测鉴定机构进行检测，根据检测结果确定解决方案，或按工程质量监督机构的处理决定执行，其余部分的竣工结算依照约定办理。

第二十条 当事人对工程造价发生合同纠纷时，可通过下列办法解决：

（一）双方协商确定；

（二）按合同条款约定的办法提请调解；

（三）向有关仲裁机构申请仲裁或向人民法院起诉。

第五章 工程价款结算管理

第二十一条 工程竣工后，发、承包双方应及时办清工程竣工结算。否则，工程不得交付使用，有关部门不予办理权属登记。

第二十二条 发包人与中标的承包人不按照招标文件和中标的承包人的投标文件订立合同的,或者发包人、中标的承包人背离合同实质性内容另行订立协议,造成工程价款结算纠纷的,另行订立的协议无效,由建设行政主管部门责令改正,并按《中华人民共和国招标投标法》第五十九条进行处罚。

第二十三条 接受委托承接有关工程结算咨询业务的工程造价咨询机构应具有工程造价咨询单位资质,其出具的办理拨付工程价款和工程结算的文件,应当由造价工程师签字,并应加盖执业专用章和单位公章。

第六章 附 则

第二十四条 建设工程施工专业分包或劳务分包,总(承)包人与分包人必须依法订立专业分包或劳务分包合同,按照本办法的规定在合同中约定工程价款及其结算办法。

第二十五条 政府投资项目除执行本办法有关规定外,地方政府或地方政府财政部门对政府投资项目合同价款约定与调整、工程价款结算、工程价款结算争议处理等事项,如另有特殊规定的,从其规定。

第二十六条 凡实行监理的工程项目,工程价款结算过程中涉及监理工程师签证事项,应按工程监理合同约定执行。

第二十七条 有关主管部门、地方政府财政部门和地方政府建设行政主管部门可参照本办法,结合本部门、本地区实际情况,另行制订具体办法,并报财政部、建设部备案。

第二十八条 合同示范文本内容如与本办法不一致,以本办法为准。

第二十九条 本办法自公布之日起施行。

[附件二十五]

最高人民法院关于建设工程价款优先受偿权问题的批复

法释[2002]16号

(2002年6月11日最高人民法院审判委员会第1225次会议通过
2002年6月20日最高人民法院公告公布 自2002年6月27日起施行)

上海市高级人民法院:

你院沪高法[2001]14号《关于合同法第286条理解与适用问题的请示》收悉。经研究,答复如下:

一、人民法院在审理房地产纠纷案件和办理执行案件中,应当依照《中华人民共和国合同法》第二百八十六条的规定,认定建筑工程的承包人的优先受偿权优于抵押权和其他债权。

二、消费者交付购买商品房的全部或者大部分款项后，承包人就该商品房享有的工程价款优先受偿权不得对抗买受人。

三、建筑工程价款包括承包人为建设工程应当支付的工作人员报酬、材料款等实际支出的费用，不包括承包人因发包人违约所造成的损失。

四、建设工程承包人行使优先权的期限为6个月，自建设工程竣工之日或者建设工程合同约定的竣工之日起计算。

五、本批复第一条至第三条自公布之日起施行，第四条自公布之日起6个月后施行。

此复

6 建筑工程施工成本控制

6.1 施工项目成本控制的意义和构成

6.1.1 施工项目成本控制的意义

1. 施工项目成本控制是施工项目管理的核心内容

建筑施工企业经营管理活动的全部目的,就在于追求低于同行业平均成本水平,取得最大的成本差异而获得最大的利润。建筑产品价格一旦确定,成本就是决定的因素。然而,没有以成本管理为核心的全部有效的管理活动,就不能实现经营目标。

2. 施工项目成本控制是衡量施工项目管理成绩的客观标尺

建筑施工企业对施工项目的绩效评价,首先是对成本管理的绩效评价。施工项目成本管理的结果,可使建筑施工企业从最独特、最便捷、最关键的角度掌握施工项目的管理状况及实际所达到的水平,并为绩效评价提供直观、量化的佐证。

3. 施工项目成本控制是企业活力的源泉

加强施工项目成本管理,有利于提高工程项目的经济效益和社会效益;实行奖罚兑现,有利于调动职工的积极性;各项成本责任到人,就是对企业内部各市场所提供的人力、物力、财力等全部实行有偿使用,并运用经济杠杆作用,促使企业内部各种经济关系得到理顺和协调,从而提高整个企业的管理水平和经济效益。

6.1.2 施工项目成本的构成

1. 施工项目成本的概念

施工项目成本是项目经理部在承建并完成施工项目的过程中所发生的全部生产费用的总和。

施工项目成本亦称工程成本,一般以项目的单位工程为成本核算对象,各单位工程成本的综合即为施工项目成本。

2. 施工项目成本的主要形式

按成本管理的需要,施工项目成本可以分为预算成本、计划成本和实际成本,主要形式详见表6-1。

3. 施工项目成本的构成

施工项目成本分直接成本和间接成本两部分,具体内容见表6-2。

表6－1　施工项目成本的主要形式

	预算成本	计划成本	实际成本
概念	按项目所在地区建筑业平均成本水平(即按本地区预算定额)编制的该项目成本	项目经理部编制该项目计划达到的成本水平	项目在施工阶段实际发生的各项生产费用总和
编制依据	①施工图纸 ②全国统一的工程量计算规则 ③全国统一的建筑安装工程基础定额(或预算定额) ④项目所在地区的劳务价格、材料价格、机械台班价格、价差系数 ⑤项目所在地区的有关取费费率	①公司下达的目标利润及成本降低率 ②该项目的预算成本 ③项目施工组织设计及成本降低措施 ④同行业、同类项目的成本水平等 ⑤施工定额	本项目的成本资料和成本核算规定
作用	①确定工程造价的基础 ②编制计划成本的依据 ③评价实际成本的依据	用于项目成本控制责任制、控制生产费用,加强经济核算,降低工程成本	反映项目经理部的生产技术、施工条件和经营管理水平

表6－2　施工项目成本的构成

成本项目	内　容
直接成本	直接成本即施工过程中耗费的但能构成工程实体的或有助于工程形成的,且能直接计入成本核算对象的费用。直接成本包括如下几项: ①人工费,即直接从事建筑安装施工的生产工人开支的各项费用 包括:工资,奖金,工资性津贴,工资附加费,职工福利费,生产工人劳动保护费等 ②材料费,即施工过程中耗用的构成工程实体的各种材料费用 包括:原材料,辅助材料,构配件,零件,半成品费用,周转材料摊销及租赁等费用 ③机械使用费,指施工过程中使用机械所发生的费用 包括:使用自有机械的台班费,外租机械的租赁费,施工机械的安装、拆卸进出场费等 ④其他直接费:除上面①②③项以外而直接用于施工过程的费用 包括:材料二次搬运费、临时设施摊销费,生产工具、用具使用费,检验试验费,工程定位复测费,工程点交费,场地清理费等;冬雨季施工增加费,夜间施工增加费,仪器仪表使用费等
间接成本	间接成本即项目经理部为施工准备、组织和管理施工生产而必须支出的各种费用,又称施工间接费。它不直接用于工程项目中,一般是按一定的标准计入工程成本包括: ①现场项目管理人员的工资,劳动保护费等 ②现场管理办公用费,工具用具使用费,财产、车辆、特殊工种保险费,现场管理及试验部门使用属固定资产的设备、仪器等折旧、大修理、维修、租赁等使用的用费 ③职工差旅交通费,职工福利费(按现场管理人员工资总额的14%提取),工程保修费,工程排污费,其他费用 ④发生于项目的可控费用,虽不受层次限制,但均应下降到项目计入成本,如工会经费(按现场管理人员工资总额2%计提) ⑤教育经费,按现场管理人员工资总额的1.5%计提

续表 6-2

成本项目	内容
	⑥业务活动经费,劳保统筹费 ⑦税金,包括项目应负担的房产税、车辆使用税、土地使用税、印花税 ⑧利息支出,即项目在银行开户的存贷款利息收支净额 ⑨其他财务费用,包括汇兑净损失、调剂外汇手续费、银行手续费、保险费及保函手续费等

6.2 施工项目成本预测

成本预测是指通过取得的历史数字资料,采用总结经验、统计分析及数学模型的方法对成本进行预测。施工项目的成本预测,是投标决策的依据,是编制成本计划的基础,是成本管理的重要环节。通过施工项目成本预测,可以为建筑施工企业经营决策和项目管理部编制成本计划等提供相应的数据。成本预测是实行施工项目科学管理的一项重要工具。

6.2.1 施工项目成本预测的分类

按成本预测过程分类可分为投标决策的成本预测,编制计划前的成本预测,成本计划执行中的成本预测。

按成本预测的项目分类,可分为工程项目成本预测、单位工程成本预测、分部工程成本预测。

按预算价格组成分类、可分为直接费成本预测和间接费成本预测。

6.2.2 施工项目成本预测的方法

1. 定性预测法

定性预测法,即根据已掌握的信息和资料,依靠具有丰富经验的内行和专家运用主观经验,对施工项目的材料消耗、市场行情及成本等,作出性质上、程度上的推断和估计。定性预测方法有专家会议法和专家调查法。这两种方法使用起来虽简单,但一般只在资料不多、难以进行定量分析时采用。

2. 定量分析法

定量预测也称统计预测。定量分析法是根据已掌握的比较完备的历史统计数据,运用一定的数学方法来预测事物的发展状况,或利用事物内部因素发展的关系来预测未来变化的趋势。定量预测有一元线性回归法,指数平滑法,量、本、利分析法等。在施工项目的成本预测中,一般采用量、本、利分析法进行预测。

6.2.3 施工项目成本预测的步骤

因为施工项目成本预测的对象是一个已有确定工程量及施工环境条件的具体施工项目,所以一般由预算价格就可以计算出预算成本,其计算公式为:

$$\text{预算成本} = \text{预算价格} \times \frac{1}{1 + \text{计划利润率}}$$

$$= \text{预算价格} - \text{计划利润}$$

在项目成本预测中，对工程成本有较大影响的因素有：材料和能源的消耗量及其价格，劳动力工资和劳动生产率，机械使用费、租赁费及各项开支费用等。由于这些因素在施工期都是在不断变化的，因而有必要对工程项目成本进行预测。其预测步骤是：

1. **分析成本影响因素**（见表6－3）

表6－3　施工项目成本影响因素分析

构成项目	影响因素分析		成本预测目的	
			为中标签约	为编制成本计划
材料费（机械费）	工程量变动影响材料及机械费变动	一般表现为某一分部分项工程量变动（如图纸变更），或是采取一定技术组织措施的效果	可不计此项	取减少量
		事先预见到的工程量变动，如隐蔽工程	取增加量或低价中标后索赔时补偿	取减少量
	单位工程量的材料消耗（机械台班数，单耗）	①表现为某一分部、分项工程某材料单耗变化 ②表现为整个项目施工中某材料单耗变化 ③采用新材料或代用材料使某材料单耗变化 ④严格材料管理措施，使用所有材料单耗降低	取增加值或定额值	取小于定额值
材料费（机械费）	单位材料价格（单价）（机械台班费或租赁费）	①受商品经济形势、建筑市场形势的影响 ②受建筑业经济变动周期的影响 ③受国家或地方编制的建筑材料价格指数的影响	按最高值调增或靠索赔补偿	
		采用代用材料、新材料使原定额该种材料费降低	可不计此项	按此项调减
人工费	工程量变动	影响人工费的变动		
	劳动生产率变动	①技术培训、职业教育 ②施工组织、工人劳动纪律 ③劳动条件（环境）改善、提高劳动效率以上各项影响整个项目的劳动生产率	取定额值	
		赶工期、加班、不利天气均会局部降低劳动生产率	取降低值或可索赔时调增成本	
		采用新技术、新工艺等提高全项目或局部的劳动生产率	此项不计	
	每天日人工费变动	①受建筑业经济、变动周期变动及市场影响 ②受国家工资政策影响，可参照工资指数资料 ③赶工期、加班工资、增加人工费开支以上因素均影响全项目的人工费	取调增值或靠索赔补偿	按定额适当调整

续表 6 - 3

<table>
<tr><th rowspan="2">构成项目</th><th rowspan="2" colspan="2">影响因素分析</th><th colspan="2">成本预测目的</th></tr>
<tr><th>为中标签约</th><th>为编制成本计划</th></tr>
<tr><td>其他直接费</td><td>二次搬运费
场地清理费
工程保修费</td><td>①现场管理水平、现场客观条件
②施工组织设计、施工安全防护
③同类工程,其他每平方米直接费</td><td rowspan="2">取所有可能项目上限值</td><td rowspan="2">①取可能发生项目的下限值
②取可控项目的下限值
③删去可避免项目</td></tr>
<tr><td>施工间接费</td><td>职工工资职工福利费工程保修费</td><td>①项目工程规模、距离基地远近
②管理人员数量、临时设施搭设量
③管理人员工资水平
④同类工程,每平方米施工间接费</td></tr>
</table>

从表 6 - 3 可以看出,应按构成影响项目分析成本的各因素,再根据不同预测目的提出选择数据的意见。一般来讲,如果为投标签约而进行成本预测,应以保证预算收入及中标为原则;如果为编制成本计划和控制内部成本而进行成本预测,应以降低成本、节约开支为原则。

2. 确定各因素的影响

在计算各因素影响程度或数值时,应注意以下几点:

(1)要以项目的预算成本作为调整的基准。

(2)因素变动的影响面若涉及整个项目时,用比率调整;若只涉及局部项目时,则应计算增减量而调增或调减。

(3)某分部分项工程量变动如要影响该种材料费用增减,则调整公式为:

$$\text{由某分部分项工程量变动引起的成本增减量} = \text{工程量增减量} \times \text{相应的直接费基价}$$

(4)某材料消耗量变动只影响该种材料的直接费用增减,则调整公式为:

$$\text{由材料消耗量变动引起的成本增减量} = \text{某材料比定额消耗增减量} \times \text{材料价格}$$

(5)某材料价格变动只影响该种材料费用变化,其调整公式为:

$$\text{由材料价格变动引起的成本增减量} = \text{某材料定额消耗量} \times \text{材料价格的增减量}$$

(6)在许多情况下工人工资、所有材料费价格、所有机械使用台班费以及整个劳动生产率的变动对成本的影响是全局的,应该用变动比率乘以相应的成本费用调整,计算公式为:

$$\text{工人工资变动引起成本变化率} = \text{人工费占成本比重} \times \text{平均工资变化率}$$

$$\text{材料价格变动引起成本变化率} = \text{材料费占成本比重} \times \text{平均材料价格变化率}$$

$$\text{劳动生产率变动引起成本变化率} = \text{人工费占成本比重} \times \left(\frac{1}{1 + \text{劳动生产率变化率}} - 1\right)$$

(7)其他直接费和施工间接费的变动。如果是根据可控项目发生费用的多少,或控制可避免项目来估算时，可以一项项累加来估算成本；如果是根据同类项目每平方米成本费用估算时，可按专家估算调整比率计算，计算公式为：

其他直接费变动引起成本变化率 = 其他直接费占成本的比重 × 其他直接费变化率

施工间接费变动引起成本变化率 = 施工间接费占成本的比重 × 施工间接费变化率

以上各式中各项费用占成本的比重，是根据该项目的预算要求得出的。

3. 计算预测成本

预测成本的计算公式：

预测成本 = 预算成本 ×（1 + 各项费用引起成本变化率）± 成本增减量

【例】 项目经理部为编制计划成本进行预测成本，已知该项目的预算成本为600万元，通过对成本影响因素变动的分析，得到了各因素的变化率资料，现将计算过程列于表6－4。

表6－4　预测成本计算表

影响因素	变动	数值	因素成本占总成本比重		计算式	引起总成本变动	
材料费	上涨	10%	材料费	58%	0.58×0.10	γ_1	0.058
工人工资	上涨	15%	人工费	20%	0.20×0.15	γ_2	0.03
劳动生产率	提高	5%	人工费	20%	$0.20 \times (\frac{1}{1.05} - 1)$	γ_3	0.01
间接费	减少	－8%	间接费	12%	$0.12 \times (-0.08)$	γ_4	0.01
土方工程量	减少	-250^3	土方工程基价	8元/m^3	8×250	γ_5	－2 000
水泥消耗	降低	－4%	水泥价格	420元/t	水泥经用量1 000t × －4% ×420元/t	γ_6	－16 800（元）

$$
\begin{aligned}
预测成本 &= 预算成本 \times (1 + \gamma_1 + \gamma_2 + \gamma_3 + \gamma_4) + \gamma_5 + \gamma_6 \\
&= 6\,000\,000\text{元} \times (1 + 0.058 + 0.03 - 0.01 - 0.01) - 2\,000 - 16\,800 \\
&= 6\,000\,000\text{元} \times 1.068 - 18\,800 = 6\,389\,200\text{元}
\end{aligned}
$$

6.3　施工项目成本计划

6.3.1　施工项目成本计划的意义和内容

1. 施工项目成本计划的意义

成本计划是成本管理的一项重要内容，是项目经理部在对预测成本决策的基础上，于项目成本形成之前，事先预计的施工项目成本水平、降低成本目标以及所要采取的技术组织保证措施等而列出的计划文件。施工项目成本计划应具有明细性和实施性，应包括每一分部分项工程的资源消耗水平、每一项降低成本的技术组织措施的具体内容以及节约的数量和金额。它是对施工项目生产耗费进行控制、考核、评价的依据，也是编制项目资金计划和利润计划的基础。

2. 施工项目成本计划的内容

施工项目计划成本由施工项目降低直接成本计划、间接成本计划和各有关部门降低的成本计划组成。其具体内容见表 6－5。

表 6－5　施工项目成本计划的内容

<table>
<tr><th>计划类别</th><th>内　容</th></tr>
<tr><td>直接成本计划</td><td>总则:①施工项目概述、项目管理机构及层次
②施工项目进度计划、合同中有关经济问题的责任
③成本计划编制依据的文件</td></tr>
<tr><td rowspan="6">直接成本计划</td><td>目标:①施工项目计划成本降低额、计划成本降低率
②计划的利润总额
③投资和外汇总节约额
④主要材料、人工、机械、能源节约额
⑤货款和流动资金节约额</td></tr>
<tr><td>核算办法:①参与项目各单位成本及利润的核算方式
②承包方式、费用分配方式、利润结算方式
③会计核算原则(权责发生制、收付实现制)
④结算款所用币种、币制(或企业内部票证)</td></tr>
<tr><td>成本计划表:主要有
①项目成本计划任务表,其格式见表 6－6
②表 6－6 中计划成本降低额一栏内的数据来源于技术组织措施表(表 6－7)和降低成本计划表(表 6－8)</td></tr>
<tr><td>编制说明:对施工项目成本计划中计划支出数的估算过程应做出说明</td></tr>
<tr><td>计划降低成本的来源分析:依据技术、劳资、机械、材料、能源、运输等各部门提出的节约措施,汇总编制</td></tr>
<tr><td>间接成本计划</td><td>施工现场管理费计划表,见表 6－9
编制间接成本计划时应注意:收入应与取费口径一致,支出应与会计核算中管理费用的二级科目一致,收支总额应与项目成本计划中管理费一栏数额相符</td></tr>
<tr><td>部门计划</td><td>劳动工资部门编制降低人工成本措施计划
材料部门编制降低材料成本措施计划
机械动力部门编制降低机械使用费措施计划
质量部门编制质量成本计划
施工部门编制降低其他直接费措施计划
财务部门编制管理费用计划
(以上各项)由公司组织编制,交财务部门汇总
小型项目的部门成本计划可由项目经理部编制</td></tr>
</table>

表6－6　项目成本计划任务表

工程名称：　　项目经理：　　日期：　　单位：

项　目	预算成本	计划成本	计划成本降低额	计划成本降低率
1. 直接费用				
人工费				
材料费				
机械使用费				
其他直接费				
2. 间接费用				
施工管理费				
合计				

表6－7　技术组织措施表

工程名称：　　日期：

项目经理：　　单位：

措施项目	措施内容	涉及对象			降低成本来源		成本降低额				
		实物名称	单价	数量	预算收入	计划开支	合计	人工费	材料费	机械费	其他直接费

表6－8　降低成本计划表

工程名称：　　日期：

项目经理：　　单位：

分项工程名称	成本降低额					
	总计	直接成本				间接成本
		人工费	材料费	机械费	其他直接费	

表6－9　施工现场管理费计划表

项　目	预算收入	计划数	降低额
1. 工作人工资			
2. 生产工人辅助工资			
3. 工资附加费			

续表 6－9

项　　目	预算收入	计划数	降低额
4. 办公费			
5. 差旅交通费			
6. 固定资产使用费			
7. 工具用具使用费			
8. 劳动保护费			
9. 检验试验费			
10. 工程保养费			
11. 财产保险费			
12. 取暖、水电费			
13. 排污费			
14. 其他			
15. 合计			

3. 降低施工项目成本的途径、措施及其实施效果的计算

(1)降低施工项目成本的途径与措施(见表 6－10)。

表 6－10　降低施工项目成本的途径与措施

途　径	措　　施
加强合同预算管理，增加工程收入	①编制预算时要充分考虑可能发生的成本费用，不要漏项。对预算中的“活口”项目，要灵活处理，以保证工程收入 ②发生工程变更，要搞好各种签证及合同索赔，及时办理增减账，以通过工程款结算向甲方取得补偿
制订经济合理的施工组织设计，加强施工管理	①选择经济合理的施工方案，合理布置施工现场 ②采用先进的施工方法和施工工艺 ③组织均衡生产，搞好现场调度和协作配合，注意收尾工程 ④确定合理工期，注意工期与成本优化相结合
加强技术管理，提高工程质量	①采用推广新产品、新技术、新结构、新材料、新设备 ②制订并贯彻降低成本的技术组织措施 ③在保证实现质量目标的同时，制订降低质量成本的措施计划
加强劳动工资管理，提高劳动生产率	①加强劳动纪律，改善劳动组织，以减少窝工浪费 ②执行计件工资，实行合理的奖金分配制度 ③加强技术培训，提高工人文化素质和技术操作水平 ④压缩非生产用工和辅助用工，严格控制非生产人员比例

续表 6-10

途　径	措　施
加强机械设备管理，提高机械使用率	①正确选配和合理使用机械设备，降低机械使用费和租赁费 ②搞好机械设备保养维修，提高其完好率、利用率和使用效率
加强材料管理，节约材料费	①改进材料采、运、收、保、发等工作，以减少各环节的损耗，节约采保费用 ②合理堆置现场材料，组织分批进场，避免或减少二次搬运 ③制订限额领料制度，贯彻节约材料的技术措施 ④特别注意占材料费比重大的大宗材料的管理 ⑤注意周转材料的回收和废料的综合利用，杜绝浪费，以提高周转材料的利用率
加强费用管理，降低间接成本	①精简管理机构，减少管理层次，压缩非生产人员 ②实行定额管理，制订分项分部门费用的定额指标，达到节约开支 ③采用系统工程、价值工程及全面质量管理等降低成本的行之有效的方法

(2)降低成本措施效果的计算。降低成本的有效措施包括以下几方面。

①由于劳动生产率提高而使成本 降低，其降低率计算公式为：

$$成本降低率=(1-\frac{1}{1+劳动生产率计划提高率})\times\frac{生产工人工资占}{工程成本的比重}$$

②由于材料、能源消耗降低而使成本降低，其降低率计算公式为：

$$成本降低率=\frac{材料能源等}{消耗降低率}\times\frac{材料、能源等成本占}{工程成本的比重}$$

③由于多完成任务使固定费用相对节约而使成本降低，其降低率计算公式为：

$$成本降低率=(1-\frac{1}{生产增长率})\times\frac{固定费用}{工程成本的比重}$$

④由于节约施工管理费而使成本降低，其降低率计算公式为：

$$成本降低率=施工管理费节约率\times施工管理费占工程成本比重$$

⑤由于减少反工损失而使成本降低，其降低率计算公式为：

$$成本降低率=返工损失降低率\times返工损失占工程成本的比重$$

其他措施的效果亦可用上述方法计算，各项成本降低率的综合即为测算的总成本降低率。

6.3.2　施工项目成本计划的编制

施工项目成本计划是在项目经理统一领导下，以财务和计划部门为中心，根据公司下达给该项目降低成本的任务及项目经理部自己确定的成本降低指标而制订的。

1. 收集资料

资料是编制成本计划的依据，应收集的资料有：

(1)项目经理部与公司签订的承包合同及公司下达的成本降低额、降低率和其他有关的技术经济指标;

(2)有关成本预测决策资料;

(3)施工项目的施工图预算和施工预算;

(4)施工组织设计及有关部门或班组提出的有效措施;

(5)施工项目使用的机械设备生产能力及其利用情况;

(6)施工项目的材料消耗、物资供应、劳动工资及劳动生产率等计划资料;

(7)现行的物资消耗定额、劳动工时定额、费用定额等资料;

(8)同行业同类项目的成本、定额、技术经济指标的资料;

(9)公司内以往同类项目成本计划的实际执行情况及其经验和措施方面的资料;

(10)国外同类项目的先进成本水平的有关资料;

(11)施工期内影响工程成本各因素变化趋势的预测资料。

2. 估算计划成本,确定目标成本

计划成本是根据设计的图纸、项目的施工组织设计和技术方案,以实际价格和实际定额(计划)的人、机、材、物消耗为基准而估算的工程项目成本费用。计划目标成本通常以计划的项目总成本降低额和降低率定量来表示。

要求:计划成本降低额(率)≥公司下达任务的成本降低额(率)。

若不能满足,需重新测算、修订,直至符合要求为止。施工项目计划(目标)成本的计算公式是:

$$\text{项目计划(目标)成本}=\text{预计结算收入}-\text{税金}-\text{项目目标利润}$$

$$\text{计划(目标)成本降低额}=\text{项目的预算成本}-\text{项目的计划(目标)成本}$$

$$\text{计划(目标)成本降低率}=\frac{\text{计划(目标)成本降低额}}{\text{项目的预算成本}}$$

$$\text{项目的目标利润}=\text{计划(目标)成本降低额}+\text{计划利润}$$

3. 计划(目标)成本的分解与汇总

首先将总项目成本计划指标按成本项目的构成,横向分解到劳动工资、材料、机械等有关的职能部门,在充分研讨分析的基础上,编制各部门的费用预算、成本计划草案及降低成本技术的组织措施草案;再将项目总成本计划指标及各部门成本计划草案按项目施工工作结构,纵向层层向下分解到内容单一的分项工程或工序,以便能比较准确地估算工程量和工料价格;而后逐级向上汇总,便可得到项目的估算成本。其计算公式为:

$$\text{项目估算成本}=\sum(\text{工料计划消耗量}\times\text{定额单价}\times\text{物价变动系数})$$

如果汇总后项目的估算成本高于计划的目标成本,则需重新测算调整。

在成本目标分解的同时,也将降低成本的要求和措施落实到各部门以及基层的班组或个人,使得成本计划的落实及实施措施有了可靠的群众基础和保障。目标成本分解如图6－1所示。

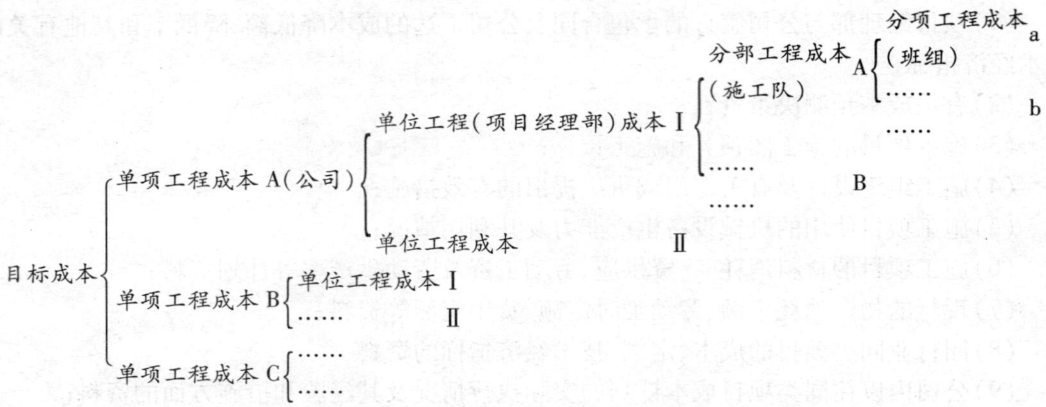

图 6 - 1　目标成本分解图

在计划成本指标与措施的分解、汇总及反复试算平衡的过程中,计划成本草案日臻完善。然后,经反复多次研讨、综合、平衡,最后确定计划成本指标,并着手正式编制计划成本。

项目的计划成本上报公司,经批准后,即可正式下达至各单位和各职能部门执行。

4. 施工项目成本计划的编制方法

(1)两算价差修正法。施工项目的计划(目标)成本可由施工图预算与施工预算的价格差作为基准,经修正计划得到,具体方法如下:

①计算两算价差。计算公式为:

两算价差 = 施工图预算价格 - 施工预算价格

或　　投标承包 = 施工图预算价格 - 中标合同价格

②采用技术组织措施使项目支出节约数。

③施工预算未能包容的施工有关项目和管理费用项目,可参照定额估算。

④修正与定额差异较大的主要子项目实际成本。

⑤考虑影响成本的其他因素(价格波动、工期制约因素、工程索赔及汇率变化等风险因素)而测算的综合影响系数。其计算公式为:

计划成本降低额 = 两算对比价格差 + 技术组织措施计划节约额

$$\text{计划(目标)成本降低率} = \frac{\text{计划成本降低额}}{\text{预算成本}}$$

项目计划成本 = 施工项目预算成本 - 计划成本降低额

(2)成本构成项目汇总法。施工项目的计划(目标)成本还可由经审核确认的各有关职能部门归口计算的各项计划成本汇总得到,具体方法:

①人工费计划成本,由劳资部门(人员)计算。其计算公式为:

人工费计划成本 = 计划用工量 × 实际工资水平

计划用工量 = ∑(某项工程量 × 工日定额)工日定额可根据实际水平,考虑其先进性。

②材料费计划成本,由材料部门(人员)计算。其计算公式为:

$$\text{材料费计划成本} = \sum(\text{材料计划用量} \times \text{实际价格}) + \sum\begin{pmatrix}\text{外租} \\ \text{周转材料} \times \text{日期} \times \text{租赁费} \\ \text{使用量}\end{pmatrix} + \text{工程用水的水费}$$

式中材料系指各种建筑材料、结构配件、装饰材料、周转材料等。

③机械使用费计划成本,由机械管理部门(人员)计算。其计算公式为:

$$\begin{matrix}\text{机械使用}\\\text{计划成本}\end{matrix}=\sum\left(\begin{matrix}\text{自有施工机械使}\\\text{用计划台班数}\end{matrix}\times\text{台班单价}\right)+\sum\left(\begin{matrix}\text{租赁机械}\\\text{计划台班数}\end{matrix}\times\begin{matrix}\text{台班}\\\text{租赁费}\end{matrix}\right)$$
$$+\text{机械施工用电的电费}$$

④其他直接费的计划成本,由施工生产部门、材料部门(人员)共同计算。其计算公式为:

$$\begin{matrix}\text{其他直接费}\\\text{计划成本}\end{matrix}=\sum(\text{现场二次搬运费}+\text{临时设施摊销费}+\text{现场清理费}+\cdots\cdots)$$

⑤间接费用计划成本,由财务成本人员计算。根据项目管理的计划,职工平均人数按历史成本的间接费用,以及压缩费用措施的人均支出数测算。其计算公式为:

$$\text{项目计划总成本}=①+②+③+④+⑤$$

6.4 施工项目成本控制

施工项目的成本主要是在施工过程中形成的。其成本费用支出主要发生在施工项目的各职能部门的业务活动中,发生在施工队、生产班组进行的分部分项工程施工中。因此,施工项目成本控制的实施主要是指在项目的施工过程中,以各职能部门、施工队、生产班组为成本控制对象,以分部分项工程为成本控制对象,在发生对外经济业务时,却以经济合同为成本控制对象。而所进行的落实成本控制责任制,应执行成本控制计划,并随时进行成本检查、考核、分析等一系列成本控制活动。

施工项目成本控制是项目经理部在项目施工的全过程中,为控制人、机、材料消耗和费用支出、降低工程成本,以及达到预期的项目成本目标,所进行的成本预测、计划、实施、检查、核算、分析和考评等一系列活动。

6.4.1 施工项目成本控制的原则

1. 全面控制原则

(1)全员控制。建立全员参加的责权利相结合的项目成本控制责任体系。项目经理、各部门、施工队、班组人员都负有成本控制的责任,在一定的范围内享有成本控制的权利,在成本控制方面的业绩需与工资奖金挂钩,从而形成一个有效的成本控制责任网络。

(2)全过程控制。成本控制贯穿于项目施工过程的每一个阶段,每一项经济业务都要纳入成本控制的轨道,对经常性成本控制,要通过制度保证,不常发生的"例外问题"也要有相应的措施控制,不能疏漏。

2. 动态控制原则

(1)项目施工是一次性行为,其成本控制应更重视事前和事中的控制。

(2)在施工开始之前进行成本预测,确定目标成本,编制成本计划,制订或修订各种消耗定额标准和费用开支标准。

(3)施工阶段重在执行成本计划,落实降低成本措施,实行成本目标管理。

(4)成本控制随施工过程连续进行，与施工进度同步，不能时紧时松，不能拖延。

(5)建立灵敏的成本信息反馈系统，使成本责任部门(人员)能及时获得信息，纠正不利于成本控制的偏差。

(6)制止不合理开支，把可能导致损失和浪费的苗头消灭在萌芽状态。

(7)竣工阶段成本盈亏已成定局，主要进行整个项目的成本核算、分析与考评。

3. 创收与节约相结合的原则

(1)施工生产既是消耗资财人力的过程，也是创造财富增加收入的过程，其成本控制也应坚持增收与节约相结合的原则。

(2)作为合同签约依据，编制工程预算时，应"以支定收"，从而保证预算收入。在施工过程中，要"以收定支"，控制资源消耗和费用支出。

(3)每发生一笔成本费用，都要核查是否有相应的预算收入，收支是否平衡。

(4)进行经常性的成本核算时，要进行实际成本与预算收入的对比分析。

(5)抓住索赔时机，搞好索赔，合理力争甲方给予经济补偿。

(6)严格控制成本开支范围、费用开支标准和严格执行有关的财务制度，对各项成本费用的支出进行限制和监督。

(7)提高施工项目的科学管理水平，优化施工方案，提高生产效率，降低人、财、物的消耗。

(8)采取预防成本失控的技术组织措施，制止可能发生的浪费。

(9)施工的质量、进度、安全都对工程成本有很大的影响，因而成本控制必须与质量控制、进度控制、安全控制等工作相结合、相协调，避免返工(返修)损失而导致降低质量成本，减少并杜绝工程延期违约罚款和安全事故损失等费用支出的发生。

(10)坚持现场管理标准化，堵塞产生浪费的漏洞。

6.4.2 施工项目成本控制的工作内容

1. 投标承包阶段

(1)对项目工程成本进行预测和决策。

(2)中标后组建与项目规模相适应的项目经理部，以减少管理费用。

(3)公司以承包合同价格为依据，向项目经理部下达成本目标。

2. 施工准备阶段

(1)审核图纸，选择经济合理、切实可行的施工方案，制订降低成本的技术组织措施。

(2)项目经理部确定自己的项目成本目标，并进行目标分解。

(3)反复测算，平衡后编制正式施工项目的计划成本。

3. 施工阶段

(1)制订落实检查各部门、各级成本的责任制，执行检查成本计划，控制成本费用。

(2)加强材料和机械的管理，保证质量，杜绝浪费，搞好合同索赔工程，及时办理增加账，避免经济损失。

(3)加强经常性的分部分项工程成本核算分析和月度(季、年度)成本核算分析，及时反馈，以纠正不利成本控制的偏差。

4. 竣工阶段保修期间

(1)及时办理工程结算,不得遗漏。

(2)控制竣工验收费用,尽量缩短收尾工作的时间,合理精简人员。

(3)控制保修期费用。

(4)根据实际成本,总结成本控制经验。

6.4.3 施工项目成本控制的责任制

1. 项目经理

(1)全面负责项目成本控制工作。

(2)负责成本预测、决策工作,主持制订并审核项目目标成本、成本计划和降低成本技术的组织措施计划。

(3)建立项目成本控制责任体系,与各职能部门(人员)班组签订成本承包责任状,并监督执行情况。

2. 计划部门

(1)预测项目成本,编制项目成本计划。

(2)会同财会部门进行成本计划的综合平衡。

3. 合同预算部门

(1)提供各单位工程、分部分项工程及各成本项目的预算成本资料。

(2)监督对外经济合同的履约情况,搜集工程变更资料,搞好索赔工作,及时办理增减账,保证工程收入。

(3)负责外包工作和对外结算工作,控制费用支出。

4. 工程技术部门

(1)汇总编制项目的技术组织措施计划。

(2)提出有效的技术节约与降低成本的措施,并负责落实,提供技术节约报表。

(3)选定经济合理的施工组织设计,合理规划施工现场布置,减少二次搬动与运输费等支出。

(4)严格施工安全控制,确保安全生产,减少事故损失。

5. 材料部门

(1)编制降低材料成本措施计划。

(2)控制材料采购成本,合理安排储备,降低材料管理损耗,减少资金占用。

(3)严格执行进料验收、限额发料、周转材料回收利用制度。

(4)负责材料台账记录,提供材料耗用报表,考核材料实际消耗。

6. 机械设备部门

(1)编制机械台班使用计划和降低机械使用措施计划。

(2)提供各类机械台班实际使用资料,合理使用并节约台班费用。

(3)加强机械设备的管理、保养、维修,提高完好率、使用率。

(4)控制外租机械的租赁费用。

7. 质量部门

(1)编制质量成本计划,进行全面质量成本控制。

(2)保证工程质量,降低质量成本,避免或减少返工损失。

8. 行政管理部门

(1)编制管理费用节约计划,合理精简项目管理人员和服务人员,以便节约工资性支出。

(2)执行费用开支标准和有关财务制度,控制非生产性开支,管好行政办公用的财产物资,防止损坏和流失。

9. 财务成本部门

(1)编制项目管理费用计划和成本降低计划,建立月度财务收支计划制度,根据施工需要,平衡调度资金,控制资金使用。

(2)按照成本开支范围、费用开支标准及有关财务制度,严格审核各项成本费用,控制成本支出,而且对成本进行分部分项、分阶段和月度考核分析,发现问题及时反馈。

(3)协助项目经理检查并考核各部门(单位)班组责任成本执行情况,及时核算实际成本,以利编制成本报表。

10. 施工队

(1)项目经理与施工队签订承发包劳务合同,合同中应合理确定估点工数量比例。

(2)按合同规定支取劳务费,成本节约归施工队,超支自负。

(3)以签发施工任务单(见表6-11)、限额领料单(见表6-12和表6-13)的形式控制班组责任成本,并负责回收结算。

(4)对施工活动实行定额管理,执行计划成本,严格成本开支。发生工程变更时,要经项目经理部技术签证后,根据劳务费变动情况及时办理增减账。

表6-11　施工任务单

项目名称＿＿＿＿　　编　　号＿＿＿＿　　开工日期＿＿＿＿
部位名称＿＿＿＿　　签 发 人＿＿＿＿　　交 底 人＿＿＿＿
施工班组＿＿＿＿　　签发日期＿＿＿＿　　回收日期＿＿＿＿

定额编号	分项工程名称	单位	定额工数			实际完成情况				考勤记录	
			工程量	时间定额/定额系数	定额工数	工程量	实需工数	实耗工数	工效(%)	姓名	日　期
小计											

续表 6－11

定额编号	分项工程名称	单位	定额工数			实际完成情况				考勤记录	
			工程量	时间定额 定额系数	定额工数	工程量	实需工数	实耗工数	工效（%）	姓名	日期

材料名称	单位	单位定额	定额数量	实需数量	实耗数量	施工要求及注意事项		姓名	日期
						验收内容	签证人		
						质量分			
						安全分			
						文明施工分		合计	

计划施工日期:月　日～月　日　　　　实际施工日期:月　日～月　日　　　　工期超　天
拖　天

11. 生产班组

（1）生产班组完成施工任务单下达的任务，按限额领料控制材料消耗，包定额用工，包材料使用。

（2）按实际完成的工程量和实耗人工、实耗材料做好原始记录。

（3）每个生产班组要严格执行规定的工作量，防止将本道工序的工作量转移到下道工序。

表 6－12　　限额领料单

200　　年　　月　　日

单位工程		施工预算工程量		任务单编号	
分项工程		实际工程量		执行班组	

材料名称	规　格	单位	施工定额	计划用量	实际用量	计划单价	金额	级配	节约	超用

表 6－13 限额领料发放记录

月/日	名称、规格	单位	数量	领用人	月/日	名称、规格	单位	数量	领用人	月/日	名称、规格	单位	数量	领用人
/					/					/				
/					/					/				
/					/					/				
/					/					/				

6.4.4 施工项目成本控制的方法

1. 以施工图预算控制成本支出

(1)以施工图预算为依据,按照“以收定支”的原则控制各项直接费的支出。

(2)对材料费用实行“量价分离”方法核算,即:通过限额领料制度,将材料消耗量控制在定额消耗之内;当材料市场价格比预算价格有所上涨时,应要求甲方予以价差补贴。

(3)由于机械效率及机械设备使用率都较难达到定额标准,致使机械使用费超支,应向甲方申请补贴。

(4)在签订构件加工合同、包清工合同、分包合同时,要坚持施工图预算价格高于上述合同价格的原则。

2. 以施工预算控制分部分项工程成本盈亏

(1)以分部分项工程为成本控制对象,以施工预算为基准,控制人力和物质资源的消耗。

(2)施工队向生产班组下达的施工任务单、限额领料单,应在分部分项工程完工验收后,按两单结算付酬,以致从基本环节上控制人、机、材料的消耗水平。

(3)编制分项成本分析表(见表 6－14),找出显著成本差异,并针对性地采取有效措施。

表 6－14 分项成本分析表

分部或分项工程	计划成本(施工预算成本)			实际成本			成本分析				显著的成本差异
							增		减		
	数量	单价	金额	数量	单价	金额	单价	金额	单价	金额	

(4)绘制成本控制折线图。将分部分项工程的承包成本、施工预算(计划)成本按时间顺序绘制成折线图(如图6－2所示)。在成本计划实施的过程中,将发生的实际成本绘在图中,并进行比较分析。

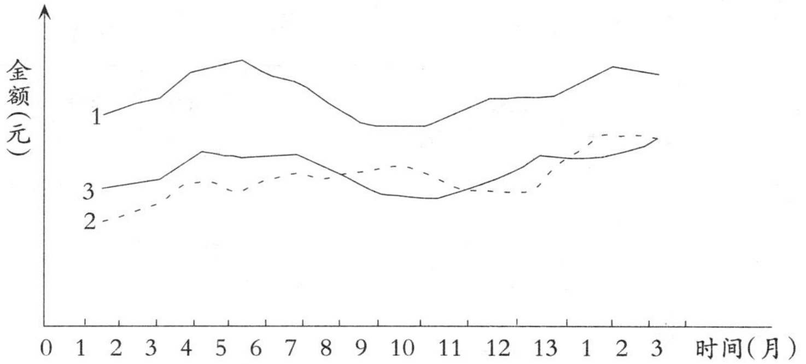

图6－2　成本控制折线图

1—承包成本　2—计划成本　3—实际成本

成本控制折线图不仅可以反映成本发展动态,而且可以分析成本偏差,如果目标偏差小于或等于零,说明成本控制效果好。

【注】 通过对成本控制折线图分析得出:

实际偏差＝实际成本－承包成本　　计划偏差＝承包成本－计划成本

目标偏差＝实际成本－计划成本　　目标偏差＝实际偏差＋计划偏差

3. 成本与进度同步控制分部分项工程成本

在表示施工进度的网络图或横道图上,同时标注计划成本与实际成本,并进行比较分析。在以计划进度控制实际进度的同时,以计划成本控制实际成本,便于对成本实行动态控制。

4. 建立材料消耗台账,控制材料消耗

施工队需建立材料消耗记录和对账表对材料进行控制。主要表格有分部分项工程实际消耗与施工预算对比表(见表6－15)及材料消耗台账(见表6－16)。材料消耗按月统计,既便于施工阶段中间控制,又便于总量控制和分析成本节超原因。

表6－15　分部分项工程实际消耗与施工预算对比表

分项工程编号	分项工程工序名称	单位	名称	工程量	人工	水泥	水泥	水泥	黄沙	钢材	木材
			规格			325号	425号	525号		圆钢	方板材
			单位		工日	t	t	t	t	t	m^3
			预算								
			实际								
			节超								

表 6－16　材料消耗台账

时间		摘要	水泥	水泥	水泥	黄沙	碎石	碎石	统一砖
年	月		325 号（t）	425（t）	525（t）	（t）	5－25（t）	5－40（t）	甲级（千块）
		施工图预算（施工预算）	280（270）	100（480）	150（130）	1400（1350）	300（290）	1 500（1 400）	235.5（220.0）
		本月耗用							
		本月耗用							
		本月累计							

5. 建立项目月度财务收支计划制度

项目月度财务收支计划编制流程如图 6－3 所示。

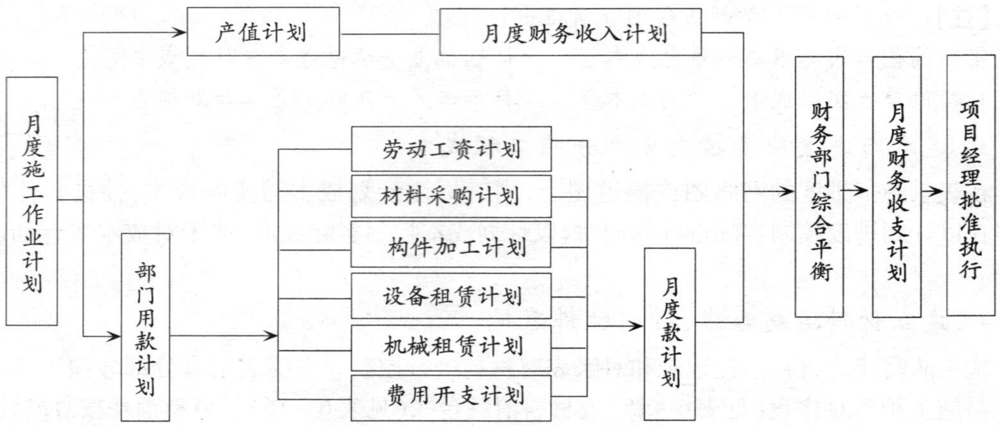

图 6－3　月度财务收支计划流程图

每月根据月度施工作业计划编制财务收支计划，以用款计划控制成本费用支出，不仅可以做到收支同步，避免超支，而且可以控制不必要的和不合理的开支，使成本费用开支的资金使用更加合理。

6. 建立项目成本审核认证制度

当发生重要、金额较大的经济业务时，首先要由有关部门的管理人员按程序审核，然后由项目经理签证后支付。审核的依据是：

（1）必须是属于该施工项目的经济业务。

（2）国家和地方规定的费用开支标准和财务制度。

（3）内部经济合同及对外经济合同规定的且属项目工程开支的范围。

7. 加强质量管理，控制质量成本

(1)将施工过程中发生的质量成本费用，按照预防成本、鉴定成本、内部故障成本及外部故障成本的明细科目归集计算。

(2)对质量成本总额的构成内容、构成比例进行分析，从质量成本各要素之间的比例关系分析，从质量成本占预算成本的比例分析。

(3)根据质量成本分析资料，找出影响质量成本较大的关键因素，并采取有效措施，进行质量成本控制。

8. 定期进行统计核算、业务核算、会计核算三同步检查

统计核算主要指产值统计，业务核算主要指人力、物质资源消耗统计，会计核算主要指成本会计核算。根据项目施工中完成的产值、消耗资源、发生成本三者之间存在着同时发生而数量又相符合的经济活动规律，必须定期进行“三同步”检查。若三者不同步，项目成本就会发生盈亏异常，应查明原因，予以纠正，使三者同步。

9. 运用成本分析表法控制项目成本

成本分析表的种类及作用见表6－17。

表6－17　成本分析表的种类和作用

表格种类	反映内容	作　用
直接成本(月度)分析表(格式见表6－18)	①分部分项工程实际完成实物量与成本对应的情况 ②实际成本与预算成本、计划成本对比的实际偏差与目标偏差	①分析偏差产生的原因 ②提供纠正偏差措施的依据
间接成本(月度)分析表(格式见表6－19)	①间接成本发生情况 ②实际成本与预算成本、计划成本对比的实际偏差与目标偏差 ③分析间接成本占产值的比例	体现间接费用支用的水平
最终成本控制报告表(格式见表6－20)	①已完实物进度、已完产值、已完累计成本 ②尚需完成的实物进度，尚可上报的产值，将要发生的成本 ③根据工期长短每季或半年报告一次成本控制情况	①预测最终成本 ②检验实现成本目标的可能性 ③提出新的成本控制要求

表 6－18　月度直接成本分析表

项目名称________　　　　年　　月　　　　单位:元

分项工程编号	分项工程工序名称	实物单位	实物工程量				预算成本		计划成本		实际成本		实际偏差		目标偏差	
			计划		实际											
			本月	累计	本月	累计	本月	累计	本月	累计	本月	累计	本月	累计	本月	累计
甲	乙	丙	1	2	3	4	5	6	7	8	9	10	11 =5 －9	12 =6 －10	13 =7 －9	14 =8 －10

表 6－19　月度间接成本分析表

项目名称________　　　　年　　月　　　　单位:元

间接成本编号	间接成本项目	产值		预算成本		计划成本		实际成本		实际偏差		目标偏差		占产值的百分数(%)	
		本月	累计	本月	累计	本月	累计	本月	累计	本月	累计	本月	累计	本月	累计
甲	乙	1	2	3	4	5	6	7	8	9 =3 －7	10 =4 －8	11 =5 －7	12 =6 －8	13 =7 ÷1	14 =8 ÷1

表 6－20　　最终成本控制报告表

项目名称________　　　　年　　月　　　　单位:元

进度：已完成主要实物进度					到竣工尚有主要实物进度							
造价：预算造价	元	已累计产值		元	到竣工尚可报产值			元	预测最终工程造价			元
成本项目	到本月为止的累计成本				预计到竣工还将发生的成本				最终成本预测			
	预算成本	实际成本	降低额	降低率	预算成本	实际成本	降低额	降低率	预算成本	实际成本	降低额	降低率
甲	1	2	3＝1－2	4＝3÷1	5	6	7＝5－6	8＝7÷5	9＝1＋5	10＝2＋6	11＝9－18	12＝11÷9
一、直接成本												
①人工费												
②材料费												
其中:结构件												
周转材料费												
③机械使用费												
④其他直接费												
二、间接成本												
①项目管理人员工资												
②办公费												
③差旅交通费												
④固定资产使用费												

续表 6－20

进度	已完成主要实物进度					到竣工尚有主要实物进度						
造价	预算造价	元	已累计产值		元	到竣工尚可报产值		元	预测最终工程造价			元
成本项目	到本月为止的累计成本				预计到竣工还将发生的成本				最终成本预测			
	预算成本	实际成本	降低额	降低率	预算成本	实际成本	降低额	降低率	预算成本	实际成本	降低额	降低率
甲	1	2	3＝1－2	4＝3÷1	5	6	7＝5－6	8＝7÷5	9＝1＋5	10＝2＋6	11＝9－18	12＝11÷9
⑤物资消耗费												
⑥低值易耗品摊销费												
⑦财产保险费												
⑧检验试验费												
⑨工程保修费												
⑩工程排污费												
⑪其他												
三、临时设施费												
四、劳动保护费												
五、其他												
六、合计												

10. **施工项目成本控制的程序**(如图6-4所示)

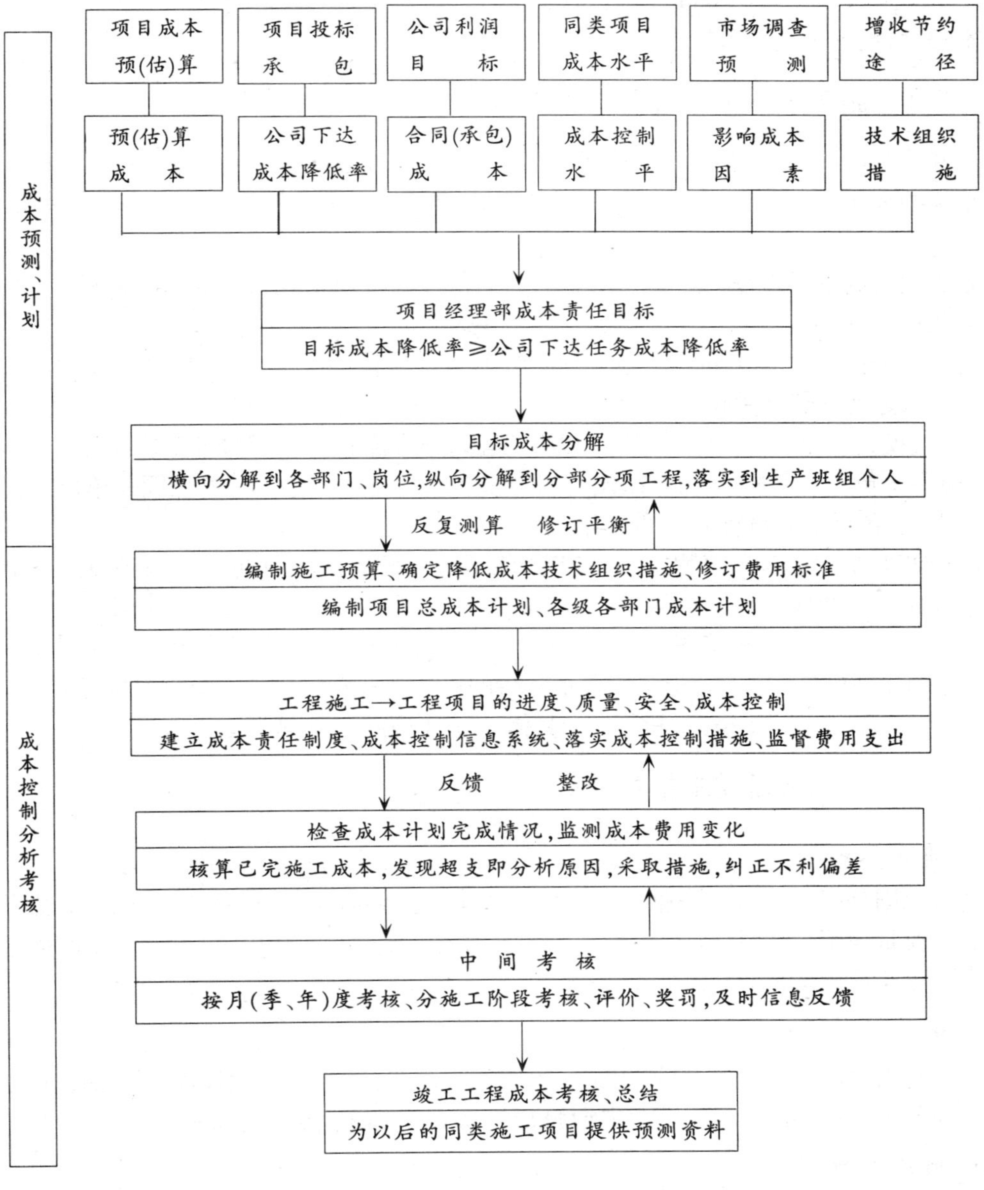

图6-4　施工项目成本控制程序图

总而言之,成本核算与统计核算、会计核算、业务核算均有密切的关系,因此,项目的成本核算必须以可靠的原始记录、实物核算为基础,并在开工前搞好项目的预算,进行两算对比并预测盈亏。

6.5 施工项目成本核算

施工项目成本核算是项目管理最根本的标志和最基本的职能，离开了成本核算，就谈不上成本管理，更谈不上项目管理。

6.5.1 施工项目成本核算对象的划分

成本核算对象，是指在计算工程成本中，确定归集和分配生产费用的具体对象，即生产费用承担的客体。施工项目不等于成本核算的对象，有时一个施工项目包括几个单位工程，需要分别核算。

施工项目成本应以每一独立编制的施工图预算的单位工程为成本核算对象，一般来说有以下几种划分方法：

（1）同一建设项目，由同一个施工单位施工，并在同一工程地点、同一结构类型，而开工竣工时间又近似的若干单位工程，就可以合并作为一个成本核算对象。

（2）规模大、工期长的单位工程，可以将工程划分为若干部位，以分部工程作为核算对象。

（3）一个单位工程有几个施工单位共同施工时，各施工单位都应各以同一单位工程为成本核算对象，各自核算自行完成的部分。

（4）改建、扩建的零星工程，可以将开工竣工时间相接近、属于同一建设项目的各个单位工程合并作为一个成本核算对象。

（5）土石方工程、打桩工程，可以根据实际情况和管理需要，以一个单位工程为成本核算对象，或将同一施工地点的若干个工程量较少的单位工程合并作为一个成本核算对象。

（6）铝合金等高级装修工程，可根据具体情况，作为一个成本核算对象。

6.5.2 施工项目成本核算的原则

1. 确认原则

确认原则是指对各项经济业务中发生的成本，都必须按一定的标准和范围加以认定和记录。只要是为了经营目的所发生的或预期要发生的，要求给以补偿的一切支出，都应作为成本来加以确认。

2. 分期核算原则

如果施工生产是连续不断的，为了取得一定时期的施工项目成本，就必须将施工生产活动划分为若干时期，并分期计算各项项目成本，做到分期核算及时且准确。

3. 相关性原则

相关性原则也称“决策有用原则”。成本核算要为企业（项目）成本管理服务，成本核算不只是简单的计算问题，而且要与管理融为一体，并与企业（项目）一定时期的成本管理水平相适应。

4. 配比原则

配比原则是指营业收入与其相对应的成本、费用应当相互配合。施工项目为取得本期收入而发生的成本和费用，应与本期的收入在同一时期内确认入账，不得脱节，也不得提前或延后，以便正确计算和考核项目经营成果。同时，这种配比原则要坚持一贯性，而且一经确定,就不得随意变动。

5. **实际成本核算原则**

这是指企业(项目)核算要采取实际成本计价,即必须根据计算期内实际产量(已完工程量)以及实际消耗和实际价格计算实际成本。

6. **重要性原则**

重要性原则是指对成本有重大影响的业务内容,应作为核算的重点,力求精确。而对于那些不太重要的琐碎的经济业务内容,可以相对从简处理。坚持重要性原则能够使成本核算在全面的基础上保证重点,有助于解决经济活动和经营决策中有重大影响和有重要意义的关键性问题。

施工项目成本核算,要依据《会计法》和企业会计的有关规定要求,做到权、责发生分明,谨慎抵御风险,账目要明晰、直观、简明、可控,并且便于理解和利用。

6.5.3 施工项目成本核算的主要程序

(1)按照费用的用途和发生的地点,把本期发生和支付的各项生产费用,汇集到有关的生产费用科目中。

(2)月末将归集在“辅助生产”账户的辅助生产费用,按照各受益对象的受益金额,分配并转入“工程施工”及“管理费用”等账户中。

(3)月末各个施工项目凡使用自有施工机械的,都应将施工机械使用费用转入成本。

(4)月末将由本月成本负担的待摊费用和预提费用转入工程成本。

(5)工程竣工(月末或季末)后,结算竣工工程(月末或季末已完成的工程)的实际成本转入“工程结算”科目借方,以资与“工程结算”科目的贷方差额结算工程成本的降低额或亏损额。

6.5.4 施工项目成本核算的内容

1. **施工项目成本核算的主要项目和成本会计账表**(详见表6-21)

表6-21 施工项目成本核算内容及建立的账表

核算项目及账表	核算内容及账表种类
成本核算的主要项目	①人工费、材料费(包括甲方供材料台账)、周转材料费、结构件费、机械使用费及其他直接费 ②施工间接费、分包工程成本核算(包括分包合同台账)
编制的成本会计账表 (按施工企业会计报表的规定)	①项目资产负债表、损益表 ②工程施工账:项目成本明细表和单位工程成本明细表 ③施工间接费账、其他直接费账、项目工程成本表 ④在建工程成本明细表、竣工工程成本明细表 ⑤费用表
建立管理会计性质的辅助台账: ①为项目成本核算积累资料的台账 ②对项目资源消耗进行控制的台账 ③为项目成本分析积累资料的台账	 产值构成台账、预算成本构成台账、增减账台账等 人工耗用台账、材料耗用台账、结构件耗用台账、周转材料使用台账、机械使用台账、临时设施台账等 质量成本台账、技术组织措施执行情况台账等

续表 6－21

核算项目及账表	核算内容及账表种类
④为项目管理服务及“备忘”性质的台账	甲方供料台账、分包合同台账等
⑤为索赔而设置的台账	隐蔽工程变更及图纸变更等增加的工作量台账

2. **施工项目成本核算管理的工作流程**(如图6－5所示)

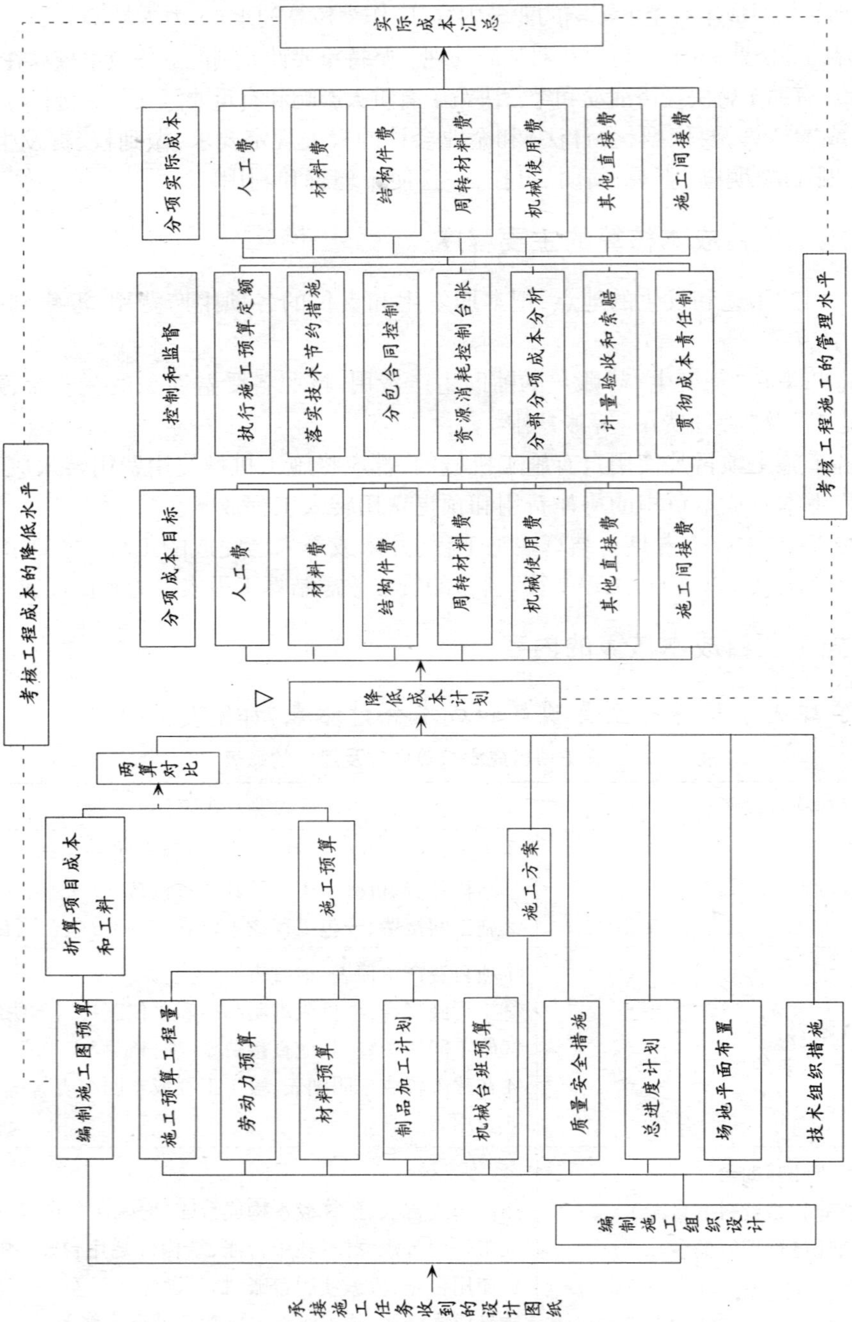

图6－5　工程项目成本核算工作流程图

【注】▽:信息储存　——控制程度　------信息反馈程序

6.6 施工项目成本分析与考核

6.6.1 施工项目成本分析

施工项目成本分析是指对项目成本的形成过程和影响成本升降的因素进行分析，以寻求进一步降低成本的途径。它是实现项目成本目标、降低成本、增加成本透明度、提高项目经济效益的一种重要手段。

施工项目成本分析，要求实事求是，用数据说话，注重时效，并要坚持为生产服务的原则。

1. 施工项目成本分析的内容（见表6-22）

表6-22　施工项目成本分析的内容

类　别	内　容
随项目施工的进展进行的成本分析	①分部分项工程成本分析 ②月（季）度成本分析、年度成本分析 ③竣工成本分析
按项目成本构成进行的成本分析	①人工费分析、材料费分析、机械使用费分析 ②其他直接费分析和间接成本分析
专题分析及影响工程的因素分析	①成本盈亏异常分析、工期成本分析、资金成本分析 ②技术组织措施节约效果分析、其他因素对成本影响的分析

2. 施工项目成本分析的方法

（1）比较分析法。

①用指标相减的方法计算指标的增减量，如：

实际指标－计划指标　　反映与计划目标的偏差；
报告期指标－基期指标　　反映指标发展的动态差异；
实际指标－先进（平均）水平指标　　反映与先进（平均）水平的差距。

②用指标相除的方法计算指标变化的指数，如：

计划指数＝实际指标/计划指标　　反映计划的完成程度；
动态指数＝报告期指标/基期指标　　反映指标变化发展的速度；
比较指数＝实际指标/先进（平均）水平指标　　反映与先进（平均）水平比较的程度。

（2）因素分析法（亦称连环替代法）。

①将成本指标按客观存在的经济关系分解为若干因素指标连乘所得积的形式，但要注意各因素的排列顺序，即：遵守数量指标在前，质量指标在后；实物指标在前，价格指标在后；基本指标在前，从属指标在后。坚持相邻的因素指标相乘有意义的原则，这样可以保证分析结论的可比性。例如：

$$\text{某材料成本费}=\begin{cases}\overbrace{\text{材料消耗量}\times\text{单价}}\\ \text{完成工程量}\times\underbrace{\underset{(\text{单耗})}{\text{单位工程量的材料消耗量}}\times\underset{(\text{单价})}{\text{单位材料价格}}}\\ \qquad\qquad\text{完成工程量}\times\text{单位工程量的材料费用}\end{cases}$$

②分别列出各因素指标的数值，如计划与实际数值，基期与报告期数值，本项目数值与先进（平均）水平数值，以利进行比较。

③分析的原则，是研究某一因素指标对成本变动有影响时，该指标变动而其余指标应保持固定不变。

④分析方法是用除法进行相对程度比较（即计算指数），结论是各因素指标相对变动（指数）的连乘积等于成本指标的总相对变动（指数）；用减法进行绝对差异比较，结论是各因素指标绝对变动的代数和等于成本指标的绝对增减额。

【例】 某项工程量计 2 000m^3，由于采取了一定的技术组织措施，实际只完成了1 950m^3就达到了设计要求，但核算中发现某种材料费用实际是 196 560 元，比计划材料费192 000元还增加了 4 560 元，试分析该种材料成本上升的原因。

解：由专业知识知道影响材料成本费用的因素除工程量外，同时还受单位工程量消耗（单耗）和单位材料价格（单价）的影响，于是可以对材料成本变动进行三因素分析。分析方法见表 6－23。

下面表 6－24 至表 6－26 列举了一些成本分析表的格式，供参考。

表 6－23　某材料成本变动影响因素分析表

序号	因素	单位	计划	实际	指数（相对比较）	增减量（差异比较）	因素变动引起的成本的绝对变动		
			①	②	③＝②/①	④＝②－①	变动因素	工程量×单耗×单价	成本的绝对变动
A	工程量	m^3	2 000	1 950	0.975	－50	工程量减少	④$_A$×①$_B$×①$_C$＝（－50）×0.8×120	－4 800
B	单耗	t	0.8	0.72	0.90	－0.08	单耗降低	②$_A$×④$_B$×①$_C$＝1 950×（－0.08）×120	－18 720
C	单价	元	120	140	1.167	20	价格上涨	②$_A$×②$_B$×④$_C$＝1 950×0.72×20	28 080
D	成本	元	192 000	196 560	1.02375	4 560	综合影响		4 560

表 6－24　成本构成比例分析表

（单位：万元）

成本项目	预算成本		实际成本		降低成本		
	金额	比重	金额	比重	金额	占本项(%)	占总量(%)
一、直接成本							
1. 人工费							
2. 材料费							
3. 机械使用费							
4. 其他直接费							
二、间接成本							
成本产总量							

表 6－25　分部分项工程成本分析表

单位工程__________

分部分项工程名称__________　工程量__________　施工班组__________　施工日期__________

工料名称	规格	单位	单价	预算成本		计划成本		实际成本		实际与预算比较		实际与计划比较	
				数量	金额	数量	金额	数量	金额	数量	金额	数量	金额
实际与计划比较(%)(计划＝100)				–	–	–	–	–	–	–	–	–	–
实际与计划比较(%)(计划＝100)				–	–	–	–	–	–	–	–	–	–
节超原因说明													

编制单位：　　　　　　　　成本员：　　　　　　　　填表日期：

（3）成本分析表格法。上述比较分析法、因素分析法是进行成本分析的常用方法，熟练掌握后，可进行分类、分项或综合的成本分析。一般编制成本分析表格或利用已有的成本报表将计算分析的成本结果列入表中，既简接而信息又丰富，数据的计算过程还可经常省略，较约时间。

表 6－26　单位工程竣工成本分析表

施工单位________，工程型号________　　　　编制日期______年______月______日

单位工程名称________，结构层次________建筑面积________m^3，开/竣工日期____年____月____日，施工周期____天，工程总造价____元（其中人防______元）

施工图预算用工______工日，施工预算用工______工日，实耗人工______工日（其中民工______工日，民工工资______元），计件超产工资______元

项目	预算成本		实际成本		降低额	降低率（%）	
	金额	比重	金额	比重		占本项	占合计
一、直接成本							
①人工费							
其中：分包人工费							
②材料费							
其中：结构件							
周转材料费							
③机械使用费							
④其他直接费							

主要工、料、结构件节超对比

项目	名称	单位	用量			单价	金额	名　称	单位	用量			单价	金额
			预算	实际	节超					预算	实际	节超		
人工费	人工	工日												
材料费	水泥	t						钢、木模摊销	元					
	黄沙	t						油毛毡	卷					
	石子	t						油漆	kg					
	统一砖	千块						玻璃	m^2					
	多孔砖	千块												
	商品混凝土	m^2												
	石灰	t												
	沥青	t												
	木材	m^3						材料费小计						

续表 6－26

项目	预算成本		实际成本		降低额	降低率(%)	
	金额	比重	金额	比重		占本项	占合计
二、间接成本							
工程成本		100%		100%			

主要工、料、结构件节超对比

结构件	混凝土制品	m^2						其他铁器	t					
	钢门窗	m^2						预埋铁件	t					
	木制品	m^2												
	成型钢筋	t						结构件小计						
大型机械进退场费		元						土方运费	元					

主要技术节约措施及经济效果分析	

单位负责人：　　　　财务负责人：　　　　制表人：

6.6.2 施工项目成本考核

1. 施工项目成本考核的意义

成本考核是加强成本控制的重要环节。随着工程成本的形成，通过成本核算和分析，找出了成本差异及其原因之后，还要根据责、权、利相结合的原则，定期或不定期地对成本责任部门（者）进行成本责任的考核、评价和奖罚，同时也要对整个施工项目的成本控制及管理工作做出考评。这样，既可加强督促作用，又可调动大家的积极性，还能为以后的工作留下借鉴的资料。

2. 施工项目成本考核的种类

施工项目成本考核有中间考核（分月度成本考核与阶段成本考核）和竣工成本考核。

（1）月度成本考核。根据月度成本报表的内容进行考核。在考核时，不能单凭报表数据，还要结合成本分析资料、施工生产和成本管理的实际情况来进行考核。

（2）阶段成本考核。项目的施工阶段，按基础、结构及主体、装饰、总体等阶段进行考核。其优点是能对施工至一阶段后的成本进行考核，并能结合工程进度、质量等指标，更能反映施工项目的管理水平。

（3）竣工成本考核。这是在工程竣工和工程结算的基础上编制的，是工程竣工成本考核的依据。而且竣工成本是施工项目经济效益的最终反映。竣工成本考核既是上缴利税的依据，也是进行职工分配的依据，必须计算正确，考核无误。

3. 企业对项目经理成本考核控制的内容

（1）检查项目经理部的项目成本计划编制和落实情况。建筑企业在年度之前，通过制定成本计划来规定各项目经理部的降低成本额和降低率。为了确保成本计划既积极先进又合理可行，企业应协助项目经理挖掘降低成本内部潜力，尽量采取先进的施工技术方法和技术组织措施，编好成本计划，并协助层层分解和落实成本指标。

（2）检查、考核项目成本计划的完成情况。为了完成和超额完成项目成本计划，企业应经常地和定期地检查和考核，特别是一个施工项目竣工时，应组织力量全面检查分析，考核各项成本指标的完成情况，也就是将施工项目的实际成本与预算成本、实际成本与计划成本进行对比分析，并且按照成本项目逐项检查分析，查明成本节超的原因。

（3）检查、考核成本管理责任制的执行情况。企业应根据成本管理责任制规定的精神，对项目经理部的工作进行检查，看看是否认真贯彻执行了成本管理责任制。如果发现成本管理责任制未落实，对违反国家规定的应严肃处理。

4. 项目经理对施工项目所属各部门、各施工队和班组的考核内容

（1）项目经理部对项目成本的考核控制。项目经理一般只对一个施工项目进行施工，因此，只对该项工程的各个成本项目进行检查、考核，看其降低额和降低率是否完成计划，再对整个项目考核其降低额和降低率是否完成计划。

（2）对施工队（组）成本的考核控制。施工队（组）是直接完成项目施工任务的基层核算单位。项目经理部对各施工队（组）所负责的分部分项工程的直接费成本进行考核，将直接费成本与施工预算成本进行比较分析，分别考核其成本降低额和降低率是否完成，并应仔细分析成本节超的原因。

应该指出，无论是对哪一环节成本进行考核，都是检验其是否已完成降低成本的目标，从而加强成本控制工作。如果成本控制不抓分析与考核，不与职工物质利益直接挂钩，所谓成本控制就难以坚持或控制不力，甚至流于形式而易发生亏损，导致项目经理部的失职。

5. 施工项目成本的奖罚

施工项目成本的奖罚要注意如下问题。

(1)施工项目成本的奖罚必须与施工企业的奖罚办法挂钩，与施工项目的经济效益挂钩，与工程质量、安全施工及文明施工挂钩。

(2)施工项目成本奖罚的标准，应通过经济合同的形式明确规定，一旦签订了合同，任何人都无权更改，奖罚要兑现、及时，数据和资料要真实和准确。

(3)对降低项目成本有突出贡献的部门、班组、个人要进行随机奖励。

7 建设工程经济

7.1 工程经济基础

7.1.1 工程经济概述

经济有三种含义。其一是指生产关系,如"经济基础";其二是指社会的生产和再生产过程,如"国民经济"、"人类经济活动";其三是指节约,如"经济不经济"、"经济效果"、"技术经济"。

工程是工程技术,经济主要是指节约。工程技术经济工作的方法通常采用调查、数学计算和论证分析三种方法。在工程技术经济中,调查主要是单位工程量劳动量消耗的测定,材料消耗量及机械台班消耗量的测定,编制与工程建设项目相适应的定额,并把定额作为一种计算依据,在工程实施前,进行可行性研究分析,实施中进行监控,以获得投资效益及投资目标。

7.1.2 建设工程项目可行性研究

1. 建设工程项目可行性研究的概念

建设工程项目可行性研究是在投资决策前,对项目有关的社会、经济和技术等各方面的情况进行深入细致的调查研究,对各种可能拟定的建设方案和技术方案进行认真的技术经济分析与比较论证,并对项目建成后的经济效益进行科学的预测和评价。在此基础上,综合研究、论证建设项目的技术先进性、适用性、可靠性、经济合理性和有利性,以及建设可能性和可行性,由此确定该项目是否投资和如何投资提供决策。

2. 建设工程项目可行性研究的基本内容

按照原国家发展计划委员会审定(计办投资[2002]15 号)发行的《投资项目可行性研究指南》(中国电力出版社,2002 年 3 月)的规定,项目可行性研究一般包括如下基本内容:

(1)项目兴建的理由与目标
(2)市场分析与预测
(3)资源条件评价
(4)建设规模与产品方案
(5)场(厂)址选择
(6)技术方案、设备方案和工程方案
(7)原材料燃料供应
(8)运输和公用与辅助工程
(9)环境影响评价
(10)劳动安全卫生与消防
(11)组织机构与人力资源配置
(12)项目实施进度
(13)投资估算
(14)融资方案
(15)财务评价
(16)国民经济评价
(17)社会评价
(18)风险分析
(19)研究结论与建议

3. 建设工程项目周期和各阶段对投资的影响

(1)建设工程项目周期的概念。建设工程项目周期是指建设工程项目从投资意向开始到投资终结的全过程,一般包括三方面内容:一是投资全过程客观上包括的工作内容、工作次序和工作类型,二是投资全过程中性质不同的各阶段划分,三是各阶段、各项工作间的联系。建设工程项目周期的阶段划分及其工作内容如下:

1)建设工程项目决策阶段:通常也称为工程项目建设前期工作阶段。建设工程项目的决策工作并不是一次完成,它一般分为:

①投资意向:产生投资意向的主体有政府部门、企业、事业单位、家庭(个人)。产生投资意向的原因基本上有两个方面:一方面是产生意向的主体有闲置资金,需要寻找投资机会,这是建立在可能基础上的投资意向;另一方面是社会上有较好的投资机会,被某一主体所发现,这是建立在需要基础上的投资意向。

②市场研究与投资机会分析:它研究的是投资机会与投资主体自身的条件是否相适应,以及具体投资机会如何落实。

③项目建议书:这是用书面的形式把投资机会分析的结果表达出来,呈报给决策人。

④初步可行性研究:是对决策者接受的项目建议书所提出的投资构想进行初步的论证分析,并将项目投资方案进一步具体化。建设项目的初步可行性研究着重研究以下几个方面:一是市场研究和对产品的需求研究,二是原材料及所需资源的供应及价格变动趋势的研究,三是工艺技术的中间试验情况分析,四是厂址方案选择,五是企业规模的研究,六是生产设备的选型等。

初步可行性研究并不是必不可少的,如果项目的机会研究有足够的数据,也可越过初步可行性研究阶段,直接进入可行性研究阶段。初步可行性研究作为机会研究和可行性研究之间的一个中间阶段,它与可行性研究的主要差别是它们所获得的资料的详尽程度不同。就内容来说,初步可行性研究与可行性研究基本是一致的,只不过前者较为粗略,后者较为详细。初步可行性研究的主要目的是:分析机会研究的结论,在占有较详细资料的基础上作出是否需要进行下一步的可行性研究的决定,并确定哪些关键问题需要进行辅助性的专题性研究等。

⑤可行性研究(又称详细可行性研究):是对一个初步可行性研究提出的一个或几个项目若干种可能的方案分析论证,实质上是一个投资方案的具体确立和构造。可行性研究是决定一个项目投资与否的最重要的一个环节,是项目决策的直接依据。建设项目的可行性研究工作一般是由投资者委托工程咨询公司或工程设计机构来完成的。

⑥决策立项:决策立项工作的重点主要有两项,即:一是对可行性研究的精确性、可靠性、全面性进行评估,为建设工程项目的最后决策提供依据。建设工程项目的评估工作一般是由公正性、权威性强的咨询机 构来完成的。二是根据投资主体的目标、战略和内外条件做出最终的选择。这是项目决策阶 段的最后工作,应由决策者亲自进行。

上述6项工作是一种分析论证性质的工作,主要解决的是项目选择的问题。

2)建设工程项目设计阶段:设计活动按其对象的不同可以分为不同阶段。对于大型技术复杂的设计可以分为初步设计、技术设计、施工图设计三个阶段;对于一般的项目可以只做初步设计和施工图设计。

①初步设计:它应根据设计任务书,具体地构造工程投资方案,并做出工程的初步概算。

②投资准备:初步设计完成后,投资方案的要点就确定了,就可进行投资准备工作。

③技术设计:这是对重大项目或特殊项目,为解决具体的技术问题所进行的设计。

④施工图设计:这是根据初步设计和技术设计所进行的详图设计。在施工图设计阶段,一般要编制工程预算。

上述4项工作主要是确定拟定项目具体方案,实际上是选择和设计实现项目投资构想的优化实施方案的过程。

3)施工阶段:

①施工组织设计。这是落实设计文件的规划手段,是联系设计阶段和施工活动的桥梁。

②施工准备。这是根据施工图设计和施工组织设计,由施工企业进行的第一项具体工作,它的部分工作要同施工组织设计同步进行。

③施工过程。这是施工阶段具体地配置各种施工要素形成投资产品的过程,是投入劳动量大、时期长的工作,这是施工企业管理的基本任务。

④生产准备。这是指施工接近结束时,为项目及时投产使用所进行的准备,包括生产设备的购置、人员的培训、生产需要的原材料的订购,这一步工作主要应由投资者进行。

⑤竣工验收。这是工程施工阶段的最后一项工作,它是对投资成果的第一次全面的检查和评定,也是为进一步的投产经营活动进行的准备。

上述5项工作是一种具体的资源组合性质的工作,是一种操作性、业务性的实际执行工作,主要任务是在确定性约束条件下优化实施过程。

4)总结评价阶段:

①投产运营和投资回收:这是投资的资金回收过程和投资效果的实践检验过程。

②项目后评价:投资项目后评价是在项目投资使用阶段,根据实际的结果和各种数据对投资项目进行的综合评价,它应与工程项目决策阶段的经济评价工作相对应进行。

上述两项工作是一种总结评价性质的工作,甚至可以说是一种依托于生产经营过程的一种分析研究工作。

(2)建设工程项目周期各阶段对投资的影响。

1)投资项目决策阶段:项目决策阶段的基本特征是智力化或称知识密集性。其主要投入是投资机会分析费、市场调查分析费、可行性研究费、决策费等费用。对于一般工业建设项目,这类费用约为投资的1%左右。在项目决策结果没有得出之前,一般不会进行土地、材料、设备等要素投入。这表明在项目决策阶段,工作成本对投资影响极小,要素成本不构成影响。

项目决策阶段的产出是决策结果,是对投资活动的成果目标(使用功能)、基本实施方案和主要投入要素(品种、数量、质量、价格、取得形式)做出总体策划。这个阶段的产出对总投资影响,一般工业建设项目的经验数据为60%~70%;估计产出对项目使用功能影响在70%~80%。这表明项目决策阶段对项目投资具有决定性影响。

2)投资项目设计阶段:项目设计阶段的基本特征是智力和技术的双重性。这个阶段的投入包括两方面:一是设计人员的工作报酬,一般工业建设项目的经验数据为2%~10%;二是某些重要建设要素的预订和购置,一般工业建设项目的经验数据在10%~20%左右,主要订购的是土地和特殊材料设备。这表明在投资项目规划设计阶段,工作成本对投资影响较小,要素成本是一个重要控制因素。

投资项目设计阶段的产出，一般是用图纸表示的具体设计方案。在这个阶段项目成果的功能、基本实施方案和主要投入要素（品种、数量、质量和取得形式）就基本确定了。这个阶段的产出对总投资影响，一般工业建设项目的经验数据为20%～30%；对项目使用功能影响估计在10%～20%。这表明项目设计阶段对项目投资具有重要影响。

3）投资项目施工阶段：项目施工阶段的基本特征是资金和劳动的双重性。这个阶段的投入包括两方面：一是建筑施工人员的工作报酬，一般工业建设项目的经验数据为10%～20%；二是建筑施工要素的投入，一般工业建设项目的经验数据为50%～60%。这表明在项目施工阶段，成本已经成为项目投资的重要影响因素。

项目施工阶段的产出就是投资活动的最终成果——投资产品。由于投资的主要因素在此之前已基本确定下来，所以这个阶段对产出的影响较小，对总投资影响一般工业建设项目的经验数据为10%～15%，对项目使用功能影响估计在5%～10%。

4）投资项目终结阶段：这一阶段，从一般意义上讲只是一种探索项目投资的事后控制和检验评价的规律和方法。

从以上分析不难看到，随着投资项目周期的阶段性变化，项目投资的四种影响因素有一定的变化规律：工作费用是从小到大的变化趋势，变化程度很大；项目要素费用也是从小到大的变化趋势，变化程度居中；产出对总投资和项目使用功能的影响是从大到小的变化趋势，变化程度很大。

由此可见，建设项目最后实现的经济效益，很大程度是由设计工作决定的，而设计工作又是体现和贯彻项目决策意图的。所以在项目决策和设计上失误是重大的失误。相反，在项目决策和设计上的节约是重大的节约。

7.1.3 价值工程的基本原理及工作步骤

1. 价值工程的概念

价值工程（Value Engineering，简称VE）是以提高产品（或作业）价值和有效利用资源为目的，通过有组织的创造性工作，寻求用最低的寿命周期成本，可靠地实现使用者所需功能的一种管理技术。

价值工程中所述的“价值”是一个相对的概念，是指作为某种产品（或作业）所具有的功能与获得该功能的全部费用的比值。它不是对象的使用价值，也不是对象的交换价值，而是对象的比较价值，是作为评价事物有效程度的一种尺度提出来的。这种对比关系可以表示为一个数学公式：

$$V=\frac{F}{C}$$

式中 V——价值；

F——研究对象的功能，广义讲是指产品或劳务的功用和用途；

C——成本，即寿命周期总成本。为实现物品功能耗费的成本，包括劳动占用和劳动消耗。

价值工程的基本要素是价值、功能和寿命周期总成本。由上式得出提高价值的途径是：

（1）功能保持不变，降低总成本；

（2）总成本保持不变，提高功能；

(3)总成本略有提高,使功能大大提高;

(4)功能提高,成本降低。

2. 价值工程的工作步骤

价值工程的实施常按下述步骤进行工作的。

(1)对象选择。

1)从设计方面看,对产品结构复杂、性能和技术指标差距大、体积大、重量大的产品进行价值工程活动,可使产品结构、性能、技术水平得到优化,从而提高产品价值。

2)从生产方面看,对量多面广、关键部件、工艺复杂、原材料消耗高和废品率高的产品或零部件,特别是对量多、产值比重大的产品,只要成本下降,所取得总的经济效果就大。

3)从市场销售方面看,选择用户意见多、系统配套差、维修能力低、竞争力差、利润率低的,生命周期较长的,市场上虽畅销但竞争激烈的新产品、新工艺等进行价值工程活动,以赢得消费者的认同,占领更大的市场份额。

4)从成本方面看,选择成本高于同类产品、成本比重大的,如材料费、管理费、人工费等,推行价值工程就是要降低成本,以最低的寿命周期成本可靠地实现必要功能。

价值工程对象选择的方法有很多种,不同方法适宜于不同的 VE 对象,常用的方法有因素分析法、ABC 分析法、强制确定法、百分比分析法、价值指数法等。

(2)信息资料搜集。价值工程所需的信息资料,应视具体情况而定。一般应搜集以下几方面的信息资料:

1)用户方面的信息资料;

2)市场销售方面的信息资料;

3)技术方面的信息资料;

4)经济方面的信息资料;

5)本企业的基本资料;

6)环境保护方面的信息资料;

7)外协方面的信息资料;

8)政府和社会有关部门的法律、法规、条例等方面的信息资料。

搜集的资料及信息一般需加以分析、整理,剔除无效资料,使用有效资料,以利于价值工程活动的分析研究。

(3)功能定义。任何产品都具有使用价值,即功能,根据功能的不同特性,可以先将功能分为以下几类:

1)按功能的重要程度分类:一般可以分为基本功能和辅助功能。基本功能就是要达到这种产品的目的所必不可少的功能,如果不具备这种功能,这种产品就失去其存在的价值;辅助功能是为了更有效的实现基本功能而添加的功能,是为了实现基本功能而附加的次要功能。

2)按功能的性质分类:功能的性质可划分为使用功能和美学功能。如使用功能从功能的内涵上反映其使用属性;美学功能是从产品外观反映功能的艺术属性。

3)按用户的需求分类:此类功 能可分为必要功能和不必要功能。必要功能是指用户所要求的功能以及与实现用户所需求功能有关的功能,如使用功能、美学功能、基本功能、辅助功能等均为必要功能;不必要功能是不符合用户要求的功能,又包括三类,即多余功能、重复功能、过剩功能。因此，价值工程的功能，一般是指必要功能。

4）按功能的量化标准分类：产品的功能可分为过剩功能与不足功能。过剩功能是指某些功能虽属必要，但满足需要有余，在数量上超过了用户要求或标准功能水平。不足功能是相对于过剩功能而言的，表现为产品整体功能或零部件功能水平在数量上低于标准功能水平，不能完全满足用户需要。

5）按总体与局部分类：产品的功能可划分为总体功能和局部功能。总体功能和局部功能之间是目的与手段的关系，它以各局部功能为基础，又呈现出整体的新特征。

功能定义的目的：明确对象产品和组成产品各部件的功能，藉以弄清产品的特性，便于进行功能评价构思方案。

（4）功能整理。功能整理是用系统的观点将已经定义了的功能加以系统化，找出各局部功能相互之间的逻辑关系，并用图表形式表达，以明确产品的功能系统，从而为功能评价和方案构思提供依据。通过整理要求达到：

1）明确功能范围。

2）检查功能之间的准确程度，正确的就肯定，不正确的加以修改，遗漏的加以补充，不必要的就取消。

3）明确功能之间上下位关系和并列关系，即功能之间的目的和手段。

功能整理的主要任务就是建立功能系统图（如图 7－1 所示）。功能系统图是突破了现有产品和零部件的框框所取得的结果，是按一定的原则方式，将定义的功能连接起来，从单个到局部，从局部到整体形成的一个完整的功能系统，也是该产品的设计构思。

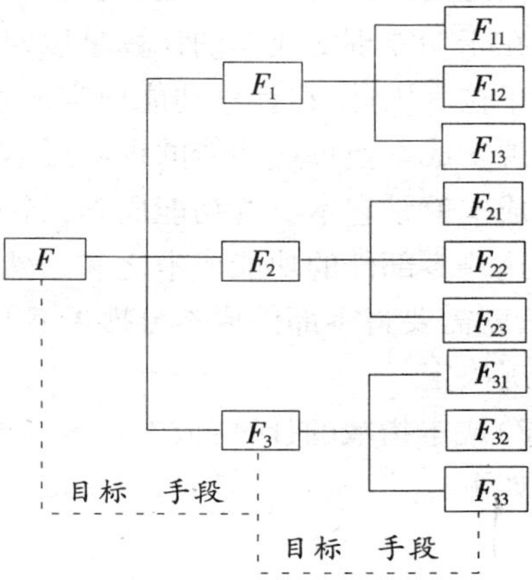

图 7－1　功能系统图

（5）功能评价。功能评价是在功能定义和功能整理完成之后，在已定性确定问题的基础上进一步作定量的确定，即评定功能的价值。

如前所述，价值 V 是功能与成本的比值；成本 C 是以货币形式来数量化的；问题是功能 F 也必须数量化，即都用货币表示后才能把两者直接进行比较。但由于功能性质的不同，其量度单位也就多种多样，如美学功能一般是美、比较美、不美等概念来表示，它是非定量的。因此，功能评价的基本问题是功能的数量化，把定性指标转化为数量指标，为功能与成本提供可比性。

功能评价就是找出实现功能的最低费用作为功能的目标成本，以功能目标成本为基准，通过与功能现实成本的比较，求出两者的比值（功能价值）和两者的差异值（改善期望值），然后选择功能价值低、改善期望值大的功能作为价值工程活动的重点对象。功能评价的程序如图 7－2 所示。

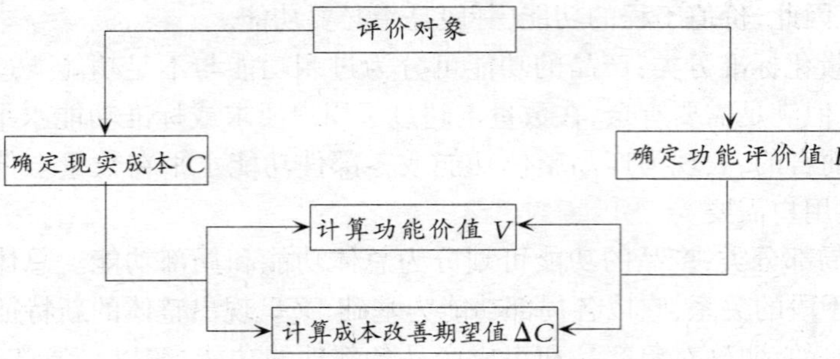

图 7－2　功能评价的程序

1）功能现实成本的计算：功能现实成本的计算与一般的传统的成本核算既有相同点，也有不同之处。两者相同点是指它们在成本费用的构成项目上是完全相同的；而两者的不同之处在于功能现实成本的计算是以对象的功能为单位，而传统的成本核算是以产品或零部件为单位。因此，在计算功能现实成本时，就需要根据传统的成本核算资料，将产品或零部件的现实成本换算成功能的现实成本。具体地讲，当一个零部件只具有一个功能时，该零部件的成本就是它本身的功能成本；当一项功能要由多个零部件共同实现时，该功能的成本就等于这些零部件的功能成本之和。然而，当一个零部件具有多项功能或同时与多项功能有关时，就需要将零部件成本分摊给各项有关功能，至于分摊的方法和分摊的比例，可根据具体情况决定。

2）成本指数的计算：成本指数是指评价对象的现实成本在全部成本中所占的比率。计算式如下：

$$C_I = \frac{C_I}{C}$$

式中　C_I——第 I 个评价对象的成本指数；

C_i——第 i 个评价对象的现实成本；

C——全部成本。

3）功能评价值 F 的计算：对象的功能评价值 F（目标成本），是指可靠地实现用户要求功能的最低成本，可以根据图纸和定额，也可根据国内外先进水平或根据市场竞争的价格等来确定。它可以理解为是企业有把握，或者说应该达到的实现用户要求功能的最低成本。从企业目标的角度来看，功能评价值可以看成是企业预期的、理想的成本目标值。功能评价值一般以功能货币价值形式进行计算。求功能评价值的方法较多，但常用的是功能重要性系数评价法。这种方法是把功能划分为几个功能区（即子系统），并根据各功能区的重要程度和复杂程度，确定各个功能区在总功能中所占的比重，即功能重要性系数；然后将产品的目标成本按功能重要性系数分配给各功能区作为该功能区的目标成本，即功能评价值。确定功能重要性系数的重要问题是对功能打分，常用的功能打分法有强制打分法（0－1 评分法或 0－4 评分法）、多比例评分法、逻辑评分法、环比评分法（又称 DARE 法）等。

4）计算功能价值 V，分析成本功能的合理匹配程度。功能价值 V 的计算方法可分为两大类，即功能成本法与功能指数法。

①功能成本法（又称为绝对值法）是通过一定的测算方法，测定实现应有功能所必须消

耗的最低成本，同时计算为实现应有功能所耗费的现实成本，经过分析、对比，求得对象的价值系数和成本降低期望值，确定价值工程的改进对象。其表达式如下：

$$V_i = \frac{F_i}{C_i}$$

式中 V_i——第 i 个评价对象的价值系数；

F_i——第 i 个评价对象的功能评价值；

C_i——第 i 个评价对象的现实成本。

根据上述计算公式，功能的价值系数不外乎有以下几种结果。

$V_i = 1$。表示功能评价值等于功能现实成本。这表明评价对象的功能现实成本与实现功能所必需的最低成本大致相当，说明评价对象的价值为最佳，一般无需改进。

$V_i < 1$。此时功能现实成本大于功能评价值。表明评价对象的现实成本偏高，而功能要求不高，这时一种可能是由于存在着过剩的功能，另一种可能是功能虽无过剩，但实现功能的条件或方法不佳，以致使实现功能的成本大于功能的实际需要。

$V_i > 1$。说明该部件功能比较重要，但分配的成本较少，即功能现实成本低于功能评价值。应具体分析，可能功能与成本分配已较理想，或者有不必要的功能，或者应该提高成本。

②功能指数法（又称相对值法）是通过评定各对象功能的重要程度，用功能指数 F_j，来表示其功能程度的大小，然后将评价对象的功能指数 F_j 与相对应的成本指数 C_j 进行比较，得出该评价对象的价值指数 V_j，从而确定改进对象，并求出该对象的成本改进期望值。其表达式如下：

$$V_j = \frac{F_j}{C_j}$$

式中 V_j——第 j 个评价对象的价值系数；

F_j——第 j 个评价对象的功能指数；

C_j——第 j 个评价对象的成本指数。

根据计算结果又分三种情况：

$V_j = 1$。此时评价对象的功能比重与成本比重大致平衡，合理匹配，可以认为功能现实成本是比较合理的。

$V_j < 1$。此时评价对象的成本比重大于其功能比重，表明相对于系统内的其他 对象而言，目前所占的成本偏高，从而会导致该对象的功能过剩。

$V_j > 1$。此时评价对象的成本比重小于其功能比重。出现这种结果的原因可能有三个。第一个原因是由于现实成本偏低，不能满足评价对象实现其应具有的功能要求，致使对象功能偏低；第二个原因是对象目前具有的功能已经超过了其应该具有的水平，也就是存在过剩功能；最后一个原因是对象在技术、经济等方面具有某些特征，在客观上存在着功能很重要而需要消耗的成本却很少的情况。

5）确定 VE 对象的改进范围。从以上分析可以看出，对产品部件进行价值分析，就是使每个部件的价值系数尽可能趋近于1。为此，确定改进对象的原则如下：

①F/C 值低的功能区域，即目标成本与现实成本的比值小于1，属于低功能领域，基本上都应作为提高功能对象，通过改进设计使 V 达到1。

②$\Delta C = (C - F)$ 值大的功能区域，因为 $(C - F)$ 的值反映了成本应降低的绝对值，该值

愈大,说明成本降低的幅度也愈大。如果有几个功能对象的 V 都很低时,则应选中 $(C-F)$ 值大的作为优先功能对象。

③复杂的功能区域,即是指要实现该功能需要许多部件,且组织或结构复杂,这些复杂的功能领域也应列为研究的重点。

(6)方案创造。方案创造是从提高对象的功能价值出发,在正确的功能分析和评价的基础上,针对应改进的具体目标,通过创造性的思维活动,提出能够可靠地实现必要功能的新方案。价值工程的活动能否取得成功,关键在于在功能分析后能否构思出可行的方案。如果不能构思出最佳的可行方案则将前功尽弃。

1)方案创造的理论依据是功能载体具有替代性。为了引导和启发进行创造性的思考,常用的方法有头脑风暴法、歌顿法(模糊目标法)、专家意见法(德尔菲法)、专家检查法。

2)方案创造的方法很多,但总的精神是要充分发挥各有关人员的智慧,集思广益,多提方案,从而为评价方案创造条件。

(7)方案评价。方案评价是在方案创造的基础上对新构思方案的技术、经济和社会效果等几方面进行估价,以便于选择最佳方案。

方案评价包括概略评价和详细评价两个阶段,评价内容和步骤都包括有技术评价、经济评价、社会评价以及综合评价。在对方案进行评价时,无论是概略评价还是详细评价,一般可先做技术评价,再分别做经济评价和社会评价,最后做综合评价。其过程见图 7-3 所示。

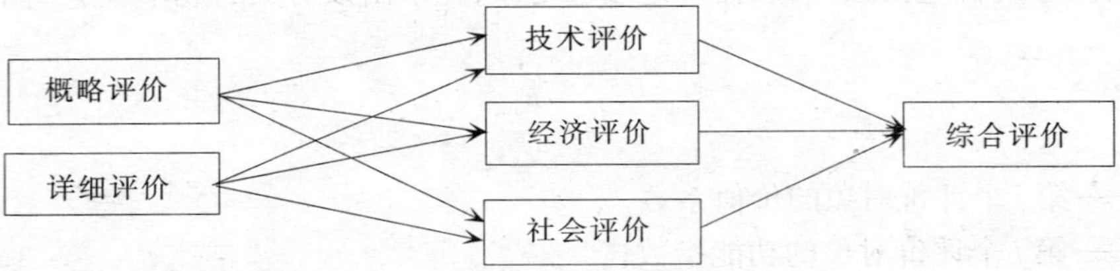

图 7-3　方案评价步骤示意图

(8)检查、评价与验收。在方案实施过程中,应该对方案的实施情况进行检查,发现问题及时解决。方案实施完成后,要进行总结评价和验收。

7.1.4　资金时间价值的概念及其相关计算

1. 资金时间价值的概念

在工程经济计算中,无论是技术方案所发挥的经济效益还是所消耗的人力、物力和自然资源,最后都是以价值形态即资金的形式表现出来的。资金运动反映了物化劳动和活劳动的运动过程,而这个过程也是资金随时间运动的过程。因此,在工程经济分析时,不仅要着眼于方案资金量的大小(资金收入和支出的多少),而且也要考虑资金发生的时间。资金的价值是随时间变化而变化的,是时间的函数,随时间的推移而增值,其增值的这部分资金就是原有资金的时间价值。影响资金时间价值的因素很多,其中主要有:

(1)资金的使用时间。在单位时间的资金增值率一定的条件下,资金使用时间越长,则资金的时间价值就越大;使用时间越短,则资金的时间价值就越小。

(2)资金数量的大小。在其他条件不变的情况下,资金数量越大,资金的时间价值就越大；反之，资金的时间价值则越小。

（3）资金投入和回收的特点。在总投资一定的情况下，前期投入的资金越多，资金的负效益越大；反之，后期投入的资金越多，资金的负效益越小。而在资金回收额一定的情况下，离现在越近的时间回收的资金越多，资金的时间价值就越大；反之，离现在越远的时间回收的资金越多，资金的时间价值就越小。

（4）资金周转的速度。资金周转越快，在一定的时间内等量资金的时间价值越大；反之，资金的时间价值越小。

总之，资金的时间价值是客观存在的，投资经营的一项基本原则就是充分利用资金的时间价值并最大限度地获得其时间价值，这就要加速资金周转，早期回收资金，并不断进行高利润的投资活动；而任何积压资金或闲置资金不用，就是白白地损失资金的时间价值。

2. 利息与利率的概念

对于资金时间价值的换算方法与采用复利计算利息的方法完全相同。因为利息就是资金时间价值的一种重要表现形式。而且，通常用利息额的多少作为衡量资金时间价值的绝对尺度，用利率作为衡量资金时间价值的相对尺度。

（1）利息。在借贷过程中，债务人支付给债权人超过原借贷款金额的部分就是利息。即：

$$I = F - P$$

式中 I——利息；

F——目前债务人应付（或债权人应收）的总金额；

P——原借贷款金额，常称为本金。

在工程经济研究中，利息常常被看着是资金的一种机会成本。这是因为如果放弃资金的使用权力，相当于失去收益的机会，也就相当于付出了一定的代价。

（2）利率。利率就是在单位时间内所得利息额与原借贷款金额之比，通常用百分数表示。即：

$$i = \frac{I_t}{P} \times 100\%$$

式中 i——利率；

I_t——单位时间内所得的利息额。

用于表示计算利息的时间单位称为计息周期，计息周期通常为年、半年、季、月、周或天。

【例 1】 某人现借得本金 10 000 元，一年后付息 800 元，则年利率为：

$$\frac{800}{10\ 000} \times 100\% = 8\%$$

利率是各国发展国民经济的重要杠杆之一，利率的高低由如下因素决定：

①利率的高低首先取决于社会平均利润率的高低，并随之变动。

②在平均利润率不变的情况下，利率高低取决于金融市场上借贷资本的供求情况；

③借出资本要承担一定的风险，风险越大，利率也就越高；

④通货膨胀对利息的波动有直接影响；

⑤借出资本的期限长短。贷款期限长，不可预见因素多，风险大，利率也就高；反之，利率就低。

(3)利息的计算。利息计算有单利和复利之分。当计息周期在一个以上时,就需要考虑"单利"与"复利"的问题。

①单利:是指在计算利息时,仅用最初本金来加以计算,而不计入在先前计息周期中所累积增加的利息,即通常所说的"利不生利"的计息方法。其计算式:

$$I_t = P \times i_{单}$$

式中 I_t——代表第 t 计息周期的利息额;

P——代表本金;

$i_{单}$——计息周期单利利率。

而 n 期末单利本利和 F 等于本金加上利息,即。

几个计息周期所付或所收的单利总利息计算式:

$$F = P + I_n = P(1 + n \times i_{单})$$

式中 I_n——代表 n 个计息周期所付或所收的单利总利息,即:

$$I_n = \sum_{t=1}^{n} I_t = \sum_{i=1}^{n} Pi_{单} = nPi_{单}$$

在以单利计息的情况下,总利息与本金、利率以及计息周期数成正比的关系。

此外,在利用 $F = P + I_n = P(1 + n \times i_{单})$ 式计算本利和 F 时,要注意式中 n 和 $i_{单}$ 反映的时期要一致。如果 $i_{单}$ 为年利率,则 n 应为计息的年数;若 $i_{单}$ 为月利率,n 则为计息的月数。

【例2】 假如以单利方式借入10 000元,年利率8%,第四年末偿还,则各年利息和本利和如表7-1。

表7-1 利息和本利和计算示例1 单位:元

使用期	年初款额	年末利息	年末本利和	年末偿还
1	10 000	10 000×8% =800	10 800	0
2	10 800	800	11 600	0
3	11 600	800	12 400	0
4	12 400	800	13 200	13 200

由表7-1可见,单利的年利息额仅由本金所产生,其新生利息,不再加入本金产生的利息,此为"利不生利"。这不符合客观的经济发展规律,没有反映资金随时都在"增值"的概念,也就是没有完全反映资金的时间价值。因此,在工程经济分析中单利使用较少,通常只适用于短期投资及不超过一年的短期贷款。

②复利。是指在计算某一计息周期的利息时,其先前周期上所累积的利息要再计算利息,即"利生利"、"利滚利"的计息方式。其表达式如下:

$$I_t = i \times nF_{t-1}$$

式中 i——计息周期复利利率;

F_{t-1}——表示第$(t-1)$期末复利本利和。

而第 t 期末复利本利和的表达式如下:

$$F_t = F_{t-1} \times (1 + i)$$

【例3】 数据同例2但按复利计算,则各年利息和本利和如表7-2所示。

表 7－2　利息和本利和计算示例 2　单位:元

使用期	年初款额	年末利息	年末本利和	年末偿还
1	10 000	1 000 × 8% = 80	10 800	0
2	10 800	1 080 × 8% = 864	11 664	0
3	11 664	11 664 × 8% = 933. 12	12 597. 12	0
4	12 597. 12	12 597. 12 × 8% = 1007. 77	13 604. 89	13 604. 89

从表 7－1 和表 7－2 可以看出,同一笔借款,在利率和计息周期均相同的情况下,用复利计算出的利息金额数比用单利计算出的利息金额数大,两者相差 404. 9 元(差额 = 13 604. 9 － 13 200)。如果本金越大,利率越高,计息周期越多时,两者差距就越大。复利计息比较符合资金在社会再生产过程中运动的实际状况。因此,在实际中得到了广泛的应用,如我国现行财税制度规定,投资贷款实行差别利率按复利计算。同样,在工程经济分析中,一般采用复利计算。

复利计算有间断复利和连续复利之分。按期(年、半年、季、月、周、日)计算复利的方法称为间断复利(即普通复利);按瞬时计算复利的方法称为连续复利。在实际使用中都采用间断复利,这一方面是出于习惯;另一方面是因为会计通常在年底结算一年的进出款,按年支付税收、保险金和抵押费用。因而采用间断复利考虑问题更适宜。

常用的间断复利计算有一次支付情形和等额支付系列情形两种。

(4)利息和利率在工程经济活动中的作用。

①利息和利率是以信用方式动员和筹集资金的动力。以信用方式筹集资金的一个特点就是自愿性,而自愿性的动力在于利息和利率。比如,一个投资者,他首先要考虑的是投资某一项目所得到的利息是否比把这笔资金投入其他项目所得的利息多。如果多,他就可以在这个项目投资;如果所得的利息达不到其他项目利息水平,他就可能不在这个项目投资。

②利息促进投资者应加强经济核算,节约使用资金。投资者借款需付利息,增加支出负担,这就促使投资者必须精打细算,把借入资金用到刀刃上,减少借入资金的占用以少付利息。同时可以使投资者自觉压缩库存限额,减少多环节占压资金。

③利息和利率是宏观经济管理的重要杠杆。国家在不同的时期制定不同的利息政策,就会对整个国民经济产生影响。

④利息与利率是金融企业经营发展的重要条件。金融机构作为企业,必须获取利润。由于金融机构的存放款利率不同,其差额即成为金融机构业务收入。此款扣除业务费后就是金融机构的利润,而利润才能刺激金融企业的经营发展。

3. 等值的计算

资金有时间价值,即使金额相同,因其发生在不同时间,其价值就不相同。反之,不同时点绝对不等的资金在时间价值的作用下却可能具有相等的价值。这些不同时期、不同数额但其“价值等效”的资金称为等值,又叫等效值。资金等值计算公式和复利计算公式的形式是相同的。常用的等值复利计算公式有一次支付的终值和现值计算公式,有等额支付系列的终值、现值、资金回收和偿债基金的计算公式。

(1)一次支付的终值和现值计算。由 $F_t = F_{i-1} \times (1 + i)$ 式可以看出,其使用很不方便。

因为它要一周期一周期地计算，如果周期数很多，计算是十分繁琐的。而且在式中没有直接反映出本金 P、本利和 F、利率 i、计息周期数 n 等要素的关系。所以有必要对 $I_t = ixnF_{t-1}$ 式和 $F_t = F_{i-1} \times (1+i)$ 式根据现金流量支付情形进一步简化。其中一次支付是最基本的现金流量情形。

一次支付又称整付，是指所分析系统的现金流量，无论是流入或是流出，分别在时点上只发生一次（如图 7-4 所示）。一次支付情形的复利计算式是复利计算的基本公式。

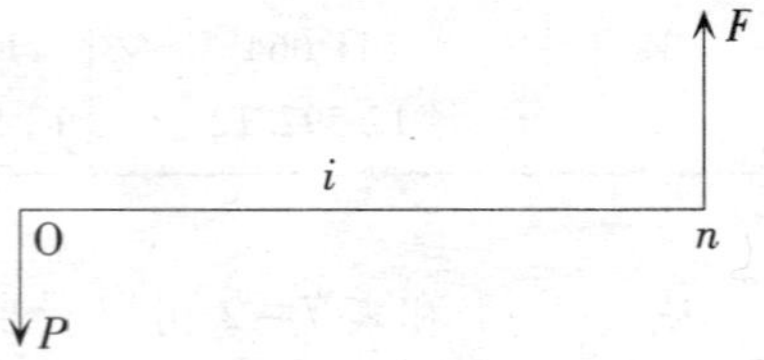

图 7-4　一次支付现金流量图

图 7-4 中 i—计息期复利率；n—计息的期数；

P—现值（即现在的资金价值或本金，Present Value），资金发生在（或折算为）某一特定时间序列起点时的价值；

F—终值（即 n 期末的资金值或本利和，Future Value），资金发生在（或折算为）某一特定时间序列终点的价值。

①终值计算（已知 P 和 F）：现有一项资金 P，年利率 i，按复利计算，n 年以后的本利和为多少？根据复利的定义即可求得 n 年末本利和（即终值）F（见表 7-3）。

表 7-3　本利和（即终值）计算示例　　单位：元

计息期	期初金额(1)	本期利息额(2)	期末本利和 $F_t = (1) + (2)$
1	P	$P \cdot i$	$F_1 = P + P \cdot i = P(1+i)$
2	$P(1+i)$	$P(1+i) \cdot i$	$F_2 = P(1+i) + P(1+i) \cdot i = P(1+i)^2$
3	$P(1+i)^2$	$P(1+i)^2 \cdot i$	$F_3 = P(1+i)^2 + P(1+i)^2 \cdot i = P(1+i)^3$
⋮	⋮	⋮	⋮
n	$P(1+i)^{n-1}$	$P(1+i)^{n-1} \cdot i$	$F = F_n = P(1+i)^{n-1} + P(1+i)^{n-1} \cdot i = P(1+i)^n$

由表 7-3 可知，一次支付 n 年末终值（即本利和）F 的计算公式为：

$$F = P(1+i)^n$$

式中 $(1+i)^n$ 称之为一次支付终值系数，用 $(F/P,i,n)$ 表示，上式又可写成：

$$F = P(F/P,i,n)$$

在 $(F/P,i,n)$ 这类符号中，括号内斜线上的符号表示所求的未知数，斜线下的符号表示已知数。整个 $(F/P,i,n)$ 符号表示在已知 P、i 和 n 的情况下求解 F 的值。

【例 4】　某人借款 20 000 元，年复利率 $i = 10\%$，试问 5 年末连本带利一次需偿还多少？

解：按 $F = P(1+i)^n$ 式计算得；

$$F = 20\,000 \times (1+10\%)^5 = 20\,000 \times 1.61\,051 = 32\,310.2（元）$$

②现值计算（已知 F 求 P）：由 $F = P(1+i)^n$ 式的逆运算即可得出现值 P 的计算式为：

$$P = \frac{F}{(1+i)^n} = F(1+i)^{-n}$$

式中 $(1+i)^{-n}$ 称为一次支付现值系数，用符号 $(P/F,i,n)$ 表示。该式又可写成：

$$P = F(P/F, i, n)$$

一次支付现值系数这个名称描述了它的功能，即未来一笔资金乘上该系数就可求出其现值。工程经济分析中，一般是将未来值折现到零期。计算现值 P 的过程叫“折现”或“贴现”，其所使用的利率常称为折现率或贴现率。故 $(1+i)^{-n}$ 或 $(P/F, i, n)$ 也可叫折现系数或贴现系数。

【例 5】 某人希望 5 年末有 20 000 元资金，年复利率 $i=10\%$，试问现在需一次存款多少。

解：由 $P=F(1+i)^{-n}$ 式得：

$$P = 20\,000 \times (1+10\%)^{-5} = 20\,000 \times 0.6209 = 12\,418(\text{元})$$

从上面计算可知，现值与终值的概念和计算法正好相反，因为现值系数与终值系数是互为倒数，即 $(F/P, i, n) = \dfrac{1}{(P/F, i, n)}$。在 P 一定，n 相同时，i 越高，F 越大；在 i 相同时，n(周期数)越长，F 越大(如表 7－4)。在 F 一定，n 相同时，i 越高，P 越小；在 i 相同时，n 越长，P 越小(见表 7－5)。

表 7－4　一元现值与终值的关系(一)

利率＼时间	1 年	5 年	10 年	20 年
1%	1.0100	1.0510	1.1046	1.2201
5%	1.0500	1.2762	1.6288	2.0789
8%	1.0800	1.4693	2.1589	4.6609
10%	1.1000	1.6105	2.5937	6.7273
12%	1.1200	1.7623	3.1058	9.6462
15%	1.1500	2.0113	4.0455	16.366

表 7－5　一元现值与终值的关系(二)

利率＼时间	1 年	5 年	10 年	20 年
1%	0.99010	0.95147	0.90530	0.81957
5%	0.95238	0.78353	0.61392	0.37690
8%	0.92593	0.68059	0.46320	0.21455
10%	0.90909	0.62092	0.38555	0.14865
12%	0.89286	0.56742	0.32197	0.10367
15%	0.86957	0.49718	0.24719	0.0611

从表 7－4 可知，按 12% 的利率，时间 20 年，现值与终值相差 9.6 倍。在工程经济分析中，现值比终值使用更为广泛。

在工程经济评价中，由于现值评价常常是选择现在为同一时点，把方案预计的不同时期

的现金流量折算成现值,并按现值之代数和大小做出决策。因此,在工程经济分析时应当注意以下两点:

一是正确选取折现率。折现率是决定现值大小的一个重要因素,必须根据实际情况灵活选用。

二是要注意现金流量的分析情况。例如,在投资额一定的情况下,是早投资还是晚投资,是集中投资还是分期投资,它们的投资现值是不一样的。

(2)等额支付系列的终值、现值、资金回收和偿债基金的计算。等额支付系列现金流量序列是连续的,且数额相等,即:

$$A_t = A = 常数 \qquad (t=1,2,3,\cdots\cdots,n)$$

式中 A——年金,发生在(或折算为)某一特定时间序列各计息期末(不包括零期)的等额资金序列的价值。

等额支付系列现金流量如图 7-5 所示。

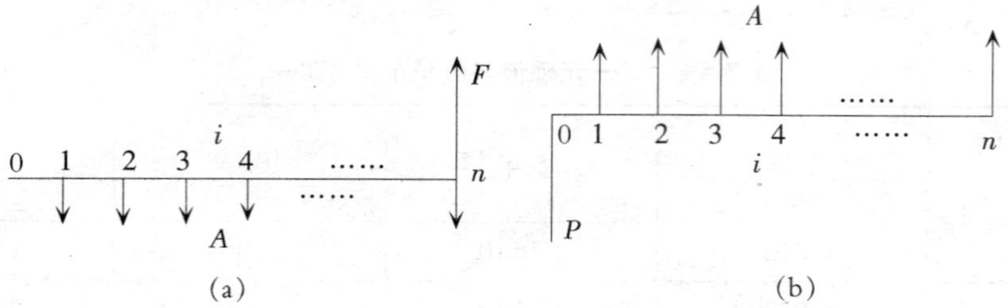

图 7-5 等额支付系列现金流量示意图

(a)年金与终值关系; (b)年金与现值关系

$$F = A\frac{(1+i)^n - 1}{i}$$

①终值计算(即已知 A 求 F):由 $F=P(1+i)^n$ 式可得出等额支付系列现金流量的终值为:

$$F = \sum_{t=1}^{n} A_t (1+i)^{n-t} = A[(1+i)^{n-1} + (1+i)^{n-2} - \cdots\cdots - (1+i) + 1]$$

式中$\frac{(1+i)^n - 1}{i}$称为等额支付系列终值系数或年金终值系数,用符号($F/A,i,n$)表示,则上式又可写成:

$$F = A(F/A,i,n)$$

【例 6】 若 10 年内,每年末存 10000 元,年利率 8%,问 10 年末本利和为多少?

解:由公式 $F = A\frac{(1+i)^n - 1}{i}$ 得:

$$F = 1000 \times \frac{(1+8\%)^{10} - 1}{8\%} = 1000 \times 14.487 = 144870(元)$$

②现值计算(即已知 A 求 P):由公式 $P = \frac{F}{(1+i)^n} = F(1+i)^n$ 和 $F = \frac{A(1+i)^n}{i}$得:

$$P = F(1+i)^{-n} = A\frac{(1+i)^n - 1}{i(1+i)^n}$$

式中$\frac{(1+i)^n-1}{i(1+i)^n}$称为等额支付系列现值系数或年金现值系数，用符号$(P/A,i,n)$表示。则上式又可写成：

$$P=A(P/A,i,n)$$

【例 7】 欲期望五年内每年末收回 10 000 元，在年利率为 10% 时，问开始需一次投资多少？

解：由公式 $P=A\frac{(1+i)^n-1}{i(1+i)^n}$ 得

$$P=10\ 000\times\frac{(1+10\%)^5-1}{10\%\times(1+10\%)^5}=10\ 000\times3.7908=37908(\text{元})$$

③资金回收计算（已知 P 求 A）

由公式 $P=F(1+i)^{-n}=A\frac{(1+i)^n}{i(1+i)^n}$的逆运算即可得出资金回收计算式为：

$$A=P\frac{i(1+i)^n}{(1+i)^n-1}$$

式中$\frac{i(1+i)^n}{(1+i)^n-1}$称为等额支付系列资金回收系数，用符号$(A/P,i,n)$表示，则式又可写成：

$$A=P(A/P,i,n)$$

7.1.5 建设工程项目策划

1. 建设工程项目策划的基本概念

（1）工程项目策划指的是通过调查研究和搜集资料，在充分占有信息的基础上，针对项目的决策和实施，或决策和实施的某个问题，进行组织、管理、经济和技术等方面的科学分析和论证，旨在为项目建设的决策和实施增值。增值可以反映在下述诸方面，如：

1）人类生活和工作的环境保护；

2）建筑环境；

3）项目的使用功能和建设质量；

4）建设成本和经营成本；

5）社会效益和经济效益；

6）建设周期；

7）建设过程的组织和协调等。

（2）工程项目策划的过程是专家知识的组织和集成，以及信息的组织和集成的过程，实质上是知识管理的过程，即通过知识的获取，经过知识的编写、组合和整理，而形成新的知识。

（3）工程项目策划是一个开放性的工作过程，需整合多方面专家意见。

2. 建设工程项目决策阶段策划的基本内容

（1）建设工程项目决策阶段策划的主要任务是定义开发或建设的任务和意义。

（2）建设工程项目决策阶段策划的基本内容如下：

1）建设环境和条件的调查与分析；

2）项目建设目标论证与项目定义；

3）项目结构分析；

4）与项目决策有关的组织、管理和经济方面的论证与策划；

5）与项目决策有关的技术方面的论证与策划；

6）项目决策的风险分析等。

3. **建设工程项目实施阶段策划的基本内容**

（1）建设工程项目实施阶段策划的主要任务是定义如何组织开发或建设。

（2）建设工程项目实施阶段策划的基本内容如下：

1）项目实施的环境和条件的调查与分析；

2）项目目标的分析和再论证；

3）项目实施的组织策划；

4）项目实施的管理策划；

5）项目实施的合同策划；

6）项目实施的经济策划；

7）项目实施的技术策划；

8）项目实施的风险策划等。

7.1.6 投资管理与项目融资

1. **投资含义**

投资是指投资主体为了特定的目的以达到预期收益的价值垫付行为。

2. **投资运动过程**

投资运动过程本质上是价值运动过程，是在投资的循环周期中价值川流不息的运动过程。生产经营性投资运动过程包括资金筹集、分配、运用（实施）和回收增值四个阶段（如图7－6所示）。

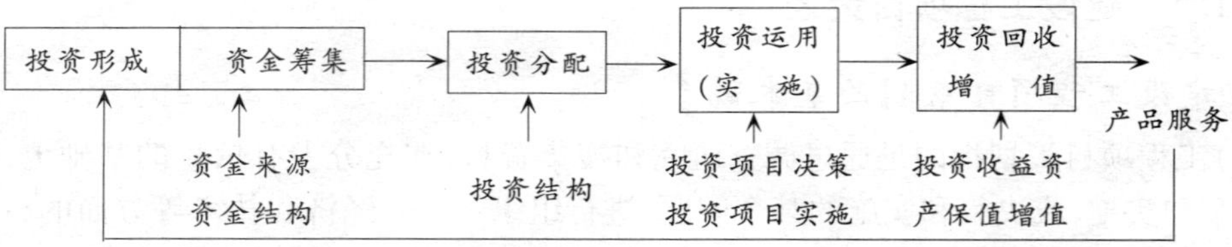

图7－6 投资运动过程

资金筹集是投资运动的起始阶段，投资资金筹集是把投资资金从形成方和暂时不用者手中吸收过来、聚集起来以供投资者使用的过程；投资分配是投资运动过程的第二阶段。投资分配决定投资结构，我国现阶段投资分配是计划调整与市场调节相结合的，而市场调节将逐渐成为主要手段。投资运用（实施）是指投入资金转化为物资要素而形成的资产的过程，这是投资运动过程的第三阶段，也是投资运动的最基本而重要的阶段。投资运用阶段又可分为投资项目决策和投资项目实施两个阶段。投资回收是指投入资金转化为实现既定功能的资产，为社会提供产品或服务，供应市场实现价值增值，从而回收投资的过程，这是投资运动的最后阶段，又是下一个投资运动过程的开始阶段。

3. **投资分类**（如图7－7所示）

（1）固定资产投资。是指投资主体垫支货币或物资以获取营利性或服务性固定资产的经济活动，即构建新的固定资产或更新改造原有固定资产的投资。简单地说，是指大修以外的全部固定资产再生产的投资。

- 投资从不同的角度分类
  - 按投资在再生产过程中的周转方式分类
    - 固定资产投资
    - 流动流产投资
  - 按投资的领域分类
    - 生产经营性投资
    - 非生产经营性投资
  - 按投资方式分类
    - 直接投资
    - 非直接投资
  - 按投资主体分类
    - 政府投资
    - 企业投资
    - 国家授权投资主体投资
    - 个人投资
  - 按投资来源国别分类
    - 国内投资
    - 国外投资

图7－7　投资分类

【固定资产,是指在社会再生产过程中可供长时间反复使用,并且在其使用过程中基本上不改变实物形态的劳动资料和其他物质资料,如房屋、建筑物、机器设备、运输工具等。在我国的会计实务中,具体划分固定资产的标准,现行制度规定:企业使用年限在一年以上的房屋、建筑物、机器设备、工具、器具等资产应作为固定资产,不属于生产经营主要设备的物器,单位价值在2000元以上,并且使用期限超过两年的,也应作为固定资产。】

固定资产投资的特点:

1)资金占用多,一次投入的资金数额大。

2)建设和回收期长。

3 投资形成的产品具有固定性。

4)投资产品具有单件性。

5)投资项目管理复杂性。

(2)流动资产投资。是指在企业生产经营过程中经常改变其存在的状态,在一定的营业周期内变现或耗用的资产,如原材料、在产品、产成品,以及各种现金、存款、存货、应收账款及预付账款等。

(3)生产经营性投资。是指直接用于物资生产或直接为物质生产服务的投资,如工业建设、农业、林业、水利、运输、邮电等的投资。

(4)非生产经营性投资。一般指用于满足人民物质文化生活需要的建设性投资。这种投资不完全具备投资的本质特征,不循环周转也不能增值。

(5)直接投资。是指投资主体将资金或资源直接投入到生产经营领域的投资。

(6)间接投资。是指投资主体将资金通过向直接投资或者金融中介出让的方式而间接地投入到生产领域的投资活动。间接投资又可分为信用投资和证券投资。

(7)政府投资。从中央到地方各级政府,对那些能直接使全国或地区受益,但企业和个人无力或不愿承担的建设项目进行的投资。

(8)企业(公司)投资。企业利用自己创造的税后利润、银行贷款、折旧转化的货币资金,以及通过其他合法方式筹集的资金,对有盈利的项目进行投资,并力求收益最大化。

(9)国家授权投资主体投资。是我国国有企业改革中出现的一类特殊投资主体,是介于政府和众多国有经营性企业之间的经济实体性的国有资产产权运营机构。其特点是:它有权代表国家进行投资,其资金百分之百来自于政府出资,有权对企业中国有资产行使出资者管理职能,并有与被投资企业平等的法律地位,均具有独立的法人身份。

(10)个人投资。是指个人或家庭利用生活消费后剩余的收入及部分贷款和某些权利(如专利权、发明权等)直接进行的投资。个人投资主体以追求收益最大化为目标。

(11)国内投资。其投资来源为本国。

(12)国外投资。其投资来源为外国。

4. 固定资产的投资体制

(1)投资体制的定义。投资体制是指组织、领导和管理社会投资活动的基本制度和主要方式、方法。

(2)投资体制的组成。

1)从系统论的角度:包括
- 投资决策系统
- 投资调控系统
- 投资动力系统
- 投资信息系统

2)从管理组织情况:包括
- 投资主体的决策层次与结构
- 投资运行机制
- 投资领域各经济实体

3)从管理职能:包括
- 投资计划管理体制
- 投资资金管理体制
- 投资经营管理体制

4)从管理对象:包括
- 投资项目管理体制
- 设计体制
- 施工管理体制

(3)投资体制的模式。

1)高度集权型:这种模式的特点是企业投资全部纳入国家统一计划,投资的方式单一,投资领域各单位和经济实体之间的联系非商品化。企业没有固定资产扩大再生产的自主投资决策权。预算拨款是投资资金的主要来源,计划亏损以及低利润企业由国家财政予以补助。这种投资体制已不适应市场经济体制需要,将逐步消失。

2)分散型:这是一种投资决策权完全分散化的投资模式,国家彻底放弃一切投资决策权,把它交给企业。企业资金来源由自有资金和银行贷款及其他筹资方式来解决。

3)综合型:由国家、地方和企业划分各自的投资范围,中央政府负责关系整个国民经济产业结构和社会消费结构的项目投资,地方政府负责关系到地方产业、经济结构的新建项目的决策,企业再生产的一切决策权全部由企业自主行使。形成了中央、地方、企业三个层次的投资主体。投资调控主要通过财政、税收、贷款利率和筹资等手段,引导和调节投资的流向。

高度集权型投资模式不要求市场发育、安排和市场体制,分散型投资模式要求市场高度发育,信息与竞争充分,综合型投资模式具有集权型投资模式所没有的优点,同时在一定程度上解决了分散型模式的弊病,根据我国目前实际情况应采用综合型投资模式。

5. 项目融资

（1）项目融资的概念。融资，可以理解成为项目投资而进行的资金筹措行为。项目融资，目前还没有一个严格的定义，但人们常进行广义或狭义两种理解。狭义地说，项目融资就是通过项目来进行资金筹措。也可以说是以项目的资产、收益做抵押来筹措资金。从广义上理解，一切为了建设一个新项目，收购一个现有项目或对已有项目进行债务重组所进行的资金筹措活动都可以被称为项目融资。

（2）项目融资的特点。

1）项目导向特点：因为有了项目，投资者可以利用它来进行资金借贷。因为有了项目，投资者可以利用它来取得担保。因为有了项目，就可以依赖于项目的现金流量和资产来安排融资，而不仅仅依赖于项目的投资者或发起人的资信来安排融资。

2）有限追索的特点：作为有限追索的融资项目，贷款人对于项目的债务追索权主要被限制在项目公司的资产和现金流量中，借款人承担的是有限责任。但是，贷款人可以在贷款的某个特定阶段对项目借款人实行追索，或者在一个规定的范围内对项目借款人进行追索。

除此之外，无论项目出现任何问题，贷款人均不能追索到项目借款人除该项目资产、现金流量以及所承担的义务之外的任何形式的资产，贷款人对项目发起人（借款人）没有完全追索权。除非违约是借款人可控制或避免的过失造成的，贷款人对项目借款人由有限追索权贷款转变为完全追索权贷款。

3）风险分担的特点：项目融资的参与方很多，包括政府、开发机构、出口信贷机构、供货商、承包商、项目产品服务的购买方以及借款人和贷款人，为实现项目融资的有限追索，对于与项目有关的各种风险，如信用风险、建设和开发风险、市场和营运风险、金融风险、政治风险、法律风险、环境风险、贷款人的责任，需要以某种形式在项目投资者（借款人）与项目开发有直接或间接利益关系的其他参与者和贷款人之间进行分担。

4）非公司负债型融资的特点：根据项目融资风险分担的原则，贷款人对于项目的债务追索权主要被限制在项目公司的资产和现金流量中，借款人所承担的是有限责任，因而有条件使融资被安排成为一种不需要进入借款人资产负债表的贷款形式。通过对投资结构和融资结构的设计，可以帮助借款人将贷款安排成为非公司负债型融资。

5）信用结构多样化特点：在项目融资中，用于支持贷款的信用结构的安排是灵活和多样化的。

6）融资成本较高的特点：项目融资涉及面广、结构复杂、需要做好大量有关风险的分担、税收结构、资产抵押等一系列技术性的工作，筹资文件比一般公司融资往往要多出几倍，需要几十个甚至上百个法律文件才能解决问题。与传统的融资方式比较，项目融资筹资成本较高，而组织融资所需要的时间较长。

（3）项目融资与传统贷款的区别。传统的贷款是贷款方对借款人有完全追索权，归还贷款的资金来源是整个借款人的收益，而不仅局限于项目的现金流量和资产。

项目融资是贷款方对借款人无追索权或有限追索权，归还贷款的资金来源限定在与特定项目的收益和资产范围之内，而不是整个借款人的收益。

（4）项目融资的阶段与步骤。项目融资从项目的投资决策一直到最后完成该项目融资，大致分为五个阶段，即投资决策分析、融资决策分析、融资结构分析、融资谈判和项目融资的执行。

1）投资决策分析：工业部门（技术、市场）分析→项目可行性研究→投资决策（初步、确定项目的投资结构),这是投资决策分析的三个步骤。

在任何项目被推销给商业贷款人之前,必须提供一个有说明力的、权威性的(包括技术和经济效益)项目可行性研究报告。这将要求技术专家、市场分析预测专家、金融和法律专家之间的协调,以及对项目各个重要方面进行彻底的探讨。

对可行性研究报告如工程建设项目,必须包括如下方面:项目的土地成本、建筑成本和发展费用项目所在地的辅助设施,如能源、水、交通和通讯的可获得性和成本,原材料供应途径和成本、建筑产品的市场需求,所需的技术、设备、管理人才和劳动力的可获得性;是否存在增值的可能性,项目的环境效应和遵守环境保护法律的需要,考虑利率、汇率、通货膨胀、税收、延期等其他偶然事件基础上所做的项目成本和利润计划,以及项目风险大小等。

项目投资结构需要考虑主要因素有:项目的产权形式、产品分配方式、决策程序、债务责任、现金流量控制、税务结构和会计处理等方面的内容。

2)融资决策分析:选择项目的融资方式(决策是否采用项目融资)→任命项目融资顾问(明确融资的任务和具体目标要求),这是项目融资决策的二大步骤。

在这个阶段,是否采用项目融资的方式为项目开发筹集资金,主要看投资者对债务责任分担上的要求、贷款资金数量上的要求、时间上的要求、融资费用上的要求,以及债务会计处理等方面要求的综合评价。一旦采用项目融资,投资者就需要选择和任命融资顾问,开始研究和设计融资结构。

3)融资结构分析:尽管每个项目融资都具有自己的特殊结构,但基本结构是以下两者之一,即有限遣索权贷款或无追索权贷款。依靠项目现金流量来还款、或采用"预先购买""产品支付"的方式预先支付一定数量的资金来购买项目的销售收益(或项目收益)。这一阶段重要的任务,是完成对项目风险的分析和评估、设计切实可行的融资方案。设计好项目融资结构,即对项目本身的经济强度以及项目之外的各种直接或间接的担保必须要有足够的分析和了解。

4)融资谈判:这一阶段主要步骤为:选择银行、发出项目融资建议书→组织贷款银团→起草融资法律文件→融资谈判。

在初步确定了项目融资的方案之后,融资顾问和法律顾问及税务顾问可以帮助加强项目投资者的谈判地位,保护投资者的利益,并在谈判陷入僵局时,及时地、灵活地运用谈判技巧,找出适当的变通办法,以取得谈判的成功。

5)项目融资的执行:这一阶段主要步骤为:签署项目融资文件→执行项目投资计划→贷款银团经理人监督并参与项目决策→项目风险的控制与管理。

在正式签署项目融资的法律文件之后,项目融资开始进入执行阶段。贷款银团通过其经理人对项目的进展,部分项目的决策,项目的贷款资金投入和部分现金流量,部分项目生产经营决策等进行管理和控制。帮忙投资者对项目风险的控制和管理,也成为银团经理人在项目正常运行阶段的一项重要工作。

(5)项目融资中的 BOT。

1)BOT 方式的基本涵义:BOT 即英文 Build(建设)、Operate(经营)和 Transfer(移交)三个单词的缩写,代表着一个完整的项目融资的概念。

2)BOT 方式的融资结构:

①特许:项目发起人建立股份有限公司,即项目公司被授予特许权,股东出具给政府的

安慰文书,运行格式如图 7 - 8 所示。

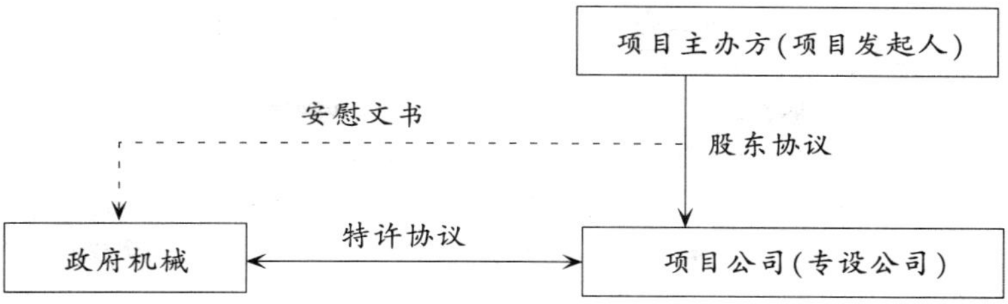

图 7 - 8　特许运行步骤

②建设:项目公司与承包商签订建设合同,接收保函和分包商,供货商保证金的转让,与经营者签字经营协议。其运行步骤如图 7 - 9 所示。

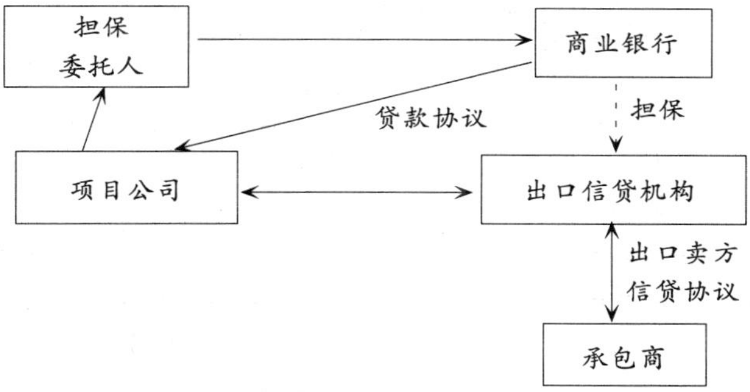

图 7 - 9　建设运行步骤

③融资:项目公司与商业银行签定贷款合同,与出口信贷机构签定买方信贷协议。商业银行以项目资产作为抵押,为出口信贷机构的贷款但保,并接受项目担保。

担保品包括:
——转让项目收入;
——转让保函;
——转让保险;
——转让特许权和有关项目合同。

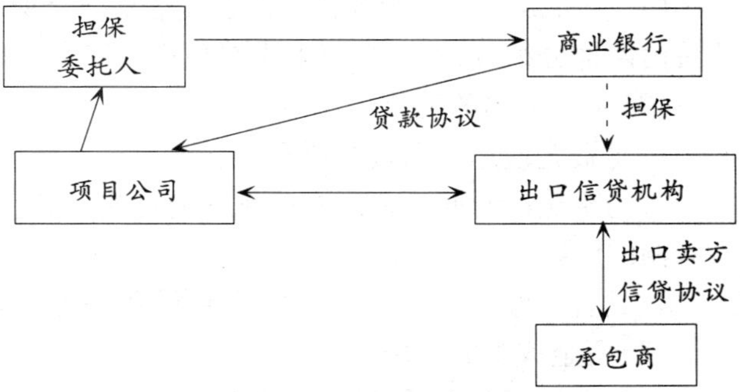

图 7 - 10　融资运行步骤

④经营:项目公司将项目收入(如销售合同项下的收益或道路费、隧道费、桥梁费)转让给担保信托方(如图 7 - 11 所示)。

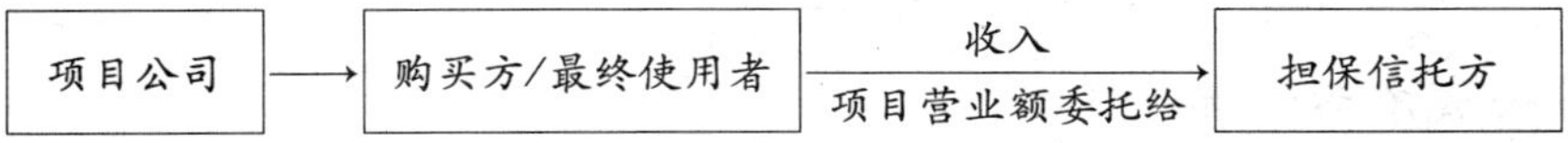

图 7 - 11　经营模式

⑤整个融资结构(如图7－12所示)。

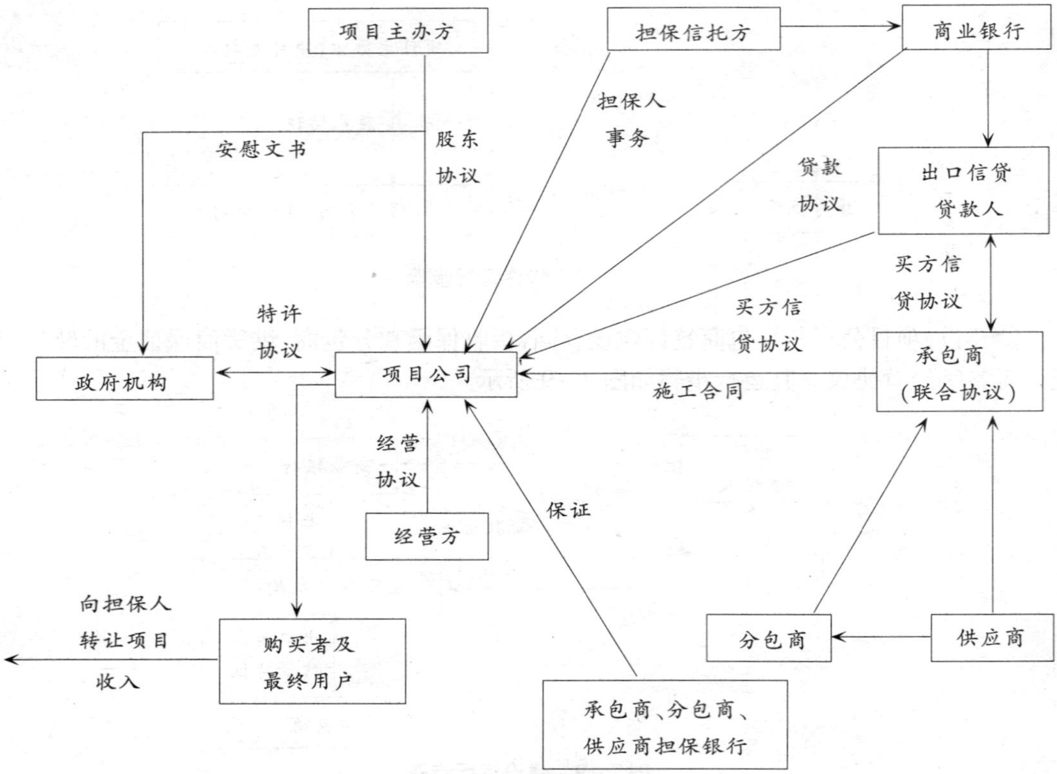

图7－12　BOT整个融资模式

6. 资金成本与资金结构

(1)资金成本的一般含义。资金成本是指企业为筹集和使用资金而付出的代价。这一代价由两部分组成,即资金筹集成本和资金使用成本。

(2)资金成本的性质。

1)是资金使用者向资金所有者和中介机构支付的占用费和筹资费。

2)与资金的时间价值既有联系又有区别。资金成本不仅是时间的函数,还表现为资金占有额的函数。

3)具有一般产品成本的基本属性,除利润外,均要计入生产成本中。

(3)资金成本的作用。

1)是选择资金来源、筹资方式的重要依据。

2)是企业进行资金结构决策的基本依据。

3)是比较追加筹资方案的重要依据。

4)是评价各种投资项目是否可行的一个重要尺度。

5)是衡量企业整个经营业绩的一项重要标准。

7. 资金成本的计算

(1)资金成本计算的一般形式。一般用资金成本率的计算公式,即:

$$K=\frac{D}{P-F} \quad 或 \quad K=\frac{D}{P(1-f)}$$

式中　K——资金成本率(一般通称为资金成本);

P——筹集资金总额;

D——使用费;

F——筹资费;

f——筹资费费率(即筹资费占资金总额的比率)。

(2)各种资金来源的资金成本。

1)优先股成本:公司发行优先股股票筹资,需支付的筹资费为注册费、代销费,定期支付的股息等。优先股资金成本率计算公式:

$$K_P=\frac{D_P}{P_0(1-f)} \quad 或 \quad K_P=\frac{P_0 \cdot i}{P_0(1-f)}=\frac{I}{1-f}$$

式中　K_P——优先股成本率;

D_P——优先股每年股息;

P_0——优先股票面值;

i——股息。

2)普通股的成本:如果普通股各年的股利固定不变,则其资金成本率可按下式计算:

$$K_P=\frac{D_P}{P_0(1-f)}=\frac{P_0 \cdot i}{P_0(1-f)}=\frac{i}{1-f}$$

式中　K_P——普通股成本率;

P_0——普通股票总面值或市场发行总额;

D_P——每年固定股利总额;

i——固定股利率。

如普通股的股利每年增长率为 g,第一年的股利为 D_1,则第二年为 $D_1(1+g)$,第三年为 $D_1(1+g)2$,……第 n 年为 $D_1(1+g)n-1$。因此,计算普通股成本率的公式为:

$$K_P=\frac{D_1}{P_0(1-f)}+g=\frac{i}{1-f}+g$$

3)债券成本:企业发行债券后,所支付的债券利息列入企业的费用开支,因而使企业少缴一部分所得税,两者抵消后,实际上企业支付的债券利息仅为:债券利息 ×(1－所得税税率)。因此,债券成本率为:

$$K_B=\frac{I(1-T)}{(1-f)} \quad 或 \quad K_B=i\,\frac{(1-T)}{P_0 1-f}$$

式中　K_B——债券成本率;

B_0——债券的票面价值;

I——债券年利息总额;

T——所得税税率;

i——债券年利息利率。

【例 8】　某企业发行长期债券 100 万,筹资费率为 2%,债券利息率为 10%,所得税税率为 33%,则其成本率为:

$$K_B=\frac{10\% \times (1-33\%)}{1-2\%}=6.84$$

如果债券是溢价或折价发行,则应将发行差额按年进行摊销,此时成本率计算公式应为:

$$K_B=\frac{[1+B_0-B_1\times\frac{1}{n}](1-T)}{B_1-F}$$

式中　B_1——发行价；　　　　　　　F——发行债券的筹资费；

　　　n——债券的偿还年限；　　　　其余字母的含义同前。

4)银行借款:向银行借款,企业所支付的利息和费用一般可作为企业的费用开支,这可相应减少部分利润,会使企业少缴一部分所得税,因而使企业的实际支出相应减少。

对每年年末支付利息,贷款期末一次全部还本的借款,其借款成本率为:

$$K_g=\frac{I(1-T)}{G-F}=i\cdot\frac{(1-T)}{(1-f)}$$

式中　K_g——借款成本率；　　　　　F——贷款费用；

　　　G——贷款总额；　　　　　　　其余字母的含义同前。

　　　I——贷款年利息(i为贷款年利率)；

5)租赁成本:企业租入某项资产,获得其使用权,要定期支付租金,并且租金列入企业成本。其租金成本率为:

$$K_L=\frac{E}{P_L}\times(1-T)$$

式中　K_L——租赁成本率；　　　　　E——年租金额；

　　　P_L——租赁资产价值；　　　　其余字母同前。

6)保留盈余成本:又称留存收益,其所有权属于股东,是企业资金的一种重要来源。企业保留盈余,等于股东对企业进行追加投资。股东对这部分投资与以前缴给企业的股本一样,也要求有一定的报酬,所以保留盈余也应计资本成本。保留盈余成本是股东失去向外投资的机会成本。计算公式如下:

$$K_g=\frac{D_1}{P_0}+g=i+g$$

式中　K_g——保留盈余成本率；　　　g——每年股利增长率；

　　　D_1——第一年的股利；　　　　其余字母的含义同前。

　　　P_0——优先股票面值；

7)平均资金成本:项目从不同来源取得的资金,其成本各不相同,需计算全部资金来源的平均资金成本率。一般用加权平均法来计算,其计算公式如下:

$$K=\sum_{i=1}^{n}(W_i\cdot K_i)$$

式中　K——平均资金成本率；

　　　W_i——第 i 种资金来源占全部资产的比重；

　　　K_i——第 i 种资金来源的资金成本率。

一般先计算 K_i,再计算 W_i,最后计算 K。

8. 筹资决策

(1)筹资决策的原则。使企业达到最佳的资本结构、最低的筹资成本、最小的筹资风险。其中,筹资风险包括经营风险和筹资风险。

1)经营风险:是指企业因经营上的原因而导致利润变动的风险。

2)筹资风险:是指因借款而增加的风险,即资金筹集决策而产生的风险。

(2)财务杠杆。利用借入资金提高自有资金利润率,是一种有效的财务手段。通常将借入资金的影响称为财务杠杆,其含义为自有资金收益率随息前税前盈余变动而变动的程度。在息前税前盈余相同的情况下,负债比率越高,财务杠杆系数越大,筹资风险越大。企业整体资金利润率大于利息率,企业自有资金收益率也就越大。企业通过合理安排资本结构,适度负债,能使财务杠杆利益抵销风险增大带来的不利影响。

(3)利用资金成本进行筹资方案的选择。在市场经济条件下,只有在投资项目的资金利润率高于其资金成本率时,项目才具有投资价值。筹资方案选择,应根据不同方案的平均资金成本率进行比较,在满足企业生产经营对资金需要的前提下,力求资金成本达到最低水平。

7.2 会计基础与财务管理

7.2.1 会计报表及其构成

会计报表是定期总体反映企业财务状况、经营成果和现金流量的总结性书面文件(见表7－6),包括资产负债表、资产负债附表、利润表、利润表附表、现金流量表。

表7－6　会计报表

项　　目	行　次	金　额
①净利润		
加:计提的资产减值准备		
固定资产折旧		
无形资产摊销		
长期待摊费用摊销		
待摊费用减少(减:增加)		
待摊费用增加(减:减少)		
处置固定资产、无形资产和其他长期资产的损失(减:收益)		
固定资产报废损失		
财务费用		
投资损失(减:收益)		
递延税款贷项(减:借项)		
存货的减少(减:增加)		
经营性应收项目的减少(减:增加)		
经营性应付项目的增加(减:减少)		
其他		
经营活动产生的现金流量净额		

续表 7-6

项目	行次	金额
②不涉及现金收支的投资和筹资活动		
债务转为资本		
一年内到期的可转换公司债券		
融资租入固定资产		
③现金及现金等价物净增加情况		
现金的期末余额		
减:现金的期初余额		
加:现金等价物的期末余额		
减:现金等物的期初余额		
现金及现金等价物净增加额		

1. 资产负债表

资产负债表是反映企业在某一特定日期财务状况的报表。资产负债表按月报送,一般反映的是企业月末、季末、半年末、年末的财务状况,它属于静态会计报表。

资产负债表以“资产 = 负债 + 所有者权益”这一会计等式为依据,按照一定的分类标准和一定的次序,把企业在一定日期的资产、负债和所有者权益项目予以适当排列编制而成。

(1)资产负债表的结构及其编制方法。

1)资产负债表的结构:资产负债表由表头和基本内容两部分构成。目前,国际上资产负债表的格式主要有账户式和报告式两种。我国会计制度规定,企业的资产负债表一般采用账户式,即资产负债表基本部分分为左右两方。

①左方列示资产各项目,资产应当按照其流动性分类分项列示,包括流动资产和长期资产。流动资产包括的项目按照流动性大小排列依次分为货币资金、短期投资、应收及预付款项、存货和待摊费和等。长期资产内部按照各项目的流动性大小排列依次分为长期投资、固定资产、无形资产和其他资产。

②右方列示负债及所有者权益各项目,负债应当按照其流动性分类分项列示,包括流动负债、长期负债等;所有者权益应当按照实收资本(或者股本)、资本公积、盈余公积、未分配利润等项目分项列示。

2)资产负债表的编制方法:资产负债表中“期初数”栏内各项数字,应根据上年末资产负债表“期末数”栏内所列数字填列,如果本年度资产负债表规定的各个项目名称和内容同上年度不一致,应对上年年末资产负债表各项目的名称和数字按照本年度的规定进行调整,填入报表中“年初数”栏内。资产负债表中“期末数”栏内各项数字,应根据报告期末资产、负债和所有者权益账户余额资料填列。有些项目可根据总账账户余额直接填列,有些项目可根据总账账户余额计算填列,有些项目可根据明细账户的余额计算填列;有些项目可根据总账账户和明细账户余额分析计算填列等。

施工企业资产负债表的格式,见表 7-7 所列。

表 7－7　资产负债表

编制单位：××施工企业　　　　单位：元

资　产	行次	期初数	期末数	负债和所有者权益	行次	期初数	期末数
流动资产：				流动负债：			
货币资金				短期借款			
短期投资				应付票据			
应收票据				应付账款			
应收股利				预收账款			
应收利息				工程结算			
应收账款				应付工资			
其他应收款				应付福利费			
预付账款				应付股利			
应收补贴款				应交税金			
存货				其他应交款			
待摊费用				其他应付款			
一年内到期的长期债权投资				预提费用			
其他流动资产				预计负债			
流动资产合计				一年内到期的长期负债			
长期投资：				其他流动负债			
长期股权投资				流动负债合计			
长期债权投资				长期负债：			
长期投资合计				长期借款			
固定资产：				应付债券			
固定资产原价				长期应付款			
减：累计折旧				专项应付款			
固定资产净值				其他长期负债			
减：固定资产减值准备				长期负债合计			
固定资产净额				递延税项：			
工程物资				递延税款贷项			
在建工程				负债合计			
固定资产清理				所有者权益：			
固定资产合计				实收资本			
无形资产及其他资产：				减：已归还投资			
无形资产				实收资本净额			

续表 7－7

资　产	行次	期初数	期末数	负债和所有者权益	行次	期初数	期末数
长期待摊费用				资本公积			
其他长期资产				盈余公积			
无形资产及其他资产合计				其中:法定公益金			
递延税项:				未分配利润			
递延税款借项				所有者权益合计			
资产总计				负债和所有者权益合计			

2. 资产负债表附表

资产负债表的附表包括资产减值准备明细表、股东权益增减变动表和应交增值税明细表。对于建设施工企业来说,由于其不属于应交增值税企业范畴,因此将应交增值税明细表省略。

(1)资产减值准备明细表。是反映企业各项资产减值准备的增减变动情况的报表。资产减值准备明细表的各项目应根据“短期投资跌价准备”、“坏账准备”、“存货跌价准备”、“长期投资减值准备”、“固定资产减值准备”、“在建工程减值准备”、“无形资产减值准备”、“委托贷 款”等账户的记录分析填列。资产减值准备明细表的格式,见表 7－8 所列。

表 7－8　资产减值准备明细表

编制单位:××施工企业　　　　单位:元

项　目	年初余额	本年增加数	本年转回数	年末余额
一、坏账准备合计				
其中:应收账款				
其他应收款				
二、短期投资跌价准备合计				
其中:股票投资				
债券投资				
三、存货跌价准备合计				
其中:合同预计损失准备				
原材料				
四、长期投资减值准备合计				
其中:长期股权投资				
长期债权投资				

续表 7－8

项　目	年初余额	本年增加数	本年转回数	年末余额
五、固定资产减值准备合计				
其中：房屋、建筑物				
机器设备				
六、无形资产减值准备				
其中：专利权				
商标权				
七、在建工程减值准备				
八、委托贷款减值准备				

（2）所有者权益（或股东权益）增减变动表。该表是反映企业年末所有者权益（或股东权益）增减变动情况的报表。所有者权益（或股东权益）增减变动表各项目应根据“实收资本（或股本）”、“资本公积”、“盈余公积”、“利润分配”账户的发生额分析填列。所有者权益（或股东权益）增减变动表的格式见表 7－9 所列。

表 7－9　所有者权益（或股东权益）增减变动表

编制单位：××施工企业　　　　单位：元

项　目	行　次	本年数	上年数
一、实收资本（或股本）			
年初余额			
本年增加数			
其中：资本公积转入			
盈余公积转入			
利润分配转入			
新增资本（或股本）			
本年减少数			
年末余额			
二、资本公职			
年初余额			
本年增加数			
其中：资本（或股本）溢价			
接受捐赠非现金资产准备			
接受现金捐赠			

续表 7－9

项　目	行　次	本年数	上年数
股权投资准备			
拨款转入			
外币资本折算差额			
其他资本公积			
本年减少数			
其中：转增资本（或股本）			
年末余额			
三、法定和任意盈余公积			
年初余额			
本年增加数			
其中：从净利润中提取数			
其中：法定盈余公积			
任意盈余公积			
储备基金			
企业发展基金			
法定公益金转入数			
本年减少数			
其中：弥补亏损			
转增资本（或股本）			
分派现金股利或利润			
分派股票股利			
年末余额			
其中：法定盈余公积			
储备基金			
企业发展基金			
四、法定公益金			
年初余额			
本年增加数			
其中：从净利润中提取数			
本年减少数			

续表 7-9

项　目	行　次	本年数	上年数
其中:具体福利支出			
年末余额			
五、未分配利润			
年初未分配利润			
本年净利润(净亏损以"-"号填列)			
本年利润分配			
年末未分配利润(未弥补的亏损以"-"号填列)			

表中,"年初余额"即上年度的"年末余额"。"本年增加数"根据各个减值准备类会计账户的贷方发生额填列。"本年转回数"根据各个减值准备类会计账户的借方发生额填列。

3. **利润表**

利润表是反映企业在一定会计期间的经营成果的会计报表。利润表是以"利润 = 收入 - 费用"这一会计等式为依据,按照一定的步骤计算出构成利润(或亏损)总额的各项要素编制而成的,它属于动态报表。其作用主要表现在以下几个方面:

第一,利润表能反映企业在一定期间的收入和费用情况,以及获得利润或发生亏损的数额,表明企业收入与产出之间的关系。

第二,通过利润表提供的不同时期的比较数字,可以分析判断企业损益发展变化的趋势,预测企业未来的盈利能力。

第三,通过利润表可以考核企业的经营成果以及利润计划的执行情况,分析企业利润增减变化的原因。

(1)利润表的结构及其编制方式。由于实际工作中,施工企业一般按月计算利润,因此按月报送利润表,以反映企业月度、季度、半年度和年度的经营成果。

1)利润表的结构:利润表的结构主要有单步式利润表和多步式利润表两种。目前,我国采用的是多步式利润表。

多步式利润表是把企业当期净利润,按其构成内容通过几个计算步骤逐步计算出来,并按照其构成内容重要性的大小,在其表中从上到下依次计算排列。

①计算步骤:施工企业按多步式利润表计算净利润,可以分为以下四步,即计算主营业务利润、计算营业利润、计算利润总额、计算净利润。

②详细计算过程:

A. 以主营业务收入为基础,减去主营业务成本和主营业务税金及附加,计算得出企业主营业务利润;

B. 以主营业务利润为基础,加上其他业务利润,减去管理费用和财务费用,计算得出营业利润;

C. 以营业利润为基础,加上投资收益、补贴收入和营业外收入,减去营业外支出,计算得出利润总额;

D. 以利润总额为基础,减去所得税,计算得出净利润。

多步式利润表注意收入与费用支出配比的层次性,便于对企业的经营情况进行分析,有利于不同企业之间进行比较,有利于预测企业未来的盈利能力,从而满足报表使用者对会计信息的需求。

施工企业利润表的格式见表7-10所列。

表7-10 利润表

编制单位:××施工企业　　　　单位:元

项　目	行　次	上　年　数	本年累计数
一、主营业务收入			
减:主营业务成本			
主营业务税金及附加			
二、主营业务利润			
加:其他业务利润			
减:管理费用			
财务费用			
三、营业利润			
加:投资收益			
补贴收入			
营业外收入			
减:营业外支出			
四、利润总额			
减:所得税			
五、净利润			

2)利润表的编制方法:

①利润表"本月数"栏:该栏反映各项目的本月实际发生数,在编报中期和年度财务会计报告时,应将"本月数"栏改成"上年数"栏。在编报中期财务会计报告时,填列上年同期累计实际发生数;在编报年度报表时,填列上年全年累计实际发生数。如果上年度利润表与本年度利润表的项目名称和内容不相一致,应对上年度利润表项目的名称和数字按本年度的规定进行调整,填入本表"上年数"栏。

②利润表"本年累计数"栏:该栏反映各项目自年初起至报告期末止的累计实际发生数。其中,有些项目可以根据账户发生额直接填列或分析填列;有些项目可以根据两个有关账户的发生额分析后填列。

(2)利润的构成。利润的形成包括利润总额的形成和净利润的形成两部分。计算企业当期实现的利润总额和净利润可分为以下几个步骤。

1)计算主营业务利润:

主营业务利润 = 主营业务收入 − 主营业务成本 − 主营业务税金及附加

式中　主营业务收入——反映企业经营主要业务所取得的收入总额;

主营业务成本——反映企业经营主要业务所发生的实际成本;

主营业务税金及附加——反映企业经营主要业务应负担的营业税、消费税、城市维护建设税、资源税和教育费附加等。

2)计算营业利润:营业利润是企业利润的主要来源,主要由主营业务利润和其他业务利润构成。

营业利润 = 主营业务利润 + 其他业务利润 − 管理费用 − 财务费用

式中　其他业务利润 = 其他业务收入 − 其他业务支出

3)计算利润总额:

利润总额(或亏损总额) = 营业利润 + 投资收益(或损失) + 补贴收入 + 营业外收入 − 营业外支出

式中　投资收益——是指企业对外投资所取得的收益,减去发生的投资损失和计提的投资减值准备后的净额。如果企业对外投资发生净损失,则在利润总额中将列为企业利润的减项。

补贴收入——是指企业按销量或工作量等依据国家规定的补助定额计算并按期给予的定额补贴,以及属于国家财政扶持的领域而给予的其他形式的补贴。

营业外收入——是指企业发生的与其施工生产经营活动没有直接关系的各项收入和支出。

营业外收入———主要包括固定资产盘盈、处置固定资产净收益、处置无形资产净收益、罚款净收入等。营业外支出主要包括固定资产盘亏、处置固定资产净损失、处置无形资产净损失、债务重组损失、计提的无形资产减值准备、计提的固定资产减值准备、计提的在建工程减值准备、罚款支出、捐赠支出、非常损失等。

4)计算净利润:净利润是利润计算的最终结果,也是企业当期的财务成果,也称为税后利润。

净利润 = 利润总额 − 所得税

式中:　所得税是指企业按照税法规定计算的,应计入当期损益的所得税费用。

(3)利润的计算期。一般按月计算利润,按月计算利润有困难的企业,可以按季或按年计算利润。

(4)利润分配。利润分配是指企业按照国家的有关规定,对当年实现的净利润和以前年度未分配的利润所进行的分配。企业董事会或类似机构决议提请股东大会或类似机构批准的年度利润分配方案(除股票股利分配方案外),在股东大会或类似机构召开会议前,应当将其列入报告年度的利润分配表。股东大会或类似机构批准的利润分配方案,与董事会或类似机构提请批准的报告年度利润分配方案不一致时,其差额应当调整报告年度会计报表有关项目的年初数。

企业实现的净利润应按照有关规定进行分配,其分配顺序如下所述。

1)弥补以前年度亏损:按照税法的规定,企业作为纳税人,如果发生年度亏损的,可以用下一纳税年度的所得弥补,即用所得税前的利润弥补亏损;下一纳税年度的所得不足弥补的,可以逐年延续弥补,但是延续弥补最长不得超过五年。也就是说,企业当期实现的净利润首先应按照规定弥补以前年度亏损。

2)可供分配的利润及其分配:企业当期实现的净利润,加上年初未分配利润(或减去年初未弥补的亏损)和其他转入后的余额,为可供分配的利润。企业可供分配的利润,按照下列顺序进行分配:

①提取法定盈余公积金:法定盈余公积金的提取比例,一般为当年实现净利润的10%,但当以前年度累积的法定盈余公积金达到注册资本的50%时,可以不再提取。

②提取法定公益金:法定公益金的提取比例一般为当年实现净利润的5%~10%。

外商投资企业应当按照法律、行政法规的规定按净利润提取储备基金、企业发展基金、职工奖励基金及福利基金等。

中外合作经营企业按规定在合作期内以利润归还投资者的投资,也从可供分配的利润中扣除。

3)可供投资者分配的利润及其分配:可供分配的利润减应提取的法定盈余公积金、法定公益金等后,即为可供投资者分配的利润。可供投资者分配的利润,按照下列顺序进行分配:

①应付优先股股利:应付优先股股利是指企业按照利润分配方案分配给优先股股东的现金股利。

②提取任意盈余公积金:提取任意盈余公积金是指企业按规定提取的任意盈余公积。

③应付普通股股利:应付普通股股利是指企业按照利润分配方案分配给普通股股东的现金股利。而企业分配给投资者的利润,也在本项目核算。

④转作资本(或股本)的普通股股利:转作资本(或股本)的普通股股利是指企业按照利润分配方案以分派股票股利的形式转作的资本(或股本)。企业以利润转赠的资本,也在本项目核算。

4)未分配利润:可供投资者分配的利润,经过上述分配后,为未分配利润(或未弥补亏损)。未分配利润可留待以后年度进行分配,企业如发生亏损,可以按规定由以后年度利润进行弥补。

企业未分配的利润(或未弥补的亏损)应当在资产负债表的所有者权益项目中单独反映。

4. 利润表附表

利润表的附表包括利润分配表和分部报表(业务分部和地区分部),它们是利润表所列资料的延伸和细化。

利润分配表是反映企业一定会计期间对所实现的净利润,以及以前年度未分配利润的分配或者亏损弥补的报表,是利润表的附表。它主要揭示企业实现净利润的分配情况和年末未分配利润的结余情况。

5. 现金流量表

现金流量表是反映企业一定会计期间现金和现金等价物流入和流出的会计报表,它属于动态的会计报表。企业编制现金流量表是为会计报表使用者提供企业一定会计期间内现金和现金等价物流入和流出的信息,反映企业经营活动、投资活动和筹资活动的动态情况,以便于报表使用者了解和评价企业获取现金和现金等价物的能力，并据以预测企业未来的现金流量。

（1）现金流量表的编制基础。目前，世界上绝大多数国家以现金和现金等价物作为现金流量表的编制基础，我国也如此。

现金是指企业的库存现金以及可以随时用于支付的存款。会计上所说的现金通常指企业的库存现金。而现金流量表中的“现金”不仅包括“现金”账户核算的库存现金，还包括企业“银行存款”账户核算的存入金融企业、可以随时用于支付的存款，也包括“其他货币资金”账户核算的外埠存款、银行汇票存款、银行本票存款、信用卡存款、信用证保证金存款和存入支出投资款等其他货币资金。需要强调的是，银行存款和其他货币资金中有些不能随时用于支付的存款，如不能随时支取的定期存款等，不应作为现金；提前通知金融企业便可支取的定期存款，则应包括在现金范围内。

现金等价物是指企业持有的期限短、流动性强、易于转换为已知金额现金、价值变动风险很小的投资。期限短，一般是指从购买日起，三个月内到期，如可在证券市场上流通的三个月内到期的短期债券投资等。现金等价物虽然不是现金，但其支付能力与现金的差别不大，可视为现金。例如，企业为保证支付能力需手持必要的现金，但为了不使现金闲置，可以购买短期债券，在需要现金时，则随时可以变现。

（2）现金流量表的编制原则。

我国会计核算遵循权责发生制原则，但编制现金流量表时则遵循收付实现制原则，即将权责发生制下的收入和费用转换成现金基础。

（3）现金流量表的基本内容。企业的现金流量一般可以分为三类，即经营活动产生的现金流量、投资活动产生的现金流量和筹资活动产生的现金流量。这三部分内容构成了现金流量表的基本内容。

1）经营活动产生的现金流量：经营活动是指企业投资活动和筹资活动以外的所有交易和事项。就施工企业来说，经营活动主要包括：承发包工程、销售商品、提供劳务、经营性租赁、购买材料物资、接受劳务、支付税费等等。

①经营活动流入的现金主要包括：一承包工程、销售商品、提供劳务收到的现金（扣除因销货退回支付的现金），二收到的税费返还，三收到的其他与经营活动有关的现金。

②经营活动流出的现金主要包括：一发包工程、购买商品、接受劳务支付的现金，二支付给职工以及为职工支付的现金，三支付的各项税费，四支付的其他与经营活动有关的现金。

2）投资活动产生的现金流量：投资活动是指企业长期资产的购建和不包括在现金等价物范围内的投资及其处置活动。其中，长期资产是指固定资产、在建工程、无形资产、其他资产等持有期限在1年或一个营业周期以上的资产。投资活动主要包括：取到和收回的投资，购建和处置的固定资产、无形资产和其他资产等等。

①投资活动流入的现金主要包括：收回投资所收到的现金，取得投资收益所收到的现金，处置固定资产、无形资产和其他长期资产所收回的现金净额，收到的其他与投资活动有关的现金。

②投资活动流出的现金主要包括：购建固定资产，无形资产和其他长期资产所支付的现金，投资所支付的现金，支付其他与投资活动有关的现金。

3）筹资活动产生的现金流量：筹资活动是指导致企业资本及债务规模或构成发生变化

的活动。其中,资本包括实收资本(股本)、资本溢价(股本溢价);债务指对外举债,包括发行债券、向金融企业借入款项以及偿还债务等等。

①筹资活动流入的现金主要包括:吸收投资所收到的现金,取得借款所收到的现金,收到的其他与筹资活动有关的现金。

②筹资活动流出的现金主要包括:偿还债务所支付的现金,分配股利、利润或偿付利息所支付的现金,支付其他与筹资活动有关的现金。

(4)现金流量表的作用。

1)现金流量表可以提供企业的现金流量信息,从而对企业整体财务状况做出客观评价。企业的经济活动主要包括经营活动、投资活动和筹资活动三个方面。这三方面的经济活动都影响企业的现金流量,从而影响企业的财务状况。虽然有关现金流量的资料可以从企业比较资产负债表和利润表中获得,但这两张报表却不能提供企业现金流量的全貌。而现金流量表能够说明企业在一定会计期间现金和现金等价物流入和流出的原因,从企业现金流量状况,可以大致判断其经营周转是否顺畅;将经营活动产生的现金流量与净利润相比较,可以从现金流量的角度了解净利润的质量,为分析和预测企业的经济前景提供信息。

2)现金流量表有助于评价企业的支付能力、偿债能力和周转能力。通过现金流量表,并配合资产负债表和利润表,将现金和流动负债进行比较,计算出现金比率;将现金流量净额与发行在外的普通股权加权平均股数进行比较,则可计算出每股现金流量;将经营活动现金流量净额与净利润进行比较,即能计算出盈利现金比率等。由此,可以了解企业的现金能否偿还到期债务,能否支付股利和进行必要的固定资产投资,了解企业现金流转效率和效果等,从而便于投资者作出投资决策,便于债权人对企业的支付能力和偿债能力以及企业对外部资金的需求情况作出可靠的判断。

3)通过现金流量表预测企业未来的发展情况。如果现金流量表中各部分现金流量结构合理,现金流入、流出无重大异常波动,一般说明企业的财务状况基本良好。通过现金流量表及其他财务信息,可以了解企业现金的来源和用途是否合理;了解经营活动产生的现金流量有多少;企业在多大程度上依赖外部资金;分析企业未来获取或支付现金的能力,评价企业产生净现金流量的能力是否偏低。从而为企业编制现金流量计划、合理有效地使用现金创造条件,为投资者和债权人评价企业的未来现金流量、做出投资和信贷决策提供必要的信息。

现金流量表的格式见表7-11所列。

表7-11　现金流量表

编制单位:××施工企业　　　　单位:元

项　目	行　次	金　额
一、经营活动产生的现金流量		
承包工程、销售商品、提供劳务收到的现金		
收到的税费返还		
收到的其他与经营活动有关的现金		
现金流入小计		
发包工程、购买商品、接受劳务支付的现金		

续表 7－11

项　目	行　次	金　额
支付给职工以及为职工支付的现金		
支付的各项税费		
支付其他与经营活动有关的现金		
现金流出小计		
经营活动产生的现金流量净额		
二、投资活动产生的现金流量		
收回投资所收到的现金		
取得投资收益所收到的现金		
处置固定资产、无形资产和其他长期资产所收回的现金净额		
收到的其他与投资活动有关的现金		
现金流入小计		
购建固定资产、无形资产和其他长期资产所支付的现金		
投资所支付的现金		
支付的其他与投资活动有关的现金		
现金流出小计		
投资活动产生的现金流出净额		
三、筹资活动产生的现金流量		
吸收投资所收到的现金		
借款所收到的现金		
收到其他与筹资活动有关的现金		
现金流入小计		
偿还债务所支付的现金		
分配股利、利润或偿付利息所支付的现金		
支付其他与筹资活动有关的现金		
现金流出小计		
筹资活动产生的现金流量净额		
四、汇率变动对现金的影响		
五、现金及现金等价物净增加额		
补充资料		

续表 7-11

项 目	行 次	金 额
1. 将净利润调节为经营活动现金流量		
净利润		
加:计提的资产减值准备		
固定资产折旧		
无形资产摊销		
长期待摊费用摊销		
待摊费用减少(减:增加)		
待摊费用增加(减:减少)		
处置固定资产、无形资产和其他长期资产的损失(减:收益)		
固定资产报废损失		
财务费用		
投资损失(减:收益)		
递延税款贷项(减:借项)		
存货的减少(减:增加)		
经营性应收项目的减少(减:增加)		
经营性应付项目的增加(减:减少)		
其他		
经营活动产生的现金流量净额		
2. 不涉及现金收支的投资和筹资活动		
债务转为资本		
一年内到期的可转换公司债券		
融资租入固定资产		
3. 现金及现金等价物净增加情况		
现金的期末余额		
减:现金的期初余额		
加:现金等价物的期末余额		
减:现金等物价的期初余额		
现金及现金等价物净增加额		

7.2.2 流动资产核算

1. 货币资金的核算

货币资金是指企业在施工生产经营活动中停留于货币形态的资金，包括库存现金、银行存款和各种其他货币资金。

(1)现金。

1)现金及其特点：现金是指存放在企业的库存现金，包括库存的人民币和外币。由于现金作为一般等价物的货币具有极强的流动性、普遍的可接受性，且收支频繁、最容易发生意外和损失等特点。

2)现金的使用范围：按照国务院颁发的《现金管理暂行条例》的规定，企业可以在下列范围内使用现金：

①职工工资、津贴；

②个人劳动报酬；

③根据国家规定颁发给个人的科学技术、文化艺术、体育等各种奖金；

④各种劳保、福利费用以及国家规定的对个人的其他支出；

⑤向个人收购农副产品和其他物资的价款；

⑥出差人员必须随身携带的差旅费；

⑦结算起点以下的零星支出(结算起点为 1000 元)；

⑧中国人民银行确定需要支付现金的其他支出。

3)现金日常收支的管理：按照《现金管理暂行条例》的规定，企业现金收支应当依照下列规定办理：

①企业现金收入应于当日送存开户银行，不得超额存放现金。当日送存确有困难的，由开户银行确定送存时间；

②企业日常零星开支所需要的现金，由开户银行根据企业的实际情况核定最高限额，一般为 3～5 天的日常零星开支所需的数量，边远地区和交通不便地区的库存现金限额可以多于 5 天，但不得超过 15 天的日常零星开支需要量；

③企业按规定从开户银行提取现金时，应当写明用途，由本企业财会部门负责人签字盖章，经开户银行审核后予以支付；

④因采购地点不固定，交通不便，抢险救灾以及其他特殊情况必须使用现金的，企业应当向开户银行提出申请，由本企业财会部门负责人签字盖章，经开户银行审核后支付现金；

⑤对现金收付的交易必须根据原始凭证编制记账凭证，并在原始凭证与记账凭证上加盖“现金收讫”与“现金付讫”章。

4)企业必须建立现金的内部控制制度。

(2)银行存款。是指企业存放在银行或其他金融机构的货币基金。

1)银行存款核算的内容：按照国家有关规定，凡是独立核算的企业必须按照银行开户办法的规定，向当地银行申请开立存款账户，经银行审查同意后办理开户手续。开户企业通过银行账户办理资金收付，必须遵守以下规定：

①认真贯彻执行国家的政策、法令、遵守银行信贷、结算和现金管理等有关规定。在银行检查时，企业必须提供账户使用情况的有关资料。

②一个企业只能选择一家银行的一个营业机构开立一个基本存款账户，不得在多家银行机构开立基本存款账户，也不得在同一个银行的几个分支机构开立一般存款账户。企业在银行开立的账户，只供本企业业务经营范围内的资金收付使用，不准出租、出借或转让给其他单位或个人使用。

③企业除了按规定留存的库存现金以外，所有货币资金都必须存入银行，企业一切收付款项，除制度规定可用现金支付的部分外，都必须通过银行办理转账结算。各种收付款凭证必须如实填明款项来源或用途，不得巧立名目、弄虚作假、套取现金、套购物资，严禁利用账户搞非法活动。

④企业应当严格遵守银行结算纪律，不准签发没有资金保证的票据或远期支票，套取银行信用；不准签发、取得或转让没有真实交易和债权债务的票据，套取银行和他人资金；不准无理拒绝付款，任意占用他人资金；不准违反规定而开立和使用银行账户。

⑤企业应当及时核对银行账户，确保银行存款账面余额与银行对账单余额相符。对银行账户核对过程中发现的未达账项，应查明原因，及时处理。

⑥企业应当加强货币资金票据的管理，明确各种票据的购买、保管、领用、注销等环节的职责权限和程序，并专设登记簿进行记录，防止空白票据的遗失和盗用。

⑦企业应当加强银行预留印鉴的管理，用于银行结算的有关印鉴不能集中由出纳人员保管，应实行印鉴分管制度。财务专用章应由专人保管，个人名章必须由本人或其授权人员保管。严禁一人保管支付款项的有关印章。

2）银行结算方式：企业在经营过程中经常与各方面发生往来结算业务，这些结算业务，除少量按现金管理办法规定可以用现金支付以外，大部分都需要通过银行转账结算方式办理收付款项。

所谓转账结算，是指企业与各方面的经济往来款项，不采用现金收付，而是按照规定的结算方式，通过银行将款项直接从付款单位账户转账划拨给收款单位账户的一种货币清算行为，也称非现金结算。根据现行银行结算办法的规定，国内银行结算方式主要有以下几种。

①支票结算方式：支票是指出票人签发的，委托办理支票存款业务的银行或者其他金融机构在见票时无条件支付确定的金额给收款人或者持票人的票据。凡同城各单位之间的商品交易、劳务供应和其他款项的结算，以及单位和个人在同一票据交换区域的各种款项结算，都可以采用这种结算方式。

②银行汇票结算方式：银行汇票是指出票银行签发的，由其在见票时按照实际结算金额无条件支付给收款人或者持票人的票据。单位和个人的各种款项结算，均可使用银行汇票。

③银行本票结算方式：银行本票是指银行签发的，承诺自己在见票时无条件支付确定的金额给收款人或者持票人的票据。单位和个人在同一票据交换区域需要支付的各种款项，均可以使用银行本票。

④商业汇票结算方式：商业汇票是指出票人签发的，委托付款人在指定日期无条件支付确定的金额给收款人或者持票人的票据。在银行开立存款账户的法人以及其他组织之间，必须具有真实的交易关系和债权债务关系，才能使用商业汇票。商业汇票按其承兑人不同分为商业承兑汇票和银行承兑汇票两种。

⑤委托收款结算方式：委托收款是指收款人委托银行向付款人收取款项的结算方式。

这种结算方式不受金额起点的限制，只要收款人凭已承兑的商业汇票、债券、存单等付款人债务证明即可办理款项的结算，它既可用于同城结算，又可用于异地结算。

⑥汇兑结算方式：汇兑是指汇款人委托银行将款项支付给收款人的结算方式。汇兑结算方式划拨款项简便、灵活，单位和个人的各种款项结算均可以使用这种结算方式。

⑦信用卡结算方式：信用卡是指商业银行向个人和单位发行的，凭其向特约单位购物、消费和向银行存取现金，且具有消费信用的特制载体卡片。

⑧托收承付结算方式：托收承付是指根据购销合同由收款人发货后委托银行向异地付款人收取款项，由付款人向银行承认付款的结算方式。办理托收承付结算的款项，必须是商品交易，以及因商品交易而产生的劳务供应的款项。代销、寄销、赊销商品的款项，不得办理托收承付结算。

3）银行保函业务：银行保函业务是指银行根据客户的申请而开立的具有担保性质的书面承诺文件，若申请人未按规定履行自己的义务，给受益人造成了经济上的损失，则银行承担向受益人进行经济赔偿的责任。银行保函大多属于"见索即付"（无条件保函），是不可撤销的文件。施工企业在国际工程承包中，当事人一方为避免因对方违约而造成损失，往往要求对方通过银行提供经济担保。

银行保函包括以下主要内容：担保人、被担保人（承包商）、受益人（业主等）的名称与地址，开立保函的依据，担保的最高限额和使用货币，担保的责任；要求付款的条件，有效期限等。

施工企业与工程项目有关的银行保函主要包括投标保函、借款保函、履约保函、预付款保函、付款保函和对外承包工程保函等。

①投标保函：是指银行应投标人申请向招标人作出的保证承诺，保证在投标人报价的有效期内投标人将遵守其诺言，不撤标、不改标、不更改原报价条件，并且在其一旦中标后，将按照招标文件的规定在一定时间内与招标人签订合同。

②借款保函：是指银行按照借款人的要求，向贷款银行所做出的一种旨在保证借款人按照借款合约的规定、按期向贷款方归还所借款项本息的付款保证承诺。

③履约保函：是指银行按照供货方或工程承包商的要求而向买方或业主做出的一种履约保证承诺。

④预付款保函：又称定金保函，是指银行应工程承包商申请向业主开具的，担保承包商按合同规定偿还业主预付工程款的保证承诺。

⑤付款保函：是指银行按照买方或业主的申请，向卖方或承包方所出具的一种旨在保证货款支付或承包工程进度款支付的付款保证承诺。

⑥对外承包工程保函：是指由国家出资设立"对外承包工程保函风险专项资金"，以解决施工企业在承揽对外承包工程项目时开具投标、履约和预付款保函的担保问题。对外承包工程保函风险专项资金项下的保函业务由国家出资为符合条件的施工企业提供反担保，企业申请开立保函时不必全额缴纳保证金或获得中国银行的授信，这样大大简化了开立保函业务的手续，减少资金占用，节约成本，提高效率，并增强我国企业在国际市场中的竞争力。

（3）其他货币资金。其他货币资金是指施工企业除现金和银行存款以外的其他各种货币资金，如外埠存款、银行汇票存款、银行本票存款、信用卡存款、信用证保证金存款、存出投资款等。

1）外埠存款：是指企业到外地进行临时或零星采购时，汇往采购地银行开立采购专户的款项。这项存款是为采购结算而准备的资金,已具有专门用途且处于待支付或待结算状态。

2)银行汇票存款:是指企业为取得银行汇票按照规定存入银行的款项。这种款项一经存入银行即具有了专门的用途,企业不可以再将其用于其他方面。

3)银行本票存款:是指企业为取得银行本票按照规定存入银行的款项。这种款项一经存入银行就有了专门的用途,企业不可以再将其用于其他方面。

4)信用卡存款:是指企业为取得信用卡按照规定存入银行的款项。

5)信用证保证金存款:是指企业为取得信用证按规定存入银行的保证金。

6)存出投资款:是指企业已存入证券公司但尚未进行短期投资的现金。

2. 应收及预付款的核算

(1)应收账款。在施工企业中,应收账款是指因承包工程应向发包单位收取的工程价款和列入营业收入的其他款项,以及销售产品、材料、提供劳务、作业等业务,应向购货单位或接受劳务、作业单位收取货款及劳务补偿的要求权。

(2)坏账损失。施工企业存在应收账款就有发生坏账的可能。坏账是指施工企业无法收回的应收账款,由于发生坏账而产生的损失,称为不坏账损失。对于不能收回的应收账款应当查明原因,追究责任。

施工企业确认坏账损失应符合下列条件之一:

1)有确凿证据表明该项应收款项不能收回,如债务单位已经撤消、破产;

2)有确凿证据表明该项应收款项收回的可能性不大,如债务单位资不抵债、现金流量严重不足、发生严重的自然灾害等导致停产,并在短时间内无法偿付债务等;

3)应收款项逾期三年以上。

(3)应收票据。

1)应收票据及其分类:应收票据是指企业因结算工程价款,对外销售产品、材料等业务时,因收到未到期票据所形成的债权。

应收票据按其承兑人不同可以分为商业承兑汇票和银行承兄汇票。商业承兑汇票是由收款人签发,经付款人承兑;或由付款人签发并承兑的商业汇票。银行承兑汇票是由收款人或承兑申请人签发,并由承兑申请人向开户银行申请,经银行审查同意承兑的商业汇票。

应收票据按其是否计息可以分为带息票据和不带息票据。

2)应收票据的贴现:企业收到商业汇票,如在票据未到期前需要资金周转时,可持未到期的应收票据向银行申请贴现。银行同意受理后,要从票据到期值中扣除票据自贴现日起至票据到期日止的利息,并将其余额即贴现净值支付给企业。这种利用未到期应收票据向银行融资的做法,称为应收票据贴现。银行所扣的利息称为银行贴现息,计算贴现息所使用的利率称为贴现率。贴现行为实质上是银行对企业的一种短期贷款。

(4)预付账款。预付账款是指企业按照工程合同规定预付给承包单位的款项,包括预付工程款和预付备料款,以及按照购货合同规定预付给供应单位的购货款。

(5)其他应收款。其他应收款是指企业对其他单位和个人除了应收票据、应收账款、预付账款以外的其他各种应收、暂付的款项,包括不设置“备用金”账户的企业拨出的备用金、应收的各种赔款、罚款,应向职工收取的各种垫付款项,以及已不符合预付账款性质而按规定转入的预付账款等。

3. 存货的核算

存货是指企业在正常生产经营过程中持有以备出售的产成品和商品，或者为了出售仍然处在生产过程中的在产品，或者将在生产过程或提供劳务过程中耗用的材料、物料等。施工企业的存货主要包括各类库存材料、周转材料、低值易耗品、委托加工物资、在建施工产品、施工产品等。存货属于企业流动资产的范畴，在核算中首先要进行存货的确认，然后分类进行核算。

7.2.3 固定资产核算

1. 固定资产及其特征

固定资产是指使用期限校长，单位价值较高，并且在使用过程中保持原有实物形态的资产，是企业从事施工生产活动的主要劳动资料。固定资产的价值随着使用的磨损程度，逐渐地、部分地转化为受益期间的费用，通过计提折旧的方式计入有关工程成本或期间费用，其核算方法与存货有所不同。

2. 固定资产的分类

(1)按照固定资产的经济用途分类。按照固定资产的经济用途可分为经营用固定资产和非经营用固定资产。

(2)按照固定资产使用情况分类。按照固定资产使用情况可分为使用中的固定资产、未使用的固定资产和不需用的固定资产。

(3)按照固定资产的所有权发类。按照固定资产的所有权可分为自有固定资产和租入固定资产。

(4)按照固定资产的经济用途和使用情况综合分类。按照固定资产的经济用途和使用情况，综合起来可将固定资产分为七大类，具体包括经营用固定资产、非经营用固定资产、租出固定资产、不需用固定资产、未使用固定资产、融资租入固定资产和土地。

3. 固定资产折旧及其计算方法

企业的固定资产可以长期参加施工生产过程并保持其原有的实物形态，而其价值则随着固定资产的使用逐渐地、部分地转移到工程成本或企业的期间费用中去，这部分逐渐转移的价值就是固定资产折旧，它将随着产品销售收入的实现而得到补偿。

(1)固定资产计提折旧的范围。

1)计提折旧的固定资产：包括房屋及建筑物，在用的施工机械、运输设备、生产设备、仪器仪表、工具器具；季节性停用、大修理停用的固定资产、融资租赁方式租入和经营租赁方式租出的固定资产、未使用和不需用的固定资产。

2)不计提折旧的固定资产：包括已提足折旧仍继续使用的固定资产，按照规定单独估价作为固定资产入账的土地。

注意，在会计实务中，企业一般应按月计提固定资产折旧。

(2)影响固定资产折旧的因素。影响固定资产折旧的因素主要有三个方面，即折旧的基数、固定资产的预计净残值和固定资产的预计使用年限。

(3)固定资产折旧的计算方法。

1)平均年限法：是指按固定资产预计使用年限平均计算折旧的一种方法。采用这种方

法计算的每期(年、月)折旧额都是相等的。其计算公式如下:

$$固定资产年折旧率 = \frac{固定资产原值 - 预计净残值}{固定资产原值 \times 固定资产预计使用年限} \times 100\%$$

或 固定资产年折旧率 = (1 - 预计净残值率)/固定资产预计使用年限 × 100%

固定资产月折旧率 = 固定资产年折旧率 ÷ 12

固定资产月折旧额 = 固定资产原值 × 固定资产月折旧率

2)工作量法。是按照固定资产预计可完工的工作量计提折旧额的一种方法。这种方法实际上是平均年限法的一种演变。其基本计算公式如下:

$$单位工作量折旧额 = \frac{固定资产原值 \times (1 - 预计净残值率)}{预计总工作量}$$

某项固定资产月折旧额 = 该项固定资产当月工作量 × 单位工作量折旧额

施工企业常用的工作量法有以下两种方法:

①行驶里程法:行驶里程法是按照行驶里程平均计算折旧的方法。它适用于车辆、船舶等运输设备计提折旧。其计算公式如下:

单位里程折旧额 = [固定资产原值 × (1 - 预计净残值率]/总行驶里程

某项固定资产月折旧额 = 该项固定资产当月行驶里程 × 单位里程折旧额

②工作台班法:工作台班法是按照工作台班数平均计算折旧的方法。它适用于机器设备等计提折旧。其计算公式如下:

每工作台班折旧额 = [固定资产原值 × (1 - 预计净残值率)]/总工作台班

某项固定资产月折旧额 = 该项固定资产当月工作台班 × 每工作台班折旧额

3)双倍余额递减法:是在不考虑固定资产净残值的情况下,根据每期期初固定资产账面价值和双倍的直线法折旧率计算固定资产折旧的一种方法。采用这种方法,固定资产账面价值随着折旧的计提逐年减少而折旧率不变,因此,各期计提的折旧额必然逐年减少。其计算公工如下:

固定资产折旧率 = 2 ÷ 固定资产预计使用年限 × 100%

固定资产月折旧率 = 固定资产年折旧率 ÷ 12

固定资产月折旧额 = 固定资产账面价值 × 月折旧率

采用双倍余额递减法计提折旧的固定资产,应当在固定资产使用后期,当发现某期按双倍余额递减法计算的折旧小于该期乘余年限按直线法计提的折旧时,即可改用直线法计提折旧,并将固定资产净值扣除预计净残 值后按剩余年限平均摊销。

4)年数总和法:是将固定资产的原值减去净残值后的净额乘以一个逐年递减的分数计算每年折旧额的一种方法。逐年递减分数的分子为该项固定资产年初时尚可使用的年数,分母为该项固定资产使用年数的逐年数字总和。假设使用年限为 N 年,分母即为 $1+2+3+\cdots+\cdots N=N(N+1)/2$。这个分数因逐年递减,故为一个变数。而作为计提折旧依据的固定资产原值和净残值则各年相同,因此,采用年数总和法计提折旧各年提取的折旧额必然逐年递减。其计算公式如下:

$$固定资产年折旧率 = \frac{预计使用年限 - 已使用年限}{预计折旧年限 \times (预计折旧年限 + 1) \div 2} \times 100\%$$

或

$$固定资产年折旧率 = \frac{固定资产尚可使用年数}{固定资产预计使用年限的年数总和} \times 100\%$$

$$固定资产月折旧率 = 固定资产年折旧率 \div 12$$

$$固定资产月折旧额 = (固定资产原值 - 预计净残值) \times 月折旧率$$

7.2.4 负债核算

负债是指过去的交易、事项形成的现时义务，履行该义务预期会导致经济利益流出企业。负债是一项经济责任，或者说是一项义务；凡是由企业过去的交易、事项形成的后果，能够用货币确切计量、合理预计并需要企业将来以现金、其他资产或劳务偿付的债务，都应当作为企业的负债予以确认。

负债按照流动性可以分为流动负债和长期负债。

1. 流动负债的核算

流动负债是指将在1年(含1年)或者超过1年的一个营业周期内偿还的债务。施工企业的流动负债包括短期借款、应付票据、应付账款、预收账款、应付工资、应付福利费、应付股利、应交税金、其他暂收应付款项、预提费用和一年内到期的长期借款等。

2. 流动负债核算的内容

(1)短期借款。是指企业向银行或其他金融机构等借入的期限在1年以下(含1年)的各种借款。企业借入短期借款后，无论用于哪方面均构成企业的一项流动负债。

(2)应付票据。是指企业在商品购销活动和对工程价款进行结算因采用商业汇票结算方式而发生的，由出票人出票，委托付款人在指定日期无条件支付确定的金额给收款人或者持票人的票据，它包括商业承兑汇票和银行承兑汇票。按照我国《支付结算办法》的规定，商业汇票的付款期限，最长不得超过六个月。应付票据按是否带息分为带息应付票据和不带息应付票据两种。

(3)应付账款。是指企业因购买材料、商品或接受劳务供应等而应付给供应单位的款项，以及因发包工程而应付给其他单位的工程价款等。它是施工企业流动负债的重要组成部分。

(4)预收账款。是指企业按照合同或协议规定向购货方预收的购货款，以及向发包单位收取的预付备料款和预收工程款等。

(5)应付工资。是指企业使用职工的知识、技能、时间和精力而应给予职工的一种补偿。工资在没有支付给职工之前是企业对职工个人的一种负债，它是工程成本的构成因素。因此，加强工资的核算和管理是企业会计核算的重要环节。

(6)应付福利费。是指企业准备用于企业职工福利方面的资金。这是企业使用了职工的劳动技能、知识等以后，除了有义务承担必要的劳动报酬以外，还必须负担的对职工个人福利方面的义务，具体包括职工的医药费(包括企业参加职工医疗保险交纳的医疗保险费)、医护人员的工资、医务经费、职工因公负伤赴外地就医路费、职工生活困难补助，以及职工浴室、理发室、幼儿园、托儿所人员的工资等。这些用于职工个人的福利基金，是按照职工工资总额的14%提取的，其工资总额的构成与统计上的口径一致，不做任何扣除。

(7)应交税金。是指企业按照国家税法的规定应交而尚未交纳税金所形成的一种负债。

企业在一定时期内取得的营业收入和实现的利润,按规定要向国家交纳税金,施工企业按规定应向国家交纳的税金有多种,主要包括营业税、城市维护建设税、所得税、房产税、车船使用税、土地使用税、印花税等。

(8)应付股利。是指企业在实现利润按照税法及有关法规的规定交纳相关税费后应给予投资者的回报,作为投资者应该分享的所得税后的利润分配而取得的投资收益。具体包括,经董事会或类似机构决议确定分配的应付国家投资的利润、应付其他单位投资的利润和应付个人的投资利润以及应支付给投资者个人的现金股利等。应付利润在尚未实际支付给投资者之前,构成了企业的一项流动负债。

(9)其他应付款。是指企业除了应付票据、应付账款、预收账款、应付工资、应交税金、应付股利、其他应交款等以外的各种应付、暂收其他单位或个人的款项。具体包括:应付经营租入固定资产和包装物租金,职工未按期领取的工资,存入保证金(如收取包装物押金等),应付、暂收所属单位、个人的款项,其他应付、暂收款项。

(10)其他应交款。是指企业除应交税金、应付股利以外的其他各种应交的款项,包括应交的教育费附加、矿产资源补偿费、应交住房公积金等。其中,教育费附加是国家为了发展我国的教育事业而征收的一项费用。这项费用按照企业实际缴纳的消费税、增值税、营业税税额的3%计算征收。

(11)预提费用。是指企业按照规定从成本费用中预先提取但尚未支付的费用,如预提收尾工程费用、租金、保险费、借款利息等。

(12)一年内到期的长期借款。

3. 长期负债的核算

(1)长期负债及其特点。长期负债是指偿还期在1年或者超过1年的一个营业周期以上的债务,包括长期借款、应付债券、长期应付款和专项应付款等。

与流动负债相比,长期负债具有数额较大、偿还期限较长等特点。施工企业为了购置大型设备进行施工生产活动,以及固定资产的改建、扩建等,需要投入大量的资金,而企业所拥有的经营资金则无法满足这些需要。如果等待企业内部形成的资本积累,很可能失去时机,这样只有大胆举债才可能利用财务杠杆获取收益。因此,长期负债成为企业筹资的一种重要方式。

(2)长期负债核算的内容。

1)长期借款:是指企业向银行或其他金融机构借入的期限在1年以上(不含1年)的各项借款。

2)应付债券:是指企业为筹集长期资金而实际发行的债券及应付的利息,它是企业筹集长期资金的一种重要方式。企业发行债券的价格受同期银行存款利率的影响较大,一般情况下,企业可以按面值发行、溢价发行和折价发行债券。

3)长期应付款:是指企业除长期借款和应付债券以外的其他各种长期应付款,包括应付融资租入固定资产的租赁费、采用补偿贸易方式引进国外设备价款等。

4)专项应付款:是指企业接受国家拨入的具有专门用途的拨款,如专项用于技术改造、技术研究等,以及从其他来源取得的款项。

7.2.5 所有者权益核算

所有者权益是指所有者在企业资产中享有的经济利益，其金额为资产减去负债后的余额，包括实收资本（或者股本）、资本公积、盈余公积和未分配利润等。所有者权益表明企业的产权关系，即企业归谁所有，它是企业资金的主要来源，在会计核算上占有非常重要的地位。

1. 实收资本的核算

(1)实收资本。实收资本也称投入资本，是指投资者按照企业章程，或合同、协议的约定，实际投入企业的资本，包括货币资金、实物、无形资产等。投资者向企业投入的资本，在一般情况下无需偿还，并可以长期周转使用。

(2)实收资本的分类。企业筹集的资本金，按照投资主体分为国家资本金、法人资本金、个人资本金和外商资本金等。

(3)实收资本的最低限额。

1)公司法对各类公司注册资本的最低限额都有明确规定，其中对有限责任公司的注册资本的最低限额作了如下规定：①以生产经营为主的公司人民币50万元；②以商品批发为主的公司人民币50万元；③以商业零售为主的公司人民币30万元；④科技开发、咨询、服务性公司人民币10万元。

2)特定行业的有限责任公司注册资本最低限额高于前款所定限额的，由法律、行政法规另行规定。

3)股份有限公司注册资本的最低限额为人民币1000万元。股份有限公司注册资本最低限额需高于上述所定限额的，由法律、行政法规另行规定。

4)我国目前实行的是注册资本制度，要求企业的实收资本与其注册资本相一致。

企业资本（或股本）除下列情况外，不得随意变动：①符合增资条件，并经有关部门批准增资的，在实际取得投资者的出资时，登记入账。②企业按法定程序报经批准减少注册资本的，在实际归还投资时登记入账。采用收购本企业股票方式减资的，在实际购入本企业股票时，登记入账。

2. 资本公积的核算

资本公积是指企业投资人、捐赠人或从其他来源取得的由所有者享有但不属于企业注册资金范围内的资本，包括资本（或股本）溢价、接受捐赠资产、股权投资准备、拨款转入、外币资本折算差额、其他资本公积等。

(1)资本（或股本）溢价。资本（或股本）溢价是指企业投资者投入的资金超过其在注册资本中所占份额的部分。

(2)接受非现金资产捐赠准备。接受非现金资产捐赠准备，是指企业因接受非现金资产捐赠而增加的资本公积。

(3)接受现金捐赠。接受现金捐赠，是指企业因接受现金捐赠而增加的资本公积。从形式上看，它是一种对企业投入资金的行为，但捐赠人并不谋求对企业资产提出要求的权力，也不承担投资风险。

(4)股权投资准备。股权投资准备是指企业对被投资单位的长期股权投资采用权益法核算时，因被投资单位接受捐赠等原因增加的资本公积，企业按其持股比例计算而相应增加的资本公积。

(5)拨款转入。拨款转入是指企业收到国家拨入的专门用于技术改造、技术研究等的拨款项目完成的,按规定转入资本公积的部分,企业应按转入金额入账。

(6)外币资本折算差额。外币资本折算差额是指企业接受外币投资因所采用的汇率不同而产生的资本折算差额。

(7)其他资本公积。其他资本公积是指除上述各项资本公积以外所形成的资本公积,以及从资本公积准备项目转入的金额、债权人豁免的债务等。

3. 盈余公积的核算

盈余公积是指按照国家有关规定从净利润中提取的公积金。一般企业和股份有限公司的盈余公积与外商投资企业的盈余公积包括的内容有所不同。

(1)一般企业和股份有限公司盈余公积的内容。

1)法定盈余公积:是指企业按照规定的比例从净利润中提取的盈余公积。它的提取比例一般为净利润的10%;当法定盈余公积累计金额达到企业注册资本的50%以上时,可以不再提取。

2)任意盈余公积:是指企业经股东大会或类似机械批准按照规定的比例从净利润中提取的盈余公积。

3)法定公益金:是指企业按照规定的比例从净利润中提取的用于职工集体福利设施的公益金。它的提取比例一般为净利润的5% ~10%。法定公益金用于职工集体福利时,应当将其转入任意盈余公积。

(2)外商投资企业盈余公积的内容。

1)按照法律、行政法规规定从净利润中提取的,经批准用于弥补亏损和增加资本的储备基金,以及用于企业生产发展和经批准用于增加资本的企业发展基金。

2)企业按照规定在合作期间以利润归还投资者的投资。

4. 未分配利润的核算

未分配利润是指企业留于以后年度分配的利润或待分配的利润。

企业实现的净利润大致有两种分配去向:一是分配给投资者;二是留在企业。净利润属于所有者权益范畴,净利润中留在企业的部分,分为盈余公积和未分配利润。而未分配利润是指未作分配的净利润,常有两层含义:一是这部分净利润没有分给企业投资者,二是这部分净利润没有指定用途。

7.2.6 工程成本和期间费用核算

1. 费用的分类

(1)费用的经济用途。可以分为生产成本和期间费用两大类。

1)生产成本:生产成本是指构成产品实体、计入产品成本的那部分费用。施工企业的生产成本,就是指工程成本,是施工企业为生产产品、提供劳务而发生的各种施工生产的费用。

2)期间费用:期间费用是指企业当期发生的,与具体工程没有直接联系,必须从当期收入中得到补偿的费用。由于期间费用的发生仅与当期实现的收入相关,因而应当直接计入当期损益。期间费用主要包括管理费用、财务费用和营业费用。施工企业的期间费用则主要包括管理费用和财务费用。

（2）费用计入工程成本。按照费用计入工程成本的方法，可以分为直接费用和间接费用两类。

1）直接费用：是指企业在工程施工过程中，能够分清工程成本核算对象，可以根据原始凭证直接计入某项工程成本的费用，如直接用于某一工程的原材料、直接参与工程施工人员的工资及提取的福利费、施工机械使用费等。

2）间接费用：是指应由几项工程共同负担，不能根据原始凭证直接计入某项工程成本，而应当采用适当的方法在各受益的工程成本核算对象之间进行分配的费用，如企业所属各施工单位为组织和管理施工活动而发生的管理人员工资及福利费、折旧费、办公费、水电费等。

2. 工程成本及其核算的内容

工程成本。工程成本是指施工企业在建筑安装工程施工过程中的实际耗费，包括物化劳动的耗费和活劳动中必要劳动的耗费。前者是指工程耗用的各种生产资料的价值，后者是指支付给劳动者的报酬。工程成本是工程造价的重要组成部分，应由工程本身来承担，工程成本的高低，直接体现着企业工程价款中用于生产耗费补偿数额的大小。工程成本还是反映施工企业工作质量的一个综合指标。根据财会[2003]27号文《施工企业会计核算办法》的规定，工程成本的成本项目具体包括：人工费，材料费，机械使用费，其他直接费，间接费用。

人工费、材料费、机械使用费及其他直接费是构成建筑安装工程的直接成本，间接费用则为建筑安装工程的间接成本，直接成本加上间接成本，构成建筑安装工程的生产成本。

3. 工程成本核算对象的确定方法

工程成本核算对象的确定方法主要有以下几种：

（1）以单项施工承包合同作为施工工程成本核算对象。通常情况下，施工企业应以所签订的单项施工承包合同作为施工工程成本核算对象，即以每一独立编制的施工图预算所列单项工程作为施工工程成本核算对象。

（2）对合同分立作为确定施工工程成本核算对象。如果一项施工承包合同包括建造多项资产，而每项资产均有独立的建造计划，施工企业可以与甲方就每项资产单独进行谈判，双方能够接受或拒绝与每项资产有关的合同条款，并且建造每项资产的收入和成本，这样均可以单独辨认。在这种情况下，应对该项施工承包合同作分立处理，即以每项资产作为施工工程成本的核算对象。

（3）对合同合并作为确定施工工程成本的核算对象。如果一项或数项资产签订一组合同，该组合同无论对应单个客户还是几个客户均按一揽子交易签订，每项合同实际上已构成一项综合利润率工程的组成部分，并且该组合同同时或依次履行。在这种情况下，应对该组施工承包合同做合并处理，即以该组施工承包合同合并作为施工工程成本核算对象。

施工企业的成本核算对象应在工程开工以前确定，且一经确定后不得随意变更，更不能相互混淆。

4. 工程成本核算的基本要求

（1）严格遵守国家规定的成本、费用开支范围。按照企业财务制度的规定，下列支出不得列入产品成本：

1)资本性支出:如施工企业为购置和建造固定资产、无形资产和其他长期资产而发生的支出,这些支出效益涵盖若干个会计年度,在财务上不能一次列入建筑产品成本,只能按期逐月摊入成本、费用。

2)投资性支出:如施工企业对外投资的支出以及分配给投资者的利润支出。

3)期间费用支出:如施工企业的管理费用和财务费用。这些费用与施工生产活动没有直接的联系,发生后直接计入当期损益。

4)营业外支出:如施工企业固定资产盘亏,处置固定资产、无形资产的净损失,债务重组损失,计提的无形资产、固定资产及在建工程的减值准备,罚款支出,非常损失等。这些支出与施工企业施工生产经营活动没有直接关系,应冲减本年利润。

5)在公积金、公益金中开支的支出。

6)其他不应列入产品成本的支出:如施工企业被没收的财物,支付的滞纳金、罚款、违约金、赔偿金,以及企业赞助、捐赠等的支出。

(2)加强成本核算的各项基础工作。成本核算的各项基础工作是保证成本核算工作正常进行,以及保证成本核算工作质量的前提条件。施工企业成本核算的基础工作主要包括以下内容:

①建立健全原始记录制度;

②建立健全各项财产物资的收发、领退、清查和盘点制度;

③制定或修订企业定额。

(3)划清各种费用界限。为了使施工企业有效地进行成本核算,控制成本开支,避免重计、漏计、错计或挤占成本的情况发生,施工企业应在成本核算过程中划清有关费用开支的界限。

①划清生产成本与期间费用之间的界限;

②划清各成本项目之间的界限;

③划清各期施工生产成本之间的界限;

④划清成本核算对象之间的界限;

⑤划清已完合同成本与未完合同成本的界限;

⑥划清实际成本与计划成本、预算成本之间的界限。

(4)加强费用开支的审核和控制。

(5)建立工程项目台账。其具体内容包括以下几个方面:

①工程项目名称、建设单位(或发包单位)名称、合同规定的工程开工日期与完工日期;

②工程合同总价、合同变更调整金额、索赔款、奖励款等;

③预计工程总成本、累计已发生成本以及完成合同尚需发生的成本;

④本年和累计的已在利润表中确认的合同收入、合同成本、毛利及毛利率;

⑤本年和累计的已获工程合同甲方签证确认的工作量、已办理结算的工程价款;

⑥实际收到的工程价款,包括预付款和已收工程进度款等。

5. 工程成本核算的程序

(1)工程成本的总分类核算程序。工程成本的总分类核算程序是指总括地核算工程成本时一般应采取的步骤和顺序。施工企业对施工过程中发生的各项工程成本,应先按其用途和发生的地点进行归集。其中,直接费用可以直接计入受益的各个工程成本核算对象的成本中；间接费用则需要先按照发生地点进行归集，然后再按照一定的方法分配计入受益的各个工程成本核算对象的成本中。

（2）工程成本的明细分类核算程序。工程成本的明细分类核算程序应与工程成本的总分类核算程序相适应。施工企业一般应按工程成本核算对象设置"工程成本明细账（卡）"，用来归集各项工程所发生的施工费用。此外，施工企业还应按车间、单位或部门以及成本核算对象分别设置"辅助生产明细账"，按照施工机械或运输设备的种类等设置"机械作业明细账"，按照费用的种类或项目设置"待摊费用明细账"、"预提费用明细账"和"间接费用明细账"等，以便于归集和分配各项施工生产费用。

施工企业工程成本的核算主要包括以下步骤：

①分配各项施工生产费用；
②分配待摊费用和预提费用；
③分配辅助生产费用；
④分配机械作业；
⑤分配工程施工间接费用；
⑥结算工程价款；
⑦确认合同毛利；
⑧结转完工施工产品成本。

施工企业工程成本明细账、工程成本明细卡的格式见表 7－12 和表 7－13 所列。

表 7－12　工程成本明细账

单位：　　　　　　　　年　月　　　　　　　　单位：元

年		凭证号数	摘要	借方						贷方	余额
月	日			人工费	材料费	机械使用费	其他直接费	间接费用	工程成本合计		
			月初余额								
			分配人工费								
			分配职工福利费								
			分配材料费								
			分配材料成本差异								
			分配周转材料摊销								
			分配机械使用费								
			分配其他直接费								
			分配间接费								
			本月生产费用合计								
			减：月末未完施工成本								
			自开工日起实际成本累计发生额								
			已完工程成本								

表7－13　工程成本卡

单位:　　　　　　　　　　　　　年　月　　　　　　　　　　　　　单位:元

年		凭证号数	摘　要	借　方						贷方	余额
月	日			人工费	材料费	机械使用费	其他直接费	间接费用	工程成本合计		
			月初余额								
			分配人工费								
			分配职工福利费								
			分配材料费								
			分配材料成本差异								
			分配周转材料摊销								
			分配机械使用费								
			分配其他直接费								
			分配间接费								
			本月生产费用合计								
			减:月末未完施工成本								
			自开工日起实际成本累计发生额								
			已完工程成本								

6. 期间费用核算的内容

期间费用是施工企业当期发生的费用中的重要组成部分,主要包括管理费用和财务费用两部分。期间费用可于发生时直接计入当期损益。

(1)管理费用。管理费用是指施工企业为管理和组织企业生产经营活动而发生的各项费用。它包括公司经费、工会经费、职工教育经费、劳动保险费、待业保险费、董事会费、聘请中介机构费、咨询费、诉讼费、排污费、税金、技术转让费、研究与开发费、无形资产摊销、业务招待费、计提的坏账准备和存货跌价准备、存货盘亏、毁损和报废(减盘盈)损失、其他管理费用等。

(2)财务费用。财务费用是指企业为筹集生产所需资金等而发生的费用,包括应当作为期间费用的利息支出(减利息收入)、汇总损失(减汇兑收益)以及相关的手续费等。

7.2.7　营业收入核算

1. 营业收入及其分类

(1)营业收入。是指企业在销售商品、提供劳务以及让渡资产使用权等日常活动中所形成的经济利益的总流入。

(2)营业收入的分类。按照企业经营业务的主次可分为主营业务收入和其他业务收入。施工企业的主营业务收入主要是施工承包合同收入。

主营业务收入也称基本业务收入,是指企业从事主要营业活动所取得的收入,可以根据企业营业执照上注明的主营业务范围来确定。施工企业主要是从事建筑安装工程施工的企业,因此,施工企业的主营业务收入是施工承包合同收入。

其他业务收入也称附营业务收入,是指企业非经常性的、仅兼营的业务所产生的收入。它具有每笔的业务金额一般较小,不经常发生,在企业的收入总额中所占比重较低等特点。具体包括产品销售收入、材料销售收入、机械作业收入、无形资产出租收入、固定资产出租收入等。

2. 营业收入的确认

(1)施工承包合同收入的确认。施工企业事先与买方签订不可撤消的合同,根据合同要求进行施工生产,并依据施工承包合同收入确认的原则,采用完工百分比法确认营业收入的实现。

完工百分比法的计算公式为:

当期确认的合同收入=(合同总收入×完工进度)-以前会计年度累计已确认的收入

当期确认的合同毛利=(合同总收入-合同预计总成本)×完工进度-以前会计年度累计已确认的毛利

当期确认的合同费用=当期确认的合同总收入-当期确认的合同毛利-以前会计年度预计损失准备

(2)提供劳务收入的确认。提供劳务收入的确认包括不跨年度劳务收入的确认、跨年度提供劳务且交易结果能可靠估计的劳务收入的确认,以及跨年度提供劳务且交易结果不能可靠估计的劳务收入的确认。

(3)让渡资产使用权收入的确认。让渡资产使用权而发生的收入包括利息收入和使用费收入。其中,利息收入主要是指金融企业存、贷款形成的利息收入及同行业之间发生往来形成的利息收入等;使用费收入是指转让无形资产(如商标权、专利权、专营权、软件、版权)等资产的使用权而形成的使用费收入。利息收入和使用费收入应按以下原则进行确认:一是与交易相关的经济利益很可能流入企业。二是收入的确认能够可靠地计量。

(4)销售商品收入的确认。企业将商品对外销售取得收入时,应按照销售商品收入的确认原则执行。销售商品的收入,应当在下列条件均能满足时予以确认。

①企业已将商品所有权上的主要风险和报酬转换给购货方。

②企业既没有保留通常与所有权相联系的继续管理权,也没有对自己售出的商品实施控制。

③与交易相关的经济利益很可能流入企业。

④相关的收入和成本能够可靠地计量。

7.2.8 企业财务管理

1. 企业财务管理的目标和内容

(1)财务管理目标。这是在特定的理财环境中,通过组织财务活动,处理财务关系所要达到的目的。财务管理目标是企业一切财务活动的出发点和归宿。

关于企业财务目标的综合表达,有以下三种最具有代表性的观点:

①利润最大化;

②每股盈余最大化;

③股东财富最大化或企业价值最大化。

(2)企业财务管理的内容。财务管理是基于企业再生产过程中客观存在的财务活动和财务关系而产生的,是企业组织财务活动并处理与各方面财务关系的一项经济管理工作。

①财务活动:是指企业再生产过程中的资金运动,包括资金筹集、资金运用和资金分配的活动。

②财务关系:是指企业在组织财务活动过程中与有关各方所发生的经济利益关系,具体包括以下几个方面:

企业与政府之间的财务关系,企业与投资者之间的财务关系,企业与债权人之间的财务关系,企业与债务人之间的财务关系,企业与受资者之间的财务关系,企业内部各单位之间的财务关系,企业与职工之间的财务关系

2. 筹资方法

(1)短期银行借款。

1)短期银行借款及其种类:

①短期银行借款:是指企业根据借款合同向银行或非银行金融机构借入的期限在1年以内(含1年)的借款,短期银行借款是绝大多数企业短期资金来源中最重要的组成部分。

②种类:短期银行借款的种类很多,可以按照不同的角度、标准进行分类。施工企业的短期银行借款一般分为无担保借款和担保贷款两大类。

2)短期银行借款利息的支付方式:

①收款法:收款法又称利随本清法,是指在借款到期时一次向银行支付利息的方法。

②贴现法:是指银行向企业发放贷款时,先从本金中扣除利息部分,到期时借款企业再偿还全部本金的一种计息方法。在这种方法下,企业可以利用的贷款额只有本金扣除利息后的差额部分。

(2)商业信用筹资。

1)商业信用及其形式:商业信用是指在商品交易中以延期付款或预收货款的方式进行购销活动所形成的借贷关系,它是企业之间的一种直接信用关系。商业信用运用广泛,在企业短期资金来源中占有相当大的比重。商业信用的形式主要包括以下内容:

①应付账款:即赊购商品,是一种最典型、最常见的商业信用形式。在这种方式下,买卖双方发生商品交易,卖方允许买方在购货后一定时期内支付货款的一种方式。

②预收账款:是指卖方企业在交付货款之前向买方预先收取部分或全部货款的信用形式。预收账款也是一种典型的商业信用形式,如施工企业向建设单位、房地产开发企业等发包单位收取的预收备料款和预收工程款等均属于商业信用筹资方式,以缓解资金占用过多的矛盾。

③应付票据:是指购销双方按照购销合同进行商品交易,因延期付款而签发的,反映债权债务关系的一种信用凭证。根据承兑人的不同,应付票据分为商业承兑汇票和银行承兑汇票。应付票据是一种期票,是应付账款的书面证明,对于付款方而言是一种短期融资方

式。

④票据贴现:是指持票人把未到期的商业票据转让给银行,贴付一定的利息以取得银行资金的一种信用形式。票据贴现是商业信用发展的产物,实为一种银行信用。企业采用票据贴现的形式,一方面可以使购买方融通临时资金,另一方面也可使自身及时得到所需要的资金,是企业一种灵活的筹资方式。

2)商业信用条件:信用条件是指销货人对付款时间和现金折扣所做的具体规定。信用条件主要有以下几种形式:

①预收账款:是指企业在销售商品时,如果已知买方的信用欠佳或销售生产周期长、售价高的产品,要求买方在卖方发出货物之前支付货款的情形。在这种信用条件下,销货单位可以得到暂时的资金来源,购货单位则要预先垫支一笔资金。

②延期付款但不涉及现金折扣:这种方式是指企业购买商品时,卖方允许企业在交易发生后的一定时期内按发票金额支付货款的情形,如"net45"则是指在45天内按发票金额付款。在这种信用条件下,信用期间一般为30~60天,但有些季节性的生产企业可能为其顾客提供更长的信用期间。由于买卖双方存在商业信用,买方可因延期付款而取得资金来源。

3)延期付款但早付款可享受现金折扣:这种方式是指买方若提前付款,卖方可给予一定的现金折扣,如果买方不享受现金折扣,则必须在一定时期内付清账款。例如,"2/10、1/20、0/30"表示,在信用期内10天内付款可享受2%的折扣,20天内付款可享受1%的折扣,超过20天则全额付款。西方企业在各种信用交易活动中广泛地应用现金折扣这种方式,主要是为了加速账款的收现。现金折扣一般为发票金额的1%~5%。在这种信用条件下,买卖双方存在信用交易。买方若在折扣期内付款,则可获得短期的资金来源,并能得到现金折扣;若放弃现金折扣,则可在稍长时间内占用卖方的资金。

(3)长期借款筹资。

1)长期借款及其分类:长期借款是指企业根据借款合同向银行或非银行金融机构借入的使用期限在1年以上的借款,主要用于购建固定资产和满足长期流动资金占用的需要。长期借款种类很多,可以按照不同的角度、标准进行分类。

①按长期借款的用途,分为固定资产投资借款、更新改造借款、科技开发和新产品试制借款等。

②按长期借款的贷款机构性质,分为政策性银行贷款、商业银行贷款等。

③按长期借款有无担保,分为信用贷款和抵押贷款。

2)企业取得长期借款的条件:

①独立核算、自负盈亏、有法人资格。

②经营方向和业务范围符合国家产业政策,借款用途属于银行贷款办法规定的范围。

③借款企业具有一定的物资和财产的保证,担保单位具有相应的经济实力。

④具有偿还贷款的能力。

⑤财务管理和经济核算制度健全,资金使用效益以及企业经济效益良好。

⑥在银行设有账户并办理结算。

3)长期借款的保护性条款:由于长期借款的期限长、风险大,按照国际惯例,银行通常对借款企业提出一些有助于保证贷款按时足额偿还的条件。这些条件写进贷款合同中,形成了合同的保护性条款。保护性条款大致有如下两类:

①一般性保护条款:应用于大多数的借款合同,但根据具体情况内容会有所不同。一般性保护条款主要包括:对借款企业流动资金保持量的规定,对支付现金股利和回购股票的限制,对资本支出规模的限制,限制其他长期债务等。

②例行性保护条款:大多数借款合同中也包括例行性保护条款,主要包括:借款企业定期向银行提交财务会计报告,不准在正常情况下出售较多资产,如期缴纳税金和清偿其他到期债务、限制租赁固定资产的规模等。

③特殊性保护条款:是针对某些特殊情况而出现在部分借款合同中的条件,其目的在于防止企业发生不利于借款银行的行为。特殊性保护条款主要包括:贷款专款专用,不准企业投资于短期内不能收回资金的项目,要求企业主要领导人在合同有效期间担任领导职务,规定借款的补偿性余额等。

4)长期借款的利率:一般情况下,长期借款的利率要高于短期借款的利率。长期借款的利率可以采用固定利率、变动利率和浮动利率三种。

①固定利率:是以与借款企业风险类似的企业发行债券的利率作为参考,由借贷双方商定的利率。固定利率一经确定,不得随意变更。

②变动利率:是指由借贷双方协调,规定在长期借款的期限内,利率可以定期(每半年或一年)根据金融市场的行情调整一次,调整后的贷款余额按新利率计算。

③浮动利率:是指借贷双方协商同意按资金市场变动情况随时调整的利率。浮动利率通常有最高限和最低限,并在借款合同中加以明确。对于借款企业来讲,若预测市场利率将上升,应与银行签订固定利率合同;反之,则应签订浮动利率合同。

5)长期借款的偿还方式:

①到期一次还本付息。

②定期付息、到期一次偿还本金。

③每期偿还小额本金及利息,到期偿还大额本金。

④定期等额偿还本利和。

3. 资金成本的计算方法

资金成本是指企业为筹集和使用资金而付出的代价。资金成本包括资金筹集费和资金占用费两部分。资金筹集费是指在资金筹集过程中支付的各项费用,如银行的借款手续费、发行股票或债券支付的印刷费、代理发行费、律师费、公证费、广告费等。资金占用费是指占用资金支付的费用,如股票的股利、银行借款利息和债券利息等。相比之下,资金占用费是筹资企业经常发生的,而资金筹集费通常在筹集资金时一次性发生,因此在计算资金成本时可作为筹资金额的一项扣除。

(1)资金成本的表示方式。资金成本可以用绝对数表示,也可以用相对数来表示。

1)绝对数表示方法:是指为筹集和使用资金到底发生了多少费用。

2)相对数表示方法:是通过资金成本率指标来表示的,资金成本率简称资金成本,是指企业取得资金的净额(取得资金总额扣除筹资费用后的差额)的现值与各期支付的使用费现值相等时的贴现率。在财务管理中一般用相对数表示资金成本即资本成本率,在不考虑时间 价值的情况下,资本成本是指资金的使用费用占筹资净额的比率。其计算公式为:

$$资金成本=\frac{资金使用费用}{筹资总额\times(1-筹资费用)}$$

(2)资金成本的计算模式。

1)个别资金成本:是指使用各种长期资金的成本,具体包括长期资金的成本、债券成本、普通股成本和留存收益成本。前两种为负债资金成本,后两者为权益资金成本。当企业在多种筹资方式中选择其一时,要分别计算各种筹资方式的个别资金成本,并从中选取资金成本最低的方式。

2)加权平均资金成本:加权平均资金成本也称综合资金成本,是指企业以个别资金成本为基数,是以各种来源资本占全部资本的比重为权数计算的,以各种方式筹集的全部长期资金的总成本。其中,个别资本占全部资本的比重,即权数的确定方法有账面价值法、市场价值法和目标价值法。当企业有多种筹资方案且每一方案下又有多种筹资方式时,由于个别资金成本有高低差异,为了判断资本结构的合理性,需要计算并确定加权平均资金成本。

7.2.9 工程项目内部会计控制

1. 工程项目内部会计控制的目标和原则

(1)工程项目内部会计控制的目标。

①规范企业的会计行为,保证会计资料真实、完整。

②堵塞漏洞、消除隐患,防止并及时发现、纠正错误及舞弊行为,保护企业资产的安全、完整。

③确保国家有关法律法规和单位内部规章制度的贯彻执行。

(2)工程项目内部会计控制的原则。

①内部会计控制应当符合国家有关法律法规和内部会计控制基本规范的要求,以及企业的实际情况。

②内部会计控制应当约束企业内部涉及会计工作的所有人员,任何个人都不得拥有超越内部会计控制的权力。

③内部会计控制应当涵盖企业内部涉及会计工作的各项经济业务及相关岗位,并应针对业务处理过程中的关键控制点,落实到决策、执行、监督、反馈等各个环节。

④内部会计控制应当保证企业内部涉及会计工作的机构、岗位的合理设置,及其职、责、权限的合理划分,坚持不相容职务相互分离,确保不同机构和岗位之间权责分明、相互制约、相互监。

⑤内部会计控制应当随着外部环境的变化、企业业务职能的调整和管理要求的提高,不断修订和完善。

(3)岗位分工与授权批准。

1)企业应当建立工程项目业务的岗位责任制,明确相关部门和岗位的职责、权限,确保办理工程项目业务的不相容岗位相互分离、制约和监督。工程项目业务不相容岗位一般包括:

①项目建议、可行性研究与项目决策;

②概预算编制与审核;

③项目实施与价款支付;

④竣工决算与竣工审计。

2)企业应当对工程项目相关业务建立严格的授权批准制度,明确审批人的授权批准方式、权发、程序、责任及相关控制措施,规定经办人的职责范围和工作要求。

3)企业应当制定工程项目业务流程,明确项目决策、概预算编制、价款支付、竣工决算等环节的控制要求,并设置相应的记录或凭证,如实记载各环节业务的开展情况,确保工程项目全过程得到有效的控制。

2. 项目决策控制

(1)企业应当建立工程项目决策环节的控制制度,对项目建议书和可行性研究报告的编制、项目决策程序等做出明确规定,以便确保项目决策科学、合理。

(2)企业应当组织工程、技术、财会等部门的相关专业人员对项目建议书和可行性研究报告的完整性、客观性进行技术经济分析和评审,并出具评审意见。

(3)企业应当建立工程项目的集体决策制度,决策过程应有完整的书面记录,严禁任何个人单独决策工程项目或者擅自改变集体决策意见。

(4)企业应当建立工程项目决策及实施的责任制度,明确相关部门及人员的责任,定期或不定期地进行检查。

3. 概预算控制

(1)企业应当建立工程项目概预算环节的控制制度,对概预算的编制、审核等做出明确规定,确保概预算编制科学、合理。

(2)企业应当组织工程、技术、财会等部门的相关专业人员对编制的概预算进行审核,重点审查编制依据、项目内容、工程量的计算、定额套用等是否真实、完整、准确。

4. 价款支付控制

(1)企业应当建立工程进度价款支付环节的控制制度,对价款支付的条件、方式以及会计核算程序做出明确规定,确保价款支付及时、正确。

(2)企业办理工程项目价款支付业务时,应当符合货币资金内部会计控制规范的有关规定。

(3)企业办理工程项目采购业务时,应当符合采购与付款内部会计控制规范的有关规定

(4)企业会计人员应对工程合同约定的价款支付方式、有关部门提交的价款支付申请及凭证、审批人的批准意见等进行审查和复核。复核无误后方可办理价款支付手续。

(5)企业会计人员在办理价款支付业务过程中发现拟支付的价款与合同约定的价款支付方式及金额不符,或与工程实际完工情况不符等异常情况,应当及时报告。

(6)企业因工程变更等原因造成价款支付方式及金额发生变动的应提供完整的书面文件和其他相关资料。单位会计人员应对工程变更价款支付业务进行审核。

(7)企业应当加强对工程项目资金筹集与运用、物资采购与使用、财产清理与变动等业务的会计核算,真实、完整地反映工程项目资金流入流出情况及财产物资的增减变动情况。

5. 竣工决算控制

(1)企业应当建立竣工决算环节的控制制度,对竣工清理、竣工决算、竣工审计、竣工验收等做出明确规定,确保竣工决算真实、完整、及时。

(2)企业应当建立竣工清理制度,明确竣工清理的范围、内容和方法,如实填写并妥善保管竣工清理清单。

(3)企业应当依据国家法律法规的规定及时编制竣工决算。企业应当组织有关部门及

人员对竣工决算进行审核,重点审查决算依据是否完备,相关文件资料是否齐全,竣工清理是否完成,决算编制是否正确。

(4)企业应当建立竣工决算审计制度,及时组织竣工决算审计。未实施竣工决算审计的工程项目,不得办理竣工验收手续。

(5)企业应当及时组织工程项目竣工验收,确保工程质量符合设计要求。企业应当对竣工验收进行审核,重点审查验收人员、验收范围、验收依据、验收程序等是否符合国家的有关规定。

(6)验收合格的工程项目,应当及时编制财产清单,办理资产移交手续,并加强对资产的管理。

6. 监督检查

(1)企业应当建立对工程项目内部控制的监督检查制度,明确监督检查机构或人员的职责权限,定期或不定期地进行检查。

(2)企业工程项目内部控制监督检查的内容。

1)检查工程项目业务相关岗位及人员的设置情况:重点检查是否存在不相符职务混岗的现象。

2)检查工程项目业务授权批准制度的执行情况:重点检查重要业务的授权批准手续是否健全,是否存在越权审批行为。

3)检查工程项目决策责任制的建立及执行情况:重点检查责任制度是否健全,奖惩措施是否落实到位。

4)检查概预算控制制度的执行情况:重点检查概预算编制的依据是否真实,是否按规定对概预算进行审核。

5)检查各类款项支付制度的执行情况:重点检查工程款、材料设备款及其他费用的支付是否符合相关法规、制度和合同的要求。

6)检查竣工决算制度的执行情况:重点检查是否按规定办理竣工决算,并实施决算审计。

(3)企业对监督检查过程中发现的工程项目内部控制中的问题和薄弱环节,应当采取措施,及时加以纠正和完善。

7. 财务分析

总结和评价企业财务状况与经营成果的分析主要包括盈利能力分析、营运能力分析、偿债能力分析和发展能力分析。

(1)盈利能力分析。

1)净资产收益率:净资产收益率越高,净利润越多,说明企业盈利能力越好。其计算公式为

$$净资产收益率=净利润/平均资产\times 100\%$$

式中 净利润——指企业当期税后利润;

净资产——指企业资产减负债后的余额,在该指标中取年末的净资产数额则更为恰当。

平均净资产 =（期初净资产 + 期末净资产）÷2

2）总资产报酬率：该指标越高，表明企业资产利用效率越高，意味着企业资产的盈利能力越强。其计算公式为

总资产报酬率 = 利息税前利润总额/平均资产总数 ×100%

式中：利息税前利润总额 = 利润总额 + 利息支出

平均资产总额 =（期初资产总额 + 期末资产总额）÷2

（2）营运能力分析。

1）总资产周转率：反映了企业全部资产的利用效力及资产总额的周转速度。其计算公式为

总资产周转率（次）= 主营业务收入净额/平均资产总额

式中　平均资产总额 =（期初资产总额 + 期末资产总额）÷2

2）流动资产周转率：其计算公式为

流动资产周转次数 = 流动资产周转额/平均流动资产余额

流动资产周转天数 = 计算期天数/流动资产周转次数

或　流动资产周转天数 =（平均流动资产余额 × 计算期天数）/流动资产周转额

式中　平均流动资产余额 =（期初流动资产 + 期末流动资产）÷2

3）存货周转率：其计算公式分别为

存货周转次数 = 主营业务成本/存货平均余额

存货周转天数 = 计算期天数/存货周转次数

或　存货周转天数 =（计算期天数 × 存货平均余额）/主营业务成本

式中　存货平均余额 =（期初存货 + 期末存货）÷2

4）应收账款周转率：其计算公式分别为

应收账款周转率（周转次数）= 主营业务收入净额/应收账款平均余额

应收账款周转天数 = 计算期天数/应收账款周转次数

或　应收账款周转天数 = 计算期天数 × 应收账款平均余额/主营业务收入净额

式中　应收账款平均余额 =（期初应收账款 + 期末应收账款）÷2

【注】“计算期天数”，全年按 360 天计算，全季按 90 天计算，全月按 30 天计算。

（3）偿债能力分析。

1）资产负债率：其计算公式为

资产负债率 = 负债总额/资产总额 ×100%

2）速动比率：速动比率是指企业的速动资产与流动负债之间的比率关系，是衡量企业流动资产中可以立即用于偿还流动负债的能力。其计算公式为

速动比率 = 速动资产/流动负债 ×100%

式中　速动资产——是指能够迅速变为货币资金的各类流动资产。流动资产有两种计算方

法：一种方法是将流动资产中扣除存货后的资产统称为速动资产。用公式表示为

速动资产 = 流动资产 - 存货

另一种方法是将变现能力较强的货币资金、短期投资、应收票据、应收账款和其他应收款等加总后作为速动资产。用公式表示为

速动资产 = 货币资金 + 短期投资 + 应收票据 + 应收账款 + 其他应收款

在企业不存在待摊费用和其他流动资产项目时，这两种方法的计算结果应一致。否则，用第二种方法要比第一种方法准确，但比第一种方法复杂。速动比率是反映企业对短期债务偿付能力比较敏感的指标。由于速动资产的变现能力较强，因此，经验认为，速动比率为100%就说明企业有偿债能力，低于100%则说明企业偿债能力不强，该指标越低，企业的偿债能力越差。

(4)发展能力分析。

1)销售（营业）增长率：其计算公式为

销售（营业）增长率 = 本年主营业务收入增长额/上年主营业务收入总额 ×100%

2)资本积累率：其计算公式为

资本积累率 = 本年所有者权益增长额/年初所有者权益 ×100%

7.2.10　会计的基本概念

1. 会计的职能

(1)会计概述。会计是经济管理的重要组成部分，是以货币为主要计量单位，运用专门的方法对企业的经济活动进行全面、连续、综合地核算和监督，对企业的资金运动进行反映和控制，并获取系统的会计信息，以取得最大的经济效益和管理效益为目的的一种管理活动。

(2)会计的职能。会计具有核算和监督两个基本职能。

(3)会计核算的有关内容。

①款项和有价证券的收付；

②财物的收发、增减和使用；

③债权债务的发生和结算；

④资本、基金的增减；

⑤收入、支出、费用、成本的计算；

⑥财务成果的计算和处理；

⑦需要办理会计手续、进行会计核算的其他事项。

(4)会计监督的内容。

①监督会计资料的真实可靠。

②监督经济业务的合法性。

③监督企业的账证、账账、账表、账实应相符。

(5)会计核算的基本前提。会计核算的基本前提包括会计主体、持续经营、会计分期和货币计量。

①会计主体：也称为会计实体、会计个体，是指会计信息所反映的特定单位和组织。会计主体规定了会计核算内容的空间范围，典型的会计主体是企业。会计主体与法律主体不是同一概念。一般说来，法律主体往往是会计主体，但会计主体并不一定是法律主体。

②持续经营:是指企业或会计主体的会计工作,将会按当前的形式和既定的目标、方针、方向,不间断地经营下去,在可预见的未来,不会进行清算。持续经营明确了会计工作的时间长度。企业是否持续经营对会计政策的选择、影响很大。持续经营的特征并不否认企业在激烈的市场竞争中其经营过程的风险性,它只是为了便于会计工作的正常进行。只有假定企业是持续经营的,才能进行正常的会计处理。例如,在持续经营的前提下,企业的资产价值才能运用历史成本计价,而不是采用现行市价或清算价格计价。

③会计分期(又称会计期间):是指将企业持续不断的施工生产经营活动分割为一个个连续的、长短相同的期间,据以处理经济业务、结算账目和编制财务会计报告。会计年度是基本的会计期间,我国采用的是历年制的会计年度,即以每年的公历1月1日至12月31日作为一个会计年度;除了基本会计期间之外,《企业会计制度》还规定了一些会计中期,即短于1年的会计期间,包括半年度、季度和月度。会计中期的起讫时间也一律以公历的起讫日期为准,如1年分为两个半年度,即1月1日至6月30日为一个半年度,7月1日至12月31日为一个半年度。

④货币计量:是指企业在会计该算过程中采用货币为计量单位,记录和反映企业的施工生产经营活动。我国《企业会计制度》规定:"会计核算应以人民币为记账本位币。业务收支以人民币以外的货币为主的企业,可以选定其中一种货币作为记账本位币,但是编报的财务会计报告应当折算为人民币。在境外设立的中国企业向国内报送的财务会计报告,应当折算为人民币。"

2. 会计核算的基本原则

会计核算的一般原则是指在会计核算前提条件下进行会计核算应遵循的基本要求,也是衡量会计核算工作质量的标准和要求。根据《企业会计准则》,我国会计核算的一般原则包括客观性、可比性、一贯性、相关性、及时性、明晰性、权责发生制原则、配比原则、谨慎性、实际成本、划分收益性支出与资本性支出、重要性及实质重于形式的原则。

3. 会计要素和会计等式

(1)会计要素。会计要素包括资产、负债、所有者权益、收入、费用和利润,具体分为反映财务状况的要素和反映经营成果的要素。

(2)会计等式。会计等式也称会计恒等式,是运用数学方程的原理来描述会计对象的具体内容,即各有关会计要素之间数量关系的一种表达式。会计等式一般包括以下内容:

1)静态会计等式:静态会计等式是由静态会计要素(即资产、负债、所有者权益)组合而成的会计等式,也是反映企业一定时点上财务状况的会计等式。根据我国法律及有关规定,企业在设立时必须要有法定的资本金,即企业设立时必须要有最低限额的本钱。资本金按照投资主体分为国家资本金、法人资本金、个人资本金以及外商资本金等。

资金进入企业时一般有两种情况:一是企业所有者投入的资本金,二是企业举借债务。在会计方面,把企业所有者投入的资金称为所有者权益,把企业举借的债务称为债权人权益。所有者权益和债权人权益统称"权益",它是指企业资产提供者对这些资产所拥有的要求权。也就是说资金进人企业是以资产的形态出现的,企业的资产如不属于所有者则属于债权人,因此可用公式表示:

资产 = 权益

资产 = 债权人权益 + 所有者权益

资产 = 负债 + 所有者权益

上述会计等式就是静态会计等式，企业资产的数额，完全取决于负债和所有者权益的数额，因此，资产和权益在任何时候都是相等的，即使企业发生任何经济活动，也不会破坏这一恒等关系。静态会计等表明企业在某一特定时点所拥有的财产状况，明确了资产、负债和所有者权益三者之间的关系，是会计工作中设置会计科目和账户、复式记账、会计核算和编制财务会计报告的重要理论依据。

2）动态会计等式：是由动态会计要素（即收入、费用、利润）组合而成的会计等式，也是反映企业一定经营期间经营成果的会计等式。动态会计等式可用公式表示如下：

收入 - 费用 = 利润（或亏损）

这一会计等式就是动态会计等式，表明了企业在一定期间内的经营成果与相应期间的收入和费用之间的关系。

4. 借贷记账法

（1）借贷记账法的内容。

1）借贷记账法是以“借”和“贷”作为记账符号，记录经济业务的发生和完成情况的一种复式记账方法。

2）在借贷记账法下，将每一个账户分为左右两方，左方称为“借方”，右方称为“贷方”，“借”和“贷”这两个记账符号表示不同会计要素的记账方向。当企业发生具体经济业务时，应该计入账户的借方，还是计入账户的贷方，则需要根据账户的性质和经济业务的内容来决定。

（2）借贷记账法的账户结构。在借贷记账法下，不同性质的账户具有不同的结构。

1）资产类账户的结构：账户的借方登记资产的增加额，贷方登记资产的减少额，账户若有余额，一般为借方余额，表示期末的资产金额。

2）负债类和所有者权益类账户的结构：其账户的贷方登记负债及所有者权益的增加额，借方登记负债及所有者权益的减少额，账户若有余额，一般为贷方余额，表示期末负债余额和所有者权益余额。

3）费用类账户的结构：账户的借方登记费用的增加额，贷方登记费用的减少额，期末费用类账户一般没有余额。

4）收入类账户的结构：账户的贷方登记收入的增加额，借方登记费用的减少额，期末收入类账户一般没有余额。

5）利润类账户的结构：利润类账户的结构与负债类账户及所有者权益类账户的结构相类似，其账户的贷方登记利润的增加额，借方登记利润的减少额，账户若有余额，既可能在借方也可能在贷方。贷方余额表示企业未分配利润，借方余额表示企业未弥补亏损。

（3）复式记账法及其复式记账的基本原则。

1）复式记账法：是指对任何一项经济业务都必须用相等的金额在两个或两个以上的账户中相互联系地进行登记，借以反映会计对象具体内容增减变化的一种记账方法。

2）复式记账的基本原则：

①会计等式作为记账基础：会计等式是客观存在的必然经济现象，同时也是资金运动规

律的具体化。为了揭示资金运动的内在规律性，复式记账必须以会计等式作为其记账基础。

②对每一项业务必须在两个或两个以上相互联系的账户中进行等额记录。

③必须按经济业务对会计等式影响类型进行记录。尽管企业发生的经济业务复杂多样，但对会计等式的影响无外乎两种类型：一类是影响会计等式等号两边会计要素同时发生变化的经济业务，这类业务能够变更企业的资金总额，会使会计等式等号两边等额同增或等额同减；另一类是影响会计等式等号某一边会计要素发生变化的经济业务，这类业务不变更企业资金总额，只会使会计等式等号某一边等额记有增有减。在会计上，对第一类经济业务，应在等式两边的账户中等额记同增或同减；对第二类经济业务，应在等式某一边的账户中等额记有增有减。

④定期汇总的全部账户记录必须平衡。复式记账对每笔经济业务都进行双重等额的记录，据此定期汇总的全部账户的数据必然会保持会计等式的平衡关系。

(4)借贷记账法的记账规则。借贷记账法的记账规则是“有借必有贷，借贷必相等”。“有借必有贷”是指账户的登记方向。

1)借贷记账法是复式记账法，对于发生的任何一笔经济业务的数据，都必须同时计入两个或两个以上相互联系的账户。所计入的两个或两个以上相互联系的账户可以是属于同一类的，也可以是属于不同类的，这取决于经济业务的内容。如果一个(或几个)账户是登记在借方时，那么，与其对应的几个(或一个)账户肯定是登记在贷方，即一借一贷、一借多贷、一贷多借，而不会出现同时都登记在两个(或几个)账户的借方(或贷方)的情况。

2)“借贷必相等”，是指账户的登记金额。将同一笔经济业务在两个或两个以上相互联系的账户中登记时，计入的两个或两个以上账户的借方金额和贷方金额在数量上必须相等。

5. 会计凭证

(1)会计凭证及其作用。会计凭证简称凭证，是记录经济业务，明确经济责任的书面证明，也是登记账簿的依据。取得和填制会计凭证是整个会计核算工作的起点和基本环节，会计凭证只有经过会计部门审核无误后才能作为登记账簿的依据。会计凭证具有以下几个方面的作用：

1)是提供经济业务活动的原始资料、传导经济信息的重要载体；

2)是登记账簿的必要依据；

3)明确了经济责任，是加强岗位责任制的主要手段；

4)审核会计凭证是实行会计监督的具体措施。

(2)会计凭证的种类。会计凭证按照填制程序和用途不同，可以分为原始凭证和记账凭证。

1)原始凭证：是在经济业务发生时取得或填制的，是用以记录和证明经济业务的发生和完成情况的文件，是会计核算的原始资料和填制记账凭证的依据。

2)记账凭证：是会计人员根据审核无误的原始凭证和汇总的原始凭证，按照经济业务的内容加以归类整理，并确定会计分录而填制的凭证，是登记账簿的直接依据。

①记账凭证的种类：记账凭证按照不同的标准可以分为以下类别。

A. 按记账凭证的用途分为专用记账凭证和通用记账凭证。

B. 按记账凭证的填制方式，分为复式记账凭证和单式记账凭证。其中单式记账凭证又具体分为借项记账凭证和贷项记账凭证。

C. 按记账凭证包括的业务内容，分为单一记账凭证、汇总记账凭证和科目汇总表，其中汇总记账凭证又具体分为汇总收款凭证、汇总付款凭证和汇总转账凭证。

②记账凭证的基本内容：记账凭证的种类多，且格式不一，但其主要作用都是对审核无误的原始凭证进行分类、整理，并且按照复式记账的要求编制会计分录，据以登记账簿。因此，记账凭证必须具备以下基本内容：记账凭证的名称，填制凭证的日期及编号，经济业务摘要，记账符号、会计科目和金额，所附原始凭证的张数，填制凭证单位的名称，而且要有关人员签字或者盖章。

6. 会计账簿

(1)会计账簿及其作用。会计账簿具有以下几个方面的作用：

1)会计账簿是系统归纳、积累会计资料的工具；

2)会计账簿是考核经营成果、进行会计监督的重要依据；

3)会计账簿是编制财务会计报告的主要资料来源。

(2)会计账簿的种类。

1)按账簿用途不同，分为序时账簿、分类账簿和备查账簿。

①序时账簿也称日记账，是按照经济业务发生时间的先后顺序逐日逐笔进行连续登记的账簿。序时账簿按其记录的内容不同，又可分为特种日记账和普通日记账。其中，特种日记账是用来登记某一类经济业务发生情况的日记账，比如现金日记账和银行存款日记账等。特种日记账在实际工作中的应用比较广泛。

②分类账簿，是按照分类会计科目设置的对各项经济业务进行分类登记的账簿。分类账簿按其反映内容的详细程度不同，又可分为总分类账和明细分类账。总分类账简称总账，是根据一级会计科目设置的，用来登记全部经济业务，并进行总分类核算，提供总括核算资料的分类账簿。明细分类账简称明细账，是根据二级或明细科目设置的，用来登记某一会计科目所涉及的经济业务的增减变化及其结果，并进行明细分类核算，提供明细核算资料的分类账簿。明细账是对总账的补充和具体化，并受总账的控制和驾驭。

③备查账簿也称辅助账簿，是对某些在日记账簿和分类账簿中未能记载或记载不全的经济业务进行补充登记的账簿。

2)按账簿外表形式不同，分为订本式账簿、活页式账簿和卡片式账簿。

7.3 建设工程估价

7.3.1 建筑安装工程费用项目组成与计算

1. 建筑安装工程费用项目组成

我国现行建筑安装工程费用项目组成(建标[2003]206号关于印发《建筑安装工程费用项目组成》的通知)如图7-13所示，包括直接费、间接费、利润和税金。

- 建筑安装工程费用项目组成
  - 直接费
    - 直接工程费
      - ①人工费
      - ②材料费
      - ③施工机械使用费
    - 措施费
      - ①环境保护
      - ②文明施工
      - ③安全施工
      - ④临时设施
      - ⑤夜间施工
      - ⑥二次搬运
      - ⑦大型机械设备进出场及安拆
      - ⑧混凝土、钢筋混凝土模板及支架
      - ⑨脚手架
      - ⑩已完工程及设备保护
      - ⑪施工排水和降水
  - 间接费
    - 规费
      - ①工程排污费
      - ②工程定额测定
      - ③社会保障费
        - ①养老保险费
        - ②失业保险费
        - ③医疗保险费
      - ④住房公积金
      - ⑤危险作业意外伤害保险
    - 企业管理费
      - ①管理人员工资
      - ②办公费
      - ③差旅交通费
      - ④固定资产使用费
      - ⑤工具用具使用费
      - ⑥劳动保险费
      - ⑦工会经费
      - ⑧职工教育经费
      - ⑨财产保险费
      - ⑩财务费
      - ⑪税金
      - ⑫其他
  - 利润税金

图 7－13　建筑安装工程费用项目组成

2. 直接工程费

直接工程费是指施工过程中耗费的构成工程实体的各项费用，包括人工费、材料费和施工机械使用费。

(1)人工费。是指直接从事建筑安装工程施工生产工人开支的各项费用。单位工程量人工费的计算公式为：

$$人工费 = \sum(工日消耗量 \times 日工资单价)$$

$$G = \sum_{i=1}^{5} G_i$$

式中　G——日工资单价；　　　　G_3——日生产工人辅助工资；

G_1——日基本工资；　　　　G_4——日职工福利费；

G_2——日工资性补贴；　　　G_5——日生产工人劳动保护费。

其中的日工资单价组成为：

1)基本工资:是指发放给生产工人的基本工资。

$$日基本工资=\frac{生产工人平均月工资}{年平均每月法定工作日}$$

2)工资性补贴:是指按规定标准发放的物价补贴,煤、燃气补贴,交通补贴,住房补贴和流动施工津贴等。

$$日工资性补贴=\frac{\sum年发放标准}{全年公历日-法定假日}+\frac{\sum月发放标准}{年平均每月法定工作日}+每工作日发放标准$$

3)生产工人辅助工资:是指生产工人年有效施工天数以外非作业天数的工资,包括职工学习、培训期间的工资,调动工作、探亲、休假期间的工资,因气候影响的停工工资,女工哺乳时间的工资,病假在六个月以内的工资,以及产、婚、丧假期的工资等。

$$日生产工人辅助工资=\frac{全年无效工作日\times(G_1+G_2)}{全年公历日-法定假日}$$

4)职工福利费:是指按规定标准计提的职工福利费。

$$日职工福利=(G_1+G_2+G_3)\times福利费计提比例$$

5)生产工人劳动保护费:是指按规定标准发放的劳动保护用品的购置费、修理费、徒工服装补贴、防暑降温费和在有碍身体健康环境中施工的保健费用等。

$$日生产工人劳动保护费=\frac{生产工人年平均支出劳动保护费}{全年公历日-法定假日}$$

(2)材料费。是指施工过程中耗用的构成工程实体的原材料、辅助材料、构配件、零件和半成品的费用。主要包括：

1)材料原价(或供应价格)；

2 材料运杂费,是指材料自来源地运至工地仓库或指定堆放地点所发生的全部费用；

3)运输损耗费是指材料在运输装卸过程中不可避免的损耗；

4)采购及保管费是指为组织采购、供应和保管材料过程中所需要的各项费用,包括采购费、仓储费、工地保管费和仓储损耗；

5)检验试验费:是指对建筑材料、构件和建筑安装物进行一般鉴定和检查所发生的费用。该费包括自设试验室进行试验所耗用的材料和化学药品等费用;但不包括新结构、新材料的试验费,也不包括建设单位对具有出厂合格证明的材料进行检验、对构件做破坏性试验及其他特殊要求检验试验的费用。

单位工程量材料费的计算公式：

$$材料费=\sum(材料消耗量\times材料基价)+检验试验费$$

$$材料基价=[(供应价格+运杂费\times(1+运输损耗率)]\times(1+采购保管费率)$$

$$检验试验费=\sum(单位工程量材料检验试验费\times材料消耗量)$$

(3)施工机械使用费。是指施工机械作业所发生的机械使用费以及机械安、拆费和场外运费。单位工程量施工机械使用费的计算公式为：

$$施工机械使用费=\sum(施工机械台班消耗量\times机械台班单价)$$

$$机械台班单价 = 台班折旧费 + 台班大修费 + 台班经常修理费 + 台班安、拆费及场外运费 + 台班人工费 + 台班燃料动力费$$

1)折旧费:指施工机械在规定的使用年限内,陆续收回其原值及购置资金的时间价值。其计算公式为:

$$台班折旧费 = \frac{机械预算价格 \times (1 - 残值率)}{耐用总台班数}$$

$$耐用总台班数 = 折旧年限 \times 年工作台班$$

2)大修理费:指施工机械按规定的大修理间隔台班进行必要的大修理,以恢复其正常功能所需的费用。其计算公式如下:

$$台班大修理费 = \frac{一次大修理费 \times 大修次数}{耐用总台班数}$$

3)经常修理费:指施工机械除大修理以外的各级保养和临时故障排除所需的费用,包括为保障机械正常运转所需替换的设备与随机配备工具附具的摊销和维护费用,机械运转中日常保养所需润滑与擦拭的材料费用,以及机械停滞期间的维护和保养费用等。

4)安、拆费及场外运费:安、拆费指施工机械在现场进行安装与拆卸所需的人工、材料、机械和试运转费用,以及机械辅助设施的折旧、搭设、拆除等费用;场外运费指施工机械整体或分体自停放地点运至施工现场,或由一施工地点运至另一施工地点的运输、装卸、辅助材料及架线等费用。

5)人工费:指机上司机(司炉)和其他操作人员的工作日人工费,以及上述人员在施工机械规定的年工作台班以外的人工费。

6)燃料动力费:指施工机械在运转作业中所消耗的固体燃料(煤、木柴)、液体燃料汽油、柴油)及水、电等。

7)养路费及车船使用税:指施工机械按照国家规定及有关部门规定应缴纳的养路费、车船使用税、保险费及年检费等。

3. 措施费

措施费是指为完成工程项目施工,发生于该工程施工前和施工过程中非工程实体项目的费用。措施费包括:

(1)环境保护费。是指施工现场为达到环保部门要求所需要的各项费用,计算公式为

$$环境保护费 = 直接工程费 \times 环境保护费费率$$

$$环境保护费费率 = \frac{本项费用年度平均支出}{全年建安产值 \times 直接工程费占总造价比例}$$

(2)文明施工费。是指施工现场文明施工所需要的各项费用,计算公式为

$$文明施工费 = 直接工程费 \times 文明施工费费率$$

$$文明施工费费率 = \frac{本项费用年度平均支出}{全年建安产值 \times 直接工程费占总造价比例}$$

(3)安全施工费。是指施工现场安全施工所需要的各项费用,计算公式为

$$安全施工费 = 直接工程费 \times 安全施工费费率$$

$$安全施工费费率 = \frac{本项费用年度平均支出}{全年建安产值 \times 直接工程费占总造价比例}$$

(4)临时设施费。是指施工企业为进行建筑安装工程施工所必须搭设的生活和生产用的临时建筑物、构筑物和其他临时设施费用等。临时设施包括，临时宿舍、文化福利及公用事业房层与构筑物、仓库、办公室、加工厂以及规定范围内的道路、水、电、管线等临时设施和小型临时设施。

临时设施费用包括：临时设施的搭设、维修、拆除或摊销费。其计算公式为

$$\text{临时设施费}=(\text{周转使用临建费}+\text{一次性使用临建费})\times(1+\text{其他临时设施所占比例})$$

式中周转使用临建费

$$\text{周转使用临建费}=\sum\left[\frac{\text{临时面积}\times\text{每平方米造价}}{\text{使用年限}\times365\times\text{利用率}}\times\text{工期(天)}\right]+\text{一次性拆除费}$$

式中一次性使用临建费的计算式为

$$\text{一次性使用临建费}=\sum\text{临建面积}\times\text{每平方米造价}\times(1-\text{残值率})+\text{一次性拆除费}$$

其他临时设施在临时设施费中所占比例，可由各地区造价管理部门依据典型施工企业的成本资料经分析后综合测定。

(5)夜间施工增加费。是指因夜间施工所发生的夜班补助费、夜间施工降效、夜间施工照明设备摊销及照明用电等费用。

$$\text{夜间施工增加费}=\left(1+\frac{\text{合同工期}}{\text{定额工期}}\right)\times\frac{\text{直接工程费中的人工费会计}}{\text{平均日工资单价}}\times\text{每工日夜间施工费开支}$$

(6)二次搬运费。是指因施工场地狭小等特殊情况而发生的二次搬运费用，计算公式为

$$\text{二次搬运费}=\text{直接工程费}\times\text{二次搬运费费率}$$

$$\text{二次搬运费费率}=\frac{\text{每平均二次搬运费开支额}}{\text{全年建安产值}\times\text{直接工程费占总造价的比例}}$$

(7)大型机械设备进出场及安拆费。是指机械整体或分体自停放场地运至施工现场、或由一个施工地点运至另一个施工地点所发生的机械进出场运输及转移的费用，以及机械在施工现场进行安装和拆卸所需的人工费、材料费、机械费、试运转费及安装所需的辅助设施的费用。

$$\text{大型机械进出场及安拆费}=\frac{\text{一次进出场及安拆费}\times\text{年平均安拆次数}}{\text{年工作台班}}$$

(8)混凝土、钢筋混凝土模板及支架费。是指混凝土施工过程中需要的各种钢模板、木模板、支加等的支、拆、运输的费用，以及模板、支架的摊销(或租赁)的费用。

$$\text{模板及支架费}=\text{模板摊销量}\times\text{模板价格}+\text{支、拆、运输费}$$

$$\text{摊销量}=\text{一次使用量}\times(1+\text{施工损耗})\times[1+(\text{周转次数}-1)\times\text{补损率}/\text{周转次数}-(1-\text{补损率})50\%/\text{周转次数}]$$

$$\text{租赁费}=\text{模板使用量}\times\text{使用日期}\times\text{租赁价格}+\text{支、拆、运输费}$$

(9)脚手架费。是指施工需要的各种脚手架搭、拆、运输费用及脚手架的摊销(或租赁)费用。

$$\text{脚手架搭拆费}=\text{脚手架摊销量}\times\text{脚手架价格}+\text{搭、拆、运输费}$$

$$\text{脚手架摊销量}=\frac{\text{单位一次使用量}\times(1-\text{残值率})}{\text{耐用期}\div\text{一次使用期}}$$

$$\text{租赁费}=\text{脚手架每日租金}\times\text{搭设周期}+\text{搭、拆、运输费}$$

(10)已完工程及设备保护费。是指竣工验收前，对已完工程及设备进行保护所需要的

费用。

$$已完工程及设备保护费=成品保护所需的机械费+材料费+人工费$$

(11)施工排水、降水费。是指为确保工程在正常条件下施工,采取各种排水、降水措施所发生的各种费用。

$$\begin{aligned}排水、降水费=&\sum排水、降水机械台班费\times排水、降水周期\\&+排水、降水使用材料费和人工费\end{aligned}$$

4. 规费

(1)规费的内容。规费是指政府和有关权力部门规定必须缴纳的费用(简称规费)。规费包括:

1)工程排污费:是指施工现场按规定缴纳的工程排污费。

2)工程定额测定费:是指按规定支付工程造价(定额)管理部门的定额测定费。

3)社会保障费:包括养老保险费、失业保险费、医疗保险费。其中,养老保险费是指企业按规定标准为职工缴纳的基本养老保险费,失业保险费是指企业按照国家规定标准为职工缴纳的失业保险费,医疗保险费是指企业按照规定标准为职工缴纳的基本医疗保险费。

4)住房公积金:是指企业按规定标准为职工缴纳的住房公积金。

5)危险作业意外伤害保险:是指企业为从事危险作业的建筑安装施工人员支付的意外伤害保险费。

(2)规费费率的计算公式。

1)以直接费为计算基础:

$$规费费率=\frac{\sum规费缴纳标准\times每万元发承包价计算基数}{每万元发承包价中的人工费含量}\times人工费占直接费的比例$$

2)以人工费和机械费合计为计算基础:

$$规费费率=\frac{\sum规费缴纳标准\times每万元发承包价计算基数}{每万元发承包价中的人工费含量和机械费含量}\times100\%$$

3)以人工费为计算基础:

$$规费费率=\frac{\sum规费缴纳标准\times每万元发承包价计算基数}{每万元发承包价中的人工费含量}\times100\%$$

5. 企业管理费

(1)企业管理费的内容。企业管理费是指建筑安装企业组织施工生产和经营管理所需费用,包括以下几点。

1)管理人员工资:是指管理人员的基本工资、工资性补贴、职工福利费和劳动保护费等。

2)办公费:是指企业管理办公用的文具、纸张、账表、印刷、邮电、书报、会议、水电、烧水和集体取暖(包括现场临时宿舍取暖)用煤等费用。

3)差旅交通费:是指职工因公出差或调动工作的差旅费、住勤补助费、市内交通费和误餐补助费、职工探亲路费、劳动力招募费、职工离退休或退职一次性路费、工伤人员就医路费和工地转移费,以及管理部门使用的交通工具的油料、燃料、养路费及牌照费。

4)固定资产使用费:是指管理和试验部门及附属生产单位使用的属于固定资产的房屋、设备仪器等的折旧、大修、维修或租赁费。

5)工具用具使用费:是指管理使用的不属于固定资产的生产工具、器具、家具、交通工具，以及检验、试验、测绘、消防等用具的购置、维修和摊销费。

6）劳动保险费：是指由企业支付离退休职工的易地安家补助费、职工退职金、六个月以上的病假人员工资、职工死亡丧葬补助费、抚恤费、按规定支付给离休干部的各项经费。

7）工会经费：是指企业按职工工资总额计提的工会经费。

8）职工教育经费：是指企业为职工学习先进技术和提高文化水平，按职工工资总额计提的费用。

9）财产保险费：是指企业管理所用的财产、车辆保险费。

10）财务费：是指企业为筹集资金而发生的各种费用。

11）税金：是指企业按规定缴纳的房产税、车船使用税、土地使用税、印花税等。

12）其他：包括技术转让费、技术开发费、业务招待费、绿化费、广告费、公证费、法律顾问费、审计费、咨询费等。

（2）企业管理费费率的计算公式。

1）以直接费为计算基础：

$$企业管理费费率=\frac{生产工人年平均管理费}{年有效施工天数\times人工单价}\times人工费占直接费的比例$$

2）以人工费和机械费合计为计算基础：

$$企业管理费费率=\frac{生产工人年平均管理费}{年有效施工天数\times(人工单价+每一工日机械使用费)}\times100\%$$

3）以人工费为计算基础：

$$企业管理费费率=\frac{生产工人年平均管理费}{年有效施工天数\times人工单价}\times100\%$$

6. 利润

利润是指施工企业完成所承包工程获得的盈利，按照不同的计价程序，利润的形成也有所不同。在编制概算和预算时，依据不同投资来源、工程类别实行差别利润率。随着市场经济的进一步发展，企业决定利润率水平的自主权将会更大。在投标报价时，企业可以根据工程的难易程度、市场竞争情况和自身的经营管理水平自行确定合理的利润率。

7. 税金

税金是指国家税法规定的应计入建筑安装工程造价内的营业税、城市维护建设税及教育费附加等。营业税的税额为营业额的3%。城乡维护建设税的纳税人所在地为市区的，按营业税的7%征收；所在地为县镇的，按营业税的5%征收；所在地为农村的，按营业税的1%征收。教育费附加为营业税的3%。税金的计算公式：

$$税金=(直接费+间接费+利润)\times税率$$

（1）纳税地点在市区的企业。

$$税率=\frac{1}{1-3\%-(3\%\times7\%)-(3\%\times3\%)}-1=3.41\%$$

（2）纳税地点在县城或乡镇的企业。

$$税率=\frac{1}{1-3\%-(3\%\times5\%)-(3\%\times3\%)}-1=3.35\%$$

（3）纳税地点不在市区、县城及乡镇的企业。

$$税率 = \frac{1}{1-3\%-(3\% \times 1\%)-(3\% \times 3\%)} - 1 = 3.22\%$$

8. 建筑安装工程费用计价程序

根据建设部第107号部令《建筑工程施工发包与承包计价管理办法》的规定，发包与承包价的计算方法分为工料单价法和综合单价法，其计价程序如下。

(1)工料单价法计价程序。工料单价法是以分部分项工程量乘以单价后的合计为直接工程费，直接工程费以人工、材料、机械的消耗量及其相应价格确定。直接工程费汇总后另加间接费、利润、税金生成工程发承包价，其计算程序分为三种。

1)以直接费为计算基础(见表7－14)：

表7－14　以直接费为计算基础的工料单价法计价程序

序　号	费用项目	计算方法	备　注
①	直接工程费	按预算表	
②	措施费	按规定标准计算	
③	小计	①＋②	
④	间接费	③×相应费率	
⑤	利润	③＋④×相应利润率	
⑥	合计	③＋④＋⑤	
⑦	含税造价	⑥×(1＋相应税率)	

2)以人工费和机械费为计算基础(见表7－15)：

表7－15　以人工费和机械费为计算基础的工料单价法计价程序

序　号	费用项目	计算方法	备　注
①	直接工程费	按预算表	
②	其中人工费和机械费	按预算表	
③	措施费	按规定标准计算	
④	其中人工费和机械费	按规定标准计算	
⑤	小计	①＋③	
⑥	人工费和机械费小计	②＋④	
⑦	间接费	⑥×相应费率	
⑧	利润	⑥×相应利润率	
⑨	合计	⑤＋⑦＋⑧	
⑩	含税造价	⑨×(1＋相应税率)	

3)以人工费为计算基础(见表7－16)：

表 7－16　以人工费为计算基础的工料单价法计价程序

序　号	费用项目	计算方法	备　注
①	直接工程费	按预算表	
②	直接工程费中人工费	按预算表	
③	措施费	按规定标准计算	
④	措施费中人工费	按规定标准计算	
⑤	小计	①＋③	
⑥	人工费小计	②＋④	
⑦	间接费	⑥×相应费率	
⑧	利润	⑥×相应利润率	
⑨	合计	⑤＋⑦＋⑧	
⑩	含税造价	⑨×(1＋相应税率)	

(2)综合单价法计价程序。综合单价法是分部分项工程单价为全费用单价,全费用单价经综合计算后生成,其内容包括直接工程费、间接费、利润和税金(措施费也可按此方法生成全费用价格)。

各分项工程量乘以综合单价的合价汇总后,生成工程发承包价。

由于各分部分项工程中的人工、材料、机械含量的比例不同,各分项工程可根据其材料费占人工费、材料费、机械费合计的比例(以字母“C”代表该项比值),在以下三种计算程序中选择一种计算其综合单价即可。

1)当 $C > C_1 < C_2$ 为本地区原费用定额测算所选典型工程材料费占人工费、材料费和机械费合计的比例)时,可采用以人工费、材料费、机械费合计为基数计算该分项的间接费和利润(见表 7－17)。

表 7－17　以人工费为计算基础的工料单价法计价程序

序　号	费用项目	计算方法	备　注
①	分项直接工程费	人工费＋材料费＋机械费	
②	间接费	①×相应费率	
③	利润	(①＋②)×相应利润率	
④	合计	①＋②＋③	
⑤	含税造价	④×(1＋相应税率)	

2)当 $C < C_1$ 值的下限时,可采用以人工费和机械费合计为基数计算该分项的间接费和利润(见表 7－18)。

表 7－18　以人工费和机械费为计算基础的综合单价法计价程序

序　号	费用项目	计算方法	备　注
①	分项直接工程费	人工费＋材料费＋机械费	
②	其中人工费和机械费	人工费＋机械费	
③	间接费	②×相应费率	
④	利润	②×相应利润率	
⑤	合计	①＋③＋④	
⑥	含税造价	⑤×(1＋相应税率)	

3)如该分项的直接工程费仅为人工费,无材料费和机械费时,可采用以人工费为基数计算该分项的间接费和利润(见表 7－19)。

表 7－19　以人工费为计算基础的综合单价法计价程序

序　号	费用项目	计算方法	备　注
①	分项直接工程费	人工费＋材料费＋机械费	
②	直接工程费中人工费	人工费	
③	间接费	②×相应费率	
④	利润	②×相应利润率	
⑤	合计	①＋③＋④	
⑥	含税造价	⑤×(1＋相应税率)	

7.3.2　建设工程工程量清单计价原则、内容及术语

1. 建设工程工程量清单计价原则

根据建设部令第 107 号《建筑工程施工发包与承包计价管理办法》,结合我国工程造价管理现状,总结有关省市工程量清单试点的经验,参照国际上有关工程量清单计价通行的做法,编制"计价规范"遵循的指导思想是按照政府宏观调控、市场竞争形成价格的要求,创造公平、公正、公开竞争的环境,以建立全国统一的、有序的建筑市场,既要与国际惯例接轨,又要考虑我国的实际情况。

编制"计价规范"工作除了遵循上述指导思想外,主要坚持以下原则。

(1)政府宏观调控、企业自主报价、市场竞争形成价格。按照政府宏观调控、市场竞争形成价格的指导思想,为规范发包方与承包方计价行为,确定了工程量清单计价的原则、方法和必须遵守的规则,包括统一项目编码、项目名称、计量单位、工程量计算规则等。然而,又留给企业自主报价、参与市场竞争的空间,将属于企业性质的施工方法、施工措施,以及人工、材料、机械的消耗量水平、取费等应该由企业来确定,给企业充分选择的权利,以促进生产力的发展。

(2)与现行预算定额既有机结合又有所区别的原则。“计价规范”在编制过程中，以现行的“全国统一工程预算定额”为基础，特别是项目划分、计量单位、工程量计算规则等方面，尽可能多地与定额衔接。原因主要是预算定额是我国经过几十年实践的总结，这些内容具有一定的科学性和实用性。与工程预算定额有所区别的主要原因是：预算定额是按照计划经济的要求制订发布贯彻执行的，其中有许多已不适应“计价规范”编制指导思想。不适应现象主要表现在：

①定额项目是国家规定以工序为划分项目的原则；

②施工工艺、施工方法是根据大多数企业的施工方法综合取定的；

③工、料、机消耗量是根据“社会平均水平”综合测定的；

④取费标准是根据不同地区平均测算的。因此，企业报价时就会表现为平均主义，企业不能结合项目具体情况、自身技术管理水平自主报价，不能充分调动企业加强管理的积极性。

(3)既考虑我国工程造价管理的现状，又尽可能与国际惯例接轨的原则。“计价规范”要根据我国当前工程建设市场发展的形势，逐步解决定额计价中与当前工程建设市场不相适应的因素，以便适应我国社会主义市场经济发展的需要，适应与国际接轨的需要，积极稳妥地推行工程量清单计价。因此，在编制中，既借鉴了世界银行、菲迪克(FIDIC)、英联邦国家以及我国香港等的一些做法，同时，也结合了我国现阶段的具体情况。例如：实体项目的设置方面，就结合了当前按专业设置的一些情况；有关名词尽量沿用国内习惯，如措施项目就是国内的习惯叫法，国外叫开办项目，但措施项目的内容就借鉴了部分国外的做法。

2.《建设工程工程量清单计价规范》内容简介

《建设工程工程量清单计价规范》的出台，是建设市场发展的要求，为建设工程招标投标计价活动健康有序的发展提供了依据，在“计价规范”中贯彻了由政府宏观调控、市场竞争形成价格的指导思想。主要体现在：

【政府宏观调控】 一是规定了全部使用国有资金或国有资金投资为主的大中型建设工程要严格执行“计价规范”的有关规定，与招标投标法规定的政府投资要进行公开招标是相适应的；二是“计价规范”统一了分部分项工程项目名称、统一了计量单位、统一了工程量计算规则、统一了项目编码，为建立全国统一建设市场和规范计价行为提供了依据；三是“计价规范”没有人、材、机的消耗量，必然促使企业提高管理水平，引导企业学会编制自己的消耗量定额，适应市场需要。

【市场竞争形成价格】 由于“计价规范”不规定人工、材料、机械消耗量，为企业报价提供了自主空间，投标企业可以结合自身的生产效率、消耗水平和管理能力与已储备的本企业报价资料，按照“计价规范”规定的原则和方法，投标报价。工程造价的最终确定，由承、发包双方在市场竞争中按价值规律通过合同确定。

(1)“计价规范”的主要内容。

1)一般概念：工程量清单计价方法，是建设工程招标投标中，招标人按照国家统一的工程量计算规则提供工程数量，由投标人依据工程量清单自主报价，并按照经评审低价中标的工程造价计价方式。

①工程量清单：是表现拟建工程的分部分项工程项目、措施项目、其他项目名称和相应数量的明细清单，由招标人按照“计价规范”附录中统一的项目编码、项目名称、计量单位和

工程量计算规则进行编制，包括分部分项工程量清单、措施项目清单、其他项目清单。

②工程量清单计价：是指投标人完成由招标人提供的工程量清单所需的全部费用，包括分部分项工程费、措施项目费、其他项目费、规费及税金。

③工程量清单计价采用综合单价计价：综合单价是指完成规定计量单位项目所需的人工费、材料费、机械使用费、管理费、利润，并考虑风险因素。

2)“计价规范”的各章内容：“计价规范”包括正文和附录两大部分，二者具有同等效力。

①正文：共五章，包括总则、术语、工程量清单编制、工程量清单计价、工程量清单及其计价格式等内容，分别就“计价规范”的适用范围、遵循的原则、编制工程量清单应遵循的规则、工程量清单计价活动的规则、工程量清单及其计价格式均作了明确规定。

②附录包括：附录A，建筑工程工程量清单项目及计算规则；附录B，装饰装修工程工程量清单项目及计算规则；附录C，安装工程工程量清单项目及计算规则；附录D，市政工程工程量清单项目及计算规则；附录E，园林绿化工程工程量清单项目及计算规则。附录中包括项目编码、项目名称、项目特征、计量单位、工程量计算规则和工程内容。其中，项目编码、项目名称、计量单位、工程量计算规则作为四统一的内容，要求招标人在编制工程量清单时必须执行。

(2)“计价规范”的特点。

1)强制性：主要表现在，一是由建设主管部门按照强制性国家标准的要求批准颁布，规定全部使用国有资金或国有资金投资为主的大中型建设工程应按计价规范规定执行；二是明确工程量清单是招标文件的组成部分，并规定了招标人在编制工程量清单时必须遵守的规则，并做到四统一，即统一项目编码、统一项目名称、统一计量单位、统一工程量计算规则。

2)实用性：附录中工程量清单项目及计算规则的项目名称表现的是工程实体项目，项目名称明确清晰，工程量计算规则简洁明了；特别还列有项目特征和工程内容，易于编制工程量清单时确定具体项目名称和投标报价。

3)竞争性：一是“计价规范”中的措施项目，在工程量清单中只列“措施项目”一栏，具体采用什么措施，如模板、脚手架、临时设施、施工排水等详细内容由投标人根据企业的施工和组织设计，并视具体情况报价。因为这些项目在各个企业间各有不同，是企业的竞争项目，是留给企业竞争的空间。二是“计价规范”中人工、材料和施工机械没有具体的消耗量，投标企业可以依据企业的定额和市场价格信息，也可以参照建设行政主管部门发布的社会平均消耗量定额进行报价。“计价规范”将报价权交给了企业。

4)通用性：采用工程量清单计价将与国际惯例接轨，这较符合工程量计算方法标准化、工程量计算规则统一化及工程造价确定市场化的要求。

3. 术语

(1)工程量清单。表现拟建工程的分部分项工程项目、措施项目、其他项目名称和相应数量的明细清单。

(2)项目编码。采用十二位阿拉伯数字表示。一至九位为统一编码，其中一二位为附录顺序码，三四位为专业工程顺序码，五六位为分部工程顺序码，七八九位为分项工程项目名称序码，十至十二位为清单项目名称顺序码。

(3)综合单价。完成工程量清单中一个规定计量单位项目所需的人工费、材料费、机械使用费、管理费和利润，并考虑风险因素。

(4)措施项目。为完成工程项目施工，发生于该工程施工前和施工过程中技术、生活、安全等方面的非工程实体项目。

(5)预留金。招标人为可能发生的工程量变更而预留的金额。

(6)总承包服务费。为配合协调招标人进行的工程分包和材料采购所需的费用。

(7)零星工作项目费。完成招标人提出的，工程量暂估的零星工作所需的费用。

(8)消耗量定额。由建设行政主管部门根据合理的施工组织设计，按照正常施工条件下制定的，生产一个规定计量单位工程合格产品所需人工、材料、机械台班的平均消耗量。

(9)企业定额。施工企业根据本企业的施工技术和管理水平，以及有关工程造价资料制定的，并供本企业使用的人工、材料和机械台班的消耗量。

7.3.3 工程量清单编制

1. 一般规定

(1)工程量清单应由具有编制招标文件能力的招标人，或受其委托具有相应资质的中介机构进行编制。

(2)工程量清单应作为招标文件的组成部分。

(3)工程量清单应由分部分项工程量清单、措施项目清单、其他项目清单组成。

2. 分部分项工程量清单

(1)分部分项工程量清单应包括项目编码、项目名称、计量单位和工程数量。

(2)分部分项工程量清单应根据附录A、附录B、附录C、附录D、附录E统一规定的项目编码、项目名称、计量单位和工程量计算规则进行编制。

(3)分部分项工程量清单的项目编码，一至九位应按附录A、附录B、附录C、附录D、附录E的规定设置；十至十二位应根据拟建工程的工程量清单项目名称由编制人设置，并应自001起按顺序编制。

(4)分部分项工程量清单的项目名称应按下列规定确定。

1)项目名称应按附录A、附录B、附录C、附录D、附录E的项目名称与项目特征并结合拟建工程的实际而确定。

2)编制工程量清单，出现附录A、附录B、附录C、附录D、附录E中未包括的项目，编制人可做相应的补充，并需报省、自治区、直辖市工程造价管理机构备案。

(5)分部分项工程量清单的计量单位应按附录A、附录B、附录C、附录D、附录E中规定的计量单位确定。

(6)工程数量应按下列规定进行计算。

1)工程数量应按附录A、附录B、附录C、附录D、附录E中规定的工程量计算规则计算。

2)工程数量的有效位数应遵守下列规定：

①以“吨”为单位，应保留小数点后三位数字，第四位四舍五入；

②以“立方米”、“平方米”、“米”为单位，应保留小数点后两位数字，第三位四舍五入；

③以“个”、“项”等为单位，应取整数。

3. 措施项目清单

(1)措施项目清单应根据拟建工程的具体情况，参照表7－20列项。

表 7－20　措施项目一览表

序号	项　目　名　称
	1　通用项目
1.1	环境保护
1.2	文明施工
1.3	安全施工
1.4	临时设施
1.5	夜间施工
1.6	二次搬运
1.7	大型机械设备进出场及安拆
1.8	混凝土、钢筋混凝土模板及支架
1.9	脚手架
1.10	已完工程及设备保护
1.11	施工排水、降水
	2　建筑工程
2.1	垂直运输机械
	3　装饰装修工程
3.1	垂直运输机械
3.2	室内空气污染测试
	4　安装工程
4.1	组装平台
4.2	设备、管道施工的安全、防冻和焊接保护措施
4.3	压力容器和高压管道的检验
4.4	焦炉施工大棚
4.5	焦炉烘炉、热态工程
4.6	管道安装后的充气保护措施

续表 7－20

序号	项　目　名　称
4.7	隧道内施工的通风、供水、供气、供电、照明及通讯设备
4.8	现场施工围栏
4.9	长输管道临时水工保护设施
4.10	长输管道施工便道
4.11	长输管道跨越或穿越施工措施
4.12	长输管道地下穿越地上建筑物的保护措施
4.13	长输管道工程施工队伍调遣
4.14	格架式抱杆
5　市政工程	
5.1	围堰
5.2	筑岛
5.3	现场施工围栏
5.4	便道
5.5	便桥
5.6	洞内施工的通风、供水、供气、供电、照明及通讯设施
5.7	驳岸块石清理

(2)编制措施项目清单，出现表 7－20 未列的项目，编制人可做补充。

4. 其他项目清单

(1)其他项目清单应根据拟建工程的具体情况，参照下列内容列项，即预留金、材料购置费、总承包服务费、零星工作项目费等。

(2)零星工作项目表应根据拟建工程的具体情况，详细列出人工、材料、机械的名称、计量单位和相应数量，并随工程量清单发至投标人。

(3)编制其他项目清单，出现(1)中未列的项目，编制人可做补充。

5. 工程量清单计算规则与计价

(1)实行工程量清单计价招标投标的建设工程，其招标标底、投标报价的编制、合同价款确定与调整、工程结算应按本规范执行。

(2)工程量清单计价应包括按招标文件规定，完成工程量清单所列项目的全部费用，包括分部分项工程费、措施项目费、其他项目费和规费、税金。

(3)工程量清单应采用综合单价计价。

(4)分部分项工程量清单的综合单价,应根据本规范规定的综合单价组成,按设计文件或参照附录A、附录B、附录C、附录D、附录E中的“工程内容”确定。

(5)措施项目清单的金额,应根据拟建工程的施工方案或施工组织设计,参照本规范规定的综合单价组成确定。

(6)其他项目清单的金额应按下列规定确定。

1)招标人部分的金额可按估算金额确定。

2)投标人部分的总承包服务费应根据招标人提出要求所发生的费用确定,零星工作项目费应根据“零星工作项目计价表”确定。

3)零星工作项目的综合单价应参照本规范规定的综合单价组成填写。

(7)招标工程如设标底,标底应根据招标文件中的工程量清单和有关要求、施工现场实际情况、合理的施工方法以及按照省、自治区、直辖市建设行政主管部门制定的有关工程造价计价办法进行编制。

(8)投标报价应根据招标文件中的工程量清单和有关要求、施工现场实际情况及拟定的施工方案或施工组织设计,依据企业定额和市场价格信息,或参照建设行政主管部门发布的社会平均消耗量定额进行编制。

(9)合同中综合单价因工程量变更需调整时,除合同另有约定外,应按照下列办法确定:

1)工程量清单漏项或设计变更引起新的工程量清单项目,其相应综合单价由承包人提出,经发包人确认后作为结算的依据。

2)由于工程量清单的工程数量有误或设计变更引起工程量增减,属合同约定幅度以内的,应执行原有的综合单价;属合同约定幅度以外的,其增加部分的工程量或减少后剩余部分的工程量的综合单价由承包人提出,经发包人确认后,作为结算的依据。

(10)由于工程量的变更,并且实际发生了除上述(9)、1)、2)条规定以外的费用损失,承包人可提出索赔要求,与发包人协商确认后,给予补偿。

(11)在GB50500~2003《建设工程工程量清单计价规范》附录A、附录B、附录C、附录D、附录E中,详细地列有项目编码、项目名称、项目特点、计算单位、工程量计算规则、工程内容。

附录A为建筑工程工程量清单项目及计算规则,适用于工业与民用建筑和构筑物工程。

附录B为装饰装修工程工程量清单项目及计算规则,适用于工业与民用建筑和构筑物的装饰装修工程。

附录C为安装工程、附录D为市政工程、附录E为园林绿化工程的工程量清单项目及计算规则。

以上内容详见《建设工程工程量清单计价规范》。

6. 工程量清单格式

(1)工程量清单应采用统一格式。

(2)工程量清单格式应由下列内容组成:封面,填表须知,总说明,分部分项工程量清单,措施项目清单,其他项目清单,零星工作项目表。

(3)工程量清单格式的填写应符合下列规定。

1)工程量清单应由招标人填写。

2)填表须知除本规范内容外,招标人可根据具体情况进行补充。

(4)总说明应按下列内容填写:

1)工程概况,即建设规模、工程特征、计划工期、施工现场实际情况、交通运输情况、自然地理条件、环境保护要求等。

2)工程招标和分包范围。

3)工程量清单编制依据。

4)工程质量、材料、施工等的特殊要求。

5)招标人自行采购材料的名称、规格型号、数量等。

6)预留金、自行采购材料的金额数量。

7)其他需说明的问题。

7.3.4 建设工程定额的分类和应用

1. 建设工程定额的分类

建设工程定额是工程建设中各类定额的总称。为对建设工程定额有一个全面的了解,可以按照不同的原则和方法对其进行科学的分类。

(1)按照反映的生产要素消耗内容,可将建设工程定额分为人工定额(也称劳动定额)、材料消耗定额和机械台班定额。

(2)按照编制程序和用途,可将建设工程定额分为施工定额、预算定额(基础定额)、概算定额、概算指标、投资估算指标。

(3)按照投资的费用性质,可将建设工程定额分为建筑工程定额、设备安装工程定额、建筑安装工程费用定额、工器具定额以及工程建设其他费用定额等。

(4)按照专业性质,可将建设工程定额分为全国通用定额、行业通用定额和专业专用定额。

(5)按照主编单位和管理权限,可将建设工程定额分为全国统一定额、行业统一定额、地区统一定额、企业定额、补充定额。

2. 人工定额

人工定额也称劳动定额。它是在正常的施工技术组织条件下,完成单位合格产品所必须的劳动消耗量标准。这个标准是企业对工人在单位时间内完成产品数量、质量的综合要求。

人工定额反映生产工人在正常施工条件下的劳动效率,表明每个工人在单位时间内为生产合格产品所必须消耗的劳动时间,或者在一定的劳动时间内所生产的合格产品数量。

(1)人工定额的编制。编制人工定额主要包括拟定正常的施工条件以及拟定定额时间两项工作。

(2)人工定额的形式。人工定额按表现形式的不同,可分为时间定额和产量定额两种形式。

1)时间定额:就是某种专业、某种技术等级工人班组或个人,在合理的劳动组织和合理使用材料的条件下,完成单位合格产品所必需的工作时间,包括准备与结束时间、基本工作时间,辅助工作时间、不可避免的中断时间及工人必须的休息时间。时间定额以工日为单位,每一工日按八小时计算。其计算方法如下:

$$单位产品时间定额(工日)=\frac{1}{每工日产量}$$

或

$$单位产品时间定额(工日)=\frac{小组成员工日数总和}{机械台班产量}$$

2)产量定额:就是在合理的劳动组织和合理使用材料的条件下,某种专业、某种技术等级的工人班组或个人在单位工日中所应完成的合格产品的数量。其计算公式:

$$每工产量=\frac{1}{单位产品时间定额(工日)}$$

产量定额的计算单位有:米(m)、平方米(m^2)、立方米(m^3)、吨(t)、块、根、件、扇等。

时间定额与产量定额互为倒数,即:

$$时间定额\times产量定额=1$$

$$时间定额=\frac{1}{产量定额}$$

$$产量定额=\frac{1}{时间定额}$$

按定额的标定对象不同,人工定额又分单项工序定额和综合定额两种,综合定额表示完成同一产品中的各单项(工序或工种)定额的综合。按工序综合的用"综合"表示,按工种综合的一般用"合计"表示。其计算方法如下:

$$综合时间定额=\sum各单项(工序)时间定额$$

$$综合产量定额=\frac{1}{综合时间定额(工日)}$$

时间定额和产量定额都表示同一人工定额项目,它们是同一人工定额项目的两种不同的表现形式。时间定额以工日为单位,综合计算方便,时间概念明确。产量定额则以产品数量为单位表示较具体形象,而且劳动者的奋斗目标一目了然,便于分配任务。人工定额用复式表示法同时列出时间定额和产量定额,以便于各部门、企业根据各自的生产条件和要求选择使用。复式表示法有如下形式:

$$\frac{时间定额}{每工日产量}\quad 或\quad \frac{人工时间定额}{机械台班产量}$$

(3)人工定额的制定方法。人工定额是根据国家的经济政策、劳动制度和有关技术文件及资料制定的。制定人工定额,常用的方法有四种:

1)技术测定法:是根据生产技术和施工组织条件,对施工过程中各工序采用测时法、写实记录法、工作日写实法而测出的各工序的工时消耗等资料,再对所获得的资料进行科学的分析,制定出人工定额的方法。

2)统计分析法:是把过去施工生产中的同类工程或同类产品的工时消耗的统计资料,与当前生产技术和施工组织条件的变化因素结合起来,进行统计分析的方法。这种方法简单易行,适用于施工条件正常、产品稳定、工序重复量大和统计工作制度健全的施工过程。然而,过去的纪录,只是实耗工时,不反映生产组织和技术的状况;所以,在这样条件下求出的定额水平,只是已达到的劳动生产率水平,而不是平均水平。实际工作中,必须分析研究各种变化因素，使定额能真实地反映施工生产平均水平。

3）比较类推法：对于同类型产品规格多，工序重复、工作量小的施工过程，常用比较类推法。采用此法制定定额是以同类型工序和同类型产品的实耗工时为标准，类推出相似项目定额水平的方法。此法必须掌握类似的程度和各种影响因素的异同程度。

4）经验估计法：根据定额专业人员、经验丰富的工人和施工技术人员的实际工作经验，参考有关定额资料，通过对施工管理组织和现场技术条件进行调查、讨论和分析再制定定额的方法，叫做经验估计法。经验估计法通常用于一次性定额。

3. 材料消耗定额

材料消耗定额是在合理和节约使用材料的条件下，生产单位质量合格产品所必须消耗的一定规格的材料、成品、半成品、水和电等资源的数量标准。

定额材料消耗指标的组成，按其使用性质、用途和用量大小划分为三类，即：

主要材料——是指直接构成工程实体的材料；

辅助材料——也是直接构成工程实体，但比重较小的材料；

零星材料——是指用量小、价值不大、不便计算的次要材料，可用估算法计算。

材料消耗定额包括直接使用在工程上的材料净用量和在施工现场内运输及操作过程中的不可避免的废料和损耗。

（1）材料净用量的确定。材料净用量的确定，一般有以下几种方法：

1）理论计算法：理论计算法是根据设计、施工验收规范和材料规格等，从理论上计算材料的净用量，如砖墙 的用砖数和砌筑砂浆的用量。可用下列理论计算公式计算各自的净用量。

①用砖数的计算式：

$$A=\frac{1}{\text{墙厚}\times(\text{砖长}+\text{灰缝})\times(\text{砖厚}+\text{灰缝})}\times K$$

式中　K——墙厚的砖数×2（墙厚的砖数是0.5砖墙、1砖墙、1.5砖墙）。

②砂浆用量的计算式：

$$B=1-\text{砖数}\times(\text{砖块体积})$$

2）测定法：即根据试验情况和现场测定的资料数据确定材料的净用量。

3）图纸计算法：根据选定的图纸，计算各种材料的体积、面积、延长米或重量。

4）经验法：根据历史上同类项目的经验进行估算。

（2）材料损耗量的确定。材料的损耗一般以损耗率表示，而材料损耗率可以通过观察法或统计法计算确定。

$$\text{损耗率}=\frac{\text{损耗量}}{\text{净用量}}\times100\%$$

$$\begin{aligned}\text{总消耗量}&=\text{净用量}+\text{损耗量}\\&=\text{净用量}\times(1+\text{损耗率})\end{aligned}$$

4. 机械台班定额

机械台班定额，是指施工机械在正常施工条件下完成单位合格产品所必需的工作时间。它反映了合理而均衡地组织作业和使用机械时，该机械在单位时间内的生产效率。

（1）机械台班定额的编制。

1）拟定机械工作的正常施工条件，包括工作地点的合理组织，施工机械作业方法的拟定；确定配合机械作业的施工小组的组织，以及机械工作班制度等。

2）确定机械净工作效率，即确定出机械纯工作一小时的正常生产率。

3）确定机械的正常利用系数，是指机械在施工作业班内对作业时间的利用率。其计算公式：

$$机械利用系数=\frac{工作班净工作时间}{机械工作班时间}$$

4）计算施工机械定额台班：

$$施工机械台班产量定额=机械生产率\times 工作班延续时间\times 机械利用系数$$

$$施工机械时间定额=\frac{1}{施工机械台班产量定额}$$

5）拟定工人小组的定额时间，是指配合施工机械作业的工人小组的工作时间总和。

$$工人小组定额时间=施工机械时间定额\times 工人小组的人数$$

（2）机械台班定额的形式。按其表现形式不同，机械台班定额可分为时间定额和产量定额。

1）机械时间定额：是指在合理劳动组织与合理使用机械条件下，完成单位合格产品所必须的工作时间，包括有效工作时间（正常负荷下的工作时间和降低负荷下的工作时间）、不可避免的中断时间、不可避免的无负荷工作时间。机械时间定额以“台班”表示，即一台机械工作一个作业班的时间（一个作业班时间为8小时）。机械时间定额的计算式：

$$单位产品机械时间定额（台班）=\frac{1}{台班产量}$$

由于机械必须由工人小组配合，所以完成单位合格产品的时间定额的同时列出人工时间定额，即：

$$单位产品人工时间定额（工日）=\frac{小组成员总人数}{台班产量}$$

2）机械产量定额：是指在合理劳动组织与合理使用机械条件下，机械在每个台班时间内，应完成合格产品的数量。

$$机械台班产量定额=\frac{1}{机械时间定额（台班）}$$

7.3.5 建设工程项目总投资的组成

1. 建设工程项目总投资组成表

按照原国家计委审定（计办投资[2002]15号）发行的《投资项目可行性研究指南》规定，现行建设工程项目总投资组成如图7－14所示。

- 建设工程项目总投资组成
  - 建设投资
    - 建筑安装工程费用
      - 直接费
      - 间接费
      - 利润
      - 税金
    - 设备及工具、器具购置费用
      - 设备购置费
        - 设备原价
        - 设备运杂费
      - 工具器具及生产家具购置费
    - 工程建设其他费用
      - 土地使用费
      - 与项目建设有关的其他费用
      - 与未来企业生产经营有关的其他费用
    - 预备费
      - 基本预备费
      - 涨价预备费
    - 建设期利息
    - 固定资产投资方向调节税
  - 流动资产投资——铺底流动资金

图 7－14　现行建设工程项目总投资组成

2. 设备及工具器具购置费的组成

设备工具器具购置费，是指为工程项目购置或自制达到固定资产标准的设备和新建、扩建工程项目配置的首批工具器具，以及生产家具所需的费用。设备及工具器具购置费由设备购置费和工具器具及生产家具购置费组成。设备购置费包括设备原价或进口设备抵岸价及其设备运杂费，即：

设备购置费 = 设备原价或进口设备抵岸价 - 设备运杂费

式中列的设备原价是指国产标准设备、非标准设备的原价。设备运杂费是指设备原价中未包括的包装和包装材料费、运输费、装卸费、采购费及仓库保管费、供销部门手续费等。如果设备是由设备成套公司供应的，成套公司的服务费也应计入设备运杂费之中。

（1）国产标准设备原价。一般指的是设备制造厂的交货价，即出厂价。

（2）国产非标准设备原价。非标准设备是指国家尚无定型标准，各设备生产厂不可能在工艺过程中采用批量生产，只能按一次订货，并根据具体的设备图纸制造的设备。非标准设备原价有多种不同的计算方法，如成本计算估价法、系列设备插入估价法、分部组合估价法、定额估价法等。无论哪种方法都应该使非标准设备计价的准确度接近实际出厂价，并且计算方法要简便。

（3）进口设备抵岸价。是指抵达买方边境港口或边境车站，且缴完关税以后的价格。进口设备抵岸价由进口设备货价和进口从属费用组成。

进口设备如采用装运港船上交货价（FOB），其抵岸价构成可概括为：

进口设备抵岸价 = 货价 + 国外运费 + 国外运输保险费 - 银行财务费 + 外贸手续费 + 进口关税 + 增值税 + 消费税 + 海关监管手续费

1）进口设备的货价：一般可采用下列公式计算，即

$$货价=离岸价(FOB价)\times人民币外汇牌价$$

2)国外运费:我国进口设备大部分采用海洋运输方式,小部分采用铁路运输方式,个别采用航空运输方式。

$$国外运费=离岸价\times运费率$$

或 $$国外运费=运量\times单位运价$$

式中列的运费率或单位运价参照有关部门或进出口公司的规定。

3)国外运输保险费:对外贸易货物运输保险是由保险人(保险公司)与被保险人(出口人或进口人)订立保险契约,在被保险人交付议定的保险费后,保险人根据保险契约的规定对货物在运输过程中发生的承保责任范围内的损失给予经济上的补偿。计算公式为:

$$国外运输保险费=(离岸价+国外运费)\times国外保险费率$$

4)银行财务费:一般指银行手续费,计算公式为:

$$银行财务费=离岸价\times人民币外汇牌价\times银行财务费率$$

银行财务费率一般为0.4%~0.5%。

5)外贸手续费:是指按规定的外贸手续费率计取的费用,外贸手续费率一般取1.5%,计算公式:

$$外贸手续费=进口设备到岸价\times人民币外汇牌价\times外贸手续费率$$

式中 $进口设备到岸价(CIF)=离岸价((FOB)+国外运费+国外运输保险费$

6)进口关税:关税是由海关对进出国境的货物和物品征收的一种税,属于流转性课税。计算公式:

$$进口关税=到岸价\times人民币外汇牌价\times进口关税率$$

7)消费税:是针对部分进口产品(如轿车等)征收的,计算公式:

$$消费税=\frac{到岸价\times人民币外汇牌价+关税}{1-消费税率}\times消费税率$$

8)增值税:增值税是我国政府对从事进口贸易的单位和个人,在进口商品报关进口后征收的税种。我国增值税条例规定,进口应税产品均按组成计税价格,依税率直接计算应纳税额,不扣除任何项目的金额或已纳税额。进口产品增值税额计算公式:

$$进口产品增值税额=组成计税价格\times增值税率$$

$$组成计税价格=到岸价\times人民币外汇牌价+进口关税+消费税$$

式中 增值税率——增值税基本税率(为17%)。

9)海关监管手续费:

$$海关监管手续费=到岸价\times人民币外汇牌价\times海关监管手续费率$$

(4)设备运杂费。

1)设备运杂费的构成:

①国产标准设备由设备制造厂交货地点起,至工地仓库(或施工组织设计指定的需要安装设备的堆放地点)止所发生的运费和装卸费。

进口设备则由我国到岸港口、边境车站起，至工地仓库（或施工组织设计指定的需要安装设备的堆放地点）止所发生的运费和装卸费。

②在设备出厂价格中没有包含的设备包装和包装材料器具费，如果在设备出厂价或进口设备价格中，如已包括了此项费用，则不应重复计算。

③供销部门的手续费，按有关部门规定的统一费率计算。

④建设单位（或工程承包公司）的采购与仓库保管费。这是指采购、验收、保管和收发设备所发生的各种费用，包括设备采购、保管和管理人员工资、工资附加费、办公费、差旅交通费、设备供应部门办公和仓库所占固定资产使用费、工具用具使用费、劳动保护费、检验试验费等。这些费用可按主管部门规定的采购保管费率计算。

2）设备运杂费按设备原价乘以设备运杂费率的计算：

设备运杂费 = 设备原价 × 设备运杂费率

（5）工具、器具及生产家具购置费。是指按照有关规定，为保证初期正常生产必须购置的没有达到固定资产标准的设备、仪器、工卡模具、器具、生产家具和备品备件的费用。一般以设备购置费为计算基数，按照部门或行业规定的工具、器具及生产家具费率计算。其一般计算公式为：

工具、器具及生产家具的购置费 = 设备购置费 × 定额费率

3. 工程建设其他费的组成

工程建设其他费包括土地使用费、与项目建设有关的其他费用和与未来企业生产经营有关的其他费用。

（1）土地使用费。

1）农用土地征用费：农用土地征用费由土地补偿费、安置补助费、土地投资补偿费、土地管理费、耕地占用税等组成，并按被征用土地的原用途给予补偿。

2）取得国有土地使用费：取得国有土地使用费包括土地使用权出让金、城市建设配套费、拆迁补偿与临时安置补助费等。

（2）与项目建设有关的其他费用。

1）建设单位管理费：建设单位管理费是指建设工程从立项、筹建、建设、联合试运转、竣工验收交付使用及后评估等全过程管理所需的费用。内容包括建设单位开办费和建设单位经费，计算公式：

建设单位管理费 = 工程费用 × 建设单位管理费指标

式中　工程费用——指建筑安装工程费用和设备及工具、器具购置费用之和。

2）勘察设计费：是指为本建设工程提供项目建议书、可行性研究报告及设计文件等所需费用。勘察设计费应按照原国家计委颁发的工程勘察设计收费标准计算。

3）研究试验费：是指为本建设工程提供或验证设计参数、数据资料等进行必要的研究试验，以及设计规定在施工中进行的试验、验证所需费用。研究试验费还包括自行或委托其他部门研究试验所需人工费、材料费、试验设备及仪器使用费，支付的科技成果、先进技术的一次性技术转让费。此费应按照设计单位根据本工程项目的需要提出的研究试验内容和要求计算。

4）临时设施费：是指建设期间建设单位所需临时设施的搭设、维修、摊销费用或租赁费

用。计算公式为：

$$临时设施费=建筑安装工程费\times临时设施费标准$$

5)工程监理费：是指委托工程监理企业对工程实施监理工作所需的费用，根据国家物价局、建设部文件规定计算。

6)工程保险费：是指建设工程在建设期间根据需要，实施工程保险部分所需费用。该费包括以各种建筑工程及其在施工过程中的物料、机器设备为保险标的的建筑工程一切险，以安装工程中的各种机器、设备为保险标的的安装工程一切险，以及机器损坏保险等。根据不同的工程类别，分别以其建筑安装工程费乘以建筑、安装工程保险费费率计算。

7)引进技术和进口设备其他费：包括出国人员费用、国外工程技术人员来华费用、技术引进费、分期或延期付款利息、担保费以及进口设备检验鉴定费。

(3)与未来企业生产经营有关的其他费用。

1)联合试运转费：是指新建企业或新增加生产工艺过程的扩建企业在竣工验收前，按照设计规定的工程质量标准，进行整个车间的负荷试运转发生的费用支出大于试运转收入的亏损部分。

①费用内容包括，试运转所需的原料、燃料、油料和动力的费用，机械使用费用，低值易耗品及其他物品的购置费用和施工单位参加联合试运转人员的工资等。

②试运转收入包括试运转产品销售和其他收入，但不包括应由设备安装工程费开支的单台设备调试费及无负荷联动试运转费用。

③联合试运转费以"单项工程费用"总和为基础，按照工程项目的不同规模分别规定的试运转费率计算或以试运转费的总金额包干使用。

2)生产准备费：是指新建企业或新增生产能力的企业，为保证竣工交付使用进行必要的生产准备所发生的费用。费用内容包括：生产职工培训费，生产单位提前进厂参加施工、设备安装、调试费，以及熟悉工艺流程及设备性能等人员的工资、工资性补贴、职工福利费、差旅交通费、劳动保护费等。

3)办公和生活家具购置费：是指为保证新建、改建、扩建项目初期正常生产、使用和管理所必须购置的办公用具和生活家具、其他用具的费用。这项费用按照设计定员人数乘以综合指标计算。

4. 预备费的组成

预备费包括基本预备费和涨价预备费。

(1)基本预备费。基本预备费是指在项目实施中可能发生难以预料的支出，需要预先预留的费用，又称不可预见费。主要指设计变更及施工过程中可能增加工程量的费用。计算公式为：

$$基本预备费=(设备及工器具购置费+建筑安装工程费+工程建设其他费)\times基本预备费率$$

(2)涨价预备费。指工程项目在建设期内由于物价上涨、汇率变化等因素影响而需要增加的费用。计算公式：

$$PC=\sum_{t=1}^{n}I_t[1+f)^t-1]$$

式中 PC——涨价预备费；

I_t——第 t 年的建筑安装工程费、设备及工器具购置费之和；

n——建设期；

f——建设期价格上涨指数。

5. 建设期利息的计算

建设期利息是指工程项目在建设期间内发生并计入固定资产的利息。建设期利息应按借款要求和条件计算。国内银行借款按现行贷款计算，国外贷款利息按协议书或贷款意向书确定的利率按复利计算。为了简化计算，在编制投资估算时通常假定借款均在每年的年中支用，借款第一年按半年计息，其余各年份按全年计息。其计算公式：

各年应计利息 =（年初借款本息累计 + 本年借款额/2）× 年利率

7.3.6 建设工程项目估算

1. 建设工程项目估算的内容

建设工程项目估算的内容，从构成来讲应包括该项目从筹建、设计、施工，直至竣工投产所需的全部费用，分为建设投资和流动资金两部分，仍见图 7 – 17 所示。

估算工作按投资决策过程的进展相应地分为三个阶段，即投资机会研究与项目建议书阶段的投资估算、初步可行性研究阶段的投资估算和详细可行性研究阶段的投资估算。在不同的阶段，工作深度不同，估算的准确度也不一样。

（1）投资机会研究与项目建议书阶段的投资估算。这一阶段主要是选择有利的投资机会，提出投资建议，该阶段的工作可大致分为两个步骤：

①第一个步骤：可称为毛估阶段，它属于项目规划阶段的投资估算。这时，没有工艺流程图、平面布置图和设备分析情况，主要靠比照同类型已投产项目的投资额并考虑价格变化因素等进行估算。估算的目的仅在于判断一个项目是否值得进一步研究。由于资料的综合性很强，因此，估算的工作量小，时间和费用均消耗少，但估算误差率较大，常允许在 30% 以上。

②第二个步骤：可称为粗估阶段。它属于项目建议书阶段的投资估算。在此阶段，有了初步的流程图及主要设备的生产能力，并已确定了项目的地理位置。粗估的目的主要是判断一个项目是否可行，指导进一步的研究。此阶段的误差率仍允许达 30%。

（2）初步可行性研究阶段的投资估算。这一阶段是介于投资机会研究和详细可行性研究之间的阶段。此时要进一步明确项目的可行性，以及设备、材料的规格、设备的生产能力、工厂的总平面图、公用设施的初步配置等。进而确定项目是否进行详细可行性研究，并为下一步的研究和投资计划奠定基础。这种估算的误差率为 20% 左右。

（3）详细可行性研究阶段的投资估算。详细可行性研究阶段又可称为最终可行性研究阶段。在此阶段，项目已经进行了较详细的技术经济分析，决定了项目是否可行，并通过比较选出最佳投资方案，估算的投资额相对比较准确，可据此进行项目的筹资。这种估算的误差率范围为 ±10%。

2. 建设工程项目估算的编制方法

估算采用何种方法应取决于要求达到的精确度，而精确度又由项目前期研究阶段的不同以及资料数据的可靠性决定。因此，在投资项目的不同前期研究阶段，允许采用繁简不同、深浅不同的估算方法。常用的估算方法有生产能力指数法、资金周转率法、比例估算法、综合指标投资估算法。

(1)生产能力指数法。这种方法起源于国外对化工厂投资的统计分析。根据统计，生产能力不同的两个装置，它们的初始投资与两个装置生产能力之比的指数幂成正比。其计算公式为：

$$C_2 = C_1 (\frac{x_2}{x_1})^n \times C_1$$

式中 C_2——拟建项目或装置的投资额；

C_1——已建同类型项目或装置的投资额；

x_2——拟建项目的生产能力；

x_1——已建同类型项目的生产能力；

C_1——价格调整系数；

n——生产能力指数。

该法中生产能力指数 n 是一个关键因素。不同行业、性质、工艺流程、建设水平、生产率水平的项目，应取不同的指数值。选取 n 值的原则是：靠增加设备、装置的数量，以及靠增大生产场所扩大生产规模时，n 取 0.8 ~ 0.9；靠提高设备、装置的功能和效率扩大生产规模时，n 取 0.6 ~ 0.7。另外，拟建项目生产能力与已建同类项目生产能力的比值应有一定的限制范围，一般这一比值不能超过 50 倍，而在 10 倍以内效果较好。生产能力指数法多用于估算生产装置投资。

(2)资金周转率法。是从资金周转率的定义推算出投资额的一种方法。当资金周转率为已知时，则

$$C = \frac{Q \times P}{T}$$

式中 C——拟建项目投资；

Q——产品年产量；

P——产品单价；

T——资金周转率，$T = \frac{\text{年销售总额}}{\text{总投资}}$。

该法概念简单明了，方便易行，但误差较大。不同性质的工厂或生产不同产品的车间，资金周转率都不同，要提高投资估算的精确度，必须做好相关的基础工作。

(3)比例估算法。以拟建项目或装置的设备费为基数，根据已建成的同类项目的建筑安装工程费和其他费用等占设备价值的百分比，求出相应的建筑安装工程及其他有关费用，其总和为拟建项目或装置的投资额。计算公式为：

$$C = E(1 + f_1 P_1 + f_2 P_2 + f_3 P_3) + I$$

式中 C——拟建项目的投资额；

E——根据设备清单按现行价格计算的设备费的总和；

P_1, P_2, P_3——表示已建成项目中的建筑、安装及工程建设其他费分别占设备费的百分比；

f_1,f_2,f_3——表示由于时间因素引起的定额、价格、费用标准等变化的综合调整系数；

I——拟建项目的其他费用。

这种方法适用于设备投资占比例较大的项目。

以拟建项目中主要的、投资比重较大的工艺设备的投资（含运杂费，也可含安装费）为基数，根据已建类似项目的统计资料，计算出拟建项目各专业工程费占工艺设备的比例，求出各专业投资，相加得工程费用，再加上其他费用，求得拟建项目的建设投资。

（4）综合指标投资估算法。综合指标投资估算法是依据国家有关规定，国家或行业、地方的定额、指标和取费标准，以及设备和主材价格等，从工程费用中的单项工程入手，来估算初始投资。采用这种方法，还需要相关专业提供较为详细的资料，有一定的估算精度，精确度相对较高。

1）设备和工器具购置费估算：分别估算各单项工程的设备和工器具购置费，需要主要设备的数量、出厂价格和相关运杂费资料。一般运杂费可按设备价格的百分比估算。主要设备以外的零星设备费可按占主要设备费的比例估算，工器具购置费一般也按占主要设备费的比例估算。

2）安装工程费估算：可行性研究阶段，安装工程费一般可以按照设备费的比例估算，该比例需要通过经验判定，并结合该装置的具体情况确定。

安装工程费也可按设备吨位乘以吨安装费指标，或安装实物量乘以相应的安装费指标估算，条件成熟的，可按概算法估算。

3）建筑工程费估算：建筑工程费的估算一般按单位综合指标法，即用工程量乘以相应的单位综合指标，如单位建筑面积（每平方米）投资、单位土石方（每立方米）投资、单位矿井巷道（每延米）投资、单位路面铺设（每平方米）投资等。条件成熟的，可按概算法估算。

（5）其他费用的估算。其他费用种类较多，无论采用何种投资估算方法，一般其他费用都需要按照国家、地方或部门的有关规定逐项估算。要注意随着地区和项目性质的不同，费用科目可能会有所不同。在项目的初期阶段，也可以按照工程费用的百分数综合估算。

（6）基本预备费估算。基本预备费以工程费用、第二部分工程建设其他费用之和为基数，乘以适当的基本预备费率（百分数）估算。预备费率的取值一般按行业规定，并结合估算深度确定。

（7）涨价预备费估算。一般以分年工程费用为基数，分别估算各年的涨价预备费，再行加和，求得总的涨价预备费。

7.3.7 国际工程建筑安装工程费用的组成

1. 费用项目组成

国际工程项目建筑安装工程费用的组成，因承包项目范围的不同，以及各承包公司的分类方法不同，没有统一的模式，但基本组成如图 7－15 所示。

- 国际工程项目建筑安装工程费用
  - 工程总成本
    - 直接费
      - 人工费
      - 材料设备费
      - 施工机械使用费
    - 间接费
      - 现场管理费
      - 临时设施工程费
      - 保函手续费
      - 保险费
      - 贷款利息
      - 税金
      - 业务费
      - 其他
    - 分包费
    - 公司(企业管理费)
  - 暂列金额
  - 利润和风险费

图 7－15　国际工程项目建筑安装工程费用的组成

2. 直接费

(1)直接费是指直接用于工程的人工费、材料设备费和施工机械使用费。

1)人工费:指直接从事施工以及附属辅助性生产的工人工资,包括国内工人工资、外籍工人工资,但不包括管理人员、后勤服务人员的工资。

2)材料设备费:指用于永久工程的所有建筑材料、设备的费用。材料设备采购的途径不同,其费用构成也不同,但均应包括材料设备的购买价格,以及从采购地到达工程现场过程中所发生的运输费、保管费等其他费用。

3)施工机械使用费:指用于施工的各类机械、装备的使用费,包括机械的基本折旧费、安装拆卸费、维修费、机械保险费和燃料动力费,以及驾驶操作人工费等。

(2)国外多采用工程量清单方式报价,常用的分项工程(工程量清单项目)直接费计算方法有如下 3 种。

1)定额估价法:采用定额估价法应具备较正确的工效、材料、机械台班的消耗定额,人工、材料、和机械台班的使用单价。定额估价法应用较为广泛,一般用于有较可靠定额标准的企业。

2)作业估价法:应用定额估价法是以定额消耗标准为依据,并不考虑作业的持续时间。当机械设备所占比重较大,使用的均衡性较差,机械设备搁置时间过长而使其费用增大时,这种机械搁置无法在定额估价中给予恰当的考虑,一般应采用作业估价法进行计算。

作业估价法是先估算出总工作量、分项工程的作业时间和正常条件下劳动人员、施工机械的配备,然后计算出各项作业持续时间内的人工和机械费用。为保证估价的正确性和合理性,作业估价法应包括制定施工计划和计算各项作业的资源费用等。这种方法应用相当普遍,尤其是那些广泛使用网络计划方法编制施工作业计划的企业。

3)框算估价法:对于某些分项工程的直接费单价的估算,估价师可以根据以往的实际经验或有关资料，直接估算出分项工程中人工、材料和机械台班的消耗量，从而估算出分项工程的直接费单价。采用这种方法，估价师的实际经验直接决定了估价的正确程度，因此，往往适用于工程量不大，所占费用比例较小的分项工程。

3. 间接费

国际工程的间接费项目较多，但并无统一的规定，一般经常遇到的费用项目包括以下内容。

(1)现场管理费。指除了直接用于各分部分项工程施工所需的人工、材料设备和施工机械等开支之外的为工程现场管理所需要的各项费用。一般包括，管理人员和后勤服务人员工资、办公费、差旅交通费、医疗费、劳动保护费、固定资产折旧、工具用具使用费、检验试验费和其他费用。

(2)临时设施工程费。临时设施工程费用包括生活用房、生产用房和室外工程等临时房屋的建设费(或房租)，以及水、电、暖、卫费及通讯设施费等。

(3)保函手续费。国际工程招投标及实施过程中涉及到投标保函、履约保函、预付款保函、维修保函。银行为承包商出具以上保函时，都要收取一定的手续费。

1)投标保函：国外工程投标时，投标者必须交出由有资格的银行出具的投标保证书。用于保证投标者在投标后不中途退标，并在中标后与业主签订工程承包合同，否则投标保证金将予以没收。一般规定投标保证金占投标金额的5%，或具体规定某一额度。保证期限到定标时为止(一般为3～6个月)，中标者可将此保证书转为履约保证书，不中标者予以退还。办理投标保证书时，应向银行缴纳一定比例的手续费。

2)履约保函：投标人中标后与业主签订承包合同以前，需先交出履约保证书，用以确保合同的履行。其手续与办理投标保证书相同，保证金额一般为投标总价的10%或具体规定某一额度。履约保证书的有效期至完工时止，如果承包人中途违约，则被业主没收保函以赔偿损失。

3)预付款保函：承包商收受业主的预付工程款之前，必须交出与预付款金额相同的预付款保证书。该保证书同样也应由有资格的银行出具。

4)维修保函：工程完工后如果发现质量上的问题，在规定的保修期内由承包者负责修理。保修金是指在保修期内，为了确保承包者负责维修而保留的一部分承包额，直到保修期满为止。保修金一般占总价的5%，而且同样也可由银行出具保证书。

(4)保险费。国际工程中的保险项目一般有工程一切险、第三者责任保险、机动车辆保险、人身意外保险、材料设备运输保险、施工机械保险等，其中后三项保险的费用已分别计入直接费中的人工费、材料设备费和机械使用费。

1)工程一切险：工程一切险也称工程全险，即对工程在施工和保修期间，由于自然灾害、意外事故、操作疏忽或过失而可能造成的一切损失(包括第三者责任险)进行保险。保险范围包括合同规定的全部工程；到达工地的设备、材料和施工机具，临时设施及现场上的其他物资。建筑工程一切险的保险金额应为保险标的建筑完成时的总值，保险费则按不同项目的危险程度、工期长短等因素确定。

2)第三者责任保险：建筑工程第三者责任保险是分别附加在工程一切险中的。在工程保险期内，如发生意外事故造成在工地及邻近地区的第三者人身伤亡、疾病或财产损失，依法律应由被保险人负责时，以及被保险人因此而支付的诉讼费和保险公司事先同意支付的其他费用,都将由保险公司负赔偿责任。第三者责任险的赔偿限额由双方商定。

3)机动车辆保险:机动车辆包括汽车、拖拉机、摩托车以及各种特种车辆,但它们是机械损坏险中所不包括的。机动车辆保险分为车辆损失险和第三者责任险两部分,两者可以一起或分别投保。

4)人身意外保险:为了使施工人员在遭受意外造成人身伤亡时得到经济补偿,减轻企业负担,可向保险公司投保团体人身意外伤害险。

5)施工机械保险:承包人为保障工地施工机械设备遭受损失时得到补偿所投保的机械损坏险。其保险金额应以该机械设备的重置价值为准。

(5)贷款利息。承包商本身资金不足时,要用银行贷款组织施工,需向银行支付利息。

(6)税金。承包商应按工程所在国税收制度缴纳税额,但各国情况不同税种也不同。主要税种有合同税、营业税、产业税、印花税、所得税、人头税、社会福利税、社会安全税、车辆牌照税及各种特种税等。

(7)业务费。包括为监理工程师创造现场工作、生活条件而开支的费用,包括为争取中标或加快收取工程款的代理人佣金、法律顾问费、广告宣传费、考察联络费、业务资料费和咨询费等。

4. 分包费

分包费是指分包商的费用。总包商在投标时还要考虑总包商的管理费。

5. 公司管理费

公司管理费也叫企业管理费或上级管理费,是公司为承包工程提供服务而收取的一项费用。公司管理费包括总部人员工资、行政管理费用、办公室的租金、邮政通讯费用、电费、暖气费、修理费、车辆使用费、办公用品费和财务费用等。

6. 暂列金额

“暂列金额”是指包括在合同中,供工程任何部分的施工,或提供货物、材料、设备,或服务,或提供不可预料事件之费用的一项金额。暂列金额是业主方的备用金,这是由业主的咨询工程师事先确定并填入招标文件中的金额。

7. 利润和风险费

利润对于业主来说是允许的利润,对投标者而言则是计划利润。风险费也称不可预见费,或称意外费。承包商承受来自气候、通货膨胀、合同条件、币值波动等风险,为防范风险所需要的各项费用,以及补偿费用均计入标价中。

8 建设工程项目进度控制

8.1 建设工程项目计划管理

8.1.1 建设工程项目的计划分类及内容

1. 建设工程项目的计划分类

建设工程项目管理过程一般分为总计划、短期计划及月、旬作业计划。

(1)总计划。是根据项目规模的大小和与建设单位签订合同的时间决定的。管理过程总计划的任务是确定项目管理期间的经营方针和目标,确定主要技术经济指标应达到的水平,以及达到经营目标所采取的措施。

(2)短期计划。即年度和季度施工生产技术财务计划。它是建设工程项目管理在计划期内从事生产经营活动的行动纲领和必须达到的目标,是评价和考核项目管理工作的主要依据。

(3)月、旬作业计划。是季度计划的具体化,就是将任务具体落实到班组,组织和指导日常的生产活动。

2. 进度计划编制的内容

(1)计划编制说明、编制原则及依据。

(2)关键线路或工作重点的叙述。

(3)在总进度计划的指导下,对各专业计划提出的具体要求和各项措施。

(4)为完成计划所需的外部环境及有关单位需要解决的问题。

(5)计划运行图形,如网络图、横道图等。

(6)各专业需求数量表、工程量及工作量表。

8.1.2 建设项目计划的依据

(1)依据上级下达的有关文件和要求。

(2)依据合同、协议、设计图纸、有关规程及概、预算等。

(3)依据施工组织的设计、施工准备、施工条件及协调环境。

(4)依据主要材料、半成品、机具等落实情况。

(5)依据有关新材料、新技术、新工艺的应用和推行的资料及经验。

8.1.3 建设工程项目进度计划的控制措施及过程

建设工程项目进度控制是指工程项目经理部根据合同规定的工期要求编制施工进度计划,并以此作为进度控制的目标,对施工的全过程进行经常检查、对照并分析,及时发现实施过程中的偏差，以便采取有效措施，如调整进度计划、排除干扰，保证工期目标实现的全部活动。

1. 建设工程项目进度控制的措施

(1)组织措施。首先是建立进度实施和控制的组织系统，订立进度控制工作制度，如检查时间、方法，召开协调会议的时间、参加人员等；其次是落实各层次进度控制的人员、具体任务和工作职责；第三是按施工项目的组成、进展阶段、合作分工等将总进度计划分解，确定其进度目标，建立进度控制目标体系。

(2)合同措施。指以合同形式保证工期进度的实现，即：保持总进度控制目标与合同总工期相一致；分包合同的工期与总包合同的工期相一致；供货、供电、运输、构件加工等所签订的合同，对施工项目提供服务配合的时间与有关的进度控制目标协调一致。

(3)技术措施。提供保证加快施工进度的技术方法，以保证在进度调整后，仍能如期竣工。

(4)经济措施。落实实现进度计划的资金。

(5)信息管理措施。建立监测、分析、调整、反馈进度实施过程的信息流动和管理制度，以实现连续、动态的全过程进度目标控制。

2. 建设工程项目进度控制过程

建设工程总进度目标是从总的方面对项目建设提出的工期要求，但在施工控制过程中，则是通过对最基础的分部、分项工程的施工着手实行进度分解和控制的。在分解中，每一层次的进度控制目标都限定了下一级层次的进度控制目标，而较低层次的进度控制目标又是较高一级层次进度控制目标能够实现的保证，于是就形成了一个自上而下的层层约束，由下而上的级级保证，即上下一致的多层次的进度控制目标体系。

为了便于对施工进度的控制与协调，还可以按承建单位，按专业工种，按年、季、月、旬时间等不同角度建立与施工进度控制目标体系相联系配套的进度控制目标。

总之，建设工程项目进度的控制过程，就是一个不断由计划→实施→检查→处理，然后再到计划的循环往复过程。

3. 施工进度计划的检查、对比分析

在施工进度计划的检查过程中，可用统计的方法对工程进度进行调查、整理以及对比分析。

(1)调查。采用逐日进度报表、作业状况报表、现场实地检查方法等对施工全过程进行跟踪检测、搜集信息。

(2)整理。将调查资料整理加工成与施工进度计划具有可比性的反映实际施工进度的资料。

(3)对比分析。将施工实际进度与计划进度对比，计算出计划的完成程度与存在的差距，并经常结合与计划表达方法一致的图形一起进行对比分析。这些对比分析采用的图形一般有横道图、垂直进度图、香蕉曲线比较图、模型图及网络图等。

8.2 建设工程项目计划控制方法

8.2.1 流水施工原理

1. 流水施工的实质

流水施工是一种诞生较早、在建筑施工中广泛使用、行之有效的科学组织施工的计划方法。它建立在分工协作和有大批量生产的基础上，其实质就是连续作业、组织均衡施工，也是工程施工进度控制的有效方法。

(1)组织流水施工的条件。组织建筑施工流水作业必须具备以下5个方面的条件。

①把建筑物的整个建造过程分解为若干个施工过程，而且每个施工过程分别由固定的专业工作队负责实施完成。划分施工过程的目的，是为了对施工对象的建造过程进行分解，以便于逐一实现局部对象的施工，从而使施工对象整体得以实现。整个建造过程也只有这种合理的解剖，才能组织专业化施工和有效的协作。

②把建筑物尽可能地划分为劳动量大致相等的施工段(区)[也可称为流水段(区)]。划分施工段(区)是为了把庞大的建筑物(建筑群)划分成“批量”的“假定产品”，从而形成流水作业的前提，因没有“批量”就不可能也不必要组织任何流水作业。每一个段(区)，就是一个假定“产品”。一般说来，单体建筑物施工为分段，而群体建筑施工则分区。

③确定各施工专业队在各施工段(区)内的工作持续时间。这个工作持续时间代表施工的节奏性。工作持续时间要用工程量、人数、工作效率(或定额)三个因素进行计算或估算。

④各专业队按一定的施工工艺，配备必要的机具，依次地、连续地由一个施工段(区)转移到另一个施工段(区)，并反复地完成同类工作。

这就是说，专业化工作队要连续地对假定产品进行逐个的专业“加工”。建筑产品是固定的，所以“流水”的只能是专业工作队。这是建筑施工与工业生产流水作业的最重要区别。

⑤不同专业队完成各施工过程的时间适当地搭接起来。不同的专业队之间的关系，关键是工作时间上有搭接。搭接工作的目的是节省时间，也往往是连续作业或工艺上所要求的，但要搭接适当，需经过计算，且在工艺技术上可行。

(2)组织流水作业的效果。

①可以节省工作时间：这里的“节省”是相对于“依次作业”来说的。实现“节省”的手段是“搭接”，“搭接”的前提是分段(区)。

②可以实现均衡、有节奏地施工：工人按一定的时间要求投入作业，在每段上的工作时间也可以尽量地安排得有规律。综合各工作队的工作，便可以形成均衡、有节奏的特征。“均衡”是指不同时间段的资源数量变化较小，它对组织施工十分有利，可以达到节约使用资源的目的；“有节奏”是指工人作业时间有一定的规律性，这种规律性可以带来良好的施工秩序，和谐的施工气氛，可观的经济效果。

③可以提高劳动生产率：这是因为，组织流水作业以后，使工人的工作连续、工作面充分利用、资源的利用均衡，由于管理的效果好，必然会产生在一定时间内生产成果增加的效果，提高了劳动生产率。

2. 流水施工参数

只有对以下参数进行认真地、有预见地研究或计算，才可能成功地组织流水施工。

（1）工艺参数。是指一组流水中施工过程的个数。在划分施工过程时，只有那些对工程施工具有直接影响的施工内容才予以考虑并组织在流水之中。施工过程可以根据计划的需要确定其粗细程度，既可以是一个个工序，也可以是一项项分项工程，还可以是它们的组合。组织流水的施工过程如果各由一个专业队（组）施工，则施工过程数和专业队（组）数相等。有时由几个专业队（组）负责完成一个施工过程或一个专业队（组）完成几个施工过程，于是施工过程数与专业队数便不相等。计算时可以用 N 表示施工过程数，用 N' 表示专业队（组）数。

对工期影响最大的，或对整个流水施工起决定性作用的施工过程（工程量大，则需配备大型机械），称为主导施工过程。在划分施工过程以后，首先应找出主导施工过程，以便抓住流水作业的关键环节。

（2）空间参数。空间参数指的是单体工程划分的施工段或群体工程划分的施工区的个数。施工区、段可称为流水段。划分施工段的基本要求如下：

1）当建筑物只有一层时，施工段数就是一层的段数。当建筑物是多层时，施工段数是各层段数之和。各层应有相等的段数和上下垂直对应的分段界限。

2）尽量使各段的工程量大致相等，以便组织节奏流水，使施工连续、均衡、有节奏。

3）有利于保持结构整体性，尽量利用结构缝及在平面上有变化处，住宅可按单元、楼层划分；厂房可按跨、按生产线划分；线性工程可依主导施工过程的工程量为平衡条件，按长度分段；建筑群可按栋、按区分段。

4）段数的多少应与主导施工过程相协调，以主导施工过程为主形成工艺组合。工艺组合数应等于或小于施工段数。因此，分段不宜过多，过多可能延长工期或使工作面狭窄；过少则无法流水，使劳动力或机械设备窝工。

5）分段大小应与劳动组织相适应，有足够的工作面。以机械为主的施工对象还应考虑机械的台班能力的发挥。混合结构、大模板现浇混凝土结构、全装配结构等工程的分段大小，都应考虑吊装机械能力的充分利用。

（3）时间参数。

1）流水节拍：是指某个专业队在一个施工段上的施工作业时间，其计算公式是：

$$t=\frac{Q}{RS}=\frac{P}{R} \tag{8-1}$$

式中 t——流水节拍；

Q——一个施工段的工程量；

R——专业队的人数或机械数；

S——产量定额，即单位时间（工日或台班）完成的工程量；

P——劳动量或台班量。

①流水节拍的取值必须考虑到专业队组织方面的限制和要求，尽可能不过多地改变原来的劳动组织状况，以便于对专业队进行领导。专业队的人数应有起码的要求，以使他们具备集体协作的能力。

②流水节拍的确定，应考虑到工作面条件的限制，必须保证有关专业队有足够的施工操作空间，保证施工操作安全和能充分发挥专业队的劳动效率。

③流水节拍的确定，应考虑到机械设备的实际负荷能力和可能提供的机构设备数量。

也要考虑机械设备操作场所的安全和质量的要求。

④有特殊技术限制的工程，如有防水要求的钢筋混凝土工程，受潮汐影响的水工作业，受交通条件影响的道路改造工程、铺管工程，以及设备检修工程等，都受技术操作或安全质量等方面的限制，对作业时间长度和连续性都有限制或要求，在安排其流水节拍时，应当满足这些限制要求。

⑤必须考虑材料和构配件供应能力和水平对进度的影响和限制，合理确定有关施工过程的流水节拍。

⑥首先应确定主导施工过程的流水节拍，并以它为依据确定其他施工过程的流水节拍。主导施工过程的流水节拍应是各施工过程流水节拍的最大值，应尽可能是有节奏的，以便组织节奏流水。

2）流水步距：流水步距是指两个相邻的工作队进入流水作业的最小时间间隔，以符号“K”表示。

流水步距的长度，要根据需要及流水方式的类型经过计算确定，计算时应考虑的因素有以下几点：

①每个专业队连续施工的需要。流水步距的最小长度，必须使专业队进场以后，不发生停工、窝工的现象。

②技术间歇的需要。有些施工过程完成后，后续施工过程不能立即投入作业，必须有足够的时间间歇，这个间歇时间应尽量安排在专业队进场之前，不然便不能保证专业队工作的连续。

③流水步距的长度应保证每个施工段的施工作业程序不乱，不发生前一施工过程尚未全部完成，而后一施工过程便开放施工的现象。有时为了缩短时间，某些次要的专业队可以提前插入，但必须在技术上可行，而且不影响前一个专业队的正常工作。注意，提前插入的现象越少越好，多了会打乱节奏，影响均衡施工。

3）工期：工期是指从第一个专业队投入流水作业开始，到最后一个专业队完成最后一个施工过程的最后一段工作退出流水作业为止的整个持续时间。由于一项工程往往由许多流水组组成，所以我们这里说的是流水组的工期，而不是整个工程的总工期，可用符号“T_t”表示。

在安排流水施工之前，应有一个基本的工期目标，以便在总体上约束具体的流水作业组织。在进行流水作业安排以后，可以通过计算确定工期，并与目标工期比较，二者应相等或使计算工期小于目标工期。如果绘制了流水图，在图上可以观察到工期长度，也可以用计算工期来检验图表绘制的正确性。

3. 流水作业的分类

为了适应建筑项目的具体情况和进度计划安排的要求，应采用相应类型的流水作业，以便取得更好的效果。流水作业有以下几类：

（1）按流水施工对象的范围分类。根据流水施工的工程对象范围，流水作业可分为细部流水、专业流水、工程项目流水和综合流水。

1）细部流水：指一个专业队利用同一生产工具依次地、连续不断地在各个区段中完成同一施工过程的工作流水（即工序流水）。

2）专业流水（或称工艺组织工程流水）：把若干个工艺上密切联系的细部流水组合起

来，就形成了专业流水。它是各个专业队共同围绕完成一个分部工程的流水，如基础工程流水、结构工程流水、装修工程流水等。

3）工程项目流水：即为完成单位工程而组织起来的全部专业流水的总和。

4）综合流水：是为完成工业企业或民用建筑群而组织起来的全部工程项目流水的总和。

（2）按施工过程分解的深度分类。根据流水施工组织的需要，有时要求将工程对象的施工过程分解得细些，有时则要求分解得粗些，这就形成了施工过程分解深度的差异。

1）彻底分解流水：即经过分解后的所有施工过程都是属于单一工种完成的施工过程。为完成该施工过程所组织的专业队，都应该是由单一工种的工人（或机械）组成。

2）局部分解流水：在进行施工过程的分解时将一部分施工工作适当合并在一起，形成多工种协作的综合性施工过程，这就是不彻底分解的施工过程。这种包含多工种协作的施工过程的流水，就是局部分解流水，如钢筋混凝土圈梁作为一个施工过程，它包含了支模、扎筋和混凝土浇注这几项工作。该施工过程如果由一个混合工作队（由木工、钢筋工和混凝土工组成）负责施工，这个流水组就称为局部分解流水。

（3）按流水的节奏特征分类。

1）有节奏流水：有节奏流水又分为等节奏流水和异节奏流水。

①等节奏流水：指流水组中，每一个施工过程本身在各施工段上的作业时间（流水节拍）都相同，即流水节拍是一个常数，并且各个施工过程相互之间流水节拍也相等。

②异节奏流水：指流水组中，每一个施工过程本身在各流水段上的流水节拍都相同，但不同施工过程之间流水节拍不一定相等。

2）无节奏流水：流水组中各施工过程本身在各流水段上的作业时间（流水节拍）不完全相等，相互之间亦无规律可循。

8.2.2 流水施工的组织方法

1. 等节奏流水的组织方法

等节奏流水（亦称全等节拍流水）是指流水速度相等，也是最理想的组织流水方式，因为这种组织方式能够保证专业队的工作连续、有节奏，可以实现均衡施工，从而最理想地达到组织流水作业的目的。在可能的情况下，应尽量采用这种流水方式组织流水施工。

在多层建筑施工中，使每层施工段数与专业队数相等最为理想（即 $M=N'$），这样可以使得专业队的工作连续，工作面也被充分利用。如果 $M>N'$，虽可使专业队的工作连续，但工作面有间歇，故效果稍差。如果 $M<N'$，则造成专业队窝工，这是组织流水作业不能允许的。

在没有技术间歇和插入时间的情况下，等节奏流水的流水步距与流水节拍在时间上相等。工期的计算公式是：

$$T_t=(M+N'-1)t \tag{8-2}$$

或

$$T_t=(M+N'-1)k \tag{8-3}$$

式中 T_t——工期（d）；

M——各层的流水段之和

在有技术间歇和插入时间的情况下，工期的计算公式是：

$$T_t=(M+N'-1)k-\sum C+\sum Z \tag{8-4}$$

式中 $\sum Z$——间歇时间之和； $\sum C$——插入时间之和。

图 8-1 是一个等节奏流水的作业图，其中，$M=4$，$N=N'=5$，$t=4\text{d}$，$\sum Z=4\text{d}$，$\sum C=4\text{d}$，故其工期计算如下：

$$\begin{aligned}T_t &= (M+N'-1)\cdot k+\sum Z-\sum C\\ &=(4+5-1)\times 4+(4-4)\\ &=32(\text{d})\end{aligned}$$

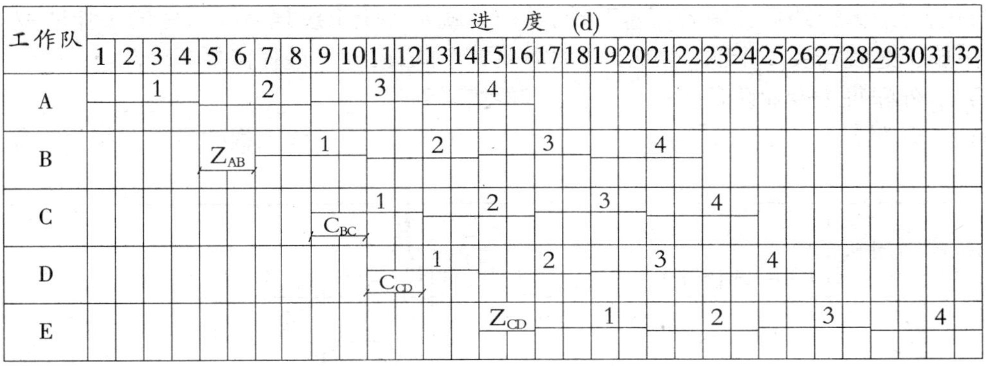

图 8-1 等节奏流水施工计划

如果是线性工程，也可组织等节奏流水，称“流水线法施工”，其组织方法类似于建筑物施工的组织方法，具体步骤如下：

首先，将线性工程对象划分成若干个施工过程。

其次，通过分析，找出对工期起主导作用的施工过程。

第三，根据完成主导施工过程工作的队（组）或机械的每班生产率确定专业队的移动速度。

第四，再根据这一速度设计其他施工过程的流水作业，使之与主导施工过程相配合，即：工艺上密切联系的专业队，按一定的工艺顺序相继投入施工，各专业队以一定不变的速度沿着线性工程的长度方向不断地向前移动，使每天完成同样长度的工作内容。

流水线法组织施工的计算公式是：

$$T_t=(N'-1)\cdot k+\frac{L}{V}\cdot k+(\sum Z-\sum C) \tag{8-5}$$

令

$$\frac{L}{V}=M$$

则

$$T_t=(M+N'-1)\cdot k+(\sum Z-\sum C) \tag{8-6}$$

式中 T_t——线性工程施工工期（d）；

L——线性工程总长度；

k——流水步距；

N'——工作队数；

V——每班移动速度。

2. 异节奏流水的组织方法

异节奏流水的优点是各专业队的工作有相同的节奏，无疑会给组织连续、均衡施工带来方便。

有一种情况是，各专业队的流水节拍都是某一个常数的倍数。于是，我们可以仿照全等节拍流水的方式组织施工，从而产生与全等节拍流水施工同样的效果。这种组织方式可称为成倍节拍流水。

例如，某工程有7段，划分为甲、乙、丙三个施工过程，经计算，确定其流水节拍为2d、6d和4d，这三种节拍都是2的倍数。于是，可以通过增加工作队的办法，把它组织成类似于全等节拍流水的成倍节拍流水，这个节拍就是各节拍的最大公约数。组织方法如下：

第一，以最大公约数去除各流水节拍，其商数就是各施工过程需要组建的工作队数。本例中，甲施工过程需要1个队，乙施工过程需要3个队，丙施工过程需要2个队。

第二，分配每个专业队负责的施工段，以便按时到位作业。

第三，以常数为流水步距，绘制流水作业图。图8－2就是该工程的成倍节拍流水作业。

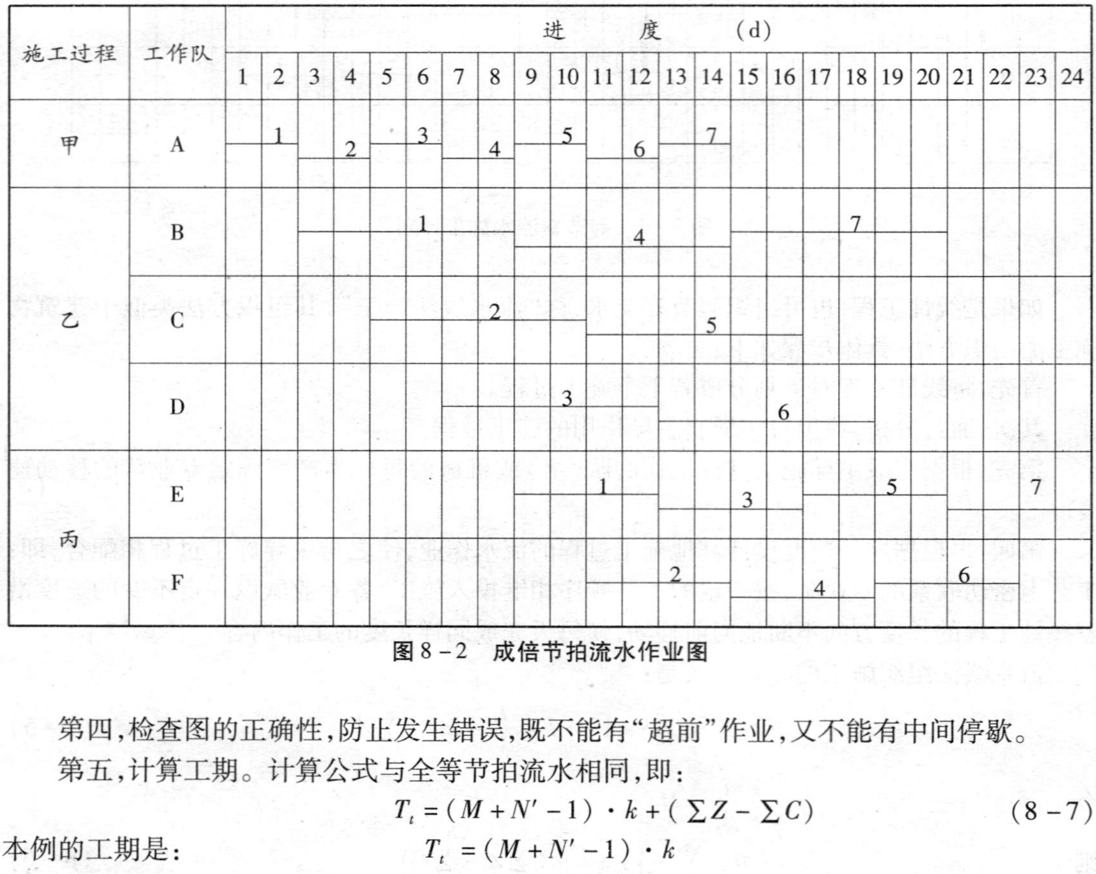

图8－2 成倍节拍流水作业图

第四，检查图的正确性，防止发生错误，既不能有“超前”作业，又不能有中间停歇。

第五，计算工期。计算公式与全等节拍流水相同，即：

$$T_t = (M + N' - 1) \cdot k + (\sum Z - \sum C) \qquad (8-7)$$

本例的工期是：

$$T_t = (M + N' - 1) \cdot k = (7 + 6 - 1) \times 2 = 24\text{d}$$

在异节奏流水中，如果各施工过程之间的流水节拍没有成倍的规律，可有两种组织方法：一种方法是计算其流水步距，然后绘制流水作业图，计算的方法可参照无节奏流水的流水步距计算方法（见公式8－8），图8－3是一种节拍不成倍数的异节奏流水；另一种方法是以最大节拍为准组织等节奏间断流水，如图8－4所示。

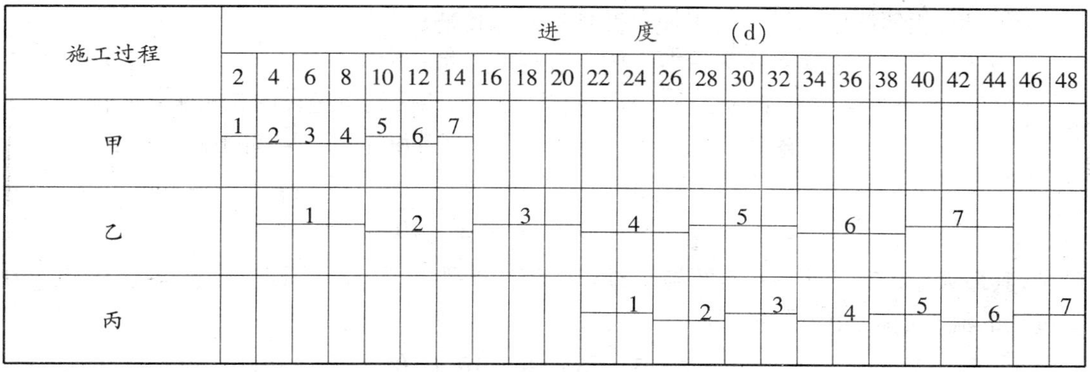

图 8－3　按无节奏法组织异节奏流水

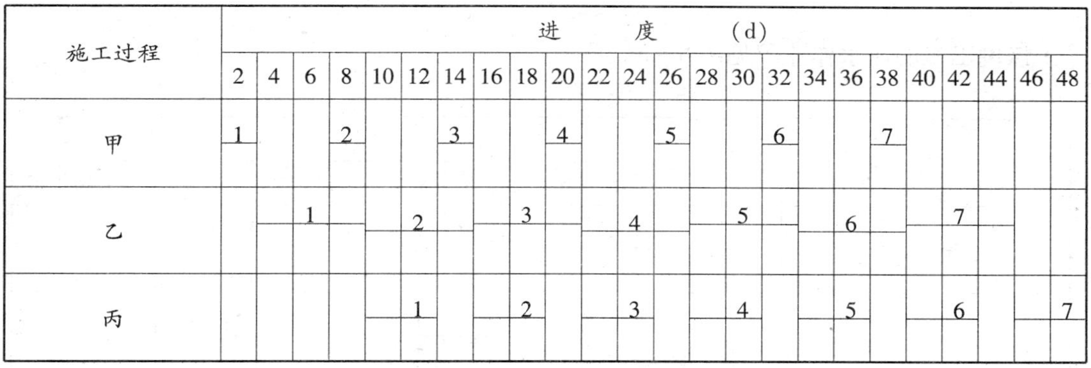

图 8－4　按等节奏法组织异节奏流水

3. 无节奏流水的组织方法

无节奏流水可用分别流水法施工。分别流水法的实质是，各工作队连续作业（流水），流水步距经计算确定，使专业队之间在一个施工段内不相互干扰（不超前但可能滞后），或做到前后工作队之间工作紧紧衔接。因此，组织无节奏流水的关键就是正确计算流水步距。

计算流水步距可用“取大差法”，它是由前苏联专家潘特考夫斯基提出的，又称“潘氏方法”，现举某工程的流水节拍为例，详见表 8－1。

表 8－1　某工程流水节拍

施工过程	流水节拍 (d)			
	一段	二段	三段	四段
甲	2	4	3	2
乙	3	3	2	2
丙	4	2	3	2

计算流水步距的步骤是：

第一步，累加各施工过程的流水节拍，形成累加数据系列；

第二步，相邻两施工过程的累加数据系列错位相减；

第三步，取差数之大者作为该两个施工过程的流水步距。

根据以上三个步骤对本例进行计算。首先，求甲、乙两施工过程的流水步距：

$$\begin{array}{rrrrrr} & 2 & 6 & 9 & 11 & 0 \\ -) & 0 & 3 & 6 & 8 & 10 \\ \hline & 2 & 3 & 3 & 3 & -10 \end{array}$$

可见，其最大差值为3，故甲、乙两施工过程的流水步距可取3d。同理，可求出乙、丙两个施工过程的流水步距同样是3d。

$$\begin{array}{rrrrrr} & 3 & 6 & 8 & 10 & 0 \\ -) & 0 & 4 & 6 & 9 & 11 \\ \hline & 3 & 2 & 2 & 1 & -11 \end{array}$$

该例工程的流水作业图见图8－5。

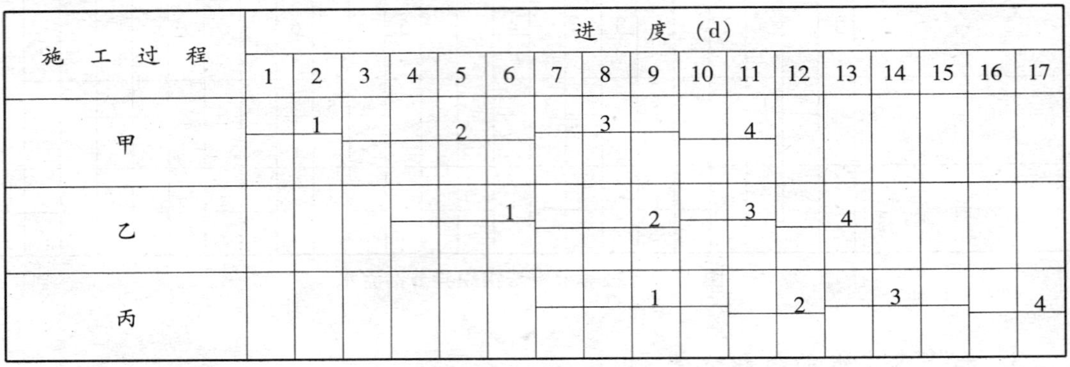

图8－5　流水作业图

无节奏流水的工期计算公式是：

$$T_t = \sum K_{i,i+1} + \sum t_n^j \tag{8-8}$$

式中　$\sum K_{i,i+1}$——流水步距之和；

$\sum t_n^j$——最后一个施工过程的各段累计施工时间。

该工程的工期为：

$$\begin{aligned} T_t &= \sum K_{i,i+1} + \sum t_n^j \\ &= (3+3) + (4+2+3+2) = 6 + 11 = 17(\mathrm{d}) \end{aligned}$$

8.2.3　工程项目流水施工进度计划

1. 等节奏流水施工进度计划

等节奏流水施工进度计划是用等节奏流水施工原理编制的。组织等节奏流水施工在一个群体工程总体上及在一个单项工程总体上是不可能的。但是，我们完全可以在分部工程中或分区工程中实现等节奏流水。图8－6和图8－7是一幢5层4单元砖混结构工程的基础分部工程和结构分部工程的等节奏流水进度计划。其中，基础工程以挖土和回填土为主导施工过程，以5d为节拍组织等节奏流水施工。结构工程安排一个泥工组，以2d完成一个单元层砌砖为主导施工过程而安排等节奏流水施工。装修工程自上而下按层以抹灰为主导施工过程组织室内粉刷、门窗扇安装、玻璃油漆、水暖设备的等节奏流水，节奏为6d。各分部工程均做出了理想的安排后，再组合成单位工程流水施工进度计划，如图8－8所示。

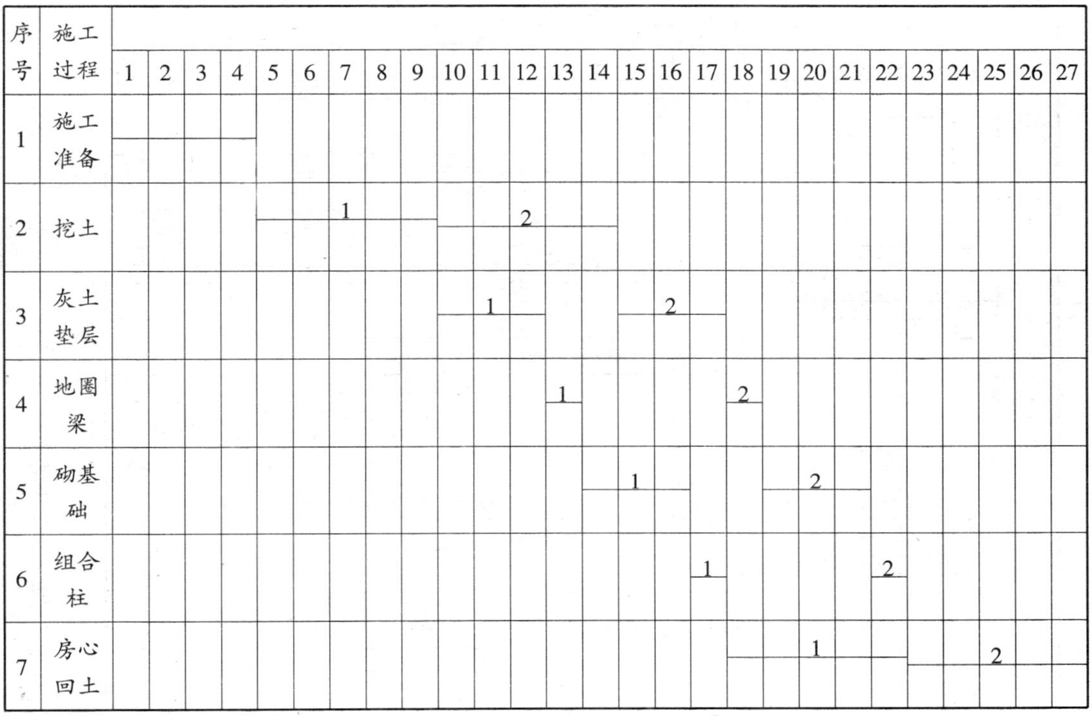

图8－6　基础流水施工进度计划

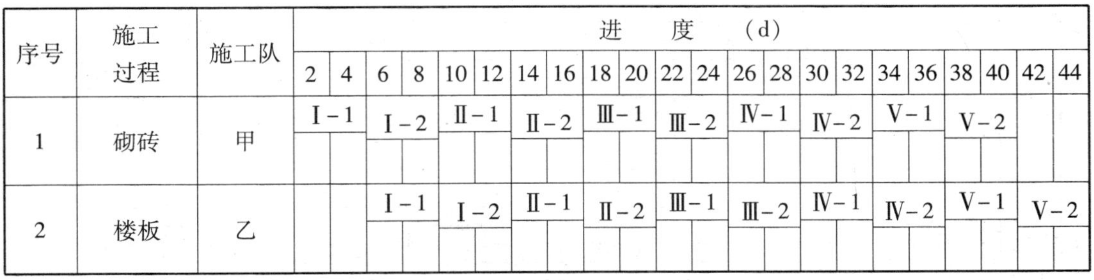

图8－7　结构流水施工进度计划

需要进一步说明的是，图8－7是全等节拍流水，而图8－6和图8－8均是非全等节拍的等节奏流水。后者只能保证主要工种连续施工，而次要工种不能确保连续；虽然次要工种不能连续作业，但因为他们提前进入工作面而换得工期的缩短（仍见图8－7），比按无节奏施工工期缩短了6d。在实际工作中，组织非全等节拍的等节奏流水施工是普遍用到的，因此要注意掌握和应用这种流水施工方法。

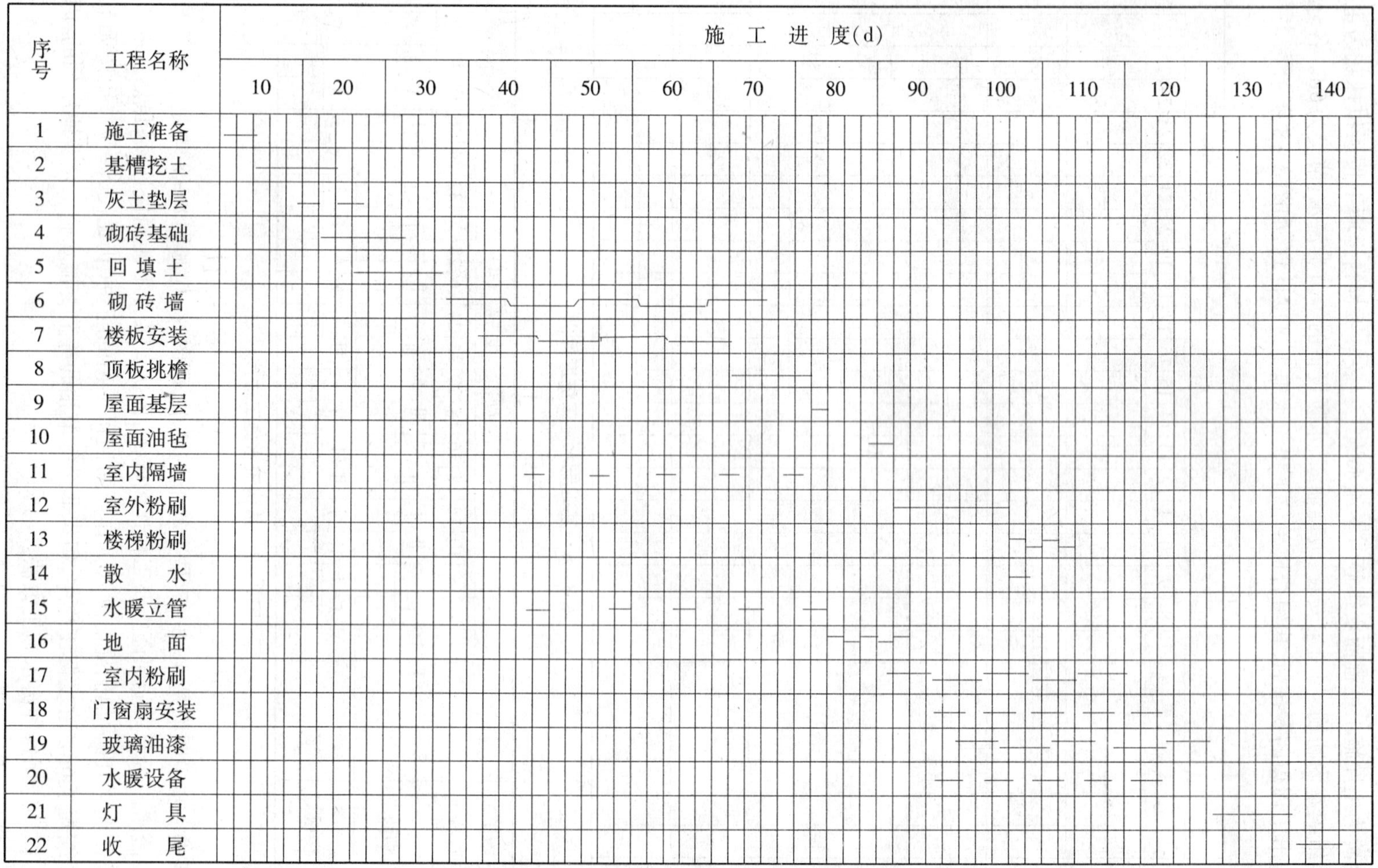

图 8－8　单位工程流水施工进度计划

2. 成倍节拍流水施工进度计划

成倍节拍流水施工是把异节奏流水施工中流水节拍为某一常数的倍数的工程转换为等节奏流水施工。在许多工程中，我们可以利用这一原理编制施工进度计划，现举例说明如下。

某建筑群体平面布置图（见图 8－9），标示该群体工程的基础为浮筏式钢筋混凝土基础，包括挖土、垫层、钢筋混凝土、砌墙基、回填土 5 个施工过程，1 个单元的工作时间见表 8－2 所示，要求组织成倍节拍流水，并绘制出基础工程施工的流水施工图。

表 8－2　1 个单元各施工过程的施工时间

施工过程	挖　土	垫　层	钢筋混凝土基础	砌　墙　基	回　填　土
施工时间(d)	2	2	3	2	1

该建筑群体共 30 个单元，如果划分流水区，只能以 4 号楼为最大单元组合，以保持其基础的整体性。全部建筑分成如图 8－9 所示的五个流水区，每个区 6 个单元。为了合理利用已有的道路，确定施工流向是自西向东，施工顺序为 1 号、6 号（一区）⟶7 号、8 号（二区）⟶2 号、3 号（三区）⟶5 号（四区）⟶4 号、9 号、10 号（五区），每个区各施工过程的流水节拍为一个单元施工时间的 6 倍。

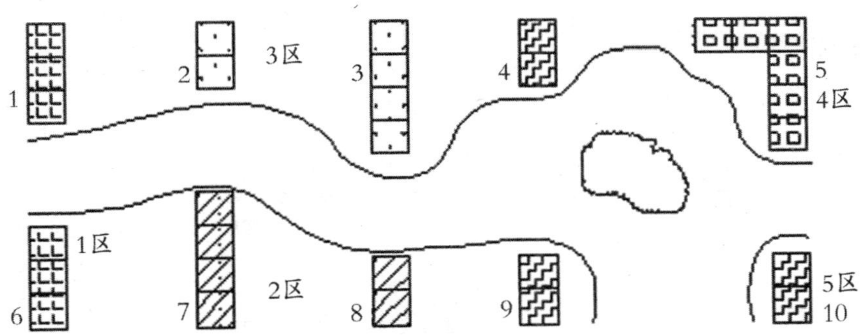

图 8－9　建筑群平面布置图

组织异节奏流水时，由于各流水节拍均为 6 的倍数，故可将该工程组织为成倍节拍流水施工，流水步距为 6d。各施工过程的专业队数是：挖土 2 个队，垫层 2 个队，钢筋混凝土基础 3 个队，砌砖基础 2 个队，回填土 1 个队，基础流水施工的进度图如图 8－10 所示。其工期计算如下：

$$T_t = (M + N' - 1) \cdot k = [5 + (2 + 2 + 3 + 2 + 1) - 1] \times 6$$
$$= [5 + 10 - 1] \times 6 = 84(d)$$

总工期为 84d，与进度图相一致。

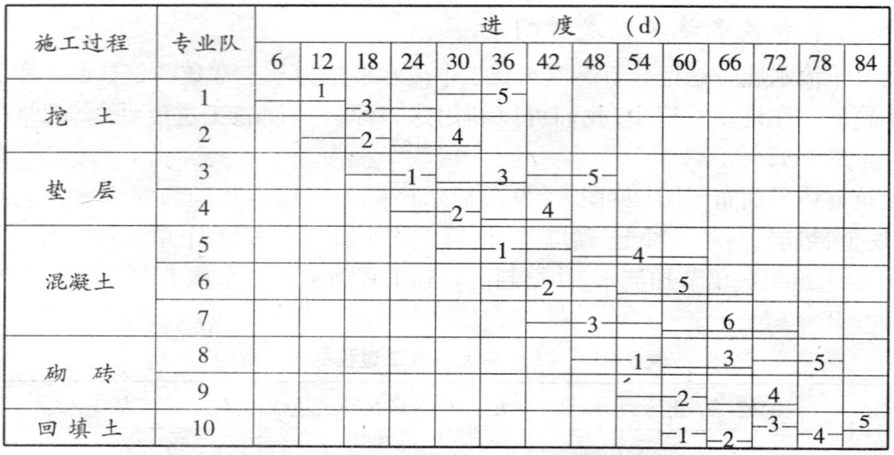

图 8－10 成倍节拍流水施工进度计划

3. 分别流水施工进度计划

现举例说明用分别流水法编制无节奏流水施工的进度计划。

某工程由主楼和塔楼组成，现浇柱，为预制梁板框架剪力墙结构，主楼 14 层，塔楼 17 层，拟分成三段流水施工，施工顺序有待优化决策。平面图如图 8－11 所示，每层流水节拍见表 8－3 所示，要求合理安排施工顺序，绘制流水施工进度计划图。

可能的施工顺序有：

(1)一段⟶二段⟶三段；

(2)二段⟶一段⟶三段；

(3)三段⟶一段⟶二段；

(4)三段⟶二段⟶一段。

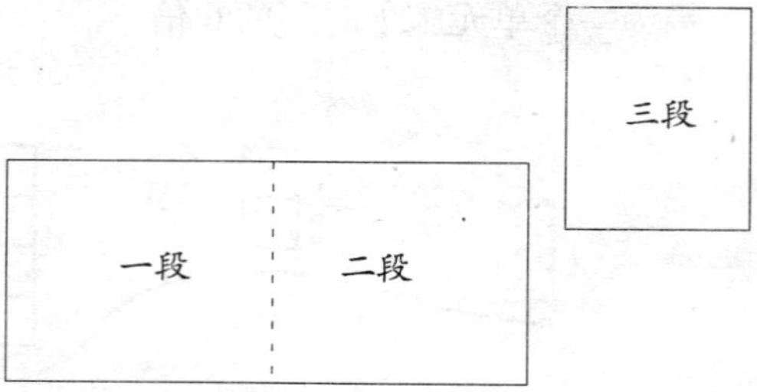

图8－11 建筑平面布置图

表 8－3 各施工过程的流水节拍

序号	施工过程	流水节拍 (d)		
		一 段	二 段	三 段
1	柱	2	1	3
2	梁	3	3	4
3	板	1	1	2
4	节 点	3	2	4

采用“取大差法”对各流水方案的流水步距进行计算，并求出每个方案每层的工期。可派：第 1 方案 20d，第 2 方案 19d，第 3 方案 21d，第 4 方案 21d，故以第 2 方案工期最短，以此顺序安排的流水施工进度图如图 8－12 所示。

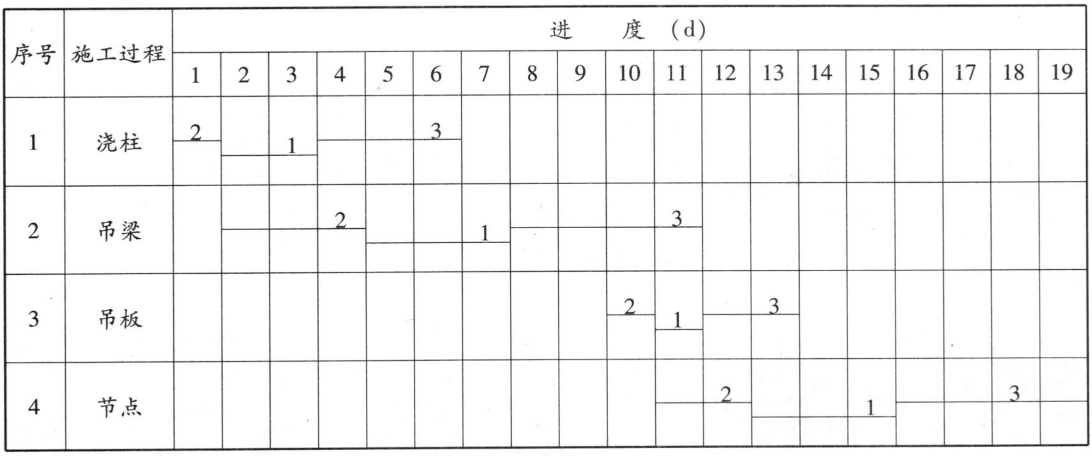

图 8-12 每层的流水施工进度计划

8.2.4 网络计划技术概述

1. 网络计划技术的起源与发展

网络计划技术是一种科学的计划管理方法，它是随着现代科学技术和工业生产的发展而产生的。20 世纪 50 年代，为了适应科学研究和新的生产组织管理的需要，国外陆续出现了一些计划管理的新方法。

1992 年以来，国家技术监督局和建设部先后颁布了中华人民共和国国家标准《网络计划技术》（GB/T 13400.1、13400.2、13400.3－92）三个标准，中华人民共和国行业标准《工程网络计划技术规程》（JGJ/T 121－99）。两类共 4 个文件的实施，既使我国网络计划技术的应用有了一个可遵循的统一标准，并对规范和提高工程项目管理水平发挥了重大作用，同时又把网络计划技术的应用推上了新台阶，使其步入了该领域的世界先进行列。

表 8－4 是网络计划技术的类型，图 8－13 是网络计划技术的发展系统图。

表 8－4 网络计划技术的类型

类型		持续时间：肯定型	持续时间：非肯定型
逻辑关系	肯定型	关键线路法（CPM） 搭接网络法	计划评审技术（PERT）
	非肯定型	决策树型网络法 决策关键线路法（DCPM）	图示评审技术（GERT） 随机网络计划技术（QERT） 风险型随机网络（VERT）

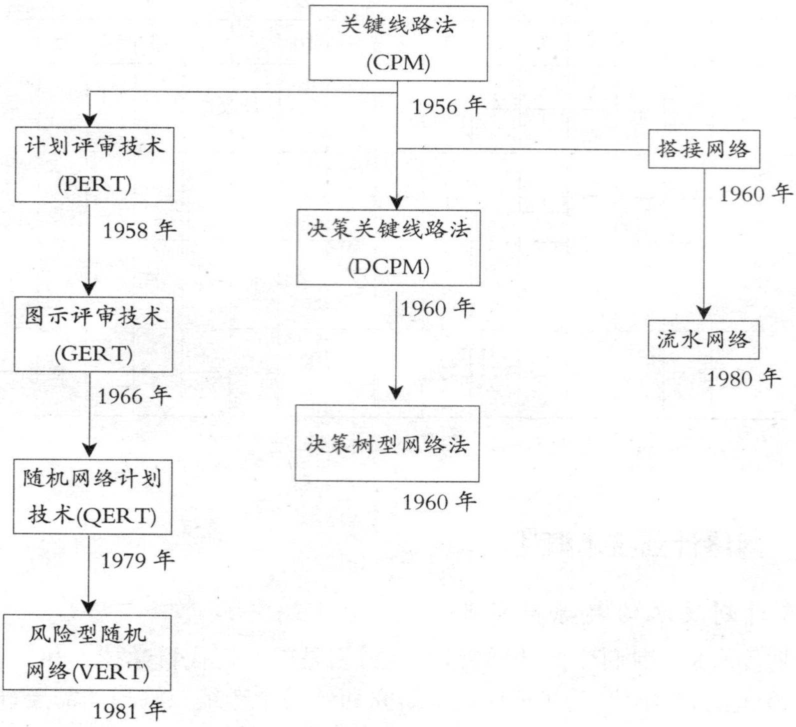

图 8－13　网络计划技术的发展系统

2. 网络计划技术的特点

长期以来，在工程技术界，在生产的组织和管理上，特别是在施工的进度安排方面，一直用“横道图”的计划方法，它的特点是在列出每项工作后，画出一条横道线，以表明进度的起止时间。对于施工现场的人来说，使用“横道图”做施工进度计划是相当熟悉的了。下面将用分析“横道图”和“网络计划图”的不同之处以及各自的优缺点来说明为什么要用“网络图”安排进度计划。

图 8－14 所示为用横道图表示的进度计划，图 8－15 所示为用网络图表示的进度计划。两者内容完全相同，表示方法却完全不同。

工　　作	进度计划(天)											
	1	2	3	4	5	6	7	8	9	10	11	12
支　模　板		Ⅰ段			Ⅱ段			Ⅲ段				
绑 扎 钢 筋					Ⅰ段			Ⅱ段			Ⅲ段	
浇注混凝土						Ⅰ段			Ⅱ段			Ⅲ段

图 8－14　用横道图表示的进度计划

横道图是以横向线条结合时间坐标表示各项工作施工的起始点和先后顺序的，整个计划是由一系列的横向线条组成。

网络计划是以加注作业时间的箭头线和节点组成的网状图形式来表示工程施工进度的。

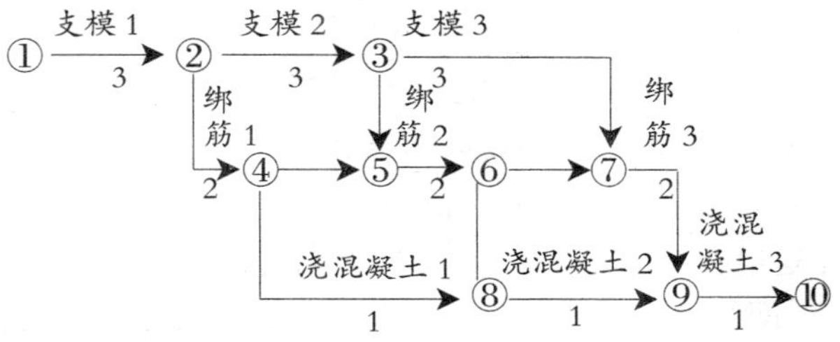

图 8－15　用网络图表示的进度计划

（1）横道计划的优缺点。横道图也称甘特图，是美国人甘特在 20 世纪初研究发明的。

1）优点：

①比较容易编制，而且简单、明了、直观、易懂。

②结构时间坐标，各项工作的起止时间、作业持续时间、工程进度、总工期都能一目了然。

③流水情况表示得清楚。

2）缺点：

①方法虽然简单也较直观，但是它只能表明已有的静态状况，不能反映出各项工作之间错综复杂、相互联系、相互制约的生产和协作关系。比如，图 8－14 中混凝土 1 只与钢筋 1 有关而与其他工作却无关。

②反映不出哪些工作是主要的、哪些生产联系是关键性的，当然也就无法反映出工程的关键所在和全貌。也就是说不能明确反映关键线路，看不出可以灵活机动使用的时间，因而也就抓不住工作的特点，看不到潜力所在，无法进行最合理的组织安排和指挥生产，不知道如何去缩短工期、降低成本及调整劳动力。

由于横道图存在着一些不足之处，所以对改进和加强施工管理工作是不利的，即使编制计划的人员开始也仔细地分析和考虑了一些问题，但是在图面上还是反映不出来，特别是项目多、关系复杂时，横道图就很难充分暴露矛盾。在计划执行的过程中，某个项目完成的时间由于某种原因提前了或拖后了，将对别的项目发生多大的影响，从横道图上则很难看清，不利于全面指挥生产。

（2）网络计划方法的优缺点。

1）优点：

①在施工过程中的各有关工作组成了一个有机的整体，能全面而明确地反映出各项工作之间的相互依赖、相互制约的关系。比如，图 8－15 中混凝土 1 必须在钢筋 1 之后进行而与其他工作无关，而混凝土 2 又必须在钢筋 2 和混凝土 1 之后进行，等等。

②网络图通过时间参数的计算，可以反映出整个工作的全貌，指出对全局性有影响的关键工作和关键线路，便于我们在施工中集中力量抓好主要矛盾，确保竣工工期，从而避免盲目施工。

③显示了机动时间，让我们知道从哪里下手去缩短工期，怎样更好地使用人力和设备。在计划执行的过程中，当某一项工作因故提前或拖后时，能从网络计划中预见到它对后续工作及总工期的影响程度，便于采取措施。

④能够利用计算机绘图、计算和跟踪管理。建筑工地情况是多变的,只有使用计算机才能跟上不断变化的要求。

⑤便于优化和调整,加强管理,取得好、快、省的全面效果。应用网络计划绝不是单纯地追求进度,而是要与经济效益结合起来。

2)缺点:流水作业的情况很难在网络计划上反映出来,不如横道图那么直观明了。现在网络计划也在不断地发展和完善,比如采用带时间坐标的网络计划可弥补这些不足。

(3)网络计划技术的适用范围。网络计划技术最适用于项目计划,特别适用于大型、复杂、协作广泛的项目实行进度控制。就工程项目领域而言,它既适用于单体工程,又适用于群体工程;既适用于土建工程,又适用于安装工程;既适用于部门计划,又适用于企业的年、季、月计划。同时,既适用于肯定型的计划,又适用于非肯定型的计划,还适用于有时限性的计划;既可以进行常规时间参数的计算,又可以进行计划优化和调整。由此可见,其他计划模型无法与它比拟。

3. 网络计划技术在项目计划管理中的应用程序

根据 GB/T 13400. 3 -92《网络计划技术在项目计划管理中应用的一般程序》的规定,网络计划的该项程序共有 7 个阶段,含 17 个步骤,见表 8 -5 所列。其中,前 5 个阶段共 13 个步骤是编制阶段,第 6 个阶段是运用阶段,第 7 个阶段是总结阶段。可见,编制阶段是关键。大致的编制过程是,在做好准备以后,先按任务的分解项目绘制网络图,再编可行的网络计划,经优化后再编制正式的网络计划。将网络计划的应用程序标准化,有利于网络计划的编制最佳化和应用的有效化,克服应用网络计划的盲目和低效状态。

表 8 -5　网络计划技术在项目计划管理中应用的一般程序

阶段	步骤	阶段	步骤
一、准备	①确定网络计划目标 ②调查研究 ③施工方案设计	五、优化并确定正式网络计划	⑫优化 ⑬编制正式网络计划
二、编制网络图	④项目分解 ⑤逻辑关系分析 ⑥编制网络图	六、实施、调整与控制	⑭网络计划的贯彻 ⑮检查和数据采集 ⑯调整、控制
三、时间参数计算并确定关键线路	⑦计算工作持续时间 ⑧计算其他时间参数 ⑨确定关键线路	七、结束	⑰总结分析
四、编制可行网络计划	⑩检查与调整 ⑪编制可行网络计划		

8.2.5 双代号网络计划

1. 双代号网络图

网络计划技术的基本模型是网络图。网络图是用箭线和节点组成的,用来表示工作流程的有向、有序的网状图形。所谓网络计划,是用网络图表达任务构成、工作顺序,并加注时间参数的进度计划。双代号网络图是以箭线及其两端节点的编号表示工作的网络图,如图 8-16 所示。

分析图 8-16,可以将双代号网络图的基本符号归纳表述如下:

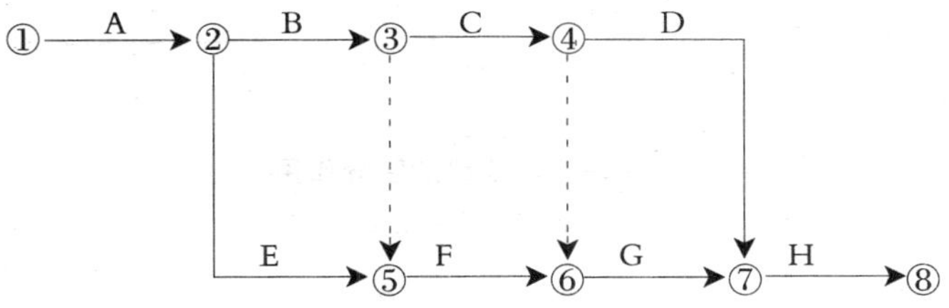

图 8-16 双代号网络图

(1)基本符号。

1)箭线(工作):

①在双代号网络图,每一条箭线表示一项工作。箭线的箭尾节点表示该工作的开始,箭头节点表示该工作的结束。工作的名称标注在箭线的上方,完成该项工作所需要的持续时间标注在箭线的下方,如图 8-17 所示。由于一项工作需用一条箭线及其箭尾和箭头处两个圆圈中的代号来表示,故称为双代号网络图。

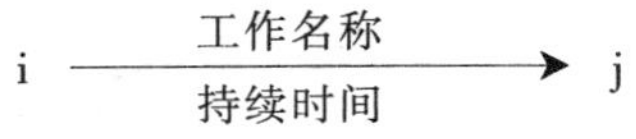

图8-17 双代号网络图工作的表示法

②在双代号网络图中,任意一条实箭线都要占用时间、消耗资源,但有时只占时间不消耗资源(如混凝土的养护)。在建筑工程中,一条箭线表示项目中的一个施工过程,它可以是一道工序、一个分项工程、一个分部工程或一个单位工程,其粗细程度、大小范围的划分根据计划任务的需要来确定。

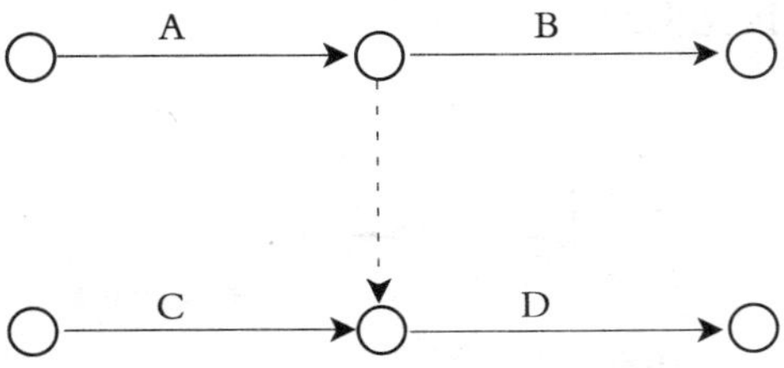

图 8-18 虚箭线的联系作用

③虚箭线的作用:在双代号网络图中,为了正确地表达工作之间的逻辑关系,往往需要应用虚箭线,其表示方法如图 8-18 所示。虚箭线是实际工作中并不存在的一项虚拟工作,故它们既不占用时间,也不消耗资源,一般起着工作之间的联系、区分和断路作用。

联系作用是指运用虚箭线正确表达工作之间相互依存的关系，如 A、B、C、D 四项工作的相互关系是：A 完成后进行 B、A、C 均完成后进行 D，其图形仍如图 8－18 所示，图中必须用虚箭线把 A 和 D 的前后关系连接起来。

区分作用是指双代号网络图中每一项工作都必须用一条箭线和两个代号表示，若有两项工作同时开始，又同时完成，绘图时应使用虚箭线才能区分两项工作的代号，如图 8－19 所示。

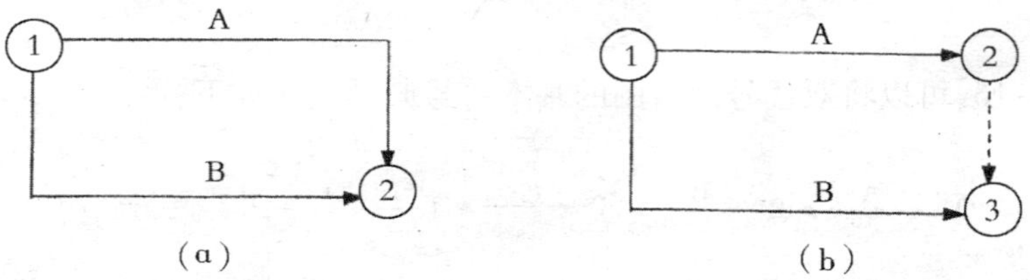

图 8－19 虚箭线的区分作用

(a)错误画法 (b)正确画法

断路作用是用虚箭线把没有关系的工作隔开，如图 8－20 中，三层墙面抹灰与一层立门窗口两项工作本来不应有关系，但在这里却拉上了关系，故而产生了错误。又如图 8－21 中，在二层的立门窗口与墙面抹灰两项工作之间加上一条虚线，则上述的错误联系就断开了。

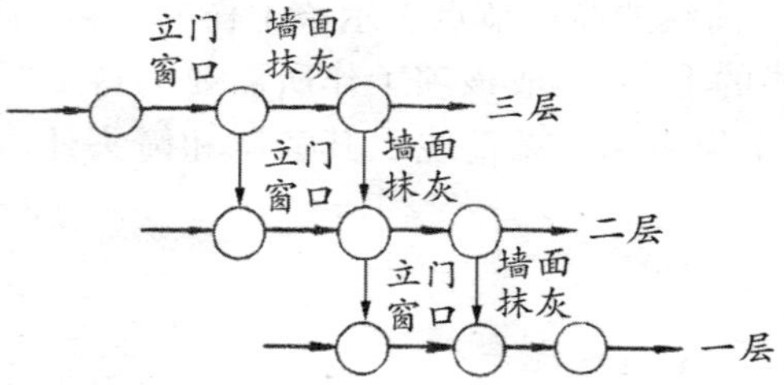

图 8－20 错误的关系

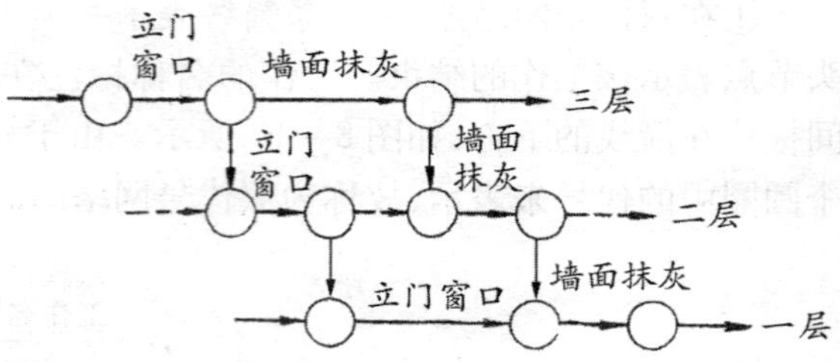

图 8－21 用虚箭线断路

④在无时间坐标限制的网络图中，箭线的长度原则上可以任意画，其占用的时间以下方标注的时间参数为准。箭线可以为直线、折线或斜线，但其行进方向均应从左向右，如图 8－22 所示。在有时间坐标限制的网络图中，箭线的长度必须根据完成该工作所需持续时间的大小按比例绘制。

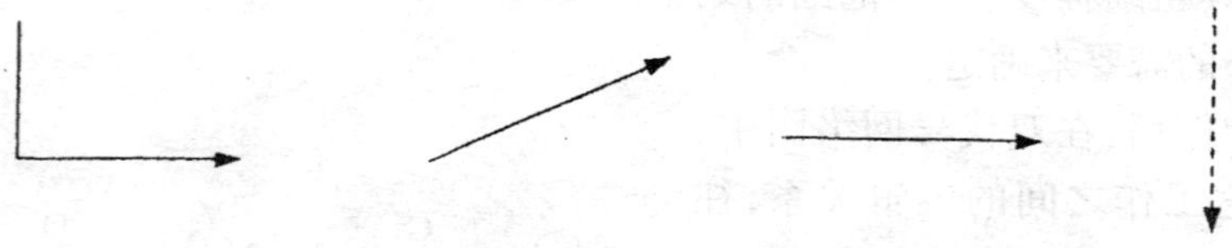

图 8－22 箭线的表达形式

⑤在双代号网络图中，各项工作之间的关系如图 8－23 所示。通常将被研究的对象称为本工作，用 i－j 表示；紧排在本工作之前的工作称为紧前工作，用 h－i 表示；紧跟在本工

作之后的工作称为紧后工作，用 j - k 表示，与之平行进行的工作称为平行工作。

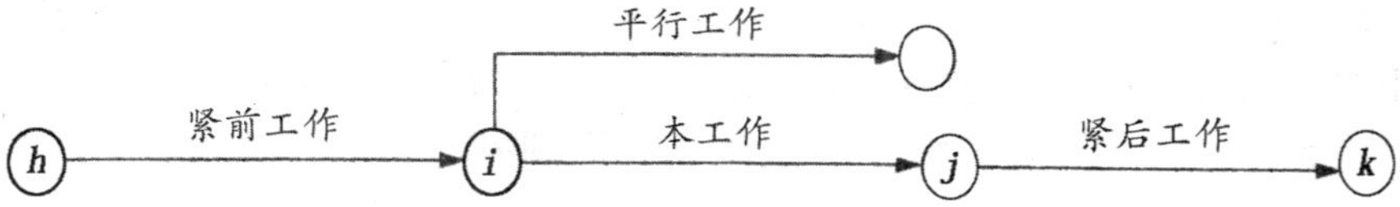

图 8 - 23　工作间的关系

2）节点：节点是网络图中箭线之间的连接点。在双代号网络图中，节点既不占用时间、也不消耗资源，是个瞬时值。节点只表示工作的开始或结束的瞬间，起着承上启下的衔接作用。网络图中有三种类型的节点：

①起点节点：网络图中的第一个节点叫“起点节点”，它只有外向箭线，一般表示一项任务或一个项目的开始，如图 8 - 24 中(a)所示。

②终点节点：网络图中的最后一个节点叫“终点节点”，只有内向箭线，一般表示一项任务或一个项目的完成，如图 8 - 24 中(b)所示。

③中间节点：网络图中既有内向箭线、又有外向箭线的节点称为中间节点，如图 8 - 24 中(c)所示。

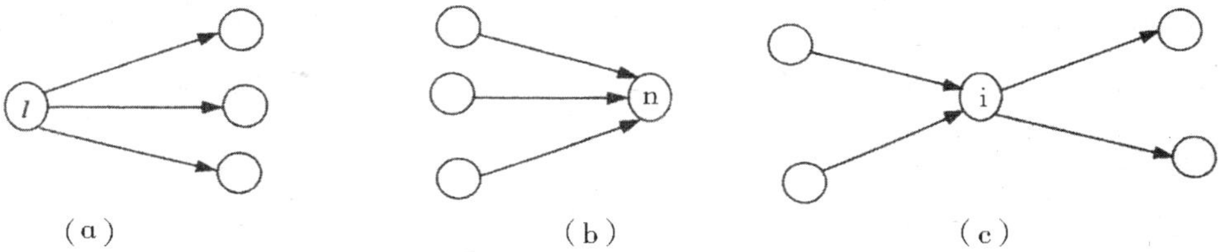

图 8 - 24　节点类型示意

(a)起点节点　(b)终点节点　(c)中间节点

④在双代号网络图中，节点应用圆圈表示，并在圆圈内编号。一项工作应当只有惟一的一条箭线和相应的一对节点，且要求箭尾节点的编号小于其箭头节点的编号。例如，在图 8 - 25 中，应有 i < j < k。网络图节点的编号顺序应从小到大，可不连续，但严禁重复。

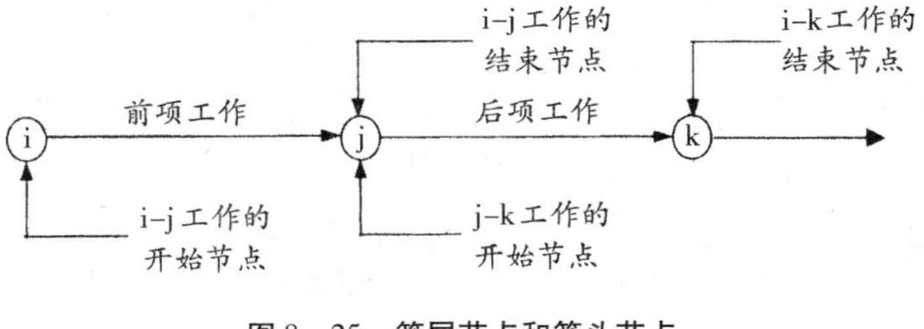

图 8 - 25　箭尾节点和箭头节点

3）线路：网络图中从起点节点开始，沿箭头方向顺序通过一系列箭线与节点，最后达到终点节点的通路称为线路。线路上各项工作持续时间的总和称为该线路的计算工期。一般网络图有多条线路，可依次用该线路上的节点代号来记述。例如网络图 8 - 16 中的线路有：①—②—③—④—⑦—⑧、①—②—⑤—⑥—⑦—⑧等，其中最长的一条线路被称为关键线路，位于关键线路上的工作称为关键工作。

（2）逻辑关系。网络图中工作之间相互制约或相互依赖的关系称为逻辑关系，它包括工艺关系和组织关系，在网络中均应表现为工作之间的先后顺序。

1）工艺关系：生产性工作之间由工艺过程决定的、非生产性工作之间由工作程序决定的先后顺序叫工艺关系。

2）组织关系：工作之间由于组织安排需要或资源（人力、材料、机械设备和资金等）调配需要而规定的先后顺序关系叫组织关系。

网络图的绘制应正确地表达整个工程或任务的工艺流程，正确表达各工作开展的先后顺序及它们之间相互依赖、相互制约的逻辑关系，因此，绘图时必须遵循一定的基本规则和要求。

（3）双代号网络图的绘图规则。

1）双代号网络图必须正确表达已定的逻辑关系。双代号网络图中常见的逻辑关系的表达方式见图8－26中的左边图示。

序号	逻辑关系	双代号表示方法	单代号表示方法
1	A完成后进行B B完成后进行C	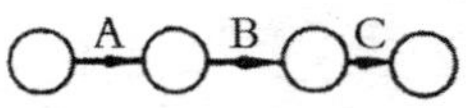	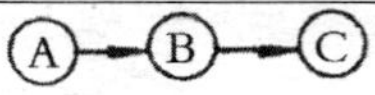
2	A完成后同时进行B和C	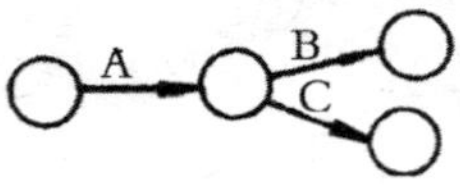	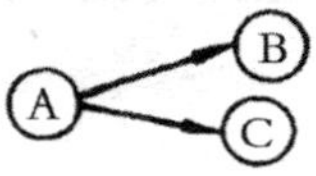
3	A和B都完成后进行C	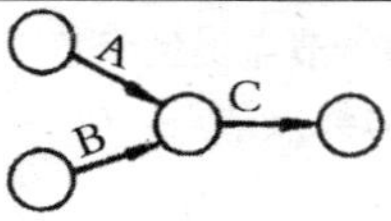	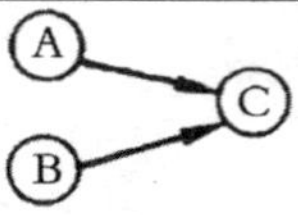
4	A和B都完成后同时进行C和D	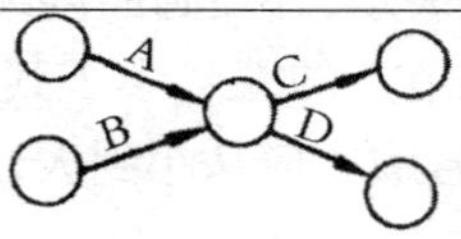	
5	A完成后进行C A和B都完成后进行D	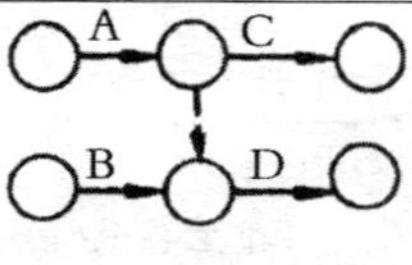	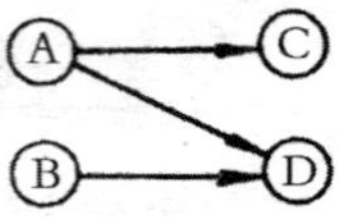

图8－26　逻辑关系表达方法

2）双代号网络图中，严禁出现循环回路。所谓循环回路是指从网络图中的某一个节点出发，顺着箭线方向又回到了原来出发点的线路（如图8－27所示）。

3）双代号网络图中，在节点之间严禁出现带双向箭头或无箭头的连线（如图8－28所示）。

4）双代号网络图中，严禁出现没有箭头节点或没有箭尾节点的箭线（如图8－29所示）。

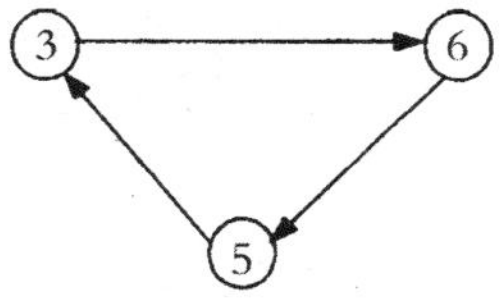

图 8－27　循环线路示意图

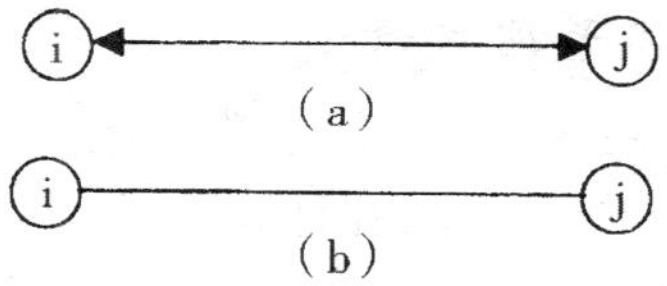

图 8－28　箭线的错误画法

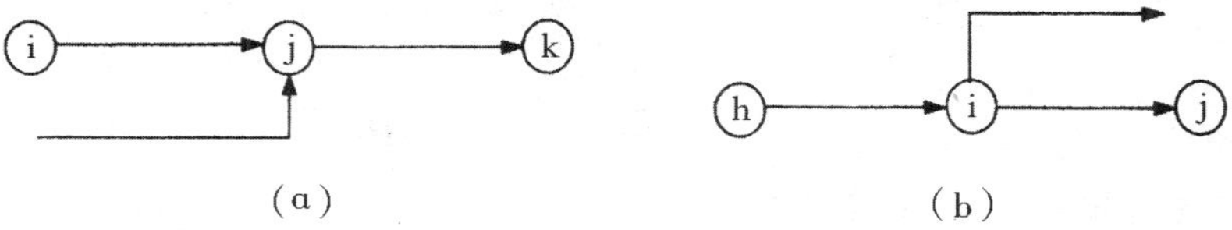

图 8－29　没有箭头和箭尾节点的箭线

5）当双代号网络图的某些节点有多条外向箭线或多条内向箭线时，为使图形简洁，可使用母线法绘制，但应满足一项工作用一条箭线和相应的一对节点表示（如图 8－30 所示）。

6）绘制网络图时，箭线不宜交叉；当交叉不可避免时，可采用过桥法或指向法（如图 8－31 所示）。

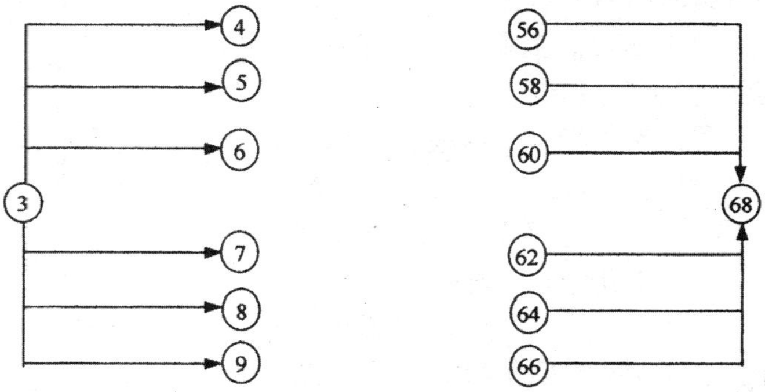

图 8－30　母线表示方法

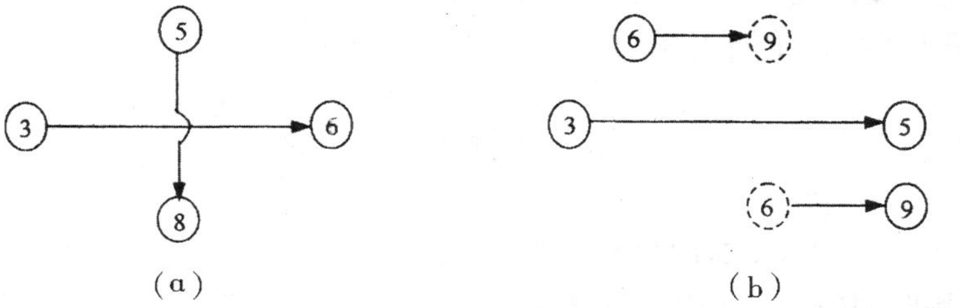

图 8－31　箭线交叉的表示方法

（a）过桥法　（b）指向法

7）双代号网络图中应只有一个起点节点和一个终点节点（多目标网络计划除外）；而其他所有节点均应是中间节点（如图 8－32 所示）。

（4）双代号网络图的绘制。绘制双代号网络图必须正确反映工作之间的既定关系，使有关系的工作一定把关系表达准确，且不要漏画“关系”；没有关系的工作一定不要扯上“关系”，以保证工作之间的逻辑关系正确。绘制网络图的关键有两条：第一，严格按照上述 7 条绘图规则绘图；第二，正确运用虚箭线。网络图应布局合理，条理清楚，尽量横平竖直，避免歪斜零乱。图 8－33 是正确的构图。

2. 双代号网络计划时间参数的计算

双代号网络计划时间参数的计算方法很多，一般常用的方法有按工作计算法和按节点计算法两种进行计算；在计算方式上又有分析计算法、表上计算法、图上计算法、矩阵计算法和计算机计算法等。本节只介绍按工作时间和节点时间在图上进行计算的方法，即图上计算法和分析计算法。

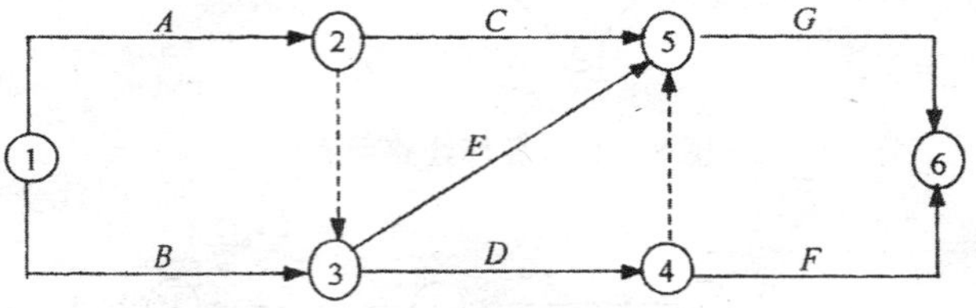

图 8－32　一个起点节点、一个终点节点的网络图

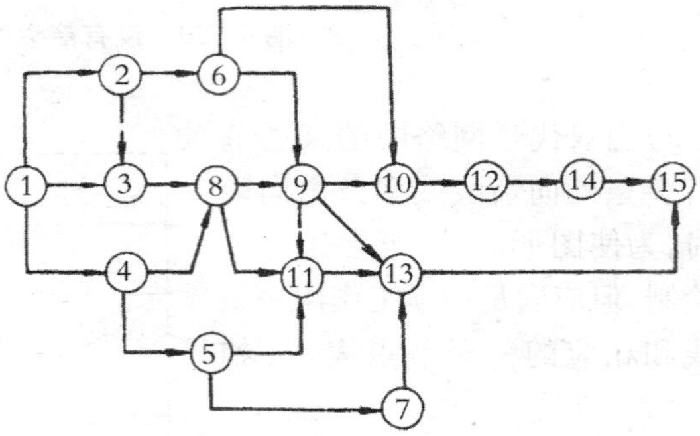

图 8－33　正确的构图

（1）时间参数的概念及其符号。

1）工作持续时间（D_{i-j}）：工作持续时间是对一项工作规定的从开始到完成的时间。在双代号网络计划中，工作 i－j 的持续时间用 D_{i-j} 表示。

2）工期：T。工期泛指完成任务所需要的时间，一般有以下三种：

①计算工期（T_C）：根据网络计划时间参数计算所得到的工期，用 T_C 表示。

②要求工期（T_r）：任务委托人所提出的指令性工期，用 T_r 表示。

③计划工期（T_p）：根据要求工期和计算工期所确定的作为实施目标的工期，用 T_p 表示。

网络计划的计划工期 T_p 应按下列情况分别确定：

A. 当已规定了要求工期 T_r 时，取

$$T_p \leqslant T_r \tag{8-9}$$

B. 当未规定要求工期时，可令计划工期等于计算工期，即

$$T_p = T_C \tag{8-10}$$

3）网络计划工作的六个时间参数：

①最早开始时间（ES_{i-j}）（Earliest Start Time）：工作最早开始时间是在紧前工作全部完成后，本工作有可能开始的最早时刻。工作 $i-j$ 的最早开始时间用 ES_{i-j} 表示。

②最早完成时间（EF_{i-j}）（Earliest Finish Time）：工作最早完成时间是在紧前工作全部完成后，本工作有可能完成的最早时刻。工作 $i-j$ 的最早完成时间用 EF_{i-j} 表示。

③最迟开始时间（LS_{i-j}）（Latest Start Time）：最迟开始时间在不影响整个任务按期完成的前提下，工作必须开始的最迟时刻。工作 $i-j$ 的最迟开始时间用 LS_{i-j} 表示。

④最迟完成时间（LF_{i-j}）（Latest Finish Time）：最迟完成时间是在不影响整个任务按期完成的前提下，工作必须开始的最迟时刻。工作 $i-j$ 的最迟完成时间用 LF_{i-j} 表示。

⑤总时差（TF_{i-j}）（Total Float）：总时差是在不影响总工期的前提下，本工作可以利用的机动时间。工作 $i-j$ 的总时差用 TF_{i-j} 表示。

⑥自由时差（FF_{i-j}）（Free Float）：自由时差是在不影响其紧后工作最早开始的前提下，

本工作可以利用的机动时间。工作 $i-j$ 的自由时差用 FF_{i-j}表示。

按工作计算法计算时间参数应在确定各项工作的持续时间之后进行。虚工作必须视同工作进行计算，其持续时间为零。各项工作时间参数的计算结果应标注在箭线之上，如图 8－34 所示。

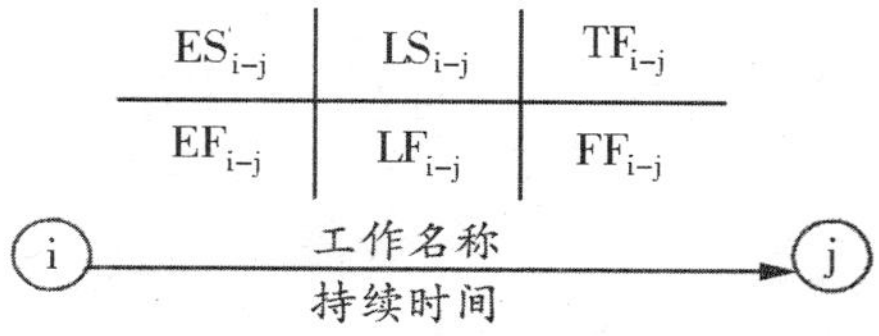

图 8－34　工作时间参数标注形式

（2）按工作计算法计算。按工作计算法在网络图上计算工作的六个时间参数，必须在清楚计算顺序和计算步骤的基础上，列出必要的公式，以加深对时间参数计算的理解。时间参数的计算步骤为：

1）工作最早开始时间和最早完成时间的计算。从以上所述，工作最早时间参数受到紧前工作的约束，故其计算顺序应从起点节点开始，顺着箭线方向依次逐项计算。

①以网络计划的起点节点 i 为箭尾结点的工作 $i-j$，当未规定其最早开始时间 ES_{i-j}时，其最早开始时间取零。如果网络计划起点节点的编号为 1，则：

$$ES_{i-j}=0 \qquad (i=1) \tag{8－11}$$

②顺着箭线方向依次计算各个工作的最早完成时间和最早开始时间。

A. 最早完成时间等于最早开始时间加上其持续时间：

$$EF_{i-j}=ES_{i-j}+D_{i-j} \tag{8－12}$$

B. 最早开始时间等于各紧前工作 $h-j$ 的最早完成时间 EF_{h-i}的最大值：

$$ES_{i-j}=\text{mas}(EF_{h-i}) \tag{8－13}$$

或

$$ES_{i-j}=\max(ES_{h-i}+D_{h-i}) \tag{8－14}$$

2）确定计算工期 T_C。计算工期等于以网络计划的终点节点为箭头节点的各个工作的最早完成时间的最大值。当网络计划终点节点的编号为 n 时，计算工期为：

$$T_C=\max(EF_{i-n}) \tag{8－15}$$

当无要求工期的限制时，取计划工期等于计算工期，即取：$T_p=T_C$。

3）工作最迟开始时间和最迟完成时间的计算。工作最迟时间参数受到紧后工作的约束，故其计算顺序应从终点节点起，逆着箭线方向依次逐项计算。

①以网络计划的终点节点（$j=n$）为箭头节点的工作的最迟完成时间等于计划工期 T_p，即：

$$LF_{i-n}=T_p \tag{8－16}$$

②逆着箭线方向依次计算各个工作的最迟开始时间和最迟完成时间。

A. 最迟开始时间等于最迟完成时间减去其持续时间：

$$LS_{i-j}=LF_{i-j}-D_{i-j} \tag{8－17}$$

B. 最迟完成时间等于其紧后工作的最迟开始时间 LS_{j-k}的最小值，即：

$$LF_{i-j}=\min(LS_{j-k}) \tag{8－18}$$

或

$$LF_{i-j}=\min(LF_{j-k}-D_{j-k}) \tag{8－19}$$

4）计算工作总时差。总时差等于其最迟开始时间减去最早开始时间，或等于最迟完成时间减去最早完成时间，即：

$$TF_{i-j}=LS_{i-j}-ES_{i-j} \tag{8－20}$$

$$TF_{i-j}=LF_{i-j}-EF_{i-j} \tag{8-21}$$

5)计算工作自由时差。当工作 $i-j$ 有紧后工作 $j-k$ 时，其自由时差应为：

$$FF_{i-j}=ES_{j-k}-EF_{i-j} \tag{8-22}$$

或

$$FF_{i-j}=ES_{j-k}-ES_{i-j}-D_{i-j} \tag{8-23}$$

以网络计划的终点节点($j=n$)为箭头节点的工作，其自由时差 FF_{i-n} 应按网络计划的计划工期 T_p 确定，即：

$$FF_{i-n}=T_p-EF_{i-n} \tag{8-24}$$

或

$$FF_{i-n}=T_p-ES_{i-n}-D_{i-n} \tag{8-25}$$

(3)关键工作和关键线路的确定。

1)关键工作。总时差最小的工作是关键工作。

2)关键线路。自始至终全部由关键工作组成的线路为关键线路，或线路上总的工作持续时间最长的线路为关键线路。网络图上的关键线路可用双线或粗线标注。

(4)按节点计算法。按节点计算法计算网络计划的时间参数是先计算节点的最早时间(ET_i)和节点的最迟时间(LT_i)，再根据节点时间推算工作时间参数。按节点计算法计算时间参数，其计算结果应标注在节点之上(如图 8-35 所示)。

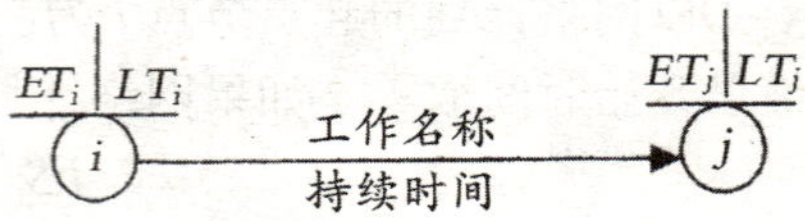

图 8-35　节点时间参数标注方式

1)计算节点时间：

①节点最早时间 ET_i 的计算：双代号网络计划中，节点的最早时间是以该节点为开始节点的各项工作的最早开始时间。节点 i 的最早时间 ET_i 应从网络计划的起点节点开始，顺着箭线方向逐项依此计算，即：

A. $$ET_i=0 \quad (i=1) \tag{8-26}$$

B. 其他节点的最早时间 ET_j 按下式计算

$$ET_j=\max[ET_i+D_{i-j}] \tag{8-27}$$

②网络计划计算工期(T_C)的计算：网络计划的计算工期等于其终点节点 n 的最早时间，即：

$$T_C=ET_n \tag{8-28}$$

③节点最迟时间 LT_i 的计算：节点最迟时间是以该节点为完成节点的工作的最迟完成时间。

节点 i 的最迟时间 LT_i 应从网络计划的终点节点开始，逆着箭线方向逐项依此计算。

A. 终点节点的最迟时间 LT_n 应按网络计划的计划工期 T_p 确定，即：

$$LT_n=T_p \tag{8-29}$$

B. 其他节点的最迟时间 LT_i 应为：

$$LT_i=\min[LT_j-D_{i-j}] \tag{8-30}$$

2)根据节点时间计算工作时间参数：

①工作 $i-j$ 的最早开始时间可按下面公式计算：

$$ES_{i-j}=ET_i \tag{8-31}$$

②工作 $i-j$ 的最早完成时间 EF_{i-j} 可按下式计算：

$$ES_{i-j} = ET_i + D_{i-j} \tag{8-32}$$

③工作 $i-j$ 的最迟时间 LS_{i-j} 可按下式计算：

$$LF_{i-j} = LT_j \tag{8-33}$$

④工作 $i-j$ 的最迟开始时间 LS_{i-j} 可按下式计算：

$$LS_{i-j} = LT_j - D_{i-j} \tag{8-34}$$

⑤工作 $i-j$ 的总时差 TF_{i-j} 可按下式计算：

$$TF_{i-j} = LT_j - ET_i - D_{i-j} \tag{8-35}$$

⑥工作 $i-j$ 的自由时差 EF_{i-j} 可按下式计算：

$$FF_{i-j} = ET_j - ET_i - D_{i-j} \tag{8-36}$$

8.2.6 单代号网络计划

1. 单代号网络图

单代号网络图是以节点及其编号表示工作，以箭线表示工作之间逻辑关系的网络图。在单代号网络图中加注工作的持续时间，便形成单代号网络计划（如图 8-36 所示）。

（1）单代号网络图的特点。单代号网络图与双代号网络图相比，具有以下特点：

①工作之间的逻辑关系容易表达，且不用虚箭线，故绘图较简单；

②便于网络图检查和修改；

③由于工作的持续时间表示在节点之中，没有长度，故不够形象直观；

④表示工作之间逻辑关系的箭线可能产生较多的纵横交叉现象。

（2）单代号网络图的基本符号。

①节点：单代号网络图中的每一个节点表示一项工作，节点宜用圆圈或矩形表示。节点所表示的工作名称、持续时间和工作代号等应标注在节点内（如图 8-37 所示）。

单代号网络图中的节点必须编号。编号标注在节点内，其号码可间断，但严禁重复。箭线的箭尾节点编号应小于箭头节点的编号。一项工作必须有惟一的一个节点及相应的一个编号。

②箭线：单代号网络图中的箭线表示紧邻工作之间的逻辑关系，既不占用时间、也不消耗资源。箭线应画成水平直线、折线或斜线。箭线水平投影的方向应自左向右，以表示工作的行进方向。工作之间的逻辑关系包括工艺关系和组织关系，在网络图中均表现为工作之间的先后顺序。

③线路：单代号网络图中，各条线路上的节点编号从小到大依次表述。

（3）单代号网络图的绘图规则。

①单代号网络图必须正确表达已定的逻辑关系。

②单代号网络图中，严禁出现循环回路。

③单代号网络图中，严禁出现双向箭头或无箭头的连线。

④单代号网络图中，严禁出现没有箭尾节点的箭线和没有箭头节点和箭线。

⑤绘制网络图时，箭线不宜交叉，当交叉不可避免时，可采用过桥法或指向法绘制。

⑥单代号网络图只应有一个起点节点和一个终点节点；当网络图中有多项起点节点或多项终点节点时，应在网络图的两端分别设置一项虚工作，作为该网络图的起点节点（S_t）和

终点节点(F_{in})(如图 8－36 和图 8－37 所示)。

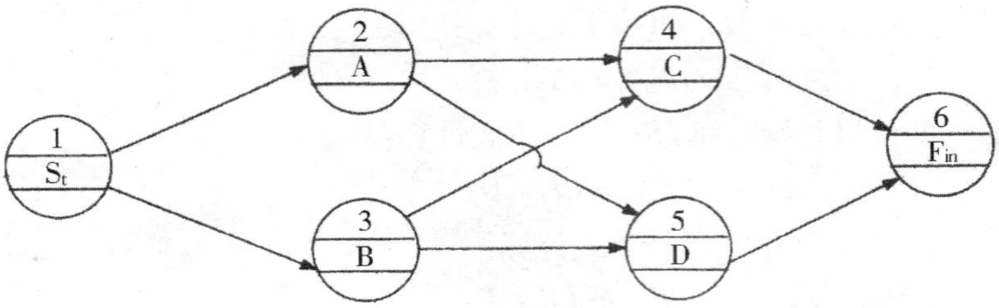

图 8－36　单代号网络图

图 8－37　单代号网络图中工作的表示方法

单代号网络图的绘图规则大部分与双代号网络图的绘图规则相同,故不再进行解释。单代号网络图工作间逻辑关系的处理方法见图 8－36。

2. 单代号网络计划时间参数的计算

单代号网络计划时间参数的计算应在确定各项工作的持续时间之后进行。时间参数的计算顺序和计算方法基本上与双代号网络计划时间参数的计算相同。单代号网络计划时间参数的标注形式如图 8－38 所示。

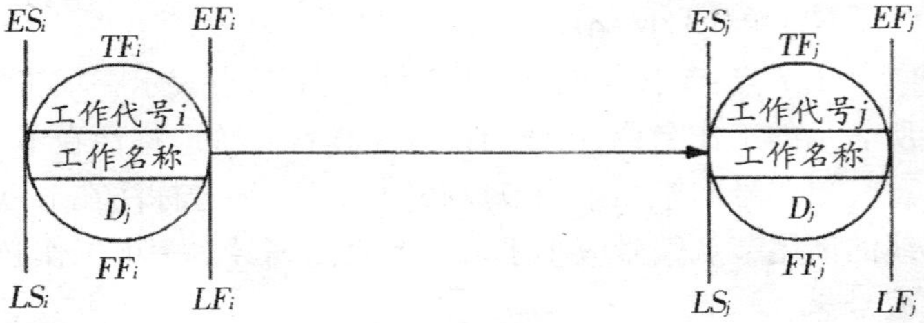

图 8－38　单代号网络计划时间参数的标注形式

单代号网络计划时间参数的计算步骤如下:

(1)计算最早开始时间和最早完成时间。网络计划中各项工作的最早开始时间和最早完成时间的计算应从网络计划的起点节点开始,顺着箭线方向依次逐项计算。

①网络计划的起点节点的最早开始时间为零,如起点节点的编号为 1,则

$$ES_i = 0 \qquad (i = 1) \tag{8-37}$$

②工作的最早完成时间等于该工作的最早开始时间加上其持续时间:

$$EF_i = ES_i + D_i \tag{8-38}$$

③工作的最早开始时间等于该工作的各个紧前工作的最早完成时间的最大值,如工作 j 的紧前工作的代号为 i,则:

$$ES_j = \max[EF_i] \tag{8-39}$$

或 $$ES_j = \max[ES_i + D_i] \tag{8-40}$$

式中　ES_i——工作 j 的各项紧前工作的最早开始时间

④网络计划的计算工期 T_C。T_C 等于网络计划的终点节点 n 的最早完成时间 EF_n，即

$$T_C = EF_n \tag{8-41}$$

（2）计算相邻两项工作之间的时间间隔 $LAG_{i,j}$。相邻两项工作 i 和 j 之间的时间间隔 $LAG_{i,j}$ 等于紧后工作 j 的最早开始时间 ES_j 和本工作的最早完成时间 EF_i 之差，即

$$LAG_{i,j} = ES_j - EF_i \tag{8-42}$$

（3）计算工作总时差 TF_i。工作 i 的总时差 TF_i 应从网络计划的终点节点开始，逆着箭线方向依次逐项计算。

①网络计划终点节点的总时差 TF_n，如计划工期等于计算工期，其值为零，即

$$TF_n = 0 \tag{8-43}$$

②其他工作 i 的总时差 TF_i 等于该工作的各个紧后工作 j 的总时差 TF_j 加该工作与其紧后工作之间的时间间隔 $LAG_{i,j}$ 之和的最小值，即

$$TF_i = \min[TF_j + LAG_{i,j}] \tag{8-44}$$

（4）计算工作自由时差 FF_i。

①工作 i 若无紧后工作，其自由时差 FF_i 等于计划工期 T_p 减该工作的最早完成时间 EF_n，即

$$FF_n = T_p - EF_n \tag{8-45}$$

②当工作 i 有紧后工作 j 时，其自由时差 FF_i 等于该工作与其紧后工作 j 之间的时间间隔 $LAG_{i,j}$ 的最小值，即

$$FF_i = \min[LAG_{i,j}] \tag{8-46}$$

（5）计算工作的最迟开始时间和最迟完成时间。

①工作 i 的最迟开始时间 LS_i 等于该工作的最早开始时间 ES_i 加上其总时差 TF_i 之和，即

$$LS_i = ES_i + TF_i \tag{8-47}$$

②工作 i 的最迟完成时间 LF_i 等于该工作的最早完成时间 EF_i 加上其总时差 TF_i 之和，即

$$LF_i = EF_i + TF_i \tag{8-48}$$

（6）关键工作和关键线路的确定。

①关键工作：总时差最小的工作是关键工作。

②关键线路的确定：按以下规定，从起点节点开始到终点节点均为关键工作，且所有工作的时间间隔为零的线路为关键线路。

8.3　项目控制性进度计划的编制

8.3.1　建设项目控制性进度计划

建设单位应编制工程建设项目的前期工作计划、总进度计划和年度计划。

1. 前期工作计划

前期工作包括项目建议书、可行性研究两个阶段的工作。建设单位应编制进度控制计

划，确定里程碑事件日期和工作持续时间，以有利于项目的时间决策。

2. **建设项目总进度计划**

建设项目总进度计划包括下列内容。

(1)文字说明。包括项目的概况和特点，安排建设项目总进度的原则和依据、投资来源、里程碑事件的时间与目标等。

(2)工程项目一览表(见表8-6)。

(3)建设项目总进度表(见表8-7)。

(4)投资计划按年度分配表(见表8-8)。

(5)建设项目进度平衡表(见表8-9)。

表8-6　工程项目一览表

单项工程和单位工程名称	工程编码	工程内容		概算投资(万元)					
		单位	数量	合计	建筑	安装	设备	工器具	其他

表8-7　建设项目总进度表

单项工程和单位工程名称	工程编码	工程量		××××年				××××年				××年
		单位	数量	1季	2季	3季	4季	1季	2季	3季	4季	……

表8-8　投资计划按年度分配表

单项工程名称	工程编码	投资分配(万元)					
		××××年	××××年	××××年	××××年	××××年	××××年

表 8－9　建设项目总进度平衡表

单项工程和单位工程名称	工程编码	工程数量	设计进度				设备进度			施工进度			道路进度		电气进度		给排水进度	
			设计准备	初步设计	技术设计	施工图设计	数量	交货日期	完工日期	日历天	开工日期	竣工日期	开工日期	通行日期	开工日期	运行日期	开工日期	运行日期
1	2	3	4	5	6	7	8	9	10	11	12	13	14	15	16	17	18	19

3. 建设项目年度计划

建设项目年度计划包括文字部分和表格部分。文字部分包括：年度计划编制依据和原则，进度指标，设备、材料、资金、技术、组织等技术与经济条件的落实情况、各项措施等。表格部分包括：年度计划项目表（见表 8－10），竣工投产交付使用计划表，年度建设资金平衡表，年度设备平衡表等。

表 8－10　年度计划项目表

工程项目名称	工程编码	开工日期	竣工日期	投资来源	总投资额	年初已完			本年计划							建设条件落实情况			
									投　资			建筑面积			年末形象进度				
						合计	建筑安装	设备	合计	建筑安装	设备	新开工	续建	竣工		投资	设计	设备	材料

8.3.2　设计控制性进度计划的编制

1. 计划内容

建设单位应当在建设项目总进度计划中确定设计进度控制性目标。当设计单位中标后应编制设计总进度计划表（见表 8－11），还应该对设计准备工作及各阶段的设计编制进度控制计划(见表8－12及表8－13)。

表8－11　　设计总进度计划表

设计项目	进　度(月)									
设计准备										
初步设计										
技术设计										
施工图设计										

表8－12　　设计准备工作计划

准备内容	进度(周或天)										
确定规划设计条件											
提供设计基础资料											
设计分包招标											

表8－13　　初步设计(技术设计或施工图设计)工作进度计划

工程名称	工程量	设计定额时间	合同要求时间	投入设计力量	进度(周或天)							
××工程												
××工程												
××工程												

除了上述表格以外,还应通过计划说明书明确:设计依据,设计范围,设计原则和要求,组织机构及职责分工,设计标准,质量保证程序及要求,进度计划的主要控制点,技术经济要求,安全生产、职业健康及环境保护要求,与采购、施工和试运行的接口关系及要求,外部约束条件及风险等。

2. 设计控制性计划的编制依据

(1)合同文件。

(2)项目的有关批准文件。

(3)项目进度计划。

(4)项目特征及规模。

(5)设计法规及政策。

(6)企业的管理体系。

8.3.3 采购控制性进度计划的编制

1. 采购控制性进度计划的编制内容

该编制主要内容是采购进度的主要控制目标和要求、长周期设备和特殊材料采购计划的安排。同时,还应编制采购计划说明书,说明下列内容:编制依据,项目概况,采购原则,采购范围和内容,采购组织,市场的供需、价格以及与同类产品的竞争情况,风险预测等。

2. 采购控制性进度计划的编制依据

采购控制性进度计划的编制依据是:项目合同,项目进度计划,采购法规、程序和制度,市场信息和采购网络。

8.3.4 项目施工控制性进度计划的编制

项目施工控制性进度计划主要是施工总进度计划。

1. 施工总进度计划的作用

(1)确定总进度目标。实现策划工期或合同约定的竣工日期是施工总进度计划的目标,这个目标是由企业管理层承担的。

(2)进行总进度目标分解,确定里程碑事件的进度目标。一般来说,通过使用 WBS 可将总进度目标依次分解为单项工程进度目标、单位工程目标、分部工程目标。它们的开始日期或竣工日期就是里程碑事件的进度目标。

(3)形成建设项目的进度计划系统。按分解的进度目标确定总进度计划的系统,它们是由粗到细的相互关联的计划体系。

(4)作为编制单体工程进度计划编制的依据。

(5)作为编制各种支持性计划的依据。这些计划包括人力资源计划、物资供应计划、施工机械设备计划、预制加工品计划、资金供应计划等。

2. 施工总进度计划的编制依据

施工总进度计划的编制依据包括:项目范围说明书,施工合同,施工部署与主要工程施工方案,进度控制目标,工期定额,有关技术经济资料,同类工程的资料。

3. 施工总进度计划的内容

施工组织总设计中的施工总进度计划和大型工程的单体施工进度计划都是控制性的进度计划。前述的群体工程网络计划也是控制性进度计划。它们的共同特点是,重在组织关系、进度目标和里程碑事件时间的确定,为项目总体组织和管理服务。

施工总进度计划的内容包括:编制说明,施工总进度计划表,分期分批施工工程的开工日期、完工日期,工期一览表,资源需要量及供应平衡表。

8.4 项目进度计划实施

8.4.1 进度计划实施方法

1. 进度计划交底与落实责任

进度计划交底与落实责任指计划编制者或领导者在计划实施前向执行者进行交底，既可书面交底，也可口头交底。执行者包括组织和个人。交底的内容包括：说明并解释计划，执行者的责任，计划时间要求，执行者相互间的配合要求，资源条件，环境条件，检查要求和考核要求等。计划交底的结果是执行者明确自己的责任、要求和条件。

2. 制定计划实施方案

制定计划实施方案是在执行者明确自己的责任后，为了履行责任所做的安排。责任者如果是组织，实施方案是指作业计划、任务书和实施计划的管理措施。管理措施包括技术措施、组织措施、合同措施和经济措施。责任者如果是个人，则应提出保证实现作业计划或任务书的办法或措施。

8.4.2 作业计划的编制

1. 设计的作业计划

表 8－14 是设计作业计划的示例。编制该计划可以使用流水作业方法和网络计划方法。

表 8－14　设计作业计划

涉及内容	计划工日	涉及人数	设计时间	进度(周或天)										
				1	2	3	4	5	6	7	8	9	10	11
工艺设计														
建筑设计														
结构设计														
给排水设计														
通风设计														
电器设计														
设计审查														

2. 月(旬、周)进度计划

月(旬、周)进度计划在单位工程施工进度计划的基础上卡段进行编制。表 8－15 是月(旬、周)进度计划的示例。

表 8－15　月（旬、周）进度计划

序号	工程名称	工程数量	工日数	持续时间	进度																													
					1	2	3	4	5	6	7	8	9	10	中旬										下旬									

3. 施工任务书的使用

施工任务书是向班组下达任务的一种工具，一般由工长根据计划要求、工程量、定额、工艺要求、技术要求、质量标准、节约措施、安全措施等为依据进行编制，由工长签发。

工长向班组下达任务书并交底。交底内容是：交任务，交操作规程，交施工方法，交质量、安全、定额、节约措施，交材料使用，交奖罚要求。总之，做到任务明确，责任到人，报酬预知。

班组接到任务书并接受交底后，应做好分工，妥善安排予以完成。任务执行中要保进度、质量、安全、节约、环保。任务完成后，班组自检，向工长报请验收。工长验收时查数量、质量、安全、用工情况和节约情况，进行验回，然后回收任务书，交项目经理部登记、结算、统计、存档。图 8－39 就是施工任务书的表式。

	开工	竣工	天数
计划			
实际			

施工任务书

任务书编号：　　　　　　　　执行班组：

单位工程名称：　　　　　　　　　　　　签发时间：　　　年　　　月　　　日

<table>
<tr><td rowspan="2">定额编号</td><td rowspan="2">部位及项目</td><td rowspan="2">计量单位</td><td colspan="4">计　划</td><td colspan="3">实　际</td><td colspan="3" rowspan="3">措施及要求</td></tr>
<tr><td>工程量</td><td>时间定额</td><td>每工产量</td><td>定额工日</td><td>工程量</td><td>定额工日</td><td>实际用工</td></tr>
<tr><td></td><td></td><td></td><td></td><td></td><td></td><td></td><td></td><td></td><td></td></tr>
<tr><td></td><td></td><td></td><td></td><td></td><td></td><td></td><td></td><td></td><td></td><td colspan="3" rowspan="2">验收意见</td></tr>
<tr><td></td><td></td><td></td><td></td><td></td><td></td><td></td><td></td><td></td><td></td></tr>
<tr><td></td><td></td><td></td><td></td><td></td><td></td><td></td><td></td><td></td><td></td><td rowspan="3">效率</td><td>定额用工</td><td></td></tr>
<tr><td rowspan="2"></td><td rowspan="2"></td><td rowspan="2"></td><td rowspan="2"></td><td rowspan="2"></td><td rowspan="2"></td><td rowspan="2"></td><td rowspan="2"></td><td rowspan="2"></td><td rowspan="2"></td><td>实际用工</td><td></td></tr>
<tr><td>工　效</td><td></td></tr>
</table>

工长：　　　　　　　　　　　　　　　　　　　　　　　　班组长：

图 8－39　施工任务书

8.4.3 进度计划实施过程中的工作

实施进度计划过程中应进行的6项工作:跟踪检查并收集实际数据,将实际数据与进度计划进行对比,分析计划执行情况,对产生的进度变化采取相应措施进行纠正或调整计划;检查措施的执行情况,与有关单位和部门及时沟通进度计划的变更。这些工作的核心就是对进度计划进行动态跟踪控制。

实施施工进度计划应注意以下问题:

(1)在施工进度计划实施的过程中,执行施工合同对开工及延期开工、暂停施工、工作延误及工程竣工的承诺。

(2)跟踪形象进度对工程量、产值、耗用人工、材料和机械台班等的数量进行统计,编制统计报表。

(3)处理好进度索赔。

(4)实施好分包计划。

8.5 项目进度控制

8.5.1 项目进度控制程序

项目进度控制的程序是:实施进度计划;在实施进度计划的过程中收集实际进度数据,包括时间数据和造价数据;将实际数据与计划数据进行对比;判断是否产生偏差,如果有偏差,则采取措施纠正,没有偏差则仍按原计划实施;如果纠正偏差不能奏效,则应对原计划进行调整;计划完成后,对进度控制进行总结,并编写施工进度控制报告。

8.5.2 设计进度控制

1. 设计进度控制的意义

由于设计进度是建设项目进度的组成部分,故设计进度控制是建设项目总进度控制的重要内容。

2. 设计进度控制的关键点

(1)初步设计及技术设计文件的提交时间。

(2)关键设备和材料请购文件的提交时间。

(3)施工图设计文件的提交时间。

(4)各专业设计的进度协调。

(5)设计进度与施工进度的协调。

(6)设计总时间。

3. 设计进度控制措施

(1)设计项目经理部应设置进度控制人员以控制进度。

(2)严格按各种设计计划实施,确保计划进度目标的实现。

(3)实行设计工作技术经济责任制,设计人员承担设计进度、质量、造价控制的责任。

(4)加强设计进度的检查、协调,进行必要的计划调整。
(5)接受建设单位和监理机构的监督。
(6)建立服务观念,主动与施工单位搞好进度协调,确保施工进度。

8.5.3 供应单位的进度控制措施

(1)建立材料、设备供应保证体系,建立有效的供应网络和供应信息系统。
(2)严格执行采购及运输合同提出的进度目标。
(3)严格按供应计划实施,确保采购目标的实现。
(4)要求合同供货商提供制造进度计划,保证按合同进度供应。
(5)编制材料设备的催交计划,做好催货工作。
(6)根据采购合同约定的交货条件制定设备、材料运输计划并实施。
(7)对设计变更导致的材料设备供应的各种变化,要采取应急措施,确保按需要时间供应。

8.5.4 施工项目进度控制措施

(1)建立进度管理组织体系,抓好进度控制各环节。
(2)编制施工准备工作计划,努力控制施工准备工作进度。
(3)按施工总进度计划和作业计划实施,落实进度控制责任。
(4)召开好各种进度协调会议,搞好进度组织协调。
(5)严格履行合同中有关进度的约定,实现合同目标。
(6)加强风险管理,在进度风险分析的基础上采取风险管理措施,减少进度失控的风险量。
(7)重视信息技术在进度控制中的作用,促进信息快速交流,提高沟通效率。
(8)加强进度记录和跟踪检查,不断纠正进度偏差。
(9)适时对进度计划进行科学调整,动态提供进度控制新目标。
(10)密切与建设单位、设计单位、监理单位、供应单位等各方的联系,畅通沟通渠道,搞好协作,共同进行进度控制。

8.5.5 进度计划的实施记录与检查

进度计划的实施记录包括:实际进度图、表,情况说明,统计数据。进度计划检查应按统计周期的规定进行定期检查,应根据需要进行不定期的检查。进度计划的定期检查包括规定的年、季、月、旬、日检查,不定期检查指根据需要由检查人(或组织)确定的专题(项)检查。

进度计划的检查应包括下列内容:工程量的完成情况;工作时间的执行情况;资源使用及与进度的匹配情况;上次检查提出问题的处理情况。除此之外,还可以根据需要由检查者确定其他检查内容。

1. 利用横道计划进行检查

利用横道计划进行检查,就是在计划图中,把实际进度记录在原横道计划图上(如图8-40所示)。图中,细线是计划进度,粗线是实际进度。

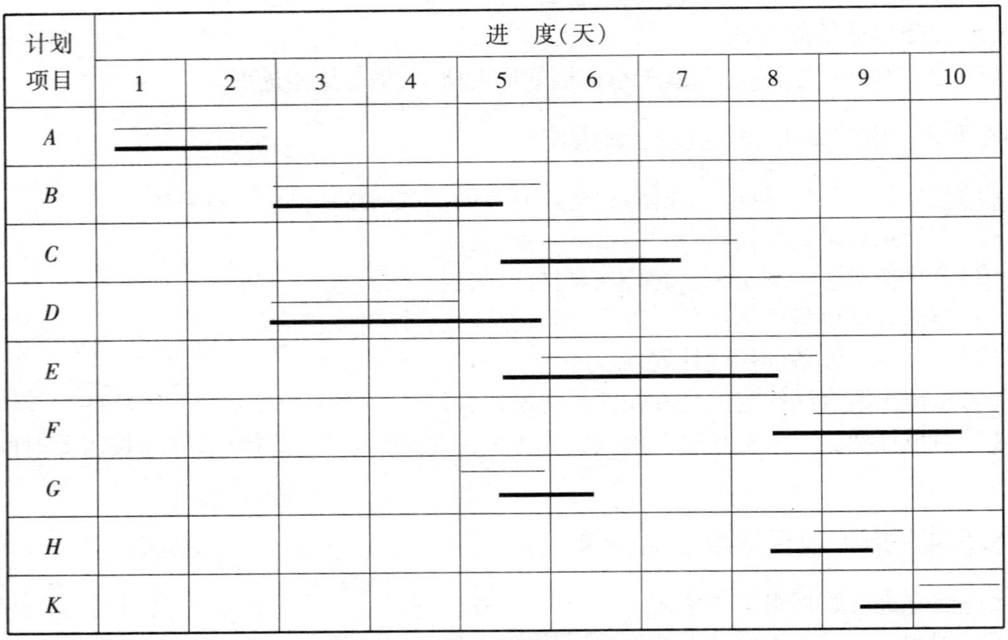

图 8－40 用横道图检查进度

2. 利用网络计划图检查

利用网络计划图进行进度检查有多种方法:一可在网络计划图上用不同颜色标注已完成的部分,二可在图上标注完成时间,三可在图上标注实际持续时间,四可通过绘制实际进度的前锋线进行进度检查。下面是实际进度前锋线的示例。

在图 8－41 的网络计划中,箭线之下是持续时间(周),箭线之上是预算费用,并列入了表 8－16 中。图中计划工期 12 周,工程进行到第 9 周时,*C* 工作完成了 2 周,*E* 工作完成了 1 周,*G* 工作已经完成,*H* 工作尚未开始,要求用实际进度前锋线对进度进行检查分析。

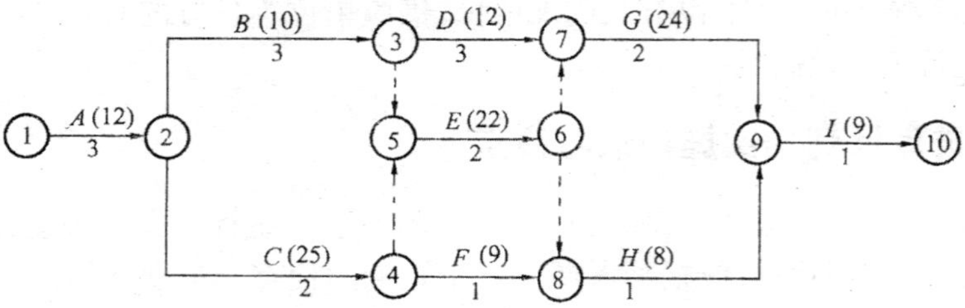

图 8－41 待检查的网络计划

表 8－16 网络计划的工作时间和预算造价

工作名称	A	B	C	D	E	F	G	H	I	合计
持续时间(周)	3	3	2	3	2	1	2	1	1	
造价(万元)	12	10	25	12	22	9	24	8	9	131

首先绘制实际进度前锋线，其要点如下：

第一，将网络计划搬到时标表上，形成时标网络计划；第二，在时标表上确定检查的时间点；第三，将检查出的时间结果标在时标网络计划相应工作的适应位置并打点；第四，把检查点和所打的点用直线连接起来，形成从表的顶端到底端的一条完整的折线，该折线就是实际进度前锋线。根据第9周的进度检查情况绘制的实际进度前锋线如图8-42所示。现对图中的绘制情况说明如下。

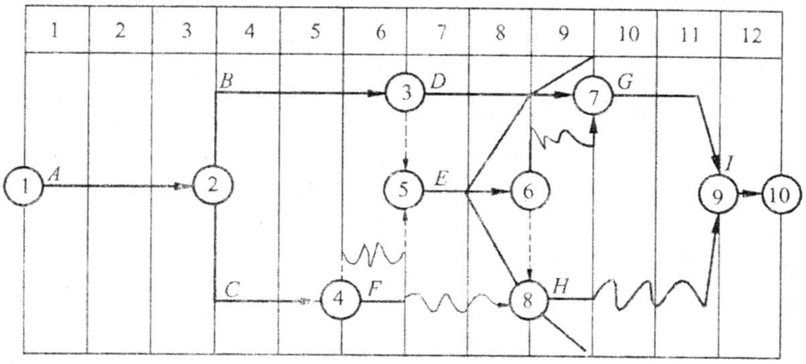

图8-42　第9周检查的实际进度的前锋线

根据第9周进度检查结果和表8-16中所列的数字，计算已完前工程预算造价的公式是：

$A+B+2/3D+1/2E+C+F=12+10+2/3\times12+1/2\times22+25+9=75$(万元)

到第9周，应完成的预算造价参照图8-41进行分析，应完成A、B、D、E、C、F、H，故：

$A+B+D+E+C+F+H=12+10+12+22+25+9+8=98$(万元)

进度完成比例=75/98=0.765=76.5%，即完成计划的76.5%。

从图8-42中可以看出，D、E、H工作均未完成计划。D工作延误了一周，这一周是在关键线路上，故将使项目工期延长一周。E工作不在关键线路上，它延误了二周，但该工作只有一周总时差，故也会对导致工期拖延一周。H工作虽延误一周，但总时差有二周，不会影响工期。D、E工作是平行工作，工期总的拖延时间是一周。

重绘的第9周末之后的时标网络计划(如图8-43所示)，与计划相比，工期延误了一周。

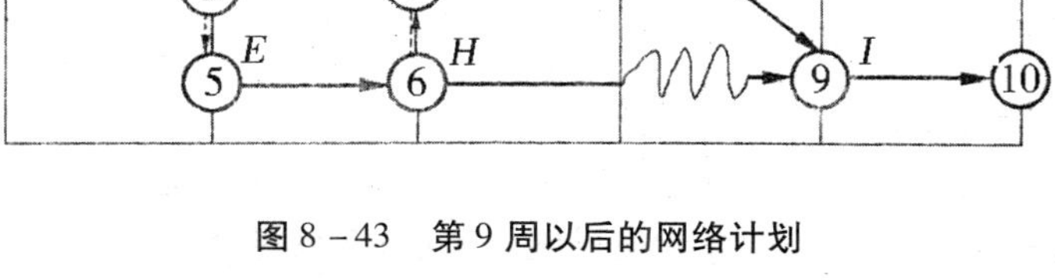

图8-43　第9周以后的网络计划

3. 利用香蕉曲线进行检查

图8－44的香蕉曲线是根据网络计划绘制的累计工程数量曲线，横坐标是时间，纵坐标是工作量，两者可以是绝对数，也可以是百分比。A线是根据最早完成时间绘制的，B线是根据最迟完成时间绘制的，两线围成了香蕉状图。P线是实际完成的工程量累计曲线。用这3条曲线对比可以在任何时点上观察到（或计算）工程的进度状况，包括时间的提前或延误，工作量完成的多或少。本图在t点检查时可以发现，进度提前量为Δt。

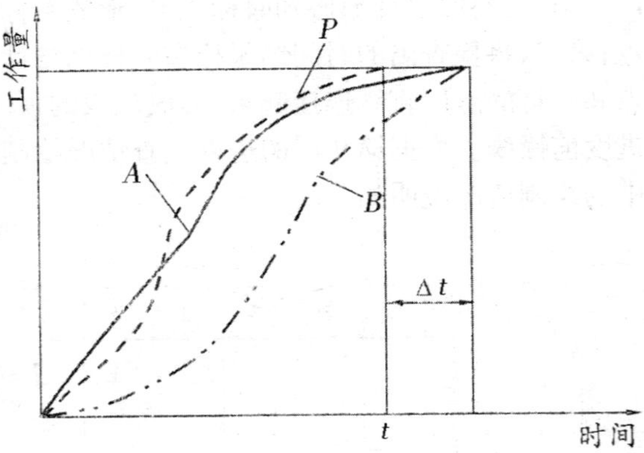

图8－44　用香蕉曲线检查进度

8.5.6　进度报告

1. 概述

编制进度报告的内容包括：进度执行情况综合描述，实际进度与计划进度的对比分析资料，进度计划实施的问题及原因分析，进度执行情况对质量、安全、成本等的影响情况，采取的措施和对未来计划进度的预测。

进度报告也可以按上述内容单独编制还可以与质量、成本、安全及其他报告合并编写而提出综合进展情况。

2. 进度报告等级

根据进度报告的用途和送达对象可以分为3个级别：一是项目概要级，描述整个项目的进度状况，可以报告给项目经理、企业经理、业务部门或项目的利益相关者；二是项目管理级，描述项目的部分进度，如施工项目的分部工程或单位工程，可报告给项目经理和业务部门；三是业务管理级，描述重点对象或关键点的进度状况，供项目管理者或业务部门使用，以便采取应急措施。

3. 进度报告的种类

进度报告以上述三个级别为基础可进行四种分类：第一类是按目的分类，包括日历进度情况，关键点进度情况和例外情况报告等；第二类是按阶段分类，包括设计、采购、施工、试运转或其中的细分阶段的进度；第三类是以报告的周期分类，按日、周、旬、月、季等周期进行报告；第四类是按用途分类，分管理用的和分析用的报告等。

4. 进度报告的内容

第一，说明报告的目的。

第二，说明报告的对象。

第三，说明进度的具体情况，包括：①项目实施概况，管理概况，进度总体状况；②设计文件提供进度；③材料、物资供应进度；④项目施工进度；⑤劳务状况；⑥变更指令状况；⑦资金供应进度状况；⑧进度趋势及风险预测等。

第四,报告编写人,一般由进度管理负责人编写,也可以是相关管理人员编写。

8.5.7 进度计划调整

1. 概述

(1)进度计划的调整应包括下列内容:工程量,起止时间,工作关系,资源供应及必要的目标调整。进度计划调整后应编制新的进度计划,并及时与相关单位和部门沟通。

(2)进度计划调整的原因,是原进度计划目标已经失去作用或难以实现。

(3)进度计划调整的内容,应根据项目进度实际情况具体确定上述内容的一项或数项。

(4)进度计划调整的方法包括下列几种:

①单纯调整工期:单纯调整工期主要是当发生工期延误后,对后续关键工作的持续时间进行压缩。压缩时应注意,压缩资源有保证的工作,压缩对质量和安全影响不大的工作,压缩追加费用少的工作。

②资源有限工期最短调整:即在延长工期最少的前提下,将资源最高强度限制在规定的数量之内。使用的方法是在总时差的限度内移动非关键性工作,使资源用量逐步下降至规定的数量之下。

③工期固定资源均衡:即工期不变,通过调整使资源峰值下降。使用的方法是通过在总时差范围内移动非关键性工作削减资源高峰,直至非关键性工作不能移动为止。

④工期—成本调整:工期—成本调整的目的是将工期压缩在某个时间之内,而使增加的费用最少。调整的方法是依次压缩有压缩潜力的、增加费用最少的关键性工作。

2. 进度计划调整示例

根据表 8-18 的数据对图 8-45 进行工期—成本调整。如果压缩工期 4 周,需增加费用为多少?

第一步,根据工期—成本调整原理,要缩短工期必须对关键性工作进行压缩。由于关键性工作 A 的追加费用最少,故首先压缩 A 工作 1 周,追加费用 200 元,累计增加费用 200 元,工期由 16 周缩短为 15 周。

第二步,压缩 C 工作 1 周,增加费用 250 元,累计增加费用 450 元,工期缩短为 14 周。

第三步,压缩 E 工作 1 周,追加费用 300 元,累计增加费用 750 元,工期缩短为 13 周。

表 8-18　所需数据表

工　作	正常时间(周)	赶工时间(周)	正常成本(元)	赶工成本(元)	赶工一周增加的费用(元/周)
A	4	3	2000	2200	200
B	4	3	1500	1600	100
C	4	3	1000	1250	250
D	3	2	1800	1950	150
E	6	4	2200	2800	300
F	5	3	2000	2500	250
G	2	2	1400	1400	-

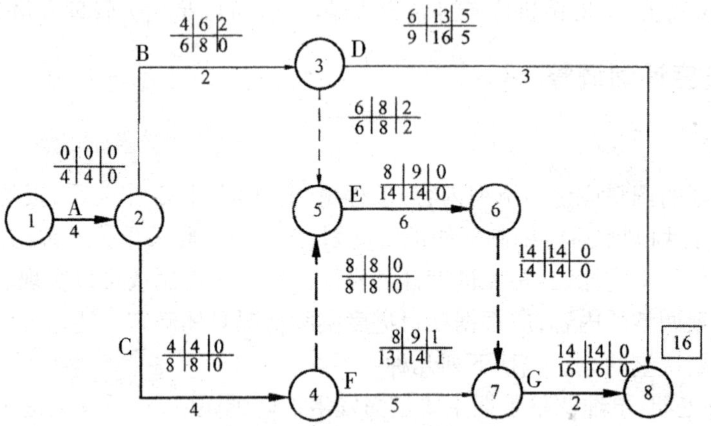

图 8－45　待调整的进度计划

第四步，由于工作 F 也成了关键性工作，而且只有工作 E 和工作 F 有压缩潜力，故必须同时压缩 E、F 各 1 周，增加费用为 300＋250＝550(元)，累计增加费用 1300 元，工期缩短为 12 周。

至此，压缩该网络计划工期的任务全部完成。将上述优化的结果汇总成表 8－19 所列，压缩后的网络计划如图 8－46 所示。

表 8－19　网络计划的压缩结果

工　作	压缩周数	压缩一周增加的费用	累计增加的费用	工　期
A	1	200	200	15
C	1	250	450	14
E	1	300	750	13
E、F	1	550	1300	12

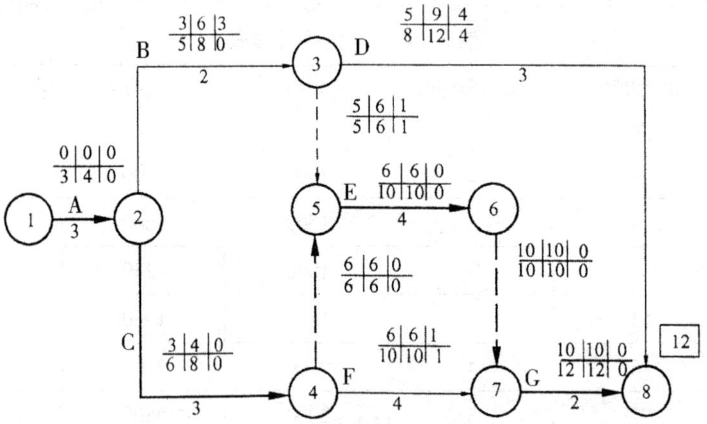

图 8－46　调整后的网络计划

8.6 项目进度管理总结

在进度计划完成后，项目经理部应及时进行进度管理总结。现代管理十分重视管理总结，其原因是它对实现管理循环和进行信息反馈起着重要作用，而且符合管理中的封闭原理和信息反馈原理。总结分析是对进度管理进行资料积累的重要途径，是对管理进行评价的前提，是提高管理水平的阶梯。

8.6.1 进度管理总结的依据

进度管理总结常依据下列资料：进度计划，进度计划执行的实际记录，进度计划检查结果，进度计划的调整资料。以上资料都是在进度控制的过程中产生的，只要注意积累，就不难得到。

8.6.2 进度管理总结的内容

进度管理总结应包括下列内容：

(1)合同时间目标及计划时间目标的完成情况；

(2)资源利用情况；

(3)成本情况；

(4)进度管理经验；

(5)进度管理中存在的问题及分析；

(6)科学的进度计划方法的应用情况；

(7)进度管理改进意见；

(8)其他。

8.6.3 进度管理总结的方法

(1)在计划编制和执行中，应认真积累资料，为总结提供信息储备。

(2)在总结之前进行实际调查，取得原始记录中没有的情况和信息。

(3)召开总结分析会议。

(4)提供采用定量的对比分析方法。

(5)尽量采用计算机储存资料进行计算、分析与绘图，以提高总结分析的速度和准确性。

(6)总结分析资料要分类归档。

9 建设工程项目质量管理

9.1 质量标准及术语

施工项目质量的优劣,关系到人民生命财产的安全和社会的稳定。低劣的工程质量,一方面影响项目的施工速度,另一方面需要大量的返工费用,既造成浪费,又增加了工程成本。在招投标中,企业和项目经理的质量分所占的比重越来越大,质量分低,企业投标中标率低。同时,社会对建设工程全面实行了优质优价。企业和施工项目的领导已清醒地认识到,高质量的产品和服务是市场竞争的有效手段,是争取用户、占领市场和发展企业的保证。质量管理的水平关系到企业的兴衰命运。

建筑施工企业抓质量,要积极实施 GB/T19000 - ISO9000 系列国家标准,并且把此标准贯彻到施工项目中,努力做到质量管理工作与国际惯例接轨,使企业质量管理上新台阶。

9.1.1 GB/T19000 族标准与 ISO9000 族标准

1. 符号及基本概念

(1)GB/T。GB 是国家标准的代号。T 是推荐性标准的代号,也是“推”字汉语拼音的为首字母。

(2)ISO。ISO 是国际标准化组织的简称。ISO 经理事会各成员国多年酝酿,于 1979 年批准成立质量管理和质量保证技术委员会(TC176),专门负责制订质量管理和质量保证标准。

(3)从 GB/T10300 到 GB/T19000。GB/T10300 族标准是在等效采用 ISO9000 族标准的基础上形成的。在 1992 年 5 月召开的“全国质量工作会议”上决定等同采用 ISO9000 的国家标准,立即将 GB/T10300 修订为等同采用 ISO9000 的国家标准,并于 1993 年 1 月 1 日实施等同采用 ISO9000 族标准的 GB/T19000 - ISO9000 族标准。

我国现在正式颁发的标准(1994 版)有:

GB/T6583 - ISO8402 质量——术语;

GB/T19000 - ISO9000《质量管理和质量保证标准——选择和使用指南》;

GB/T19001 - ISO9001《质量体系——设计/开发、生产、安装和服务的质量保证模式》;

GB/T19002 - ISO9002《质量体系——生产、安装和服务的质量保证模式》;

GB/T19003 - ISO9003《质量体系——最终检验和试验的质量保证模式》;

GB/T19004 - ISO9004《质量管理和质量体系要素——指南》。

2. ISO9000 族标准

ISO9000 族的定义是:“由 ISO/TC176 技术委员会制订的所有国际标准。”

(1)术语标准:ISO8402 - 1994 质量管理和质量保证——术语。该标准是阐明质量管理领域所用的质量术语的含意。术语标准共67个词条，分四大类，即基本术语、与质量有关的术语、与质量体系有关的术语、与工具和技术有关的术语。

(2)质量管理和质量保证要求。

1)ISO9000-1(第1部分):选择和使用指南。本标准阐明了与质量有关的基本概念，并为ISO9000族质量管理和质量保证标准的选择和使用提供指南。

2)ISO9000-2(第2部分):ISO9001、ISO9002和ISO9003的实施通用指南。为给实施和应用ISO9001、ISO9002和ISO9003的用户提供指南，以便对标准的要求具有一致、准确和清晰的理解。

3)ISO9000-3(第3部分):ISO9001在软件开发和维护中的使用指南。本标准的目的是为承担软件开发、供应和维护的组织，通过建议适当的控制和方法，提供使用指南。

4)ISO9000-4(第4部分):这是可信性大纲管理指南。可信性包括可靠性、维修性和可用性。可信性大纲是用于管理可信性的组织结构、职责、程序、过程和资源。

(3)质量保证模式标准。质量保证模式标准有三个，分别将一定数量的质量体系要素组成三种不同的模式。

1)ISO9001质量体系——设计、开发、生产、安装和服务的质量保证模式。当需要证实供方设计和生产合格产品的过程控制能力时，应选择和使用此种模式标准。

2)ISO9002质量体系——生产、安装和服务的质量保证模式。当需要证实供方生产合格产品的过程控制能力时，应选择和使用此种模式标准。

3)ISO9003质量体系——最终检验和试验的质量保证模式。当仅要求供方保证最终检验和试验符合规定要求时，应选择此种模式标准。

(4)质量管理和质量体系要素。此标准有4个分标准，目的都在于指导组织进行质量管理和建立质量体系。

1)ISO9004-1(第1部分):指南。全面阐述了与产品寿命周期内所有阶段和活动有关的质量体系要素，以帮助选择和使用适合其需要的要素。

2)ISO9004-2(第2部分):服务指南。本标准是对ISO9004-1在服务类产品方面的补充指南。为提供服务或提供具有服务成分的产品的组织参照使用。

3)ISO9004-3(第3部分):流程性材料指南。本标准是对ISO9004-1在流程材料类产品方面的补充指南，供生产流程性材料类产品的组织参照使用。

4)ISO9004-4(第4部分):质量改进指南。本标准阐述了质量改进的基本概念和原理、管理指南和方法。凡是希望改进质量有效性的组织，不管是否已经实施了正规的质量体系，均应参照本标准。

(5)支持性技术标准。这类标准的编号从10000到10020，是对质量管理和质量保证中的某一专题的实施方法提供指南。

1)ISO10005　质量计划指南。

2)ISO10006　项目管理质量指南。

3)ISO10007　技术状态管理指南。

4)ISO10011-1　质量体系审核指南——第1部分:审核。

5)ISO10011-2　质量体系审核指南——第2部分:质量体系审核员的评定准则。

6)ISO10011-3　质量体系审核指南——第3部分:审核工作管理。

7)ISO10012－1　测量设备的质量保证要求——第1部分:测量设备的计量确认体系。

8)ISO10012－2　测量设备的质量保证要求——第2部分:测量过程的控制。

9)ISO10013　质量手册编制指南。

10)ISO10014　质量经济性指南。

11)ISO10015　继续教育和培训指南。

12)ISO10016　产品检验和试验的客观证据。

上述五类标准中,质量管理和质量保证模式标准是ISO9000族的核心。

9.1.2　质量基本术语(GB/T6583－94　ISO8402－1994)

1.质量

质量是反映实体满足明确和隐含需要的能力的特性总和。但应注意以下几个问题:

(1)在有合同的情况下,或是在法规规定的情况下,如在安全性领域中,需要是明确规定的;而在其他情况下,隐含的需要则应加以识别并确定。

(2)在许多情况下,需要会随着时间而变化,这就意味着要对质量要求进行定期评审。

(3)一般根据特定的准则将需要转化为特性。需要可包括:性能、合用性、可信性(可用性、可靠性、维修性)、安全性、经济性、环境和美学。

(4)术语"质量"不应作为一个单一的术语来表示在比较意义上的优良程度,也不应用于定量意义上的技术评价,但为了表达这些含义,应使用恰当的形容词。例如,可使用下列术语:

1)"相对质量",表示实体在优良程度和比较意义上按相对的基准排序(不可与等级相混淆)。

2)"质量水平"和"质量度量"(如验收抽样),表示在"定量意义上进行精确的技术评价"。

(5)取得满意的质量涉及到质量环中的所有阶段。这些不同阶段对质量的作用有时为了强调而加以区别,如有关确定需要的质量,产品设计的质量,符合性质量和全寿命周期产品保障的质量。

(6)在某些文献中,质量是指"适用性"、"适合目的性"、"顾客满意"或"符合要求"。按上述定义,这些仅表示了质量的某些方面。

2.质量方针

由组织的最高管理者正式发布该组织总的质量宗旨和质量方向。

【注】　质量方针是总方针的一个组成部分,由最高管理者批准。

3.质量管理

质量管理是确定质量方针、目标和职责,并在质量体系中通过诸如质量策划、质量控制、质量保证和质量改进使其实施的全部管理职能的所有活动。

【注】　质量管理是各级管理者的职责,但必须由最高管理者领导。质量管理的实施涉及到组织中的所有成员。另外,在质量管理中要考虑到经济性因素。

4.质量策划

质量策划指确定质量以及采用质量体系要素的目标和要求的活动。质量策划包括:

(1)产品策划。对质量特性进行识别、分类和比较,并建立其目标、质量要求和约束条件。

(2)管理和作业策划。为实施质量体系进行准备,包括组织和安排。

(3)编制质量计划和作出质量改进的规定。

5. 质量控制

为达到质量要求所采取的作业技术和活动。

【注】 质量控制包括作业技术和活动,其目的在于监视过程并排除质量环中所有阶段中导致不满意的原因,以取得经济效益。质量控制和质量保证的某些活动是相互关联的。

6. 质量保证

质量保证是指为了提供足够的信任表明实体能够满足质量要求,而在质量体系中实施并根据需要进行证实的全部有计划和有系统的活动。

【注】

①质量保证有内部和外部两种目标:

内部质量保证:在组织内部,质量保证向管理者提供信任。

外部质量保证:在合同或其他情况下,在质量保证上向顾客或他方提供信任。

②质量控制和质量保证的某些活动是相互关联的。

③只有质量要求全面反映了用户的要求,质量保证才能提供足够的信任。

7. 质量体系

质量体系为实施质量管理所需的组织结构、程序、过程和资源。

【注】

①质量体系的内容应以满足质量目标的需要为准。

②一个组织的质量体系主要是为满足该组织内部管理的需要而设计的。它比特定顾客的要求广泛,因顾客仅仅评价质量体系中的有关部分。

③为了合同或强制性质量评价的目的,可要求对已确定的质量体系要求的实施进行证实。

8. 全面质量管理

一个施工组织以质量为中心,以全员参与为基础,目的在于通过让顾客满意和本组织所有成员及社会受益而达到长期成功的管理途径。

(1)“全员”指该组织结构中所有部门和所有层次的人员。

(2)最高管理者强有力和持续的领导,以及该组织内所有成员的教育和培训均是这种管理途径取得成功必不可少的。

(3)在全面质量管理中,质量这个概念与全部管理目标的实现有关。

(4)“社会受益”意味着在需要时满足“社会要求”。

(5)有时把“全面质量管理(TQM)”或它的一部分称为“全面质量”、“公司范围内的质量管理(CWQC)”、“TQC”等。

9. 质量改进

为向本组织及其顾客提供更多的收益,在整个组织内所采取的旨在提高活动过程的效益和效率的各种措施。

10. 几个概念之间的关系

质量方针、质最管理、质量控制、质量保证、质量体系等几个重要质量术语之间的关系如图 9-1 所示。该图仅为了便于理解,并不是一个严密的解释。

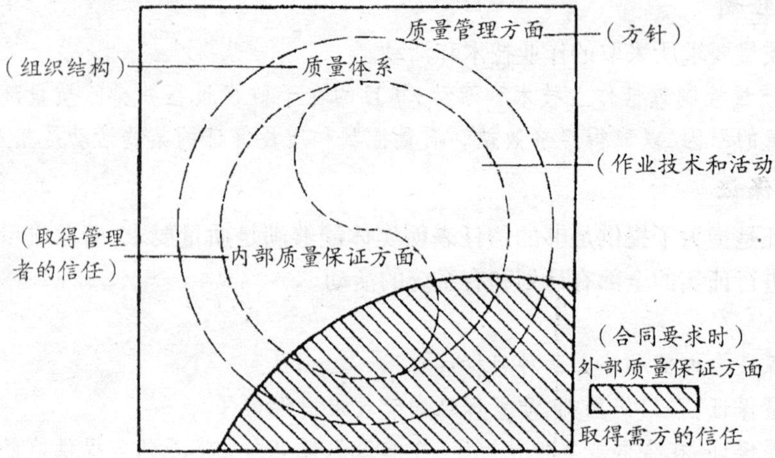

图 9-1 概念之间关系的示意图

从图 9-1 可以看出:

(1)最外的正方形代表质量管理,是一个大的概念。它包括了质量方针的制定与实施,同时还包含了质量体系、质量控制和质量保证。

(2)正方形内的最大的虚线圆代表质量体系,而实施质量管理必然依靠质量体系。它包括了质量控制和质量保证。

(3)正方形内的小虚线圆用 S 形虚线隔开,分别为内部质量保证方面和质量控制方面。S 形虚线隔开是说明内部质量保证和质量控制是相互依托、相互渗透、密不可分的,内部质量保证离不开质量控制。

(4)斜线阴影部分代表合同环境下外部质量保证方面。在合同环境下,对某一特定产品或服务的质量保证,都是在该组织质量体系的基础上增减要素所形成的不同保证模式。

11. 质量手册

质量手册是阐明一个组织的质量方针,并描述其质量体系的文件。

12. 质量计划

质量计划是指针对特定的产品、项目和合同,规定专门的质量措施、资源和活动顺序的文件。

13. 可追溯性

可追溯性根据记载的标识,追踪实体的历史、应用情况和所处场所的能力。术语“可追溯性”可能有下列三种主要含义:

(1)就产品而言,它可能涉及原材料和部件的来源、产品形成过程的历史、交付后产品的分布和场所。

(2)就校准而言,是指测量设备与国家或国家标准、基准、基本物理常数或特性或标准物质的联系。

(3)就数据收集而言,是指实体质量环全过程中产生的计算结果和数据。

此外,若有要求,应明确地规定可追溯性要求的所有方面,如时间期限、源点或标识等方面。

14. 质量环

质量环常指从识别需要到评定这些需要是否得到满足的各阶段中,影响质量的相互作用活动的概念模式。

【注】"质量螺旋"是一个相似的概念。

15. 质量成本

为了确保和保证满意的工程质量而发生的费用,以及没有达到满意的工程质量所造成的损失称为质量成本。

16. 质量保证模式

为了满足给定情况下质量保证的需要,标准化的或经选择的一组质量体系的综合要求即为质量保证模式。

17. 质量评价

质量评价指对实体具备的满足规定要求能力的程度所作的有系统的检查。

18. 质量监督

为了满足规定的要求,对实体的状况进行连续的监视和验证,并对记录进行分析。

19. 质量审核

通过质量审核,确定质量活动和有关结果是否符合计划的安排,以及这些安排是否有效地实施并适合达到预定目标的、有系统的、独立的检查。

20. 返修

返修是对不合格产品所采取的措施,虽然不符合原规定要求,但能使其满足预期的使用要求。

21. 返工

返工是对不合格产品所采取的措施,使其满足规定的要求。

9.2 质量体系的建立

9.2.1 质量体系建立的准备

1. 组织落实

成立以最高管理者为组长、质量主管领导为副组长的质量体系建设领导小组,成立由各职能部门领导(或代表)参加的工作班子,实施质量体系建设的总体规划。

2. 编制工作计划

编制的工作计划,应包括宣传教育、培训骨干、体系分析、职能分配、文件编制、资源配备和体系建立及试运行等。

9.2.2 质量体系设计

1. 确定质量方针

质量方针应体现企业对质量的追求,同时还应表明企业向顾客提供满意产品的决心。

2. 制订质量目标

质量目标是依据方针制订的,质量目标是质量方针的展开和具体化。

3. 确定质量环

项目工程质量环是工程项目质量形成的全过程(如图 9-2 所示),主要包括以下几个阶段:市场调研,投标报价,中标后承接任务,施工准备及采购,施工—安装过程,试验与检验,竣工验收,回访保修。

在质量环中,由于工程各个阶段是相互联系、相互依存和相互促进的,因此必须重视质量环各环节质量活动的组织协调。

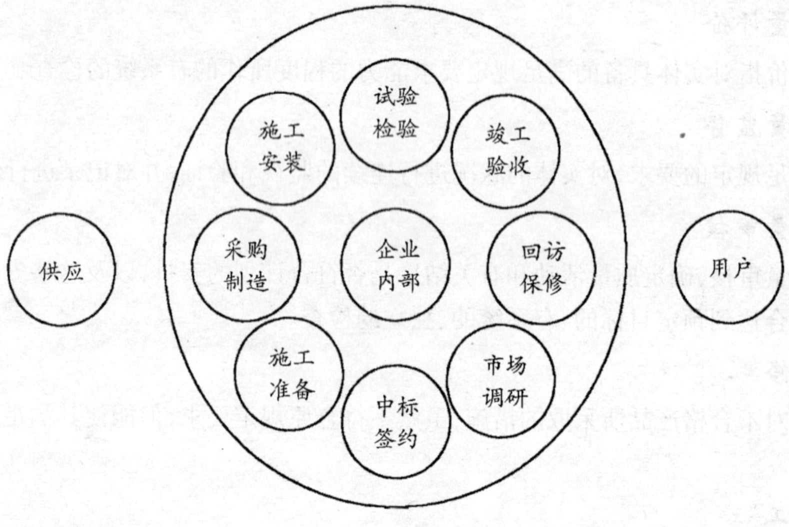

图 9-2 项目工程质量环

4. 选定质量保证模式

质量保证模式标准有三个,三个标准中规定的质量保证模式分别代表三种不同的质量体系要求,用于供方证明其有能力及外部对其能力进行的评定。

设计、科研、房地产开发、总承包(集团)公司等单位可以选择 ISO9001 标准,市政、施工(土建、安装、机械化施工、装饰、防腐、防水)等企业可以选择 ISO9002 标准,试验室、质监站和监理公司等单位可以选择 ISO9003 标准。

这三个标准一般可按其现有的形式采用,有时也可根据特定合同情况加以剪裁,即增添或删减某些质量体系要求。

5. 调整组织结构

组织结构是指企业内影响产品质量的组织系统中的组织体制、隶属关系及相互联系的方法。

企业应建立与质量管理体系相适应的组织机构，并规定各机构的隶属关系和联系方法。组织机构一般包括：

(1)各级质量机构的设置，明确各机构的隶属关系；

(2)各机构的职责范围，明确各机构工作的衔接与相互关系；

(3)形成企业各级的质量管理工作网络。

6. 配备资源

为实施质量方针并达到质量目标，施工企业应采取切实措施保证必需的各类资源。各类资源一般包括：

(1)人才资源和专业技能，设计和研制所必需的设备；

(2)生产设备，检验和试验设备，仪器仪表和计算机软件。

9.2.3　质量体系文件的编制

1. 质量体系文件的编制

质量体系文件是质量体系的具体体现，是质量体系运行的法规性依据。质量体系文件的常见构成内容如图 9－3 所示。

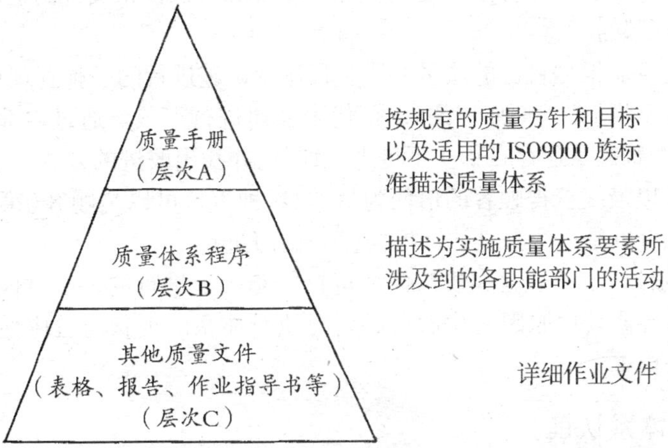

图 9－3　典型的质量体系文件层次图

(1)质量手册。是阐明一个组织的质量方针，并描述其质量体系的文件。质量手册的作用是：作为对质量体系进行管理的依据，作为质量体系审核或评价的依据，作为质量体系存在的主要证据。

(2)程序文件。质量体系程序文件是规定完成各项质量活动方法的文件。其作用是：规定开展某项活动的控制原则、控制方法和证实方法，阐明与质量活动有关人员的责任，作为开展各项活动的依据。

(3)作业指导书。是规定具体的作业活动的方法和要求的文件,是程序文件的支持性文件。其内容包括:用于生产、检验等具体工序的作业指导,用于指导具体管理工作的各种工作细则、导则、计划和规章制度。

(4)质量计划。是针对特定产品、项目或合同,规定专门的质量措施、资源和活动顺序的文件。

(5)质量记录。是为已完成的活动或达到的结果,提供客观证据的文件。质量记录常分为两种类型。

1)与质量体系运行有关的记录:包括质量体系审核报告,质量成本报告,设计评审报告,设计验证报告,设计更改记录,工艺更改记录,合同评审记录,质量培训与考核记录。

2)与产品有关的记录:包括产品鉴定报告,产品审核报告,产品验证报告,质量检验记录,产品试验记录,不合格品处置报告。

2. 质量体系试运行

质量体系试运行过程中,重点做好以下几项工作:

(1)针对性地宣传贯彻质量体系文件;

(2)将实践中出现的问题、有关信息和改进意见,如实反映给有关部门,以便采取纠正措施;

(3)不断协调和改进。

3. 质量体系的审核与评审

(1)质量体系的审核。质量体系审核的重点是验证和确认体系文件的适用性和有效性。审核分为内部的和外部的。

1)内部审核:是企业根据自己的质量手册和程序及设施进行的一种管理审核,审核员可以是公司职员(需经培训)或外面雇用的人员,代表公司进行审核。通过内部审核可以对企业质量体系运行是否有效及还存在哪些不足进行评价,并找出改进的方法。

2)外部审核:是以最终获得顾客的信任为目的,这种审核可以是顾客(第二方)、顾客委托的第三方进行,也可以是一个独立认证机构(第三方)进行。

(2)质量体系的评审。一般是在质量体系审核的基础上进行的。质量体系评审是最高管理者认为,质量方针或其他原因变化后有必要对质量体系的现状与适应性做一次正试评价,而不是一般性的检查。

9.2.4 质量体系认证

1. 质量认证的概念

ISO/IEC 指南 2 - 1991 认证定义:第三方依据程序对产品、过程或服务符合规定的要求而给予的书面保证(合格证书)。

2. 质量体系认证的概念和作用

(1)认证的对象是质量体系,确切地说,是企业对产品质量持续保证的能力。

(2)实行质量保证的基础是必须有关于质量体系的国家标准,ISO9000 质量管理和质量保证系列标准。

(3)质量体系认证是由认证机构派注册审核员对申请企业的质量体系进行检查评定，提交审核报告，提出审核结论。

(4)证明取得质量体系认证资格的方式是质量体系认证证书和体系认证标记。证书和标记只证明该企业的质量体系符合某一质量保证标准，不证明该企业生产的任何产品符合产品标准。因此，质量体系认证的证书和标记都不能用于产品。

(5)质量体系认证是第三方从事的活动。第三方是指独立于第一方(供方)和第二方(需方)之外的一方，他与第一方和第二方既无行政上的隶属关系，又无经济上的利害关系。质量体系由第三方进行认证，确保了认证活动的公正性。

(6)质量体系认证的作用是提高需方对供方的信任，减少需方对供方的重复检查评定，有利于需方选择合格的供方。

3.质量体系认证程序

(1)提出申请。申请认证者按照规定的内容和格式向体系认证机构提出书面申请，并提交质量手册和其他必要的资料。而认证机构由申请认证者自己选择。认证机构在收到认证申请之日起60天内作出是否受理申请的决定，并书面通知申请者，如果不受理申请应说明理由。

(2)体系审核。由体系认证机构指派审核组对申请的质量体系进行文件审查和现场审核。文件审查的目的，主要是审查申请者提交的质量手册的规定是否满足所申请的质量保证标准的要求，如果不能满足，应进行补充或修改。只有当文件审查通过后方可进行现场审核。现场审核的主要目的是通过搜集客观证据检查评定质量体系的运行与质量手册的规定是否一致，证实其符合质量保证标准要求的程度，并作出审核结论，向体系认证机构提交审核报告。

(3)审批发证。体系认证机构审查审核组提交的审核报告，对符合规定要求的即批准认证，向申请者颁发体系认证证书，并公布证书持有者的注册名录。质量体系认证证书的有效期三年。审核报告符合规定要求的亦应书面通知申请者。

4.质量体系认证证书的监督管理

对获准质量体系认证证书后的监督管理主要有以下几项规定：

(1)标志的使用。体系认证证书的持有者应按体系认证机构的规定使用其专用标志，不得将标志使用在产品上。

(2)监督审核。体系认证机构对证书持有者的质量体系每年至少进行一次监督审核，以使其质量体系继续保持。

(3)监督后的处置。通过对证书持有者的质量体系的监督审查，如果符合规定要求时，则保持其认证资格；如果不符合规定要求时，则视其不符合规定的严重程度，由体系认证机构决定暂停使用认证证书和标志，或撤销认证资格并收回其体系认证证书。

(4)换发证书。在证书有效期内，如果遇到质量体系标准变更、或者体系认证的范围变更、或者证书的持有者变更时，证书持有者可以申请换发证书，然后认证机构决定作必要的补充审核。

(5)通报。证书持有者改变其认证审核时的质量体系，应及时将更改情况报体系认证机构。体系认证机构根据具体情况决定是否需要重新评定。

(6)注销证书。在证书有效期内,由于体系认证规则或体系标准变更或其他原因,证书的持有者不愿保持其认证资格的,体系认证机构应收回其认证书,并注销认证资格。

9.3 施工项目质量体系的内容

9.3.1 施工项目质量管理职责

职责一:因项目经理是工程质量的第一责任者,所以对工程质量、方针、目标的制订和实施应全面负责。

职责二:制订工程项目质量方针目标,做出承诺,形成文件,并组织成员进行全过程的贯彻执行。质量方针目标应是:满足用户要求,具有适用性、安全性和可靠性;符合国家环保、城市规模、安全消防等强制性要求;符合国家质量标准及公司的质量目标要求。

职责三:对质量目标进行分解,明确工程质量基本要求,控制要点,并要求责任部门和单位制订实施措施。质量管理的重点部位有:主要分项分部工程,功能性施工项目,关键与特殊工序,现场主要管理工作。

职责四:定期组织对工程项目质量方针目标管理进行诊断和综合性考评,并将考评结果与经济承包责任制挂钩。

职责五:建立完善实施质量体系所必须的组织机构、责任、程序、过程和资源,促进质量体系的有效运转。

职责六:加强材料质量、质量检验、安全生产及施工进度各职能的协调与管理,重视对质量成本要素和有关费用的核算、评价和分析,降低质量损失费用。

9.3.2 施工项目质量体系管理原则

1. 质量体系结构

(1)质量责任与权限。

1)明确规定工程项目领导和各级管理人员的质量责任;

2)明确规定从事各项质量管理活动人员的责任和权限;

(2)衔接、控制检查、补救的措施。

1)规定各项工作之间的衔接、控制内容和控制措施;

2)定期、不定期地检查工程质量控制和质量保证情况,并作出客观的评价报告;

3)对施工中出现或可能发生的质量偏移应采取积极的补救措施。

2. 组织机构

建立与工程质量体系相适应的组织机构,规定各机构的隶属关系和联系的接口与方法,并组建各种层次、各类型的质量管理小组(QC 小组)。

(1)成立施工项目质量管理领导小组。质量管理领导小组是承担并协调全工程的质量方针目标管理的综合性的质量管理的权威机构。

(2)由总包、分包单位承担的大型或重点工程项目,应成立联合 QC 领导小组。QC 领导小组由总包单位主持并协调工作。

(3)按施工职能(如生产计划、施工技术、安全生产、材料、财务等)成立管理型QC小组。

(4)由于解决质量问题的需要,成立由1个或多个职能部门组成的攻关型QC小组。

(5)由于分部、分项工程施工的需要成立现场型QC小组,并开展三工序活动(即检查上工序、保证本工序、服务下工序),以工序质量及工作质量确保项目质量目标的实现。

3.人员和资源

(1)人才和专业技能。

1)项目经理、主要领导及专业管理人员应具备必需的专业技能和管理素质;

2)根据项目规模,配备专职或兼职的经过专门培训的质量员;

3)施工管理人员、班组长、操作人员应具备相应的管理业务水平和技术操作能力;

4)关键人员、特殊岗位人员必须持证上岗。

(2)生产设备和施工生产工具。

1)施工设备机具和生产工具均为合格产品,并具有足够的工作能力能满足工程施工要求;

2)施工设备、机具应具有足够的配件和维修力量,以便能保证正常生产;

3)以工程进度为准,提前做好人员培训和设备机具的调度。

4.工作程序

(1)建立施工过程中各阶段、各环节的工作程序,建立各工种、业务、专业技术活动的标准工作程序。

(2)通过严格执行工作程序,连续控制影响质量的因素,从而保证工作质量和工序质量,最终实现项目的质量目标。

5.质量体系文件的内容

(1)政策纲领性文件。保证施工质量政策纲领性文件有:

1)以质量求速度、以质量求效益,贯彻质量否决权的工程项目质量管理政策性措施;

2)质量方针目标及其管理规定;

3)有关与内部、外部协调配合的各项规定;

4)施工项目管理质量手册和质量保证文本。

(2)管理性文件。

1)施工项目质量方针、目标展开分解图及说明;

2)组织机构图及质量职责(包括责任和权限的分配);

3)质量计划包括新工艺质量计划、施工质量控制计划、原材料与构配件质量控制计划、工序质量控制计划、质量检验计划、分部分项工程一次交验合格计划等;

4)施工组织设计;

5)施工项目施工质量管理点明细表和流程图,以及管理点的管理制度;

6)新材料、新工艺的施工方法、作业指导和管理规定;

7)试验、检验规程和管理规定;

8)质量审核大纲;

9)施工项目质量文件管理规定及修改、补充管理办法。

(3)执行性文件。施工项目质量体系执行性文件有:工程变更洽商记录,检验试验记录,质量事故调查、鉴别、处理记录,各种统计、分析图表。

6. 质量体系审核

(1)审核的活动范围。首先确定要审核的体系要素;然后确定审核的部门、范围,其中包括被审核的工序、工作现场、在施工的工程部位、器材装备、人员、文件和记录等。

(2)审核人员的资格。

1)审核人员应与被审核范围无直接的责任关系,并具有客观公证的立场;

2)能胜任此项工作,具有确认的审核资质;

3)如果由项目经理或领导班子成员组成审核小组,小组成员应具有3年以上的施工管理经验。

(3)审核依据。根据管理需要应组织定期的质量审核,尤其是在项目管理机构改变、质量事故或缺陷发生时更要组织不定期的体系审核、工序审核、分项分部工程审核及单位工程审核。

(4)审核报告的内容。

1)要写明上次审核纠正措施的完成情况和效果评价,本次审核的结论性意见;

2)写明不符合要求的实例,并列出产生问题的原因;

3)纠正的措施(包括负责人、完成时间,要达到的质量标准)。

最后,审核小组将审核的结果、结论和建议形成书面报告提交给委托审核的领导。

7. 质量体系的评审和评价

当前,国家有明确的评审和评价施工项目质量体系的规定。施工企业负责人或项目负责人亲自主持或委托能胜任的、与项目管理无直接关系的人对审核报告进行评审和评价。评审和评价的内容:质量体系各要素的审核结果,质量体系达到质量目标的有效性,质量体系适应新技术、新工艺、市场社会条件变化而进行修改的建议。评审评价后,向企业或项目领导提交有关结果、结论和建议的书面报告。

9.3.3 施工项目质量成本

1. 施工项目质量成本科目

(1)运行质量成本。

1)预防成本:即预防发生故障支出的费用。

2)鉴定成本:用于试验和检验产品质量水平所支付的费用。

3)内部损失成本:指工程竣工前,因质量不能满足施工要求而造成的损失,如返工、复验等费用。

4)外部损失成本:竣工后,工程质量不能满足要求而造成的损失。

(2)外部质量保证成本。是指向用户提供所要求的客观证据所支付的费用,如特殊的或附加的质量保证措施,证实试验、程序、数据、资料及评定费用。

2. 质量成本分析报告

(1)定期组织质量成本分析工作,提出基础工程、主体工程、装修工程等各分部分项工程的质量成本分析报告。

(2)分析的重点应放在保证工程质量、降低工程造价的关键项目上和内部故障损失的分析上。

(3)项目领导针对职能部门提交的质量成本分析报告,应及时提出预防和控制质量成本的措施。

(4)项目经理定期向企业递交质量成本分析报告。

9.3.4 施工准备工作质量

(1)了解施工项目质量保证协议。

(2)施工项目质量管理领导小组组织有关职能部门进行图纸会审。

(3)编制施工指导性文件。

(4)确定采用的工艺技术和施工方法。

(5)进行必要的工艺试验,尤其是对要进行新材料、新工艺的试验验证。

(6)按工程质量特性要求,选择相应的设备、配备必要的测试仪器,并进行验证。

(7)制定工序质量控制文件,对关键工序进行能力验证。

(8)制定检验计划,进行检验指导。

(9)制定合理的原材料构配件计划、材料消耗额、工时定额(可说明采用的规定)。

(10)对特殊工种的工人进行培训和上岗认证。

(11)制定能源、公用设施、环境因素的控制措施与计划。

9.3.5 物资采购质量

对外购物资的采购要进行计划控制和质量控制,同时事先编制采购质量大纲。其内容为:根据应遵守的技术规范、设计图纸和订货单的要求,选择合格的供方;关于质量保证的协议,关于检验方法的协议,处理质量争端的规定,进货检验计划和进货控制,关于进货质量的记录。

9.3.6 施工过程控制

在施工过程中,对各项影响施工质量的因素实施有效控制,确保生产出符合设计和规范质量要求的工程。

1. 落实现场质量责任制

(1)对全现场进行明确的责任区域划分,建立并执行质量奖罚制度。

(2)对原材料、构配件进行严格管理,并保证其可追溯性,实施定额管理。

(3)对设备能源实施控制,按规定进行维修和保养。

(4)加强施工中使用文件的管理。

(5)制定内控质量标准,贯彻以样板工程指导施工的原则。

2. 贯彻并加强工艺纪律的管理

(1)明确衡量贯彻工艺纪律的标准。

(2)制定工艺纪律检查与评定办法。

3. 对工艺更改的控制与管理办法

(1)明确规定工艺更改的责任和权限。

9.3.10 工程质量的检验与验证

1. 预检

由工程项目技术负责人主持，施工队长、技术人员、质检员和有关施工班组长参加。预检合格后方可进行下道工序施工，并将预检记录由有关人员签字后列入工程档案。

2. 隐蔽工程检验

由建设单位（或委托监理工程师）、设计单位、施工单位各方代表共同进行，由质量监督部门检验。隐蔽工程检验合格后方可进入下道工序施工，并将隐蔽工程检查记录由有关人员签证后列入工程档案。

3. 施工班组检验

施工班组应以 QC 小组为核心做好班组质量检验，积极开展“检查上道工序，保证本道工序，服务下道工序”的三工序活动。施工班组成员要进行自检和互检，以保证本班组施工质量。

4. 工程使用功能测试

（1）功能测试由企业技术部门、质量部门、项目技术负责人、施工队长、技术员、质量检查员以及有关施工班组参加。

（2）工程项目竣工交验之前，必须对建筑物进行整体使用功能测试，对给排水、采暖系统、煤气、电梯、机械设施及其他电器进行测试，当达到设计要求时方可报竣工交验。

（3）根据质量保证协议和工程项目复杂程度，制定使用功能分项调试计划和程序，并进行责任分解，落实到人。

（4）分项调试过程中，要做好调试记录，并作为质量保证资料予以保存，确认达到符合质量标准，方可进行分项工程交验。

（5）使用功能复杂的工程项目，应进行整体功能测试，做好记录，并作为质量保证资料予以保存，以便备查。

（6）编写工程项目建筑功能使用、维修与保养说明，竣工交验时移交给建设单位。

（7）在用户回访与保修工作中，注意建筑使用功能质量信息的收集、汇总、分析与反馈，以不断提高建筑物使用功能。

9.3.11 工程回访与保修

1. 工程回访

通常有季节性回访、技术性回访及保修期满回访。

（1）季节性回访。雨季时回访屋面及其他防水处，冬季回访锅炉房及采暖系统。

（2）技术性回访。对新材料、新设备、新工艺、新技术等技术性能和使用效果进行回访。

（3）保修期满回访。在保修期间，及时解决发生的问题，对保修期满后可能发生的问题提出意见，使建设单位注意建筑物的维护和使用。

2. 工程保修

（1）保修范围。由于施工单位施工责任造成的建筑物使用功能不良或无法使用，都应实行保修。但是,凡是由于用户使用不当而造成建筑功能不良或损坏的,或是工业产品项目发生问题,均不属保修范围,应由建设单位自行组织修理。

(2)保修时间。自竣工验收完毕的第二天开始计算,土建工程、水、电、卫生及通风、燃气等工程,一般保修期最短为1年,采暖工程保修期最短为1个采暖期。

(3)保修方法。向业主发送保修证书,此证书对有关保修方法应有较详细的说明,施工单位按说明实现承诺。

9.3.12 质量文件与记录

1. 制定有关质量文件和记录的管理办法

施工单位对质量标记、资料的收集、编目、归档、储存、保管、使用、收回、处理、更改修订,以及向用户或供方查询、索取资料等,都应有明文规定和具体的管理办法。

2. 施工项目质量文件

施工项目质量文件主要有:质量体系文件,施工图纸与变更洽商,施工组织设计与施工进度计划,工程质量设计与质量责任制,工序质量控制与管理点规定,试验、检验规定与作业程序,技术交底与作业指导书,有关质量保证的文件和资料。

3. 施工项目质量记录

一般有:隐蔽工程检验资料、预检资料、分部分项工程验收资料,各种试验数据、鉴定报告及材料试验单。

4. 各种验证报告

工序质量审核报告(资料)、工程质量审核报告、质量体系审核报告。

5. 有关施工中质量信息记录

在项目施工中须常记录QC小组活动情况及各种质量管理活动情况,并写出质量成本报告。

9.3.13 人员培训及资格

1. 质量培训

(1)制定各层次、各类人员的质量培训计划,提高全体职工的质量意识。

(2)加强项目领导层质量意识教育,培训项目经理掌握质量体系运行、质量保证的有关组织技术和方法及评价体系有效性的准则。

(3)对技术人员和管理人员,包括工长、技术员、质检员、劳资员、预算员、材料员等着重进行质量方面的专业知识(如全面质量管理、统计方法等)的培训。

2. 资格认证

施工项目经理要经培训、考核后,才能持证上岗;从事特殊作业、工序、检验、试验的人员都要进行专业培训和资格认证,然后持证上岗。

3. 调动积极性

采用各种有效措施,调动全体人员的积极性。具体措施有:

(1)设立质量责任状,开展质量竞赛,召开QC小组成果发布会,评选质量信得过班组。

(2)设立各项质量奖罚制度,并切实兑现。

9.3.14 测量和试验设备的控制

对施工过程所涉及的计量器具、仪器、探测设备、专门试验设备以及有关计算机软件都要进行控制,并制订和贯彻监督的程序。

1. **控制要点**

(1)保持测量器具、试验设备在规定的条件下工作应具备稳定性、可靠性和耐久性,使其量程、偏移、精密度符合规定的要求。

(2)工艺、质量计量器具配备率不低于98%,检测率不低于98%,检测记录要保持清楚完整。

(3)有关仪器标记、检定周期、校准状态以及返还、搬运、储存、调整、修理、校准、安装和使用的程序都应纳入书面文件。

2. **纠正措施**

当发现测量过程失控或试验和测量设备超过校准界限时要查明原因,对已测试结束的工程部位进行重新评定,对校准方法、次数、人员素质和试验设备适用性等方面重新审查。

9.3.15 统计方法的运用

施工项目质量体系主要运用PDCA循环工作法和统计方法。统计方法有:排列图法,因果分析图法,直方图法,控制图法,散布图法,分层法以及统计分析表法。

9.4 施工项目质量控制

9.4.1 质量控制常用的工具

1. **PDCA循环法**

PDCA循环法是由美国人戴明发现的一种科学工作程序方法,也称"戴明循环"。PDCA分别代表计划、执行、检查和处理四个阶段。

计划P阶段:是制订质量计划要求,并为达到目标而制定的具体措施与方法。

执行D阶段:是将质量目标、计划和措施付诸实施的阶段。

检查C阶段:是及时检查发现计划实施过程中的效果、经验和问题。

处理A阶段:是根据检查的结果采取措施,巩固成绩,汲取教训,以利再战的阶段。

这四个阶段,又可具体地划分为八个步骤(如图9-4和图9-5所示)。

(1)制订计划阶段。这个阶段包括以下四个步骤。

第一步:分析质量现象,找出存在的质量问题。首先,分析本企业的质量通病、常见病和复发病,针对工程中的一些技术复杂、难度大的项目,质量要求高的项目,以及新工艺、新技术、新结构、新材料等项目,依据大量的数据和资料,用数理统计方法来分析反映问题。

第二步:分析产生质量问题的原因和影响因素。先要召开有关人员和有关问题的分析

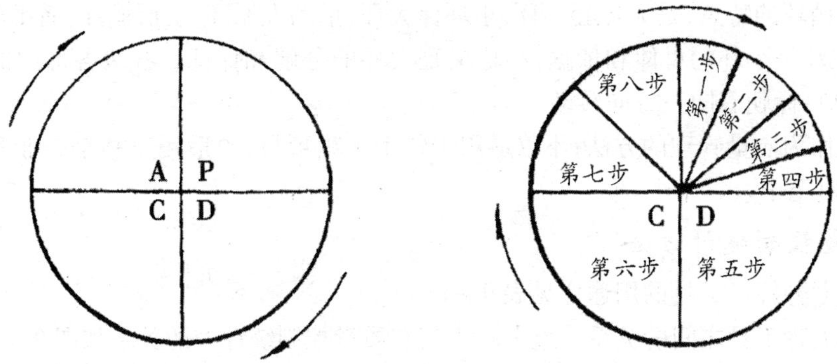

图 9－4 PDCA 四个阶段和八个步骤的关系

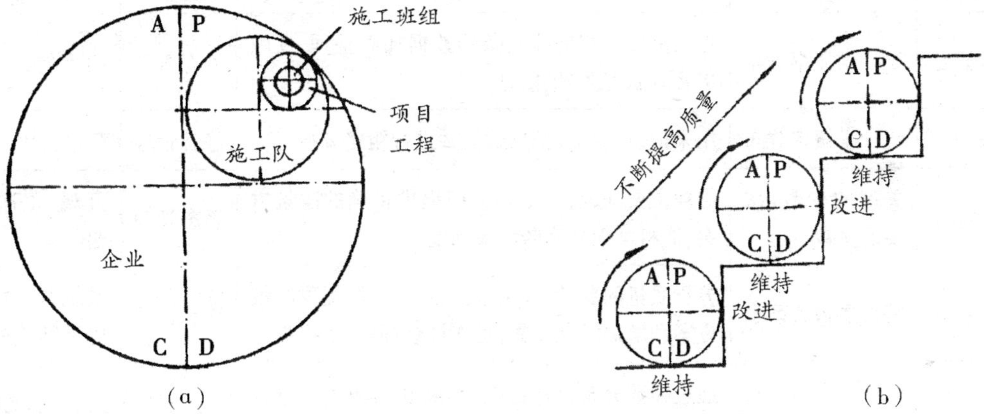

图 9－5 PDCA 循环特征图

会议，最后绘制成因果分析图。

第三步：找出影响质量的主要因素。可采用数理统计方法和图表，或根据有关问题分析会的意见来确定。

第四步：制订改善质量的措施，具体而明确地提出行动计划，并预计效果。

(2)执行阶段。这个阶段只有一个步骤，即第五步。

第五步：组织对质量计划或措施的执行。依靠质量体系，首先做好计划的交底和落实，即组织人员落实、技术落实和物资材料落实。然后，在施工过程中执行质量计划。

(3)检查阶段(Check)。检查阶段也只有一个步骤，即第六步。

第六步：检查采取措施的效果，即检查作业是否按计划要求去作，效果如何？

(4)处理阶段(Action)。处理阶段包含两个步骤，即第七步和第八步。

第七步：总结经验，巩固成绩。把确有效果的经验和失败的教训，通过修订相应作业标准和各种质量管理的规章制度加以总结。

第八步：提出尚未解决的问题。通过检查，把尚未解决的遗留问题转到下一个循环中。

PDCA 循环是不断进行的，如同爬楼梯，每循环一次上升一级，解决一定的质量问题，如此不断地循环，周而复始，使质量水平也不断地提高。

PDCA 循环的特点，是大环套小环，小环保大环，推动大循环，层层循环，而小环里又套更小的环。大环是小环的母体和依据，小环又是大环的分解和保证。各级各部门的小环都围绕着企业总目标朝着同一方向转动。

PDCA 作为质量管理的方法，不仅适用于整个工程项目，也适用于整个企业和企业内的科室、班组以至个人。

2. 质量控制统计方法

(1)老七种统计工具的用途详见表 9－1。

(2)老七种工具之间的关系。老七种工具在质量控制统计中的关系如图 9－6 所示。

表 9－1　老七种统计工具的用途

种类	原理	应用范围	性质	特点
分层法	统计学概率分布	把杂乱无章和错综复杂的数据加以整理，反映出客观状态，提供信息	静态管理	细致全面
调查表法	统计学概率分布	用来记录、收集、积累数据并进行粗略分析	静态管理	简单易用
排列图	关键的少数，次要的多数	寻找主要问题，为主管部门提供正确的决策方案，能科学而按步骤解决问题	静态管理	直观、主次问题明显
因果图	特性逻辑关系学	分析质量问题、因果关系及生产原因，提供决策方案和解决问题步骤，可作社会调查、汇报提纲	静态管理	系统代、条理代一目了然
直方图	正态分布	通过频数分布整理数据，判断和预测生产过程中的质量情况。直接估算次品率，判断和计算工序能力	静态、动态均适用	计算、画图比较方便
控制图	小概率事件	用来维持生产过程的工序稳定，预防不合格品的发生，改变调整生产状态	动态管理	图形反映出质量状态
散布图	线性关系	判断两种测定数据之间相关关系的方法，通常用在科研试验中	动态管理	只需观察一个变量就可推断另一个变量

3. 情理型工具在施工项目中的运用

所谓情理型工具，也称为新七种工具。它是以运筹学为理论，以通过广泛调查取得的大量语言资料为基础对象，并对语言资料进行分类、归纳和整理。

在质量管理小组(QC)中，情理型工具常被管理型小组作为决策的依据。情理型工具包括系统图法、关联图法、KJ 图法、矩阵图法、矩阵数据分析法、PDPC 法和箭头图法。

(1)情理型工具在施工项目中的运用见表 9－2。

(2)新七种工具的运用与关系(如图 9－7 所示)。

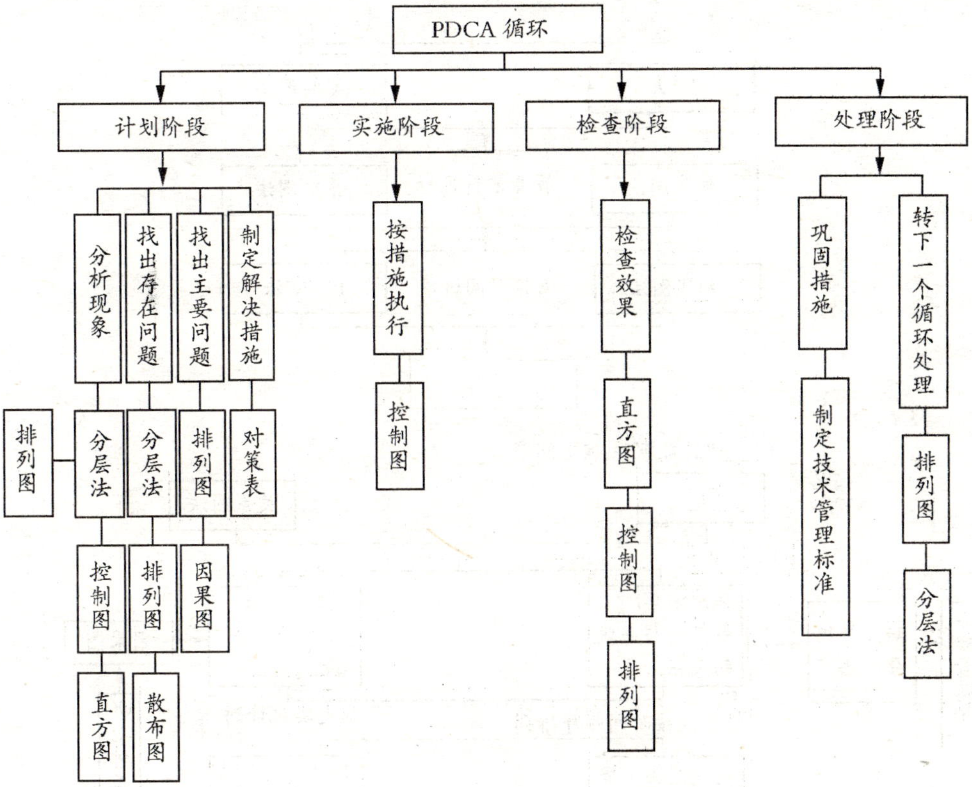

图 9－6　老七种工具之间的关系图

表 9－2　　情理型工具在施工项目中的运用

序号	种类	适　用　范　围	性质	特点
1	关联图法	广泛地运用于企业的一切管理活动中	静态管理	因果清楚，排列较灵活
2	KJ 图法	用于在混乱状态中的语言文字资料归类整理，找出解决问题的方法	静态管理	绘图简单、整齐
3	系统图法	用于方针目标的开展，并为达到目标寻求最佳手段	静动适应	绘图简单，自由度大，明确易懂
4	PDPC 法	预测计划、制订措施、方案评估、优化路径、明确分工	动态管理	时空有序，控制反馈系统整体性强
5	矩阵图法	用于从问题的事项中找出解决问题的对应因素	动态管理	排列成行列，易找出关键问题
6	矩阵数据分析法	分析复杂因素组成的工序，对复杂质量进行评价，把功能特征分类体系化	动态管理	计算复杂
7	网络图法（箭头图法）	能充分反映和表达计划安排，通过分析计算求得最优化的方案	动态管理	把千头万绪的工作计划简单明确地反映在图表中

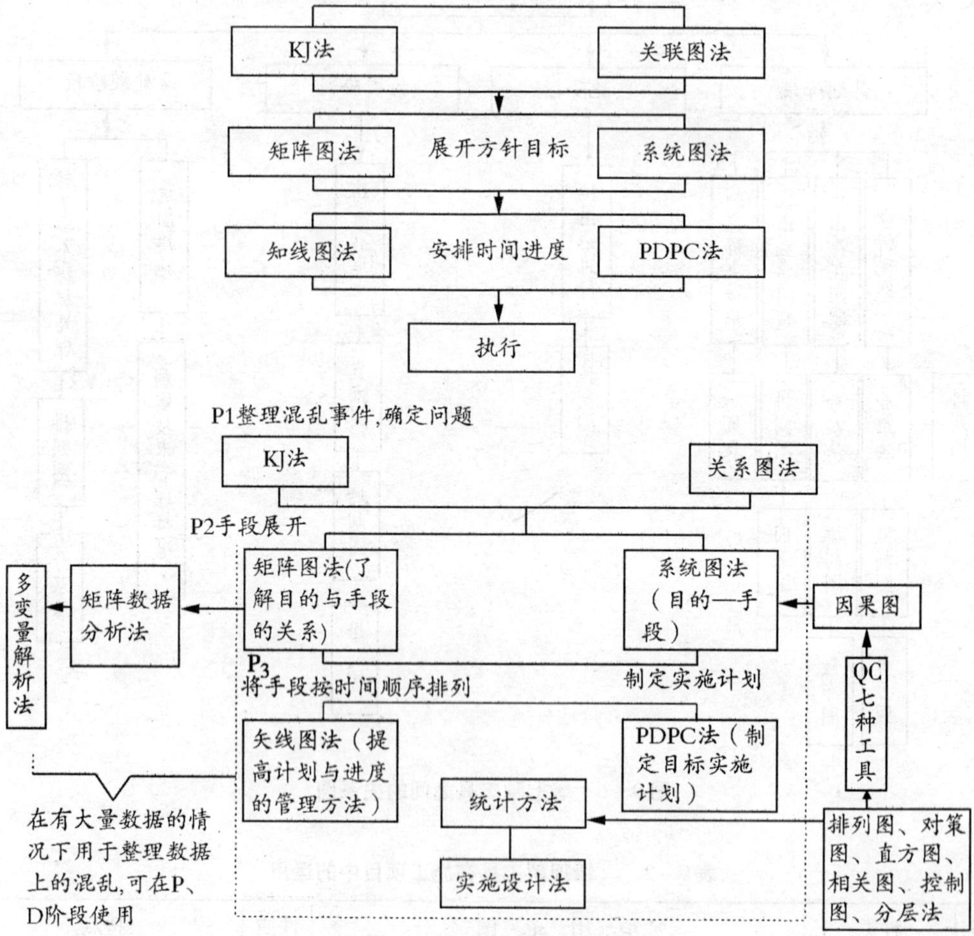

图9-7　新七种工具的运用与关系

4. 新老七种工具的对比

施工项目质量控制常用的新老七种工具的对比详见表9-3。

表9-3　新老七种工具对比表

项目	新七种工具	老七种工具
形　式	以语言为主、图形为主,是思维的工具	以数据为主,是整理分析数据的工具
运用与特点	预见性强,多用于P阶段,属于思考型	鉴别性强,多用于调查分析问题,属于判断型,多用于D、C阶段
	图形画法比较灵活,自由度大,难度大,表现比较复杂	图形画法固定,表现清楚
	一切从实际出发	一切从数据出发
应用范围	主要用于管理决策	主要用于生产现场

9.4.2 施工项目质量预控

施工项目质量预控，是"以预防为主"，即：把对质量的事后检查把关，转向对质量的事前控制、事中控制；从对产品质量的检查，转向对工作质量的检查、对工序质量的检查和对中间产品质量的检查。这是确保施工项目质量的有效措施。

施工项目质量预控，是在事先分析工程项目施工活动中可能出现或容易出现的质量问题，应提出相应的预防措施和对策，从而实现对施工项目质量的主动控制。

施工项目质量控制实例和内容如图 9－8 至图 9－17 所示。

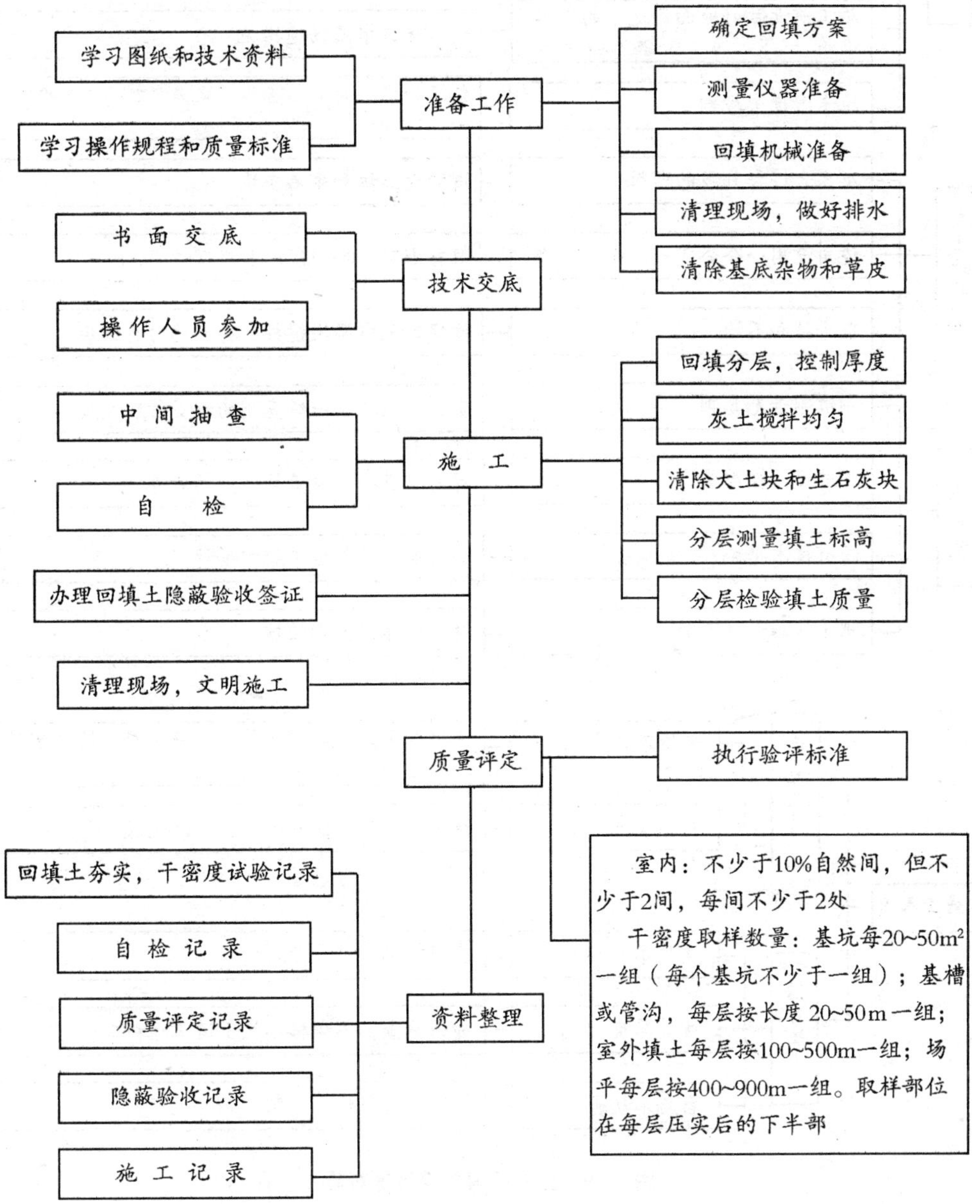

图 9－8　土方回填工程质量预控

影响基础土方回填工程质量因素			对策
填土		基底不干净	填土前进行检查，合格后再回填
填土		填土含杂质多	土源应符合设计要求
填土		土层过厚，没有压实	按夯实器具压实填土厚度，每层不得超厚
填土		施工前没做好地面和地下的排水设施	制订保证水流畅通措施
填土		填土湿度未控制	施工含水率与最佳含水率之差，控制在-4%~+2%之间
灰土地基		灰土含过大且多的颗粒	清除大土块和生石灰块
灰土地基		边角没用小夯夯实	准备小夯，按规定遍数夯实边角
灰土地基		灰土拌和不均	按规定采取两次搅拌，拌和均匀再回填
施工管理		一级测量无复测	实行一级测量一级复测的测量管理制度
施工管理		重进度，轻质量	对职工进行“质量第一”的教育
施工管理		没有技术措施	施工前，编制施工组织设计
施工管理		测量仪器精度不够	经常保养，定期校核
施工人员	技检人员	专检不认真	专检人员必须坚守岗位，一丝不苟，认真学习且熟悉图纸
施工人员	技检人员	技术交底不清	详细、具体、认真地进行书面交底
施工人员	操作工人	奖惩不明	严格标准，奖罚分明
施工人员	操作工人	操作马虎	加强检查，不合格不交下道工序施工
施工人员	操作工人	自检不认真	认真执行自检负责制

图9-9　土方回填工程质量对策

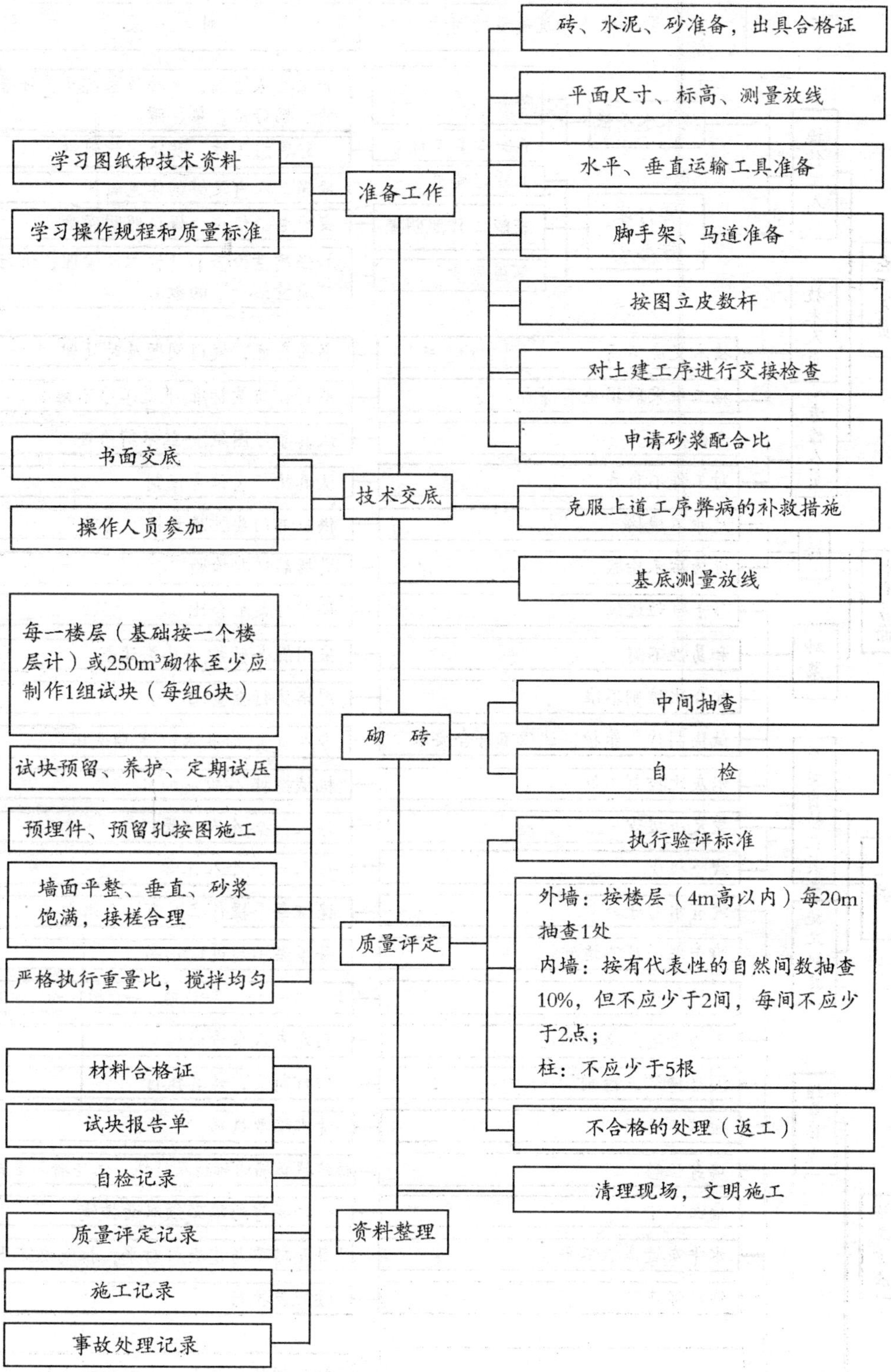

图 9－10　砌砖工程质量预控

影响砖墙砌筑质量的因素				对　　策
施工人员	操作工人	技术水平低	新工人多	加强技术培训，大搞技术练兵，师带徒，搞好传、帮、带
			不安心本工种	做好思想工作，解决实际困难
		实行计件承包	工作时间长	确保工人有足够的休息时间
			夜晚工作照明差	夜晚电工值班，保证照明亮度
			忽视质量	加强质量检查和计件承包管理，进行“质量第一”的教育
	技术人员	技术交底不清		书面交底，发现问题及时处理
		施工中采取措施不得力		不符合质量标准,下道工序不施工
	专检人员	专检不认真		认真学习图纸,一丝不苟检查
		对工作不负责任		认真执行岗位责任制
材料方面	砖	尺寸不规格		供应部门要按质量标准买砖
		进场后未检验		进场后砖要检验
	砂浆	砂子颗粒过细		调整砂浆配合比
		和易性不好		采用混合砂浆,并掺微沫剂
		配合比控制不准		严格执行重量比
		试块制作、养护、试压不符合要求		专人负责,标准养护,定期试压
		水灰比控制不好		机械搅拌,按规定加水
工具	质量自检工具	靠尺板极少		每人一个,个人保管
		线坠极少		每人一个,个人保管
	施工机具	没有水勺子		保证每个操作工人有一个水勺子
		脚手架高度不适宜		每步架不超过1.2m高
施工方法	违章作业	大铲使用不当		执行“一铲灰、一块砖、一揉擦”砌筑方法
		干砖上墙或浇水不足		指定专人负责浇砖
		没坚持“三检制”		制订制度，认真执行
		砌砖不选面		清水墙要选砖
		墙身位移		拉线找正墙的轴线及边线，保持墙面垂直
		墙面不平		一砖半厚的墙必须双面挂线
		水平灰缝高低不平		每层砖要与皮数杆对平，拉线要穿平
		砌砖留直槎		按规范执行
		皮数杆水平		抄平弹线要认真，立杆后须进行水平标高复核

图9－11　砖墙砌筑质量对策

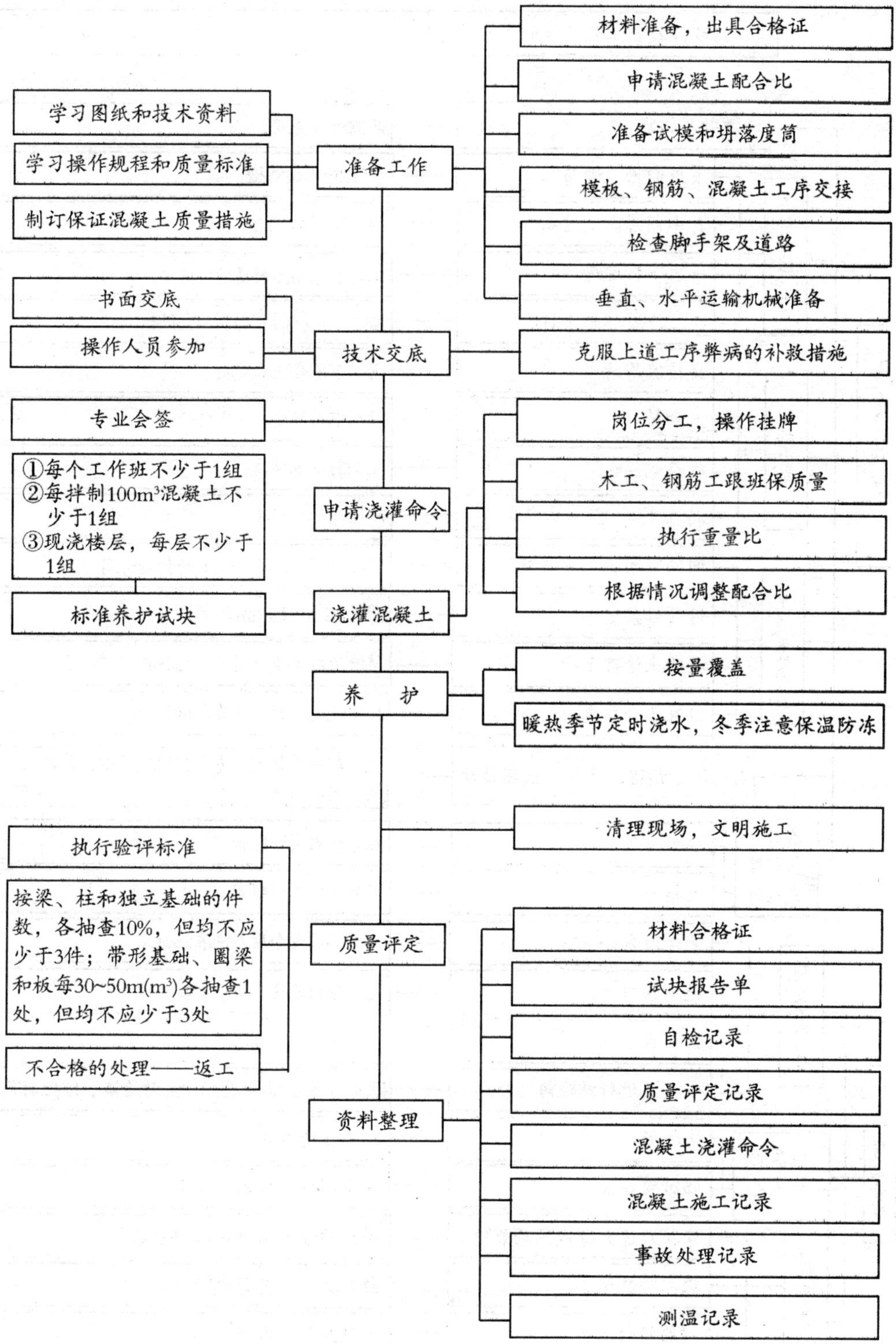

图9－12　混凝土工程质量预控

影响混凝土工程质量的因素			对策
浇捣混凝土		浇灌顺序错误	两侧对称浇灌
	下料方法不当	未设溜槽、溜筒	超过2m要设溜槽
		自由倾落高度过高	超过2m要设溜槽
		一次下料过厚	不超过振动棒长度的1.25倍
		应二次搅拌的未拌	需二次搅拌的底部要加大铁板
	振捣不当	交接班不清	上、下班要认真交接
		未分层	控制下料厚度、一定要分层
		碰移钢筋	主钢筋不准移位
		漏振	棒棒相接不漏振
	施工缝未处理好	间隔时间长又没留缝	间隔时间不能超过规定的初凝时间
		缝处铺浆过厚	厚度在10~15mm之间
		接缝未清理干净	接缝清理干净，用水冲洗湿润
		位置不合要求	按规范规定和设计要求留置
		未按规定预留、养护、试压试块	建立标准养护室，专人按规范预留、养护试块，定时试压
	混凝土板超厚或过薄	经验不足	注意积累实际经验
		无措施	开展价值工程研究
技术管理	制度不完善	无浇灌命令	办好浇灌命令后再浇灌混凝土
		无交接班制	上、下班要认真办理交接手续
		岗位责任制不清	制定岗位责任制
		专检没进行就浇灌	树立为基层服务思想，主动检查，缩短时间
	准备工作不足	未抓紧	认真抓紧准备
		临时变换任务	要重新进行技术交底
	钢筋位置不准放错	保护层过大造成结构裂缝	用高标号砂浆制定定型垫块
		浇灌时乱踩	教育施工人员行走时注意
		钢筋错放下层	认真核对，加强“三检”

图9－13　混凝土工程质量对策(一)

影响混凝土工程质量的因素			对　　策
养护		未做	专人负责，定期养护
养护		不及时	执行岗位责任制，浇灌完后12小时开始养护
养护		时间不够	加强养护
养护		冬季无防冻措施	冬季来临前要制定
养护		夏季无覆盖措施	夏季用草袋覆盖
拌制	上料搅拌	水灰比控制不准：人工加水不准	搅拌机必备水表
拌制	上料搅拌	水灰比控制不准：骨料含水率大	调整配合比
拌制	上料搅拌	水灰比控制不准：雨天未扣水分	调整配合比
拌制	上料搅拌	未坚持重量比：有秤不用	说服教育，辅以经济制裁
拌制	上料搅拌	未坚持重量比：无秤	设置秤，确保砂石和灰准确计量
拌制	上料搅拌	忘加水泥	认真负责，不得遗漏
拌制	上料搅拌	袋装水泥量不足	发现此类情况，袋袋称重
拌制	材料选择不当	砂子不符合要求	符合要求再进场
拌制	材料选择不当	水泥过期	检验确定标号
拌制	材料选择不当	水泥品种选择不当	根据实际情况选用
拌制	材料选择不当	水泥混杂使用	库房分类堆放
拌制	砂子含泥多	采石场管理混乱	加强管理
拌制	砂子含泥多	风化石过多	选好砂石采料场
拌制	砂子含泥多	未按规定清洗	含泥量控制在3%~5%
拌制	砂子含泥多	堆放场地分散	要集中堆放

图 9－14　混凝土工程质量对策(二)

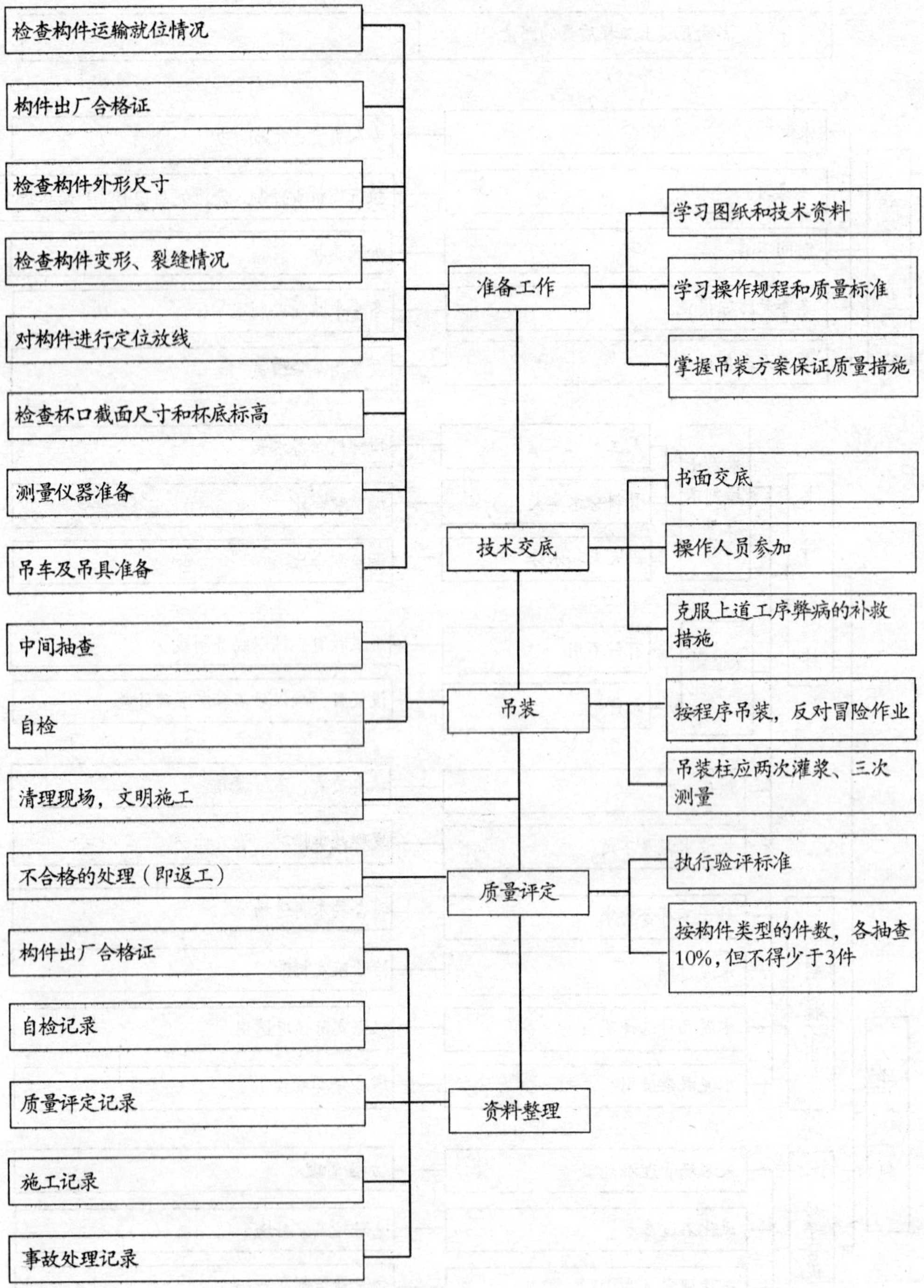

图 9－15　钢筋混凝土构件吊装工程质量预控

影响预制构件吊装工程质量因素			对策
起吊操作		思想不集中	减少加班加点，解决实际困难，工作时间思想高度集中
起吊操作		对各部件缺乏检查	经常保养设备，防止设备带病作业
起吊操作		吊构件时，吊钩下落过急，又急刹车	稳吊慢放，刹车不要过急
起吊操作		两机抬吊不协调，单机吃力	看准信号，同时起吊
工具		接头松脱	认真操作
工具	卡环胀开	卡环断面小	断面需经技术部门验算
工具	卡环胀开	卡环内绳索太紧	施工时，注意绳索不要太紧
工具	卡环胀开	滑杆卡环松脱	勤保养
工具	绳索断	扭劲	不要扭劲
工具	绳索断	断面小	断面要复核
工具	绳索断	绳扣折弯太狠，扣内未塞圆木	严防绳扣折硬弯，扣内加塞圆木
工具	绳索断	磨损过甚	要复核断面，断裂处迅速处理
指挥	对周围情况未看清	视线障碍	清除视线障碍物体
指挥	对周围情况未看清	吊装只注意吊件未注意其他	要密切注意吊件周围的物体
指挥	对周围情况未看清	看前未看后	眼观全场，指挥吊装
指挥		信号不清	严肃认真，信号标准化
指挥		信号传递失误	认真传递，不要误传
指挥		对情况判断错误	持科学态度
指挥		多人指挥	服从领导，一人负责
指挥		违章指挥	按操作规程施工

图 9－16　预制构件吊装工程质量对策(一)

影响预制构件吊装工程质量的因素			对　　策
设备		未试吊	必须认真试吊
设备		刹车失灵	认真保养
设备		无限位装置	要有限位装置
设备		未适当加配重或配重过多，致使设备失稳	适当加配重，使设备稳定
技术管理	吊点	位置不对	不准擅自更改吊点
技术管理	吊点	自行减少吊点	减少吊点，需经技术部门同意
技术管理	吊点	受力不均，单边受力	征求意见，做好施工组织设计
技术管理		构件就位地点没选好，后吊的构件放不下	构件就位要事先画构件就位平面布置图
技术管理		未核实构件重量	精确计算构件重量
技术管理		叠打构件有粘连	满刷隔离剂
技术管理		误将翻身钩当起吊钩	翻身钩要有特殊标志，用后处理掉
技术管理		道路未修好垫实	铲平并垫实道路，防止冲撞
技术管理		起吊未设溜绳	系好溜绳，防止冲撞其他构件
技术管理		吊装次序颠倒	按施工组织设计吊装施工
技术管理		构件薄弱处未保护好	对吊点及系溜绳部位加橡皮垫保护
技术管理		垫木滑动	塞紧垫木
其他		构件未经计算即用于吊运其他构件，局部受力过大而损坏	如用于吊运其他构件需经计算
其他		构件就位后未及时临时固定	构件就位后，要及时临时固定
其他		吊杆或吊物碰撞其他构件	倒运构件要稳，防止野蛮装卸
其他		吊构件未绑牢	构件必须绑扎牢固

图 9－17　预制构件吊装工程质量对策(二)

9.4.3 施工项目工序质量控制

1. 工序质量控制的内容

工序质量是指施工中人、材料、机械、工艺方法和环境等对产品综合起作用过程的质量，它体现为产品质量。

好的产品或工程质量是通过一道一道工序逐渐形成的，要确保工程项目施工质量，就必须对每道工序的质量进行控制，这是施工过程中质量控制的重点。

工序质量控制，就是对工序活动条件即工序活动投入的质量和工序活动效果的质量(即分项工程质量)的控制。在进行质量控制时要着重于以下几方面的工作：

(1)确定工序质量控制的工作计划。一方面要求对不同的工序活动制定专门的保证质量的技术措施，作出物料投入及活动顺序的专门规定；另一方面须规定质量控制工作流程、质量检验制度等。

(2)主动控制工序活动条件的质量。工序活动条件主要指影响质量的五大因素，即人、材料、机械设备、方法和环境等，详见表9-4。

表9-4　施工项目质量控制因素

序号	控制对象	控制要素
1	人——对参与施工人员的质量控制	政治素质、技术水平、培训及上岗证、生理缺陷、心理行为、年龄等
2	材料——对原材料、构配件的质量控制	品种、规格、型号、质量合格证，控制好采、收、发、储、运各环节，材料检验试验，合理使用
3	机械——对所用施工机械设备的质量控制	选用合适的机械，建立严格的使用、管理、保养及检验制度，确保机械设备处于良好的状态，并且定人、定机、定岗
4	方法——对采用施工方法、检验方法的质量控制	施工工艺、方案、施工组织设计、技术措施均应结合实际，还要能解决施工难题，而且经济合理，有利于保证质量
5	环境——对生产技术、劳动管理环境的质量控制	劳动组合安排合理，工序搭接得当，材料工件堆放有序，道路畅通，文明施工。此外，还要进行冬、雨季施工气候环境的控制

(3)及时检验工序活动效果的质量。主要是实行班组自检、互检、上下道工序交接检，特别要注意对隐蔽工程和分项分部工程的质量检验。隐蔽工程检验的项目内容见表9-5。

同时，要开展质量统计分析，及时掌握质量动态。一旦发现质量问题，立即研究处理措施，使每道工序处于良好的控制状态，以满足工程规范和工程标准的要求。

表 9-5　　隐蔽工程检验项目和内容

序号	项　　目	检　　查　　内　　容
1	基础工程	地质、土质情况，标高尺寸，坟、井、坑、塘的处理情况，基础断面尺寸，桩的位置、数量，试桩打桩记录，人工地基的试验记录
2	钢筋混凝土工程	钢筋的品种、规格、数量、位置、形态、焊接尺寸、接头位置、除锈情况，预埋件的数量及位置，以及材料代用情况
3	防水工程	屋面、地下室、水下结构物的防水找平层的质量情况，防水找平层的干燥程度、防水层数、玛𤧛脂的软化点、延伸度
4	各种给排水、暖、卫的暗管道	位置、标高、坡度、试压、通水试验、焊接、防锈、防腐、保温及预埋件等
5	锅炉	在保温前检查涨管情况，焊接、接口位置，螺栓固定及打泵试验
6	各种暗配电气线路	位置、规格、标高、弯度、防腐、接头等，电缆耐压绝缘试验、地线、地板、避雷针的接地电阻
7	其他	完工后无法进行检查的工程、重要结构部位和有特殊要求的隐蔽工程

(4)设置工序质量控制点实行重点控制。工序质量控制点是针对影响质量的关键部位或薄弱环节而确定的重点控制对象。正确设置控制点并严格实施是进行工序质量控制的重点。

2. 工序质量控制点的管理

(1)质量控制措施的设计。选择了质量控制点，就要针对每个控制点进行控制措施设计。其主要步骤和内容如下：

①列出质量控制点明细表；

②设计控制点施工流程图；

③进行工序分析，找出主导因素；

④制定工序质量控制表，对各影响质量特性的主导因素规定出明确的控制范围和控制要求；

⑤编制保证质量的作业指导书；

⑥编制计量网络图，明确标出各控制因素采用什么计量仪器、编号、精度等，以便进行精确计量；

⑦质量控制点审核，可由设计者的上一级领导进行。

(2)质量控制点的实施。

①交底：将控制点的“控制措施设计”向操作班组进行认真交底，以明确职责。

②质量控制人员在现场进行重点指导，使工人按作业指导书认真进行操作，保证每个环节的操作质量。

③按规定做好检查并认真做好记录，取得第一手数据。

④运用数理统计方法，不断进行分析与改进，直至质量控制点验收合格。

3. 工序质量控制实例

钢筋绑扎工程的工序控制实例详见图 9－18 和图 9－19、表 9－6 和表 9－7、图 9－20 和图 9－21、表 9－8、图 9－22 和图 9－23、表 9－9 和表 9－10。

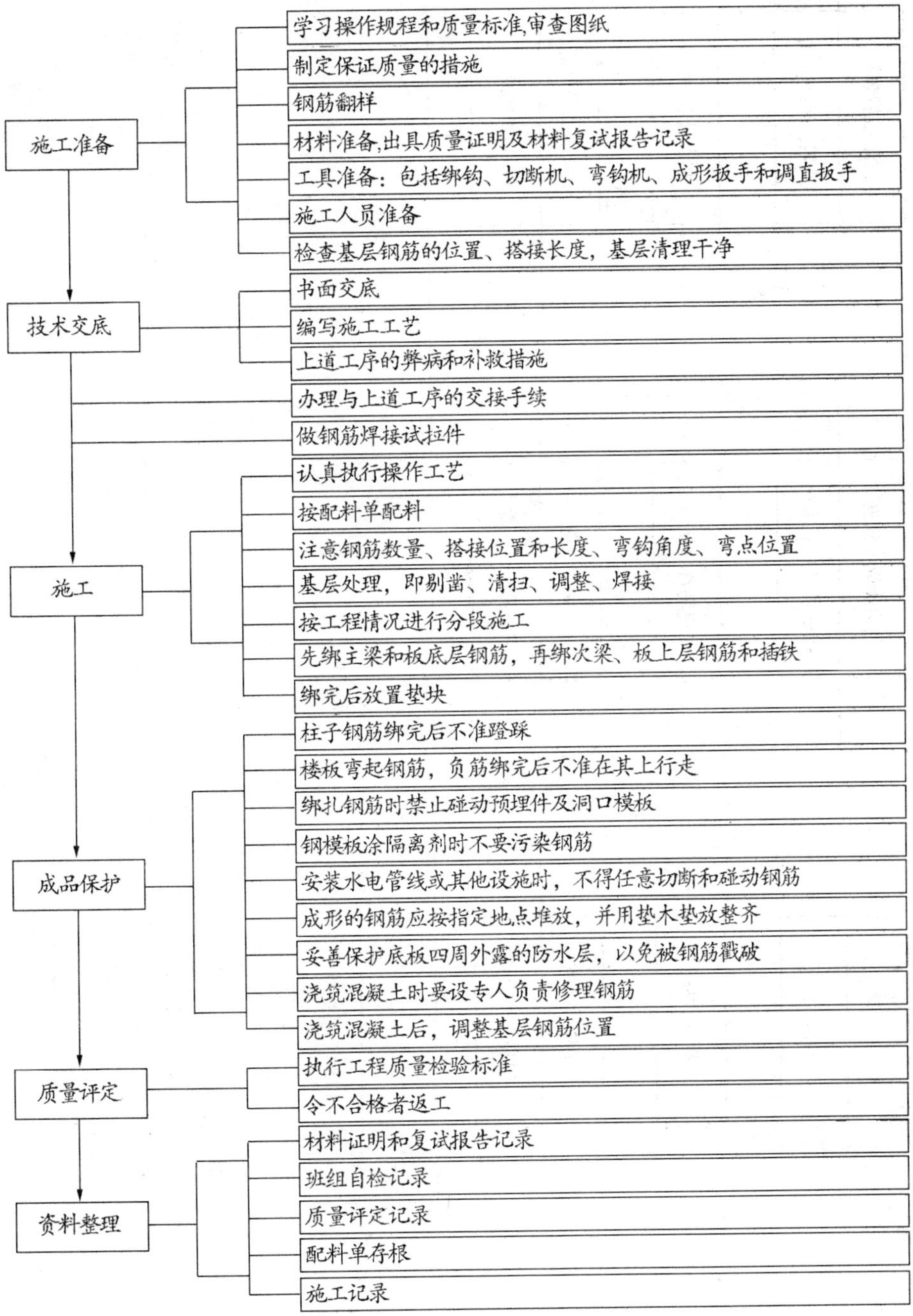

图 9－18　钢筋绑扎工程质量程序控制

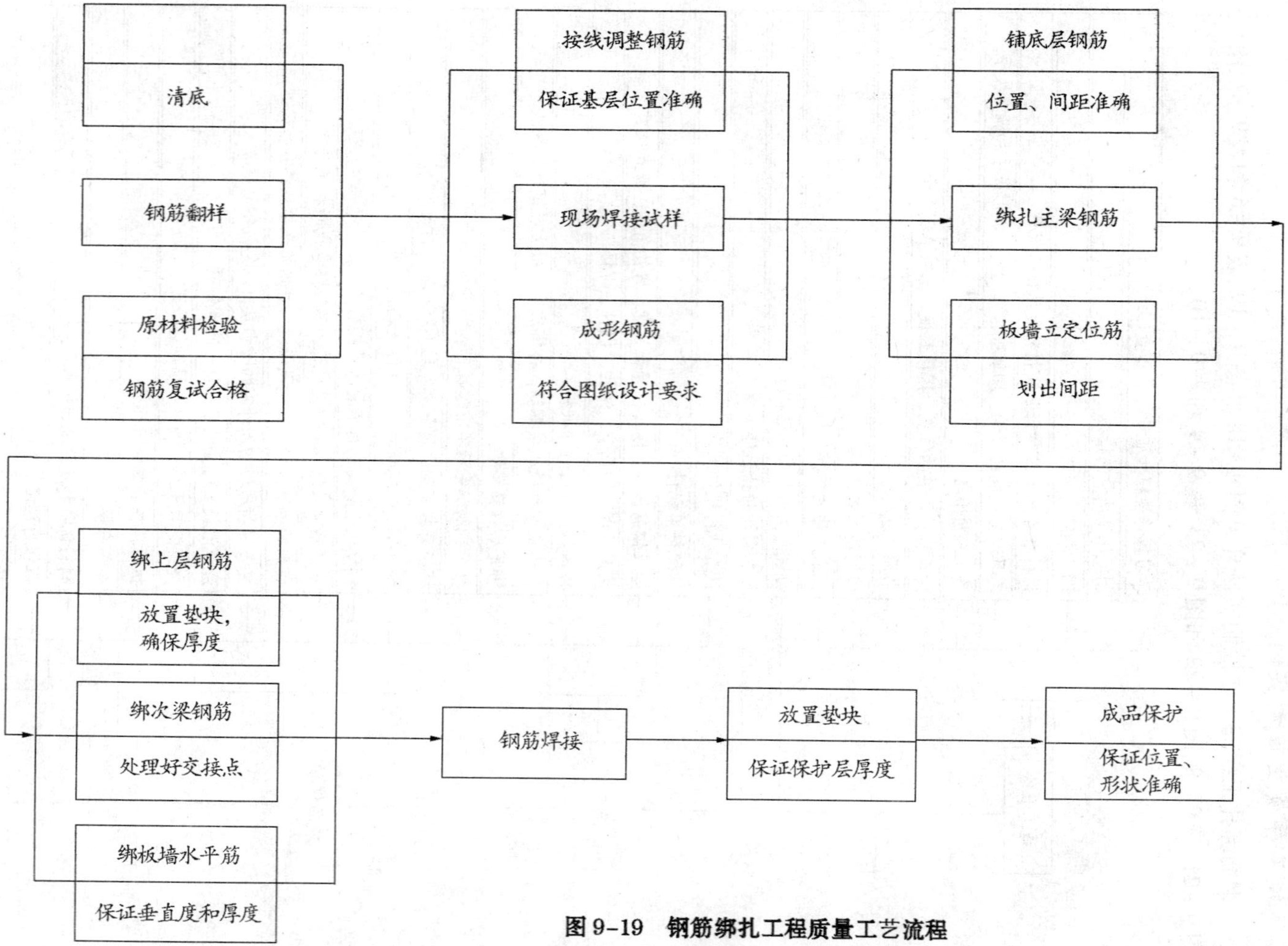

图 9-19　钢筋绑扎工程质量工艺流程

表 9-6　设置钢筋绑扎工程质量控制点

<table>
<tr><th>工程名称</th><th>班组目标</th><th>分项项目</th><th>管理点设置</th><th>自控标准</th><th>规范标准</th><th>对策措施</th><th>检查工具及检查方法</th><th>执行人</th><th>经济责任制</th></tr>
<tr><td rowspan="4">钢筋绑扎工程</td><td rowspan="4">钢筋规格、形状、尺寸、数量、间距、锚固长度、接头设置应符合设计及规范要求</td><td>钢筋的品种和质量</td><td>钢筋出厂合格证、化验单及复试报告</td><td></td><td>必须符合设计要求和有关标准规定</td><td>①加强对施工人员的技术培训，使其熟悉施工规范要求和基本常识
②认真执行工艺标准
③严格按技术交底要求施工
④严格按照图纸和配料单施工</td><td>①按施工规范规定和设计要求进行检查
②用尺量
③做物理性能试验和化学成分分析</td><td></td><td rowspan="4">①三包三保：包质量，包数量，包材料；保优良，保工期，保节约
②凡质量不合格的令其返工，并扣除人工费、材料费和质量奖</td></tr>
<tr><td>钢筋位移</td><td>卡牢固定</td><td></td><td></td><td rowspan="3">①施工前检查基层和上道工序的质量
②对使用工具经常检测和调整
③施工前应预先弹线
④施工过程中采取加固和定位措施
⑤加强工序间的自检和交接检</td><td>尺量</td><td></td></tr>
<tr><td>搭接长度</td><td rowspan="2">严格按下料单下料</td><td></td><td>均不小于规定值</td><td rowspan="2">尺量（用小钢卷尺和大钢卷尺）并观察</td><td></td></tr>
<tr><td>弯钩角度</td><td></td><td>朝向应正确</td><td></td></tr>
</table>

表 9-7　与钢筋绑扎关联部门的质量保证措施

部　　门	措　　施	执行人
技　　术	制定施工工艺，在实际施工中监督贯彻执行，发现问题及时解决，把住翻样质量关	
材　　料	必须有出厂证明和复试报告，材料入场必须检查有无腐蚀和变形，并查对数量和尺寸	
工　　长	监督施工，合理安排人力，安排好各工种的配合	
成品保护	设置专人照看，严禁蹬踩和污染成品，浇筑混凝土时设专人看护和修整钢筋，焊接时要有看火人员及必要的灭火设备	

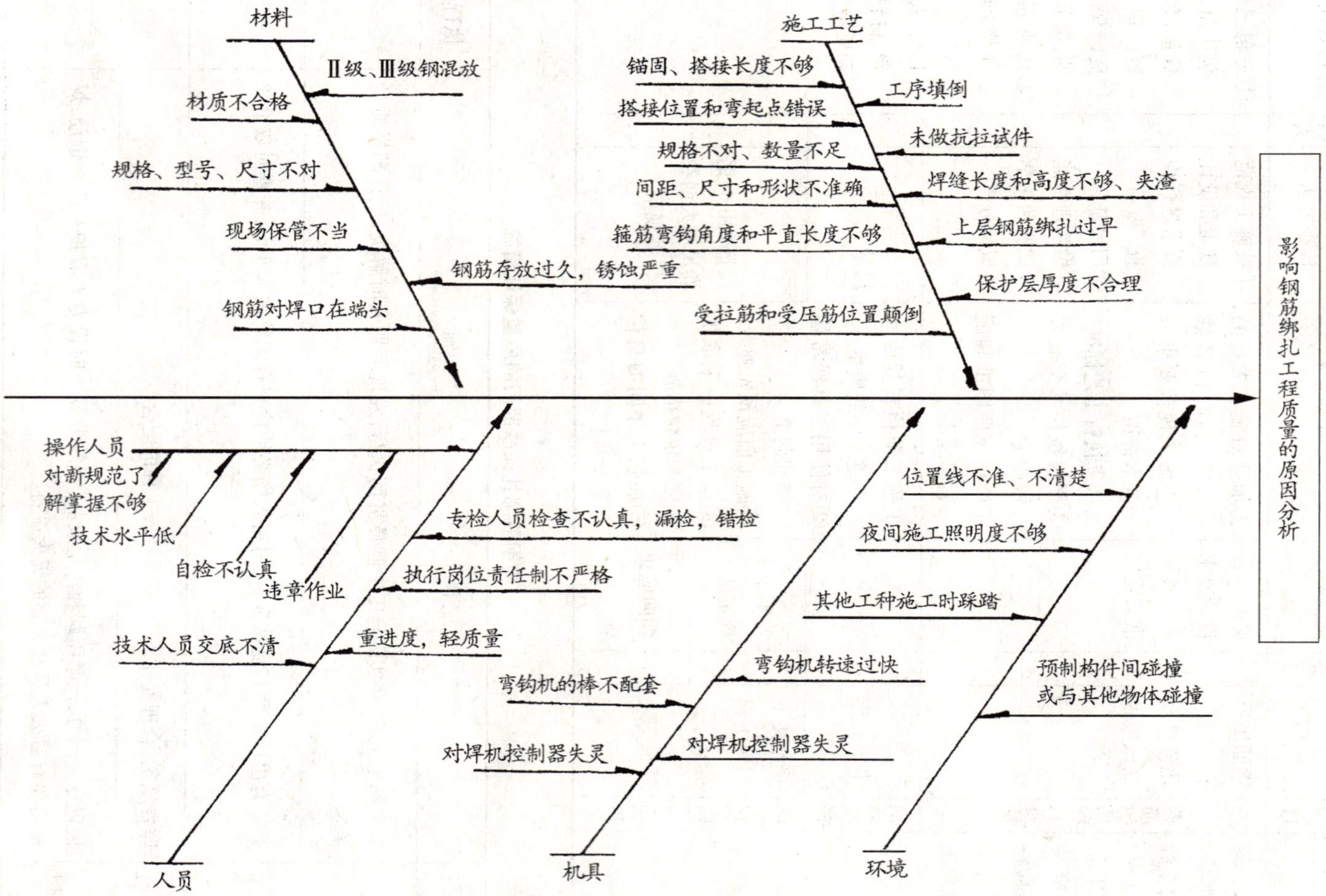

图 9-20　影响钢筋绑扎工程质量的原因分析

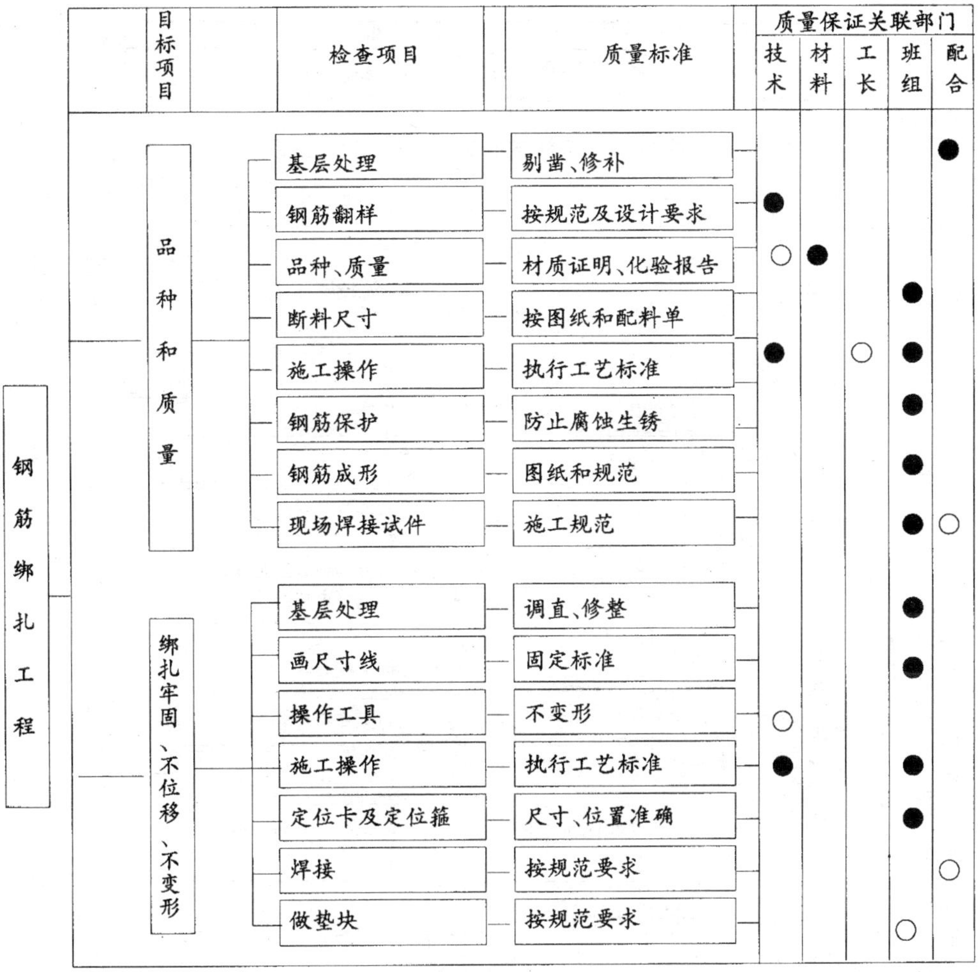

图 9－21　钢筋绑扎工程质量控制

表 9－8　　测量参数及计量器具的选择与分析

序号	工序号	工序名称及位置	测量参数名称	测量范围与精度	测量频数	计量器具名称	型号规格与准确度	应配数量	已配数量	配备位置	M_{CP}	备注
1	Ⅲ	绑扎钢筋	网的长、宽	±10mm	10%	钢盒尺	2 000±1mm	1	1			
2			网眼尺寸	±20mm	10%	钢盒尺	2 000±1mm	(1)	(1)			
3			骨架的宽与高	±5mm	10%	钢盒尺	2 000±1mm	(1)	(1)			
4			骨架的长	±10mm	10%	钢盒尺	2 000±1mm	(1)	(1)			
5			箍筋、构造筋间距	±20mm	10%	钢盒尺	2 000±1mm	(1)	(1)			
6			受力钢筋间距	±10mm	10%	钢盒尺	2 000±1mm	(1)	(1)			
7			排距	±5mm	10%	钢盒尺	2 000±1mm	(1)	(1)			
8			弯起点位移	±20mm	10%	钢盒尺	2 000±1mm	(1)	(1)			
9	Ⅳ	焊接预埋件	中心位移	±5mm	10%	钢盒尺	2 000±1mm	(1)	(1)			
10			水平高差	$^{+3}_{-0}$mm	10%	钢盒尺	2 000±1mm	(1)	(1)			
11			受力筋保护层：基础	±10mm	10%	钢盒尺	2 000±1mm	(1)	(1)			
12			梁柱	±5mm	10%	钢盒尺	2 000±1mm	(1)	(1)			
13			墙板	±3mm	10%	钢盒尺	2 000±1mm	(1)	(1)			

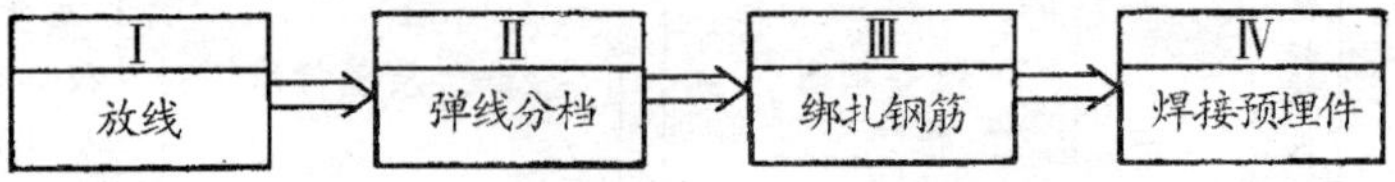

图 9－22　钢筋绑扎工程计量工艺流程图

	项目	影响质量因素	采取的对策及执行的措施	执行部门	执行时间	执行人员
钢筋绑扎工程质量对策	材料	对焊口在端头	调换使用或退场			
		材质不合格	不允许进场			
		现场保管不当	妥善分类存放，加以防护			
	施工工艺	锚固、搭接长度不够	认真按图纸和施工规范施工，按施工规范要求焊接			
		弯钩角度和平直长度不够	加大弯钩角度并焊接			
		保护层厚度不合理	修整钢筋，重新垫垫块			
		受拉、受压筋颠倒	返工，并认真按图纸施工			
		焊缝长度和饱满度不够、夹渣	长度和饱满度不够的、加焊夹渣的都重新条焊			
	施工人员	重进度，轻质量	搞清进度与质量的关系，确保百年大计质量第一			
		操作人员违章，技术水平低	进行技术培训，执行自检制度，严格按操作规程施工			
		交底不清，岗位责任制不严格	加强教育，认真进行交底和质量检查			
	机具	弯钩机转速过快	调整转速			
		对焊机控制器失灵	更新换件，确保质量			
		弯钩机零件不配套	有关部门负责解决，配套使用			
	环境	位置线不准不清	重新弹线，认真复核			
		构件碰撞和其他人员的踩踏	修整好钢筋并安排专人看守			
		照明亮度不够	增强照明度，保证施工需要			

图 9－23　保证钢筋绑扎工程质量的对策

表 9－9　钢筋绑扎工程质量管理卡

施工准备	操作工艺	质量标准	成品保护	应注意的质量问题
①钢筋:一般采用普通碳素钢或冷轧钢筋,I 级采用 A_3 钢,Ⅱ级采用 20MSi 钢,并有出厂证明和复试报告 ②铅丝:采用 20～22 号铅丝 ③垫块:用水泥砂浆做成 50mm 见方,厚度等于保护层,用于板墙和柱的垫块,应预埋铅丝	①基层处理:剔除、调直和清扫 ②抄平、放线 ③板和墙钢筋先绑扎定位钢筋,在上面画线分档后逐个绑扎,梁柱钢筋应首先放主受力筋,再放次受力筋和架立筋,在上面画线分档,然后放箍筋绑扎。钢筋的接头和锚固长度应符合设计和规范要求,接头位置应按规范要求相互错开,并在受力最小处、接头中心和两端至少绑 3 个扣。绑完后垫好垫块以保证保护层厚度,各节点的抗震钢筋和锚固长度应符合设计和规范的要求 ④圈梁和构造柱相交处,圈梁钢筋要放在构造柱钢筋内侧,锚固柱内长度要符合设计要求。圈梁钢筋搭接长度:I 级钢筋不小于 30d,Ⅱ级钢筋不小于 35d,搭接位置应相互错开;同一截面,接头截面面积,受拉区不大于 25%,受压区不大于 50% ⑤梁的钢筋等于或大于 25mm 时,应采用焊接接头,小于 25mm 时采用绑扎接头,搭接长度应符合施工规范要求,接头位置与弯曲处的距离不小于 10d,且不宜设在最大弯距外,并相互错开 45d,但不小于 500mm	①钢筋的品种和质量必须符合设计要求和有关标准 ②冷拉冷拔钢筋的机械性能必须符合设计要求和施工规范规定 ③钢筋的表面必须清洁,带有颗粒状或片状老锈、经除锈后仍留有麻点的钢筋严禁按原规格使用 ④钢筋的间距、锚固长度、接头位置必须符合设计要求和施工规范的规定 ⑤缺扣、松扣的数量不超过应绑扣数的 20%,且不应集出 ⑥搭接长度均不小于规定值的 95%	①钢筋绑完后禁止踩踏 ②禁止碰动预埋铁件及洞口模板 ③安装电管、暖管或其他设施时不得任意切断和碰动钢筋 ④成形钢筋必须按指定地点堆放,垫好垫木 ⑤妥善保护底板四周外露的防水层,以免被钢筋戳破 ⑥浇灌混凝土时应设专人修理钢筋	①原材料表面锈蚀、曲折、冷弯性能不良 ②剪断和成形尺寸不准,箍筋不方 ③保护层不准,接头位置集中并松扣,绑扎接头松扣 ④搭接和锚固长度不够 ⑤箍筋间距不准,开口方向集中,钢筋遗漏和错位,钢筋弯钩方向错误 ⑥钢筋弯钩方向错误,主筋负筋位置放反 ⑦箍筋弯钩角度和平直长度不够 ⑧绑扎接头位置和焊接接头位置集中 ⑨钢筋代换后截面不足,根数不能均分 ⑩混凝土浇完后露筋 ⑪钢筋位移 ⑫135°弯钩一顺边 ⑬上盖铁后被踩,留下隐患 ⑭主次梁交接处超尺寸

续表 9－9

<table>
<tr><th>施工准备</th><th colspan="3">操作工艺</th><th colspan="2">质量标准</th><th>成品保护</th><th colspan="2">应注意的质量问题</th></tr>
<tr><td></td><td colspan="3">⑥雨篷、雨罩等悬挑结构应首先绑扎构造钢筋，再绑扎受力钢筋，并保证受拉钢筋的位置，悬挑结构上部受拉钢筋不允许采用绑扎接头，锚固长度应大于或等于 45d</td><td colspan="2">⑦箍筋数量符合设计要求，弯钩角度和平直长度符合施工规范规定
⑧保护层的厚度必须符合设计要求和施工规范规定</td><td></td><td colspan="2">⑮抗震设防钢筋加密区漏绑或少绑</td></tr>
<tr><td rowspan="4">技术安全节约等项措施</td><td colspan="6" rowspan="4">①节约钢筋，合理使用
②工作前先检查脚手架是否牢固，经检查合格后，方可进行工作
③严格按技术交底和施工工艺进行施工
④深基础施工时，四周要有防护措施，并戴好安全帽
⑤在高空施工时，要做好防护措施，夜间施工应设置照明灯
⑥操作时精神要集中，不得嬉笑打闹，以防发生意外事故</td><td>检查及验收结果</td><td></td></tr>
<tr><td>检查评定等级</td><td></td></tr>
<tr><td>参加检查验收人员</td><td></td></tr>
<tr><td>验收部门</td><td></td></tr>
<tr><td>编制人</td><td></td><td>施工人员</td><td></td><td>施工时间</td><td></td><td colspan="2">竣工及验收时间</td><td></td></tr>
</table>

表 9－10　钢筋绑扎(焊接)分项工程质量检验评定表

工程名称：　　　　　　　　　　　　　　　　　　部位：

		项目	质量情况
保证项目	1	钢筋的品种和质量必须符合设计要求和有关标准的规定	
	2	冷拉冷拔钢筋的机械性能必须符合设计要求和施工规范的规定	
	3	钢筋的表面必须清洁,带有颗粒状或片状老锈、经除锈后仍留有麻点的钢筋严禁按原规格使用	
	4	钢筋的规格、形状、尺寸、数量、间距、锚固长度、接头设置必须符合设计要求和施工规范的规定	

		项目	质量情况										等级
			1	2	3	4	5	6	7	8	9	10	
基本项目	1	钢筋网片、骨架绑扎(焊接)											
	2	钢筋弯钩朝向、绑扎接头、搭接片度											
	3	箍筋数量、弯钩角度、平直长度											
	4	点焊焊点											

		项目		允许偏差(mm)	实测值(mm)									
					1	2	3	4	5	6	7	8	9	10
允许偏差项目	1	网的长度、宽度		±10										
	2	网眼尺寸		±20										
	3	骨架的宽度、高度		±5										
	4	骨架的长度		±10										
	5	受力钢筋	间距	±10										
			排距	±5										
	6	箍筋、构造筋间距		±20										
	7	钢筋弯起点位移		20										
	8	焊接预埋件	中心线位移	5										
			水平高差	+3 －0										
	9	受力钢筋保护层	基础	±10										
			梁柱	±5										
			墙板	±3										

续表 9-10

工程名称：　　　　　　　　　　　　　　　　　　　　　　　　　部位：

<table>
<tr><th colspan="2">项　目</th><th colspan="3">质量情况</th></tr>
<tr><td rowspan="3">检查结果</td><td>保证项目</td><td colspan="3"></td></tr>
<tr><td>基本项目</td><td colspan="3">检查　　　项,其中优良　　　项,优良率　　　%</td></tr>
<tr><td>允许偏差项目</td><td colspan="3">实测　　　项,其中合格　　　项,合格率　　　%</td></tr>
<tr><td>评定等级</td><td colspan="2">工程负责人：
工　　长：
班 组 长：</td><td>核定等级</td><td>质量检查员：</td></tr>
</table>

9.5 全面质量管理

全面质量管理是一种科学的管理思想和理论,是质量管理发展的最高阶段。

国家标准 GB/T6583-94 对“全面质量管理”的定义是:“一个组织以质量为中心,以全员参与为基础,目的在于通过让顾客满意和本组织所有成员及社会受益而达到长期成功的管理途径。”

1. 全面质量管理的理论基础

质量形成于经营生产的全过程,质量管理是一个动态的概念,这就是全面质量管理的理论基础。美国的朱兰对质量的动态概念作了螺旋形上升的描述:

(1)质量形成呈纵式螺旋上升,每上升一个周期,就对应着有一个新的质量水平,反映了质量是在不断循环中上升的,而且是永无止境的。

(2)螺旋式进展的各个环节是相互作用、相互依存的。一个环节的质量不仅是上一环节的结果,而且又是下一环节质量的前提。对一个工程项目来讲,各环节、各工序必须有机地协调,使之环环相扣,才能达到提高工程质量的目的。

(3)建筑产品质量与工作质量的关系是相互制约、互为影响的。工程质量取决于项目管理各方面的工作质量,同时也是项目各方面、各环节工作质量的综合反映。工作质量是工程质量的前提和保证。

根据上述论点，导出了全面质量管理思想体系的基本观点。

2. 全面质量管理的思想体系

全面质量管理的思想体系充分反映在全面质量管理的基本观点上。

（1）质量第一的观点。在项目法施工中必须树立“百年大计，质量第一”的思想，在综合处理质量、工期、成本三者关系中主要体现质量第一的观点。

（2）一切为用户服务的观点。这在项目法施工中，“用户”有两层含义。首先，“用户”是指发包单位或建设单位（使用单位），它体现企业与建筑产品使用单位的关系。其次，“用户”反映了上下工序的关系，凡是接收上道工序的产品进行再加工的下道工序，就是上道工序的“用户”。由于建筑工程的施工工序复杂，又多是多工种交叉作业，因此工种之间、工序之间往往互为“用户”。

（3）预防为主的观点。是指事先分析影响产品质量的各种因素，从中找出主导因素，并在施工中采取措施加以重点控制，使质量问题消灭在发生之前或萌芽状态，做到防患于未然。

（4）全面质量管理的观点（即三全管理的观点）。

1）全过程的质量管理：全过程指的就是产品质量产生、形成和实现的过程。为了保证和提高工程质量，质量管理不能仅限于施工过程，而必须贯穿于从勘察设计直到验收后交付使用维护的全过程，要把所有影响工程质量的环节和因素控制起来，形成一个综合性的质量体系。

2）全员的质量管理：产品质量是企业各方面、各部门、各环节工作质量的集中反映。提高工程项目质量依赖于上自项目经理，下至一般职工。因此，必须全体人员共同努力，做到人人关心项目工程质量，人人搞好本职工作，这才是搞好质量管理的基础。

3）全方位的质量管理：施工项目的质量管理工作既要针对整个施工过程，又要对项目各方面的工作质量进行管理。全方位的质量管理不仅应由质量管理部门和质量检验部门来承担，而且必须有项目的其他各部门参加，如技术、计划、物资供应、财务成本、预算合同、机械设备、劳务、后勤服务等部门。各部门均应对施工项目的质量做保证，以至实现项目的全方位质量管理。

3. 全面质量管理的程序

质量管理与其他各项管理工作一样，只有做到有计划、有措施、有执行、有检查、有总结，才能使整个管理工作循序渐进，保证工程质量不断提高。

为不断揭示项目施工过程中在生产、技术、管理诸方面的质量问题，通常采用 PDCA 循环方法。该方法就是先有分析、提出设想、安排计划并按计划执行，执行中进行动态检查、控制和调整，执行完成后进行总结处理。

PDCA 循环法分为四个阶段，即计划（P）、执行（D）、检查（C）、处理（A）。

4. 全面质量管理的步骤

（1）制订推进规划。根据企业全面质量管理的基本要求，结合施工项目的实际情况，提出分析阶段的全面质量管理目标，以及实现目标的措施和办法。

（2）建立综合性的质量管理机构。选拔热心于全面质量管理、有组织能力、精通业务的人员组建各级质量管理机构。

(3)建立工序管理点。在工序作业中的薄弱环节或关键部位设立管理点,从而保证稳定地生产出合格产品。

(4)建立质量体系。以一个施工项目作为一个系统,并纳入企业质量管理体系中,组成完整的质量体系。

(5)开展全员全过程的质量管理。

(6)成立质量管理小组(QC 小组)。这是开展群众性质量管理活动的一种组织形式,是全面质量管理的重要组成部分。QC 小组要积极开展活动,要根据企业的方针、目标、发展规划和施工项目的质量目标进行选题,要努力解决生产(工作)中的关键或薄弱环节,做好服务与攻关工作。

9.6 工程建设标准强制性条文

《工程建设标准强制性条文》是工程建设全过程中的强制性技术规定,是参与建设活动各方执行工程建设强制性标准的依据,也是政府对执行工程建设的强制性标准情况实施监督的依据。

执行《工程建设标准强制性条文》既是贯彻落实《工程建设标准强制性条文》的重要内容,又是从技术上确保建设工程质量的关键,同时也是推进工程建设的标准体系改革所迈出的关键的一步,对保证工程质量、安全和规范建筑市场起着极为重要的作用。

建设部根据“验评分离,强化验收,完善手段,过程控制”的十六字方针,对建筑工程施工及验收规范和质量检验评定标准进行了全面修订,逐步形成了建筑工程施工质量验收系列规范体系。此次工程建设标准规范的修订,从技术内容到方针政策都进行了重大的调整,是工程建设标准化历史上一次较深层次的改革,是应对我国加入世界贸易组织 WTO 建立建筑技术市场秩序的需要,使建筑工程施工质量验收更加科学化,更能适应市场经济形势的需要。

建设部 2000 年 8 月第 81 号部令发布《实施工程建设强制性标准监督规定》,其中明确规定了强制性标准监督检查的内容。而有关工程技术人员是否熟悉、掌握强制性标准,工程项目的规划、勘查、设计、施工验收是否符合强制性标准的规定,工程项目采用的材料、设备,以及工程项目的安全、质量是否符合强制性标准的规定等,是监督检查中相当重要的检查内容。

为方便读者在工程管理工作中能够更好地依据《工程建设标准强制性条文》进行工程建设质量控制,在以下内容中提供了一些强制性条文检查记录表格及其他相关规定,以供有关人员参考使用。

[附件二十六]

建筑工程施工强制性条文检查记录

附表1　基本要求

受检地区：　　　　　　　　　　　　　　　　　　　　时间：　　年　　月　　日

工程名称				结构类型	
建设单位				受检部位	
施工单位				负责人	
项目经理		技术负责人		开工日期	

条号	项目	检查内容	判定			
《建筑工程施工质量验收统一标准》GB 50300—2002						
3.0.3	施工质量验收		A	B	C	D
	技术标准	施工技术标准储备、执行、降低、验收	A	B	C	D
	勘察、设计	按图施工、技术交底、设计变更、组织设计	A	B	C	D
	人员资格	项目经理、技术负责人、质验员、监理工程师	A	B	C	D
	验收过程	施工自检、监理(建设单位)验收	A	B	C	D
	见证取样检测	措施、制度、人员、报告、结果分析	A	B	C	D
	检验批	主控项目和一般项目的填写制度及落实	A	B	C	D
	抽样检测	制度、检测结果	A	B	C	D
	检测单位	单位资格、人员、结果的规范性	A	B	C	D
	观感检查	监理计划	A	B	C	D
5.0.4	单位(子单位)	分部(子)分部、控制资料、安全和功能检测、抽查结果、观感验收	A	B	C	D
5.0.7	严禁验收	加固、论证、判定	A	B	C	D
6.0.3	验收报告	自检报告、检查程序	A	B	C	D
6.0.4	工程验收	监理(建设)单位验收程序、报告内容	A	B	C	D
6.0.7	工程备案	备案准备、时间	A	B	C	D

〔“判定”填写说明〕

①A表示符合强制性标准;B表示可能违反强制性标准,经检测单位检测、设计单位核定后再判定;C表示违反强制性标准;D表示严重违反强制性标准。

②由多项内容组成为一条的强制性条文,取最低级判定为该条的判定。

附表 2　基本要求

受检地区：　　　　　　　　　　　　　　　　时间：　　年　　月　　日

工程名称				结构类型	
建设单位				受检部位	
施工单位				负责人	
项目经理		技术负责人		开工日期	

条号	项目	检查内容	判定			
《建筑地基基础工程施工质量验收规范》GB 50202—2002						
4.1.5	单一地基	地基强度和承载力，测试方法、数量	A	B	C	D
4.1.6	复合地基	地基强度和承载力，测试方法、数量	A	B	C	D
5.1.3	打（压）入桩	最终桩位偏差或斜桩的倾斜度，偏差范围，全数检查	A	B	C	D
5.1.4	灌注桩	最终桩位标高，桩底沉渣厚度及试件强度，偏差	A	B	C	D
5.1.5	工程桩承载力	水平承载力或竖向承载力，试验、数量	A	B	C	D
7.1.3	土方开挖	开挖的顺序、方法、设计工况，跟踪措施	A	B	C	D
7.1.7	基坑（槽）、管沟开挖	基坑变形及周围建筑物的沉降或变形，变形监控措施	A	B	C	D
《湿陷性黄土地区建筑规范》GBJ25 - 90						
5.1.1	湿陷性黄土施工	设计要求、施工组织、施工措施、观察记录	A	B	C	D
5.4.5	黄土湿陷	施工措施、沉降和裂缝观测	A	B	C	D
《膨胀土地区建筑技术规范》GJB 112 - 87						
4.1.3	施工用水	用水措施、排水措施	A	B	C	D
《建筑基坑支护技术规程》JGJ 120 - 99						
3.7.2	基坑边界周围	排水沟、降排水措施				
3.7.3	基坑周边	严禁超堆荷载	A	B	C	D
3.7.5	基坑开挖	防止碰撞支护结构、工程桩，或挖动基底原状土措施	A	B	C	D
《建筑边坡工程技术规范》GB 50330 - 2002						
15.1.2	土石方开挖后不稳定或欠稳定的边坡	根据边坡的地质特征和可能发生的破坏等情况，采取自上而下、分段跳槽、及时支护的逆作法或部分逆作法施工。严禁无序大开挖、大爆破作业	A	B	C	D

续附表 2

条号	项目	检查内容	判定			
15.1.6	一级边坡工程	应采用信息施工法	A	B	C	D
15.4.1	岩石边坡	开挖采用爆破法施工时，应采取有效措施避免爆破对边坡和坡顶建（构）筑物的震害	A	B	C	D
《建筑地基处理技术规范》JGJ 79－2002						
4.4.2	垫层施工	分层、压实控制、填土措施	A	B	C	D
5.4.2			A	B	C	D
	受压土层	竖向变形和平均固结度控制	A	B	C	D
	预压的地基土	原位十字板剪切试验和室内土工试验	A	B	C	D
6.3.5	强夯	监测点、隔振沟等防振或隔振措施	A	B	C	D
6.4.3	强夯处理地基	承载力检验，原位测试和室内土工试验等	A	B	C	D
7.4.4	振冲处理地基	承载力检验应采用复合地基载荷试验	A	B	C	D
8.4.4	砂石桩地基	承载力检验应采用复合地基载荷试验	A	B	C	D
9.4.2	水泥粉煤灰碎石桩地基	承载力检验应采用复合地基载荷试验	A	B	C	D
10.4.2	夯实水泥土桩地基	单（或多）桩复合地基载荷试验	A	B	C	D
11.3.15	施工机构	瞬时检测、粉体计量、搅拌深度记录	A	B	C	D
11.4.3	竖向承载水泥土搅拌桩地基	承载力检验应采用复合地基载荷试验和单桩载荷试验	A	B	C	D
12.4.5	竖向承载旋喷桩地基	承载力检验应采用复合地基载荷试验和单桩载荷试验	A	B	C	D
13.4.3	石灰桩地基	承载力检验应采用复合地基载荷试验	A	B	C	D
14.4.3	灰土挤密桩和土挤密桩地基	承载力检验应采用复合地基载荷试验	A	B	C	D
15.4.3	桩锤冲扩桩地基	承载力检验应采用复合地基载荷试验	A	B	C	D
16.4.2	单液硅化法处理地基	承载力及其均匀性应采用动力触探或其他原位测试检验	A	B	C	D

〔“判定”填写说明〕

①A 表示符合强制性标准；B 表示可能违反强制性标准，经检测单位检测、设计单位核定后再判定；C 表示违反强制性标准；D 表示严重违反强制性标准。

②由多项内容组成为一条的强制性条文，取最低级判定为该条的判定。

附表3　混凝土结构工程

受检地区：　　　　　　　　　　　　　　　　　　　时间：　　年　　月　　日

工程名称				结构类型	
建设单位				受检部位	
施工单位				负责人	
项目经理		技术负责人		开工日期	

条号	项目	检查内容	判定			
《混凝土结构工程施工质量验收规范》GB 50204—2002						
4.1.1	模板及其支架设计	模板设计文件	A	B	C	D
4.1.3	模板及其支架拆除	施工技术方案、模板拆除顺序及安全措施	A	B	C	D
5.1.1	钢筋代换	设计变更文件和验收记录	A	B	C	D
5.2.1	钢筋力学性能检验	产品合格证、出厂检验报告和进场复验报告	A	B	C	D
5.2.2	抗震钢筋	出厂检验报告和进场复验报告中的钢筋强度实测值	A	B	C	D
5.5.1	钢筋安装	受力钢筋的品种、级别、规格和数量	A	B	C	D
6.2.1	预应力筋力学性能检验	产品合格证、出厂检验报告和进场复验报告	A	B	C	D
6.3.1	预应力筋安装	预应力筋的品种、级别、规格和数量	A	B	C	D
6.4.4	预应力筋断裂或滑脱限制	张拉记录	A	B	C	D
7.2.1	水泥进场	产品合格证、出厂检验报告和进场复验报告	A	B	C	D
7.2.2	外加剂	产品合格证、出厂检验报告（必要时检查进场复验报告）	A	B	C	D
7.4.1	混凝土强度和试件留置	施工记录、试件强度试验报告	A	B	C	D
8.2.1	外观质量	缺陷情况记录、技术处理方案和处理后验收记录	A	B	C	D
8.3.1	尺寸偏差	缺陷情况记录、技术处理方案和处理后验收记录	A	B	C	D
9.1.1	预制构件性能检验	出厂批量及结构性能检验报告	A	B	C	D
《普通混凝土用砂质量标准及检验方法》JGJ 52－92						
3.0.7	砂的碱活性检验	碱活性试验报告	A	B	C	D
3.0.8	海砂中氯离子含量检验	产品合格证、出厂检验报告（必要时检查进场复验报告）	A	B	C	D
《普通混凝土用碎石和卵石质量标准及检验方法》JGJ 53－92						

续附表 3

条号	项目	检查内容	判定			
3.0.8	碎石或卵石的碱活性检验	碱活性试验报告	A	B	C	D
《混凝土外加剂应用技术规范》GBJ 119－88						
4.2.1	引气剂或引气减水剂	引气剂或引气减水剂产品合格证、出厂检验报告（必要时检查进场复验报告）和掺量试验报告				
7.1.6	有毒防冻剂	防冻剂产品合格证、出厂检验报告（必要时检查进场复验报告）	A	B	C	D
《预应力筋用锚具、夹具和连接器应用技术规程》JGJ 85－92						
6.0.10	外露预应力筋的处理	施工记录	A	B	C	D
6.0.11	锚具封闭	封锚记录	A	B	C	D
《普通混凝土配合比设计规程》JGJ 55－2000						
7.1.4	抗渗性能试验	抗渗性能试验报告	A	B	C	D
7.2.3	抗冻融性能试验	抗冻融性能试验报告	A	B	C	D

〔**“判定”填写说明**〕

①A 表示符合强制性标准；B 表示可能违反强制性标准，经检测单位检测、设计单位核定后再判定；C 表示违反强制性标准；D 表示严重违反强制性标准。

②由多项内容组成为一条的强制性条文，取最低级判定为该条的判定。

附表 4　钢结构工程

受检地区：　　　　　　　　　　　　　　　　时间：　　年　　月　　日

工程名称				结构类型				
建设单位				受检部位				
施工单位				负责人				
项目经理		技术负责人		开工日期				

条号	项目	检查内容	判定			
《钢结构工程施工质量验收规范》GB 50205—2001						
4.2.1	钢材、钢铸件	品种、规格、性能及质量合格证明文件，中文标志，检验报告（有复验要求）的合法、有效、完整性	A	B	C	D
4.3.1	焊接材料	品种、规格、性能及质量合格证明文件，中文标志，检验报告（有复验要求）的合法、有效、完整性	A	B	C	D

续附表4

条号	项目	检查内容	判定			
4.4.1	紧固连接件	品种、规格、性能及质量合格证明文件，中文标志，检验报告（有复验要求）的合法、有效、完整性。高强度螺栓连接副扭矩系数或紧固轴力（预抗力）检验报告	A	B	C	D
5.2.2	焊工合格证	证书及其认可范围，有效期的合法和真伪性	A	B	C	D
5.2.4	焊缝内部缺陷	内部缺陷探伤比例及探伤记录的合法、有效和完整性	A	B	C	D
6.3.1	摩擦面抗滑移系数	摩擦面抗滑移系数值及试验报告和复验报告的合法、有效性	A	B	C	D
8.3.1	吊车梁和吊车桁架挠度	吊车梁和吊车桁架的下挠度和上拱度	A	B	C	D
10.3.4	单层钢结构整体变形	主体结构的整体垂直度和整体平面弯曲	A	B	C	D
11.3.5	多层及高层钢结构整体变形	主体结构的整体垂直度和整体平面弯曲	A	B	C	D
12.3.4	钢网架挠度变形	总拼完成后挠度值（自重状况下），及屋面工程完成后挠度值（使用状态）	A	B	C	D
14.2.2	防腐涂料涂装	防腐涂料、涂装遍数及涂层厚度	A	B	C	D
14.3.3	防火涂料涂装	防火涂料及涂层厚度	A	B	C	D
《建筑钢结构焊接技术规程》JGJ 81－2002						
3.0.1	钢材及焊接填充材料	设计文件、质量证明书或检验报告，化学成分、力学性能等	A	B	C	D
4.4.2	调质钢	严禁采用塞焊和槽焊焊缝	A	B	C	D
5.1.1	焊接工艺评定	国内首次应用于钢结构工程的钢材、焊接材料和设计有规定要求应进行工艺评定	A	B	C	D
7.1.5	焊缝	检查数量，不合格率的控制	A	B	C	D
7.3.3	焊缝内部缺陷	一级焊缝、二级焊缝，检查数量，不合格率的控制	A	B	C	D

“判定”填写说明：

①A表示符合强制性标准；B表示可能违反强制性标准，经检测单位检测、设计单位核定后再判定；C表示违反了强制性标准；D表示严重违反强制性标准。

②由多项内容组成一条的强制性条文，取最低级判定为该条的判定。

附表5　砌体结构

受检地区：　　　　　　　　　　　　　　　　　　　　　　　时间：　　年　　月　　日

工程名称				结构类型	
建设单位				受检部位	
施工单位				负责人	
项目经理		技术负责人		开工日期	

条号	项目	检查内容	判定			
《砌体工程施工质量验收规范》GB 50203—2002						
4.0.1	水泥	进场复验报告、使用情况	A	B	C	D
4.0.8	外加剂	进场检验和试验报告，有机塑化剂型式检验报告	A	B	C	D
5.2.1	砖、砂浆	强度试验报告	A	B	C	D
5.2.3	砖砌体砌筑	转角处、交接处及临时间断处砌筑方式	A	B	C	D
6.1.2	小砌块	产品龄期	A	B	C	D
6.1.7	小砌块外观质量	缺陷（断裂）情况	A	B	C	D
6.1.9	小砌块砌筑	砌筑方向	A	B	C	D
6.2.1	小砌块、砂浆	强度试验报告	A	B	C	D
6.2.3	小砌块砌体砌筑	转角处、交接处及临时间断处的砌筑方式	A	B	C	D
7.1.9	挡土墙	泄水孔设置	A	B	C	D
7.2.1	石材、砂浆	强度试验报告	A	B	C	D
8.2.1	钢筋	产品合格证、进场复验报告	A	B	C	D
8.2.2	混凝土、砂浆	强度试验报告	A	B	C	D
10.0.4	冬期施工所用材料	石灰膏、电石膏、砂、砖及其他块材受冻情况	A	B	C	D
《砌筑砂浆配合比设计规程》JGJ 98－2000						
3.0.3	掺加料	严禁使用脱水硬化的石灰膏	A	B	C	D
4.0.3	砌筑砂浆	稠度、分层度、试配抗压强度试验、配合比、计量	A	B	C	D
4.0.5	砌筑砂浆的分层度	不得大于30mm	A	B	C	D

〔**“判定”填写说明**〕

①A表示符合强制性标准；B表示可能违反强制性标准，经检测单位检测、设计单位核定后再判定；C表示违反强制性标准；D表示严重违反强制性标准。

②由多项内容组成为一条的强制性条文，取最低级判定为该条的判定。

附表6　木结构工程

受检地区：　　　　　　　　　　　　　　　　　　　　　　　　　时间：　　年　　月　　日

工程名称		结构类型	
建设单位		受检部位	
施工单位		负责人	

《木结构工程施工质量验收规范》GB 50206—2002

项目经理		技术负责人		开工日期	

条　号	项　目	检 查 内 容	判		定	
4.2.1	木屋架	载荷试验，总荷载应达到2.5倍设计荷载	A	B	C	D
5.2.2	胶缝完整性	脱胶试验、脱胶面积	A	B	C	D
6.2.1	规格材	等级检验、树种、应力等级、规格尺寸	A	B	C	D
7.2.1	木结构防腐	构造措施	A	B	C	D
7.2.2	防腐剂处理	保持量和透入度的测定	A	B	C	D
7.2.3	木结构防火	构造措施、设计文件	A	B	C	D

［**“判定”填写说明**］

①A表示符合强制性标准；B表示可能违反强制性标准，经检测单位检测，设计单位核定后，再判定；C表示违反强制性标准；D表示严重违反强制性标准。

②由多项内容组成为一条的强制性条文，取最低级判定为该条的判定。

附表7　防水工程

受检地区：　　　　　　　　　　　　　　　　　　　　　　　　　时间：　　年　　月　　日

工程名称		结构类型	
建设单位		受检部位	
施工单位		负责人	

项目经理		技术负责人		开工日期	

条　号	项　目	检 查 内 容	判		定	
《地下防水工程质量验收规范》GB 50208－2002						
3.0.6	防水材料	产品合格证、质量检验报告、现场抽样复验报告	A	B	C	D
4.1.8	防水混凝土	设计要求，抗压强度和抗渗压力检验报告	A	B	C	D
4.1.9	细部构造	设计要求，施工措施，观察记录	A	B	C	D
4.2.8	水泥砂浆心水层	设计要求，基层处理，施工方法	A	B	C	D
4.5.5	塑料板防水层	搭接缝有效焊接宽度，焊缝检验记录	A	B	C	D
5.1.10	喷射混凝土	设计要求，抗压强度、抗渗压力及锚杆抗拔力检验报告	A	B	C	D
6.1.8	渗排水、盲沟排水	设计要求，砂、石试验报告	A	B	C	D

续附表 7

条号	项目	检查内容	判定			
《屋面工程质量验收规范》GB 50207－2002						
3.0.6	防水、隔热保温材料	产品合格证、质量检验报告、现场报告、现场抽样复试报告	A	B	C	D
4.1.8	找平层排水坡度	设计要求，坡度检验记录	A	B	C	D
4.2.9	保温层含水率	设计要求，材料含水率试验记录	A	B	C	D
4.3.16	卷材防水层	雨后或淋水、蓄水检验记录	A	B	C	D
5.3.10	涂膜防水层	雨后或淋水、蓄水检验记录	A	B	C	D
6.1.8	细石混凝土防水层	雨后或淋水、蓄水检验记录	A	B	C	D
6.2.7	密封材料嵌填	设计要求，基层处理，嵌填方法	A	B	C	D
7.1.5	平瓦屋面	施工固定加强措施	A	B	C	D
7.3.6	金属板材屋面	雨后或淋水检验记录	A	B	C	D
8.1.4	架空屋面	设计要求，架空隔热制品质量	A	B	C	D
9.0.11	细部构造	设计要求，施工措施，观察记录	A	B	C	D

〔“判定”填写说明〕

①A 表示符合强制性标准；B 表示可能违反强制性标准，经检测单位检测、设计单位核定后再判定；C 表示违反强制性标准；D 表示严重违反强制性标准。

②由多项内容组成为一条的强制性条文，取最低级判定为该条的判定。

附表 8　装饰装修工程

受检地区：　　　　　　　　　　　　　　　　时间：　　年　　月　　日

工程名称				结构类型	
建设单位				受检部位	
施工单位				负责人	
项目经理		技术负责人		开工日期	

条号	项目	检查内容	判定			
《建筑地面工程施工质量验收规范》GB 50209－2002						
3.0.3	建筑地面材料	材质证明文件、规格、型号及性能检测报告	A	B	C	D
3.0.6	厕浴间材料	材料防滑性能	A	B	C	D
3.0.15	厕浴间标高	与相连面层标高差是否符合设计要求	A	B	C	D
4.9.3	立管、地漏等节点	与楼板间密封处理和排水坡度	A	B	C	D
4.10.8	厕浴间及防水地面隔离层构造	结构应采用现浇混凝土或整块预制混凝土板、混凝土翻边高度大于 120mm，其标高和预留洞位置是否正确	A	B	C	D

续附表 8

条　　号	项　　目	检 查 内 容	判		定	
4.10.10	防水隔离层	蓄水检查、泼水检验记录	A	B	C	D
5.7.4	不发火（防爆的面层）	材质合格证明及试件检测报告	A	B	C	D

《建筑装饰装修工程质量验收规范》GB 50210 - 2001

3.1.1	设计	设计单位是否具备规定的资质等级	A	B	C	D
		施工图设计文件是否按有关规定进行了审查	A	B	C	D
		施工图设计文件的设计深度是否满足施工要求	A	B	C	D
3.1.5	设计的结构安全和主要使用功能	设计单位是不是原设计单位，或具备相应资质的设计单位	A	B	C	D
		有无结构安全性的核验、确认文件	A	B	C	D
		有无涉及主体和承重结构改动或增加荷载的施工图设计文件	A	B	C	D
3.2.3	材料中的有害物质	国家标准做出规定的，应检查有关规定项目的合格检测报告	A	B	C	D
		检查有无复验合格报告	A	B	C	D
3.2.9	防火处理	如设计有要求，检查防火处理施工记录	A	B	C	D
	防腐处理	如设计有要求，检查防腐处理施工记录	A	B	C	D
	防虫处理	如设计有要求，检查防虫处理施工记录	A	B	C	D
3.3.4	施工的结构安全和主要使用功能	如有改动建筑主体、承重结构或主要使用功能的现象，检查有无相关的设计内容	A	B	C	D
		是否经过有关部门的批准	A	B	C	D
3.3.5	施工过程的环保	检查易挥发、易扬尘材料的保管情况和废弃物的处理情况	A	B	C	D
		检查施工噪声和震动是否得到有效控制	A	B	C	D
4.1.12	外墙和顶棚抹灰	检查抹灰层有无裂缝、脱落、空鼓现象	A	B	C	D
		检查有无水泥的复验合格报告	A	B	C	D
		检查隐蔽工程验收记录和施工记录	A	B	C	D
5.1.11	门窗安装	进行开启、关闭检查，观察安装是否牢固	A	B	C	D
		检查推拉门窗扇是否有防脱落措施	A	B	C	D
		查阅隐蔽工程验收记录和施工记录，检查安装在砌体上的门窗是否采用了射钉固定	A	B	C	D
6.1.12	重型吊灯	检查隐蔽工程验收记录和施工记录	A	B	C	D

续附表 8

条号	项目	检查内容	判定			
8.2.4	饰面板安装	观察饰面板有无脱落	A	B	C	D
		检查后置埋件的现场拉拔强度检测报告和隐蔽工程验收记录	A	B	C	D
8.3.4	饰面砖粘贴	观察饰面砖有无脱落、空鼓	A	B	C	D
		检查有无水泥、面砖的复验合格报告	A	B	C	D
9.1.8	幕墙结构胶	检查所使用的结构胶是否国家认可产品,进口结构胶是否具有商检合作证	A	B	C	D
		查阅施工记录,检查是否在有效期内打胶	A	B	C	D
9.1.13	幕墙预埋件	检查预埋件设计文件和验收记录	A	B	C	D
9.1.14	幕墙安装	观察幕墙面板有无脱落	A	B	C	D
		检查后置埋件现场拉拔强度的检测报告和隐蔽工程验收记录	A	B	C	D
12.5.6	护栏	检查护栏高度、栏杆间距和安装位置是否符合设计要求,手推检查是否牢固	A	B	C	D
		检查隐蔽工程验收记录	A	B	C	D
《金属与石材幕墙工程技术规范》JGJ 133－2001						
6.5.1	构件抽查	是否制定了构件质量标准和抽样检查制度				
		检查构件的抽样检查记录	A	B	C	D
7.2.4	金属、石材幕墙预埋件	检查幕墙设计、施工单位的资质证书及相关设计文件	A	B	C	D
		检查预埋件复查记录	A	B	C	D
7.2.4	金属板与石板安装	在条件允许的情况下,对施工过程进行现场检查	A	B	C	D
		检查施工记录和自查记录	A	B	C	D
7.3.10	幕墙安装验收项目	检查安装施工阶段的验收记录	A	B	C	D

〔**“判定”填写说明**〕

①A 表示符合强制性标准;B 表示可能违反强制性标准,经检测单位检测、设计单位核定后再判定;C 表示违反强制性标准;D 表示严重违反强制性标准。

②由多项内容组成为一条的强制性条文,取最低级判定为该条的判定。

附表 9　给水排水及采暖工程

受检地区：　　　　　　　　　　　　　　　　　　　　　　　时间：　　年　　月　　日

工程名称				结构类型	
建设单位				受检部位	
施工单位				负责人	
项目经理		技术负责人		开工日期	

条　号	项　目	检 查 内 容	判		定	
《建筑给水排水及采暖工程施工质量验收规范》GB 50242－2002						
3.3.3	管道地下穿墙防水	防水措施、刚性套管、柔性套管	A	B	C	D
3.3.16	管道、设备水压、灌水试验	工作压力、试验压力、压力降、渗漏情况	A	B	C	D
4.1.2	给水管材、管件、生活管材卫生	管材、管件配套、生活给水材料卫生	A	B	C	D
4.2.3	生活给水冲洗、消毒、卫生	冲洗、消毒、卫生检验	A	B	C	D
4.3.1	室内消火栓试射	顶层一处、首层二处、实地试射	A	B	C	D
5.2.1	室内排水灌水	隐蔽前，底层卫生器具或底层地面满水，满 15min 再 5min，检查接口渗漏情况	A	B	C	D
8.2.1	室内采暖管道坡度	气水同向、汽水同向 3‰≤i≮2，气水逆向 i≮5%	A	B	C	D
8.3.1	散热器水压试验	组对、整组、工作压力、试验压力，2～3min 压力不降不渗漏	A	B	C	D
8.5.1	地板辐射盘管接头	埋地部分不应有接头	A	B	C	D
8.5.2	地板辐射盘管水压试验	隐蔽前工作压力试验压力稳压 1h 压降≯0.05MPa 不渗不漏	A	B	C	D
8.6.1	采暖系统水压试验	保温前，工作压力、试验压力、压力降、汽、水顶部 p＋0.1≮0.3MPa、高温水、顶部 p＋0.410min 压降≯0.02MPa 不渗漏，塑料热水顶部 p＋0.2≮0.4MPa、1h 压降≯0.05MPa 工作压力 1.15 倍、2h 压降 0.03MPa、不渗漏	A	B	C	D
8.6.3	采暖系统试运行、调试	冲洗后、充水、加热、试运行、调试、测室温	A	B	C	D

续附表 9

条　　号	项　　目	检　查　内　容	判　　定			
9.2.7	室外给水管道冲洗、消毒	冲洗、浊度、消毒、卫生检查	A	B	C	D
10.2.1	室外排水坡度	坡度、严禁无坡或倒坡	A	B	C	D
11.3.3	室外供热管道试运行调试	冲洗后，充水、加热、试运行，调试、测入口温度	A	B	C	D
13.2.6	锅炉水压试验	本体、省煤器、工作压力、试验压力、压力降 10min 压力降≯0.02MPa，不渗漏，无残余变形	A	B	C	D
13.4.1	锅炉安全阀定压	锅炉、省煤器、定压安全阀 1～2 个并调整	A	B	C	D
13.4.4	锅炉联锁装置	高、低水位报警，超温、超压报警，联动齐全、有效	A	B	C	D
13.5.3	锅炉 48h 运行检验调整	烘煮炉后，48h 带负荷运行，安全阀热态定压、检验、调整	A	B	C	D
13.6.1	热交换器水压试验	工作压力，试验压力，汽 $p+0.3$MPa 水压≮0.4MPa、10min 压力不降	A	B	C	D

〔"判定"填写说明〕

①A 表示符合强制性标准；B 表示可能违反强制性标准，经检测单位检测，设计单位核定后，再判定；C 表示违反强制性标准；D 表示严重违反强制性标准。

②由多项内容组成为一条的强制性条文，取最低级判定为条的判定。

附表 10　电　气　工　程

受检地区：　　　　　　　　　　　　　　　　时间：　　年　　月　　日

工程名称				结构类型	
建设单位				受检部位	
施工单位				负责人	
项目经理		技术负责人		开工日期	

条　　号	项　　目	检　查　内　容	判　　定			
《建筑电气工程施工质量验收规范》GB50303－2002						
3.1.7	接地支线连接	与干线相连、相互间无串联连接	A	B	C	D
3.1.8	高压设备系统和线路及其继电保护系统的试验	试验内容及记录齐全，符合现行国家标准 GB50150 的规定	A	B	C	D

续附表 10

条号	项目	检查内容	判定			
4.1.3	杆上变压器中性点接地和接地装置检测	变压器中性点与接地干线连接状况，接地装置接地电阻值	A	B	C	D
7.1.1	电动机、电加热器及电动执行机构的接地	有连接，连接状况可靠	A	B	C	D
8.1.3	柴油发电机馈线核相	查核相记录	A	B	C	D
9.1.4	不间断电源输出端中性点接地	检查重复接地，是否从接地干线引入	A	B	C	D
11.1.1	绝缘子等底座接地	有接地，且非接续导体	A	B	C	D
12.1.1	金属电缆桥架接地	与接地干线的连接点，每段桥架间跨接状况	A	B	C	D
13.1.1	金属电缆支架等接地	有接地连接，且可靠	A	B	C	D
14.1.2	金属导管连接	无对口熔焊现象，镀锌和壁厚小于 2mm，无套管焊接现象	A	B	C	D
15.1.1	交流单芯电缆穿管	无单独穿入钢导管内现象	A	B	C	D
19.1.2	大型花灯过载试验	有无过载试验，查试验报告	A	B	C	D
19.1.6	2.4m 及以下灯具接地	接地连接状况是否可靠	A	B	C	D
21.1.3	景观照明灯具安装	绝缘电阻测定，防护围栏及高度，接地连接状况	A	B	C	D
22.1.2	插座接线	接线位置正确	A	B	C	D
24.1.2	防雷接地装置	接地电阻测试记录	A	B	C	D

〔"判定"填写说明〕

①A 表示符合强制性标准；B 表示可能违反强制性标准，经检测单位检测、设计单位核定后再判定；C 表示违反了强制性标准；D 表示严重违反强制性标准。

②由多项内容组成一条的强制性条文，取最低级判定为该条的判定结果。

附表 11　通风和空调工程

受检地区：　　　　　　　　　　　　　　　　　　　　时间：　年　月　日

工程名称				结构类型	
建设单位				受检部位	
施工单位				负责人	
项目经理		技术负责人		开工日期	

条号	项目	检查内容	判定			
《通风与空调工程施工质量验收规范》GB 50243－2002						
4.2.3	防火风管	材料的耐火等级(极限)	A	B	C	D
4.2.4	复合材料风管	材料耐燃和安全使用性能	A	B	C	D
5.2.4	防爆风阀	与设计规定材料的相符性	A	B	C	D
5.2.7	防排烟系统柔性短管	材料的耐燃性能	A	B	C	D
6.2.1	风管预埋管或防护套管	穿防火、防爆墙体或楼板风管预埋管或防护套管的设置与材料厚度	A	B	C	D
6.2.2	风管安装的规定	①风管内严禁其他管线穿越 ②输送含有易燃、易爆气体，检查安装在易燃、易爆场合系统风管的严密性 ③室外立管的拉索	A	B	C	D
6.2.3	高于80℃的风管	外表面的防护措施	A	B	C	D
7.2.2	通风机的防护罩(网)	传动部位和直通大气进、出风口处的防护措施	A	B	C	D
7.2.7	静电空气过滤器	接地的可靠性	A	B	C	D
7.2.8	电加热器的安装	绝热材料与法兰垫料的材质性能、接地的可靠性	A	B	C	D
8.2.6	燃油管道系统	管道连接和接地的可靠性	A	B	C	D
8.2.7	燃气系统管道	软管材料、系统试验和管道焊接的质量	A	B	C	D
11.2.1	通风与空调工程系统的测定和调整	设备单机试运转和联合试运转及调试的实施	A	B	C	D
11.2.4	防排烟系统的调试	必须符合设计与消防的规定	A	B	C	D

“判定”填写说明：

①A 表示符合强制性标准；B 表示可能违反强制性标准，经检测单位检测、设计单位核定后再判定；C 表示违反了强制性标准；D 表示严重违反强制性标准。

②由多项内容组成一条的强制性条文，取最低级判定为该条的判定结果。

附表12　电　梯　工　程

受检地区：　　　　　　　　　　　　　　　　　　　　时间：　　年　　月　　日

工程名称				结构类型	
建设单位				受检部位	
施工单位				负责人	
项目经理		技术负责人		开工日期	

条　号	项　目	检　查　内　容	判	定		
《电梯工程施工质量验收规范》GB 50310－2002						
4.2.3	底坑底面下、层门预留孔、井道安全门	①底坑底面强度，实心桩墩位置，实心桩墩及支撑其地面的强度。如采用防护措施使人员不能进入此空间，则检查底坑底面强度和为此设置的隔墙、隔障 ②逐层检查：安全保护围封结构及强度，黄色或警示性标语 ③井道安全门的尺寸、强度、开启方向、钥匙开启的锁、设置的位置及电气安全装置	A	B	C	D
4.5.2	强迫关门装置	逐层检查：自行关闭，连接部位，重锤或弹簧不应有撞击、卡住现象，重锤应在导向装置内（上），防止断绳后重锤落入井道的装置	A	B	C	D
4.5.4	锁紧元件	逐层检查：锁钩回位应灵活；在证实锁紧的电气安全装置动作之前，锁紧元件的最小啮合长度；门刀带动门锁开、关门，锁钩动作应灵活	A	B	C	D
4.8.1	限速器动作速度整定封记	每个整定封记（可能多处）	A	B	C	D
4.8.2	可调节的安全钳整定封记	每个整定封记（可能多处）；如采用定位锁定位，定位销的安装	A	B	C	D
4.9.1	绳头组合	绳头组合处钢丝绳是否有断丝；如采用钢丝绳绳夹，检查绳夹的使用方法、型号、间距、数量及拧紧；防螺母松动装置的安装，防螺母脱落装置的安装	A	B	C	D
4.10.1	电气设备接地	①电气设备及导管、线槽的外露可导电部分的接地位置，接地连接应牢固；接地支线的选用是否正确及其是否有断裂或绝缘层破损 ②接地干线接地柱标示；接地支线应直接接在接地干线接线柱上	A	B	C	D

续附表 12

条　　号	项　　目	检　查　内　容	判			定
4.11.3	层门与轿门的试验	①在每层站开锁区内，断开开门机电源，用三角钥匙开层门、轿门；三角钥匙附带的揭示牌 ②电梯检修运行，逐层用三角钥匙开门，电梯应停止运行和不能再启动；检查驱动元件与门扇及门扇间的机械连接部件的安装；验证门扇闭合状态的电气全装置的安装	A	B	C	D
6.2.2	自动扶梯、自动人行道井道周围	逐层检验：安全保护围封结构及强度，黄色或警示性标语	A	B	C	D

“判定”填写说明：

①A 表示符合强制性标准；B 表示可能违反强制性标准，经检测单位检测、设计单位核定后再判定；C 表示违反了强制性标准；D 表示严重违反强制性标准。

②由多项内容组成一条的强制性条文，取最低级判定为该条的判定结果。

[附件二十七]

中华人民共和国国务院令

第 81 号

《实施工程建设强制性标准监督规定》已于 2000 年 8 月 21 日经第 27 次部常务会议通过，现予以公布，自发布之日起施行。

总理　**朱镕基**

二〇〇〇年八月二十五日

建设部颁布实施工程建设强制性标准监督规定

第一条　为加强工程建设强制性标准实施的监督工作，保证建设工程质量，保障人民的生命、财产安全，维护社会公共利益，根据《中华人民共和国标准化法》、《中华人民共和国标准化法实施条例》和《建设工程质量管理条例》，制定本规定。

第二条　在中华人民共和国境内从事新建、扩建、改建等工程建设活动，必须执行工程建设强制性标准。

第三条　本规定所称工程建设强制性标准是指直接涉及工程质量、安全、卫生及环境保护等方面的工程建设标准强制性条文。

国家工程建设标准强制性条文由国务院建设行政主管部门会同国务院有关行政主管部门确定。

第四条　国务院建设行政主管部门负责全国实施工程建设强制性标准的监督管理工

作。

国务院有关行政主管部门按照国务院的职能分工负责实施工程建设强制性标准的监督管理工作。

县级以上地方人民政府建设行政主管部门负责本行政区域内实施工程建设强制性标准的监督管理工作。

第五条 工程建设中拟采用的新技术、新工艺、新材料，不符合现行强制性标准规定的，应当由拟采用单位提请建设单位组织专题技术论证，报批准标准的建设行政主管部门或者国务院有关主管部门审定。

工程建设中采用国际标准或者国外标准，现行强制性标准未作规定的，建设单位应当向国务院建设行政主管部门或者国务院有关行政主管部门备案。

第六条 建设项目规划阶段执行强制性标准的情况实施监督。

施工图设计文件审查单位应当对工程建设勘察、设计阶段执行强制性标准的情况实施监督。

建设安全监督管理机构应当对工程建设施工阶段执行施工安全强制性标准的情况实施监督。

工程质量监督机构应当对工程建设施工、监理、验收等阶段执行强制性标准的情况实施监督。

第七条 建设项目规划审查机关、施工图设计文件审查单位、建设安全监督管理机构、工程质量监督机构的技术人员必须熟悉、掌握工程建设强制性标准。

第八条 工程建设标准批准部门应当定期对建设项目规划审查机关、施工图设计文件审查单位、建筑安全监督管理机构、工程质量监督机构实施强制性标准的监督进行检查，对监督不力的单位和个人，给予通报批评，建议有关部门处理。

第九条 工程建设标准批准部门应当对工程项目执行强制性标准情况进行监督检查。监督检查可以采取重点检查、抽查和专项检查的方式。

第十条 强制性标准监督检查的内容包括：

(一)有关工程技术人员是否熟悉、掌握强制性标准；

(二)工程项目的规划、勘察、设计、施工、验收等是否符合强制性标准的规定；

(三)工程项目采用的材料、设备是否符合强制性标准的规定；

(四)工程项目的安全、质量是否符合强制性标准的规定；

(五)工程中采用的导则、指南、手册、计算机软件的内容是否符合强制性标准的规定。

第十一条 工程建设标准批准部门应当将强制性标准监督检查结果在一定范围内公告。

第十二条 工程建设强制性标准的解释由工程建设标准批准部门负责。

有关标准具体技术内容的解释，工程建设标准批准部门可以委托该标准的编制管理单位负责。

第十三条 工程技术人员应当参加有关工程建设强制标准的培训，并可以计入继续教育学时。

第十四条 建设行政主管部门或者有关行政主管部门在处理重大工程事故时，应当有工程建设标准方面的专家参加；工程事故报告应当包括是否符合工程建设强制性标准的意见。

第十五条 任何单位和个人对违反工程建设强制性标准的行为有权向建设行政主管部门或者有关部门检举、控告、投诉。

第十六条 建设单位有下列行为之一的，责令改正，并处以20万元以上50万元以下的罚款；

（一）明示或者暗示施工单位使用不合格的建筑材料、建筑构配件和设备的；

（二）明示或者暗示设计单位或者施工单位违反工程建设强制性标准，降低工程质量的。

第十七条 勘察、设计单位违反工程建设强制性标准进行勘察、设计的，责令改正，并处以10万元以上30万元以下的罚款。

有前款行为，造成工程质量事故的，责令停业整顿，降低资质等级；情节严重的，吊销资质证书；造成损失的，依法承担赔偿责任。

第十八条 施工单位违反工程建设强制性标准的，责令改正，处工程合同价款2%以上4%以下的罚款；造成建设工程质量不符合规定的质量标准的，负责返工、修理，并赔偿因此造成的损失；情节严重的，责令停业整顿，降低资质等级或者吊销资质证书。

第十九条 工程监理单位违反强制性标准规定，将不合格的建设工程以及建筑材料、建筑构配件和设备按照合格签字的，责令改正，并处50万元以上100万元以下的罚款，降低资质等级或者吊销资质证书；有违法所得的，予以没收；造成损失的，承担连带赔偿责任。

第二十条 违反工程建设强制性标准造成工程质量、安全隐患或者工程事故的，按照《建设工程质量管理条例》有关规定，对事故责任单位和责任人进行处罚。

第二十一条 有关责令停业整顿、降低资质等级和吊销资质证书的行政处罚，由颁发资质证书的机关决定；其他行政处罚，由建设行政主管部门或者有关部门依照法定职权决定。

第二十二条 建设行政主管部门和有关行政主管部门工作人员，玩忽职守、滥用职权、徇私舞弊的，给予行政处分；构成犯罪的，依法追究刑事责任。

第二十三条 本规定由国务院建设行政主管部门负责解释。

第二十四条 本规定自发布之日起施行。

[附件二十八]

建设部关于贯彻执行建筑工程勘察设计及施工质量验收规范若干问题的通知

建标【2002】212号

国务院各有关部门，各省、自治区建设厅，直辖市建委及有关部门，新疆生产建设兵团建设局，各有关协会：

为了贯彻执行《建设工程质量管理条例》，加强工程建设标准化工作，我部最近批准发布了《建筑结构可靠度设计统一标准》等7项建筑工程勘察设计规范和《建筑工程施工质量验收统一标准》等14项建筑工程施工质量验收规范(以下简称“新版规范”,详见附件)。为确保这些新版规范贯彻实施,强化建筑工程管理和技术人员的标准化意识,现将新版规范的贯彻执行有关要求通知如下:

一、国务院有关部门、各省、自治区建设厅(直辖市建委)应当认真复审并修订不符合新版规范规定的行业标准、地方标准。

二、各标准设计图、计算机软件、工程设计施工指南手册等工程技术文件组织管理单位,应当按照新版规范的规定组织修改。

三、各级建设行政主管部门要采取有效措施,按照《实施工程建设强制性标准监督规定(建设部令81号)的要求,结合当地实际情况,认真组织从事建设活动的勘察、设计、施工、监理等管理和技术人员学习和掌握新版规范,并将熟悉掌握新版规范的程度作为技术考核的内容。

四、新版建筑结构设计规范应与新版《建筑结构荷载规范》、《建筑结构可靠度设计统一标准》配套使用;新版工程施工质量验收规范应与新版《建筑工程施工质量验收统一标准》配套使用。

五、新版规范实施日期前的在施工程,执行新版规范有困难时,可按照旧规范执行。新版规范实施日期后至2003年1月1日前的在施工程,原则上应按照新规范执行,已按照旧规范设计的在施工程,可按照旧规范继续执行。对2003年1月1日前已签订施工合同且尚未正式开工的工程,应当按照新版规范修改设计后方可施工。凡在2003年1月1日后签订勘察、设计、施工合同的工程,必须按照新版规范执行。

六、住宅采用的电度表、水表、煤气表、热量表应具有产品合格证书和计量检定证书,并应按照有关工程施工质量验收规范的规定进行进场验收。

七、各单位在执行新版规范过程中应当注意收集意见,及时反馈给各规范管理单位。

建设部

2002年8月12日

[附件二十九]

建筑工程勘察设计及施工质量验收规范目录

	标准编号	标准名称	废止标准编号	施行日期
1	GB 50021-2001	岩土工程勘察规范	GB 50021—94	2002-03-01
2	GB 50007-2002	建筑地基基础设计规范	GBJ 7—89	2002-04-01
3	GB 50009-2001	建筑结构荷载规范	GBJ 9—87	2002-03-01

续上表

	标准编号	标准名称	废止标准编号	施行日期
4	GB 50003－2001	砌体结构设计规范	GBJ 3—88	2002－03－01
5	GB 50010－2002	混凝土结构设计规范	GBJ 10—89	2002－04－01
6	GB 50011－2001	建筑抗震设计规范	GBJ 11—89	2002－04－01
7	GB 50068－2001	建筑结构可靠度设计统一标准	GBJ 68—84	2002－01－01
8	GB 50300－2001	建筑工程施工质量验收统一标准	GBJ 300—88 GBJ 301—88	2002－01－01
9	GB 50202－2002	建筑地基基础工程施工质量验收规范	GBJ 201—83 GBJ 202—83	2002－05－01
10	GB 50203－2002	砌体工程施工质量验收规范	GB 50203—98	2002－04－01
11	GB 50204－2002	混凝土结构工程施工质量验收规范	GB 50204—92 GBJ 321—90	2002－04－01
12	GB 50205－2002	钢结构工程施工质量验收规范	GB 50205—95 GB 50221—95	2002－03－01
13	GB 50206－2002	木结构工程施工质量验收规范	GBJ 206—83	2002－07－01
14	GB 50207－2002	屋面工程质量验收规范	GB 50207—94	2002－06－01
15	GB 50208－2002	地下防水工程质量验收规范	GBJ 208—83	2002－04－01
16	GB 50209－2002	建筑地面工程施工质量验收规范	GB 50209—95	2002－06－01
17	GB 50210－2001	建筑装饰装修工程质量验收规范	GBJ 210—83	2002－03－01
18	GB 50242－2002	建筑给水排水及采暖工程施工质量验收规范	GBJ 242—82 GBJ 302－88	2002－04－01
19	GB 50243－2002	通风与空调工程施工质量验收规范	GB 50243—97 GBJ 304－88	2002－04－01
20	GB 50303－2002	建筑电气工程施工质量验收规范	GBJ 303—88 GB 50258—96 GB 50259—96	2002－06－01
21	GB 50310－2002	电梯工程施工质量验收规范	GBJ 310—88 GB 50182—93	2002－06－01

[附件三十]

中华人民共和国国务院令

第 279 号

《建筑工程质量管理条例》已经 2000 年 2 月 10 日国务院第 25 次常务会议通过，现予发布，自发布之日起施行。

总理　**朱镕基**

2000 年 1 月 30 日

建设工程质量管理条例

第一章　总　则

第一条　为了加强对建设工程质量的管理，保证建设工程质量，保护人民生命和财产安全，根据《中华人民共和国建筑法》，制定本条例。

第二条　凡在中华人民共和国境内从事建设工程的新建、扩建、改建等有关活动及实施对建设工程质量监督管理的，必须遵守本条例。

本条例所称建设工程，是指土木工程、建筑工程、线路管道和设备安装工程及装修工程。

第三条　建设单位、勘察单位、设计单位、施工单位、工程监理单位依法对建设工程质量负责。

第四条　县级以上人民政府建设行政主管部门和其他有关部门应当加强对建设工程质量的监督管理。

第五条　从事建设工程活动，必须严格执行基本建设程序，坚持先勘察、后设计、再施工的原则。

县级以上人民政府及其有关部门不得超越权限审批建设项目或者擅自简化基本建设程序。

第六条　国家鼓励采用先进的科学技术和管理方法，提高建设工程质量。

第二章　建设单位的质量责任和义务

第七条　建设单位应当将工程发包给具有相应资质等级的单位。建设单位不得将建设工程肢解发包。

第八条　建设单位应当依法对工程建设项目的勘察、设计、施工、监理以及与工程建设有关的重要设备、材料等的采购进行招标。

第九条　建设单位必须向有关的勘察、设计、施工、工程监理等单位提供与建设工程有关的原始资料。

原始资料必须真实、准确、齐全。

第十条 建设工程发包单位不得迫使承包方以低于成本的价格竞标,不得任意压缩合理工期。

建设单位不得明示或者暗示设计单位或者施工单位违反工程建设强制性标准,降低建设工程质量。

第十一条 建设单位应当将施工图设计文件报县级以上人民政府建设行政主管部门或者其他有关部门审查。施工图设计文件审查的具体办法,由国务院建设行政主管部门会同国务院其他有关部门制定。

施工图设计文件未经审查批准的,不得使用。

第十二条 实行监理的建设工程,建设单位应当委托具有相应资质等级的工程监理单位进行监理,也可以委托具有工程监理相应资质等级并与被监理工程的施工承包单位没有隶属关系或者其他利害关系的该工程的设计单位进行监理。

下列建设工程必须实行监理:

(一)国家重点建设工程;

(二)大中型公用事业工程;

(三)成片开发建设的住宅小区工程;

(四)利用外国政府或者国际组织贷款、援助资金的工程;

(五)国家规定必须实行监理的其他工程。

第十三条 建设单位在领取施工许可证或者开工报告前,应当按照国家有关规定办理工程质量监督手续。

第十四条 按照合同约定,由建设单位采购建筑材料、建筑构配件和设备的,建设单位应当保证建筑材料、建筑构配件和设备符合设计文件和合同要求。

建设单位不得明示或者暗示施工单位使用不合格的建筑材料、建筑构配件和设备。

第十五条 涉及建筑主体和承重结构变动的装修工程,建设单位应当在施工前委托原设计单位或者具有相应资质等级的设计单位提出设计方案;没有设计方案的,不得施工。

房屋建筑使用者在装修过程中,不得擅自变动房屋建筑主体和承重结构。

第十六条 建设单位收到建设工程竣工报告后,应当组织设计、施工、工程监理等有关单位进行竣工验收。

建设工程竣工验收应当具备下列条件:

(一)完成建设工程设计和合同约定的各项内容;

(二)有完整的技术档案和施工管理资料;

(三)有工程使用的主要建筑材料、建筑构配件和设备的进场试验报告;

(四)有勘察、设计、施工、工程监理等单位分别签署的质量合格文件;

(五)有施工单位签署的工程保修书。

建设工程经验收合格的,方可交付使用。

第十七条 建设单位应当严格按照国家有关档案管理的规定,及时收集、整理建设项目各环节的文件资料,建立、健全建设项目档案,并在建设工程竣工验收后,及时向建设行政主管部门或者其他有关部门移交建设项目档案。

第三章 勘察、设计单位的质量责任和义务

第十八条 从事建设工程勘察、设计的单位应当依法取得相应等级的资质证书，并在其资质等级许可的范围内承揽工程。

禁止勘察、设计单位超越其资质等级许可的范围或者以其他勘察、设计单位的名义承揽工程。禁止勘察、设计单位允许其他单位或者个人以本单位的名义承揽工程。

勘察、设计单位不得转包或者违法分包所承揽的工程。

第十九条 勘察、设计单位必须按照工程建设强制性标准进行勘察、设计，并对其勘察、设计的质量负责。

注册建筑师、注册结构工程师等注册执业人员应当在设计文件上签字，对设计文件负责。

第二十条 勘察单位提供的地质、测量、水文等勘察成果必须真实、准确。

第二十一条 设计单位应当根据勘察成果文件进行建设工程设计。

设计文件应当符合国家规定的设计深度要求，注明工程合理使用年限。

第二十二条 设计单位在设计文件中选用的建筑材料、建筑构配件和设备，应当注明规格、型号、性能等技术指标，其质量要求必须符合国家规定的标准。

除有特殊要求的建筑材料、专用设备、工艺生产线等外，设计单位不得指定生产厂、供应商。

第二十三条 设计单位应当就审查合格的施工图设计文件向施工单位作出详细说明。

第二十四条 设计单位应当参与建设工程质量事故分析，并对因设计造成的质量事故，提出相应的技术处理方案。

第四章 施工单位的质量责任和义务

第二十五条 施工单位应当依法取得相应等级的资质证书，并在其资质等级许可的范围内承揽工程。

禁止施工单位超越本单位资质等级许可的业务范围或者以其他施工单位的名义承揽工程。禁止施工单位允许其他单位或者个人以本单位的名义承揽工程。

施工单位不得转包或者违法分包工程。

第二十六条 施工单位对建设工程的施工质量负责。

施工单位应当建立质量责任制，确定工程项目的项目经理、技术负责人和施工管理负责人。

建设工程实行总承包的，总承包单位应当对全部建设工程质量负责；建设工程勘察、设计、施工、设备采购的一项或者多项实行总承包的，总承包单位应当对其承包的建设工程或者采购的设备质量负责。

第二十七条 总承包单位依法将建设工程分包给其他单位的，分包单位应当按照分包合同的约定对其分包工程的质量向总承包单位负责，总承包单位与分包单位对分包工程的质量承担连带责任。

第二十八条 施工单位必须按照工程设计图纸和施工技术标准施工，不得擅自修改工程设计，不得偷工减料。

施工单位在施工过程中发现设计文件和图纸有差错的，应当及时提出意见和建议。

第二十九条 施工单位必须按照工程设计要求、施工技术标准和合同约定，对建筑材料、建筑构配件、设备和商品混凝土进行检验，检验应当有书面记录和专人签字；未经检验或者检验不合格的，不得使用。

第三十条 施工单位必须建立、健全施工质量的检验制度，严格工序管理，做好隐蔽工程的质量检查和记录。隐蔽工程在隐蔽前，施工单位应当通知建设单位和建设工程质量监督机构。

第三十一条 施工人员对涉及结构安全的试块、试件以及有关材料，应当在建设单位或者工程监理单位监督下现场取样，并送具有相应资质等级的质量检测单位进行检测。

第三十二条 施工单位对施工中出现质量问题的建设工程或者竣工验收不合格的建设工程，应当负责返修。

第三十三条 施工单位应当建立、健全教育培训制度，加强对职工的教育培训；未经教育培训或者考核不合格的人员，不得上岗作业。

第五章 工程监理单位的质量责任和义务

第三十四条 工程监理单位应当依法取得相应等级的资质证书，并在其资质等级许可的范围内承担工程监理业务。

禁止工程监理单位超越本单位资质等级许可的范围或者以其他工程监理单位的名义承担工程监理业务。禁止工程监理单位允许其他单位或者个人以本单位的名义承担工程监理业务。

工程监理单位不得转让工程监理业务。

第三十五条 工程监理单位与被监理工程的施工承包单位以及建筑材料、建筑构配件和设备供应单位有隶属关系或者其他利害关系的，不得承担该项建设工程的监理业务。

第三十六条 工程监理单位应当依照法律、法规以及有关技术标准、设计文件和建设工程承包合同，代表建设单位对施工质量实施监理，并对施工质量承担监理责任。

第三十七条 工程监理单位应当选派具备相应资格的总监理工程师和监理工程师进驻施工现场。

未经监理工程师签字，建筑材料、建筑构配件和设备不得在工程上使用或者安装，施工单位不得进行下一道工序的施工。未经总监理工程师签字，建设单位不拨付工程款，不进行竣工验收。

第三十八条 监理工程师应当按照工程监理规范的要求，采取旁站、巡视和平行检验等形式，对建设工程实施监理。

第六章 建设工程质量保修

第三十九条 建设工程实行质量保修制度。

建设工程承包单位在向建设单位提交工程竣工验收报告时，应当向建设单位出具质量保修书。质量保修书中应当明确建设工程的保修范围、保修期限和保修责任等。

第四十条 在正常使用条件下，建设工程的最低保修期限为：

（一）基础设施工程、房屋建筑的地基基础工程和主体结构工程，为设计文件规定的该工程的合理使用年限；

（二）屋面防水工程、有防水要求的卫生间、房间和外墙面的防渗漏，为5年；

（三）供热与供冷系统，为2个采暖期、供冷期；

（四）电气管线、给排水管道、设备安装和装修工程，为2年。

其他项目的保修期限由发包方与承包方约定。

建设工程的保修期，自竣工验收合格之日起计算。

第四十一条 建设工程在保修范围和保修期限内发生质量问题的，施工单位应当履行保修义务，并对造成的损失承担赔偿责任。

第四十二条 建设工程在超过合理使用年限后需要继续使用的，产权所有人应当委托具有相应资质等级的勘察、设计单位鉴定，并根据鉴定结果采取加固、维修等措施，重新界定使用期。

第七章 监督管理

第四十三条 国家实行建设工程质量监督管理制度。

国务院建设行政主管部门对全国的建设工程质量实施统一监督管理。国务院铁路、交通、水利等有关部门按照国务院规定的职责分工，负责对全国的有关专业建设工程质量的监督管理。

县级以上地方人民政府建设行政主管部门对本行政区域内的建设工程质量实施监督管理。县级以上地方人民政府交通、水利等有关部门在各自的职责范围内，负责对本行政区域内的专业建设工程质量的监督管理。

第四十四条 国务院建设行政主管部门和国务院铁路、交通、水利等有关部门应当加强对有关建设工程质量的法律、法规和强制性标准执行情况的监督检查。

第四十五条 国务院发展计划部门按照国务院规定的职责，组织稽察特派员，对国家出资的重大建设项目实施监督检查。

国务院经济贸易主管部门按照国务院规定的职责，对国家重大技术改造项目实施监督检查。

第四十六条 建设工程质量监督管理，可以由建设行政主管部门或者其他有关部门委托的建设工程质量监督机构具体实施。

从事房屋建筑工程和市政基础设施工程质量监督的机构，必须按照国家有关规定经国务院建设行政主管部门或者省、自治区、直辖市人民政府建设行政主管部门考核；从事专业建设工程质量监督的机构，必须按照国家有关规定经国务院有关部门或者省、自治区、直辖市人民政府有关部门考核。经考核合格后，方可实施质量监督。

第四十七条 县级以上地方人民政府建设行政主管部门和其他有关部门应当加强对有关建设工程质量的法律、法规和强制性标准执行情况的监督检查。

第四十八条 县级以上人民政府建设行政主管部门和其他有关部门履行监督检查职责时，有权采取下列措施：

（一）要求被检查的单位提供有关工程质量的文件和资料；

（二）进入被检查单位的施工现场进行检查；

（三）发现有影响工程质量的问题时，责令改正。

第四十九条 建设单位应当自建设工程竣工验收合格之日起15日内，将建设工程竣工验收报告和规划、公安消防、环保等部门出具的认可文件或者准许使用文件报建设行政主管部门或者其他有关部门备案。

建设行政主管部门或者其他有关部门发现建设单位在竣工验收过程中有违反国家有关建设卫程质量管理规定行为的，责令停止使用，重新组织竣工验收。

第五十条 有关单位和个人对县级以上人民政府建设行政主管部门和其他有关部门进行的监督检查应当支持与配合，不得拒绝或者阻碍建设工程质量监督检查人员依法执行职务。

第五十一条 供水、供电、供气、公安消防等部门或者单位不得明示或者暗示建设单位、施工单位购买其指定的生产供应单位的建筑材料、建筑构配件和设备。

第五十二条 建设工程发生质量事故，有关单位应当在24小时内向当地建设行政主管部门和其他有关部门报告。对重大质量事故，事故发生地的建设行政主管部门和其他有关部门应当按照事故类别和等级向当地人民政府和上级建设行政主管部门和其他有关部门报告。

特别重大质量事故的调查程序按照国务院有关规定办理。

第五十三条 任何单位和个人对建设工程的质量事故、质量缺陷都有权检举、控告、投诉。

第八章　罚　则

第五十四条 违反本条例规定，建设单位将建设工程发包给不具有相应资质等级的勘察、设计、施工单位或者委托给不具有相应资质等级的工程监理单位的，责令改正，处50万元以上100万元以下的罚款。

第五十五条 违反本条例规定，建设单位将建设工程肢解发包的，责令改正，处工程合同价款百分之零点五以上百分之一以下的罚款；对全部或者部分使用国有资金的项目，并可以暂停项目执行或者暂停资金拨付。

第五十六条 违反本条例规定，建设单位有下列行为之一的，责令改正，处20万元以上50万元以下的罚款：

（一）迫使承包方以低于成本的价格竞标的；

（二）任意压缩合理工期的；

（三）明示或者暗示设计单位或者施工单位违反工程建设强制性标准，降低工程质量的；

（四）施工图设计文件未经审查或者审查不合格，擅自施工的；

（五）建设项目必须实行工程监理而未实行工程监理的；

（六）未按照国家规定办理工程质量监督手续的；

（七）明示或者暗示施工单位使用不合格的建筑材料、建筑构配件和设备的；

（八）未按照国家规定将竣工验收报告、有关认可文件或者准许使用文件报送备案的。

第五十七条 违反本条例规定，建设单位未取得施工许可证或者开工报告未经批准，擅自施工的，责令停止施工，限期改正，处工程合同价款百分之一以上百分之二以下的罚款。

第五十八条 违反本条例规定，建设单位有下列行为之一的，责令改正，处工程合同价

款百分之二以上百分之四以下的罚款;造成损失的,依法承担赔偿责任:

(一)未组织竣工验收,擅自交付使用的;

(二)验收不合格,擅自交付使用的;

(三)对不合格的建设工程按照合格工程验收的。

第五十九条 违反本条例规定,建设工程竣工验收后,建设单位未向建设行政主管部门或者其他有关部门移交建设项目档案的,责令改正,处1万元以上10万元以下的罚款。

第六十条 违反本条例规定,勘察、设计、施工、工程监理单位超越本单位资质等级承揽工程的,责令停止违法行为,对勘察、设计单位或者工程监理单位处合同约定的勘察费、设计费或者监理酬金1倍以上2倍以下的罚款;对施工单位处工程合同价款百分之二以上百分之四以下的罚款,可以责令停业整顿,降低资质等级;情节严重的,吊销资质证书;有违法所得的,予以没收。

未取得资质证书承揽工程的,予以取缔,依照前款规定处以罚款;有违法所得的,予以没收。

以欺骗手段取得资质证书承揽工程的,吊销资质证书,依照本条第一款规定处以罚款;有违法所得的,予以没收。

第六十一条 违反本条例规定,勘察、设计、施工、工程监理单位允许其他单位或者个人以本单位名义承揽工程的,责令改正,没收违法所得,对勘察、设计单位和工程监理单位处合同约定的勘察费、设计费和监理酬金1倍以上2倍以下的罚款;对施工单位处工程合同价款百分之二以上百分之四以下的罚款;可以责令停业整顿,降低资质等级;情节严重的,吊销资质证书。

第六十二条 违反本条例规定,承包单位将承包的工程转包或者违法分包的,责令改正,没收违法所得,对勘察、设计单位处合同约定的勘察费、设计费百分之二十五以上百分之五十以下的罚款;对施工单位处工程合同价款百分之零点五以上百分之一以下的罚款;可以责令停业整顿,降低资质等级;情节严重的,吊销资质证书。

工程监理单位转让工程监理业务的,责令改正,没收违法所得,处合同约定的监理酬金百分之二十五以上百分之五十以下的罚款;可以责令停业整顿,降低资质等级;情节严重的,吊销资质证书。

第六十三条 违反本条例规定,有下列行为之一的,责令改正,处10万元以上30万元以下的罚款:

(一)勘察单位未按照工程建设强制性标准进行勘察的;

(二)设计单位未根据勘察成果文件进行工程设计的;

(三)设计单位指定建筑材料、建筑构配件的生产厂、供应商的;

(四)设计单位未按照工程建设强制性标准进行设计的。

有前款所列行为,造成工程质量事故的,责令停业整顿,降低资质等级;情节严重的,吊销资质证书;造成损失的,依法承担赔偿责任。

第六十四条 违反本条例规定,施工单位在施工中偷工减料的,使用不合格的建筑材料、建筑构配件和设备的,或者有不按照工程设计图纸或者施工技术标准施工的其他行为的,责令改正,处工程合同价款百分之二以上百分之四以下的罚款;造成建设工程质量不符合规定的质量标准的,负责返工、修理,并赔偿因此造成的损失;情节严重的,责令停业整顿,降低资质等级或者吊销资质证书。

第六十五条 违反本条例规定，施工单位未对建筑材料、建筑构配件、设备和商品混凝土进行检验，或者未对涉及结构安全的试块、试件以及有关材料取样检测的，责令改正，处10万元以上20万元以下的罚款；情节严重的，责令停业整顿，降低资质等级或者吊销资质证书；造成损失的，依法承担赔偿责任。

第六十六条 违反本条例规定，施工单位不履行保修义务或者拖延履行保修义务的，责令改正，处10万元以上20万元以下的罚款，并对在保修期内因质量缺陷造成的损失承担赔偿责任。

第六十七条 工程监理单位有下列行为之一的，责令改正，处50万元以上100万元以下的罚款，降低资质等级或者吊销资质证书；有违法所得的，予以没收；造成损失的，承担连带赔偿责任：

（一）与建设单位或者施工单位串通，弄虚作假、降低工程质量的；

（二）将不合格的建设工程、建筑材料、建筑构配件和设备按照合格签字的。

第六十八条 违反本条例规定，工程监理单位与被监理工程的施工承包单位以及建筑材料、建筑构配件和设备供应单位有隶属关系或者其他利害关系承担该项建设工程的监理业务的，责令改正，处5万元以上10万元以下的罚款，降低资质等级或者吊销资质证书；有违法所得的，予以没收。

第六十九条 违反本条例规定，涉及建筑主体或者承重结构变动的装修工程，没有设计方案擅自施工的，责令改正，处50万元以上100万元以下的罚款；房屋建筑使用者在装修过程中擅自变动房屋建筑主体和承重结构的，责令改正，处5万元以上10万元以下的罚款。

有前款所列行为，造成损失的，依法承担赔偿责任。

第七十条 发生重大工程质量事故隐瞒不报、谎报或者拖延报告期限的，对直接负责的主管人员和其他责任人员依法给予行政处分。

第七十一条 违反本条例规定，供水、供电、供气、公安消防等部门或者单位明示或者暗示建设单位或者施工单位购买其指定的生产供应单位的建筑材料、建筑构配件和设备的，责令改正。

第七十二条 违反本条例规定，注册建筑师、注册结构工程师、监理工程师等注册执业人员因过错造成质量事故的，责令停止执业1年；造成重大质量事故的，吊销执业资格证书的，5年以内不予注册；情节特别恶劣的，终身不予注册。

第七十三条 依照本条例规定，给予单位罚款处罚的，对单位直接负责的主管人员和其他直接责任人员处单位罚款数额百分之五以上百分之十以下的罚款。

第七十四条 建设单位、设计单位、施工单位、工程监理单位违反国家规定，降低工程质量标准，造成重大安全事故，构成犯罪的，对直接责任人员依法追究刑事责任。

第七十五条 本条例规定的责令停业整顿，降低资质等级和吊销资质证书的行政处罚，由颁发资质证书的机关决定；其他行政处罚，由建设行政主管部门或者其他有关部门依照法定职权决定。

依照本条例规定被吊销资质证书的，由工商行政管理部门吊销其营业执照。

第七十六条 国家机关工作人员在建设工程质量监督管理工作中玩忽职守、滥用职权、徇私舞弊，构成犯罪的，依法追究刑事责任；尚不构成犯罪的，依法给予行政处分。

第七十七条 建设、勘察、设计、施工、工程监理单位的工作人员因调动工作、退休等原因离开该单位后,被发现在该单位工作期间违反国家有关建设工程质量管理规定,造成重大工程质量事故的,仍应当依法追究法律责任。

第九章 附 则

第七十八条 本条例所称肢解发包,是指建设单位将应当由一个承包单位完成的建设工程分解成若干部分发包给不同的承包单位的行为。

本条例所称违法分包,是指下列行为:

(一)总承包单位将建设工程分包给不具备相应资质条件的单位的;

(二)建设工程总承包合同中未有约定,又未经建设单位认可,承包单位将其承包的部分建设工程交由其他单位完成的;

(三)施工总承包单位将建设工程主体结构的施工分包给其他单位的;

(四)分包单位将其承包的建设工程再分包的。

本条例所称转包,是指承包单位承包建设工程后,不履行合同约定的责任和义务,将其承包的全部建设工程转给他人或者将其承包的全部建设工程肢解以后以分包的名义分别转给其他单位承包的行为。

第七十九条 本条例规定的罚款和没收的违法所得,必须全部上缴国库。

第八十条 抢险救灾及其他临时性房屋建筑和农民自建低层住宅的建设活动,不适用本条例。

第八十一条 军事建设工程的管理,按照中央军事委员会的有关规定执行。

第八十二条 本条例自发布之日起施行。

附: 刑法有关条款

第一百三十七条 建设单位、设计单位、施工单位、工程监理单位违反国家规定,降低工程质量标准,造成重大安全事故的,对直接责任人员处五年以下有期徒刑或者拘役,并处罚金,后果特别严重的,处五年以上十年以下有期徒刑,并处罚金。

[附件三十一]

建设部文件

建建[2000]211号

关于印发《房屋建筑工程和市政基础设施工程实行见证取样和送检的规定》的通知

各省、自治区、直辖市建委(建设厅),各计划单列市建委,新疆生产建设兵团:

为贯彻《建设工程质量管理条例》,规范房屋建筑工程和市政基础设施工程中涉及结构安全的试块、试件和材料的见证取样和送检工作,保证工程质量,现将《房屋建筑工程和市政基础设施工程实行见证取样和送检的规定》印发给你们，请结合实际认真贯彻执行。

二〇〇〇年九月二十六日

房屋建筑工程和市政基础设施工程实行见证取样和送检的规定

第一条 为规范房屋建筑工程和市政基础设施工程中涉及结构安全的试块、试件和材料的见证取样和送检工作，保证工程质量，根据《建设工程质量管理条例》，制定本规定。

第二条 凡从事房屋建筑工程和市政基础设施工程的新建、扩建、改建等有关活动，应当遵守本规定。

第三条 本规定所称见证取样和送检是指在建设单位或工程监理单位人员的见证下、由施工单位的现场试验人员对工程中涉及结构安全的试块、试件和材料在现场取样，并送至经过省级以上建设行政主管部门对其资质认可和质量技术监督部门对其计量认证的质量检测单位（以下简称“检测单位”）进行检测。

第四条 国务院建设行政主管部门对全国房屋建筑工程和市政基础设施工程的见证取样和送检工作实施统一监督管理。

县级以上地方人民政府建设行政主管部门对本行政区域内的房屋建筑工程和市政基础设施工程的见证取样和送检工作实施监督管理。

第五条 涉及结构安全的试块、试件和材料见证取样和送检的比例不得低于有关技术标准中规定应取样数量的30%。

第六条 下列试块、试件和材料必须实施见证取样和送检：

（一）用于承重结构的混凝土试块；

（二）用于承重墙体的砌筑砂浆试块；

（三）用于承重结构的钢筋及连接接头试件；

（四）用于承重墙的砖和混凝土小型砌块；

（五）用于拌制混凝土和砌筑砂浆的水泥；

（六）用于承重结构的混凝土中使用的掺加剂；

（七）地下、屋面的厕浴间使用的防水材料；

（八）国家规定必须实行见证取样和送检的其他试块、试件和材料。

第七条 见证人员应由建设单位或该工程的监理单位具备建筑施工试验知识的专业技术人员担任，并应由建设单位或该工程的监理单位书面通知施工单位、检测单位和负责该项工程的质量监督机构。

第八条 在施工过程中，见证人员应按照见证取样和送检计划，对施工现场的取样和送检进行见证，取样人员应在试样或其包装上作出标识、封志。标识和封志应标明工程名称、取样部位、取样日期、样品名称和样品数量，并由见证人员和取样人员签字。见证人员应制作见证记录，并将见证记录归入施工技术档案。

见证人员和取样人员应对试样的代表性和真实性负责。

第九条 见证取样的试块、试件和材料送检时，应由送检单位填写委托单，委托单应有见证人员和送检人员签字。检测单位应检查委托单及试样上的标识和封志、确认无误后方可进行检测。

第十条 检测单位应严格按照有关管理规定和技术标准进行检测，出具公证、真实、准确的检测报告。见证取样和送检的检测报告必须加盖见证取样检测的专用章。

第十一条 本规定由国务院建设行政主管部门负责解释。

第十二条 本规定自发布之日起施行。

[附件三十二]

建设工程质量保证金管理暂行办法

（2005年1月12日 建质[2005]7号）

第一条 为规范建设工程质量保证金（保修金）管理，落实工程在缺陷责任期内的维修责任，根据《中华人民共和国建筑法》、《建设工程质量管理条例》、《建设工程价款结算暂行办法》和《基本建设财务管理规定》等相关规定，制定本办法。

第二条 本办法所称建设工程质量保证金（保修金）（以下简称保证金）是指发包人与承包人在建设工程承包合同中约定，从应付的工程款中预留，用以保证承包人在缺陷责任期内对建设工程出现的缺陷进行维修的资金。

缺陷是指建设工程质量不符合工程建设强制性标准、设计文件，以及承包合同的约定。

缺陷责任期一般为六个月、十二个月或二十四个月，具体可由发、承包双方在合同中约定。

第三条 发包人应当在招标文件中明确保证金预留、返还等内容，并与承包人在合同条款中对涉及保证金的下列事项进行约定：

（一）保证金预留、返还方式；

（二）保证金预留比例、期限；

（三）保证金是否计付利息，如计付利息，利息的计算方式；

（四）缺陷责任期的期限及计算方式；

（五）保证金预留、返还及工程维修质量、费用等争议的处理程序；

（六）缺陷责任期内出现缺陷的索赔方式。

第四条 缺陷责任期内，实行国库集中支付的政府投资项目，保证金的管理应按国库集中支付的有关规定执行。其他政府投资项目，保证金可以预留在财政部门或发包方。缺陷责任期内，如发包方被撤销，保证金随交付使用资产一并移交使用单位管理，由使用单位代行发包人职责。

社会投资项目采用预留保证金方式的，发、承包双方可以约定将保证金交由金融机构托管；采用工程质量保证担保、工程质量保险等其他保证方式的，发包人不得再预留保证金，并按照有关规定执行。

第五条 缺陷责任期从工程通过竣(交)工验收之日起计。由于承包人原因导致工程无法按规定期限进行竣(交)工验收的,缺陷责任期从实际通过竣(交)工验收之日起计。由于发包人原因导致工程无法按规定期限进行竣(交)工验收的,在承包人提交竣(交)工验收报告90天后,工程自动进入缺陷责任期。

第六条 建设工程竣工结算后,发包人应按照合同约定及时向承包人支付工程结算价款并预留保证金。

第七条 全部或者部分使用政府投资的建设项目,按工程价款结算总额5%左右的比例预留保证金。

社会投资项目采用预留保证金方式的,预留保证金的比例可参照执行。

第八条 缺陷责任期内,由承包人原因造成的缺陷,承包人应负责维修,并承担鉴定及维修费用。如承包人不维修也不承担费用,发包人可按合同约定扣除保证金,并由承包人承担违约责任。承包人维修并承担相应费用后,不免除对工程的一般损失赔偿责任。

由他人原因造成的缺陷,发包人负责组织维修,承包人不承担费用,且发包人不得从保证金中扣除费用。

第九条 缺陷责任期内,承包人认真履行合同约定的责任,到期后,承包人向发包人申请返还保证金。

第十条 发包人在接到承包人返还保证金申请后,应于14日内会同承包人按照合同约定的内容进行核实。如无异议,发包人应当在核实后14日内将保证金返还给承包人,逾期支付的,从逾期之日起,按照同期银行贷款利率计付利息,并承担违约责任。发包人在接到承包人返还保证金申请后14日内不予答复,经催告后14日内仍不予答复,视同认可承包人的返还保证金申请。

第十一条 发包人和承包人对保证金预留、返还以及工程维修质量、费用有争议,按承包合同约定的争议和纠纷解决程序处理。

第十二条 建设工程实行工程总承包的,总承包单位与分包单位有关保证金的权利与义务的约定,参照本办法中发包人与承包人相应的权利与义务的约定执行。

第十三条 本办法由建设部、财政部负责解释。

第十四条 本办法自公布之日起施行。

10　项目职业健康安全与环境管理

10.1　项目职业健康安全管理

10.1.1　项目职业健康安全管理概述

现代建设工程生产是通过有组织的施工生产活动在特定的空间,由人、财、物的动态组合,构成一个惟一的产品。建设工程的特性除了唯一性外,还有生产周期长,涉及范围广、劳动人员多、技术复杂、工序繁多、工种交叉,还受到周围社会环境和自然环境的影响,加之建筑产品本来就具有的产品固定而生产人员流动的特点,使得职业健康安全工作更为复杂和困难。因此,职业健康安全研究已成为一项多学科的工程科学。

职业健康安全的目的是在生产活动中,通过职业健康安全生产的管理活动,进行对影响生产的具体因素的状态控制,使生产因素中的不安全行为和状态减少或消除,并不引发事故,以保证生产活动中人员的健康和安全。目前,所提及的安全管理一般均泛指职业健康安全管理。

我国提出了"三个同时"和"四不放过"的原则。"三个同时"是指安全生产与经济建设、企业深化改革、技术改革要同步策划、同步发展、同步实施。"四不放过"是指对于安全事故的处理必须坚持事故原因分析不清不放过,员工和事故责任者受不到教育不放过,事故隐患不整改不放过,事故责任人不处理不放过。

职业健康安全管理必须建立管理体系,职业健康安全管理体系是企业的总体管理体系的一部分。目前各个企业建立职业健康安全管理体系,一般均采用我国作为推荐性标准的职业健康安全管理体系标准 GB/T 28000。该标准覆盖了国际上的 OHSAS 18000 体系标准,因此有利于与国际接轨。

我国的职业健康安全体系的主要结构如下:

——《职业健康安全管理体系　规范》GB/T 28001－2001;

——《职业健康安全管理体系　指南》GB/T 28002－2002。

"安全"是指免除了不可接受的损害风险的状态。建设工程施工在大部分情况下都存在着风险,要消灭所有的风险,使人们在毫无风险的情况下工作,有时是不符合实际的,因此要区分不可接受的风险和可接受的风险。所谓不可接受的风险是指,超出了法规的要求;超出了组织的方针、目标和规定的其他要求,超出了人们普遍接受程度(通常是隐含的)的要求。例如,航空事故一直在发生,经常造成人员伤亡和资产损失,有时甚至是非常巨大的,这就是航空风险,而且由于飞行的条件限制,飞机的安全系数不能无限度的加大,加之不可预知的气象等因素,航空风险始终存在。但随着科技的进步,飞机安全性能的提高,相对于航空交通的总流量、总人次和人们对航空的需求来说,风险的损失还是较少的,是社会和人们可以接受的,因此普遍认为航空运输是安全的。

"风险"是某一特定危险情况发生的可能性和后果的组合,是一种可预见的危险情况发生的概率及其后果的严重程度两项指标的总体反映;也是对危险情况的一种综合性描述。对于风险要进行评价。评价包括评定风险的大小及确定风险是否可允许的过程。评价所确定的不可接受的风险要根据组织的法律义务和职业健康方针,采取措施,降至组织可接受的可允许的风险。此外,在项目实施过程中还要对风险进行控制。

"事件"是导致或可能导致事故的情况。对于未导致事故发生的情况,在建筑业通常称为险肇事故。

"事故"是造成死亡、疾病、伤害、损坏或其他损失的意外情况,对于事故要贯彻四不放过的原则。

"职业健康安全"是指影响工作场所内员工、临时工作人员、合同方人员、访问者和其他人员健康和安全的条件和因素。职业健康安全这个定义也包含了职业健康安全管理的范围,即只限于上述的人员。在GB/T 28001的范围中也指出"标准针对的是职业健康安全,而非产品和服务安全"。

"危险源"是可能导致伤害或疾病、财产损失、工作环境破坏或这些情况组合的根源或状态。

"相关方"是与组织有关的职业健康安全绩效有关的或受其影响的个人或团体。相关方包括合同方人员和访问者。

"组织"是职责、权限和相互关系得到安排的一组人员及设施。

【注】 对于拥有一个以上运行单位的组织,可以把一个单独的运行单位视为一个组织。

10.1.2 职业健康安全管理的方针

我国的职业健康的安全方针是"安全第一,预防为主"。方针强调在生产中做好职业健康安全管理工作,尽可能地把事故消灭在萌芽状态之中。

1. 安全生产的重要性

生产过程中的职业健康安全是贯彻以人为本的思想的需要,是社会主义社会的性质所决定的,因此是国家的重要政策,也是社会进步和生产发展的需要。

2. 安全与生产的辩证关系

在建设工程实施中,安全和生产是不可分离的、相互联系的两项工作。必须用对立统一的观点来处理两者的关系。特别是在生产越忙的情况下,越是要重视安全。经常发生由于强调没有时间而忽视了安全,结果发生了安全事故,其延误的时间远远超过当初需要采取安全措施的必要时间。生产固然是硬指标,但安全是企业生产的前提保障,是企业的名誉,是企业的招牌。一旦安全出现问题企业将会承受名誉的损失,还会受到政策的处分,例如停止投标资格等,对企业的损失同样是惨重的。

3. 安全生产以预防为主的原则

安全生产工作以预防为主的方针是以人为本的思想的表现,也是建筑工程生产的复杂性导致的必然结果。只有在施工前详细进行危险源的识别和评定,采取充分的措施,并进行控制,才有可能实现事前确定的目标。因此提出安全生产工作以预防为主是非常必要的。

10.1.3 安全生产的法律法规和管理制度

安全生产的法律法规通常分为国家法律、行政法规、部门规章、工程建设标准以及国际公约。

此处所指的法律是狭义的法律,是指全国人大及其常务委员会制定的规范性文件,在全国范围内施行,其地位和效力仅次于宪法。涉及建设的法律主要有《建筑法》、《安全生产法》、《劳动法》、《刑法》、《消防法》、《环境保护法》及相关的法律。

行政法规是指由国务院制定的法律法规文件,颁布后在全国范围内施行。涉用建设的行政法规主要有《建筑工程安全生产管理条例》、《安全生产许可证条例》、《企业职工伤亡事故报告和处理规定》和《特别重大事故调查程序暂行规定》等。

部门规章由于制定机关的不同可分为两类。一类是由国务院组成部门及直属机构在它们的职权范围内制定的规范性文件;另一类是由地方政府依照法定程序制定的规范性文件。规章只在各自的权限范围内施行。

工程建设标准包括国家标准、行业标准、地方标准和企业标准。国家标准是指,国务院标准化行政主管部门或其他有关主管部门对需要在全国范围内统一的技术标准要求制定的技术规范。行业标准是指,国务院有关部门对没有国家标准而又需要在全国某个范围内统一的技术要求所制定的技术规范。地方标准是指地方根据实际情况制定的技术规范,只在该地方使用。企业标准是指企业为了提高信誉,自行制定的技术标准,企业标准较之其他标准更为严格,只在企业中使用。

国际公约是指,我国作为国际法主体同外国缔造的双边、多边协议,以及其他具有条约、协议性质的文件。《建筑业安全卫生公约》就是其中的一个。1988 年国际劳工组织大会就以前发表的公约和建议书及会议所提出的某些建议,通过了建筑业安全和卫生公约。条文规定承认该公约的各会员国应在所涉及的安全和卫生危害做出评估的基础上,制定法律或条例并使其生效,以保证公约各项规定的实施。并且要求保证雇主和工人之间的合作,以促进建筑工地的安全和卫生。我国于 2001 年由全国人大常务委员会通过,成为国际上实施 167 号公约的第 15 个国家。

10.1.4 《建设工程安全生产管理条例》的主要内容

该条例紧密结合建设工程安全生产的特点和实际,对建设、勘察、设计、监理、施工各单位和其他有关单位的安全责任,也规定了政府部门对建设工程安全生产实施监督管理的责任。条例确立了一系列建设工程安全生产管理制度。其中,涉及政府部门的安全生产监管制度有七项,即:建设工程和拆除工程备案制度、三类人员考核任职制度,特种作业人员持证上岗制度,施工起重机械使用登记制度,政府安全监督检查制度、危及施工安全工艺、设备、材料淘汰制度,生产安全事故报告制度。涉及施工企业的安全生产制度有六项,即:安全生产责任制度,安全生产教育培训制度,专项施工方案专家论证审查制度,施工现场消防安全责任制度,意外伤害保险制度和生产安全事故应急救援制度。同时,对建设领域目前实施的市场准入制度中施工企业资质和施工许可制度,做了补充和完善。

条例中有关制度的主要要求如下:

1. 政府安全监督检查制度

依据《建筑安全生产监督管理规定》(中华人民共和国建设部1991年第13号文件)的内容,建筑安全生产监督管理是指各级人民政府、建设行政主管部门及其授权的建筑安全生产监督机构,对于建筑安全生产所实施的行业监督管理。凡从事房屋建筑、土木工程、设备安装、管线敷设等施工和构配件生产活动的单位及个人,都必须接受建设行政主管部门及其授权的建筑安全生产监督机构的行业监督管理,并依法接受国家安全监察。

建筑安全生产监督管理根据"管生产必须管安全"的原则,贯彻"预防为主"的方针,依靠科学管理和技术进步,推动建筑安全生产工作的开展,控制人身伤亡事故的发生。

《建设工程安全生产管理条例》第五章"监督管理"对建设工程安全生产的监督管理又做了新的明确规定。其主要内容如下:

(1)政府安全监督检查的管理体制。

1)国务院负责安全生产监督管理的部门依照《中华人民共和国安全生产法》的规定,对全国建设工程安全生产工作实施综合监督管理。

2)县级以上地方人民政府负责安全生产监督管理的部门依照《中华人民共和国安全生产法》的规定,对本行政区域内建设工程安全生产工作实施综合监督管理。

3)国务院建设行政主管部门对全国的建设工程安全生产实施监督管理。国务院铁路、交通、水利等有关部门按照国务院规定的职责分工,负责有关专业建设工程安全生产的监督管理。

4)县级以上地方人民政府建设行政主管部门对本行政区域内的建设工程安全生产实施监督管理。县级以上地方人民政府交通、水利等有关部门在各自的职责范围内,负责本行政区域内的专业建设工程安全生产的监督管理。

(2)政府安全监督检查的职责与权限。

1)建设行政主管部门和其他有关部门应当将依法批准开工的建设工程和拆除工程的有关备案资料的主要内容抄送同级负责安全生产监督管理的部门。

2)建设行政主管部门在审核发放施工许可证时,应当对建设工程是否有安全施工措施进行审查,对没有安全施工措施的,不得颁发施工许可证。

3)建设行政主管部门或者其他有关部门对建设工程是否有安全施工措施进行审查时,不得收取费用。

4)县级以上人民政府负有建设工程安全生产监督管理职责的部门在各自的职责范围内履行安全监督检查职责时,有权采取下列措施:

①要求被检查单位提供有关建设工程安全生产的文件和资料;

②进入被检查单位施工现场进行检查;

③纠正施工中违反安全生产要求的行为;

④对检查中发现的安全事故隐患,责令立即排除;重大安全事故隐患排除前或者排除过程中无法保证安全的,责令从危险区域内撤出作业人员或者暂时停止施工。

5)建设行政主管部门或者其他有关部门可以将施工现场的监督检查委托给建设工程安全监督机构具体实施。

6)国家对严重危及施工安全的工艺、设备、材料实行淘汰制度,具体目录由国务院建设行政主管部门会同国务院其他有关部门制定并公布。

7)县级以上人民政府建设行政主管部门和其他有关部门应当及时受理对建设工程生产安全事故及安全事故隐患的检举、控告和投诉。

县级以上人民政府负有建设工程安全生产监督管理职责的部门，在各自的职责范围内履行安全监督检查职责时，有权纠正施工中违反安全生产要求的行为，责令立即排除检查中发现的安全事故隐患，对重大隐患可以责令暂时停止施工。建设行政主管部门或者其他有关部门可以将施工现场的安全监督检查委托给建设工程安全监督机构具体实施。

2. 专项施工方案专家论证审查制度

依据《建设工程安全生产管理条例》第二十六条的规定："施工单位应当在施工组织设计中编制安全技术措施和施工现场临时用电方案，对下列达到一定规模的危险性较大的分部分项工程编制专项施工方案，并附具安全验算结果，经施工单位技术负责人、总监理工程师签字后实施，由专职安全生产管理人员进行现场监督。安全监督内容包括：基坑支护与降水工程，土方开挖工程，模板工程，起重吊装工程，脚手架工程，拆除、爆破工程，国务院建设行政主管部门或者其他有关部门规定的其他危险性较大的工程。

对前款所列工程中涉及深基坑、地下暗挖工程、高大模板工程的专项施工方案，施工单位还应当组织专家进行论证、审查。

3. 施工起重机械使用登记制度

《建设工程安全生产管理条例》第三十五条规定："施工单位应当自施工起重机械和整体提升脚手架、模板等自升式架设设施验收合格之日起30日内，向建设行政主管部门或者其他有关部门登记。登记标志应当置于或者附着于该设备的显著位置。"该条内容规定了施工起重机械使用时必须进行登记的管理制度。

施工起重机械在验收合格之日起30日内，施工单位应当向建设行政主管部门或者其他有关部门登记。这是对施工起重机械的使用进行监督和管理的一项重要制度，能够有效防止非法设计、非法制造、非法安装的机械和设施投入使用；同时，还可以使建设行政主管部门或者其他有关部门及时、全面了解和掌握施工起重机械和整体提升脚手架、模板等自升式架设设施的使用情况，以利于监督管理。

进行登记应当提交施工起重机械有关资料，包括：

(1)生产方面的资料，如设计文件、制造质量证明书、监督检验证书、使用说明书、安装证明等；

(2)使用的有关情况资料，如施工单位对于这些机械和设施的管理制度和措施、使用情况、作业人员的情况等。

建设行政主管部门或者其他有关部门应当对登记的施工起重机械建立相关档案，并及时更新，切实将施工起重机械的使用置于政府的监督之下，从而减少生产安全事故的发生。

施工单位应当将登记标志置于或者附着于该设备的显著位置。由于施工起重机械的情况不同，施工单位掌握的原则就是登记标志是证明该设备已经政府有关部门进行了登记，是合法使用的，所以应将标志置于或者附着于设备上一般情况下都能够看到的地方，也便于使用者的监督，保证施工起重机械的安全使用。

4. 危及施工安全工艺、设备、材料的淘汰制度

《建设工程安全生产管理条例》第四十五条规定："国家对严重危及施工安全的工艺、设

备、材料实行淘汰制度。具体目录由我部会同国务院其他有关部门制定并公布。”本条是关于对严重危及施工安全的工艺、设备、材料实行淘汰制度的规定。

严重危及施工安全的工艺、设备、材料是指不符合生产安全要求，极有可能导致生产安全事故发生，致使人民生命和财产遭受重大损失的工艺、设备和材料。工艺、设备和材料在建设活动中属于物的因素，相对于人的因素来说，这种因素对安全生产的影响是一种“硬约束”，即只要使用了严重危及施工安全的工艺、设备和材料，即使安全管理措施再严格，人的作用发挥的再充分，也仍然难以避免安全生产事故的产生。因此，工艺、设备和材料与建设施工安全息息相关。为了保障人民群众生命和财产安全，本条明确规定，国家对严重危及施工安全的工艺、设备和材料实行淘汰制度。这一方面有利于保障安全生产，另一方面也体现了优胜劣汰的市场经济规律，有利于提高生产经营单位的工艺水平，促进设备更新。

根据本条的规定，对严重危及施工安全的工艺、设备和材料，实行淘汰制度，需要国务院建设行政主管部门会同国务院其他有关部门确定哪些是严重危及施工安全的工艺、设备和材料，并且以明示的方法予以公布。

对于已经公布的严重危及施工安全的工艺、设备和材料，建设单位和施工单位都应当严格遵守和执行，不得继续使用此类工艺和设备，也不得转让他人使用。

5. 生产安全事故报告制度

《建设工程安全生产管理条例》第五十条对建设工程生产安全事故报告制度的规定为：“施工单位发生生产安全事故，应当按照国家有关伤亡事故报告和调查处理的规定，及时、如实地向负责安全生产监督管理的部门、建设行政主管部门或者其他有关部门报告；特种设备发生事故的，还应当同时向特种设备安全监督管理部门报告。接到报告的部门应当按照国家有关规定，如实上报。”

条文规定一旦发生安全事故，及时报告有关部门是及时组织抢救的基础，也是认真进行调查分清责任的基础。因此，施工单位在发生安全事故时，不能隐瞒事故情况。

对于生产安全事故报告制度，我国《安全生产法》、《建筑法》、《企业职工伤亡事故报告和处理规定》等对生产安全事故报告作了相应的规定。同时，《特别重大事故调查程序暂行规定》(1989 年国务院令第 34 号)和《工程建设重大事故报告和调查程序规定》(1989 年建设部令第 3 号)也对生产安全事故作了相应的规定。譬如，《安全生产法》第七十条规定：“生产经营单位发生生产安全事故后，事故现场有关人员应当立即报告本单位负责人。”“单位负责人接到事故报告后，应当迅速采取有效措施，组织抢救，防止事故扩大，减少人员伤亡和财产损失，并按照国家有关规定立即如实报告当地负有安全生产监督管理职责的部门，不得隐瞒不报、谎报或者拖延不报，不得故意破坏事故现场、毁灭有关证据。”《建筑法》第五十一条规定：“施工中发生事故时，建筑施工企业应当采取紧急措施减少人员伤亡和事故损失，并按照国家有关规定及时向有关部门报告。”《企业职工伤亡事故报告和处理规定》第五条规定：“伤亡事故发生后，负伤者或者事故现场有关人员应当立即直接或者逐级报告企业负责人。”第六条规定：“企业负责人接到重伤、死亡、重大死亡事故报告后，应当立即报告企业主管部门和企业所在地劳动部门、公安部门、人民检察院、工会。”第七条规定：“企业主管部门和劳动部门接到死亡、重大死亡事故报告后，应当立即按系统逐级上报；死亡事故报至省、自治区、直辖市企业主管部门和劳动部门；重大死亡事故报至国务院有关主管部门、劳动部门。”

根据本条的规定，施工单位发生生产安全事故，应当按照国家有关伤亡事故报告和调查处理的规定，及时、如实地向负责安全生产监督管理的部门、建设行政主管部门或者其他有关部门报告。负责安全生产监督管理的部门对全国的安全生产工作负有综合监督管理的职能，因此这些部门必须了解企业事故的情况。同时，有关调查处理的工作也需要由其来组织，所以施工单位应当向负责安全生产监督管理的部门报告事故情况。建设行政主管部门是建设安全生产的监督管理部门，对建设安全生产实行的是统一的监督管理，因此，各个行业的建设施工中出现了安全事故，都应当向建设行政主管部门报告。对于专业工程的施工中出现生产安全事故的，由于有关的专业主管部门也承担着对建设安全生产的监督管理职能，因此，专业工程出现安全事故，还需要向有关行业主管部门报告。

根据《特种设备安全监察条例》第六十二条："特种设备发生事故，事故发生单位应当迅速采取有效措施，组织抢救，防止事故扩大，减少人员伤亡和财产损失，并按照国家有关规定，及时、如实地向负有安全生产监督管理职责的部门和特种设备安全监督管理部门等有关部门报告，不得隐瞒不报、谎报或者拖延不报。"条例规定在特种设备发生事故时，应当同时向特种设备安全监督管理部门报告。这是因为特种设备的事故救援和调查处理专业性、技术性更强，因此，由特种设备安全监督部门组织有关救援和调查处理更方便一些。

《建设工程安全生产管理条例》还规定了实行施工总承包的施工单位发生安全事故时的报告义务主体。本条例第二十四条规定："建设工程实行施工总承包的，由总承包单位对施工现场的安全生产负总责。"因此，一旦发生安全事故，施工总承包单位应当负起及时报告的义务。

安全生产事故报告程序如下：

(1)依据《企业职工伤亡事故报告和处理规定》的规定，生产安全事故报告制度为：

1)伤亡事故发生后，负伤者或者事故现场有关人员应当立即直接或者逐级报告企业负责人。

2)企业负责人接到重伤、死亡、重大死亡事故报告后，应当立即报告企业主管部门和企业所在地劳动部门、公安部门、人民检察院、工会。

3)企业主管部门和劳动部门接到死亡、重大死亡事故报告后，应当立即按系统逐级上报；死亡事故报至省、自治区、直辖市企业主管部门和劳动部门；重大死亡事故报至国务院有关主管部门、劳动部门。

4)发生死亡、重大死亡事故的企业应当保护事故现场，并迅速采取必要措施抢救人员和财产，防止事故扩大。

(2)依据《工程建设重大事故报告和调查程序规定》的规定，工程建设重大事故的报告制度为：

1)重大事故发生后，事故发生单位必须以最快方式，将事故的简要情况向上级主管部门和事故发生地的市、县级建设行政主管部门、检察部门及劳动(如有人身伤亡)部门报告；事故发生单位属于国务院部委的，应同时向国务院有关主管部门报告。

2)事故发生地的市、县级建设行政主管部门接到报告后，应当立即向当地人民政府和省、自治区、直辖市建设行政主管部门报告；省、自治区、直辖市建设行政主管部门接到报告后，应当立即向人民政府和建设部报告。

3)重大事故发生后，事故发生单位应当在 24 小时内写出书面报告，按所列程序和部门逐级上报。

4)重大事故书面报告应当包括以下内容：

①事故发生的时间、地点、工程项目、企业名称；

②事故发生的简要经过、伤亡人数和直接经济损失的初步估计；

③事故发生原因的初步判断；

④事故发生后采取的措施及事故控制情况；

⑤事故报告单位。

(3)依据《特别重大事故调查程序暂行规定》的规定，对于建设工程特别重大事故的报告要求如下：

1)特大事故发生单位在事故发生后，必须做到：

①立即将所发生特大事故的情况，报告上级归口管理部门和所在地地方人民政府，并报告所在地的省、自治区、直辖市人民政府和国务院归口的管理部门。

②在24小时内写出事故报告，报上述所列部门。

2)涉及军民两个方面的特大事故，特大事故发生单位在事故发生后，必须立即将所发生特大事故的情况报告当地警备司令部或最高军事机关，并应当在24小时内写出事故报告，报上述单位。

3)省、自治区、直辖市人民政府和国务院归口管理部门，接到特大事故报告后，应当立即向国务院作出报告。

4)特大事故报告应当包括的内容同“重大事故书面报告应当包括的内容”。

10.1.5 安全生产许可证制度

国务院在2004年颁布了《安全生产许可证条例》(国务院第397号令)。该条例规定国家对建筑施工企业实施安全生产许可证制度，其目的是为了严格规范安全生产条件，进一步加强安全生产的监督管理，防止和减少安全事故的发生。建筑企业未取得安全生产许可证的，不得从事建筑工程生产活动。

安全生产许可证的颁发和管理工作，由国务院建设主管部门负责中央管理的建筑生产企业安全生产许可证的颁发和管理工作；其他企业由省、市、自治区、直辖市的人民政府建设主管部门进行颁发和管理，并接受国务院建设主管部门的指导和监督。

企业取得安全生产许可证，应当具备下列安全生产条件：

(1)建立、健全安全生产责任制，制定完备的安全生产规章制度和操作规程；

(2)安全投入符合生产要求；

(3)设置安全生产管理机构，配备专职安全生产管理人员；

(4)主要负责人和安全生产管理人员经考核合格；

(5)特种作业人员经有关业务主管部门考核合格；

(6)从业人员经安全教育和培训合格；

(7)依法参加工伤保险，为从业人员缴纳保险费；

(8)厂房、作业场所和安全设施、设备、工艺符合有关安全生产的法律、法规、标准和规程的要求；

(9)有职业危害防治措施，并为从业人员配备符合国家标准或者行业标准的劳动防护用品；

（10）依法进行安全评估；

（11）有重大危险源检测、评估、监控措施和应急措施；

（12）有生产安全事故应急求援预案、应急求援组织或者应急求援人员，而且配备必要的应急求援器材、设备；

（13）法律、法规规定的其他条件。

企业进行生产前，应当按照该条例的规定向安全生产许可证颁发管理机关申请领取安全生产许可证，并提供符合规定的相关文件、资料。安全生产许可证颁发管理机关应当自收到申请之日起45日内审查完毕，经审查符合该条例规定条件的，颁发安全生产许可证；不符合条件的，不予颁发安全生产许可证，并书面说明理由。

企业在安全生产许可证有效期内，应严格遵守有关安全生产的法律法规，未发生死亡事故的，安全生产许可证有效期届满时，经原安全生产许可证颁发管理机构同意，不再审查，安全生产许可证有效期限延期3年。

企业不得转让、冒用安全生产许可证或者伪造安全生产许可证。

企业取得安全生产许可证后，不得降低安全生产条件，并应当加强日常安全生产管理，接受安全生产许可证颁发机构的监督和检查。

10.1.6 意外伤害保险制度

建筑职工意外伤害保险是法定的强制保险，也是保护建筑业从业人员的合法权益，转移企业事故风险、增强预防和控制事故的能力，促进企业安全生产的重要手段。中华人民共和国建设部于2003年公布了《建设部关于加强建筑意外伤害保险工作的指导意见（建质[2003]107号）》对加强和规范建筑意外伤害保险工作提出了较详尽的规定，其主要内容如下：

1. 建筑意外伤害保险的范围

建筑施工企业应当为施工现场从事施工作业和管理的人员，在施工活动过程中发生的人身意外伤害事故提供保障，办理建筑意外伤害保险、支付保险费。

各地建设行政主管部门可根据本地区的实际情况，规定建筑意外伤害保险的附加险要求。

2. 建筑意外伤害保险的保险期限

企业应在开工前投保，保险的期限应自工程项目开工日到工程竣工验收合格日为止，如因故延长工期的，应当办理保险延长手续。

3. 建筑意外伤害保险的保险金额

各地建设行政主管部门结合本地区的实际情况，确定合理的最低保险金额。最低保险金额要能够保障施工伤亡人员得到有效的经济补偿。施工企业办理建筑意外伤害保险时，投保的保险金额不得低于此标准。

4. 建筑意外伤害保险的保险费用

保险费应当列入建筑安装工程费用，并由施工企业支付，企业不得向职工摊派保险费。

施工企业和保险公司双方本着平等协商的原则，根据各类风险因素商定建筑意外伤害保险的保险费率,提倡差别费率和浮动费率。差别费率是指保险费率与工程规模、类型、工程项目的风险程度和现场环境等因素挂钩。浮动费率是指保险费率与企业的安全生产业绩、安全生产管理状况等因素挂钩。对重视安全生产,安全生产业绩好的企业,保险费率可下浮,以此促进企业对安全生产的重视。

5. 建筑意外伤害保险的索赔

建筑意外伤害保险应当规范和简化索赔的程序。在发生意外伤害事故后,企业应在规定时间内提出索赔,使施工伤亡人员能够得到及时、足额的赔付。凡投保人隐瞒事故、不进行索赔的,要严肃处理。

6. 其他

对于一些国家和地区采用行业自保或企业联保的方式,有条件的地区也可进行研究探索。以求达到合理承担费用,降低保险成本的目的。

10.1.7 建筑施工企业主要负责人、项目负责人、专职安全生产管理人员安全生产考核管理的主要内容

建设部"关于印发《建筑施工企业主要负责人、项目负责人、专职安全生产管理人员安全生产考核管理暂行规定》的通知"(建质[2004]59号)文件规定,为贯彻落实《安全生产法》、《建筑工程安全生产管理条例》和《安全生产许可证条例》,提高建筑施工企业主要负责人、项目负责人、专职安全生产管理人员的安全生产知识水平和安全管理能力,保证建筑施工安全生产,对建筑施工企业三类人员进行考核认定。三类人员应当经建设行政主管部门或者其他有关部门考核合格后方可任职,考核内容主要是安全生产知识和安全管理能力。

1. 三类人员

三类人员是指建筑施工企业的主要负责人、项目负责人、专职安全生产管理人员。

建筑施工企业主要负责人,是指对本企业日常生产经营活动和安全生产工作全面负责、有生产经营决策权的人员,包括企业法定代表人、经理、企业分管安全生产工作的副经理等。

建筑施工企业项目负责人,是指由企业法定代表人授权,负责建设工程项目管理的负责人等。

建筑施工企业专职安全生产管理人员,是指在施工企业专职从事安全生产管理工作的人员,包括企业安全生产管理机构的负责人及其工作人员和施工现场专职安全生产管理人员。

2. 三类人员考核任职的主要规定

(1)考核的目的和依据。为了提高建筑施工企业主要负责人、项目负责人和专职安全生产管理人员(以下简称建筑施工企业管理人员)的安全生产知识水平和管理能力,保证建筑施工安全生产,根据《安全生产法》、《建设工程安全生产管理条例》和《安全生产许可证条例》等法律法规,制定三类人员考核任职制度。

(2)考核范围。在中华人民共和国境内从事建设工程施工活动的建筑施工企业管理人员以及实施对建筑施工企业管理人员安全生产考核管理的,必须遵守本规定。

建筑施工企业管理人员必须经建设行政主管部门或者其他有关部门的安全生产考核,考核合格取得安全生产考核合格证书后,方可担任相应职务。

(3)三类人员考核的管理工作及相关要求。国务院建设行政主管部门负责全国建筑施工企业管理人员的安全生产的考核工作，并负责中央管理的建筑施工企业管理人员的安全生产考核和发证工作。

省、自治区、直辖市人民政府建设行政主管部门负责本行政区域内中央管理以外的建筑施工企业管理人员安全生产考核和发证工作。

建筑施工企业管理人员应当具备相应文化程度、专业技术职称和一定安全生产工作经历，并经企业年度安全生产教育培训合格后，方可参加建设行政主管部门组织的安全生产考核。

建筑施工企业管理人员安全生产考核内容包括安全生产知识和安全管理能力。

建设行政主管部门对建筑施工企业管理人员进行安全生产考核，不得收取考核费用，不得组织强制培训。

安全生产考核合格的，由建设行政主管部门在20日内核发建筑施工企业管理人员安全生产考核合格证书；对不合格的，应通知本人并说明理由，限期重新考核。

建筑施工企业管理人员安全生产考核合格证书由国务院建设行政主管部门规定统一的式样。

建筑施工企业管理人员当变更姓名和所在法人单位等的，应在一个月内到原安全生产考核合格证书发证机关办理变更手续。

任何单位和个人不得伪造、转让、冒用建筑施工企业管理人员安全生产考核合格证书。

建筑施工企业管理人员遗失安全生产考核合格证书，应在公共媒体上声明作废，并在1个月内到原安全生产考核合格证书发证机关办理补证手续。

建筑施工企业管理人员安全生产考核合格证书有效期为三年。有效期满需要延期的，应当于期满前3个月内向原发证机关申请办理延期手续。

建筑施工企业管理人员在安全生产考核合格证书有效期内，严格遵守安全生产法律法规，认真履行安全生产职责，按规定接受企业年度安全生产教育培训，未发生死亡事故的，安全生产考核合格证书有效期届满时，经原安全生产考核合格证书发证机关同意，不再考核，安全生产考核合格证书有效期延期3年。

建设行政主管部门应当建立、健全建筑施工企业管理人员安全生产考核档案管理制度，并定期向社会公布建筑施工企业管理人员取得安全生产考核合格证书的情况。

建筑施工企业管理人员取得安全生产考核合格证书后，应当认真履行安全生产管理职责，接受建设行政主管部门的监督检查。

建设行政主管部门应当加强对建筑施工企业管理人员履行安全生产管理职责情况的监督检查，一旦发现有违反安全生产法律法规、未履行安全生产管理职责、不按规定接受企业年度安全生产教育培训或者发生死亡事故，情节严重的，应当收回安全生产考核合格证书，并限期改正，重新考核。

建设行政主管部门工作人员在建筑施工企业管理人员的安全生产考核、发证和监督检查工作中，不得索取或者接受企业和个人的财物，不得谋取其他利益。

任何单位或者个人对违反本规定的行为，有权向建设行政主管部门或者监察等有关部门举报。

省、自治区、直辖市人民政府建设行政主管部门可以根据本规定制定实施细则。

3. 三类人员安全生产考核要点

(1)建筑施工企业主要负责人。

1)安全生产知识考核要点:

①国家有关安全生产的方针政策、法律法规、部门规章、标准及有关规范性文件,本地区有关安全生产的法规、规章、标准及规范性文件;

②建筑施工企业安全生产管理的基本知识和相关的专业知识;

③重、特大事故防范、应急救援措施,报告制度及调查处理方法;

④企业安全生产责任制和安全生产规章制度的内容、制定方法;

⑤国内外安全生产管理经验;

⑥典型事故案例的分析。

2)安全生产管理能力考核要点:

①能认真贯彻执行国家安全生产方针、政策、法规和标准;

②能有效组织和督促本单位安全生产工作,建立健全本单位安全生产责任制;

③能组织制定本单位安全生产规章制度和操作规程;

④能采取有效措施保证本单位安全生产所需资金的投入;

⑤能有效开展安全检查,及时消除生产安全事故隐患;

⑥能组织制定本单位生产安全事故应急救援预案,正确组织、指挥本单位事故应急救援工作;

⑦能及时、如实报告生产安全事故;

⑧安全生产业绩:自考核之日起,所在企业一年内未发生由其承担主要责任的死亡10人以上(含10人)的重大事故。

(2)建筑施工企业项目负责人。

1)安全生产知识考核要点:

①国家有关安全生产的方针政策、法律法规、部门规章、标准及有关规范性文件,本地区有关安全生产的法规、规章、标准及规范性文件;

②工程项目安全生产管理的基本知识和相关的专业知识;

③重大事故防范、应急救援措施,报告制度及调查处理方法;

④企业和项目安全生产责任制和安全生产规章制度的内容及其制定方法;

⑤施工现场安全生产监督检查的内容和方法;

⑥国内外安全生产管理经验;

⑦典型事故案例分析。

2)安全生产管理能力考核要点:

①能认真贯彻执行国家安全生产方针、政策、法规和标准;

②能有效组织和督促本工程项目的安全生产工作,落实安全生产责任制;

③能保证安全生产费用的有效使用;

④能根据工程的特点组织制定安全施工措施;

⑤能有效开展安全检查,及时消除生产安全事故隐患;

⑥能及时、如实报告生产安全事故;

⑦安全生产业绩:自考核之日起,所管理的项目一年内未发生由其承担主要责任的死亡

事故。

(3)建筑施工企业专职安全生产管理人员。

1)安全生产知识考核要点:

①国家有关安全生产的方针政策、法律法规、部门规章、标准及有关规范性文件,本地区有关安全生产的法规、规章、标准及规范性文件;

②重大事故防范、应急救援措施,报告制度、调查处理方法以及防护救护方法;

③企业和项目安全生产责任制和安全生产规章制度;

④施工现场安全监督检查的内容和方法;

⑤典型事故案例分析。

2)安全生产管理能力考核要点:

①能认真贯彻执行国家安全生产方针、政策、法规和标准;

②能有效对安全生产进行现场监督检查;

③能发现生产安全事故隐患,能及时向项目负责人和安全生产管理机构报告,及时消除生产安全事故隐患;

④能及时制止现场违章指挥、违章操作行为;

⑤能及时、如实报告生产安全事故;

⑥安全生产业绩:自考核之日起,所在企业或项目一年内未发生由其承担主要责任的死亡事故。

10.1.8 《特种作业人员安全技术培训考核管理办法》的主要内容

《建设工程安全生产管理条例》第二十五条规定:垂直运输机械作业人员、起重机械安装拆卸工、爆破作业人员、起重信号工、登高架设作业人员等特种作业人员,必须按照国家有关规定经过专门的安全作业培训,并取得特种作业操作资格证书后,方可上岗作业。

对于特种作业人员的范围,国务院有关部门作过一些规定。1999 年 7 月 12 日前国家经贸委发布的《特种作业人员安全技术培训考核管理办法》,明确的特种作业包括:电工作业;金属焊接切割作业;起重机械(含电梯)作业;企业内机动车辆驾驶;登高架设作业;锅炉作业(含水质化验);压力容器操作;制冷作业;爆破作业;矿山通风作业(含瓦斯检验);矿山排水作业(含尾矿坝作业);以及由省、自治区、直辖市安全生产综合管理部门或国务院行业主管部门提出,并经前国家经济贸易委员会批准的其他作业。随着新材料、新工艺、新技术的应用和推广,特种作业人员的范围也随之发生变化,特别是在建设工程施工过程中,一些作业岗位的危险程度在逐步加大,频繁出现安全事故,对在这些岗位上作业的人员,也需要进行特别的教育培训。譬如,垂直运输机械作业人员、安装拆卸工、起重信号工等,都应当列为特种作业人员。

特种作业人员必须按照国家有关规定经过专门的安全作业培训,并取得特种作业操作资格证书后,方可上岗作业。专门的安全作业培训,是指由有关主管部门组织的专门针对特种作业人员的培训,也就是特种作业人员在独立上岗作业前,必须进行与本工种相适应的、专门的安全技术理论学习和实际操作训练。经培训考核合格,取得特种作业操作资格证书后,才能上岗作业。特种作业操作资格证书在全国范围内有效,离开特种作业岗位一定时间后,应当按照规定重新进行实际操作考核,经确认合格后方可上岗作业。对于未经培训考核即从事特种作业的，按条例第六十二条规定进行行政处罚；如果造成重大安全事故，构成犯罪的，对直接责任人员，依照刑法的有关规定追究刑事责任。

1. 特种作业定义

根据《特种作业人员安全技术培训考核管理办法》(1999 年 7 月 12 日国家经济贸易委员会第 13 号令)规定，特种作业是指容易发生人员伤亡事故，对操作者本人、他人及周围设施的安全有重大危害的作业。

2. 特种作业人员具备的条件

(1)年龄满 18 岁；

(2)身体健康、无妨碍从事相应工种作业的疾病和生理缺陷；

(3)初中以上文化程序，具备相应工程的安全技术知识，参加了国家规定的安全技术理论和实际操作考核并成绩合格；

(4)符合相应工种作业特点需要的其他条件。

3. 培训内容

(1)安全技术理论；

(2)实际操作技能。

4. 考核、发证

(1)特种作业操作证由国家经济贸易委员会制作，并由当地安全生产综合管理部门负责签发；

(2)特种作业操作证，每两年复审一次。连续从事本工种 10 年以上的，经用人单位进行知识更新教育后，复审时间可延长至每四年一次；

(3)离开特种作业岗位达 6 个月以上的特种作业人员，应当重新进行实际操作考核，经确认合格后方可上岗作业。

10.1.9 安全生产责任制度的主要内容

安全生产责任制度是对各级负责人、各职能部门以及各类施工人员在管理和施工过程中，应当承担的责任做出明确的规定。具体来说，就是将安全生产责任分解到施工单位的主要负责人、项目负责人、班组长以及每个岗位的作业人员身上。

安全生产责任制度是施工企业最基本的安全管理制度，是施工企业安全生产管理的核心和中心环节。依据《建设工程安全生产管理条例》和《建筑施工安全检查标准》的相关规定，安全生产责任制度的主要内容如下：

(1)安全生产责任制度主要包括施工企业主要负责人的安全责任，负责人或其他副职的安全责任，项目负责人(项目经理)的安全责任，生产、技术、材料等各职能部门管理负责人及其工作人员的安全责任，技术负责人(工程师)的安全责任，专职安全生产管理人员的安全责任，施工员的安全责任，班组长的安全责任和岗位人员的安全责任等。

(2)项目对各级、各部门安全生产责任制应规定检查和考核办法，并按规定期限进行考核，对考核结果及兑现情况应有记录。

(3)项目独立承包的工程在签订承包合同中必须有安全生产工作的具体指标和要求。工地由多单位施工时，总分包单位在签订分包合同的同时要签订安全生产合同(协议)，签订合同前要检查分包单位的营业执照、企业资质证、安全资格证等。分包队伍的资质应与工程要求相符,在安全合同中应明确总分包单位各自的安全职责。原则上,实行总承包的由总承包单位负责,分包单位向总包单位负责,但都要服从总包单位对施工现场的安全管理。分包单位在其分包范围内建立施工现场安全生产管理制度,并组织实施。

(4)项目的主要工种应有相应的安全技术操作规程,一般应包括砌筑、拌灰、混凝土、木作、钢筋、机械、电气焊、起重、信号指挥、塔式起重机司机、架子、水暖、油漆等工种,特种作业应另行补充。施工单位应将安全技术操作规程列为日常安全活动和安全教育的主要内容,并应悬挂在操作岗位前。

(5)施工现场应按工程项目大小配备专(兼)职安全人员,可按:建筑面积1万平方米以下的工地至少有一名专职人员;1万平方米以上的工地设2~3名专职人员;5万平方米以上的大型工地,按不同专业组成安全管理组进行安全监督检查。

(6)安全生产教育培训制度及检查。根据建设部建教[1997]83号文件印发的《建筑企业职工安全培训教育暂行规定》的内容进行培训和检查。

建设部、各省、自治区、直辖市建设行政主管部门规定专职安全员要进行年度培训考核,检查专职安全员的年度培训考核情况。具体由县级、地区(市)级建设行政主管部门经办。建筑企业应根据上级建设行政主管部门的规定,对本企业的专职安全员进行年度培训考核,提高专职安全员的专业技术水平和安全生产工作的管理水平。按上级建设行政管理部门和本企业有关安全生产管理文件,核查专职安全员是否进行年度培训考核及考核是否合格,未进行安全培训的或考核不合格的,是否仍在岗工作等,并作出决定。

10.1.10 建立职业健康安全管理体系

职业健康安全管理体系(Occupational Heahh and Safety Management system 简称 OHSMS)是企业总的管理体系的一部分,是企业对与其业务相关的职业健康安全风险的管理。该体系包括为制定、实施、评审和保持职业健康安全方针所需的组织结构、策划活动、职责、惯例、程序、过程和资源。

职业健康安全管理体系的模式分为五个过程,即职业健康安全方针、策划、实施和运行、检查与纠正以及管理评审。体系标准的文件结构分为4章:即第1章范围、第2章规范性引用文件、第3章术语和定义以及第4章职业健康安全管理体系要素。其中,第4章是标准的主要内容,阐述了有关的要素及其要求,包括4.1总要求、4.2职业健康安全方针、4.3策划、4.4实施和运行、4.5检查和纠正措施以及4.6管理评审。职业健康安全管理体系共包括17个要素。

企业应根据其规模的大小和活动的性质来确定职业健康安全管理体系的复杂程度以及文件和资源的多少。

职业健康安全体系的建立和实施的步骤包括:建立职业健康安全管理体系,制定职业健康安全方针,策划、实施和运行,检查和纠正措施以及管理评审五大过程。

企业首先应有一个经最高管理者批准的职业健康安全方针,该方针应清楚阐明职业健康安全总目标和改进职业健康安全绩效的承诺。

1. 职业健康安全方针

制定的职业健康安全方针应该:

(1)适合企业的职业健康安全风险的性质和规模;

(2)包括持续改进的承诺;

(3)包括企业至少遵守现行职业健康安全法规和企业接受的其他要求的承诺;

(4)形成文件,实施并保持;

(5)传达到全体员工,使其认识各自的职业健康安全义务;

(6)可为相关方所获取;

(7)定期评审,以确保其与企业保持相关和适宜。

在策划过程中包括危险源辨识、风险评价和风险控制,法规和其他要求的识别和获得,管理目标的建立和管理方案的制定等的工作,其中的主要工作是危险源辨识、风险评价和风险控制,这是整个管理体系的基础。

2. 风险评价控制程序

企业应持续进行危险源辨识、风险评价和实施必要的控制措施,建立并保持程序,这些程序应包含:

(1)企业的常规和非常规活动;

(2)所有进入工作场所的人员(包括合同方人员和访问者)的活动;

(3)工作场所的设施(无论是由本组织还是由外界所提供)。

进行危险源的辨识,可以从问答下列的三个问题着手:

第一,有伤害的来源吗?

第二,谁(或什么)会受到伤害?

第三,伤害如何发生?

3. 危险源的辨识和风险评价的方法

(1)依据风险的范围、性质和时限性进行辨识,以确保该方法是主动性而不是被动性的;

(2)规定风险分级,识别可通过 GB/T 28001 中规定的措施消除或控制的风险;

(3)与运行经验和所采取的风险控制措施的能力相适应;

(4)为确定设施要求、识别培训需求和(或)开展运行控制提供输入信息;

(5)规定对所要求的活动进行监视,以确保其及时有效的实施。

进行辨识时,宜按照我国在 1992 年发布中华人民共和国国家标准《生产过程危险和有害因素分类与代码》GB/T 13861 -92 的条例。该标准适用于各个行业在规划、设计和组织生产时,适用于对危险源的预测和预防、伤亡事故的统计分析和应用计算机管理。按照该标准,危险源分为物理性危险和有害因素,化学性危险和有害因素,生物性危险和有害因素,心理、生理性危险和有害因素,行为性危险和有害因素以及其他危险和有害因素六大类。在进行危险源辨识时可参照该标准的分类和编码,以便于管理。

在危险源的辨识时,对于危险源可能发生的伤害可以明确忽略时,则不宜列入文件或进一步考虑。

辨识的方法有询问交谈、现场观察、查阅有关记录、获取外部信息、工作任务分析、安全检查表、危险与可操作性研究、事故树分析、故障树分析等。这些方法都有各自的特点和局限性,因此一般都使用两种或两种以上的方法识别危险源。

对于辨识后的危险源要进行风险的评估,并估算其潜在伤害的严重程度和发生的可能性，然后对风险进行分级。当然也可用数值取代风险的描述，但数值的方法并不意味着评价更为准确。GB/T 28002 推荐的简单的风险水平评估见表 10－1 所列。

表 10－1　简单的风险水平评估

可能性	严重程度(后果)		
	轻微伤害	伤　害	严重伤害
极不可能	可忽略的风险	可容许的风险	中度风险
不可能	可容许的风险	中度风险	重大风险
可　能	中度风险	重大风险	不可容许的风险

依据此表提供的风险分级，确定是否需要采取控制措施以及行动的时间表。表 10－2 只是一种探讨性的研究方法，仅为了便于举例说明，而控制措施宜与风险水平相称。

表 10－2　基于风险水平的简单措施计划

风险水平	措施和时间表
可忽略的风险	无须采取措施且不必保持文件记录
可允许的风险	无须增加另外的控制措施，宜考虑成本效益更佳的解决方案或不增加额外成本的改进措施，需要监视以确保控制措施得以保持
中度风险	宜努力降低风险，但宜仔细测量和限定预防措施的成本，宜在规定的时间内实施风险的降低措施 当中度风险的后果属于“严重伤害”时，则需要进一步的评价，以便更准确地确定伤害的可能性，从而确定是否需要改进控制措施
重大风险	对于尚未进行的工作，则不宜开始工作，直至风险降低为止。为了降低风险，可能必须配置大量的资源，对于正在进行的工作，则在继续工作的同时宜采取应急措施
不可允许的风险	不宜开始工作或继续工作，直至风险降低为止。如果即使投入无限的资源也不可能降低风险，就必须禁止工作

4. 风险控制措施

风险评价的输出宜为一个按优先顺序排列的控制措施清单，控制措施应包括新设计的措施、拟保持的措施或加以改进的措施。

(1)选择控制措施时宜考虑以下几个方面。

①如果可能，则完全消除危险源；

②如果不可能消除，则努力降低风险；

③采取技术进步、程序控制、安全防护等措施；

④当所有其他可选择的措施均已考虑后，作为最终手段而使用个体防护装备；

⑤考虑对应急方案的需求，建立应急计划，提供有关的应急设备；

⑥对监视措施的控制程度进行主动性的监视。

(2)措施计划宜在实施前进行评审。评审包含以下方面:

①更改的措施是否使风险降低至可允许的水平;

②是否产生新的危险源;

③是否已选定了成本效益最佳的解决方案;

④受影响的人员如何评价更改的预防措施的必要性和实用性;

⑤更改的预防措施是否会用于实际工作中,以及在其他压力情况下是否会被忽视。

风险评价是一个持续不断的过程,要持续评审控制措施的充分性,当条件变化时要对风险重新进行评审。

在策划过程中要考虑的其他工作还有识别和获得适用的法规,以及其他职业健康安全的要求,然后制定目标和管理方案。

识别和获得适用的法规和其他要求是职业健康安全管理的一项重要内容,要求做到能识别需要应用哪些法规和要求,从哪里可获取,在哪里应用和及时更新。通常,要采用最适宜的获取信息的手段,但并不要求企业建立一个包含很少涉及和使用的法规和要求的资料库。

在实施和运行过程中,首先需要考虑的是企业的结构和职责;对企业应对职业健康安全风险有影响的各类人员,确定其作用、职责和权限,并进行沟通。

GB/T 28000 体系标准确定职业健康安全的最终责任由最高管理者承担,这里的最高管理者是指企业的最高领导层。企业应在最高管理者中指定一名成员作为管理者代表。管理者代表应有明确的作用、职责和权限,以确保职业健康安全管理体系的正确实施,并能在企业内执行各项要求。

确定职责时要特别注意不同职能之间的接口位置的人员的职责,还要注意职业健康安全是企业内全体人员的责任,而不是只具有明确的职业健康安全职责的人员的责任。

实施和运行过程的其他要求是培训、协商和沟通、文件运行控制和应急准备。

职业健康安全管理体系对于培训的要求是通过有效的程序确保员工有能力完成所安排的职责,因此企业应建立并保持程序。对于与职业健康安全有关的人员,应有所受教育、培训和经历方面的适当规定。按照规定要求识别现有水平与要求的不足,并结合危险源辨识、风险评价和风险控制进行培训。

培训还要注意对管理企业以外的其他人员(如进入现场的合同方人员、访问者、临时工)的培训,管理人员对于其他人员也要根据需要进行必要的教育或培训,使其他人员能在工作场所内安全地从事活动。

培训应当有记录和对培训有效性的评价记录。

对于协商和沟通工作,企业应确保与员工和其他相关方就相关职业健康安全信息进行相互沟通,并将员工参与和协商的安排形成文件,并通报相关方。

员工应参与风险管理方针和程序的制定与评审,参与商讨影响工作场所职业健康安全的任何变化,参与保障职业健康安全事务中,了解谁是职业健康安全的员工代表和指定的管理者代表。

有关文件和资料的控制的要求是,企业应以适当的媒介建立并保持有关描述管理体系核心要素及其相互作用的信息,积极提供查询相关文件的途径,重要的是要按有效性和效率要求使文件数量尽可能的少。GB/T 28001 标准并不要求一定要按某一特定格式将已有的文件重新编写,但必须确保:文件和资料易于查找;定期评审,必要时修订并由授权人员确认其适宜性;关键性的岗位能得到有关的文件和资料,并采取措施防止失效文件和资料误用。

对于运行控制,企业应注意对已认定的需要采取措施的风险有关的活动,对这些活动进行策划。如有因缺乏形成文件的程序,而能导致偏离职业健康安全方针、目标的后果时,必须建立并形成文件的程序。注意,所建立的程序要考虑与人的能力相适应。

应急准备、响应的计划、程序的建立和保持,是企业在实施和运行职业健康安全体系中一件重要的工作。要识别潜在的事件和紧急情况并作出响应,对于所采取的措施和程序要进行评审,特别是在事件或紧急情况发生之后,更要对所采取的行动进行评审。

企业应对其职业健康安全体系运行的绩效进行测量和监视。监视可分主动性和被动性两种。主动性的监视是企业主动监视自身的活动是否符合管理方案、运行要求和法律法规的要求,被动性的监视是从已发生的事件、事故或因事故损害造成的损失等方面监视企业体系的有效性。监视应有记录,并作为纠正和预防措施分析的依据。

通过监视发现的问题应采取与问题的严重性相适应的纠正和预防措施,对所拟定的措施在实施前还要进行评价。评价的目的是检查这些措施是否真的有效,如果这些措施的实施将对文件产生影响,则应相应的修改文件。

企业要定期的对体系进行内部审核。内部审核的重点是职业健康安全体系的绩效,而不是一般的安全检查。审核的要求是确定企业的体系能否满足有关标准和企业的方针和目标的要求。审核还要检查以前的审核所发现的问题是否得到了解决。参加审核的人员要求与所审核的活动无关,但并不一定要求由外来的人员进行。

企业要按规定定期进行管理评审。管理评审要求由最高管理者主持。管理评审的要求是对职业健康安全管理体系进行评审,以确保体系的持续性、适宜性、充分性和有效性;管理评审应根据体系审核的结果、环境的变化和对持续改进的承诺,指出需要修改的体系方针、目标和其他要素。内部审核的结果是管理评审会议的重要输入,而且管理评审的结果应形成文件。

以上是有关建立体系的一些主要问题,应当注意的是企业在建立体系时要注意与现有其他管理体系的结合。目前,绝大部分建筑施工企业已建立了质量管理体系,有的企业除质量管理体系外,已建立了环境保护体系。因此,在建立职业健康安全管理体系时要注意和其他管理体系的结合,特别是与 GB/T 19000 质量管理体系和 GB/T 24000 环境保护体系的结合。结合的目的是便于管理和实施,避免不同体系之间的不协调或产生矛盾的现象,以保证管理体系的统一,从而提高实施效能。

三个体系考虑结合,首先要分析这三个标准的异同点。

三个标准的相同点:都以系统管理为基本管理思想;都强调 PDCA 循环和持续改进;都要求通过建立文件管理体系,以文件管理体系的方式作为管理体系的建立、运行和持续改进的基础。管理文件的编制都趋向于多层次的格式。标准对于文件和记录的管理都有规定,但对于文件的多少、除特别要求之外,均给企业留有较大的余地。GB/T 28001 标准特别提出,要按有效性和效率要求的原则,使文件数量尽可能的少。如果企业已有充分的现有文件,当再建立一个描述现有文件和国家标准要求之间相互关系的文件时,并要使现有文件能继续使用。这种做法也是可行的,但要防止文件之间的矛盾。

目前,我国已建立质量管理体系的施工企业在进一步建立环境管理体系或职业安全与健康管理体系时,大部分采用了合并文件的做法;这样有利于减少重复工作量,在具体编制方法上,普遍采用了三合一,即把三个标准文件合为一个文件;或者二合一,即把其中的两个文件合为一个文件的做法。当然也可以分别编写成为三个文件。但在目前通过认证的建筑企业中,一般以三合一的做法较多,并且有了不少可以参考的、较为完善的范例。

三个标准都是自我约束的标准,我国也都把它们定为推荐性标准。标准不涉及与外单位的对比,也不涉及企业的绩效。由此可以发现,对于不同的企业其管理深度可以有较大的区别,绩效上的差别更大,但只要达到标准的要求,都能通过认证。因此,三个标准的认证不等于工作已经尽善尽美了。为了强调这一点,标准特别指出其不排斥其他的管理体系模式,标准只是提供一个通用的模式,组织完全可以建立和使用其他优秀的模式。例如,美国的马尔科姆·鲍德里奇国家质量奖、欧洲质量奖和日本的戴明奖等国家和区域的各种奖项的评定模式。这些组织优秀模式包括了能够定量评定组织业绩的准则,并且能适用于组织的全部活动的所有相关方,甚至有的奖项的评定纳入了与其他企业作对比的内容。

三个标准的要求有些是相同的,如管理职责、文件控制、培训、内部沟通和管理评审等,有的要求是相近的,如不合格品的控制和检查等;有的要求是独有的,如质量管理体系要求对产品的防护。其他标准就不存在。三个标准要求的对照表在许多书籍中都能找到,此处不再赘述。

三个标准的不同点:在于针对的对象不同,所满足的要求不同。质量管理体系是针对满足顾客需要和其他相关方的要求。环境管理体系则是针对企业的生产活动的环境影响,以满足社会对环境保护的不断发展的需要。职业安全管理体系则是针对组织如何控制职业健康安全风险并改进其绩效,针对的是职业健康安全而非产品和服务的安全。其包括的人员除企业的人员外还包括访问者和其他进入工作场所的人员。

其次的不同点表现在有的要求的名称相同但内容不同。譬如,三个标准中均要求建立管理方针,但质量方针和环境方针、职业健康安全方针是有很大区别的。

应当注意三个标准的执行部门的不同。质量管理体系和环境管理体系、职业健康安全管理体系在企业中往往属于不同的部门管理。GB/T 28000 体系和 GB/T 24000 体系涉及所有部门和全体人员,而 GB/T 19000 体系只要求覆盖与指定产品或服务有关的生产环节,不要求涉及所有部门。职业健康安全管理工作目前一般由原安全部门在企业的主管安全负责人的领导下,承担主要管理责任,仅由其他部门协助,这是从过去的体制沿续下来的做法。

GB/T 28000 体系标准是针对各个行业的要求而制订的,但对于建筑业来说,应当注意到建筑业具有产品多样化、涉及范围广、施工时间长、安全要求高等与其他行业不同的特点。因此,每一个旨在控制风险、持续改进的建筑施工企业应当了解 GB/T 28000 体系标准的主要思想,努力达到标准的要求,并且不断创新、不断提高自身素质,创造更好的条件,迎接未来的挑战。

10.2　施工项目安全管理

随着项目管理的推行和企业内部管理层与作业层的分开,对项目的安全生产管理提出了新的更高的要求。施工企业的安全管理,必须围绕施工项目进行。

10.2.1 施工项目安全管理的范围

宏观的施工安全管理包括劳动保护、安全技术和工业卫生，他们既相互联系又相互独立。对施工项目来说，就是根据项目的具体实际，贯彻执行国家劳动保护和安全技术，贯彻执行国家工业卫生的政策、规程、条例及制度，并制订出落实措施。

10.2.2 施工项目安全生产管理的特点

1. 施工项目一定要紧紧围绕项目管理进行

(1)施工项目一定要协调“生产必须安全，安全促进生产”的辩证关系，以保证“安全第一、预防为主”方针的落实。

(2)认真落实安全生产责任制，充分调动全员参加安全监控，保证生产与安全同步发展。坚决落实“五同时”的原则，即企业单位的各级领导人员在管理生产的同时，必须负责管理安全工作；在计划、布置、检查、总结、评比生产的同时，也必须计划、布置、检查、总结、评比安全的工作。

(3)必须充分发挥专职监理员、义务监理员和全员的监控作用，实行全方位监控，务必消灭漏控。

(4)必须把安全生产管理目标纳入项目经营承包内容，以实现生产经营与安全生产同时承包。

(5)安全管理水平是项目参与市场竞争及企业内部竞争的一个重要条件，必须要求项目管理人员在短期内迅速提高安全管理的水平，并在每个项目中确保施工安全。

2. 施工项目必须责、权、利分明

施工项目在安全管理中，因施工时间过程长，涉及面广，故不安全的因素多。这样必须有章可循，责、权、利分明。当出现安全事故时，必须做到“四不放过”。

由于施工项目安全生产投入大，施工中必须注意安全与危险并存，应时刻提高警惕。因此，施工中应做到：安全与生产的统一，安全与质量的统一，安全与速度互保，安全与效益兼顾。

10.2.3 施工项目安全控制

1. 施工项目安全控制概述

(1)施工项目安全控制的概念。施工项目安全控制是在项目施工的全过程中，运用科学管理的理论和方法，通过法规、技术、组织等手段，规范劳动者的行为，控制劳动对象、劳动手段和施工环境条件，消除或减少不安全因素，使人和物与环境构成的施工生产体系达到最佳的安全状态，以实现项目安全等一系列目标的总称。

(2)施工项目安全控制的对象、措施及目的。施工项目安全控制主要以施工活动中，人、物、环境构成的施工生产体系为对象，目的是要建立一个安全的生产体系，确保施工活动的顺利进行。安全生产控制的对象、措施及其目的见表 10－3。

表 10－3　安全生产控制的对象、措施及目的

控制对象	措　施	目　的
劳动者	依法制订有关安全的政策、法规，给予劳动者劳动安全、身体健康的法律保障措施，坚持全员、全过程、全方位、全天候的“四全”动态管理	约束控制劳动者的不安全行为，消除或减少主观上的不安全隐患
劳动手段与劳动对象	改善施工工艺、改进设备性能，以消除和控制生产过程中可能出现的危险因素、避免损失扩大的安全技术保证措施	规范物的状态，以消除和减轻其对劳动者的威胁及其造成的财产损失
劳动条件（施工环境）	制订施工中高温、严寒、粉尘、噪音、震动、毒气、毒物对劳动者安全与健康有影响的医疗、保健、防护措施	改善和创造良好的劳动条件，防止职业伤害，保护劳动者身体健康和生命安全

2. 安全生产控制的基本原则及目标

（1）安全生产控制的基本原则。实行管生产必须管安全的原则，坚持安全第一的原则和预防为主的原则，实行动态控制的原则与全面控制的原则，贯彻现场安全为重点的原则。

（2）施工项目安全目标。就是在项目施工过程中，进行安全工作所要达到的预期效果。施工项目安全目标要求根据项目施工的特点制订，并应具有先进性和可行性。施工项目总的安全目标值包括：项目施工过程控制伤亡事故发生的指标（如死亡率、重伤率、千人负伤率、经济损失额等），控制交通安全事故的指标（如杜绝重大交通事故、杜绝百车次肇事率等），对尘毒治理要求必须达到的指标（粉尘合格率等），以及控制火灾发生的指标等。

项目总的安全目标确定后，还要按层次进行安全目标分解，形成安全目标体系，即施工项目总的安全目标、项目经理部下属各单位和各部门的安全目标、施工班组安全目标、个人安全目标。

在安全目标体系中，总目标值是最基本的安全指标，而下一层的目标值应略高一些，以保证上一层安全目标的实现。譬如，项目总安全目标要求重大伤亡事故为零，中层的安全目标就应除此之外还要求重伤事故为零，施工队一级的安全目标还应进一步要求轻伤事故为零，班组一级的安全目标要求险肇事故为零，个人则应做到违章为零。

3. 施工项目安全控制措施

（1）安全立法措施。项目经理部必须执行国家、行业及地区的安全法规和安全标准，并依此制订自己的安全管理制度，主要有如下一些方面：

1）行政管理方面：在施工现场，行政管理部门必须按有关法规制订：安全生产责任制度，安全生产例会制度，安全生产教育制度，安全生产检查制度，伤亡事故管理制度，劳保用品发放及使用的管理制度，安全生产奖惩制度，工程开工和竣工的安全规定，施工现场安全管理制度，安全技术措施，计划管理制度，特殊作业安全管理制度，环境保护及工业卫生工作管理制度，锅炉和压力容器安全管理制度，场区交通安全管理制度，防火安全管理制度等。

2）技术管理方面：遵守关于施工现场安全技术要求的规定、各专业工种安全技术操作规

程及设备维护检修制度。

(2)安全组织措施。

1)建立施工项目安全组织系统——项目安全生产委员会。

2)建立与项目安全组织系统相配套的各专业、各部门、各生产岗位的安全责任系统(如图10-1所示)。

图10-1 施工项目安全责任体系

3）建立项目经理的安全生产职责及项目班子成员的安全生产职责。

4）作业人员安全纪律：现场作业人员与施工安全生产关系最为密切，他们遵守安全生产纪律和操作规程是安全控制的关键。

（3）安全技术措施的控制要点。

1）施工准备阶段的安全技术措施详见表10－4。

表10－4　施工准备阶段的安全技术措施

	内　容
技术准备	①了解工程设计对安全施工的要求 ②调查工程的自然环境（水文、地质、气候、洪水、雷击等）和施工环境（地下设施、管道及电缆的分布与走向、粉尘、噪音等）对工程施工安全的影响，以及施工时对周围环境安全的影响 ③当改扩建工程施工与建设单位使用或生产发生交叉可能造成双方伤害时，双方应签订安全施工协议，并搞好施工与生产的协议，以明确双方责任，共同遵守安全事项 ④在施工组织设计中，编制切实可行、行之有效的安全技术措施，并严格履行审批手续，送安全部门备案
物资准备	①及时供应质量合格的安全防护用品（安全帽、安全带、安全网等），以便满足施工需要 ②保证特殊工种（电工、焊工、爆破工、起重工等）使用的工具器械质量合格，技术性能良好 ③施工机具、设备（起重机、卷扬机、电锯、平面刨、电气设备）、车辆等需经安全技术性能检测，鉴定合格、防护装置齐全、制动装置可靠，方可进场使用 ④施工周转材料（脚手架、扣件、跳板等）必须经认真挑选，不符合安全要求的禁止使用
施工现场准备	①按施工总平面图要求做好现场施工准备 ②现场各种临时设施和库房的布置，特别是炸药库、油库的布置，易燃易爆品的存放都必须符合安全规定和消防要求，并经公安消防部门批准 ③电气线路、配电设备应符合安全要求，有安全用电防护措施 ④场内道路应通畅，设交通标志，危险地带设危险信号及禁止通行标志，以保证行人和车辆通行安全 ⑤现场周围和陡坡及沟坑处设好围栏、防护板，现场入口处设“无关人员禁止入内”的标志及警示标志 ⑥塔吊等起重设备安置应与输电线路、永久的或临设的工程间要有足够的安全距离，避免碰撞，以保证搭设脚手架、安全网的施工距离 ⑦现场设消防栓，应有足够有效的灭火器材
施工队伍准备	①新工人、特殊工种工人须经岗位技术培训与安全教育后，持合格证上岗 ②高、险、难作业工人须经身体检查合格后，方可施工作业 ③施工负责人在开工前，应向全体施工人员进行入场前的安全技术交底，并逐级签发“安全交底任务单”

2）施工阶段安全技术措施见表10－5。

表 10－5　施工阶段安全技术措施表

	内　容
一般施工	①单项工程、单位工程均有安全技术措施，分部分项工程有安全技术具体措施，施工前由技术负责人向有关人员进行安全技术交底 ②安全技术应与施工生产技术相统一，各项安全技术措施必须在相应的工序施工前做好 ③操作者严格遵守相应的操作规程，实行标准化作业 ④施工现场的危险地段应设有防护、保险、信号装置及危险警示标志 ⑤针对采用的新工艺、新技术、新设备、新结构制定专门的施工安全技术措施 ⑥订有预防自然灾害（防台风、雷击、防洪排水、防暑降温、防寒、防冻、防滑等）的专门安全技术措施 ⑦在明火作业（焊接、切割、熬沥青等）现场应有防火、防爆安全技术措施 ⑧订有特殊工程、特殊作业的专业安全技术措施，如土石方施工安全技术、爆破安全技术、脚手架安全技术、起重吊装安全技术、电气安全技术、高处作业及主体交叉作业安全技术、焊割安全技术、防火安全技术、交通运输安全技术、安装工程安全技术、烟囱及筒仓安全技术等
拆除工程	①详细调查拆除工程结构特点和强度、电线线路、管道设施等现状，制订可靠的安全技术方案 ②拆除建筑物之前，在建筑物周围划定危险警戒区域，设立安全围栏，禁止无关人员进入作业现场 ③拆除工作开始前，先切断被拆除建筑物的电线、供水、供热、供煤气的通道 ④拆除工作应按自上而下的顺序进行，禁止数层同时拆除，必要时要对底层或下部结构进行加固 ⑤栏杆、楼梯、平台应与主体拆除程度配合进行，不能先行拆除 ⑥拆除作业工人应站在脚手架上或稳固的结构部分操作，拆除承重梁和柱之间应先拆除其承重的全部结构，并防止其他部分坍塌 ⑦拆下的材料要及时清理运走，不得在旧楼板上集中堆放，以免超负荷 ⑧被拆除的建筑物内需要保留的部分或需保留的设备要事先搭好防护棚 ⑨一般不采用推倒方法拆除建筑物，必须采用推倒方法的应采取特殊安全措施

10.2.4　施工临时用电管理

施工临时用电管理，包括临时用电施工组织设计、用电安全技术交底、检查验收及用电安全检查。

1. 临时用电施工组织设计

《施工现场临时用电安全技术规范》中规定：临时用电设备在 5 台及 5 台以上或设备总容量在 50kW 及 50kW 以上者，应编制临时用电施工组织设计。临时用电施工组织设计应包括以下几方面的内容：

（1）施工条件。主要指施工图及甲方应提供的电源情况、施工设备用电统计表、环境温度。

（2）设备及材料的选择。

1)变压器、导线截面的选择及确定。

2)负荷计算及低压电气元件类型、规格的选择及确定。

(3)绘制临时供电施工图。

临时供电施工图包括临时供电平面图及系统图。

1)临时供电平面图的内容应包括:

①标有在建工程临建、在施的位置及原有建筑物的位置。

②标有电源进线位置及方向,有各种供电线路的导线敷设方式、导线截面、导线根数及线路走向。

③标有变压器、配电室、总配电箱、分配电箱、开关箱的位置,以及箱与箱之间的电关系。

④标有施工现场的照明及临建场内的照明,室内灯具开关控制位置。

⑤标有工作接地、重复接地、保护接地、防雷接地的位置及接地装置的材料做法等。

2)临时供电系统图的内容应包括:

①标明变压器高压侧的电压级别,导线截面,进线方式,高低压侧的继电器保护,以及电能计量仪表的型号和容量等。

②标明低压侧供电系统的形式是 TT 还是 TN - S。

③标明各种箱体之间的电气联系。

④标明配电线路的导线截面、型号,PE 线截面,导线敷设方式及线路走向。

⑤标明各种电气开关的型号、容量、熔体及自动开关熔断器的整定及熔断值。

⑥标明各用电设备的名称和容量。

(4)安全用电技术措施:参见下面见“10.2.4 -2 安全用电技术措施”。

(5)施工用电组织措施。

1)建立施工现场安全用电制度。

2)严格安全责任制度。

3)制订教育及培训制度。

4)设立技术档案管理制度。

5)实行用电施工人员持证上岗制度。

6)坚持检查验收制度。

(6)临时用电施工组织设计审批手续。

1)必须由施工单位的电气工程技术人员编制,技术负责人审批。

2)封面上要注明工程名称、施工单位、编制人,并加盖单位公章。

3)必须符合《施工现场临时用电安全技术规范》JGJ - 88 中的有关规定。

4)临时用电必须在开工前 15 天内报上级主管部门审核,批准后方可进行临时用电施工。当需要变更施工组织设计时,应补充有关图纸资料,再次上报主管部门批准,待批准后,须按照修改前后的临时用电设计图对照施工。

2.安全用电技术措施

(1)保护接地。保护接地是将电气设备不带电的金属外壳与接地极之间做可靠的电气连接。这样,如果当人体触及此外壳时,由于人体的电阻远大于接地体电阻,大部分电流即经接地体流入大地,而流经人体的电流就很小,这时只要适当控制接地电阻(一般不大于 4Ω),就可减少触电事故发生。但是,在 TT 供电系统中,即使采用这种保护方式的设备外壳,外壳电压对人体来说还是相当危险的,因此这种保护方式只适用于TT供电系统的施工现场。按规定保护接地的电阻不大于4Ω。

(2)保护接零。在电源中性点直接接地的低压电力系统中,将用电设备的金属外壳与供电系统中的零线或专用零线直接做电气连接,即称为保护接零。

保护接零的作用是,当电气设备的金属外壳带电时,短路电流经零线即成闭合电路,并使其变成单相短路故障。因零线的阻抗很小,所以短路电流很大。短路电流一般大于额定电流的几倍甚至几十倍,这样大的单相短路会使保护装置迅速而准确地动作来切断事故电源,以保证人身安全。

不管采用保护接地还是保护接零,都必须注意在同一系统中不允许对一部分设备采取接地,而对另一部分设备采取接零。因为在同一系统中,如果有的设备采取接地,有的设备采取接零,那么当采取接地的设备发生碰壳时,零线电位将升高,导致所有接零的设备外壳都能带上危险的电压。

(3)设置漏电保护器。具体要求如下:

1)施工现场的总配电箱和开关箱应至少设置两级漏电保护器,而且两级漏电保护器的额定漏电动作电流和额定漏电动作时间应合理配合,使之具有分级保护的功能。

2)开关箱中必须设置漏电保护器,施工现场所有用电设备,除做保护接零外,还必须在设备负荷线的首端处安装漏电保护器。注意,漏电保护器应装设在配电箱电源隔离开关的负荷侧与开关箱电源隔离开关的负荷侧。

3)漏电保护器的选择应符合(GB6829—86《漏电电流动作保护器(剩余电流动作保护器)》的要求,开关箱内的漏电保护器额定漏电动作电流应不大于30mA,额定漏电动作时间应小于0.1秒。

在潮湿和有腐蚀介质场所装设的漏电保护器应采用防溅型产品。其额定漏电动作电流应不大于15mA,额定漏电动作时间应小于0.1秒。

(4)安全电压。这是指不戴任防护设备而接触用电设备时对人体各部位不造成任何损害的电压。我国GB3805—83《安全电压》中规定,安全电压值的等级有42V、36V、24V、12V及6V五种。同时还规定:当电气设备采用了超过24V电压时,必须采取预防直接接触带电体的保护措施。对下列特殊场所应使用安全电压照明器:

1)隧道、人防工程、有高温处及导电灰尘,或灯具离地面高度低于2.4m等场所的照明,电源电压应不大于36V。

2)在潮湿和易触及带电体场所的照明电源电压不得大于24V。

3)在特殊潮湿的现场、导电良好的地面、锅炉或金属容器内工作的照明,其电源电压不得大于12V。

(5)电气设备的设置。电器设备的设置应符合下列要求:

1)配电系统应设置室内总配电屏和室外分配电箱,或者设置室外总配电箱和分配电箱,以便实行分级配电。

2)动力配电箱与照明配电箱宜分别设置,如合置在同一配电箱内,动力用电线路和照明用电线路应分路设置,照明线路接线宜接在动力开关的上侧。

3)开关箱应由末级分配电箱配电,开关箱内应一机一闸,每台用电设备应有自己的开关箱,严禁用一个开关电器直接控制两台及两台以上的用电设备。

4）总配电箱应设在靠近电源的地方，分配电箱应装设在用电设备或负荷相对集中的地区。分配电箱与开关箱的距离不得超过 30m，开关箱与其控制的固定式用电设备的水平距离不宜超过 3m。

5）配电箱、开关箱应装设在干燥、通风及常温场所，不得装设在有严重损伤作用的瓦斯、烟气、蒸气、液体及其他有害介质中，也不得装设在易受外来固体物撞击、强烈震动、液体浸溅及热源烘烤的场所。配电箱、开关箱周围应有足够两人同时工作的空间，其周围不得堆放任何有碍操作、维修的物品。

6）配电箱、开关箱安装。要端正、牢固，移动式的箱体应装设在坚固的支架上。固定式配电箱、开关箱的下皮与地面的垂直距离应大于 1.3m、小于 1.5m。移动式分配电箱、开关箱的下皮与地面的垂直距离可为 0.6～1.5m。配电箱、开关箱采用铁板或优质绝缘材料制作，铁板的厚度应大于 1.5mm。

7）配电箱、开关箱中导线的进线口和出线口应设在箱体下的底面，严禁设在箱体的上顶面、侧面、后面或箱门处。

（6）电气设备的安装。安装具体要求如下：

1）配电箱内的电器应首先安装在金属或非木质的绝缘电器安装板上，然后整体紧固在配电箱箱体内，金属板与配电箱体应作电气连接。

2）配电箱、开关箱内的各种电器应按规定的位置紧固在安装板上，不得歪斜和松动。电器设备之间、设备与板四周的距离应符合有关工艺标准的要求。

3）配电箱内和开关箱内的工作零线应通过接线端子板连接，但应与保护零线接线端子板分设。

4）配电箱内和开关箱内的连接线应采用绝缘导线，导线的型号及截面应严格执行临时用电图纸的标示截面。各种仪表之间的连接线应使用截面不小于 $2.5mm^2$ 的绝缘铜芯导线。注意，导线接头不得松动，不得有外露带电部分。

5）各种箱体的金属构架、金属箱体、金属电器安装板，以及箱内电器的正常不带电的金属底座与外壳等必须做保护接零。保护零线应经过接线端子板连接。

6）配电箱后面的导线必须排列整齐，绑扎成束，并用卡钉固定在盘板上，盘后引出及引入的导线应留出适当余长，以便检修。

7）导线剥削处不应伤线芯过长，导线压头应牢固可靠，多股导线不应盘圈压接，应加装压线端子（有压线孔者除外）。如必须穿孔用顶丝压接时，多股线应涮锡后再压接，不得减少导线股数。

（7）电气设备的防护。具体规定如下：

1）在建工程不得在高、低压线路下方施工，高低压线路下方也不得搭设作业棚、建造生活设施，或堆放构件、架具、材料及其他杂物。

2）施工时各种架具的外侧边缘与外电架空线路的边线之间必须保持安全操作距离，即：当外电线路的电压为 1kV 以下时，各种架具的最小安全操作距离为 4m；当外电架空线路的电压为 1～10kV 时，其最小安全操作距离为 6m；当外电架空线路的电压为 35～110kV 时，其最小安全操作距离为 8m。上下脚手架的斜道严禁搭设在有外电线路的一侧。旋转臂架式起重机的任何部位或被吊物边缘与 10kV 以下的架空线路边线最小水平距离不得小于 2m。

3）施工现场的机动车道与外电架空线路交叉时，架空线路的最低点与路面最小垂直距离应符合以下要求：外电线路电压为1kV以下时，最小垂直距离为6m；外电线路电压为1～35kV时，最小垂直距离为7m。

4）在达不到最小安全距离时，施工现场必须采取保护措施。譬如，可以增设屏障、遮栏、围栏或保护网，并要悬挂醒目的警告标志牌。在架设防护设施时应有电气工程技术人员或专职安全人员负责监护。

5）对于既不能达到最小安全距离，又无法搭设防护措施的施工现场，施工单位必须与有关部门协商，采取停电、迁移外部电线或改变工程位置等措施，否则不得施工。

（8）电气设备的操作与维修人员。电器设备的操作必须符合以下要求：

1）施工现场内临时用电的施工和维修必须由经过培训后取得上岗证书的专业电工完成，电工的等级应同工程的难易程度和技术复杂性相适应。注意，初级电工不允许进行中、高级电工的作业。

2）对各类用电人员的要求：

①掌握安全用电基本知识和所用设备的性能；

②使用设备前必须按规定穿戴和配备好相应的劳动防护用品，并检查电气装置和保护设施是否完好，严禁设备带“病”运转；

③停用的设备必须拉闸断电，锁好开关箱；

④负责保护所用设备的负荷线、保护零线和开关箱。发现问题，及时报告解决；

⑤搬迁或移动用电设备，必须经电工切断电源并作妥善处理后进行。

（9）电气设备的使用与维护。具体要求如下：

1）施工现场的所有配电箱、开关箱应每月进行一次检查和维修。检查、维修人员必须是专业电工。工作时必须穿戴好绝缘用品，必须使用绝缘的电工工具。

2）检查与维修配电箱、开关箱时，必须将其前一段相应的电源开关分闸断电，并悬挂停电标志牌，严禁带电作业。

3）配电箱内盘面上应标明各回路的名称、用途，同时要作出分路标记。

4）总配电箱门和分配电箱门均应配锁，配电箱和开关箱应指定专人负责。施工现场当停止作业1小时以上时，应将动力开关箱上锁。

5）各种电气箱内不允许放置任何杂物，并应保持清洁。此外，箱内不得挂接其他临时用电设备。

6）熔断器的熔体更换时，严禁用不符合原规格的熔体代替。

（10）施工现场的配电线路。应符合以下要求：

1）现场中所有架空线路的导线必须采用绝缘铜线或绝缘铝线，而且导线应架设在专用电线杆上。

2）架空线的导线截面最小不得小于下列截面：当架空线用铜芯绝缘线时，其导线截面不小于$10mm^2$；当用铝芯绝缘线时，其截面不小于$16mm^2$。跨越铁路、公路、河流时，其电力线路档距内的架空绝缘铝线最小截面不小于$35mm^2$，绝缘铜线截面不小于$16mm^2$。

3）架空线路的导线接头：在一个档距内每一层架空线的接头数不得超过该层导线条数的50%，且一根导线只允许有一个接头；线路在跨越铁路、公路、河流时，其电力线路档距内不得有接头。

4）架空线路相序的排列：

①TT 系统供电时的相序排列:面向负荷从左向右为 L_1、N、L_2、L_3;

②TN－S 系统或 TX－C－S 系统供电和保护零线在同一横担架设时的相序排列:面向负荷从左至右为 L_1、N、L_2、L_3、P_E;

③TN－S 系统或 TN－C－S 系统供电时,动力线、照明线如同杆架设在上下两层横担,其相序排列方法:上层横担,面向负荷从左至右为 L_1、L_2、L_3;下层横担,面向负荷从左至右为 L_1、(L_2、L_3)、N、P_E。当照明线在两个横担上架设时,最下层横担面向负荷,最右边的导线为保护零线 P_E。

5)架空线路的档距一般为 30m,最大不得大于 35m;线间距离应大于 0.3m。

6)施工现场内导线最大弧垂与地面距离不小于 4m,跨越机动车道时为 6m。

7)架空线路所使用的电杆应为专用的混凝土杆或木杆。当使用木杆时,木杆不得腐朽,其梢径应不小于 130mm。

8)架空线路所使用的横担、角钢及杆上的其他配件,应视导线截面、杆的类型具体选用。杆的埋设、拉线的设置均应符合有关施工规范。

(11)施工现场的电缆线路。一般应符合以下要求:

1)电缆线路应采用穿管埋地或沿墙、电杆架空敷设,严禁沿地面明设。

2)电缆在室外直接埋地敷设的深度应不小于 0.6m,并应在电缆上下各均匀铺设不小于 50mm 厚的细沙,然后覆盖砖等硬质保护层。

3)橡皮电缆沿墙或电杆敷设时应用绝缘子固定,严禁使用金属裸线绑扎。固定点间的距离应保证橡皮电缆能承受自重所带的荷重。注意,橡皮电缆的最大弧垂距地不得小于 2.5m。

4)电缆的接头应牢固可靠,绝缘包扎后的接头不能降低原来的绝缘强度,并不得承受张力。

5)在有高层建筑的施工现场,临时电缆必须采用埋地引入。临时电缆垂直敷设的位置应充分利用在建工程的竖井、垂直孔洞等,同时应靠近负荷中心,而且固定点每楼层不得少于 1 处。电缆水平敷设要沿墙固定,最大弧垂距地面不得小于 1.8m。

(12)室内导线的敷设及照明装置。应符合以下要求:

1)室内配线必须采用绝缘铜线或绝缘铝线,采用瓷瓶、瓷夹或塑料夹敷设,距地面高度不得小于 2.5m。

2)进户线在室外处要用绝缘子固定,进户线过墙应穿套管,距地面应大于 2.5m,室外要做防水弯头。

3)室内配线所用导线的截面应按图纸要求施工,但所用导线的截面,铝线最小不得小于 $2.5mm^2$,铜线最小不得小于 $1.5mm^2$。

4)金属外壳的灯具外壳必须做保护接零,所用配件均应使用镀锌件。

5)室外灯具距地面不得小于 3m,室内灯具距地面不得低于 2.4m,插座接线应符合规范要求。

6)螺口灯头及接线应符合下列要求:

①相线接在与中心触头相连的一端,零线接在与螺纹口相连的一端。

②灯头的绝缘外壳不得有损伤和漏电。

7)各种用电设备、灯具的相线必须经开关控制,不得将相线直接引入灯具。

8)暂设室内的照明灯具应优先选用拉线开关。拉线开关距地面的高度为2~3m,与门口的水平距离为0.1~0.2m,拉线出口应向下。

9)严禁将插座与扳把开关靠近装设,严禁在床上设置开关。

3.临时用电检查验收

(1)临时用电检查验收的主要内容。

1)架空线路:检查导线型号、截面及接头,电杆材质和规格,进户线高度与导线弧垂距地高度。

2)电缆线路:检查内容:电缆敷设方式,电缆穿过建筑物、道路及易损部位是否加套管保护,架空电缆绑扎、最大弧垂距地面高度,电缆接头是否符合规范。

3)室内配线:检查导线型号、规格及距地高度,室内敷设的导线是否采用瓷瓶和瓷夹,导线截面是否满足规范的最低标准。

4)设备安装:

①检查配电箱和开关箱的位置、距地高度和动力、照明系统是否分开设置;

②检查箱内开关、电器固定、箱内接线、保护零线与工作零线的端子是否分开设置;

③检查漏电保护器工作是否有效,特别是非常潮湿的场所。

5)接地接零:检查保护接地、重复接地、防雷接地的接地装置是否符合要求,各种接地电阻的电阻值,机械设备的接地螺栓是否紧固;检查高大井架、防雷接地的引下线与接地装置的做法。

6)电气防护:检查高低压线下方有无生活设施、架具材料及其他杂物,检查架子与架空线路的距离,塔吊旋转部位或被吊物边缘与架空线路的距离。

7)照明装置:检查照明箱内有无漏电保护器,且是否有效;检查零线截面及室内导线型号与截面,室内外灯具距地高度,螺口灯接线、开关断线是否是相线;检查开关灯具的安装位置。

上述各项,均应符合设计图纸的要求和有关规范工艺标准的规定。

(2)各类接地电阻值测定记录。《施工现场临时用电安全技术规范》JGJ46-88中对各类接地电阻值作了如下规定:

1)电力变压器或发电机的工作接地电阻值不得大于4Ω。单台容量不超过100kV·A或使用同一接地装置并联运行且总容量不超过100kV·A的变压器,或发电机工作接地电阻值不得大于10Ω。

2)保护零线每一重复接地装置的接地电阻值应不大于10Ω。在工作接地电阻允许达到10Ω的电力系统中,所有重复接地的并联等值电阻也应不大于10Ω。

3)施工现场内所有防雷装置的冲击接地电阻值不得大于30Ω。

(3)接地电阻值测试记录表。工作接地、重复接地、防雷接地等各种接地装置按要求施工完工后,应进行各类接地电阻值测试并做好记录。

填写接地电阻值测试记录表时,应注明仪表型号、施工班组、测试日期与天气情况,并要求有关人员进行签字。测试时应有工长、安全员参加,测试人员必须如实填写数值,不得涂改。

电气接地电阻值测试记录表的格式见表10-6。

表 10－6　电气接地电阻值测试记录

<table>
<tr><td colspan="2">工程名称</td><td colspan="2"></td><td>施工单位</td><td colspan="2"></td></tr>
<tr><td colspan="2">仪表型号</td><td colspan="2"></td><td>测试日期</td><td colspan="2">年　月　日</td></tr>
<tr><td colspan="2">计量单位</td><td colspan="2">（Ω）</td><td>天气情况</td><td colspan="2">气温　（℃）</td></tr>
<tr><td colspan="2">接地类型</td><td>防雷接地</td><td>保护接地</td><td>重复接地</td><td>接地</td><td>接地</td></tr>
<tr><td rowspan="10">组别及实测数据</td><td>1</td><td></td><td></td><td></td><td></td><td></td></tr>
<tr><td>2</td><td></td><td></td><td></td><td></td><td></td></tr>
<tr><td>3</td><td></td><td></td><td></td><td></td><td></td></tr>
<tr><td>4</td><td></td><td></td><td></td><td></td><td></td></tr>
<tr><td>5</td><td></td><td></td><td></td><td></td><td></td></tr>
<tr><td>6</td><td></td><td></td><td></td><td></td><td></td></tr>
<tr><td>7</td><td></td><td></td><td></td><td></td><td></td></tr>
<tr><td>8</td><td></td><td></td><td></td><td></td><td></td></tr>
<tr><td>9</td><td></td><td></td><td></td><td></td><td></td></tr>
<tr><td>10</td><td></td><td></td><td></td><td></td><td></td></tr>
<tr><td colspan="2">设计要求</td><td>≤Ω</td><td>≤Ω</td><td>≤Ω</td><td>≤Ω</td><td>≤Ω</td></tr>
<tr><td colspan="2">测试结论</td><td colspan="5"></td></tr>
<tr><td colspan="2" rowspan="2">参加人员
签　字</td><td>建设单位</td><td>设计单位</td><td>施工员</td><td>质检员</td><td>测试(2 人)</td></tr>
<tr><td></td><td></td><td></td><td></td><td></td></tr>
</table>

〔注〕 ①本表适用于各种类型接地电阻的测试；
②非重点及特殊要求的施工项目，设计单位可不参加签字。

4. 临时用电定期安全检查

安全检查施工现场临时用电是及时掌握电气运行情况，尽早发现隐患，确保电气设备安全运行的重要措施。《施工现场临时用电安全技术规范》JCJ46－88 中规定：临时用电工程的定期检查时间，施工现场每月一次，基层公司每季一次。基层公司检查时，应复查接地电阻。

施工现场临时用电应作为施工现场检查的一部分参加现场安全管理的综合评定。临时用电安全部分的表格可采用表 10－7 的格式。

表 10－7　施工现场临时用电安全检查评分记录

施工单位：　　　　　　　　工程名称：　　　　　　　　年　月　日

序号		检查项目	检查情况	标准分值	评定分值
1	线路照明	施工区、生活区架设配电线路应符合有关规范		5	
2		施工区、生活区按规范装设照明设备		5	
3		照明灯具和低压变压器的安装使用应符合规定		3	
4		特殊部位的内外电线路应按规范采取安全防护		5	
5	配电箱	施工区实行分级配电，配电箱、开关箱位置应合理		5	
6		配电箱、开关箱安装和内部设置应符合规定		5	
7		箱内电器必须完好，选型定值应合理并标明用途		5	
8		箱体应牢固、防雨、内无杂物、整洁并编号，停用后要断电加锁		5	
9	保护	配电系统按规范采用接零或接地保护系统		5	
10		电力施工机具做可靠接零或接地		5	
11		现场的高大设施按规范要求装设避雷装置		5	
12		配电箱、开关箱要求设两级漏电保护，而且选型需符合规定		8	
13		值班电工个人防护用品穿戴应齐全，持证上岗		3	
14	机具	施工机具电源入线压接牢固整齐，无乱拉扯、压砸的现象		5	
15		手持电动工具绝缘性必须完好，电源线无接头破损		5	
16		电焊机及一二次线防护要齐全，焊把线双线要到位并无破损		8	
17	资料	临时用电有设计书（方案）和管理制度		5	
18		配电系统有线路走向、配电箱分布及接线图		5	
19		电工值班室必须有值班、设备检测、验收、维修记录		3	
20	检查电工应知考核			5	
	应得分	实得分	得分率	折合标准分值	

检查员签字：

〔注〕①表中所列的检查项目必须全面到位检查。电源配电箱、开关箱和施工机具的检查数量分别应不少于3只（台、件）。表中第17条之前的检查项目部位（处）不应少于两处。

②表中所指的规范，系指建设部1988年颁发的《施工现场临时用电安全技术规范》。表所提的规定，系根据有关部门颁发的规程和规定。表中第9栏的检查评分主要依据以下原则：

A. 对1991年起新开的工程要按建设部的规范要求，采用三相五线制的专用保护零线的配电系统；

B. 对1991年前开工的工程，应逐步改造，基本达到部颁规范的要求；

C. 对不具有独立配电系统的工程，必须做接地保护装置，并齐全可靠；

D. 表中第12栏，要求配电系统设两级漏电保护器，形成分级保护，允许第一级（靠系统电源一侧）采用漏电动作电流大于30mA、小于100mA的漏电保护装置。

③每个子项按“好”、“较好”、“合格”、“较差”、“差”五级评定。

A. 凡达到规程、规范、规定及标准并全面完好的，评为好，给予该项标准分值的100%；

B. 凡达到规程、规范、规定及标准而基本完好的，评为较好，给予该项标准分值的90%；

C. 凡符合规程、规范、规定及标准而仅达到合格要求的，评为合格，给予该项标准分值的70%；

D. 凡基本符合规程、规范、规定及标准，但有一定缺陷需改动后才能达到合格要求的，评为较差，给予该项标准分值的50%；

E. 不符合规程、规范、规定及标准而且有严重缺陷的，评为差，给予该项标准分值的0%；

F. 缺项不评分，分子、分母都不计算。如发现有严重隐患或严重问题的项目，可视其严重程度，在零线下给予负5~10分处理，并在检查汇总表的总分中酌情扣减5~20分。

④由现场检查人员提供检查记录。

表10-7说明

1. 施工区、生活区架设配电线路应符合有关规范（5分）

现场配电线路路标、支线不按规范架设，而且问题严重、存在隐患在7处以上，给0分；存在问题5处以上，给标准分值的50%。

2. 施工区、生活区按规范装设照明设备（5分）

施工现场220V及以上电压、照明灯具的安装不符合规范和规程的，问题严重达7处以上的，给0分；存在问题达5处以上，给标准分值的50%。

3. 照明灯具和低压变压器的安装使用符合规定（3分）

低压行灯、串灯及照明变压器的安装不符合规程要求达5处的给0分，达3处的给标准分值的50%。

4. 特殊部位的内外电线路按规范采用安全防护（5分）

特殊部位不按规程、规范采取安全防护措施的给0分；措施有漏洞达3处的，给标准分值的50%。

5. 施工区实行分级配电，配电箱、开关箱位置合理（5分）

不实行分级配电的给0分；配电箱、开关箱安装位置不符合安全施工要求达3处以上的，给标准分值的50%。

6. 配电箱、开关箱安装和内部设置符合规定（5分）

不符合要求的配电箱数量占全部箱子数量30%以上的给0分；电器安装和内部设置不符合规范标准工程图册要求达5处的，给标准分值的50%。

7. 箱内电器完好，选型定值合理，标明用途（5分）

该项内容在检查中存在10处以上问题和问题严重的给0分，存在7处以上问题的，给标准分值的50%。

8. 箱体牢固、防雨、内无杂物、整洁并编号，停用后断电加锁（5分）

该项内容在检查中6项同时存在问题的电箱数量在3只以上，或前2项存在问题的，给0分；后3项存在问题的，给标准分值的50%。

9. 配电系统按规范采用接零或接地保护系统（5分）

不按规范采取相应的保护方式，接零接地方式混用的，给0分；不完善的给标准分值的50%。

10. 电力施工机具做可靠接零或接地（5分）

发现3处接零接地措施不良、隐患严重的给0分，3处以下方式及做法不完善的给标准分值的50%。

11. 现场的高大设施按规范要求装设避雷装置（5分）

不设避雷装置或有2处不符合规程规范要求的给0分，1处不符合要求的给予标准分值的50%。

12. 配电箱、开关箱设两级漏电保护，选型符合规定（8分）

无漏电保护器或损坏漏装达3块以上的给0分，不设两级或选型不对的给标准分值的50%。

13. 值班电工个人防护用品穿戴齐全，持证上岗（3分）

个人不穿戴防护用品或发现无证电工的，给0分。

14. 施工机具电源入线压接牢固整齐，无乱拉扯、压砸现象（5分）

该项内容均未做到或隐患严重达5处以上的给0分，3处以上的给标准分值的50%。

15. 手持电动工具绝缘完好，电源线无接头破损（5分）

工具绝缘存在问题发现二把给0分，发现一把给标准分值的50%；电源线露铜的给0分，破损的给标准分值的50%；两处有接头的给0分，一处有接头的同样给标准分值的50%。

16. 电焊机及一、二次线防护齐全，焊把线双线到位，无破损（8分）

电焊机两侧无罩给0分，不防潮、防砸的给标准分值的50%；电焊机把线不到位、破损5处以上的给0分，破损3处以上的给标准分值的50%。

17. 临时用电有设计书（方案）和管理制度（5分）

无临时用电施工组织设计和无管理制度的给0分，二者缺一给标准分值的50%。

18. 配电系统有线路走向、配电箱分布及接线图（5分）

无图的给0分，有图但图上所标内容欠缺达3项以上的给标准分值的50%。

19. 电工值班室有值班，并有设备检测、验收、维修记录（3分）

该项内容在检查中缺两项给0分，缺一项给标准分值的50%。

20. 职工应知考核（5分）

应知应会统一考核。

10.2.5 施工现场的保卫与消防

1. 施工现场的保卫

施工现场的保卫工作应做到以下十点：

一要成立以项目经理为组长、以安全负责人为副组长的保卫领导小组，负责本工程的保卫领导工作。

二要建立项目保卫工作责任制，建立门卫值班、巡逻等制度。现场保卫人员必须佩戴袖标上岗。

三要制订保卫工作措施，加强对职工的思想教育，每月进行一次现场保卫定期检查记录。

四要制订施工现场内严禁赌博酗酒、传播淫秽物品和打架斗殴制度，并禁止职工携物出入现场。

五是对施工现场易燃、易爆物品必须有严格的管理制度，并设专人、专库保管。

六要制订出防盗窃、防破坏等灾害性事故发生的措施及制度。

七是施工现场保卫小组与公司及当地保卫部门应建立工作网络。

八是对施工现场发生各类案件和灾害事故，要立即报告并保护好现场，配合公安机关尽早侦破。

九要对现场保卫定期检查提出的意见，必须限期整改，并进行复查。

十是对保卫工作有功人员必须奖励，对有过失的人员必须处罚。

2. 施工现场的消防

(1) 成立消防管理组织。施工现场必须成立以单位工程施工负责人为组长、以安全负责人为副组长、有其他成员若干名的消防管理小组。消防管理小组要制订消防责任制，成立义务消防队，做好消防安全技术交底。

(2)消防管理组织的职责与任务。

1)现场要有明显的防火警示标志,每月对职工进行一次防火教育,定期组织防火检查,建立防火工作档案。

2)电工、焊工从事电气设备安装和电气焊切割作业,要有操作证和用火证。动火前,要清除附近易燃物,并配备看火人员和灭火用具。用火证当日有效,动火地点变换要重新办理用火证手续。

3)使用电气设备和易燃、易爆物品,必须有严格的防火措施,指定防火负责人,配备灭火器材,以确保施工安全。

4)因施工需要搭设临时建筑,应符合防盗、防火要求,不得使用易燃材料搭设。城区内的工地一般不准支搭木板房,必须支搭时,需经消防监督机关批准。

5)施工材料的存放、保管应符合防火安全要求,库房应用非燃材料支搭。易燃易爆物品应专库储存,分类单独存放,保持通风,用火必须符合防火规定。此外,不准在工程内、库房内调配油漆与稀释料。

6)工程内不准作为仓库使用,不准存放易燃、可燃材料,因施工需要进入工程内的可燃材料,要根据工程计划限量进入并应采用可靠的防火措施。

7)施工现场严禁吸烟,必要时,设有防火措施的吸烟室。

8)施工现场和生活区,未经保卫部门批准不得使用电热器具。

9)氧气瓶、乙炔瓶(罐)工作间距不小于5m,两瓶如同时明火作业,距离不能小于10m,并且禁止在工程内使用罐装的液化石油气,禁止使用乙炔发生器作业。

10)在施工程要坚持防火安全交底制度,特别在进行电焊、气焊、油漆粉刷或从事防水等危险作业时,要有具体的防火要求。

11)冬季施工保温材料的存放与使用,必须采取防火措施。凡经有关部门确定的重点工程和高层建筑,不得采用可燃的保温材料。

12)在架空输电线路下面工作应停电,不能停电时,应有隔离防护措施。起重机不得在架空输电线路下面工作,通过架空输电线路时应将起重臂落下。当在架空输电线路一侧工作时,不论在任何情况下,起重臂、钢丝绳或重物等与架空输电线路的最近距离都应不小于表10-8中的规定。

表10-8　施工设备与架空输电线路的最近距离

输电线路电压	1kV以下	1~20kV	35~110kV	154kV	220kV
允许与输电线路的最近距离(m)	1.5	2	4	5	6

13)现场应划分用火作业区、易燃易爆材料区、生活区,并按规定保持防火间距。如果条件所限,防火间距达不到标准时,应采取相应的防火措施,适当减小防火距离,这种做法要征求当地消防部门的意见。另外,还要注意在防火间距中不准堆放易燃物。各类建筑物设施、材料的防火间距见表10-9所列。

表 10－9　各类建筑设施、材料的防火间距

防火间距（m）类别 \ 类别	建筑物	临建设施	非易燃库站	易燃库站	固定明火处	木料堆	废料、易燃杂料
建筑物	－	20	15	20	25	20	30
临建设施	20	5	6	20	15	15	30
非易燃库、站	15	6	6	15	15	10	20
易燃库站	20	20	15	20	25	20	30
固定明火处	25	15	15	25	－	25	30
木料堆	20	15	10	20	25	－	30
废料、易燃杂料	30	30	20	30	30	30	－

14）现场应有车辆循环通道，通道宽度不小于3.5m，并且严禁占用场内通道堆放材料。

15）现场应设专用消防用水管网，配备消防栓，较大工程要分区设消防栓，较高工程要设消防竖管，而且要随施工进度继续接高，以保证水枪射程遍及高大建筑的各部位。

16）现场临时建筑设施、仓库、易燃料场和用火处要有足够的灭火工具和设备，对消防器材要有专人管理并定期检查。

（3）安装使用电气设备时的防火要求。

1）各类电气设备、线路不准超负荷使用，线路接头要接实接牢，防止设备、线路过热或打火短路，发现问题要立即修理。

2）存放易燃液体、可燃气瓶和电石的库房内，照明线要穿管保护，库内要采用防爆灯具，开关应设在库外。

3）穿墙电线或靠近易燃物的电线要穿管保护，灯具与易燃物应保持安全距离。

4）在高压线下面不准搭设临时建筑，不准堆放可燃材料。

（4）使用明火应注意的问题。

1）现场生产、生活用火均应经主管消防的领导批准，任何人不准擅自用明火。使用明火时，要远离易燃物，并备有消防器材。

2）现场的锅炉房要用非燃烧材料建造，烟囱临近锅炉房顶的易燃材料处要采取隔离措施。锅炉房应设在远离易燃材料的地方，如果锅炉房下风方向有易燃料场、易燃设施，应在烟囱上装防火帽。

3）使用木料烧火时，要随时有人看管，不准用易燃油料点火，用火完毕要彻底熄灭。

4）冬季施工室内取暖或建筑物室内保温用的炉火，都要经消防人员检查，并办理用火手续，发现无用火证的火炉要立即熄火，并追查责任。

5）现场应设吸烟室，场内严禁吸烟。

6）现场内从事电焊、气焊工作的人员均应受过消防知识教育，持有操作合格证。在作业前要办理用火手续，并应配备适当的看火人员。看火人员随身应有灭火器具，在焊接过程中不准擅离岗位。

7)冬季采用电热法或红外线蓄热法施工时,要注意选用非燃烧材料保温,并清除其他易燃物。

(5)现场用易燃材料搭设的工棚在使用时应遵守的规定。

1)工棚设置处要有足够的灭火器材,设蓄水池或蓄水桶。

2)每幢工棚的防火间距,城区不小于5m,农村不小于7m。工棚不得过于集中,每一组工棚不准超过12栋,组与组的防火间距不小于10m。

3)不准在高压线下搭设工棚,在高压线一侧搭工棚时,与高压线水平距离不小于6m。工棚与铁路和易燃物库房的距离不小于30m,距危险性较大的用火生产区不小于30m。锅炉房、厨房用明火的设施应设在工棚区的长年下风方向。

4)工棚内的高度一般不低于2.5m,棚内应留有通道,合理设门窗,门窗均应向外开。

5)工棚内冬季用火炉取暖时,要办用火证,有专人负责用火安全。炉子距室内易燃物不小于1.5m,烟囱出室处要用不燃材料隔挡。火炉旁不准堆放易燃点火物,室内不准存放渣土。

6)工棚内的灯具、电线都应采用妥善的绝缘保护,灯具与易燃物一般应保持30cm间距,使用大灯泡时与易燃物的间距要加大。注意,工棚内不准使用碘钨灯照明。

(6)消防保卫平面图。施工组织设计要有保卫与消防的措施方案及设施平面布置图,并按照有关规定报公安监督机构审批或备案。消防保卫平面图应标出:责任区的划分及责任人,消防器材及设施的位置,消防循环通道,重点防火区,防火安全间距,消防用的供水管网。

(7)施工现场保卫消防管理检查。对施工现场保卫消防管理要常进行检查,并进行评分。评分标准与说明见表10-10。

表10-10　施工现场保卫消防管理检查评分记录表

施工单位:　　　　　　　　工程名称:　　　　　　　　年　月　日

序号	检查项目		检查情况	标准分值	评定分值
1	现场状况	现场重要出入口应设警卫室,昼夜有值班人和记录		4	
2		建筑物内外消防道路和通道要畅通		5	
3		现场有明显的防火标志		4	
4		消防设施、工具、器材设置符合规定		6	
5		施工现场内禁止吸烟,或设吸烟室		4	
6		工程内不准做仓库,不准积存易燃可燃材料		5	
7		工程内不准安排职工和他人居住		5	
8		现场临时建筑符合防火规定		5	
9		仓库内易燃性油料和料具不能混放		5	
10		剧毒、易燃物应有严格的领退手续		4	
11		油漆库和油漆工配料房分开设置		3	

续表 10－10

序号	检　查　项　目		检查情况	标准分值	评定分值
12	现场状况	氧气瓶、乙炔瓶(罐)使用需符合规定		4	
13		24m 以上建筑按规定设置消防立管和专用水泵电源		6	
14		明火作业应符合规定要求		6	
15		建筑材料、机具和成品保卫措施要健全有效		5	
16		施工现场未经批准,不准使用电热器具		3	
17		电焊工、气焊工必须持证上岗		4	
18	资料	保卫消防设施的布置要符合平面图		4	
19		施工现场有保卫消防制度、方案和预案		4	
20		有保卫消防负责人和组织		4	
21		保卫消防检查要有记录和整改措施		5	
22	职工应知考核			5	
应得分	实得分	得分率	折合标准分值		

检查人员签字:

〔注〕 ①表中所列的检查项目必须全面到位进行检查,同一项目检查数量高层建筑不得少于1/3处,多层建筑不得少于1/2处。

②表中第4栏检查时,应包括设施器材是否完好、有效和局部合理,灭火器必须有年检合格证。表中第14栏检查时,应包括用火证、用火人、看火人、灭火器材和周围的易燃物清理。

③评分时,每个子项按"好"、"较好"、"合格"、"较差"、"差"五级评定。

A. 凡达到规程、规范、规定、标准,全项完好的评为较好,给该项标准分值的100%;

B. 凡达到规程、规范、规定、标准,基本完好的评为好,给该项标准分值的90%;

C. 凡符合规程、规范、规定、标准,达到合格要求的,评为合格,给该项标准分值的70%;

D. 凡基本符合规程、规范、规定、标准,但有一定缺陷,需改动后才能达到合格要求的,评为较差,给该项标准分值的50%;

E. 不符合规程、规范、规定、标准,有严重缺陷的,评为差,给0分;

F. 缺项不评分,分子、分母都不计算,如发现有严重隐患或严重问题的项目,可视其严重程度,在零线下给予－5分至－10分处理,并在检查汇总表的总分中酌情扣减5～20分。

④检查记录由检查人员提供。

表 10－10 说明

(保卫消防管理部分)

1. 现场重要出入口应设警卫室,昼夜有人值班和有记录(4分)

没设警卫室、没有人值班和无记录的为0分,三项中缺少任何两项的给标准分值的50%。

2. 建筑物内外消防道路和通道畅通(5分)

建筑物内外楼梯踏步、主要通道及出入口(不少于2处)不通的为0分,主要通道堆放杂物通行不便的给标准分值的50%。

外消防道路不通、没有车辆通道的为0分,有消防道路及车辆通道但被临时占用清除不及时的给标准分值的50%。

3. 现场有明显的防火标志(4分)

现场重要部位(地下消火栓、仓库、油漆库、易燃物堆放场所、木工房、变电室等地点)没有明显防火标志的为0分,有标志但不明显或位置不合理的或夜间无显示灯的给标准分值的50%。

4. 消防设施、工具、器材设置符合规定(6分)

现场没有消防水源、重点防火部位没有灭火器的为0分;有消防水源但供水水源不足、又没有可靠措施(干管不小于100mm),或者重点防火部位灭火器少于4个,或者虽有水龙带但数量不足、又没有配备消防栓处或消防设施处被占用、消防器材保养不合格(5个以上)的给标准分值的50%。

5. 施工现场禁止吸烟,或设吸烟室(4分)

没设吸烟室,或重要部位(仓库、油库、配料间、木工房、易燃材料堆放处等重点防火区内)有吸烟现象,或发现有烟头的为0分;设有吸烟室,没到吸烟室内吸烟的并发现地上有烟头5处以上的给标准分值的50%。

6. 工程内没有做仓库,没有积存易燃可燃材料(5分)

工程内做仓库或积存易燃、可燃材料的为0分(经过消防部门审批并有审批手续的除外),根据工程计划限量进入,没有采取可靠防火措施的给标准分值的50%。

7. 工程内没有安排职工和他人居住(5分)

工程内住人,如没有审批手续或有手续但属非施工人员居住,或者有手续但住人后管理差、又没有管理制度、没有消防措施的为0分;住人后管理制度不完善或有一定缺陷、消防措施不全的给标准分值的50%。

8. 现场临时建筑符合防火规定(5分)

在城区内临时建筑如果用易燃、可燃材料支搭(特殊情况经消防部门批准的除外)、或经审批后没有按规定支搭的为0分;部分用易燃、可燃材料支搭,又没有安全措施的给标准分值的50%。

9. 仓库内易燃性油料和料具未混放(5分)

仓库内易燃性油料和料具混放的为0分。

10. 剧毒、易燃物有严格的领退手续(4分)

剧毒、易燃物没有领退手续的为0分;领出后没按规定存放的给标准分值的50%。

11. 油漆库和油工配料房分开设置(3分)

油漆库和油工配料房没分开设置的为0分。

12. 氧气瓶、乙炔瓶(罐)使用符合规定(4分)

氧气瓶和乙炔瓶工作间距小于5m或两瓶之间的用火点小于10m,液化石油气瓶、乙炔发生器在工程内的为0分。

13. 24m高以上建筑物按规定设置消防立管和专用水泵电源的(6分)

24m高没设消防立管(仅从5层开始设立直径65mm的立管),或消防栓口处没配备水龙带,或有立管没有专用线,或有立管但进水量小不能使用的为0分;有专用线路但接线错误,或有水龙带但数量不够,或有立管没及时跟上层次(少于3层),或没有专用水泵房的给标准分值的50%。

14. 明火作业符合规定要求(6分)

电气焊没有用火证、没有看火人、没有措施的为0分;没有用火证但有看火人和措施,或有用火证、有措施但没有看火人,或有用火证、看火人但措施没有到位的给标准分值的50%。

15. 建筑材料、机具和成品保卫措施健全有效(5分)

建筑材料、机具和成品保卫没有措施的为0分,有措施不健全的给标准分值的50%。

16. 施工现场未经批准、不准使用电热器具(3分)

未经批准使用电热器具的为0分,虽经批准但使用不按规定的给标准分值的50%。

17. 电焊工、气焊工必须持证上岗(4分)

电焊工、气焊工没有持证上岗的为0分;有证集体保管,上岗时没有复印件的给标准分值的50%。

18. 保卫消防设施的布置符合平面图(4 分)

没有平面图,或者消防保卫设施的布置不符合平面图 3 处以上的为 0 分;有平面图但太简单的给标准分值的 50%。

19. 施工现场有保卫消防制度、方案和预案(4 分)

现场没有保卫消防制度和没有方案和预案的,或没有消防部门审批手续的为 0 分;前两项缺一项或内容不全的给标准分值的 50%。

20. 施工现场有保卫消防负责人和组织(4 分)

现场没有保卫消防负责人和组织的为 0 分,有组织不完善的给标准分值的 50%(义务消防队应占总人数 15% ~25%)。

21. 保卫消防检查有记录和整改措施(5 分)

保卫消防检查没有记录和整改措施的为 0 分,两项中缺一项的给标准分值的 50%。

22. 职工应知考核(5 分)

对防火负责人、保卫干部进行考核,内容是保卫消防管理基本标准,如考核时三个问题都回答不出来的为 0 分,有两个回答不上来的给标准分值的 50%。

10.3 现场文明施工管理

现场文明施工管理包括现场场容管理、施工料具管理、现场环境保护及环卫卫生管理四个部分。

10.3.1 现场场容管理

施工现场场容管理的要求是:

(1)施工现场大门和围栏牢固整齐,符合要求;

(2)临时工程牢固整齐,材质符合要求;

(3)工地主要出入口有施工单位标示牌;

(4)大门内有“一图四牌”;

(5)现场运输道路平整、畅通、有排水措施;

(6)料具和构配件码放整齐,符合要求;

(7)梯楼、休息板、阳台无堆放材料和杂物;

(8)施工现场内无随地大小便痕迹;

(9)建筑物内外零散碎料和垃圾渣土清理及时;

(10)成品保护措施健全有效;

(11)责任区分片包干,个人岗位责任制健全;

(12)施工区和生活区有明确的划分;

(13)施工组织设计编制审批手续齐全,内容科学合理;

(14)施工组织设计变更手续齐全,有原审批人签字;

(15)流水段、工程流程、设备配置符合施工组织设计;

(16)季节性施工方案和措施齐全,针对性强,切实可行;

(17)施工平面布置图符合规定,现场状况与图相符;

(18)进行职工应知考核。

10.3.2 现场施工料具管理

现场施工料具管理的标准：

(1)现场外堆料要有批准手续并码放整齐，不妨碍交通和不影响市容；

(2)建筑物内外存放的各种料具分规格码放整齐，符合要求；

(3)材料保管有防雨、防潮、防损坏措施；

(4)贵重物品及时入库；

(5)水泥库内外散落的灰及时清运；

(6)现场和搅拌机四周无废弃砂浆和混凝土；

(7)砖成丁码放，砂石和散料码成堆，随用随清，不留料底；

(8)钢材、木材等料具合理使用，优材不劣用；

(9)工人操作能做到活完料净脚下清；

(10)施工垃圾集中存放，及时分拣、回收、清运；

(11)现场余料、包装容器回收及时，堆放整齐；

(12)现场无长流水、无长明灯；

(13)施工组织设计有技术节约措施并能实施；

(14)资料管理严格，进出场手续齐全；

(15)实行限额领料，领退料手续齐全；

(16)进行职工应知考核。

10.3.3 现场环境保护管理

现场环境保护管理应做到：

(1)施工现场搭设封闭式垃圾道或采用容器吊运；

(2)有防扬尘措施；

(3)搅拌机按规定安装除尘装置；

(4)柴炉、大灶及时整治；

(5)冬季施工锅炉及时整治；

(6)沥青锅及时整治；

(7)烟尘黑度有监控；

(8)搅拌机前台及运输车冲洗设有沉淀池；

(9)水磨石污水经沉淀池沉淀后外排；

(10)乙炔污水经沉淀池沉淀后外排；

(11)食堂污水按规定设有隔油池，除油后外排；

(12)油料库有防渗漏措施；

(13)强噪声机械设备有降噪措施；

(14)人为的活动噪声有控制措施；

(15)低噪声小区有噪声监控；

(16)施工组织设计中有针对性的环保措施；

(17)环保工作自我保障体系有检查记录；

(18)职工应知考核。

10.3.4 现场环境卫生管理

现场环境卫生管理要求做到：

(1)施工现场整齐清洁，无积水；

(2)车辆不带泥沙出现场；

(3)办公室内清洁整齐，窗明地净；

(4)宿舍、更衣室清洁，床铺上下整齐卫生；

(5)生活区周围不随意泼污水、倒污物；

(6)生活垃圾按指定地点集中，及时清理；

(7)冬季取暖炉设施齐全，有验收合格证；

(8)伙房内外整洁卫生，炊具干净，无腐烂变质食品；

(9)伙房有食品卫生许可证；

(10)炊事人员有身体健康证；

(11)炊事人员上岗穿工作服和戴工作帽，保持个人卫生；

(12)操作间、仓库、食堂清洁卫生，无蝇无鼠无蛛网；

(13)加工、保管的生熟食品分开，食品有遮盖；

(14)职工饮水卫生；

(15)厕所屋顶墙壁严密，门窗齐全有效；

(16)现场厕所按规定采用冲水或加盖措施；

(17)厕所有专人清扫保洁，有灭蝇、灭蛆措施；

(18)工地有卫生管理制度；

(19)卫生责任区划分明确；

(20)工地有卫生检查记录；

(21)进行职工应知考核。

10.3.5 现场文明施工管理的组织及实施

1. 领导负责制

由于现场文明施工是一项涉及面广、工作难度大、综合性很强的工作，任何部门无法单独负责，因此必须明确一位主要领导负责，组织和协调各部门共同管理。

2. 区域责任制

现场文明施工的区域责任制是把施工现场划分为若干区域，将每个区域的责任落实到有关班组。人员发生变化时要及时调整。

3. 齐抓共管制

齐抓共管就是实行由生产部门牵头，各专业系统分口负责，但要共同管理，并按制度进行自检、互检及组织检查。

4. 奖罚责任制

现场文明施工管理要建立明确的奖罚责任制，而且奖罚及时兑现，一视同仁。

5. 日常管理制

施工现场应订立经常宣传、随时检查、随时整改的措施，使每个班组和每个人都能抓好每一个工序、每一个环节，使施工现场形成良好的文明施工风气。

10.3.6 施工现场的环境卫生和卫生管理检查

施工现场的环境卫生和卫生管理检查的评分记录见表 10－11。

表 10－11 施工现场的环境卫生和卫生管理检查的评分记录表

施工单位： 工程名称： 年 月 日

序号	检查项目		检查情况	标准分值	评定分值
1	现场	施工现场整齐清洁，无积水		5	
2	现场	车辆不带泥沙出现场		5	
3	办公室内清洁整齐，窗明地净			4	
4	生活区	宿舍、更衣室要清洁，床铺上下整齐卫生		8	
5	生活区	生活区周围不随意泼污水、倒污物		5	
6	生活区	生活垃圾按指定地点集中，及时清理		4	
7	生活区	冬季取暖炉设施安全，有验收合格证		5	
8	伙房食堂	伙房内外整洁卫生，炊具干净，无腐烂变质食品		5	
9	伙房食堂	伙房要有食品卫生许可证		5	
10	伙房食堂	炊事人员要有身体健康证		5	
11	伙房食堂	炊事人员上岗必须穿戴工作服和工作帽，保持个人卫生		4	
12	伙房食堂	操作间、仓库、食堂清洁卫生，无蝇、无鼠、无蜘蛛网		5	
13	伙房食堂	加工或保管的生熟食品要分开，食品有遮盖		5	
14	职工饮水要卫生			5	
15	厕所	厕所屋面墙壁严密，门窗齐全有效		5	
16	厕所	现场厕所按规定采用冲水或加盖措施		4	
17	厕所	厕所有专人清扫保洁，有灭蝇灭蛆措施		4	
18	管理资料	工地有卫生管理制度		4	
19	管理资料	卫生责任区划分明显		4	
20	管理资料	工地有卫生检查记录		4	
21	职工应知考核			5	

应得分 实得分 得分率 折合标准分值

检查员签字：

〔注〕 ①表中所列项目必须全面到位检查。

②表中第15栏，对市区及远郊城镇以外施工现场的厕所按缺项处理。

③评分方法是每个子项按"好"、"较好"、"合格"、"较差"、"差"五级评定。

A. 凡达到规程、规范、规定及标准，全项完好的评为好，给该项标准分值的100%；

B. 凡达到规程、规范、规定及标准，基本完好的评为较好，给该项标准分值的90%；

C. 凡符合规程、规范、规定及标准，达到合格要求的，评为合格，给该项标准分值的70%；

D. 凡基本符合规程、规范、规定及标准，但有一定缺陷，需改动后才能达到合格要求的，评为较差，给该项标准分值的50%；

E. 不符合规程、规范、规定及标准，有严重缺陷的，评为差，给0分；

F. 缺项不评分，分子、分母都不计算，如果3项发现有严重隐患或严重问题的项目，可视其严重程度，在零线下给予-5分至-10分处理，并在检查汇总表的总分中酌情扣减5~20分。

④检查记录由检查人员提供。

表10-11说明

（环境卫生管理部分）

1. 施工现场整齐清洁，无积水（5分）

现场杂乱，3处积水严重的为0分；有积水的给标准分值的50%。

2. 车辆不带泥沙出现场（5分）

无措施且场外有泥沙的为0分（措施是在大门处设20cm深水坑洗刷车辆），有措施但场外有泥沙的给标准分值的50%。

3. 办公室内清洁整齐，窗明地净（4分）

办公室经常不清扫且杂乱，而屋内设施尘土多为0分；不扫地、不清理或不擦玻璃的给标准分值的50%。

4. 宿舍、更衣室清洁，床铺上下整齐卫生（8分）

室内墙、窗、地、床铺上下又脏又乱，达3间屋以上的为0分；室内墙、窗或床铺上下脏且乱达2间以上的给标准分值的50%。

5. 生活区周围不随意泼污水、倒污物（5分）

生活区周围污水和污物较多的为0分，只有污水或污物的给标准分值的50%。

6. 生活垃圾按指定地点集中，及时清理（4分）

生活垃圾未集中又未及时清理的为0分，垃圾未集中或者未及时清理的给标准分值的50%。

7. 冬季取暖炉设施齐全，有验收合格证（5分）

冬季取暖炉设施不齐且无合格证的为0分，设施不齐或虽齐但无合格证的给标准分值的50%。

8. 伙房内外整洁卫生、炊具干净、无腐烂变质食品（5分）

伙房不符"卫生标准"而且有变质食品的为0分，只有一项差的给标准分值的50%。

9. 伙房有食品卫生许可证（5分）

伙房食品无卫生许可证的为0分，虽有证但食品已过期的给标准分值的50%。

10. 炊事人员有身体健康证（5分）

炊事人员无健康证或发现有传染病的为0分，有证但发现证过期的给标准分值的50%。

11. 炊事人员上岗穿戴工作服和工作帽，保持个人卫生（4分）

炊事人员未穿戴工作服和工作帽，而且个人卫生差的为0分；虽穿戴工作服和工作帽，但个人卫生差或穿工作服上厕所的给标准分值的50%。

12. 操作间、仓库、食堂清洁卫生，无蝇、无鼠、无蜘蛛网（5分）

操作间和仓库既脏又乱，并有蝇和蛆的为0分，其中只有一项不合格的给标准分值的50%。

13. 生熟食品加工、保管均分开，食品有遮盖（5分）

生熟食品不分开且无干净器具或食品没遮盖的为0分，其中只有一项不合格的给标准分值的50%。

14. 职工饮水卫生（5分）

现场无消毒饮水设备的为0分，有设备但不卫生的给标准分值的50%。

15. 厕所屋顶墙壁严密、门窗齐全有效（5分）

厕所墙顶不严密且无门窗的为0分，其中只有一项不合格的给标准分值的50%。

16. 现场厕所按规定采用冲水或加盖措施（4分）

现场厕所未按规定采用冲水或未采取加盖措施的为0分，有措施但未及时冲洗粪便的给标准分值的50%。

17. 厕所有专人清扫保洁，有灭蝇、灭蛆措施（4分）

厕所没有专人清扫且无灭蝇、灭蛆措施的为0分，其中只有一项不合格的给标准分值的50%。

18. 工地有卫生管理制度（4分）

现场无工地环卫又无生活、饮食及饮水等卫生制度的为0分，制度不全的给标准分值的50%。

19. 卫生责任区划分明确（4分）

无卫生责任区划分平面图或无责任区标志的为0分，责任区划分不明确的给标准分值的50%。

20. 工地有卫生检查记录（4分）

工地无卫生检查且无记录的为0分，有检查无记录或较长时间不检查（一季度以上）的给标准分值的50%。

21. 职工应知考核（5分）

考核对象：卫生负责人和现场管理人员。考核内容：现场管理标准。

考核时，职工有三个问题回答不全的为0分，有两个问题回答不出来的给标准分值的50%。

10.3.7 文明安全工地和达标考评

文明安全工地达标考评方法及考评程序见表10－12和表10－13。

表10－12　文明安全工地和达标考评检查评分汇总表

施工单位			工程名称		
建筑面积			结构类型		
结构层次			开工日期		
在施部位			工程地点		
序号	项目	检查情况和存在问题	标准分值	得分率	折合标准分值
1	安全防护		15		
2	临时用电		10		
3	机械安全		10		
4	保卫消防		15		
5	现场管理		15		
6	料具管理		15		
7	环境保护		10		
8	环卫卫生		10		
总评分					

检查组长签字：　　　　　　　　检查日期：　　　　　　　　年　　月　　日

工地负责人签字：

表 10－13　文明安全工地和达标考评申报审批表

<table>
<tr><td colspan="8">主管上级抽检编组号</td></tr>
<tr><td>施工单位</td><td colspan="3"></td><td>工程名称</td><td colspan="3"></td></tr>
<tr><td>建筑面积</td><td colspan="3"></td><td>结构类型</td><td colspan="3"></td></tr>
<tr><td>结构层次</td><td colspan="3"></td><td>开工日期</td><td colspan="3"></td></tr>
<tr><td>在施部位</td><td colspan="3"></td><td>工程地点</td><td colspan="3"></td></tr>
<tr><td colspan="4">申报自检评分结构</td><td colspan="4">抽查确认评分结果</td></tr>
<tr><td>项目</td><td>标准分值</td><td>得分率</td><td>折合标准分值</td><td>项目</td><td>标准分值</td><td>得分率</td><td>折合标准分值</td></tr>
<tr><td>安全防护</td><td>15</td><td></td><td></td><td>安全防护</td><td>15</td><td></td><td></td></tr>
<tr><td>临时用电</td><td>10</td><td></td><td></td><td>临时用电</td><td>10</td><td></td><td></td></tr>
<tr><td>机械安全</td><td>10</td><td></td><td></td><td>机械安全</td><td>10</td><td></td><td></td></tr>
<tr><td>保卫消防</td><td>15</td><td></td><td></td><td>保卫消防</td><td>15</td><td></td><td></td></tr>
<tr><td>现场管理</td><td>15</td><td></td><td></td><td>现场管理</td><td>15</td><td></td><td></td></tr>
<tr><td>料具管理</td><td>15</td><td></td><td></td><td>料具管理</td><td>15</td><td></td><td></td></tr>
<tr><td>环境保护</td><td>10</td><td></td><td></td><td>环境保护</td><td>10</td><td></td><td></td></tr>
<tr><td>环卫卫生</td><td>10</td><td></td><td></td><td>环卫卫生</td><td>10</td><td></td><td></td></tr>
<tr><td colspan="2">工程质量监督站核定结果</td><td colspan="6"></td></tr>
</table>

<table>
<tr><td>申报单位</td><td>主管经理签字

公章
年　月　日</td><td>主管上级</td><td>核查意见

公章
年　月　日</td><td>审批意见</td><td>

公章
年　月　日</td></tr>
</table>

10.3.8 施工企业工会劳动保护工作检查

建筑施工企业工会劳动保护工作检查内容和评分标准见表 10 - 14。

表 10 - 14　建筑施工企业工会劳动保护工作检查评分标准(试行)

序号	分项	检　查　内　容	扣分标准	标准分	扣减分	实得分
1	组织建设	①由工会主席或副主席任劳动保护监督检查委员会主任,主管劳动保护工作　(5 分)	未做到不得分	20 分		
		②建立健全的各级工会劳动保护监督检查组织并形成网络体系　(5 分)	组织不健全不得分			
		③公司、厂(分公司或工程处、项目经理部)设有专职或兼职工会劳动保护监督检查员,班组设有劳动保护检查员　(5 分)	不落实不得分			
		④定期研究劳动保护工作,年度有工作计划、有布置,季度有检查,半年有总结,资料齐全　(5 分)	缺一项扣 1 分			
2	制度建设	①建立三级工会劳动保护工作责任制,做到职责明确　(2 分)	未建立不得分	10 分		
		②建立工作会议制度、检查考核制度、教育制度、信息反馈制度、基础资料管理制度　(8 分)	缺项扣分			
3	宣传活动	①开展多种形式的宣传教育活动,贯彻国家有关法律、法规,增强职工安全意识和自我保护能力,内容丰富、针对性强、效果明显　(4 分)	未开展活动不得分	15 分		
		②年度开展专职、兼职工会劳动保护人员的业务培训,培训率达到 95% 以上,并协助行政搞好"三级安全教育"、特殊工种的培训及考核工作　(4 分)	无资料不得分			
		③有针对性地开展多种形式的安全生产、劳动保护竞赛活动,有方案、有检查、有评比、有效果、有总结材料　(7 分)	无资料不得分			
4	群众监督	①企业年度的安全生产制度、劳动保护经费的提取和使用情况均提交职代会审议通过　(5 分)	未审议不得分	17 分		
		②每年至少组织一次职工代表巡视现场安全劳动保护工作　(5 分)	未开展不得分			
		③加强对安全隐患的跟踪检查工作,并对事故隐患和职业危害情况、整改情况进行登记建档　(7 分)	无记录不得分			

续表 10－14

序号	分项	检 查 内 容	扣分标准	标准分	扣减分	实得分
5	依法维护	①各级工会要按照《集体合同》的约定，对企业安全生产、劳动保护工作进行检查 (8分)	未开展活动不得分 无工作记录扣分	18分		
		②认真落实《女职工劳动保护规定》，制定本单位女职工劳动保护实施细则，做好女职工“四期”保护工作 (3分)	无资料不得分			
		③积极参与伤亡事故的调查处理，坚持“三不放过”原则，提出处理意见并报告上级工会 (5分)	不落实、无工作记录不得分			
		④协助行政按照国家有关规定，对接触尘毒有害作业的职工进行体检，预防职业病危害 (2分)	无资料不得分			
6	现场生活保障	①督促并积极协助行政做好施工现场生活保障工作，施工现场要建立生活保障制度，并有专人负责 (2分)	无制度、无专人负责不得分	20分		
		②有条件的施工现场应建立职工食堂，并符合《食品卫生法》，送饭到工地的要保证食品卫生，以防止食物中毒。工地要设立饮水点，保证职工喝上热水 (5分)	不符合条件扣分			
		③现场职工宿舍要整洁卫生并通风，生活区与施工现场较近的要搭设防护棚，保证生活区安全 (3分)	不符合条件扣分			
		④生活区用电要符合安全用电规范 (3分)	不符合条件扣分			
		⑤施工现场要设立厕所及浴室并保持清洁，定期清扫消毒 (3分)	不符合条件扣分			
		⑥大型工程施工现场要设立医务室，小型工程应配备急救医药箱 (2分)	不符合条件扣分			
		⑦建立职工自我救护队伍 (2分)	没建立不得分			

10.3.9 建设工程施工现场管理规定

建设工程施工现场管理包括文明施工、安全生产管理及环境管理，国家对施工现场管理也都各有规定和罚则，具体详见下面系列附件。

[附件三十三]

建设工程施工现场管理规定

(1991年12月5日中华人民共和国建设部15号令发布)

第一章 总 则

第一条 为加强建设工程施工现场管理,保障建设工程施工顺利进行,制定本规定。

第二条 本规定所称建设工程现场,是指进行工业和民用项目的房屋建筑、土木工程、设备安装、管线敷设等施工活动,经批准占用的施工场地。

第三条 一切与建设工程施工活动有关的单位和个人,必须遵守本规定。

第四条 国务院建设行政主管部门归口负责全国建设工程施工现场的管理工作。

国务院各有关部门负责其直属施工单位施工现场的管理工作。

县级以上地方人民政府建设行政主管部门负责本行政区域内建设工程施工现场的管理工作。

第二章 一般规定

第五条 建设工程开工实行施工许可证制度。建设单位应当按批准的开工项目向工程所在地县级以上地方人民政府建设行政主管部门办理施工许可证手续。申请施工许可证应当具备下列条件:

(一)设计图纸供应已落实;

(二)征地拆迁手续已完成;

(三)施工单位已确定;

(四)资金、物资和为施工服务的市政公用设施等已落实;

(五)其他应当具备的条件已落实。

未取得施工许可证的建设单位不得擅自组织开工。

第六条 建设单位批准取得施工许可证后,应当自批准之日起两个月内组织开工;因故不能按期开工的,建设单位应当在期满前向发证部门说明理由,申请延期。不按期开工,又不按期申请延期的,已批准的施工许可证失效。

第七条 建设工程开工前,建设单位或者发包单位应当指定施工现场总代表人,施工单位应当指定项目经理,并分别将总代表人和项目经理的姓名及授权事项书面通知对方,同时报第五条规定的发证部门备案。

在施工过程中,总代表人或者项目经理发生变更的,应当按照前款规定重新通知对方和备案。

第八条 项目经理全面负责施工过程中的现场管理,并根据工程规模、技术复杂程度和施工现场的具体情况,建立施工现场管理责任制,并组织实施。

第九条 建设工程实行总包和分包的,由总包单位负责施工现场的统一管理,监督检查分包单位的施工现场活动,分包单位应当在总包单位的统一管理下,在其分包范围内建立施工现场管理责任制,并组织实施。

总包单位可以受建设单位的委托,负责协调该施工现场内由建设单位直接发包的其他单位的施工现场活动。

第十条 施工单位必须编制建设工程施工组织设计。建设工程实行总包和分包的,由总包单位负责编制施工组织设计或者分阶段施工组织设计。分包单位在总包单位的总体部署下,负责编制分包工程的施工组织设计。

施工组织设计按照施工单位隶属关系及工程的性质、规模、技术繁简程度实行分级审批。具体审批权限由国务院各有关部门和省、自治区、直辖市人民政府建设行政主管部门规定。

第十一条 施工组织设计应当包括下列主要内容:

(一)工程任务情况;

(二)施工总方案、主要施工方法、工程施工进度计划、主要单位工程综合进度计划和施工力量、机具及部署;

(三)施工组织技术措施,包括工程质量、安全防护以及环境污染防护等各种措施;

(四)施工总平面布置图;

(五)总包和分包的分工范围及交叉施工部署等。

第十二条 建设工程施工必须按照批准的施工组织设计进行。在施工过程中确需对施工组织设计进行重大修改的,必须报经原批准部门同意。

第十三条 建设工程施工应当在批准的施工场地内组织进行。需要临时征用施工场地或者临时占用道路的,应当依法办理有关批准手续。

第十四条 由于特殊原因,建设工程需要停止施工两个月以上的,建设单位或施工单位应当将停工原因及停工时间向当地人民政府建设行政主管部门报告。

第十五条 建设工程施工中需要进行爆破作业的,必须经上级主管部门审查同意,并持说明使用爆破器材的地点、品名、数量、用途、四邻距离的文件和安全操作规程,向所在地县、市公安局申请《爆破物品使用许可证》,经批准后方可使用。进行爆破作业时,必须遵守爆破安全规程。

第十六条 建设工程施工中需要架设临时电网、移动电缆等,施工单位应当向有关主管部门提出申请,经批准后在有关专业技术人员指导下进行。

施工中需要停水、停电、封路而影响到施工现场周围地区的单位和居民时,必须经有关主管部门批准,并事先通告受影响的单位和居民。

第十七条 施工单位进行地下工程或者基础工程施工时,发现文物、古化石、爆炸物、电缆等应当暂停施工,保护好现场,并及时向有关部门报告,在按照有关规定处理后,方可继续施工。

第十八条 建设工程竣工后,建设单位应当组织设计、施工单位共同编制工程竣工图,进行工程质量评议、整理各种技术资料,及时完成工程初验,并向有关主管部门提交竣工验收报告。

单项工程竣工验收合格的，施工单位可以将该单项工程移交建设单位管理。全部工程验收合格后，施工单位方可解除施工现场的全部管理责任。

第三章　文明施工管理

第十九条　施工单位应当贯彻文明施工的要求，并推行现代管理方法，科学组织施工，做好施工现场的各项管理工作。

第二十条　施工单位应当按照施工总平面布置图设置各项临时设施。堆放大宗材料、成品、半成品和机具设备，不得侵占场内道路及安全防护等设施。

建设工程实行总包和分包的，分包单位确需进行改变施工总平面布置图的，应当先向总包单位提出申请，经总包单位同意后方可实施。

第二十一条　施工现场必须设置明显的标牌，标明工程项目名称、建设单位、设计单位、施工单位、项目经理和施工现场总代表人的姓名，开工、竣工日期，施工许可证批准文件等。施工单位负责施工现场标牌的保护工作。

施工现场的主要管理人员在施工现场应当佩戴证明其身份的证卡。

第二十二条　施工现场的用电线路、用电设施的安装和作用必须符合安装规范和安全操作规程，并按照施工组织设计进行架设，严禁任意拉线接电。施工现场必须设有保证施工安全要求的夜间照明；危险潮湿场所的照明以及手持照明灯具，必须采用符合安全要求的电压。

第二十三条　施工机械应当按照施工总平面布置图规定的位置和线路设置，不得任意占场内道路。施工机械进场必须经过安全检查，经检查合格的方能使用，施工机械操作人员必须建立机组责任制，并依照有关规定持证上岗，禁止无证人员操作。

第二十四条　施工单位应该保证施工现场道路畅通，排水系统处于良好的使用状态；保持场容场貌的整洁，随时清理建筑垃圾。在车辆、行人通行的地方施工，应当设置沟、井、穴的覆盖物和施工标志。

第二十五条　施工单位必须执行国家有关安全生产和劳动保护的法规，建立安全生产责任制，加强规范化管理，进行安全交底、安全教育和安全宣传，严格执行安全技术方法。施工现场的各种安全设施和劳动保护器具，必须定期进行检查和维护，及时消除隐患，保证其安全有效。

第二十六条　施工现场应当设置各类必要的职工生活设施，并符合卫生、通风、照明的要求。职工的膳食和饮水供应等应当符合卫生要求。

第二十七条　建设单位或施工单位应当做好施工现场的安全保卫工作，采取必要的防盗措施，在现场周边设立围护设施。施工现场在市区的，周围应当设置遮挡围栏，临街的脚手架也应当设置相应的围护设施。非施工人员不得擅自进入施工现场。

第二十八条　非建设行政主管部门对建设工程施工现场实施监督检查时，应当通过或会同当地人民政府建设行政主管部门进行。

第二十九条　施工单位应当严格按照《中华人民共和国消防条例》的规定，在施工现场建立和执行防火管理制度，设置符合消防要求的消防设施，并保持完好的备用状态。在容易发生火灾的地区施工或者储存、使用易燃易爆器材时，施工单位应当采取特殊的消防安全措施。

第三十条 施工现场发生的工程建设重大事故的处理,依照《工程建设重大事故报告调查程序规定》执行。

第四章 环境管理

第三十一条 施工单位应当遵守国家有关环境保护的法律规定,采取措施控制施工现场的各种粉尘、废气、废水、固体废弃物,以及噪声、振动对环境的污染和危害。

第三十二条 施工单位应当采取下列防止环境污染的措施:

(一)妥善处理泥浆水,未经处理不得直接排入城市排水设施和河流;

(二)除设有符合规定的装置外,不得在施工现场熔融沥青或者焚烧油毡、油漆以及其他会产生有毒有害烟尘和恶臭气体的物质;

(三)使用密封式的圈筒或者采取其他措施处理高空废弃物;

(四)采取有效措施控制施工过程中的扬尘;

(五)禁止将有毒有害的废弃物用作土方回填;

(六)对产生噪声、振动的施工机械,应采取有效控制措施,减轻噪声扰民。

第三十三条 建设工程施工由于受技术、经济条件限制,对环境的污染不能控制在规定范围内的,建设单位应当会同施工单位事先报请当地人民政府建设行政主管部门和环境保护行政主管部门批准。

第五章 罚 则

第三十四条 违反本规定有下列行为之一的,由县级以上地方人民政府建设行政主管部门根据情节轻重,给予警告、通报批评、责令限期改正、责令停止施工整顿、吊销施工许可证,并可处以罚款:

(一)未取得施工许可证而擅自开工的;

(二)施工现场的安全设施不符合规定或者管理不善的;

(三)施工现场的生活设施不符合卫生要求的;

(四)施工现场管理混乱,不符合保卫、场容等管理要求的;

(五)其他违反本规定的行为。

第三十五条 违反本规定的,构成治安管理处罚的,由公安机关依照《中华人民共和国治安管理处罚条例》处罚;构成犯罪的,由司法机关依法追究其刑事责任。

第三十六条 当事人对行政处罚决定不服的,可以在接到处罚通知之日起十五日内,向作出处罚决定机关的上一级机关申请复议,对复议决定不服的,可以在接到复议决定之日起向人民法院起诉;当事人对行政处罚决定不服的也可以直接向人民法院起诉。逾期不申请复议,也不向人民法院起诉,又不履行处罚决定的,由作出处罚决定的机关申请人民法院强制执行。

对治安管理处罚不服的,依照《中华人民共和国治安管理处罚条例》的规定处理。

第六章 附 则

第三十七条 国务院各有关部门和省、自治区、直辖市人民政府建设行政主管部门可以根据本规定制定实施细则。

第三十八条 本规定由国务院建设行政主管部门负责解释。

第三十九条 本规定自1992年1月1日起施行。原国家建工总局1981年5月11日发布的《关于施工管理的若干规定》与本规定相抵触的,按照本规定执行。

10.4 项目环境管理体系的建立

10.4.1 建立环境管理体系的步骤

企业按照GB/T 24000系列标准建立环境管理体系与建立GB/T 19000的步骤有相似之处。建立GB/T 24000的步骤可分为:组织决策和准备,初始环境评审,体系策划与设计,体系文件编写,体系试运行,体系运行控制,内部审核与管理评审,以及体系的持续改进。两标准主要的差别在于对初始环境评审和对于适用法律法规的识别,这两点在其他标准中也有要求但对于GB/T 24000标准化则更为严格。

组织决策工作包括最高管理层的决策与承诺、基础培训、建立环境管理组织、制定工作计划、规定职责与权限以及相关资源的提供等内容。组织决策对于企业并不是陌生的工作,企业一般都按照当地有关部门的要求设有管理环境保护的部门与有关部门沟通。

初始环境评审是指对环境因素的识别,确定环境的影响,并从其中识别重大环境因素,提出环境方针的建议。

体系策划与设计是指最高管理层确定环境管理方针而作出承诺。企业应当对适用法律法规进行识别,确定管理目标和环境管理方案,然后进行体系的框架和相关过程的设计。

体系文件的编写是在对有关人员培训后,进行环境管理手册的编写。这部分工作以及以后的工作与其他标准的工作有相似之处,不再重复。

环境管理体系应当注意资源的节约,包括控制能源的消耗和节约资源。

在项目的设计阶段的环境保护工作应当考虑项目的增值。同时,要考虑项目的全寿命周期费用的节约,不要单纯考虑节约设计和施工费用而造成使用费用的增加。

在施工阶段环境保护工作包括控制能源消耗和节约资源。有条件的现场应设立能源计量分表,对分包的能源使用进行控制。要控制现场照明灯光的合理使用,制订定时开启管理规定。生活用水、用电、采暖、供气以及办公室的纸张都是环境保护节约资源的内容。节约资源还包括制订料具使用指标,防止浪费。但更要特别重视施工工艺的制定,因合理化的施工工艺能减少能源的消耗和缩短工期。

在编写环境管理体系时应当注意到环境管理体系是企业的其他体系的一部分,应当按有关标准的要求进行机构的调整、明确职责、制定方针目标、加强控制,要使环境管理体系与企业的全面管理体系成为一个有机整体的过程,切忌为认证而建立。这样不仅没有效果,而且是资源的浪费。同时,要注意环境的变化较之质量管理更有其特点。不仅企业要对环境因素识别,每个项目也要对现场特定的环境因素识别,并在环境计划中说明。

10.4.2 确定环境因素

1. 环境因素的确定

确定环境因素时应考虑以下几点:

(1)环境因素的识别。

(2)确定重大环境因素。

(3)新产品、新工艺或新材料对环境的影响。

(4)是否处于环境敏感地区。

(5)活动、产品或服务发生变化对环境因素有什么影响。

(6)环境影响的频度和范围。

在确定环境因素时应考虑正常、非正常和潜在的紧急状态。建筑业的特殊性是产品固定,而人员流动,在不同的环境下,产生影响的环境因素也是不相同的,如不同的施工工艺也产生不同的后果。例如,选择现场潜水灌注桩,并采用泥浆护壁,则产生了噪声、泥浆对环境的影响;如选择静压桩工艺则对环境影响较小。因此,对建筑业的环境因素分析必须针对项目进行。

2. 环境影响的识别和评价

对环境影响的识别和评价应考虑以下因素:

(1)对大气的污染。

(2)对水的污染。

(3)对土壤的污染。

(4)废弃物。

(5)噪声。

(6)资源和能源的浪费。

(7)局部地区性环境问题,例如在一般情况下,震动、无线电波可不视作环境影响,而在特殊条件下,这些因素可成为环境影响。

对以上因素的评价应从法规规定、发生的可能性、影响结果的重大性、是否可获得预报以及目前的管理状况等方面进行。评价结果应确定重大环境因素,并制订运行控制措施,以及应急准备和响应措施。

10.4.3 污染及其管理

1. 建筑施工的污染种类和防止措施

(1)大气污染。工程项目应尽量避免采用在施工过程中会产生有毒、有害气体的建筑材料。特殊需要时,必需设有符合规定的装置,否则不得在施工现场熔融沥青或者焚烧油毡、油漆,以及其他会产生有毒、有害烟尘和恶臭气体的物质。对于柴油打桩机锤要采取防护措施,控制所喷出油污的影响范围。

(2)建筑材料引起的空气污染也是环境保护的内容之一。主要有氨、甲醛、VOC(苯及同系物)、氡及石材本身的放射性,其中氨最为严重。氨是由于冬季施工加入了含有尿素的防冻液,这种防冻液能挥发出氨气而产生的。铺设不合格的复合地板会造成甲醛超标,2001 年 9 月卫生部颁发的《室内空气质量卫生规范》对于空气质量有了更明确的要求,其中规定室内环境的检测标准为甲醛≤0.08mg/m^3、氨≤0.2mg/m^3、苯≤0.09mg/m^3。

(3)办公室使用的复印机。应安置在通风良好的地点,并配置排风机。

(4)水污染。对建筑施工中产生的泥浆应采用泥浆处理技术,减少泥浆的数量,并妥善处理泥浆水和生产污水，水泵排水抽出的水也要经过沉淀。洗车区应设沉淀池，再与下水道接通。食堂下水应经排油池处理方可排出，未经处理的含油、泥的污水不得直接排入城市排水设施和河流。

(5)土壤污染。在城市施工时如有泥土场地易污染现场外道路时可设立冲水区，用冲水机冲洗轮胎以防止污染。修理机械时产生的液压油、机油、清洗油料等不得随地泼洒，应集中倒入废油桶，统一处理，禁止将有毒、有害的废弃物用作土方回填。

(6)噪声污染。噪声是施工现场与周围居民最容易产生争执的问题，我国已制定对于城市建筑施工场地适用的国家标准《建筑施工场界噪声限值》GB 12523－90 和《建筑施工场界噪声测量方法》GB 12524－90。标准中规定的噪声限值见表 10－5。

由于该噪声限值是指与敏感区域相对应的建筑施工场地边界处的限值。因此实际需要控制的是噪声在边界处的声值。《建筑施工场界噪声测量方法》GB 12524－90 具体规定了噪声测量的方法。

表 10－15　等效声级 L_{eq}[dB(A)]

施工阶段	主要噪声源	噪声限值		施工阶段	主要噪声源	噪声限值	
		昼间	夜间			昼间	夜间
土石方	推土机、挖掘机、装载机等	75	55	结构	混凝土搅拌机、振捣棒、电锯等	70	55
打桩	各种打桩机等	85	禁止施工	装修	吊车、升降机等	65	55

2. 噪声测量方法

(1)测量条件。测量应选在无雨、无雪的天气进行。当风速超过 1m/s 时，要求在测量时加防风罩，如风速超过 5m/s 时应停止测量。

测量时间一般分为昼间(06:00～22:00)和夜间(22:00～06:00)。但在不同的城市夜间可能有不同的划分，如天津市对夜间的定义为晚 23:0～06:00。

测量仪器应为积分声级计，其性能应符合现行《声级计的电、声性能及测试方法》GB 3785 中对Ⅱ型仪器的要求。在测量前要对使用的声级计进行校准，如有条件也可使用环境噪声自动监测仪，但仪器的动态范围应不小于 50dB 以保证测量数据的准确性。

(2)测量参数。测量参数为等效连续 A 声级 Leq，单位为 dB(A)。

等效连续声级代表声级的能量平均值，即随时间变化噪声的等能量稳态声级。按定义，此量为：

$$L_{eq}=10\lg\left[\frac{1}{T}\int_0^T 10^{0.1L_A(t)}dt\right] \tag{10-1}$$

式中　$L_A(t)$——某测量时间 t 的瞬时 A 声级(dB)；

T——规定的测量时间(s)。

当测量是采样测量，且采样的时间间隔一定时，上式可表示为：

$$L_{eq}=10\lg\left[\frac{1}{n}\sum_{i=1}^{n}10^{0.1L_i}\right] \tag{10-2}$$

式中　n——所规定的时间 T 内采样的总数；

L_i——第 i 次测量的 A 声级(dB)。

(3)测量方法。测量期间，各施工机械应处于正常运行状态，并应包括不断进入或离开现场的车辆，因这些车辆均属于施工现场内的建筑施工活动。

采用环境噪声自动监测仪进行测量时，仪器动态特性为“快”响应，采样时间间隔不大于1s。白天以20min的等效A声级表征该点的昼间噪声值，夜间以8h的平均等效A声级表征该点夜间噪声值。

测量期间的背景噪声应比测量噪声低10dB(A)以上，若测量值与背景噪声值相差小于10dB(A)，应按表10－16修正：

表10－16　修　正　值　(dB)

差值	3	4～5	6～9	修正值	－3	－2	－1

背景噪声是指建筑现场停止施工时所测地区的环境噪声。

(4)测量报告。测量报告应包括下列内容：

①建筑施工场地及边界线示意图；

②敏感建筑物的方位、距离及相应边界线处测点；

③各测点的等效连续A声级Leq。

3. 防止环境污染的方法

防止噪声影响的方法：一是正确选用噪声小的施工工艺，如采用免振捣混凝土，减少噪声的强度；二是对产生噪声的施工机械采取控制措施，包括打桩锤的锤击声以及其他以柴油机为动力的建筑机械、空压机、震动器等。在可能的条件下可将电锯、柴油发电机尽量设置在离居民区较远的地点，降低扰民噪声。夜间施工应减少指挥哨声及大声喊叫，要教育职工减少噪声，注意语言文明。

[附件三十四]

中华人民共和国安全生产法

(2002年6月29日第九届全国人民代表大会常务委员会第二十八次会议通过　2002年6月29日中华人民共和国主席令第70号公布　自2002年11月1日起施行)

第一章　总　　则

第一条　为了加强安全生产监督管理，防止和减少生产安全事故，保障人民群众生命和财产安全，促进经济发展，制定本法。

第二条　在中华人民共和国领域内从事生产经营活动的单位(以下统称生产经营单位)

的安全生产，适用本法；有关法律、行政法规对消防安全和道路交通安全、铁路交通安全、水上交通安全、民用航空安全另有规定的，适用其规定。

第三条 安全生产管理，坚持安全第一、预防为主的方针。

第四条 生产经营单位必须遵守本法和其他有关安全生产的法律、法规，加强安全生产管理，建立、健全安全生产责任制度，完善安全生产条件，确保安全生产。

第五条 生产经营单位的主要负责人对本单位的安全生产工作全面负责。

第六条 生产经营单位的从业人员有依法获得安全生产保障的权利，并应当依法履行安全生产方面的义务。

第七条 工会依法组织职工参加本单位安全生产工作的民主管理和民主监督，维护职工在安全生产方面的合法权益。

第八条 国务院和地方各级人民政府应当加强对安全生产工作的领导，支持、督促各有关部门依法履行安全生产监督管理职责。

县级以上人民政府对安全生产监督管理中存在的重大问题应当及时予以协调、解决。

第九条 国务院负责安全生产监督管理的部门依照本法，对全国安全生产工作实施综合监督管理；县级以上地方各级人民政府负责安全生产监督管理的部门依照本法，对本行政区域内安全生产工作实施综合监督管理。

国务院有关部门依照本法和其他有关法律、行政法规的规定，在各自的职责范围内对有关的安全生产工作实施监督管理；县级以上地方各级人民政府有关部门依照本法和其他有关法律、法规的规定，在各自的职责范围内对有关的安全生产工作实施监督管理。

第十条 国务院有关部门应当按照保障安全生产的要求，依法及时制定有关的国家标准或者行业标准，并根据科技进步和经济发展适时修订。

生产经营单位必须执行依法制定的保障安全生产的国家标准或者行业标准。

第十一条 各级人民政府及其有关部门应当采取多种形式，加强对有关安全生产的法律、法规和安全生产知识的宣传，提高职工的安全生产意识。

第十二条 依法设立的为安全生产提供技术服务的中介机构，依照法律、行政法规和执业准则，接受生产经营单位的委托为其安全生产工作提供技术服务。

第十三条 国家实行生产安全事故责任追究制度，依照本法和有关法律、法规的规定，追究生产安全事故责任人员的法律责任。

第十四条 国家鼓励和支持安全生产科学技术研究和安全生产先进技术的推广应用，提高安全生产水平。

第十五条 国家对在改善安全生产条件、防止生产安全事故、参加抢险救护等方面取得显著成绩的单位和个人，给予奖励。

第二章 生产经营单位的安全生产保障

第十六条 生产经营单位应当具备本法和有关法律、行政法规和国家标准或者行业标准规定的安全生产条件；不具备安全生产条件的，不得从事生产经营活动。

第十七条 生产经营单位的主要负责人对本单位安全生产工作负有下列职责：

（一）建立、健全本单位安全生产责任制；

（二）组织制定本单位安全生产规章制度和操作规程；

（三）保证本单位安全生产投入的有效实施；

（四）督促、检查本单位的安全生产工作，及时消除生产安全事故隐患；

（五）组织制定并实施本单位的生产安全事故应急救援预案；

（六）及时、如实报告生产安全事故。

第十八条 生产经营单位应当具备的安全生产条件所必需的资金投入，由生产经营单位的决策机构、主要负责人或者个人经营的投资人予以保证，并对由于安全生产所必需的资金投入不足导致的后果承担责任。

第十九条 矿山、建筑施工单位和危险物品的生产、经营、储存单位，应当设置安全生产管理机构或者配备专职安全生产管理人员。

前款规定以外的其他生产经营单位，从业人员超过三百人的，应当设置安全生产管理机构或者配备专职安全生产管理人员；从业人员在三百人以下的，应当配备专职或者兼职的安全生产管理人员，或者委托具有国家规定的相关专业技术资格的工程技术人员提供安全生产管理服务。

生产经营单位依照前款规定委托工程技术人员提供安全生产管理服务的，保证安全生产的责任仍由本单位负责。

第二十条 生产经营单位的主要负责人和安全生产管理人员必须具备与本单位所从事的生产经营活动相应的安全生产知识和管理能力。

危险物品的生产、经营、储存单位以及矿山、建筑施工单位的主要负责人和安全生产管理人员，应当由有关主管部门对其安全生产知识和管理能力考核合格后方可任职。考核不得收费。

第二十一条 生产经营单位应当对从业人员进行安全生产教育和培训，保证从业人员具备必要的安全生产知识，熟悉有关的安全生产规章制度和安全操作规程，掌握本岗位的安全操作技能。未经安全生产教育和培训合格的从业人员，不得上岗作业。

第二十二条 生产经营单位采用新工艺、新技术、新材料或者使用新设备，必须了解、掌握其安全技术特性，采取有效的安全防护措施，并对从业人员进行专门的安全生产教育和培训。

第二十三条 生产经营单位的特种作业人员必须按照国家有关规定经专门的安全作业培训，取得特种作业操作资格证书，方可上岗作业。

特种作业人员的范围由国务院负责安全生产监督管理的部门会同国务院有关部门确定。

第二十四条 生产经营单位新建、改建、扩建工程项目（以下统称建设项目）的安全设施，必须与主体工程同时设计、同时施工、同时投入生产和使用。安全设施投资应当纳入建设项目概算。

第二十五条 矿山建设项目和用于生产、储存危险物品的建设项目，应当分别按照国家有关规定进行安全条件论证和安全评价。

第二十六条 建设项目安全设施的设计人、设计单位应当对安全设施设计负责。

矿山建设项目和用于生产、储存危险物品的建设项目的安全设施设计应当按照国家有关规定报经有关部门审查，审查部门及其负责审查的人员对审查结果负责。

第二十七条 矿山建设项目和用于生产、储存危险物品的建设项目的施工单位必须按照批准的安全设施设计施工,并对安全设施的工程质量负责。

矿山建设项目和用于生产、储存危险物品的建设项目竣工投入生产或者使用前,必须依照有关法律、行政法规的规定对安全设施进行验收;验收合格后,方可投入生产和使用。验收部门及其验收人员对验收结果负责。

第二十八条 生产经营单位应当在有较大危险因素的生产经营场所和有关设施、设备上,设置明显的安全警示标志。

第二十九条 安全设备的设计、制造、安装、使用、检测、维修、改造和报废,应当符合国家标准或者行业标准。

生产经营单位必须对安全设备进行经常性维护、保养,并定期检测,保证正常运转。维护、保养、检测应当作好记录,并由有关人员签字。

第三十条 生产经营单位使用的涉及生命安全、危险性较大的特种设备,以及危险物品的容器、运输工具,必须按照国家有关规定,由专业生产单位生产,并经取得专业资质的检测、检验机构检测、检验合格,取得安全使用证或者安全标志,方可投入使用。检测、检验机构对检测、检验结果负责。

涉及生命安全、危险性较大的特种设备的目录由国务院负责特种设备安全监督管理的部门制定,报国务院批准后执行。

第三十一条 国家对严重危及生产安全的工艺、设备实行淘汰制度。

生产经营单位不得使用国家明令淘汰、禁止使用的危及生产安全的工艺、设备。

第三十二条 生产、经营、运输、储存、使用危险物品或者处置废弃危险物品的,由有关主管部门依照有关法律、法规的规定和国家标准或者行业标准审批并实施监督管理。

生产经营单位生产、经营、运输、储存、使用危险物品或者处置废弃危险物品,必须执行有关法律、法规和国家标准或者行业标准,建立专门的安全管理制度,采取可靠的安全措施,接受有关主管部门依法实施的监督管理。

第三十三条 生产经营单位对重大危险源应当登记建档,进行定期检测、评估、监控,并制定应急预案,告知从业人员和相关人员在紧急情况下应当采取的应急措施。

生产经营单位应当按照国家有关规定将本单位重大危险源及有关安全措施、应急措施报有关地方人民政府负责安全生产监督管理的部门和有关部门备案。

第三十四条 生产、经营、储存、使用危险物品的车间、商店、仓库不得与员工宿舍在同一座建筑物内,并应当与员工宿舍保持安全距离。

生产经营场所和员工宿舍应当设有符合紧急疏散要求、标志明显、保持畅通的出口。禁止封闭、堵塞生产经营场所或者员工宿舍的出口。

第三十五条 生产经营单位进行爆破、吊装等危险作业,应当安排专门人员进行现场安全管理,确保操作规程的遵守和安全措施的落实。

第三十六条 生产经营单位应当教育和督促从业人员严格执行本单位的安全生产规章制度和安全操作规程;并向从业人员如实告知作业场所和工作岗位存在的危险因素、防范措施以及事故应急措施。

第三十七条 生产经营单位必须为从业人员提供符合国家标准或者行业标准的劳动防护用品,并监督、教育从业人员按照使用规则佩戴、使用。

第三十八条 生产经营单位的安全生产管理人员应当根据本单位的生产经营特点,对安全生产状况进行经常性检查;对检查中发现的安全问题,应当立即处理;不能处理的,应当及时报告本单位有关负责人。检查及处理情况应当记录在案。

第三十九条 生产经营单位应当安排用于配备劳动防护用品、进行安全生产培训的经费。

第四十条 两个以上生产经营单位在同一作业区域内进行生产经营活动,可能危及对方生产安全的,应当签订安全生产管理协议,明确各自的安全生产管理职责和应当采取的安全措施,并指定专职安全生产管理人员进行安全检查与协调。

第四十一条 生产经营单位不得将生产经营项目、场所、设备发包或者出租给不具备安全生产条件或者相应资质的单位或者个人。

生产经营项目、场所有多个承包单位、承租单位的,生产经营单位应当与承包单位、承租单位签订专门的安全生产管理协议,或者在承包合同、租赁合同中约定各自的安全生产管理职责;生产经营单位对承包单位、承租单位的安全生产工作统一协调、管理。

第四十二条 生产经营单位发生重大生产安全事故时,单位的主要负责人应当立即组织抢救,并不得在事故调查处理期间擅离职守。

第四十三条 生产经营单位必须依法参加工伤社会保险,为从业人员缴纳保险费。

第三章　从业人员的权利和义务

第四十四条 生产经营单位与从业人员订立的劳动合同,应当载明有关保障从业人员劳动安全、防止职业危害的事项,以及依法为从业人员办理工伤社会保险的事项。

生产经营单位不得以任何形式与从业人员订立协议,免除或者减轻其对从业人员因生产安全事故伤亡依法应承担的责任。

第四十五条 生产经营单位的从业人员有权了解其作业场所和工作岗位存在的危险因素、防范措施及事故应急措施,有权对本单位的安全生产工作提出建议。

第四十六条 从业人员有权对本单位安全生产工作中存在的问题提出批评、检举、控告;有权拒绝违章指挥和强令冒险作业。

生产经营单位不得因从业人员对本单位安全生产工作提出批评、检举、控告或者拒绝违章指挥、强令冒险作业而降低其工资、福利等待遇或者解除与其订立的劳动合同。

第四十七条 从业人员发现直接危及人身安全的紧急情况时,有权停止作业或者在采取可能的应急措施后撤离作业场所。

生产经营单位不得因从业人员在前款紧急情况下停止作业或者采取紧急撤离措施而降低其工资、福利等待遇或者解除与其订立的劳动合同。

第四十八条 因生产安全事故受到损害的从业人员,除依法享有工伤社会保险外,依照有关民事法律尚有获得赔偿的权利的,有权向本单位提出赔偿要求。

第四十九条 从业人员在作业过程中,应当严格遵守本单位的安全生产规章制度和操作规程,服从管理,正确佩戴和使用劳动防护用品。

第五十条 从业人员应当接受安全生产教育和培训,掌握本职工作所需的安全生产知识,提高安全生产技能,增强事故预防和应急处理能力。

第五十一条 从业人员发现事故隐患或者其他不安全因素,应当立即向现场安全生产管理人员或者本单位负责人报告;接到报告的人员应当及时予以处理。

第五十二条 工会有权对建设项目的安全设施与主体工程同时设计、同时施工、同时投入生产和使用进行监督,提出意见。

工会对生产经营单位违反安全生产法律、法规,侵犯从业人员合法权益的行为,有权要求纠正;发现生产经营单位违章指挥、强令冒险作业或者发现事故隐患时,有权提出解决的建议,生产经营单位应当及时研究答复;发现危及从业人员生命安全的情况时,有权向生产经营单位建议组织从业人员撤离危险场所,生产经营单位必须立即作出处理。

工会有权依法参加事故调查,向有关部门提出处理意见,并要求追究有关人员的责任。

第四章　安全生产的监督管理

第五十三条 县级以上地方各级人民政府应当根据本行政区域内的安全生产状况,组织有关部门按照职责分工,对本行政区域内容易发生重大生产安全事故的生产经营单位进行严格检查;发现事故隐患,应当及时处理。

第五十四条 依照本法第九条规定对安全生产负有监督管理职责的部门(以下统称负有安全生产监督管理职责的部门)依照有关法律、法规的规定,对涉及安全生产的事项需要审查批准(包括批准、核准、许可、注册、认证、颁发证照等,下同)或者验收的,必须严格依照有关法律、法规和国家标准或者行业标准规定的安全生产条件和程序进行审查;不符合有关法律、法规和国家标准或者行业标准规定的安全生产条件的,不得批准或者验收通过。对未依法取得批准或者验收合格的单位擅自从事有关活动的,负责行政审批的部门发现或者接到举报后应当立即予以取缔,并依法予以处理。对已经依法取得批准的单位,负责行政审批的部门发现其不再具备安全生产条件的,应当撤销原批准。

第五十五条 负有安全生产监督管理职责的部门对涉及安全生产的事项进行审查、验收,不得收取费用;不得要求接受审查、验收的单位购买其指定品牌或者指定生产、销售单位的安全设备、器材或者其他产品。

第五十六条 负有安全生产监督管理职责的部门依法对生产经营单位执行有关安全生产的法律、法规和国家标准或者行业标准的情况进行监督检查,行使以下职权:

(一)进入生产经营单位进行检查,调阅有关资料,向有关单位和人员了解情况。

(二)对检查中发现的安全生产违法行为,当场予以纠正或者要求限期改正;对依法应当给予行政处罚的行为,依照本法和其他有关法律、行政法规的规定作出行政处罚决定。

(三)对检查中发现的事故隐患,应当责令立即排除;重大事故隐患排除前或者排除过程中无法保证安全的,应当责令从危险区域内撤出作业人员,责令暂时停产停业或者停止使用;重大事故隐患排除后,经审查同意,方可恢复生产经营和使用。

(四)对有根据认为不符合保障安全生产的国家标准或者行业标准的设施、设备、器材予以查封或者扣押,并应当在十五日内依法作出处理决定。

监督检查不得影响被检查单位的正常生产经营活动。

第五十七条 生产经营单位对负有安全生产监督管理职责的部门的监督检查人员(以下统称安全生产监督检查人员)依法履行监督检查职责,应当予以配合,不得拒绝、阻挠。

第五十八条 安全生产监督检查人员应当忠于职守,坚持原则,秉公执法。

安全生产监督检查人员执行监督检查任务时,必须出示有效的监督执法证件;对涉及被检查单位的技术秘密和业务秘密,应当为其保密。

第五十九条 安全生产监督检查人员应当将检查的时间、地点、内容、发现的问题及其处理情况,作出书面记录,并由检查人员和被检查单位的负责人签字;被检查单位的负责人拒绝签字的,检查人员应当将情况记录在案,并向负有安全生产监督管理职责的部门报告。

第六十条 负有安全生产监督管理职责的部门在监督检查中,应当互相配合,实行联合检查;确需分别进行检查的,应当互通情况,发现存在的安全问题应当由其他有关部门进行处理的,应当及时移送其他有关部门并形成记录备查,接受移送的部门应当及时进行处理。

第六十一条 监察机关依照行政监察法的规定,对负有安全生产监督管理职责的部门及其工作人员履行安全生产监督管理职责实施监察。

第六十二条 承担安全评价、认证、检测、检验的机构应当具备国家规定的资质条件,并对其作出的安全评价、认证、检测、检验的结果负责。

第六十三条 负有安全生产监督管理职责的部门应当建立举报制度,公开举报电话、信箱或者电子邮件地址,受理有关安全生产的举报;受理的举报事项经调查核实后,应当形成书面材料;需要落实整改措施的,报经有关负责人签字并督促落实。

第六十四条 任何单位或者个人对事故隐患或者安全生产违法行为,均有权向负有安全生产监督管理职责的部门报告或者举报。

第六十五条 居民委员会、村民委员会发现其所在区域内的生产经营单位存在事故隐患或者安全生产违法行为时,应当向当地人民政府或者有关部门报告。

第六十六条 县级以上各级人民政府及其有关部门对报告重大事故隐患或者举报安全生产违法行为的有功人员,给予奖励。具体奖励办法由国务院负责安全生产监督管理的部门会同国务院财政部门制定。

第六十七条 新闻、出版、广播、电影、电视等单位有进行安全生产宣传教育的义务,有对违反安全生产法律、法规的行为进行舆论监督的权利。

第五章 生产安全事故的应急救援与调查处理

第六十八条 县级以上地方各级人民政府应当组织有关部门制定本行政区域内特大生产安全事故应急救援预案,建立应急救援体系。

第六十九条 危险物品的生产、经营、储存单位以及矿山、建筑施工单位应当建立应急救援组织;生产经营规模较小,可以不建立应急救援组织的,应当指定兼职的应急救援人员。

危险物品的生产、经营、储存单位以及矿山、建筑施工单位应当配备必要的应急救援器材、设备,并进行经常性维护、保养,保证正常运转。

第七十条 生产经营单位发生生产安全事故后,事故现场有关人员应当立即报告本单位负责人。

单位负责人接到事故报告后,应当迅速采取有效措施,组织抢救,防止事故扩大,减少人员伤亡和财产损失,并按照国家有关规定立即如实报告当地负有安全生产监督管理职责的部门,不得隐瞒不报、谎报或者拖延不报,不得故意破坏事故现场、毁灭有关证据。

第七十一条 负有安全生产监督管理职责的部门接到事故报告后,应当立即按照国家有关规定上报事故情况。负有安全生产监督管理职责的部门和有关地方人民政府对事故情况不得隐瞒不报、谎报或者拖延不报。

第七十二条 有关地方人民政府和负有安全生产监督管理职责的部门的负责人接到重

大生产安全事故报告后,应当立即赶到事故现场,组织事故抢救。

任何单位和个人都应当支持、配合事故抢救,并提供一切便利条件。

第七十三条 事故调查处理应当按照实事求是、尊重科学的原则,及时、准确地查清事故原因,查明事故性质和责任,总结事故教训,提出整改措施,并对事故责任者提出处理意见。事故调查和处理的具体办法由国务院制定。

第七十四条 生产经营单位发生生产安全事故,经调查确定为责任事故的,除了应当查明事故单位的责任并依法予以追究外,还应当查明对安全生产的有关事项负有审查批准和监督职责的行政部门的责任,对有失职、渎职行为的,依照本法第七十七条的规定追究法律责任。

第七十五条 任何单位和个人不得阻挠和干涉对事故的依法调查处理。

第七十六条 县级以上地方各级人民政府负责安全生产监督管理的部门应当定期统计分析本行政区域内发生生产安全事故的情况,并定期向社会公布。

第六章　法律责任

第七十七条 负有安全生产监督管理职责的部门的工作人员,有下列行为之一的,给予降级或者撤职的行政处分;构成犯罪的,依照刑法有关规定追究刑事责任:

(一)对不符合法定安全生产条件的涉及安全生产的事项予以批准或者验收通过的;

(二)发现未依法取得批准、验收的单位擅自从事有关活动或者接到举报后不予取缔或者不依法予以处理的;

(三)对已经依法取得批准的单位不履行监督管理职责,发现其不再具备安全生产条件而不撤销原批准或者发现安全生产违法行为不予查处的。

第七十八条 负有安全生产监督管理职责的部门,要求被审查、验收的单位购买其指定的安全设备、器材或者其他产品的,在对安全生产事项的审查、验收中收取费用的,由其上级机关或者监察机关责令改正,责令退还收取的费用;情节严重的,对直接负责的主管人员和其他直接责任人员依法给予行政处分。

第七十九条 承担安全评价、认证、检测、检验工作的机构,出具虚假证明,构成犯罪的,依照刑法有关规定追究刑事责任;尚不够刑事处罚的,没收违法所得,违法所得在五千元以上的,并处违法所得二倍以上五倍以下的罚款,没有违法所得或者违法所得不足五千元的,单处或者并处五千元以上二万元以下的罚款,对其直接负责的主管人员和其他直接责任人员处五千元以上五万元以下的罚款;给他人造成损害的,与生产经营单位承担连带赔偿责任。

对有前款违法行为的机构,撤销其相应资格。

第八十条 生产经营单位的决策机构、主要负责人、个人经营的投资人不依照本法规定保证安全生产所必需的资金投入,致使生产经营单位不具备安全生产条件的,责令限期改正,提供必需的资金;逾期未改正的,责令生产经营单位停产停业整顿。

有前款违法行为,导致发生生产安全事故,构成犯罪的,依照刑法有关规定追究刑事责任;尚不够刑事处罚的,对生产经营单位的主要负责人给予撤职处分,对个人经营的投资人处二万元以上二十万元以下的罚款。

第八十一条 生产经营单位的主要负责人未履行本法规定的安全生产管理职责的,责令限期改正;逾期未改正的,责令生产经营单位停产停业整顿。

生产经营单位的主要负责人有前款违法行为,导致发生生产安全事故,构成犯罪的,依照刑法有关规定追究刑事责任;尚不够刑事处罚的,给予撤职处分或者处二万元以上二十万元以下的罚款。

生产经营单位的主要负责人依照前款规定受刑事处罚或者撤职处分的,自刑罚执行完毕或者受处分之日起,五年内不得担任任何生产经营单位的主要负责人。

第八十二条 生产经营单位有下列行为之一的,责令限期改正;逾期未改正的,责令停产停业整顿,可以并处二万元以下的罚款:

(一)未按照规定设立安全生产管理机构或者配备安全生产管理人员的;

(二)危险物品的生产、经营、储存单位以及矿山、建筑施工单位的主要负责人和安全生产管理人员未按照规定经考核合格的;

(三)未按照本法第二十一条、第二十二条的规定对从业人员进行安全生产教育和培训,或者未按照本法第三十六条的规定如实告知从业人员有关的安全生产事项的;

(四)特种作业人员未按照规定经专门的安全作业培训并取得特种作业操作资格证书,上岗作业的。

第八十三条 生产经营单位有下列行为之一的,责令限期改正;逾期未改正的,责令停止建设或者停产停业整顿,可以并处五万元以下的罚款;造成严重后果,构成犯罪的,依照刑法有关规定追究刑事责任:

(一)矿山建设项目或者用于生产、储存危险物品的建设项目没有安全设施设计或者安全设施设计未按照规定报经有关部门审查同意的;

(二)矿山建设项目或者用于生产、储存危险物品的建设项目的施工单位未按照批准的安全设施设计施工的;

(三)矿山建设项目或者用于生产、储存危险物品的建设项目竣工投入生产或者使用前,安全设施未经验收合格的;

(四)未在有较大危险因素的生产经营场所和有关设施、设备上设置明显的安全警示标志的;

(五)安全设备的安装、使用、检测、改造和报废不符合国家标准或者行业标准的;

(六)未对安全设备进行经常性维护、保养和定期检测的;

(七)未为从业人员提供符合国家标准或者行业标准的劳动防护用品的:

(八)特种设备以及危险物品的容器、运输工具未经取得专业资质的机构检测、检验合格,取得安全使用证或者安全标志,投入使用的;

(九)使用国家明令淘汰、禁止使用的危及生产安全的工艺、设备的。

第八十四条 未经依法批准,擅自生产、经营、储存危险物品的,责令停止违法行为或者予以关闭,没收违法所得,违法所得十万元以上的,并处违法所得一倍以上五倍以下的罚款,没有违法所得或者违法所得不足十万元的,单处或者并处二万元以上十万元以下的罚款;造成严重后果,构成犯罪的,依照刑法有关规定追究刑事责任。

第八十五条 生产经营单位有下列行为之一的,责令限期改正;逾期未改正的,责令停产停业整顿,可以并处二万元以上十万元以下的罚款;造成严重后果,构成犯罪的,依照刑法有关规定追究刑事责任:

(一)生产、经营、储存、使用危险物品,未建立专门安全管理制度、未采取可靠的安全措施或者不接受有关主管部门依法实施的监督管理的;

(二)对重大危险源未登记建档,或者未进行评估、监控,或者未制定应急预案的;

(三)进行爆破、吊装等危险作业,未安排专门管理人员进行现场安全管理的。

第八十六条 生产经营单位将生产经营项目、场所、设备发包或者出租给不具备安全生产条件或者相应资质的单位或者个人的,责令限期改正,没收违法所得;违法所得五万元以上的,并处违法所得一倍以上五倍以下的罚款;没有违法所得或者违法所得不足五万元的,单处或者并处一万元以上五万元以下的罚款;导致发生生产安全事故给他人造成损害的,与承包方、承租方承担连带赔偿责任。

生产经营单位未与承包单位、承租单位签订专门的安全生产管理协议或者未在承包合同、租赁合同中明确各自的安全生产管理职责,或者未对承包单位、承租单位的安全生产统一协调、管理的,责令限期改正;逾期未改正的,责令停产停业整顿。

第八十七条 两个以上生产经营单位在同一作业区域内进行可能危及对方安全生产的生产经营活动,未签订安全生产管理协议或者未指定专职安全生产管理人员进行安全检查与协调的,责令限期改正;逾期未改正的,责令停产停业。

第八十八条 生产经营单位有下列行为之一的,责令限期改正;逾期未改正的,责令停产停业整顿;造成严重后果,构成犯罪的,依照刑法有关规定追究刑事责任:

(一)生产、经营、储存、使用危险物品的车间、商店、仓库与员工宿舍在同一座建筑内,或者与员工宿舍的距离不符合安全要求的;

(二)生产经营场所和员工宿舍未设有符合紧急疏散需要、标志明显、保持畅通的出口,或者封闭、堵塞生产经营场所或者员工宿舍出口的。

第八十九条 生产经营单位与从业人员订立协议,免除或者减轻其对从业人员因生产安全事故伤亡依法应承担的责任的,该协议无效;对生产经营单位的主要负责人、个人经营的投资人处二万元以上十万元以下的罚款。

第九十条 生产经营单位的从业人员不服从管理,违反安全生产规章制度或者操作规程的,由生产经营单位给予批评教育,依照有关规章制度给予处分;造成重大事故,构成犯罪的,依照刑法有关规定追究刑事责任。

第九十一条 生产经营单位主要负责人在本单位发生重大生产安全事故时,不立即组织抢救或者在事故调查处理期间擅离职守或者逃匿的,给予降职、撤职的处分,对逃匿的处十五日以下拘留;构成犯罪的,依照刑法有关规定追究刑事责任。

生产经营单位主要负责人对生产安全事故隐瞒不报、谎报或者拖延不报的,依照前款规定处罚。

第九十二条 有关地方人民政府、负有安全生产监督管理职责的部门,对生产安全事故隐瞒不报、谎报或者拖延不报的,对直接负责的主管人员和其他直接责任人员依法给予行政处分;构成犯罪的,依照刑法有关规定追究刑事责任。

第九十三条 生产经营单位不具备本法和其他有关法律、行政法规和国家标准或者行业标准规定的安全生产条件,经停产停业整顿仍不具备安全生产条件的,予以关闭;有关部门应当依法吊销其有关证照。

第九十四条 本法规定的行政处罚,由负责安全生产监督管理的部门决定;予以关闭的行政处罚由负责安全生产监督管理的部门报请县级以上人民政府按照国务院规定的权限决定;给予拘留的行政处罚由公安机关依照治安管理处罚条例的规定决定。有关法律、行政法规对行政处罚的决定机关另有规定的,依照其规定。

第九十五条 生产经营单位发生生产安全事故造成人员伤亡、他人财产损失的,应当依法承担赔偿责任;拒不承担或者其负责人逃匿的,由人民法院依法强制执行。

生产安全事故的责任人未依法承担赔偿责任,经人民法院依法采取执行措施后,仍不能对受害人给予足额赔偿的,应当继续履行赔偿义务;受害人发现责任人有其他财产的,可以随时请求人民法院执行。

第七章 附 则

第九十六条 本法下列用语的含义:

危险物品,是指易燃易爆物品、危险化学品、放射性物品等能够危及人身安全和财产安全的物品。

重大危险源,是指长期地或者临时地生产、搬运、使用或者储存危险物品,且危险物品的数量等于或者超过临界量的单元(包括场所和设施)。

第九十七条 本法自2002年11月1日起施行。

[附件三十五]

中华人民共和国环境影响评价法

(2002年10月28日中华人民共和国第九届全国人民代表大会常务委员会第三十次会议通过,2002年10月28日中华人民共和国主席令第77号公布,自2003年9月1日起施行)

第一章 总 则

第一条 为了实施可持续发展战略,预防因规划和建设项目实施后对环境造成不良影响,促进经济、社会和环境的协调发展,制定本法。

第二条 本法所称环境影响评价,是指对规划和建设项目实施后可能造成的环境影响进行分析、预测和评估,提出预防或者减轻不良环境影响的对策和措施,进行跟踪监测的方法与制度。

第三条 编制本法第九条所规定的范围内的规划,在中华人民共和国领域和中华人民共和国管辖的其他海域内建设对环境有影响的项目,应当依照本法进行环境影响评价。

第四条 环境影响评价必须客观、公开、公正,综合考虑规划或者建设项目实施后对各种环境因素及其所构成的生态系统可能造成的影响,为决策提供科学依据。

第五条 国家鼓励有关单位、专家和公众以适当方式参与环境影响评价。

第六条 国家加强环境影响评价的基础数据库和评价指标体系建设，鼓励和支持对环境影响评价的方法、技术规范进行科学研究，建立必要的环境影响评价信息共享制度，提高环境影响评价的科学性。国务院环境保护行政主管部门应当会同国务院有关部门，组织建立和完善环境影响评价的基础数据库和评价指标体系。

第二章 规划的环境影响评价

第七条 国务院有关部门、设区的市级以上地方人民政府及其有关部门，对其组织编制的土地利用的有关规划，区域、流域、海域的建设、开发利用规划，应当在规划编制过程中组织进行环境影响评价，编写该规划有关环境影响的篇章或者说明。

规划有关环境影响的篇章或者说明，应当对规划实施后可能造成的环境影响作出分析、预测和评估，提出预防或者减轻不良环境影响的对策和措施，作为规划草案的组成部分一并报送规划审批机关。

未编写有关环境影响的篇章或者说明的规划草案，审批机关不予审批。

第八条 国务院有关部门、设区的市级以上地方人民政府及其有关部门，对其组织编制的工业、农业、畜牧业、林业、能源、水利、交通、城市建设、旅游、自然资源开发的有关专项规划（以下简称专项规划），应当在该专项规划草案上报审批前，组织进行环境影响评价，并向审批该专项规划的机关提出环境影响报告书。

前款所列专项规划中的指导性规划，按照本法第七条的规定进行环境影响评价。

第九条 依照本法第七条、第八条的规定进行环境影响评价的规划的具体范围，由国务院环境保护行政主管部门会同国务院有关部门规定，报国务院批准。

第十条 专项规划的环境影响报告书应当包括下列内容：

（一）实施该规划对环境可能造成影响的分析、预测和评估；

（二）预防或者减轻不良环境影响的对策和措施；

（三）环境影响评价的结论。

第十一条 专项规划的编制机关对可能造成不良环境影响并直接涉及公众环境权益的规划，应当在该规划草案报送审批前，举行论证会、听证会，或者采取其他形式，征求有关单位、专家和公众对环境影响报告书草案的意见。但是，国家规定需要保密的情形除外。

编制机关应当认真考虑有关单位、专家和公众对环境影响报告书草案的意见，并应当在报送审查的环境影响报告书中附具对意见采纳或者不采纳的说明。

第十二条 专项规划的编制机关在报批规划草案时，应当将环境影响报告书一并附送审批机关审查；未附送环境影响报告书的，审批机关不予审批。

第十三条 设区的市级以上人民政府在审批专项规划草案，作出决策前，应当先由人民政府指定的环境保护行政主管部门或者其他部门召集有关部门代表和专家组成审查小组，对环境影响报告书进行审查。审查小组应当提出书面审查意见。

参加前款规定的审查小组的专家，应当从按照国务院环境保护行政主管部门的规定设立的专家库内的相关专业的专家名单中，以随机抽取的方式确定。

由省级以上人民政府有关部门负责审批的专项规划，其环境影响报告书的审查办法，由国务院环境保护行政主管部门会同国务院有关部门制定。

第十四条 设区的市级以上人民政府或者省级以上人民政府有关部门在审批专项规划

草案时,应当将环境影响报告书结论以及审查意见作为决策的重要依据。

在审批中未采纳环境影响报告书结论以及审查意见的,应当作出说明,并存档备查。

第十五条 对环境有重大影响的规划实施后,编制机关应当及时组织环境影响的跟踪评价,并将评价结果报告审批机关;发现有明显不良环境影响的,应当及时提出改进措施。

第三章 建设项目的环境影响评价

第十六条 国家根据建设项目对环境的影响程度,对建设项目的环境影响评价实行分类管理。

建设单位应当按照下列规定组织编制环境影响报告书、环境影响报告表或者填报环境影响登记表(以下统称环境影响评价文件):

(一)可能造成重大环境影响的,应当编制环境影响报告书,对产生的环境影响进行全面评价;

(二)可能造成轻度环境影响的,应当编制环境影响报告表,对产生的环境影响进行分析或者专项评价;

(三)对环境影响很小、不需要进行环境影响评价的,应当填报环境影响登记表。

建设项目的环境影响评价分类管理名录,由国务院环境保护行政主管部门制定并公布。

第十七条 建设项目的环境影响报告书应当包括下列内容:

(一)建设项目概况;

(二)建设项目周围环境现状;

(三)建设项目对环境可能造成影响的分析、预测和评估;

(四)建设项目环境保护措施及其技术、经济论证;

(五)建设项目对环境影响的经济损益分析;

(六)对建设项目实施环境监测的建议;

(七)环境影响评价的结论。

涉及水土保持的建设项目,还必须有经水行政主管部门审查同意的水土保持方案。

环境影响报告表和环境影响登记表的内容和格式,由国务院环境保护行政主管部门制定。

第十八条 建设项目的环境影响评价,应当避免与规划的环境影响评价相重复。

作为一项整体建设项目的规划,按照建设项目进行环境影响评价,不进行规划的环境影响评价。

已经进行了环境影响评价的规划所包含的具体建设项目,其环境影响评价内容建设单位可以简化。

第十九条 接受委托为建设项目环境影响评价提供技术服务的机构,应当经国务院环境保护行政主管部门考核审查合格后,颁发资质证书,按照资质证书规定的等级和评价范围,从事环境影响评价服务,并对评价结论负责。为建设项目环境影响评价提供技术服务的机构的资质条件和管理办法,由国务院环境保护行政主管部门制定。

国务院环境保护行政主管部门对已取得资质证书的为建设项目环境影响评价提供技术服务的机构的名单,应当予以公布。

为建设项目环境影响评价提供技术服务的机构,不得与负责审批建设项目环境影响评价文件的环境保护行政主管部门或者其他有关审批部门存在任何利益关系。

第二十条 环境影响评价文件中的环境影响报告书或者环境影响报告表，应当由具有相应环境影响评价资质的机构编制。

任何单位和个人不得为建设单位指定对其建设项目进行环境影响评价的机构。

第二十一条 除国家规定需要保密的情形外，对环境可能造成重大影响、应当编制环境影响报告书的建设项目，建设单位应当在报批建设项目环境影响报告书前，举行论证会、听证会，或者采取其他形式，征求有关单位、专家和公众的意见。

建设单位报批的环境影响报告书应当附具对有关单位、专家和公众的意见采纳或者不采纳的说明；

第二十二条 建设项目的环境影响评价文件，由建设单位按照国务院的规定报有审批权的环境保护行政主管部门审批；建设项目有行业主管部门的，其环境影响报告书或者环境影响报告表应当经行业主管部门预审后，报有审批权的环境保护行政主管部门审批。

海洋工程建设项目的海洋环境影响报告书的审批，依照《中华人民共和国海洋环境保护法》的规定办理。

审批部门应当自收到环境影响报告书之日起六十日内，收到环境影响报告表之日起三十日内，收到环境影响登记表之日起十五日内，分别作出审批决定并书面通知建设单位。

预审、审核、审批建设项目环境影响评价文件，不得收取任何费用。

第二十三条 国务院环境保护行政主管部门负责审批下列建设项目的环境影响评价文件：

（一）核设施、绝密工程等特殊性质的建设项目；

（二）跨省、自治区、直辖市行政区域的建设项目；

（三）由国务院审批的或者由国务院授权有关部门审批的建设项目。

前款规定以外的建设项目的环境影响评价文件的审批权限，由省、自治区、直辖市人民政府规定。

建设项目可能造成跨行政区域的不良环境影响，有关环境保护行政主管部门对该项目的环境影响评价结论有争议的，其环境影响评价文件由共同的上一级环境保护行政主管部门审批。

第二十四条 建设项目的环境影响评价文件经批准后，建设项目的性质、规模、地点、采用的生产工艺或者防治污染、防止生态破坏的措施发生重大变动的，建设单位应当重新报批建设项目的环境影响评价文件。

建设项目的环境影响评价文件自批准之日起超过五年，方决定该项目开工建设的，其环境影响评价文件应当报原审批部门重新审核；原审批部门应当自收到建设项目环境影响评价文件之日起十日内，将审核意见书面通知建设单位。

第二十五条 建设项目的环境影响评价文件未经法律规定的审批部门审查或者审查后未予批准的，该项目审批部门不得批准其建设，建设单位不得开工建设。

第二十六条 建设项目建设过程中，建设单位应当同时实施环境影响报告书、环境影响报告表以及环境影响评价文件审批部门审批意见中提出的环境保护对策措施。

第二十七条 在项目建设、运行过程中产生不符合经审批的环境影响评价文件的情形的，建设单位应当组织环境影响的后评价，采取改进措施，并报原环境影响评价文件审批部门和建设项目审批部门备案;原环境影响评价文件审批部门也可以责成建设单位进行环境影响的后评价,采取改进措施。

第二十八条 环境保护行政主管部门应当对建设项目投入生产或者使用后所产生的环境影响进行跟踪检查,对造成严重环境污染或者生态破坏的,应当查清原因、查明责任。对属于为建设项目环境影响评价提供技术服务的机构编制不实的环境影响评价文件的,依照本法第三十三条的规定追究其法律责任;属于审批部门工作人员失职、渎职,对依法不应批准的建设项目环境影响评价文件予以批准的,依照本法第三十五条的规定追究其法律责任。

第四章　法律责任

第二十九条 规划编制机关违反本法规定,组织环境影响评价时弄虚作假或者有失职行为,造成环境影响评价严重失实的,对直接负责的主管人员和其他直接责任人员,由上级机关或者监察机关依法给予行政处分。

第三十条 规划审批机关对依法应当编写有关环境影响的篇章或者说明而未编写的规划草案,依法应当附送环境影响报告书而未附送的专项规划草案,违法予以批准的,对直接负责的主管人员和其他直接责任人员,由上级机关或者监察机关依法给予行政处分。

第三十一条 建设单位未依法报批建设项目环境影响评价文件,或者未依照本法第二十四条的规定重新报批或者报请重新审核环境影响评价文件,擅自开工建设的,由有权审批该项目环境影响评价文件的环境保护行政主管部门责令停止建设,限期补办手续;逾期不补办手续的,可以处五万元以上二十万元以下的罚款,对建设单位直接负责的主管人员和其他直接责任人员,依法给予行政处分。

建设项目环境影响评价文件未经批准或者未经原审批部门重新审核同意,建设单位擅自开工建设的,由有权审批该项目环境影响评价文件的环境保护行政主管部门责令停止建设,可以处五万元以上二十万元以下的罚款,对建设单位直接负责的主管人员和其他直接责任人员,依法给予行政处分。

海洋工程建设项目的建设单位有前两款所列违法行为的,依照《中华人民共和国海洋环境保护法》的规定处罚。

第三十二条 建设项目依法应当进行环境影响评价而未评价,或者环境影响评价文件未经依法批准,审批部门擅自批准该项目建设的,对直接负责的主管人员和其他直接责任人员,由上级机关或者监察机关依法给予行政处分;构成犯罪的,依法追究刑事责任。

第三十三条 接受委托为建设项目环境影响评价提供技术服务的机构在环境影响评价工作中不负责任或者弄虚作假,致使环境影响评价文件失实的,由授予环境影响评价资质的环境保护行政主管部门降低其资质等级或者吊销其资质证书,并处所收费用一倍以上三倍以下的罚款;构成犯罪的,依法追究刑事责任。

第三十四条 负责预审、审核、审批建设项目环境影响评价文件的部门在审批中收取费用的,由其上级机关或者监察机关责令退还;情节严重的,对直接负责的主管人员和其他直接责任人员依法给予行政处分,

第三十五条 环境保护行政主管部门或者其他部门的工作人员徇私舞弊,滥用职权,玩忽职守,违法批准建设项目环境影响评价文件的,依法给予行政处分;构成犯罪的,依法追究刑事责任。

第五章　附　　则

第三十六条　省、自治区、直辖市人民政府可以根据本地的实际情况，要求对本辖区的县级人民政府编制的规划进行环境影响评价。具体办法由省、自治区、直辖市参照本法第二章的规定制定。

第三十七条　军事设施建设项目的环境影响评价办法，由中央军事委员会依照本法的原则制定。

第三十八条　本法自 2003 年 9 月 1 日起施行。

[附件三十六]

关于加强建筑工程室内环境质量管理的若干意见

（2002 年 3 月 1 日　建设部办公厅发布）

为了预防和控制新建、扩建、改建的民用建筑工程室内环境污染，建设部制定了《民用建筑工程室内环境污染控制规范》（以下简称《规范》），对建筑工程室内氡、甲醛、苯、氨、总挥发性有机化合物（TVOC）含量的控制指标作了规定。这是我国第一部控制室内环境污染的工程建设强制性标准，将从颁布之日起施行。现就贯彻执行《规范》和加强建筑工程室内环境质量管理提出以下意见。

一、提高对建筑工程室内环境污染严重性和控制室内环境污染紧迫性的认识。近年来由于建筑工程环境污染日益严重，已引起社会各界的关注。有关部门制定的建筑和装修材料的环境指标，以及《规划》的颁布实施，基本形成了控制建筑工程室内环境污染的技术标准体系。各地建设行政主管部门要把控制室内环境污染作为确保建筑工程质量和居民身体健康的一项重要工作，抓实抓好。

二、在勘察设计和施工过程中严格执行《规范》。各地要组织工程建设有关单位学习《规范》，对有关人员进行室内环境污染与控制知识的培训。勘察设计单位要在工程勘察和室内通风、装饰装修设计中充分考虑室内环境污染控制。施工单位和监理单位要做好材料进场检验工作，凡无出厂环境指标检验报告或者放射性指标、有害物质含量指标超标的产品不得使用在工程上。积极引导和鼓励勘察、设计、施工企业贯彻 ISO14000 环境管理体系认证，不断改进施工工艺，开展洁净生产。

三、建立民用建筑工程室内环境竣工验收检测制度。建筑工程竣工时，建设单位要按照《规范》要求对室内环境质量检查验收，委托经考核认可的检测机构对建筑工程室内氡、甲醛、苯、氨、总挥发性有机化合物（TVOC）的含量指标进行检测。建筑工程室内有害物质含量指标不符合《规范》规定的，不得投入使用。

从事建筑工程室内环境质量检测的机构要经过有关部门认证后，方可从事建筑工程室内环境质量检测。

四、加强对建筑工程室内环境质量的监督管理。各级工程质量监督机构应将建筑工程室内环境质量作为工程质量监督的重要内容之一。在工程质量监督机构报送给工程竣工验收备案机关的工程质量监督报告中，应包括对建筑工程室内环境质量监督的结论性意见。备案机关发现建筑工程室内环境质量不符合规范规定的，不得同意备案。对于施工单位不按照设计图纸和强制性标准施工，或者使用国家明令淘汰的建筑材料的，使用没有出厂检验报告的建筑材料，不按规定对有关建筑材料进行有害物质含量指标复验的，要根据《建设工程质量管理条例》第六十四条、第六十五条规定对责任单位进行处罚。对于建设单位在竣工验收时不对室内有害物质含量进行检查，或检查不合格擅自投入使用的，要根据《建设工程质量管理条例》第五十八条规定对责任单位进行处罚。

[附件三十七]

工程承发包安全管理协议

立协单位：发包单位：____________________ 以下简称甲方
承包单位：____________________ 以下简称乙方

甲方将本建筑安装工程项目发（分）包给乙方施工，为贯彻“安全第一，预防为主”的方针，根据《××市招标、承包工程安全管理暂行规定》和国家有关法规，明确双方的安全生产责任，确保施工安全，双方在签订建筑安装工程合同的同时，签订本协议。

（一）承包工程项目

1. 工程项目名称：________________
2. 工程地址：________________
3. 承包范围：________________
4. 承包方式：________________

（二）工程项目期限

自____年____月____日起开工至____年____月____日完工。

（三）协议内容

1. 甲乙双方必须认真贯彻国家、××市和上级劳动保护、安全生产主管部门颁发的有关安全生产、消防工作的方针、政策，严格执行有关劳动保护法规、条例、规定。

2. 甲乙双方都应有安全管理组织体制，包括抓安全生产的领导，各级专职和兼职的安全干部，应有各工种的安全操作规程、特种作业人员的审证考核制度及各级安全生产岗位责任制、定期安全检查制度和安全教育制度等。

3. 甲乙双方在施工前要认真勘察现场：

(1)工程项目应由甲方编制施工组织设计；

(2)工程项目由乙方按甲方的要求自行编制施工组织设计，并制定有针对性的安全技术措施计划，严格按施工组织设计和有关安全要求施工。

4. 甲乙双方的有关领导必须认真对本单位职工进行安全生产制度及安全技术知识教育，增强法制观念，提高职工的安全生产思想意识和自我保护的能力，督促职工自觉遵守安全生产纪律、制度和法规。

5. 施工前，甲方应对乙方的管理、施工人员进行安全生产进场教育，介绍有关安全生产管理制度、规定和要求，乙方应组织召开管理、施工人员安全生产教育会议、并通知甲方委托有关人员出席会议，介绍施工中有关安全、防火等规章制度及要求；乙方必须检查、督促施工人员严格遵守、认真执行。

根据工程项目的内容与特点，甲乙双方应做好安全技术交底，并有交底的书面材料，交底材料一式二份，由甲乙双方各执一份。

6. 施工期间，乙方指派__________同志负责本工程项目的有关安全、防火工作；甲方指派__________同志负责联系、检查督促乙方执行有关安全、防火规定。甲乙双方应经常联系，相互协助检查和处理工程施工有关的安全、防火工作，共同预防事故发生。

7. 乙方在施工期间必须严格执行和遵守甲方的安全生产、防火管理的各项规定，接受甲方的督促、检查和指导。甲方有协助乙方搞好安全生产、防火管理以及督促检查的义务，对于查出的隐患，乙方必须限期整改。对甲方违反安全生产规定、制度等情况，乙方有要求甲方整改的权利，甲方应该认真整改。

8. 在生产操作过程中的个人防护用品，由各方自理，甲、乙方都应督促施工现场人员自觉穿戴好防护用品。

9. 甲乙双方人员对各自所在的施工区域、作业环境、操作设施设备、工具用具等必须认真检查，发现隐患，立即停止施工，并由有关单位落实整改后方准施工。一经施工，就表示该施工单位确认施工场所、作业环境、设施设备、工具用具等符合安全要求和处于安全状态。施工单位对施工过程中由于上述因素不良而导致的事故后果负责。

10. 由甲方提供的机械设备、脚手架等设施，在搭设、安装完毕提交使用前，甲方应会同乙方共同按规定验收，并做好验收及交付使用的书面手续，严禁在未经验收或验收不合格的情况下投入使用，否则由此发生的后果概由擅自使用方负责。

11. 乙方在施工期间所使用的各种设备以及工具等均由乙方自备。如果甲乙双方必须相互供用或租赁，应由双方有关人员办理借用或租赁手续，制订有关安全使用和管理制度。借出方应保证设备和工具完好并符合安全要求，借入方必须进行检验，并做好书面记录。借入使用方一经接收，设备和工具的保管、维修应由借入使用方负责，并严格执行安全操作规程。在使用过程中，由于设备工具因素或使用操作不当而造成伤亡事故，由借入使用方负责。

12. 甲乙双方的人员，对现场施工的脚手架、各类安全防护设施、安全标志和警告牌，不得擅自拆除、变动。如确定需要拆除变动的，必须经工地施工负责人和甲乙方指派的安全管理人员的同意，并采取必要、可靠的安全措施后方能拆除。任何一方人员，擅自拆除所造成的后果，均由该方人员及其单位负责。

13. 特种作业必须执行国家《特种作业人员安全技术培训考核管理规定》，经省、市、地区的特种作业安全技术考核站培训考核后持证上岗。并按规定定期审证，进本市施工的外省市特种作业人员还须经本市有关特种作业考核站进行审证教育；中、小型机械的操作人员必须按规定做到“定机定人”和持证操作；起重吊装作业人员必须严守“十不吊”规定，严禁违章、无证操作；严禁不懂电器、机械设备的人，擅自操作使用电器、机械设备。

14. 甲乙双方必须严格执行各类防火防爆制度，易燃易爆物品附近严禁吸烟及动用明火，消防器材不准挪作他用。电焊、气割作业应按规定办理动火审批手续，严格遵守“十不烧”规定，严禁使用电炉。冬季施工如必须采用明火加热的防冻措施时，应取得防火主管人员同意，落实防火、防中毒措施，并指派专人值班。

15. 乙方需用甲方提供的电气设备，在使用前应先进行检测，并做好检测记录，如不符合安全规定的应及时向甲方提出，甲方应积极整改，整改合格后方准使用，违反本规定或不经甲方许可，擅自乱拉电气线路造成的后果均由肇事者单位负责。

16. 贯彻先订合同后施工的原则。甲方不得指派乙方人员从事合同外的施工任务，乙方应拒绝合同外的施工任务，否则由此造成的一切后果均由有关方负责。

17. 甲乙双方在施工中，应注意地下管线及高压架空线路的保护。甲方对地下管线和障碍物应详细交底，乙方应贯彻交底要求。如遇有情况，应及时向甲方和有关部门联系，采取保护措施。

18. 乙方在签订建筑安装施工合同后，应自觉地向地区（县）劳动局劳动保护监察科（股）等有关部门办理开工报告手续。

19. 贯彻“谁施工谁负责安全”的原则。甲、乙方人中在施工期间造成伤亡、火警、火灾、机械等重大事故（包括甲、乙方责任造成对方人员、他方人员、行人伤亡等），双方应协同进行紧急抢救伤员和保护现场，按国务院及上海市有关事故报告规定在事故发生后的24小时内及时报告各自的上级主管部门及市、区（县）劳动保护监察部门等有关机构。事故的损失和善后处理费用，应按责任协商解决。

20. 其他未尽事宜。

____

____

____

____

21. 本协议的各项规定适用于立协单位双方，如遇有同国家和本市的有关法规不符者，应按国家和本市的有关规定执行。

22. 本协议经立协双方签字、盖章有效，作为合同正本的附件一式六份，甲、乙双方各执二份，送区（县）劳动局劳动保护监察科（级）及有关部门各一份备案。

23. 本协议与工程合同正本同日生效，甲、乙双方必须严格执行，由于违反本协议而造成伤亡事故，由违约方承担一切经济的损失。

甲方：单 位 名 称__________（盖章） 乙方：单 位 名 称__________（盖章）

法定代表人__________（签章） 法定代表人__________（签章）

代　　表＿＿＿＿＿＿(签字)　　　代　　表＿＿＿＿＿＿(签字)
地　　址＿＿＿＿＿＿＿＿＿＿　　地　　址＿＿＿＿＿＿＿＿＿＿
电　　话＿＿＿＿＿＿＿＿＿＿　　电　　话＿＿＿＿＿＿＿＿＿＿
日　　期＿＿＿＿＿＿＿＿＿＿　　日　　期＿＿＿＿＿＿＿＿＿＿
　　　　　　　　　　　　　　　　　　　　年　　月　　日

[附件三十八]

总包对分包的安全总交底

引自 DGJ　08—903—2003

为了贯彻“安全第一,预防为主”的方针,保护国家、企业的财产免遭损失,保障职工的生命安全和身体健康,保障施工生产的顺利进行,各施工单位必须认真执行以下要求:

1. 贯彻执行国家、行业的安全生产、劳动保护和消防工作的各类法规、条例、规定;遵守企业的各项安全生产制度、规定及要求。

2. 分包单位要服从总包单位的安全生产管理。分包单位的负责人必须对本单位职工进行安全生产教育,以增强法制观念和提高职工的安全意识及自我保护能力,自觉遵守安全生产六大纪律、安全生产制度。

3. 分包单位应认真贯彻执行工地的分部分项、分工种及施工安全技术交底要求。分包单位的负责人必须检查具体施工人员落实情况,并进行经常性的督促、指导,确保施工安全。

4. 分包单位的负责人应对所属施工及生活区域的施工安全、文明施工等各方面工作全面负责。分包单位负责人离开现场,应指定专人负责,办理书面委托管理手续。分包单位负责人和被委托负责管理的人员,应经常检查督促本单位职工自觉做好各方面工作。

5. 分包单位应按规定,认真开展班组安全活动。施工单位负责人应定期参加工地、班组的安全活动,以及安全、防火、生活卫生等检查,并做好检查活动的有关记录。

6. 分包单位在施工期间必须接受总包方的检查、督促和指导。同时,总包方应协助各施工单位搞好安全生产、防火管理。对于查出的隐患及问题,各施工单位必须限期整改。

7. 分包单位对各自所处的施工区域、作业环境、安全防护设施、操作设施设备、工具用具等必须认真检查,发现问题和隐患,立即停止施工,落实整改。如本单位无能力落实整改的,应及时向总包汇报,由总包协调落实有关人员进行整改,分包单位确认安全后,方可施工。

8. 由总包提供的机械设备、脚手架等设施,在搭设、安装完毕交付使用前,总包须会同有关分包单位共同按规定验收,并做好移交使用的书面手续,严禁在未经验收或验收不合格的情况下投入使用。

9. 分包单位与总包单位如需相互借用或租赁各种设备以及工具的,应由双方有关人员办理借用或租赁手续,制订有关安全使用及管理制度。借出单位应保证借出的设备和工具完好并符合要求，借入单位必须进行检查，并做好书面移交记录。

10. 分包单位对于施工现场的脚手架、设施、设备的各种安全防护设施、保险装置、安全标志和警告牌等不得擅自拆除、变动，如确需拆除变动的，必须经总包施工负责人和安全管理人员的同意，并采取必要、可靠的安全措施后方能拆除。

11. 特种作业及中、小型机械的操作人员，必须按规定经有关部门培训、考核合格后，持有效证件上岗作业。起重吊装人员必须遵守“十不吊”规定、严禁违章、无证操作；严禁不懂电器、机械设备的人员擅自操作使用电器、机械设备。

12. 各施工单位必须严格执行防火防爆制度，易燃易爆场所严禁吸烟及动用明火，消防器材不准挪作他用。电焊、气割作业应按规定办理动火审批手续，严格遵守“十不烧”规定，严禁使用电炉。冬季施工如必须采用明火加热的防冻措施时，应取得总包防火主管人员同意，落实防火、防中毒措施，并指派专人值班看护。

13. 分包单位需用总包提供的电器设备时，在使用前应先进行检测，如不符合安全使用规定的，应及时向总包提出，总包应积极落实整改，整改合格后方准使用，严禁擅自乱拖乱拉私接电气线路及电气设备。

14. 在施工过程中，分包单位应注意地下管线及高、低压架空线路和通信设施、设备的保护。总包应将地下管线及障碍物情况向分包单位详细交底，分包单位应贯彻交底要求；如遇有问题或情况不明时要采取停止施工的保护措施，并及时向总包汇报。

15. 贯彻“谁施工谁负责安全、防火”的原则。分包单位在施工期间发生各类事故及事故苗子，应及时组织抢救伤员、保护现场，并立即向总包方及自己的上级单位和有关部门报告。

16. 按工程特点进行针对性交底。

[附件三十九]

外施队安全生产管理规定

1. 不得使用未经劳动部门审核的外施队。

2. 对外施队人员要严格进行安全生产管理，保障外施队人员在生产过程中的安全和健康。

3. 外施队长必须申请办理《施工企业安全资格认可证》。各用工单位应监督、协助外施队办理“认可证”，否则视同无安全资质处理。

4. 依照“管生产必须管安全”的原则，外施队必须明确一名领导作为本队安全生产负责人，主管本队日常的安全生产管理工作。50 人以下的外施队，应设一名兼职安全员；50 人以上的外施队应设一名专职安全员。用工单位要负责对外施队专(兼)职安全员进行安全生产业务培训考核，对合格者签发《安全生产检查员》证。外施队专(兼)职安全员应持证上岗，纠正本队违章行为。

5. 外施队要保证人员相对稳定，确需增加或调换人员时，外施队领导必须事先提出计划，报请有关领导和部门审核。增加或调换的人员按新入场人员进行三级安全教育。凡未经同意擅自增加或调换人员，未经安全教育考试上岗作业者，一经发现，追究有关部门和外施队领导的责任。

6. 外施队领导必须对本队人员进行经常性的安全生产和法制教育，必须服从用工单位各级安全管理人员的监督指导。用工单位各级安全管理人员有权按照规章制度，对违章冒险作业人员进行经济处罚，停工整顿，直到建议清退出场。用工单位应认真研究安全管理人员的建议，对决定清退出场的外施队，用工单位必须及时上报集团总公司安全施工管理处和劳动力调剂服务中心，劳务部门当年不得再与该队签订用工协议，也不得转移到其他单位，若发现因外施队严重违章应清退出场而未清退或转移到集团其他单位的则追究有关人员的责任。

7. 外施队自身必须加强安全生产教育，提高技术素质和安全生产的自我保护意识，认真执行班前安全讲话制度，建立每周一次安全生产活动日制度。活动日讲评一周安全生产情况，学习有关安全生产规章制度，研究解决存在不安全隐患，表彰好人好事，批评违章行为，组织观看安全生产录像等。并做好活动记录。

8. 外施队领导和专（兼）职安全员必须每日上班前对本队的作业环境、设施设备的安全状态进行认真的检查，对检查发现的隐患，应本着凡是自己能解决的，不推给上级领导，立即解决。凡是检查发现的重大隐患，必须立即报告项目经理部的安全管理员。

9. 外施队领导和专（兼）职安全员应在本队人员作业过程中巡视检查，随时纠正违章行为，解决作业中人为形成的隐患；下班前对作业中使用的设施设备进行检查，确认机电是否拉闸断电，用火是否熄灭，活完料净场地清，确认无误，方准离开现场。

10. 凡违反有关规定，使用未办理《施工企业安全资格认可证》、未经注册登记、无用工手续或对外施队未进行三级安全教育的用工单位，安全部门有权对用工单位和直接责任者进行经济处罚。造成严重后果，触犯刑法的，提交司法部门处理。

[附件四十]

安全生产目标管理责任书

公司与项目部安全生产目标管理承包合同书

（________年度）

为贯彻落实“安全第一，预防为主”的方针，坚持安全生产，文明施工，努力实现____年度安全生产无事故，现由工程处安全生产第一责任人和直接责任人（简称甲方），代表工程处与项目部安全生产责任人和直接责任人（简称乙方）签定____年度安全生产目标管理承包责任书，内容如下：

1. 承包范围

凡乙方承建的工程项目中职工人身安全和生活设施,生产设施,机电设备及施工安全等;

2. 目标管理承包内容

(1)坚持实现"五无",即全年无死亡事故,无重伤事故,无重大设施事故,无重大生产性火灾事故,无中毒、倒塌等事故的发生;

(2)减少轻伤事故,一般事故频率控制在1.5‰以内;

(3)坚持"一标三规范",现场自检达标率100%,优良率80%以上,并积极创建安全标准化样板工地。

3. 合同执行时间

自____年元月1日至12月31日止。

4. 双方责任

甲方:

(1)坚持贯彻"安全第一,预防为主"的方针,把安全工作放在一切工作的首位来抓,认真贯彻国家和地方颁布的各项安全法规、标准、条例、决定等,并帮助督促付诸实施。

(2)负责编制单位工程施工组织设计方案中安全技术措施和专项安全技术方案。

(3)经常深入施工现场,针对现场安全管理、设施等方面存在的问题及时提出整改意见,发现重大隐患责令停工整顿并给予经济处罚等。

(4)负责组织专职安技人员和特种作业人员的培训和考核,帮助他们不断提高安全意识和素质。

(5)组织每月安全生产大检查,公布检查结果,提出整改意见。

(6)负责重伤以上事故调查工作。

(7)工程处安全科负责对本合同进行检查实施。

乙方:

(1)坚持贯彻"安全第一,预防为主"的方针,把安全工作放在一切工作的首位来抓,认真贯彻安全生产"五同时",按工程处统一布置,组织好各项安全活动。

(2)健全组织,完善制度,按需配备专(兼)职安全员,落实安全生产责任制,做到横到边,竖到底,专管成线,群管成网。

(3)经常性对职工进行安全意识教育、行为教育、纪律教育,严格执行安全法规和安全纪律,按章办事,按章指挥,按章操作,不断提高管理水平。

(4)保证各项安全技术措施经费的落实,确保施工安全可靠性,施工中必须做到一遵、两反、三严、四防、十不准等有关规定。

(5)关心职工,不断改善作业环境和生活环境,减轻劳动强度,降低噪声,减少尘毒危害。

(6)坚持事故报告制度,发生事故及时报告,不隐瞒;要认真组织专业人员对事故进行调查、分析,查明原因,分清责任,按照"三不放过"的原则,严肃处理,并落实防范措施,教育职工吸取教训,杜绝类似事故的再次发生。

5. 考核

(1)施工现场:由工程处组织项目部有关人员,结合工程处定期和不定期的对项目部施工现场检查分值,按年度每次检查得分之和与平时抽查得分和的平均值为年终评分值的1/2

计分。

(2)安全目标:按事故次数扣分后为准。

(3)评定标准:

1)施工现场:安全检查年终标准分为50分(按建设部颁JGJ59—99内容执行),计分方式为每次检查和平时抽查总分平均值的1/2。

2)安全目标:年终标准分50分,计分为扣分后的实得分。

扣分内容

①发生死亡事故一人或一次重伤二人以上(含二人)扣50分;

②发生重伤事故一人或一次轻伤三人以上(含三人)扣10分;

③发生轻伤事故一人扣1分;

④发生火灾设备事故,一次造成直接经济损失一万元以上、二万元以下扣6分,直接经济损失超过二万元每增加一万元加扣3分;

⑤发生生产性中毒一次扣3分,多人食物中毒扣4分;

⑥发生井架、脚手架、塔吊、电梯倒塌扣30分,发生临时设施及建筑物倒塌扣10分;

⑦隐瞒事故不报查出后每起扣5分,因上访有关部门而发现隐瞒的每起扣10分(按发现时间算);

⑧工程处安全科日常检查中凡发隐患整改通知书1份扣1.5分,一次罚款200元以上(含200元)扣1.5分,年度累计发整改单5份或罚款5次者加倍扣分,上级部门检查发整改单、罚款单每次扣3分。

上述八项为年终检查一次性扣分。

6.奖励与处罚

(1)年终实得总分80分以上者予以奖励,按项目部报表的平均人数受奖,等级如下:

①获分90分以上者为一等奖,按每人奖励奖金×元;

②获分85~90分者为二等奖,按每人奖励奖金×元;

③获分80~84分者为三等奖,按每人奖励奖金×元;

④获分70~79分者不奖不罚。

(2)处罚

①年终实得总分低于70分者,处罚第一责任人×元,直接责任人×元,安全员×元;

②发生死亡事故一人次处罚×元;

③发生重伤事故处罚×元,发生重大火灾、设备事故处罚×元;

④发生多人轻伤事故、设备事故处罚×元;

⑤隐瞒事故不报查出后,处罚责任人×元。

(3)奖罚对象

①奖励:项目经理部安全生产第一责任人、直接责任人、专职安全员,按责任和贡献大小进行奖励,不搞平均摊派。

②处罚:根据本合同规定进行处罚由工程处安全责任人研究确定,安全科负责执行,罚款在一周内上缴财务科。

7.说明

(1)重伤事故按劳动部[60]中劳保久字第56号试行《关于重伤事故范围的意见》的通

知执行。

(2)实施安全否决权,凡发生死亡事故、重伤事故或年终考核得分85分以下者,该单位不得被评为先进单位。

(3)各项目经理部签订的安全目标管理承包合同须报工程处安全科备案。

工程处安全生产第一责任人:　　　　项目经理部安全生产第一责任人:

工程处安全生产直接责任人:　　　　项目经理部安全生产直接责任人:

______年____月____日

[附件四十一]

项目部与班组安全生产目标管理承包合同书

(______年度)

为贯彻落实“安全第一,预防为主”的方针,坚持安全生产、文明施工,努力实现__________年度安全生产无事故,现由项目经理部安全生产第一责任人和直接责任人(简称甲方),代表项目经理部与班组安全生产第一责任人即班组长(简称乙方)代表班组签订______年度安全生产目标管理承包责任书,内容如下:

1. 承包范围

凡乙方承建的工程项目中职工人身安全和生活设施,生产设施,机电设备及施工安全等;

2. 目标管理承包内容

(1)坚持实现“五无”,即全年无死亡事故,无重伤事故,无重大设备事故,无重大生产性火灾事故,无中毒、倒塌等事故的发生;

(2)减少轻伤事故,一般事故频率控制在1.2‰以内;

(3)坚持“一标三规范”,现场自检合格率100%,优良率80%以上,并积极创建安全标准化样板工地。

3. 合同执行时间

自______年元月1日至12月31止。

4. 双方责任

甲方:

(1)坚持贯彻“安全第一,预防为主”的方针,把安全工作放在一切工作的首位来抓,认真贯彻国家和地方颁布的各项安全法规、标准、条例、决定等,并帮助督促付诸实施。

(2)定期、不定期地组织全体人员进行安全教育和安全学习,针对现场安全管理、设施等方面存在的问题,及时落实、整改,实现“三定”整改措施,发现重大隐患立即停工整改,并给予经济处罚等。

(3)组织每半月安全生产大检查,公布检查结果,落实整改。

(4)保证各项安全措施费用落实,确保施工安全可靠性。

(5)健全组织,完善制度,落实安全生产责任制,做到横到边、竖到底,并按需要配备专(兼)职安全员,做到专管成线,群管成网。

(6)经常性对职工进行安全教育、行为教育、纪律教育,严格执行安全法规和安全纪律,按章办事,按章指挥,不断提高管理水平。

(7)关心职工,不断改善作业环境和生活环境,减轻劳动强度,降低噪声,减少尘毒的危害。

(8)认真贯彻安全生产的“五同时”,组织好各项安全活动的开展。

(9)负责轻伤以上事故的调查处理工作,按照“三不放过”的原则,严格处理,并落实防范措施,教育职工吸取教训,杜绝类似事故再次发生。

(10)项目部安全生产组对本合同进行检查实施。

乙方:

(1)坚持贯彻“安全第一,预防为主”的方针,把安全工作放在一切工作的首位来抓,认真贯彻国家和地方的各项安全法规、标准条件、决定等,认真贯彻安全生产“五同时”,按项目经理部统一布置,组织好各项安全活动。

(2)经常性对职工进行安全意识教育、行为教育、纪律教育,严格执行安全法规和安全纪律,按章办事,按章指挥,按章操作,不断提高职工的自我防范意识和自我保护能力。

(3)开展好每天的针对性班前会和安全技术交底,并认真做好详细记录,每周执行一次规章制度分析会,每月进行一次学习规程、总结工作的安全日活动。

(4)施工必须做到先防护后施工,如有隐患做到先排除后施工,不违章指挥,做到一遵、两反、三严、四防、十不准等有关规定。做到跟班作业,发现隐患及时消除,确保施工的安全。

(5)坚持事故报告制度,发生事故及时报告,不隐瞒;要认真进行调查与分析,查明原因,分清责任,按照“三不放过”的原则,严肃处理,并落实防范措施,教育职工吸取教训,杜绝类似事故的再次发生。

5. 考核

(1)安全目标:按事故次数扣分后为准,年终标准分为100分,计分为扣分后的实得分。

(2)评定标准:

①发生死亡事故一人或一次重伤二人以上(含二人)扣100分;

②发生重伤事故一人或一次轻伤三人以上(含三人)扣20分;

③发生轻伤事故一人次扣3分,发生一般事故一人次扣2分;

④发生火灾设备事故,一次造成直接经济损失一万元以上、二万元以下扣10分,直接经济损失超过二万元每增加一万元加扣4分;

⑤发生生产性中毒一人次扣5分;

⑥发生井架、脚手架、塔吊、电梯倒塌扣60分(指特种作业工种);

⑦隐瞒事故不报查出后每起扣8分,因上访有关部门而发现隐瞒的每起扣15分(按发现时间算);

⑧公司检查、工程处检查、项目部检查中凡发隐患整改通知书1份扣2分,一次罚款×

元以上(含×元)扣2分,班组每月罚款累计×元,每超过×元扣1分,年终累计罚款×元,每超过×元扣1.5分;

⑨班组班前记录不及时、不详细、无针对性等情况之一者各扣1分,每月不按时上交记录每次扣2.5分,在上级部门检查到记录不全、无针对性等问题,每次扣2分;

⑩在安全管理人员执法过程中不服管理每次扣1.5分,动粗的每次扣3分;

⑪打架事件一起扣2分,造成伤害的扣5分,造成严重后果的扣30分;

⑫外出未经请假,每被抓去一人扣1分。

⑬年终被评为先进班组加3分。

上述十三项为年终检查一次性加扣分。

6. 奖励与处罚

(1)年终实得总分80分以上者予以奖励,按班组年平均人数受奖,等级如下:

①获得90分以上者为一等奖,按每人奖励奖金×元;

②获分85~90分者为二等奖,按每人奖励奖金×元;

③获分80~84分者为三等奖,按每人奖励奖金×元;

④获分70~79分者不奖不罚。

(2)处罚:

①年终实得总分低于70分者,处罚第一责任人(班组长)×元;

②发生死亡事故一人次处罚×元;

③发生重伤事故处罚×元,发生重大火灾、设备事故处罚×元;

④发生多人轻伤事故、设备事故处罚×元;

(3)奖罚对象:

①奖励:班级安全生产第一责任人。

②处罚:根据本合同规定进行的处罚由工程处、项目部安全责任人研究确定,安全科负责执行,罚款在一周内上缴工程处财务科或财务科统一扣除。

7. 说明

(1)重伤事故按劳动部[60]中劳保久字第56号试行《关于重伤事故范围的意见》的通知执行。

(2)实施安全否决权,凡发生死亡事故、重伤事故或年终考核得分85分以下者,该班组不得被评为先进班组。

(3)本合同自签字后生效,并报工程处安全科备案。

__________项目经理部　　　　　　__________班组

安全生产第一责任人:　　　　　　安全生产第一责任人:

__________项目经理部

安全生产直接责任人:

______年____月____日

[附件四十二]

治安保卫责任书

甲方(项目部):________________________________

乙方(　　　):________________________________

为了加强建筑工地暂住人口管理,切实做好施工现场综合治理工作,项目部与施工班组特签订以下责任协议:

1. 甲方负责建立工地治安保卫制度和保卫体系,健全责任制以及民工管理制度、门卫制度。

2. 甲方负责对乙方进行普法教育和安全教育,协助办理暂住证,并为职工设置学习和娱乐场所。

3. 乙方施工班组应严格把好本班组进人关,对无有效身份证件和《暂住证》的人员不得雇佣,如确需雇佣,应当通知甲方并在3天内向派出所申报申领《暂住证》,如有违反,甲方每次处以乙方×元的罚款。

4. 乙方施工班组长应认真做好本班组职工的普法教育和安全教育,负责工地各项管理制度的贯彻落实到人。

5. 乙方管理人员和施工班组长应认真履行检查职责,认真做到每天上岗下岗对职工上岗证的检验,每星期两次对工地暂住人员和留宿情况进行检查,查验暂住证和有无夜不归宿情况。如有违反甲方处于乙方每次每人×元的罚款。

6. 乙方应认真履行管理职责,严禁班组职工盗窃、斗殴、赌博、酗酒等违规违法的行为发生。如有违反,甲方处以乙方每次×元的罚款。

本责任书一式二份,甲乙双方各执一份。

甲方代表:　　　　　　　　　　乙方代表:

年　　月　　日

[附件四十三]

消防安全目标责任书

甲方(项目部):______________________________

乙方(　　　　):______________________________

为了做好施工现场、仓库等的消防安全工作,保障工地职工和财产不受火灾的危害,项目部与施工班组特签定订下消防安全责任协议:

1. 甲方负责建立和贯彻消防防火责任制和管理制度,负责对乙方进行防火安全教育和普及消防知识。

2. 甲方按要求设置消防设施,并做好维护和保养工作。

3. 乙方必须认真执行消防防火责任制和管理制度,认真学习消防知识,提高防火警惕性。

4. 定期进行防火安全检查,发现火灾隐患应立即进行整改,对于一时不能整改的,应立即通知甲方,由甲方组织协调解决。

5. 乙方施工用电或生活用电必须严格按照规范和规程执行,严禁擅自安装、修理电气设备和乱拉乱接。

6. 乙方在生产中动用明火必须通知甲方,取得审批手续和动火监护人员在场情况下才允许动用明火。

7. 乙方在生活区不得使用电炉、煤炉、油灯等不利防火安全的器物,不得乱丢烟头和随意堆放易燃易爆物品。

8. 凡施工现场、仓库、生活区等违反规定造成消防责任事故的,甲方对乙方处以×元的罚款,而且视情节轻重提交有关部门处理。

9. 本责任书一式二份,甲乙双方各执一份。

甲方代表:　　　　　　　　　　　　　　乙方代表:

年　　月　　日

11 项目资源管理

11.1 项目资源管理概述

11.1.1 项目资源管理的概念、内容及作用

1. 项目资源管理的概念

项目资源管理是对项目所需人力、材料、机械设备、技术、资金和基础设施所进行的计划、组织、指挥、协调和控制等活动。项目资源管理是极其复杂的，主要表现在：工程所需资源的种类多、需求量大；工程项目建设过程是个不均衡的过程；资源供应受外界影响很大，具有复杂性和不确定性，资源经常需要在多个项目中协调；资源对项目成本的影响很大。

2. 项目资源管理的内容

项目资源管理包括人力资源管理、材料管理、机械设备管理、技术管理和资金管理。

3. 项目资源管理的作用

在满足需要的前提下，以尽量少的消耗获得产出，从而达到减少支出、节约物化劳动和活劳动的目的。具体表现在以下几个方面：

(1)进行生产要素优化配置，即适时、适量、比例适宜、位置适宜的配备或投入生产要素，以满足施工需要。

(2)进行生产要素的优化组合，即投入项目的各种生产要素在使用过程中要协调发挥作用，有效地形成生产力。

(3)在项目的过程中要进行动态管理。项目的实施过程是一个不断变化的过程，对各种资源的需求也是不断变化，因此各种资源的配置和组合也就需要进行动态管理。动态管理的基本内容是按照项目的内在规律，有效地计划、配置、控制和处置各种资源，使之在项目中合理流动，在动态中寻求平衡。

(4)在项目运行过程中，合理的节约使用资源。

11.1.2 项目资源管理的全过程及程序

1. 项目资源管理的全过程

项目资源管理的全过程包括项目资源的计划、配置、控制和处置四个环节。

(1)编制资源管理计划。计划是优化配置和组合的手段，目的是对资源投入量、投入时间、投入步骤做出合理安排，以满足项目实施的需要。

(2)配置。配置是指按照编制的计划，从资源的供应到投入到项目实施，以保证项目需要。优化是资源管理目标的计划预控，通过项目管理实施规划和施工组织设计予以实现。配置包括资源的合理选择、供应和使用，既包括市场资源，也包括内部资源；同时要遵循资源配置自身经济规律和价值规律，更好的发挥资源的效能，降低成本。

(3)控制。控制是指根据每种资源的特性,设计合理的措施,进行动态配置和组合,协调投入,合理使用,不断纠正偏差,以可能少的资源满足项目要求,达到节约资源的目的。动态控制是资源管理目标的过程控制,包括对资源利用率和使用效率的监督、闲置资源的清退、资源随项目实施任务的增减变化及时调度等,通过管理活动予以实现。

(4)处置。处置是根据各种资源投入在使用与产出核算的基础上,进行使用效果分析。一方面是对管理效果的总结,找出经验和问题,评价管理活动;另一方面又为管理提供储备和反馈信息,以提导下一阶段的管理工作,并持续改进。

2. 项目资源管理的程序

项目资源管理程序应按实现资源的优化配置和动态控制,其目的是为了降低项目成本,提高效益。资源管理应遵循下列程序:

(1)按合同要求,编制项目资源配置计划,确定投入资源的数量与时间。

(2)根据项目资源配置计划,做好各种资源的供应工作。

(3)根据各种资源的特性,采取科学的措施,进行有效组合、合理投入、动态调控。

(4)对资源投入和使用情况定期分析,找出问题,总结经验并持续改进。

11.1.3 项目资源管理的责任分配

项目资源管理的责任分配是将人员配备工作与项目工作分解结构相联系,明确表示出工作分解结构中的每个工作单元由谁负责、由谁参与,并表明了每个人在项目中的地位,常用责任分配矩阵来表示。

责任分配矩阵是一种将所分解的工作任务落实到项目有关部门或者个人,并明确表示出他们在组织工作中的关系、责任和地位的一种方法和工具。它是以组织单位为行,工作单元为列的矩阵图。矩阵中的符号表示项目工作人员在每个工作单元中的参与角色或责任,用来表示工作任务参与类型的符号有多种形式,常见的有字母、数字和几何图形。责任分配矩阵见表 11-1。

表 11-1　责任分配矩阵

WBS	项目经理	总工程师	工程技术部	人力资源部	质量管理部	安全监督部	合同预算部	物资供应部
管理规划	D	M	C	A	A	A	A	A
进度管理	D	M	C	A	A	A	A	A
质量管理	D	M	A	A	C	A	A	A
成本管理	DM	A	A	A	A	A	C	A
安全管理	D	M	A	A	A	C	A	A
资源管理	DM	A	A	C	A	A	A	C
现场管理	D	M	C	A	A	A	A	A
合同管理	DM	A	A	A	A	A	C	A
沟通管理	D	M	C	A	A	A	A	A

[注] D—决策　M—主持　C—主管　A—参与。

11.1.4 资源管理计划的内容及控制程序

1. 资源管理计划内容

(1)资源管理制度。包括人力资源管理制度、材料管理制度、机械设备管理制度、技术管理制度、资金管理制度。

(2)资源使用计划。包括人力资源使用计划、材料使用计划、机械设备使用计划、技术计划、资金使用计划。

(3)资源供应计划。包括人力资源供应计划、材料供应计划、机械设备供应计划、资金供应计划。

(4)资源处置计划。包括人力资源处置计划、材料处置计划、机械设备处置计划、技术管理处置计划、资金处置计划。

2. 项目资源管理计划常用的工具

(1)资源矩阵。

(2)资源数据表。

(3)资源甘特图。

(4)资源需求曲线或资源负荷图。

(5)资源累计曲线。

3. 资源控制程序

资源控制程序如图 11－1 所示。

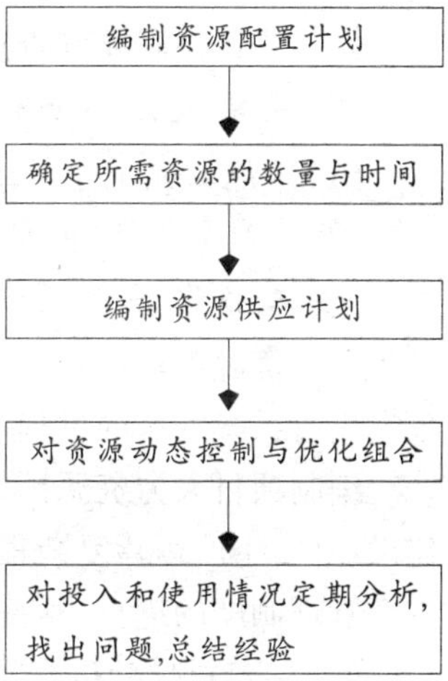

图 11–1 资源控制程序

4. 资源管理责任体系

项目资源管理体系就是将与项目资源管理相关的各种要素和活动形成一个整体,按照计划、配置、控制和考核的原则进行活动。

(1)资源的供应权在组织管理层,有利于利用组织管理层的服务作用、法人地位、组织信誉、供应机制。组织应建立资源管理部门,健全资源配置机制。

(2)资源的使用权在项目管理层,这样有利于满足使用需要,进行动态管理,搞好使用中核算、节约,降低项目成本,从而体现项目成本是中心。

(3)项目管理层与组织管理层的关系。项目管理层应及时编制资源需用量计划,报组织管理层批准。

11.2 人力资源管理

11.2.1 人力资源管理计划

人力资源计划是从项目目标出发,根据内外部环境的变化,通过对项目未来人力资源需求的预测,确定完成项目所需人力资源的数量和质量、各自的工作任务,以及相互关系的过程。人力资源计划的最终目标是使组织和个人都得到长期利益。

人力资源管理是为实现项目目标服务的,这是人力资源管理的根本,同时应兼顾员工的利益,员工利益是指工资、提升机会、工作环境、保障等。如果在执行人力资源计划时,不顾及个人目标是不利的,其后果是优秀员工流失,组织缺乏和谐与活力,最终影响组织目标的实现。

1. 人力资源管理计划的步骤

(1)对现有人力资源进行评价。

(2)预测项目未来所需要的人力资源。

(3)制定人力资源管理总计划及各项管理政策。

2. 项目人力资源管理计划的工具和方法

(1)人力资源综合平衡,而总量平衡和结构平衡。

(2)职务分析。确定项目所需的各项职务或岗位以及任职条件和具体要求。职务分析的具体方法包括问卷调查法、面谈法、文献资料分析法、观察法和关键事件法等。

3. 项目人力资源计划的结果

(1)角色和责任分配,即责任分配矩阵。

(2)人员配备计划,即人力资源直方图。

4. 人力资源需求计划

人力资源需求计划是为了实现目标而对所需人力资源进行预测,并为满足这些需要而预先进行系统安排的过程。

编制项目人力资源计划应符合国家有关劳动法律、法规以及行政规章制度,并结合项目建设规模、生产运营复杂程度及自动化水平、人员素质与劳动生产率要求、组织机构设置与生产管理制度的进行,其编制依据是:

(1)项目目标分析。将项目总体目标分解成具体的子目标。

(2)工作分解结构。根据 WBS 确定人力资源的数量、质量和要求。

(3)项目进度计划。各活动何时需要相应的人力资源及占用时间。

(4)制约因素。是否能够及时获得所需要的人力资源。

(5)历史资料。国内外同类项目的情况,借鉴以前的成功经验。

(6)组织理论。马斯洛的需求理论,麦戈里格的 X 理论与 Y 理论等。

项目管理人员需求的确定。应根据各岗位编制计划,然后使用合理的预测方法,来进行人员需求预测。在人员需求中应明确需求的职务名称、人员需求数量、知识技能等方面的要求、招聘的途径、招聘的方式、选择的程序、希望到岗时间等,并且最终要形成一个有员工数量、招聘成本、技能要求、工作类别及为完成组织目标所需的管理人员数量和层次的分列表。

劳动力需要量计划是根据施工方案、施工进度和预算,依次确定的专业工种、进场时间、劳动量和工人数,然后汇集成表格形式,并可作为现场劳动力调配的依据。劳动力需要量计划表见表 11-2。

5. 人力资源配置的内容

(1)研究制定合理的工作制度与运营班次,根据类型和生产过程特点,提出工作时间、工作制度和工作班次方案。

(2)研究员工配置数量,根据精简、高效的原则和劳动定额,提出配备各岗位所需人员的数量,技术改造项目,优化人员配置。

(3)研究确定各类人员应具备的劳动技能和文化素质。

(4)研究测算职工工资和福利费用。

(5)研究测算劳动生产率。

(6)研究提出员工选聘方案,特别是高层次管理人员和技术人员的来源和选聘方案。

表 11-2　　劳动力需要量计划表

序号	专业工种		劳动量	需要时间									备注
	名称	级别		×月			×月			×月			
				Ⅰ	Ⅱ	Ⅲ	Ⅰ	Ⅱ	Ⅲ	Ⅰ	Ⅱ	Ⅲ	

6. 人力资源配置计划编制的依据

(1)人力资源配备计划:人力资源计划阐述人力资源在何时、以何种方式加入和离开项目小组。人员计划可能是正式的,也可能是非正式的,可能是十分详细的,也可能是框架概括型的,皆依项目的需要而定。

(2)资源库说明可供项目使用的人力资源情况。

(3)制约因素:外部获取时的招聘惯例、招聘原则和程序。

7. 人力资源配置的方法

(1)按设备计算定员,即根据机器设备的数量、工人操作设备定额和生产班次等计算生产定员人数。

(2)按劳动定额定员,根据工作量或生产任务量,按劳动定额计算生产定员人数。

(3)按岗位计算定员,根据设备操作岗位和每个岗位需要的工人数计算生产定员人数。

(4)按比例计算定员,按服务人数占职工总数或者生产人员数量的比例计算所需服务人员的数量。

(5)按劳动效率计算定员,根据生产任务和生产人员的劳动效率计算生产定员人数。

(6)按组织机构职责范围、业务分工计算管理人员的人数。

8. 人力资源培训的意义

(1)有利于提高人员综合素质。

(2)有利于提高团队士气,减少员工流失率。

(3)有利于迎接新技术革命的挑战。

(4)有利于大幅度提高生产力。

培训计划涉及:培训政策,培训需求分析,培训目标的建立,培训内容,选择适当的培训方式即在职或脱产。

培训内容包括规章制度、安全施工、操作技术和文明教育四个方面。具体有:人员的应知应会知识、法律法规及相关要求、操作和管理的沟通配合须知、施工法规的意识、人体工效要求等。

11.2.2 劳动力的来源及管理方式

在项目工程中,劳动力的来源有三种形式,通常有内部型劳务、外部型劳务、混合型劳务。

1. 内部型劳务

内部型劳务就是项目所需的劳务,一般全部来自公司内部。但是,项目经理部对内部劳务也有自由选择的权利,既可在公司内直接选择,也可在公司劳务市场上进行双向选择,还可由公司的各有关部门按项目经理部提出的要求推荐。

对公司内部劳务,在管理方式上既可以班组、施工队为单位直接由项目经理部管理,也可由原属组织共同管理,还可由劳务原属组织部门直接管理。

2. 外部型劳务

外部型劳务,即项目所需劳务全部由公司以外的单位完成。在国际建筑市场经常采用外部型劳务方式,国内建筑市场采用这种方式的也在逐渐增多。

对外部型劳务,在管理方式上是通过对外签订外包、分包劳务合同进行管理,不仅可成建制地签订合同,也可按班组或与个别人签订合同。

3. 混合型劳务

混合型劳务,即项目所使用的劳务来自公司和企业外部,或使用临时工、农工等。混合型劳务管理方式,可采用下列几种:

(1)将外来劳务安插在内部劳务班组,或由内部劳务班组直接雇用。

(2)将外部劳务编成班组进行管理。

(3)将分部或分项工程直接包给外来劳务,用合同形式进行管理。

11.2.3 劳动力的优化配置

劳动力的优化配置,从企业的角度考虑,可根据企业的工作量,即生产任务和劳动生产率的水平来确定;从项目的角度考虑,可根据施工项目的施工进度计划来确定。施工项目所需的劳务,要以企业为依托,以项目劳动力计划为依据,定向地向项目输入劳务,不足部分,再从市场调节。总之,施工项目劳动力的优化配置应从以下几方面着手。

1. 素质优化

在选择劳务时,要在企业内部建立一个充满竞争机制的劳务市场,以平等竞争、择优选用的原则,选择觉悟高、技术精、身体好的劳动者上岗。在班组编制中,要实行优化组合、双向选择组建班组。在技术劳动中,要坚持上岗转岗前的培训制度,根据规定需持证上岗的岗位,一定要持证上岗。

2. **数量优化**

在每个项目中,都要按劳动定额定员,管理人员要按岗位定员,小工程管理人员可实行兼职。各岗位人员多少,要依据工程的大小和施工技术特点,按照合理的比例配备管理人员和工人。在人员精简时,又要保证施工过程中有充分利用的劳动力,以避免劳务失衡、劳务与生产脱节。总而言之,既要避免窝工,又要防止停工,必须均衡组织施工。

3. **组织优化**

组织是指工人的技术等级及工种的配套要优化。同一工种中的技术等级要搭配合理,专业组一般要有同一专业工种不同等级的工人和一定数量的普通工或徒工组成,组内每个人所完成的每项工作,都应与其技术熟练程度相适应,以便达到最高的工作效率。不同工种之间人员要配套,各工种的人员比例配置要根据本工程的特点、工作量合理配置,既要保证各个工种有按进度计划进行操作的工作面,又不能发生窝工或浪费工作面的现象。

11.2.4 劳动力的动态管理

劳动力的动态管理是根据生产任务和施工条件的变化对劳动力进行跟踪平衡和调配,及时调剂余缺,使之经常保持配套状态的优化组合。

1. **建立劳动力的动态管理机制**

(1)公司对项目劳动力的配置应采取动态配置,可根据项目的需要,随时调进调出,并以动态平衡和日常调度为手段,尽力满足项目需要。

(2)以社会劳务市场作为补充市场,并签订劳务合同。

2. **搞好施工项目动态管理的劳动计划**

施工项目劳动计划要按月编制,包括劳动力需要量计划、劳动生产率计划、工资基金计划。

(1)劳动力需要量计划。应根据施工组织设计中的总进度计划,分月落实,要落实到分项工程,即分工种、班组落实,同时要编制日人员计划。

(2)劳动生产率计划。应详细考虑近期或本项目所属人员的实际水平,分析定额的高低情况,采取措施将节省的劳力和不可预见的情况所增加的工作量,科学地制订劳动生产率计划。

(3)工资基金计划。工资基金是完成任务的一个重要保证措施,制订工资基金计划应考虑到定额水平和当地的实际工资水平,并且要有利于调动劳动者的积极性。

11.2.5 施工项目劳动合同及组织管理

1. **对外包、分包劳务的管理**

(1)认真签订和执行合同,并纳入整个施工项目管理控制系统,及时发现并协商解决问题,以保证项目总体目标的实现。

(2)对外包、分包劳务应保留一定的直接管理权,对违纪不适宜工作的工人,项目管理部门拥有辞退权,对贡献突出者有特别奖励权。

(3)对劳务人员进行上岗前培训,并全面进行项目目标和技术交底工作。

(4)严格执行工资奖惩制度。

2. 由项目管理部门直接组织的管理

(1)严格项目内部经济责任制的执行,按内部合同进行管理。

(2)实施先进的劳动定额和定员,并且组织、开展社会主义劳动竞赛,调动职工的积极性和创造性。

(3)加强劳动保护和安全卫生工作,改善劳动条件,以保证职工健康与安全生产。

(4)抓好班组管理,加强劳动纪律,严格执行职工的培训、考核及奖惩制度。

3. 与企业劳务管理部门共同管理

当企业劳务管理部门与项目经理部通过签订劳务承包合同承包劳务时,合同中应明确作业任务,应提供的计划工日数和劳动力人数,以及施工进度要求、劳务进退时间、双方的管理责任、劳务费计取及结算方式,此外还应明确奖励与罚款的方法等。

(1)企业劳务部门的管理责任。包任务量完成,包进度、质量与安全,包节约、文明施工和劳务费用。

(2)项目经理部的管理责任。在作业队进场后,保证施工任务饱满和生产的连续性、均衡性,保物资供应和机械配套,保各项质量与安全防护措施的落实,保证及时供应技术资料,保文明施工所需的一切费用及设施。

(3)企业劳务部门向作业队下达劳务承包责任状。承包责任状一般是根据已签订的承包合同建立,主要内容有:

①作业队承包的任务及计划安排;

②对作业队施工进度、质量、安全、节约、协作和文明施工的要求;

③对作业队的考核标准、应得的报酬及应上缴的利润;

④对作业队的奖罚规定。

11.2.6 施工项目的劳动分配

1. 施工项目劳动分配的依据

施工项目劳动分配的依据有:公司的劳动分配制度,包工合同,劳动工资核算资料及预算资料,劳务责任状,劳务考核结果,以及其他文字签证。

2. 施工项目劳动分配的方式(见表11-3)。

表11-3　施工项目劳动分配的方式

支付对象	依　据	方　式	备　注
项目经理部向公司劳务管理部门支付劳务费	劳务承包合同中约定的劳务合同费	依核算制度按月结算或按合同约定办法结算	①承包总造价中应扣除: A. 项目经理部现场管理工资额 B. 向公司上缴管理费分摊额后,由劳务合同确定劳务承包合同额
劳务管理部门向作业队支付劳务费	劳务责任状或包工合同书	按月施工进度支付或按合同书约定办法结算	

续表 11－3

支付对象	依　据	方　式	备　注
作业队向生产班组支付工资、奖金	考核进度、质量、安全、节约及文明施工等	实行计件工资制，按定额或平方米包干	②劳务承包合同额中应扣除： A. 劳务管理部门的管理费 B. 劳务管理部门上缴公司费用后，经核算再向作业队支付 ③外包队还应扣除劳务税
班组内工人分配	根据日常表现对考核结果进行浮动	实行结构工资制，或者由班组自行决定分配方式	

11.3　材料资源管理

施工项目材料管理是项目经理部为顺利完成工程项目施工任务，合理使用和节约材料，努力降低材料成本所进行的材料计划、订货采购、运输、保管、供应、加工、使用及回收等一系列的组织管理工作。

11.3.1　施工项目材料管理的任务

1. 公司管理层材料管理的任务

（1）承办材料资源开发、订购、储运、供应、回收和废物利用等业务，并为施工项目服务。

（2）负责报价、订价及价格核算，掌握供求信息，并形成监督网络和验收体系，以最大的努力提高材料采购质量，降低采购成本。

（3）制定材料管理制度，考核施工项目的材料管理目标。

2. 施工项目经理部材料管理的任务

（1）项目经理部及时向公司材料机构提交各种材料计划，并签订相应的材料合同，实施材料的计划管理。

（2）加强现场材料的验收和储存保管，建立材料领发与退料登记制度；监督材料的使用，实施材料的定额消耗管理。

（3）大力探索节约材料、研究代用材料、降低材料成本的新技术、新途径和先进的科学方法。比如，采用 ABC 分类法，库存技术方法，价值分析法等。

（4）建立施工项目材料管理岗位责任制。施工项目经理是材料管理的全面领导责任者，施工项目经理部主管材料的人员是施工现场材料管理的直接责任者，班组的料具员在主管材料员的业务指导下，协助班组长组织和监督本班组人员合理领料、用料、退料及回收工作。

11.3.2　施工项目材料采购供应

1. 公司直接供应

施工项目材料的采购权主要集中在法人层次上，一般由公司建立统一的材料机构。材料机构对外面向社会建材市场，对内建立公司内部材料市场，而对各施工项目所需要的主要材料、大宗材料则实行统一计划、统一采购、统一供应、统一调度和统一核算，并在公司范围内进行动态配置和平衡协调。因此，对于项目经理部来讲，施工项目所需的材料主要来自公司内部建材市场。其中：

(1)施工项目所需的主要材料和大宗材料，应以签订买卖合同的方式，由公司材料机构供应；

(2)工程所需的周转材料及大型工具等向公司材料机构租凭；

(3)小型及随手工具采取支付费用方式，由施工班组在公司内部材料市场上自行采购；

(4)项目经理部只负责采购公司供应计划以外的材料、特殊材料和零星材料等。

2. 施工项目自行组织材料的采购供应

在远离公司基地的项目工程，在公司的允许下，往往自行组织材料采购供应。尤其在比较大的项目工程中，也往往由项目工程自行组织材料采购小班子，负责材料的供应工作。

3. 由分包单位采购供应

有些分包项目中，对造价影响不大的分项工程，常由分包单位进行材料采购，如不锈钢扶手等。有些分包项目，是包工包料进行分包的，项目经理在广泛进行社会调查后将分项工程一次性包死给分包单位。

11.3.3 施工项目材料供应计划

1. 材料计划的分类

(1)根据材料内容和作用分类。

①材料需用量计划：根据工程项目设计文件及施工组织设计编制，主要反映完成施工项目所需的各种材料的品种、规格、数量和时间要求，这是编制其他各项计划的基础。

②材料供应计划：根据工程项目需用计划和可供应资源编制，主要反映施工项目所需材料的来源。

③材料采购计划：根据供应计划编制，反映从外部采购和订货的数量，是采购与订货的依据。

④材料节约计划：根据材料的耗用量和技术措施编制，反映施工项目材料消耗水平和节约量，是控制供应、指导消耗和考核的依据。

(2)按材料进场时间分类。材料进场有年计划、季计划、月计划、旬计划和日计划。

(3)按材料品种分类。有设备计划、构配件加工计划、施工设施使用计划、周转材料计划及工具粗赁计划。

2. 施工项目材料计划的编制

(1)施工项目材料需要量的计划编制。在编制单位工程预算的基础上，按分部分项工程计算出各种材料的消耗数量，然后按材料种类和规格分别汇总，得出单位工程各种材料的定额消耗量。在此基础上，再考虑施工现场材料的管理水平及节约措施，即可编制出施工项目材料需要量计划。

(2)施工项目月(或季、半年、年)度材料计划编制。

①各种材料需要量的确定：依据计划期生产任务，技术组织措施和设备维修计划，上期材料计划执行情况分析资料和材料消耗定额等，采用直接计算法计算。其计算公式为：

$$某种材料需要量 = \sum(计划工程量 \times 材料消耗定额)$$

②各种材料库存量及储备量的确定可直接应用下面的公式计算：

计划期初库存量＝编制计划时实际库存量＋期初前的预计到货量－期初前的预计消耗量

计划期末储备量＝(0.5－0.75)经常储备量＋保险储备量

式中　经常储备量即经济库存量，保险储备量即安全库存量。

当材料生产或运输受季节影响时，需考虑季节性储备。其计算公式为：

季节性储备量＝季节储备天数×平均日消耗量

③编制材料综合平衡表，提出计划期材料进货量，即申请量和市场采购量。材料平衡表的编制格式见表11－4。

表11－4　材料平衡表

材料名称	计量单位	上期实际消耗量	计划期								备注
			需要量	储备量					进货量		
				期末储备量	期初库存量	期内不合用数量	尚可利用资源	合计	其中		
									申请采购量	市场采购量	

材料申请采购量的计算公式为：

材料申请采购量＝材料需要量＋计划期末储备量－(计划期初库存量－计划期内不合用数量)－企业内可利用资源

计划期内不合用数量是考虑库存量中，由于材料、规格、型号不符合计划期任务要求所扣除的数量。尚可利用的资源是指积压呆滞材料的加工改制、废旧材料的利用、工业废渣的综合利用，以及采取技术措施可节约的材料等。

在材料平衡表的基础上，分别编制材料申请计划和市场采购计划。

3. 材料计划的组织实施

(1)做好材料的申请和订货采购工作，计划数量要准确，规格品种和施工图要完全一致，使所需的全部材料从品种、规格、数量、质量和供应时间上都能按计划得到落实，不留缺口。

(2)做好计划执行过程中的检查工作，以便发现问题、找出薄弱环节，及时采取措施，保证计划的实现。

(3)加强日常的材料平衡工作，并留有适当的余地。

11.3.4　施工项目现场材料管理的内容

1. 材料消耗定额管理

(1)以材料施工定额为基础，向基层施工队、班组发放材料，进行材料核算。

(2)经常考核和分析材料消耗定额的执行情况，着重于定额与实际用料的差异、非工艺损耗的构成等，以便及时反映定额达到的水平和节约用料的先进经验，从而不断提高定额管理水平。

(3)根据实际执行情况积累资料，为修订和补充材料定额提供数据。

2. 材料进场验收

(1)根据现场平面布置图，认真做好材料的堆放和临时仓库的搭设。要求做到方便施工，避免或减少场内二次运输，并使每项材料运距达到最短的要求，特别是大宗材料，更应如此。

(2)在材料进场时，根据进料计划、送料凭证、质量保证书或产品合格证，进行数量、质量的把关验收。注意，质量验收要按规范和计量检测规定进行，同时要严格实行验品种、验规格、验质量、验数量的“四验”制度。

(3)验收时要做好记录，办理验收手续。

(4)对不符合计划要求或质量不合格的材料，应拒绝验收。

3. 材料储存与保管

(1)进库的材料必须验收后入库，并建立台账。

(2)现场堆放的材料，必须有防火、防盗、防雨、防变质、防损坏的设备和措施。

(3)对材料要做到日清、月结、定期盘点及账物相符。

4. 材料领发

(1)严格限额领发料制度，坚持节约预扣、余料退库，收、发料要及时入账上卡，手续要齐全。

(2)建立领发料台账，记录领发状况和节超状况，超限额用料时，需事先办理手续，填限额领料单，并注明超耗原因，经批准后，方可领发材料。

5. 材料使用监督

(1)坚持按分部工程或按层数分阶段进行材料使用分析和核算，以便及时发现问题，防止材料超用。

(2)现场材料管理责任者应对现场材料的使用进行分工监督、检查。检查内容为：

①是否认真执行领发料手续，是否记录好材料使用台账；

②是否按施工场地平面图堆料，是否按要求的防护措施保护材料；

③是否按规定进行用料交底和工序交换；

④是否严格执行材料配合比和合理用料；

⑤是否做到工完场清，要求“谁做谁清，随做随清，操作环境清，工完场地清”。

总之，每次检查都要做到情况有记录，原因有分析，明确责任，及时处理。

6. 材料回收

(1)回收和利用废旧材料，要求实行交旧(废)领新、包装回收或修旧利废。

(2)施工班组必须回收余料，造表上报，按供应部门的安排办理调拨和退料，并在领料单中登记扣除。

(3)设施用料、包装物及容器等，在使用周期结束后组织回收。

(4)建立回收台账。

7. 周转材料现场管理

(1)按工程量、施工方案编报需用计划。

(2)各种周转材料均应按规格分别整齐码放，垛间要留有通道；露天堆放的周转材料应有规定的限制高度，并有防水等防护措施；零配件要装入容器保管，按合同发放，按退库验收标准回收，并做好记录。

(3)周转材料需报废时，应按规定进行报废处理；需维修时，要及时维修。

11.3.5 材料供应合同、核算与结算

1. 材料的供应合同

(1)对外采购合同。对外采购合同一般按《中华人民共和国合同法》中的买卖合同、运输合同及仓储合同执行。合同主要内容应包括：

①产品的数量、名称、品种、规格及质量；

②产品的包装、运输与交接；

③产品的交货(提货)期限；

④产品的价格与货款的结算办法；

⑤违约责任及其他。

(2)企业内部材料物资供应部门与项目部的供应合同。企业内部的材料物资供应合同通常由企业制订，合同的主要内容包括：

①材料名称、品种、规格、数量；

②供货起止日期、供货方式及供货地点；

③材料价格、价款的支付方式及结算办法；

④双方提供的条件与义务，经济责任及奖罚，处理未尽事宜的办法。

2. 材料的核算

(1)施工项目材料采购成本的核算。投标后的中标工程，材料计划成本实际上是材料报价，即以报价为依据，再与实际采购价进行比价，如材料实际价低于报价则盈，如材料实际价高于报价则亏。比如，议标工程或合同中有材料价差签证的工程，其签证价则是关键，签证价一般都应接近实际采购价的水平。

(2)材料用量核算。施工项目要在保证质量的前提下，尽量节约使用材料。材料用量的核算是指施工图预算定额用量与实际用量的差额。这个差额，就是节约或超用的材料，即材料成本降低(亏损)额。其计算公式为：

$$成本降低(亏损)额 = 材料承包各项费用之和 - 各项费用实际支出之和$$

各项费用主要包括工程材料费、暂设工程材料费、工具费及二次搬运费。

(3)材料单价核算。目前国内的材料预算价格公式为：

$$材料预算价格 = (材料原价 + 综合管理费 + 运杂费) \times (1 + 采购保管费率)$$

3. 材料结算

(1)对外采购的材料结算办法。材料的货款、实际支付的运杂费和其他费用的结算，应当按照合同中商定的结算方式和中国人民银行结算办法的规定办理。

用托收承付方式的，合同中应当注明验单付款或验货付款。验货付款的承付期限一般为10天，即从运输部门向收货(付款)单位发出提货通知的次日算起。凡收、付双方在合同中商定缩短或延长验货期限的，应当在托收凭证上写明，以便银行办理。

注意，当事人双方应当按照合同规定的开户银行、账户名称和账号进行结算。

(2)企业内部的材料款结算办法。企业内部对项目工程的结算往往要建立企业内部银行,而且一般采取内部转账的办法。转账方式主要有内部使用卡、内部流通券、托收承付单三种,至于选用什么方式,各企业可根据本企业的特点,选择与本企业核算体制相适应的办法。

11.4 施工项目的机械设备管理

施工项目机械设备是指项目经理根据所承担施工项目的具体情况,运用科学的方法优化选择和配备施工机械设备,并进行合理使用、维修和保养等各项工作。

11.4.1 机械设备使用的形式和原则

1. 建筑机械设备的使用形式

(1)企业机械装备和项目机械装备。施工企业自行装备机械设备,一是市场竞争的需要,二是企业资质等级要求的需要。施工项目自购机械设备,首先主要是为完成项目施工任务,其次是经过细致的核算后确认自购设备比租赁设备更经济,能获得更大的经济效益。

(2)机械施工部分分包。任何项目工程都不可能万事齐备,一个企业也不可能大而全或小而全。因此,有少数分部分项工程还是需要分包出去的。例如,打桩工程等,可采用分包的形式,将完全使用大型或专用机械设备的部分分包出去,由专业化公司施工。

(3)租赁设备。当自行装备和分包都不经济时,可采用租赁设备进行施工。

2. 机械设备配置原则

机械设备配置既要满足施工的需要,又要保证使所有的机械都能发挥最大的效率。

(1)贯彻机械化、半机械化和改良工具相结合的方针,因地制宜地采用先进的适用技术,以适用为主而形成多层次的技术装备结构。与装备使用形式相适应的机械管理体制有:集中管理、分散管理及分级管理等多种形式。一般大型、专用的特殊机械,宜集中管理;中小型常用机械宜分散管理。在不同地区、不同任务的情况下,集中与分散的程序,以及分散到哪一级机械,应通过技术分析来确定。

(2)有重点有步骤地优先装备常用机械和非用不可的机械,如混凝土搅拌、振捣与垂直运输机械等。

(3)在提高经济效益和机械使用率的前提下,使机械设备配套,避免产生瓶颈环节而影响其他设备效率。

(4)设备的配置还要以济经效益为目标,既要克服“大而全、小而全”,又要有科学的分析与计算;既要使现有设备得到充分的利用,又要适应当前任务的需要,还要适应企业总体规范的长远目标。

11.4.2 机械设备的选择

1. 施工项目机械设备选择的依据和原则

项目施工机械设备选择的依据是,施工项目的施工条件、工程特点、工程量多少及工期要求等。选择的原则主要是,要适用于项目施工时间的要求,并且使用要安全可靠、技术先进、经济合理。

2. 施工项目机械设备选择的方法

(1)综合评分法。当有多台同类机械设备可供选择时,可以综合考虑它们的技术特性,通过对每种特性分级打分的方法比较其优劣。例如,表 11－5 的甲、乙、丙 3 台机械,在用综合评分法综合考虑了 13 项特性之后,选择得总分最高的甲种机械用于项目施工较为适宜。

表 11－5 综合评分法

序号	特性	等级	标准分	甲机	乙机	丙机
1	工作效率	A B C	10 8 6	8	10	6
2	工作质量	A B C	10 8 6	10	8	10
3	使用费和维修费	A B C	10 8 6	8	10	6
4	能源耗费量	A B C	8 6 4	8	6	4
5	占用人员	A B C	8 6 4	8	6	6
6	安全性	A B C	8 6 4	8	6	6
7	稳定性	A B C	8 6 4	6	6	8
8	服务项目多少	A B C	8 6 4	6	8	8
9	完好性	A B C	8 6 4	8	8	6
10	维修难易	A B C	8 6 4	4	8	8
11	安、拆、用的难易和灵活性	A B C	6 4 2	6	4	2

续表 11-5

序号	特性	等级	标准分	甲机	乙机	丙机
12	对气候的适应性	A	10	8		
		B	8			
		C	6		6	6
13	对环境的影响	A	10			
		B	8	8	8	
		C	6			6
	总计分数			96	94	82

(2)单位工程量成本比较法。机械设备使用的成本费用分为固定费用和可变费用两大类。固定费用称一类费用,可变费用又称二类费用或称操作费。可变费用是随着机械的工作时间而变化的,如操作人员的工资、燃料动力费、小修理费和直接材料费等。固定费用是按一定施工期限分摊的费用,如折旧费、大修理费、机械管理费、投资应付利息、固定资产占用费等。租入机械的固定费用是指按期交纳的租金。在多台机械可供选用时,可优先选择单位工程量成本费用较低的机械。单位工程量成本的计算公式为:

$$C = \frac{R + P_x}{Q_x} \quad (1)$$

式中

C——单位工程成本;

R——一定期间的固定费用;

P——单位时间变动费用;

Q——单位作业时间产量;

x——实际作业时间(机械使用时间)。

(3)界限时间比较法。界限时间(X_0)是指两台机械设备的单位工程量成本相同时的时间。由(1)的计算公式可知单位工程量成本 C 是机械作业时间 X 的函数,当 A、B 两台机械的单位工程量成本相同即 $C_A = C_B$ 时,关系式则为:

$$\frac{R_A + P_A X_0}{Q_A X_0} = \frac{R_B + P_B X_0}{Q_B X_0} \quad (2)$$

解(2)式得界限时间 X_0 的计算公式:

$$X_0 = \frac{R_B Q_A - R_A Q_B}{P_A Q_B - P_B Q_A} \quad (3)$$

当 A、B 两机单位作业时间产量相同即 $Q_A = Q_B$ 时,(3)式可简化为:

$$X_0 = \frac{R_B - R_A}{P_A - P_B} \quad (4)$$

(3)式和(4)式也可用图 11-2 表示。

由图 11-2(a)可以看出,当 $Q_A = Q_B$ 时,应按总费用多少来选择机械。由于项目已定,两台机械需要的时间 X 是相同的,即

$$需要使用时间(X) = \frac{应完成工程量}{单位时间产量} = X_A = X_B$$

因此,当 $X < X_0$ 时,选择 B 机械;当 $X > X_0$ 时,选择 A 机械。

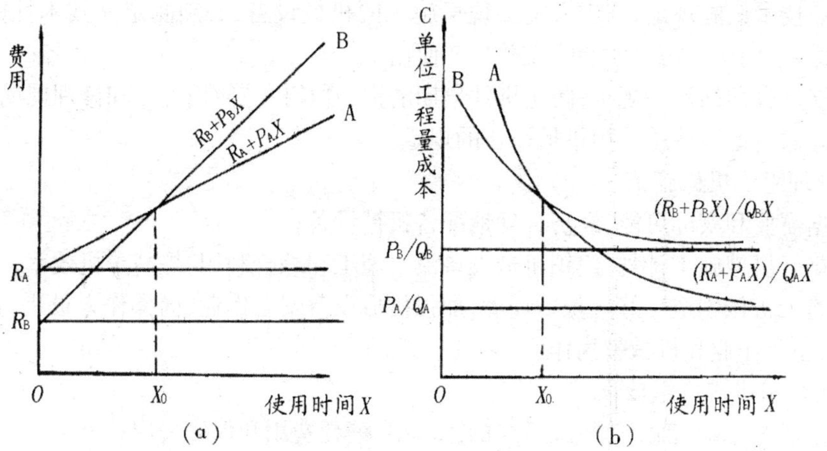

图 11－2 界限时间比较法

(a)图单位作业时间产量相同时,$Q_A = Q_B$　　(b)图单位作业时间产量不同时,$Q_A \neq Q_B$

由图 11－2(b)可以看出,当 $Q_A \neq Q_B$ 时,这时两台机械的需要使用时间不同,即 $X_A \neq X_B$。在两台机械都能满足项目施工进度要求的条件下,需要使用时间 X,应根据单位工程量成本较低者来选择机械。当项目进度要求确定,$X < X_0$ 时选择 B 机械,$X > X_0$ 时选择 A 机械。

(4)折算费用法(等值成本法)。若施工项目的施工期限长、某机械需要长期使用,项目经理部决策购置机械时,可考虑机械的原值、年使用费、残值和复利利息,并用折算费用法计算。在预计机械使用的期限内,按月或按年摊入成本的折算费用,应选择费用较低者购买。折算费用法的计算公式:

年折算费用 =(原值 － 残值)× 资金回收系数 + 残值 × 利率 + 年度机械使用费

其中

$$资金回收系数 = \frac{i(1+i)^n}{(1+i)^n - 1}$$

式中　i——复利率;　　n——计利期。

11.4.3　机械设备的使用与维修

1. 施工项目机械设备的使用与管理

(1)机械使用保养责任制。

①实行人机固定,要求操作人员必须遵守安全操作规程,积极为施工服务;

②提高机械施工质量,降低消耗,将机械的使用效益与个人经济挂起钩来;

③爱护机械设备,管好原机零部件、附属设备和随机工具,执行保养规程;

④认真执行交接班制度,填好运转记录。

(2)实行操作证制度。

①对操作人员进行培训和考试,确认合格者发给操作证;

②持证上岗,定期对持证人员进行检查。

(3)严格执行技术规定。

①遵守技术试验规定，凡进入施工现场施工的机械设备，必须测定其技术性能、工作性能和安全性能，确认合格后才能验收并投产使用；

②遵守走合期的使用规定，防止机件早期磨损，延长机械使用寿命和修理周期；

③遵守寒冷地区冬季使用机械设备的规定。

(4)合理组织机械施工。

①根据需要和实际可能，经济合理地配备机械设备；

②安排好机械施工计划，组织机械设备流水施工和综合利用，提高单机效率；

③为施工机械创造良好的现场环境，加强机械设备安全作业，向操作人员进行安全操作交底，严禁违章作业和机械带病作业。

(5)实行单机或机组核算。

①以定额为基础，确定单机或机组的生产率、消耗费用和保修费用；

②按标准进行考核和奖惩，并兑现。

(6)建立机械设备档案。包括原始技术文件，交接、运转及维修记录单，事故分析和技术改造资料等。

(7)培养机务队伍。

①举办训练班，进行岗位练兵；

②有计划、有步骤地培养提高机械设备管理人员的技术业务能力和操作保修技能。

2. 机械设备的保养与维修管理

(1)制订机械保养和维修制度。

(2)日常保养。由操作人员每日(班)工作前、工作中和工作后对使用机械进行例行保养。保养内容：

①保持机械清洁，检查运转，坚固易松脱的螺栓，调整各部位不正常的行程和间隙；

②按规定进行润滑，采取措施防止机械腐蚀。

(3)定期保养。定期保养分为四级，例行保养和一级保养由操作者负责，二级、三级保养和四级保养由专业保养工(修理工)负责。

(4)维修。在机械设备突然发生故障或个别零件损坏或一般事故性损坏时，要及时进行维修、更换和修复。同时，按机械预检修计划进行中修或大修。

中修是在大修间隔期间对少数总机进行大修前的一次性平衡修理，对其他不进行大修的总机只执行检查保养。大修是对机械设备全面的解体检查修理，保证各零部件质量符合要求，使其达到良好的技术状态，从而延长机械使用寿命。

11.5 施工项目技术管理

11.5.1 施工技术的概念

技术是人类为实现社会需要而创造和发展起来的手段、方法和技能的总和。作为社会生产力的社会总体技术力量，包括工艺技巧、劳动经验、信息知识和实体工具装备，也就是整个社会的技术人才、技术设备和技术资料。因此，技术可定义为：是为社会生产和人类物质文化生活需要服务的，供人类利用和改造自然的物质手段、精神手段和信息手段的总和。

技术有两个鲜明的特点:一是多元性,即技术既可以表现为有形的机器设备、实体物质,也可以表现为无形的知识经验、精神智力,还可以表现为虽不是实体物质而却又有物质载体的信息资料、设计图纸等;二是中介性,即技术总是处于科学与自然、科学与社会的交点上,如由科学知识转化为生产力需要通过技术的中介,由生产经验上升为科学知识一般也需要技术的中介。

根据不同的功能,技术可分为生产技术和非生产技术。生产技术是社会生产力发展水平的重要标志,它是技术中最基本的部分。非生产技术(如科学实验技术、公用技术、军事技术、文化教育技术、医疗技术等)为满足社会生活的多种需要,也可在生产技术进步的基础上相继得到发展。

一般地说,技术的发明是经验知识和科学知识的物化,使可供应用的理论和知识变成现实,并能造福于人类。技术的发展是要经历漫长的历史过程,古代技术主要是在经验知识(生产经验)的基础上缓慢发展起来的,现代技术则几乎都是科学发展的结果。但是,社会需要特别是生产的需要才是推动技术发展的主要力量。而新技术的价值及其能否得到广泛的应用,主要取决它满足社会需要的程度。因此,对技术的评价不仅要看它在科学上是否正确,技术上是否可行,更要考虑其经济效益和社会价值,只有那些能够满足经济发展和社会发展的需要,并有良好经济效益的先进技术,才能在改造自然和推动社会进步中发挥强有力的作用。

技术管理控制应包括:技术开发管理,新产品、新材料、新工艺的应用管理,施工组织设计管理,技术档案管理,测试仪器管理等。

11.5.2 技术开发管理

1. 确立技术开发方向和方式

根据我国国情,根据企业自身特点和建筑技术发展趋势确定技术开发方向,并走与科研机构、大专院校联合开发的道路,但从长远来看,企业应有自己的研发机构,强化自己的技术优势,在技术上形成一定的垄断,走技术密集型道路。

2. 加大技术开发的投入

(1)搞技术开发应制定短、中、长期的研究投入费用及其占营业额的比例,逐步提高科技投入量,监督实施,并建立规范化的评价、审查和激励机制;同时,加强研发力量,重视科研人才,增添先进的设备和设施,保证技术开发具有先进手段。

(2)加大科技推广和转化力度。

3. 增大技术装备投入

增大技术装备投入才能提高劳动生产率。考虑投入规模至少应当是承包商当年收益的2% ~3%,并逐年增长。

4. 强化应用计算机和网络的技术

利用软件进行招投标、工程设计和概预算工作,利用网络搜集施工技术等情报信息,而且通过电子商务采购来降低采购成本。

5. 加强科技开发信息的管理

施工技术等科技情报信息应建立强有力的情报信息中心,利于管理层快速决策。

11.5.3 新产品、新材料、新工艺的应用管理

施工项目管理应有权威的技术检验部门关于其技术性能的鉴定书，制定出质量标准以及操作规程后才能在工程上使用，同时加大推广力度。

11.5.4 施工组织设计管理

施工组织设计是以施工项目为对象编制的，用以指导其施工全过程各项施工活动的技术、经济、组织、协调和控制的综合性文件。

施工组织设计是企业实现科学管理、提高施工水平和保证工程质量的主要手段，也是贯穿设计、规范、规程等技术标准组织施工，纠正施工盲目性的有力措施。施工组织设计要进行充分调查研究，广泛发动技术人员、管理人员制定措施，使施工组织设计符合实际，切实可行。

施工组织设计的编制原则：

①认真贯彻国家工程建设的法律、法规、规程、方针和政策；

②严格执行工程建设程序，坚持合理的施工工序、施工顺序和施工工艺；

③采用现代建筑管理原理、流水施工方法和网络计划技术，组织有节奏、均衡和连续的施工；优先选用先进施工技术，科学确定施工方案。

11.5.5 技术档案管理

施工技术档案是按照一定的原则、要求，经过移交、归档后整理，并保管起来的技术文件材料。它既记录了各建筑物、构筑物的真实历史，更是技术人员、管理人员和操作人员智慧的结晶，因此应实行统一领导、分专业管理。资料搜集做到及时、准确、完整，而且要分类正确、传递及时，符合地方法规要求，无遗留问题。

1. 做好施工技术档案工作的作用

(1)为建筑物日后使用、维修、改造、扩建提供技术依据。

(2)证明工程质量的优劣，结构的安全可靠程度，也是认定工程质量等级的重要依据。

(3)为工程结算提供证据，减少经济纠纷。

(4)能督促施工人员按规范、规程组织施工，考核工程施工管理的好坏程度。

(5)便于系统积累施工技术经济资料，为今后施工建设提供参考依据，为工程技术人员了解、熟悉与掌握本行业专业技术咨询服务，为建筑工程领导、技术负责人进行生产、技术上的决策、指挥和组织工作当好参谋。

2. 文件归档基本规定

(1)建设、勘察、设计、施工、监理等单位，应将工程文件的形成和积累纳入工程建设管理的各个环节和有关人员的职责范围。

(2)建设单位应履行下列职责。

①在工程招标与勘察、设计、施工、监理等单位签订协议、合同时，应对工程文件套数、费用、质量、移交时间等提出明确要求；

②搜集和整理工程准备阶段、竣工验收阶段形成的文件，并应进行立卷归档；

③负责组织、监督和检查勘察、设计、施工、监理等单位的工程文件的形成，以及积累和

立卷归档工作；同时也可委托监理单位监督、检查工程文件的形成、积累和归档工作；

④收集和汇总勘察、设计、施工、监理等单位立卷归档的工程档案；

⑤在组织工程竣工验收前，应提请当地的档案管理机构对工程档案进行预验收，未取得工程档案验收认可文件的，不得组织竣工验收；

⑥对列入城建档案馆接收范围的工程，工程竣工验收后3个月内，向当地城建档案馆移交一套符合规定的工程移交档案；

⑦工程勘察、设计、施工、监理等单位应将本单位形成的工程文件立卷后向建设单位移交；

⑧建设工程项目实行总承包的，总包单位负责搜集、汇总各分包单位形成的工程档案，并应及时向建设单位移交；各分包单位应将本单位形成的工程文件整理、立卷后及时移交总包单位；

⑨建设工程项目由几个单位承包的，各个承包单位负责搜集、整理立卷其承包项目的工程文件，并应及时向建设单位移交。

3. 归档范围

对与工程建设有关的重要活动、记载工程建设主要过程和现状、具有保存价值的各种载体的文件，均应搜集齐全，整理立卷后归档。

单位工程竣工，其施工技术资料项目规定如下：

①主要原材料、成品、半成品、构配件、设备出厂质量证明和试验报告；
②施工试验记录；
③施工记录；
④预检记录；
⑤隐蔽工程验收记录；
⑥基础、结构验收记录；
⑦设备安装工程记录；
⑧施工组织设计；
⑨技术交底；
⑩工程质量检验评定；
⑪竣工验收资料；
⑫设计变更、洽商记录；
⑬竣工图。

11.5.6 测试仪器管理

建立计量、测量工作管理制度。由项目技术负责人明确责任人，并制定管理制度，经批准后实施。管理制度要明确职责范围，仪表和器具的使用、运输、保管应有明确要求，建立台账定期检测，确保所有仪表和器具的精度、检测周期和使用状态符合要求。记录和成果要符合规定，确保成果、记录、台账、设备均安全、有效、完整。

11.6 施工项目资金管理

施工项目资金管理包括资金筹借、资金收入预测、资金支出预测、资金收支对比、奖金筹措及资金使用管理。

11.6.1 施工项目资金的筹措

1. 建设项目的资金来源

(1)建设单位自有的资金、利润或集资等。

(2)银行信贷资金,包括建设贷款、技术改造贷款、流动资金贷款和其他贷款等。

(3)财政资金,包括政策性无偿拨款和拨改贷资金。

(4)发行投资债券、建设债券、专项债券以及地方债券等。

(5)联合投资,即用资金联合、土地联合、固定资产联合及技术股分和租赁等。

(6)引进利用外资。

2. 施工项目的资金来源

(1)根据合同建设单位支付给公司的预付工程备料款、工程进度款及工程结算款。

(2)施工企业根据合同垫付的部分资金。

(3)施工企业向银行贷的款。

(4)施工企业或项目自身与建材商合作的材料款向机械租赁公司租赁机械使其垫付的资金及与劳务公司合作垫付的工资款。

(5)其他项目资金的调剂占用。

(6)项目自身与企业外的借贷资金。

3. 施工项目筹措资金的原则

(1)尽量利用建设单位的工程预付款和工程进度款,同时及时办理工程结算及收清工程尾数款。

(2)充分利用自有资金,减少银行利息。

(3)无论是合作还是贷款,都要通过细致的时间测算、利息测算和成本测算,以便把成本和利息降至最低点。

(4)如测算后项目会出现亏本,此工程则不可取。

(5)如建设单位无还款能力,则资金不应投入。

11.6.2 施工项目资金管理要点

1. 施工项目资金管理概念

施工项目资金管理是指施工项目经理部根据工程项目施工过程中资金运动的规律,进行的资金收支预测、编制资金计划、筹集投入资金(施工项目经理部收入)、资金使用(支出)以及资金核算与分析等一系列资金管理工作。

2. 施工项目资金的管理要点

(1)施工项目资金要专款专用,并归该施工项目经理部支配和使用。

(2)项目经理部应在公司内部银行中申请开设独立账户,按照“存货计息”、“定额考核”、定额内低利率、定额外高利率的内部贷款办法,办理项目资金的收、支、划、转,并由项目经理签字确认。当项目资金不足时,通过内部银行按“有偿使用、到期还贷”的原则解决。

(3)项目经理部应及时向发包方收取工程预付备料款,做好分期结算、预算增减账及竣工结算等工作,定期进行资金使用情况和效果分析,以便不断提高资金管理水平和效益。

(4)项目经理部对于由建设单位提交的“三材”和设备应设立台账,根据收料凭证及时入账,作为项目资金的重要组成部分,并按月分析收入及耗用情况。项目经理部要定期与交料单位核对,以保证数据资料完整、正确,为竣工结算创造条件。

(5)项目经理部每月应定期召开业主代表、分包单位代表、供应单位代表、加工单位代表碰头会,协调工程进度和配合关系,协调资金及甲方供料等事项。

(6)公司应建立对项目经理资金管理的支付监督程序，项目经理应接受公司对项目资金应用的审查监督和管理。

11.6.3 施工项目资金收支计划及控制

1. 施工项目资金收支计划

(1)收入计划。项目资金是按合同价款收取的。在实施施工项目合同的过程中，应从收取工程预付款(预付款在施工后以冲抵工程价款方式逐步扣还给业主)开始，每月按进度收取工程进度款，到最终竣工结算，同时按时间测算出价款数额，并作出项目资金计划与实际执行对比表。其格式见表11－6。

表11－6 施工项目资金的计划控制与实际执行的对比表

单位工程名称：

计划应收工程款(元)				实收工程款(元)				欠(超)收工程款(元)			
本月		自开工累计		本月		自开工累计		本月		自开工累计	

本月完成工作量								本月资金使用							
计划					实际			计划支出					实际支出		
分项工程名称	数量	单位	单价	合价	数量	单价	合价	费用项目	数量	单位	单价	合价	数量	单价	合价
1. 挖土方		m^3						1. 人工费							
2. 砖基础		m^3						①……							
								②……							
								2. 材料费							
								①……							
								②……							
								3. 机械费							
								①……							
								②……							
								4. 临设费							
								①……							
								②……							
								5. 其他直接费							
								①……							
								②……							
								6. 施工管理费							
								①……							
								②……							
本月合计															
自开工累计															

[注] 本表累计实际支出如超过累计实收工程款，则出现资金风险。

在资金收入计划中，每月的资金收入都是按合同规定的结算办法测算的，但在实践中，工程进度常常不能及时到位，因而预测时要充分考虑资金收入款滞后的时间因素。另外，资金的收入（进度款额）需要以合同工期完成施工任务作保证，否则会因为延误工期导致罚款而造成经济损失。

（2）支出计划。施工项目资金支出，即项目施工过程中的资金使用。项目经理部应根据施工项目的成本费用控制计划、施工组织设计及材料物资储备计划来测算出随着工程实施的进展，每月要预计人工费、材料费、施工机械使用费、临时设施费、其他直接费和施工管理费等各项费用的支出，从而形成对整个施工项目能按时间、进度、数量来规划资金的使用计划和项目费用。

资金的支出预测，应从实际出发，尽量具体而详细，同时还要注意资金的时间价值，以使测算的结果能满足资金管理的需要。

2. 施工项目资金控制

表 11 -6 全面反映了资金计划的应收款、实收款与欠超款的情况，在时间上反映了本月时间和累计时间，在形象进度上反映了工程量及工作量的关系，在资金使用上反映了各种费用计划和实际情况的比较。总之，表 11 -6 反映的资金使用情况一目了然，既具体又全面，其控制程序如下。

（1）根据分部分项工程的进度计划，用预算定额计算出所需费用，如人工、材料和机械用量，然后得出计划使用资金。

（2）根据实际发生的材料、人工、机械和其他管理费用，得出实际支出的资金。

（3）用已收工程款与工程进度对比、与实际发生的费用对比，找出节超原因，从而用以控制资金使用。

（4）在项目资金使用中，按一切从紧控制的原则，在执行中要尽可能留有余地，以便应付随时可能发生的风险。

（5）一旦发现风险，施工项目经理应及时向建设单位和公司报告，并且立即采取风险防范措施。

11.7 项目资源管理考核

资源管理考核应通过对资源投入、使用、调整以及计划与实际的对比分析，找出管理中存在的问题，并对其进行评价的管理活动。通过对资源管理的考核能及时反馈信息，提高资金使用价值，并持续改进。

11.7.1 对管理人员的考核

1. 管理人员的考核

对管理人员的考核应从以下几个方面出发。

（1）技能。这一项含有技术水平和工作能力两方面的表现。

（2）激励。激励是指通过各种有效的手段，激发人的需要、动机、欲望，形成某一特定目标并在追求这一目标的过程中保持高昂的情绪和持续的积极状态，甚至发挥潜能，达到预期的目标。考核应针对个人的不同需求选择不同的激励方法,马斯洛认为需求有以下五个层次。

第一层次,生理需求,包括维持生活所必需的各种物质的需要,如衣食住行等;

第二层次,安全需求,如生活有保障,不会失业,没有威胁人身安全的因素等;

第三层次,感情和归属上的需求,社交需求,爱、交往和友谊等;

第四层次,尊严需求,需要被尊敬、也需要自尊以及地位和名誉的需求等;

第五层次,自我实现需求,即要尽量的发挥自己的能力,使自己生活有意义、有抱负。

(3)环境。社会环境、法律法规、工资福利、消费水平等。

(4)机会。把握住的机会是与能力有关,还是与能力无关?

2. 管理人员绩效考核的内容

(1)工作成绩:重点考核工作的实际成果,以员工工作岗位的责任范围和工作要求为标准,相同职位的职工以同一个标准考核。

(2)工作态度重点考核员工在工作中的表现,如责任心、职业道德、积极性。

(3)工作能力。

3. 管理人员绩效考核的方法

(1)主观评价法。依据一定的标准对被考核者进行主观评价。在评价过程中,可以通过对比比较法,将被考核者的工作成绩与其他被考核者进行比较,评出最终的顺序或等级;也可以通过绝对标准法,直接根据考核标准和被考核者的行为表现进行比较。主观评价法比较简易,但也容易受考核者的主观影响,需要在使用过程中精心设计考核方案,以减少考核的不确定性。

(2)客观评价法。依据工作指标的完成情况进行客观评价,主要包括生产指标和个人工作指标。

①生产指标,如产量、销售量、废次品率、原材料消耗量、能源率等。

②个人工作指标,如出勤率、事故率、违规违纪次数等指标。

客观评价法注重工作结果,忽略被考核者的工作行为,一般只适用于生产一线从事体力劳动的员工。

(3)工作成果评价法。是为员工设定一个最低的工作成绩标准,然后将员工的工作结果与这一最低的工作成绩标准进行比较。重点考核被考核者的产出和贡献。

为保持员工的正常状况,可通过奖惩、解聘、晋升、调动等方法,使员工技能水平和工作效率达到岗位要求。

11.7.2 对作业人员的考核

对作业人员应以劳务分包合同等为依据,由项目经理部对进场的劳务队伍进行队伍评价。在施工过程中,项目经理部的管理人员应加强对劳务分包队伍的管理,重点考核是否按照有关规定进行施工,是否严格执行合同条款,是否符合质量标准和技术规范操作要求。工程结束后,由项目经理对分包队伍进行评价,将评价结果报告有关管理部门,为以后工作提供选择的依据,并尽量与之建立长期的合作关系。

6. **标准规范**

除本工程总(分)包合同另有约定外,本合同适用标准规范如下:

(1)____

(2)____

7. **总(分)包合同**

7.1 工程承包人应提供总(分)包合同(有关承包工程的价格细节除外),供劳务分包人查阅。当劳务分包人要求时,工程承包人应向劳务分包人提供一份总包合同或专业分包合同(有关承包工程的价格细节除外)的副本或复印件。

7.2 劳务分包人应全面了解总(分)包合同的各项规定(有关承包工程的价格细节除外)。

8. **图纸**

8.1 工程承包人应在劳务分包工作开工____天前,向劳务分包人提供图纸____套,以及与本合同工作有关的标准图____套。

9. **项目经理**

9.1 工程承包人委派的担任驻工地履行本合同的项目经理为__________,职务__________,职称__________。

9.2 劳务分包人委派的担任驻工地履行本合同的项目经理为__________,职务__________,职称__________。

10. **工程承包人义务**

10.1 组建与工程相适应的项目管理班子,全面履行总(分)包合同,组织实施施工管理的各项工作,对工程的工期和质量向发包人负责。

10.2 除非本合同另有约定,工程承包人完成劳务分包人施工前期的下列工作并承担相应费用。

(1)在______年______月______日前向劳务分包人交付具备本合同项下劳务作业开工条件的施工场地,具备开工条件的施工场地交付要求为____________________;

(2)在______年______月______日前完成水、电、热、电讯等施工管线和施工道路,并满足完成本合同劳务作业所需的能源供应、通讯及施工道路畅通的时间和质量要求;

(3)在______年______月______日前向劳务分包人提供相应的工程地质和地下管网线路资料。

(4)在______年______月______日前完成办理下列工作手续(包括各种证件、批件、规费,但涉及劳务分包人自身的手续除外):

____;

(5)在______年______月______日前向劳务分包人提供相应的水准点与坐标控制点位置,其交验要求与保护责任为:________________________________;

(6)在______年______月______日前向劳务分包人提供下列生产、生活临时设施:____,其交验要求与保护责任为:____。

10.3 负责编制施工组织设计,统一制定各项管理目标,组织编制年、季、月施工计划、物资需用量计划表,实施对工程质量、工期、安全生产、文明施工,计量检测、实验化验的控制、监督、检查和验收。

10.4　负责工程测量定位、沉降观测、技术交底，组织图纸会审，统一安排技术档案资料的收集整理及交工验收。

10.5　统筹安排、协调解决非劳务分包人独立使用的生产、生活临时设施、工作用水、用电及施工场地。

10.6　按时提供图纸，及时交付应供材料、设备，所提供的施工机械设备、周转材料、安全设施保证施工需要。

10.7　按本合同约定，向劳务分包人支付劳动报酬。

10.8　负责与发包人、监理、设计及有关部门联系，协调现场工作关系。

11. 劳务分包人义务

11.1　对本合同劳务分包范围内的工程质量向工程承包人负责，组织具有相应资格证书的熟练工人投入工作；未经工程承包人授权或允许，不得擅自与发包人及有关部门建立工作联系；自觉遵守法律法规及有关规章制度。

11.2　劳务分包人根据施工组织设计总进度计划的要求，每月底前______天提交下月施工计划，有阶段工期要求的提交阶段施工计划，必要时按工程承包人要求提交旬、周施工计划，以及与完成上述阶段、时段施工计划相应的劳动力安排计划，经工程承包人批准后严格实施。

11.3　严格按照设计图纸、施工验收规范、有关技术要求及施工组织设计精心组织施工，确保工程质量达到约定的标准；科学安排作业计划，投入足够的人力、物力，保证工期；加强安全教育，认真执行安全技术规范，严格遵守安全制度，落实安全措施，确保施工安全；加强现场管理，严格执行建设主管部门及环保、消防、环卫等有关部门对施工现场的管理规定，做到文明施工；承担由于自身责任造成的质量修改、返工、工期拖延、安全事故、现场脏乱造成的损失及各种罚款。

11.4　自觉接受工程承包人及有关部门的管理、监督和检查；接受工程承包人随时检查其设备、材料保管、使用情况，及其操作人员的有效证件、持证上岗情况；与现场其他单位协调配合，照顾全局。

11.5　按工程承包人统一规划堆放材料、机具，按工程承包人标准化工地要求设置标牌，搞好生活区的管理，做好自身责任区的治安保卫工作。

11.6　按时提交报表、完整的原始技术经济资料，配合工程承包人办理交工验收。

11.7　做好施工场地周围建筑物、构筑物和地下管线和已完工程部分的成品保护工作，因劳务分包人责任发生损坏，劳务分包人自行承担由此引起的一切经济损失及各种罚款。

11.8　妥善保管、合理使用工程承包人提供或租赁给劳务分包人使用的机具、周转材料及其他设施。

11.9　劳务分包人须服从工程承包人转发的发包人及工程师的指令。

11.10　除非本合同另有约定，劳务分包人应对其作业内容的实施、完工负责，劳务分包人应承担并履行总(分)包合同约定的、与劳务作业有关的所有义务及工作程序。

12. 安全施工与检查

12.1　劳务分包人应遵守工程建设安全生产有关管理规定，严格按安全标准进行施工，并随时接受行业安全检查人员依法实施的监督检查，采取必要的安全防护措施，消除事故隐患。由于劳务分包人安全措施不力造成事故的责任和因此而发生的费用，由劳务分包人承担。

12.2　工程承包人应对其在施工场地的工作人员进行安全教育，并对他们的安全负责。工程承包人不得要求劳务分包人违反安全管理的规定进行施工。因工程承包人原因导致的安全事故，由工程承包人承担相应责任及发生的费用。

13. 安全防护

13.1　劳务分包人在动力设备、输电线路、地下管道、密封防震车间、易燃易爆地段以及临街交通要道附近施工时，施工开始前应向工程承包人提出安全防护措施，经工程承包人认可后实施，防护措施费用由工程承包人承担。

13.2　实施爆破作业，在放射、毒害性环境中工作(含储存、运输、使用)及使用毒害性、腐蚀性物品施工时，劳务分包人应在施工前10天以书面形式通知工程承包人，并提出相应的安全防护措施，经工程承包人认可后实施，由工程承包人承担安全防护措施费用。

13.3　劳务分包人在施工现场内使用的安全保护用品(如安全帽、安全带及其他保护用品)，由劳务分包人提供使用计划，经工程承包人批准后，由工程承包人负责供应。

14. 事故处理

14.1　发生重大伤亡及其他安全事故，劳务分包人应按有关规定立即上报有关部门并报告工程承包人，同时按国家有关法律、行政法规对事故进行处理。

14.2　劳务分包人和工程承包人对事故责任有争议时，应按相关规定处理。

15. 保险

15.1　劳务分包人施工开始前，工程承包人应获得发包人为施工场地内的自有人员及第三人人员生命财产办理的保险，且不需劳务分包人支付保险费用。

15.2　运至施工场地用于劳务施工的材料和待安装的设备，由工程承包人办理或获得保险，且不需劳务分包人支付保险费用。

15.3　工程承包人必须为租赁或提供给劳务分包人使用的施工机械设备办理保险，并支付保险费用。工程承包人自行投保的范围(内容)为：____________________。

15.4　劳务分包人必须为从事危险作业的职工办理意外伤害保险，并为施工场地内自有人员生命财产和施工机械设备办理保险，支付保险费用。劳务分包人自行投保的范围(内容)为：____。

15.5　保险事故发生时，劳务分包人和工程承包人有责任采取必要的措施，防止或减少损失。

16. 材料、设备供应

16.1　劳务分包人应在接到图纸后______天内，向工程承包人提交材料、设备、构配件供应计划(具体表式见附件一)；经确认后，工程承包人应按供应计划要求的质量、品种、规格、型号、数量和供应时间等组织货源并及时交付；需要劳务分包人运输、卸车的，劳务分包人必须及时进行，费用另行约定。如质量、品种、规格、型号不符合要求，劳务分包人应在验收时提出，工程承包人负责处理。

16.2　劳务分包人应妥善保管、合理使用工程承包人供应的材料、设备。因保管不善发生丢失、损坏，劳务分包人应赔偿，并承担因此造成的工期延误等发生的一切经济损失。

16.3　工程承包人委托劳务分包入采购下列低值易耗性材料(列明名称、规格、数量、质量或其他要求）：

______________采购材料费用为：______（单价）______

______________采购材料费用为：______（单价）______

______________采购材料费用为：______（单价）______

______________采购材料费用为：______（单价）______

16.4 工程承包人委托劳务分包人采购低值易耗性材料的费用，由劳务分包人凭采购凭证，另加______%的管理费向工程承包人报销。

17. 劳务报酬

17.1 本工程的劳务报酬采用下列任何一种方式计算：

(1) 固定劳务报酬（含管理费）；

(2) 约定不同工种劳务的计时单价（含管理费），按确认的工时计算；

(3) 约定不同工作成果的计件单价（含管理费），按确认的工程量计算。

17.2 本工程的劳务报酬，除本合同17.6规定的情况外，均为一次包死，不再调整。

17.3 采用第(1)种方式计价的，劳务报酬共计____________元。

17.4 采用第(2)种方式计价的，不同工种劳务的计时单价分别为：

______________，单价为____________元；

______________，单价为____________元；

______________，单价为____________元；

______________，单价为____________元；

______________，单价为____________元。

17.5 采用第(3)种方式计价的，不同工作成果的计件单价分别为：

______________，单价为____________元；

______________，单价为____________元；

______________，单价为____________元；

______________，单价为____________元；

______________，单价为____________元。

17.6 在下列情况下，固定劳务报酬或单价可以调整：

(1) 以本合同约定价格为基准，市场人工价格的变化幅度超过______%，按变化前后价格的差额予以调整；

(2) 后续法律及政策变化，导致劳务价格变化的，按变化前后价格的差额予以调整；

(3) 双方约定的其他情形。

18. 工时及工程量的确认

18.1 采用固定劳务报酬方式的，施工过程中不计算工时和工程量。

18.2 采用按确定的工时计算劳务报酬的，由劳务分包人每日将提供的劳务人数报工程承包人，由工程承包人确认。

18.3 采用按确认的工程量计算劳务报酬的，由劳务分包人按月（或旬、日）将完成的工程量报工程承包人，由工程承包人确认。对劳务分包人未经工程承包人认可，超出设计图纸范围和因劳务分包人原因造成返工的工程量，工程承包人不予计量。

19. 劳务报酬的中间支付

②不可管理的风险：指用人的智慧、知识等无法预测和无法控制的风险。

(5)按风险影响的范围划分。

①局部风险：指由于某个特定因素导致的风险，其损失的影响范围较小。

②总体风险：总体风险影响的范围大，其风险因素往往无法加以控制，如经济、政治等因素。

5. 风险的基本性质

(1)风险的客观性。一是表现在它的存在是不是以人的意志为转移的。二是表现在它是无时不有、无所不在的，它存在人类社会的发展过程中。

(2)风险的不确定性。即风险的程度有多大，风险何时何地可能转变为现实均是不肯定的。一方面不可能准确的预测风险的发生；另一方面，风险的不确定性并不代表风险就完全不可预测，有的风险可以测度、有的风险不可以测度。

(3)风险的不利性。风险一旦产生，就会使风险主体产生挫折、失败甚至损失，这对风险主体是极为不利的。

(4)风险的可变性。风险在一定条件下是可以转化的，即：

①风险性质的变化。

②风险量的变化。

③某些风险在一定空间和时间范围内被消除。

④新的风险产生。

(5)风险的相对性。是针对风险主体而言的，在相同的风险情况下，不同的风险主体对风险的承受能力是不同的。

(6)风险同利益的对称性。是指对风险主体来说风险和利益是必然同时存在的，即风险是利益的代价，利益是风险的回报。

12.1.2 工程项目中的风险

1. 项目中的风险

工程项目的目标、设计和计划都是基于对将来情况（政治、经济、社会、自然等）预测基础上的，基于正常的理想的技术、管理和组织条件之上的。而在项目实施以及运行过程中，这些因素都有可能产生变化，在各个方面都存在着不确定性。这些变化会使得原定的计划、方案受到干扰，使原定的目标不能实现。这些事先不能确定的内部和外部的干扰因素，称之为项目中的风险。风险是项目系统中的不确定因素。

2. 风险与机会

人们通常将对项目目标有负面影响的可能发生的事件作为风险，而将对项目目标有正面影响的可能发生的事件作为机会。在工程项目中，风险和机会具有相同的规律性，而且有一定的连带性。

3. 风险在任何工程项目中都存在

风险会造成工程项目实施的失控现象，如工期延长、成本增加、计划修改等，最终导致工程经济效益降低，甚至项目失败。

4. 现代工程项目中风险产生的原因

(1)现代工程项目的特点是规模大、技术新颖、结构复杂，技术标准和质量标准高、持续时间长，而且与环境接口复杂，导致实施和管理的难度增加。

(2)工程的参加单位和协作单位多，即使一个简单的工程就涉及业主、总包、分包、材料供应商、设备供应商、设计单位、监理单位、运输单位、保险公司等十几家甚至几十 家。各方面责任界限的划分、权力和义务的定义异常复杂，设计、计划和合同文件等出错和矛盾的可能性加大。

(3)由于工程实施时间长，涉及面广，受环境的影响大，如经济条件、社会条件、法律和自然条件的变化等。这些因素常常难以预测，不能控制，但都会妨碍工程正常实施，从而造成经济损失。

(4)现代建设项目科技含量高，是研究、开发、建设、运行的结合，而不仅仅是传统意义上的建筑工程。由于项目投资管理、经营管理、资产管理的任务加重，难度加大，故要求设计、供应、施工、运营一体化。

(5)由于市场竞争激烈和技术更新速度加快，产品从概念到市场的时间缩短，人们面 临着必须在短期内完成建设(例如开发新产品)的巨大压力。

(6)新的融资方式、承包方式和管理模式不断出现，使工程项目的组织关系、合同关系、实施和运行程序越来越复杂。

(7)项目所需资金、承包商、技术、设备、咨询服务的国际化，如国际工程承包、国际投资和合作，增加了项目的风险。

(8)项目管理必须服从企业战略，满足用户和相关者的需求。现在企业、投资者、业主、社会各方面对工程项目的期望、要求和干预越来越多。

许多领域，由于它的项目风险大，风险的危害性大，被人们称为风险型项目领域。

在我国的许多工程项目中，由风险造成的损失是触目惊心的，而且产生的影响是难以在短期内加以消除的。许多工程案例都说明了这个问题，特别在涉外工程或国际工程的承包领域，人 们将风险的作用作为项目失败的主要原因之一。

5. 风险管理的主要工作过程

在现代工程项目中，风险和机会同在。通常只有风险大的项目才能有较高的盈利机会，所以风险又是对管理者的挑战。风险管理能获得非常高的经济效益，同时有助于组织竞争能力、素质和管理水平的提高。所以，在现代项目管理中，风险的管理问题已成为研究的热点之一，已成为项目管理的一大职能，作为 PMBOK 的九大知识体系之一。

项目风险管理的目的是减小风险对项目实施过程的影响，有准备地、理性地进行项目实施，保证项目目标的实现。它主要包括风险识别、风险评估、风险响应和风险控制等工作过程。

(1)风险识别。确定可能影响项目的风险的种类，即可能有哪些风险发生，并将这些风险的特性整理成文档，决定如何采取和计划一个项目的风险管理活动。

(2)风险评估。对项目风险发生的条件、概率及风险事件对项目的影响进行分析，并评估它们对项目目标的影响，按它们对项目目标的影响顺序排列。

(3)制定风险响应的对策措施。即编制风险应对计划，制定一些程序和技术手段，用来提高实现项目目标的概率和减少风险的威胁。

(4)在实施中的风险控制。在项目的整个生命期阶段进行风险预警，在风险发生情况下，实施降低风险计划，保证对策措施的应用和有效性，监控残余风险，识别新的风险，更新风险计划，以及评估这些工作的有效性等。

6. 工程项目全过程的风险管理

风险管理必须落实在工程项目的全过程中，并有机地与各项管理工作融为一体。

(1)在项目目标设计阶段就应开展风险确定工作，对影响项目目标的重大风险进行预测，寻找目标实现的风险和可能的困难。风险管理强调事前的识别、评估和预防措施。

(2)在可行性研究中，对风险的分析必须细化，进一步预测风险发生的可能性和规律性，同时必须研究各风险状况对项目目标的影响程度，即为项目的敏感性分析。而且，应在各种策划中着重考虑这种敏感性分析的结果。

(3)在设计和计划过程中，随着技术水平的提高、建筑设计的深入，实施方案也逐步细化，项目的结构分析逐渐清晰。这时风险分析不仅要针对风险的种类，而且必须细化落实到各项目结构单元直到最低层次的工作包上，要考虑对风险的防范措施，并制订风险管理计划，包括风险准备金的计划、备选技术方案、应急措施等。在招标文件(合同文件)中应明确规定工程实施中的风险分组。

(4)在工程实施中加强风险的控制。通过风险监控系统，能及早地发现风险，及早地作出反应；当风险发生时，采取有效措施保证工程正常实施，保证施工和管理秩序，及时修改方案、调整计划，以恢复正常的施工状态，减少损失。

(5)项目结束，应对整个项目的风险、风险管理进行评估，以作为以后进行同类项目的经验和教训，这样可形成一个前后连贯的管理过程。

12.1.3 风险因素识别过程和方法

1. 搜集数据或信息

(1)风险管理需要大量地占有信息，了解情况，要对项目的系统环境有十分深入的了解，并要进行预测。不熟悉情况，不掌握数据是不可能进行有效的风险管理的。

(2)风险识别是要确定具体项目的风险，必须掌握该项目和项目环境的特征数据。例如：本项目相关的数据资料、设计与施工文件，以了解该项目系统的复杂性、规模、工艺的成熟程度。

项目的类型，项目所在的领域。不同领域的项目有不同的风险，并有不同风险的规律性、行业性特点。例如：

①计算机开发项目与建筑工程项目就有截然不同的风险。

②项目的环境资料和数据不同，风险不同。

③同类工程的信息。通常，同类工程的风险、风险发生的规律有相似性，所以过去同类工程项目的资料、经验、教训是十分重要的，应着重搜集。

(3)虽然人们通过全面风险管理，在很大程度上已经将过去凭直觉、凭经验的管理上升到理性的全过程的管理，但风险管理在很大程度上仍依赖于管理者的经验及管理者过去工程的经历，对环境的了解程度和对项目本身的熟悉程度。

2. 确定风险事件

首先确定风险事件，并将风险归纳、整理，建立项目风险的结构体系。

3. 编制项目风险识别报告

风险识别报告通常包括已识别的风险、潜在的项目风险、项目风险的征兆。

4. 常用的风险识别方法或工具

常用的风险识别方法或工具有核查表法、列举法、项目结构分解识别法与风险因素识别法、因果分析图法、流程图法、问卷调查法、决策树法等。

12.1.4 分析工程项目风险因素,确定工程项目的风险结构体系

通常可以从以下几个角度进行风险因素识别。

1. 项目环境风险

工程项目的系统环境可能存在的不确定性有:

(1)政治风险。例如:政局的不稳定性,战争状态、动乱、政变的可能性,国家的对外关系,政府信用和政府廉洁程度,政策及政策的稳定性,经济的开放程度或排外性,国有化的可能性、国内的民族矛盾,保护主义倾向等。

(2)法律风险。如法律不健全,有法不依、执法不严,相关法律内容的变化,法律对项目的干预;可能对相关法律未能全面、正确理解,工程中可能有触犯法律的行为等。

(3)经济风险。国家经济政策的变化,产业结构的调整,银根紧缩,项目产品的市场变化;工程承包市场、材料供应市场、劳动力市场的变动,工资的提高,物价上涨,通货膨胀速度加快,原材料进口风险、金融风险,外汇汇率的变化等。

(4)自然灾害和意外事故风险。例如,地震、风暴、特殊的未预测到的地质条件如泥石流、河塘、垃圾场、流砂、泉眼等,反常的恶劣的雨雪天气、冰冻天气、恶劣的现场条件,周边存在对项目的干扰源,工程项目的建设可能造成对自然环境的破坏,不良的运输条件可能造成供应的中断。

(5)社会风险。包括宗教信仰的影响和冲击、社会治安的稳定性、社会的禁忌、劳动者的文化素质、社会风气等。

(6)战争风险。由于突然发生的战争可能会导致工程项目的相关关联因素的巨大变化,因此将对工程项目产生致命的影响。

2. 项目系统结构风险

它是以项目结构图(WBS)上项目单元作为分析对象,即各个层次的项目单元,直到工作包。在项目实施以及运行过程中这些工程活动可能遇到的各种障碍、异常情况,如技术问题、人工、材料、机械及费用消耗的增加。

3. 项目技术系统的风险

(1)项目的生产工艺、流程可能有问题及新技术不稳定,均对将来生产和运营产生 影响。

(2)施工工艺可能出现的问题。

4. 项目的行为主体产生的风险

该风险是从项目组织角度进行分析的。

(1)业主和投资者。例如:业主的支付能力差,组织的经营状况恶化,资信不好,企业倒闭,撤走资金或改变投资方向或改变项目目标;业主违约、苛求、刁难、随便改变主意,但又不赔偿,错误的行为和指令,非程序地干预工程;业主不能完成他的合同责任,如不及时供应他

负责的设备、材料，不及时交付场地，不及时支付工程款。

(2)承包商(分包商、供应商)。例如：技术能力和管理能力的不足，没有适合的技术专家和项目经理，不能积极地履行合同，由于管理和技术方面的失误而造成工程中断；没有得力的措施来保证进度、安全和质量要求；财务状况恶化，无力采购和支付工资，企业处于破产境地；他们的工作人员罢工、抗议或软抵抗；错误理解业主意图和招标文件，实施方案错误，报价失误，计划失误；设计单位设计错误，工程技术系统之间不协调、设计文件不完备、不能及时交付图纸，或无力完成设计工作。

(3)项目管理者(如监理工程师)。例如：项目管理者的管理能力、组织能力、工作热情和积极性、职业道德、公正性均差；管理者的管理风格、文化偏见，可能会导致他不正确地执行合同，在工程中苛刻要求；在工程中起草错误的招标文件、合同条件，下达错误的指令。

(4)其他方面。例如，中介人的资信、可靠性差，政府机关工作人员、城市公共供应部门(如水、电等部门)的干预、苛求以及个人的需求，项目周边或涉及到的居民或单位的干预、抗议或苛刻的要求等。

5. 管理过程风险

这里包括极其复杂的内容，常常是分析责任的依据。例如：

(1)高层战略风险，如指导方针、战略思想可能有错误而造成项目目标设计错误。

(2)环境调查和预测的风险。

(3)决策风险，如错误的选择、错误的投标决策及报价等。

(4)项目策划风险。

(5)技术设计风险。

(6)计划风险。包括对目标(任务书，合同招标文件)理解错误，合同条款不严密、错误、二义性，过于苛刻的单方面约束性、不完备的条款，方案错误、报价(预算)错误、施工组织措施错误。

(7)实施控制中的风险。例如：

合同风险——合同未履行，合同伙伴争执，责任不明，产生索赔要求。

供应风险——如供应拖延、供应商不履行合同、运输中的损坏以及在工地上的损失。

新技术新工艺风险——由于新技术新工艺本身的不确定性或是使用者的经验不足可能导致的问题。

管理层次风险——由于分包层次太多，并造成计划执行和调整实施控制的困难。

工程管理失误风险——由于管理工作的不到位而导致的工程管理失误。

(8)运营管理风险。如准备不足，无法正常营运，销售渠道不畅等。

6. 按风险对目标的影响分析

它是按照项目目标系统的结构进行分析的，是风险作用的结果。

(1)工期风险。即造成局部的(工程活动、分项工程)或整个工程的工期延长，不能及时投入使用。

(2)费用风险。包括财务风险、成本超支、投资追加、报价风险、收入减少、投资回收期延长或无法收回、回报率降低。

(3)质量风险。包括材料、工艺、工程不能通过验收，工程试生产不合格，经过评估工程质量未达标准。

(4)生产能力风险。项目建成后达不到设计生产能力,可能是由于设计、设备问题,或生产用的原材料、能源、水、电的供应问题。

(5)市场风险。工程建成后产品未达到预期的市场份额,销售不足,没有销路,没有竞争力。

(6)信誉风险。即造成对组织形象、职业责任、组织信誉的损害。

(7)人身伤亡、安全、健康以及工程或设备的损坏。在目前国家政策的规定下,安全事故对于组织的影响可能是致命的。

(8)法律责任。即可能被起诉或承担相应法律的或合同的处罚。

(9)对环境和对项目的可持续发展的影响和损害。

12.1.5 风险评估

风险评估是对风险的规律性进行研究和分析,包括定性风险评估和定量风险评估两种方法。常见的有:风险概率及后果,矩阵图分析、效用函数等定性方法,以及访谈技术、盈亏平衡分析、敏感性分析等定量方法。但是,实际运行中往往是两种方法的结合使用。由于识别出来的每一个风险都有发生的规律和特点、影响范围和影响量。因此,通常对罗列出来的风险必须作如下分析和评估。

1. 风险发生的可能性分析

研究风险自身的规律性,通常可用概率表示。项目既然被视为风险,则必然在必然事件(概率 =1)和不可能事件(概率 =0)之间。虽然风险的发生是不确定的,但有一定的规律性。人们可以通过后面所提及的各种方法研究风险发生的概率。

项目风险事件发生的可能性,即发生的概率,一般可利用已有的数据资料分析与统计、主观测验法、专家估计法等方法估算。

2. 风险的影响和损失分析

风险的影响是个非常复杂的问题,有的风险影响面较小,有的风险影响面很大,可能引起整个工程的中断或报废。

项目风险损失就是项目风险发生后,将会对工程项目的实施过程和目标的实现产生不利影响,风险损失可能包括:

(1)工期损失的估计。一般分为风险事件对工程局部工期影响的估计,对整个工程工期影响的估计。

(2)费用损失的估计。费用损失估计需要估计风险事件带来的一次性最大损失和对项目产生的总损失,应根据经济因素、赶工、处理质量事故、处理安全事故等各种不同类型风险而增加费用作具体估算。

(3)对工程的质量、功能、使用效果等方面的影响。

(4)其他影响。应考虑对人身保障、安全、健康、环境、法律责任、企业信誉、职业道德等方面有影响的风险。

由于风险对目标的干扰常常首先表现在对工程实施过程的干扰上,所以风险的影响分析一般通过以下分析过程:

一是考虑正常状况下(没有发生该风险)的情况,如这时的工期、费用、收益。

二是将风险加入这种状态,看有什么变化,如实施过程、劳动效率、消耗、各个活动有什么变化。

三是两者的差异则为风险的影响，所以这实质上是一个新的计划、新的估价，但风险仅是一种可能，所以通常又不必十分精确地进行估价和计划。

3. 风险存在和发生的时间分析

分析风险存在和发生的时间，即风险可能在项目的哪个阶段、哪个环节上发生。有许多风险有明显的阶段性，有的风险是直接与具体的工程活动（工作包）相联系的。这个分析对风险的预警有很大的作用。

4. 风险事件的级别评定

风险因素非常多，涉及各个方面，但人们并不是对所有的风险都予以十分重视，否则将大大提高管理费用，而且谨小慎微，反过来会干扰正常的决策过程。

(1)风险位能的概念。通常对一个具体的风险，它如果发生，则损失为 Rh，发生的可能性为 Ew，则风险的期望值 Rw 为：

$$Rw = Rh \times Ew$$

例如，一种自然环境风险如果发生，则损失达 20 万元，而发生的可能性为 0.1，则：

$$\text{损失的期望值 } Rw = 20 \times 0.1 = 2 \text{ 万元}$$

引用物理学中位能的概念，损失期望值高的则风险位能高，可以在二维坐标上作等位能线（即损失期望值相等）（见图 12－1），而且任何一个风险可以在图上找到一个表示它位能的点。

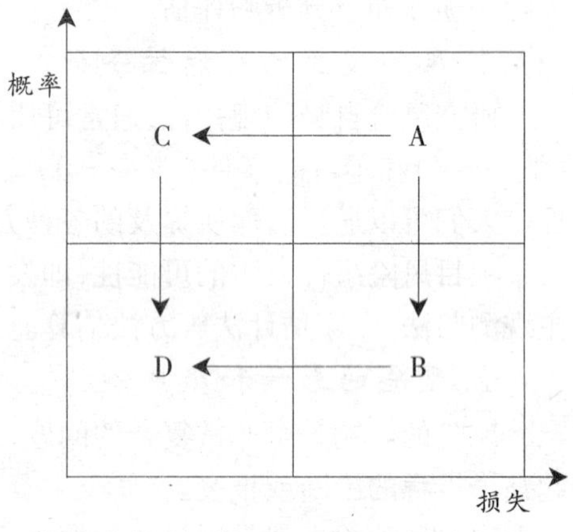

图 12–1　风险量图

(2)风险分类。不同的风险位能则可分为不同的类别。

A 类：即风险发生的可能性很大，同时一旦发生损失也很大。这类风险常常是风险管理的重点，对它可以着眼于采取措施以减小发生的可能性，或减少损失。

B 类：如果发生损失很大，但发生的可能性较小的风险。对这类可以着眼于采取措施以减少损失。

C 类：发生的可能性较大，但损失很小的风险。对它可以着眼于采取措施以减小发生的可能性。

D 类：发生的可能性和损失都很小的风险。

有时也可以用其他形式进行风险的分类，例如 1 级、2 级、3 级、4 级等，其意义是相同的。

(3)项目风险评估标准。应分为计划风险水平和可接受风险水平两个层次。

5. 风险的起因和可控制性分析

任何风险都有发生的根源。实质上在前面的分类中，有的就是从根源上进行分类的，如环境的变化、人为的失误。对风险起因的研究是为风险预测、对策研究（即解决根源问题）、责任分析服务的。

风险的可控性，是指人对风险影响的可能性，如有的风险是人力（业主、项目管理者或承包商）可以控制的，而有的却不可以控制。

可控的，如承包商对招标文件的理解风险，实施方案的安全性和效率风险，报价的正确性风险等；不可控制的，如物价风险、反常的气候风险等。

12.1.6 编制项目风险识别和评估报告

风险识别和评估的结果必须用文字、图表进行表达说明，并作为风险管理的文档。这个结果表达不仅作为风险分析的成果，而且应作为人们风险控制的基本依据。

对大型工程，以及对项目有重大影响的风险应提出风险评估报告。风险评估报告主要包括上述工作成果。

风险评估表的内容可以按照分析的对象进行编制，如以项目单元（工作包）作为对象则可以制定如表12－1所示的表，这可以作为对工作包说明的补充分析文件。这是对工作包的风险研究，也可以按风险的结构进行分析研究（见表12－2）。

表12－1　以项目单元作为对象的风险评估表

风险编号	风险名称	风险的影响范围	原因导致发生的边界条件	损失		可能性	损失期望	预防措施	评估等级A、B、C
				工期	费用				
	通货膨胀影响								

表12－2　风险结构研究评估表

工作包号	风险名称	风险会产生的影响	原因	损失		可能性	损失期望	预防措施	评估等级A、B、C
				工期	费用				

12.1.7 项目风险识别和评估的基本方法

工程项目常用的风险识别和评估方法或工具有：

1. 列举法

列举法是通过对同类已完工程项目的环境、实施过程进行调查分析、研究，可以建立该类项目的基本风险结构体系，进而可以建立该类项目的风险知识库（经验库），即包括该类项目常见的风险因素。在对新项目决策，或在用专家经验法进行风险分析时给出提示，列出所有可能的风险因素，以引起人们的重视，或作为进一步分析的引导。

2. 决策树方法

决策树常常用于不同方案的选择。例如，某种产品市场预测，在10年中销路好的概率为0.7，销路不好的概率为0.3。相关工厂的建设有两个方案：

(1)A 方案。新建大厂需投入 5000 万元,如果销路好每年可获得的利润 1600 万元;销路不好,每年亏损 500 万元。

(2)B 方案。新建小厂需投入 2000 万元,如果销路好每年则可获得 600 万元的利润;销路不好,每年只可获得 300 万元的利润。

决策树如图 12－2 所示。

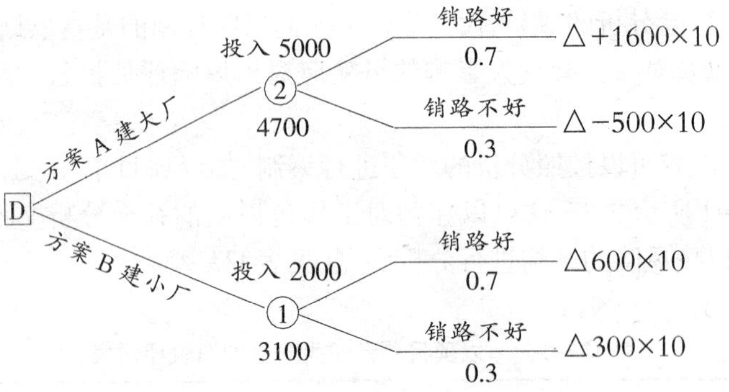

图 12–2　决策树

对 A 方案的收益期望为:

$$E_A = 1600 \times 10 \times 0.7 + (-500) \times 10 \times 0.3 - 5000 = 4700(\text{万元})$$

对 B 方案的收益期望为:

$$E_B = 600 \times 10 \times 0.7 + 300 \times 10 \times 0.3 - 2000 = 3100(\text{万元})$$

由于 A 方案的收益期望比 B 高,所以 A 方案是有利的。

3. **专家经验法(elphi 法)**

这不仅用于风险因素的罗列,而且用于对风险影响和发生可能性的分析,一般不要采用提问表的形式,而采用专家会议的方法。

(1)组建有代表性的专家小组,一般 5 ~9 人最好,专家应有实践经验和代表性。

(2)通过专家会议,对风险进行界定、量化。召集人应让专家尽可能多地了解项目目标、项目结构、环境及工程状况,详细地调查并提供信息,有可能领专家进行实地考察。并对项目的实施、措施的构想做出说明,使大家对项目有一个共识,否则容易增加评估的离散程度。

(3)召集人有目标地与专家合作,一起定义风险因素及结构,可能的成本范围,作为讨论的基础和引导。专家对风险进行讨论,按以下次序逐渐深入:

①引导讨论各个风险的原因;

②风险对实施过程的影响;

③风险对具体工程活动的影响范围,如技术、工期、费用等;

④将影响统一到对成本的影响上,估计影响量。

(4)风险评估。各个专家对风险的程度(影响量)和出现的可能性,给出评估意见。在这个过程中,如果有不同的意见,可以提出讨论,但不能提出批评。为了获得真正的专家意见,可以采用匿名的形式发表意见,也可以采用争吵技术分析。

(5)统计整理专家意见,得到评估结果。专家询问得到的风险期望的各单个值,按统计方法作信息处理。总风险期望值 R_v 为各单个风险期望值 R_w 之和:

$$R_v = \sum R_w = \sum_f (Rh \times E_w)$$

而各个风险期望值 R_w 与各个风险影响值 R_h 和出现的可能性 E_w 有关。它们分别由各个专家意见结合相加得到。

4. 其他方法

风险分析、评估尚有许多种常用的切实可行的分析评估方法，如对历史资料进行统计分析、敏感性分析、头脑风暴法、价值分析法、变量分析法、核查表法、列举法、项目结构分解识别法、因果分析图法、流程图法、问卷调查法、综合评分法、层次分析法、模糊分析法、风险图法、RERT 法等。

12.1.8 风险应对策略

对分析出来的风险必须采取应对措施，首先必须取得风险的应对策略。风险应对策略是项目实施策略的一部分，对风险，特别是对重大的风险，要进行专门的策略研究。通常对风险可采取如下策略：

(1)风险规避。即对风险大的项目不参加投标，放弃项目机会。这样，虽回避了风险，但又放弃了机会。

(2)风险减轻。通过技术、管理、组织手段，减轻风险的可能影响。

(3)风险自担。即准备自己承担风险产生的损失。

(4)风险转移。通过合同、保险等转移风险，让第三者承担风险，如通过寻找分承包商转移相关风险。

(5)风险共担。即合作者(如联营方、分包商)各方共同承担风险。

12.1.9 风险应对措施

对分析出来的风险可以接受，或者想办法消除、减小或转移。合同双方对自己承担的风险(明确规定的和隐含的)应有准备和对策，应有计划，应充分利用自己的技术、管理、组织的优势和过去经验。当然不同的人对风险有不同的态度，有不同的对策。通常的风险管理措施有：

1. 回避风险大的项目，选择风险小或适中的项目

在项目决策时要注意回避风险大的项目，即放弃明显导致亏损的项目。对于风险超过自己的承受能力，成功把握不大的项目，不参与投标、不参与合资，甚至有时在工程进行到一半时，预测到后期风险很大，必然有更大的亏损，而不得不采取中断项目的措施。

2. 技术措施

遇风险大的项目，技术上应选择有弹性的、抗风险能力强的施工方案，一般不采用新的未经过工程检验的不成熟的施工方案；对地理、地质情况应进行详细勘察或鉴定，预先进行技术试验、模拟，准备多套备选方案，采用各种保护措施和安全保障措施。

3. 组织措施

风险管理是承包人各层次管理人员的任务之一，应在项目组织中全面落实风险管理责任，建立风险管理体系。

(1)建立风险监控系统，能及早地发现风险，以至早做出反应。

(2)对风险很大的项目加强计划工作，选派最得力的技术和管理人员，特别是项目经理。

(3)对已被确认的有重要影响的风险应制定专人负责风险管理，并赋予相应的职责、权和投标报价策略。

(10)努力搞好索赔工作。索赔是避免风险损失最重要的措施之一,承包商在索赔时,要加强索赔的全过程管理,做到有索不漏、理由充足、证据确凿、及时合理。

12.2 建设工程费用索赔

12.2.1 索赔的概念和原因

1. 索赔的概念

索赔是指由于对方未能履行合同义务而使我方遭受损失时,我方有向对方要求赔偿损失的权利。建设工程费用索赔,就是根据 FIDIC 合同条件及双方签订的协议有关规定,通过正常的程序向业主索取承包商应该得到的合同价格以外的合理费用。

索赔是一门“艺术”,也是融社会科学、自然科学为一体的边缘科学。索赔涉及到工程技术、工程管理、贸易、法律、财会、公共关系等在内的众多专业学科知识。

在施工项目中的施工索赔,一般是指承包商(或分包商)向业主(或总承包商)提出的索赔,而把业主(或总承包商)向承包商(或分包商)提出的索赔称为反索赔,广义上统称索赔。

施工索赔是承包商由于非自身原因,发生合同规定之外的额外工作或损失时,向业主提出费用或时间补偿要求的活动。它不像正常合同支付那样自然、无疑,而是需要承包商积极主动去“索”,才能获得业主的“赔”。也就是说,承包商对于除了合同正常支付以外的权利与费用要求,即使在合同中有有关赔偿的规定,也必须由承包商按规定的程序,向业主提出索赔申请,经双方协商或调解或仲裁确认后才能实现。

在施工项目合同中,承包商往往承担了较大的实施项目的风险,稍遇条件变化,就会处于亏损威胁之下。因而,有经验的承包商在项目施工的自始至终,总是寻找一切可以利用的机会,充分利用索赔手段,将所承担的风险进行合理的再分配,力争自己的正当权益。

索赔是市场经济条件下经常而且大量发生的重要的合同管理业务,也是一项严格合同管理的有效保障措施。通过索赔,使合同双方既享有特有的保证合同顺利实施的合法权利,同时也需拥有保护自身利益、降低风险、弥补损失、提高经济效益的有效手段。

2. 索赔发生的原因

索赔发生的主要原因是建设工程项目内容复杂、多变,施工期长,在合同签订之前双方没有考虑到的因素很多,在施工中增加了额发的费用或遭受了经济损失,因此受损失的一方可向对方提出赔偿损失的要求。在建设工程中,有关引起索赔的因素通常有如下几方面。

(1)合同条件组成引起的索赔。合同是在投标后通过合同双方协商确定的,如果原合同有未澄清之处或有未尽事宜,经变更后双方签字作为原合同新的补充文件(协议书),并说明原合同文件中的相关事宜均不再有效,并由此导致索赔事件。另外一种情况是,经双方签字的原合同文件,已表明了业主已接受了承包商的投标书,即接受了投标书中的内容和标价,但若不注意标书中附有的条件说明,这些说明就可能被作为索赔的依据。例如,承包商的报价单中,在使用某种建材项目后面,注明了采用当地的某种型号,但当在施工中发现该建材质量不合格而被业主拒绝使用时,承包商只得重新购买更高质量的材料,因此出现的价差承包商可提出索赔。尽管总价合同已固定,但固定总价是指条款中所注明的材料。

(2)合同缺陷引起的索赔。合同缺陷表现为合同文件规定不严谨或在执行中组成不完整,以及合同中的遗漏或错误。这不仅有商务中的缺陷,也有技术规范和图纸中的缺陷,对此,业主及监理工程师有权作出解释。如果承包商按解释执行后,引起成本增加或工期延长,就有权为此而提出索赔。

(3)人力不可抗拒的自然灾害引起的索赔。在合同执行过程中,如发生意外风险和不可抗拒的自然灾害常是索赔的原因。按 FIDIC 合同条件第 21 条规定:工程保险应以业主和承包商的共同名义投保,索赔也应双方共同进行,特别是部分工程已移交给业主时,自然灾害造成的损害包括承包商的财产,也包括业主的财产。除此之外,承包商还有权向业主提出工期索赔。

(4)特殊风险引起的索赔。FIDIC 合同条款第 20 条中规定,业主应承担战争等五种特殊风险。承包商除了不对由此产生的人身伤亡和财产损失负责外,还应从业主那里得到由于损害引起的任何已完成永久性工程及材料的付款、合理利润、中断施工的损失及一切修复的费用,还有重建费用。如果风险导致合同终止,承包商除获得上述各项费用外,还有权获得施工机具、设备的搬迁费和合理的人员遣返费。

(5)不利的自然条件引起的索赔。施工中如遇到地下水、地质断层、天然溶洞、沉陷等,影响到原来的施工方法,降低了施工进度,或增大了工作量等情况时,关键看监理工程师判定这些不利的自然条件是否属于一个"有经验的承包商"可以"合理"预见到的情况,如果属于不能合理预见到的情况,可按工程变更方式进行处理。此类情况的判定条件是不利的现场条件,与图纸、技术规范和业主提供的资料有实质性的不同。

另一类情况是现场条件虽然比标书中描述的复杂和困难,但承包商在投标阶段通过资料分析(资料中没有明示)和现场考察,作为一个有经验的承包商在投标阶段能合理地推断或预见到,那么监理工程师就不应发变更指令。因此,双方会因对合同的理解不同而产生争议而导致索赔。尽管有些不可知条件业主也不知道,但有经验的承包商却可以预见到,这就不能构成索赔的理由,监理工程师有权拒绝索赔。若业主在招标阶段已明知有不利条件而没有披露,构成业主对真情的隐瞒,则承包商可以提出索赔。注意,不利的自然条件不包括气候条件。

(6)遇到地下文物和构筑物额外成本增加的索赔。在施工中遇到合同文件或图纸中未注明的地下文物或构筑物时,监理工程师应按变更工程处理。变更不仅变更了工程本身,而且会产生额外支出和工期延长等,若导致发生其他额外成本增加,承包商有权提出索赔。

(7)设计图纸与工程量表中的要求不相符引起的索赔。设计图纸与工程量表不一致时,经监理工程师确认,若按价格高的费用施工,承包商要列出工程量清单,计算单价的差异来提出索赔。计算的差价中包括材料用量增减、相应损耗系数、现场管理费和公司管理费。

(8)现场条件与设计图纸要求相差较大引起的索赔。如果由于设计的图纸与现场条件相差较大,而大量增加了工程量,承包商则要求增加正常的相应费用。

(9)纯粹的工程量错误的索赔。签订的合同即使是总价合同,如工程量有较大的出入,承包商也应当获得补偿。

(10)拖延提供施工场地的索赔。项目实施过程中,因自然灾害的影响或施工现场搬迁工作进展不顺利,没有如期向承包商移交合格的、可直接进行施工的现场,也会导致承包商要求索赔。

(11)拖延支付工程款的索赔。业主对支付工程款的拖延会影响承包商的资金周转,这样承包商不仅要求支付应得的工程款,还有权索赔其利息。

(12)业主指定的分包商违约导致的索赔。指定分包商未能按分包合同规定完成应承担的工作而影响总包商的施工。从原则上讲,总包商应对分包商的所有分包项目向业主负责,但在某些工程中,指定分包商不由总包商来选择,而是由业主把总包商接受某一指定分包商作为给予合同的前提条件,而分包商的管理仍由总包商来统一协调,因此业主应对分包商的行为负责任。总包商除要求索赔窝工损失外,还有权向业主提出延长工期的要求。

(13)业主提前占用部分永久性工程引起的损失索赔。如果业主不是按合同规定的时间而提前使用了部分工程,由此产生的不良后果分两方面:一是对提前占用的部分永久性工程造成的损坏,由业主负责;二是所占用的工程对承包商的后续施工有影响,如果所占用的工程在施工计划关键线路上,承包商则应提出索赔。

(14)业主要求赶工引起的索赔。当不属于承包商的原因或由于改变了部分工程的施工内容而必须延长工期,但业主基于某种考虑又不予以延期就要求承包商加班赶工,又由于现场条件的限制,使承包商投入较多的机械和劳务却不能发挥应有的效率而导致成本的增加。在这种情况下,承包商除要求因延误造成的损失补偿外,还可要求对赶工措施费、降效损失费、新增设备租赁费等方面予以补偿。

(15)其他承包商干扰引起的索赔。在大型工程中因有几个承包单位在现场施工,常会在场地使用、现场交通、前后工作次序的衔接等方面发生干扰。由于各承包商之间没有合同关系,只有同业主发生合同关系,因此,当受其他承包商干扰而蒙受损失时,有权要求索赔。

(16)监理工程师变更指令引起的索赔。监理工程师发布变更指令的内容如不是合同范围内的变更,承包商可以拒绝执行;如强要执行,给承包商造成了损失,承包商应向业主索赔。判断标准是看变更工作是否与原工作性质有关,目的是为了实现合同工程的总目标。

(17)删减工程量的索赔。总价合同中,删减的工程量很难予以补偿,但如属于原合同内的工作内容,删减工作量会导致索赔。原因是承包商虽未从事这项工作而不能获报酬,但此工程的总管理费和预期利润,在投标时是按总工程量计算而分摊至每个单项工程中的,删减工程量必然导致的损失隐含在这些工程量付款中的管理费和利润。

(18)工程质量的变更引起的索赔。合同中的技术规范对工程质量、材料质量、设备性能和工艺要求均作了明确的规定,但在施工中,却遭监理工程师对某种材料质量和工艺的拒绝,事后证明其认识是错误的,这种不适当的拒绝导致额外的成本的增加,承包商可获得额外补偿。监理工程师有权进行合同规定以外的额外试验和检查,但不允许进行苛刻的检查。因任何检查都会对施工工作带来干扰,而干扰要控制在合理的范围内,并且是承包商在投标时可以合理预料到的。否则,因苛刻检查而对施工产生了严重干扰,承包商则可提出索赔。

(19)延误发放图纸或拖延审批图纸引起的索赔。如业主或监理工程师延误发放或审批图纸,而影响到施工网络关键线路的工作,承包商可提出工期索赔,还可对窝工损失及下令追赶进度的赶工损失提出经济索赔。

(20)对施工组织进行不合理干预引起的索赔。通常,承包商有权采用任何可以满足合同规定的进度和质量要求而又最为经济的施工顺序和方法,如果监理工程师要加快施工进度而对承包商的施工顺序和方法进行不合理的干预,且下达指令要求执行,承包商则有权就不合理的干预引起的费用进行索赔。

12.2.2 施工索赔的分类

施工索赔的分类见表 12－4。

表 12－4　施工索赔的分类

分类标准	索赔类别	说　明
按索赔的目的分	工期延长索赔	由于非承包商原因造成工程延期的，承包商向业主提出推迟竣工日期的索赔
	费用损失索赔	承包商向业主提出的，要求补偿因索赔事件发生而引起的额外开支和费用损失
按索赔的合同依据分	合同内索赔	①索赔依据可在合同条款中找到明文规定 ②这类索赔争议少，监理工程师即可全权处理
	合同外索赔	①索赔权利在合同条款内很难找到直接依据，但可来自普通法律，承包商须有丰富的索赔经验方能实现 ②索赔表现多为违约或违反担保造成的损害 ③此项索赔是由业主决定是否索赔，监理工程师无权决定
	道义索赔（又称额外支付）	①承包商对标价估计不足，虽然圆满完成了合同规定的施工任务，但期间由于克服了巨大困难而蒙受了重大损失，为此向业主寻求优惠性质的额外付款 ②这是以道义为基础的索赔，既无合同依据，又无法律依据 ③这类索赔监理工程师无权决定，只是在业主通情达理、出于同情时才会超越合同条款给予承包商一定的经济补偿
按索赔处理方式分	单项索赔	①在一定索赔事件发生时或发生后的有效期间内，立即进行的索赔 ②索赔原因单一，责任单一，处理容易
	总索赔（又称一揽子索赔）	①承包商在竣工之前，就施工中未解决的单项索赔，综合起来提出的总索赔 ②总索赔中的各单项索赔常常是因为较复杂而遗留下来的，加之各单项索赔事件相互影响，使总索赔处理难度大，金额也大

12.2.3 索赔的原则和注意事项

1. 索赔原则

(1)以事实为依据，以合同为准绳。索赔虽越来越受承包商的重视，但在提出索赔要求时，必须提出一整套的原始资料和数据作为索赔的证据。因此，在合同实施过程中应建立完善的资料记录制度,并认真、系统地收集和积累施工进度资料、质量资料及财务收支资料。此外,还应自觉地运用法律手段来维护自身利益,而合同是这一行为的前提。签订合同是业主和承包商的一项法律行为,合同一旦签订,对缔约双方都有约束力,这种约束力受法律的保护,如一方违约或违法,另一方就有可能提出索赔。

(2)坚持平等互利原则。索赔虽然是单方面的权利主张,但要使索赔顺利实现,还必须注意策略,从全局出发,不能因小失大,在交涉过程中应坚持平等互利的原则,双方都应作出合理的让步,才能达到索赔目的。

2. 索赔注意事项

(1)索赔作为具有法律意义的权利,在工程施工中其主体是双向的或多向的,既可以是承包商向业主提出的索赔,也可以是承包商与分包商之间的索赔,还可以是业主向承包商提出的索赔。由此可见,索赔与反索赔并存。故此,为搞好施工承包工作,不可忽视任何一方。

(2)索赔必须建立在违约事实和损害后果都已客观存在的基础上,如用虚拟的损害事实提出索赔要求则不能成立。

(3)索赔应该反映在书面文件上,以口头形式提出索赔虽然允许,但仅限于能够及时结清的情况。索赔的要求与内容必须明确而又肯定,不能模棱两可、含糊其词。

(4)索赔的结果是索赔方获得付款或者延期的赔偿。

(5)索赔依据应能全面地说明事件的全过程。

12.2.4 索赔的依据、费用和程序

1. 索赔的依据

(1)各种会议纪要。在施工合同履行过程中,业主、监理工程师和承包商定期或不定期地召开的会议所作出的决议或决定,以及执行人何时执行,这是施工合同的补充,应作为施工合同的组成部分。但不管哪种会议纪要,均要业主、监理、承包商三方签字后才被认可,一切口头承诺、口头协议均无效。

(2)来往信函。来往的信函常涉及工程的进展情况或有关当事人,其签发和收到的日期对计算工程的延误时间有一定的价值。

(3)施工现场的有关文件。施工现场的文件有施工记录、施工备忘录、施工日志、记工卡、工长或检查员的工作日记等。

(4)各种施工进度表。施工进度计划和具体的施工进度安排是工程变更及索赔的重要依据。

(5)工程照片。所有工程照片必须注有拍摄日期,除规定要拍摄的以外,承包商自己也应注意拍摄,以备查阅。因照片可清楚、直观地反映工程具体情况,因此要保存完整的一套照片来准确地证明工程进度。

(6)监理工程师填制的施工记录。这些施工记录有历史记录、数量和财务记录、质量记录以及竣工记录四个方面。

(7)工资单据和索赔单据。工资单据上的增减数额反映出工程内容的增减,多种索赔单据中的购买材料与设备的发票可作为提供工程进度的线索,当承包商向业主提出工期延误索赔时,这些资料对确定索赔费用数额十分重要。

(8)合同文件。合同文件包括招标文件、施工合同文件及附件、其他各种签约、经认可的

工程实施计划,以及各种工程图纸(图纸原件及其修改的图纸)和技术规范。这些文件可在索赔报告中直接引用。

(9)工程检查和验收报告。由监理工程师签字认可的工程检查和验收报告,能反映出某一单项工程的阶段竣工程度,并记录时间,这些资料往往使业主无法否认。

(10)其他。

①工程中水、电的送与停,道路开通和封闭的记录及证明。

②各种会计核算资料。

③官方的物价指数、工资指数,以及所在国的政策和法令的修改等。

④气象资料。

⑤建筑材料的采购、订货、运输、进场使用方面的凭据。

⑥国家的有关法律、法令及政策文件。

⑦施工人员的计划表、人工日报表、施工用料表、施工机具使用表等。

2. 可以索赔的费用

承包工程项目费用分基本费及其他费两种。基本费用为人工费、材料费、设备费和分包费四项,其他费用为保险费、保证金、管理费、工程贷款利息等。只要各种施工资料和会计资料齐全,承包人在上述各项费用方面遭受的损失均可通过索赔而得到补偿。

(1)人工费。人工费如发生以下情况,承包人有权提出人工费的索赔:

①由于业主增加了合同以外的工程内容,或由于业主方面的原因而造成工期延误,致使承包人多用了人工或延长了工作时间,此时承包人有权向业主要求补偿人工费的损失。

②当地政府为了推行社会保险计划和劳动福利计划而向建筑公司征收工资薪金税,承包人为此可向业主提出索赔,一般这种索赔几乎都能成功。

③由于业主对工程的无理干扰而打乱了承包商的施工计划并延误了工期,结果承包人投入的人工没有创造出应有的生产效率,使承包人受到工效损失。按目前承包业已有的营业原则,承包人有权向业主提出工效损失的索赔。

(2)材料费。由于业主修改工程内容,使工程材料数量增加,因此承包人可向业主提出索赔。计算材料增加的数量是把原来的材料数量与实际使用材料的定货单、发货单或其他有关材料的单据加以比较,就可求出材料增加的数量。

(3)设备费。由于业主增加工程或需改变施工工艺,而所增加的设备工作时间。

(4)分包费。因业主方面的原因使分包工程费用增加时,分包人也可以提出索赔。但分包工程费用的增加,除了业主的原因外,往往与总包人的协调和配合也有关系,因此分包人在考虑索赔时应先向总包人提出他的索赔方案,总包人对分包人的索赔方案有检查和修改的权利,经检查修改后由分包人与总包人共同联合向业主提出索赔。

(5)保险费。当业主要求增加工程内容,而且增加的工程使工期延长时,承包人必须购买所增加工程的各项保险,并办理已购保险的延期手续。对于增加的这部分保险费用,承包商向业主提出索赔后,肯定能得到补偿。

(6)保证金。如果业主临时取消部分工程内容,导致合同总额减少时,承包人应得到上述保证金的回扣,而回扣额按合同总额减少的数额计算。

(7)管理费。任何工程项目的管理费都包括两个方面,即现场管理费和公司管理费。当承包人就某一工程的直接费用(工人、材料、设备、分包费用)向业主提出索赔时,承包人可同时提出上述直接费用所产生的管理费的索赔。

(8)利息。利息的索赔通常是根据利息的本金、利类和利率，以及发生利息的时间确定的。在合同履行过程中，如发生下列情况，承包人均可向业主提出利息索赔。

①业主推迟按工程合同规定的时间支付工程款额。

②业主推迟退还工程保证金。

③承包商动用自己的资金来建造业主修改过的工程或被业主延误的工程。但承包商提出索赔后，索赔款额本身的利息不应计算。

3. 可以索赔的项目

根据FIDIC合同条件，承包商可按表12－5中所列的项目向业主提出索赔。

表12－5　FIDIC合同条件中承包商可以索赔的项目

索赔分类	条款项目	索赔的基础	索赔的权利	条款依据	是否向业主发通知
关于合同外的意外情况	5(2)	组成合同的多项文件有差异或含糊不清，监理工程师指示解释、修正	造成拖期，扰乱了计划	5(2)	
			监理工程师为此发出变更令	52	51(2)
	6(4)	监理工程师在合理时间内，未曾发出要求的图纸和指示	造成拖期，打乱了计划	6(4)	6(3)
			监理工程师为此发出变更令	52	51(2)
	17	根据监理工程师或其代表提供错误的放线数据	造成拖期，打乱了计划	5(2)	
			监理工程师为此可能发出变更指令	17,52	51(2)
	35(2)(4)	要求的样品是合同中没有明确指明或没有规定提供的	造成拖期，打乱了计划提供的样品	36(2)(4)	
	36(2)(4)	要求的试验是合同中没有明确指出或规定进行的，且试验表明工程是完好合格的	完成了试验	36(2)(4)	
	12	意外地发生了不可预见的自然情况和人力障碍	造成拖期，打乱了计划，为此工程师可能发出任何指令	12(a)	12
	20(a)	对意外风险引起的损坏和修复	造成拖期，打乱了计划，监理工程师要求修复	20(a)	12
	27	在现场发现化石、钱币、有价值的物品或文物、建筑物结构和具有地质或考古价值的其他遗迹或物品	监理工程师或其代表指示保存此化石等，因而造成拖期或打乱了计划	27	

续表 12-5

索赔分类	条款项目	索赔的基础	索赔的权利	条款依据	是否向业主发通知
关于合同外的意外情况	65	特殊风险引起的	导致工程材料和承包商的其他财产损失	65(2)	
			引起的成本增加	65(4)	
			合同的终止	65(8)	
	70(2)	法规的变化导致承包商在工程实施中增加成本	法令、法规在投标截止期前30天以后已发生改变	70(2)	
	71	强制执行的货币限制，影响到将支付给承包商的合同价款的货币	货币限制使承包商的损失和损害增加	71	
业主方面违约	40(1)	命令中止工程，并对工程进行维护和安全看管	造成拖期，打乱了计划，已进行维修和看管	40(1)	
	40(2)	按命令终止工程后，持续90天或更长时间未允许开工，致使工程被视为业主取消该部分工程	取消的工程费率和价格不合理或不适用	40(2)	52
	66	解除合同	由于战争或双方无法控制的其他情况致使承包商（或业主）不能履行其义务	65	
	69	业主违约	终止雇用关系	69(3) 65(8)	51(2)
承包商方面违约	51	工程变更	造成拖期、打乱计划、工程量增加，改变工程性质、质量要求和种类等	52	51(2)
	52(1) (2)	按51(1)要求额外付款，按52(2)由于增减工程量或改变性质致使工程中某项单价或价格变得不合理或不合适，而必须改变单价或价格	由于工程量增减和性质变化，使工程拖期，打乱计划，要求额外付款或改变单价和价格	52	52(2)
	52(3)	按照整个工程接受标书，发现完成金额比标价信函中总额降低量超过10%	营业量减少（10%以上），使原期望的收益减少	52(3)	
	42(1)	业主未能将要求的现场提供给承包商占用	造成拖期，打乱计划，监理工程师可能命令变更，以解决此问题	41(1) 52	42(1)

［注］ 本书附FIDIC合同条件，在与外商签订合同时，国际、国内咨询机构及承发包单位会提供。

4. 索赔的程序

按照 F1DIC 合同条件的规定,处理费用索赔的程序如图 12-3 所示。

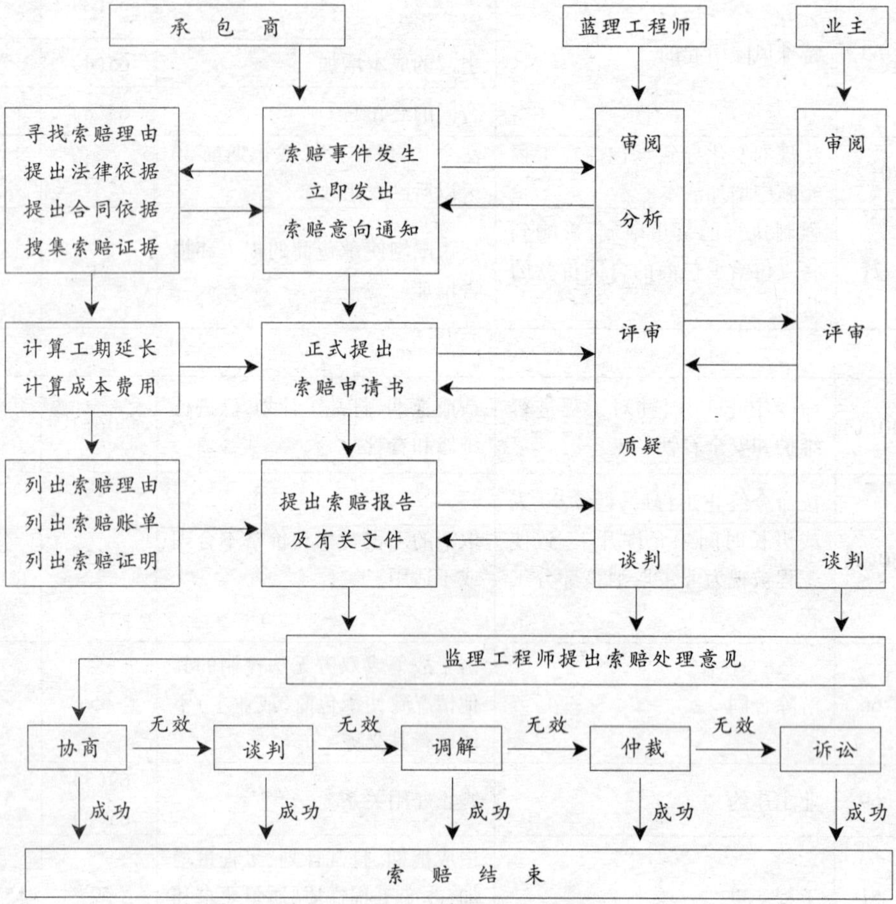

图 12-3 施工索赔示意图

(1)索赔通知(索赔申请)。索赔事件发生后,承包商必须在 28 天内以书面形式向监理工程师提交索赔通知,并同时抄送业主。如果承包商未在事件发生 28 天内发出索赔通知,监理工程师则可不接受这项索赔事件。监理工程师接到索赔通知后,可对索赔事件的过程和细节进行详细的调查,并对索赔的费用作出合理的估价。假如因业主不能履行合同中规定的义务和责任而造成的情况导致索赔,则业主可采取积极措施来减少索赔的费用。

(2)同期记录。索赔事件发生后,承包商在发出索赔通知的同时,应从索赔事件发生后至索赔事件结束期间,认真做好同期记录。

同期记录的内容应包括与索赔事件有关的各项事宜,如事件发生后导致设备和人员的闲置、工程的损害,以及各项费用的开支。

(3)索赔报告。在索赔事件的影响结束后的 28 天之内,承包商应提交索赔最终的详细报告,如有必要,承包商应将交给监理工程师的索赔最终的详细报告副本同时送交业主。

最终详细报告应包括：题目、事件、过程、理由、索赔申请的依据、索赔费用的金额、各项费用清单、费用清单说明及与本项费用索赔有关的各种文件（业主、承包商、监理发出的有关文件及与费用索赔有关的证明材料）、计算结果、结论及综合情况。

（4）监理工程师对索赔事件的审核。监理工程师对索赔报告应及时研究分析事件发生的原因，核对有关的合同条款，检查其是否遵守索赔程序，研究承包商提出的索赔证据。必要时，要求承包商提交补充资料及索赔更详细的证明材料或索赔计算的依据。监理工程师通过对事件的充分分析，进一步依据合同条款划清责任的归属，除去不合理部分，必要时可成立评估小组，对事件进行调查与评估，然后拟定出自己计算的合理索赔款额和工期延长天数。

（5）监理工程师与承包商的谈判。监理工程师与承包商依据各自对索赔事件的处理方案进行友好协商，若能达成一致意见，则索赔较容易解决。如果双方对事件的责任、索赔金额或工期延长天数分歧较大，通过协商达不成共识的，按 HDIC 条款规定，监理工程师则有权确定一个他认为合理的单价或价格作为最终处理的意见报送业主，并通知承包商。监理工程师无论是与承包商谈判达成的协议、还是自己单方面的决定，对计算的索赔金额和延长工期的天数，只要在授予监理工程师的权限范围之内，即可签发变更指令，如超越批准权限，则应报请业主批准。

（6）业主审批监理工程师的索赔报告。业主对监理工程师的处理报告，要根据工程建设的目的、投资控制、竣工投产的要求，以及针对承包商在实施合同过程中的缺陷或不符合合同要求的地方可提出反索赔的考虑，然后决定是否批准监理工程师的索赔报告。有时由于业主考虑到工程按期投产发挥效益的需要，可能宁肯多给承包商一些经济补偿也要求他赶工完成，而不同意延期。如果业主否定了承包商的索赔要求，则双方的分歧只有通过仲裁来解决。监理工程师的报告一经批准，即可签发支付款证书或变更指令。

（7）承包商是否接受最终的索赔决定。若承包商同意了最终的索赔决定，则索赔事件即告结束；若承包商不接受监理工程师的单方面决定或业主删减的索赔金额，或者工期延长天数较多，就会导致合同纠纷。通过谈判和协商，双方以达成互让的解决方案是处理纠纷的最好方法，否则就只能诉诸仲裁。

12.2.5　索赔计算

1.工期索赔的计算

在工期索赔中，首先要确定索赔事件发生对施工活动的影响及其引起的变化，然后再分析施工活动变化对总工期的影响。

常用的计算索赔工期的方法有：

（1）网络分析法。即通过分析索赔事件发生前后，根据网络计划工期的差异计算索赔工期。这是一种科学合理的计算方法，适用于各类工期索赔。

（2）对比分析法。比较简单，适用于索赔事件仅影响单位工程或分部分项工程的工期，但需由此计算对总工期的影响。计算公式为：

$$\text{总工期索赔}=\text{原合同总工期}\times\frac{\text{额外或新增工程量价格}}{\text{原合同总价}}$$

（3）劳动生产率降低计算法。因索赔事件干扰正常施工导致劳动生产率降低而使工期

拖延时,可按下式计算索赔工期:

$$\text{索赔工期} = \text{计划工期} \times \left(\frac{\text{预期劳动生产率} - \text{实际劳动生产率}}{\text{预期劳动生产率}}\right)$$

(4)简单加总法。在施工过程中,由于恶劣气候、停电、停水及意外风险造成全面停工而导致工期拖延时,可以一一列举各种原因引起的停工天数,累加结果,即可作为索赔天数。

应该注意的是,由多项索赔事件引起的总工期索赔,不可以用各单项工期索赔天数简单相加,最好用网络分析法计算索赔工期。

2. 费用损失索赔及计算

(1)费用损失索赔及其费用项目构成。费用损失索赔是施工索赔的主要内容,承包商通过费用损失索赔,要求业主对索赔事件引起的直接损失和间接损失给予承包商合理的经济补偿。

计算索赔额时,一般是先计算与事件有关的直接费,然后计算应摊的管理费。费用项目构成、计算方法与合同报价中基本相同,但具体的费用构成内容却因索赔事件性质不同而有所不同。表 12 - 6 中列出了工期延长、业主指令工程加速、工程中断、工程量增加和附加工程等类型的索赔事件的构成及其示例。

(2)费用损失索赔额的计算。

1)总索赔额的计算方法:

①总费用法:是以承包商的额外增加成本为基础,加上管理费、利息及利润作为总索赔值的计算方法。这种方法要求原合同总费用计算准确,承包商报价合理,并且在施工过程中没有任何失误,而合同总成本超支均为非承包商原因所致为条件,这一般在实践中是不可能的,因而应用较少。

表 12 - 6　索赔事件的费用项目构成示例表

索赔事件	可能的费用损失项目	示　例
工期延长	①人工费增加	包括工资上涨,现场停工、窝工、生产效率降低,不合理使用劳动力等的损失
	②材料费增加	因工期延长,材料价格上涨
	③现场施工机械设备停置费	设备因延期所引起的折旧费、保养费和租赁费等
	④现场管理费增加	包括现场管理人员的工资及其附加支出,生活补贴,现场办公设施支出,交通费用等
	⑤因工期延长和通货膨胀使原工程成本增加	
	⑥相应保险费、保函费用的增加	
	⑦分包商索赔	分包商因延期向承包商提出的费用索赔
	⑧总部管理费分摊	因延期造成公司总部管理费增加
	⑨推迟支付工程款引起的兑换率损失	工程延期引起的支付延迟
	⑩银行手续费和利息支出	

续表 12-6

索赔事件	可能的费用损失项目	示　例
业主指令工程加速	①人工费增加	因业主指令工程加速造成增加劳动力投入，不经济地使用劳动力，生产率降低和损失等
	②材料费增加	不经济地使用材料，材料提前交货的费用补偿，材料运输费增加
	③机械使用费增加	增加机械投入，不经济地使用机械
	④因加速增加现场管理人员的费用	
	⑤总部管理费增加	
	⑥资金成本增加	费用增加和支出提前引起负现金流量所支付的利息
工程中断	①人工费	如留守人员工资，人员的遣返费和重新招雇费，对工人的赔偿金等
	②机械使用费	如设备停置费，额外的进出场费，租赁机械费用的损失等
	③保函、保险费、银行手续费	
	④贷款利息	
	⑤总部管理费	
	⑥其他额外费用	如停工、复工所产生的额外费用，工地重新整理费用等
工程量增中或附加工程	①工程量增加所引起的索赔额，其构成与合同报价组成相似 ②附加工程的索赔额，其构成与合同报价组成相似	工程量增加小于合同总额的5%，为合同规定的承包商应承担的风险，不予以补偿 工程量增加超过合同规定的范围（如合同额的15%～20%），承包商可要求调整单价，否则合同单价不变

②分项法。是先对每个引起损失的索赔事件和各项费用项目单独分析计算，最终求和。这种方法能反映实际情况，分项清晰、合理，虽然计算复杂，但仍被广泛采用。

2）人工费索赔额的计算方法：计算各项索赔费用的方法与工程报价时计算方法基本相同。但其中人工费索赔额计算有两种计算方法，现分述如下。

①由增加工时或损失工时计算。

额外劳务人员雇用、加班人工费索赔额＝增加工时×投标时人工单价

闲置人员人工费索赔额＝闲置工时×投标时人工单价×折扣系数（一般为0.75）

②由劳动生产率降低额外支出人工费的索赔计算。

A. 实际成本和预算成本比较法：这种方法是用受干扰后的实际成本与合同中的预算成本进行比较，计算出由于劳动效率降低而造成的损失金额。计算时需要详细的施工记录和合理的估价体系，只要两种成本的计算准确，而且成本增加确系业主原因时，索赔成功的把握性很大。

B. 正常施工期与受影响施工期比较法：这种方法是分别计算出正常施工期内和受干扰

时施工期内的平均劳动生产率，求出劳动生产率降低值，而后求出索赔额，即：

$$人工费索赔额=\frac{计划工时\times劳动生产率降低值}{正常情况下平均劳动生产率}\times相应人工单价$$

3）费用索赔中管理费的分摊办法。

①公司管理费索赔计算：公司管理费索赔一般采用 Eichleay 法，它得名于 Eichleay 公司一件成功的索赔案例。

A. 日费率分摊法：在延期索赔中采用，计算公式为

$$延期合同应分摊的管理费(A)=\frac{延期合同额}{同时期公司所有合同额之和}\times同期公司总计划管理费$$

单位时间（日或周）管理费率$(B)=A/$计划合同期（日或周）

管理费索赔值$(C)=(B)\times$延期时间（日或周）

B. 总直接费分摊法：在工作范围变更索赔中采用，计算公式为

$$被索赔合同应分摊的管理费(A_1)=\frac{被索赔合同原计划直接费}{同期公司所有合同直接费总和}\times同期公司计划管理费总和$$

每元直接费包含管理费率$(B_1)=(A_1)/$被索赔合同原计划直接费

应索赔公司管理费$(C_1)=(B_1)\times$工作范围变更索赔的直接费

C. 分摊基础法：这种方法是将管理费支出按用途分成若干分项，并规定了相应的分摊基础，然后分别计算出各分项的管理费索赔额，加总后即为公司管理费总索赔额。此法计算结果精确，但比较烦琐，实践中应用较少，仅用于风险系数高的大型项目。表 12－7 列举了管理费各构成项目的分摊基础。

表 12－7　　管理费的不同分摊基础

管 理 费 分 项	分 摊 基 础
管理人员工资及有关费用	直接人工工时
固定资产使用费	总直接费
利息支出	总直接费
机械设备配件及各种供应	机械工作时间
材料的采购	直接材料费

②现场管理费索赔计算。现场管理费又称工地管理费，一般占工程直接成本的 8%～15%。其索赔值计算公式为：

$$现场管理费索赔值=索赔的直接成本费\times现场管理费率$$

现场管理费率的确定可选用下面的方法：

合同百分比法——按合同中规定的现场管理费率；

行业平均水平法——选用公开认可的行业标准现场管理费率；

原始估价法——采用承包报价时确定的现场管理费率；

历史数据法——采用以往相似工程的现场管理费率。

12.2.6 反索赔

1. 反索赔的意义

(1)反索赔可以减少或防止损失的发生。无论是承包商还是业主,如果不能进行有效的反索赔,不能合理、合法地推卸自己对索赔事件的责任,就必须满足索赔方的要求,支付赔偿费,使自己蒙受损失。

(2)反索赔可在施工合同履行过程中争取主动。业主或承包商如果不能进行有效的反索赔,常常会处于被动挨打的局面,进而影响施工和管理。而及时进行反索赔,往往可以抓住时机,争取主动。

(3)可在处理索赔过程中及时发现反索赔的机会。通过反索赔不仅可以否定对方的索赔要求,使自己免受损失,而且在处理索赔过程中还有可能在进行事态调查、审查对方索赔报告时发现反索赔的机会,变不利为有利。

2. 防止对方索赔

有效地防止对方索赔是维护自己利益的一种积极防御的方法,具体做法是:

(1)严格执行合同,预防自己违约。通过加强合同管理,严格执行合同,使对方找不到索赔的理由和根据。这样,业主、承包商双方没有争执,不需提出索赔。

(2)出现索赔事件后做两手准备。在索赔事件发生后,应积极搜集证据,准备对方进行索赔,同时还应准备向对方进行反索赔。

(3)首先提出索赔。先发制人:在施工合同履行过程中,索赔事件的发生,往往与业主和承包商双方都有关。在这种情况下,首先提出索赔,先发制人,往往会收到很好的效果。因为尽早提出索赔,可以防止超过索赔期限而丧失索赔机会,可以争取在索赔中的有利地位,并为最终索赔问题的解决留下余地。如果索赔事件的发生是由于业主和承包商双方的过错造成,在索赔问题的解决过程中双方都必须作出让步。在这种情况下,首先提出索赔的一方往往居于有利的地位。

3. 反击对方的索赔要求

在对方提出索赔要求的情况下,为了避免和减少损失,必须及时反击对方的索赔要求。反击措施通常可采取下列两种:

(1)用自己提出的索赔对抗对方的索赔要求,以求双方互作让步,互不支付。

(2)反驳对方的索赔报告,找出理由和证据,证明对方的索赔报告不符合实际情况,或不符合合同的规定,或计算不准确等,以推卸或减轻自己的责任,少受或免受损失。

在索赔管理中,这两种措施都很重要,而且常常同时使用,即索赔和反索赔同时进行。在索赔报告中既有索赔也有反索赔,在反索赔的报告中既有反索赔也有索赔。这两种措施并用会达到很好的效果。

4. 索赔处理方式

出现上述事件后,凭监理工程师证明并与承包商协商后,一般采用下列几种方法来补偿业主的损失:

(1)从应付给承包商的中期进度付款内扣除。

(2)从滞留金内扣除。滞留金是业主为防止因不测事件而遭受损失的一种保障措施,可用于因承包商责任造成不合格工程的返工费用,解决与承包商有关的其他当事人提出的而承包商拒付的款项。例如,因承包商责任损坏公路设施,交通部门向业主提出的索赔要求。当然,用于类似这种情况时,首先应与承包商协商并得到他的同意。滞留金比履约保函用起来更方便,履约保函一般只能在承包商严重违反合同时才能使用。

(3)从履约保函内扣除或没收履约保函。

(4)如果承包商严重违反合同,给业主带来了即使采取上述各种措施也不足以补偿损失的话,还可以扣留承包商在现场的材料、设备、临时设施等财产作为补偿,或按法律规定作为承包商的一种债务而要求赔偿。

综上所述,对承包商延误工期的罚款,应按照投标书附件规定的最高罚款限额内的工期日拖延工期计算。但在整个合同的完工期或规定的分项工程完工期之前,如果已对其中部分工程或分项工程签发了接收证书,那么全部工程或该分项工程剩余部分的拖延工期日罚款额在合同中没有其他规定时,应按未发证书部分的工程金额以整个工程或分项工程的总金额所得的比例来折减。注意,不能影响罚款规定的最高限额,即:

$$\text{折减的罚款额/天} = \text{合同规定罚款额/天} \times \frac{\text{未颁发接收证书工程金额}}{\text{全部(或单项)工程总金额}}$$

$$\text{拖期罚款总额} = \text{折减的罚款额/天} \times \text{延误天数} \leq \text{最高罚款限额}$$

12.2.7 严格执行合同,搞好综合索赔

1. 严格执行合同

(1)索赔有利于保证合同的正确实施。索赔的权利是施工合同法律效力的具体体现,如果没有索赔的权利和有关索赔的法律规定,施工合同的法律效力则会大大减弱,并且难以对业主、承包商双方形成约束,合同的正确实施也难以得到保证。索赔能对违约方起警戒作用,使其能充分考虑到违约的后果,从而尽力避免违约事件的发生。

(2)索赔是落实和调整施工合同当事人双方权利义务关系的有效手段。在施工合同的履行过程中,由于未履行或不适当履行合同规定的义务而侵害对方权利的,应根据对方的索赔要求,承担相应的经济责任。离开索赔,施工合同当事人双方的权利义务关系便难以平衡。

(3)索赔是施工合同及有关法律赋予施工合同当事人的权利。对于施工合同当事人双方来说,索赔是一种保护自己、维护自己正当权益、避免损失及增加利润的手段。事实证明,不精通索赔业务,往往要蒙受很大的损失,甚至不能进行正常的生产经营,直至破产。

索赔是涉及工程技术、经济、管理、法律等多学科的综合性专业工作。索赔管理是施工合同管理的一部分,广义的索赔管理包括索赔和反索赔两方面的内容。作为一名出色的监理工程师,不仅应在索赔事件中及时发现机会,还应针对承包商提出的索赔要求,熟知怎样进行反索赔来维护业主的正当权益。

2. 搞好综合索赔

综合索赔通常发生在工程竣工前,承包商将施工过程中未解决的单项索赔集中起来,提出一份综合索赔报告,并以此方案来解决施工过程的索赔问题,这是合同双方在工程移交前后进行的最终索赔谈判。综合索赔也是各单项索赔发生后没有得到及时解决,或承包商对解决结果不满意而将问题积累下来的结果。导致综合索赔的原因有:

(1)在施工过程中,有些单项索赔事件的原因和影响较为复杂,可能涉及双方的责任或

多种原因而不能立即解决,而双方却又都忙于合同实施。因此,通过协商将此项索赔留待工程后期解决。

(2)单项索赔如果没有得到监理工程师的认可或业主的批准,这样承包商就会声明保留索赔的权力。许多监理工程师不太愿意看到施工过程中屡屡发生索赔事件,某些业主也想把问题搁置下来留待以后解决。

(3)施工过程中的单项索赔虽已处理,但处理决定承包商不满意,或后续事件的重叠影响使得原来的处理决定并没能弥补承包商的损失。

(4)有些单项索赔孤立地处理可能不涉及财务方面的损失(如增大周转资金的利息等),只有把单项索赔综合在一起才能发现它们对财务损失有严重的影响,这就使得承包商必然提出综合索赔的要求。

综合索赔实质上是将许多单项的索赔加以分类和综合整理,有些相互搭接和关连的问题也是综合在一起通盘考虑其影响,而且往往还会牵涉到利息、预测利润补偿、拖期罚款的扣留、工程结算等等。综合索赔有些甚至还会涉及拖期责任的划分、质量的处理等,而且数额较大,双方都不敢或不愿轻易让步。再加上施工过程中的许多干扰事件搅在一起,使得索赔的原因、责任和影响的分析倍感艰难,而且索赔文件及其根据的说明材料连篇累牍,审阅和评价费时费事,使综合索赔的处理变得尤为困难和复杂。因此,应当力求将单项索赔在工程执行过程中陆续解决,尽量减少综合索赔处理的复杂性,这样对双方都是有益的。

13 建设工程法律制度

13.1 建设法律体系概述

13.1.1 法律的本质及特征

1. 法律的本质

(1)法律是统治阶级意志的表现。

(2)法律是被上升为国家意志的统治阶段的意志。

(3)法律的内容是由统治阶级的物质生活条件所决定的。

2. 法律的特征

(1)法律是由国家制定或认可,具有国家意志性。

(2)法律通过规定人们的权利和义务来调整社会关系。

(3)法律是由国家强制力保证实施的。

图 13－1 是中华人民共和国立法体系示意图,以供读者参阅。

3. 法律与道德

(1)道德是社会规范的一种,是评价人们行为的善与恶、美与丑、正义与非正义、光荣与耻辱的标准。

(2)法律是阶级社会所特有的现象,而道德规范则是存在于人类社会发展的每一个历史阶段,是人们在社会生活中,经过长期实践自然形成的通常靠社会的舆论、传统的习惯力量和人们的信息维持,在阶段社会里,各阶段及集团的道德标准却不同。

(3)道德规范所调整的范围比法律所调整的范围广泛。因为不是任何道德上的义务都是法律上的义务,受到道德谴责的行为也并非都要受法律的制裁。

13.1.2 建设法律的概念

1. 建设法律的概念

建设法律是调整建设关系的法律规范的总称,包括具有建设内容的法律、行政法规、部门规章、地方性法律和地方性规章。其适用范围是制定法规的国家机关所管辖范围内的建设活动,其调整对象是建设活动中所产生的各种社会关系。

建设法是我国社会主义法的组成部分,它是以工人阶级为代表的广大劳动人民意志的表现,反映了劳动人民的根本利益。

2. 建设法律的调整对象

建设法律是调整在城乡规划、建设活动中发生的各种社会关系的法律规范的总和。建设法律分支于行政法这个独立的法律部门,其目的是为了保障建设行政主管部门的城乡规

立法主体	立法权限
全国人民代表大会	修改宪法，制定、修改刑事、民事、国家机构的和其他的基本法律
全国人民代表大会常务委员会	制定和修改除应当由全国人民代表大会制定的法律以外的其他法律；对全国人民代表大会制定的法律进行部分补充和修改；法律解释
国务院	根据宪法和法律，制定行政法规
省、自治区、直辖市人民代表大会及其常务委员会	根据本行政区域的具体情况和实际需要，在不同宪法、法律、行政法规相抵触的前提下，制定地方性法规
较大的市人民代表大会及其常务委员会	根据本市的具体情况和实际需要，在不同宪法、法律、行政法规与本省、自治区和地方性法规相抵触的前提下，制定地方性法规，报批准后施行
经济特区所在地的省、市的人民代表大会及其常务委员会	根据全国人民代表大会的授权决定，制定法规，在经济特区范围内实施
民族自治地方的人民代表大会	依照当地民族的政治、经济和文化的特点，制定自治条例和单行条例，报批准后生效 对法律和行政法规的规定作出变通的规定，但不得违背法律或者行政法规的基本原则，不得对宪法和民族区域自治法的规定以及其他有关法律、行政法规而专门就民族自治地方所作的规定作出变通规定
国务院各部、委员会、中国人民银行、审计署和具有行政管理职能的直属机构	根据法律和国务院的行政法规、决定、命令，在本部门的权限范围内，制定部门规章
省、自治区、直辖市和较大的市级人民政府	根据法律、行政法规和本省、自治区、直辖市的地方性法规，制定地方政府规章
中央军事委员会	根据宪法和法律制定军事法规、军事规章，在武装力量内部实施

图 13-1 中华人民共和国立法体系示意图

【注】 较大的市是指省、自治区的人民政府所在地的市、经济特区所在地的市和国务院批准的较大的市。

划、建设行政管理活动在法律的范围内有效地实施。一方面,建设法律是建设行政管理的保障法,即保障建设行政管理活动高效率地进行。因此,建设法律赋予了建设行政机关各种强有力的管理权和管理手段,如行政处罚、行政强制措施等等。另一方面,建设法律又是对建设行政管理的控制法,它要求建设行政机关依法行政,提高办理效率。因此,建设法律规定了建设管理权和管理手段使用的条件、范围和程序。同时,它还赋予建设行政相对人在建设行政管理活动中的各项权利,如申请复议权、提起建设行政诉讼权等。

同其他任何部门行政法一样,建设法律也有自身的调整对象。建设法律调整的对象,仅是建设行政管理关系,而不是其他行政管理关系和横向经济关系。所谓建设行政管理关系,是在建设行政管理活动中所发生的一种社会关系,是建设行政机关对城乡规划、建设实行领导、组织和管理所产生的一种社会关系,主要包括以下几个方面。

(1)城市规划管理关系。

一是调整城市规划制定的关系,包括城市规划编制的组织、协调、审批和变更等方面的关系;

二是调整城市规划与有关部门之间的分工协作关系,包括城市规划与计划相结合,与国土规划、区域规划相协调,与土地管理相衔接,与环境保护相一致的关系,并调整规划对建设的“龙头”关系;

三是调整城市规划实施的关系,包括调整建设用地、建设工程、临时用地和临时建设等方面的规划管理关系,以及调整城市规划实施的监督关系。

《城市规划法》是编制、审批和实施城市规划,在城市规划区内使用建设用地和进行各项建设活动必须遵守的行为规范。

(2)工程勘察设计管理关系。工程勘察设计法律规范,主要调整工程勘察设计活动中所发生的各种社会关系,具体包括以下三个方面:

一是勘察设计管理机关与建设单位和勘察设计单位之间,因编制、审批、执行勘察设计文件、资料而发生的审批管理关系;

二是因基本建设工程的实施,发生于建设单位与勘察设计单位之间的经济合同关系;

三是因各种技术规定、制度和操作规程,发生于勘察设计单位内部的计划管理、技术管理、质量管理以及各种形式的经济责任制等内部管理关系。

(3)建筑业管理关系。建筑业管理关系主要包括以下三种。

①建筑活动中的行政管理关系:这些关系主要包括:国家及其建设行政主管部门的分工协作关系;国家及其建设行政主管部门对全国各部门、各地区有关的建筑管理关系;国家建设主管部门归口管理全国建筑业、房地产业及市政公用事业中发生的管理关系;国家及建设行政主管部门同建设单位、设计单位、施工单位、工程咨询监理单位等发生的管理与被管理的关系;国家建设主管部门管理涉外建筑活动、国际工程活动中发生的管理关系。

建设活动中的行政关系包括两个相互关联的方面:一方面是规划、指导、协调与服务,另一方面是检查、监督、控制与调节。其中,不但要明确各种建设行政管理部门相互间及内部各方面的责、权、利关系,而且还要科学地确立建设行政管理部门同各类建筑活动主体(法人或自然人)之间的规范的管理关系。

②建设活动中的经济关系:这是指建筑活动中各种经济主体间发生的关系。主要包括:投资主体(建设单位)同建筑咨询、监理单位发生的关系;投资主体(建设单位)同勘察设计

单位、建筑安装施工单位发生的关系;投资主体(建设单位)同建筑材料设备供应单位、建筑资金供应单位、建设用地供应单位发生的关系;建筑领域内各类经济主体,如房地产开发单位、勘察设计单位、工程咨询监理单位、建筑安装施工单位、建筑材料设备供应单位、建筑资金供应单位,等单位之间的相互关系;每类建筑主体内部关系,如勘察设计单位间、施工企业间关系。

建筑活动中的经济关系是一种平等自愿、互利互助的协作关系,一般应当以经济合同的形式确立。任何层次、类型、规模、性质和地位的建筑经济主体在建筑法律而前一律平等。

③建筑活动中的民事火系:这是指建筑活动中有关自然人法律关系。主要包括:在建筑活动中发生的有关自然人的损害、侵权、赔偿关系;建筑领域从业人员的人身和经济权利的保护关系;房地产交易中买卖、租赁、产权的关系;土地征用导致的拆迁安置关系。

建筑活动中的民事关系既涉及到国家社会利益,又关系着个人的人权和自由。在总体上必须按国家的宪法和民法规定协调处理,但在一些具体细节上也属建筑法的调整对象。

(4)市政公用事业管理关系。城市市政公用事业与人民生活密切相关,直接为城市生产、生活服务,是城市生产、生活不可缺少的物质条件,对于改善城市环境、促进城市经济和社会发展起着非常重要的作用。因此,城市市政公用事业的法律规范调整范围十分广泛,包括市政设施(供水、供气、供热等)、公用事业、市容环境卫生、园林绿化等建设与管理活动及其由此而产生的社会关系。

(5)城市房地产管理关系。城市房地产法律规范调整的范围有五个方面。一是房地产开发用地,包括土地使用权出让、土地使用权划拨;二是房地产开发合同,设计、施工、验收及开发企业资格条件等;三是房地产经营活动,包括房地产转让、抵押和房屋租赁以及中介服务机构;四是房地产权属的登记管理活动;五是城市私有住房(包括外国人在中国境内拥有的住房)、公有住房的建造和管理关系。

(6)住宅管理关系。主要依据住宅法、城市住宅建设管理条例、城镇个人建住宅的管理办法、住房公积金条例、公民住房储蓄及社会保险储蓄条例等国家法律规范。其调整范围是:城乡住宅的所有权,建设资金与融通,优惠,买卖与租赁,管理与维修等活动及其社会关系。

(7)村镇建设管理关系。村镇建设法律规范的调整对象,是村庄、集镇在规划编制与审批,建设项目用地,设计和施工管理,房产、公共没施、村容镇貌和环境卫生管理等项活动中发生的各种社会关系。这里有三点需要说明:

①对村庄和集镇的概念的界定,村庄,即指农村村民居住和从事各种生产的聚居点;集镇,是指乡政府所在地和县政府确认的由集市而形成农村一定区域的经济、文化、生活服务中心。

②国家和地方的重点建设项目、水利、农田基本建设等项活动不在村镇建设法律规范的调整范围。

③村庄集镇规划区,是指村庄、集镇建成区和因村庄、集镇的建设及发展需要实行规划控制的区域。但具体规划区的范围由乡(镇)人民政府划定,并报县级人民政府批准,这与《城市规划法》既互相衔接又不重合。

(8)风景名胜区管理关系。风景名胜法律规范的调整对象,是人们在保护、利用、开发和管理风景名胜资源各项活动中产生的各种社会关系。风景名胜资源分为两大类:一类是自然风景名胜资源,一类是人文风景名胜资源。我国的风景名胜按其景物的观赏、文化、科学价值和环境质量、规模大小、游览条件等而划分为三级,即市(县)级风景名胜区,省级风景名胜区,国家级风景名胜区。

13.1.3 建设法律体系的框架与内容

1. 建设法律体系的概念

建设法律体系,是指在调整各种建设活动及其社会关系的各项法律规范组成的相互联系、相互补充、相互协调,以及多层次的完整统一的有机体。具体地说,建设法律体系,就是动用系统工程的原理,将已经出台和需要制定的法律、法规、规章,科学地衔接起来,形成一个紧密联系、相互补充、协调配套的完整统一体系,用以指导和规范建设立法工作。

2. 建设法律体系

建设法律体系是按照现行的立法权限分为五个层次,即法律、行政法规、部门规章、地方性法规、地方规章。

建设法律,是指由全国人民代表大会及其常务委员会审议颁布的属于建设方面的各项法律,它是建设法律体系的"核心"。

建设行政法规,是指由国务院依法制定或者批准发布的属于建设方面的法规。行政法规其发布形式有两种:一是直接以国务院令发布,二是由国务院批准,以建设部令或者与国务院相关部门联合发布。

部门规章,是指由建设部根据国务院规定的职责范围,依法制定并发布的各项规章,包括建设部与国务院相关部门联合制定发布的规章。

地方性法规,是指在不与宪法、法律、行政法规相抵触的前提下,由省、自治区、直辖市人民代表大会以及常务委员会制定并发布,或者由省、自治区人民政府所在地的市和经国务院批准的较大的市人民代表大会及其常务委员会制定,并报省、自治区人民代表大会常务委员会批准后施行的建设方面的法规。

地方规章,是指省、自治区、直辖市和省、自治区人民政府所在地的市,以及经国务院批准的较大的市人民政府,根据法律和国务院的行政法规制定并发布的建设方面的规章(见图13-2)。

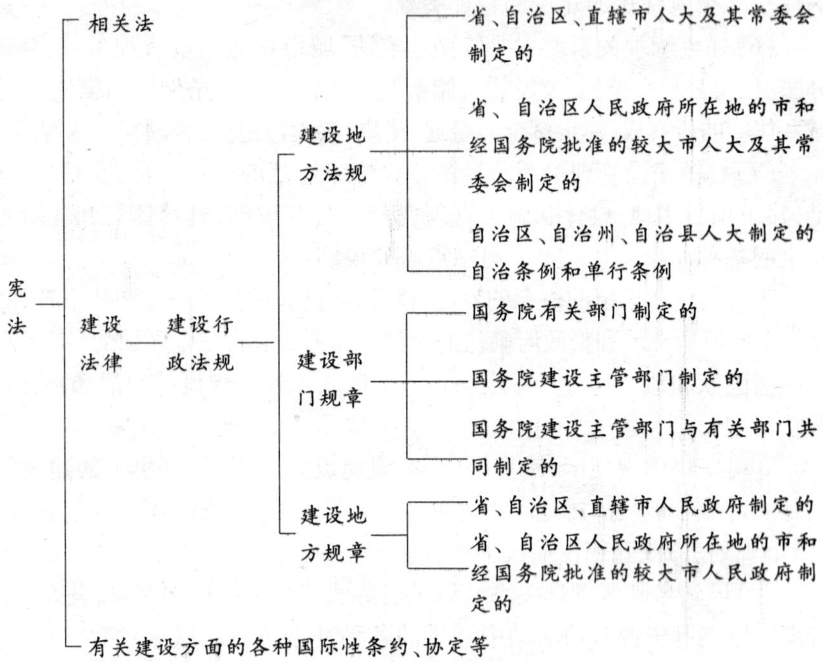

图13-2 建设法律体系示意图

13.1.4 我国当前与建设有关的法律、法规

1. 法律

①中华人民共和国建筑法
②中华人民共和国招标投标法
③中华人民共和国城市规划法
④中华人民共和国合同法
⑤中华人民共和国安全生产法
⑥中华人民共和国消防法(节选)
⑦中华人民共和国担保法
⑧中华人民共和国保险法
⑨中华人民共和国标准化法
⑩中华人民共和国税收征收管理法
⑪中华人民共和国环境保护法(节选)
⑫中华人民共和国环境影响评价法
⑬中华人民共和国水污染防治法(节选)
⑭中华人民共和国固体废物污染环境防治法(节选)
⑮中华人民共和国环境噪声污染防治法(节选)
⑯中华人民共和国劳动合同法
⑰中华人民共和国全民所有制工业企业法(节选)
⑱中华人民共和国合伙企业法
⑲中华人民共和国个人独资企业法
⑳中华人民共和国公司法
㉑中华人民共和国个人所得税法
㉒中华人民共和国反不正当竞争法
㉓中华人民共和国行政处罚法
㉔中华人民共和国仲裁法
㉕中华人民共和国民事诉讼法
㉖最高人民法院关于审理建设工程施工合同纠纷案件适用法律问题的解释
㉗中华人民共和国城市房地产管理法
㉘中华人民共和国土地管理法
㉙最高人民法院关于建设工程价款优先受偿权问题的批复

2. 行政法规

①建设工程质量管理条例
②建设工程安全生产管理条例
③安全生产许可证条例
④企业职工伤亡事故报告和处理条例
⑤特别重大事故调查程序暂行规定
⑥国务院关于特大安全事故行政责任追究的规定
⑦特种高备安全监察条例
⑧工伤保险条例
⑨建设工程勘察设计管理条例
⑩建设项目环境保护管理条例

3. 部门规章

①实施工程建设强制性标准监督规定
②工程建设项目施工招标投标办法
③房屋建筑和市政基础设施工程施工招标投标管理办法
④工程建设项目自行招标试行办法
⑤招标公告发布暂行办法
⑥工程建设项目招标代理机构资格认定办法
⑦工程建设项目招标范围和规模标准规定
⑧评标委员会和评标方法暂行规定
⑨评标专家和评标专家库管理暂行办法
⑩工程建设项目货物招标投标办法
⑪建设工程质量保证金管理暂行办法

⑫工程建设项目招标投标活动投诉处理办法
⑬房屋建筑和市政基础设施工程施工分包管理办法
⑭建筑工程施工发包与承包计价管理办法
⑮建筑工程设计招标投标管理办法
⑯公路工程施工招标投标管理办法
⑰建筑工程勘察设计合同管理办法
⑱房屋建筑工程和市政基础设施工程竣工验收备案管理暂行办法

4. 规范性文件

①建造师执业资格制度暂行规定
②关于建筑业企业项目经理资质管理制度向建造师执业资格制度过渡有关问题的通知
③注册建造师管理规定
④建造师执业资格考试实施办法
⑤建设工程施工现场管理规定
⑥铁路施工现场治安管理规定(试行)
⑦关于加强建筑工程室内环境质量管理的若干意见

5. 合同示范文本

①建筑装饰工程施工合同(甲种本)(示范文本)
②建筑装饰工程施工合同(乙种本)(示范文本)
③家庭居室装饰装修工程施工合同(示范文本)
④加工合同(示范文本)
⑤定作合同(示范文本)
⑥承揽合同(示范文本)
⑦建设部、国家工商行政管理局关于印发《建设工程委托监理合同(示范文本)》的通知
⑧建设工程监理委托合同(示范文本)
⑨建设工程勘察合同(一)(示范文本)
⑩建设工程勘察合同(二)(示范文本)
⑪建设工程设计合同(一)(示范文本)
⑫建设工程设计合同(二)(示范文本)
⑬建设部关于印发《工程担保合同示范文本》(试行)的通知
⑭水陆联运货物运输合同(示范文本)
⑮铁路货物运输合同(示范文本)
⑯水路货物运输合同(示范文本)
⑰航次租船合同(示范文本)
⑱水水联运货物运单(示范文本)
⑲包机运输协议书(参考文本)
⑳水路货物运单(示范文本)
㉑合同制工人招聘合同(参考文本)
㉒中外合资企业劳动合同(参考文本)
㉓聘请外籍工作人员合同(参考文本)
㉔国有土地使用权出让合同(示范文本)
㉕物业管理委托合同(示范文本)
㉖建设工程施工劳务分包合同(示范文本)
㉗建筑施工物资租赁合同(示范文本)

13.2 工程建设法律关系的构成要素

法律关系都是由法律关系主体、法律关系客体和法律关系内容三个要素构成,缺少其中一个要素就不能构成法律关系。由于三个要素的内涵不同,则组成不同的法律关系,诸如民

事法律关系、行政法律关系、劳动法律关系、经济法律关系等等。工程建设法律关系也是由主体、客体和内容三个要素所组成。

13.2.1 法律关系主体

法律关系主体,主要是指参加或管理、监督建设活动,受建设工程法律规范调整,在法律上享有权利、承担义务的自然人、法人或其他组织。

1. 国家机关

(1)国家权力机关。是指全国人民代表大会及其常务委员会和地方各级人民代表大会及其常务委员会。

国家权力权关参加工程建设法律关系的职能是审查批准国家建设计划和国家预决算,制定和颁布建设法律,监督检查国家各项建设法律的执行。

(2)行政机关。是依照国家宪法和法律设立的依法行使国家行政职权,组织管理国家行政事务的机关。它包括国务院及其所属各部委、地方各级人民政府及其职能部门。

2. 社会组织

作为法律关系主体的社会组织一般应为法人。法人是指具有民事权利能力和民事行为能力,依法享有民事权利和承担民事义务的组织。法人必须依法成立,有必要的财产或者经费,有自己的名称、组织机构和场所,能够独立承担民事责任。

3. 自然人

自然人也可以成为工程建设法律关系的主体,如建设企业工作人员(建筑工人、专业技术人员、注册执业人员等)同企业单位签订劳动合同时,即可成为劳动法律关系主体。

13.2.2 法律关系客体及内容

1. 法律关系客体

法律关系客体,是指参加法律关系的主体享有的权利和承担的义务所共同指向的对象。在通常情况下,主体都是为了某一客体,彼此才设立一定的权利、义务,从而产生法律关系,这里的权利、义务所指向的事物,即法律关系的客体。

法学理论上,一般客体分为财、物、行为和非物质财富。法律关系客体也不外乎以下四类。

(1)表现为财的客体。财一般指资金及各种有价证券。在法律关系中表现为财的客体主要是建设资金,如基本建设贷款合同的标的,即一定数量的货币。

(2)表现为物的客体。法律意义上的物是指可为人们控制的并具有经济价值的生产资料和消费资料。

(3)表现为行为的客体。法律意义上的行为是指人的有意识的活动。

(4)表现为非物质财富的客体。法律意义上的非物质财富是指人们脑力劳动的成果或智力方面的创作,也称智力成果。

2. 法律关系的内容

法律关系的内容即权利和义务。

(1)权利。是指法律关系主体在法定范围内有权进行的各种活动。权利主体可要求其他主体做出一定的行为或抑制一定的行为,以实现自己的权利,因其他主体的行为而使权利不能实现时有权要求国家机关加以保护并予以制裁。

(2)义务。是指法律关系主体必须按法律规定或约定承担应负的责任。义务和权利是相互对应的,相应主体应自觉履行建设义务,义务主体如果不履行或不适当履行,就要承担相应的法律责任。

13.2.3 工程建设法律关系的产生、变更与终止

1.法律关系的产生

法律关系的产生,是指法律关系的主体之间形成了一定的权利和义务关系,如某单位与其他单位签订了合同,主体双方就产生了相应的权利和义务。此时,受法律规范调整的法律关系即告产生。

2.法律关系的变更

法律关系的变更,是指法律关系的三个要素发生了变化。

(1)主体变更。是指法律关系主体数目增多或减少,也可以是主体改变。在合同中,客体不变,相应权利义务也不变,此时主体改变也称为合同转让。

(2)客体变更。是指法律关系中权利义务所指向的事物发生变化。客体变更可以是其范围变更,也可以是其性质变更。

法律关系主体与客体的变更,必然导致相应的权利和义务,即内容的变更。

3.法律关系的终止

法律关系的终止,是指法律关系主体之间的权利义务不复存在,彼此丧失了约束力。

(1)自然终止。法律关系自然终止,是指某类法律关系所规范的权利义务顺利得到履行,取得了各自的利益,从而使该法律关系达到完结。

(2)协议终止。法律关系协议终止,是指法律关系主体之间协商解除某类工程建设法律关系规范的权利和义务,致使该法律关系归于终止。

(3)违约终止。法律关系违约终止,是指法律关系主体一方违约,或发生不可抗力,致使某类法律关系规范的权利不能实现。

法律关系只有在一定的情况下才能产生,同样这种法律关系的变更和消灭也由一定情况决定的。这种引起法律关系产生、变更和消灭的情况.即是人们通常称之为的法律事实。法律事实即是法律关系产生、变更和消灭的原因。

法律事实按是否包含当事人的意志为依据分为两类,即:一是事件,指不以当事人意志为转移而产生的自然现象;二是行为,指人的有意识的活动,包括积极的作为和消极的不作为。

13.2.4 法律行为的成立要件

1.法律行为主体具有相应的民事权利能力和行为能力

民事权利能力是指能够参加民事活动,享有民事权利和负担民事义务的法律资格。民事行为能力是指通过自己行为取得民事权利和负担民事义务的资格。法律行为主体只有取得了相应的民事权利能力和行为能力以后作出的民事行为法律才能认可。

2. 行为人意思表示真实

意思表示真实就是说行为人表现于外部的表示与其内在的真实意志相一致。

3. 行为内容合法

根据《民法通则》的规定,行为内容合法表现为不违反法律和社会公共利益、社会公德。行为内容合法首先不得与法律、行政法规的强制性或禁止性规范相抵触。其次.行为内容合法还包括行为人实施的民事行为不得违背社会公德,不得损害社会公共利益。

4. 行为形式合法

民事法律行为的形式也就是行为人进行意思表示的形式。民事法律行为所采用的形式分为要式民事法律行为和不要式民事法律行为。凡属要式的民事法律行为.必须采用法律规定的特定形式才为合法;而不要式民事法律行为,则当事人在法律允许的范围选择口头形式、书面形式或其他形式作为民事法律行为的形式皆为合法。

13.2.5 代理的法律规定

1. 代理的概念

代理,是指代理人在代理权限内,以被代理人的名义实施民事法律行为。而被代理人对代理人的代理行为应承担民事责任。由此可见,在代理关系中.通常涉及三个人,即被代理人、代理人和第三人。

2. 代理的种类

代理有委托代理、法定代理和指定代理三种形式。

(1)委托代理。是指根据被代理人的委托而产生的代理,如公民委托律师代理诉讼即属于委托代理。

委托代理可采用口头形式委托,也可采用书面形式委托,如果法律明确规定必须采用书面形式委托的,则必须采用书面形式,如代签工程建设合同就必须采用书面形式。

在实际生活中,委托代理应注意下列问题:

①被代理人应慎重选择代理人:因为代理活动要由代理人来实施,且实施结果要由被代理人承受,因此,如果代理人不能胜任工作,将会给被代理人带来不利的后果,甚至还会损害被代理人的利益。

②委托授权的范围要明确:由于委托代理是基于被代理人的委托授权而产生的,所以,被代理人的授权范围一定要明确。如果由于授权不明确而给第三人造成损失的,则被代理人要向第三人承担责任,代理人承担连带责任。

③委托代理的事项必须合法:被代理人自己不能亲自进行违法活动,也不能委托他人进行违法活动;同时,代理人也不能接受此类的委托,否则被代理人、代理人要承担连带责任。

(2)法定代理。是基于法律的直接规定而产生的代理,如父母作为监护人代理未成年人进行民事活动就是属于法定代理。法定代理是为了保护无行为能力的人或限制行为能力的人的合法权益而设立的一种代理形式,适用范围比较窄。

(3)指定代理。是指根据主管机关或人民法院的指定而产生的代理。这种代理也主要是为无行为能力的人和限制行为能力的人而设立的,如人民法院指定一名律师作为离婚诉讼中丧失行为能力而又无其他法定代理人的一方当事人的代理人,就属于指定代理。

3. 代理人在代理活动中应注意的几个问题

(1)代理人应在代理权限范围内进行代理活动。如果代理人没有代理权或超越代理权限范围或代理权终止后进行活动,即属于无权代理,倘若被代理人不予以追认的话,则由行为人承担法律责任。

(2)代理人应亲自进行代理活动。代理关系中,被代理人的委托授权,是基于对代理人的信任,委托代理就是建立在这种人身信任的基础上的。因此,代理人必须亲自进行代理活动,完成代理任务。

(3)代理人应认真履行职责。代理人接受了委托,就有义务尽职尽责地完成代理工作。如果不履行或不认真履行代理职责而给被代理人造成损害的,代理人应承担赔偿责任。

(4)不得滥用代理权。滥用代理权具体表现为:

①以被代理人的名义同自己实施法律行为:如果以被代理人的名义同自己订立合同,就属于此种情形。

②代理双方当事人实施同一个法律行为:例如,在同一诉讼中,律师既代理原告,又代理被告,这就很可能损害一方或双方当事人的利益,因此,此种情形为法律所禁止。

③代理人与第三人恶意串通损害被代理人的利益:例如,代理人与第三人相互勾结,在订立合同时给第三人以种种优惠,而损害了被代理人的利益,对此,代理人、第三人要承担连带责任。

4. 代理权的终止

由于代理的种类不同,代理关系终止的原因也不尽相同。

(1)委托代理的终止。

①代理期限届满或代理事务完成;

②被代理人取消委托或代理人辞去委托;

③代理人死亡或丧失民事行为能力;

④作为被代理人或代理人的法人组织终止。

(2)法定代理或指定代理的终止。

①被代理人或代理人死亡。

②代理人丧失民事行为能力。

③被代理人取得或恢复民事行为能力。

④指定代理的人民法院或指定单位取消指定。

⑤由于其他原因引起的被代理人和代理人之间的监护关系消灭。

13.2.6 诉讼时效

1. 时效的概念

时效,是指一定事实状态在法律规定期间内的持续存在,从而产生与该事实状态相适应的法律效力。

时效一般可分为取得时效和消灭时效。关于时效,《中华人民共和国民法通则》作了专门规定。

2. 诉讼时效

诉讼时效,是指权利人在法定期间内,未向人民法院提起诉讼请求保护其权利时,法律规定消灭其胜诉权的制度。

诉讼时效的种类：

(1)普通诉讼时效。指向人民法院请求保护民事权利的期间。普通诉讼时效期间通常为2年。

(2)短期诉讼时效。下列诉讼时效期间为数年，即：身体受到伤害要求赔偿的，延付或拒付租金的，出售质量不合格的商品未声明的，寄存财物被丢失或损毁的。

(3)特殊诉讼时效。指法律对诉讼时效另有规定的，依照法律规定。例如，国际货物买卖合同和技术进出口合同有争议提起诉讼或仲裁的期限为4年。

(4)权利的最长保护期限。诉讼时效期间从知道或应当知道权利被侵害时起计算。但是，从权利被侵害之日起超过20年的，人民法院不予保护。

3. 诉讼时效的起算

诉讼时效的起算，也即诉讼时效期间的开始，它是从权利人知道或应当知道其权利受到侵害之日起开始计算，即从权利人能行使请求权之日开始算起。

4. 诉讼时效的中止

诉讼时效的中止，是指在时效进行中，因一定法定事由的出现，阻碍权利人提起诉讼，法律规定暂时中止诉讼时效期间的计算，待阻碍诉讼时效的法定事由消失后，诉讼时效可继续进行，并累计计算。我国《民法通则》第139条规定，在诉讼时效期间的最后六个月，因不可抗力或者其他障碍不能行使请求权的，诉讼时效中止。从中止诉讼时效的原因消除之日起，诉讼时效期间继续计算。

5. 诉讼时效的中断

诉讼时效的中断，是指在时效进行中，因一定法定事由的发生，阻碍时效的进行，致使以前经过的诉讼时效期间统归无效，待中断事由消除后，其诉讼时效期间重新计算。我国《民法通则》第140条规定，诉讼时效因提起诉讼、当事人一方提出要求或者同意履行义务而中断，从中断时起，诉讼时效期间重新计算。

13.2.7 债权

1. 债的概念

债是按照合同约定或依照法律规定，在当事人之间产生的特定的权利和义务的关系。

2. 债权与物权的区别

债权与物权都是与财产有密切联系的法律关系，但它们却有着明显的不同。

(1)债权与物权的主体不同。债权的权利主体和义务主体都是特定的，是对人权；物权的权利主体是特定的，而义务主体则为不特定的，是对世权。

(2)债权与物权的内容不同。债权的实现需要义务主体的积极行为的协助，是相对权；物权的实现则不需要他人的协助，是绝对权。

(3)债权与物权的客体不同。债权的客体可以是物、行为和智力成果；物权的客体则只能是物。

3. 债的发生根据

根据我国《民法通则》以及相关的法律规范的规定，能够引起债的发生的法律事实，即债的发生根据,主要有以下几种。

(1)合同。是指民事主体之间关于设立、变更和终止民事关系的协议。合同是引起债权债务关系发生的最主要、最普遍的根据。

(2)侵权行为。是指行为人不法侵害他人的财产权或人身权的行为。

(3)不当得利。是指没有法律或合同根据,有损于他人而取得的利益。它可能表现为得利人财产的增加,致使他人不应减少的财产减少了;也可能表现为得利人应支付的费用没有支付,致使他人应当增加的财产没有增加。不当得利一旦发生,不当得利人负有返还的义务。因而,这是一种债权债务关系。

(4)无因管理。是指既未受人之托,也不负有法律规定的义务,而是自觉为他人管理事务的行为。无因管理行为一经发生,便会在管理人和其事务被管理人之间产生债权债务关系,其事务被管理者负有赔偿管理者在管理过程中所支付的合理的费用及直接损失的义务。

(5)债的其他发生根据。债的发生根据除前述几种外,遗赠、扶养、发现埋藏物等,也是债的发生根据。

4. 债的消灭

债可因以下的事实而消灭。

(1)债因履行而消灭。债务人履行了债务,债权人的利益得到了实现,当事人间设立债的目的已达到,债的关系也就自然消灭了。

(2)债因抵消而消灭。抵消,是指同类已到履行期限的对等债务,因当事人相互抵充其债务而同时消灭。用抵消方法消灭债务应符合下列的条件:必须是对等债,必须是同一种类的给付之债,同类的对等之债都已到履行期限。

(3)债因提存而消灭。提存,是指债权人无正当理由拒绝接受履行或其下落不明,或数人就同一债权主张权利,债权人一时无法确定,致使债务人一时难以履行债务,经公证机关证明或人民法院的裁决,债务人可以将履行的标的物提交有关部门保存的行为。

提存是债务履行的一种方式,但如果超过法律规定的期限,债权人仍不领取提存标的物的,应收归国库所有。

(4)债因混同而消灭。混同,是指某一具体之债的债权人和债务人合为一体,如两个相互订有合同的企业合并,则产生混同的法律效果。

(5)债因免除而消灭。免除,是指债权人放弃债权,从而免除债务人所承担的义务。债务人的债务一经债权人解除,债的关系自行解除。

(6)债因当事人死亡而解除。债因当事人死亡而解除仅指具有人身性质的合同之债,因为人身关系是不可继承和转让的,所以,凡属委托合同的受托人、出版合同的约稿人等死亡时,其所签订的合同也随之终止。

13.2.8 物权

1. 物权的概念

物权是民事主体依法对特定的物进行管领支配,享有利益并排除他人干涉的权利。

2. 物权的种类

物权可按如下划分:

(1)根据物权的权利主体是否为财产的所有人划分。

①自物权：又称所有权，是指权利人对自己的所有物享有的占有、使用、收益和处分的权利。

②他物权：是指在他人的所有物上设定的权利。

(2)依据设立目的的不同划分。

①用益物权：是指对他人所有物使用和收益的权利。我国《民法通则》规定的全民所有制企业经营权、国有土地使用权、采矿权等属用益物权。

②担保物权：是指为了担保债的履行而在债务人或第三人特定的物或权利上所设定的权利。如抵押权、质权、留置权等都是担保物权。

(3)按物权的客体是动产还是不动产划分。

①动产物权：是指以能够移动的财产为客体的物权，如质押权、留置权。

②不动产物权：是指以土地、房屋等不动产为客体的物权，如土地使用权。

3. 物权的保护

(1)请求确认物权。当物权归属不明或是发生争议时，当事人可以向法院提起诉讼，请求确认物权。请求确认物权包括请求确认所有权和请求确认他物权。

(2)请求排除妨碍。当他人的行为非法妨碍物权人行使物权时。物权人可以请求妨碍人排除妨碍，也可请求法院责令妨碍人排除妨碍。排除妨碍的请求所有人、用益物权人都可行使。

(3)请求恢复原状。当物权的标的物因他人的侵权行为而遭受损坏时，如果能够修复，物权人可以请求侵权行为人加以修理使之恢复原状。恢复原状的请求所有人、合法使用人都可以行使。

(4)请求返还原物。当所有人的财产被他人非法占有时，财产所有人或合法占有人，可以依照有关规定请求不法占有人返还原物，或请求法院责令不法占有人返还原物。

(5)请求损失赔偿。当他人侵害物权的行为造成物权人的经济损失时，物权人可以直接请求侵害人赔偿损失，也可请求法院责令侵害人赔偿损失。

14 项目信息与沟通管理

14.1 工程项目信息管理的分类、编码设计及要求

14.1.1 信息的基本概念

1. 根据 GB/T19000—2000 的定义,信息是有意义的数据

信息是一个抽象的概念,它是现实世界中事物的状态、运动方式和相互关系的表现形式,是自然界、人类社会和人类思维活动中普遍存在的一切物质和事物的属性。数据处理是指从大量的、杂乱无章的甚至是难于理解的数据中,提炼、提取人们所需要的有价值、有意义的数据(信息),借以作为决策的依据。因此,所有的信息都是数据,数据只有经过提炼、抽象等加工处理之后,具有使用价值时才能成为信息。数据是反映客观的记录符号,而信息则是潜在于数据中的意义。

数据是信息的存在形式,是信息的载体,随着介质的不同而改变。信息以数据为载体而表现,同一信息可以有不同的数据表示方式,但其意义不变。为了处理(尤其是计算机处理)方便,经常用数字表示信息,如各种材料代码。

2. 信息的属性

(1)信息的结构化程度。这里是指信息的组织是否有严格的规定,如一张报表的结构化程度就比一篇文章的结构化程度高。如果报表上所有栏目内的字数及范围都有明确的规定,那么结构化程度就更高。使用计算机自动处理信息,即要求信息的结构化程度要高,否则处理很困难,或者无法取得完整的信息,甚至无法进行处理。

(2)信息的准确程度。这里是指对某一事物根据需要和可能合理安排信息的准确要求,以提高信息处理的效率,减少资源占用。例如,对混凝土的强度要求,一种报表需要填写实际平均强度值、离差值,而另一种报表则要求填写平均强度、离差值的实际值和设计值,再一种报表可能仅要求填写“合格”或“不合格”字样就能满足要求。所以,不同类型的决策信息,要求有不同的准确程度。

(3)信息的时间性。所谓时间性,就是把信息从时间上进行分类。一般可分成历史信息、当前信息和未来信息三类。在信息管理中,对历史信息和当前信息的处理是不同的。对历史信息,可根据信息本身的重要程度来确定存贮时间长短,一般是成批处理;而对当前信息,一般是要求马上处理,而不能等成批后再进行处理。另外,根据历史信息和当前信息还可以预测未来信息。

(4)信息的来源。根据信息的来源不同,可把信息分为系统内部信息和系统外部信息。对于外界来的信息,其格式和内容都不是本组织系统所能左右的,因此,必须作适当加工后才能进入系统(如施工项目信息管理系统)处理。由本组织系统内部获得的信息,可对其搜

集、整理、格式、内容等提出要求。例如,一般要求用表格的形式提供有关信息,并对表格的内容和栏目作出规定。在条件许可时,可要求使用计算机可移动磁盘或利用计算机网络(如使用电子邮件)提供有关项目信息。

(5)信息量。信息量是指信息的种数和每件信息在一定时间阶段发生的数量。信息量的大小对确定信息管理人员的配备及计算机信息管理系统的软件和硬件有直接影响,是信息管理系统的重要指标。

(6)信息的使用频率。这里是指单位时间内使用信息的平均次数。应该准确分析信息使用频率的高低,对使用频率不同的数据,采取不同的组织和处理方法。例如,在工程项目管理中,对有关施工进度计划方面的信息,一般来说使用频率很高,因此通常存储在计算机中,以便随时查询和根据实际情况及时进行调整;而对于项目相关人员资格证明方面的信息,相对而言使用频率要低,因此可在计算机内建立目录文件,并注明存放地点,而将资格证明的有关文件存档即可。

(7)信息的重要程度。这有两方面的含义,一方面是指对校验功能的要求,另一方面是指保密程度的要求。按不同的要求,应对信息采取不同的校验方法和保密手段。

3. 信息的使用条件

简单的来说,就信息本身而言,只有它符合下列条件时才能使用:①它是正确的信息(适合该目的);②在正确的时间;③以正确的格式;④以适当的价格。

14.1.2 工程项目信息的分类

由于工程项目管理中的信息面广量大,为了便于管理和应用,有必要将种类繁多的大量信息进行分类。

1. 按工程项目管理工作的任务划分

(1)成本(投资)控制信息。如项目的成本计划、施工任务单、限额领料单、施工定额、对外分包经济合同、成本统计报表、原材料价格、机械设备台班费、人工费、运杂费等。

(2)质量控制信息。如国家或地方政府部门颁布的有关质量政策、法令、法规和标准等,质量目标的分解图表、质量控制的工作流程和工作制度、质量管理体系的组成、质量抽样检查的数据、各种材料设备的合格证、质量证明书、检测报告等。

(3)进度控制信息。如项目进度计划、进度控制的工作流程和工作制度、进度目标的分解图表、材料和设备的到货计划、各分项分部工程的进度计划、进度记录等。

(4)合同管理信息。如合同文件、补充协议、变更记录、工程签证、往来函件、会议纪要、书面指令及通知、验收报告等。

2. 按工程项目管理的工作流程划分

(1)计划信息。如要完成的各项指标、上级组织的有关计划、项目管理实施规划等。

(2)执行信息。如计划交底、指示、命令等。

(3)检查信息。如工程的实际进度,成本、质量等的实施状况。

(4)处置信息。如各项调整措施、意见、改进的办法和方案等。

3. 按信息的来源划分

(1)工程项目的内部信息。内部信息取自工程项目本身,如工程概况、项目的成本目标、质量目标和进度目标、施工方案、施工进度、施工完成的各项技术经济指标、资料管理制度、项目经理部的组织等。

(2)工程项目的外部信息。来自工程项目外部其他单位及外部环境的信息称为外部信息,如国家有关的政策及法规、国内及国际市场上原材料及设备价格、物价指数、类似工程的进度计划等。

4. 按照信息的稳定程度划分

(1)固定信息。是指在一定的时间内相对稳定的信息,分为标准信息(如各种定额和标准)、计划信息、查询信息(如各项施工现场管理工作制度)三种。

(2)动态信息。是指在不断变化着的信息,如质量、成本及进度的统计信息,反映在某一时刻项目的实际进展及计划完成情况的信息等。再如,原材料消耗量、机械台班数、人工工日数等,也都属于动态信息。

5. 按其他标准划分

(1)按项目管理的工作对象,即项目的构成,如子项目1、子项目2、子项目3等对信息进行分类。

(2)按项目实施的工作过程,即按设计前准备、设计、招投标、施工、动用前准备等对信息进行分类。

(3)按信息的内容属性,即按组织类、管理类、经济类、技术类、法规类等对信息进行分类,等等。

通过按照一定的标准将工程项目管理中的信息予以分类,有助于根据工程项目管理工作的不同要求,提供适当的信息,从而保障工程项目管理工作的顺利进行。

14.1.3 工程项目信息的编码设计

在工程项目管理过程中,随时都可能产生大量的信息,必须赋予信息一组能反映其主要特征的代码,用以表明信息的实体或属性,以便利用计算机进行管理。在进行信息的编码设计时,一般应考虑如下几方面的问题:

1. 代码系统的可扩充性

所有的代码系统应当具有可扩充性,所谓可扩充性是指在不需调整和修改原有代码系统基本结构的前提下增加代码列表条目的能力。为了保证适当的可扩充性,在代码系统适当的层次和位置对每一代码位要留有可扩充的余地,而不是仅在系统整个范围内的某一部分留有余地。也就是说代码设计时要留出足够的位置,以适应未来的需要,但是留空太多,长时间不能利用,也是没有必要的。一般来说,代码越短,计算机进行分类、存贮和传递的时间就越短;代码越长,对数据检索、统计分析和满足信息处理多样化的要求就越好。

2. 代码系统采用的符号

编码的过程实际上是逐个把一个或一组符号指定给信息条目列表中的每一个条目,以便被编码的条目可以绝对地区别于列表中的其他条目。需要编码的条目可能是毫无规律地罗列在一起,也可能已进行分类而使条目的排列次序具有一定的含义。无论哪种情况,所采用的编码系统都应能够处理,并且在系统内部能够进行适当的分类。通常所采用的信息编码系统根据编码的需要,既可使用数字进行编码,也可使用字母(汉字)进行编码,或者同时使用数字和字母(汉字)。一般而言,多采用纯数字进行编码。

3. 代码系统的编码规则

在确定好代码系统所用的符号后，就需要建立一套编码规则，以反映编码中每一位的确切含义。通常情况下，只要不降低代码系统的可扩充性及满足被编码对象（即信息）检索或存贮方面的灵敏性，代码的长度越短越好。而且，简洁的代码有助于消除抄写错误，同时也使常用的信息代码便于记忆。在代码长度方面，应尽可能保持一致，例如用 002 ~ 599，而不用 2 ~ 599。这样在没有辅助检查的情况下，有助于防止在抄写或记录时丢掉某一位。在利用计算机进行信息处理时就更需如此，因为通常在计算机里都会提供一个信息自动检查系统，用以保证输入到计算机系统中的信息的正确性。

对代码名的另一个要求是，在可能的情况下要便于按类型进行信息的分类和统计。例如，在工程项目成本管理中，可能因为某一专门合同或成本报表而需要将与土方工程或砌筑工程相关的所有成本信息摘出来，也可能需要检查一下一周全部人工费，或者需要提供成批浇筑混凝土的全部费用等。

4. 代码系统的编码方法

顺序编码法是一种较为简单的编码方法，它仅仅按排列的先后顺序对每一项进行编号，尽管简单明了、代码短，但是没有逻辑基础，本身不能说明任何信息特征，除非碰巧是某个常用的条目，否则不查询主登记表是不可能了解代码的含义的。另一方面，这种方法使用又比较广泛，因为常遇到的情况是在建立编码系统时，对未来系统的发展不清楚并且也无法作出恰当的估计。这时，此方法可以很方便地对条目表进行编码，而不需对条目的内涵有专门的了解，并且具有几乎无限的可扩充性。与顺序编码法相似的还有分组编码法，该编码方法是在顺序编码的基础上发展起来的，它先将信息进行分组，然后再对各组内的信息进行顺序编码。

另一种方法为表意式编码法（或称缩写编码法），是把人们惯用的缩写字母直接用作代码，例如用 L 代表 Labor（人工），用 M 代表 Material（材料），用 E 代表 Equipment（设备），等等。这样在没有说明详细的总条目表的情形下也可以通过联想回忆起其含义或特征，但在信息项较多的情况下，使用此法进行编码十分困难，甚至几乎不可能。

第三种编码方法，是基于标准分类的编码方法，它可能是最重要和最有用的方法，同样也是进行工程项目统计和核算所愿意采用的方法。这种方法的基础是把要编码的条目表详细划分为若干类型。其次，这种方法很类似于图书管理中的十进制编码法，即先把对象分成十大类，编以第一个号 0 ~ 9，再在每大类中分 10 小类，再以第二个号 0 ~ 9，依次编下去。在待编条目规模很大时使用这种分类编码法具有很多优越性：一方面便于确定各信息项的分类及特性；另一方面便于信息项的添加；三就是它的逻辑意义清楚，便于进行信息项的排序、检索及分类统计。

对民用建筑工程来说，项目成本信息可采用图 14 - 1 所示的编码方案。图中采用树的形式表示了整个的编码结构，第一级代码代表单位工程成本，第二级代码代表该单位工程下的分部工程成本，第三级代表各分项工程成本，第四级将分项工程成本进一步细分为人工费、材料费、机械费、分包费等费用条目。

概括来说，项目信息编码始终应注意贯彻下列原则：①唯一确定性；②可扩充性与稳定性；③标准化与通用性；④逻辑性与直观性；⑤精练性等。项目信息编码应有助于提高信息的结构化程度，以方便使用，并且其编码结构应尽可能做到与企业信息编码结构保持一致，项目信息代码系统也可以作为企业信息代码系统的子系统,从而保证企业管理层和项目管理层之间充分的信息共享。

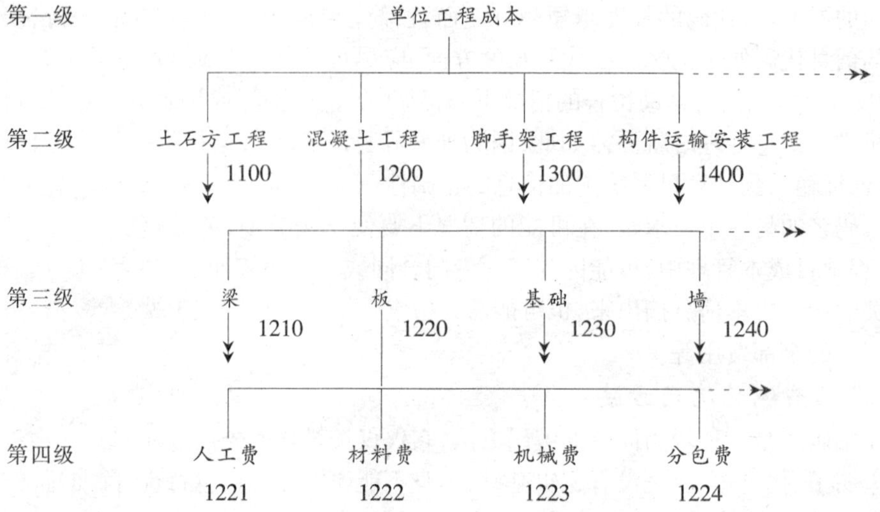

图 14–1　单位工程成本信息编码示意图

14.1.4　工程项目信息管理的要求

工程项目信息管理是工程项目信息的搜集、整理、处理、存储、传递和应用的总称。工程项目信息管理的目的是为预测未来和正确决策提供科学依据,其主要作用是通过动态、及时的信息处理和有组织的信息流通,使项目经理和各级管理人员能全面、及时、准确地获得所需的信息,以便采取正确的决策和行动。

为了能够全面、及时、准确、适当地向项目管理人员提供有关信息,工程项目信息管理应满足以下几方面的基本要求。

1. 严格保证信息的时效性,做到适时提供信息

一项信息如果不严格注意时间,那么信息的价值就会随之消失。因此,能适时提供信息,往往对指导工程开展十分有利,甚至可以取得很大的经济效益。项目信息管理应随工程的进展,及时搜集、整理、处理、传递、存储、输出有关信息。要严格保证信息的时效性,应注意解决以下的问题。

(1)当信息分散于不同地区时,如何能够迅速而有效地进行搜集和传递工作。

(2)当各项信息的口径不一、参差不齐时,应该如何处理。

(3)采取何种方法、何种手段能在很短的时间内将各项信息加工整理成符合目的和要求的信息。

(4)使用计算机进行自动化处理信息的可能性和处理方式。

2. 根据管理需要提供针对性强、适用性高的信息

信息管理的重要任务之一,就是如何根据需要,提供针对性强、十分适用的信息。如果仅仅能提供成叠的细部资料,其中又只能反映一些普通的、并不重要的变化,这样会使决策者不仅要花费许多时间去阅读这些作用不大的繁琐细况,而且仍得不到决策所需要的信息,从而使得信息管理起不到应有的作用。为避免此类情况的发生,在信息管理中应采取如下措施。

(1)可通过运用数理统计等方法,对搜集的大量庞杂的数据进行分析,找出影响重大的方面和因素,并力求给予定性和定量的描述。

(2)要将过去和现在、内部和外部、计划与实施等加以对比分析,使之可明确看出当前的情况和发展的趋势。

(3)要有适当的预测和决策支持信息,使之更好地为管理决策服务,以取得应有的效益。

3. 所提供的信息必要的精度,以满足使用要求为限

要使信息具有必要的精度,需要对原始数据进行认真的审查和必要的校核,避免分类和计算的错误,即使是加工整理后的资料,也需要作细致的复核。这样,才能使信息有效且可靠。但信息的精度应以满足使用要求为限,并不一定是越精确越好,因为不必要的精度,需耗用更多的精力、费用和时间,容易造成浪费。

4. 综合考虑信息成本及信息收益,实现信息效益最大化

各项资料的搜集和处理所需要的费用直接与信息搜集的多少、难易等因素有关,如果要求愈细、愈完整,则费用将愈高。例如,如果每天都将项目上的进度信息搜集完整,则势必会耗费大量的人力、时间和费用,这将使信息成本(包括搜集、获得及使用信息的成本)显著提高,而信息收益(指使用信息带来的收益或减少的损失)增加不大。因此,在进行工程项目信息管理时,必须综合考虑信息成本及信息所产生的收益,并寻求最佳的切入点。

项目信息管理的对象既包括需要存档的各类工程资料,也包括工程实际进展状况等动态信息。工程资料的管理应符合有关规范和标准的规定,并宜采用计算机辅助进行且形成电子工程档案。项目动态信息应使用有关计算机软件实现及时、快速处理,以满足项目动态管理的需要。

项目信息管理应纳入组织信息管理的总体框架中,并能满足组织信息管理的要求和为组织知识管理提供支持。项目信息管理中宜采用电子数据管理技术和计算机网络技术,以实现项目和组织间的快速信息交换,使项目能够充分共享组织信息资源。

14.1.5 项目信息过程管理

1. 编制信息管理计划

(1)编制的信息管理计划应督促其执行。在实施过程中,定期检查信息管理计划的落实情况、实施效果、信息的有效性以及信息成本等,并根据实际情况和需要对信息管理计划进行修改、补充和再落实,以至不断改进信息管理工作。

(2)建立和维护计算机信息处理平台。

(3)协调项目管理班子中其他部门的信息搜集、处理及有关报表和报告的编制等。

(4)做好管理工程档案资料,等等。

2. 项目信息管理计划应考虑的条件

编制项目信息管理计划时一般应考虑下列条件:

(1)环境的因素,如组织结构及组织的文化、人员素质、审批签认的流程、信息基础设施、项目管理信息系统或其他计算机信息管理软件的应用等。

(2)过去的经验、教训、知识和占有的其他历史资料等。

(3)项目涉及的范围。

(4)项目管理实施规划中提供的有关背景信息,包括限制条件(如项目团队位于不同的地理位置、软件不兼容、通信技术能力有限等)和假设等。

(5)信息的不对称性所带来的客观风险,特别是信息的传递特性及信息的扭曲风险。

3.信息需求分析

信息需求分析是要识别组织各层次以及项目有关人员的信息需求,例如确定谁需要什么样的信息、何时需要及如何提供信息等。信息需求分析应以能明确项目有关人员成功实施项目所必要的信息,注意避免因事无巨细而造成信息过载。

信息需求分析的内容不仅应包括信息的类型、格式、内容、详细程度、传递要求、传递复杂性等,还应进行信息价值分析,即综合分析信息的成本和收益。在确定项目信息需求时,一般需考虑下列代表性信息:

(1)项目组织结构图。

(2)项目组织分工及人员职责和报告关系。

(3)项目涉及的专业、部门等。

(4)参与项目的人数及地点。

(5)项目组织内部对信息的要求。

(6)项目组织外部(如合同方)对信息的要求。

(7)项目相关人员的有关信息。

4.信息管理工作流程

信息管理工作流程反映了工程项目上各有关单位及人员之间的关系。在工程项目管理中,通常接触到的信息流有以下几个方面。

(1)管理系统的纵向信息流。包括由上层下达到基层,或由基层反映到上层的各种信息,既可以是命令、指示、通知等,也可以是报表、原始记录数据、统计资料和情况报告等。

(2)管理系统的横向信息流。包括同一层次、各工作部门之间的信息关系。有了横向信息,各部门之间就能做到分工协作并共同完成目标。许多事例表明,在工程项目管理中往往由于横向信息不通畅而造成进度拖延。例如,材料供应部门不了解工程部门的安排,造成供应工作与施工需要脱节。类似的情况经常发生,因此加强横向信息交流十分重要。

(3)外部系统的信息流。包括同项目外其他有关单位及外部环境之间的信息关系。

上述三种信息流都应有明晰的流线,并都要保持畅通。否则,工程项目管理人员将无法得到必要的信息,这样就会失去控制的基础、决策的依据和协调的媒介,项目管理工作必将一事无成。

5.信息处理要求及方式

(1)信息处理的要求。要使信息能有效地发挥作用,在处理信息的过程中就必须做到快捷、准确、适用、经济。

①快捷:就是信息的处理速度要快,能够及时处理完对工程项目进行动态管理所需要的大量信息。

②准确:就是在信息处理的过程中,必须做到去伪存真,使经处理后的信息能客观、如实地反映实际情况。

③适用:就是经处理后的信息必须能满足工程项目管理工作的实际需要。也就是说,信息经过处理后,各级管理人员在三大控制上、或在管理决策上、或在协调工作上都能得心应手地随时使用。

④经济:就是指信息处理采取什么样的方式,才能达到取得最大的经济效果的目的。信息处理采取什么样的方式,与其他事物一样,同样存在价值论的问题。信息处理既要求快捷、准确、适用,经济效果也是信息处理的要求之一。否则,采取劳民伤财的信息处理方式,就违背了工程项目管理工作的本意。

(2)信息处理的方式。信息处理的方式一般有三种,即手工处理方式、机械处理方式和计算机处理方式。

6. 项目信息过程管理

(1)搜集。就是搜集原始数据,这是很重要的基础工作。信息处理的质量好坏,在很大程度上取决于原始数据的全面性和可靠性。

(2)加工。这是信息处理的基本内容。原始数据搜集后,需要将其进行加工,以使其成为有用的信息。根据不同管理层次对信息的不同需求,信息的加工从浅到深一般分为三个层次:

①初级加工:如筛选、校核和整理等。

②综合分析:将基础数据综合成决策信息,供有关管理人员决策使用。

③借助于数学模型统计分析和推断:根据具体信息或数据内容,借助于已有的数学模型(如网络计划技术模型、线形规划模型、存贮模型等)进行统计计算和预测,为工程项目管理工作提供辅助决策。

(3)传输。就是指信息借助于一定的载体(如纸张、胶片、磁带、软盘、光盘、计算机网络等)在参于工程项目管理工作的各部门、各单位之间进行传播。通过传输,形成各种信息流,畅通的信息流会不断地将有关信息传送到工程项目管理人员的手中,并成为他们开展工作的依据。

(4)存储。是指对处理后的信息的存储。处理后的信息,有的并非立即就使用,有的虽然立即就使用,但日后还需使用或作参考,因此就需要将它们存储起来,建立档案,妥为保管。

(5)检索。是指对某个或某些要用的信息进行查找的方法和手段。工程项目管理工作中存储有大量的信息,为了查找方便,就需要建立一套科学、迅速的检索方法,以便项目管理人员能全面、及时、准确地获得所需要的信息。

(6)输出。就是将处理好的信息按各管理层次的不同要求编制打印成各种报表和文件,或者以电子邮件、Web 网页等电子形式加以发布。

(7)反馈。即项目管理人员使用信息后提出意见、建议等。在项目信息过程管理中,应加大计算机应用的比重,做到快捷、准确、适用、经济。对于较大规模的项目,在条件具备的情况下,还可以建立项目管理信息系统,从而实现信息过程管理电子化、自动化。

14.1.6 计算机在工程项目信息管理中的应用

1. 工程项目信息管理中计算机应用阶段的划分

在工程项目信息管理中计算机的应用可以分为如下四个阶段。

(1)单项事务处理软件阶段。这一阶段主要以应用某些具有单一功能的软件为特征,如工程量自动计算及定额预算的软件、财务会计软件、材料管理软件、进度计划软件、质量管理软件、合同管理软件等等。软件之间各自独立,不能实现数据的共享。

(2)项目管理软件阶段。项目管理软件一般综合多种功能,以网络计划技术为基础,能够实现进度、成本的同步控制以及资源的有效管理。国际上比较著名的项目管理软件有Primavera Project Planner(P3)、Microsoft Project 等,国内也有许多公司开发了类似产品。目前,项目管理软件仍广泛应用于各种规模的工程项目信息管理中。

(3)项目管理信息系统阶段。项目管理信息系统能将项目管理的各个方面(进度管理、成本管理、质量管理、安全管理、合同管理、信息管理、现场管理),甚至企业管理综合起来加以考虑,能实现各模块之间的信息共享,但需根据企业/项目具体情况进行定制,故开发成本较高。

(4)网上项目管理阶段(Web - based Project Management)。目前,美国等一些发达国家企业正尝试将先进的 Internet 技术应用到工程项目管理中,通过在互联网上建立项目信息门户 PIP(Project Information Port),使项目参与者跨越了时间、地域的限制而充分实现信息共享和协同工作。网上项目管理一般具有如下特点:

①提供了一个公共服务平台,并强调了易用性,便于沟通和交流;

②可对信息进行有效的分类、汇总和传递,易实现信息的增值;

③所积累的工程资料具有可重复利用性;

④可减少文档制作、传递、修改、反馈的时间,等等。

网上项目管理已在国外的一些项目上取得了成功,带来的必然是一场项目管理的变革,值得我们研究和借鉴。

2.我国工程项目信息管理中应用计算机的基础工作

要在工程项目管理中用好计算机,使计算机更好地为管理工作服务,需要做好以下几方面的基础性工作。

(1)调查研究,找出应用计算机进行信息管理的突破口,从而使其具有示范作用;同时,要认真分析确定工程项目管理中必须处理的信息种类、信息内容和数据量。

(2)确定信息处理的方式和方案。例如,设计数据采集、跟踪用表,确定数据加工方式、时间、标准、精度等,确定存储形式、传输形式、检索方法、输出结果的形式等。

(3)设计出信息管理的系统流程图,使项目建设全过程中的各类信息从搜集、整理、加工、传递、反馈、保管都有具体的责任者和规定的程序,并对传递途径和时间要求也要作详细规定。另外,还需注意通过建立管理制度使信息流程规范化,并借助于各种图表使其形象化,以便于各级管理人员理解、掌握和遵照执行。

(4)设计出在工程项目信息管理中应用计算机的实施步骤,使计算机的应用与工程项目管理的正常工作有机地融合到一起,以便真正在管理中体现出应用计算机的优势。

(5)配备的性能足够满足要求的计算机,并在计算机上安装工程项目信息管理中需要使用的相关软件,如文字处理软件、电子表格软件、项目管理软件、合同管理软件、质量管理软件、材料管理软件、文档管理软件等。

(6)建立必要的应用计算机进行工程项目信息管理的组织、制度和程序,并进行相关人员的培训。

14.1.7 工程项目信息安全

1. 信息安全的基本概念

信息安全是指对信息的保密性、完整性和可用性的保持。保密性可定义为保障信息仅仅为那些被授权使用的人获取。信息的完整性一方面是指信息在传输、储存、利用等过程中不发生篡改、丢失、缺损等,另一方面是指信息处理方法的正确性,因不正确的操作(如误删文件)有可能造成重要文件的丢失。信息的可用性是指信息及相关的信息资产在被授权使用的人需要的时候可以立即提供。

2. 项目信息安全要求

(1)法律法规与合同的相关要求。有关信息安全方面的法律法规是对项目信息安全的强制性要求,项目组织应对现有的法律法规进行识别,将其中适用的规定转化为项目信息安全要求。另一方面,还要考虑项目相关各方提出的具体信息安全要求,经确认后予以落实。

(2)信息安全风险评估的结果。项目信息安全要求应针对每一项信息资产所面临的威胁、存在的薄弱环节、产生的潜在影响及其发生的可能性等因素来综合分析确定,这也是信息安全管理的基础。

(3)信息安全的原则、目标和要求。通常情况下,应根据已有的信息安全方针、目标、标准、要求以及信息处理原则等来确定项目信息安全要求,以确保支持企业经营的信息处理活动的安全。

3. 项目信息安全管理模型

项目信息安全管理是指导和控制项目组织关于信息安全风险的相互协调的活动,通常包括确定信息安全目标、信息安全风险评估、控制方式选择、风险控制、信息安全评审等。信息安全管理实际上是风险管理的过程,管理的基础是风险的识别与评估。系统化的信息安全管理应体现以下原则:

(1)确定信息安全目标,为信息安全管理提供导向和支持。

(2)信息安全控制方法的选择应建立在风险评估的基础上。

(3)考虑控制费用与风险均衡的原则,将风险降至可以接受的水平。

(4)"预控为主"的原则。

(5)业务连续性原则,即减少信息故障、灾难等对关键业务过程的影响。

(6)动态管理原则,即对风险实施动态管理。

(7)全员参与的原则。

(8)遵循管理的 PDCA 循环模式,即 Plan(计划)、Do(执行)、Check(检查)、Action(处置)的持续改进模式。

4. 项目信息安全控制

在实际工程中,项目信息安全控制可根据项目具体情况采取下列措施中的一种或多种:

(1)明确信息安全目标,并定期对其进行评审与评价,根据结果保持原目标或进行调整。

(2)建立信息安全组织机构和内部协调机制,明确规定有关部门、人员的职责,建立信息处理设施使用授权程序,对第三方访问及信息处理外包进行有效的控制。

(3)根据信息的价值大小落实保管责任和措施,并根据信息的敏感性和重要程度将信息划分为不同的保护等级,确定信息标注和管理程序,明确保护要求和措施,确保信息安全。

(4)实行信息传递的分级管理制度,重要信息按最高等级进行传递管理,一般信息按常规方式进行传递管理。

(5)对员工进行考察、培训,明确其安全角色和职责,与之签订保密协议,并对出现的信息安全事故、故障进行正确处理。

(6)保障实物与环境安全,包括安全区域控制(或物理访问控制)、设备安全控制及媒介安全控制,保护信息系统基础设施、设备、媒介免受非法的物理访问,免受自然灾害和环境的危害。

(7)控制恶意软件。对网络应进行安全控制,对各种信息媒介进行安全处置,保证信息交换安全,避免泄密。

(8)对信息资源的访问进行有效控制,拒绝非授权访问,并对授权访问进行登记。

(9)定期对重要的数据与软件进行备份以及系统维护,对故障进行记录并纠正,以减少因信息故障、灾难等对关键业务过程的影响。

14.2 项目沟通管理

14.2.1 项目沟通管理的基本内涵

1. 项目沟通管理的意义

在现代工程项目中,有众多的单位参与项目建设,几十家、几百家甚至上千家,形成了非常复杂的项目组织系统。由于各单位都具有不同的任务、目标和利益,因而在项目实施过程中,都企图指导、干预项目的实施,从中获取自身利益的最大化,最终造成了各单位利益相互冲突的混乱局面。

项目管理者必须对此进行有效的协调控制,采取有力的手段,使矛盾的各方面处于一个统一体,并解决其不一致和矛盾,使系统结构均衡,项目顺利运行和实施。沟通是有效解决各方面矛盾的重要手段。通过沟通,可解决项目技术、过程、逻辑、管理方法及程序中存在的矛盾和不一致。并且,由于沟通本身又是一个心理过程,因而能够有效地解决各方参与者心理与行为的障碍和争执,以至达到共同获利的目的。

2. 沟通的概念

《大英百科全书》中认为,"沟通是用任何方法,彼此交换信息,即指一个人与另一个人之间用视觉、符号、电话、电报、收音机、电视或其他工具为媒介,所从事交换信息的方法。"简单点说,沟通就是两个或两个以上的人或实体之间信息的交流。项目的沟通管理,具有系统性和复杂性两大特征,是一种系统化的过程。

3. 沟通的对象

项目沟通的对象,应是与项目有关的内部、外部的有关组织和个人。内部组织指的是人员、职能部门成员和班组成员。项目外部组织和个人是指建设单位有关人员、设计单位有关人员、监理单位有关人员、供货单位有关人员、政府监督部门及其有关人员等。

4. 沟通的目的

通过沟通,人们常可以达到以下的目的。

(1)使项目的目标明确,使项目的参与者对项目的总目标达成共识。沟通为总目标服务,以总目标作为群体目标,作为大家的行动指南。沟通的目的就是要化解组织之间的矛盾和争执,使其在行动上协调一致,共同完成项目的总目标。

(2)建立和保持良好的团队精神。沟通可使各方面、各种人相互理解,使项目组织成员不至因目标不同而产生矛盾和障碍,从而使各方面的行为一致,减少摩擦、对抗,化解矛盾,建立其良好的团队组织,由此达到较高的组织效率。

(3)保持项目的目标、结构、计划、设计、实施状况的透明性和时效性。项目实施过程中,出现的问题、困难,通过沟通使成员有信心有准备,并能在第一时间掌握变化,而且可有效地提出解决方案,顺利执行新的变动。

(4)体现良好的社会责任形象。推行内外的沟通和交流可以使社会的不同层次都能理解和认同组织履行社会责任的业绩,树立组织在社会责任方面的市场形象,更好地改善项目的各种管理手段,全面提高组织的整体管理水平。

5. 沟通的要素

通俗的讲沟通模式就是:谁向谁说什么,且产生了效果而使其接受。根据这个模式,沟通有三个基本要素,沟通者、内容、接受者。这三个沟通要素被认为会对信息的效果产生重要的影响。

(1)沟通者。即信息的发出者,这对任何信息所达到的效果而言,发出者都是很关键的。

(2)内容。影响信息效果的另一个重要因素就是信息的内容。信息的内容可以通过以下两种沟通特征的表现来反向描述。

①有效情感强度的把握:根据大量的研究表明,当沟通对象的情感强度上升,对沟通者所提建议的接受程度并不一定相应地上升。对任何类型的劝说性沟通而言,这种关系更可能是曲线形的。当情感强度从零增至一个中等程度时,接受性也增加;但是当情感强度再增强至更高水平时,接受性反而会下降。

这就表明情感强度处于很高或很低水平时都可能有钝化作用,而中等情感强度是最有效的。然而,在最终的分析中,对某信息应施用多少程度的情感还要靠主观判断。

②劝说型沟通的把握:在劝说型的沟通中,对非人格化的主题给出了一系列复杂的论据,通常明确地给出结论比让听众自己得出的结论更为有效,特别是听众一开始不同意评论者的主张的时候更应如此。

从长远来看沟通,给出双方面论据相对于只给出单方面论据更有效。如果不管最初的观点是什么,沟通对象都将处于随后的反面宣传之中;或者不论沟通对象是否暴露于随后的反面宣传之中,沟通对象一开始就不同意评论者的主张。在这些情况下,给出双方面的论据更有利于沟通对象对评论者观点的接受。但如果沟通对象在一开始就同意评论者的主张,而后来又不会处于反面宣传之中,那么提供双方面的论据就没有只提供单方面的论据有效。

从以上分析可以推断:一个令人信服的单方面沟通(是指仅说出问题的一个方面,或一种观点,而不说明相反方面,不要与单向沟通混淆)能使人们转向期望的方向,至少可以是暂时的,直至他们听到问题的另一个方面。然而,双方面的沟通效果都是持久的,因为它为沟通对象提供了消除或不理睬负面看法而保留正面看法的基础。

(3)接受者。沟通中的第三个重要因素就是接受者。接受者个人的个性及接纳他的群体都很重要,而个性可从总体智力和需求倾向两方面而来确定。但有两个假设必须说明:

①具有较高智商的人,由于他们具有进行正确推理的能力,所以当他们处于以下这种类

型的劝说沟通中时,比智商较低的人更容易受到影响,这种沟通主要依赖于印象的逻辑论证。

②具有较高智商的人,由于他们具有较强的否定意识,所以当他们处于以下这种类型的劝说沟通中时,比智商较低的人更少受到影响。这种沟通是基于无依据的归纳,或建立在假设的、不合乎逻辑的无关论据之上的。

个性还应从需求倾向的角度来探究。某些个性需求能使个人易于上当受骗,这是由于一个人的社会感觉不健全,而压抑、进攻性等都与较强的个性相关联,这种个性可用劝说型沟通来度量。具有很强自尊心的个人更倾向于自己思考,而不会放任自己过分地受外界影响。

个人所属的社会群体也会对沟通产生重要的影响,特别当这种沟通违背这个群体的一些原则时,表现尤为强烈。一个人的态度很大程度上依赖于他所属群体的观点和态度,特别是当他很珍惜在这个群体中的成员这一身份时更为明显。通常情况下,在一个群体中最珍视其成员身份的人,他们的观点最不易受那些违反原则的沟通的影响。这就表明对一个群体的归附程度和这个群体准则的内部化之间有着直接的关系。

概括起来,沟通的效果不仅取决于接受者的个性,而且还取决于接受者对某个群体的归附程度和这个群体确定的一些原则。

6.沟通的途径

沟通的实际运作可以通过多种途径。口头沟通可能是运用最为广泛的方式。文字沟通(包括书面和屏幕形式)及音频、视频沟通(包括远程通讯)在现代社会中也是同等重要的沟通途径。然而,沟通不仅仅是上述几种方法,在人们面对面交流时,眼神手势等都是同样重要的沟通方法。某些公开场合,携带旗帜或其他标志物都有一定的含义,或者一个人的衣着和身体姿势也可能有重要的意义。有时非语言沟通比其他沟通方法更为重要。

7.沟通的复杂性

项目组织沟通的复杂性通常有以下几种情况。

(1)现代工程项目规模大,参加单位多,造成每个参加者沟通面大,各人都存在着复杂的联系,需要复杂的沟通网络。

(2)现代工程项目技术的复杂、新工艺的使用和专业化、社会化的分工,以及项目管理的综合性和人们的专业化分工的矛盾都增加了交流和沟通的难度。特别是项目经理和各职能部门之间经常难以做到协调配合。

(3)由于各参加者(如发包人、项目经理、技术人员、承包人)有不同的利益、动机和兴趣,而且具有不同的出发点,对项目也有不同的期望和要求,对目标和目的性的认识更不相同,因此项目目标与他们的关联性各不相同,这样就造成行为动机的不一致。作为项目管理者在沟通过程中不仅应强调总目标,而且要照顾各方面的利益,使各方面都满意,这就有很大的难度。

(4)由于项目是一次性的,项目组织都是新的成员、新的对象、新的任务,所以项目的组织摩擦就大。一个组织从新成立到正常运行需要一个过程,必然有许多不适应和摩擦。所以,项目刚成立或一个单位刚进入项目,都会有沟通上的困难,容易产生争执。

(5)反对变革的态度。项目是建立一个新的系统,它会对上层管理组织、外部周边组织(如政府机关、周边居民等)以及其他参与者组织均可产生影响,而且需要他们改变行为方式和习惯,适应并接受新的结构和过程,这必然对他们的行为、心理产生影响,容易产生对抗。这种对抗常常会影响他们应提供的对项目的支持,甚至会造成对项目实施的干扰和障碍。

(6)人们的社会心理、文化、习惯、专业、语言、伦理、道德对沟通也都会产生影响,特别是国际合作项目中,参加者因来自不同的国家,他们需适应不同的社会制度、文化、语言及法律背景,因而从根本上产生了沟通的障碍。同时伴随的社会责任的差异程度也是沟通过程中的相关问题。

(7)在项目实施过程中,组织和项目的战略方式与政策应保持其稳定性,否则会造成协调的困难,造成人们行为的不一致。然而,在项目生命周期中,这种稳定性是无法保持的。

(8)项目利益相关者之间的关系(见图 14 -2)。

(9)项目利益相关者的管理过程(见图 14 -3)。

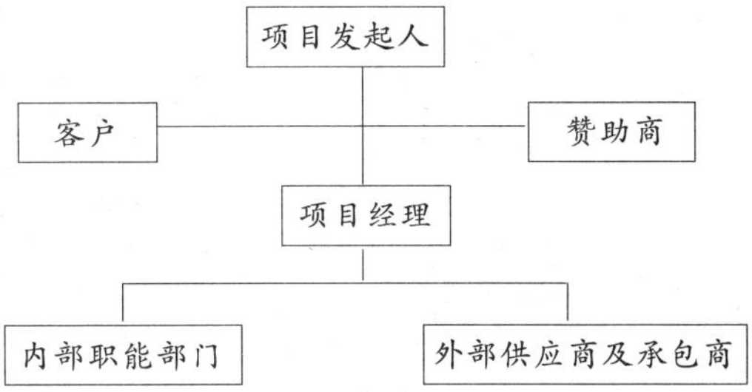

图 14–2 项目利益相关者之间的关系

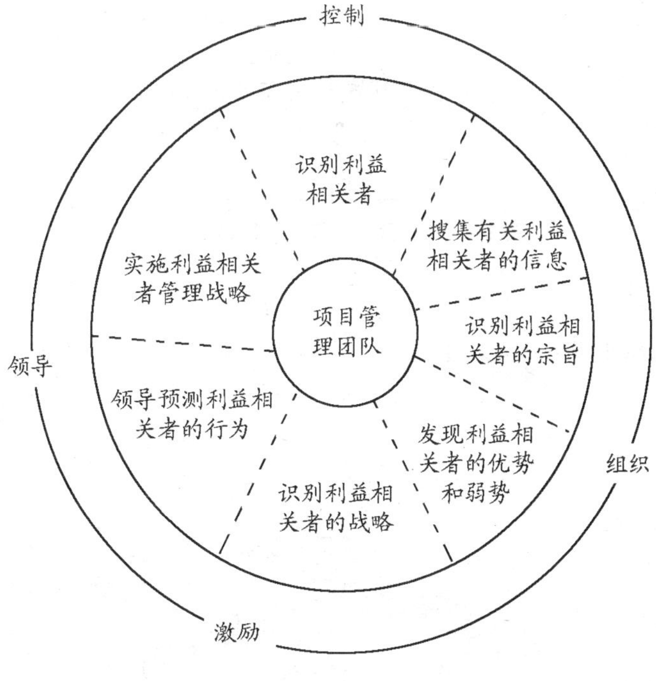

图 14 -3 项目利益相关者的管理过程

14.2.2 项目沟通管理的程序与内容

1. 沟通程序

项目沟通管理计划编制程序如图 14 -4 所示。

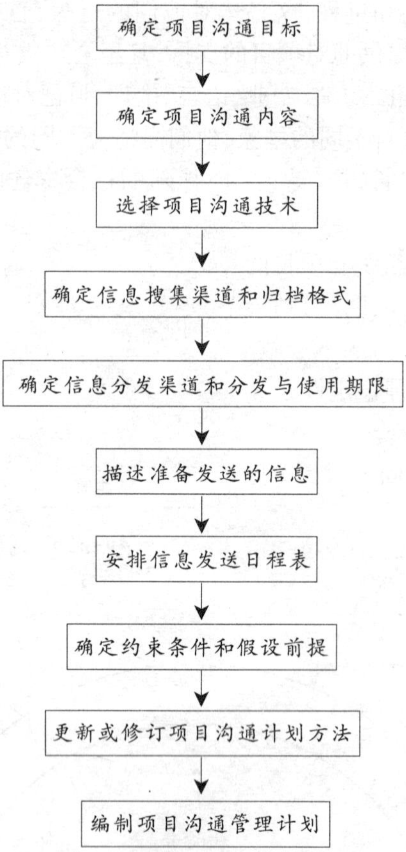

图 14-4　项目沟通管理计划编制程序

2. 沟通的流程

项目沟通的流程如图 14－5 所示。

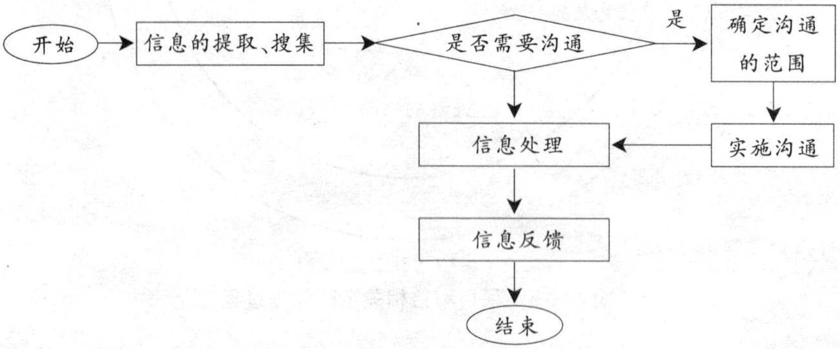

图 14-5　沟通的流程

3. 沟通的内容

(1)项目经理部内部的沟通。在项目经理部内部的沟通中,项目经理起着核心作用,如何进行沟通以协调各职能工作,激励项目经理部成员,是项目经理的重要课题。其内部沟通主要有：

①项目经理与技术专家的沟通。

②建立完备的项目管理系统，明确划分各自的工作职责，设计比较完备的管理工作流程，明确规定项目中的正式沟通的方式、渠道和时间，使大家能够按程序、按规则办事。

③根据项目的特点，项目经理应该从心理学、行为学等角度激励各个成员的积极性。虽然项目经理没有给项目成员提升、加薪的权利，但是通过有效的沟通，采取一系列的有效措施，同样可以使项目成员的积极性得到提高。在项目经理部内部放权，让组织成员独立工作，充分发挥他们的积极性和创造性，使他们对自己的工作产生一种成就感。项目经理通过自己的品格、热情和工作挑战精神来影响项目成员。

④改进工作关系，形成团队。鼓励大家参与和协作，一起研究目标，制定计划，倾听项目成员的意见、建议，并允许置疑，建立一种互相信任、和谐的工作气氛。

⑤公开、公正、公平。

(2)项目经理与职能部门的沟通。

①在项目经理与职能经理之间自然会产生矛盾，在组织设置中他们间的权力和利益平衡存在着许多内在的矛盾性。项目的每个决策和行动都必须跨过这个结合点来进行协调，而项目的许多目标与职能管理目标差别很大。项目经理本身能完成的事情极少，他必须依靠职能经理的合作和支持，所以在此点上的协调沟通是项目成功的关键。

②项目经理必须发展与职能经理的良好的工作关系，这是项目经理的工作顺利进行的保证。项目经理和职能经理间会有不同的意见，会出现矛盾。职能经理常常不了解或不同情项目经理的紧迫感，职能部门会扩大自己的作用，以它自己的观点来管理项目，这有可能使项目经理陷入困境。

当项目经理与职能部门经理沟通协调不及时而产生矛盾后，项目经理可能被迫到企业的高层处寻求解决，将矛盾上交，但这样常常更会激化两个经理之间的矛盾，使以后的沟通更加困难。

项目经理应该与向项目提供职能的人员、或职能服务部门的经理、或供应资源的关键职能部门的经理，就项目的执行计划进行沟通，并交换意见，以获得这些关键职能部门经理的支持。

③项目经理和职能经理之间有一个清楚的快捷的信息沟通渠道，不能发出相互矛盾的命令。

④项目经理与职能经理的基本矛盾的根源大部分是经理间的权力和地位的斗争。职能经理当变成项目经理的任务接受者，他的作用和任务是由项目经理来规定和评价的，同时他还对企业组织的职能业务和他的正式上级负责。所以，职能经理感到项目经理对其“地位”和“权力”的威胁，感到他们固有的价值被忽视了，由项目经理来分派各种任务，故不愿意对实施活动承担责任。

实际上，由于项目组织的特性，项目经理对于项目来说只是某一个项目的经理，是项目实施期存在的，需要职能经理在各个职能方面对其的支持，并不会威胁到一般职能经理的地位和权力。在沟通过程中，要注意这一点的沟通，以消除职能经理对项目经理不必要的对立和矛盾。

⑤项目组织会给原来的组织带来变化，必然要干扰已建立的管理规则和组织结构，而人

们倾向于对变革进行抵制。项目经理的设立,对职能经理增加了一个压力来源。

⑥职能管理是组织管理机构的一部分,通常被认为是“常任的”,常常可以与公司的高层直接进行沟通,因此有高层的强大的支持。

⑦重要的信息沟通工具是项目计划,项目经理制定项目的总体计划后应取得各职能部门资源支持的承诺。这个职权说明应通报给各个职能部门,若是没有这样的说明,项目管理就很可能在资源分配、人力利用和进度方面与职能部门作持续的斗争。

(3)项目经理与业主的沟通。业主代表项目的所有者,对项目具有特殊的权力,而项目经理是为业主管理项目,必须服从业主的决策、指令和对工程项目的干预,项目经理的最重要的职责是保证业主满意。因要取得项目的成功,必须获得业主的支持。

①项目经理首先要理解总目标、理解业主的意图、反复阅读合同或项目任务文件。项目经理必须花很大气力来研究业主,研究项目目标。

②让业主一起投入项目全过程,而不仅仅是给他一个结果。尽管有预定的目标,但项目实施必须执行业主的指令,使业主满意,并使业主理解项目及项目过程,使其成为专家,以减少他的非程序干预和越级指挥。特别应防止业主的组织内部其他部门的人员随便干预和指令项目,或将组织内部的矛盾、冲突带到项目中来。许多人不希望业主过多的介入项目,实质上是不可能的。一方面,项目管理者无法也无权拒绝业主的干预;另一方面,业主介入为项目顺利实施起到了一定的作用。业主对项目过程的参与使其能深入了解对项目过程和困难的认识,使决策更为科学和符合实际,同时使其有成就感,从而积极为项目提供帮助。

③通过沟通使项目经理在作出决策安排时能考虑到业主的期望、习惯和价值观念,了解业主对项目关注的焦点,以便随时向业主通报情况。在业主作决策时,向他提供充分的信息,让他了解项目的全貌、项目的实施情况、方案的利弊得失及对目标的影响。

加强计划性和预见性,让业主了解承包商、了解非程序干预的后果。业主和项目管理者双方理解得越深,双方的期望越清楚,矛盾就越少,否则当业主成为项目的一个干扰因素的时候项目管理必然会遭遇到失败的结局。

④业主在委托项目管理任务后,应将项目前期策划和决策过程向项目经理作全面的说明和解释,并提供详细的资料。众多的国际项目管理经验证明,在项目过程中,项目管理者越早进入到项目中,项目实施得将越顺利。最好是让项目管理者参与目标设计和决策过程,同时在整个项目过程中保持项目经理的稳定性和连续性。

⑤项目经理有时会遇到业主所属组织的其他部门,或者合资者各方都想来指导项目实施的情况。对于这种状况,项目经理应该很好地听取这些人的意见和建议,对他们做出耐心的解释和说明,但不能让其直接指导实施和指挥项目组织成员。

(4)项目管理者与承包商的沟通。通常承包商指工程的承包商、设计单位、供应商。他们与项目经理没有直接的合同关系,但他们必须接受项目管理者的领导、组织和协调以及监督。

①在技术交底以及整个项目实施过程中,项目管理者应该让各承包商理解总目标、阶段目标以及各自的目标、项目的实施方案、各自的工作任务及职责等,并向他们解释清楚,做详细说明,以增加项目的透明度。

②指导和培训各参加者和基层管理者适应项目工作,向他们解释项目管理程序、沟通渠道与方法。经常对项目目标、合同、计划等进行解释,在发布命令后作出具体说明,有利于有

效的消除对抗。

③项目管理者在观念上应该强调自己是为业主提供服务和帮助，强调各方面利益的一致性和项目的总目标性，因而，即使业主将具体的工程项目管理事务委托给项目管理者，赋予项目管理者很大的权力，但项目管理者也不能对承包商随便动用处罚权，当然不得已时除外。

④在招标、签订合同、工程施工中应让承包商掌握信息，了解情况，以便作出正确的决策。

⑤为了减少对抗、消除争执，取得更好的激励效果，项目管理者应该鼓励承包商将项目实施状况的信息、实施结果及实施过程中遇到的困难等向项目管理者汇总和集中，使管理者从中寻找和发现对计划、控制有误解，或发现有对立情绪的承包商，以及可能存在的干扰。各方面了解的越多，沟通的越多，项目中存在的争执就越少。

14.2.3 沟通的渠道

1. 正式的沟通渠道

在信息的传递过程中，信息并非由发出信息的人直接传递给所需要这个信息的人，中间要经过一些人或组织的转达，这就形成了沟通渠道和沟通网络的问题。

对于正式的沟通渠道，通常存在 5 种模式，即链式、轮式、环式、Y 式、全通道式（见图 14-6）。

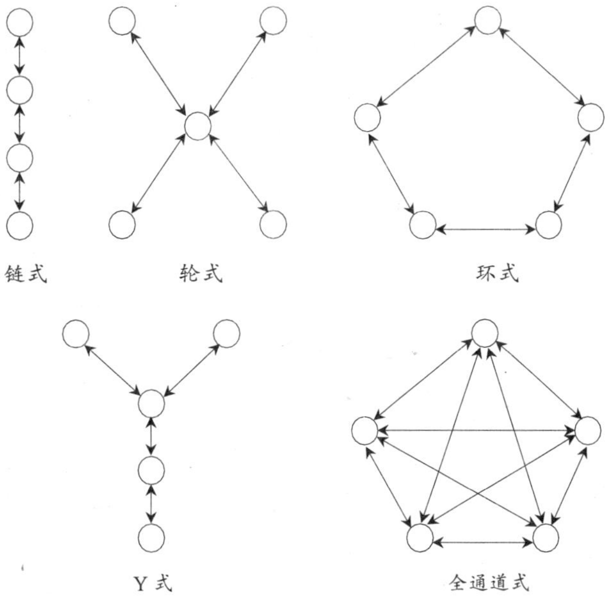

图 14-6 正式的沟通渠道

上图中，每一个圆圈看成是一个成员或者是组织的同等物，箭头表示信息传递的方向。

（1）链式沟道模式。在链式网络中，信息按照高低层次逐级传递，信息可以自上而下或者自下而上进行交流。在这个模式中，居于两端的传递者职能与里面的每一个传递者相联系，居中的则可以分别与上下互通信息，而各个信息传递者所接受的信息差异较大。该模式的优点是信息传递速度快，适用于项目组织庞大、实行分层授权控制的项目信息传递及沟通。

(2)轮式沟通模式。在轮式沟通模式中，重要的主管部门分别与下属部门发生沟通，成为个别信息的汇集点和传递中心。在这个模式中，只有位于主管位置的人员或组织才能全面了解情况，并由其向下属发出指令，而下级部门之间没有沟通联系，分别只掌握了本部门的情况。该沟通模式是加强控制、争时间、抢速度的一个有效方法和沟通模式。

(3)环式沟通模式。信息通过不同成员之间依次联络沟通，有助于形成团队，提高成员士气，使大家都满意。

(4)Y式沟通模式。在该模式中，项目其中一个成员或组织位于沟通活动的中心，成为中间媒介与中间环节。

(5)全通道式沟通模式。该模式是一个开放的信息沟通系统，其中每一个成员之间都有一定的联系，彼此了解。通常适用于民主、合作精神强的组织中。

2. 非正式沟通渠道

在沟通当中，除了有正式沟通渠道，还有非正式沟通渠道。一部分信息是通过非正式沟通渠道进行传播的，也就是通常所说的小道消息。

对于非正式的沟通渠道，即小道消息的传播，通常也有四种传播方式，即单线式、流言式、偶然式和集束式(见图14-7)。

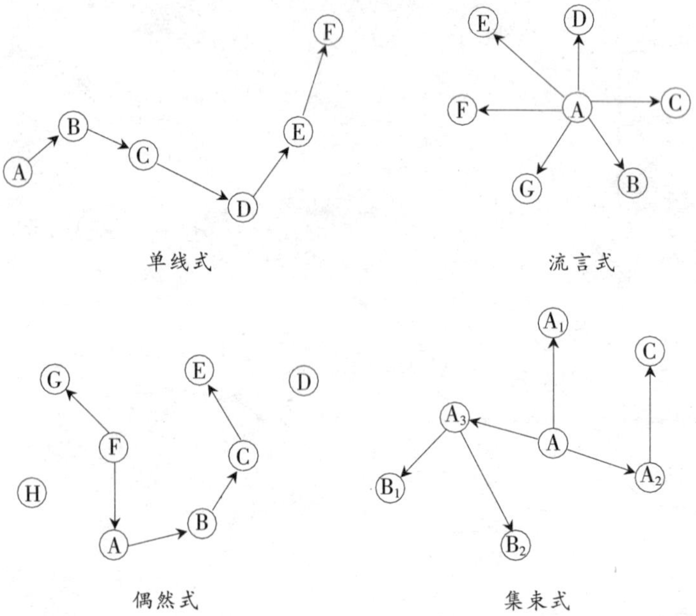

图14-7 非正式沟通渠道

(1)单线式。消息由A通过一连串的人传播给最终的接收者。

(2)流言式。又称为闲谈传播式，是由一个人A主动地把小道消息传播给其他人，例如在小组会上传播小道消息。

(3)偶然式。又称机遇传播式。消息由 A 按照偶然的机会传播给他人,他人又按照偶然的机会传播给其他人,并没有固定的路线。

(4)集束式。又称为群集传播式。信息由 A 有选择的告诉相关的人,相关的人也按照此方式进行信息的传播。这种沟通方式最为普遍。

14.2.4 项目沟通的障碍

1. 沟通障碍

(1)项目组织或项目经理部中出现混乱,总体目标不明,不同部门和单位兴趣与目标不同,各人有各人的打算和做法,甚至尖锐对立,而项目经理无法调解或无法解释。

(2)项目经理部经常讨论不重要的非事务性主题,所召开的会议常常被一些职能部门领导打断、干扰或偏离了主题。

(3)信息未能在正确的时间内,以正确的内容和详细程度传达到正确的位置,人们抱怨信息不够 、或者太多、或者不及时、或者不得要领。

(4)项目经理中没有产生应有的争执,但是在潜意识中是存在的,人们不敢或者不习惯将争执提出来公开讨论,从而转入地下。

(5)项目经理部中存在或者散布着不安全、气愤、绝望、不信任等气氛,特别是在项目遇到危机、上层系统准备对项目作重大变更、项目可能不再进行、对项目组织作调整或项目即将结束时更加明显和突出。

(6)实施中出现混乱,人们对合同、指令、责任书理解不一或者不能理解,特别是在国际工程及国际合作项目中,由于不同语言的翻译造成理解的混乱。

(7)项目得不到组织职能部门的支持,无法获得资源和管理服务,项目经理花大量的时间和精力周旋于职能部门之间,与外界不能进行正常的信息沟通。

2. 沟通障碍的分析及处理

(1)沟通障碍产生的原因。

①项目开始时或当某些参加者介入项目组织时,缺少对目标、责任、组织规则和过程统一的认识和理解。在项目制定计划方案、作决策时未能听取基层实施者的意见,项目经理自认为经验丰富,武断决策,不了解实施者的具体能力和情况等,致使计划不符合实际。在制定计划时以及制定计划后,项目经理没有和相关职能部门进行必要的沟通,就指令技术人员执行。

此外,项目经理与发包人之间缺乏了解,对目标和项目任务有不完整的甚至无效的理解。

项目前期沟通太少,例如在招标阶段给承包商编制投标文件的时间太短。

②目标之间存在矛盾或表达上有矛盾,而各参加者又从自己的利益出发进行解释,以至导致混乱。项目管理者没能及时做出统一解释,使目标透明。

项目存在许多投资者,他们进行非程序干预,形成实质上的多业主状况。

参加者由于来自不同的专业领域、不同的部门,因此有不同的习惯、不同的概念和理解,而在项目初期没有统一解释文本。

③缺乏对项目组织成员工作进行明确的结构划分和定义,人们不清楚他们的职责范围。项目经理部内部工作含混不清,职责冲突,缺乏授权。

在企业中,同期的项目之间优先等级不明确,导致项目之间资源争执。

④管理信息系统设计功能不全,信息渠道、信息处理有故障,没有按层次分级、分专业进行信息优化和浓缩。

⑤项目经理的领导风格和项目组织的运行风气不正。表现为:一发包人或项目经理独裁,不允许提出不同意见和批评,内部言路堵塞;二由于信息封锁,信息不畅,上层或职能部门人员故弄玄虚或存在幕后问题;三项目经理部中有强烈的人际关系冲突,项目经理和职能经理之间互不信任,互不接受;四不愿意向上司汇报坏消息,不愿意听那些与自己事先形成的观点不同的意见,采用封锁的办法处理发生的争执和问题,而且相信问题会自行解决;五项目成员兴趣转移,不愿承担义务;六将项目管理看作是办公室的工作,做计划和决策仅依靠报表和数据,不注重与实施者直接面对面的沟通;七经常以领导者居高临下的姿态出现在成员面前,不愿多作说明和解释,习惯强迫命令,对承包商常常动用合同处罚或者以合同处罚相威胁。

⑥召开的沟通协调会议主题不明,项目经理权威性不强,或不能正确引导;与会者不守纪律,使正式的沟通会议成为聊天会议;有些职能部门领导过强或个性放纵,存在不守纪律、没有组织观念的现象,甚至拒绝任何批评和干预,而项目经理无力指责和干预。

⑦有人滥用分权和计划的灵活性原则,下层单位或子项目随便扩大它的自由处置权,过于注重发挥自己的创造性,这些均违背或不符合总体目标,并与其他同级部门造成摩擦,甚至与上级领导产生权力争执。

⑧使用矩阵式组织,但人们并没有从直线式组织的运作方式上转变过来。由于组织运作规则设计得不好,项目经理与组织职能经理的权力、责任界限不明确。一个新的项目经理要很长时间才能被企业、管理部门和项目组织接受和认可。

⑨项目经理缺 乏管理技能及技术判断力,或缺少与项目相应的经验,没有威信。

⑩发包人或组织经理不断改变项目的范围、目标、资源条件和项目的优先等级。

(2)对沟通障碍的处理。对于沟通障碍,沟通中可以采用下述方法:

①应重视双向沟通方法,尽量保持多种沟通渠道的利用、正确运用文字语言等。

②信息沟通后必须同时设法取得反馈,以弄清沟通双方是否已经相互了解,是否愿意遵循约定并采取相应的行动等。

③项目经理部应当自觉以法律、法规和社会公德约束自身行为,在出现矛盾和问题时,首先应取得政府部门的支持、社会各界的理解,按程序沟通解决;必要时借助社会中介组织的力量,调解矛盾,解决问题。

④为了消除沟通障碍,应该熟悉各种沟通方式的特点,以便在进行沟通时能够采用恰当的方式进行交流。

3. 有效沟通的技巧

(1)首先要明确沟通的目的。对于沟通的目的,经理人员必须弄清楚,进行沟通的真正目的是什么?需要沟通的人理解什么?确定好沟通的目标、沟通的内容就容易进行了。

(2)实施沟通前先澄清概念。项目经理事先要系统的考虑、分析和明确所要进行沟通的信息,并将接收者可能受到的影响进行估计。

(3)只对必要的信息进行沟通。在沟通过程中,经理人员应该对大量的信息进行筛选,只把那些与所进行沟通人员工作密切相关的信息提供给他们,避免过量的信息使沟通无法达到原有的目的。

(4)考虑沟通时的环境情况。所说的环境情况,不仅仅包括沟通的背景、社会环境,同时还包括人的环境以及过去沟通的情况,以便沟通的信息能够很好的配合环境情况。

(5)尽可能听取他人的意见。在与他人进行商议的过程中,既可以获得更深入的看法,又易于获得他人的支持。

(6)注意沟通的表达。要使用精确的表达,把沟通人员的项目和意见用语言和非语言精确地表达出来,而且要使接收者从沟通的语言和非语言中提出所期望的理解。

(7)进行信息的反馈。在信息沟通后有必要进行信息的追踪与反馈,弄清楚接收者是否真正了解了所接收的信息,是否愿意遵循,并且是否采取了相应的行动。

(8)项目经理人员应该以自己的实际行动来支持自己的说法,行重于言,做到言行一致的沟通。

(9)从整体角度进行沟通。沟通时不仅仅要着眼于现在,还应该着眼于未来,实际上多数的沟通,是符合当前形势发展需要的。但是,沟通更要与项目长远的目标相一致,不能与项目的总体目标产生矛盾。

(10)学会聆听。项目经理人员在沟通的过程中听取他人的陈述时应该专心,从对方的表述中找到沟通的重点。项目经理人员接触的人员众多,而且并不是所有的人都善于与人交流,只要有学会聆听,才能够从各色的沟通者的言语交流中直接抓住实质,确定沟通的重点。

14.2.5 项目的冲突及解决

1. 冲突的产生

冲突的产生有几个重要的来源,认清这几个重要因素并正确处理,即可能在不影响项目计划之前化解冲突。

(1)人力资源。由于项目团队中的成员来自不同的职能部门,关于用人问题,会产生冲突。当人员支配权在职能部门领导手中时,双方会在如何合理分配成员任务上产生矛盾。

(2)成本费用。项目经理分配给各个职能部门的资金总被认为是不够的,因而在成本费用如何分配上会产生冲突。

(3)技术冲突。在面向技术的项目中,在技术质量、技术性能要求、技术权衡以及实现性能的手段上都会发生冲突。

(4)管理程序。许多冲突来源于项目应如何管理,也就是项目经理的报告关系定义、责任定义、界面关系、项目工作范围、运行要求、实施的计划,以及与其他组织的协商工作。

(5)项目优先权。项目参加者经常对实现项目目标应该执行的工作活动和任务的次序关系有不同的看法。优先权冲突不仅仅发生在项目组织与其他职能部门之间,在项目组织内部也会发生。

(6)项目进度的冲突。围绕项目工作任务的时间确定次序安排和进度计划也会产生冲突。

(7)项目成员个性。对于不同的人,有不同的价值观、判断事物的标准等,因而常常在项目团队中存在“以自我为中心”的思想,造成了项目组织中的冲突。

2. 冲突的发展过程

冲突是一个能动的、互相影响的过程，其发展过程通常有一定的规律可循，一般包括潜伏、被认知、被感觉、出现及结局五个阶段。

在第一阶段中，不存在公然的冲突，只是产生了冲突的条件，使冲突成为可能；第二阶段是冲突的被认知阶段，在这个阶段中，冲突各方开始注意到对冲突问题的争议；第三阶段冲突被感知，当一个或更多的当事人对存在的差异有情绪上的反应时，冲突就达到了被感觉的阶段；第四阶段是冲突的出现，在这个阶段，冲突由认知上的发觉转化为行动，冲突的当事人选择对冲突进行处理；第五阶段形成了冲突的结局。通过分析冲突可能出现的结局可以为决策提供正确的信息。

3. 冲突的解决

解决冲突，可以采用协商、让步、缓和、强制和退出等方法。

(1)协商。是争论双方在一定程序上都能得到满意结果的方法。在这一方法中，冲突双方寻求一个调和的折中方案。但这种方法只适用于双方势均力敌的情况，并非永远可行。

(2)让步。是让冲突的双方其中的一方从冲突的状态中撤离出来，从而避免发生实质的或潜在的争端。有时这并不是一种有效的解决方式，例如在技术方案上产生不同意见时，争论对项目的顺利实施反倒有利。

(3)缓和。通常的做法是忽视差异，以便在冲突中找到一致的地方，即求同存异。这种方法认为组织团队之间的关系比解决问题更为重要。尽管这一方式能够避免某些矛盾，但是对于问题的彻底解决没有帮助。

(4)强制。强制的实质是指“非赢即输”，认为在冲突中获胜比保持人际关系更为重要。这是积极解决冲突的方式，但应该看到这种方式解决的极端性。强制性的解决冲突对于项目团队的积极性可能会有打击。

(5)退出。这更是一种消极的解决冲突的方式，不但无助于解决冲突，对于引起冲突问题的解决也没有实质性的帮助。

15　工程项目竣工验收、结算和竣工决算

15.1　施工项目竣工依据、条件及程序

15.1.1　单项工程初步验收与建设项目总验收的关系

施工项目竣工验收一般分为两个阶段。

第一阶段是对单项工程进行竣工验收，又称初步验收或局部验收。此阶段主要是指在一个建设项目中，施工单位按承包合同和设计要求建成的单项(位)工程，已能满足生产要求或具备使用条件，并由建设单位(项目业主)组织验收，同时办理交接手续的过程。

第二阶段是全部验收，又称总验收。此阶段是指建设单位在整个施工项目已按设计要求全部建成，各单项工程符合竣工验收标准并逐个验收完毕后，经验收委员会验收合格，可向使用单位交工的过程。全部验收包括对建筑安装工程进行的全面验收，即交工验收；同时还包括对安装的设备进行的联动试车的动用验收。

初步验收与总验收二者的关系见表 15－1。

表 15－1　初步验收与总验收的关系

	初　步　验　收	总　验　收
验收对象	单项工程	建设项目
验收时间	单项(位)工程建成	建设项目全部建成
验收目的	施工单位向建设单位移交建筑安装工程	建设单位向使用单位(投资者为国家、企业、个人)移交固定资产
验收基础	各部位工程全部竣工合格	单项工程全部竣工验收合格
验收组织	验收小组 组长：建设单位负责人 组员：施工单位、设计单位、管理和使用单位、质量监督站、银行、档案馆、工会、劳动、卫生、消防、环保等单位的代表	验收委员会 主任委员：建设项目批准机关代表 委员：地方政府代表，建设单位、施工单位、设计单位代表，质量部门、银行、卫生、消防、环保、档案馆、统计、物资、劳动、工会等部门代表 重要大型建设项目应报国家计委组成验收委员会

续表 15－1

	初步验收	总验收
两种验收的联系	①建设项目工程较简单、规格较小时，可将两阶段验收合并为一次验收 ②只有全部单项工程均竣工验收合格，方可进行建设项目的竣工验收 ③在建设项目竣工验收时，对于已经验收的单项工程可以抽查，不必再办验收手续，其验收单可作为附件在总验收中加以说明	

15.1.2 施工项目申请竣工验收的依据、条件及程序

1. 施工项目竣工验收的依据

竣工验收的依据主要有：经上级主管部门批准的设计纲要、设计文件、施工图纸和说明书及设备技术说明书，招投标文件和工程合同，图纸会审记录、设计修改签证和技术核定单，现行的施工技术验收标准、规范及质量检验评定标准，有关施工记录和构件、材料合格证明文件。此外，如果是引进技术或进口成套设备的项目，还应按照签订的合同和国外提供的设计文件等资料进行验收。

2. 施工项目竣工验收的条件

(1)下列情况应视为符合施工项目竣工验收的条件：

①已完成建设工程设计和合同约定的各项内容。

②有完整的技术档案和施工管理资料。

③有工程使用的主要建设材料、建筑构配件和设备的进场试验报告。

④有勘察、设计、施工、工程监理等单位分别签署的质量合格文件。

⑤有施工单位签署的工程保修书。

(2)下列情况应视为不符合竣工验收的条件：

①房屋建筑工程已经完成，但由于房屋建筑承包单位承担的室外管线并没有完成，房屋建筑不能正常使用的，故不能进行竣工验收。

②房屋建筑已经完成，但与其直接配套的变电室、锅炉房等尚未完成的，也不能进行竣工验收。

③工业或科研性建筑工程，有下列情况之一的也不能进行竣工验收，即：

A. 因安装机器设备或工艺管道而使地面或主要装修尚未完成的；

B. 主建筑的附属部分，如生活间、控制室等尚未完成的；

C. 烟囱等未完成的，与主体建筑的配套工程未完成的；

D. 施工单位尚未对工程质量进行自验或自验不合格的，不能进行竣工验收。

3. 施工项目竣工验收的程序

(1)项目竣工验收的一般程序如图 15－1 所示。

(2)竣工验收的组织工作。正式竣工验收，一般由建设单位(或委托监理单位)牵头，邀请设计单位及有关方面参加，同施工单位一起进行检查验收。对于国家的重点建设项目，往往由国家部委邀请有关方面参加，由工程验收委员会进行验收。验收合格后，即可将工程正式移交建设单位使用。

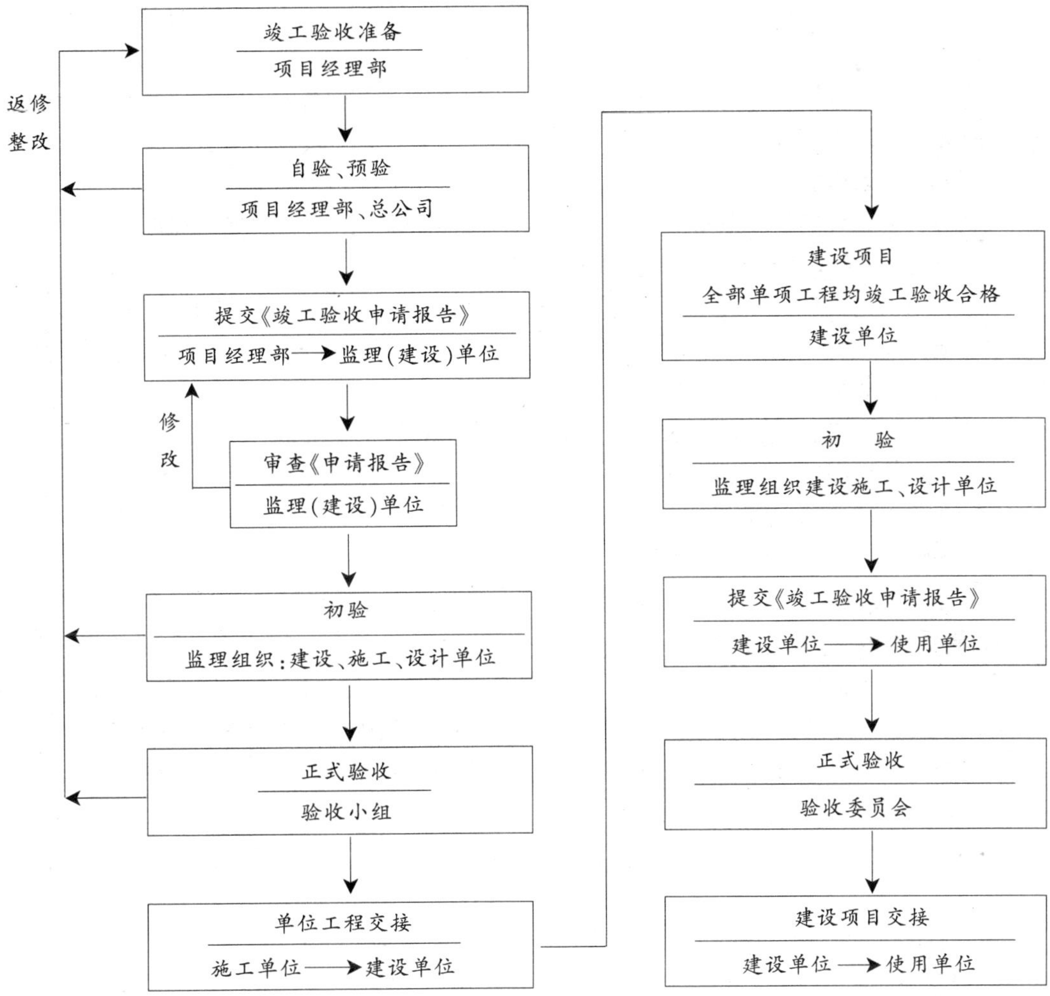

图 15–1　施工项目竣工验收程序

15.2　施工项目竣工验收的标准及内容

15.2.1　施工项目竣工验收的标准

施工项目竣工验收的标准分为单位工程竣工验收标准、单项工程竣工验收标准和建设项目竣工验收标准。

1. 单位工程竣工验收标准

单位工程包括房屋建筑工程、设备安装工程和室外管线工程。其验收标准如下:

(1)房屋建筑工程。

①交付竣工验收的工程,均按施工图的设计规定全部施工完毕,并经过施工单位预验和监理初验已符合设计、施工及验收规范要求;

②建筑设备(室内上下水、采暖、通风、电气照明等管道及线路敷设工程)经过试验,均已达到设计和使用要求;

③建筑物室内外清洁,室外2m以内清理完毕,施工渣土已全部运出现场;

④应交付的竣工图和其他技术资料均已齐全。

(2)设备安装工程。

①设备安装工程的设备基础、机座、支架、工作台和梯子等属于建筑工程部分已全部施工完毕,经检验符合设计和设备安装要求;

②需要的工艺设备、动力设备和仪表等已按设计和技术说明书要求安装完毕,经检验其质量符合施工及验收规范要求,并经试压、检测和单体或联动试车,符合质量要求,具备形成设计规定的生产能力;

③设备出厂合格证、技术性能和操作说明书,以及试车记录和其他技术资料齐全。

(3)室外管线工程。主要指室外管道安装工程和电气线路敷设工程。

①全部按设计要求施工完毕,经检验符合项目设计、施工要求及验收规范要求;

②室外管道安装工程已通过闭水试验、试压和检测合格;

③室外电气线路敷设工程已通过绝缘耐压材料检验,并已全部合格。

2. 单项工程竣工验收标准

(1)工业单项工程。

①初步设计规定的工程,包括建筑工程、设备安装工程、配套工程和附属工程等,均已全部施工完毕,经检验符合设计、施工及验收规范,符合设备技术说明书要求,并形成设计规定的生产能力;

②设备安装经过单体试车、无负荷联动试车和有负荷联动试车均合格,能够生产合格产品;

③项目生产准备已基本完成,能够连续生产。

(2)民用单项工程。

①全部单项工程均已施工完毕,达到竣工验收标准,并能够交付使用;

②对住宅工程,除达到房屋建筑工程竣工验收标准外,还要求按设计文件规定,与住宅配套的室外给排水、供热及供燃气管道工程、电气线路敷设工程等均已全部施工完毕,而且连同住宅全部都具备了交付使用的条件,并达到竣工验收标准。

3. 建设项目竣工验收标准

(1)工业建设项目。

①主要生产性工程和辅助公用设施已按设计要求建成,并能满足生产要求,其中包括初步设计规定的给排水工程、供气及供热管道安装工程、电气线路敷设工程,以及配套设施中的动力电源、电话通讯、消防、“三废”治理工程等均已建成,均能形成生产能力,满足生产和使用要求;

②主要工艺设备、动力设备均已安装配套,经无负荷联动试车和带负荷联动试车均合格,可构成生产线且形成生产能力,能够生产出设计文件规定的产品;

③职工宿舍、食堂、更衣室和浴室,以及初步设计规定的其他生活福利设施,已能适应投产初期的需要;

④生产准备工作已能适应投产初期的需要,其中包括生产指挥系统的建立,经过培训的

生产人员、机修和电修人员已能上岗操作，生产所需原材料、燃料、备品和备件的储备，经验收检查，能够满足连续生产的要求。

(2)民用建设项目。主要是各单位工程、单项工程均已符合竣工验收标准，其中配套工程、附属工程已基本施工完毕，工程质量合格，达到使用要求。

15.2.2　施工项目竣工验收的主要工作内容

1.施工单位及项目经理应抓好的竣工准备工作

(1)把工程竣工作为一个施工阶段看待，而且按施工进度计划来完成收尾工作。

(2)组织有关人员，按正式验收标准进行自检。自检时要分层、分段、分房间、分部位逐一检查，以防止施工中的丢项与漏项，如发现问题及时修补，限期完成，并要求土建、水、暖、电、卫等工程都达到验收标准。

(3)对成品进行保护和封闭。达到验收标准的成品，要立即组织清理，保护好成品，依可能和需要，按房间或层段锁门封闭，严禁无关人员进入，以防止损坏成品或丢失零件，并要落实专人保护看管。

(4)有步骤地组织剩余物资的回收和退库，或向其他施工现场转移。

(5)有计划地拆除施工现场的各种临时设施和暂设工程，拆除各种临时管线，撤走施工机具，清扫施工现场，组织人清运垃圾和杂物。

(6)做好电气线路和各种管线的交工前检查，还应进行电气工程的全负荷试验。

(7)做好通水、消防的试验和检验。

(8)有生产工艺设备的工程项目，要进行设备的单体试车、无负荷联动试车和有负荷联动试车。

(9)组织工程技术人员绘制竣工图，清理和准备好各项需向建设单位移交的工程档案资料。同时，组织编制竣工结算书。

(10)准备好工程竣工通知书、工程竣工报告、工程竣工验收证明书及工程保修证书等。此外，准备好工程质量评定的各项资料。

(11)公司一级组织应预验，不符合验收标准的应及时修补，直到符合验收标准。

2.施工项目竣工验收的主要工作内容

(1)初验。

①建设单位审查竣工验收申请报告。

②监理工程师组织有关单位初验，发现问题通知施工单位限期修理返工，然后向有关单位发出竣工验收通知单。

(2)正式验收。

①验收委员(小组)负责竣工验收工作。

②验收委员会按竣工验收标准实地逐项检查。

③召开现场验收会议，施工单位介绍施工情况及预验情况，并出示竣工资料；监理工程师通报工程监理情况，发表竣工验收意见；建设单位提出现场检查出现的问题，限期处理的意见；验收委员们现场讨论；监理工程师宣布竣工验收结果，质检管理部门宣布竣工质量等级。

④建设单位、监理单位、承包单位三方在《竣工验收签证书》上签字。

⑤施工单位向建设单位发送《建筑安装工程保修书单》。

(3)工程竣工交接。

①按不同投资渠道(国家、企业、个人)移交竣工项目所有权。

②对竣工的中、小型建设项目或单项工程,在监理工程师的协助下,由承建单位向建设单位(或投资者)办理移交手续。

③对竣工的大型建设项目,在建设单位接收竣工项目并投入使用1年后,国家有关部委组成验收小组,全面检查项目质量和使用情况后验收。最后,由建设单位向国家办理项目移交手续。

④施工单位向建设单位逐项办理工程移交手续和其他固定资产移交手续,并移交工程技术档案资料。

⑤施工单位编制项目竣工结算书,并经监理工程师审核签字方可生效。办理财务结算手续后,除保修工作外,施工单位与建设单位双方的经济关系和法律责任予以解除。

⑥监理工程师在项目竣工结算基础上为建设单位编制竣工决算书,并上报主管部门,经银行审查签认予以核销,至此工程项目的全部建设过程即告终结。

15.2.3 工程档案资料

1.工程档案资料的验收移交

(1)施工项目竣工后,项目经理部按有关规定整理开工以来的文件资料。建设项目的档案资料要从建设项目立项开始编目建档,力求真实、准确、完整并配套,提交给监理工程师或建设单位,经审核认可后,作为项目竣工验收的资料。

(2)施工项目竣工验收合格后,还要将竣工验收阶段的有关资料纳入工程档案,形成全套的工程档案。

(3)向建设单位移交竣工工程时,需编制《工程档案资料移交清单》,一式两份。然后,双方核对档案资料与清单,确认无误后各签字盖章,各自保存一份。

2.工程档案资料的内容(以建设项目为例)

(1)施工前期的有关资料。

①申请报告和计委立项批文,规划许可证,其他批准文件及有关的决议、指示、批示,以及领导的重要讲话和会议记录等;

②可行性研究与方案论证材料;

③征用土地、拆迁及补偿等文件;

④工程地质(水文、气象)勘察报告;

⑤概预算;

⑥承发包合同、协议书、招投标文件;

⑦建设执照,消防、环保与劳动等部门的审核文件。

(2)施工阶段的有关资料。

①开工报告;

②工程测量定位记录;

③图纸会审和技术交底记录;

④施工组织设计等文件;

⑤原材料、半成品、成品出厂质量证明和质量试(检)验报告；
⑥地基处理、基础工程施工文件资料；
⑦隐蔽工程验收记录；
⑧工程变更通知单、技术核定单、材料代用单；
⑨建筑施工试验记录；
⑩水、电、气、暖等设备安装施工记录；
⑪工程质量事故报告及处理记录；
⑫沉降观测记录；
⑬垂直度观测记录；
⑭分部分项工程质量评定记录及单位工程质量综合评定表；
⑮施工日记；
⑯竣工报告。
(3)竣工验收阶段的有关资料。
①竣工项目验收报告；
②竣工决算文件及审核文件；
③竣工验收会议文件、会议决定；
④工程竣工验收质量评定表、质量监督部门的质量核定书；
⑤工程建设总结；
⑥有关照片、录音、录像、名人题字；
⑦竣工图。

15.2.4 工程保修与回访

1. 工程保修

(1)保修时间。应该从竣工验收完毕之日的第二天计算，土建、水、电、卫生通风以及燃气等工程，一般保修期最短期限为 1 年，采暖工程保修期最短期限为 1 个采暖期。

(2)保修范围。按照保修回访制度要求，对各种类型的建筑工程及其各个部位，都应实行保修，主要是解决由于施工单位施工责任造成的建筑物使用功能不良或无法使用的问题。凡是由于用户使用不当而造成建筑功能不良或损坏的，或者因工业产品项目发生的问题，均不属保修范围，应由建设单位自行组织修理。

(3)保修方法。

①发送保修证书(房屋保修单)。房屋保修单和工程质量修理通知书的格式分别见表 15-2 和表 15-3。

表 15－2　建筑工程保修单

工程名称：

施工单位：

交工日期：　　年　　月　　日

使用单位(用户)名称：

本工程在保修期内如发生施工质量问题，本单位将按照《建筑工程保修办法》(试行)有关规定负责保修。

1. 保修范围

①屋面漏雨

②烟道、排气孔道、风道不通

③室内地坪空鼓、开裂、起砂、面砖松动及有防水要求的地面漏水

④内外墙及顶棚的抹灰、面砖、墙纸、油漆等饰面脱落，墙面浆起碱脱皮

⑤门窗开关不灵或缝隙超过规范规定

⑥厕所、厨房、盥洗室地面泛水倒坡积水

⑦外墙板漏水，阳台积水

⑧水塔、水池、有防水要求的地下室漏水

⑨室内上下水、供热系统的管道漏水、漏气，暖气不热，电器、电线漏电，照明灯具坠落

⑩室外上下水管道漏水、堵塞，小区道路沉陷

⑪钢筋、钢筋混凝土、砖石砌体结构及其他承重结构变形、裂缝超过国家标准和设计要求。

2. 保修期限

①基础设施工程、房屋建筑的地基基础工程和主体结构工程，为设计文件规定的合理使用年限

②屋面防水工程、有防水要求的卫生间、房间外墙的防渗漏均为 5 年

③供热与供冷系统，为 2 个采暖期和供冷期

④电气管线，给排水管道、设备安装和装修工程，为 2 年

⑤其他项目保修期限由发包方与承包方约定，保修期自竣工验收合格之日起计算。

3. 说明事项：

施工单位地址：

电话：　　　　(公章)

联系人姓名：　　　　年　　月　　日

表 15－3　　工程质量修理通知书

工程名称：	使用单位（用户）名称：
施工单位名称： 本工程于　　年　　月　　日发生质量问题，根据《建筑工程保修办法》（试行）有关规定，请你单位派人检查修理为盼。	
质理问题及部位：	
承建单位： 使用单位（用户）对修理结果的意见：	
使用单位： （用户）地址： 电　　话： 联系人姓名： 通知书发出日期：　　年　　月　　日	

【注】 此表在修理项目完成后，由施工单位保存。

②在保修期内，施工单位接到建设单位（或用户）的要求或通知，应立即派人检查，会同建设单位共同鉴定，并提出修理方案而进行修理。修理完毕，在保修单上做保修记录，而且要经建设单位签字。

（4）保修费用。

①修理项目确属施工单位的施工责任造成的或遗留的隐患，应由施工单位承担全部修理费用；

②修理项目是由于建设单位、施工单位双方的责任造成的，由双方协商各自应承担修理费用；

③修理项目是由于建设单位提供的设备、材料、成品、半成品，因质量不好等原因造成的，则应由建设单位承担全部修理费用；

④涉外工程保修问题，除按上述办法处理外，还应依照原合同的有关条款执行。

2. 工程回访

一般由施工单位的领导组织生产、技术、质量、水电等有关方面人员进行回访，回访时可以通过实地察看和开座谈会的形式了解建筑物的使用情况及设备的运转情况等，并认真做好回访记录，发现问题及时处理解决。工程回访的方式有：

(1)季节性回访。雨季回访屋面、墙面防水情况，冬季回访锅炉房及采暖系统情况，这样便于发现问题及时解决。

(2)技术性回访。主要了解在工程施工过程中采用的新材料、新设备、新工艺、新技术等的技术性能和使用效果，便于总结经验，进一步完善推广。

(3)保修期满回访。保修期满之前回访，既可解决保修期内发生的问题，又标志着保修期结束，使建设单位注意建筑物的维护和使用。

15.3 工程项目结算和竣工决算

15.3.1 工程项目结算

工程项目结算是建筑安装施工企业在完成某项工程任务的过程中，由于材料及设备的采购，以及劳务供应、已完工程点交和单位之间的资金调拨等经济活动所引起的货币收付现象。

1. 建设工程结算的内容

建筑安装施工企业在完成建设工程的任务过程中，其结算方式有工程价款结算和年终结算两种。

(1)工程价款结算。由于建筑产品生产周期长，工程价款一般不能等到工程全部竣工后才结算。同时，为了使建筑安装企业在施工过程中耗用的资金能及时得到补偿，并及时反映工程进度和施工企业的经营成果，施工企业对工程价款实行中间结算办法，即按逐月完成的工程量乘预算定额单价、取费标准及法定利润率计算出工程价款，再向建设单位办理工程价款结算手续。

在未实行大流动资金制度的情况下，企业为保证正常施工，对需要的材料、结构件的储备和未完工程等流动资金，也应当由建设单位提供，已完工程的价款还要由建设单位按工程进度拨付。因此，建筑安装施工企业在开工前，可以按规定向建设单位预收一定数额的工程备料款，并在施工过程中按照“完成多少工程给多少钱”的原则，每月由施工企业提出已完工程月报表连同工程款结算账单，一并送建设单位和建设银行办理已完工程款的结算。但是，目前工程进度款多数由施工企业实行旬末(或月中)预支、月终结算，工程竣工后再办理竣工结算的办法。

①工程备料款的预收：工程开始，首先遇到的是工程预付款(又称工程备料款)问题。施工企业向建设单位预收备料款的数额，取决于主要材料(包括结构件)占建筑安装工作量的比重，以及材料储备期和施工期诸因素。预收备料款的数额，可按下式计算。

$$\text{预收备料款数额}=\frac{\text{年度建筑安装工作量}\times\text{主要材料比重}(\%)}{\text{年度施工日历天数}}\times\text{材料储备天数}$$

式中材料储备天数，可根据当地材料供应情况确定。即

$$\text{工程备料款额度}=\frac{\text{预收备料款数额}}{\text{年度建筑安装工作量}}\times 100\%$$

在实际工作中，工程备料款的额度，通常是由各地区根据工程类型、施工期限、供应体制

等条件分别统一规定的。一般为当年建筑安装工作量的25%左右,对于大量采用预制构件的,可以适当增加。

假设某建筑安装施工企业承建了某建设单位的建筑安装工程,双方签订的合同中规定,当年计划工作量为100万元,工程备料款额度按25%计算,则

$$预收备料款 = 1\,000\,000 \times 25\% = 250\,000(元)$$

②工程备料款的扣还:由于备料款是按完成全部建筑安装工作量所需要的储备材料计算的,因而当工程达到一定的进度、材料储备随之减少时,预收备料款应当陆续扣还,一般在工程全部竣工前扣完。确定预收备料款开始抵扣的时间,应该以未施工工程所需主要材料及结构构件的耗用额刚好同备料款相等为原则。在实际工作中,备料款的起扣点,有的是由建筑安装企业与建设单位根据具体情况商定的。工程备料款的起扣点可按下式计算:

$$\begin{matrix}预收备料款起扣时的\\工程进度(即起扣点)\end{matrix} = 1 - \frac{预收备料款占建筑安装工作量的百分比(即预收备料款额度)}{主要材料占建筑安装工作量的百分比(即主要材料比重)}$$

假设主要材料占建筑安装工作量的比重为55.5%,则预收备料款起扣时的工程进度为55%,即$(1 - \frac{25}{55.5}\%)$。这时,未完工程45%所需的主要材料接近25%,即(45% ×55.5% = 24.975%)。随着工程施工的继续,主要材料逐渐耗用,其储备可以随之减少,因而预收备料款应当相应扣完。

应扣还的预收备料款,可按下列公式计算,即:

$$\begin{matrix}应扣还预收备\\料款的数额\end{matrix} = \begin{matrix}年度计划\\工作量\end{matrix} \times \left[\begin{matrix}至本期止\\累计进度(\%)\end{matrix} - \begin{matrix}备料款\\起扣点\end{matrix}(\%) - \begin{matrix}已扣备料\\款额度\end{matrix}(\%)\right] \times \begin{matrix}主要材料占建筑\\安装工作量比重\end{matrix}(\%)$$

假设年计划工作量为100万元,本期累计进度为70%,预收备料起扣点为55%,已扣预收备料款的额度为13%,主要材料占建筑安装工作量的比重为55.5%,则

$$应扣还预收备料款数额 = 1\,000\,000 \times (70\% - 55\% - 13\%) \times 55.5\% = 11100(元)$$

③工程进度款的收取:建设安装企业一般在旬末或月中根据当期的完成量向建设单位收取工程进度款。在预收工程备料款的情况下,当达到预收备料款的起扣点时,则应从应收工程进度款中减去应扣还的备料款的数额。这时,收取工程进度款可按下列公式计算:

$$\begin{matrix}本期收取的\\工程进度款\end{matrix} = \begin{matrix}本期(旬末或月中)\\完成工作量\end{matrix} - \begin{matrix}应扣还的预\\收备料款\end{matrix}$$

假设月中完成建筑安装工作量为2万元(占年计划工作量的2%),应扣还的预收备料款,按上例计算为11100元,则本月月中向建设单位收取的工程进度款为:

$$20\,000 - 11\,100 = 8\,900(元)$$

(2)年终结算。这是指一项工程在本年度内不能竣工,需跨入下年度继续施工。但是,为了正确反映企业本年度的经营成果,由施工企业会同建设单位对在建工程进行已完(或未完)的工程量盘点,然后结算本年度工程价款。

2.工程项目结算的方式

工程项目结算分为现金结算和转账结算两种。现金结算,是用现款直接进行货币收支的一种结算方式。按照国家现金管理制度的规定,现金结算只能用于各企业和各单位支付职工工资、津贴、差旅费以及1 000元以下的小额零星现金支付。转账结算(又称非现金结

算)，是指各企业、单位之间的经济往来不动用现金，而通过双方在银行开立的账户，进行转账划拨的一种结算方式。国家规定，除按照现金管理办法规定，可以使用现金的以外，建设工程中的一切货币收支，都必须通过建设银行(或经办银行)转账结算。

依据国务院批转的中国人民银行《关于改革银行结算的报告》制定的新银行结算办法，应做到：一恪守信用，履约付款，谁的钱进谁的账和银行不垫款的结算原则；二简化、合并银行结算种类，增加结算的通用性和灵活性；三确立以汇票、本票、支票为主体的结算制度，增加票据的流通性；四减少行政监督手段，既依法维护存户资金的自主支配权利，又分清客户和银行办理结算的职责义务；五强调结算管理和结算纪律，加强各方办理结算的责任。

银行结算改革废止了托收承付、国内信用证、委托付款、托收无承付保付支票和省内限额结算等不适应的结算方式，新的银行结算办法主要有银行汇票、商业汇票、银行本票、支票、定额支票、汇兑、委托收款七种信用支付工具和结算方式。只有各种结算方式合理配置、互为补充，才可以适应多种形式的商品交易和经济活动的需要。

(1)银行汇票。是汇款人将款项交给当地银行，由银行签发给汇款人持往异地办理转账结算或支取现金的票据。

银行汇票适用范围广泛，单位、个体经济户和个人向异地支付各种款项都可以使用。这种汇票的优点是：票随人到，有利于单位和个人的急需用款和及时采购；使用灵活，持票人既可以将汇票转让给销货单位，也可以通过银行办理分次支付或转汇；兑现性较强，经签发银行审查，填明“现金”字样的汇票可以到兑付银行取现，避免长途携带现金；凭票购货，余款自动退回，可以钱货两清，防止不合理的预付货款和交易尾欠的发生。此外，这种汇票银行保证支付，收款人能迅速获得款项。

(2)商业汇票。是由收款人或付款人(或承兑申请人)签发，由承兑人承兑，并于到期日向收款人或持票人支付款项的票据。商业汇票分为两种：由付款人承兑的为商业承兑汇票，由银行承兑的为银行承兑汇票。

商业汇票在异地和同城都可以使用。商业汇票适用于企业单位先发货后收款或双方约定延期付款的商品交易。这种汇票经过承兑人承诺，承兑人(即付款人)负有到期无条件支付票款的责任，双方根据需要可以商定不超过 9 个月的承兑期限。商业汇票在承兑期限内，在购货单位资金暂时不足的情况下，可以凭承兑的汇票进行销售和购买商品；销货单位需要资金，可按照承兑的汇票向银行申请贴现，以便及时补充流动资金。

此外，商业汇票允许背书转让，企业单位凭票据即可进行商品交易，便利商品流通。自取消托收承付结算方式后，企业单位可以使用这种汇票进行结算，这比使用托收承付方式收回货款更有保证。银行对贴现的汇票可以向其他银行办理转贴现和向人民银行申请再贴现，这也有利于银行相互间融通资金，改善和加强宏观管理。

(3)银行本票。是申请人将款项交给银行，由银行签发给其凭以办理转账或支取现金的票据。银行本票分为定额和不定额两种。定额银行本票面额有 500 元、1 000 元、5 000 元和 10 000 元。

银行本票在指定城市的同城范围使用。单位、个体经济户和个人的商品交易和劳务供应，以及其他款项的结算，都可以使用银行本票。银行本票由银行担保兑付，信誉很高，允许背书转让。银行本票特点：用本票购买商品，销货方可以见票付货，购货方可以凭票提货；债权、债务双方可以凭本票清偿债务；收款人将本票交存银行，银行即可为其入账，不像交存支票那样,需收妥以后才能用款;支取现金的本票,可随时到银行兑付现金。

(4)支票。是银行的存款人签发给收款人办理结算或委托开户银行将款项支付给收款人的票据。支票分为现金支票和转账支票两种。现金支票可以到银行支取现金,也可以转账;转账支票只能转账。

支票在同一城市或一定的区域范围内可以用于商品交易、劳务供应及清偿债务等款项结算。使用支票手续简便、灵活,在指定的城市,支票还可以背书转让,便利商品交易和款项结算,而收款人将支票交存银行,一般当天或次日即可入账用款。但是,单位和个人要遵守信用,在银行存款余额内才能签发支票,保证债权人的利益,维护债务人的信誉。

(5)定额支票。是收购单位将款项交存银行,由银行交其用于向农户支付收购农副产品款项的票据。农户交售农副产品时,要定额支票还是现金,由农户自由选用。

定额支票既方便农户和收购部门对农副产品价款的结算,节约现金使用,节省现金的清点、搬运等手续,又能维护农民的利益。定额支票有多种用途,农户拿到定额支票,既可向银行或信用社兑付现金、归还货款及转存定期储备,也可在当地用于缴纳农业税,支付承包金或向商业、供销部门购买商品,超过10天结算期的,银行还应从签发日开始按照定活两便储蓄利率给农户计算利息。

(6)汇兑。是汇款人委托银行将款项汇给异地收款人的结算方式。汇兑分为信汇和电汇两种,汇款人可根据需要选用。

这种结算方式便利汇款人向异地主动付款,适用于单位、个体经济户和个人的各种款项的结算。汇款人需要在汇入银行支取现金的,经汇出银行审查填明“现金”字样的汇款凭证,就可以到汇入银行支取现金。汇兑的新办法还对“留行待取”、“凭印鉴支取”、“分次支取”、“转汇”等都做了明确的规定,以适应客户的不同要求。

(7)委托收款。是收款人向银行提供的收款依据,委托银行向付款人收取款项的结算方式。委托收款分邮寄和电报划拨两种,收款人可根据需要选用。

这种结算方式便利单位主动收款,在同城和异地均可使用,既适用于在银行开立账户的单位和个体经济户各种款项的结算,也适用于水电、邮电、电话等劳务款项的结算。银行自取消托收承付结算方式以后,对信用较好的购货单位,发货后也可以使用这种结算方式。为简化手续,加快款项的收回,维护收款人的利益,委托收款的新办法取消了原来延期付款的规定,并对无款支付,逾期不退回单位的,严格了罚款原则。同时,新办法还明确了当天受理的结算业务,需要向外寄发的结算凭证,必须当天发出,最迟不得超过次日上午,汇入银行收到结算凭证后,必须及时将款项支付给确定的收款人。

新办法还着重强调:不准延误,不准积压结算凭证;不准挪用、截留客户和他行的结算资金;未收妥的款项,不准办理信电汇和签发银行汇票本票;不准向外签发未办汇款的汇款回单;不准拒绝受理客户和他行的正常结算业务。新办法还规定:对单位和个人违反银行结算规定,要给予经济处罚;银行由于不执行结算办法,影响单位和个人资金使用,以致造成客户资金损失的,要负责资金赔偿。

3.利息的计算

利息是使用资金的报酬,是货币所有者(债权人)因贷出货币资本,而从借款人(债务人)手中获得的一部分利润,即称为利息。利息分单利和复利两种。利息计算可有不同的周期,有按年计息的,也有按季、按月、按周等不同周期计息的。

15.3.2 工程项目竣工结算

工程项目竣工结算是指单位或单项建筑安装工程完工点交后办理的工程结算。它是以施工图预算为基础,根据实际施工情况编制的,并作为工程价款的结算依据。建筑安装工程价款结算,是按照完成多少工程给多少钱的原则进行的,即按"15.3.1 工程项目结算"所讲的基本建设结算办法在施工过程中进行结算。但在单位工程或单项工程的竣工验收点交后,除按施工图预算加系数包干的工程外,一般都要编制竣工结算,并作为结算工程价款、考核工程成本和编制竣工决算的依据。

单项工程竣工验收后,由施工单位及时整理交出工程技术资料,主要工程还应给出竣工图,并编制竣工结算,经送建设单位审查后,通过建设银行办理结算。因此,竣工结算是施工单位确定完成建筑安装工作量、统计完成竣工率、核算工程成本的依据,同时也是建设单位落实投资完成额的依据。总之,办理工程结算的目的,是结清工程价款,作为施工单位和建设单位从财务方面处理账务往来的依据。

1. 编制竣工结算的原则和依据

(1)竣工结算的编制原则。

①竣工结算要贯彻"实事求是"的原则:竣工结算要做到实事求是,既不扩大也不缩小工程量;既不高套也不低套预算单价,不乱编补充单价表;既不提高也不降低材料价格和预算价格,而且不乱加材料活口。

②要正确贯彻执行党和国家的有关规定和政策:办理竣工结算的工程项目内容,包括工程形象要求、分部分项工程数量和质量等方面,并且应进行全面清点。清点后都必须符合设计要求和施工及验收规范的规定,对未完工程不能办理结算,对工程质量不合格的,应返工补修后才能结算。

③竣工结算要正确地反映建筑安装工人创造的工程价值,做到平等、公正与合理。

(2)编制竣工结算的依据。

①工程竣工报告和工程验收单;

②施工图预算和施工合同,或甲、乙双方的协议书;

③设计变更通知单和现场工程更改的签证;

④政策性文件预算定额、材料价格、费用标准等资料;

⑤其他有关资料及现场记录;

⑥一切索赔依据。

2. 竣工结算的内容和编制方法

竣工结算的内容应与施工图预算相同,包括直接费、施工管理费、独立费和法定利润。目前,竣工结算书没有统一规定的表格,有的用预算表代用,有的根据工程特点和实际需要,自行设计表格。

竣工结算一般是在施工图预算的基础上,根据施工中的更改变动后的情况,进行调增或调减。其方法如下:

(1)核实工程量。

①将原施工图预算工程量进行复核,防止漏算、重算和错算。

②将因设计修改而变更的工程量进行调整,此项调整,要根据设计修改通知单进行。

③将现场工程变更进行调整。这些变更包括:施工中预见不到的工程,如基础开挖后遇到古坟等;施工方法与原施工组织设计或施工方案不符,如土方施工由机械改为人工,钢筋混凝土构件由预制改为现浇等;建设单位和施工单位双方商议及签证的更改;双方签证的现场记录。

(2)调整材料差价。工程结算因按预算定额(或地区单价估价表)的单价编制,所以一般不应发生价差因素。但是,有时由于客观原因发生的材料代用与材料预算价格差异过大时,可在工程结算中进行调整。

①材料代用是指因材料供应缺口或其他原因而发生的以大代小、以优代劣等情况,这部分应根据工程材料代用通知单计算材料的价差进行调整;

②材料价差系指材料的预算价格和实际价格的差额。在工程结算中,材料差价的调整范围,应严格按照当地规定办理,允许调整的应进行调整,不允许调整的即不能调整。

由于材料管理不善而造成价格的差异,应通过加强管理解决,一般在工程结算中不予以调整。

由建设单位供应材料按预算价格转给施工单位的,在工程结算时不调整材料价差。其材料价差由建设单位单独计算,在编制竣工决算时摊入工程成本。

材料价差的计算方法,当地有统一规定的,按统一规定调整;当地无统一规定的,可以通过测算进行双方协商,采用价差系数或者直接按价差金额乘以结算工程的材料用量进行调整。

(3)调整费用。属于工程数量的增减变化,要相应地调整施工管理费和独立费用。如果属于价差因素,一般不调整施工管理费和独立费用,因为费用定额是根据正常条件制定的,不能水涨船高。属于其他费用,如窝工费用、机械进出厂费用等,应一次结清,分摊到结算的工程项目中去。施工现场使用建设单位的水费和电费,其费用应在工程结算时进行清算,并退还建设单位。

另外,对于独立费中的冬、雨季施工增加费、远征工程增加费、夜间施工增加费,如发生变动,则在计取技术装备费和法定利润时,也应按规定进行调整。

在实行施工图预算加预算外包干费时,预算外包干费同样应列入工程预算成本,并按规定计取其他费用。

15.3.3 工程项目竣工决算

1.竣工决算的意义

工程项目竣工决算是建设项目或单项工程竣工后,由建设单位向国家报告建设成果和财务状况的总结性文件,是竣工验收报告的重要组成部分,也是办理交付使用的依据。为了严格执行竣工验收制度,正确核定固定资产价值,考核分析投资效果,国家要求建设项目或单项工程竣工后,建设单位要按照规定及时编制竣工决算。竣工决算与年度财务结算和工程结算不同。竣工决算是全面反映一个建设项目、或单项工程从筹建到竣工投产全部过程中各项资金的实际使用情况,也是设计概(预)算执行结果的文件。竣工决算是考核建设成本的依据,而年度财务决算是反映当年财务收支情况的,工程结算仅能反映出外包工程的结算情况。然而,三者之间又有密切的联系,年度财务决算和工程结算都是编制竣工决算的基础资料,因此,凡是新建、改建和扩建的工程项目,在工程竣工后,必须编制竣工决算。竣工

决算主要有以下几方面的作用:

(1)竣工决算是检查建设工程计划、设计概算执行情况和考核投资效果的重要依据。

(2)竣工决算是全面反映建设项目的财务情况,总结提高财务管理工作水平的重要资料。

(3)竣工决算是办理交付使用财产的依据。

(4)竣工决算为修订概算定额、降低建设成本提供了资料。

2. 竣工决算的编制

建设单位应当按照国家规定的建设项目竣工决算编制办法,对已完工的建设项目或单项工程及时办理竣工验收手续,编好竣工验收报告和竣工决算。分期建设的项目,要按照设计要求分期办理竣工决算;单项工程竣工后应及时办理单项工程竣工决算,为编制基本建设项目竣工决算积累资料。竣工决算由竣工决算报表和竣工情况说明书两部分组成。

(1)竣工决算报表的内容和编制。竣工决算报表包括扉页,大中型建设项目竣工工程概况表,大中型建设项目竣工财务决算表,大中型建设项目交付使用财产明细表,大中型建设项目交付使用财产总表,小型建设项目竣工决算总表等。这些表格,由国务院有关部门统一制订下发填报。

①扉页:作为竣工决算封面用,填写建设单位、建设项目类别等,见表 15 - 4。

表 15 - 4　　扉页式样

建设工程项目竣工决算

建设单位________________建设项目类别________________

主管部门____

级　　别________________建设性质________________

建设单位负责人________________编送日期________________

②大中型建设项目竣工工程概况表:适用于竣工的大中型建设项目。编报时应根据批准的计划任务书、初步设计概算等文件所确定的主要指标和实际完成情况进行填写。其主要内容有:综合反映占地面积,新增生产能力,建设周期及完成的主要工程量,主要材料消耗及技术经济指标,建设成本等概况。同时,用设计概算与实际对比的办法,全面考核分析从筹建到竣工的全部费用,包括建筑安装工程费、设备及工器具购置费和其他基建费用。另外,还有主要事项说明。

③大中型建设项目竣工财务决算表:反映竣工建设项目的全部资金来源和运用情况,以作为考核和分析建设工程拨款及投资效果的依据。

"基建预算拨款"、"基建其他拨款"、"交付使用财产"、"应核销投资支出"、"应核销其他支出"等项栏目,反映了从开工到竣工时各个项目的累计数,填列时应根据批准的历年财务决算和办理竣工验收时编制的会计总表有关项目汇总填列。

在"应核销投资支出"项目中的"拨付其他单位基建款"、"移交其他单位未完工程"及"报废工程损失"栏,应在说明中列出明细内容和依据。特别对报废工程要查明原因,弄清情况,并在此栏详细说明,总结教训。

"器材"栏,应附设备、材料清单和处理意见。

"施工机具设备"栏,应列出清单,上报主管部门处理,如作为固定资产管理的,可另列有关科目。

④大中型建设项目交付使用财产总表:反映了大中型建设项目建成后,新增固定资产和流动资产的全部情况,作为财产交换的依据。

⑤大、中、小型建设项目交付使用财产明细表:主要反映竣工交付使用固定资产和流动资产的详细内容,适用于大、中、小型建设项目。固定资产部分要逐项盘点填列,其中"建筑结构"是指砖木结构、混合结构、混凝土结构等。

⑥小型建设项目竣工决算总表:反映小型建设项目的全部工程和财务情况。其编制方法,基本上与大中型建设项目竣工工程概况表和竣工财务决算表相同。

(2)竣工决算的文字说明。主要从勘察设计、概(预)算编制和执行、计划管理、施工管理、劳动调配、财务管理等方面考虑,并以财务决算资料为主要依据,结合统计和其他有关资料,表明计划、概(预)算的执行情况,研究完成或没有完成的计划,研究概(预)算的主、客观原因,借以总结经验教训。文字说明的主要内容一般包括:

①建设的依据,初步设计和概算批准日期。

②对设计规模和实际建设的规模,尤其对未经批准的任意增加的项目、扩大的建设规模、提高建筑标准等问题,要进行检查并说明。

③设计概算及施工图预算的执行情况和投资效果的分析。

④如有拨付其他单位工程款、移交其他单位未完工程和报废工程损失等情况,应详细加以说明。

⑤对结余的材料和设备,应附设备和材料清单,并有处理意见。

⑥对验收投产以后还遗留的少量尾工,可根据未完工程的数量按概(预)算价值计算而纳入决算,这部分工程完工以后就不再编竣工决算,但对尾工清理安排落实的具体意见和措施应加以详细说明。

⑦贯彻执行实行经济责任制、提高经济效益的情况,包括建设工期、工程质量评定、降低建设成本和工程成本等情况。

⑧存在的主要问题和处理意见。

3.搞好竣工决算的注意事项

(1)狠抓收尾,促进投产使用。在工程建设中,要注意抓收尾工作并促进工程投产使用,做到主体与配套工程衔接,水、电、气接通,从而迅速形成生产能力,为交工验收提供条件。具体做法:

①分类排队,合理组织施工力量,分期分批集中力量突击扫尾。凡能收尾使用的,要尽快收尾办理验收;对已经投产使用,尚未办理交付手续的,应限期组织验收,编制决算,办理交付手续;逾期不办的,其一切费用不准从基建投资中支付。

②及时办理竣工结算,促使那些无故拖延工期的工程尽快收尾。对于已经完工的工程,如不及时组织验收、不办理竣工结算的,保留5%尾款促使其结算。

③解决矛盾,促进收尾。对施工中由于设计更改或发生材料价差、量差以及工程质量等方面的问题,影响收尾和结算的,应同有关单位实事求是地协商,合理解决,以免影响收尾和结算。

(2)及时组织竣工验收。

①单项工程竣工后，已能满足生产要求或具备使用条件的，即可根据原国家建委《关于基本建设竣工项目验收暂行规定》组织验收。

②建设项目全部竣工后，应组织设计、施工单位进行初验，并向主管部门提出竣工验收报告，由主管部门及时组织验收。

(3)及时清理财产、清理债权与债务，落实结余资金。

①认真做好各项清理工作，做到工完账清。

②剩余材料应清点核实，做到账物相符，账账相符。

③对结余器材，应按国家规定及时处理，回收资金。生产上能使用的材料和设备，必须按价付款，不能无偿调拨；确定无法处理的积压器材，应开列清单，在竣工决算时上报。清单由原单位保管和维护，不得损失。

④自行施工购置的施工机械等固定资产，必须认真清点核实，不得任意转移，应由主管部门指定有关单位负责管理，并办理移交手续，继续为基本建设服务。

⑤对该偿还的债务应及时偿还，该收回的应如数收回。

⑥对非常损失、呆账等收不回来的款项，应按照规定上报处理。

⑦在清理中如发现违反国家计划及财经纪律等情况，应及时查清并严肃处理。

⑧在全面清理的基础上落实结余资金，清理收回竣工的结余资金，并通过建设银行上交，不得转移或挪用。

⑨为了保证竣工决算的质量，在没有编报竣工决算和清理结束以前，建设单位财务机构不得撤销，有关人员不得调离。

(4)正确计算建设成本，核定投资效果。正确计算建设成本，要正确计算从开工到竣工历年发生的全部建设总成本，并且按建筑安装工程成本、设备成本、工具成本和器具成本，以及其他建设工程费用及报废工程损失等项目分别汇总。

【竣工决算的资料】

一是来源于建设单位自身的开支和自营工程的决算；

二是来源于发包工程，即建筑安装单位在每项单位工程(或工号)完工后向建设单位办理的工程结算。

竣工决算必须内容完整、核对准确、真实可靠。竣工决算在上报主管部门的同时，抄送有关设计单位和开户建设银行各一份。大中型建设项目的竣工决算，还应抄送财政部和省、市、自治区财政厅各一份。

15.4 有关法规

在工程竣工验收中，国家有关部门制定了相关法规，如建设部颁发的《房屋建筑工程和市政基础设施工程竣工验收备案管理暂行办法》和《房屋建筑工程和市政基础设施工程竣工验收暂行规定》及《房屋建筑工程质量保修办法》，详见下面各附件。

[附件四十六]

中华人民共和国建设部令

第78号

《房屋建筑工程和市政基础设施工程竣工验收备案管理暂行办法》已于二○○○年四月四日经第二十二次部常务会议通过,现予发布,自发布之日起施行。

部长 **俞正声**

二○○○年四月七日

房屋建筑工程和市政基础设施工程竣工验收备案管理暂行办法

第一条 为了加强房屋管理工程和市政基础设施工程质量的管理,根据《建设工程质量管理条例》,制定本办法。

第二条 在中华人民共和国境内新建、扩建、改建各类房屋建筑工程和市政基础设施工程的竣工验收备案,适用本办法。

第三条 国务院建设行政主管部门负责全国房屋建筑工程和市政基础设施工程(以下统称工程)的竣工验收备案管理工作。

县级以上地方人民政府建设行政主管部门负责本行政区域内工程的竣工验收备案管理工作。

第四条 建设单位应当自工程竣工验收合格之日起15日内,依照本办法规定,向工程所在地的县级以上地方人民政府建设行政主管部门(以下简称备案机关)备案。

第五条 建设单位办理工程竣工验收备案应当提交下列文件:

(一)工程竣工验收备案表。

(二)工程竣工验收报告。竣工验收报告应当包括工程报建日期,施工许可证号,施工图设计文件审查意见,勘察、设计、施工、工程监理等单位分别签署的质量合格文件及验收人员签署的竣工验收原始文件,市政基础设施的有关质量检测和功能性试验资料以及备案机关认为需要提供的有关资料。

(三)法律、行政法规规定应当由规划、公安消防、环保等部门出具的认可文件或者准许使用文件。

（四）施工单位签署的工程质量保修书。

（五）法规、规章规定必须提供的其他文件。

商品住宅还应当提交《住宅质量保证书》和《住宅使用说明书》。

第六条 备案机关收到建设单位报送的竣工验收备案文件、验证文件齐全后，应当在工程竣工验收备案表上签署文件收讫。

工程竣工验收备案表一式二份，一份由建设单位保存，一份留备案机关存档。

第七条 工程质量监督机构应当在工程竣工验收之日起5日内，向备案机关提交工程质量监督报告。

第八条 备案机关发现建设单位在竣工验收过程中有违反国家有关建设工程质量管理规定行为的，应当在收讫竣工验收备案文件15日内，责令停止使用，重新组织竣工验收。

第九条 建设单位在工程竣工验收合格之日起15日内未办理工程竣工验收备案的，备案机关责令限期改正，处20万元以上30万元以下罚款。

第十条 建设单位将备案机关决定重新组织竣工验收的工程，在重新组织竣工验收前，擅自使用的，备案机关责令停止使用，处工程合同价款2%以上4%以下罚款。

第十一条 建设单位采用虚假证明文件办理工程竣工验收备案的，工程竣工验收无效，备案机关责令停止使用，重新组织竣工验收，处20万元以上50万元以下罚款；构成犯罪的，依法追究刑事责任。

第十二条 备案机关决定重新组织竣工验收并责令停止使用的工程，建设单位在备案之前已投入使用或者建设单位擅自继续使用造成使用人损失的，由建设单位依法承担赔偿责任。

第十三条 竣工验收备案文件齐全，备案机关及其工作人员不办理备案手续的，由有关机关责令改正，对直接责任人员给予行政处分。

第十四条 抢险救灾工程、临时性房屋建筑工程和农民自建低层住宅工程，不适用本办法。

第十五条 军用房屋建筑工程竣工验收备案，按照中央军事委员会的有关规定执行。

第十六条 省、自治区、直辖市人民政府建设行政主管部门可以根据本办法制定实施细则。

第十七条 本办法由国务院建设行政主管部门负责解释。

第十八条 本办法自发布之日起施行。

[附件四十七]

关于印发《房屋建筑工程和市政基础设施工程竣工验收暂行规定》的通知

建建[2000]142号

各省、自治区、直辖市建委（建设厅）、各计划单列市建委，国务院各有关部门、集团公司，总后营房部，新疆生产建设兵团：

为贯彻《建设工程质量管理条例》，规范房屋建筑工程和市政基础设施工程的竣工验收，保证工程质量，现将《房屋建筑工程和市政基础设施工程竣工验收暂行规定》印发给你们，请结合实际认真贯彻执行。

附件：房屋建筑工程和市政基础设施工程竣工验收暂行规定

建设部

二〇〇〇年六月三十日

房屋建筑工程和市政基础设施工程竣工验收暂行规定

第一条 为规范房屋建筑工程和市政基础设施工程的竣工验收，保证工程质量，根据《中华人民共和国建筑法》和《建设工程质量管理条例》，制订本规定。

第二条 凡在中华人民共和国境内新建、扩建、改建的各类房屋建筑工程和市政基础设施工程的竣工验收（以下简称工程竣工验收），应当遵守本规定。

第三条 国务院建设行政主管部门负责全国工程竣工验收的监督管理工作。

县级以上地方人民政府建设行政主管部门负责本行政区域内工程竣工验收的监督管理工作。

第四条 工程竣工验收工作，由建设单位负责组织实施。

县级以上地方人民政府建设行政主管部门应当委托工程质量监督机构对工程竣工验收实施监督。

第五条 工程符合下列要求方可进行竣工验收：

（一）完成工程设计和合同约定的各项内容。

（二）施工单位在工程完工后对工程质量进行了检查，确认工程质量符合有关法律、法规和工程建设强制性标准，符合设计文件及合同要求，并提出工程竣工报告。工程竣工报告应经项目经理和施工单位有关负责人审核签字。

（三）对于委托监理的工程项目，监理单位对工程进行了质量评估，具有完整的监理资料，并提出工程质量评估报告。工程质量评估报告应经总监理工程师和监理单位有关负责人审核签字。

（四）勘察、设计单位对勘察、设计文件及施工过程中由设计单位签署的设计变更通知书进行了检查，并提出质量检查报告。质量检查报告应经该项目勘察、设计负责人和勘察、设计单位有关负责人审核签字。

（五）有完整的技术档案和施工管理资料。

（六）有工程使用的主要建筑材料、建筑构配件和设备的进场试验报告。

（七）建设单位已按合同约定支付工程款。

（八）有施工单位签署的工程质量保修书。

（九）城乡规划行政主管部门对工程是否符合规划设计要求进行检查，并出具认可文件。

（十）有公安消防、环保等部门出具的认可文件或者准许使用文件。

（十一）建设行政主管部门及其委托的工程质量监督机构等有关部门责令整改的问题全部整改完毕。

第六条 工程竣工验收应当按以下程序进行：

（一）工程完工后，施工单位向建设单位提交工程竣工报告，申请工程竣工验收。实行监理的工程，工程竣工报告须经总监理工程师签署意见。

（二）建设单位收到工程竣工报告后，对符合竣工验收要求的工程，组织勘察、设计、施工、监理等单位和其他有关方面的专家组成验收组，制定验收方案。

（三）建设单位应当在工程竣工验收7个工作日前将验收的时间、地点及验收组名单书面通知负责监督该工程的工程质量监督机构。

（四）建设单位组织工程竣工验收。

1. 建设、勘察、设计、施工、监理单位分别汇报工程合同履约情况和在工程建设各个环节执行法律、法规和工程建设强制性标准的情况；

2. 审阅建设、勘察、设计、施工、监理单位的工程档案资料；

3. 实地查验工程质量；

4. 对工程勘察、设计、施工、设备安装质量和各管理环节等方面作出全面评价，形成经验收组人员签署的工程竣工验收意见。

参与工程竣工验收的建设、勘察、设计、施工、监理等各方不能形成一致意见时，应当协商提出解决的方法，待意见一致后，重新组织工程竣工验收。

第七条 工程竣工验收合格后，建设单位应当及时提出工程竣工验收报告。工程竣工验收报告主要包括工程概况，建设单位执行基本建设程序情况，对工程勘察、设计、施工、监理等方面的评价，工程竣工验收时间、程序、内容和组织形式，工程竣工验收意见等内容。

工程竣工验收报告还应附有下列文件：

（一）施工许可证。

（二）施工图设计文件审查意见。

（三）本规定第五条（二）、（三）、（四）、（九）、（十）项规定的文件。

（四）验收组人员签署的工程竣工验收意见。

（五）市政基础设施工程应附有质量检测和功能性试验资料。

（六）施工单位签署的工程质量保修书。

（七）法规、规章规定的其他有关文件。

第八条 负责监督该工程的工程质量监督机构应当对工程竣工验收的组织形式、验收程序、执行验收标准等情况进行现场监督，发现有违反建设工程质量管理规定行为的，责令改正，并将对工程竣工验收的监督情况作为工程质量监督报告的重要内容。

第九条 建设单位应当自工程竣工验收合格之日起15日内，依照《房屋建筑工程和市政基础设施工程竣工验收备案管理暂行办法》的规定，向工程所在地的县级以上地方人民政府建设行政主管部门备案。

第十条 抢险救灾工程、临时性房屋建筑工程和农民自建低层住宅工程，不适用本规定。

第十一条 军事建设工程的管理，按照中央军事委员会的有关规定执行。

第十二条 省、自治区、直辖市人民政府建设行政主管部门可以根据本规定制定实施细则。

第十三条 本规定由国务院建设行政主管部门负责解释。

第十四条 本规定自发布之日起施行。

[附件四十八]

中华人民共和国建设部令

第80号

《房屋建筑工程质量保修办法》已于2000年6月26日经第24次部常务会议讨论通过,现予发布,自发布之日起施行。

部 长 俞正声

二〇〇〇年六月三十日

房屋建筑工程质量保修办法

第一条 为保护建设单位、施工单位、房屋建筑所有人和使用人的合法权益,维护公共安全和公众利益,根据《中华人民共和国建筑法》和《建设工程质量管理条例》,制订本办法。

第二条 在中华人民共和国境内新建、扩建、改建各类房屋建筑工程(包括装修工程)的质量保修,适用本办法。

第三条 本办法所称房屋建筑工程质量保修,是指对房屋建筑工程竣工验收后在保修期限内出现的质量缺陷,予以修复。

本办法所称质量缺陷,是指房屋建筑工程的质量不符合工程建设强制性标准以及合同的约定。

第四条 房屋建筑工程在保修范围和保修期限内出现质量缺陷,施工单位应当履行保修义务。

第五条 国务院建设行政主管部门负责全国房屋建筑工程质量保修的监督管理。

县级以上地方人民政府建设行政主管部门负责本行政区域内房屋建筑工程质量保修的监督管理。

第六条 建设单位和施工单位应当在工程质量保修书中约定保修范围、保修和保修责任等,双方约定的保修范围、保修期限必须符合国家有关规定。

第七条 在正常使用条件下,房屋建筑工程的最低保修期限为:

(一)地基基础工程和主体结构工程,为设计文件规定的该工程的合理使用年限;

(二)屋面防水工程、有防水要求的卫生间、房间和外墙面的防渗漏,为5年;

（三）供热与供冷系统，为2个采暖期、供冷期；

（四）电气管线、给排水管道、设备安装为2年；

（五）装修工程为2年。

其他项目的保修期限由建设单位和施工单位约定。

第八条 房屋建筑工程保修期从工程竣工验收合格之日起计算。

第九条 房屋建筑工程在保修期限内出现质量缺陷，建设单位或者房屋建筑所有人应当向施工单位发出保修通知。施工单位接到保修通知后，应当到现场核查情况，在保修书约定的时间内予以保修。发生涉及结构安全或者严重影响使用功能的紧急抢修事故，施工单位接到保修通知后，应当立即到达现场抢修。

第十条 发生涉及结构安全的质量缺陷，建设单位或者房屋建筑所有人应当立即向当地建设行政主管部门报告，采取安全防范措施；由原设计单位或者具有相应资质等级的设计单位提出保修方案，施工单位实施保修，原工程质量监督机构负责监督。

第十一条 保修完成后，由建设单位或者房屋建筑所有人组织验收。涉及结构安全的，应当报当地建设行政主管部门备案。

第十二条 施工单位不按工程质量保修书约定保修的，建设单位可以另行委托其他单位保修，由原施工单位承担相应责任。

第十三条 保修费用由质量缺陷的责任方承担。

第十四条 在保修期限内，因房屋建筑工程质量缺陷造成房屋所有人、使用人或者第三方人身、财产损害的，房屋所有人、使用人或者第三方可以向建设单位提出赔偿要求。建设单位向造成房屋建筑工程质量缺陷的责任方追偿。

第十五条 因保修不及时造成新的人身、财产损害，由造成拖延的责任方承担赔偿责任。

第十六条 房地产开发企业售出的商品房保修，还应当执行《城市房地产开发经营管理条例》和其他有关规定。

第十七条 下列情况不属于本办法规定的保修范围：

（一）因使用不当或者第三方造成的质量缺陷；

（二）不可抗力造成的质量缺陷。

第十八条 施工单位有下列行为之一的，由建设行政主管部门责令改正，并处1万元以上3万元以下的罚款。

（一）工程竣工验收后，不向建设单位出具质量保修书的；

（二）质量保修的内容、期限违反本办法规定的。

第十九条 施工单位不履行保修义务或者拖延履行保修义务的，由建设行政主管部门责令改正，处10万元以上20万元以下的罚款。

第二十条 军事建设工程的管理，按照中央军事委员会的有关规定执行。

第二十一条 本办法由国务院建设行政主管部门负责解释。

第二十二条 本办法自发布之日起施行。

房屋建设工程和市政基础设施工程竣工验收备案表见附件一，工程竣工验收报告见附件二。

附件一

房屋建筑工程和市政基础设施工程
竣工验收备案表

中华人民共和国建设部制

房屋建筑工程和市政基础设施工程竣工验收备案表

<table>
<tr><td colspan="2">建设单位名称</td><td colspan="3"></td></tr>
<tr><td colspan="2">备案日期</td><td colspan="3"></td></tr>
<tr><td colspan="2">工程名称</td><td colspan="3"></td></tr>
<tr><td colspan="2">工程地点</td><td colspan="3"></td></tr>
<tr><td colspan="2">建筑面积(m^2)</td><td colspan="3"></td></tr>
<tr><td colspan="2">结构类型</td><td colspan="3"></td></tr>
<tr><td colspan="2">工程用途</td><td colspan="3"></td></tr>
<tr><td colspan="2">开工日期</td><td colspan="3"></td></tr>
<tr><td colspan="2">竣工验收日期</td><td colspan="3"></td></tr>
<tr><td colspan="2">施工许可证号</td><td colspan="3"></td></tr>
<tr><td colspan="2">施工图审查意见</td><td colspan="3"></td></tr>
<tr><td colspan="2">勘察单位名称</td><td></td><td>资质等级</td><td></td></tr>
<tr><td colspan="2">施工单位名称</td><td></td><td>资质等级</td><td></td></tr>
<tr><td colspan="2">监理单位名称</td><td></td><td>资质等级</td><td></td></tr>
<tr><td colspan="2">工程质理监督
机构名称</td><td colspan="3"></td></tr>
<tr><td rowspan="5">竣
工
验
收
意
见</td><td>勘察
单位
意见</td><td colspan="3">单位(项目)负责人:
(公章)
年　月　日</td></tr>
<tr><td>设计
单位
意见</td><td colspan="3">单位(项目)负责人:
(公章)
年　月　日</td></tr>
<tr><td>施工
单位
意见</td><td colspan="3">总监理工程师:
(公章)
年　月　日</td></tr>
<tr><td>监理
单位
意见</td><td colspan="3">单位(项目)负责人:
(公章)
年　月　日</td></tr>
<tr><td>建设
单位
意见</td><td colspan="3">单位(项目)负责人:
(公章)
年　月　日</td></tr>
</table>

续上表

<table>
<tr><td>工程竣工验收备案文件目录</td><td colspan="3">1. 工程竣工验收报告；
2. 工程施工许可证；
3. 施工图设计文件查审意见；
4. 单位工程质量综合验收文件；
5. 市政基础设施的有关质量检测和功能性试验资料；
6. 规划、公安消防、环保等部门出具的认可文件或者准许使用文件；
7. 施工单位签署的工程质量保修书；
8. 商品住宅的《住宅质量保证书》和《住宅使用说明书》；
9. 法规、规章规定必须提供的其他文件。</td></tr>
<tr><td>备案意见</td><td colspan="3">该工程的竣工验收备案文件已于　　年　　月　　日收讫，文件齐全。

（公章）
年　　月　　日</td></tr>
<tr><td>备案机关负责人</td><td></td><td>备案经手人</td><td></td></tr>
</table>

附 件 二

工程竣工验收报告

<table>
<tr><td colspan="8">一、工程基本情况</td></tr>
<tr><td>工程名称</td><td colspan="3"></td><td>工程地点</td><td colspan="3"></td></tr>
<tr><td>建设单位</td><td colspan="3"></td><td>结构层次</td><td></td><td>建筑面积</td><td></td></tr>
<tr><td>设计文件审查号</td><td></td><td>报建日期</td><td></td><td>施工许可证号</td><td></td><td>质监号</td><td></td></tr>
<tr><td>施工单位</td><td colspan="3"></td><td>开工日期</td><td></td><td>竣工验收日期</td><td></td></tr>
<tr><td colspan="8">二、竣工验收内容</td></tr>
<tr><td colspan="8"></td></tr>
<tr><td colspan="8">三、验　收　意　见</td></tr>
</table>

续表

勘察单位	______签字 年　月　日(单位公章)	设计单位	项目负责人______ 验收人员______ 年　月　日(单位公章)
施工单位	项目负责人______ 验收人员______ 年　月　日(单位公章)	监理单位	项目负责人______ 验收人员______ 年　月　日(单位公章)
建设单位	项目负责人______ 验收人员______ 年　月　日(单位公章)		

【注】 本表由建设单位组织填写。

[附件四十九]

建设工程文件归档整理规范

1　总　则

1.0.1　为加强建设工程文件的归档整理工作,统一建设工程档案的验收标准,建立完整、准确的工程档案,制定本规范。

1.0.2　本规范适用于建设工程文件的归档整理以及建设工程档案的验收。专业工程按有关规定执行。

1.0.3　建设工程文件的归档整理除执行本规范外,尚应执行现行有关标准的规定。

2　术　语

2.0.1　建设工程项目（construction project）

经批准按照一个总体设计进行施工，经济上实行统一核算，行政上具有独立组织形式，实行统一管理的工程基本建设单位。它由一个或若干个具有内在联系的工程所组成。

2.0.2 单位工程（single project）

具有独立的设计文件，竣工后可以独立发挥生产能力或工程效益的工程，并构成建设工程项目的组成部分。

2.0.3 分部工程（subproject）

单位工程中可以独立组织施工的工程。

2.0.4 建设工程文件（construction project document）

在工程建设过程中形成的各种形式的信息记录，包括工程准备阶段文件、监理文件、施工文件、竣工图和竣工验收文件，也可简称为工程文件。

2.0.5 工程准备阶段文件（seedtime document of a construction project）

工程开工以前，在立项、审批、征地、勘察、设计、招投标等工程准备阶段形成的文件。

2.0.6 监理文件（project management document）

监理单位在工程设计、施工等监理过程中形成的文件。

2.0.7 施工文件（constructing document）

施工单位在工程施工过程中形成的文件。

2.0.8 竣工图（as - build drawing）

工程竣工验收后，真实反映建设工程项目施工结果的图样。

2.0.9 竣工验收文件（handing over document）

建设工程项目竣工验收活动中形成的文件。

2.0.10 建设工程档案（project archive）

在工程建设活动中直接形成的具有归档保存价值的文字、图表、声像等各种形式的历史记录，也可简称工程档案。

2.0.11 案卷（file）

由互有联系的若干文件组成的档案保管单位。

2.0.12 立卷（filing）

按照一定的原则和方法，将有保存价值的文件分门别类整理成案卷，亦称组卷。

2.0.13 归档（putting into record）

文件形成单位完成其工作任务后，将形成的文件整理立卷后，按规定移交档案管理机构。

3 基本规定

3.0.1 建设、勘察、设计、施工、监理等单位应将工程文件的形成和积累纳入工程建设管理的各个环节和有关人员的职责范围。

3.0.2 在工程文件与档案的整理立卷、验收移交工作中，建设单位应履行下列职责：

1 在工程招标及与勘察、设计、施工、监理等单位签订协议、合同时，应对工程文件的套数、费用、质量、移交时间等提出明确要求；

2 收集和整理工程准备阶段、竣工验收阶段形成的文件，并应进行立卷归档；

3 负责组织、监督和检查勘察、设计、施工、监理等单位的工程文件的形成、积累和立卷

归档工作;也可委托监理单位监督、检查工程文件的形成、积累和立卷归档工作;

4 收集和汇总勘察、设计、施工、监理等单位立卷归档的工程档案;

5 在组织工程竣工验收前,应提请当地的城建档案管理机构对工程档案进行预验收;未取得工程档案验收认可文件,不得组织工程竣工验收;

6 对列入城建档案馆(室)接收范围的工程,工程竣工验收后3个月内,向当地城建档案馆(室)移交一套符合规定的工程档案。

3.0.3 勘察、设计、施工、监理等单位应将本单位形成的工程文件立卷后向建设单位移交。

3.0.4 建设工程项目实行总承包的,总包单位负责收集、汇总各分包单位形成的工程档案,并应及时向建设单位移交;各分包单位应将本单位形成的工程文件整理、立卷后及时移交总包单位。建设工程项目由几个单位承包的,各承包单位负责收集、整理立卷其承包项目的工程文件,并应及时向建设单位移交。

3.0.5 城建档案管理机构应对工程文件的立卷归档工作进行监督、检查、指导。在工程竣工验收前,应对工程档案进行预验收,验收合格后,须出具工程档案认可文件。

4 工程文件的归档范围及质量要求

4.1 工程文件的归档范围

4.1.1 对与工程建设有关的重要活动、记载工程建设主要过程和现状、具有保存价值的各种载体的文件,均应收集齐全,整理立卷后归档。

4.1.2 工程文件的具体归档范围应符合本规范附录A的要求。

4.2 归档文件的质量要求

4.2.1 归档的工程文件应为原件。

4.2.2 工程文件的内容及其深度必须符合国家有关工程勘察、设计、施工、监理等方面的技术规范、标准和规程。

4.2.3 工程文件的内容必须真实、准确,与工程实际相符合。

4.2.4 工程文件应采用耐久性强的书写材料,如碳素墨水、蓝黑墨水,不得使用易褪色的书写材料,如:红色墨水、纯蓝墨水、圆珠笔、复写纸、铅笔等。

4.2.5 工程文件应字迹清楚,图样清晰,图表整洁,签字盖章手续完备。

4.2.6 工程文件中文字材料幅面尺寸规格宜为A4幅面(297mm×210mm)。图纸宜采用国家标准图幅。

4.2.7 工程文件的纸张应采用能够长期保存的韧力大、耐久性强的纸张。图纸一般采用蓝晒图,竣工图应是新蓝图。计算机出图必须清晰,不得使用计算机出图的复印件。

4.2.8 所有竣工图均应加盖竣工图章。

1 竣工图章的基本内容应包括:“竣工图”字样、施工单位、编制人、审核 、技术负责人、编制日期、监理单位、现场监理、总监。

2 竣工图章示例如下(图4.2.8)。

3 竣工图章尺寸为:50mm×80mm。

4 竣工图章应使用不易褪色的红印泥,应盖在图标栏上方空白处。

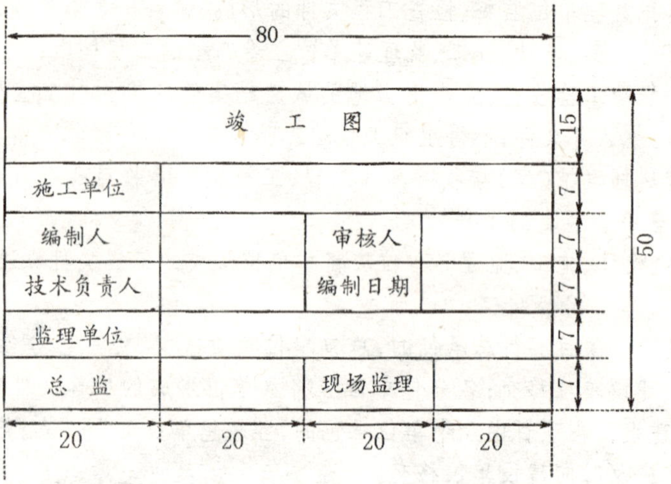

图 4.2.8　竣工图章示例

4.2.9　利用施工图改绘竣工图，必须标明变更修改依据；凡施工图结构、工艺平面布置等有重大改变，或变更部分超过图面 1/3 的，应当重新绘制竣工图。

4.2.10　不同幅面的工程图纸应按《技术制图复制图的折叠方法》(GB/10609.3—89)统一折叠成 A4 幅面(297mm×210mm)，图标栏露在外面。

5　工程文件的立卷

5.1　立卷的原则和方法

5.1.1　立卷应遵循工程文件的自然形成规律，保持卷内文件的有机联系，便于档案的保管和利用。

5.1.2　一个建设工程由多个单位工程组成时，工程文件应按单位工程组卷。

5.1.3　立卷可采用如下方法：

1　工程文件可按建设程序划分为工程准备阶段的文件、监理文件、施工文件、竣工图、竣工验收文件 5 部发；

2　工程准备阶段文件可按建设程序、专业、形成单位等组卷；

3　监理文件可按单位工程、分部工程、专业、阶段等组卷。

4　施工文件可按单位工程、分部工程、专业、阶段等组卷。

5　竣工图可按单位工程、专业等组卷；

6　竣工验收文件按单位工程、专业等组卷。

5.1.4　立卷过程中宜遵循下列要求：

1　案卷不宜过厚，一般不超过 40mm。

2　案卷内不应有重份文件；不同载体的文件一般应分别组卷。

5.2　卷内文件的排列

5.2.1　文字材料按事项、专业顺序排列。同一事项的请示与批复、同一文件的印本与定稿、主件与附件不能分开，并按批复在前、请示在后，印本在前、定稿在后，主件在前、附件在后的顺序排列。

5.2.2 图纸按专业排列,同专业图纸按图号顺序排列。

5.2.3 既有文字材料又有图纸的案卷,文字材料排前,图纸排后。

5.3 案卷的编目

5.3.1 编制卷内文件页号应符合下列规定:

1 卷内文件均按有书写内容的页面编号。每卷单独编号,页号从“1”开始。

2 页号编写位置,单面书写的文件在右下角;双面书写的文件,正面在右下角,背面在左下角。折叠后的图纸一律在右下角。

3 成套图纸或印刷成册的科技文件材料,自成一卷的,原目录可代替卷内目录,不必重新编写页码。

4 案卷封面、卷内目录、卷内备考表不编写页号。

5.3.2 卷内目录的编制应符合下列规定:

1 卷内目录式样宜符合本规范附录B的要求。

2 序号:以一份文件为单位,用阿拉伯数字从1依次标注。

3 责任者:填写文件的直接形成单位和个人。有多个责任者时,选择两个主要责任者,其余用“等”代替。

4 文件编号:填写工程文件原有的文号或图号。

5 文件题名:填写文件标题的全称。

6 日期:填写文件形成的日期。

7 页次:填写文件在卷内所排的起始页号。最后一份文件填写起止页号。

8 卷内目录排列在卷内文件首页之前。

5.3.3 卷内备考表的编制应符合下列规定:

1 卷内备考表的式样宜符合本规范附录C的要求。

2 卷内备考表主要标明卷内文件的总页数、各类文件页数(照片张数),以及立卷单位对案卷情况的说明。

3 卷内备考表排列在卷内文件的尾页之后。

5.3.4 案卷封面的编制应符合下列规定:

1 案卷封面印刷在卷盒、卷夹的正表面,也可采用内封面形式。案卷封面的式样宜符合附录D的要求。

2 案卷封面的内容应包括:档号、档案馆代号、案卷题名、编制单位、起止日期、密级、保管期限、共几卷、第几卷。

3 档号应由分类号、项目号和案卷号组成。档号由档案保管单位填写。

4 档案馆代号应填写国家给定的本档案的编号。档案馆代号由档案馆填写。

5 案卷题名应简明、准确地揭示卷内文件的内容。案卷题名应包括工程名称、专业名称、卷内文件的内容。

6 编制单位应填写案卷内文件的形成单位或主要责任者。

7 起止日期应填写案卷内全部文件形成的起止日期。

8 保管期限分为永久、长期、短期三种期限。各类文件的保管期限详见附录A。

永久是指工程档案需永久保存。

长期是指工程档案的保存期限等于该工程的使用寿命。

短期是指工程档案保存20年以下。

同一案卷内有不同保管期限的文件，该案卷保管期限应从长。

9 密级分为绝密、机密、秘密三种。同一案卷内有不同密级的文件，应以高密级为本卷密级。

5.3.5 卷内目录、卷内备考表、案卷内封面应采用70%以上白色书写纸制作，幅面统一采用A4幅面。

5.4 案卷装订

5.4.1 案卷可采用装订与不装订两种形式．文字材料必须装订。既有文字材料，又有图纸的案卷应装订。装订应采用线绳三孔左侧装订法，要整齐、牢固，便于保管和利用。

5.4.2 装订时必须剔除金属物。

5.5 卷盒、卷夹、案卷脊背

5.5.1 案卷装具一般采用卷盒、卷夹两种形式。

1 卷盒的外表尺寸为310mm×220mm，厚度分别为20、30、40、50mm。

2 卷夹的外表尺寸为310mm×220mm，厚度一般为20~30mm。

3 卷盒、卷夹应采用无酸纸制作。

5.5.2 案卷脊背

案卷脊背的内容包括档号、案卷题名。式样宜符合附录E。

6 工程文件的归档

6.0.1 归档应符合下列规定：

1 归档文件必须完整、准确、系统，能够反映工程建设活动的全过程。文件材料归档范围详见附录A。文件材料的质量符合4.2的要求。

2 归档的文件必须经过分类整理，并应组成符合要求的案卷。

6.0.2 归档时间应符合下列规定：

1 根据建设程序和工程特点，归档可以分阶段分期进行，也可以在单位或分部工程通过竣工验收后进行。

2 勘察、设计单位应当在任务完成时，施工、监理单位应当在工程竣工验收前，将各自形成的有关工程档案向建设单位归档。

6.0.3 勘察、设计、施工单位在收齐工程文件并整理立卷后，建设单位、监理单位应根据城建档案管理机构的要求对档案文件完整、准确、系统情况和案卷质量进行审查。审查合格后向建设单位移交。

6.0.4 工程档案一般不少于两套，一套由建设单位保管，一套（原件）移交当地城建档案馆（室）。

6.0.5 勘察、设计、施工、监理等单位向建设单位移交档案时，应编制移交清单，双方签字、盖章后方可交换。

6.0.6 凡设计、施工及监理单位需要向本单位归档的文件，应按国家有关规定和本规范附录A的要求单独立卷归档。

7 工程档案的验收与移交

7.0.1 列入城建档案馆（室）档案接收范围的工程，建设单位在组织工程竣工验收前，应提请城建档案管理机构对工程档案进行预验收。建设单位未取得城建档案管理机构出具的认可文件,不得组织工程竣工验收。

7.0.2 城建档案管理机构在进行工程档案预验收时,应重点验收以下内容:

1 工程档案齐全、系统、完整;

2 工程档案的内容真实、准确地反映工程建设活动和工程实际状况;

3 工程档案已整理立卷,立卷符合本规范的规定;

4 竣工图绘制方法、图式及规格等符合专业技术要求,图面整洁,盖有竣工图章;

5 文件的形成、来源符合实际,要求单位或个人签章的文件,其签章手续完备;

6 文件材质、幅面、书写、绘图、用墨、托裱等符合要求。

7.0.3 列入城建档案馆(室)接收范围的工程,建设单位在工程竣工验收后3个月内,必须向城建档案馆(室)移交一套符合规定的工程档案。

7.0.4 停建、缓建建设工程的档案,暂由建设单位保管。

7.0.5 对改建、扩建和维修工程,建设单位应当组织设计、施工单位据实修改、补充和完善原工程档案。对改变的部位,应当重新编制工程档案,并在工程竣工验收后3个月内向城建档案馆(室)移交。

7.0.6 建设单位向城建档案馆(室)移交工程档案时,应办理移交手续,填写移交目录,双方签字、盖章后交接。

附录A 建设工程文件归档范围和保管期限表

序号	归档文件	保存单位和保管期限				
		建设单位	施工单位	设计单位	监理单位	城建档案馆
工程准备阶段文件						
一	立项文件					
1	项目建议书	永久				√
2	项目建议书审批意见及前期工作通知书	永久				√
3	可行性研究报告及附件	永久				√
4	可行性研究报告审批意见	永久				√
5	关于立项有关的会议纪要、领导讲话	永久				√
6	专家建议文件	永久				√
7	调查资料及项目评估研究材料	长期				√
二	建设用地、征地、拆迁文件					
1	选址申请及选址规划意见通知书	永久				√

续上表

序号	归档文件	保存单位和保管期限				
		建设单位	施工单位	设计单位	监理单位	城建档案馆
2	用地申请报告及县级以上人民政府城乡建设用地批准书	永久				√
3	拆迁安置意见、协议、方案等	长期				√
4	建设用地规划许可证及其附件	永久				√
5	划拨建设用地文件	永久				√
6	国有土地使用证	永久				√
三	勘察、测绘、设计文件					
1	工程地质勘察报告	永久		永久		√
2	水文地质勘察报告、自然条件、地震调查	永久		永久		√
3	建设用地钉桩通知单(书)	永久				√
4	地形测量和拨地测量成果报告	永久		永久		√
5	申报的规划设计条件和规划设计条件通知书	永久		长期		√
6	初步设计图纸和说明	长期		长期		
7	技术设计图纸和说明	长期		长期		
8	审定设计方案通知书及审查意见	长期		长期		√
9	有关行政主管部门(人防、环保、消防、交通、园林、市政、文物、通讯、保密、河湖、教育、白蚁防治、卫生等)批准文件或取得的有关协议	永久				√
10	施工图及其说明	长期		长期		
11	设计计算书	长期		长期		
12	政府有关部门对施工图设计文件的审批意见	永久		长期		√
四	招投标文件					
1	勘察设计招投标文件	长期				
2	勘察设计承包合同	长期		长期		√
3	施工招投标文件	长期				
4	施工承包合同	长期	长期			√
5	工程监理招投标文件	长期				
6	监理委托合同	长期			长期	√
五	开工审批文件					

续上表

序号	归档文件	保存单位和保管期限				
		建设单位	施工单位	设计单位	监理单位	城建档案馆
1	建设项目列入年度计划的申报文件	永久				√
2	建设项目列入年度计划的批复文件或年度计划项目表	永久				√
3	规划审批申报表及报送的文件和图纸	永久				
4	建设工程规划许可证及其附件	永久				√
5	建设工程开工审查表	永久				
6	建设工程施工许可证	永久				√
7	投资许可证、审计证明、缴纳绿化建设费等证明	长期				√
8	工程质量监督手续	长期				√
六	财务文件					
1	工程投资估算材料	短期				
2	工程设计概算材料	短期				
3	施工图预算材料	短期				
4	施工预算	短期				
七	建设、施工、监理机构及负责人					
1	工程项目管理机构(项目经理部)及负责人名单	长期				√
2	工程项目监理机构(项目监理部)及负责人名单	长期			长期	√
3	工程项目施工管理机构(施工项目经理部)及负责人名单	长期	长期			√
	监理文件					
1	监理规划					
①	监理规划	长期			短期	√
②	监理实施细则	长期			短期	√
③	监理部总控制计划等	长期			短期	√
2	监理月报中的有关质量问题	长期			长期	√
3	监理会议纪要中的有关质量问题	长期			长期	√
4	进度控制					
①	工程开工/复工审批表	长期			长期	√
②	工程开工/复工暂停令	长期			长期	√
5	质量控制					
①	不合格项目通知	长期			长期	√
②	质量事故报告及处理意见	长期			长期	√

续上表

序号	归档文件	保存单位和保管期限				
		建设单位	施工单位	设计单位	监理单位	城建档案馆
6	造价控制					
①	预付款报审与支付	短期				
②	月付款报审与支付	短期				
③	设计变更、洽商费用报审与签认	长期				
④	工程竣工决算审核意见书	长期				√
7	分包资质					
①	分包单位资质材料	长期				
②	供货单位资质材料	长期				
③	试验等单位资质材料	长期				
8	监理通知					
①	有关进度控制的监理通知	长期			长期	
②	有关质量控制的监理通知	长期			长期	
③	有关造价控制的监理通知	长期			长期	
9	合同与其他事项管理					
①	工程延期报告及审批	永久			长期	√
②	费用索赔报告及审批	长期			长期	
③	合同争议、违约报告及处理意见	永久			长期	√
④	合同变更材料	长期			长期	√
10	监理工作总结					
①	专题总结	长期			短期	
②	月报总结	长期			短期	
③	工程竣工总结	长期			长期	√
④	质量评价意见报告	长期			长期	√
	施　工　文　件					
一	建筑安装工程					
(一)	土建(建筑与结构)工程					
1	施工技术准备文件					
①	施工组织设计	长期				
②	技术交底	长期	长期			
③	图纸会审记录	长期	长期	长期		√

续上表

序号	归档文件	保存单位和保管期限				
		建设单位	施工单位	设计单位	监理单位	城建档案馆
④	施工预算的编制和审查	短期	短期			
⑤	施工日志	短期	短期			
2	施工现场准备					
①	控制网设置资料	长期	长期			√
②	工程定位测量资料	长期	长期			√
③	基槽开挖线测量资料	长期	长期			√
④	施工安全措施	短期	短期			
⑤	施工环保措施	短期	短期			
3	地基处理记录					
①	地基钎探记录和钎探平面布点图	永久	长期			√
②	验槽记录和地基处理记录	永久	长期			√
③	桩基施工记录	永久	长期			√
④	试桩记录	长期	长期			√
4	工程图纸变更记录					
①	设计会议会审记录	永久	长期	长期		√
②	设计变更记录	永久	长期	长期		√
③	工程洽商记录	永久	长期	长期		√
5	施工材料预制构件质量证明文件及复试试验报告					
①	砂、石、砖、水泥、钢筋、防水材料、隔热保温、防腐材料、轻集料试验汇总表	长期				√
②	砂、石、砖、水泥、钢筋、防水材料、隔热保温、防腐材料、轻集料出厂证明文件	长期				√
③	砂、石、砖、水泥、钢筋、防水材料、轻集料、焊条、沥青复试试验报告	长期				√
④	预制构件(钢、混凝土)出厂合格证、试验记录	长期				√
⑤	工程物质选样送审表	短期				
⑥	进场物质批次汇总表	短期				
⑦	工程物质进场报验表	短期				
6	施工试验记录					
①	土壤(素土、灰土)干密度试验报告	长期				√

续上表

序号	归档文件	保存单位和保管期限				
		建设单位	施工单位	设计单位	监理单位	城建档案馆
②	土壤(素土、灰土)击实试验报告	长期				√
③	砂浆配合比通知单	长期				
④	砂浆(试块)抗压强度试验报告	长期				√
⑤	混凝土配合比通知单	长期				
⑥	混凝土(试块)抗压强度试验报告	长期				√
⑦	混凝土抗渗试验报告	长期				√
⑧	商品凝混土出厂合格证、复试报告	长期				√
⑨	钢筋接头(焊接)试验报告	长期				√
⑩	防水工程试水检查记录	长期				
⑪	楼地面、屋面坡度检查记录	长期				
⑫	土壤、砂浆、混凝土、钢筋连接、混凝土抗渗试验报告汇总表	长期				√
7	隐蔽工程检查记录					
①	基础和主体结构钢筋工程	长期	长期			√
②	钢结构工程	长期	长期			√
③	防水工程	长期	长期			√
④	高程控制	长期	长期			√
8	施工记录					
①	工程定位测量检查记录	永久	长期			√
②	预检工程检查记录	短期				
③	冬施混凝土搅拌测温记录	短期				
④	冬施混凝土养护测温记录	短期				
⑤	烟道、垃圾道检查记录	短期				
⑥	沉降观测记录	长期				√
⑦	结构吊装记录	长期				
⑧	现场施工预应力记录	长期				√
⑨	工程竣工测量	长期	长期			√
⑩	新型建筑材料	长期	长期			√
⑪	施工新技术	长期	长期			√
9	工程质量事故处理记录	永久				√

续上表

序号	归档文件	保存单位和保管期限				
		建设单位	施工单位	设计单位	监理单位	城建档案馆
10	工程质量检验记录					
①	检验批质量验收记录	长期	长期		长期	
②	分项工程质量验收记录	长期	长期		长期	
③	基础、主体工程验收记录	永久	长期		长期	√
④	幕墙工程验收记录	永久	长期		长期	√
⑤	分部(子分部)工程质量验收记录	永久	长期		长期	√
(二)	电气、给排水、消防、采暖、通风、空调、燃气、建筑智能化、电梯工程					
1	一般施工记录					
①	施工组织设计	长期	长期			
②	技术交底	短期				
③	施工日志	短期				
2	图纸变更记录					
①	图纸会审	永久	长期			√
②	设计变更	永久	长期			√
③	工程洽商	永久	长期			√
3	设备、产品质量检查、安装记录					
①	设备、产品质量合格证、质量保证书	长期				√
②	设备装箱单、商检证明和说明书、开箱报告	长期				
③	设备安装记录	长期	长期			√
④	设备试运行记录	长期				√
⑤	设备明细表	长期				√
4	预检记录	短期				
5	隐蔽工程检查记录	长期	长期			√
6	施工试验记录					
①	电气接地电阻、绝缘电阻、综合布线、有线电视末端等测试记录	长期				√
②	楼宇自控、监视、安装、视听、电话等系统调试记录	长期				√
③	变配电设备安装、检查、通电、满负荷测试记录	长期				√

续上表

序号	归档文件	保存单位和保管期限				
		建设单位	施工单位	设计单位	监理单位	城建档案馆
④	给排水、消防、采暖、通风、空调、燃气等管道强度、严密性、灌水、通水、吹洗、漏风、试压、通球、阀门等试验记录	长期				√
⑤	电气照明、动力、给排水、消防、采暖、通风、空调、燃气等系统调试、试运行记录	长期				√
⑥	电梯接地电阻、绝缘电阻测试记录;空载、半载、满载、超载试运行记录;平衡、运速、噪声调整试验报告	长期				√
7	质量事故处理记录	永久	长期			√
8	工程质理检验记录					
①	检验批质量验收记录	长期	长期		长期	
②	分项工程质量验收记录	长期	长期		长期	
③	分部(子分部)工程质量验收记录	永久	长期		长期	√
(三)	室外工程					
1	室外安装(给水、雨水、污水、热力、燃气、电讯、电力、照明、电视、消防等)施工文件	长期				√
2	室外建筑环境(建筑小品、水景、道路园林绿化等)施工文件	长期				√
二	市政基础设施工程					
(一)	施工技术准备					
1	施工组织设计	短期	短期			
2	技术交底	长期	长期			
3	图纸会审记录	长期	长期			√
4	施工预算的编制和审查	短期	短期			
(二)	施工现场准备					
1	工程定位测量资料	长期	长期			√
2	工程定位测量复核记录	长期	长期			√
3	导线点、水准点测量复核记录	长期	长期			√
4	工程轴线、定位桩、高程测量复核记录	长期	长期			√
5	施工安全措施	短期	短期			
6	施工环保措施	短期	短期			

续上表

序号	归 档 文 件	保存单位和保管期限				
		建设单位	施工单位	设计单位	监理单位	城建档案馆
（三）	设计变更、洽商记录					
1	设计变更通知单	长期	长期			√
2	洽商记录	长期	长期			√
（四）	原材料、成品、半成品、构配件、设备出厂质量合格证及试验报告					
1	砂、石、砌块、水泥、钢筋（材）、石灰、沥青、涂料、混凝土外加剂、防水材料、粘接材料、防腐保温材料、焊接材料等试验汇总表	长期				√
2	砂、石、砌块、水泥、钢筋（材）、石灰、沥青、涂料、混凝土外加剂、防水材料、粘接材料、防腐保温材料、焊接材料等质量合格证书和出厂检（试）验报告及现场复试报告	长期				√
3	水泥、石灰、粉煤灰混合料；沥青混合料、商品混泥土等试验汇总表			长期		√
4	水泥、石灰、粉煤灰混合料；沥青混合料、商品混凝土等出厂合格证和试验报告、现场复试报告	长期				√
5	混凝土预制构件、管材、管件、钢结构构件等试验汇总表	长期				√
6	混凝土预制构件、管材、管件、钢结构构件等出厂合格证书和相应的施工技术资料	长期				√
7	厂站工程的成套设备、预应力混凝土张拉设备、各类地下管线并室设施、产品等汇总表	长期				√
8	厂站工程的成套设备、预应力混凝土张拉设备、各类地下管线并室设施、产品等出厂合格证书及安装使用说明	长期				√
9	设备开箱报告	短期				
（五）	施工试验记录					
1	砂浆、混凝土试块强度、钢筋（材）焊连接、填土、路基强度试验等汇总表	长期				√
2	道路压实度、强度试验记录					
①	回填土、路床压实度试验及土质的最大干密度和最佳含水量试验报告	长期				√

续上表

序号	归档文件	保存单位和保管期限				
		建设单位	施工单位	设计单位	监理单位	城建档案馆
②	石灰类、水泥类、二灰类无机混合料基层的标准击实试验报告	长期				√
③	道路基层混合料强度试验记录	长期				√
④	道路面层压实度试验记录	长期				√
3	混凝土试块强度试验记录					
①	混凝土配合比通知单	短期				
②	混凝土试块强度试验报告	长期				√
③	混凝土试块抗渗、抗冻试验报告	长期				√
④	混凝土试块强度统计、评定记录	长期				√
4	砂浆试块强度试验记录					
①	砂浆配合比通知单	短期				
②	砂浆试块强度试验报告	长期				√
③	砂浆试块强度统计评定记录	长期				√
5	钢筋(材)焊、连接试验报告	长期				√
6	钢管、钢结构安装及焊缝处理外观质量检查记录	长期				
7	桩基础试(检)验报告	长期				√
8	工程物质选样送审记录	短期				
9	进场物质批次汇总记录	短期				
10	工程物质进场报验记录	短期				
(六)	施工记录					
1	地基与基槽验收记录					
①	地基钎探记录及钎探位置图	长期	长期			√
②	地基与基槽验收记录	长期	长期			√
③	地基处理记录及示意图	长期	长期			√
2	桩基施工记录					
①	桩基位置平面示意图	长期	长期			√
②	打桩记录	长期	长期			√
③	钻孔桩钻进记录及成孔质量检查记录	长期	长期			√
④	钻孔(挖孔)桩混凝土浇灌记录	长期	长期			√
3	构件设备安装和调试记录					

续上表

序号	归档文件	保存单位和保管期限				
		建设单位	施工单位	设计单位	监理单位	城建档案馆
①	钢筋混凝土大型预制构件、钢结构等吊装记录	长期	长期			
②	厂(场)、站工程大型设备安装调试记录	长期	长期			√
4	预应力张拉记录					
①	预应力张拉记录表	长期				√
②	预应力张拉孔道压浆记录	长期				√
③	孔位示意图	长期				√
5	沉井工程下沉观测记录	长期				√
6	混凝土浇灌记录	长期				
7	管道、箱涵等工程项目推进记录	长期				√
8	构筑物沉降观测记录	长期				√
9	施工测温记录	长期				
10	预制安装水池壁板缠绕钢丝应力测定记录	长期				√
(七)	预检记录					
1	模板预检记录	短期				
2	大型构件和设备安装前预检记录	短期				
3	设备安装位置检查记录	短期				
4	管道安装检查记录	短期				
5	补偿器冷拉及安装情况记录	短期				
6	支(吊)架位置、各部位连接方式等检查记录	短期				
7	供水、供热、供气管道吹(冲)洗记录	短期				
8	保温、防腐、油漆等施工检查记录	短期				
(八)	隐蔽工程检查(验收)记录	长期	长期			√
(九)	工程质量检查评定记录					
1	工序工程质量评定记录	长期	长期			
2	部位工程质量评定记录	长期	长期			
3	分部工程质量评定记录	长期	长期			√
(十)	功能性试验记录					
1	道路工程的弯沉试验记录	长期				√
2	桥梁工程的动、静载试验记录	长期				√
3	无压力管道的严密性试验记录	长期				√

续上表

序号	归档文件	保存单位和保管期限				
		建设单位	施工单位	设计单位	监理单位	城建档案馆
4	压力管道的强度试验、严密性试验、通球试验等记录	长期				√
5	水池满水试验	长期				√
6	消化池气密性试验	长期				√
7	电气绝缘电阻、接地电阻测试记录	长期				√
8	电气照明、动力试运行记录	长期				√
9	供热管网、燃气管网等管网试运行记录	长期				√
10	燃气储罐总体试验记录	长期				√
11	电讯、宽带网等试运行记录	长期				√
(十一)	质量事故及处理记录					
1	工程质量事故报告	永久	长期			√
2	工程质量事故处理记录	永久	长期			√
(十二)	竣工测量资料					
1	建筑物、构筑物竣工测量记录及测量示意图	永久	长期			√
2	地下管线工程竣工测量记录	永久	长期			√
	竣工图					
一	建筑安装工程竣工图					
(一)	综合竣工图					
1	综合图					√
①	总平面布置图(包括建筑、建筑小品、水景、照明、道路、绿化等)	永久	长期			√
②	竖向布置图	永久	长期			√
③	室外给水、排水、热力、燃气等管网综合图	永久	长期			√
④	电气(包括电力、电讯、电视系统等)综合图	永久	长期			√
⑤	设计总说明书	永久	长期			√
2	室外专业图					
①	室外给水	永久	长期			√
②	室外雨水	永久	长期			√
③	室外污水	永久	长期			√
④	室外热力	永久	长期			√
⑤	室外燃气	永久	长期			√

续上表

序号	归档文件	保存单位和保管期限				
		建设单位	施工单位	设计单位	监理单位	城建档案馆
⑥	室外电讯	永久	长期			√
⑦	室外电力	永久	长期			√
⑧	室外电视	永久	长期			√
⑨	室外建筑小品	永久	长期			√
⑩	室外消防	永久	长期			√
⑪	室外照明	永久	长期			√
⑫	室外水景	永久	长期			√
⑬	室外道路	永久	长期			√
⑭	室外绿化	永久	长期			√
（二）	专业竣工图					
1	建筑竣工图	永久	长期			√
2	结构竣工图	永久	长期			√
3	装修（装饰）工程竣工图	永久	长期			√
4	电气工程（智能化工程）竣工图	永久	长期			√
5	给排水工程（消防工程）竣工图	永久	长期			√
6	采暖通风空调工程竣工图	永久	长期			√
7	燃气工程竣工图	永久	长期			√
二	市政基础设施工程竣工图					
1	道路工程	永久	长期			√
2	桥梁工程	永久	长期			√
3	广场工程	永久	长期			√
4	隧道工程	永久	长期			√
5	铁路、公路、航空、水运等交通工程	永久	长期			√
6	地下铁道等轨道交通工程	永久	长期			√
7	地下人防工程	永久	长期			√
8	永利防灾工程	永久	长期			√
9	排水工程	永久	长期			√
10	供水、供热、供气、电力、电讯等地下管线工程	永久	长期			√
11	高压架空输电线工程	永久	长期			√
12	污水处理、垃圾处理处置工程	永久	长期			√

续上表

序号	归 档 文 件	保存单位和保管期限				
		建设单位	施工单位	设计单位	监理单位	城建档案馆
13	场、厂、站工程					
	竣 工 验 收 文 件					
一	工程竣工总结					
1	工程概况表	永久				√
2	工程竣工总结	永久				√
二	竣工验收记录					
(一)	建筑安装工程					
1	单位(子单位)工程质量验收记录	永久	长期			√
2	竣工验收证明书	永久	长期			√
3	竣工验收报告	永久	长期			√
4	竣工验收备案表(包括各专项验收认可文件)	永久				√
5	工程质量保修书	永久	长期			√
(二)	市政基础设施工程					
1	单位工程质量评定表及报验单	永久	长期			√
2	竣工验收证明书	永久	长期			√
3	竣工验收报告	永久	长期			√
4	竣工验收备案表(包括各专项验收认可文件)	永久	长期			√
5	工程质量保修书	永久	长期			√
三	财务文件					
1	决算文件	永久				√
2	交付使用财产总表和财产明细表	永久	长期			√
四	声像、缩微、电子档案					
1	声像档案					
①	工程照片	永久				√
②	录音、录像材料	永久				√
2	缩微品	永久				√
3	电子档案					
①	光盘	永久				√
②	磁盘	永久				√

〔注〕“√”表示应向城建档案馆移交

附录B　卷内目录式样

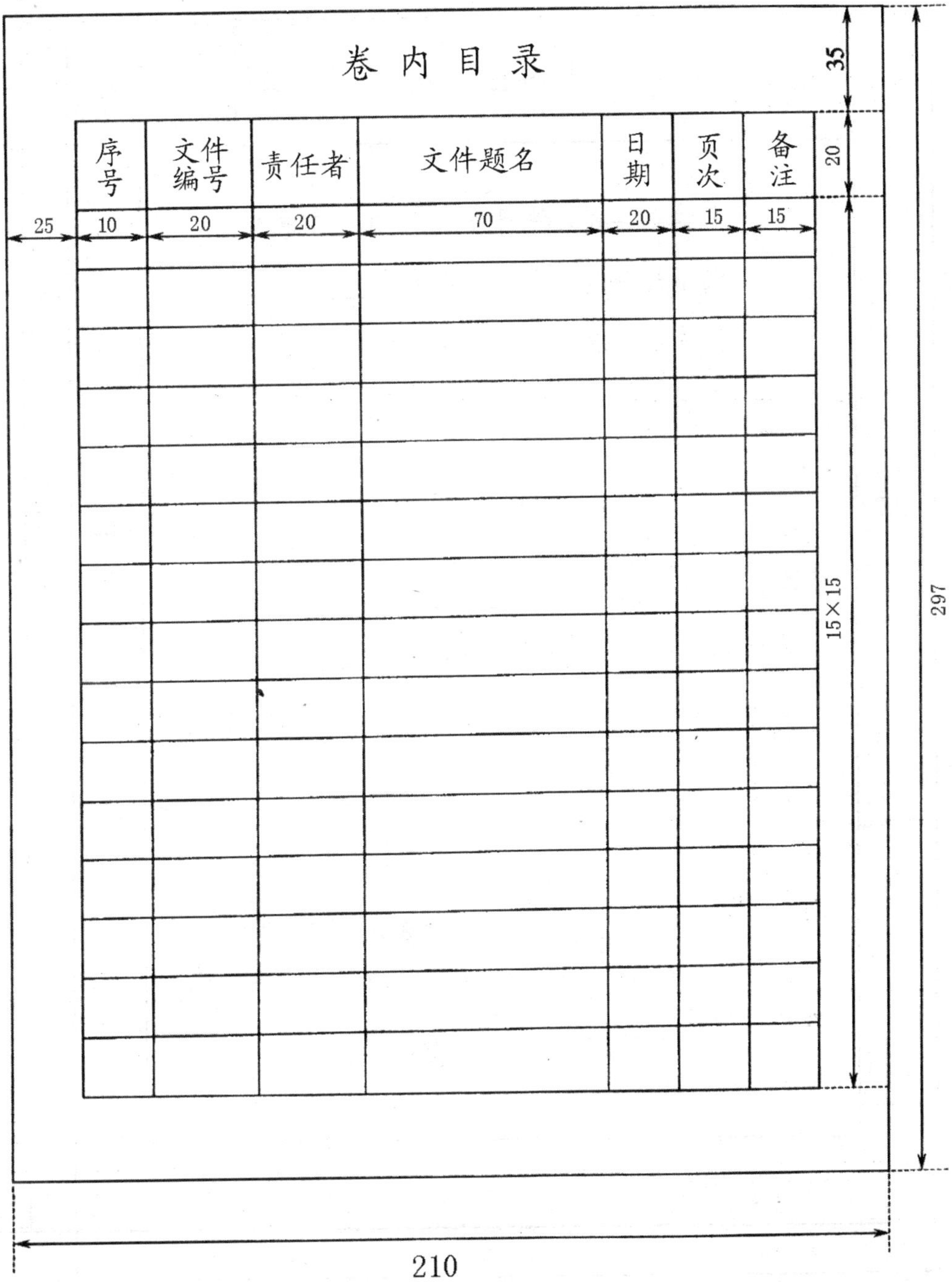

尺寸单位统一为：mm

比例 1：2

附录C　卷内备考表式样

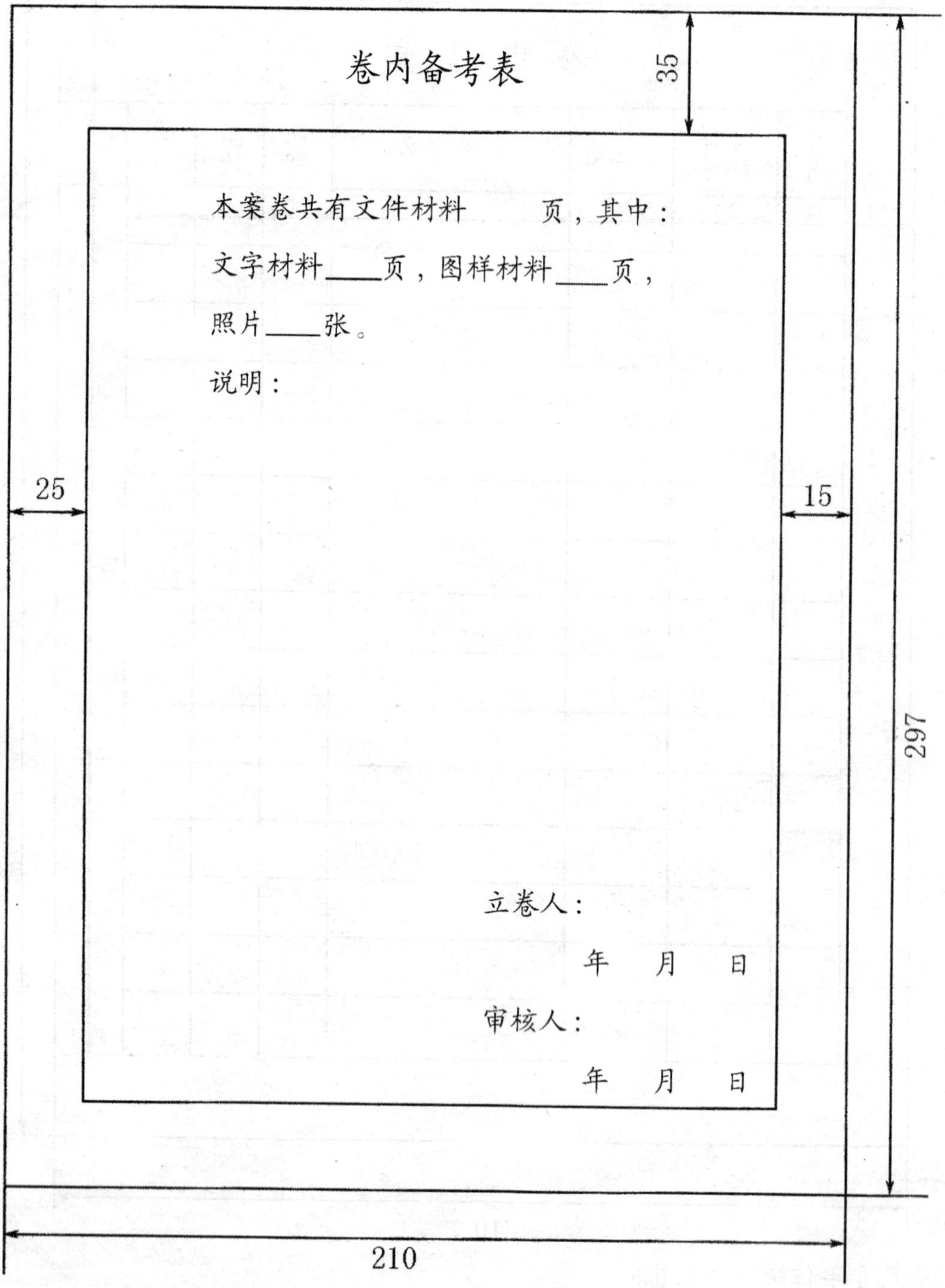

尺寸单位统一为：mm

比例 1：2

附录D　案卷封面式样

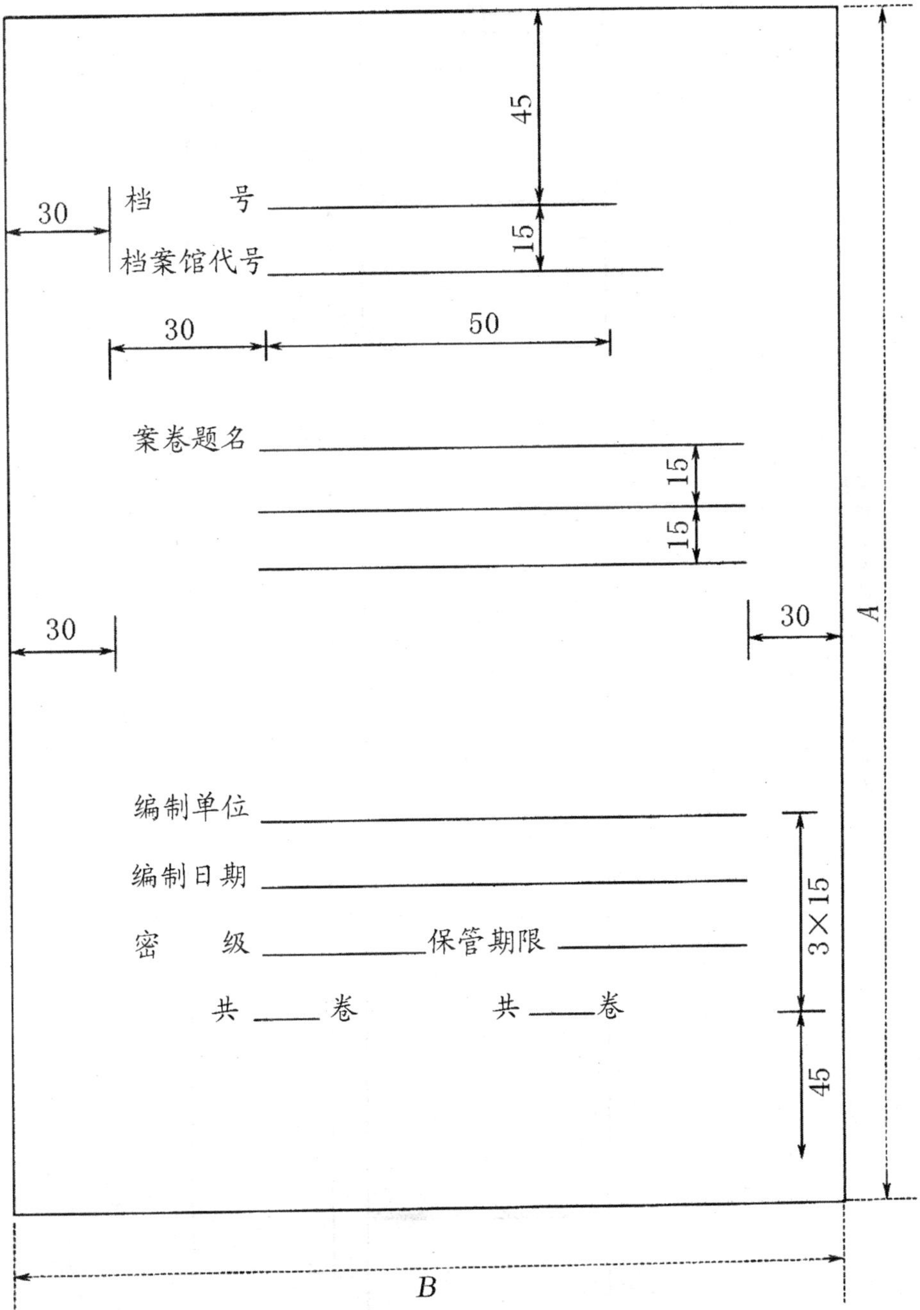

卷盒、卷夹封面 $A\times B=310\times 220$

案卷封面 $A\times B=297\times 210$

尺寸单位统一为：mm

比例 1：2

附录 E　案卷脊背式样

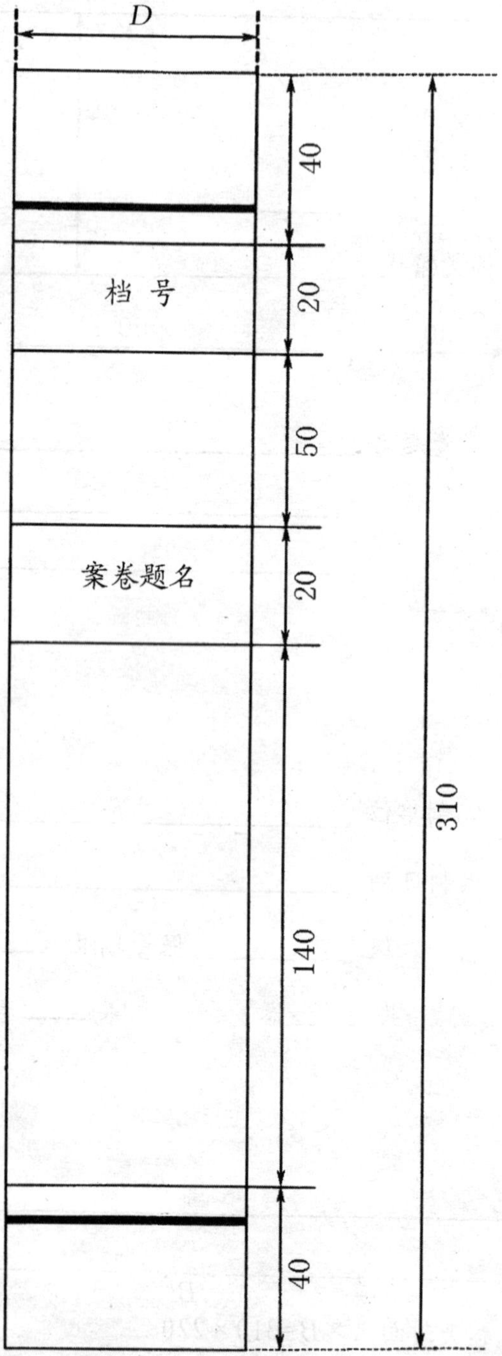

D=20、30、40、50 mm

尺寸单位统一为：mm

比例 1：2

本规范用词说明

1. 为便于在执行本规范条文时区别对待，对要求严格程度不同的用词，说明如下：

(1)表示很严格，非这样做不可的用词；

正面词采用“必须”；

反面词采用“严禁”。

(2)表示严格，在正常情况下均应这样做的用词：

正面词采用“应”；

反面词采用“不应”或“不得”。

(3)表示允许稍有选择，在条件许可时，首先应这样做的用词：

正面词采用“宜”；

反面词采用“不宜”；

表示有选择，在一定条件下可以这样做的，采用“可”。

2. 条文中指定按其他有关标准、规范执行时，写法为：

“应符合……的规定”或“应按……执行”。

[附件五十]

中华人民共和国国家标准

建设工程文件归档整理规范

GB/T 50328—2001

条　文　说　明

1.0.3　建设工程文件归档整理除执行本规范外，尚应执行《科学技术档案案卷构成的一般要求》(GB/T 11822—2000)、《技术制图复制图的折叠方法》(GB/10609.3—89)等规范的规定。

电子文件和声像档案的归档整理，按有关规定执行。

2.0.13　对一个建设工程而言，归档有两方面含义：一是建设、勘察、设计、施工、监理等单位将本单位在工程建设过程中形成的文件向本单位档案管理机构移交；二是勘察、设计、施工、监理等单位将本单位在工程建设过程中形成的文件向建设单位档案管理机构移交。

4.1.1 此条款为确定归档范围的基本原则。

4.1.2 对《建设工程项目文件归档范围和保管期限表》中所列城建档案馆接收范围，各城市可根据本地情况适当拓宽和缩减。

4.2.2 监理文件按《建设工程监理规范》(GB 50319—2000)编制；市政工程施工技术文件及其竣工验收文件按照建设部印发的《市政工程施工技术资料管理规定》(建城[1994]469号)编制，建筑安装工程施工技术文件及其竣工验收文件在建设部没有作出规定以前，按各省有关规定编制。竣工图的编制应按国家建委1982年[建发施字50号]《关于编制基本建设竣工图的几项暂行规定》执行。地下管线工程竣工图的编制，应按1995年中华人民共和国行业标准《城市地下管线探测技术规程》(CJJ61—94)中的有关规定执行。

5.1.1 此条款为立卷的基本原则。

5.3.3 案卷备考表的说明，主要说明卷内文件复印件情况、页码错误情况、文件的更换情况等。没有需要说明的事项可不必填写说明。

5.3.4 城建档案馆的分类号依据建设部《城市建设档案分类大纲》(建办档[1993]103号)编写，一般为大类号加属类号。档号按《城市建设档案著录规范》(GB/T 50323—2001)编写。

案卷题名中"工程名称"一般包括工程项目名称、单位工程名称。

编制单位：工程准备阶段文件和竣工验收文件的编制单位一般为建设单位；勘察、设计文件的编制单位一般为工程的勘察、设计单位；监理文件的编制单位一般为监理单位；施工文件的编制单位一般为施工单位。

关于发布《注册建造师执业管理办法》(试行)的通知

建市[2008]48号

各省、自治区建设厅，直辖市建委，江苏、山东省建管局，国务院有关部门建设司，新疆生产建设兵团建设局，解放军总后基建营房部：

为规范注册建造师执业行为，加强注册建造师监督管理，根据《注册建造师管理规定》(建设部令第153号)，我们组织起草了《注册建造师执业管理办法》(试行)，现印发给你们，请遵照执行。

附件：注册建造师执业管理办法(试行)

中华人民共和国建设部

二〇〇八年二月二十六日

注册建造师执业管理办法(试行)

第一条 为规范注册建造师执业行为,提高工程项目管理水平,保证工程质量和安全,依据《中华人民共和国建筑法》、《建设工程质量管理条例》、《建设工程安全生产管理条例》、《注册建造师管理规定》及相关法律、法规,制订本办法。

第二条 中华人民共和国境内注册建造师从事建设工程施工管理活动的监督管理,适用本办法。

第三条 国务院建设主管部门对全国注册建造师的执业活动实施统一监督管理;国务院铁路、交通、水利、信息产业、民航等有关部门按照国务院规定的职责分工,对全国相关专业注册建造师执业活动实施监督管理。

县级以上地方人民政府建设主管部门对本行政区域内注册建造师执业活动实施监督管理;县级以上地方人民政府交通、水利、通信等有关部门在各自职责范围内,对本行政区域内相关专业注册建造师执业活动实施监督管理。

第四条 注册建造师应当在其注册证书所注明的专业范围内从事建设工程施工管理活动,具体执业按照本办法附件《注册建造师执业工程范围》执行。未列入或新增工程范围由国务院建设主管部门会同国务院有关部门另行规定。

第五条 大中型工程施工项目负责人必须由本专业注册建造师担任。一级注册建造师可担任大、中、小型工程施工项目负责人,二级注册建造师可以承担中、小型工程施工项目负责人。

各专业大、中、小型工程分类标准按《关于印发<注册建造师执业工程规模标准>(试行)的通知》(建市[2007]171号)执行。

第六条 一级注册建造师可在全国范围内以一级注册建造师名义执业。

通过二级建造师资格考核认定,或参加全国统考取得二级建造师资格证书并经注册人员,可在全国范围内以二级注册建造师名义执业。

工程所在地各级建设主管部门和有关部门不得增设或者变相设置跨地区承揽工程项目执业准入条件。

第七条 担任施工项目负责人的注册建造师应当按照国家法律法规、工程建设强制性标准组织施工,保证工程施工符合国家有关质量、安全、环保、节能等有关规定。

第八条 担任施工项目负责人的注册建造师,应当按照国家劳动用工有关规定,规范项目劳动用工管理,切实保障劳务人员合法权益。

第九条 注册建造师不得同时担任两个及以上建设工程施工项目负责人。发生下列情形之一的除外:

(一)同一工程相邻分段发包或分期施工的;

(二)合同约定的工程验收合格的;

(三)因非承包方原因致使工程项目停工超过120天(含),经建设单位同意的。

第十条 注册建造师担任施工项目负责人期间原则上不得更换。如发生下列情形之一的,应当办理书面交接手续后更换施工项目负责人:

(一)发包方与注册建造师受聘企业已解除承包合同的;

（二）发包方同意更换项目负责人的；

（三）因不可抗力等特殊情况必须更换项目负责人的。

建设工程合同履行期间变更项目负责人的，企业应当于项目负责人变更5个工作日内报建设行政主管部门和有关部门及时进行网上变更。

第十一条 注册建造师担任施工项目负责人，在其承建的建设工程项目竣工验收或移交项目手续办结前，除第十条规定的情形外，不得变更注册至另一企业。

第十二条 担任建设工程施工项目负责人的注册建造师应当按《关于印发<注册建造师施工管理签章文件目录>（试行）的通知》（建市［2008］42号）和配套表格要求，在建设工程施工管理相关文件上签字并加盖执业印章，签章文件作为工程竣工备案的依据。

省级人民政府建设行政主管部门可根据本地实际情况，制定担任施工项目负责人的注册建造师签章文件补充目录。

第十三条 担任建设工程施工项目负责人的注册建造师对其签署的工程管理文件承担相应责任。注册建造师签章完整的工程施工管理文件方为有效。

注册建造师有权拒绝在不合格或者有弄虚作假内容的建设工程施工管理文件上签字并加盖执业印章。

第十四条 担任建设工程施工项目负责人的注册建造师在执业过程中，应当及时、独立完成建设工程施工管理文件签章，无正当理由不得拒绝在文件上签字并加盖执业印章。

担任工程项目技术、质量、安全等岗位的注册建造师，是否在有关文件上签章，由企业根据实际情况自行规定。

第十五条 建设工程合同包含多个专业工程的，担任施工项目负责人的注册建造师，负责该工程施工管理文件签章。

专业工程独立发包时，注册建造师执业范围涵盖该专业工程的，可担任该专业工程施工项目负责人。

分包工程施工管理文件应当由分包企业注册建造师签章。分包企业签署质量合格的文件上，必须由担任总包项目负责人的注册建造师签章。

第十六条 因续期注册、企业名称变更或印章污损遗失不能及时盖章的，经注册建造师聘用企业出具书面证明后，可先在规定文件上签字后补盖执业印章，完成签章手续。

第十七条 修改注册建造师签字并加盖执业印章的工程施工管理文件，应当征得所在企业同意后，由主册建造师本人进行修改；注册建造师本人不能进行修改的，应当由企业指定同等资格条件的注册建造师修改，并由其签字并加盖执业印章。

第十八条 注册建造师应当通过企业按规定及时申请办理变更注册、续期注册等相关手续。多专业注册的注册建造师，其中一个专业注册期满仍需以该专业继续执业和以其他专业执业的，应当及时办理续期注册。

注册建造师变更聘用企业的，应当在与新聘用企业签订聘用合同后的1个月内，通过新聘用企业申请办理变更手续。

因变更注册申报不及时影响注册建造师执业、导致工程项目出现损失的，由注册建造师所在聘用企业承担责任，并作为不良行为记入企业信用档案。

第十九条 聘用企业与注册建造师解除劳动关系的，应当及时申请办理注销注册或变更注册。聘用企业与注册建造师解除劳动合同关系后无故不办理注销注册或变更注册的，注册建造师可向省级建设主管部门申请注销注册证书和执业印章。

注册建造师要求注销注册或变更注册的,应当提供与原聘用企业解除劳动关系的有效证明材料。建设主管部门经向原聘用企业核实,聘用企业在7日内没有提供书面反对意见和相关证明材料的,应予办理注销注册或变更注册。

第二十条 监督管理部门履行监督检查职责时,有权采取下列措施:

(一)要求被检查人员出示注册证书和执业印章;

(二)要求被检查人员所在聘用企业提供有关人员签署的文件及相关业务文档;

(三)就有关问题询问签署文件的人员;

(四)纠正违反有关法律、法规、本规定及工程标准规范的行为;

(五)提出依法处理的意见和建议。

第二十一条 监督管理部门在对注册建造师执业活动进行监督检查时,不得妨碍被检查单位的正常生产经营活动,不得索取或者收受财物,谋取任何利益。

有关单位和个人对依法进行的监督检查应当协助与配合,不得拒绝或者阻挠。

注册建造师注册证书和执业印章由本人保管,任何单位(发证机关除外)和个人不得扣押注册建造师注册证书或执业印章。

第二十二条 注册建造师不得有下列行为:

(一)不按设计图纸施工;

(二)使用不合格建筑材料;

(三)使用不合格设备、建筑构配件;

(四)违反工程质量、安全、环保和用工方面的规定;

(五)在执业过程中,索贿、行贿、受贿或者谋取合同约定费用外的其他不法利益;

(六)签署弄虚作假或在不合格文件上签章的;

(七)以他人名义或允许他人以自己的名义从事执业活动;

(八)同时在两个或者两个以上企业受聘并执业;

(九)超出执业范围和聘用企业业务范围从事执业活动;

(十)未变更注册单位,而在另一家企业从事执业活动;

(十一)所负责工程未办理竣工验收或移交手续前,变更注册到另一企业;

(十二)伪造、涂改、倒卖、出租、出借或以其他形式非法转让资格证书、注册证书和执业印章;

(十三)不履行注册建造师义务和法律、法规、规章禁止的其他行为。

第二十三条 建设工程发生质量、安全、环境事故时,担任该施工项目负责人的注册建造师应当按照有关法律法规规定的事故处理程序及时向企业报告,并保护事故现场,不得隐瞒。

第二十四条 任何单位和个人可向注册建造师注册所在地或项目所在地县级以上地方人民政府建设主管部门和有关部门投诉、举报注册建造师的违法、违规行为,并提交相应材料。

第二十五条 注册建造师违法从事相关活动的,违法行为发生地县级以上地方人民政府建设主管部门或有关部门应当依法查处,并将违法事实、处理结果告知注册机关;依法应当撤销注册的,应当将违法事实、处理建议及有关材料报注册机关,注册机关或有关部门应当在7个工作日内作出处理，并告知行为发生地人民政府建设行政主管部门或有关部门。

注册建造师异地执业的，工程所在地省级人民政府建设主管部门应当将处理建议转交注册建造师注册所在地省级人民政府建设主管部门，注册所在地省级人民政府建设主管部门应当在14个工作日内作出处理，并告知工程所在地省有人民政府建设行政主管部门。

对注册建造师违法行为的处理结果通过中国建造师网(www.coc.gov.cn)向社会公告。不良行为处罚、信息登录、使用、保管、时效和撤销权限等另行规定。

第二十六条 国务院建设主管部门负责建立并完善全国网络信息平台，省级人民政府建设行政主管部门负责注册建造师本地执业状态信息收集、整理，通过中国建造师网(www.coc.gov.cn)向社会实时发布。

注册建造师执业状态信息包括工程基本情况、良好行为、不良行为等内容。注册建造师应当在开工前、竣工验收、工程款结算后3日内按照《注册建造师信用档案管理办法》要求，通过中国建造师网向注册机关提供真实、准确、完整的注册建造师信用档案信息。信息报送应当及时、全面和真实，并作为延续注册的依据。

县级以上地方人民政府建设主管部门和有关部门应当按照统一的诚信标准和管理办法，负责对本地区、本部门担任工程项目负责人的注册建造师诚信行为进行检查、记录，同时将不良行为记录信息按照管理权限及时采集信息并报送上级建设主管部门。

第二十七条 注册建造师有下列行为之一，经有关监督部门确认后由工程所在地建设主管部门或有关部门记入注册建造师执业信用档案：

(一)第二十二条所列行为；

(二)未履行注册建造师职责造成质量、安全、环境事故的；

(三)泄露商业秘密的；

(四)无正当理由拒绝或未及时签字盖章的；

(五)未按要求提供注册建造师信用档案信息的；

(六)未履行注册建造师职责造成不良社会影响的；

(七)未履行注册建造师职责导致项目未能及时交付使用的；

(八)不配合办理交接手续的；

(九)不积极配合有关部门监督检查的。

第二十八条 小型工程施工项目负责人任职条件和小型工程管理办法由各省、自治区、直辖市人民政府建设行政主管部门会同有关部门根据本地实际情况规定。

第二十九条 本办法自发布之日起施行。

主要参考文献

1. 茅以升. 现代工程师手册. 北京:北京出版社,1986.

2. 建筑施工手册第三版编写组. 建筑施工手册. 北京:中国建筑工业出版社,1997.4.

3. 全国建筑施工企业项目经理培训教材编写委员会. 全国建筑施工企业项目经理培训教材. 北京:中国建筑工业出版社,1995.

4. 张青林,等. 项目法施工必备. 武汉:武汉工业大学出版社,1991.

5. 姚兵,吴涛. 施工项目经理工作手册. 北京:地震出版社,1998.

6. 潘金祥. 项目经理实用手册. 北京:中国建筑工业出版社,1998.

7. 中国企业管理百科全书编辑部. 中国企业管理百科全书. 北京:企业管理出版社,1984.

8. 王慧仪等. 建筑工程质量管理实用手册. 北京:中国建筑工业出版社,1997.

9. 潘金祥等. 建筑安装工程安全生产文明施工资料手册. 北京:中国建筑工业出版社,1995.

10. 陈士良. 建筑施工技术资料编制手册. 上海:同济大学出版社,1997.

11. 卞耀武等. 中华人民共和国招标投标法实用问答. 北京:中国建材工业出版社,1999.

12. 全国一级建造师执业资格考试用书编写委员会. 全国一级建造师执业资格考试用书. 北京:中国建筑工业出版社,2004.

13. 建筑工程项目管理规范编写委员会. 建筑工程项目管理规范实施手册. 北京:中国建筑工业出版社,2006.

14. 丛培经,张书行,工程项目管理. 北京:中国建筑工业出版社,2004.

15. 唐渭生. 建筑工程法规概论. 南昌:江西人民出版社,1999.

16. 马德顺. 项目管理现用现查. 北京:中国建筑工业出版社,2004.

图书在版编目(CIP)数据

建造师手册/傅芳民主编.一南昌:江西科学技术出版社,2008.8
ISBN 978-7-5390-3386-0
Ⅰ.建… Ⅱ.傅… Ⅲ.建筑师-手册 Ⅳ.TU-62

中国版本图书馆CIP数据核字(2008)第127151号

国际互联网(Internet)地址:
http://www.jxkjcbs.com
选题序号:**KX**2005004
图书代码:**D**08079-101

建造师手册 傅芳民主编

出版发行	江西出版集团·江西科学技术出版社
社址	南昌市蓼洲街2号附1号 邮编:330009 电话:(0791)6623491 6639342(传真)
印刷	南昌市红星印刷有限公司
经销	各地新华书店
开本	787mm×1092mm 1/16
字数	1450千
印张	59
版次	2008年9月第1版 2008年9月第1次印刷
书号	ISBN 978-7-5390-3386-0
定价	98.00元